石油化工装置
工艺管道安装设计手册

第三篇　阀　　门

（第五版）

张德姜　王怀义　丘　平　主编

中国石化出版社

ISBN 978-7-5114-2717-5

内 容 提 要

本套设计手册共五篇，按篇分册出版。第一篇设计与计算；第二篇管道器材；第三篇阀门；第四篇相关标准；第五篇设计施工图册。

第一篇在说明设计与计算方法的同时。力求讲清基本道理与基础理论，以利于初学设计者理解安装设计原则，从而提高安装设计人员处理问题的应变能力。在给出大量设计资料的同时，将有关国家及中国石化标准贯穿其中，还适当介绍 ASME、JIS、DIN、BS 等标准中的有关内容。

第二、三篇为设计提供有关管道器材、阀门的选用资料。本书为修订第五版。

第四篇汇编了有关的设计标准及规定。

第五篇中的施工图图号与第一、二篇中提供的图号一一对应，以便设计者与施工单位直接选用。

本书图文并茂，表格资料齐全，内容丰富，不仅可作为设计人员的工具书，同时又是培训初学设计人员的教材。

《手册》第三篇主要编写人员：佟振业、徐心兰、张德姜、丘平、刘绍叶、吴青芝、王丽琨、王怀义、张效铭、孟庆久。

图书在版编目（CIP）数据

石油化工装置工艺管道安装设计手册．第3篇，阀门／张德姜，王怀义，丘平主编．—5版．—北京：中国石化出版社，2014.5（2019.10重印）

ISBN 978-7-5114-2717-5

Ⅰ.①石… Ⅱ.①张… ②王… ③丘… Ⅲ.①石油化工设备-管线设计-技术手册 ②石油化工设备-管道施工-技术手册 ③石油化工用阀-安装-技术手册 Ⅳ.①TE969-62

中国版本图书馆 CIP 数据核字（2014）第052169号

责任编辑：白　桦　潘向阳

责任校对：李　伟

中国石化出版社出版发行

地址:北京市东城区安定门外大街58号

邮编:100011 电话:(010)57512500

发行部电话:(010)57512575

http://www.sinopec-press.com

E-mail:press@sinopec.com

北京科信印刷有限公司印刷

全国各地新华书店经销

*

787×1092毫米 16开本 43.25印张 1094千字

2019年10月第5版第2次印刷

定价：198.00元

序

编写设计手册对提高设计水平，加快设计速度，有着十分重要的作用。各种设计手册对设计人员是不可缺少的工具书。古人云：“工欲善其事，必先利其器”，所以编好设计手册，是设计部门十分重要的二线工作。

在20世纪70年代编制的《炼油装置工艺管线安装设计手册》，曾在设计、施工部门广泛应用，对我国炼油厂的基本建设起过良好作用。随着科学技术的迅速发展，各种规范、标准在不断更新或补充、完善；各类器材设备的变化也日新月异。原来的手册已不能完全反映当前的实际和设计水平，难以满足配管设计人员的使用要求。因此，在原手册的基础上，重新编写了这本《石油化工装置工艺管道安装设计手册》，以满足广大设计人员的需要。

工艺安装（配管）专业是工程设计中的主体专业，工艺安装设计的水平对装置的总投资、装置的风格、外观、操作、检修和安全等均有着重大的作用。同一个工艺流程由不同的工艺安装设计部门进行设计，往往会获得两种截然不同的效果。

由于工艺安装专业是一门运用多种学科的综合技术，因此，对从事该专业设计的人员，便提出了既要有专业的理论知识和丰富实践经验，又要有广博的相邻专业的基本知识的要求。

新的手册中，包括设计方法、常用计算、器材选用以及国内外有关标准和规范等，内容广泛，数据翔实。参加编写的人员，都是长期从事管道设计、理论和经验都十分丰富的同志。他们在编写过程中，既总结了国内配管设计的经验，又消化吸收了引进装置中有关的先进技术；所以这本手册是一本不可多得的好工具书，不仅对从事石油化工及炼油工艺装置工艺管道设计的同志十分有用，而且对一切从事管道安装设计的同志，也是一本有重要参考价值的工具书。

我国的石油化工工业，在经历了艰难创业和开拓前进的历程后，正面临着迅猛发展的形势。本手册的出版，在石化工业的建设中，必将会起十分有益的作用。

中国石化北京设计院技术委员会主任　徐承恩

中国石化洛阳石化工程公司技术委员会副主任　彭世浩

第一版前言

在20世纪70年代初，为适应石油工业发展的需要，于1974至1978年编写出版了《炼油装置工艺管线安装设计手册》(以下简称原手册)。原手册问世十多年来，已在炼油领域(设计、科研、施工、生产等)中得到了应用，经受了工程实践的考验，发挥了重要作用。

随着改革开放的全面发展，我国社会主义经济建设特别是石油化工工业得到了迅猛的发展，石油化工装置设计技术水平有了很大的提高。

进入80年代后，国家技术监督局组织修订了大量的国家标准，编制了许多新标准，中国石油化工总公司和其他部委也编制了大批行业标准。与此同时，在总结设计经验、消化吸收引进装置技术的基础上，工艺安装技术也得到了较大的发展。基于以上因素，原手册已不能反映当代工艺安装的设计水平，不能全面地适应和满足当前石油化工工程建设的需要。因此，改编原手册已势在必行。

工艺安装设计，一般系指工艺装置内设备和建筑物的布置设计和装置内工艺及公用工程的管道设计。管道设计中包括管道布置、器材选择、支吊架设计、隔热和伴热、防腐涂漆以及管道的应力分析、抗震设计、管道模型设计等。此外，还须向仪表、设备、机械、加热炉、建筑、结构、电气、通讯、采暖通风、供水排水、总图运输、储运、热工等专业提供设计技术条件。因此，工艺安装设计专业是装置工程设计的主体专业。

工艺安装设计或配管设计是一门运用多种学科的综合性技术。从事设计的人员除应掌握工艺安装设计的基本技能和正确运用有关标准、规范外，还必须熟悉工艺过程、设备检修、材料学、管道力学等。同时，还应具备金属学、焊接与检验、锅炉和压力容器、化工过程与设备、建筑、结构、电气、防火、防爆、环保卫生以及仪表控制等的基本知识，并了解其主要标准。另一方面，通过实践不断总结和积累工程经验，也是工艺安装设计人员提高技术素质的重要途径。

我国高等院校没有设置工艺安装设计或配管设计的专业或课程。因此，不管是从化工、石油炼制还是从化机等专业毕业的大学生，从事工艺安装设计时，应对他们进行职业教育——继续工程教育。

本《手册》的功能不仅是安装设计的工具书，同时又是继续工程教育的指导性资料。本《手册》编写的原则之一是贯彻国家、中国石油化工总公司及其他部委制订的与石油化工设计有关的标准、规范和规定，并适当介绍ASME、JIS、DIN、BS等标准中的有关内容。所以，它也是贯彻国家、中国石油化工总公司和有关石油化工设计法规和标准的教材。

本《手册》共四篇分四册出版。第一篇设计与计算；第二篇管道器材；第三篇阀门；第四篇相关标准。第三、四篇基本为工具性资料，第一、二篇是在说明设计和计算方法的同时，力求讲清基本道理和基础理论。对公式推导则采用实用原则，不过分展开。所以，它不同于只罗列图表和数据的一般工具书；也不同于只提要求，不讲目的和理由的技术标准、规范规定；也不同于仅注重理论阐述与推导的教科书，而是兼顾以上三者的特点。对有争议或多种方法的内容，本《手册》尽可能将其不同点列出，由使用者自己判断、选择。

本《手册》的部分章节内容已延伸到与其紧密相邻的专业，其目的是尽可能加深对有关专业知识的了解，从而提高安装设计人员在设计过程中的协调能力和处理问题的应变能力。本《手册》出版后，还出版了《石油管道法兰》《小型设备》《管道支吊架》《管道与设备隔热》等施工图册。❶

本《手册》由中石化配管中心站负责组织编写和审查，在编写中得到了中国石油化工总公司所属工程建设部、配管中心站、北京设计院、洛阳石化工程公司、北京石化工程公司、兰州石化设计院、上海石化总厂设计院、齐鲁石化公司设计院等单位领导和有关人员的大力支持以及中国石化出版社的热情指导，在此一并致以谢忱。

由于编写时间仓促、编者的水平有限，《手册》中可能存在各种不足之处，恳请读者提出宝贵意见。

我们衷心希望本《手册》能成为迫切要求能高速、高效和经济地解决装置布置和管道工程问题的广大技术人员手中的一套既有实用价值又比较全面的技术资料，也希望本《手册》将在设计、科研、施工、生产中发挥更大的作用。

本《手册》编写人员如下：

中国石化工程建设有限公司(SEI)：

(原北京设计院)：刘耕戊、张德姜、刘绍叶、丘平、徐心兰、林树镗、徐兆厚、李征西、师酉云、蒋桂锋、佟振业、魏礼瑾、钟景云、赵国桥、余子俊、吴青芝、顾比仑、牛中军、张效铭、王斌斌、罗家弼、沈宏孚、介芙蓉、欧阳琨。

(原北京石化工程公司)：于浦义、龚世琳、张云鸠、苏艳菊、赵明卿。

中石化洛阳工程有限公司：陈让曲、王怀义、王毓斌、李苏秦、康美琴、韩英劭、谢泉、高文华、马淑玲、李月莉、王丰。

中石化宁波工程有限公司：毛杏之、赵娟莉。

中石化上海工程有限公司：姜德巽、凌镭、吴建康、王汝淦、胡人勇。

齐鲁石化公司设计院：吴正佑。

中石化国际事业公司：孟庆久。

张德姜、王怀义、刘绍叶任主编，并对全书进行了校审和统编。

审稿委员会成员如下：

主任委员：刘耕戊。

副主任委员：于浦义、陈让曲。

委员：徐心兰、徐兆厚、姜渭斌、赵明卿。

---

❶ 现为本《手册》第五篇《设计施工图册》。

第五版前言

石油化工管道安装设计(配管设计)是石油化工装置设计的主体专业，配管设计水平直接关系到装置建设投资和装置投产后能否长期、高效、安全、平稳操作。石油化工管道输送的管内介质多种多样，工作压力从低压、中压到高压，超高压管道工作压力最高可达300MPa以上，管道内介质高温、高压、可燃、易爆、有毒，而且装置具有技术密集、规模大、连续化生产的特性；管道所处环境比较恶劣和管道组成件品种繁多等特点。随着石油化工装置的日益大型化，对管道的安全性要求也越来越高。石油化工管道绝大部分为压力管道，国家质量监督检验检疫总局特种设备安全监察局规定压力管道设计单位必须取得相应级别的设计资格后，方能从事设计工作；压力管道设计、校核、审批人员都必须进行考核，合格后方能取得设计许可资格。为满足和适应新形势的要求，我们对《石油化工装置工艺管道安装设计手册》(以下简称《手册》)进行全面修订。

《手册》于1994年出版、发行以来，经数次修订，满足了当时设计的需要。长期以来，《手册》深受石油、石油化工战线上广大读者青睐，《手册》第二版于2001年获中国石化科技进步二等奖；《手册》第四版获2010年中国石油和化学工业优秀出版物(图书奖)一等奖。《手册》第四版出版以来，有许多国家、行业标准进行了修订更新，这次第五版修订重点是力求反映近十年来石油化工装置大型化发展和近五年来相关的国家、行业标准的最新标准和技术，以满足和适应石油化工形势发展的需要。

本《手册》虽然多次修订重版，但因时间仓促，错误和不当之处难免，希望广大读者继续为本《手册》提出宝贵意见。

目　　录

第一章 概 述

本篇汇编了炼油厂、石油化工厂常用的各种类型的国产阀门，其中包括通用阀门和按国外标准生产的阀门。

通用阀门主要根据各阀门厂所提供的产品目录和样本；按国外标准生产的阀门是根据苏州阀门厂、兰州高压阀门厂、上海良工阀门厂、上海耐莱斯·詹姆斯伯雷阀门有限公司（原上海阀门七厂）等所提供的产品目录和样本，并参照中石化集团公司供应公司华东分公司所编制的“引进装置进口阀门国产化目录”进行编制的。

书中共汇编了90余家阀门厂生产的各类阀门，并列出了各类阀门的适用范围、阀体材质、结构尺寸和质量。

一、通用阀门

通用阀门包括闸阀、截止阀、止回阀、节流阀、安全阀、球阀、蝶阀、隔膜阀、柱塞阀、旋塞阀、疏水阀和减压阀等，共十二种类型。其公称压力 PN 为0.1～32MPa，公称通径为3～3000mm。

（一）通用阀门型号的编制方法

编制方法主要按JB/T 308—2004规定，但有的厂采用了CVA2.1—84《一般工业阀门型号编制方法》来编制产品目录。

有些阀门厂结合本厂新开发的产品性能和结构特点，对阀门型号又作了补充，简介如下：

（1）地下水管道用的闸阀，在第一单元单加“S”表示立式安装；加“W”表示卧式安装。

（2）截止阀型号前加“G”表示为高压氮肥阀。

（3）沈阳盛世高中压阀门有限公司生产的闸阀型号前加“G”表示阀门端法兰密封面为梯型槽式，如GZ41H-40。该厂自行设计的产品“F”表示非标准产品；“91”表示年号；“Z”、“J”表示阀门类型，如91FZ，即1991年设计的非标准闸阀。“Z_1仿”“Z_2仿”表示带有一个或二个吹扫孔的闸阀。

（4）泉州市英侨阀门有限公司（原泉州市英侨节能阀门厂）采用国际标准生产的疏水阀有GB、HG、ASME、JIS、DIN等；大连高压阀门厂生产的疏水阀SF、TSF型，是引进加拿大技术；北京阀门总厂生产的疏水阀，是引进德国的技术；甘肃平凉市920厂生产的疏水阀是引进日本宫协技术。四个厂的产品都可按国外标准生产，也可按国内标准生产，均已编入通用阀门内，只需在订货单上注明要求，即可按要求供货。

（二）法兰阀的公称压力系列及密封面型式

法兰压力等级按GB 9131或JB/T 79—94的规定。阀门对应法兰密封面应根据阀门端法兰密封面确定。目前国内各阀门厂生产的阀门端法兰密封面形式，一般按下列形式生产：

（1）公称压力数值为0.1、0.25、0.6、1.0、1.6、2.5MPa法兰密封面为光滑面，光滑面一般均加工密封水线，如不要求加工密封水线，订货时应予提出；

（2）公称压力数值为4.0、6.4、10.0、16.0MPa法兰密封面为凹面；公称压力数值为6.4、10.0、16.0也可加工为梯型槽式，应在订货材料表中注明；

（3）公称压力数值为16.0、32.0MPa阀门端法兰为螺纹兰时，其法兰密封面均为透镜式。

二、 按国外标准生产的阀门

本篇汇编的按国外标准 ASME、JIS、API、DIN 和 BS 标准生产的阀门，其种类有闸阀、截止阀、止回阀、球阀、蝶阀、旋塞阀和隔膜阀。其阀门压力等级和规格如下：

1. 闸阀

（1）铸钢闸阀　150、300、600、900、1500、2500lb
JIS 10K、20K
规格 1½″~40″

（2）锻钢闸阀　150~800lb、900~1500lb、2500lb
JIS 10K、20K
规格¼″~2″

2. 截止阀

（1）铸钢截止阀　150~2500lb
JIS 10K、20K
规格 2″~12″

（2）锻钢截止阀　150、300、600、900~1500、2500lb
规格 2″~12″

3. 止回阀

（1）铸钢旋启式止回阀
150、300、600、900、1500、2500lb
JIS 10K、20K
规格 2″~36″

（2）锻钢升降止回阀
150、300、600、150~800、1500lb
规格　½″~2″

4. 球阀

（1）法兰球阀　150、300lb
JIS 10K、20K
规格　½″~10″

（2）三通法兰球阀　150、300lb
规格　½″~8″

5. 蝶阀　150、300lb
规格　2″~60″

6. 旋塞阀　150、300lb
规格　½″~14″

7. 直通式隔膜阀　150lb
JIS 10K
规格　½″~14″

同时还编入日本金华机械株式会社生产的闸阀、截止阀、止回阀、低温及深冷阀；美国 KEYSTONE（基士敦）国际有限公司生产的 Vanessa 30000 系列通用阀、蝶阀、安全阀、球阀等和爱德华（Edward Valves）阀门的 Y 型截止阀和 Y 型截止止回阀等。

第二章　通用阀门

第一节　闸　　阀

一、闸阀使用范围

序号	名称	型号	阀体材质	使用温度/℃	适用介质	公称通径 *DN*	页次
1	内螺纹暗杆楔式闸阀	Z15T-10	灰铸铁	≤120	水、蒸汽	15~80	24
		Z15W-10	灰铸铁	≤120	煤气、油品	15~80	24
		Z15W-10K	可锻铸铁	≤100	油品	15~65	24
		Z15W-10T	铜	≤100	水	15~100	24
2	内螺纹明杆楔式单闸板闸阀	Z11H-16C	碳钢	≤425	水、蒸汽、油品	15~50	25
		Z11H-25	碳钢	≤425	水、蒸汽、油品	15~50	25
		Z11H-40	碳钢	≤300	油品	15~50	25
		Z11H-64	碳钢	≤425	油品	15~50	25
		Z11H-100	碳钢	≤450	水、蒸汽、油品	15~50	25
		Z11H-160	碳钢	≤300	油品	15~50	25
		Z11Y-25	碳钢	≤425	水、蒸汽、油品	15~50	26
		Z11Y-40	碳钢	≤425	水、蒸汽、油品	15~50	26
		Z11Y-64	碳钢	≤425	水、蒸汽、油品	15~50	26
		Z11Y-100	碳钢	≤450	水、蒸汽、油品	15~50	26
		Z11Y-160	碳钢	≤450	油品	15~50	26
		Z11Y-25I	铬钼钢	≤550	油品	15~50	26
		Z11Y-40I	铬钼钢	≤550	油品	15~50	27
		Z11Y-64I	铬钼钢	≤550	油品	15~50	27
		Z11Y-100I	铬钼钢	≤550	油品	15~50	27
		Z11Y-160I	铬钼钢	≤550	油品	15~50	27
		$Z11\genfrac{}{}{0pt}{}{W}{Y}-25P$	1Cr18Ni9Ti	≤200	硝酸类	15~50	27
		$Z11\genfrac{}{}{0pt}{}{W}{Y}-40P$	1Cr18Ni9Ti	≤200	硝酸类	15~50	27
		$Z11\genfrac{}{}{0pt}{}{W}{Y}-64P$	1Cr18Ni9Ti	≤200	硝酸类	15~50	28
		$Z11\genfrac{}{}{0pt}{}{W}{Y}-100P$	1Cr18Ni9Ti	≤200	硝酸类	15~50	28
		$Z11\genfrac{}{}{0pt}{}{W}{Y}-160P$	1Cr18Ni9Ti	≤200	硝酸类	15~50	28
3	抗硫内螺纹明杆楔式单闸板闸阀	KZ11Y-25	碳钢	-40~130	酸性天然气	15~50	28
		$KZ11\genfrac{}{}{0pt}{}{H}{Y}-40$	碳钢	-40~130	酸性天然气	15~50	28

续表

序号	名称	型号	阀体材质	使用温度/℃	适用介质	公称通径 *DN*	页次
3	抗硫内螺纹明杆楔式单闸板闸阀	KZ11Y-64	碳钢	-40~130	酸性天然气	15~50	28
		KZ11Y-100	碳钢	-40~130	酸性天然气	15~50	29
		KZ11Y-160	碳钢	-40~130	酸性天然气	15~50	29
4	CVA 明杆楔式弹性闸板闸阀	CZ40H-16C	WCB	≤425	水、油品、蒸汽	50~600	29
		CZ40H-25	WCB	≤425	水、油品、蒸汽	50~600	29
		CZ40H-40	WCB	≤425	水、油品、蒸汽	50~400	30
		CZ40H-64	WCB	≤425	水、油品、蒸汽	50~300	30
		CZ40H-100	WCB	≤425	水、油品、蒸汽	50~300	30
		CZ40H-160	WCB	≤425	水、油品、蒸汽	50~200	30
		CZ40H-200	WCB	≤425	水、油品、蒸汽	50~150	31
		CZ40Y-16C	WCB	≤425	水、油品、蒸汽	50~350	31
		CZ40Y-25	WCB	≤425	水、油品、蒸汽	80~350	31
		CZ40Y-40	WCB	≤425	水、油品、蒸汽	80~250	31
		CZ40Y-64	WCB	≤425	水、油品、蒸汽	80~150	31
		CZ40Y-100	WCB	≤425	水、油品、蒸汽	80~150	31
		CZ40Y-160	WCB	≤425	水、油品、蒸汽	65~150	32
		CZ40Y-200	WCB	≤425	水、油品、蒸汽	50~150	32
		CZ40Y-16I	耐热合金钢	≤550	水、油品、油气	200~500	32
		CZ40Y-25I	耐热合金钢	≤550	水、油品、油气	200~400	32
		CZ40Y-40I	耐热合金钢	≤550	水、油品、油气	80~300	32
		CZ40Y-64I	耐热合金钢	≤550	水、油品、油气	80~250	32
		CZ40Y-100I	耐热合金钢	≤550	水、油品、油气	50~150	33
		CZ40Y-160I	耐热合金钢	≤550	水、油品、油气	65~150	33
		CZ40$_{Y}^{W}$-16P	1Cr18Ni9Ti	≤200	硝酸类	50~600	33
		CZ40$_{Y}^{W}$-25P	1Cr18Ni9Ti	≤200	硝酸类	50~600	33
		CZ40$_{Y}^{W}$-40P	1Cr18Ni9Ti	≤200	硝酸类	80~400	33
		CZ40$_{Y}^{W}$-64P	1Cr18Ni9Ti	≤200	硝酸类	80~300	34
		CZ40$_{Y}^{W}$-100P	1Cr18Ni9Ti	≤200	硝酸类	50~300	34
		CZ40$_{Y}^{W}$-160P	1Cr18Ni9Ti	≤200	硝酸类	50~200	34
		CZ40$_{Y}^{W}$-16R	Cr18Ni12Mo2Ti	≤200	醋酸类	50~600	34
		CZ40$_{Y}^{W}$-25R	Cr18Ni12Mo2Ti	≤200	醋酸类	50~600	35
		CZ40$_{Y}^{W}$-40R	Cr18Ni12Mo2Ti	≤200	醋酸类	80~400	35

续表

序号	名称	型号	阀体材质	使用温度/℃	适用介质	公称通径 *DN*	页次
4	CVA 明杆楔式弹性闸板闸阀	CZ40$\genfrac{}{}{0pt}{}{W}{Y}$-64R	Cr18Ni12Mo2Ti	≤200	醋酸类	50~300	35
		CZ40$\genfrac{}{}{0pt}{}{W}{Y}$-100R	Cr18Ni12Mo2Ti	≤200	醋酸类	50~300	35
		CZ40$\genfrac{}{}{0pt}{}{W}{Y}$-160R	Cr18Ni12Mo2Ti	≤200	醋酸类	50~200	35
5	明杆楔式单闸板闸阀	Z41$\genfrac{}{}{0pt}{}{H}{Y}$-16C	碳钢	≤425	水、蒸汽、油品	15~600	36
		Z41$\genfrac{}{}{0pt}{}{H}{Y}$-25	碳钢	≤425	水、蒸汽、油品	15~1000	36
		Z41$\genfrac{}{}{0pt}{}{H}{Y}$-40	碳钢	≤425	水、蒸汽、油品	15~600	37
		Z41$\genfrac{}{}{0pt}{}{H}{Y}$-64	碳钢	≤425	水、蒸汽、油品	15~500	37
		Z41$\genfrac{}{}{0pt}{}{H}{Y}$-100	碳钢	≤425	水、蒸汽、油品	15~400	38
		Z41$\genfrac{}{}{0pt}{}{H}{Y}$-160	碳钢	≤425	水、蒸汽、油品	15~300	38
		Z41$\genfrac{}{}{0pt}{}{H}{Y}$-200	碳钢	≤425	水、蒸汽、油品	50~150	38
		Z41Y-250	碳钢	≤425	水、蒸汽、油品	50~150	38
		Z41$\genfrac{}{}{0pt}{}{W}{Y}$-16P	1Cr18Ni9Ti	≤200	硝酸类	15~1000	39
		Z41$\genfrac{}{}{0pt}{}{W}{Y}$-25P	1Cr18Ni9Ti	≤200	硝酸类	15~1000	39
		Z41$\genfrac{}{}{0pt}{}{W}{Y}$-40P	1Cr18Ni9Ti	≤200	硝酸类	15~600	40
		Z41$\genfrac{}{}{0pt}{}{W}{Y}$-64P	1Cr18Ni9Ti	≤200	硝酸类	15~500	40
		Z41$\genfrac{}{}{0pt}{}{W}{Y}$-100P	1Cr18Ni9Ti	≤200	硝酸类	15~400	41
		Z41$\genfrac{}{}{0pt}{}{W}{Y}$-160P	1Cr18Ni9Ti	≤200	硝酸类	15~300	41
		Z41$\genfrac{}{}{0pt}{}{W}{Y}$-16R	Cr18Ni12Mo2Ti	≤200	醋酸类	15~1000	41
		Z41$\genfrac{}{}{0pt}{}{W}{Y}$-25R	Cr18Ni12Mo2Ti	≤200	醋酸类	15~1000	42
		Z41$\genfrac{}{}{0pt}{}{W}{Y}$-40R	Cr18Ni12Mo2Ti	≤200	醋酸类	15~600	42
		Z41$\genfrac{}{}{0pt}{}{W}{Y}$-64R	Cr18Ni12Mo2Ti	≤200	醋酸类	15~500	43
		Z41$\genfrac{}{}{0pt}{}{W}{Y}$-100R	Cr18Ni12Mo2Ti	≤200	醋酸类	15~400	43
		Z41$\genfrac{}{}{0pt}{}{W}{Y}$-160R	Cr18Ni12Mo2Ti	≤200	醋酸类	15~300	43
		Z41Y-16I	Cr5Mo	≤550	水、蒸汽、油品	15~1000	44
		Z41Y-25I	Cr5Mo	≤550	水、蒸汽、油品	15~1000	44
		Z41Y-40I	Cr5Mo	≤550	水、蒸汽、油品	15~600	45
		Z41Y-64I	Cr5Mo	≤550	水、蒸汽、油品	15~400	45

续表

序号	名称	型号	阀体材质	使用温度/℃	适用介质	公称通径 *DN*	页次
5	明杆楔式单闸板闸阀	Z41Y-100I	Cr5Mo	≤550	水、蒸汽、油品	15~400	46
		Z41Y-160I	Cr5Mo	≤550	水、蒸汽、油品	15~300	46
		Z41Y-16P_{I}	1Cr18Ni9Ti	≤550	空气、蒸汽、油品	50~400	46
		Z41Y-16P_{II}	1Cr18Ni9Ti	≤650	烟气、空气	50~400	46
		Z41Y-25P_{I}	1Cr18Ni9Ti	≤550	空气、蒸汽、油品	50~400	47
		Z41Y-25P_{II}	1Cr18Ni9Ti	≤650	烟气、空气	50~400	47
		Z41Y-40P_{I}	1Cr18Ni9Ti	≤550	空气、蒸汽、油品	50~300	47
		Z41Y-40P_{II}	1Cr18Ni9Ti	≤650	烟气、空气	50~300	47
		Z41Y-64P_{I}	1Cr18Ni9Ti	≤550	空气、蒸汽、油品	50~300	47
		NZ$_{\mathrm{R\,I}}$41Y-16P	铬镍钛钢	≤650	水、蒸汽、烟气、油品或雾状、粉状、颗粒状	50~400	47
		NZ$_{\mathrm{R\,II}}$41Y-16P	高镍铬钢	≤900		50~400	47
		NZ$_{\mathrm{R\,I}}$41Y-25P	铬镍钛钢	≤650		50~400	48
		NZ$_{\mathrm{R\,II}}$41Y-25P	高镍铬钢	≤900		50~400	48
		NZ$_{\mathrm{R\,I}}$41Y-40P	铬镍钛钢	≤650		50~400	48
		NZ$_{\mathrm{R\,II}}$41Y-40P	高镍铬钢	≤900		50~400	48
		L Z$_{\mathrm{R\,I}}$41Y-16P	铬镍钛钢	≤650	水、蒸汽、烟气、油品或雾状、粉状、颗粒状	50~400	48
		L Z$_{\mathrm{R\,II}}$41Y-16P	高镍铬钢	≤900		50~400	48
		L Z$_{\mathrm{R\,I}}$41Y-25P	铬镍钛钢	≤650		50~400	48
		L Z$_{\mathrm{R\,II}}$41Y-25P	高镍铬钢	≤900		50~400	48
		L Z$_{\mathrm{R\,I}}$41Y-40P	铬镍钛钢	≤650		50~400	49
		L Z$_{\mathrm{R\,II}}$41Y-40P	高镍铬钢	≤900		50~400	49
		Z41W-16A	TA_2	≤310	氧化腐蚀性介质	10~100	49
		Z41W-25A	TA_2	≤310	氧化腐蚀性介质	50~100	49
		Z41T-10	灰铸铁	≤100	水	50~700	49
		Z41W-10	灰铸铁	≤100	油品	50~700	49
6	抗硫楔式单闸板闸阀	KZ41Y-16C	碳钢	-40~130	酸性天然气	15~600	50
		KZ41Y-25	碳钢	-40~130	酸性天然气	15~600	50
		KZ41Y-40	碳钢	-40~130	酸性天然气	15~400	51
		KZ41Y-64	碳钢	-40~130	酸性天然气	50~350	51
		KZ41Y-100	碳钢	-40~130	酸性天然气	50~300	51
		KZ41Y-160	碳钢	-40~130	酸性天然气	15~125	52
		KZ41Y-200	碳钢	-40~130	酸性天然气	50~125	52
7	低温楔式单闸板闸阀	DZ41Y-25P	1Cr18Ni9Ti	≥-180	乙烯、丙烯	50~300	52
		DZ41Y-25R	Cr18Ni12Mo2Ti	≥-196	乙烯、丙烯	15~300	52
		DZ41Y-40P	1Cr18Ni9Ti	≥-196	乙烯、丙烯	15~200	52
		DZ41Y-40R	Cr18Ni12Mo2Ti	≥-196	乙烯、丙烯	50~200	52
		DZ41Y-64P	1Cr18Ni9Ti	≥-196	乙烯、丙烯	15~50	52
		DZ41Y-64R	Cr18Ni12Mo2Ti	≥-196	乙烯、丙烯	15~50	52
		DZ41Y-40N	铝、铌、铜、氮钢	≥-45	乙烯、丙烯	50~200	53

续表

序号	名称	型号	阀体材质	使用温度/℃	适用介质	公称通径 DN	页次
8	低温楔式弹性闸板闸阀	DZ40Y-40P	1Cr18Ni9Ti	≥-196	乙烯、丙烯	250、300	53
9	带保温套闸阀	BZ41H-16C	碳钢	≤425	油品	250	53
		BZ41H-25	碳钢	≤425	油品	100、200	53
10	带吹扫孔楔式单闸板闸阀	Z_1 仿 Z41H-16C	碳钢	≤425	水、蒸汽、烟气、油品或雾状、粉末状、颗粒状	50~400	53
		Z_2 仿 Z41H-16C	碳钢	≤425		50~400	53
		Z_1 仿 Z41H-25	碳钢	≤425		50~400	53
		Z_2 仿 Z41H-25	碳钢	≤425		50~400	53
		Z_1 仿 Z41H-40	碳钢	≤425		50~400	54
		Z_2 仿 Z41H-40	碳钢	≤425		50~400	54
		Z_1 仿 Z41H-64	碳钢	≤425		50~400	54
		Z_2 仿 Z41H-64	碳钢	≤425		50~400	54
		Z_1 仿 Z41H-100	碳钢	≤425		50~400	54
		Z_2 仿 Z41H-100	碳钢	≤425		50~400	54
		Z_1 仿 Z41Y-16I	Cr5Mo	≤550		50~400	55
		Z_2 仿 Z41Y-16I	Cr5Mo	≤550		50~400	55
		Z_1 仿 Z41Y-25I	Cr5Mo	≤550		50~400	55
		Z_2 仿 Z41Y-25I	Cr5Mo	≤550		50~400	55
		Z_1 仿 Z41Y-40I	Cr5Mo	≤550		50~400	55
		Z_2 仿 Z41Y-40I	Cr5Mo	≤550		50~400	55
		Z_1 仿 Z41Y-64I	Cr5Mo	≤550		50~400	56
		Z_2 仿 Z41Y-64I	Cr5Mo	≤550		50~400	56
		Z_1 仿 Z41Y-100I	Cr5Mo	≤550		50~400	56
		Z_2 仿 Z41Y-100I	Cr5Mo	≤550		50~400	56
		Z_1 仿 Z41Y-16P_{I}	铬镍钛钢	≤650		50~400	56
		Z_2 仿 Z41Y-16P_{I}	铬镍钛钢	≤650		50~400	56
		Z_1 仿 Z41Y-25P_{I}	铬镍钛钢	≤650		50~400	57
		Z_2 仿 Z41Y-25P_{I}	铬镍钛钢	≤650		50~400	57
		Z_1 仿 Z41Y-40P_{I}	铬镍钛钢	≤650		50~400	57
		Z_2 仿 Z41Y-40P_{I}	铬镍钛钢	≤650		50~400	57
		Z_1 仿 Z41Y-64P_{I}	铬镍钛钢	≤650		50~400	57
		Z_2 仿 Z41Y-64P_{I}	铬镍钛钢	≤650		50~400	57
		Z_1 仿 Z41Y-100P_{I}	铬镍钛钢	≤650		50~400	58
		Z_2 仿 Z41Y-100P_{I}	铬镍钛钢	≤650		50~400	58
		Z_1 仿 Z41Y-16P_{II}	高镍铬钢	≤750		50~400	58
		Z_2 仿 Z41Y-16P_{II}	高镍铬钢	≤750		50~400	58

续表

序号	名称	型号	阀体材质	使用温度/℃	适用介质	公称通径 DN	页次
10	带吹扫孔楔式单闸板闸阀	Z_1 仿 Z41Y-25P $_{Ⅱ}$	高镍铬钢	≤750	水、蒸汽、烟气、油品或雾状、粉末状、颗粒状	50~400	58
		Z_2 仿 Z41Y-25P $_{Ⅱ}$	高镍铬钢	≤750		50~400	58
		Z_1 仿 Z41Y-40P $_{Ⅱ}$	高镍铬钢	≤750		50~400	59
		Z_2 仿 Z41Y-40P $_{Ⅱ}$	高镍铬钢	≤750		50~400	59
		Z_1 仿 Z41Y-64P $_{Ⅱ}$	高镍铬钢	≤750		50~400	59
		Z_2 仿 Z41Y-64P $_{Ⅱ}$	高镍铬钢	≤750		50~400	59
		Z_1 仿 Z41Y-100P $_{Ⅱ}$	高镍铬钢	≤750		50~400	59
		Z_2 仿 Z41Y-100P $_{Ⅱ}$	高镍铬钢	≤750		50~400	59
		91FZ $_{Ⅱ}$ -25P	1Cr18Ni9Ti	≤650	烟气	65~300	60
		91FZ $_{Ⅱ}$ -40P	1Cr18Ni9Ti	≤650	烟气	65~300	60
11	耐磨衬里闸阀（需加吹扫孔时，型号前加 Z_1 仿、Z_2 仿即可）	Z41YGY-25P $_{Ⅱ}$	不锈钢及 TA218 耐磨衬里	650~730	催化裂化催化剂及高温烟气、蒸汽	200~600	60
		Z41YGY-40P $_{Ⅱ}$（Z9203GY $_{Ⅱ}$）	不锈钢及 TA218 耐磨衬里	650~730		200~500	60
		LSAPF-16P $_{Ⅱ}$	不锈钢及进口耐磨衬里	650~730	催化裂化催化剂及高温烟气、蒸汽	80~600	60
		LSAPF-25P $_{Ⅱ}$	不锈钢及进口耐磨衬里	650~730		80~600	61
		LSAPF-40P $_{Ⅱ}$	不锈钢及进口耐磨衬里	650~730		80~600	61
12	明杆楔式双闸板闸阀	Z42W-1	灰铸铁	≤100	煤气	300~700	61
		Z42H-25	碳钢	≤425	水、油品、蒸汽	300、400	61
		Z42W-16A	TA_2	≤310	氧化腐蚀性介质	10~150	61、62
13	手动带导流孔平板闸阀	Z43F-16C	碳钢	-40~90	原油、水、油气	50~350	63
		Z43F-25	碳钢	-40~90	原油、水、油气	50、65	63
		Z43F-40	碳钢	-40~90	原油、水、油气	200	63
14	抗硫手动带导流孔平板闸阀	KZ43Y-64	碳钢	-30~200	含硫天然气	50	63
		KZ43Y-160	碳钢	-30~200	含硫天然气	50	63
15	手动平板闸阀	Z44D-16C	碳钢	-29~121	油气、天然气	50~350	63
		KZ44D-16C	碳钢	-29~121	酸性天然气	50~350	63
		Z44D-25	碳钢	-29~121	油气	50~350	63
		KZ44D-25	碳钢	-29~121	酸性天然气	50~350	63
		Z44D-40	碳钢	-29~121	油气	50~250	64
		KZ44D-40	碳钢	-29~121	酸性天然气	50~250	64
		Z44D-64	碳钢	-29~121	油气	50~250	64
		KZ44D-64	碳钢	-29~121	酸性天然气	50~250	64
		Z44D-100	碳钢	-29~121	油气	50~150	64

续表

序号	名称	型号	阀体材质	使用温度/℃	适用介质	公称通径 *DN*	页次
15	手动平板闸阀	KZ44D-100	碳钢	-29~121	酸性天然气	50~150	64
		KZ44Y-25	碳钢	≤130	酸性天然气	40~100	64
		KZ44Y-40	碳钢	≤130	酸性天然气	40~100	64
16	NFZ 平板闸阀	NFZ44$\genfrac{}{}{0pt}{}{H}{Y}$-16C	WCB	≤425	水、蒸汽、油品、非腐蚀性气体	50~800	64
		NFZ44$\genfrac{}{}{0pt}{}{H}{Y}$-25	WCB	≤425		50~800	65
		NFZ44$\genfrac{}{}{0pt}{}{H}{Y}$-40	WCB	≤425		50~400	65
		NFZ44$\genfrac{}{}{0pt}{}{H}{Y}$-64	WCB	≤425		50~400	65
		NFZ44Y-16I	Cr5Mo	≤540	水、蒸汽、油品、非腐蚀性气体	50~800	64
		NFZ44Y-25I	Cr5Mo	≤540		50~800	65
		NFZ44Y-40I	Cr5Mo	≤540		50~400	65
		NFZ44Y-64I	Cr5Mo	≤540		50~400	65
17	手动无导流孔平板闸阀	MGZ1F381C	WCB	-29~121	非腐蚀性石油、天然气、水等	50~600	66
		MGZ2F381C	WCB	-29~121		50~500	66
		MGZ4F381C	WCB	-29~121		50~450	66
		MGZ6F381C	WCB	-29~121		50~400	67
		MGZ10F381C	WCB	-29~121		50~350	67
		MGKZ1F387C	抗硫 WCB	-29~121	含 H_2S 和 CO_2≤800 mg/Nm^2 介质	50~600	66
		MGKZ2F387C	抗硫 WCB	-29~121		50~500	66
		MGKZ4F387C	抗硫 WCB	-29~121		50~450	66
		MGKZ6F387C	抗硫 WCB	-29~121		50~400	67
		MGKZ10F387C	抗硫 WCB	-29~121		50~350	67
		Z43WH-16C	WCB	-29~121	非腐蚀性石油、天然气、煤气、水等	50~500	66
		Z43WH-25	WCB	-29~121		50~500	66
		Z43WH-40	WCB	-29~121		50~450	66
		Z43WH-64	WCB	-29~121		50~400	67
		KZ43WH-16C	抗硫 WCB	-29~121	含 H_2S 和 CO_2≤800 mg/Nm^2 介质	50~500	66
		KZ43WH-25	抗硫 WCB	-29~121		50~500	66
		KZ43WH-40	抗硫 WCB	-29~121		50~450	66
		KZ43WH-64	抗硫 WCB	-29~121		50~400	67
18	手动短型无导流孔平板闸阀	MGZ1H381C	WCB	-29~121	非腐蚀性石油、天然气、水等	100~600	67
		MGZ2H381C	WCB	-29~121		100~400	67
		MGKZ1H387C	抗硫 WCB	-29~121	含 H_2S 和 CO_2≤800 mg/Nm^2 介质	100~600	67
		MGKZ2H387C	抗硫 WCB	-29~121		100~400	67
19	明杆平行式双闸板闸阀	Z44T-10	灰铸铁	≤200	水、蒸汽	50~400	68
		Z44W-10	灰铸铁	≤100	油品	50~400	68

续表

序号	名称	型号	阀体材质	使用温度/℃	适用介质	公称通径 *DN*	页次
20	暗杆楔式单闸板闸阀	Z45T-2.5	灰铸铁	≤100	水	500、600、800	68
		Z45T-10	灰铸铁	≤100	水	40~700	68
		Z45W-10	灰铸铁	≤100	油品	40~700	68
		SZ45T-10	灰铸铁	≤100	油品	100~700	69
21	暗杆平行式双闸板闸阀	Z48T-10	灰铸铁	≤100	水、蒸汽	450~600	69
		Z48W-10	灰铸铁	≤100	油品	450~600	69
22	承插焊楔式闸阀	Z61$^{H}_{Y}$-25	碳钢	≤425	水、蒸汽、油品	15~50	70
		Z61$^{H}_{Y}$-40	碳钢	≤425	水、蒸汽、油品	15~50	70
		Z61$^{H}_{Y}$-64	碳钢	≤425	水、蒸汽、油品	15~50	70
		Z61$^{H}_{Y}$-100	碳钢	≤425	油品	15~50	70
		Z61$^{H}_{Y}$-160	碳钢	≤425	油品	15~50	70
		Z61Y-25I	Cr5Mo	≤550	油品	15~50	70
		Z61Y-40I	Cr5Mo	≤550	油品	15~50	70
		Z61Y-160I	Cr5Mo	≤550	油品	15~50	70
		Z61Y-40P	1Cr18Ni9Ti	≤100	硝酸	15~50	71
		Z61Y-64P	1Cr18Ni9Ti	≤100	硝酸	15~50	71
23	低温承插焊楔式闸阀	DZ61$^{H}_{Y}$-16P	1Cr18Ni9Ti	≥-196	乙烯、丙烯	15~50	71
		DZ61$^{H}_{Y}$-16R	Cr18Ni12Mo2Ti	≥-196	乙烯、丙烯	15~50	71
		DZ61$^{H}_{Y}$-25P	1Cr18Ni9Ti	≥-196	乙烯、丙烯	15~50	71
		DZ61$^{H}_{Y}$-25R	Cr18Ni12Mo2Ti	≥-196	乙烯、丙烯	15~50	71
		DZ61$^{H}_{Y}$-40P	1Cr18Ni9Ti	≥-196	乙烯、丙烯	15~50	71
		DZ61$^{H}_{Y}$-40R	Cr18Ni12Mo2Ti	≥-196	乙烯、丙烯	15~50	71
		DZ61$^{H}_{Y}$-64P	1Cr18Ni9Ti	≥-196	乙烯、丙烯	15~50	71
		DZ61$^{H}_{Y}$-64R	Cr18Ni12Mo2Ti	≥-196	乙烯、丙烯	15~50	71
24	抗硫承插焊闸阀	KZ61Y-25	碳钢	-20~130	含硫天然气	15~50	72
		KZ61Y-40	碳钢	-20~130	含硫天然气	15~50	72
		KZ61Y-64	碳钢	-20~130	含硫天然气	15~50	72
		KZ61Y-100	碳钢	-20~130	含硫天然气	15~50	72
		KZ61Y-160	碳钢	-20~130	含硫天然气	15~50	72

续表

序号	名称	型号	阀体材质	使用温度/℃	适用介质	公称通径 *DN*	页次
25	正齿轮传动楔式弹性闸板闸阀	CZ440$^{H}_{Y}$-16C	碳钢	≤425	水、蒸汽、油品	300~900	73
		CZ440$^{H}_{Y}$-25	碳钢	≤425	水、蒸汽、油品	300~900	73
		CZ440$^{H}_{Y}$-40	碳钢	≤425	水、蒸汽、油品	300~600	73
		CZ440$^{H}_{Y}$-64	碳钢	≤425	水、蒸汽、油品	150~600	73
		CZ440$^{H}_{Y}$-100	碳钢	≤425	水、蒸汽、油品	150~350	73
		CZ440$^{W}_{Y}$-16P	1Cr18Ni9Ti	≤200	硝酸类	300~900	74
		CZ440$^{W}_{Y}$-16R	Cr18Ni12Mo2Ti	≤200	醋酸类	300~900	74
		CZ440$^{W}_{Y}$-25P	1Cr18Ni9Ti	≤200	硝酸类	300~900	74
		CZ440$^{W}_{Y}$-25R	Cr18Ni12Mo2Ti	≤200	醋酸类	300~900	74
		CZ440$^{W}_{Y}$-40P	1Cr18Ni9Ti	≤200	硝酸类	300~600	74
		CZ440$^{W}_{Y}$-40R	Cr18Ni12Mo2Ti	≤200	醋酸类	300~600	74
		CZ440$^{W}_{Y}$-64P	1Cr18Ni9Ti	≤200	硝酸类	150~600	74
		CZ440$^{W}_{Y}$-64R	Cr18Ni12Mo2Ti	≤200	醋酸类	150~600	74
		CZ440$^{W}_{Y}$-100P	1Cr18Ni9Ti	≤200	硝酸类	150~350	74
		CZ440$^{W}_{Y}$-100R	Cr18Ni12Mo2Ti	≤200	醋酸类	150~350	74
		CZ440Y-16I	Cr5Mo	≤550	蒸汽、油品	300~900	75
		CZ440Y-25I	Cr5Mo	≤550	蒸汽、油品	300~900	75
		CZ440Y-40I	Cr5Mo	≤550	蒸汽、油品	300~600	75
		CZ440Y-64I	Cr5Mo	≤550	蒸汽、油品	150~600	75
		CZ440Y-100I	Cr5Mo	≤550	蒸汽、油品	150~350	75
		CZ440Y-16P$_{I}$	铬钼钛耐热钢	≤550	油品	300~900	76
		CZ440Y-25P$_{I}$	铬钼钛耐热钢	≤550	油品	300~900	76
		CZ440Y-40P$_{I}$	铬钼钛耐热钢	≤550	油品	300~600	76
		CZ440Y-16P$_{II}$	铬钼钛耐热钢	≤650	空气、烟气	300~900	76
		CZ440Y-25P$_{II}$	铬钼钛耐热钢	≤650	空气、烟气	300~900	77
		CZ440Y-40P$_{II}$	铬钼钛耐热钢	≤650	空气、烟气	300~600	77
26	正齿轮传动楔式单闸板闸阀	Z441$^{H}_{Y}$-16C	碳钢	≤425	水、蒸汽、油品	200~1000	77
		Z441$^{H}_{Y}$-25	碳钢	≤425	水、蒸汽、油品	200~1000	77

序号	名称	型号	阀体材质	使用温度/℃	适用介质	公称通径 *DN*	页次
26	正齿轮传动楔式单阀板闸阀	Z441$^{\text{H}}_{\text{Y}}$-40	碳钢	≤425	水、蒸汽、油品	150~600	78
		Z441$^{\text{H}}_{\text{Y}}$-64	碳钢	≤425	水、蒸汽、油品	150~600	78
		Z441$^{\text{W}}_{\text{Y}}$-100	碳钢	≤425	水、蒸汽、油品	150~400	78
		Z441$^{\text{W}}_{\text{Y}}$-16P	1Cr18Ni9Ti	≤200	硝酸类	300~900	78
		Z441$^{\text{W}}_{\text{Y}}$-16R	Cr18Ni12Mo2Ti	≤200	醋酸类	300~900	78
		Z441$^{\text{W}}_{\text{Y}}$-25P	1Cr18Ni9Ti	≤200	硝酸类	300~900	78
		Z441$^{\text{W}}_{\text{Y}}$-25R	Cr18Ni12Mo2Ti	≤200	醋酸类	300~900	78
		Z441$^{\text{W}}_{\text{Y}}$-40P	1Cr18Ni9Ti	≤200	硝酸类	300~600	79
		Z441$^{\text{W}}_{\text{Y}}$-40R	Cr18Ni12Mo2Ti	≤200	醋酸类	300~600	79
		Z441$^{\text{W}}_{\text{Y}}$-64P	1Cr18Ni9Ti	≤200	硝酸类	150~600	79
		Z441$^{\text{W}}_{\text{Y}}$-64R	Cr18Ni12Mo2Ti	≤200	醋酸类	150~600	79
		Z441$^{\text{W}}_{\text{Y}}$-100P	1Cr18Ni9Ti	≤200	硝酸类	150~350	79
		Z441$^{\text{W}}_{\text{Y}}$-100R	Cr18Ni12Mo2Ti	≤200	醋酸类	150~350	79
		Z441Y-16I	Cr5Mo	≤550	蒸汽、油品	300~900	79
		Z441Y-25I	Cr5Mo	≤550	蒸汽、油品	300~900	79
		Z441Y-40I	Cr5Mo	≤550	蒸汽、油品	300~600	80
		Z441Y-64I	Cr5Mo	≤550	蒸汽、油品	150~600	80
		Z441Y-100I	Cr5Mo	≤550	蒸汽、油品	150~350	80
		Z441Y-16P$_{\text{I}}$	铬钼钛耐热钢	≤550	油品	300~900	80
		Z441Y-25P$_{\text{I}}$	铬钼钛耐热钢	≤550	油品	300~900	80
		Z441Y-40P$_{\text{I}}$	铬钼钛耐热钢	≤550	油品	300~600	81
		Z441Y-16P$_{\text{II}}$	铬钼钛耐热钢	≤650	空气、烟气	300~900	81
		Z441Y-25P$_{\text{II}}$	铬钼钛耐热钢	≤650	空气、烟气	300~900	81
		Z441Y-40P$_{\text{II}}$	铬钼钛耐热钢	≤650	空气、烟气	300~600	81
27	正齿轮传动明杆楔式双闸板闸阀	Z442H-25	碳钢	≤425	水、蒸汽、油品	300~800	82
28	正齿轮传动暗杆楔式单闸板闸阀	SZ445T-6	铸铁	≤100	水	700	82
		SZ445T-10	铸铁	≤100	水	800~1000	82
29	伞齿轮传动明杆楔式弹性闸板	Z540$^{\text{H}}_{\text{Y}}$-16C	碳钢	≤425	水、蒸汽、油品	300~900	83
		Z540$^{\text{H}}_{\text{Y}}$-25	碳钢	≤425	水、蒸汽、油品	300~900	83

续表

序号	名称	型号	阀体材质	使用温度/℃	适用介质	公称通径 *DN*	页次
29	伞齿轮传动明杆楔式弹性闸板	Z540$^{H}_{Y}$-40	碳钢	≤425	水、蒸汽、油品	300~600	83
		Z540$^{H}_{Y}$-64	碳钢	≤425	水、蒸汽、油品	200~400	83
		Z540$^{H}_{Y}$-100	碳钢	≤425	水、蒸汽、油品	200~400	83
		Z540$^{H}_{Y}$-160	碳钢	≤425	水、蒸汽、油品	150~250	83
		Z540H-200	碳钢	≤425	水、蒸汽、油品	150~250	83
		Z540H-250	碳钢	≤425	水、蒸汽、油品	150~250	83
		Z540$^{W}_{Y}$-16P	1Cr18Ni9Ti	≤200	硝酸类	300~900	84
		Z540$^{W}_{Y}$-16R	Cr18Ni12Mo2Ti	≤200	醋酸类	300~900	84
		Z540$^{W}_{Y}$-25P	1Cr18Ni9Ti	≤200	硝酸类	300~900	84
		Z540$^{W}_{Y}$-25R	Cr18Ni12Mo2Ti	≤200	醋酸类	300~900	84
		Z540$^{W}_{Y}$-40P	1Cr18Ni9Ti	≤200	硝酸类	300~600	84
		Z540$^{W}_{Y}$-40R	Cr18Ni12Mo2Ti	≤200	醋酸类	300~600	84
		Z540$^{W}_{Y}$-64P	1Cr18Ni9Ti	≤200	硝酸类	200~400	84
		Z540$^{W}_{Y}$-64R	Cr18Ni12Mo2Ti	≤200	醋酸类	200~400	84
		Z540$^{W}_{Y}$-100P	1Cr18Ni9Ti	≤200	硝酸类	200~400	84
		Z540$^{W}_{Y}$-100R	Cr18Ni12Mo2Ti	≤200	醋酸类	200~400	84
		Z540$^{W}_{Y}$-160P	1Cr18Ni9Ti	≤200	硝酸类	150~250	84
		Z540$^{W}_{Y}$-160R	Cr18Ni12Mo2Ti	≤200	醋酸类	150~250	84
		Z540Y-200P	1Cr18Ni9Ti	≤200	硝酸类	150~250	84
		Z540Y-200R	Cr18Ni12Mo2Ti	≤200	醋酸类	150~250	84
		Z540Y-250P	1Cr18Ni9Ti	≤200	硝酸类	150~250	84
		Z540Y-250R	Cr18Ni12Mo2Ti	≤200	醋酸类	150~250	84
		Z540Y-16Ⅰ	Cr5Mo	≤550	蒸汽、油品	300~900	85
		Z540Y-25Ⅰ	Cr5Mo	≤550	蒸汽、油品	300~900	85
		Z540Y-40Ⅰ	Cr5Mo	≤550	蒸汽、油品	300~600	85
		Z540Y-64Ⅰ	Cr5Mo	≤550	蒸汽、油品	200~400	85
		Z540Y-100Ⅰ	Cr5Mo	≤550	蒸汽、油品	200~400	85

续表

序号	名称	型号	阀体材质	使用温度/℃	适用介质	公称通径 *DN*	页次
29	伞齿轮传动明杆楔式弹性闸板	Z540Y-160$_{\text{I}}$	Cr5Mo	≤550	蒸汽、油品	150、200	85
		Z540Y-16P$_{\text{I}}$	铬钼钛耐热钢	≤550	油品	300~900	86
		Z540Y-25P$_{\text{I}}$	铬钼钛耐热钢	≤550	油品	300~900	86
		Z540Y-40P$_{\text{I}}$	铬钼钛耐热钢	≤550	油品	300~600	86
		Z540Y-16P$_{\text{II}}$	铬钼钛耐热钢	≤650	空气、烟气	300~900	86
		Z540Y-25P$_{\text{II}}$	铬钼钛耐热钢	≤650	空气、烟气	300~900	86
		Z540Y-40P$_{\text{II}}$	铬钼钛耐热钢	≤650	空气、烟气	300~600	86
30	伞齿轮传动明杆楔式单闸板闸板	Z541$\genfrac{}{}{0pt}{}{H}{Y}$-16C	碳钢	≤425	水、蒸汽、油品	200~1000	87
		Z541$\genfrac{}{}{0pt}{}{H}{Y}$-25	碳钢	≤425	水、蒸汽、油品	200~1000	87
		Z541$\genfrac{}{}{0pt}{}{H}{Y}$-40	碳钢	≤425	水、蒸汽、油品	150~600	87
		Z541$\genfrac{}{}{0pt}{}{H}{Y}$-64	碳钢	≤425	水、蒸汽、油品	150~400	88
		Z541$\genfrac{}{}{0pt}{}{H}{Y}$-100	碳钢	≤425	水、蒸汽、油品	150~500	88
		Z541$\genfrac{}{}{0pt}{}{H}{Y}$-160	碳钢	≤425	水、蒸汽、油品	150~300	88
		Z541H-200	碳钢	≤425	水、蒸汽、油品	150~250	88
		Z541H-250	碳钢	≤425	水、蒸汽、油品	150~250	88
		Z541$\genfrac{}{}{0pt}{}{W}{Y}$-16P	1Cr18Ni9Ti	≤200	硝酸类	300~900	88
		Z541$\genfrac{}{}{0pt}{}{W}{Y}$-16R	Cr18Ni12Mo2Ti	≤200	醋酸类	300~900	88
		Z541$\genfrac{}{}{0pt}{}{W}{Y}$-25P	1Cr18Ni9Ti	≤200	硝酸类	300~900	89
		Z541$\genfrac{}{}{0pt}{}{W}{Y}$-25R	Cr18Ni12Mo2Ti	≤200	醋酸类	300~900	89
		Z541$\genfrac{}{}{0pt}{}{W}{Y}$-40P	1Cr18Ni9Ti	≤200	硝酸类	300~600	89
		Z541$\genfrac{}{}{0pt}{}{W}{Y}$-40R	Cr18Ni12Mo2Ti	≤200	醋酸类	300~600	89
		Z541$\genfrac{}{}{0pt}{}{W}{Y}$-64P	1Cr18Ni9Ti	≤200	硝酸类	200~400	89
		Z541$\genfrac{}{}{0pt}{}{W}{Y}$-64R	Cr18Ni12Mo2Ti	≤200	醋酸类	200~400	89
		Z541$\genfrac{}{}{0pt}{}{W}{Y}$-100P	1Cr18Ni9Ti	≤200	硝酸类	200~400	89
		Z541$\genfrac{}{}{0pt}{}{W}{Y}$-100R	Cr18Ni12Mo2Ti	≤200	醋酸类	200~400	89
		Z541$\genfrac{}{}{0pt}{}{W}{Y}$-160P	1Cr18Ni9Ti	≤200	硝酸类	150~250	89
		Z541$\genfrac{}{}{0pt}{}{W}{Y}$-160R	Cr18Ni12Mo2Ti	≤200	醋酸类	150~250	89
		Z541Y-200P	1Cr18Ni9Ti	≤200	硝酸类	150~250	89

续表

序号	名称	型号	阀体材质	使用温度/℃	适用介质	公称通径 *DN*	页次
30	伞齿轮传动明杆楔式单闸板闸板	Z541Y-200R	Cr18Ni12Mo2Ti	≤200	醋酸类	150~250	89
		Z541Y-250P	1Cr18Ni9Ti	≤200	硝酸类	150~250	89
		Z541Y-250R	Cr18Ni12Mo2Ti	≤200	醋酸类	150~250	89
		Z541Y-16Ⅰ	Cr5Mo	≤550	蒸汽、油品	300~900	90
		Z541Y-25Ⅰ	Cr5Mo	≤550	蒸汽、油品	300~900	90
		Z541Y-40Ⅰ	Cr5Mo	≤550	蒸汽、油品	300~600	90
		Z541Y-64Ⅰ	Cr5Mo	≤550	蒸汽、油品	200~400	90
		Z541Y-100Ⅰ	Cr5Mo	≤550	蒸汽、油品	200~400	90
		Z541Y-160Ⅰ	Cr5Mo	≤550	蒸汽、油品	150、200	90
		Z541Y-16P_{I}	铬钼钛耐热钢	≤550	油品	300~900	91
		Z541Y-25P_{I}	铬钼钛耐热钢	≤550	油品	300~900	91
		Z541Y-40P_{I}	铬钼钛耐热钢	≤550	油品	300~600	91
		Z541Y-16P_{II}	铬钼钛耐热钢	≤650	空气、烟气	300~900	91
		Z441Y-25P_{II}	铬钼钛耐热钢	≤650	空气、烟气	300~900	91
		Z441Y-40P_{II}	铬钼钛耐热钢	≤650	空气、烟气	300~600	91
31	齿轮传动无导流孔平板闸阀	MGZ1F5381C	WCB	-29~121	非腐蚀性、石油、天然气、水等	50~1000	92
		MGZ2F5381C	WCB	-29~121		50~1000	92
		MGZ4F5381C	WCB	-29~121		50~800	93
		MGZ6F5381C	WCB	-29~121		50~700	93
		MGZ10F5381C	WCB	-29~121		50~500	93
		MGKZ1F5387C	抗硫 WCB	-29~121	含 H_2S 和 CO_2 ≤800mg/Nm^3 介质	50~1000	92
		MGKZ2F5387C	抗硫 WCB	-29~121		50~1000	92
		MGKZ4F5387C	抗硫 WCB	-29~121		50~800	93
		MGKZ6F5387C	抗硫 WCB	-29~121		50~700	93
		MGKZ10F5387C	抗硫 WCB	-29~121		50~500	93
		WPZ543F-16C	WCB	-29~121	非腐蚀性、石油、天然气、水等	50~1000	92
		WPZ543F-25	WCB	-29~121		50~1000	92
		WPZ543F-40	WCB	-29~121		50~800	93
		WPZ543F-64	WCB	-29~121		50~700	93
		WPZ543F-100	WCB	-29~121		50~500	93
		KWPZ543F-16C	抗硫 WCB	-29~121	含 H_2S 和 CO_2 ≤800mg/Nm^3 介质	50~1000	92
		KWPZ543F-25	抗硫 WCB	-29~121		50~1000	92
		KWPZ543F-40	抗硫 WCB	-29~121		50~800	93
		KWPZ543F-64	抗硫 WCB	-29~121		50~700	93
		KWPZ543F-100	抗硫 WCB	-29~121		50~500	93
32	齿轮传动短型无导流孔平板闸阀	MGZ1H5381C	WCB	-29~121	非腐蚀性、石油、天然气、水等	300~1000	94
		MGZ2H5381C	WCB	-29~121		300~800	94

续表

序号	名称	型号	阀体材质	使用温度/℃	适用介质	公称通径 *DN*	页次
32	齿轮传动短型无导流孔平板闸阀	MGKZ1H5387C	抗硫 WCB	-29~121	含 H_2S 和 CO_2 ≤ 800mg/Nm^3 介质	300~1000	94
		MGKZ2H5387C	抗硫 WCB	-29~121		300~800	94
33	伞齿轮传动明杆楔式双闸板闸阀	Z542W-1	铸铁	≤100	煤气	600~1400	94
		Z542H-25	碳钢	≤425	水、蒸汽、油品	300~500	94
		Z542H-100	碳钢	≤425	水、蒸汽、油品	100~250	94
34	伞齿轮传动平板闸阀	Z544D-16C	WCB	-29~121	油品	400~700	95
		K544D-16C	WCB	-29~121	酸性天然气	400~700	95
		Z544D-25	WCB	-29~121	油品	400~700	95
		KZ544D-25	WCB	-29~121	酸性天然气	400~700	95
		Z544D-40	WCB	-29~121	油品	300~700	96
		KZ544D-40	WCB	-29~121	酸性天然气	300~700	96
		Z544D-64	WCB	-29~121	油品	300~700	96
		KZ544D-64	WCB	-29~121	酸性天然气	300~700	96
		Z544D-100	WCB	-29~121	油品	200~400	96
		KZ544D-100	WCB	-29~121	酸性天然气	200~400	96
35	伞齿轮传动暗杆楔式单闸板闸阀	WZ545T-6	铸铁	≤100	水	600~1200	96
		Z545T-2.5	铸铁	≤100	水	1000	96
		Z545T-10	铸铁	≤100	水	600~800	96
36	伞齿轮传动暗杆平行式双闸板闸阀	Z548T-10	铸铁	≤100	水	600~1000	96
37	气动带手动楔式弹性闸板闸阀	CZ6$_S$40H-16C	碳钢	≤425	水、油品、蒸汽	200~400	97
		CZ6$_S$40H-25	碳钢	≤425	水、油品、蒸汽	200~400	97
		CZ6$_S$40H-40	碳钢	≤425	水、油品、蒸汽	200~400	97
		Z6$_S$40Y-16C	碳钢	≤425	水、油品、蒸汽	50~350	97
		Z6$_S$40F-16C	碳钢	≤200	油品、水	50~350	97
		Z6$_S$40Y-25	碳钢	≤425	水、油品、蒸汽	50~350	98
		Z6$_S$40F-25	碳钢	≤200	油品、水	50~350	98
		Z6$_S$40Y-40	碳钢	≤425	油品、水、蒸汽	150	98
		Z6$_{S\,II}$40Y-16C	碳钢	≤425	油品、水、蒸汽	50~250	98
		Z6$_{S\,II}$40F-16C	碳钢	≤200	油品、水	50~250	98
		CZ6$_{S\,II}$40Y-16C	碳钢	≤425	油品、水、蒸汽	350	98
		Z6$_{S\,II}$40Y-25	碳钢	≤425	油品、水、蒸汽	50~350	98
		Z6$_{S\,II}$40F-25	碳钢	≤200	水、油品	50~350	98
		Z6$_{S\,II}$40Y-40	碳钢	≤425	水、油品、蒸汽	80、100	98
		CZ6$_{S\,II}$40Y-40	碳钢	≤425	水、油品、蒸汽	150	98

续表

序号	名称	型号	阀体材质	使用温度/℃	适用介质	公称通径 DN	页次
38	气动带手动楔式单闸板闸阀	Z6$_{SK}$41H-16C	碳钢	≤120	油品、水	50、200~500	98
		Z6$_{2SK}$41H-16C	碳钢	≤120	油品、水	50~250	98
		Z6$_{2SK}$41H-16P	1Cr18Ni9Ti	≤120	硝酸类	100~250	99
		Z6$_{2SK}$41Y-16R	Cr18Ni12Mo2Ti	≤200	醋酸类	100~250	99
		Z6$_{S}$41H-16C	碳钢	≤425	油品、水、蒸汽	50~400	99
		Z6$_{S}$41Y-16C	碳钢	≤425	油品、水、蒸汽	50~400	99
		Z6$_{S}$41H-25	碳钢	≤425	油品、水、蒸汽	50~400	99
		Z6$_{S}$41Y-25	碳钢	≤425	油品、水、蒸汽	50~400	99
		Z6$_{S}$41H-40	碳钢	≤425	油品、水、蒸汽	50~300	99
		Z6$_{S}$41H-40	碳钢	≤425	油品、水、蒸汽	50~300	99
39	气动闸阀	Z641H-16C	碳钢	≤425	油品、水、蒸汽	80、200~350	99、100
		Z641Y-40	碳钢	≤425	油品、水、蒸汽	80、100	100
40	抗硫气动闸阀	KZ6$_{S}$41Y-40P	1Cr18Ni9Ti	≤200	硝酸类	40~600	100
41	液动楔式闸阀	Z741Y-16C	碳钢	≤425	油品、水、蒸汽	50~250	100
		Z741Y-25	碳钢	≤425	油品、水、蒸汽	50~250	100
		Z741Y-40	碳钢	≤425	油品、水、蒸汽	50~150	100
		Z741Y-64	碳钢	≤425	油品、水、蒸汽	50~150	100
		Z741Y-100	碳钢	≤425	油品、水、蒸汽	80	101
		Z741H-64	碳钢	≤425	油品、水、蒸汽	200、250、400	101
		Z741H-25	碳钢	≤425	油品、水、蒸汽	500	101
42	液压平行式双闸板闸阀	Z744T-10	灰铸铁	≤50	水	100~600	101
43	电动楔式弹性闸板闸阀	Z940$\begin{smallmatrix}H\\Y\end{smallmatrix}$-16C	碳钢	≤425	水、蒸汽、油品	50~1000	101
		CZ9$_{B}$40H-16C	碳钢	≤425	水、蒸汽、油品	100~250	101
		Z940$\begin{smallmatrix}H\\Y\end{smallmatrix}$-25	碳钢	≤425	水、蒸汽、油品	50~1000	102
		Z940$\begin{smallmatrix}H\\Y\end{smallmatrix}$-40	碳钢	≤425	水、蒸汽、油品	50~600	102
		Z940$\begin{smallmatrix}H\\Y\end{smallmatrix}$-64	碳钢	≤425	水、蒸汽、油品	50~600	103
		Z940$\begin{smallmatrix}H\\Y\end{smallmatrix}$-100	碳钢	≤425	水、蒸汽、油品	50~400	103
		Z940$\begin{smallmatrix}H\\Y\end{smallmatrix}$-160	碳钢	≤425	水、蒸汽、油品	50~300	103
		Z940$\begin{smallmatrix}W\\Y\end{smallmatrix}$-16P	1Cr18Ni9Ti	≤200	硝酸类	50~900	104
		Z940$\begin{smallmatrix}W\\Y\end{smallmatrix}$-25P	1Cr18Ni9Ti	≤200	硝酸类	50~900	104
		Z940$\begin{smallmatrix}W\\Y\end{smallmatrix}$-40P	1Cr18Ni9Ti	≤200	硝酸类	50~600	105

续表

序号	名称	型号	阀体材质	使用温度/℃	适用介质	公称通径 *DN*	页次
43	电动楔式弹性闸板闸阀	Z940$^{W}_{Y}$-64P	1Cr18Ni9Ti	≤200	硝酸类	50~600	105
		Z940$^{W}_{Y}$-100P	1Cr18Ni9Ti	≤200	硝酸类	50~400	105
		Z940$^{W}_{Y}$-160P	1Cr18Ni9Ti	≤200	硝酸类	50~200	106
		Z940$^{W}_{Y}$-16R	Cr18Ni12Mo2Ti	≤200	醋酸类	50~900	106
		Z940$^{W}_{Y}$-25R	Cr18Ni12Mo2Ti	≤200	醋酸类	50~900	106
		Z940$^{W}_{Y}$-40R	Cr18Ni12Mo2Ti	≤200	醋酸类	50~600	107
		Z940$^{W}_{Y}$-64R	Cr18Ni12Mo2Ti	≤200	醋酸类	50~600	107
		Z940$^{W}_{Y}$-100R	Cr18Ni12Mo2Ti	≤200	醋酸类	50~400	107
		Z940$^{W}_{Y}$-160R	Cr18Ni12Mo2Ti	≤200	醋酸类	50~200	108
		Z940Y-16 Ⅰ	Cr5Mo	≤550	水、蒸汽、油品	50~900	108
		Z940Y-25 Ⅰ	Cr5Mo	≤550	水、蒸汽、油品	50~900	108
		Z940Y-40 Ⅰ	Cr5Mo	≤550	水、蒸汽、油品	50~600	109
		Z940Y-64 Ⅰ	Cr5Mo	≤550	水、蒸汽、油品	50~600	109
		Z940Y-100 Ⅰ	Cr5Mo	≤550	水、蒸汽、油品	50~400	109
		Z940Y-160 Ⅰ	Cr5Mo	≤550	水、蒸汽、油品	50~200	110
44	电动楔式单闸板闸阀	Z941$^{H}_{Y}$-16C	碳钢	≤425	水、蒸汽、油品	40~1000	110
		Z941$^{H}_{Y}$-25C	碳钢	≤425	水、蒸汽、油品	40~1000	110
		Z941$^{H}_{Y}$-40	碳钢	≤425	水、蒸汽、油品	40~800	111
		Z941$^{H}_{Y}$-64	碳钢	≤425	水、蒸汽、油品	50~700	111
		Z941$^{H}_{Y}$-100	碳钢	≤425	水、蒸汽、油品	50~400	112
		Z941$^{H}_{Y}$-160	碳钢	≤425	水、蒸汽、油品	50~300	112
		Z941$^{H}_{Y}$-200	碳钢	≤425	水、蒸汽、油品	50~225	112
		Z941$^{H}_{Y}$-250	碳钢	≤425	水、蒸汽、油品	80~200	112
		Z941$^{W}_{Y}$-16P	1Cr18Ni9Ti	≤200	硝酸类	40~900	113
		Z941$^{W}_{Y}$-25P	1Cr18Ni9Ti	≤200	硝酸类	40~900	113
		Z941$^{W}_{Y}$-40P	1Cr18Ni9Ti	≤200	硝酸类	40~600	113
		Z941$^{W}_{Y}$-64P	1Cr18Ni9Ti	≤200	硝酸类	50~500	114

续表

序号	名称	型号	阀体材质	使用温度/℃	适用介质	公称通径 *DN*	页次
44	电动楔式单闸板闸阀	Z941$^{W}_{Y}$-100P	1Cr18Ni9Ti	≤200	硝酸类	50~400	114
		Z941$^{W}_{Y}$-160P	1Cr18Ni9Ti	≤200	硝酸类	50~200	114
		Z941$^{W}_{Y}$-200P	1Cr18Ni9Ti	≤200	硝酸类	50~150	114
		Z941$^{W}_{Y}$-16R	Cr18Ni12Mo2Ti	≤200	醋酸类	40~900	115
		Z941$^{W}_{Y}$-25R	Cr18Ni12Mo2Ti	≤200	醋酸类	40~900	115
		Z941$^{W}_{Y}$-40R	Cr18Ni12Mo2Ti	≤200	醋酸类	40~600	115
		Z941$^{W}_{Y}$-64R	Cr18Ni12Mo2Ti	≤200	醋酸类	50~500	116
		Z941$^{W}_{Y}$-100R	Cr18Ni12Mo2Ti	≤200	醋酸类	50~400	116
		Z941$^{W}_{Y}$-160R	Cr18Ni12Mo2Ti	≤200	醋酸类	50~300	116
		Z941Y-16Ⅰ	Cr5Mo	≤550	水、蒸汽、油品	40~900	117
		Z941Y-25Ⅰ	Cr5Mo	≤550	水、蒸汽、油品	40~900	117
		Z941Y-40Ⅰ	Cr5Mo	≤550	水、蒸汽、油品	40~600	118
		Z941Y-64Ⅰ	Cr5Mo	≤550	水、蒸汽、油品	50~500	118
		Z941Y-100Ⅰ	Cr5Mo	≤550	水、蒸汽、油品	50~400	118
		Z941Y-160Ⅰ	Cr5Mo	≤550	水、蒸汽、油品	50~200	119
		Z941Y-40P$_{\text{Ⅱ}}$	铬镍钛钢	≤650	空气、烟气	200、300、400	119
		Z9$_{B}$41H-16C	碳钢	≤425	水、蒸汽、油品	100~500	119
		Z9$_{B}$41H-25	碳钢	≤425	水、蒸汽、油品	80~400	119
		Z9$_{B}$41H-40	碳钢	≤425	水、蒸汽、油品	80~500	119
		Z9$_{B}$41H-64	碳钢	≤425	水、蒸汽、油品	100~700	120
		Z9$_{B}$41H-160	碳钢	≤425	水、蒸汽、油品	80~200	120
		Z9$_{B}$41H-16Ⅰ	Cr5Mo	≤550	油品	400	120
		Z9$_{B}$41H-64Ⅰ	Cr5Mo	≤550	油品	150	120
		Z9$_{B}$41H-100Ⅰ	Cr5Mo	≤550	油品	150~300	120
45	电动明杆楔式双闸板闸阀	Z942W-1	铸铁	≤100	煤气	450~2000	120
		Z942W-6C	碳钢	≤300	水、蒸汽、油品	1000	120
		Z942H-16C	碳钢	≤425	水、蒸汽、油品	600~1000	120
		Z942H-25	碳钢	≤425	水、蒸汽、油品	150~1000	121
		Z9$_{B}$42H-25	碳钢	≤425	水、蒸汽、油品	300~1000	121
46	电动明杆平行式双闸板闸阀	Z944T-10	铸铁	≤200	水	80~400	121
		Z944W-10	铸铁	≤100	油品	80~400	121
47	电动暗杆楔式单闸板闸阀	Z945T-2.5	铸铁	≤100	水	500~1000	122
		Z945T-6	铸铁	≤100	水	1200、1400	122

续表

序号	名称	型号	阀体材质	使用温度/℃	适用介质	公称通径 DN	页次
47	电动暗杆楔式单闸板闸阀	Z945T-10	铸铁	≤100	水	80~1000	122
		Z945W-10	铸铁	≤100	油品	80~1000	122
48	电动暗杆双闸板闸阀	Z946T-2.5	铸铁	≤100	水	1200~1800	123
49	电动暗杆平行双闸板闸阀	Z948T-10	铸铁	≤100	水	450~1400	123
50	NFZ 平板电动闸阀	NFZ944 $\frac{H}{Y}$-16C	WCB	≤425	水、蒸汽、油品、非腐蚀性气体	80~800	125
		NFZ944 $\frac{H}{Y}$-25	WCB	≤425		80~800	125
		NFZ944 $\frac{H}{Y}$-40	WCB	≤425		80~400	125
		NFZ944 $\frac{H}{Y}$-64	WCB	≤425		80~400	126
		NFZ944Y-16 Ⅰ	Cr5Mo	≤540		80~800	125
		NFZ944Y-25 Ⅰ	Cr5Mo	≤540		80~800	125
		NFZ944Y-40 Ⅰ	Cr5Mo	≤540		80~400	125
		NFZ944Y-64 Ⅰ	Cr5Mo	≤540		80~400	126
51	NGZ 系列电动闸阀	MGZ1F9022C	WCB	≤425	油气、油品、液体等介质	150~1200	126
		MGZ2F9022C	WCB	≤425		150~1000	126
		MGZ4F9022C	WCB	≤425		150~800	127
		MGZ6F9022C	WCB	≤425		100~600	127
		MGZ10F9022C	WCB	≤425		100~600	127
		$Z9_B$43WH-16C	WCB	-29~121	非腐蚀性石油、天然气、煤气、水等	150~500	126
		$Z9_B$43WH-25	WCB	-29~121		150~500	126
		$Z9_B$43WH-40	WCB	-29~121		150~500	127
		$Z9_B$43WH-64	WCB	-29~121		100~500	127
		$KZ9_B$43WH-16C	抗硫 WCB	-29~121	含 H_2S 和 CO_2 ≤800 mg/Nm^3 介质	150~500	126
		$KZ9_B$43WH-25	抗硫 WCB	-29~121		150~500	126
		$KZ9_B$43WH-40	抗硫 WCB	-29~121		150~500	127
		$KZ9_B$43WH-64	抗硫 WCB	-29~121		100~500	127
52	高温高压电站电动闸阀	Z960Y-250	WCB	≤425	水、蒸汽	100~300	128
		Z960Y-320	WCB	≤425	水、蒸汽	100~225	128
		Z960Y-P_{54}100	WC6	≤540	蒸汽	175~300	128
		Z960Y-P_{54}170	WC6	≤540	蒸汽	125~350	128
		Z960Y-64$P_{Ⅰ}$	1Cr18Ni9Ti	≤550	蒸汽、油品	375	128
53	球面闸阀（1）手动（法兰连接）	ZQ49 $\frac{H}{Y}$-16C	WCB	≤425	水、蒸汽、油品	50~400	128
		ZQ49 $\frac{H}{Y}$-25	WCB	≤425	水、蒸汽、油品	50~400	129

续表

序号	名称	型号	阀体材质	使用温度/℃	适用介质	公称通径 *DN*	页次
53	球面闸阀 (1) 手动 (法兰连接)	ZQ49$^{H}_{Y}$-40	WCB	≤425	水、蒸汽、油品	50~400	129
		ZQ49$^{H}_{Y}$-64	WCB	≤425	水、蒸汽、油品	50~400	129
		ZQ49$^{H}_{Y}$-100	WCB	≤425	水、蒸汽、油品	50~400	130
		ZQ49$^{W}_{Y}$-16P	不锈耐酸钢	-196~650	腐蚀性介质	50~400	128
		ZQ49$^{W}_{Y}$-25P	不锈耐酸钢	-196~650	腐蚀性介质	50~400	129
		ZQ49$^{W}_{Y}$-40P	不锈耐酸钢	-196~650	腐蚀性介质	50~400	129
		ZQ49$^{W}_{Y}$-64P	不锈耐酸钢	-196~650	腐蚀性介质	50~400	129
		ZQ49$^{W}_{Y}$-100P	不锈耐酸钢	-196~650	腐蚀性介质	50~400	130
		ZQ49Y-16 Ⅰ	Cr5Mo	≤550	油品	50~400	128
		ZQ49Y-25 Ⅰ	Cr5Mo	≤550	油品	50~400	129
		ZQ49Y-40 Ⅰ	Cr5Mo	≤550	油品	50~400	129
		ZQ49Y-64 Ⅰ	Cr5Mo	≤550	油品	50~400	129
		ZQ49Y-100 Ⅰ	Cr5Mo	≤550	油品	50~400	130
	(2) 伞齿轮 (法兰连接)	ZQ549$^{H}_{Y}$-16	WCB	≤425	水、蒸汽、油品	300~800	130
		ZQ549$^{H}_{Y}$-25	WCB	≤425	水、蒸汽、油品	300~800	130
		ZQ549$^{H}_{Y}$-40	WCB	≤425	水、蒸汽、油品	300~800	130
		ZQ549$^{H}_{Y}$-64	WCB	≤425	水、蒸汽、油品	200~500	130
		ZQ549$^{H}_{Y}$-100	WCB	≤425	水、蒸汽、油品	200~400	130
		ZQ549$^{W}_{Y}$-16P	不锈耐酸钢	-196~650	腐蚀性介质	300~800	130
		ZQ549$^{W}_{Y}$-25P	不锈耐酸钢	-196~650	腐蚀性介质	300~800	130
		ZQ549$^{W}_{Y}$-40P	不锈耐酸钢	-196~650	腐蚀性介质	300~800	130
		ZQ549$^{W}_{Y}$-64P	不锈耐酸钢	-196~650	腐蚀性介质	200~500	130
		ZQ549$^{W}_{Y}$-100P	不锈耐酸钢	-196~650	腐蚀性介质	200~400	130
		ZQ549Y-16 Ⅰ	Cr5Mo	≤550	油品	300~800	130
		ZQ549Y-25 Ⅰ	Cr5Mo	≤550	油品	300~800	130
		ZQ549Y-40 Ⅰ	Cr5Mo	≤550	油品	300~800	130
		ZQ549Y-64 Ⅰ	Cr5Mo	≤550	油品	200~500	130
		ZQ549Y-100 Ⅰ	Cr5Mo	≤550	油品	200~400	130

续表

序号	名称	型号	阀体材质	使用温度/℃	适用介质	公称通径 *DN*	页次
53	(3) 气动(法兰连接)	ZQ649$\begin{smallmatrix}H\\Y\end{smallmatrix}$-16C	WCB	≤425	水、蒸汽、油品	300~800	131
		ZQ649$\begin{smallmatrix}H\\Y\end{smallmatrix}$-25	WCB	≤425	水、蒸汽、油品	300~800	131
		ZQ649$\begin{smallmatrix}H\\Y\end{smallmatrix}$-40	WCB	≤425	水、蒸汽、油品	300~800	131
		ZQ649$\begin{smallmatrix}H\\Y\end{smallmatrix}$-64	WCB	≤425	水、蒸汽、油品	200~500	131
		ZQ649$\begin{smallmatrix}H\\Y\end{smallmatrix}$-100	WCB	≤425	水、蒸汽、油品	200~400	131
		ZQ649$\begin{smallmatrix}W\\Y\end{smallmatrix}$-16P	不锈耐酸钢	-196~650	腐蚀性介质	300~800	131
		ZQ649$\begin{smallmatrix}W\\Y\end{smallmatrix}$-25P	不锈耐酸钢	-196~650	腐蚀性介质	300~800	131
		ZQ649$\begin{smallmatrix}W\\Y\end{smallmatrix}$-40P	不锈耐酸钢	-196~650	腐蚀性介质	300~800	131
		ZQ649$\begin{smallmatrix}W\\Y\end{smallmatrix}$-64P	不锈耐酸钢	-196~650	腐蚀性介质	200~500	131
		ZQ649$\begin{smallmatrix}W\\Y\end{smallmatrix}$-100P	不锈耐酸钢	-196~650	腐蚀性介质	200~400	131
		ZQ649Y-16 Ⅰ	Cr5Mo	≤550	油品	300~800	131
		ZQ649Y-25 Ⅰ	Cr5Mo	≤550	油品	300~800	131
		ZQ649Y-40 Ⅰ	Cr5Mo	≤550	油品	300~800	131
		ZQ649Y-64 Ⅰ	Cr5Mo	≤550	油品	200~500	131
		ZQ649Y-100 Ⅰ	Cr5Mo	≤550	油品	200~400	131
	(4) 电动(法兰连接)	ZQ949$\begin{smallmatrix}H\\Y\end{smallmatrix}$-16C	WCB	≤425	水、蒸汽、油品	300~800	132
		ZQ949$\begin{smallmatrix}H\\Y\end{smallmatrix}$-25	WCB	≤425	水、蒸汽、油品	300~800	132
		ZQ949$\begin{smallmatrix}H\\Y\end{smallmatrix}$-40	WCB	≤425	水、蒸汽、油品	300~800	132
		ZQ949$\begin{smallmatrix}H\\Y\end{smallmatrix}$-64	WCB	≤425	水、蒸汽、油品	200~500	132
		ZQ949$\begin{smallmatrix}H\\Y\end{smallmatrix}$-100	WCB	≤425	水、蒸汽、油品	200~400	132
		ZQ949$\begin{smallmatrix}W\\Y\end{smallmatrix}$-16P	不锈耐酸钢	-196~650	腐蚀性介质	300~800	132
		ZQ949$\begin{smallmatrix}W\\Y\end{smallmatrix}$-25P	不锈耐酸钢	-196~650	腐蚀性介质	300~800	132
		ZQ949$\begin{smallmatrix}W\\Y\end{smallmatrix}$-40P	不锈耐酸钢	-196~650	腐蚀性介质	300~800	132
		ZQ949$\begin{smallmatrix}W\\Y\end{smallmatrix}$-64P	不锈耐酸钢	-196~650	腐蚀性介质	200~500	132
		ZQ949$\begin{smallmatrix}W\\Y\end{smallmatrix}$-100P	不锈耐酸钢	-196~650	腐蚀性介质	200~400	132
		ZQ949Y-16 Ⅰ	Cr5Mo	≤550	油品	300~800	132
		ZQ949Y-25 Ⅰ	Cr5Mo	≤550	油品	300~800	132

续表

序号	名称	型号	阀体材质	使用温度/℃	适用介质	公称通径 *DN*	页次
53	(4) 电动(法兰连接)	ZQ949Y-40 Ⅰ	Cr5Mo	≤550	油品	300~800	132
		ZQ949Y-64 Ⅰ	Cr5Mo	≤550	油品	200~500	132
		ZQ949Y-100 Ⅰ	Cr5Mo	≤550	油品	200~400	132
	(5) 伞齿轮(对焊连接)	ZQ569$_{Y}^{H}$-16C	WCB	≤425	水、蒸汽、油品	300~800	133
		ZQ569$_{Y}^{H}$-25	WCB	≤425	水、蒸汽、油品	300~800	133
		ZQ569$_{Y}^{H}$-40	WCB	≤425	水、蒸汽、油品	300~800	133
		ZQ569$_{Y}^{H}$-64	WCB	≤425	水、蒸汽、油品	200~500	133
		ZQ569$_{Y}^{H}$-100	WCB	≤425	水、蒸汽、油品	200~400	133
		ZQ569$_{Y}^{W}$-16P	不锈耐酸钢	-196~650	腐蚀性介质	300~800	133
		ZQ569$_{Y}^{W}$-25P	不锈耐酸钢	-196~650	腐蚀性介质	300~800	133
		ZQ569$_{Y}^{W}$-40P	不锈耐酸钢	-196~650	腐蚀性介质	300~800	133
		ZQ569$_{Y}^{W}$-64P	不锈耐酸钢	-196~650	腐蚀性介质	200~500	133
		ZQ569$_{Y}^{W}$-100P	不锈耐酸钢	-196~650	腐蚀性介质	200~400	133
		ZQ569Y-16 Ⅰ	Cr5Mo	≤550	油品	300~800	133
		ZQ569Y-25 Ⅰ	Cr5Mo	≤550	油品	300~800	133
		ZQ569Y-40 Ⅰ	Cr5Mo	≤550	油品	300~800	133
		ZQ569Y-64 Ⅰ	Cr5Mo	≤550	油品	200~500	133
		ZQ569Y-100 Ⅰ	Cr5Mo	≤550	油品	200~400	133
54	DV、DVW型排液放空阀	DV-113	碳钢	≤400	水、蒸汽、油品、液氨	15~50	134
		DV-549	1Cr5Mo	≤530	水、蒸汽、油品、液氨	15~50	134
		DV-319	1Cr18Ni9	≤540	腐蚀性流体	15~50	134
		DV-349	00Cr17Ni14Mo2	≤450	腐蚀性流体	15~50	134
		DVW-113	碳钢	≤400	水、蒸汽、油品、液氨	15~50	134
		DVW-549	1Cr5Mo	≤530	水、蒸汽、油品、液氨	15~50	134
		DVW-319	1Cr18Ni9	≤540	腐蚀性流体	15~50	134
		DVW-349	00Cr17Ni14Mo2	≤450	腐蚀性流体	15~50	134

二、 闸阀结构尺寸和质量

序号	名称	型号	公称通径 *DN*	结构尺寸/mm				质量/kg	生产厂
				L	*G*/in	*H*	D_0		
1	内螺纹暗杆楔式闸阀 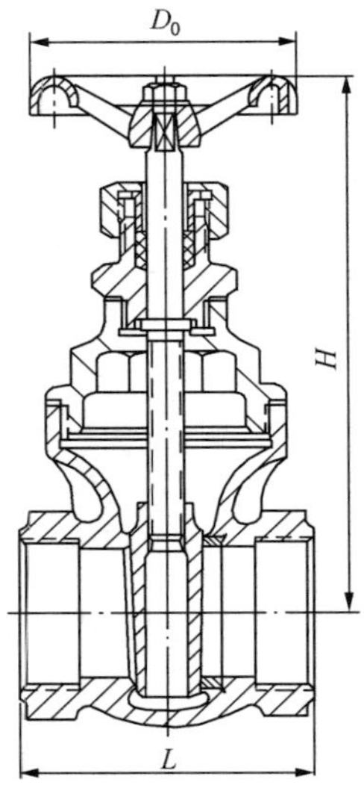 图 1-1	Z15T-10	15	60	1/2	108	55	0.7	福阀 *DN* 15~80
			20	65	3/4	120	55	0.9	
			25	75	1	135	65	1.4	
			32	85	1¼	162	65	2	
			40	95	1½	177	80	3	
			50	110	4	209	100	4.8	
			65	120	2½	237	120	6.8	
			80	150	3	237	140	8.9	
		Z15W-10	15	60	1/2	108	55	0.7	福阀 *DN* 15~80
			20	65	3/4	120	55	0.9	
			25	75	1	135	65	1.4	
			32	85	1¼	162	65	2	
			40	95	1½	177	80	3	
			50	110	2	209	100	4.7	
			65	120	2½	237	120	6.8	
			80	150	3	274	140	8.9	
		Z15W-10K	15	60	1/2	108	55	0.7	白湖 *DN* 15~65
			20	65	3/4	120	55	0.9	
			25	75	1	135	65	1.3	
			32	85	1¼	162	65	2.5	
			40	95	1½	171	80	3	
			50	110	2	200	100	4.4	
			65	120	2½	225	120	6.2	
		Z15W-10T	15	60	1/2	84	50	0.3	白湖 *DN* 15~100
			20	65	3/4	96	50	0.4	
			25	75	1	128	65	0.4	
			32	85	1¼	152	65	0.7	
			40	95	1½	166	80	1	
			50	110	2	205	100	1.4	
			65	120	2½	232	120	7	
			80	150	3	267	140	9	
			100	170	4	308	160	19	

续表

序号	名称	型号	公称通径 DN	结构尺寸/mm L	G/in	H	D_0	质量/kg	生产厂
2	内螺纹明杆楔式单闸板闸阀 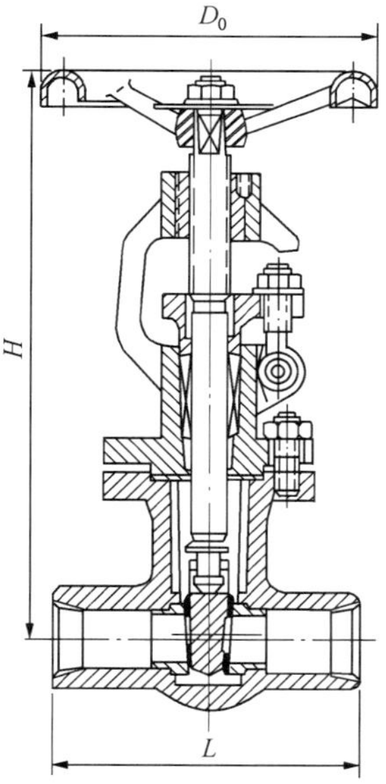 图 1-2	Z11H-16C	15	90	1/2	235	140	3	建湖、大洋、良精、保一 DN 15~50 屯溪 DN 15~25
			20	100	3/4	284	140	4	
			25	100	1	303	180	5	
			32	120	$1\frac{1}{4}$	315	180	7	
			40	135	$1\frac{1}{2}$	358	240	11	
			50	155	2	415	240	17	
		Z11H-25	15	90	1/2	235	140	3	大高、屯溪、西高、建湖、良精、精工、大洋、保一 DN 15~50 锦阀 DN 15~25
			20	110	3/4	284	140	5	
			25	120	1	303	180	7	
			32	130	$1\frac{1}{4}$	315	180	8	
			40	150	$1\frac{1}{2}$	358	240	12	
			50	190	2	415	240	18	
		Z11H-40	15	90	1/2	200	140	3	大高、屯溪、扬阀、建湖、良精、精工、大洋、保一 DN 15~50 西高 DN 15~40 锦阀 DN 15~25
			20	110	3/4	216	140	4	
			25	120	1	258	180	5	
			32	130	$1\frac{1}{4}$	299	180	8	
			40	150	$1\frac{1}{2}$	358	240	12	
			50	190	2	407	240	18	
		Z11H-64	15	90	1/2	204	130	4. 5	良精、大洋、扬阀、屯溪、正华、建湖、精工、保一 DN 15~50 西高 DN 15~40
			20	110	3/4	198	130	5. 5	
			25	120	1	230	160	8	
			32	130	$1\frac{1}{4}$	315	180	14	
			40	150	$1\frac{1}{2}$	358	240	18	
			50	180	2	407	240	24	
		Z11H-100	15	90	1/2	200	140	5	精工、大洋、良精、扬阀、屯溪、正华、建湖 DN 15~50
			20	110	3/4	216	140	7	
			25	120	1	261	180	10	
			32	130	$1\frac{1}{4}$	325	180	14	
			40	150	$1\frac{1}{2}$	388	240	18	
			50	200	2	440	240	25	
		Z11H-160	15	80	1/2	226	140	4	扬阀、大高、屯溪、建湖、良精、精工、大洋 DN 15~50 西高 DN 15~25
			20	90	3/4	245	140	5	
			25	100	1	274	180	6	
			32	120	$1\frac{1}{4}$	325	180	8	
			40	140	$1\frac{1}{2}$	388	240	18	
			50	160	2	440	240	25	

序号	名　称	型　号	公称通径 DN	结构尺寸/mm L	G/in	H	D_0	质量/kg	生产厂
2	内螺纹明杆楔式单闸板闸阀	Z11Y-25	15	90	1/2	235	250	3	大高 DN 15~25 大洋、扬阀、屯溪、建湖、精工 DN 15~50
			20	110	3/4	284	250	5	
			25	120	1	303	250	7	
			32	130	1¼	315	250	8	
			40	150	1½	358	300	12	
			50	190	2	415	350	18	
		Z11Y-40	15	90	1/2	200	140	3	精工、大洋、大高、屯溪、扬阀、建湖 DN 15~50
			20	110	3/4	216	140	4	
			25	130	1	258	180	5	
			32	160	1¼	299	180	8	
			40	190	1½	358	240	12	
			50	222	2	407	240	18	
		Z11Y-64	15	90	1/2	204	130	4.5	精工、扬阀、屯溪、正华、建湖、大洋 DN 15~50
			20	110	3/4	198	130	5.5	
			25	120	1	230	160	8	
			32	130	1¼	315	180	14	
			40	150	1½	358	240	18	
			50	180	2	407	240	24	
		Z11Y-100	15	90	1/2	200	140	5	精工、大洋、扬阀、屯溪、正华、建湖、保一 DN 15~50
			20	110	3/4	216	140	7	
			25	120	1	261	180	10	
			32	130	1¼	325	240	14	
			40	150	1½	388	240	18	
			50	200	2	440	240	25	
		Z11Y-160	15	80	1/2	226	140	4	精工、大洋、大高、屯溪、建湖、保一 DN 15~50
			20	90	3/4	245	140	5	
			25	100	1	274	180	6	
			32	120	1¼	325	180	8	
			40	140	1½	388	240	18	
			50	160	2	440	240	25	
		Z11Y-25 I	15	90	1/2	235	140	3	扬阀、屯溪、精工、大洋 DN 15~50
			20	110	3/4	284	140	5	
			25	120	1	303	180	7	
			32	130	1¼	315	240	8	
			40	150	1½	358	240	12	
			50	180	2	415	240	18	

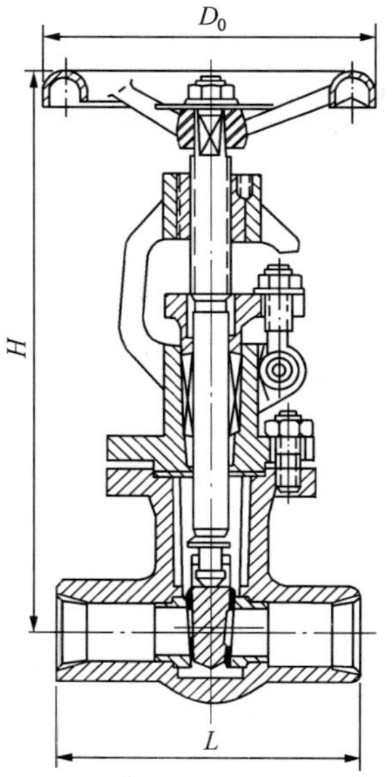

图 1-2

续表

序号	名称	型号	公称通径 DN	结构尺寸/mm L	G/in	H	D_0	质量/kg	生产厂
2	内螺纹明杆楔式单闸板闸阀 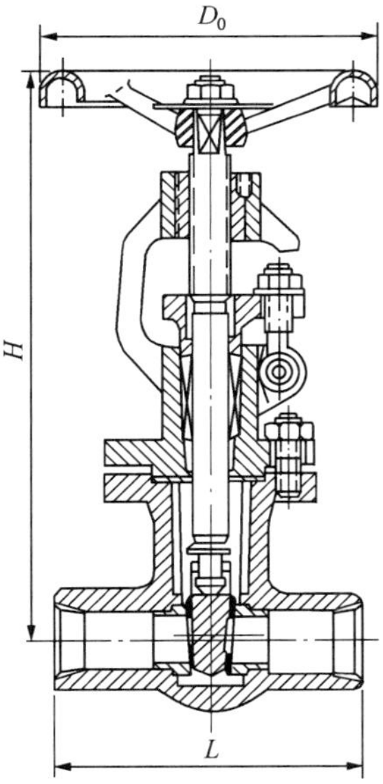 图 1-2	Z11Y-40 Ⅰ	15	90	1/2	235	140	3	大高、扬阀、屯溪、精工、大洋 DN 15~50
			20	110	3/4	284	140	4	
			25	120	1	303	180	5	
			32	130	1¼	315	240	8	
			40	150	1½	358	240	12	
			50	190	2	415	240	18	
		Z11Y-64 Ⅰ	15	90	1/2	204	130	4.5	扬阀、屯溪、精工、大洋 DN 15~50
			20	110	3/4	216	130	3.5	
			25	120	1	230	160	8	
			32	130	1¼	315	180	14	
			40	150	1½	358	240	18	
			50	180	2	407	240	24	
		Z11Y-100 Ⅰ	15	90	1/2	200	140	5	扬阀、屯溪、精工、大洋 DN 15~50
			20	110	3/4	216	140	7	
			25	120	1	261	180	10	
			32	130	1¼	325	240	14	
			40	150	1½	388	240	18	
			50	200	2	440	240	25	
		Z11Y-160 Ⅰ	15	90	1/2	226	140	4	扬阀、屯溪、精工、大洋 DN 15~50
			20	110	3/4	245	140	5	
			25	120	1	274	180	6	
			32	130	1¼	325	180	8	
			40	150	1½	388	240	18	
			50	200	2	440	240	25	
		Z11$\frac{\text{W}}{\text{Y}}$-25P	15	90	1/2	200	140	3	扬阀、屯溪、精工、大洋 DN 15~50 建湖、精工 DN 15~50(Y) 保一 DN 15 ~ 50 (W)
			20	110	3/4	216	140	4	
			25	120	1	258	180	5	
			32	130	1¼	299	180	8	
			40	150	1½	358	240	11	
			50	180	2	407	240	17	
		Z11$\frac{\text{W}}{\text{Y}}$-40P	15	90	1/2	235	200	3	大高、扬阀、屯溪、大洋 DN 15~50 建湖、精工 DN 15~50(Y)
			20	110	3/4	280	220	5	
			25	120	1	300	220	7	
			32	130	1¼	315	250	9	
			40	150	1½	358	280	14	
			50	190	2	415	320	20	

序号	名　　称	型　号	公称通径 DN	结构尺寸/mm L	G/in	H	D_0	质量/kg	生产厂
2	内螺纹明杆楔式单闸板闸阀（同图 1-2）	Z11$\frac{W}{Y}$-64P	15	90	1/2	204	130	4.5	扬阀、屯溪、大洋 DN 15~50 建湖、精工 DN 15~50(Y)
			20	110	3/4	198	130	5.5	
			25	120	1	230	160	8	
			32	130	1¼	315	180	14	
			40	150	1½	358	240	18	
			50	180	2	407	240	24	
		Z11$\frac{W}{Y}$-100P	15	90	1/2	200	140	5	扬阀、屯溪、大洋 DN 15~50 建湖、精工 DN 15~50(Y)
			20	110	3/4	216	140	7	
			25	120	1	261	180	10	
			32	130	1¼	325	180	14	
			40	150	1½	358	240	18	
			50	200	2	440	240	25	
		Z11$\frac{W}{Y}$-160P	15	90	1/2	226	140	4	扬阀、屯溪、大洋 DN 15~50 建湖、精工 DN 15~50(Y)
			20	110	3/4	245	140	5	
			25	120	1	274	180	6	
			32	130	1¼	325	180	8	
			40	150	1½	388	240	18	
			50	200	2	440	240	25	

序号	名　　称	型　号	公称通径 DN	结构尺寸/mm L	H	D_0	质量/kg	生产厂
3	抗硫内螺纹明杆楔式单闸板闸阀	KZ11Y-25	15	92	166	100	2.2	大洋、大高、屯溪 DN 15~50
			20	111	190	125	4.3	
			25	120	220	160	5.9	
			32	120	246	160	6.9	
			40	140	283	180	11.2	
			50	170	330	200	15.2	
		KZ11$\frac{H}{Y}$-40	15	92	166	100	2.2	大洋、大高、屯溪 DN 15~50(Y) 扬阀 DN 15~40
			20	111	190	125	4.3	
			25	120	220	160	5.9	
			32	120	246	160	6.9	
			40	140	283	180	11.2	
			50	170	330	200	15.2	
		KZ11Y-64	15	92	166	100	2.2	大洋、大高、屯溪 DN 15~50
			20	111	190	125	4.3	
			25	120	220	160	5.9	
			32	120	246	160	6.9	
			40	140	283	180	11.2	
			50	170	330	200	15.2	

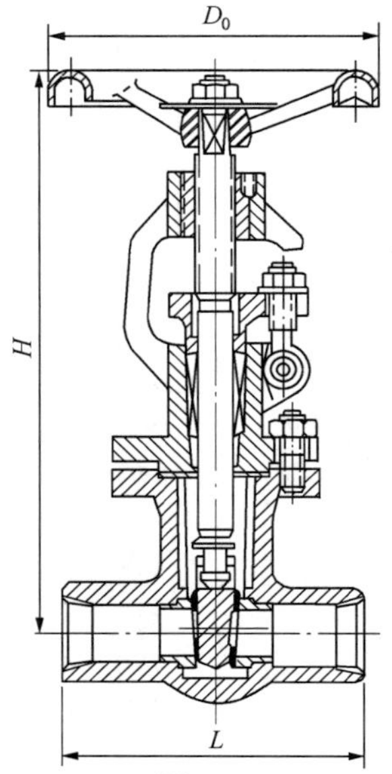

图 1-2

序号	名称	型号	公称通径 DN	结构尺寸/mm L	H	D_0	质量/kg	生产厂
3	内螺纹明杆楔式单闸板闸阀（同图 1-2）	KZ11Y-100	15	92	166	100	2.2	大洋、大高、屯溪 DN 15～50
			20	111	190	125	4.3	
			25	120	220	160	5.9	
			32	120	246	160	6.9	
			40	140	283	180	11.2	
			50	170	330	200	15.2	
		KZ11Y-160	15	92	166	100	2.2	大洋、大高、屯溪 DN 15～50
			20	111	190	125	4.3	
			25	120	220	160	5.9	
			32	120	246	160	6.9	
			40	140	283	180	11.2	
			50	170	330	200	15.2	
4	CVA 明杆楔式弹性闸板闸阀 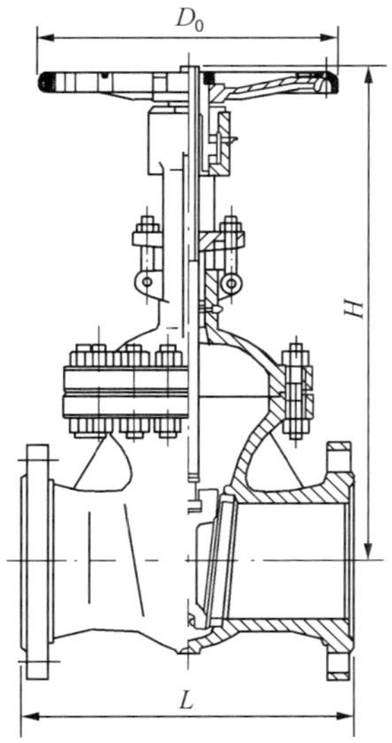 图 1-3	CZ40H-16C	50	250	451	250	22	良工、汉威 DN 50～350 兰高 DN 200～400 保一、开阀 DN 50～500 伯特利、南方、 上一核 DN 50～600 沈阀 DN 100、150～300 苏高 DN 350～400 北阀 DN 50～300 上阀 DN 200～500 慎江 DN 150、200
			65	265	487	250	31	
			80	280	542	250	40	
			100	300	636	300	56	
			125	325	600	300	64	
			150	350	815	300	91	
			200	400	1010	350	142	
			250	450	1200	400	201	
			300	500	1432	500	279	
			350	550	1620	600	481	
			400	600	1780	600	566	
			450	650	2050	720	900	
			500	700	2181	720	958	
			600	800	2346	720	1258	
		CZ40H-25	50	250	451	250	23	良工、汉威 DN 80～350 兰高 DN 50～300 保一、开阀 DN 50～500 良精、伯特利、南方、 上一核 DN 50～600 沈阀 DN 100～300 上阀 DN 200～400 苏高 DN 100～400 慎江 DN 50～200 北阀 DN 50～300
			65	265	487	250	32	
			80	280	542	250	40	
			100	300	636	300	59	
			125	325	600	300	66	
			150	350	815	300	100	
			200	400	1010	350	155	
			250	450	1200	400	207	
			300	500	1432	500	317	
			350	550	1620	600	503	
			400	600	1797	640	688	
			450	650	2011	720	1013	
			500	700	2181	720	1166	
			600	800	2599	800	1410	

续表

<table>
<tr><th rowspan="2">序号</th><th rowspan="2">名　称</th><th rowspan="2">型　号</th><th rowspan="2">公称通径 DN</th><th colspan="3">结构尺寸/mm</th><th rowspan="2">质量/kg</th><th rowspan="2">生产厂</th></tr>
<tr><th>L</th><th>H</th><th>D₀</th></tr>
<tr><td rowspan="38">4</td><td rowspan="38">CVA
明杆楔式弹性闸板闸阀
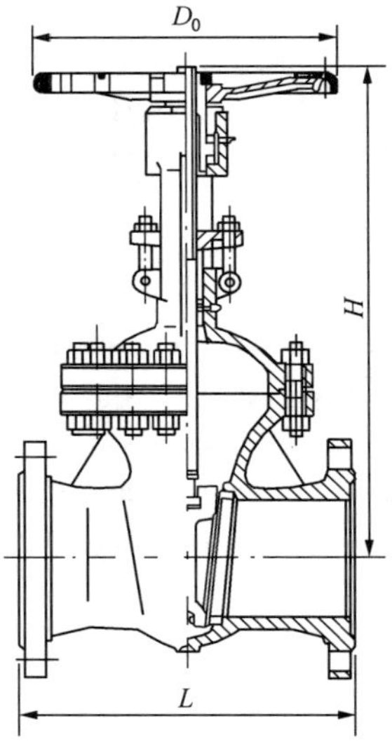
图 1-3</td><td rowspan="11">CZ40H-40</td><td>50</td><td>250</td><td>472</td><td>250</td><td>31</td><td rowspan="11">良工、汉威 DN 80~350
上阀 DN 200~300
沈阀 DN 150
兰高 DN 50~300
良精、伯特利、南方、保一、开阀、上一核
DN 50~400</td></tr>
<tr><td>65</td><td>280</td><td>507</td><td>250</td><td>36</td></tr>
<tr><td>80</td><td>310</td><td>556</td><td>250</td><td>48</td></tr>
<tr><td>100</td><td>350</td><td>636</td><td>300</td><td>69</td></tr>
<tr><td>125</td><td>400</td><td>610</td><td>350</td><td>102</td></tr>
<tr><td>150</td><td>450</td><td>845</td><td>350</td><td>123</td></tr>
<tr><td>200</td><td>550</td><td>1049</td><td>400</td><td>222</td></tr>
<tr><td>250</td><td>650</td><td>1262</td><td>500</td><td>302</td></tr>
<tr><td>300</td><td>750</td><td>1469</td><td>600</td><td>477</td></tr>
<tr><td>350</td><td>850</td><td>1678</td><td>640</td><td>679</td></tr>
<tr><td>400</td><td>950</td><td>1903</td><td>720</td><td>953</td></tr>
<tr><td rowspan="9">CZ40H-64</td><td>50</td><td>250</td><td>472</td><td>250</td><td>31</td><td rowspan="9">兰高、上一核 DN 50~300
良工、汉威 DN 80~150
良精、开阀、伯特利、南方、保一
DN 50~300
沈阀 DN 150</td></tr>
<tr><td>65</td><td>280</td><td>512</td><td>250</td><td>44</td></tr>
<tr><td>80</td><td>310</td><td>571</td><td>300</td><td>62</td></tr>
<tr><td>100</td><td>350</td><td>686</td><td>350</td><td>86</td></tr>
<tr><td>125</td><td>400</td><td>610</td><td>400</td><td>112</td></tr>
<tr><td>150</td><td>450</td><td>856</td><td>400</td><td>180</td></tr>
<tr><td>200</td><td>550</td><td>1073</td><td>500</td><td>274</td></tr>
<tr><td>250</td><td>650</td><td>1287</td><td>600</td><td>408</td></tr>
<tr><td>300</td><td>750</td><td>1492</td><td>650</td><td>590</td></tr>
<tr><td rowspan="9">CZ40H-100</td><td>50</td><td>250</td><td>390</td><td>250</td><td>42</td><td rowspan="9">良工、汉威 DN 80~150
开阀 DN 50~250
苏高 DN 200
良精、伯特利、南方、保一
DN 50~300</td></tr>
<tr><td>65</td><td>280</td><td>430</td><td>300</td><td>63</td></tr>
<tr><td>80</td><td>310</td><td>470</td><td>300</td><td>70</td></tr>
<tr><td>100</td><td>350</td><td>560</td><td>350</td><td>125</td></tr>
<tr><td>125</td><td>400</td><td>640</td><td>400</td><td>162</td></tr>
<tr><td>150</td><td>450</td><td>715</td><td>450</td><td>264</td></tr>
<tr><td>200</td><td>550</td><td>790</td><td>560</td><td>350</td></tr>
<tr><td>250</td><td>650</td><td>1120</td><td>600</td><td>610</td></tr>
<tr><td>300</td><td>750</td><td>1348</td><td>650</td><td>847</td></tr>
<tr><td rowspan="7">CZ40H-160</td><td>50</td><td>300</td><td>430</td><td>300</td><td>75</td><td rowspan="7">良精、伯特利、南方、保一
良工、开阀、汉威
DN 50~200</td></tr>
<tr><td>65</td><td>340</td><td>470</td><td>350</td><td>115</td></tr>
<tr><td>80</td><td>390</td><td>505</td><td>350</td><td>130</td></tr>
<tr><td>100</td><td>450</td><td>603</td><td>400</td><td>190</td></tr>
<tr><td>125</td><td>525</td><td>675</td><td>450</td><td>292</td></tr>
<tr><td>150</td><td>600</td><td>745</td><td>560</td><td>370</td></tr>
<tr><td>200</td><td>750</td><td>827</td><td>650</td><td>670</td></tr>
</table>

序号	名　称	型　号	公称通径 DN	结构尺寸/mm			质量/kg	生产厂
				L	H	D_0		
4	CVA 明杆楔式弹性闸板闸阀 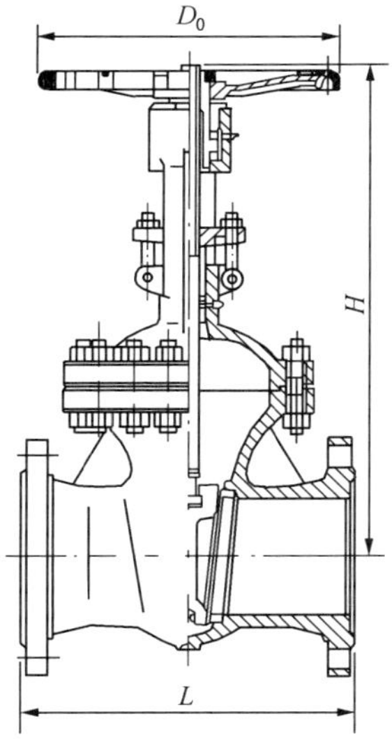 图 1-3	CZ40H-200	50	350	560	360	150	良工、汉威 DN 50~150
			65	410	630	360	180	
			80	470	675	450	210	
			100	550	740	500	460	
			125	650	855	560	540	
			150	750	965	640	620	
		CZ40Y-16C	50	250	425	250	37	保一、伯特利、南方、良工、汉威 DN 50~350 慎江 DN 150、200
			80	280	618	250	48	
			100	300	736	300	85	
			150	350	925	300	116	
			200	400	985	350	200	
			250	450	1180	400	280	
			300	500	1405	450	380	
			350	550	1545	500	500	
		CZ40Y-25	80	280	618	250	60	保一、伯特利、南方、良工、汉威 DN 80~350
			100	300	743	300	90	
			125	325	724	300	120	
			150	350	935	300	140	
			200	400	985	350	240	
			250	450	1180	400	300	
			300	500	1405	450	470	
			350	550	1545	500	650	
		CZ40Y-40	80	310	638	250	80	保一、伯特利、南方、良工、汉威 DN 80~250
			100	350	756	300	110	
			125	400	740	350	145	
			150	450	832	350	180	
			200	550	1010	400	300	
			250	650	1240	450	450	
		CZ40Y-64	80	310	550	300	95	伯特利、南方、良工、汉威 DN 80~150
			100	350	640	350	140	
			125	400	740	400	200	
			150	450	885	400	280	
		CZ40Y-100	80	310	600	360	150	伯特利、南方、良工、汉威 DN 80~150
			100	350	690	400	250	
			125	400	850	450	300	
			150	450	985	500	400	

续表

序号	名称	型号	公称通径 DN	结构尺寸/mm L	H	D_0	质量/kg	生产厂
4	CVA 明杆楔式弹性闸板闸阀	CZ40Y-160	65	345	660	360	130	伯特利、南方、良工、汉威 DN 65~150
			80	390	680	400	175	
			100	450	785	450	290	
			125	525	880	500	350	
			150	600	980	500	450	
		CZ40Y-200	50	350	560	360	150	良工、汉威 DN 50~150
			65	410	630	360	180	
			80	470	675	450	210	
			100	550	740	500	460	
			125	650	855	560	540	
			150	750	965	640	620	
		CZ40Y-16 Ⅰ	200	400	955	350	142	南方、伯特利、上阀、开阀、上一核 DN 200~500 良工 DN 200、250
			250	450	1150	400	205	
			300	500	1375	450	295	
			350	550	1565	500	415	
			400	600	1760	600	560	
			500	700	2180	720	960	
		CZ40Y-25 Ⅰ	200	400	955	350	150	南方、伯特利、开阀、上一核 DN 200~400 良工、汉威 DN 200~300 苏高 DN 300
			250	450	1160	400	220	
			300	500	1405	450	330	
			350	550	1580	500	460	
			400	600	1780	600	600	
		CZ40Y-40 Ⅰ	80	310	445	250	48	南方、伯特利、开阀、上一核 DN 80~300 良工、汉威 DN 80~150 上阀 DN 200~300
			100	350	540	300	66	
			125	400	610	350	102	
			150	450	660	350	140	
			200	550	1050	400	300	
			250	650	1232	450	450	
			300	750	1450	500	600	
		CZ40Y-64 Ⅰ	80	310	445	300	54	南方、伯特利、开阀、上一核 DN 80~250 良工、汉威 DN 80~150 上阀、苏高 DN 200、250
			100	350	540	350	71	
			125	400	610	400	112	
			150	450	660	400	145	
			200	550	1070	500	400	
			250	650	1270	560	500	

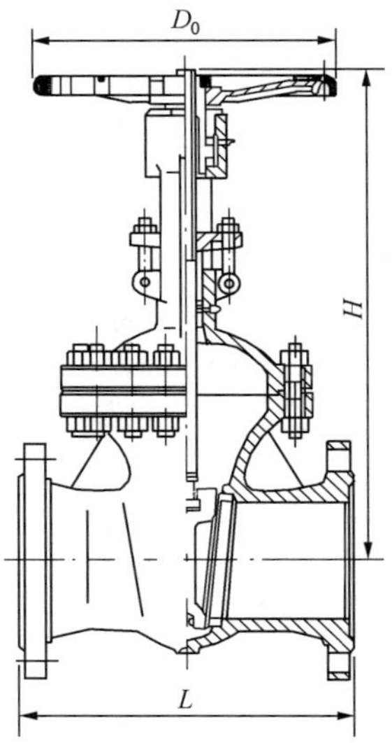

图 1-3

序号	名称	型号	公称通径 DN	结构尺寸/mm L	H	D_0	质量/kg	生产厂
4	CVA 明杆楔式弹性闸板闸阀 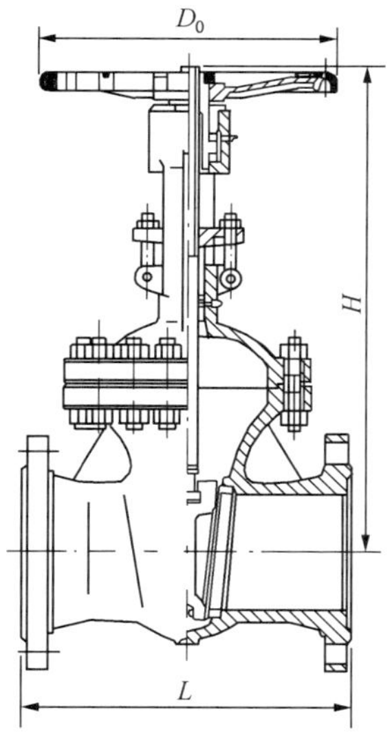 图 1-3	CZ40Y-100 Ⅰ	50	250	390	250	42	伯特利、南方、良工、汉威、开阀 DN 50~150
			80	310	470	300	70	
			100	350	560	350	125	
			125	400	640	400	162	
			150	450	715	450	264	
		CZ40Y-160 Ⅰ	65	340	470	350	115	伯特利、南方、良工、汉威、开阀 DN 65~150
			80	390	505	350	130	
			100	450	603	400	190	
			125	525	675	450	292	
			150	600	745	560	370	
		CZ40$^{W}_{Y}$-16P	50	250	451	250	22	苏高 DN 50~300 上阀 DN 200~500 良工、汉威 DN 50~150 保一、开阀 DN 50~500 良精、伯特利、南方、上一核 DN 50~600
			80	280	542	250	40	
			100	300	636	300	57	
			150	350	815	300	91	
			200	400	1010	350	142	
			250	450	1200	400	200	
			300	500	1432	500	278	
			350	550	1565	500	415	
			400	600	1760	600	560	
			500	700	2181	600	958	
			600	800	2346	720	1112	
		CZ40$^{W}_{Y}$-25P	50	250	450	250	23	苏高 DN 50~300 上阀 DN 200~500 良工、汉威 DN 50~150 保一、开阀 DN 50~500 良精、伯特利、南方、上一核 DN 50~600
			80	280	542	250	40	
			100	300	636	300	60	
			150	350	815	300	100	
			200	400	1010	350	155	
			250	450	1200	400	207	
			300	500	1432	500	316	
			350	550	1580	500	460	
			400	600	1780	600	600	
			500	700	2181	600	1166	
			600	800	2346	720	1258	
		CZ40$^{W}_{Y}$-40P	80	310	445	250	48	良工、汉威 DN 50~150 上阀 DN 200~500 保一 DN 80~300 良精、伯特利、南方、开阀、上一核 DN 80~400
			100	350	540	300	66	
			125	400	610	350	102	
			150	450	660	350	140	
			200	550	1050	400	300	
			250	650	1232	450	450	
			300	750	1450	500	600	
			350	850	1678	640	679	
			400	950	1903	720	953	

续表

序号	名称	型号	公称通径 DN	结构尺寸/mm L	H	D_0	质量/kg	生产厂
4	CVA 明杆楔式弹性闸板闸阀 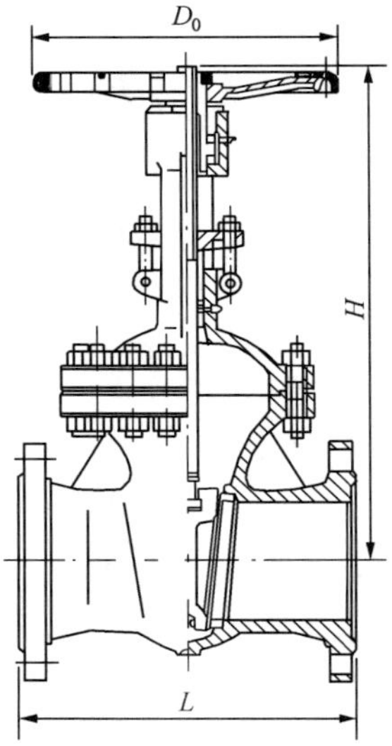 图 1-3	CZ40$^{W}_{Y}$-64P	80	310	445	300	54	良工、汉威 *DN* 80~150 上阀 *DN* 200、250 良精、伯特利、南方、开阀、上一核 *DN* 80~300
			100	350	540	350	71	
			125	400	610	400	112	
			150	450	660	400	145	
			200	550	1070	500	400	
			250	650	1332	640	467	
			300	750	1535	640	590	
		CZ40$^{W}_{Y}$-100P	50	250	390	250	42	良工、汉威 *DN* 50~150 良精、伯特利、南方 *DN* 50~300
			80	310	470	300	70	
			100	350	560	350	125	
			125	400	640	400	162	
			150	450	972	560	250	
			200	550	972	560	360	
			250	650	1305	640	485	
			300	750	1506	640	633	
		CZ40$^{W}_{Y}$-160P	50	300	510	320	73	良工、汉威 *DN* 65~150 良精、伯特利、南方 *DN* 50~300
			65	340	470	350	115	
			80	390	505	350	130	
			100	450	603	400	190	
			125	525	675	450	292	
			150	600	997	640	462	
			200	750	1224	720	711	
		CZ40$^{W}_{Y}$-16R	50	250	360	250	22	良工、汉威 *DN* 50~150 上阀 保一 *DN* 200~500 良精、伯特利、南方、上一核 *DN* 50~600
			80	280	430	250	42	
			100	300	510	300	59	
			150	350	615	300	70	
			200	400	955	350	142	
			250	450	1150	400	205	
			300	500	1375	450	295	
			350	550	1565	500	415	
			400	600	1760	600	560	
			500	700	2181	600	958	
			600	800	2346	720	1112	

序号	名称	型号	公称通径 DN	结构尺寸/mm L	结构尺寸/mm H	结构尺寸/mm D_0	质量/kg	生产厂
4	CVA 明杆楔式弹性闸板闸阀 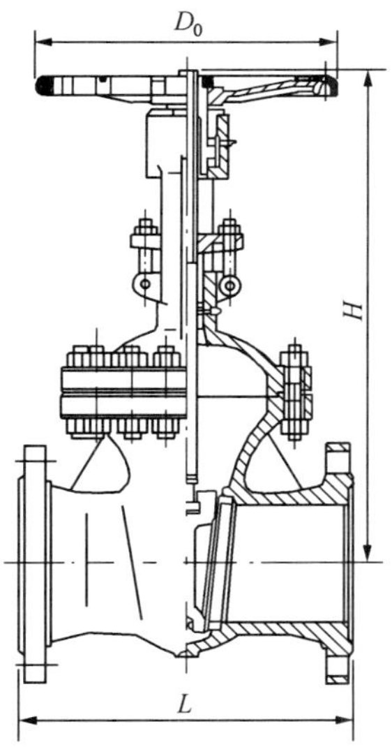 图 1-3	CZ40$_{Y}^{W}$-25R	50	250	360	250	22	良工、汉威 DN 50~150 上阀 DN 200~500 保一、开阀 DN 50~500 良精、伯特利、南方、上一核 DN 50~600
			80	280	430	250	42	
			100	300	510	300	61	
			125	325	600	300	66	
			150	350	615	300	73	
			200	400	955	350	150	
			250	450	1160	400	220	
			300	500	1405	450	330	
			350	550	1580	500	460	
			400	600	1780	600	600	
			500	700	2181	600	1166	
			600	800	2346	720	1258	
		CZ40$_{Y}^{W}$-40R	80	310	445	250	48	良工、汉威、保一 DN 80~300 上阀 DN 200~300 良精、伯特利、南方、开阀、上一核 DN 80~400
			100	350	540	300	66	
			125	400	610	350	102	
			150	450	660	350	140	
			200	550	1050	400	300	
			250	650	1232	450	450	
			300	750	1450	500	600	
			350	850	1678	640	679	
			400	950	1903	720	953	
		CZ40$_{Y}^{W}$-64R	50	250	360	250	36	良工、汉威 DN 80~250 良精、伯特利、南方、上一核 DN 80~300 上阀 DN 200、250 开阀 DN 50~300
			80	310	445	300	54	
			100	350	540	350	71	
			125	400	610	400	112	
			150	450	660	400	145	
			200	550	1070	500	400	
			250	650	1332	640	467	
			300	750	1535	640	590	
		CZ40$_{Y}^{W}$-100R	50	250	390	250	42	良工、汉威 DN 50~150 良精、南方 DN 50~300
			80	310	470	300	70	
			100	350	560	350	125	
			125	400	640	400	162	
			150	450	972	560	250	
			200	550	972	560	360	
			250	650	1305	640	485	
			300	750	1506	640	633	
		CZ40$_{Y}^{W}$-160R	50	300	510	325	73	良工、汉威 DN 65~150 良精、伯特利、南方 DN 50~200
			65	340	470	350	115	
			80	370	505	350	130	
			100	450	603	400	190	
			125	525	675	450	292	
			150	600	997	640	462	
			200	750	1224	720	711	

序号	名　称	型　号	公称通径 DN	结构尺寸/mm L	H	D_0	质量/kg	生产厂
5	明杆楔式单闸板闸阀 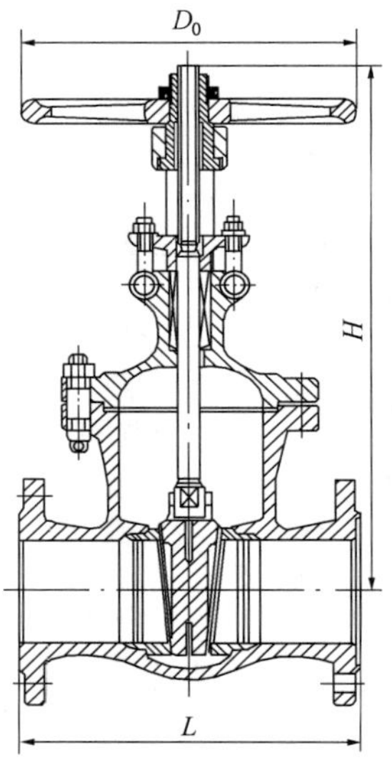 图 1-4	Z41$\frac{\text{H}}{\text{Y}}$-16C	15	130	250	160	4	兰高、良工、伯特利、开维喜、上阀、苏高 DN 50～600 正华、自高 DN 40～400 建湖、保一、南方、承高 DN 15～600 屯溪 DN 15～200 开阀、沈阀 DN 50～500 北阀、三明、西高、扬阀 DN 15～300 大高、华东 DN 50～400 洛阀、慎江 DN 20～400 大洋 DN 15～300 纽威 DN 50～400 浙石化、精工 DN 40～600 上一核 DN 15～600(H)
			20	150	305	160	5	
			25	160	330	180	6	
			32	180	350	180	9	
			40	240	425	200	23	
			50	250	402	200	40	
			65	265	402	200	45	
			80	280	526	240	60	
			100	300	588	240	90	
			125	325	740	360	100	
			150	350	720	360	140	
			200	400	885	400	200	
			250	450	1098	450	280	
			300	500	1232	560	380	
			350	550	1419	640	500	
			400	600	1600	720	700	
			500	700	2310	730	1276	
			600	800	2887	720	1600	
		Z41$\frac{\text{H}}{\text{Y}}$-25	15	130	235	200	5	南通 DN 40～1000 大高 DN 15～400 锦阀、汉威 DN 15～200 大洋 DN 15～300 上阀、开阀、兰高、 苏高、良工、伯特利 DN 50～600 精工 DN 40～800 保一、南方 DN 15～600 浙石化 DN 40～600 慎江 DN 15～400 纽威、华东、沈阀 DN 50～400 西高、三明、北阀、 屯溪、扬阀 DN 15～300 自高 DN 40～350 建湖、承高 DN 15～1000 良精 DN 15～600(Y) 上一核 DN 15～600(H)
			20	150	284	250	7	
			25	160	303	250	9	
			32	180	315	250	11	
			40	200	358	300	24	
			50	250	415	350	42	
			65	265	452	240	47	
			80	280	530	280	62	
			100	300	620	320	95	
			125	325	756	360	105	
			150	350	845	360	144	
			200	400	1041	400	213	
			250	450	1244	450	290	
			300	500	1474	560	399	
			350	550	1630	560	423	
			400	600	1780	600	566	
			450	650	2050	720	900	
			500	700	2181	720	958	
			600	800	2599	720	1410	
			700	900	2976	800	1896	
			800	1000	3365	800	2492	
			900	1100	3736	900	2889	
			1000	1200	4135	900	3496	

续表

序号	名　称	型　号	公称通径 DN	结构尺寸/mm L	H	D_0	质量/kg	生产厂
5	明杆楔式单闸板闸阀 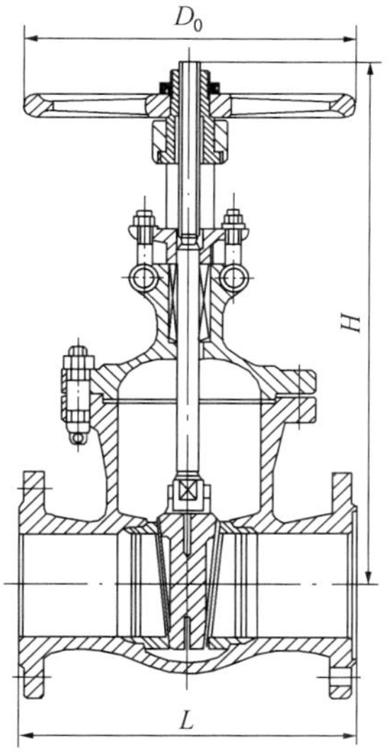 图 1-4	Z41$\frac{H}{Y}$-40	15	130	235	160	6	大高 DN 15~400 扬阀、纽威 DN 15~300 南通 DN 40~600 开阀、沈阀、兰高、 开维喜、伯特利 DN 50~500 浙石化 DN 40~450 大洋 DN 15~300 西高 DN 15~100 保一、承高 DN 15~600 自高 DN 40~400 苏高 DN 50~250 屯溪 DN 15~200 南方、正华 DN 20~400 良精 DN 20~400(Y) 良工 DN 50~450 华东 DN 50~400 慎江、精工 DN 15~400 建湖 DN 15~600 上一核 DN 15~400(H)
			20	150	284	250	8	
			25	160	303	250	10	
			32	180	315	250	12	
			40	200	358	300	25	
			50	250	415	350	45	
			65	280	548	240	65	
			80	310	600	280	80	
			100	350	684	320	110	
			125	400	776	360	128	
			150	450	900	360	180	
			200	550	1110	450	300	
			250	650	1348	560	450	
			300	750	1531	340	550	
			350	850	1700	640	890	
			400	950	1870	640	1330	
			450	1050	2095	720	1500	
			500	1150	2320	720	1506	
			600	1350	2610	728	2120	
		Z41$\frac{H}{Y}$-64	15	170	235	200	6	建湖、保一、承高 DN 15~500 慎江 DN 15~200 扬阀 DN 15~300 西高、屯溪 DN 15~50 精工 DN 15~350 兰高 DN 50~500 自高 DN 50~350 大洋 DN 15~50 沈阀 DN 50~250 纽威、开阀、北阀、华东、开维喜 DN 50~300 苏高 DN 50~350 大高 DN 15~400 浙石化、上阀 DN 50~300 南方、正华 DN 20~300 南通 DN 40~500 良工、伯特利 DN 50~400 良精 DN 20~300(Y) 上一核 DN 15~300(H)
			20	190	284	250	8	
			25	210	303	250	10	
			32	230	315	250	14	
			40	240	358	300	26	
			50	250	415	350	45	
			65	280	473	280	65	
			80	310	546	320	81	
			100	350	633	360	111	
			125	400	772	400	130	
			150	450	892	450	171	
			200	550	1100	450	265	
			250	650	1372	560	500	
			300	750	1680	640	800	
			350	850	1754	640	900	
			400	950	1875	720	1380	
			500	1150	2250	720	1965	

序号	名称	型号	公称通径 DN	结构尺寸/mm L	结构尺寸/mm H	结构尺寸/mm D_0	质量/kg	生产厂
5	明杆楔式单闸板闸阀 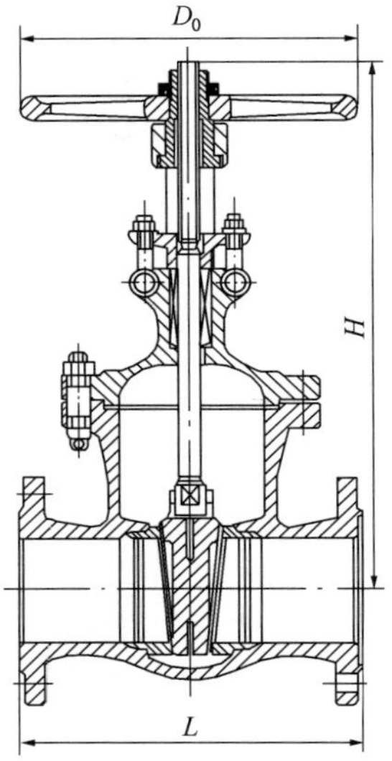 图 1-4	Z41$^{H}_{Y}$-100	15	170	250	200	7	苏高、上阀、开维喜、伯特利 DN 50~300 南通 DN 40~400 汉威 DN 50~80 浙石化、开阀、沈阀、华东、自高 纽威 DN 50~200 精工 DN 15~350 大洋、屯溪、扬阀 DN 15~50 大高 DN 65~200 南方、正华 DN 20~300 慎江 DN 15~150 兰高 DN 50~250 建湖、保一 DN 15~400 良精 DN 25~300(Y) 承高 DN 15~200
			20	190	288	250	10	
			25	210	310	250	13	
			32	230	350	300	20	
			40	260	395	350	27	
			50	300	467	400	47	
			65	280	545	480	65	
			80	310	605	320	85	
			100	350	665	400	120	
			125	400	780	400	175	
			150	450	973	400	250	
			200	550	972	560	360	
			250	650	1305	640	700	
			300	750	1680	640	1100	
			350	850	1689	720	1140	
			400	950	1884	720	1765	
		Z41$^{H}_{Y}$-160	15	170	-263	-120	9	扬阀、西高、屯溪、大洋 DN 15~50 良工 DN 15~150 华东 DN 50~150 沈高、苏高、伯特利、开阀 DN 50~200 浙石化 DN 25~200(H) 纽威、正华、建湖、大高、精工、南方、承高 DN 15~200 南通 DN 40~300 自高 DN 40~200 良精 DN 15~200(Y) 保一 DN 15~300
			20	190	-294	130	11	
			25	210	-325	150	15	
			32	230	-377	180	25	
			40	260	-422	220	38	
			50	300	612	360	73	
			65	340	677	360	111	
			80	390	686	400	141	
			100	450	751	450	185	
			125	525	868	560	320	
			150	600	997	640	462	
			200	750	1224	720	711	
			250	900	1415	720	992	
			300	1050	1595	720	1328	
		Z41$^{H}_{Y}$-200 (Z41Y-250)	50	350	560	350	108	良工、汉威、建湖、精工 DN 15~150 (建湖 DN 50~150)
			65	410	630	400	191	
			80	470	675	450	250	
			100	550	740	500	360	
			125	650	855	500	540	
			150	750	965	600	738	

序号	名称	型号	公称通径 DN	结构尺寸/mm L	H	D_0	质量/kg	生产厂
5	明杆楔式单闸板闸阀 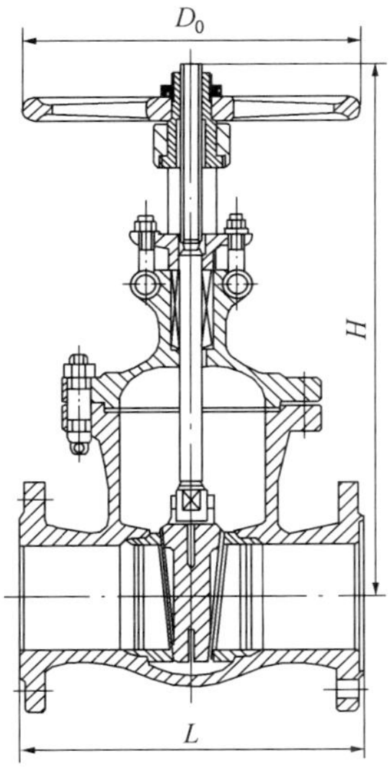 图 1-4	Z41$^{W}_{Y}$-16P	15	130	124	160	8	慎江 *DN* 15~400 沈阀 *DN* 50~400 纽威 *DN* 50~400(W) 开阀 *DN* 50~500 南方、良精、上一核 *DN* 15~600 南通 *DN* 40~1000 苏高、伯特利、上阀、开维喜 *DN* 50~600 精工 *DN* 40~80 正华 *DN* 15~400 西高 *DN* 15~200(Y) 保一 *DN* 25~1000(W) 大洋 *DN* 15~300 锡山 *DN* 15~500(W) 华东 *DN* 50~400(W) 汉威 *DN* 50~250 自高 *DN* 40~250(W) 锦阀 *DN* 50~100(W) 福阀 *DN* 40~300 建湖 *DN* 15~300(Y) 扬阀 *DN* 15~50(Y) 承高 *DN* 15~1000
			20	150	139	180	11	
			25	160	157	180	14	
			32	180	188	200	15	
			40	240	217	200	17	
			50	250	417	240	22	
			65	270	452	240	30	
			80	280	530	280	44	
			100	300	607	300	47	
			125	325	614	300	76	
			150	350	850	350	96	
			200	400	1060	400	160	
			250	450	1225	450	228	
			300	500	1415	500	300	
			350	550	1630	500	388	
			400	600	1780	600	566	
			450	650	2050	720	900	
			500	700	2181	720	958	
			600	800	2599	720	1410	
			700	900	2976	720	1690	
			800	1000	3365	800	2275	
			900	1100	3736	800	2596	
			1000	1200	4135	900	3168	
		Z41$^{W}_{Y}$-25P	15	130	166	160	8	慎江 *DN* 15~350 苏高、伯特利、上阀、 开维喜、 *DN* 50~600 南通 *DN* 40~1000 南方 *DN* 20~600 大洋 *DN* 15~300 汉威 *DN* 15~250 良精、上一核 *DN* 15~600 精工 *DN* 40~800 扬阀 *DN* 15~50(W) *DN* 15~300(Y) 建湖 *DN* 15~1000(Y) 纽威 *DN* 50~400 华东 *DN* 50~400(W) 保一 *DN* 25~1000 正华 *DN* 15~400 大高、屯溪 *DN* 15~50(Y) 锡山 *DN* 15~500(W) 兰高 *DN* 50~600(W) 自高 *DN* 40~350(W) 开阀 *DN* 50~500 福阀 *DN* 40~200 西高 *DN* 15~200(Y) 锦阀 *DN* 50~100(W) 承高 *DN* 15~1000
			20	150	202	180	11	
			25	160	222	180	14	
			32	180	233	200	15	
			40	240	267	200	17	
			50	250	417	240	23	
			65	270	452	240	32	
			80	280	567	280	46	
			100	300	590	320	67	
			125	325	756	320	78	
			150	350	880	400	112	
			200	400	1041	400	218	
			250	450	1260	450	326	
			300	500	1415	500	399	
			350	550	1630	500	423	
			400	600	1780	600	566	
			450	650	2050	720	900	
			500	700	2181	720	958	
			600	800	2599	720	1410	
			700	900	2976	800	1896	
			800	1000	3365	800	2492	
			900	1100	3736	900	2889	
			1000	1200	4135	900	3496	

续表

序号	名称	型号	公称通径 DN	结构尺寸/mm L	H	D_0	质量/kg	生产厂
5	明杆楔式单闸板闸阀 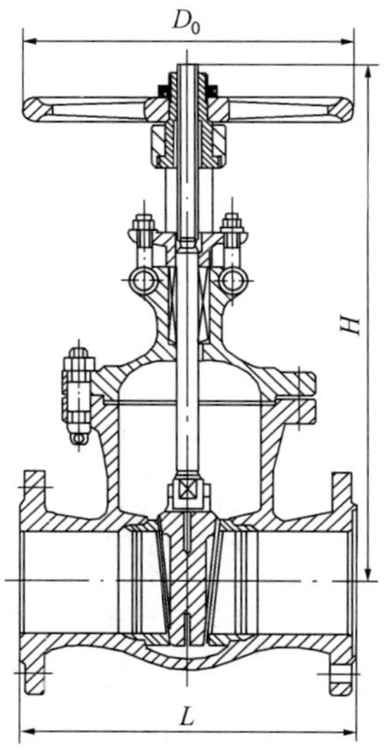 图 1-4	Z41$\frac{W}{Y}$-40P	15	130	255	160	8	慎江、大洋 DN 15~300 苏高 DN 50~400 上阀、伯特利、开维喜 DN 50~500 扬阀 DN 15~300(Y) DN 15~50(W) 兰高 DN 65~300(Y) DN 50~400(W) 正华、南方、上一核 DN 15~400 开阀 DN 15~300(Y) 良精 DN 20~400 南通 DN 40~600 建湖 DN 15~600(Y) 锡山 DN 15~400(W) 保一 DN 25~600(Y) 纽威 DN 50~300(W) 华东 DN 50~400(W) 汉威 DN 15~150(Y) 沈阀 DN 50~250(Y) 福阀 DN 40~150(Y) 大高、屯溪 DN 15~50(Y) 承高 DN 15~600
			20	150	305	180	11	
			25	160	330	180	14	
			32	180	352	200	15	
			40	240	405	240	17	
			50	250	417	240	28	
			65	280	452	240	35	
			80	310	567	280	47	
			100	350	590	320	68	
			125	400	776	350	115	
			150	450	885	400	150	
			200	550	1065	500	235	
			250	650	1250	550	374	
			300	750	1531	640	550	
			350	850	1700	640	890	
			400	950	1870	640	1333	
			500	1150	2320	720	1506	
			600	1350	2610	720	2120	
		Z41$\frac{W}{Y}$-64P	15	170	255	200	9	慎江 DN 15~200 苏高 DN 50~350 上阀、开维喜 DN 50~300 伯特利 DN 50~400 扬阀 DN 15~50(W) DN 15~300(Y) 兰高 DN 50~300(W) DN 65~300(Y) 正华、上一核 DN 15~300 南通、保一 DN 40~500 良精 DN 20~300 南方 DN 15~300 大洋 DN 15~50 纽威 DN 50~300(W) 扬阀 DN 15~300(Y) 精工 DN 15~350(Y) 建湖 DN 15~500(Y) 汉威 DN 50~150(Y) 屯溪 DN 15~50(Y) 福阀 DN 40、50(Y) 承高 DN 15~500
			20	190	305	250	11	
			25	210	330	250	15	
			32	230	352	280	17	
			40	240	405	280	19	
			50	250	505	280	44	
			65	280	545	280	64	
			80	310	605	280	84	
			100	350	665	320	119	
			125	400	780	400	174	
			150	450	980	400	266	
			200	550	1120	450	388	
			250	650	1125	550	500	
			300	750	1680	550	800	
			350	850	1745	640	900	
			400	950	1910	720	1380	
			500	1150	2406	720	1965	

序号	名称	型号	公称通径 DN	结构尺寸/mm L	H	D_0	质量/kg	生产厂
5	明杆楔式单闸板闸阀 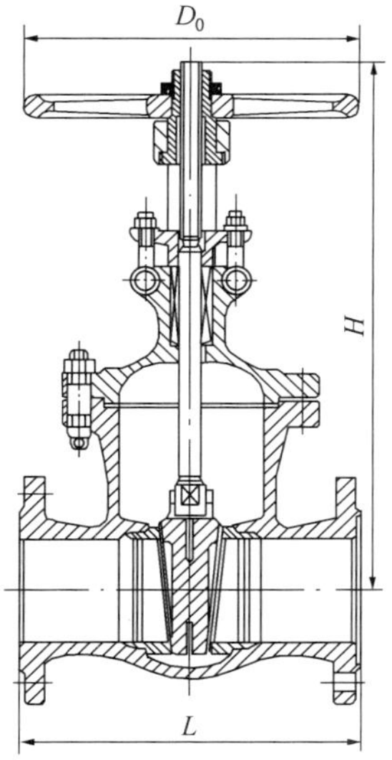 图 1-4	Z41 $^{W}_{Y}$ -100P	15	170	263	200	9	慎江 DN15~150 苏高、上阀、开维喜、伯特利 DN 50~300 扬阀 DN 15~50 南方、承高 DN 15~200 南通、保一 DN 40~400 大洋 DN 15~50 良精 DN 25~300 纽威、华东 DN 200~200(W) 建湖 DN 15~400(Y) 精工 DN 15~250(Y) 屯溪 DN 15~50(Y) 良工 DN 15~250
			20	190	294	250	11	
			25	210	325	250	15	
			32	230	377	360	23	
			40	240	422	360	36	
			50	250	505	280	48	
			65	280	545	280	65	
			80	310	605	320	85	
			100	350	665	400	120	
			125	400	780	400	175	
			150	450	980	450	268	
			200	550	1120	550	446	
			250	650	1125	550	900	
			300	750	1830	640	1100	
			350	850	1189	640	1140	
			400	950	1884	720	1765	
		Z41 $^{W}_{Y}$ -160P	15	170	263	120	9	扬阀、大洋 DN 15~50 浙石化 DN 25~200 良工 DN 15~150 南通、保一 DN 40~300 伯特利 DN 50~200 纽威、良精、南方、承高 DN 15~200 华东 DN 15~150(W) 建湖 DN 15~300(Y) 精工 DN 15~200(Y) 汉威 DN 80~150(Y) 屯溪 DN 15~50(Y) 良精 DN 15~300(Y)
			20	190	294	130	11	
			25	210	310	280	15	
			32	230	350	320	25	
			40	260	395	320	38	
			50	300	612	360	73	
			65	340	677	360	111	
			80	390	686	400	141	
			100	450	751	450	185	
			125	525	868	560	320	
			150	600	997	640	462	
			200	750	1224	720	711	
			250	900	1415	720	992	
			300	1050	1595	720	1328	
		Z41 $^{W}_{Y}$ -16R	15	130	124	160	8	慎江 DN 15~400 沈阀 DN 50~400 纽威 DN 50~400(W) 开阀 DN 50~500 南方、良精、上一核 DN 15~600 南通、保一 DN 40~1000 苏高、伯特利、上阀、开维喜 DN 50~600 精工 DN 40~800 大洋 DN 15~300 汉威 DN 50~250 福阀 DN 40~200(Y) 建湖 DN 15~100(Y) 承高 DN 15~1000
			20	150	139	180	11	
			25	160	157	180	14	
			32	180	188	200	15	
			40	240	217	200	17	
			50	250	417	240	22	
			65	270	452	240	30	
			80	280	530	280	44	
			100	300	607	300	47	
			125	325	614	300	76	
			150	350	850	350	96	
			200	400	1060	400	160	
			250	450	1225	450	228	
			300	500	1415	500	300	
			350	550	1630	500	388	
			400	600	1780	600	566	
			450	650	2050	720	900	
			500	700	2181	720	958	
			600	800	2599	720	1410	
			700	900	2976	720	1690	
			800	1000	3365	800	2275	
			900	1100	3736	800	2596	
			1000	1200	4135	900	3168	

序号	名称	型号	公称通径 DN	结构尺寸/mm L	H	D_0	质量/kg	生产厂
5	明杆楔式单闸板闸阀 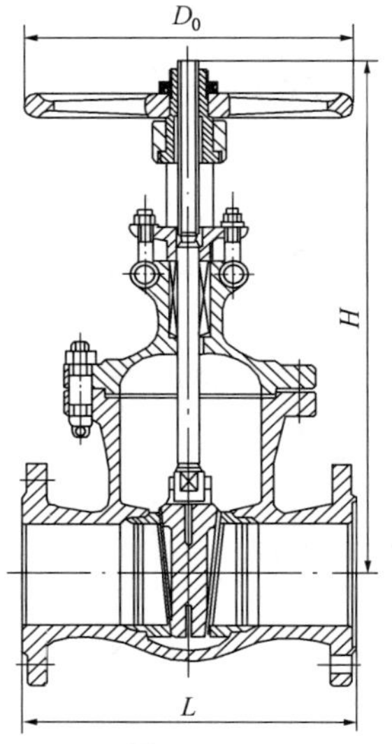 图 1-4	Z41$_{Y}^{W}$-25R	15	130	166	160	8	慎江 DN 15~350 苏高、上阀、开维喜、伯特利 DN 50~600 南通 DN 40~1000 南方 DN 20~600 大洋 DN 15~300 汉威 DN 50~250(Y) 良精、上一核 DN 15~600 精工 DN 40~800 扬阀 DN 15~300(Y) 建湖 DN 15~1000(Y) 纽威 DN 50~400 华东 DN 50~400(W) 保一 DN 25~1000(Y) 正华 DN 15~400 兰高 DN 50~600(W) 福阀 DN 40~200(W) 承高 DN 15~1000
			20	150	202	180	11	
			25	160	222	180	14	
			32	180	233	200	15	
			40	240	267	200	17	
			50	250	417	240	23	
			65	270	452	240	32	
			80	280	567	280	46	
			100	300	590	320	67	
			125	325	756	320	78	
			150	350	880	400	112	
			200	400	1041	400	218	
			250	450	1260	450	326	
			300	500	1415	500	399	
			350	550	1630	500	423	
			400	600	1780	600	566	
			450	650	2050	720	900	
			500	700	2181	720	958	
			600	800	2599	720	1410	
			700	900	2976	800	1896	
			800	1000	3365	800	2492	
			900	1100	3736	900	2889	
			1000	1200	4135	900	3496	
		Z41$_{Y}^{W}$-40R	15	130	255	160	8	慎江、大洋 DN 15~300 苏高 DN 50~400 上阀、伯特利、开维喜 DN 50~500 扬阀 DN 15~300(Y) 兰高 DN 15~400(W) 正华、南方、上一核 DN 15~400 开阀 DN 15~300(Y) 良精 DN 20~400 南通 DN 40~600 建湖 DN 15~600(Y) 保一 DN 40~600(Y) 纽威 DN 15~300(Y) DN 50~300(W) 华东 DN 50~400(W) 福阀 DN 40~100(W) 汉威 DN 50~250(Y) 承高 DN 15~600
			20	150	305	180	11	
			25	160	330	180	14	
			32	180	352	200	15	
			40	240	405	240	17	
			50	250	417	240	28	
			65	280	452	240	35	
			80	310	567	280	47	
			100	350	590	320	68	
			125	400	776	350	115	
			150	450	885	400	150	
			200	550	1065	500	235	
			250	650	1250	550	374	
			300	750	1531	640	550	
			350	850	1700	640	890	
			400	950	1870	640	1333	
			500	1150	2320	720	1506	
			600	1350	2610	720	2120	

序号	名称	型号	公称通径 DN	结构尺寸/mm L	H	D_0	质量/kg	生产厂
5	明杆楔式单闸板闸阀 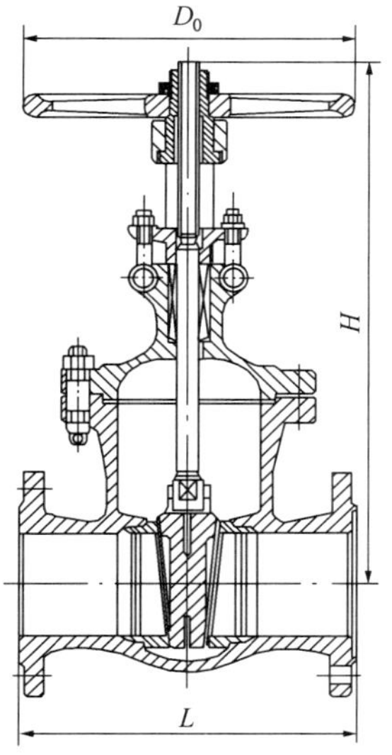 图 1-4	Z41$\genfrac{}{}{0pt}{}{W}{Y}$-64R	15	170	255	200	9	承高 DN 15~500 慎江 DN 15~200 苏高、开阀 DN 50~350 上阀、开维喜 DN 50~300 伯特利 DN 50~400 扬阀、正华 DN 15~300(Y) 兰高 DN 50~300(W) 南通 DN 40~500 良精 DN 20~300 大洋 DN 15~50 纽威 DN 50~300(W) DN 40~300(Y) 华东 DN 50~300(W) 上一核 DN 15~300 精工 DN 15~350(Y) 建湖、保一 DN 15~500(Y) 汉威 DN 50~150(Y)
			20	190	305	250	11	
			25	210	330	250	15	
			32	230	352	280	17	
			40	240	405	280	19	
			50	250	505	280	44	
			65	280	545	280	64	
			80	310	605	280	84	
			100	350	665	320	119	
			125	400	780	400	174	
			150	450	980	400	266	
			200	550	1120	450	388	
			250	650	1125	550	500	
			300	750	1680	550	800	
			350	850	1745	640	900	
			400	950	1910	720	1380	
			500	1150	2406	720	1965	
		Z41$\genfrac{}{}{0pt}{}{W}{Y}$-100R	15	170	263	200	9	慎江 DN 15~150 苏高、上阀、开维喜、 伯特利 DN 50~300 良工 DN 15~250 扬阀、大洋 DN 15~50 南方、承高 DN 15~200 南通 DN 40~400 良精 DN 25~300 纽威 DN 20~200(W) DN 50~200(Y) 华东 DN 20~200(W) 建湖 DN 15~400(Y) 精工 DN 15~250(Y) 保一 DN 40~400(Y)
			20	190	294	250	11	
			25	210	325	250	15	
			32	230	377	360	23	
			40	240	422	360	36	
			50	250	505	280	48	
			65	280	545	280	65	
			80	310	605	320	85	
			100	350	665	400	120	
			125	400	780	400	175	
			150	450	980	450	268	
			200	550	1120	550	446	
			250	650	1125	550	900	
			300	750	1830	640	1100	
			350	850	1689	720	1140	
			400	950	1884	720	1765	
		Z41$\genfrac{}{}{0pt}{}{W}{Y}$-160R	15	170	263	120	9	扬阀、大洋 DN 15~50 浙石化 DN 25~200 良工 DN 15~150 南通 DN 40~300 伯特利 DN 50~200 纽威、良精、南方、承高 DN 15~200 建湖 DN 15~300(Y) 精工 DN 15~200(Y) 华东 DN 15~150(W) 良精 DN 15~300(Y) 保一 DN 40~300(Y)
			20	190	294	130	11	
			25	210	310	280	15	
			32	230	350	320	25	
			40	260	395	320	38	
			50	300	612	360	73	
			65	340	677	360	111	
			80	390	686	400	141	
			100	450	751	450	185	
			125	525	868	560	320	
			150	600	997	640	462	
			200	750	1224	720	711	
			250	900	1415	720	992	
			300	1050	1595	720	1328	

序号	名称	型号	公称通径 DN	结构尺寸/mm L	H	D_0	质量/kg	生产厂
5	明杆楔式单闸板闸阀 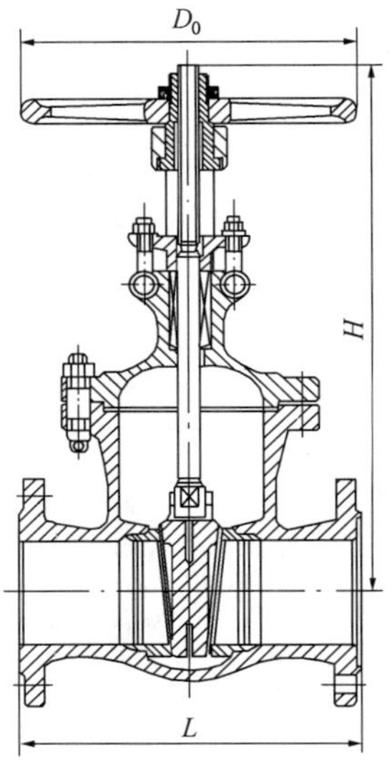 图 1-4	Z41Y-16 I	15	130	124	160	8	承高 DN 15~1000 慎江 DN 15~400 上阀、开维喜、伯特利 DN 50~600 南通 DN 40~1000 精工 DN 40~800 南方 DN 20~600 大洋 DN 15~300 沈阀 DN 50~500 福阀 DN 40~200 保一 DN 40~500 华东、开阀 DN 50~400 良精 DN 40~600 正华 DN 40~400 上一核 DN 15~600
			20	150	139	180	11	
			25	160	157	180	14	
			32	180	188	200	15	
			40	240	207	200	17	
			50	250	240	200	22	
			65	270	320	200	34	
			80	280	395	250	48	
			100	300	480	250	67	
			125	325	614	300	76	
			150	350	720	300	100	
			200	400	955	350	200	
			250	450	1150	400	280	
			300	500	1375	500	380	
			350	550	1565	500	500	
			400	600	1760	600	700	
			500	700	2270	720	1000	
			600	800	2480	720	1500	
			700	900	2976	720	1690	
			800	1000	3365	720	2275	
			900	1100	3736	800	2596	
			1000	1200	4135	900	3168	
		Z41Y-25 I	15	130	166	160	8	承高 DN 15~1000 慎江 DN 15~400 苏高、上阀、开维喜、伯特利 DN 50~600 精工 DN 40~800 扬阀 DN 15~300 兰高 DN 80~200 南通 DN 40~1000 南方 DN 20~600 大洋 DN 15~300 屯溪、大高 DN 15~50 汉威 DN 15~150 保一 DN 25~300 开阀 DN 50、300 福阀 DN 65~200 良精、上一核 DN 15~600 华东 DN 50~400
			20	150	202	180	11	
			25	160	222	180	14	
			32	180	233	200	15	
			40	240	267	200	17	
			50	250	471	280	23	
			65	270	452	280	32	
			80	280	567	280	46	
			100	300	590	320	67	
			125	325	756	320	78	
			150	350	880	400	112	
			200	400	1041	400	218	
			250	450	1260	450	326	
			300	500	1415	500	399	
			350	550	1630	500	423	
			400	600	1780	600	566	
			500	700	2290	720	1500	
			600	800	2500	720	1800	
			700	900	2976	800	1896	
			800	1000	3365	800	2492	
			900	1100	3736	900	2889	
			1000	1200	4135	900	3496	

序号	名　　称	型　号	公称通径 DN	结构尺寸/mm L	H	D_0	质量/kg	生产厂
5	明杆楔式单闸板闸阀 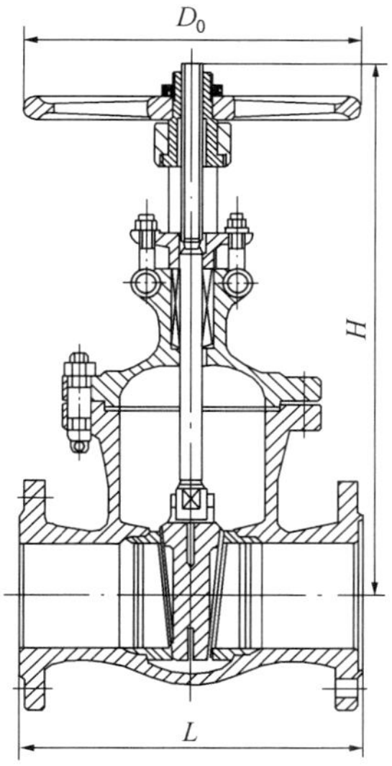 图 1-4	Z41Y-40 Ⅰ	15	130	220	200	8	承高 DN 15~600 慎江 DN 15~300 苏高、开维喜、华东、上阀 DN 50~400 大高、屯溪、扬阀 DN 15~50 兰高 DN 50~350 南通 DN 40~600 伯特利 DN 50~500 良精 DN 20~400 精工、上一核 DN 15~400 大洋 DN 15~300 保一 DN 25~300 汉威 DN 15~150 沈阀、开阀 DN 50~300
			20	150	256	250	11	
			25	160	275	250	14	
			32	180	285	250	15	
			40	240	320	280	17	
			50	250	417	280	28	
			65	280	452	280	35	
			80	310	567	280	47	
			100	350	590	320	68	
			125	400	776	350	115	
			150	450	885	400	150	
			200	550	1065	500	235	
			250	650	1250	550	374	
			300	750	1531	640	550	
			350	850	1700	640	890	
			400	950	1870	640	1008	
			450	1050	2070	720	1196	
			500	1150	2250	720	1450	
			600	1350	2610	720	2120	
		Z41Y-64 Ⅰ	15	170	217	250	9	慎江 DN 15~200 苏高、上阀、开维喜、华东 DN 50~300 沈阀、开阀 DN 50~350 扬阀、南方、承高 DN 15~400 南通 DN 40~400 伯特利 DN 50~400 精工 DN 15~350 良精 DN 20~300 屯溪、大高、大洋 DN 15~50 西高 DN 15~150 上一核 DN 15~300
			20	190	258	250	11	
			25	210	273	250	15	
			32	230	280	280	17	
			40	240	313	280	19	
			50	250	505	280	44	
			65	280	545	280	64	
			80	310	605	320	84	
			100	350	665	400	119	
			125	400	780	400	174	
			150	450	980	450	266	
			200	550	1120	550	388	
			250	650	1125	550	500	
			300	750	1680	640	550	
			350	850	1660	720	900	
			400	950	1875	720	1380	

序号	名称	型号	公称通径 DN	结构尺寸/mm L	H	D_0	质量/kg	生产厂
5	明杆楔式单闸板闸阀 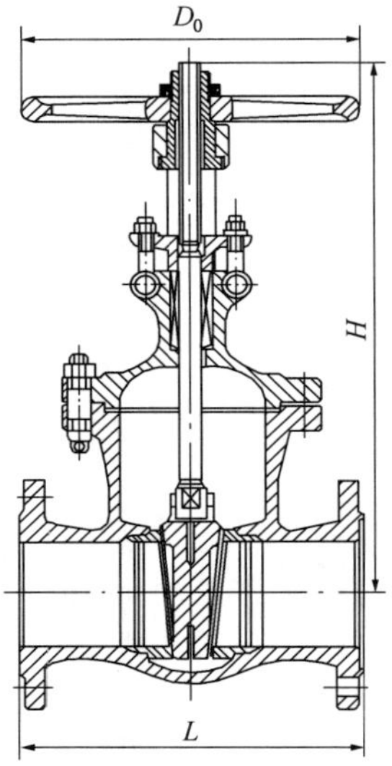 图 1-4	Z41Y-100 Ⅰ	15	170	230	200	9	慎江 DN 15~150 精工 DN 15~250 沈阀 DN 50~250 扬阀、屯溪、大洋 DN 15~50 南方、承高 DN 15~200 开阀 DN 65~200 良工 DN 80~150 南通 DN 40~400 苏高、上阀、伯特利 DN 50~300 华东 DN 50~200
			20	190	260	250	11	
			25	210	280	250	15	
			32	230	312	360	23	
			40	240	350	360	36	
			50	250	505	360	48	
			65	280	545	360	65	
			80	310	605	400	85	
			100	350	665	400	120	
			125	400	780	400	175	
			150	450	980	450	268	
			200	550	1120	550	446	
			250	650	1125	550	535	
			300	750	1680	640	670	
			350	850	1689	720	1140	
			400	950	1884	720	1765	
		Z41Y-160 Ⅰ	15	170	263	120	9	扬阀、屯溪、大洋、大高 DN 15~50 开阀 DN 100 精工、南方、良精、承高 DN 15~200 华东 DN 50~150 南通 DN 40~300 沈阀、苏高、伯特利 DN 50~200 良工、汉威 DN 65~150
			20	190	294	130	11	
			25	210	325	150	15	
			32	230	377	180	25	
			40	260	422	220	38	
			50	300	612	360	73	
			65	340	677	360	111	
			80	390	686	400	141	
			100	450	751	450	185	
			125	525	868	560	320	
			150	600	997	640	462	
			200	750	1224	720	711	
			250	900	1415	720	992	
			300	1050	1595	720	1328	
		Z41Y-16$P_{Ⅰ}$ Z41Y-16$P_{Ⅱ}$	50	250	402	200	20	兰高 DN 50~400
			80	280	526	240	35	
			100	300	526	240	40	
			150	350	720	280	100	
			200	400	885	320	120	
			250	450	1098	360	200	
			300	500	1232	450	280	
			350	550	1419	560	390	
			400	600	1600	640	545	

续表

序号	名称	型号	公称通径 *DN*	结构尺寸/mm			质量/kg	生产厂
				L	*H*	D_0		
5	明杆楔式单闸板闸阀 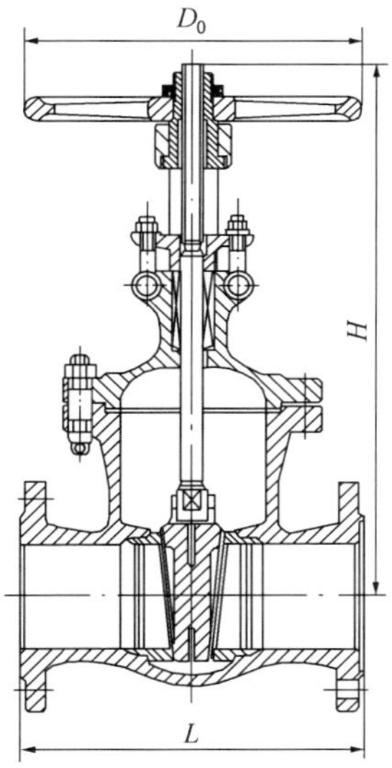 图 1-4	Z41Y-25P Ⅰ Z41Y-25P Ⅱ	50	250	402	200	21	兰高 *DN* 50~400
			80	280	526	240	34	
			100	300	526	240	41	
			150	350	720	280	97	
			200	400	885	320	123	
			250	450	1098	360	230	
			300	500	1232	450	285	
			350	550	1419	560	397	
			400	600	1600	640	558	
		Z41Y-40P Ⅰ Z41Y-40P Ⅱ	50	254	450	240	28	兰高 *DN* 50~300
			65	280	548	320	39	
			80	310	600	280	48	
			100	350	681	320	69	
			150	450	901	360	158	
			200	550	1110	450	262	
			250	650	1348	560	392	
			300	750	1348	560	437	
		Z41Y-64P Ⅰ	50	250	504	280	41	兰高 *DN* 50~300
			80	310	637	320	68	
			100	350	716	360	109	
			150	450	926	450	230	
			200	550	1157	560	320	
			250	650	1378	640	458	
			300	750	1378	640	563	
		$NZ_{RⅠ}$41Y-16P $NZ_{RⅡ}$41Y-16P	50	250	362	250	29	南方 *DN* 50~400
			65	270	395	250	33	
			80	280	426	300	46	
			100	300	470	300	63	
			125	325	520	350	98	
			150	350	590	350	125	
			200	400	725	400	185	
			250	450	865	450	260	
			300	500	1000	550	365	
			350	550	1140	600	498	
			400	600	1285	650	685	

序号	名　　称	型　号	公称通径 DN	结构尺寸/mm L	结构尺寸/mm H	结构尺寸/mm D_0	质量/kg	生产厂
5	明杆楔式单闸板闸阀 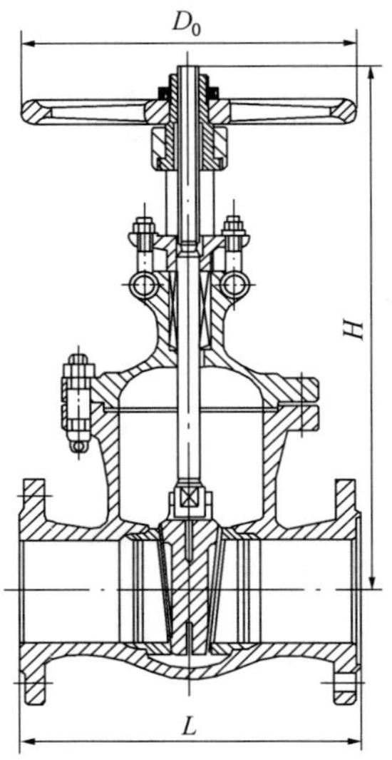 图 1-4	NZ$_{\mathrm{R\,I}}$41Y-25P NZ$_{\mathrm{R\,II}}$41Y-25P	50	250	362	250	31	南方 *DN* 50~400
			65	270	395	250	35	
			80	280	426	300	47	
			100	300	470	300	65	
			125	325	520	350	100	
			150	350	590	350	130	
			200	400	725	400	195	
			250	450	865	450	275	
			300	500	1000	550	392	
			350	550	1140	650	535	
			400	600	1285	700	742	
		NZ$_{\mathrm{R\,I}}$41Y-40P NZ$_{\mathrm{R\,II}}$41Y-40P	50	250	362	300	31	南方 *DN* 50~400
			65	280	395	300	38	
			80	310	426	350	51	
			100	350	470	350	80	
			125	400	520	400	120	
			150	450	590	400	148	
			200	550	725	450	252	
			250	650	865	550	355	
			300	750	1000	650	540	
			350	850	1140	750	690	
			400	950	1280	850	960	
		L Z$_{\mathrm{R\,I}}$41Y-16P L Z$_{\mathrm{R\,II}}$41Y-16P	50	250	362	250	29	良精 *DN* 50~400
			65	270	395	250	33	
			80	280	426	300	46	
			100	300	470	300	63	
			125	325	520	350	98	
			150	350	590	350	125	
			200	400	725	400	185	
			250	450	865	450	260	
			300	500	1000	550	365	
			350	550	1140	600	498	
			400	600	1285	600	685	
		L Z$_{\mathrm{R\,I}}$41Y-25P L Z$_{\mathrm{R\,II}}$41Y-25P	50	250	362	250	31	良精 *DN* 50~400
			65	270	395	250	35	
			80	280	426	300	47	
			100	300	470	300	65	
			125	325	520	350	100	
			150	350	590	350	130	
			200	400	725	400	195	
			250	450	865	450	275	
			300	500	1000	550	392	
			350	550	1140	650	535	
			400	600	1285	700	742	

续表

序号	名称	型号	公称通径 DN	结构尺寸/mm L	H	D_0	质量/kg	生产厂
5	明杆楔式单闸板闸阀 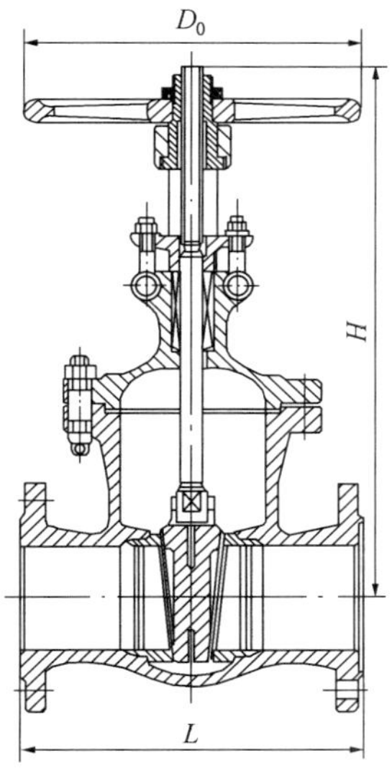 图 1-4	L Z_{RI} 41Y-40P L Z_{RII} 41Y-40P	50	250	362	300	33	良精 DN 50~400
			65	280	395	300	38	
			80	310	426	350	51	
			100	350	470	350	80	
			125	400	520	400	120	
			150	450	590	400	148	
			200	550	725	450	252	
			250	650	865	550	355	
			300	750	1000	650	540	
			350	850	1140	750	690	
			400	950	1285	850	960	
		Z41W-16A	10	102	250	160	4	西高 DN 10~100
			15	130	250	160	5	
			20	150	305	180	6	
			25	160	330	180	7	
			32	180	350	200	10	
			40	200	385	200	13	
			50	250	438	200	20	
			65	265	452	200	30	
			80	280	530	250	50	
			100	300	620	250	58	
		Z41W-25A	50	250	438	280	25	西高 DN 50~100
			65	265	452	280	34	
			80	280	530	280	53	
			100	300	620	320	60	
		Z41 $\frac{T}{W}$-10	50	180	346	180	18	铁岭 DN 50~700 白湖 DN 50~450
			65	195	408	180	30	
			80	210	465	200	34	
			100	230	542	200	38	
			125	255	667	240	54	
			150	280	754	240	69	
			200	330	990	320	134	
			250	380	1180	320	182	
			300	420	1357	400	260	
			350	450	1585	400	474	
			400	480	1875	500	519	
			450	510	2110	500	622	
			500	540	2481	720	681	
			600	600	2796	720	951	
			700	660	3180	900	1652	

序号	名　称	型　号	公称通径 DN	结构尺寸/mm			质量/kg	生产厂
				L	H	D_0		
6	抗硫楔式单闸板闸阀	KZ41Y-16C	15	130	166	118	5	自高 DN 40~400 苏高 DN 50~600 屯溪 DN 15~200 保一 DN 40~600
			20	150	202	130	7	
			25	160	222	150	9	
			32	180	233	166	12	
			40	200	267	180	18	
			50	250	417	240	25	
			65	265	452	240	34	
			80	280	530	280	53	
			100	300	607	300	60	
			125	325	614	300	89	
			150	350	850	350	117	
			200	400	1060	400	160	
			250	450	1225	450	228	
			300	500	1415	500	300	
			350	550	1630	500	388	
			400	600	1780	600	566	
			450	650	2050	720	900	
			500	700	2181	720	958	
			600	800	2599	720	1410	
		KZ41Y-25	15	130	166	118	5	保一 DN 40~600 自高 DN 40~400 苏高 DN 50~600 屯溪 DN 15~200 大洋、大高 DN 15~50
			20	150	202	130	7	
			25	160	222	150	9	
			32	180	233	166	12	
			40	200	267	180	18	
			50	250	417	240	25	
			65	265	452	240	34	
			80	280	567	280	53	
			100	300	590	320	60	
			125	325	756	320	89	
			150	350	880	400	117	
			200	400	1041	400	218	
			250	450	1260	450	326	
			300	500	1415	500	399	
			350	550	1630	500	423	
			400	600	1780	600	566	
			450	650	2050	720	900	
			500	700	2181	720	958	
			600	800	2599	720	1410	

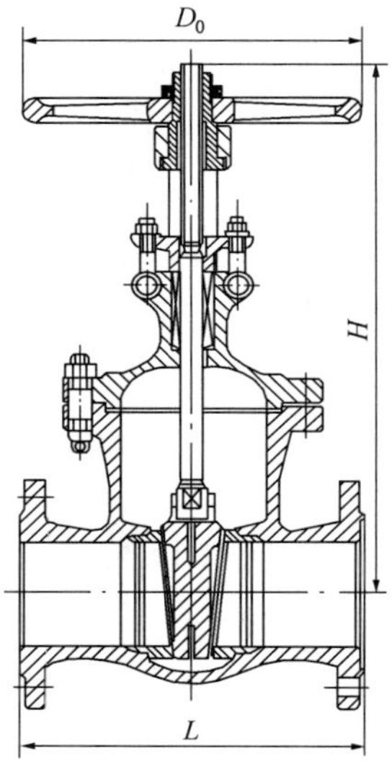

图 1-4

序号	名称	型号	公称通径 DN	结构尺寸/mm L	结构尺寸/mm H	结构尺寸/mm D_0	质量/kg	生产厂
6	抗硫楔式单闸板闸阀 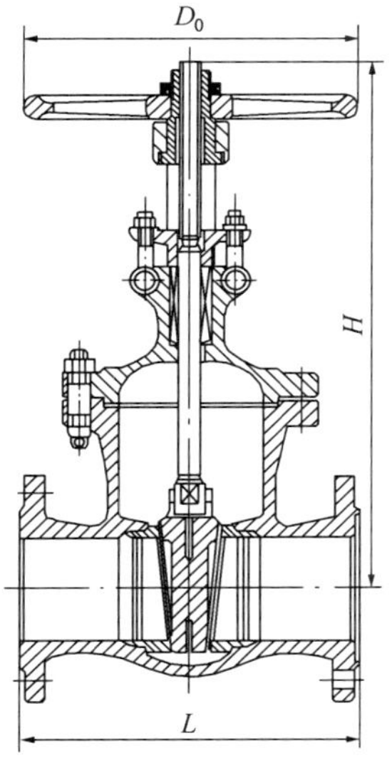 图 1-4	KZ41Y-40	15	130	166	118	5	屯溪 *DN* 15~200 自高、保一 *DN* 40~400 苏高 *DN* 50~400 大高、大洋 *DN* 15~50 扬阀 *DN* 15~40
			20	150	202	130	7	
			25	160	222	150	9	
			32	180	233	166	12	
			40	200	267	180	18	
			50	250	417	240	28	
			65	280	452	240	35	
			80	310	567	280	53	
			100	350	590	320	68	
			125	400	776	350	115	
			150	450	885	400	150	
			200	550	1065	500	235	
			250	650	1250	550	374	
			300	750	1531	640	550	
			350	850	1700	640	890	
			400	950	1870	640	1333	
		KZ41Y-64	15	170	166	118	7	自高 *DN* 40~300 苏高 *DN* 50~350 屯溪、大洋 *DN* 15~50 保一 *DN* 40~350
			20	190	202	130	10	
			25	210	222	150	13	
			32	230	244	180	18	
			40	240	271	220	25	
			50	250	505	280	44	
			65	280	545	280	64	
			80	310	605	320	84	
			100	350	665	400	119	
			125	400	780	400	174	
			150	450	980	450	266	
			200	550	1120	550	388	
			250	650	1125	550	500	
			300	750	1680	640	550	
			350	850	1745	640	600	
		KZ41H-100	15	170	166	118	7	自高 *DN* 40~250 苏高 *DN* 50~300 屯溪、大洋 *DN* 15~50 保一 *DN* 40~300
			20	190	202	130	10	
			25	210	222	150	13	
			32	230	244	180	18	
			40	240	271	220	25	
			50	250	505	280	48	
			65	280	545	280	65	
			80	310	605	320	85	
			100	350	665	400	120	
			125	400	780	400	175	
			150	450	980	450	268	
			200	550	1120	550	446	
			250	650	1125	550	535	
			300	750	1830	640	670	

<table>
<tr><th rowspan="2">序号</th><th rowspan="2">名　称</th><th rowspan="2">型　号</th><th rowspan="2">公称通径 DN</th><th colspan="3">结构尺寸/mm</th><th rowspan="2">质量/kg</th><th rowspan="2">生产厂</th></tr>
<tr><th>L</th><th>H</th><th>D_0</th></tr>
<tr><td rowspan="15">6</td><td rowspan="15">抗硫楔式单闸板闸阀
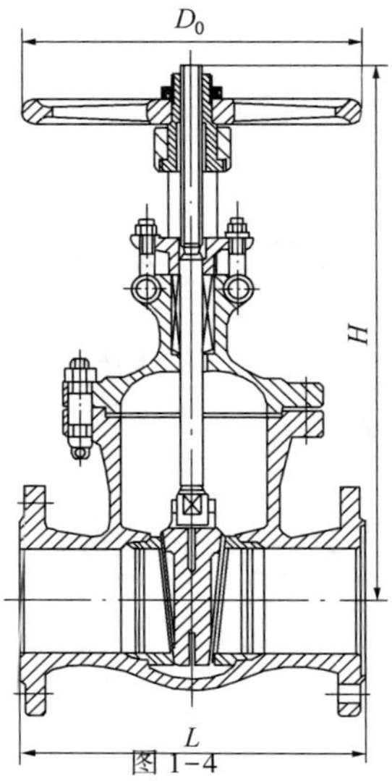

图 1-4</td><td rowspan="10">KZ41Y-160</td><td>15</td><td>170</td><td>170</td><td>118</td><td>8</td><td rowspan="10">自高、保一 DN 40~125
大高、大洋、屯溪
DN 15~50
扬阀 DN 15~40</td></tr>
<tr><td>20</td><td>190</td><td>205</td><td>130</td><td>11</td></tr>
<tr><td>25</td><td>210</td><td>225</td><td>150</td><td>14</td></tr>
<tr><td>32</td><td>230</td><td>245</td><td>180</td><td>20</td></tr>
<tr><td>40</td><td>260</td><td>272</td><td>220</td><td>27</td></tr>
<tr><td>50</td><td>300</td><td>505</td><td>280</td><td>40</td></tr>
<tr><td>65</td><td>340</td><td>545</td><td>280</td><td>111</td></tr>
<tr><td>80</td><td>390</td><td>605</td><td>320</td><td>141</td></tr>
<tr><td>100</td><td>450</td><td>665</td><td>400</td><td>185</td></tr>
<tr><td>125</td><td>525</td><td>780</td><td>400</td><td>325</td></tr>
<tr><td rowspan="5">KZ41Y-200</td><td>50</td><td>350</td><td></td><td></td><td>110</td><td rowspan="5">自高 DN 50~125</td></tr>
<tr><td>65</td><td>410</td><td></td><td></td><td>180</td></tr>
<tr><td>80</td><td>470</td><td></td><td></td><td>260</td></tr>
<tr><td>100</td><td>550</td><td></td><td></td><td>400</td></tr>
<tr><td>125</td><td>650</td><td></td><td></td><td>474</td></tr>
<tr><td rowspan="21">7</td><td rowspan="21">低温楔式单闸板闸阀
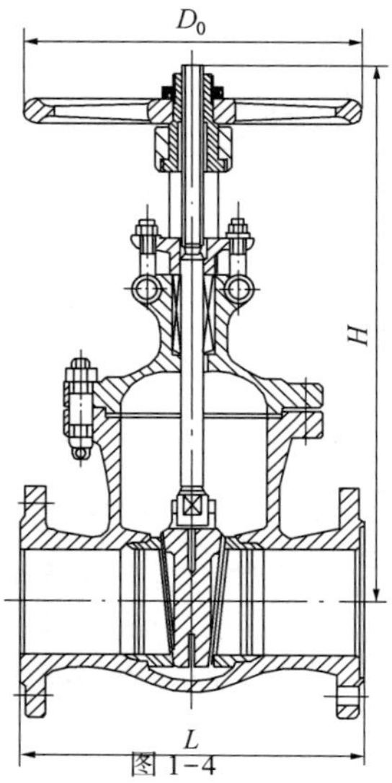

图 1-4</td><td rowspan="7">DZ41Y-25 $^{P}_{R}$
(DZ40Y-25 $^{P}_{R}$)</td><td>50</td><td>250</td><td>438</td><td>240</td><td>28</td><td rowspan="7">建湖 DN 50~300
沈阀 DN 50~300(P)
(开阀 DN 50~300)
(承高 DN 50~300)</td></tr>
<tr><td>80</td><td>280</td><td>710</td><td>280</td><td>58</td></tr>
<tr><td>100</td><td>300</td><td>775</td><td>320</td><td>66</td></tr>
<tr><td>150</td><td>350</td><td>1080</td><td>360</td><td>140</td></tr>
<tr><td>200</td><td>400</td><td>1265</td><td>400</td><td>210</td></tr>
<tr><td>250</td><td>450</td><td>1560</td><td>450</td><td>303</td></tr>
<tr><td>300</td><td>500</td><td>1827</td><td>560</td><td>390</td></tr>
<tr><td rowspan="9">DZ41Y-40 $^{P}_{R}$
(DZ40Y-40 $^{P}_{R}$)</td><td>15</td><td>130</td><td>328</td><td>120</td><td>8</td><td rowspan="9">建湖 DN 15~200
大高 DN 15~50(P)
沈阀 DN 50~200(P)
(开阀 DN 50~200)
(承高 DN 20~200)</td></tr>
<tr><td>20</td><td>150</td><td>396</td><td>140</td><td>12</td></tr>
<tr><td>25</td><td>160</td><td>414</td><td>160</td><td>14</td></tr>
<tr><td>40</td><td>200</td><td>484</td><td>180</td><td>25</td></tr>
<tr><td>50</td><td>250</td><td>580</td><td>200</td><td>30</td></tr>
<tr><td>80</td><td>310</td><td>705</td><td>320</td><td>52</td></tr>
<tr><td>100</td><td>350</td><td>860</td><td>360</td><td>92</td></tr>
<tr><td>150</td><td>450</td><td>1065</td><td>400</td><td>150</td></tr>
<tr><td>200</td><td>550</td><td>1270</td><td>450</td><td>265</td></tr>
<tr><td rowspan="5">DZ41Y-64 $^{P}_{R}$
(DZ40Y-64 $^{P}_{R}$)</td><td>15</td><td>170</td><td>328</td><td>120</td><td>7</td><td rowspan="5">建湖 DN 15~50
大高 DN 15~50(P)
(承高 DN 15~50)</td></tr>
<tr><td>20</td><td>190</td><td>396</td><td>140</td><td>10</td></tr>
<tr><td>25</td><td>210</td><td>414</td><td>160</td><td>13</td></tr>
<tr><td>40</td><td>240</td><td>484</td><td>180</td><td>23</td></tr>
<tr><td>50</td><td>250</td><td>580</td><td>200</td><td>29</td></tr>
</table>

序号	名称	型号	公称通径 DN	结构尺寸/mm			质量/kg	生产厂
				L	H	D_0		
7	低温楔式单闸板闸阀 同图 1-4	DZ41Y-40N	50	250	585	280	33	沈阀 DN 50~200
			80	310	705	320	52	
			100	350	860	360	92	
			150	450	1065	400	150	
			200	550	1270	450	265	
8	低温楔式弹性闸板闸阀	DZ41Y-40P	250	650	1494	560	324	沈阀 DN 250、300
			300	750	1696	650	475	
9	带保温套闸阀	BZ41H-16C	250	520	1122	360	258	西高
		BZ41H-25	100	350	579	320	72	西高 DN 100、200
			200	500	1080	400	161	

序号	名称	型号	公称通径 DN	结构尺寸/mm			质量/kg		生产厂
				L	H	D_0	Z_1 仿	Z_2 仿	
10	带吹扫孔楔式单闸板闸阀 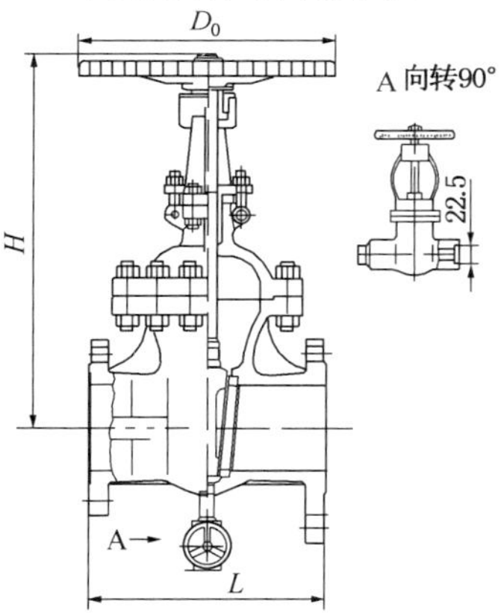 图 1-5-1(Z_1 仿)	Z_1 仿 Z41H-16C Z_2 仿 Z41H-16C	50	250	362	250	29	32	伯特利、良精、南方、大洋、保一 DN 50~400 沈阀 DN 50~250 兰高 DN 50~300
			65	270	395	250	33	36	
			80	280	426	300	46	49	
			100	300	470	300	63	66	
			125	325	520	350	98	102	
			150	350	590	350	125	128	
			200	400	725	400	185	188	
			250	450	865	450	260	263	
			300	500	1000	550	365	368	
			350	550	1140	600	498	502	
			400	600	1285	600	685	688	
	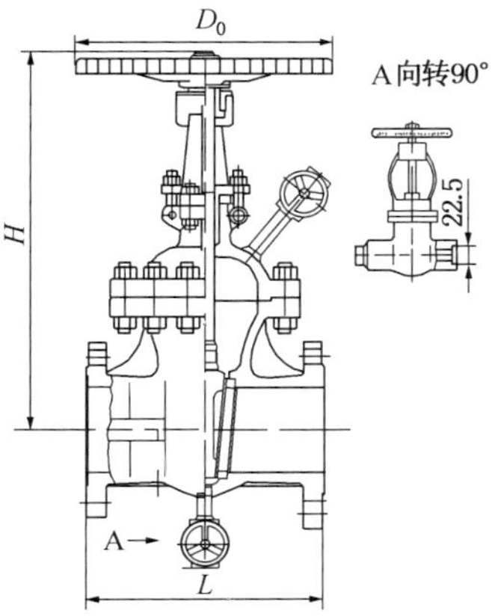 图 1-5-2(Z_2 仿)	Z_1 仿 Z41H-25 Z_2 仿 Z41H-25	50	250	362	250	31	34	伯特利、良精、南方、大洋、保一 DN 50~400 沈阀 DN 50~250 兰高 DN 50~300
			65	270	395	250	35	38	
			80	280	426	300	47	50	
			100	300	470	300	65	68	
			125	325	520	350	100	103	
			150	350	590	350	130	133	
			200	400	725	400	195	198	
			250	450	865	450	275	278	
			300	500	1000	550	392	395	
			350	550	1140	650	535	538	
			400	600	1285	700	742	745	

序号	名称	型号	公称通径 DN	结构尺寸/mm L	H	D_0	质量/kg Z_1 仿	Z_2 仿	生产厂
10	带吹扫孔楔式单闸板闸阀 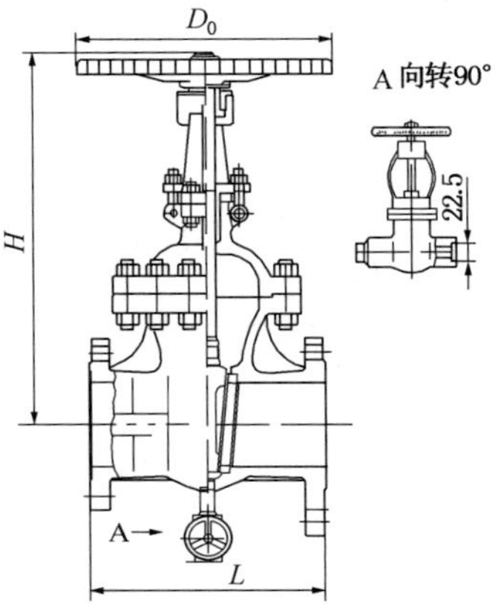 图 1-5-1(Z_1 仿) 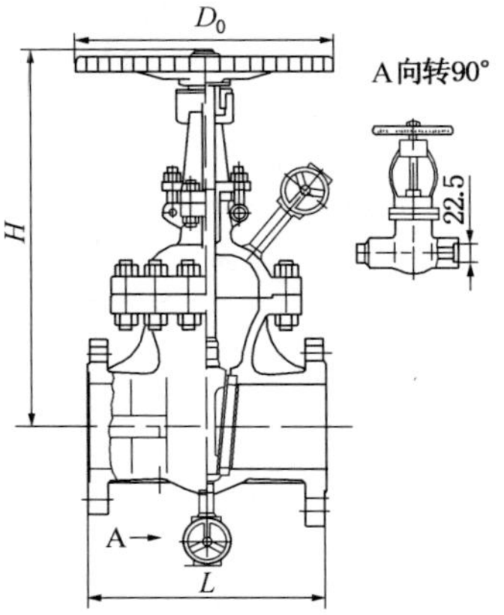 图 1-5-2(Z_2 仿)	Z_1 仿 Z41H-40 Z_2 仿 Z41H-40	50	250	362	300	33	37	伯特利、良精、南方、大洋、保一 DN 50~400 沈阀 DN 50~200 兰高 DN 50~300
			65	280	395	300	38	42	
			80	310	426	350	51	55	
			100	350	470	350	80	84	
			125	400	520	400	120	124	
			150	450	590	400	148	152	
			200	550	725	450	252	256	
			250	650	865	550	355	359	
			300	750	1000	650	540	544	
			350	850	1140	750	690	694	
			400	950	1285	850	960	964	
		Z_1 仿 Z41H-64 Z_2 仿 Z41H-64	50	250	370	300	36	39	南方、大洋 良精 DN 50~400
			65	280	405	300	45	49	
			80	310	435	350	59	63	
			100	350	480	400	90	94	
			125	400	530	400	135	139	
			150	450	605	450	168	172	
			200	550	740	550	280	284	
			250	650	880	650	392	396	
			300	750	1015	750	585	589	
			350	850	1160	800	740	744	
			400	950	1310	900	960	1014	
		Z_1 仿 Z41H-100 Z_2 仿 Z41H-100	50	250	370	300	38	43	南方、大洋 良精 DN 50~400
			65	280	405	300	53	58	
			80	310	435	350	68	73	
			100	350	480	400	102	107	
			125	400	530	400	150	155	
			150	450	605	450	187	192	
			200	550	740	550	305	310	
			250	650	880	650	425	430	
			300	750	1015	750	625	630	
			350	850	1160	850	785	790	
			400	950	1310	950	1055	1060	

序号	名称	型号	公称通径 DN	结构尺寸/mm			质量/kg		生产厂
				L	H	D_0	Z_1 仿	Z_2 仿	
10	带吹扫孔楔式单闸板闸阀 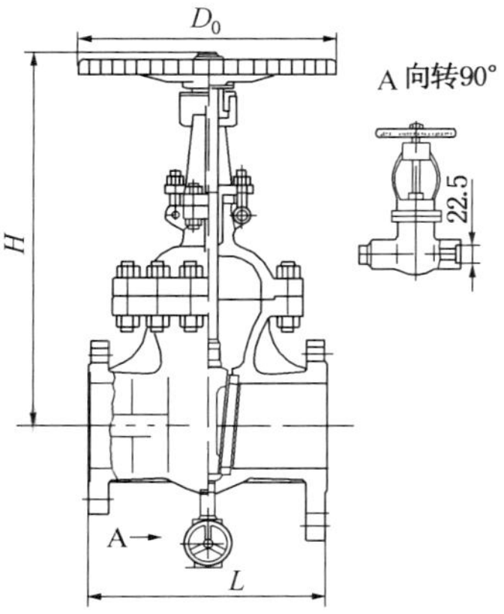 图 1-5-1(Z_1 仿) 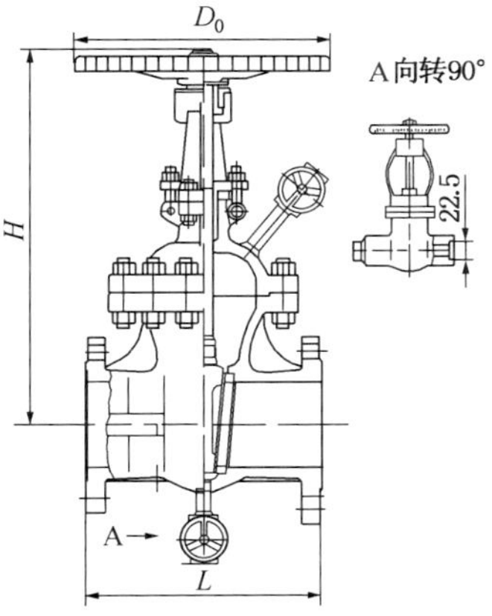 图 1-5-2(Z_2 仿)	Z_1 仿 Z41Y-16I Z_2 仿 Z41Y-16I	50	250	362	250	29	32	伯特利、良精、南方、保一 DN 50~400 沈阀 DN 50~250 兰高 DN 50~300
			65	270	395	250	33	36	
			80	280	426	300	46	49	
			100	300	470	300	63	66	
			125	325	520	350	98	102	
			150	350	590	350	125	128	
			200	400	725	400	185	188	
			250	450	865	450	260	263	
			300	500	1000	550	365	368	
			350	550	1140	600	498	502	
			400	600	1285	600	685	688	
		Z_1 仿 Z41Y-25I Z_2 仿 Z41Y-25I	50	250	362	250	31	34	伯特利、良精、南方、保一 DN 50~400 沈阀 DN 50~250 兰高 DN 50~300
			65	270	395	250	35	38	
			80	280	426	300	47	50	
			100	300	470	300	65	68	
			125	325	520	350	100	103	
			150	350	590	350	130	133	
			200	400	725	400	195	198	
			250	450	865	450	275	278	
			300	500	1000	550	392	395	
			350	550	1140	650	535	538	
			400	600	1285	700	742	745	
		Z_1 仿 Z41Y-40I Z_2 仿 Z41Y-40I	50	250	362	300	33	37	伯特利、良精、南方、保一 DN 50~400 沈阀 DN 50~200 兰高 DN 50~300
			65	280	395	300	38	42	
			80	310	426	350	51	55	
			100	350	470	350	80	84	
			125	400	520	400	120	124	
			150	450	590	400	148	152	
			200	550	725	450	252	256	
			250	650	865	550	355	359	
			300	750	1000	650	540	544	
			350	850	1140	750	690	694	
			400	950	1285	850	960	964	

续表

序号	名称	型号	公称通径 DN	结构尺寸/mm L	H	D_0	质量/kg Z_1仿	Z_2仿	生产厂
10	带吹扫孔楔式单闸板闸阀 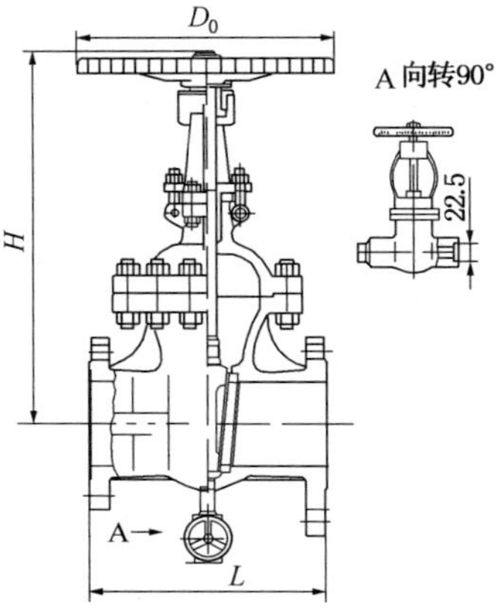 图1-5-1(Z_1仿) 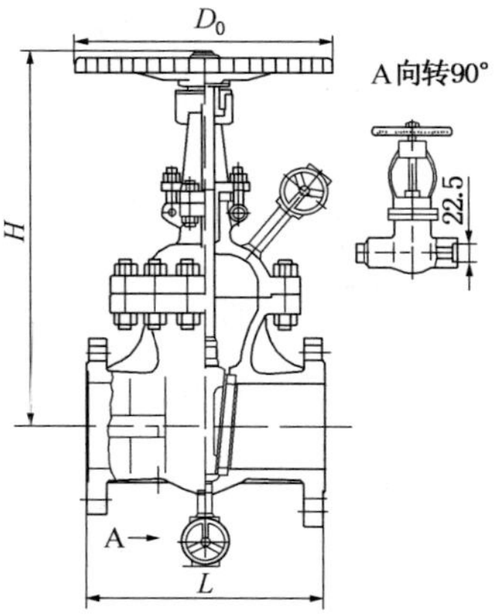 图1-5-2(Z_2仿)	Z_1仿 Z41Y-64Ⅰ Z_2仿 Z41Y-64Ⅰ	50	250	370	300	36	39	南方、良精 DN 50~400
			65	280	405	300	45	49	
			80	310	435	350	59	63	
			100	350	480	400	90	94	
			125	400	530	400	135	139	
			150	450	605	450	168	172	
			200	550	740	550	280	284	
			250	650	880	650	392	396	
			300	750	1015	750	585	589	
			350	850	1160	800	740	744	
			400	950	1310	900	960	1014	
		Z_1仿 Z41Y-100Ⅰ Z_2仿 Z41Y-100Ⅰ	50	250	370	300	38	43	南方、良精 DN 50~400
			65	280	405	300	53	58	
			80	310	435	350	68	73	
			100	350	480	400	102	107	
			125	400	530	400	150	155	
			150	450	605	450	187	192	
			200	550	740	550	305	310	
			250	650	880	650	425	430	
			300	750	1015	750	625	630	
			350	850	1160	850	785	790	
			400	950	1310	950	1055	1060	
		Z_1仿 Z41Y-16$P_Ⅰ$ Z_2仿 Z41Y-16$P_Ⅰ$	50	250	362	250	29	32	伯特利、良精、南方、保一 DN 50~400 沈阀 DN 50~250 兰高 DN 50~300
			65	270	395	250	33	36	
			80	280	426	300	46	49	
			100	300	470	300	63	66	
			125	325	520	350	98	102	
			150	350	590	350	125	128	
			200	400	725	400	185	188	
			250	450	865	450	260	263	
			300	500	1000	550	365	368	
			350	550	1140	600	498	502	
			400	600	1285	600	685	688	

续表

序号	名称	型号	公称通径 DN	结构尺寸/mm			质量/kg		生产厂
				L	H	D_0	Z_1 仿	Z_2 仿	
10	带吹扫孔楔式单闸板闸阀	Z_1 仿 Z41Y-25P_I Z_2 仿 Z41Y-25P_I	50	250	362	250	31	34	伯特利、良精、南方、保一 DN 50~400 沈阀 DN 50~250 兰高 DN 50~300
			65	270	395	250	35	38	
			80	280	426	300	47	50	
			100	300	470	300	65	68	
			125	325	520	350	100	103	
			150	350	590	350	130	133	
			200	400	725	400	195	198	
			250	450	865	450	275	278	
			300	500	1000	550	392	395	
			350	550	1140	650	535	538	
			400	600	1285	700	742	745	
		Z_1 仿 Z41Y-40P_I Z_2 仿 Z41Y-40P_I	50	250	362	300	33	37	伯特利、良精、南方、保一 DN 50~400 沈阀 DN 50~200 兰高 DN 50~300
			65	280	395	300	38	42	
			80	310	426	350	51	55	
			100	350	470	350	80	84	
			125	400	520	400	120	124	
			150	450	590	400	148	152	
			200	550	725	450	252	256	
			250	650	865	550	355	359	
			300	750	1000	650	540	544	
			350	850	1140	750	690	694	
			400	950	1285	850	960	964	
		Z_1 仿 Z41Y-64P_I Z_2 仿 Z41Y-64P_I	50	250	370	300	36	39	南方、良精 DN 50~400
			65	280	405	300	45	49	
			80	310	435	350	59	63	
			100	350	480	400	90	94	
			125	400	530	400	135	139	
			150	450	605	450	168	172	
			200	550	740	550	280	284	
			250	650	880	650	392	396	
			300	750	1015	750	585	589	
			350	850	1160	800	740	744	
			400	950	1310	900	960	1014	

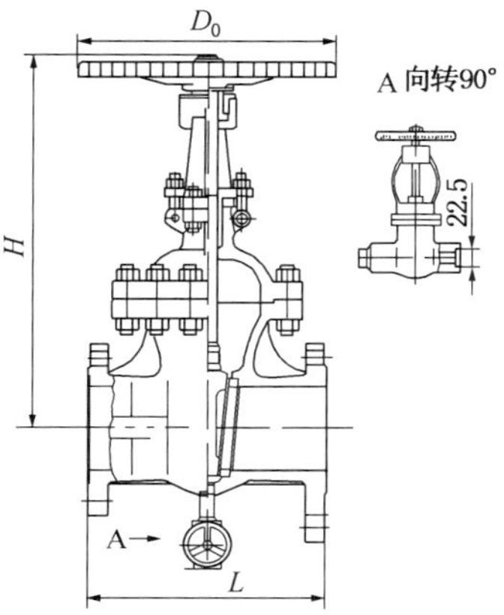

图 1-5-1(Z_1 仿)

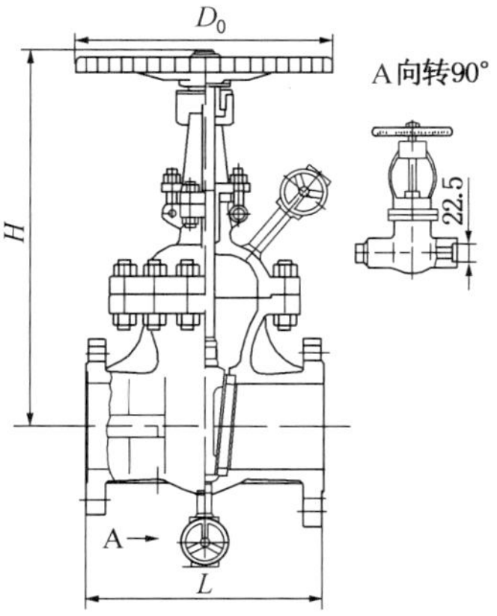

图 1-5-2(Z_2 仿)

序号	名称	型号	公称通径 DN	结构尺寸/mm L	H	D_0	质量/kg Z_1 仿	Z_2 仿	生产厂
10	带吹扫孔楔式单闸板闸阀 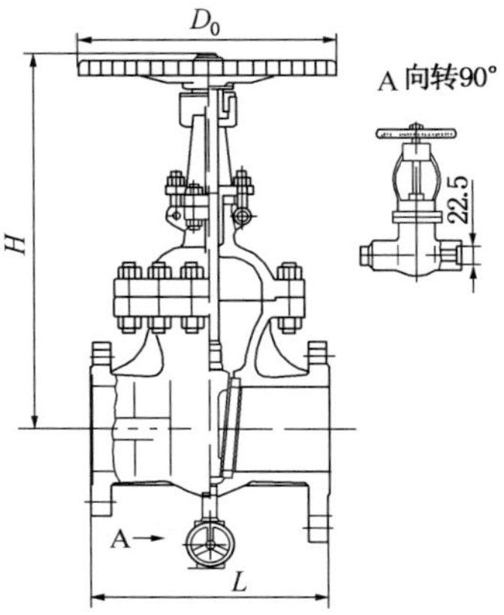 图 1-5-1(Z_1 仿) 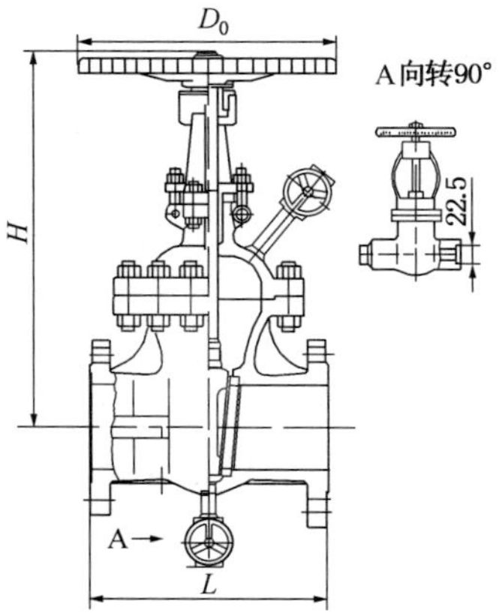 图 1-5-2(Z_2 仿)	Z_1 仿 Z41Y-100P_I Z_2 仿 Z41Y-100P_I	50	250	370	300	38	43	南方、良精 *DN* 50~400
			65	280	405	300	53	58	
			80	310	435	350	68	73	
			100	350	480	400	102	107	
			125	400	530	400	150	155	
			150	450	605	450	187	192	
			200	550	740	550	305	310	
			250	650	880	650	425	430	
			300	750	1015	750	625	630	
			350	850	1160	850	785	790	
			400	950	1310	950	1055	1060	
		Z_1 仿 Z41Y-16P_{II} Z_2 仿 Z41Y-16P_{II}	50	250	362	250	29	32	伯特利、良精、南方、保一 *DN* 50~400 沈阀 *DN* 50~200 兰高 *DN* 50~300
			65	270	395	250	33	36	
			80	280	426	300	46	49	
			100	300	470	300	63	66	
			125	325	520	350	98	102	
			150	350	590	350	125	128	
			200	400	725	400	185	188	
			250	450	865	450	260	263	
			300	500	1000	550	365	368	
			350	550	1140	600	498	502	
			400	600	1285	600	685	688	
		Z_1 仿 Z41Y-25P_{II} Z_2 仿 Z41Y-25P_{II}	50	250	362	250	31	34	伯特利、良精、南方、保一 *DN* 50~400 沈阀 *DN* 50~200 兰高 *DN* 50~300
			65	270	395	250	35	38	
			80	280	426	300	47	50	
			100	300	470	300	65	68	
			125	325	520	350	100	103	
			150	350	590	350	130	133	
			200	400	725	400	195	198	
			250	450	865	450	275	278	
			300	500	1000	550	392	395	
			350	550	1140	650	535	538	
			400	600	1285	700	742	745	

续表

序号	名称	型号	公称通径 DN	结构尺寸/mm			质量/kg		生产厂
				L	H	D_0	Z_1 仿	Z_2 仿	
10	带吹扫孔楔式单闸板闸阀 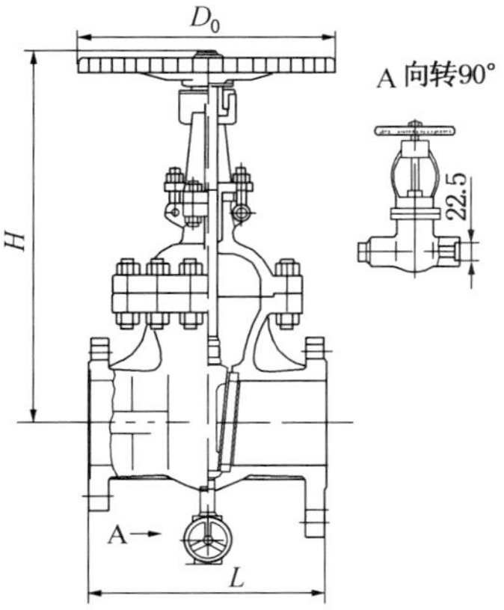 图 1-5-1(Z_1 仿) 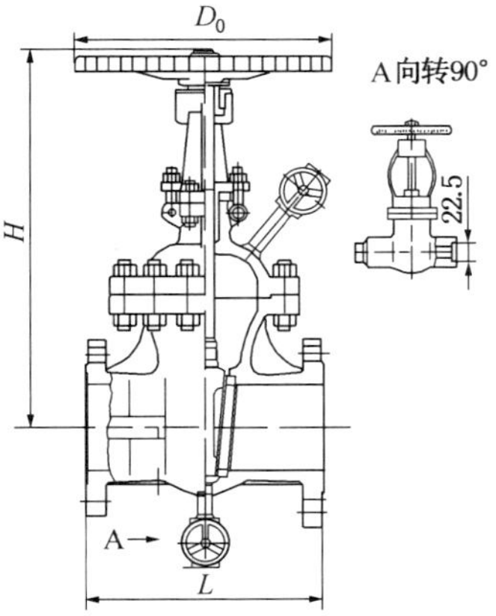 图 1-5-2(Z_2 仿)	Z_1 仿 Z41Y-40P Ⅱ Z_2 仿 Z41Y-40P Ⅱ	50	250	362	300	33	37	伯特利、良精、南方、保一 DN 50~400 沈阀 DN 50~200 兰高 DN 50~300
			65	280	395	300	38	42	
			80	310	426	350	51	55	
			100	350	470	350	80	84	
			125	400	520	400	120	124	
			150	450	590	400	148	152	
			200	550	725	450	252	256	
			250	650	865	550	355	359	
			300	750	1000	650	540	544	
			350	850	1140	750	690	694	
			400	950	1285	850	960	964	
		Z_1 仿 Z41Y-64P Ⅱ Z_2 仿 Z41Y-64P Ⅱ	50	250	370	300	36	39	南方、良精 DN 50~400
			65	280	405	300	45	49	
			80	310	435	350	59	63	
			100	350	480	400	90	94	
			125	400	530	400	135	139	
			150	450	605	450	168	172	
			200	550	740	550	280	284	
			250	650	880	650	392	396	
			300	750	1015	750	585	589	
			350	850	1160	800	740	744	
			400	950	1310	900	960	1014	
		Z_1 仿 Z41Y-100P Ⅱ Z_2 仿 Z41Y-100P Ⅱ	50	250	370	300	38	43	南方、良精 DN 50~400
			65	280	405	300	53	58	
			80	310	435	350	68	73	
			100	350	480	400	102	107	
			125	400	530	400	150	155	
			150	450	605	450	187	192	
			200	550	740	550	305	310	
			250	650	880	650	425	430	
			300	750	1015	750	625	630	
			350	850	1160	850	785	790	
			400	950	1310	950	1055	1060	

序号	名称	型号	公称通径 DN	结构尺寸/mm			质量/kg	生产厂
				L	H	D_0		
10	带吹扫孔楔式单闸板闸阀（见图 1-5-1）	91FZ$_{II}$25P	65	265	452	240	33	沈阀 DN 65~300
			80	280	530	280	46	
			100	300	620	320	64	
			150	350	845	360	134	
			200	400	1041	400	213	
			250	450	1244	450	290	
			300	500	1474	560	399	
		91FZ$_{II}$40P	65	200	473	280	38	沈阀 DN 65~300
			80	310	550	320	52	
			100	350	669	360	82	
			150	450	883	400	153	
			200	550	1086	450	262	
			250	650	1298	560	366	
			300	750	1441	640	563	
11	耐磨衬里闸阀（需加吹扫孔时，型号前加 Z_1 仿或 Z_2 仿即可）（同图 1-5-1 及图 1-5-2）	Z41YGY-25P$_{II}$	200	400	784	350	240	兰高 DN 200~600
			250	450	922	400	300	
			300	500	1096	500	470	
			350	550	1240	600	630	
			400	600	1368	650	900	
			500	700	1527	800	1396	
			600	800	2826	900	2500	
		Z41YGY-40P$_{II}$（Z9203GY$_{II}$）（凹面）	200	550	1110	350	262	兰高 DN 200~500
			250	650	1348	400	392	
			300	750	1506	500	564	
			350	850	1706	600	756	
			400	950	1896	650	1170	
			500	1150	2324	800	1954	
		LSAPF-16P$_{II}$	80	280	445	195	46	慎江 DN 80~600
			100	300	551	215	63	
			125	325	634	245	108	
			150	350	708	280	134	
			200	400	858	335	192	
			250	450	1015	405	273	
			300	500	1201	460	379	
			350	550	1425	520	590	
			400	600	1500	580	849	
			500	700	1750	705	1276	
			600	800	1960	840	2404	

序号	名称	型号	公称通径 DN	结构尺寸/mm L	H	D_0	质量/kg	生产厂
11	耐磨衬里闸阀 (需加吹扫孔时,型号前加 Z_1 仿或 Z_2 仿即可) (同图 1-5-1 及图 1-5-2)	LSAPF-25P$_{Ⅱ}$	80	280	445	195	46	慎江 *DN* 80~600
			100	300	551	230	64	
			125	325	634	270	105	
			150	350	708	300	134	
			200	400	858	360	213	
			250	450	1015	425	290	
			300	500	1201	485	399	
			350	550	1425	550	631	
			400	600	1500	610	900	
			500	700	1750	730	1396	
			600	800	1960	840	2500	
		LSAPF-40P$_{Ⅱ}$ (凹面)	80	310	445	195	51	慎江 *DN* 80~600
			100	350	551	230	81	
			125	400	634	270	128	
			150	450	708	300	180	
			200	550	858	375	262	
			250	650	1015	445	392	
			300	750	1201	510	564	
			350	850	1425	570	756	
			400	950	1501	655	1170	
			500	1150	1780	755	1954	
			600	1350	1980	890	3100	
12	明杆楔式双闸板闸阀 (见图 1-6)	Z42W-1	300	330	1438	450	243	铁岭 *DN* 300~700 塘沽 *DN* 300、400、500
			350	330	1569	450	293	
			400	330	1697	500	361	
			450	330	1926	560	469	
			500	350	2113	640	605	
			600	390	2493	640	921	
			700	430	2860	900	1232	
		Z42H-25	300	500	1500	450	470	沈阀 *DN* 300、400
			400	600	1885	560	740	
		Z42W-16A	10	108	190	120		西高 *DN* 10~150
			15	108	200	120		
			20	118	216	120		
			25	127	261	120		
			32	127	302	140		

序号	名　　称	型　号	公称通径 DN	结构尺寸/mm			质量/kg	生产厂
				L	H	D_0		
12	明杆楔式双闸板闸阀（见图 1-6）	Z42W-16A	40	136	362	160		西高 DN 10~150
			50	142	411	180		
			80	160	435	200		
			100	172	560	280		
			125	186	627	300		
			150	200	755	320		

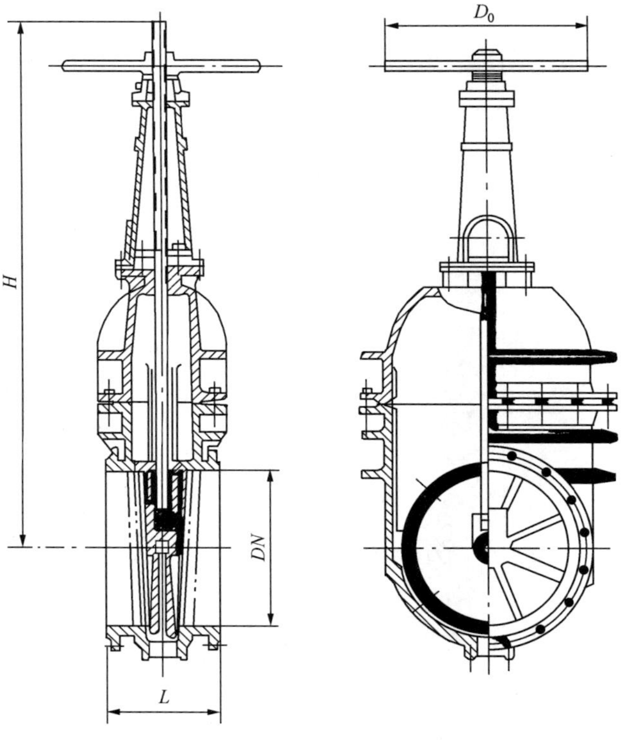

图 1-6

续表

序号	名称	型号	公称通径 DN	结构尺寸/mm L	H	H_1	D_0	质量/kg	生产厂
13	手动带导流孔平板闸阀 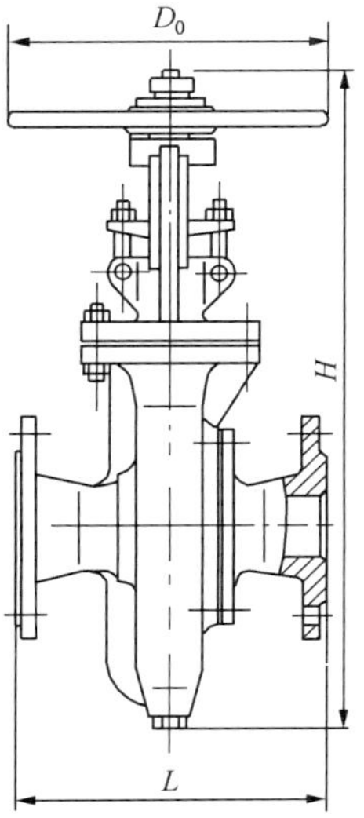 图 1-7	Z43F-16C	50	250	674		240	23	沈阀、保一 DN 50~350
			65	265	749		240	42	
			80	280	860		280	58	
			100	300	984		320	70	
			150	267	1158		280	119	
			200	292	1501		320	270	
			250	330	1786		320	242	
			300	356	2089		360	375	
			350	381	2379		360	526	
		Z43F-25	50	250	674		240	34	沈阀、保一 DN 50、65
			65	265	749		240	43	
		Z43F-40	200	350	535		560	302	沈阀、保一 DN 200
14	抗硫手动带导流孔平板闸阀 (同图 1-7)	KZ43Y-64	50	250	446		300	51	广汉、保一 DN 50
		KZ43Y-160	50	300	446		300	63	广汉、保一 DN 50
15	手动双闸板平板闸阀 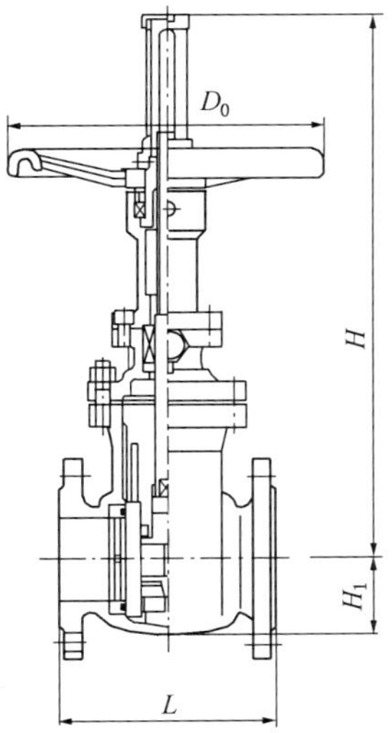 图 1-8	Z44D-16C KZ44D-16C	50	360	808	161	240	80	大高、华东、保一 DN 50~350
			80	400	980	210	360	110	
			100	450	1204	254	400	145	
			150	500	1403	315	400	310	
			200	550	1760	400	560	580	
			250	650	2080	475	640	700	
			300	750	2382	550	720	820	
			350	800	2683	603	720	1120	
		Z44D-25 KZ44D-25	50	360	808	161	320	80	大高、华东、保一 DN 50~350
			80	400	980	210	360	110	
			100	450	1204	254	400	160	
			150	500	1403	315	400	330	
			200	550	1760	400	560	580	
			250	650	2030	475	640	720	
			300	750	2337	550	720	840	
			350	800	2683	603	720	1200	

序号	名　称	型　号	公称通径 DN	结构尺寸/mm L	H	H_1	D_0	质量/kg	生产厂
15	手动双闸板平板闸阀 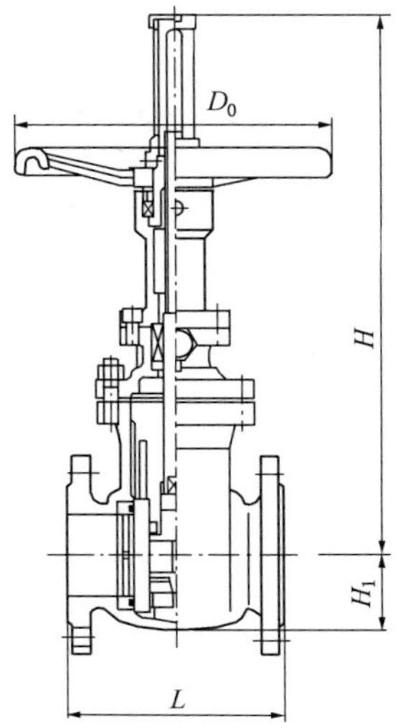 图 1-8	Z44D-40 KZ44D-40	50	360	753	161	320	90	大高、华东 保一 DN 50~250
			80	400	980	210	360	115	
			100	450	1204	254	400	175	
			150	550	1474	350	560	360	
			200	650	1858	430	640	640	
			250	700	2090	480	720	840	
		Z44D-64 KZ44D-64	50	360	753	161	320	95	大高、华东 保一 DN 50~250
			80	400	980	210	360	120	
			100	450	1204	254	400	210	
			150	550	1474	350	560	390	
			200	650	1858	430	640	670	
			250	700	2092	480	720	935	
		Z44D-100 KZ44D-100	50	360	705	150	400	120	大高、华东 保一 DN 50~150
			80	400	985	220	560	150	
			100	500	1170	250	650	250	
			150	600	1405	330	720	440	
		KZ44Y-25	40	200	338		200	18	广汉 DN 40~100
			50	250	363		200	22	
			65	265	413		240	39	
			80	280	512		280	44	
			100	300	591		320	70	
		KZ44Y-40	40	200	338		200	18	广汉 DN 40~100
			50	250	363		200	22	
			65	280	413		240	30	
			80	310	512		280	45	
			100	350	591		320	72	

序号	名　称	型　号	公称通径 DN	结构尺寸/mm L	H	D_0	质量/kg	生产厂
16	NFZ 平板闸阀 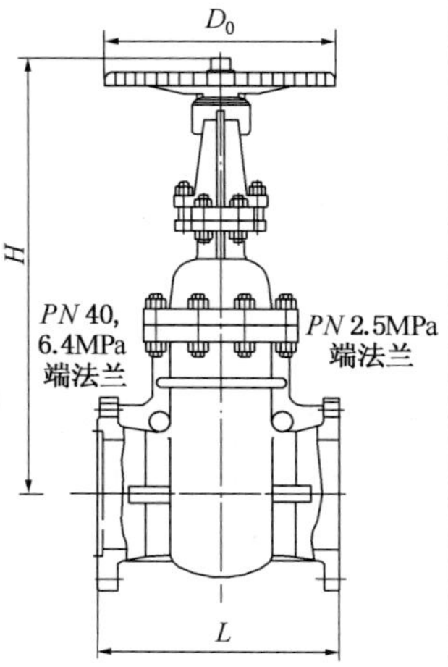 图 1-9	NFZ44 H/Y -16C NFZ44Y-16 I	50	250	325	250	27	南方 DN 50~800
			65	270	375	250	38	
			80	280	405	300	55	
			100	300	485	300	70	
			125	325	545	350	103	
			150	350	700	350	141	
			200	400	790	400	212	
			250	450	860	450	308	
			300	500	1035	550	410	
			350	550	1285	600	545	
			400	600	1410	650	704	
			450	650	1520	700	908	
			500	700	1680	750	1136	
			600	800	1840	800	1383	
			700	900	2040	850	2005	
			800	1000	2545	950	2499	

序号	名　　称	型　号	公称通径 DN	结构尺寸/mm			质量/kg	生产厂
				L	H	D_0		
16	NFZ 平板闸阀 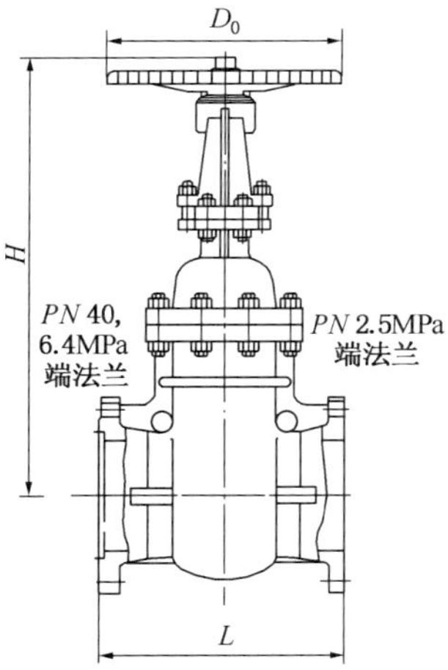 图 1-9	NFZ44 $^{H}_{Y}$-25 NFZ44Y-25 Ⅰ	50	250	325	250	29	南方 DN 50~800
			65	270	375	250	41	
			80	280	405	300	57	
			100	300	485	300	74	
			125	325	545	350	106	
			150	350	700	350	147	
			200	400	790	400	230	
			250	450	860	450	326	
			300	500	1035	550	433	
			350	550	1285	650	585	
			400	600	1410	700	755	
			450	650	1520	750	967	
			500	700	1680	800	1188	
			600	800	1840	850	1452	
			700	900	2040	900	2152	
			800	1000	2545	1000	2705	
		NFZ44 $^{H}_{Y}$-40 NFZ44Y-40 Ⅰ	50	250	325	300	32	南方 DN 50~400
			65	280	375	300	50	
			80	310	405	350	65	
			100	350	485	350	85	
			125	400	545	400	112	
			150	450	700	400	170	
			200	550	790	450	272	
			250	650	860	550	400	
			300	750	1035	650	535	
			350	850	1285	750	718	
			400	950	1410	850	940	
		NFZ44 $^{H}_{Y}$-64 NFZ44Y-64 Ⅰ	50	250	330	300	37	南方 DN 50~400
			65	280	385	300	55	
			80	310	415	350	72	
			100	350	490	400	92	
			125	400	55	400	130	
			150	450	710	450	192	
			200	550	805	550	303	
			250	650	875	650	440	
			300	750	1045	750	585	
			350	850	1305	800	785	
			400	950	1420	850	1025	

序号	名　称	型　号	公称通径 DN	结构尺寸/mm L	H	D_0	质量/kg	生产厂
17	手动无导流孔平板闸阀 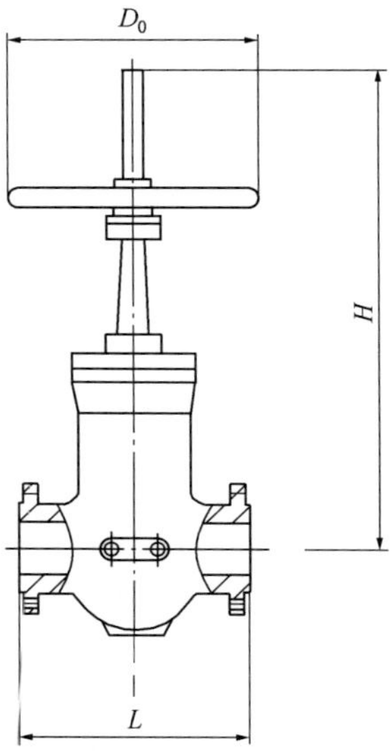 PN 1.6 2.5MPa 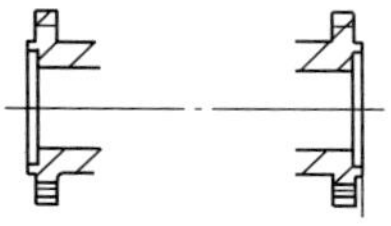 PN 4.0 6.4 10.0MPa 图 1-10	MGZ1F381C MGKZ1F387C (Z43WH-16C) (KZ43WH-16C)	50	178	584	280	35	凯喜姆 DN 50~600 (大高 DN 50~500)
			65	190	634	280	46	
			80	203	688	280	59	
			100	229	863	450	80	
			150	267	1030	450	151	
			200	292	1277	450	275	
			250	330	1491	560	298	
			300	356	1701	560	452	
			350	381	1875	560	495	
			400	406	2180	560	780	
			450	432	2440	560	1050	
			500	457	2860	720	1420	
			600	508	3450	720	2250	
		MGZ2F381C MGKZ2F387C (Z43WH-25) (KZ43WH-25)	50	216	584	280	40	凯喜姆 DN 50~500 (大高 DN 50~500)
			65	241	634	280	49	
			80	283	693	280	65	
			100	305	863	450	84	
			150	403	1040	450	151	
			200	419	1282	560	296	
			250	457	1496	560	350	
			300	502	1701	560	460	
			350	762	1875	560	587	
			400	838	2180	560	910	
			450	914	2440	560	1258	
			500	991	2860	720	1620	
		MGZ4F381C MGKZ4F387C (Z43WH-40) (KZ43WH-40)	50	216	654	280	45	凯喜姆 DN 50~450 (大高 DN 50~450)
			65	241	739	280	52	
			80	283	802	280	74	
			100	305	983	450	96	
			150	403	1215	450	174	
			200	419	1540	560	315	
			250	457	1868	560	390	
			300	502	2040	560	516	
			350	762	2262	560	644	
			400	838	2612	560	1120	
			450	914	2940	720	1730	

续表

序号	名称	型号	公称通径 DN	结构尺寸/mm L	H	D_0	质量/kg	生产厂
17	手动无导流孔平板闸阀（同图 1-10）	MGZ6F381C MGKZ6F387C (Z43WH-64) (KZ43WH-64)	50	250	650	280	65	凯喜姆 DN 50~400（大高 DN 50~400）
			65	280	729	280	120	
			80	310	786	280	165	
			100	350	970	450	206	
			150	450	1199	450	290	
			200	550	1507	560	420	
			250	650	1751	560	510	
			300	750	2215	720	665	
			350	850	2543	720	1080	
			400	950	2979	720	1486	
		MGZ10F381C MGKZ10F387C	50	250	650	280	68	凯喜姆 DN 50~350
			65	280	725	280	125	
			80	310	780	450	156	
			100	350	975	450	200	
			150	450	1260	560	375	
			200	550	1533	560	540	
			250	650	1850	720	722	
			300	750	2213	720	960	
			350	850	2285	800	1465	
18	手动短型无导流孔平板闸阀 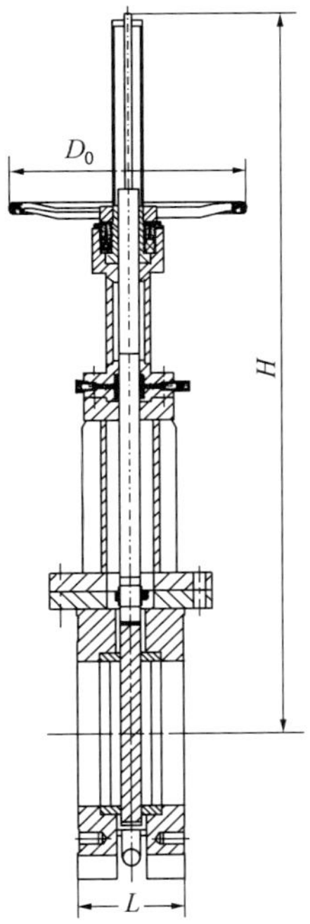 图 1-11	MGZ1H381C MGKZ1H387C (PN1. 6MPa)	100	150	885	360	230	凯喜姆 DN 100~600
			150	150	995	360	252	
			200	180	1100	360	273	
			250	180	1240	400	315	
			300	200	1435	450	420	
			350	206	1470	400	740	
			400	218	1580	400	810	
			450	218	1675	500	950	
			500	229	1795	500	1450	
			600	248	2070	500	1810	
		MGZ2H381C MGKZ2H387C (PN2. 5MPa)	100	150	885	360	224	凯喜姆 DN 100~400
			150	150	995	360	258	
			200	180	1100	360	278	
			250	180	1240	400	326	
			300	200	1435	450	426	
			350	206	1475	400	750	
			400	218	1588	400	820	

序号	名称	型号	公称通径 DN	结构尺寸/mm L	H	D_0	质量/kg	生产厂
19	明杆平行式双闸板闸阀 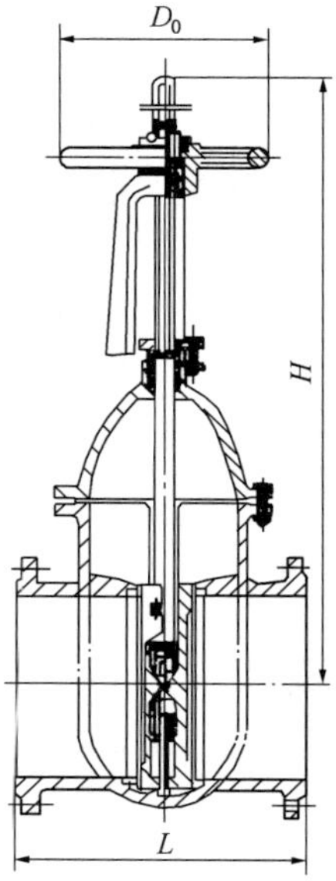 图 1-12	Z44$\frac{\text{T}}{\text{W}}$-10	50	180	338	180	16	铁岭、白湖 *DN* 50～400
			65	195	378	180	20	
			80	210	435	200	28	
			100	230	520	200	32	
			125	255	617	240	55	
			150	280	719	240	67	
			200	330	960	360	130	
			250	380	1147	360	170	
			300	420	1366	450	247	
			350	450	1531	450	332	
			400	480	1703	560	422	
20	暗杆楔式单闸板闸阀 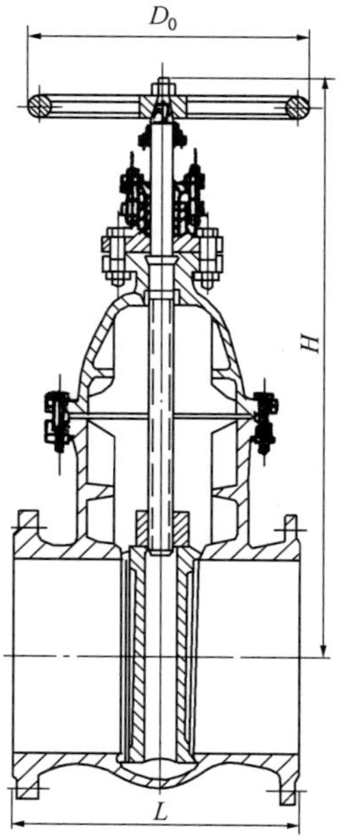 图 1-13-1	Z45T-2.5	500	350	1315	560	644	铁岭 *DN* 500、600、800
			600	390	1602	720	906	
			800	470	1970	720	1797	
		Z45$\frac{\text{T}}{\text{W}}$-10	40	135	176	120	7	福阀 *DN* 40～700 白湖 *DN* 40～500 铁岭 *DN* 150～700
			50	180	346	180	19	
			65	195	381	180	23	
			80	210	421	200	31	
			100	230	460	200	37	
			125	255	539	240	56	
			150	280	575	240	70	
			200	330	706	320	117	
			250	380	800	320	165	
			300	420	885	400	225	
			350	450	970	400	313	
			400	480	1090	500	448	
			450	510	1176	500	522	
			500	540	1432	720	678	
			600	600	1612	720	951	
			700	660	1734	900	1540	

序号	名　称	型　号	公称通径 DN	结构尺寸/mm L	H	D_0	质量/kg	生产厂
20	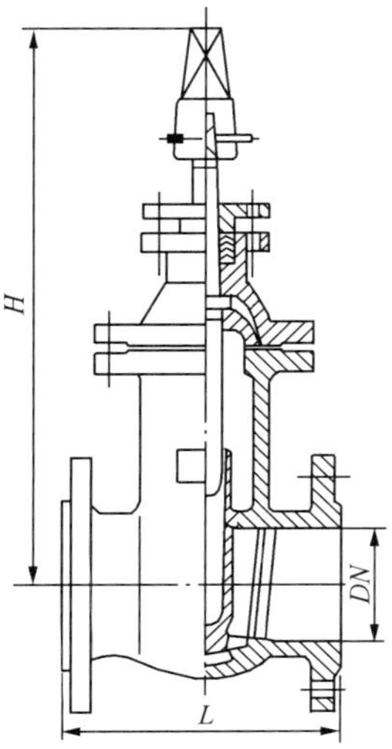 图 1-13-2	SZ45T-10 注：型号“S”表示立式安装	100	250	520		52	铁岭 DN 100～700
			150	280	656		87	
			200	300	749		126	
			250	380	885		183	
			300	400	969		266	
			350	430	1050		339	
			400	470	1144		426	
			450	500	1244		608	
			500	530	1342		712	
			600	560	1516		996	
			700	610	2338		1784	
21	暗杆平行式双闸板闸阀 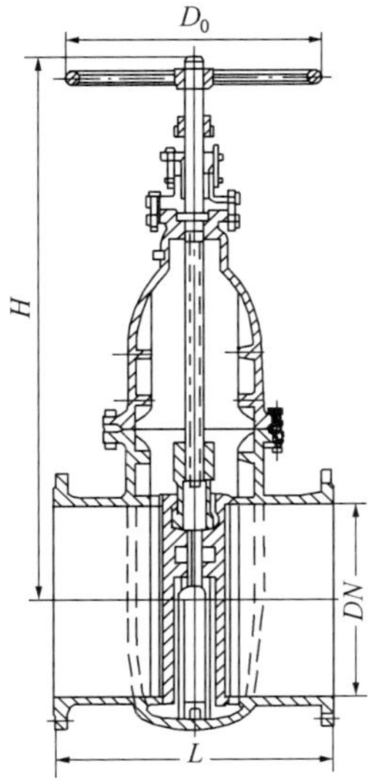 图 1-14	Z48T-10 Z48W-10	450	650	1306	640	750	铁岭 DN 450～600 鞍山 DN 450、500
			500	700	1618	640	900	
			600	800		640	1200	

续表

序号	名称	型号	公称通径 DN	结构尺寸/mm L	H	D_0	质量/kg	生产厂
22	承插焊楔式闸阀 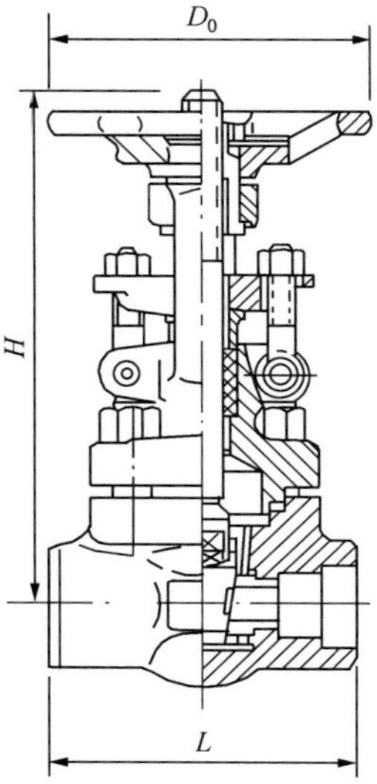 图 1-15	Z61$\frac{H}{Y}$-25	15	90	235	200	3	大高、扬阀、建湖、大洋 良精 DN 15~50 锦阀、良工 DN 15~25 保一 DN 15~50(H)
			20	110	284	250	5	
			25	120	303	250	7	
			32	130	315	250	8	
			40	150	358	300	12	
			50	190	415	350	18	
		Z61$\frac{H}{Y}$-40	15	90	235	200	3	大高、屯溪、扬阀、建湖、大洋、良精 DN 15~50 西高 DN 15~40 保一 DN 15~50(H)
			20	110	284	250	5	
			25	120	303	250	7	
			32	130	315	250	9	
			40	150	358	300	12	
			50	190	415	350	18	
		Z61$\frac{H}{Y}$-64	15	90	235	200	3	大洋、大高、扬阀、南京、正华、建湖 良精 DN 15~50 西高 DN 15~40 保一 DN 15~50(H)
			20	110	284	250	5	
			25	120	303	250	7	
			32	130	315	250	9	
			40	150	358	300	12	
			50	190	415	350	18	
		Z61$\frac{H}{Y}$-100	15	90	235	200	3	良精、大高、扬阀、正华、大洋、建湖 DN 15~50 西高 DN 15~40 保一 DN 15~50(Y)
			20	110	284	250	5	
			25	120	303	250	7	
			32	130	315	250	9	
			40	150	358	300	12	
			50	190	415	350	18	
		Z61$\frac{H}{Y}$-160	15	90	250	200	4	良精、建湖、大洋、大高、屯溪、扬阀 DN 15~50 保一 DN 15~50(Y)
			20	110	288	250	6	
			25	120	310	250	8	
			32	130	350	300	12	
			40	150	395	350	16	
			50	190	467	400	23	
		Z61Y-25Ⅰ (Z61Y-40Ⅰ)	15	90	235	200	4	大洋 DN 15~50 (大高、扬阀、大洋 DN 15~50)
			20	110	284	250	5	
			25	120	303	250	7	
			32	130	315	250	9	
			40	150	358	300	12	
			50	190	415	350	18	
		Z61Y-160Ⅰ	15	90	250	200	4	大高、扬阀、大洋 DN 15~50
			20	110	288	250	6	
			25	120	310	250	8	
			32	130	350	300	12	
			40	150	395	350	16	
			50	190	467	400	23	

序号	名　称	型　号	公称通径 *DN*	结构尺寸/mm			质量/kg	生产厂
				L	*H*	D_0		
22	承插焊楔式闸阀（同图 1-15）	Z61Y-40P	15	90	235	200	4	大高、扬阀、建湖、大洋 *DN* 15~50
			20	110	280	220	5	
			25	120	300	220	7	
			32	130	315	250	9	
			40	150	358	280	12	
			50	190	415	320	18	
		Z61Y-64P	15	90	235	200	4	大高、建湖、大洋 *DN* 15~50
			20	110	280	250	6	
			25	120	300	250	8	
			32	130	315	250	10	
			40	150	358	300	13	
			50	190	415	350	19	
23	低温承插焊楔式闸阀 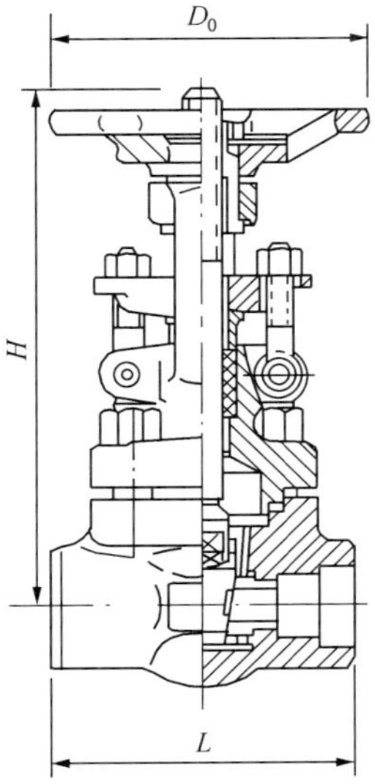 图 1-15	DZ61 $\begin{smallmatrix}H\\Y\end{smallmatrix}$-16P DZ61 $\begin{smallmatrix}H\\Y\end{smallmatrix}$-16R	15	90	330	120	3	建湖 *DN* 15~50
			20	110	360	140	5	
			25	120	400	160	7	
			32	130	410	160	8	
			40	150	450	200	13	
			50	190	490	200	18	
		DZ61 $\begin{smallmatrix}H\\Y\end{smallmatrix}$-25P DZ61 $\begin{smallmatrix}H\\Y\end{smallmatrix}$-25R	15	90	330	120	3	建湖 *DN* 15~50
			20	110	360	140	5	
			25	120	400	160	7	
			32	130	410	160	8	
			40	150	450	200	13	
			50	190	490	200	18	
		DZ61 $\begin{smallmatrix}H\\Y\end{smallmatrix}$-40P DZ61 $\begin{smallmatrix}H\\Y\end{smallmatrix}$-40R	15	90	330	120	3	建湖 *DN* 15~50 大高 *DN* 15~50(Y. P)
			20	110	360	140	5	
			25	120	400	160	7	
			32	130	410	160	9	
			40	150	450	200	14	
			50	190	490	200	20	
		DZ61 $\begin{smallmatrix}H\\Y\end{smallmatrix}$-64P DZ61 $\begin{smallmatrix}H\\Y\end{smallmatrix}$-64R	15	90	330	120	4	建湖 *DN* 15~50 大高 *DN* 15~50(Y. P)
			20	110	360	140	6	
			25	120	400	160	8	
			32	130	410	160	10	
			40	150	450	200	15	
			50	190	490	200	21	

续表

序号	名　称	型　号	公称通径 DN	结构尺寸/mm			质量/kg	生产厂
				L	H	D_0		
24	抗硫承插焊闸阀 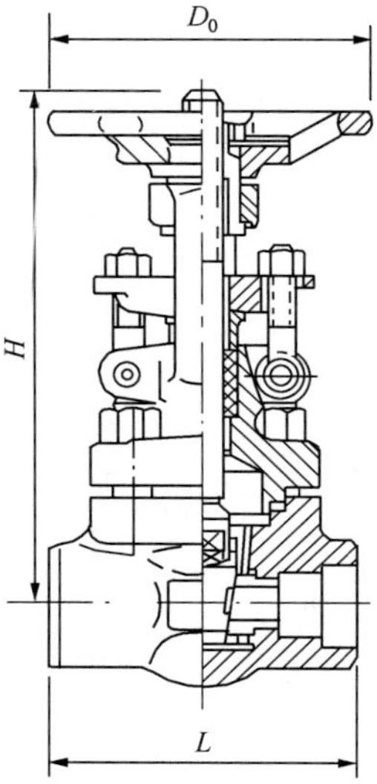 图 1-15	KZ61Y-25	15	92	166	100	3	大高、大洋、屯溪 DN 15~50
			20	111	190	125	5	
			25	120	219	160	6	
			32	120	246	160	7	
			40	140	283	180	11	
			50	178	329	200	16	
		KZ61Y-40	15	92	166	100	3	大高、大洋、屯溪 DN 15~50
			20	111	190	125	5	
			25	120	219	160	6	
			32	120	246	160	7	
			40	140	283	180	11	
			50	178	329	200	16	
		KZ61Y-64	15	92	166	100	3	大高、大洋、屯溪 DN 15~50
			20	111	190	125	5	
			25	120	219	160	6	
			32	120	246	160	7	
			40	140	283	180	11	
			50	178	329	200	16	
		KZ61Y-100	15	92	166	100	3	大高、大洋、屯溪 DN 15~50
			20	111	190	125	5	
			25	120	219	160	6	
			32	120	246	160	7	
			40	140	283	180	11	
			50	178	329	200	16	
		KZ61Y-160	15	92	166	100	3	大高、大洋、屯溪 DN 15~50
			20	111	190	125	5	
			25	120	219	160	6	
			32	120	246	160	7	
			40	140	283	180	11	
			50	178	329	200	16	

序号	名称	型号	公称通径 DN	结构尺寸/mm L	结构尺寸/mm H	结构尺寸/mm D_0	质量/kg	生产厂
25	正齿轮传动楔式弹性闸板闸阀 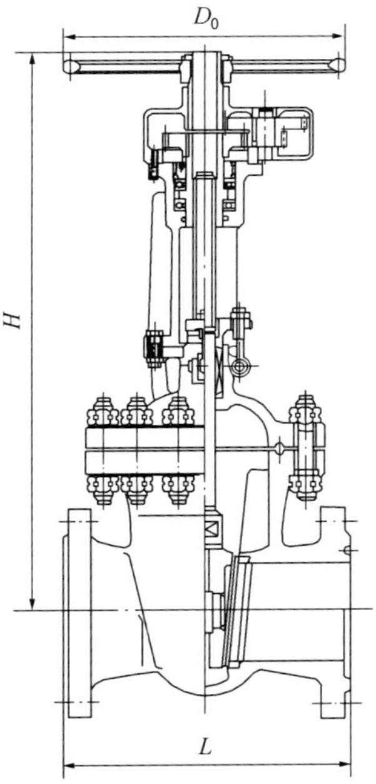 图 1-16	CZ440 $\frac{H}{Y}$-16C	300	500	1513	450	600	伯特利 *DN* 300~900 建湖 *DN* 300~900(H)
			350	550	1702	450	798	
			400	600	1800	500	946	
			450	650	1890	500	1200	
			500	700	2290	500	1280	
			600	800	2510	500	2140	
			700	900	2785	550	3118	
			800	1000	2885	550	3868	
			900	1100	3030	550	4396	
		CZ440 $\frac{H}{Y}$-25	300	500	1513	450	600	伯特利 *DN* 300~900 建湖 *DN* 300~900(H)
			350	550	1702	450	798	
			400	600	1800	500	946	
			450	650	1890	500	1200	
			500	700	2290	500	1280	
			600	800	2510	500	2140	
			700	900	2785	550	3118	
			800	1000	2885	550	3868	
			900	1100	3030	550	4396	
		CZ440 $\frac{H}{Y}$-40	300	750	1232	500	630	伯特利 *DN* 300~600 上阀 *DN* 350~500 建湖 *DN* 300~600(H)
			350	850	1377	500	985	
			400	950	1995	500	1330	
			450	1050	2150	500	1650	
			500	1150	2450	500	2040	
			600	1350	2940	500	3050	
		CZ440 $\frac{H}{Y}$-64	150	450	920	500	290	伯特利 *DN* 150~600 上阀 *DN* 200~300 建湖 *DN* 150~600(H)
			200	550	1020	500	320	
			250	650	1120	500	400	
			300	750	1560	550	618	
			350	850	1850	550	945	
			400	950	2080	550	1818	
			500	1150	2510	550	2507	
			600	1350	2959	550	3352	
		CZ440 $\frac{H}{Y}$-100	150	450	920	500	301	伯特利 *DN* 150~350 上阀、苏高 *DN* 200~300 建湖 *DN* 150~350(H)
			200	550	1160	500	471	
			250	650	1490	500	687	
			300	750	1574	550	989	
			350	850	1700	550	1274	

序号	名 称	型 号	公称通径 DN	结构尺寸/mm L	H	D_0	质量/kg	生产厂
25	正齿轮传动楔式弹性闸板闸阀 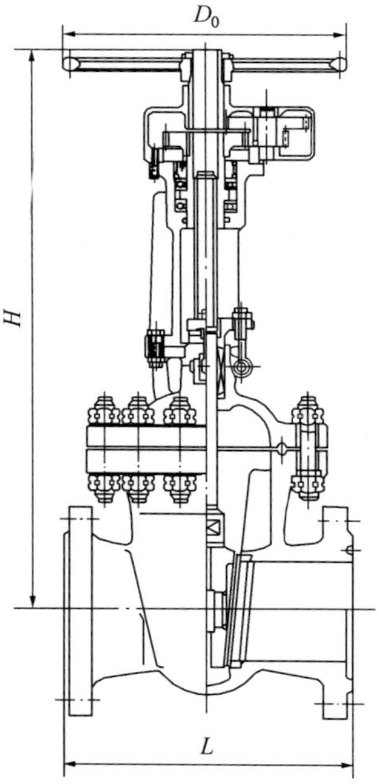 图 1-16	CZ440 $\genfrac{}{}{0pt}{}{W}{Y}$-16P CZ440 $\genfrac{}{}{0pt}{}{W}{Y}$-16R	300	500	1513	450	600	伯特利 DN 300~900 建湖 DN 300~900(Y)
			350	550	1702	450	798	
			400	600	1800	500	946	
			450	650	1890	500	1200	
			500	700	2290	500	1280	
			600	800	2510	500	2140	
			700	900	2785	550	3118	
			800	1000	2885	550	3868	
			900	1100	3030	550	4396	
		CZ440 $\genfrac{}{}{0pt}{}{W}{Y}$-25P CZ440 $\genfrac{}{}{0pt}{}{W}{Y}$-25R	300	500	1513	450	600	伯特利 DN 300~900 上阀 DN 500 建湖 DN 300~900(Y)
			350	550	1702	450	798	
			400	600	1800	500	946	
			450	650	1890	500	1200	
			500	700	2290	500	1280	
			600	800	2510	500	2140	
			700	900	2785	550	3118	
			800	1000	2885	550	3868	
			900	1100	3030	550	4396	
		CZ440 $\genfrac{}{}{0pt}{}{W}{Y}$-40P CZ440 $\genfrac{}{}{0pt}{}{W}{Y}$-40R	300	750	1232	500	630	伯特利 DN 300~600 上阀 DN 350~500 建湖 DN 300~600(Y)
			350	850	1377	500	985	
			400	950	1995	500	1330	
			450	1050	2150	500	1650	
			500	1150	2450	500	2040	
			600	1350	2940	500	3050	
		CZ440 $\genfrac{}{}{0pt}{}{W}{Y}$-64P CZ440 $\genfrac{}{}{0pt}{}{W}{Y}$-64R	150	450	920	500	290	伯特利 DN 150~600 上阀 DN 200、250 建湖 DN 150~600(Y)
			200	550	1020	500	320	
			250	650	1120	500	400	
			300	750	1560	550	618	
			350	850	1850	550	945	
			400	950	2080	550	1818	
			500	1150	2510	550	2507	
			600	1350	2959	550	3352	
		CZ440 $\genfrac{}{}{0pt}{}{W}{Y}$-100P CZ440 $\genfrac{}{}{0pt}{}{W}{Y}$-100R	150	450	920	500	301	伯特利 DN 150~350 建湖 DN 150~350(Y)
			200	550	1160	500	471	
			250	650	1490	500	687	
			300	750	1574	550	989	
			350	850	1700	550	1274	

序号	名称	型号	公称通径 DN	结构尺寸/mm L	H	D_0	质量/kg	生产厂
25	正齿轮传动楔式弹性闸板闸阀（图 1-16）	CZ440Y-16 Ⅰ	300	500	1513	450	600	伯特利 DN 300~900 上阀 DN 400~600
			350	550	1702	450	798	
			400	600	1800	500	946	
			450	650	1890	500	1200	
			500	700	2290	500	1280	
			600	800	2510	500	2140	
			700	900	2785	550	3118	
			800	1000	2885	550	3868	
			900	1100	3030	550	4396	
		CZ440Y-25 Ⅰ	300	500	1513	450	600	伯特利 DN 300~900 上阀 DN 400~600 苏高 DN 300~400
			350	550	1702	450	798	
			400	600	1800	500	946	
			450	650	1890	500	1200	
			500	700	2290	500	1280	
			600	800	2510	500	2140	
			700	900	2785	550	3118	
			800	1000	2885	550	3868	
			900	1100	3030	550	4396	
		CZ440Y-40 Ⅰ	300	750	1232	500	630	伯特利 DN 300~600 上阀 DN 350~600 苏高 DN 300~400
			350	850	1377	500	985	
			400	950	1995	500	1330	
			450	1050	2150	500	1650	
			500	1150	2450	500	2040	
			600	1350	2940	500	3050	
		CZ440Y-64 Ⅰ	150	450	920	500	290	伯特利 DN 150~600 上阀 DN 200~300 苏高 DN 150~300
			200	550	1020	500	320	
			250	650	1120	500	400	
			300	750	1560	550	618	
			350	850	1850	550	945	
			400	950	2080	550	1818	
			500	1150	2510	550	2507	
			600	1350	2959	550	3352	
		CZ440Y-100 Ⅰ	150	450	920	500	301	伯特利 DN 150~350 上阀 DN 200~300 苏高 DN 150~300
			200	550	1160	500	471	
			250	650	1490	500	687	
			300	750	1574	550	989	
			350	850	1700	550	1274	

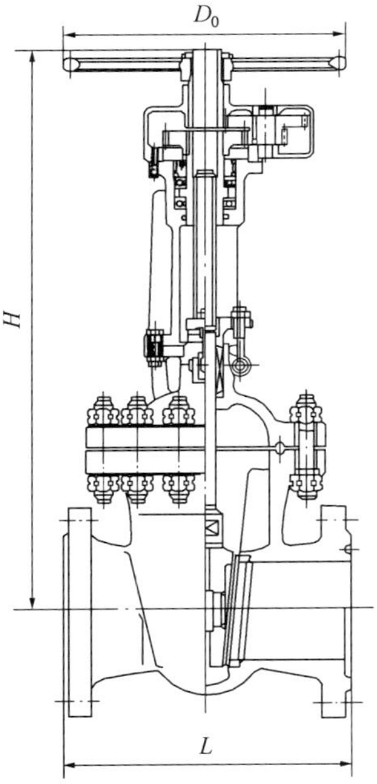

图 1-16

序号	名称	型号	公称通径 DN	结构尺寸/mm			质量/kg	生产厂
				L	H	D_0		
25	正齿轮传动楔式弹性闸板闸阀 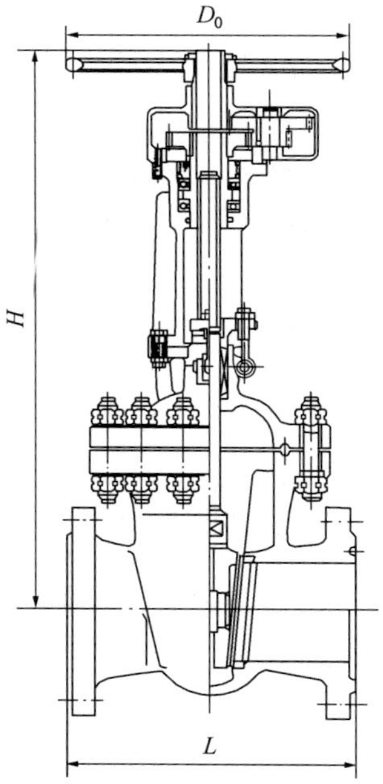 图 1-16	CZ440Y-16P $_{\text{I}}$	300	500	1513	450	600	伯特利 DN 300~900
			350	550	1702	450	798	
			400	600	1800	500	946	
			450	650	1890	500	1200	
			500	700	2290	500	1280	
			600	800	2510	500	2140	
			700	900	2785	550	3118	
			800	1000	2885	550	3868	
			900	1100	3030	550	4396	
		CZ440Y-25P $_{\text{I}}$	300	500	1513	450	600	伯特利 DN 300~900
			350	550	1702	450	798	
			400	600	1800	500	946	
			450	650	1890	500	1200	
			500	700	2290	500	1280	
			600	800	2510	500	2140	
			700	900	2785	550	3118	
			800	1000	2885	550	3868	
			900	1100	3030	550	4396	
		CZ440Y-40P $_{\text{I}}$	300	750	1232	500	630	伯特利 DN 300~600
			350	850	1377	500	985	
			400	950	1995	500	1330	
			450	1050	2150	500	1650	
			500	1150	2450	500	2040	
			600	1350	2940	500	3050	
		CZ440Y-16P $_{\text{II}}$	300	500	1513	450	600	伯特利 DN 300~900
			350	550	1702	450	798	
			400	600	1800	500	946	
			450	650	1890	500	1200	
			500	700	2290	500	1280	
			600	800	2510	500	2140	
			700	900	2785	550	3118	
			800	1000	2885	550	3868	
			900	1100	3030	550	4396	

序号	名称	型号	公称通径 DN	结构尺寸/mm			质量/kg	生产厂
				L	H	D_0		
25	正齿轮传动楔式弹性闸板闸阀（同图 1-16）	CZ440Y-25P$_{\text{II}}$	300	500	1513	450	600	伯特利 DN 300~900
			350	550	1702	450	798	
			400	600	1800	500	946	
			450	650	1890	500	1200	
			500	700	2290	500	1280	
			600	800	2510	500	2140	
			700	900	2785	550	3118	
			800	1000	2885	550	3838	
			900	1100	3030	550	4396	
		CZ440Y-40P$_{\text{II}}$	300	750	1232	500	630	伯特利 DN 300~600
			350	850	1377	500	985	
			400	950	1995	500	1330	
			450	1050	2150	500	1650	
			500	1150	2450	500	2040	
			600	1350	2940	500	3050	
26	正齿轮传动楔式单闸板闸阀 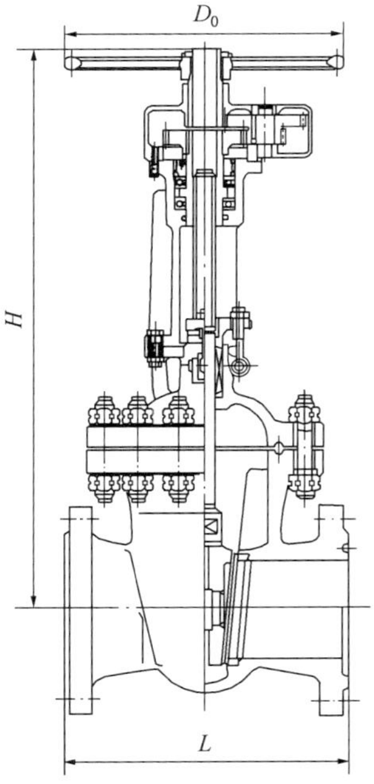 图 1-16	Z441$^{H}_{Y}$-16C	200	400	1030			苏高 DN 300~600 上阀 DN 400~600 兰高 DN 300~1000 南通 DN 200~600 伯特利、建湖 DN 300~900
			250	450	1350		360	
			300	500	1513	450	710	
			350	550	1702	450	815	
			400	600	1800	500	946	
			450	650	1890	500	1200	
			500	700	1920	500	1280	
			600	800	2809	500	2437	
			700	900	3016		3118	
			800	1000	3474		3868	
			900	1100	3998		4396	
			1000	1200	4286		5210	
		Z441$^{H}_{Y}$-25	200	400	1030			苏高 DN 300~600 上阀 DN 400~600 兰高 DN 300~1000 南通 DN 200~600 伯特利、建湖 DN 300~900 精工 DN 300~800
			250	450	1350		364	
			300	500	1513	450	740	
			350	550	1702	450	850	
			400	600	1800	500	960	
			450	650	1890	500	1220	
			500	700	1920	500	1300	
			600	800	2809	500	2437	
			700	900	3086		3618	
			800	1000	3524		3927	
			900	1100	4026		4726	
			1000	1200	4354		5798	

序号	名称	型号	公称通径 DN	结构尺寸/mm L	H	D_0	质量/kg	生产厂
26	正齿轮传动楔式单闸板闸阀	Z441 $^{H}_{Y}$-40	150	450	932			苏高、沈阀 DN 300~400 兰高、精工 DN 300~500 南通 DN 150~400 伯特利、建湖、上阀 DN 300~600
			200	550	1105			
			250	650	1320		364	
			300	750	1232	500	740	
			350	850	1377	500	850	
			400	950	1995	500	1330	
			500	1150	2450	-550	2040	
			600	1350	2940	-550	3050	
		Z441 $^{H}_{Y}$-64	150	450	1020	550	290	苏高 DN 150~350 上阀 DN 200~300 兰高 DN 300~500 南通 DN 150~400 伯特利、建湖 DN 150~600 沈阀、精工 DN 300~600
			200	550	1020	550	320	
			250	650	1020	550	400	
			300	750	1200	550	618	
			350	850	1850	550	945	
			400	950	1954	550	2000	
			500	1150	2510	550	2500	
			600	1350	2959	550	3350	
		Z441 $^{H}_{Y}$-100	150	450	1160	500	301	苏高 DN 150~300 上阀 DN 200~300 南通 DN 150~400 伯特利、沈阀、建湖、精工 DN 150~350
			200	550	1160	550	471	
			250	650	1160	550	480	
			300	750	1574	550	989	
			350	850	1700	550	1274	
			400	950	2200	550	2300	
		Z441 $^{W}_{Y}$-16P Z441 $^{W}_{Y}$-16R	300	500	1513	450	600	伯特利 DN 300~900 兰高 DN 400、500 建湖 DN 300~900(Y)
			350	550	1702	450	798	
			400	600	1800	500	946	
			450	650	1890	500	1200	
			500	700	2290	500	1280	
			600	800	2510	500	2140	
			700	900	2785	550	3118	
			800	1000	2885	550	3868	
			900	1100	3030	550	4396	
		Z441 $^{W}_{Y}$-25P Z441 $^{W}_{Y}$-25R	300	500	1513	450	600	伯特利 DN 300~900 兰高 DN 500 建湖 DN 300~900(Y) 精工 DN 300~800(Y)
			3500	550	1702	450	798	
			400	600	1800	500	946	
			450	650	1890	500	1200	
			500	700	2290	500	1280	
			600	800	2510	500	2140	
			700	900	2785	550	3118	
			800	1000	2885	550	3868	
			900	1100	3030	550	4396	

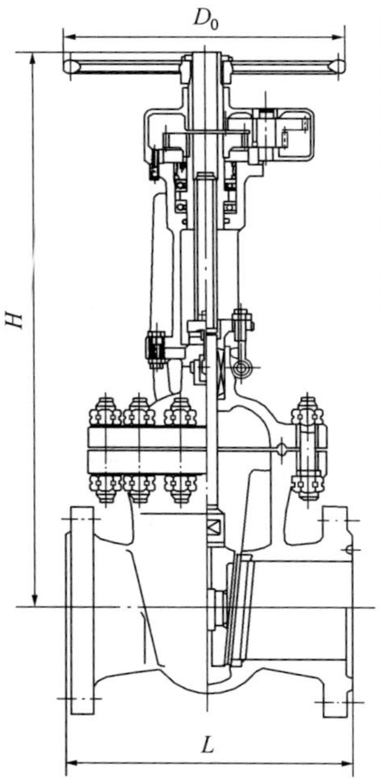

图 1-16

序号	名称	型号	公称通径 DN	结构尺寸/mm L	H	D_0	质量/kg	生产厂
26	正齿轮传动楔式单闸板闸阀 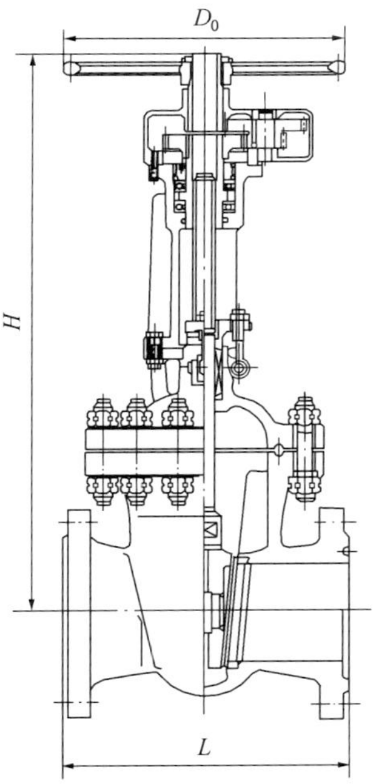 图 1-16	Z441W/Y-40P Z441W/Y-40R	300	750	1232	500	630	精工 DN 300~500(Y) 伯特利 DN 300~600 兰高、上阀 DN 350~500 建湖 DN 300~600(Y)
			350	850	1377	500	985	
			400	950	1995	500	1330	
			450	1050	2150	500	1650	
			500	1150	2450	500	2040	
			600	1350	2940	500	3050	
		Z441W/Y-64P Z441W/Y-64R	150	450	920	500	290	伯特利 DN 150~600 建湖 DN 150~600(Y) 精工 DN 300~600(Y)
			200	550	1020	500	320	
			250	650	1120	500	400	
			300	750	1560	550	618	
			350	850	1850	550	945	
			400	950	2080	550	1818	
			500	1150	2510	550	2507	
			600	1350	2959	550	3352	
		Z441W/Y-100P Z441W/Y-100R	150	450	920	500	301	伯特利 DN 150~350 建湖、精工 DN 150~350(Y)
			200	550	1160	500	471	
			250	650	1490	500	687	
			300	750	1574	550	989	
			350	850	1700	550	1274	
		Z441Y-16 I	300	500	1513	450	600	伯特利 DN 300~900
			350	550	1702	450	798	
			400	600	1800	500	946	
			450	650	1890	500	1200	
			500	700	2290	500	1280	
			600	800	2510	500	2140	
			700	900	2785	550	3118	
			800	1000	2885	550	3868	
			900	1100	3030	550	4396	
		Z441Y-25 I	300	500	1513	450	600	伯特利 DN 300~900 精工 DN 300~800
			350	550	1702	450	798	
			400	600	1800	500	946	
			450	650	1890	500	1200	
			500	700	2290	500	1280	
			600	800	2510	500	2140	
			700	900	2785	550	3118	
			800	1000	2885	550	3868	
			900	1100	3030	550	4396	

续表

序号	名称	型号	公称通径 DN	结构尺寸/mm L	H	D_0	质量/kg	生产厂
26	正齿轮传动楔式单闸板闸阀 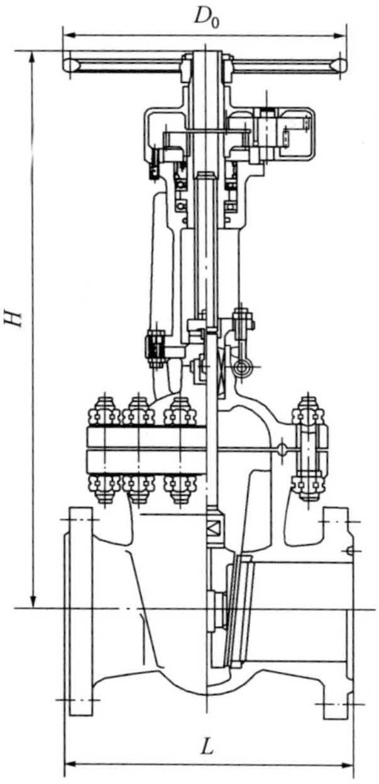 图 1-16	Z441Y-40 Ⅰ	300	750	1232	500	630	伯特利 DN 300~600 沈阀、精工 DN 300~500 上阀 DN 350~500
			350	850	1377	500	985	
			400	950	1995	500	1330	
			450	1050	2150	500	1650	
			500	1150	2450	500	2040	
			600	1350	2940	500	3050	
		Z441Y-64 Ⅰ	150	450	920	500	290	伯特利 DN 150~600 沈阀 DN 300、400 上阀 DN 350~500 精工 DN 300~600
			200	550	1020	500	320	
			250	650	1120	500	400	
			300	750	1560	550	618	
			350	850	1850	550	945	
			400	950	2080	550	1818	
			500	1150	2510	550	2507	
			600	1350	2959	550	3352	
		Z441Y-100 Ⅰ	150	450	920	500	301	精工、伯特利 DN 150~350
			200	550	1160	500	471	
			250	650	1490	500	687	
			300	750	1574	550	989	
			350	850	1700	550	1274	
		Z441Y-16$P_{Ⅰ}$	300	500	1513	450	600	伯特利 DN 300~900 兰高 DN 500
			350	550	1702	450	798	
			400	600	1800	500	946	
			450	650	1890	500	1200	
			500	700	2290	500	1280	
			600	800	2510	500	2140	
			700	900	2785	550	3118	
			800	1000	2885	550	3868	
			900	1100	3030	550	4396	
		Z441Y-25$P_{Ⅰ}$	300	500	1513	450	600	伯特利 DN 300~900
			350	550	1702	450	798	
			400	600	1800	500	946	
			450	650	1890	500	1200	
			500	700	2290	500	1280	
			600	800	2510	500	2140	
			700	900	2785	550	3118	
			800	1000	2885	550	3868	
			900	1100	3030	550	4396	

序号	名　　称	型　号	公称通径 *DN*	结构尺寸/mm *L*	结构尺寸/mm *H*	结构尺寸/mm D_0	质量/kg	生产厂
26	正齿轮传动楔式单闸板闸阀 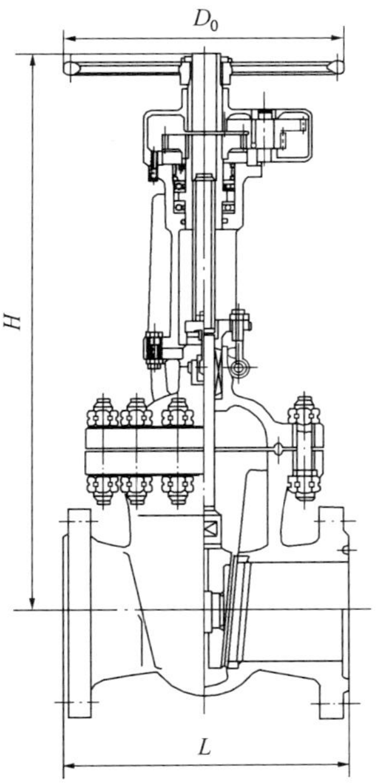 图 1-16	Z441Y-40P$_{\text{I}}$	300	750	1232	500	630	伯特利 *DN* 300~600
			350	850	1377	500	985	
			400	950	1995	500	1330	
			450	1050	2150	500	1650	
			500	1150	2450	500	2040	
			600	1350	2940	500	3050	
		Z441Y-16P$_{\text{II}}$	300	500	1513	450	600	伯特利 *DN* 300~900
			350	550	1702	450	798	
			400	600	1800	500	946	
			450	650	1890	500	1200	
			500	700	2290	500	1280	
			600	800	2510	500	2140	
			700	900	2785	550	3118	
			800	1000	2885	550	3868	
			900	1100	3030	550	4396	
		Z441Y-25P$_{\text{II}}$	300	500	1513	450	600	伯特利 *DN* 300~900
			350	550	1702	450	798	
			400	600	1800	500	946	
			450	650	1890	500	1200	
			500	700	2290	500	1280	
			600	800	2510	500	2140	
			700	900	2785	550	3118	
			800	1000	2885	550	3868	
			900	1100	3030	550	4396	
		Z441Y-40P$_{\text{II}}$	300	750	1232	500	630	伯特利 *DN* 300~600 兰高 *DN* 400
			350	850	1377	500	985	
			400	950	1995	500	1330	
			450	1050	2150	500	1650	
			500	1150	2450	500	2040	
			600	1350	2940	500	3050	

序号	名　　称	型　号	公称通径 DN	结构尺寸/mm L	H	D_0	质量/kg	生产厂
27	正齿轮传动明杆楔式双闸板闸阀	Z442H-25	300	500	1550		723	北阀 DN 300~500 沈阀 DN 600~800 兰高 DN 300、500
			350	550	1760		823	
			400	600	2419		1000	
			500	700	2533		1500	
			600	800	2885		3000	
			700	900	3000		4000	
			800	1000	3030		5000	

28　正齿轮传动暗杆楔式单闸板闸阀(图 1-17-1、图 1-17-2)

型号	公称通径 DN	结构尺寸/mm L	$A \times B$	H	H_1	旁通阀尺寸/mm D_0	L_1	DN	d_0	Z-d	质量/kg
SZ445T-6	700	610		2388	—	—	—	—	—	—	1788
Z445T-10	800	720	1180×535	2197	545	640	785	100	200	24-ϕ34	2336
	900	780	1300×610	2140	640	900	825	100	200	28-ϕ34	2786
	1000	840	1400×680	2282	650	900	885	100	200	28-ϕ34	3265

生产厂:铁岭阀门厂。(型号“S”表示立式安装)

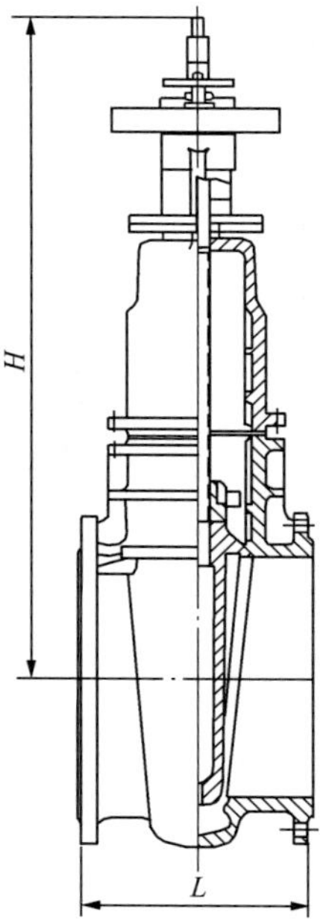

图 1-17-1(DN 700)

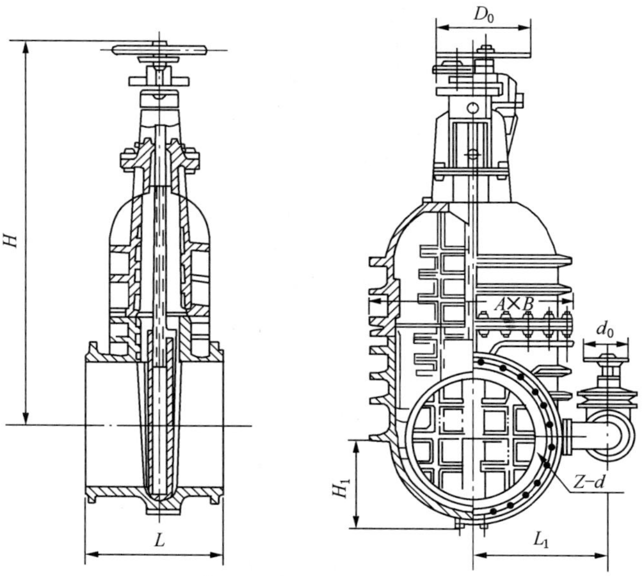

图 1-17-2(DN 800~1000)

序号	名称	型号	公称通径 DN	结构尺寸/mm L	H	D_0	质量/kg	生产厂
29	伞齿轮传动明杆楔式弹性闸板闸阀 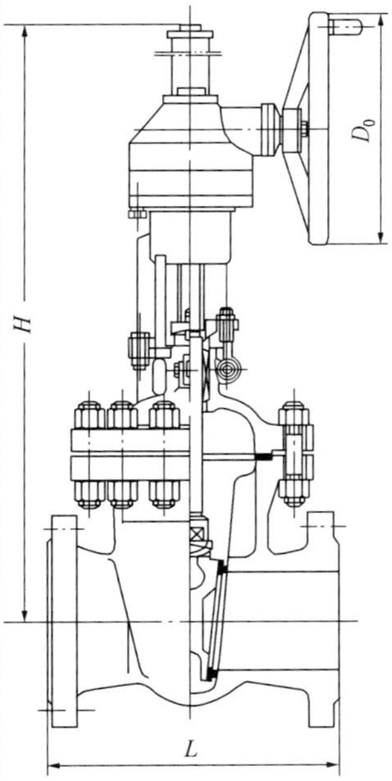 图 1-18	Z540$\genfrac{}{}{0pt}{}{H}{Y}$-16C	300	500	1310	640	504	伯特利 *DN* 300~900 建湖、保一 *DN* 300~900(H) 开阀 *DN* 300~500(H)
			350	550	1468	640	674	
			400	600	1780	640	950	
			450	650	1880	640	1300	
			500	700	2110	640	1530	
			600	800	2410	640	2140	
			700	900	2600	640	3275	
			800	1000	2860	720	3920	
			900	1100	3170	720	4435	
		Z540$\genfrac{}{}{0pt}{}{H}{Y}$-25	300	500	1310	640	504	伯特利 *DN* 300~900 建湖、保一 *DN* 300~900(H) 大高 *DN* 300~600 开阀 *DN* 300~900(H)
			350	550	1468	640	674	
			400	600	1780	640	950	
			450	650	1880	640	1300	
			500	700	2110	640	1530	
			600	800	2410	640	2140	
			700	900	2600	640	3275	
			800	1000	2860	720	3920	
			900	1100	3170	720	4435	
		Z540$\genfrac{}{}{0pt}{}{H}{Y}$-40	300	750	1500	640	630	大高、伯特利 *DN* 300~600 建湖、保一 *DN* 300~600(H) 开阀 *DN* 300~500(H)
			350	850	1960	640	985	
			400	950	2170	640	1430	
			450	1050	2320	640	1720	
			500	1150	2450	640	2040	
			600	1350	2940	640	3050	
		Z540$\genfrac{}{}{0pt}{}{H}{Y}$-64	200	550	1420	550	430	大高、伯特利 *DN* 200~400 建湖、保一 *DN* 200~400(H) 开阀 *DN* 300~400
			250	650	1580	640	530	
			300	750	1770	640	590	
			350	850	2060	640	840	
			400	950	2270	640	1410	
		Z540$\genfrac{}{}{0pt}{}{H}{Y}$-100	200	550	1490	550	730	伯特利 *DN* 200~400 建湖、保一、开阀 *DN* 200~400(H)
			250	650	1720	640	900	
			300	750	1890	640	1200	
			350	850	2180	640	1700	
			400	950	2390	640	2500	
		Z540$\genfrac{}{}{0pt}{}{H}{Y}$-160	150	600	1250	550	492	伯特利 *DN* 150、200 建湖、保一 *DN* 150~250(H) 开阀 DN 200~250
			200	750	1520	550	780	
			250	950	2300	640		
		Z540H-200	150	750	1172	640	698	建湖、开阀 *DN* 150~250
			200	950	1590	640		
			250	1150	1690	720		
		Z540H-250	150	750	1360	640		建湖、开阀 *DN* 150~250
			200	950	1630	640		
			250	1150	1690	720		

序号	名称	型号	公称通径 DN	结构尺寸/mm L	结构尺寸/mm H	结构尺寸/mm D_0	质量/kg	生产厂
29	伞齿轮传动明杆楔式弹性闸板闸阀 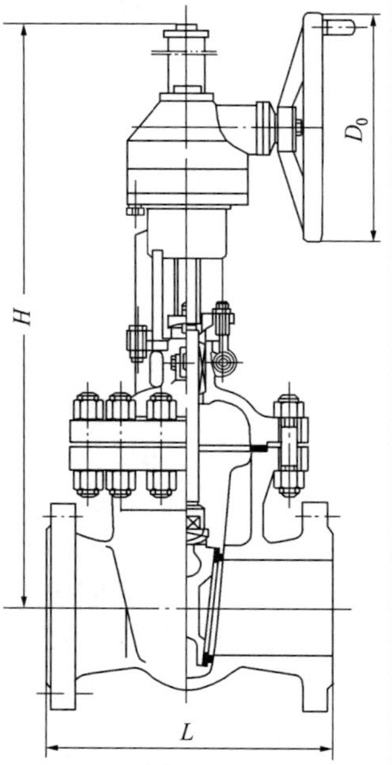 图 1-18	Z540$^{W}_{Y}$-16P Z540$^{W}_{Y}$-16R	300	500	1310	640	504	伯特利 *DN* 300~900 建湖、保一 *DN* 300~900(Y) 开阀 *DN* 300~500
			350	550	1468	640	674	
			400	600	1780	640	950	
			450	650	1880	640	1300	
			500	700	2110	640	1530	
			600	800	2410	640	2140	
			700	900	2600	640	3275	
			800	1000	2860	720	3920	
			900	1100	3170	720	4435	
		Z540$^{W}_{Y}$-25P Z540$^{W}_{Y}$-25R	300	500	1310	640	504	伯特利 *DN* 300~900 建湖、保一 *DN* 300~900(Y) 开阀 *DN* 300~500
			350	550	1468	640	674	
			400	600	1780	640	950	
			450	650	1880	640	1300	
			500	700	2110	640	1530	
			600	800	2410	640	2140	
			700	900	2600	640	3275	
			800	1000	2860	720	3920	
			900	1100	3170	720	4435	
		Z540$^{W}_{Y}$-40P Z540$^{W}_{Y}$-40R	300	750	1500	640	630	伯特利 *DN* 300~600 建湖、保一 *DN* 300~600(Y) 开阀 *DN* 300~500
			350	850	1960	640	985	
			400	950	2170	640	1430	
			450	1050	2320	640	1720	
			500	1150	2450	640	2040	
			600	1350	2940	640	3050	
		Z540$^{W}_{Y}$-64P Z540$^{W}_{Y}$-64R	200	550	1420	550	430	伯特利 *DN* 200~400 建湖、保一 *DN* 200~400(Y) 开阀 *DN* 300~400
			250	650	1580	640	530	
			300	750	1770	640	590	
			350	850	2060	640	840	
			400	950	2270	640	1410	
		Z540$^{W}_{Y}$-100P Z540$^{W}_{Y}$-100R	200	550	1490	550	730	伯特利 *DN* 200~400 建湖、保一 *DN* 200~400(Y)
			250	650	1720	640	900	
			300	750	1890	640	1200	
			350	850	2180	640	1700	
			400	950	2390	640	2500	
		Z540$^{W}_{Y}$-160P Z540$^{W}_{Y}$-160R	150	600	1250	550	492	伯特利 *DN* 150、200 建湖、保一 *DN* 150~250(Y)
			200	750	1520	550	780	
			250	950	2300	640		
		Z540Y-200P Z540Y-200R	150	750	1172	640		建湖 *DN* 150~250
			200	950	1590	640		
			250	1150	1690	720		
		Z540Y-250P Z540Y-250R	150	750	1360	640		建湖 *DN* 150~250
			200	950	1630	640		
			250	1150	1690	720		

续表

序号	名称	型号	公称通径 DN	结构尺寸/mm L	H	D_0	质量/kg	生产厂
29	伞齿轮传动明杆楔式弹性闸板闸阀	Z540Y-16 I	300	500	1310	640	504	伯特利 DN 300~900 开阀 DN 300~500
			350	550	1468	640	674	
			400	600	1780	640	950	
			450	650	1880	640	1300	
			500	700	2110	640	1530	
			600	800	2410	640	2140	
			700	900	2600	640	3275	
			800	1000	2860	720	3920	
			900	1100	3170	720	4435	
	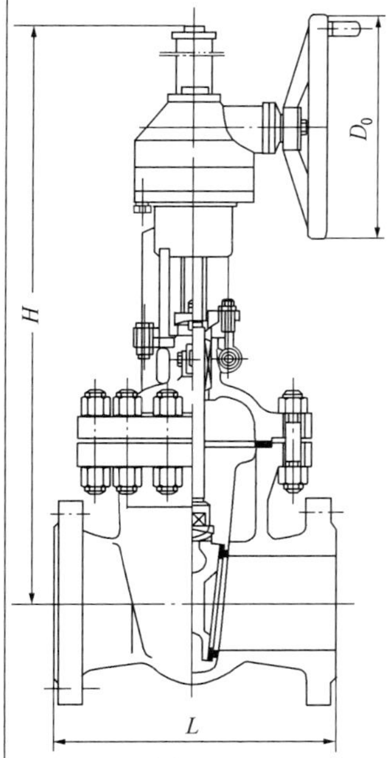 图 1-18	Z540Y-25 I	300	500	1310	640	504	伯特利 DN 300~900 开阀 DN 300~500
			350	550	1468	640	674	
			400	600	1780	640	950	
			450	650	1880	640	1300	
			500	700	2110	640	1530	
			600	800	2410	640	2140	
			700	900	2600	640	3275	
			800	1000	2860	720	3920	
			900	1100	3170	720	4435	
		Z540Y-40 I	300	750	1500	640	630	伯特利 DN 300~600 开阀 DN 300~500
			350	850	1960	640	985	
			400	950	2170	640	1430	
			450	1050	2320	640	1720	
			500	1150	2450	640	2040	
			600	1350	2940	640	3050	
		Z540Y-64 I	200	550	1420	550	430	伯特利 DN 200~400 开阀 DN 300~400
			250	650	1580	640	530	
			300	750	1770	640	590	
			350	850	2060	640	840	
			400	950	2270	640	1410	
		Z540Y-100 I	200	550	1490	550	730	伯特利、开阀 DN 200~400
			250	650	1720	640	900	
			300	750	1890	640	1200	
			350	850	2180	640	1700	
			400	950	2390	640	2500	
		Z540Y-160 I	150	600	1250	550	492	伯特利 DN 150、200 开阀 DN 200
			200	750	1520	550	780	

序号	名　　称	型　号	公称通径 DN	结构尺寸/mm L	H	D_0	质量/kg	生产厂
29	伞齿轮传动明杆楔式弹性闸板闸阀 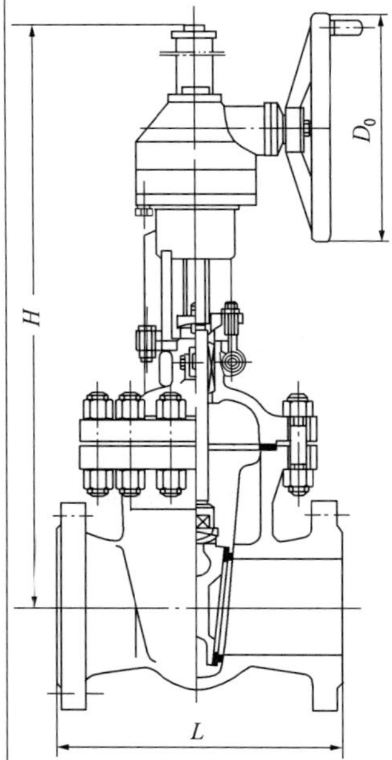 图 1-18	Z540Y-16P Ⅰ	300	500	1310	640	504	伯特利 DN 300~900
			350	550	1468	640	674	
			400	600	1780	640	950	
			450	650	1880	640	1300	
			500	700	2110	640	1530	
			600	800	2410	640	2140	
			700	900	2600	640	3275	
			800	100	2860	720	3920	
			900	1100	3170	720	4435	
		Z540Y-25P Ⅰ	300	500	1310	640	504	伯特利 DN 300~900
			350	550	1468	640	674	
			400	600	1780	640	950	
			450	650	1880	640	1300	
			500	700	2110	640	1530	
			600	800	2410	640	2140	
			700	900	2600	640	3275	
			800	100	2860	720	3920	
			900	1100	3170	720	4435	
		Z540Y-40P Ⅰ	300	750	1500	640	630	伯特利 DN 300~600
			350	850	1960	640	985	
			400	950	2170	640	1430	
			450	1050	2320	640	1720	
			500	1150	2450	640	2040	
			600	1350	2940	640	3050	
		Z540Y-16P Ⅱ	300	500	1310	640	504	伯特利 DN 300~900
			350	550	1468	640	674	
			400	600	1780	640	950	
			450	650	1880	640	1300	
			500	700	2110	640	1530	
			600	800	2410	640	2140	
			700	900	2600	640	3275	
			800	1000	2860	720	3920	
			900	1100	3170	720	4435	
		Z540Y-25P Ⅱ	300	500	1310	640	504	伯特利 DN 300~900
			350	550	1468	640	674	
			400	600	1780	640	950	
			450	650	1880	640	1300	
			500	700	2110	640	1530	
			600	800	2410	640	2140	
			700	900	2600	640	3275	
			800	1000	2860	720	3920	
			900	1100	3170	720	4435	
		Z540Y-40P Ⅱ	300	750	1500	640	630	伯特利 DN 300~600
			350	850	1960	640	985	
			400	950	2170	640	1430	
			450	1050	2320	640	1720	
			500	1150	2450	640	2040	
			600	1350	2940	640	3050	

序号	名　　称	型　号	公称通径 DN	结构尺寸/mm			质量/kg	生产厂
				L	H	D_0		
30	伞齿轮传动明杆楔式单闸板闸阀 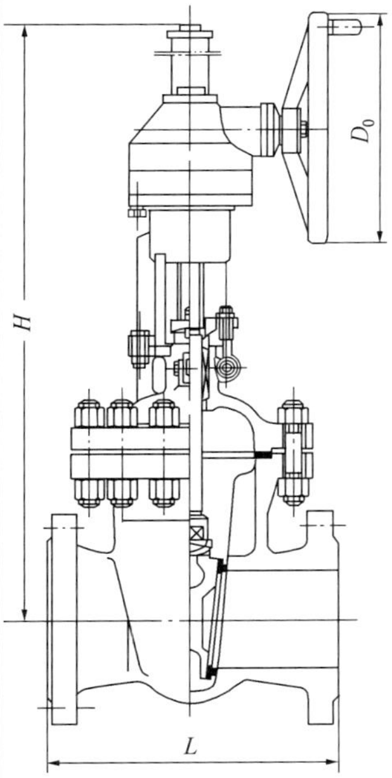 图 1-18	Z541$\frac{H}{Y}$-16C	200	400	1045			上阀 DN 400~600 伯特利 DN 300~900 建湖 DN 300~900(Y) 兰高 DN 300~1000 南通 DN 200~600
			250	450	1293			
			300	500	1310	640	504	
			350	550	1468	640	674	
			400	600	1780	640	950	
			450	650	1880	640	1300	
			500	700	2110	640	1530	
			600	800	2410	640	2140	
			700	900	2600	640	3275	
			800	1000	2860	720	3920	
			900	1100	3170	720	4435	
			1000	1200	4428	800	5280	
		Z541$\frac{H}{Y}$-25	200	400	1045			苏高 DN 300~500 上阀 DN 400~600 南通 DN 200~600 伯特利 DN 300~900 大高 DN 300~600 兰高 DN 300~1000 沈阀 DN 300~400 建湖 DN 300~900(Y)
			250	450	1293			
			300	500	1310	640	620	
			350	550	1468	640	800	
			400	600	1780	640	1250	
			450	650	1880	640	1482	
			500	700	2110	640	1750	
			600	800	2410	640	2810	
			700	900	2600	640	3685	
			800	1000	2860	720	4120	
			900	1100	3170	720	4796	
			1000	1200	4428	800	5836	
		Z541$\frac{H}{Y}$-40	150	450	950			上阀 DN 300~600 苏高 DN 300~500 南通 DN 150~400 伯特利 DN 300~600 建湖 DN 300~600(Y)
			200	550	1040			
			250	650	1390			
			300	750	1500	640	630	
			350	850	1960	640	985	
			400	950	2170	640	1430	
			450	1050	2320	640	1720	
			500	1150	2450	640	2040	
			600	1350	2940	640	3050	

序号	名　称	型　号	公称通径 DN	结构尺寸/mm L	H	D_0	质量/kg	生产厂
30	伞齿轮传动明杆楔式弹性闸板闸阀 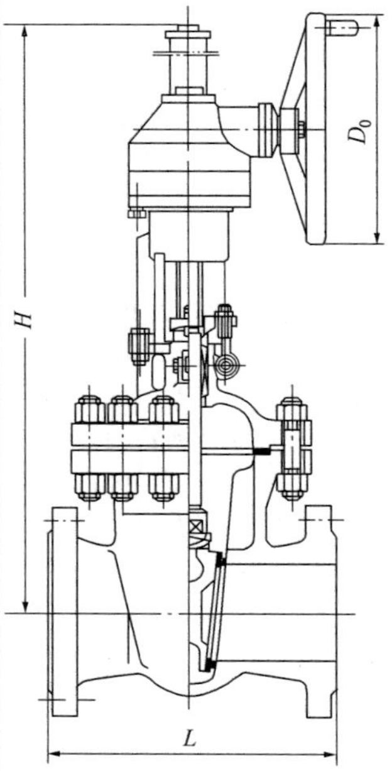 图 1-18	Z541$\genfrac{}{}{0pt}{}{H}{Y}$-64	150	450	1000			上阀 DN 200~300 南通 DN 150~400 伯特利 DN 200~400 建湖 DN 200~400(Y)
			200	550	1420	550	430	
			250	650	1580	640	530	
			300	750	1770	640	590	
			350	850	2060	640	840	
			400	950	2270	640	1410	
		Z541$\genfrac{}{}{0pt}{}{H}{Y}$-100	150	450	1000			兰高 DN 250~500 上阀 DN 200~300 伯特利 DN 200~400 建湖 DN 200~400(Y) 南通 DN 150~400
			200	550	1490	550	730	
			250	650	1720	640	900	
			300	750	1890	640	1200	
			350	850	2180	640	1700	
			400	950	2390	640	2500	
			500	1150	2510	720	2870	
		Z541$\genfrac{}{}{0pt}{}{H}{Y}$-160	150	600	1250	550	492	伯特利 DN 150、200 自高 DN 150、200(H) 建湖 DN 150~250(Y) 兰高 DN 200~300
			200	750	1450	550	750	
			250	850	1620	640	1050	
			300	950	1850	640	1480	
		Z541Y-200	150	750	1172	640	698	沈阀 DN 150 建湖 DN 150~250
			200	950	1590	640		
			250	1150	1650	720		
		Z541Y-250	150	750	1360	640		建湖 DN 150~250
			200	950	1630	640		
			250	1150	1690	720		
		Z541$\genfrac{}{}{0pt}{}{W}{Y}$-16P Z541$\genfrac{}{}{0pt}{}{W}{Y}$-16R	300	500	1310	640	504	伯特利 DN 300~900 建湖 DN 300~900(Y)
			350	550	1468	640	674	
			400	600	1780	640	950	
			450	650	1880	640	1300	
			500	700	2110	640	1530	
			600	800	2410	640	2140	
			700	900	2600	640	3275	
			800	1000	2860	720	3920	
			900	1100	3170	720	4435	

序号	名　　称	型　号	公称通径 *DN*	结构尺寸/mm *L*	*H*	D_0	质量/kg	生产厂
30	伞齿轮传动明杆楔式弹性闸板闸阀	Z541$\genfrac{}{}{0pt}{}{W}{Y}$-25P Z541$\genfrac{}{}{0pt}{}{W}{Y}$-25R	300	500	1310	640	504	伯特利 *DN* 300~900 建湖 *DN* 300~900(Y)
			350	550	1468	640	674	
			400	600	1780	640	950	
			450	650	1880	640	1300	
			500	700	2110	640	1530	
			600	800	2410	640	2140	
			700	900	2600	640	3275	
			800	1000	2860	720	3920	
			900	1100	3170	720	4435	
		Z541$\genfrac{}{}{0pt}{}{W}{Y}$-40P Z541$\genfrac{}{}{0pt}{}{W}{Y}$-40R	300	750	1500	640	630	伯特利 *DN* 300~600 建湖 *DN* 300~600(Y)
			350	850	1960	640	985	
			400	950	2170	640	1430	
			450	1050	2320	640	1720	
			500	1150	2450	640	2040	
			600	1350	2940	640	3050	
		Z541$\genfrac{}{}{0pt}{}{W}{Y}$-64P Z541$\genfrac{}{}{0pt}{}{W}{Y}$-64R	200	550	1420	550	430	伯特利 *DN* 200~400 建湖 *DN* 200~400(Y)
			250	650	1580	640	530	
			300	750	1770	640	590	
			350	850	2060	640	840	
			400	950	2270	640	1410	
		Z541$\genfrac{}{}{0pt}{}{W}{Y}$-100P Z541$\genfrac{}{}{0pt}{}{W}{Y}$-100R	200	550	1490	550	730	伯特利 *DN* 200~400 建湖 *DN* 200~400(Y)
			250	650	1720	640	900	
			300	750	1890	640	1200	
			350	850	2180	640	1700	
			400	950	2390	640	2500	
		Z541$\genfrac{}{}{0pt}{}{W}{Y}$-160P Z541$\genfrac{}{}{0pt}{}{W}{Y}$-160R	150	600	1250	550	492	伯特利 *DN* 150、200 建湖 *DN* 150~400(Y)
			200	750	1520	550	780	
			250	950	2300	640		
		Z541Y-200P Z541Y-200R	150	750	1172	640		建湖 *DN* 150~250
			200	950	1590	640		
			250	1150	1650	720		
		Z541Y-250P Z541Y-250R	150	750	1360	640		
			200	950	1630	640		建湖 *DN* 150~250
			250	1150	1690	720		

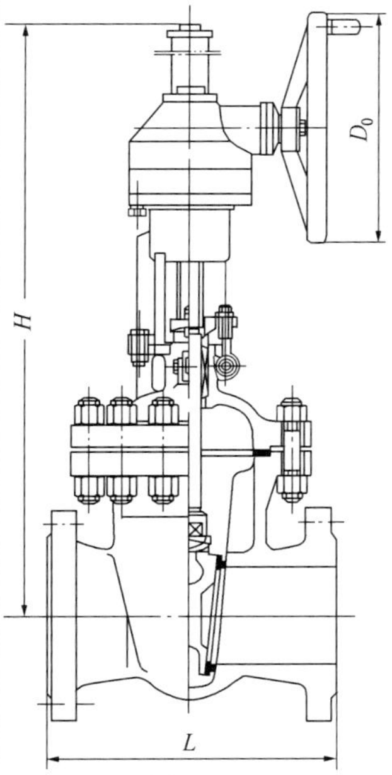

图 1-18

续表

序号	名称	型号	公称通径 DN	结构尺寸/mm L	H	D_0	质量/kg	生产厂
30	伞齿轮传动明杆楔式弹性闸板闸阀 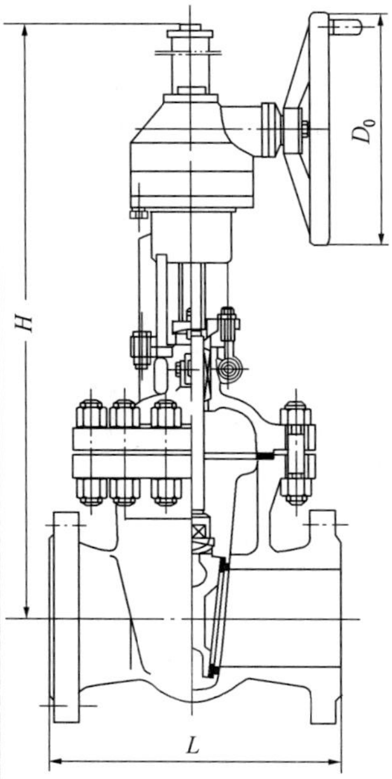 图 1-18	Z541Y-16 Ⅰ	300	500	1310	640	504	伯特利 DN 300~900
			350	550	1468	640	674	
			400	600	1780	640	950	
			450	650	1880	640	1300	
			500	700	2110	640	1530	
			600	800	2410	640	2140	
			700	900	2600	640	3275	
			800	1000	2860	720	3920	
			900	1100	3170	720	4435	
		Z541Y-25 Ⅰ	300	500	1310	640	504	伯特利 DN 300~900
			350	550	1468	640	674	
			400	600	1780	640	950	
			450	650	1880	640	1300	
			500	700	2110	640	1530	
			600	800	2410	640	2140	
			700	900	2600	640	3275	
			800	1000	2860	720	3920	
			900	1100	3170	720	4435	
		Z541Y-40 Ⅰ	300	750	1500	640	630	伯特利 DN 300~600
			350	850	1960	640	985	
			400	950	2170	640	1430	
			450	1050	2320	640	1720	
			500	1150	2450	640	2040	
			600	1350	2940	640	3050	
		Z541Y-40 Ⅰ	200	550	1420	550	430	伯特利 DN 200~400
			250	650	1580	640	530	
			300	750	1770	640	590	
			350	850	2060	640	840	
			400	950	2270	640	1410	
		Z541Y-100 Ⅰ	200	550	1490	550	730	伯特利 DN 200~400
			250	650	1720	640	900	
			300	750	1890	640	1200	
			350	850	2180	640	1700	
			400	950	2390	640	2500	
		Z541Y-160 Ⅰ	150	600	1250	550	492	伯特利 DN 150、200
			200	750	1520	550	780	

序号	名称	型号	公称通径 DN	结构尺寸/mm			质量/kg	生产厂
				L	H	D_0		
30	伞齿轮传动明杆楔式弹性闸板闸阀 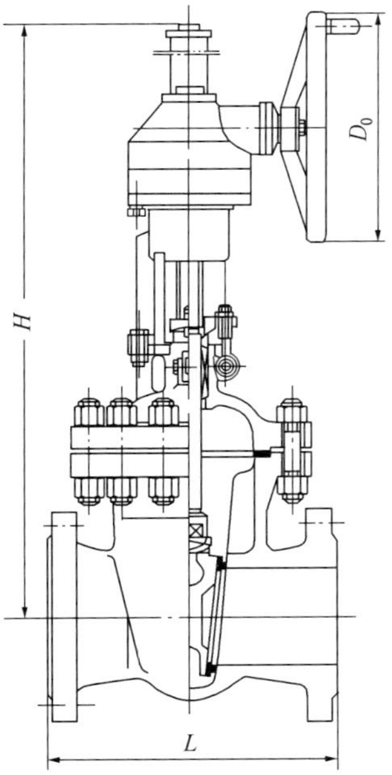 图 1-18	Z541Y-16P Ⅰ	300	500	1310	640	504	伯特利 DN 300~900
			350	550	1468	640	674	
			400	600	1780	640	950	
			450	650	1880	640	1300	
			500	700	2110	640	1530	
			600	800	2410	640	2140	
			700	900	2600	640	3275	
			800	1000	2860	720	3920	
			900	1100	3170	720	4435	
		Z541Y-25P Ⅰ	300	500	1310	640	504	伯特利 DN 300~900
			350	550	1468	640	674	
			400	600	1780	640	950	
			450	650	1880	640	1300	
			500	700	2110	640	1530	
			600	800	2410	640	2140	
			700	900	2600	640	3275	
			800	1000	2860	720	3920	
			900	1100	3170	720	4435	
		Z541Y-40P Ⅰ	300	750	1500	640	630	伯特利 DN 300~600
			350	850	1960	640	985	
			400	950	2170	640	1430	
			450	1050	2320	640	1720	
			500	1150	2450	640	2040	
			600	1350	2940	640	3050	
		Z541Y-16P Ⅱ	300	500	1310	640	504	伯特利 DN 300~900
			350	550	1468	640	674	
			400	600	1780	640	950	
			450	650	1880	640	1300	
			500	700	2110	640	1530	
			600	800	2410	640	2140	
			700	900	2600	640	3275	
			800	1000	2860	720	3920	
			900	1100	3170	720	4435	
		Z541Y-25P Ⅱ	300	500	1310	640	504	伯特利 DN 300~900
			350	550	1468	640	674	
			400	600	1780	640	950	
			450	650	1880	640	1300	
			500	700	2110	640	1530	
			600	800	2410	640	2140	
			700	900	2600	640	3275	
			800	1000	2860	720	3920	
			900	1100	3170	720	4435	
		Z541Y-40P Ⅱ	300	750	1500	640	630	伯特利 DN 300~600
			350	850	1960	640	985	
			400	950	2170	640	1430	
			450	1050	2320	640	1720	
			500	1150	2450	640	2040	
			600	1350	2940	640	3050	

序号	名　　称	型　号	公称通径 DN	结构尺寸/mm L	H	D_0	质量/kg	生产厂
31	齿轮传动无导流孔平板闸阀 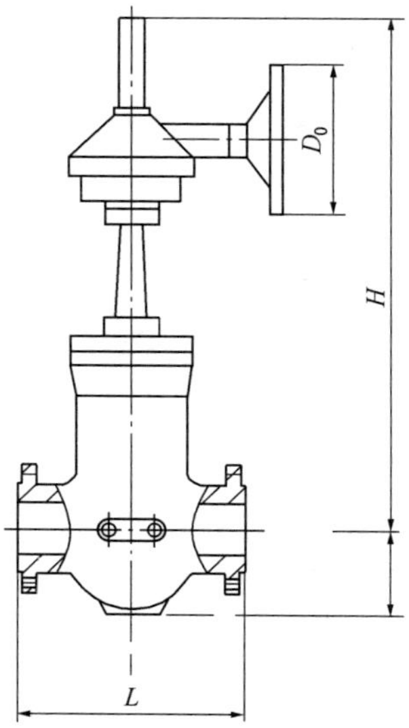 PN 1.6 2.5MPa 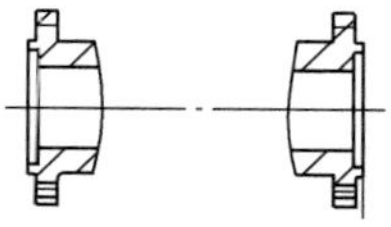 PN 4.0 6.4 10.0MPa 图 1-19	MGZ1F5381C MGKZ1F5387C (WPZ543F-16C) (KWPZ543F-16C)	50	178	584	250		凯喜姆 DN 300~800 (伯特利 DN 50~1000)
			65	190	684	250		
			80	203	688	250		
			100	229	863	300		
			125	254	940	350		
			150	267	1030	350		
			200	292	1277	350		
			250	330	1491	400		
			300	356	1701	450	468	
			350	381	1875	500	540	
			400	406	2180	305	1070	
			450	432	2440	305	1236	
			500	457	2860	305	1560	
			600	508	3450	305	2267	
			700	610	3960	305	3660	
			800	660	4550	305	3955	
			900	711	5250	250		
			1000	811	5870	250		
		MGZ2F5381C MGKZ2F5387C (WPZ543F-25) (KWPZ543F-25)	50	178	584	250		凯喜姆 DN 300~800 (伯特利 DN 50~1000)
			65	190	634	300		
			80	203	688	350		
			100	229	863	350		
			125	254	940	350		
			150	267	1030	400		
			200	292	1277	450		
			250	330	1491	500		
			300	356	1701	305	451	
			350	381	1875	305	596	
			400	406	2180	305	920	
			450	432	2440	305	1270	
			500	457	2860	305	1650	
			600	508	3450	305	2398	
			700	610	3960	305	3595	
			800	660	4550	305	3930	
			900	711	5250	305		
			1000	811	5870	305		

序号	名称	型号	公称通径 DN	结构尺寸/mm			质量/kg	生产厂
				L	H	D_0		
31	齿轮传动无导流孔平板闸阀	MGZ4F5381C MGKZ4F5387C (WPZ543F-40) (KWPZ543F-40)	50	250	584	250		凯喜姆 DN 250~800 (伯特利 DN 50~800)
			65	280	634	250		
			80	310	679	250		
			100	350	863	350		
			125	400	940	350		
			150	450	1040	350		
			200	550	1282	400		
			250	650	1495	450	530	
			300	750	1701	500	650	
			350	850	1880	305	1125	
			400	950	2200	305	1360	
			450	1050	2480	305	1750	
			500	1150	2890	305	2675	
			600	1350	3460	305	3790	
			700	1450	3985	305	4014	
			800	1650	4750	305	4620	
		MGZ6F5381C MGKZ6F5387C (WPZ543F-64) (KWPZ543F-64)	50	250	584	250		凯喜姆 DN 250~700 (伯特利 DN 50~600)
			65	280	634	250		
			80	310	679	250		
			100	350	763	350		
			125	400	970	350		
			150	450	1038	350		
			200	550	1282	400		
			250	650	1495	450	520	
			300	750	1905	500	910	
			350	850	2185	305	1120	
			400	950	2573	305	1505	
			450	1050	2800	305	1980	
			500	1150	3280	305	2285	
			600	1350	3800	305	3250	
			700	1450	4900	305	4680	
		MGZ10F5381C MGKZ10F5387C (WPZ543F-100) (KWPZ543F-100)	50	250	590	250		凯喜姆 DN 200~500 (伯特利 DN 50~400)
			65	280	640	250		
			80	310	680	250		
			100	350	870	300		
			125	400	980	350		
			150	450	1100	350		
			200	550	1315	350	556	
			250	650	1605	400	750	
			300	750	1925	450	980	
			350	850	2285	500	1490	
			400	950	2580	305	2110	
			500	1150	3480	305	2860	

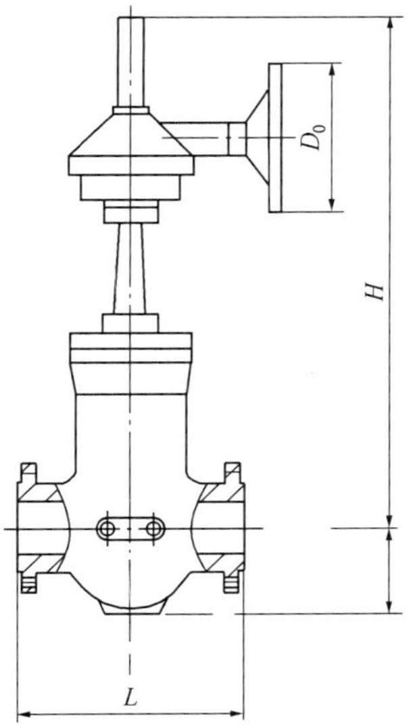

PN 1.6 2.5MPa

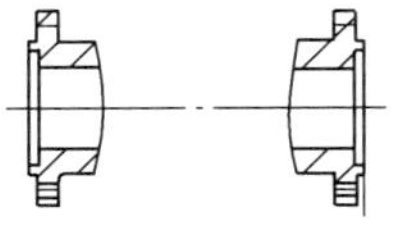

PN 4.0 6.4 10.0MPa

图 1-19

续表

序号	名称	型号	公称通径 *DN*	结构尺寸/mm			质量/kg	生产厂
				L	H	D_0		
32	齿轮传动短型无导流孔平板闸阀 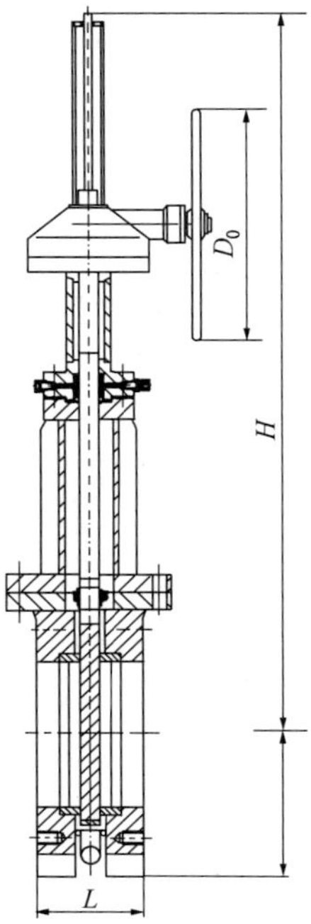 图 1-20	MGZ1H5381C MGKZ1H5387C (*PN*1.6MPa)	300	200	1435	400	420	凯喜姆 *DN* 300~1000
			350	206	1470	400	740	
			400	218	1580	400	810	
			450	218	1675	500	950	
			500	229	1795	500	1450	
			600	248	2070	500	1810	
			700	286	2475	610	3120	
			800	286	2648	610	4080	
			900	286	2950	610	4870	
			1000	324	3260	900	5300	
		MGZ2H5381C MGKZ2H5387C (*PN*2.5MPa)	300	200	1435	400	426	凯喜姆 *DN* 300~800
			350	206	1475	400	750	
			400	218	1588	400	820	
			450	218	1675	500	960	
			500	229	1810	500	1470	
			600	248	2080	500	1830	
			700	286	2485	610	3150	
			800	286	2658	610	4100	

序号	名称	型号	公称通径 *DN*	结构尺寸/mm					质量/kg	生产厂
				L	H	D_0	L_1	H_1		
33	伞齿轮传动明杆楔式双闸板闸阀 (见图 1-21)	Z542W-1	600	390	2513	451			1049	铁岭 *DN* 600~1400
			700	430	2878	451			1309	
			800	470	3328	520			1739	
			900	510	3688	520			2197	
			1000	550	3938	520			2617	
			1200	700	4872	804			4729	
			1400	900	5540	804			6545	
		Z542H-25	300	500	1550	640	361		720	北阀 *DN* 300~500 沈阀 *DN* 300、400、500
			350	550	1760	640	361		823	
			400	600	1975	800	470		960	
			500	700	2470	800	470		1300	
		Z542H-100	100	350	1156	400			199	青电 *DN* 400~700
			150	450	1263	560			242	
			200	550	1430	560			383	
			250	650	1591	640			562	

序号	名称	型号	公称通径 DN	结构尺寸/mm					质量/kg	生产厂
				L	H	D_0	L_1	H_1		
34	伞齿轮传动平板闸阀（见图 1-22）	Z544D-16C KZ544D-16C	400	900	3037	600		720	1450	保一 DN 400~700
			500	1150	3757	800		910	1900	
			600	1350	4255	900		1065	2900	
			700	1450	4890	900		1235	4000	
		Z544D-25 KZ544D-25	400	900	2592	600		720	1500	保一 DN 400~700
			500	1150	3757	600		910	2100	
			600	1350	4255	900		1065	3200	
			700	1450	4890	900		1235	4300	

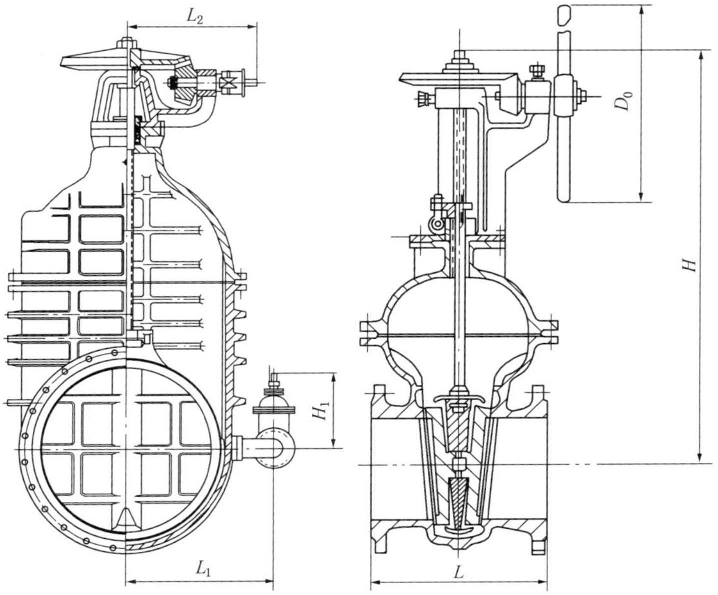

图 1-21

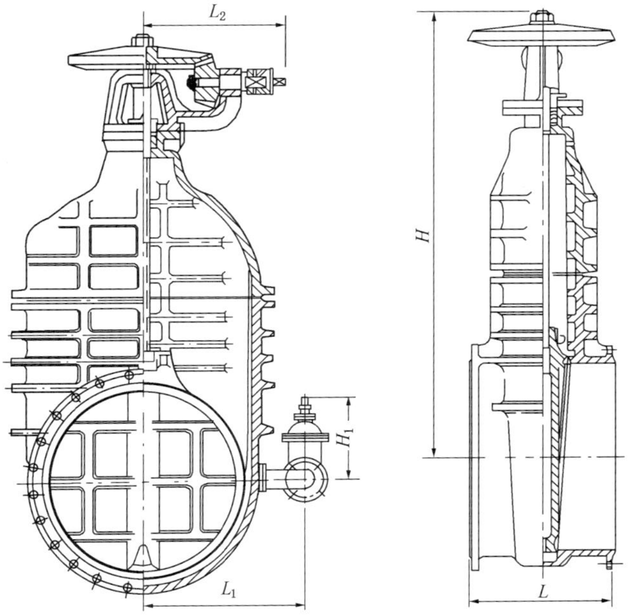

图 1-22

序号	名　　称	型　号	公称通径 DN	结构尺寸/mm						质量/kg	生产厂
				L	H	D_0	L_1	L_2	H_1		
34	伞齿轮传动平板闸阀（见图 1-22）	Z544D-40 KZ544D-40	300	750	2330	500			550	1380	保一 *DN* 300~700
			350	850	2608	500			605	1500	
			400	950	3015	600			725	2300	
			500	1150	3814	800			910	3500	
			600	1350	4290	900			1065	4700	
			700	1450	4930	900			1235	6100	
		Z544D-64 KZ544D-64	300	750	2328	500			553	1450	保一 *DN* 300~700
			350	850	2773	600			642	1850	
			400	950	3052	600			725	2600	
			500	1150	3814	800			910	4000	
			600	1350	4290	900			1063	5000	
			700	1450	4930	900			1235	6500	
		Z544D-100 KZ544D-100	200	650	1817	500			410	700	保一 *DN* 200~400
			250	750	2088	500			460	1085	
			300	850	2511	600			585	1650	
			350	980	2795	800			660	2100	
			400	1150	3155	900			750	2810	
35	伞齿轮传动暗杆楔式单闸板闸阀（同图 1-23）	WZ545T-6 注：W 表示卧式安装	600	560	1581			576			铁岭 *DN* 600~1200
			700	610	1746			576			
			800	690	1979			666			
			900	740	2154			666			
			1000	770	2418		840	821	520		
			1200	820	2748		960	821	520		
		Z545T-2.5	1000	550	2623	520			635	3163	铁岭
		Z545T-10	600	600	1648	640			430	1011	铁岭 *DN* 600~800
			700	660	1780	640	718		485	1616	
			800	800	1948	640	785		545	2000	

序号	名　　称	型　号	公称通径 DN	结构尺寸/mm					质量/kg	生产厂
				L	L_1	L_2	H	D_0		
36	伞齿轮传动暗杆平行式双闸板闸阀（见图 1-24）	Z548T-10	600	800		495	1543	640	1198	铁岭 *DN* 600~800
			700	900	706	608	1838	640	1198	
			800	1000	775	608	1983	900	2842	
			900	1100	888	608	2183	900	3571	
			1000	1200	943	608	2273	900	4119	

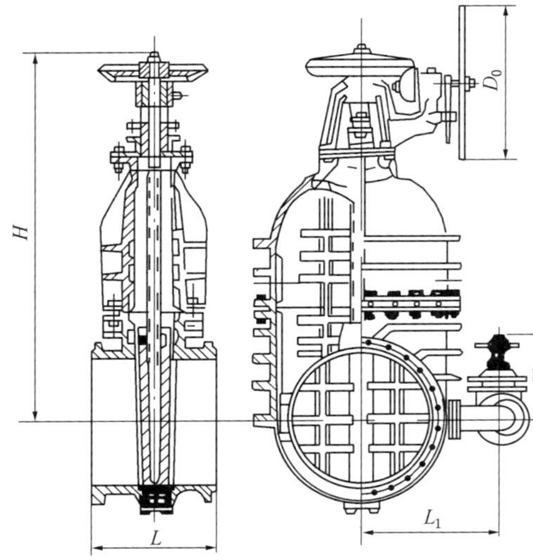

图 1-23

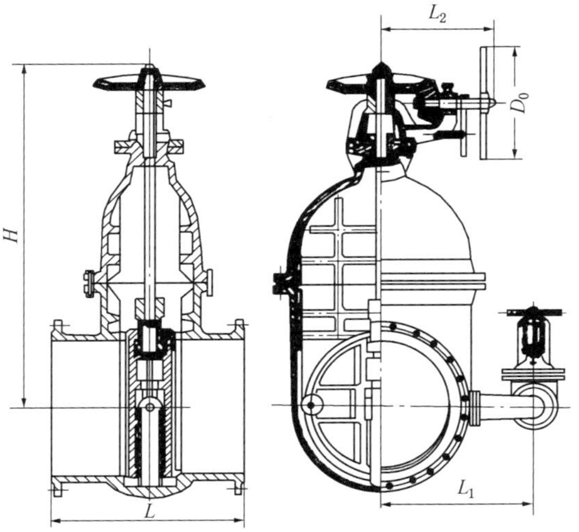

图 1-24

序号	名　　称	型　号	公称通径 DN	结构尺寸/mm L	H	D_0	质量/kg	生产厂
37	气动带手动楔式弹性闸板闸阀 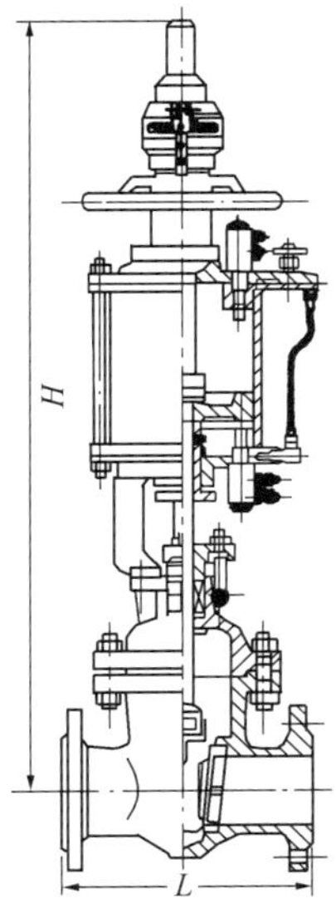 图 1-25	CZ6$_S$40H-16C	200	400	1840	500	460	浙石化、建湖、保一、开阀 DN 200~400
			250	450	2150	600	720	
			300	500	2500	700	1100	
			350	550	2750	700	1300	
			400	600	3050	820	1750	
		CZ6$_S$40H-25	200	400	1840	500	500	上阀、伯特利、建湖、保一、开阀 浙石化 DN 200~400
			250	450	2150	600	740	
			300	500	2500	700	1190	
			350	550	2750	700	1450	
			400	600	3050	820	1900	
		CZ6$_S$40H-40	200	550	1876		580	建湖 DN 200、250 浙石化、上阀、保一 DN 200~400
			250	650	2240		820	
			300	750	2030		1250	
			350	850	2400		1550	
			400	950	3200		2050	
		CZ6$_S$40$\frac{Y}{F}$-16C	50	250	875	240	90	良工 DN 50~350
			80	280	975	240	120	
			100	300	1025	240	136	
			150	350	1365	280	230	
			200	400	1650	320	300	
			250	450	1950	320	400	
			300	500	2300			
			350	550	2890			

续表

序号	名称	型号	公称通径 DN	结构尺寸/mm L	H	D_0	质量/kg	生产厂
37	气动带手动楔式弹性闸板闸阀	$Z6_{S}40{}^{Y}_{F}$-25	50	250	875	240	100	良工 DN 50~350
	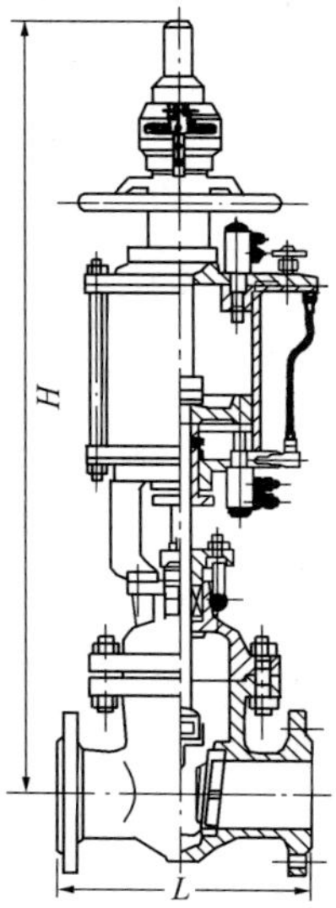 图 1-25		80	280	970	240	150	
			100	300	1025	240	160	
			150	350	1365	280	260	
			200	400	1650	320	330	
			250	450	1950	320	400	
			300	500				
			350	550				
		$Z6_{S}40Y$-40	150	450	1665	320	450	良工、汉威
		$Z6_{SII}40{}^{Y}_{F}$-16C	50	250	1095	240	90	良工、汉威 DN 50~250
			80	280	1125	240	120	
			100	300	1285	240	215	
			150	350	1630	280	280	
			200	400	1820	320	340	
			250	450	2125	320	410	
		$CZ6_{SII}40Y$-16C	350	550	2870			良工、汉威
		$Z6_{SII}40{}^{Y}_{F}$-25	50	250	1095	240	100	良工、汉威 DN 50~350
			80	280	1125	240	150	
			100	300	1285	240	160	
			150	350	1630	280	260	
			200	400	1820	320	330	
			250	450	2125	320	400	
			300	500				
			350	550				
		$Z6_{SII}40Y$-40	80	310				良工、汉威 DN 80、100
			100	350				
		$CZ6_{SII}40Y$-40	150	450			400	良工、汉威
38	气动带手动楔式单闸板闸阀（同图 1-25）	$Z6_{SK}41H$-16C（常开型）	50	250	816		69	兰高 DN 50 200~500
			200	400	1598		297	
			250	450	1854		393	
			300	500	2284	400	689	
			350	550	2284	400	735	
			400	600	2595	500	993	
			500	700	3435	640	2126	
		$Z6_{2SK}41H$-16C（双缸常开型）	50	250	1000	240	80	兰高 DN 50~250
			80	280	1200	280	110	
			100	300	1329	280	130	
			150	350	1643	360	220	
			200	400	1941	360	460	
			250	450	2251	400	720	

序号	名称	型号	公称通径 DN	结构尺寸/mm L	H	D_0	质量/kg	生产厂
38	气动带手动楔式弹性闸板闸阀 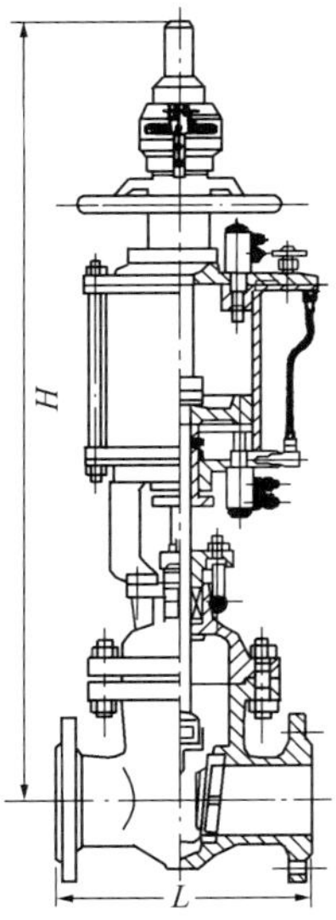 图 1-25	$Z6_{2SK}41Y$-16P（双缸常开型）	100	300	1329	280	200	兰高 *DN* 100~250
			150	350	1650	360	300	
			200	400	1941	360	500	
			250	450	2251	400	740	
		$Z6_{2SK}41Y$-16R（双缸常开型）	100	300	1329	280	200	兰高 *DN* 100~250
			150	350	1650	360	300	
			200	400	1941	360	500	
			250	450	2251	400	740	
		$Z6_{S}41{}^{H}_{Y}$-16C	50	250	441		71	沈阀、伯特利、浙石化 *DN* 50~400 建湖 *DN* 50~400(Y) 精工 *DN* 50~400(H) 洛阀 *DN* 50~300
			80	280	533		138	
			100	300	606		180	
			150	350	1708		299	
			200	400	1853		446	
			250	450	2317		612	
			300	500	2424		772	
			350	550	2891		1137	
			400	600	3000		1767	
		$Z6_{S}41{}^{H}_{Y}$-25	50	250	441		71	沈阀、伯特利、浙石化 *DN* 50~400 苏高 *DN* 50~350 建湖 *DN* 50~400(Y) 精工 *DN* 50~400(H) 洛阳 *DN* 50~300
			80	280	533		160	
			100	300	606		180	
			150	350	1708		300	
			200	400	1855		500	
			250	450	2330		586	
			300	500	2450		816	
			350	550	2900		1240	
			400	600	3050		1842	
		$Z6_{S}41{}^{H}_{Y}$-40	50	250	535		108	浙石化、沈阀 *DN* 50~300 建湖 *DN* 50~250(Y)
			80	310	890		223	
			100	350	890		356	
			150	450	1876		465	
			200	550	2240		731	
			250	650	2030		886	
			300	750	2460		1167	
39	气动闸阀（见图 1-25）	Z641H-16C	80	280	760		85	兰高 *DN* 80 200~350 沈阀 *DN* 200、250
			200	400	1260		278	
			250	450	1450		348	

续表

序号	名称	型号	公称通径 *DN*	结构尺寸/mm *L*	*H*	D_0	质量/kg	生产厂
39	气动闸阀（见图 1-25）	Z641H-16C	300	500	1680		590	兰高 *DN* 80 200~350 沈阀 *DN* 200、250
			350	550	1680		620	
		Z641Y-40	80	310	800		223	沈阀 *DN* 80、100
			100	350	910		255	
40	抗硫气动闸阀（见图 1-25）	$KZ6_S41Y$-40P	40	190	748		50	锡山 *DN* 40~600
			50	216	778		62	
			80	283	898		130	
			100	305	975		155	
			150	403	1175		240	
			200	419	1678		280	
			250	457	2178		305	
			300	502	2662		580	
			350	762	3175		770	
			400	838	3667		1260	
			450	914	4162		1680	
			500	991	4688		2150	
			600	1143	5662		3150	
41	液动楔式闸阀 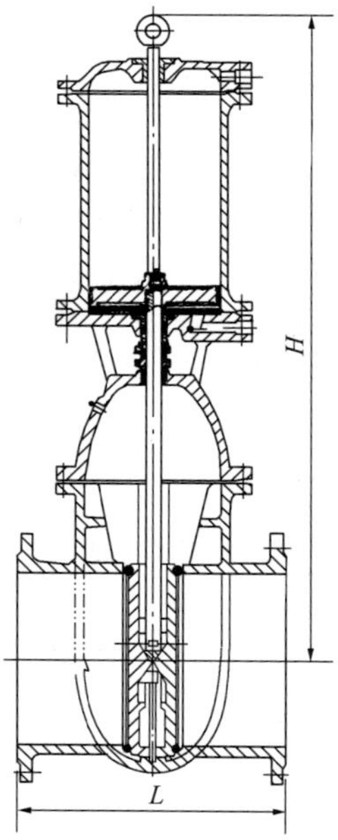 图 1-26	Z741Y-16C	50	250				良工、汉威 *DN* 50~250
			80	280				
			100	300				
			150	350				
			200	400	1335			
			250	450				
		Z741Y-25	50	250				良工、汉威 *DN* 50~250
			80	280				
			100	300	905			
			150	350				
			200	400				
			250	450				
		Z741Y-40	50	250				良工、汉威 *DN* 50~150
			80	310				
			100	350				
			125	400				
			150	450				
		Z741Y-64	50	250				良工、汉威 *DN* 50~150
			80	310				
			100	350	918		114	
			125	400				
			125	450				

序号	名　　称	型　号	公称通径 DN	结构尺寸/mm			质量/kg	生产厂
				L	H	D_0		
41	(同上页图 1-26)	Z741Y-100	80	310	750		150	良工、汉威 DN 80
		Z741H-64	200	550			438	沈阀 DN 200、250、400
			250	650			571	
			400	950			1056	
		Z742H-25	500	700	2399		1952	沈阀 DN 500
42	液压平行式双闸板闸阀 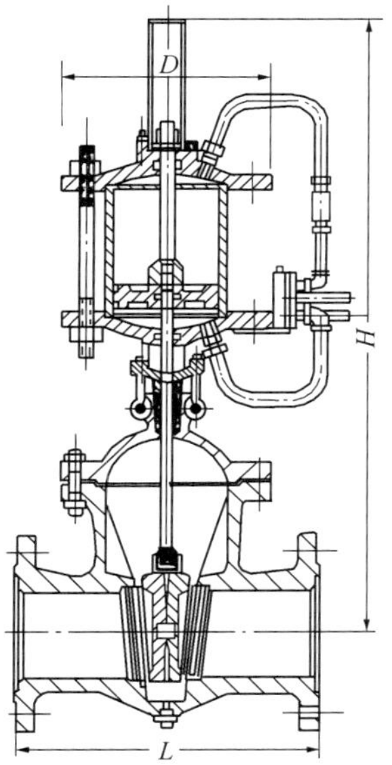 图 1-27	Z744T-10	100	230	844	184	76	铁岭 DN 100~600
			125	255	1050		100	
			150	280	1111	240	116	
			200	330	1327	280	173	
			250	380	1523	322	238	
			300	420	1756	376	340	
			350	450	1925	386	450	
			400	480	2158	400	560	
			500	700	2311	484	1044	
			600	800	2710	560	1225	

序号	名　　称	型　号	公称通径 DN	结构尺寸/mm			质量/kg	生产厂
				L	H	W		
43	电动楔式弹性闸板闸阀 (见图 1-28)	Z940$\substack{H\\Y}$-16C (CZ9$_B$40H-16C)	50	250	650	516	55	承高 DN 50~1000 南方 DN 50~800 建湖、保一、上一核 DN 50~1000(H) 良精 DN 50~600 伯特利 DN 50~900 上阀 DN 200~400 开阀 DN 50~500(H) 南通 DN 250~400 (沈阀 DN 100~250)
			65	265	650	516	65	
			80	280	800	680	78	
			100	300	835	680	101	
			125	325	880	680	160	
			150	350	997	680	178	
			200	400	1122	680	252	
			250	450	1276	680	362	
			300	500	1390	680	511	
			350	550	1580	860	800	
			400	600	1640	860	1070	
			450	650	1950	860	1380	
			500	700	2220	1018	1600	
			600	800	2510	1337	2100	
			700	900	2950	1400	2950	
			800	1000	3340	1400	3440	
			900	1100	3860	1510	4010	
			1000	1200	4900		5200	

续表

序号	名　称	型　号	公称通径 *DN*	结构尺寸/mm *L*	*H*	*W*	质量/kg	生产厂
43	电动楔式弹性闸板闸阀 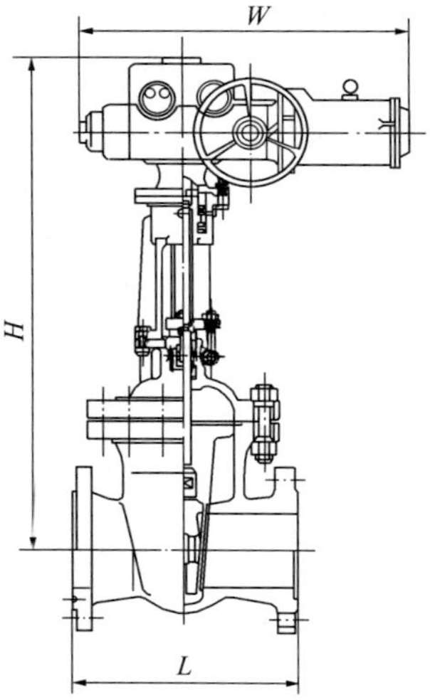 图 1-28	Z940$_{Y}^{H}$-25	50	250	650	516	55	承高 *DN* 50~1000 建湖、保一、上一核 *DN* 50~1000(H) 良精 *DN* 50~600 伯特利 *DN* 50~900 上阀 *DN* 200~500 开阀 *DN* 50~500(H) 南通 *DN* 200~400 南方 *DN* 50~800
			65	265	650	516	65	
			80	280	800	680	78	
			100	300	835	680	101	
			125	325	880	680	160	
			150	350	997	680	178	
			200	400	1122	680	252	
			250	450	1276	680	362	
			300	500	1390	680	511	
			350	550	1580	860	800	
			400	600	1640	860	1000	
			450	650	1950	860	1350	
			500	700	2220	1262	2073	
			600	800	2510	1350	2400	
			700	900	2950	1350	3340	
			800	1000	3340	1350	3700	
			900	1100	3860	1560	4480	
			1000	1200	4900		5500	
		Z940$_{Y}^{H}$-40	50	250	650	516	60	建湖、上一核 *DN* 50~600(H) 良精、南方 *DN* 50~500 伯特利、承高 *DN* 50~600 苏高 *DN* 50~250 上阀 *DN* 200~500 良工 *DN* 200、250 开阀 *DN* 80~500(H) 南通 *DN* 100~300 保一 *DN* 50~400(H)
			65	280	650	516	65	
			80	310	800	680	74	
			100	350	835	680	102	
			125	400	880	680	184	
			150	450	997	680	184	
			200	550	1122	680	303	
			250	650	1276	720	455	
			300	750	1470	720	825	
			350	850	1960	890	1029	
			400	950	2170	890	1433	
			450	1050	2280	990	1922	
			500	1150	2450	990	2130	
			600	1350	2940	1070	2400	

序号	名称	型号	公称通径 *DN*	结构尺寸/mm *L*	*H*	*W*	质量/kg	生产厂
43	电动楔式弹性闸板闸阀 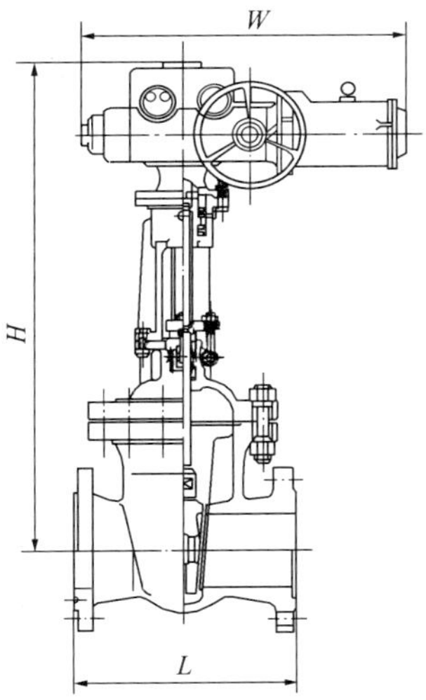 图 1-28	Z940$^{H}_{Y}$-64	50	250	680	680	76	建湖、上一核 *DN* 50~600(H) 良精、南方 *DN* 50~500 伯特利、承高 *DN* 50~600 苏高 *DN* 50~300 良工 *DN* 200、250 上阀、南通 *DN* 100~300 北阀 *DN* 50~200(H) 保一 *DN* 50~400(H) 开阀 *DN* 50~500(H)
			65	280	730	680	96	
			80	310	796	680	118	
			100	350	846	680	153	
			125	400	943	720	208	
			150	450	1058	720	300	
			200	550	1295	840	409	
			250	650	1295	840	505	
			300	750	1650	1070	761	
			350	850	1960	1070	1177	
			400	950	2238	1130	1948	
			450	1050	2410	1130	2350	
			500	1150	2610	1400	2855	
			600	1350	2970	1500	3694	
		Z940$^{H}_{Y}$-100	50	250	680	680	82	建湖、保一 *DN* 50~400(H) 伯特利、良精、南方 *DN* 50~400 苏高 *DN* 50~250 开阀、承高 *DN* 50~400 上阀 *DN* 200~300 南通 *DN* 100~300
			65	280	730	680	97	
			80	310	796	680	119	
			100	350	840	680	154	
			125	400	943	720	256	
			150	450	1058	720	357	
			200	550	1295	840	545	
			250	650	1295	840	770	
			300	750	1890	1070	1350	
			350	850	2185	1130	1510	
			400	950	2500	1130	2030	
		Z940$^{H}_{Y}$-160	50	300	700	650	200	伯特利、良精、南方 *DN* 50~200 建湖、保一 *DN* 50~300(H) 开阀、承高 *DN*50~300
			65	340	750	1010	250	
			80	390	815	1010	250	
			100	450	860	1010	250	
			125	525	970	1030	450	
			150	600	1224	1030	748	
			200	750	1490	1130	1073	
			250	850	1903			
			300	950	2300			

续表

序号	名称	型号	公称通径 DN	结构尺寸/mm			质量/kg	生产厂
				L	H	W		
43	电动楔式弹性闸板闸阀 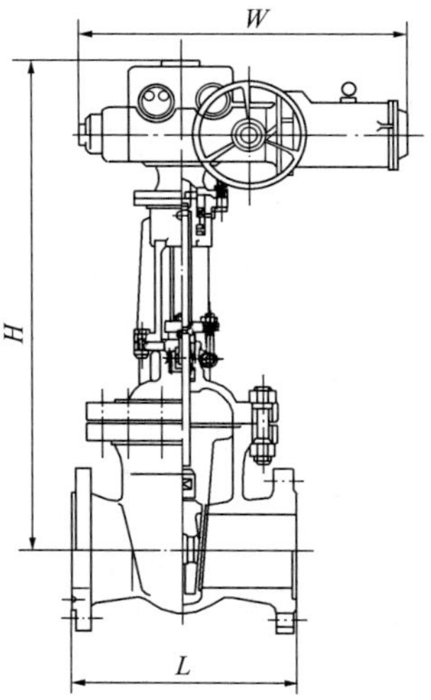 图 1-28	Z940W/Y-16P	50	250	650	516	55	伯特利、保一、上一核、承高 DN 50~900 南方 DN 50~800 良精 DN 50~600(Y) 开阀 DN 50~500
			65	265	650	516	65	
			80	280	800	680	78	
			100	300	835	680	101	
			125	325	880	680	160	
			150	350	997	680	178	
			200	400	1122	680	252	
			250	450	1276	680	362	
			300	500	1390	680	511	
			350	550	1580	860	800	
			400	600	1640	860	1070	
			450	650	1950	860	1380	
			500	700	2220	1018	1600	
			600	800	2510	1337	2100	
			700	900	2950	1400	2950	
			800	1000	3340	1400	3440	
			900	1100	3860	1510	4010	
		Z940W/Y-25P	50	250	650	516	55	伯特利、保一、上一核、承高 DN 50~900 南方 DN 50~800 良精 DN 50~600(Y) 开阀 DN 50~500
			65	265	650	516	65	
			80	280	800	680	78	
			100	300	835	680	101	
			125	325	880	680	160	
			150	350	997	680	178	
			200	400	1122	680	252	
			250	450	1276	680	362	
			300	500	1390	680	511	
			350	550	1580	860	800	
			400	600	1640	860	1000	
			450	650	1950	860	1350	
			500	700	2220	1262	2073	
			600	800	2510	1350	2400	
			700	900	2950	1350	3340	
			800	1000	3340	1350	3700	
			900	1100	3860	1560	4480	

续表

序号	名称	型号	公称通径 *DN*	结构尺寸/mm			质量/kg	生产厂
				L	*H*	*W*		
43	电动楔式弹性闸板闸阀 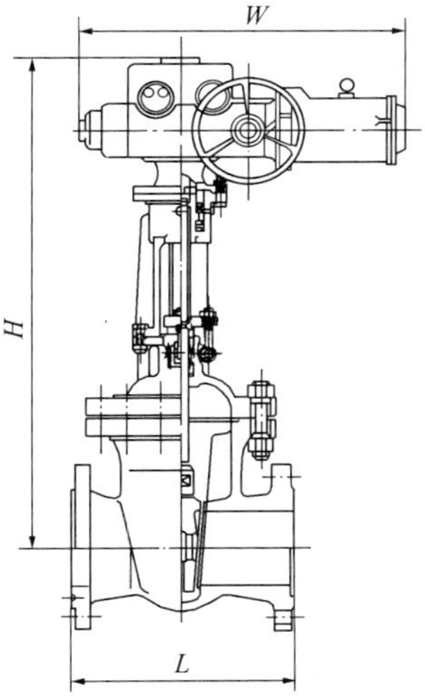 图 1-28	Z940 $^{W}_{Y}$-40P	50	250	650	516	60	伯特利、上一核、承高 *DN* 50~600 南方 *DN* 50~500 良精 *DN* 50~500(Y) 保一 *DN* 50~400 开阀 *DN* 80~500
			65	280	650	516	65	
			80	310	800	680	74	
			100	350	835	680	102	
			125	400	880	680	184	
			150	450	997	680	184	
			200	550	1122	680	303	
			250	650	1276	720	455	
			300	750	1470	720	825	
			350	850	1960	890	1029	
			400	950	2170	890	1433	
			450	1050	2280	990	1922	
			500	1150	2450	990	2130	
			600	1350	2940	1070	2400	
		Z940 $^{W}_{Y}$-64P	50	250	680	680	76	伯特利、承高 *DN* 50~600 南方 *DN* 50~500 良精 *DN* 50~500(Y) 保一 *DN* 50~400(Y) 开阀 *DN* 50~500
			65	280	730	680	96	
			80	310	796	680	118	
			100	350	846	680	153	
			125	400	943	720	208	
			150	450	1058	720	300	
			200	550	1295	840	409	
			250	650	1295	840	505	
			300	750	1650	1070	761	
			350	850	1960	1070	1177	
			400	950	2238	1130	1948	
			450	1050	2410	1130	2350	
			500	1150	2610	1400	2855	
			600	1350	2970	1500	3694	
		Z940 $^{W}_{Y}$-100P	50	250	680	680	82	伯特利、南方、承高 *DN* 50~400 良精、保一 *DN* 50~400(Y)
			65	280	730	680	97	
			80	310	796	680	119	
			100	350	840	680	154	
			125	400	943	720	256	
			150	450	1058	720	357	
			200	550	1295	840	545	
			250	650	1295	840	770	
			300	750	1890	1070	1350	
			350	850	2185	1130	1510	
			400	950	2500	1130	2030	

序号	名称	型号	公称通径 DN	结构尺寸/mm L	H	W	质量/kg	生产厂
43	电动楔式弹性闸板闸阀 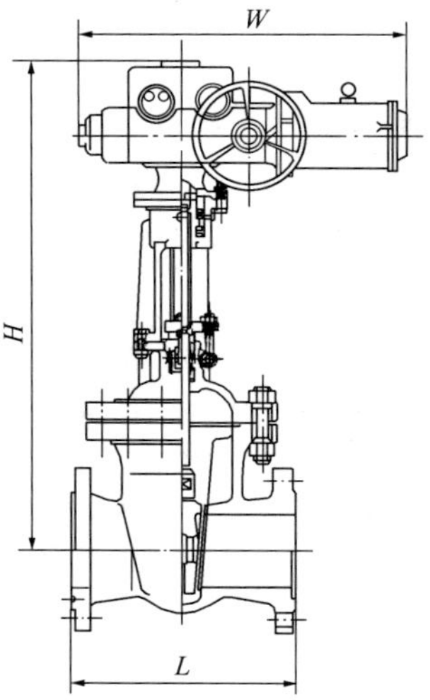 图 1-28	Z940$_{\text{Y}}^{\text{W}}$-160P	50	300	700	650	200	南方、伯特利、承高 DN 50~200 良精、保一 DN 50~200(Y)
			65	340	750	1010	250	
			80	390	815	1010	250	
			100	450	860	1010	250	
			125	525	970	1030	450	
			150	600	1224	1030	748	
			200	750	1490	1130	1073	
		Z940$_{\text{Y}}^{\text{W}}$-16R	50	250	650	516	55	伯特利、保一、上一核、承高 DN 50~900 良精 DN 50~600(Y) 南方 DN 50~800 开阀 DN 50~500
			65	265	650	516	65	
			80	280	800	680	78	
			100	300	835	680	101	
			125	325	880	680	160	
			150	350	997	680	178	
			200	400	1122	680	252	
			250	450	1276	680	362	
			300	500	1390	680	511	
			350	550	1580	860	800	
			400	600	1640	860	1070	
			450	650	1950	860	1380	
			500	700	2220	1018	1600	
			600	800	2510	1337	2100	
			700	900	2950	1400	2950	
			800	1000	3340	1400	3440	
			900	1100	3860	1510	4010	
		Z940$_{\text{Y}}^{\text{W}}$-25R	50	250	650	516	55	伯特利、保一、上一核、承高 DN 50~900 良精 DN 50~600(Y) 南方 DN 50~800 开阀 DN 50~500
			65	265	650	516	65	
			80	280	800	680	78	
			100	300	835	680	101	
			125	325	880	680	160	
			150	350	997	680	178	
			200	400	1122	680	252	
			250	450	1276	680	362	
			300	500	1390	680	511	
			350	550	1580	860	800	
			400	600	1640	860	1000	
			450	650	1950	860	1350	
			500	700	2220	1262	2073	
			600	800	2510	1350	2400	
			700	900	2950	1350	3340	
			800	1000	3340	1350	3700	
			900	1100	3860	1560	4480	

序号	名　称	型　号	公称通径 DN	结构尺寸/mm L	H	W	质量/kg	生产厂
43	电动楔式弹性闸板闸阀	Z940 $\begin{matrix}W\\Y\end{matrix}$ -40R	50	250	650	516	60	伯特利、上一核、承高 DN 50~600 良精 DN 50~500(Y) 南方 DN 50~500 保一 DN 50~400(Y) 开阀 DN 80~500
			65	280	650	516	65	
			80	310	800	680	74	
			100	350	835	680	102	
			125	400	880	680	184	
			150	450	997	680	184	
			200	550	1122	680	303	
			250	650	1276	720	455	
			300	750	1470	720	825	
			350	850	1960	890	1029	
			400	950	2170	890	1433	
			450	1050	2280	990	1922	
			500	1150	2450	990	2130	
			600	1350	2940	1070	2400	
		Z940 $\begin{matrix}W\\Y\end{matrix}$ -64R	50	250	680	680	76	伯特利、承高 DN 50~600 良精 DN 50~500(Y) 南方、开阀 DN 50~500 保一 DN 50~400(Y)
			65	280	730	680	96	
			80	310	796	680	118	
			100	350	846	680	153	
			125	400	943	720	208	
			150	450	1058	720	300	
			200	550	1295	840	409	
			250	650	1295	840	505	
			300	750	1650	1070	761	
			350	850	1960	1070	1177	
			400	950	2238	1130	1948	
			450	1050	2410	1130	2350	
			500	1150	2610	1400	2855	
			600	1350	2970	1500	3694	
		Z940 $\begin{matrix}W\\Y\end{matrix}$ -100R	50	250	680	680	82	伯特利、南方、承高 DN 50~400 良精 DN 50~400(Y) 保一 DN 50~400(Y)
			65	280	730	680	97	
			80	310	796	680	119	
			100	350	840	680	154	
			125	400	943	720	256	
			150	450	1058	720	357	
			200	550	1295	840	545	
			250	650	1295	840	770	
			300	750	1890	1070	1350	
			350	850	2185	1130	1510	
			400	950	2500	1130	2030	

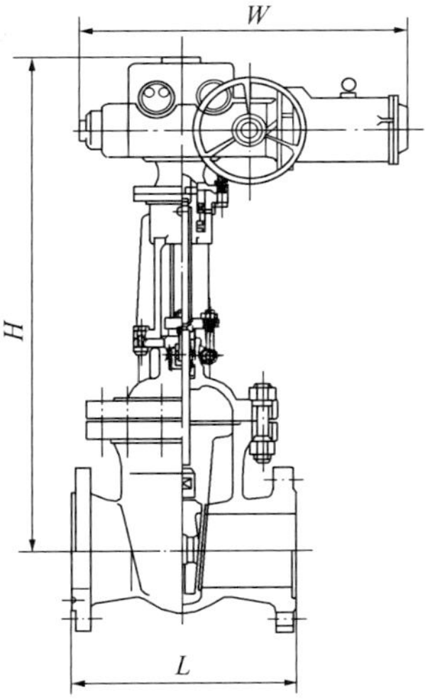

图 1-28

序号	名　称	型　号	公称通径 DN	结构尺寸/mm L	H	W	质量/kg	生产厂
43	电动楔式弹性闸板闸阀	Z940$\genfrac{}{}{0pt}{}{W}{Y}$-160R	50	300	700	650	200	伯特利、南方、承高 DN 50～200 良精、保一 DN 50～200(Y)
			65	340	750	1010	250	
			80	390	815	1010	250	
			100	450	860	1010	250	
			125	525	970	1030	450	
			150	600	1224	1030	748	
			200	750	1490	1130	1073	
	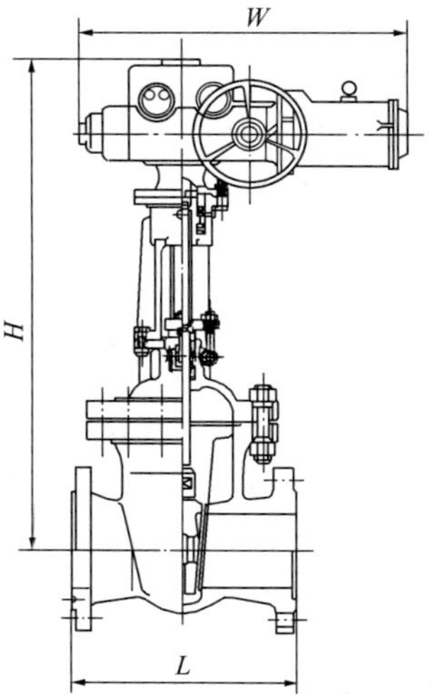 图 1-28	Z940Y-16I	50	250	650	516	55	伯特利、上一核、承高 DN 50～900 良精 DN 50～600 南方 DN 50～800 开封 DN 50～500
			65	265	650	516	65	
			80	280	800	680	78	
			100	300	835	680	101	
			125	325	880	680	160	
			150	350	997	680	178	
			200	400	1122	680	252	
			250	450	1276	680	362	
			300	500	1390	680	511	
			350	550	1580	860	800	
			400	600	1640	860	1070	
			450	650	1950	860	1380	
			500	700	2220	1018	1600	
			600	800	2510	1337	2100	
			700	900	2950	1400	2950	
			800	1000	3340	1400	3440	
			900	1100	3860	1510	4010	
		Z940Y-25I	50	250	650	516	55	伯特利、上一核、承高 DN 50～900 良精 DN 50～600 南方 DN 50～800 开阀 DN 50～500
			65	265	650	516	65	
			80	280	800	680	78	
			100	300	835	680	101	
			125	325	880	680	160	
			150	350	997	680	178	
			200	400	1122	680	252	
			250	450	1276	680	362	
			300	500	1390	680	511	
			350	550	1580	860	800	
			400	600	1640	860	1000	
			450	650	1950	860	1350	
			500	700	2220	1262	2073	
			600	800	2510	1350	2400	
			700	900	2950	1350	3340	
			800	1000	3340	1350	3700	
			900	1100	3860	1560	4480	

序号	名称	型号	公称通径 DN	结构尺寸/mm L	H	W	质量/kg	生产厂
43	电动楔式弹性闸板闸阀 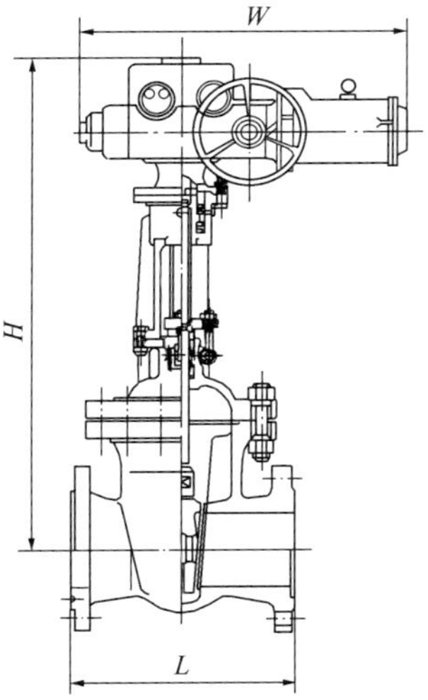 图 1-28	Z940Y-40I	50	250	650	516	60	伯特利、上一核、承高 *DN* 50~600 良精、南方 *DN* 50~500 开阀 *DN* 80~500
			65	280	650	516	65	
			80	310	800	680	74	
			100	350	835	680	102	
			125	400	880	680	184	
			150	450	997	680	184	
			200	550	1122	680	303	
			250	650	1276	720	455	
			300	750	1470	720	825	
			350	850	1960	890	1029	
			400	950	2170	890	1433	
			450	1050	2280	990	1922	
			500	1150	2450	990	2130	
			600	1350	2940	1070	2400	
		Z940Y-64I	50	250	680	680	76	伯特利、上一核、承高 *DN* 50~600 良精、南方、开阀 *DN* 50~500
			65	280	730	680	96	
			80	310	796	680	118	
			100	350	846	680	153	
			125	400	943	720	208	
			150	450	1058	720	300	
			200	550	1295	840	409	
			250	650	1295	840	505	
			300	750	1650	1070	761	
			350	850	1960	1070	1177	
			400	950	2238	1130	1948	
			450	1050	2410	1130	2350	
			500	1150	2610	1400	2855	
			600	1350	2970	1500	3694	
		Z940Y-100I	50	250	680	680	82	良精、南方、承高、伯特利、开阀 *DN* 50~400 苏高 *DN* 80、200
			65	280	730	680	97	
			80	310	796	680	119	
			100	350	840	680	154	
			125	400	943	720	256	
			150	450	1058	720	357	
			200	550	1295	840	545	
			250	650	1295	840	770	
			300	750	1890	1070	1350	
			350	850	2185	1130	1510	
			400	950	2500	1130	2030	

续表

序号	名称	型号	公称通径 DN	结构尺寸/mm L	结构尺寸/mm H	结构尺寸/mm W	质量/kg	生产厂
43		Z940Y-160I	50	300	700	650	200	良精、南方、伯特利、开阀、承高 DN 50~200
			65	340	750	1010	250	
			80	390	815	1010	250	
			100	450	860	1010	250	
			125	525	970	1030	450	
			150	600	1224	1030	748	
			200	750	1490	1130	1073	
44	电动楔式单闸板闸阀 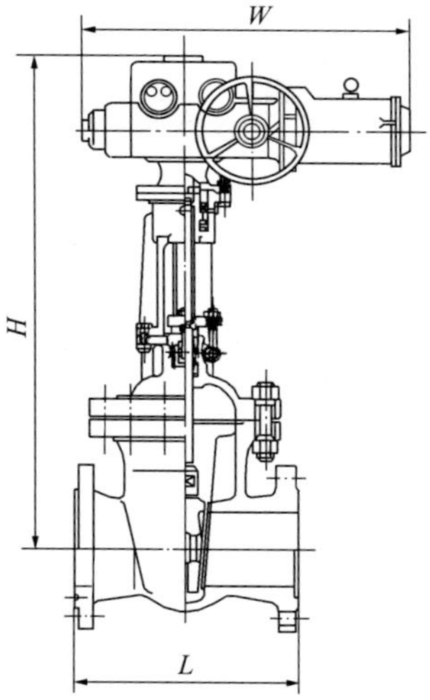 图 1-28	Z941${}^{H}_{Y}$-16C	40	200	595		56	浙石化 DN 100~800(H)
			50	250	653	516	59	良精 DN 40~600
			65	265	665	580	62	沈阀 DN 100~500
			80	280	725	580	74	汉威、良工 DN 200~350
			100	300	787	580	92	承高 DN 40~1000
			125	325	902	580	145	自高 DN 80~400
			150	350	955	580	161	南通 DN 50~200
			200	400	1105	680	219	开阀 DN 150~400
			250	450	1343	680	376	兰高 DN 50~1000
			300	500	1516	720	484	西高、北阀 DN 50~300
			350	550	1678	720	695	精工 DN 40~500(H)
			400	600	1849		977	上阀 DN 150~600
			450	650	1937		1033	苏高 DN 150~600
			500	700	2234		1467	伯特利 DN 50~900
			600	800	2432		2682	建湖 DN 50~1000(Y)
			700	900	2923		3381	南方 DN 50~600
			800	1000	2931		3872	保一、上一核
			900	1100	4128		4415	DN 40~1000(H)
			1000	1200	4267		5286	
		Z941${}^{H}_{Y}$-25C	40	200	595		60	良精 DN 40~600
			50	250	653	516	64	沈阀 DN 80~400
			65	265	665	580	65	苏高、南方 DN 50~600
			80	280	725	680	79	开阀 DN 50~400
			100	300	787	680	98	汉威、良工 DN 200~350
			125	325	902	680	154	南通 DN 50~250(Y)
			150	350	955	680	168	大高、自高 DN 50~400
			200	400	1105	680	219	建湖 DN 50~1000(Y)
			250	450	1343	680	390	兰高 DN 50~1000
			300	500	1516	680	505	西高、北阀 DN 50~300
			350	550	1678	680	736	精工 DN 40~800(H)
			400	600	1849	860	1027	上阀 DN 150~600
			450	650	1937	860	1139	伯特利 DN 50~900
			500	700	2577	1262	2073	浙石化 DN 100~800(H)
			600	800	2920	1337	2682	保一、上一核
			700	900	3281		3635	DN 40~1000(H)
			800	1000	3518		4004	承高 DN 40~1000
			900	1100	4174		4784	
			1000	1200	4418		5805	

序号	名称	型号	公称通径 *DN*	结构尺寸/mm			质量/kg	生产厂
				L	*H*	*W*		
44	电动楔式单闸板闸阀 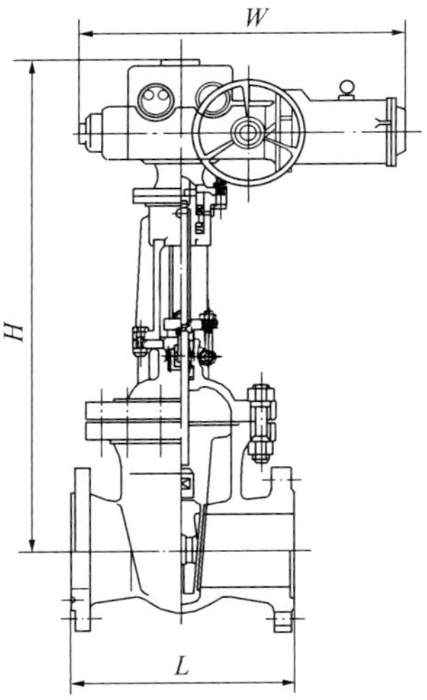 图 1-28	Z941$\genfrac{}{}{0pt}{}{H}{Y}$-40	40	200	617		64	浙石化 *DN* 100~800(H) 良精 *DN* 40~500 沈阀 *DN* 100~500 苏高 *DN* 50~400 北阀 *DN* 50~250 大高 *DN* 50~400 南通 *DN* 50~300(Y) 良工 *DN* 50~150 兰高 *DN* 50~800 开阀 *DN* 80~500 自高 *DN* 80~400 西高 *DN* 50~100 上阀 *DN* 150~600 伯特利 *DN* 50~600 建湖 *DN* 50~800(Y) 精工 *DN* 40~500(H) 南方 *DN* 50~500 保一 *DN* 40~400(H) 上一核 *DN* 40~800(H) 承高 *DN* 40~800
			50	250	665	516	68	
			65	280	680	680	69	
			80	310	752	680	80	
			100	350	846	680	108	
			125	400	960	680	160	
			150	450	1087	680	258	
			200	550	1243	720	366	
			250	650	1429	720	472	
			300	750	1608	720	673	
			350	850	1738	840	804	
			400	950	1897	840	1081	
			450	1050	2104		2053	
			500	1150	2401		2380	
			600	1350	2954		3570	
			700	1450	3410		5440	
			800	1650	4024		7270	
		Z941$\genfrac{}{}{0pt}{}{H}{Y}$-64	50	250	667	680	68	浙石化 *DN* 100~800(H) 良精、开阀、南方 *DN* 50~500 沈阀 *DN* 100~700 北阀 *DN* 50~250 汉威、良工 *DN* 50~150 建湖 *DN* 50~700(Y) 大高 *DN* 50~400 自高 *DN* 50~300 兰高、伯特利、承高 *DN* 50~600 精工 *DN* 50~500(H) 西高 *DN* 50 苏高 *DN* 50~350 南通 *DN* 50~300 保一 *DN* 40~400(H) 上一核 *DN* 40~600(H)
			65	280	685	680	72	
			80	310	748	680	88	
			100	350	845	680	117	
			125	400	1009	680	250	
			150	450	1099	720	314	
			200	550	1253	840	432	
			250	650	1449	840	595	
			300	750	1867		721	
			350	850	1913		863	
			400	950	2017		1129	
			450	1050	2075		1359	
			500	1150	2459		1493	
			600	1350	2870		3000	
			700	1450	3350		4000	

续表

序号	名称	型号	公称通径 DN	结构尺寸/mm L	H	W	质量/kg	生产厂
44	电动楔式单闸板闸阀 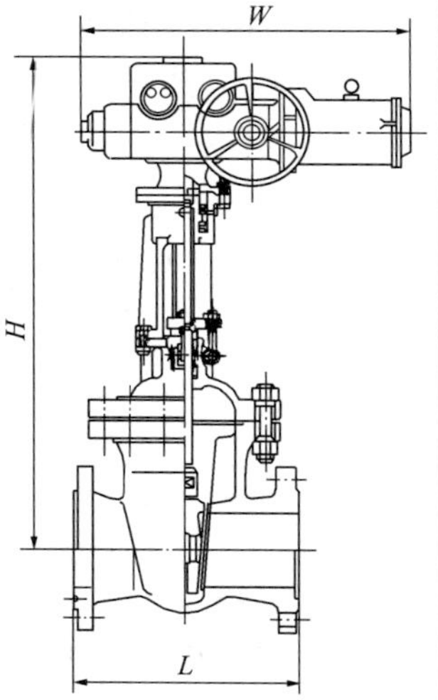 图 1-28	Z941$^{\text{H}}_{\text{Y}}$-100	50	250	781	680	78	良精、伯特利、南方、承高 DN 50~400 汉威、良工 DN 50~150 精工 DN 50~350(H) 自高、南通、开阀 DN 50~200 兰高 DN 50~250 开阀 DN 100~200(Y) 苏高 DN 50~300 沈阀 DN 80~350 建湖 DN 50~400(Y) 保一 DN 50~400(H)
			65	280	830	680	96	
			80	310	865	680	126	
			100	350	1179	680	134	
			125	400	1180	720	256	
			150	450	1201	720	352	
			200	550	1611	840	484	
			250	650	1903	840	608	
			300	750	2054		757	
			350	850	2132		994	
			400	950	2321		1269	
		Z941$^{\text{H}}_{\text{Y}}$-160	50	300	905	680	101	兰高、自高、良精、伯特利、南方 精工 DN 50~200 开阀 DN 100~200 汉威、良工 DN 65~150 沈阀 DN 80~200 西高 DN 50 建湖 DN 150~300(Y) 保一 DN 50~300(H) 承高 DN 50~300
			65	340	968	680	137	
			80	390	978	680	167	
			100	450	1043	720	211	
			125	525	1248	720	424	
			150	600	1394	840	588	
			200	750	1621		839	
			250	850	2300			
			300	950	2600			
		Z941$^{\text{H}}_{\text{Y}}$-200	50	300	712	580	250	精工 DN 50~225 建湖 DN 50~225(Y)
			65	410	765	580	324	
			80	470	850	580	378	
			100	550	980	715	480	
			125	650	1080	715	660	
			150	750	1140	840	760	
			175	850	1500		1200	
			225	1050			1561	
		Z941$^{\text{H}}_{\text{Y}}$-250	80	470	850	580	378	自高 DN 80~200(Y) 精工 DN 200(H)
			100	550	980	715	480	
			150	750	1140	840	760	
			200	950	1820		1350	

续表

序号	名称	型号	公称通径 DN	结构尺寸/mm L	H	W	质量/kg	生产厂
44	电动楔式单闸板闸阀	Z941$_{Y}^{W}$-16P	40	200	595		56	良精 *DN* 40~600 伯特利 *DN* 50~900 南方 *DN* 50~600 建湖 *DN* 50~900(Y) 汉威、良工 *DN* 50~250(Y) 精工 *DN* 40~500(Y) 浙石化 *DN* 100~800(W) 保一、上一核、承高 *DN* 40~900
			50	250	653	516	59	
			65	265	665	580	62	
			80	280	725	580	74	
			100	300	787	580	92	
			125	325	902	580	145	
			150	350	955	580	161	
			200	400	1105	680	219	
			250	450	1343	680	376	
			300	500	1516	720	484	
			350	550	1678	720	695	
			400	600	1849		977	
			450	650	1937		1033	
			500	700	2234		1467	
			600	800	2432		2682	
			700	900	2923		3381	
			800	1000	2991		3872	
			900	1100	4128		4415	
		Z941$_{Y}^{W}$-25P	40	200	595		60	良精 *DN* 40~600 伯特利、承高 *DN* 50~900 南方 *DN* 50~600 汉威、良工 *DN* 50~250(Y) 精工 *DN* 40~800(Y) 浙石化 *DN* 100~800(W) 保一、上一核 *DN* 40~900
			50	250	653	516	64	
			65	265	665	580	65	
			80	280	725	680	79	
			100	300	787	680	98	
			125	325	902	680	154	
			150	350	955	680	168	
			200	400	1105	680	219	
			250	450	1343	680	390	
			300	500	1516	680	505	
			350	550	1678	680	736	
			400	600	1849	860	1027	
			450	650	1937		1139	
			500	700	2234		2073	
			600	800	2432		2682	
			700	900	3381		3635	
			800	1000	3518		4004	
			900	1100	4174		4784	
		Z941$_{Y}^{W}$-40P	40	200	617		64	良精 *DN* 40~500 伯特利 *DN* 50~600 南方 *DN* 50~500 建湖 *DN* 50~500(Y) 精工 *DN* 40~500(Y) 汉威、良工 *DN* 80~150(Y) 浙石化 *DN* 100~600(W) 保一 *DN* 40~400(Y) 上一核、承高 *DN* 40~600
			50	250	665	516	68	
			65	280	680	680	69	
			80	310	752	680	80	
			100	350	846	680	108	
			125	400	960	680	160	
			150	450	1087	680	258	
			200	550	1243	720	366	
			250	650	1429	720	472	
			300	750	1608		673	
			350	850	1738		804	
			400	950	1897		1081	
			450	1050	2104		1259	
			500	1150	2401		2400	
			600	1350	2940		3160	

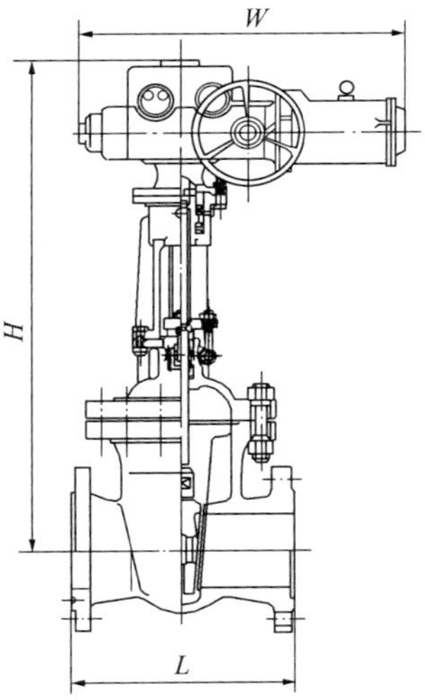

图 1-28

序号	名称	型号	公称通径 DN	结构尺寸/mm			质量/kg	生产厂
				L	*H*	*W*		
44	电动楔式单闸板闸阀 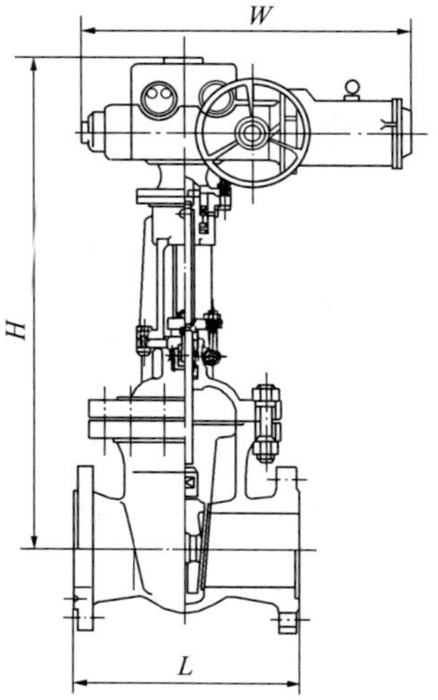 图 1-28	Z941$^{W}_{Y}$-64P	50	250	667	680	68	良精、伯特利、南方、上一核、承高 *DN* 50~500 建湖、精工 *DN* 50~500(Y) 汉威、良工 *DN* 80~150(Y) 浙石化 *DN* 100~500(W) 保一 *DN* 50~400(Y)
			65	280	685	680	72	
			80	310	748	680	88	
			100	350	845	680	117	
			125	400	1009	680	250	
			150	450	1099	720	314	
			200	550	1253	840	432	
			250	650	1449	840	595	
			300	750	1867		721	
			350	850	1913		863	
			400	950	2017		1129	
			450	1050	2075		1359	
			500	1150	2459		1493	
		Z941$^{W}_{Y}$-100P	50	250	781	680	78	良精、伯特利、南方、承高 *DN* 50~400 精工 *DN* 50~300(Y) 建湖、保一 *DN* 50~400(Y)
			65	280	830	680	96	
			80	310	865	680	126	
			100	350	1179	680	134	
			125	400	1180	720	256	
			150	450	1201	720	352	
			200	550	1611	840	484	
			250	650	1903	840	608	
			300	750	2054		757	
			350	850	2132		994	
			400	950	2321		1269	
		Z941$^{W}_{Y}$-160P	50	300	905	680	101	良精、伯特利、南方、承高 *DN* 50~200 建湖、保一 *DN* 50~300(Y) 精工 *DN* 50~200(Y)
			65	340	968	680	137	
			80	390	978	680	167	
			100	450	1043	720	211	
			125	525	1248	720	424	
			150	600	1394	840	588	
			200	750	1621		839	
		Z941Y-200P	50	300	712			精工 *DN* 50~150
			65	410	765			
			80	470	850			
			100	550	980			
			125	650	1080			
			150	750	1140			

序号	名　　称	型　号	公称通径 DN	结构尺寸/mm L	H	W	质量/kg	生产厂
44	电动楔式单闸板闸阀 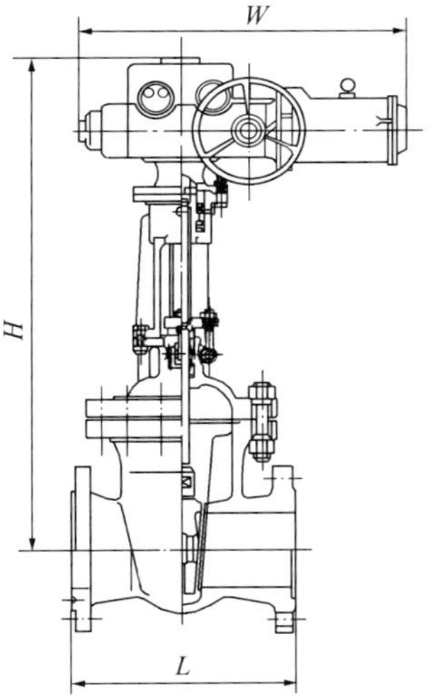 图 1-28	Z941$_{Y}^{W}$-16R	40	200	595		56	良精 DN 40~600 汉威、良工 DN 50~250(Y) 伯特利 DN 50~900 建湖 DN 50~900(Y) 精工 DN 40~500(Y) 南方 DN 50~600 浙石化 DN 100~800(W) 保一、上一核 DN 40~900 承高 DN 40~900
			50	250	653	516	59	
			65	265	665	580	62	
			80	280	725	580	74	
			100	300	787	580	92	
			125	325	902	580	145	
			150	350	955	580	161	
			200	400	1105	680	219	
			250	450	1343	680	376	
			300	500	1516	720	484	
			350	550	1678	720	695	
			400	600	1849		977	
			450	650	1937		1033	
			500	700	2234		1467	
			600	800	2432		2682	
			700	900	2923		3381	
			800	1000	2991		3872	
			900	1100	4128		4415	
		Z941$_{Y}^{W}$-25R	40	200	595		60	良精 DN 40~600 汉威、良工 DN 50~250(Y) 伯特利 DN 50~900 建湖 DN 50~900(Y) 精工 DN 40~800(Y) 南方 DN 50~600 浙石化 DN 100~800(W) 保一、承高、上一核 DN 40~900
			50	250	653	516	64	
			65	265	665	580	65	
			80	280	725	680	79	
			100	300	787	680	98	
			125	325	902	680	154	
			150	350	955	680	168	
			200	400	1105	680	219	
			250	450	1343	680	390	
			300	500	1516	680	505	
			350	550	1678	680	736	
			400	600	1849	860	1027	
			450	650	1937		1139	
			500	700	2234		2073	
			600	800	2432		2682	
			700	900	3381		3635	
			800	1000	3518		4004	
			900	1100	4174		4784	
		Z941$_{Y}^{W}$-40R	40	200	617		64	良精 DN 40~500 精工 DN 40~500(Y) 汉威、良工 DN 80~150(Y) 伯特利 DN 50~600 南方 DN 50~500 建湖 DN 50~500(Y) 浙石化 DN 100~600(W) 保一 DN 40~400(Y) 上一核、承高 DN 40~600
			50	250	665	516	68	
			65	280	680	680	69	
			80	310	752	680	80	
			100	350	846	680	108	
			125	400	960	680	160	
			150	450	1087	680	258	
			200	550	1243	720	366	
			250	650	1429	720	472	
			300	750	1608		673	
			350	850	1738		804	
			400	950	1897		1081	
			450	1050	2104		1259	
			500	1150	2401		2400	
			600	1350	2940		3160	

续表

序号	名　称	型　号	公称通径 DN	结构尺寸/mm L	H	W	质量/kg	生产厂
44	电动楔式单闸板闸阀 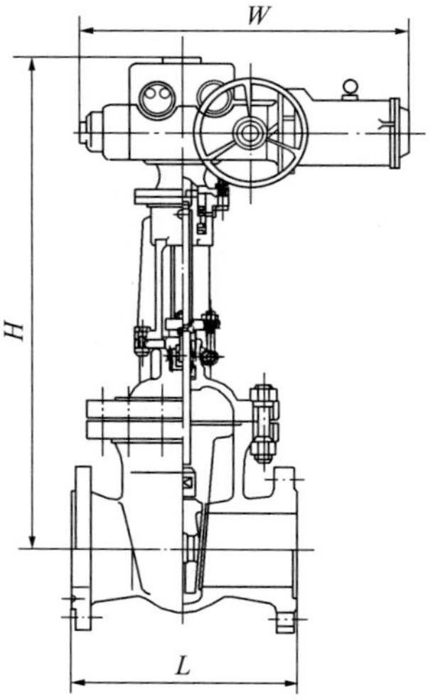 图 1-28	Z941 $\substack{W\\Y}$-64R	50	250	667	680	68	良精、伯特利、南方、上一核、承高 *DN* 50~500 汉威、良工 *DN* 80~150(Y) 建湖、精工 *DN* 50~500(Y) 浙石化 *DN* 100~500(W) 保一 *DN* 50~400(Y)
			65	280	685	680	72	
			80	310	748	680	88	
			100	350	845	680	117	
			125	400	1009	680	250	
			150	450	1099	720	314	
			200	550	1253	840	432	
			250	650	1449	840	595	
			300	750	1867		721	
			350	850	1913		863	
			400	950	2017		1129	
			450	1050	2075		1359	
			500	1150	2459		1493	
		Z941 $\substack{W\\Y}$-100R	50	250	781	680	78	良精、伯特利、南方、承高 *DN* 50~400 精工 *DN* 50~350(Y) 建湖、保一 *DN* 50~400(Y)
			65	280	830	680	96	
			80	310	865	680	126	
			100	350	1179	680	134	
			125	400	1180	720	256	
			150	450	1201	720	352	
			200	550	1611	840	484	
			250	650	1903	840	608	
			300	750	2054		757	
			350	850	2132		994	
			400	950	2321		1269	
		Z941 $\substack{W\\Y}$-160R	50	300	905	680	101	良精、伯特利、南方、承高 *DN* 50~200 建湖、保一 *DN* 50~300(Y)
			65	340	968	680	137	
			80	390	978	680	167	
			100	450	1043	720	211	
			125	525	1248	720	424	
			150	600	1394	840	588	
			200	750	1621		839	
			250	850	2300			
			300	950	2600			

序号	名称	型号	公称通径 DN	结构尺寸/mm L	H	W	质量/kg	生产厂
44	电动楔式单闸板闸阀 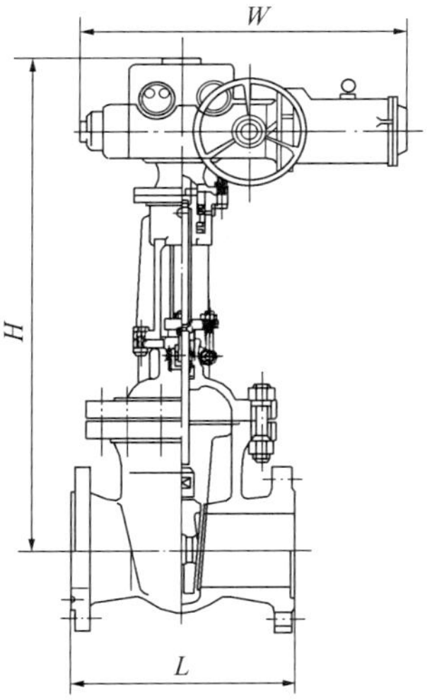 图 1-28	Z941Y-16 Ⅰ	40	200	595		56	良精 *DN* 40~600 汉威、良工 *DN* 50~250 上阀 *DN* 150~600 伯特利 *DN* 50~900 精工 *DN* 40~500 南方 *DN* 50~600 浙石化 *DN* 100~800 上一核、承高 *DN* 40~900
			50	250	653	516	59	
			65	265	665	580	62	
			80	280	725	580	74	
			100	300	787	580	92	
			125	325	902	580	145	
			150	350	955	580	161	
			200	400	1105	680	219	
			250	450	1343	680	376	
			300	500	1516	720	484	
			350	550	1678	720	695	
			400	600	1849		977	
			450	650	1937		1033	
			500	700	2234		2682	
			600	800	2432		1357	
			700	900	2923		3381	
			800	1000	2991		3872	
			900	1100	4128		4415	
		Z941Y-25 Ⅰ	40	200	595		60	良精 *DN* 40~600 汉威、良工 *DN* 50~250 苏高 *DN* 50~400 上阀 *DN* 150~600 伯特利 *DN* 50~900 精工 *DN* 40~800 南方 *DN* 50~600 浙石化 *DN* 100~800 上一核、承高 *DN* 40~900
			50	250	653	516	64	
			65	265	665	580	65	
			80	280	725	680	79	
			100	300	787	680	98	
			125	325	902	680	154	
			150	350	955	680	168	
			200	400	1105	680	219	
			250	450	1343	680	390	
			300	500	1516	680	505	
			350	550	1678	680	736	
			400	600	1849	860	1027	
			450	650	1937		1139	
			500	700	2234		1228	
			600	800	2432		2682	
			700	900	3281		3635	
			800	1000	3518		4004	
			900	1100	4174		4784	

续表

序号	名　称	型　号	公称通径 DN	结构尺寸/mm L	H	W	质量/kg	生产厂
44	电动楔式单闸板闸阀 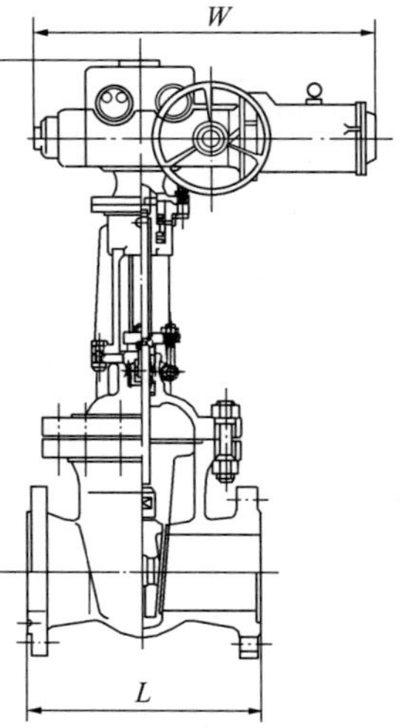 图 1-28	Z941Y-40 Ⅰ	40	200	617		64	良精、精工 *DN* 40～500 汉威、良工 *DN* 80～150 苏高 *DN* 50～400 上阀 *DN* 150～600 伯特利 *DN* 50～600 南方 *DN* 50～500 浙石化 *DN* 100～600 上一核、承高 *DN* 40～600
			50	250	665	516	68	
			65	280	680	680	69	
			80	310	752	680	80	
			100	350	846	680	108	
			125	400	960	680	160	
			150	450	1087	680	258	
			200	550	1243	720	366	
			250	650	1429	720	472	
			300	750	1608		673	
			350	850	1738		804	
			400	950	1897		1081	
			450	1050	2104		1259	
			500	1150	2450		2400	
			600	1350	2940		3160	
		Z941Y-64 Ⅰ	50	250	667	680	68	良精、伯特利、精工、上一核、南方 *DN* 50～500 汉威、良工 *DN* 80～150 苏高 *DN* 50～300 上阀 *DN* 200～300 浙石化 *DN* 100～500 上一核、承高 *DN* 40～500
			65	280	685	680	72	
			80	310	748	680	88	
			100	350	845	680	117	
			125	400	1009	680	250	
			150	450	1099	720	314	
			200	550	1253	840	432	
			250	650	1449	840	595	
			300	750	1867		721	
			350	850	1913		863	
			400	950	2017		1129	
			450	1050	2075		1359	
			500	1150	2459		1493	
		Z941Y-100 Ⅰ	50	250	781	680	78	苏高 *DN* 50～300 上阀 *DN* 200～300 良精、伯特利、南方、承高 *DN* 50～400 精工 *DN* 50～350
			65	280	830	680	96	
			80	310	865	680	126	
			100	350	1179	680	134	
			125	400	1180	720	256	
			150	450	1201	720	352	
			200	550	1611	840	484	
			250	650	1903	840	608	
			300	750	2054		757	
			350	850	2132		994	
			400	950	2321		1269	

序号	名称	型号	公称通径 DN	结构尺寸/mm L	H	W	质量/kg	生产厂
44	电动楔式单闸板闸阀 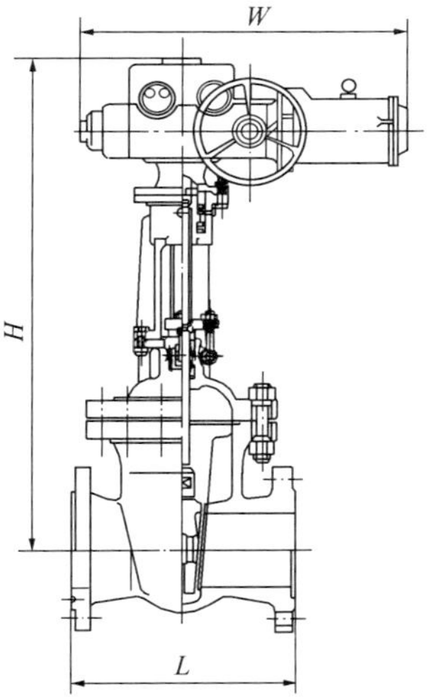 图 1-28	Z941Y-160Ⅰ	50	300	905	680	101	良精、伯特利、南方、承高 DN 50~200
			65	340	968	680	137	
			80	390	978	680	167	
			100	450	1043	720	211	
			125	525	1248	720	424	
			150	600	1394	840	588	
			200	750	1621		839	
		Z941Y-40P$_{Ⅱ}$	200	550	1142		277	兰高 DN 200~400
			300	750	1362		585	
			400	950	2012		1599	
		Z9$_B$41H-16C	100	300	298		85	兰高 DN 100~400 沈阀、保一 DN 100~500 开阀 DN 100~300
			125	325	380		145	
			150	350	950		165	
			200	400	1015		225	
			250	450	1215		303	
			300	500	1524		472	
			350	550	1627		524	
			400	600	1912		932	
			500	700	2220		1109	
		Z9$_B$41H-25	80	280	705		88	沈阀、保一 DN 80~400 开阀 DN 150~400
			100	300	755		95	
			125	325	885		137	
			150	350	950		165	
			200	400	1275		245	
			250	450	1475		325	
			300	500	1524		510	
			350	550	1792		1400	
			400	600	1939		1600	
		Z9$_B$41H-40	80	310	719		101	沈阀 DN 80~500 开阀 DN 150~400 保一 DN 80~400
			100	350	910		130	
			150	450	970		250	
			200	550	1121		370	
			250	650	1359		530	
			300	750	1479		716	
			350	850	1824		924	
			400	950	1974		1319	
			500	1150	2510		2650	

序号	名称	型号	公称通径 DN	结构尺寸/mm L	结构尺寸/mm H	结构尺寸/mm W	质量/kg	生产厂
44	电动楔式单闸板闸阀	$Z9_B41H-64$	100	350	955		190	沈阀 DN 100~700 开阀 DN 100~500 保一 DN 100~400
			150	450	1287		300	
			200	550	1445		450	
			250	650	1600		610	
			300	750	1750		1500	
			350	850	1940		1900	
			400	950	2085		2500	
			500	1150	2610		4000	
			600	1350	2970		5000	
			700	1450	3350		6000	
		$Z9_B41H-160$	80	390	685		250	沈阀、保一 DN 80~200 开阀 DN 100
			100	450	785		390	
			150	600	980		680	
			200	750	1225		1300	
		$Z9_B41Y-16$ Ⅰ	400	600	1991		1122	开阀 DN 400
		$Z9_B41Y-64$ Ⅰ	150	450	970		300	沈阀
		$Z9_B41Y-100$ Ⅰ	150	450	234		385	沈阀 DN 150、250、300
			250	650			789	
			300	750	215		1569	

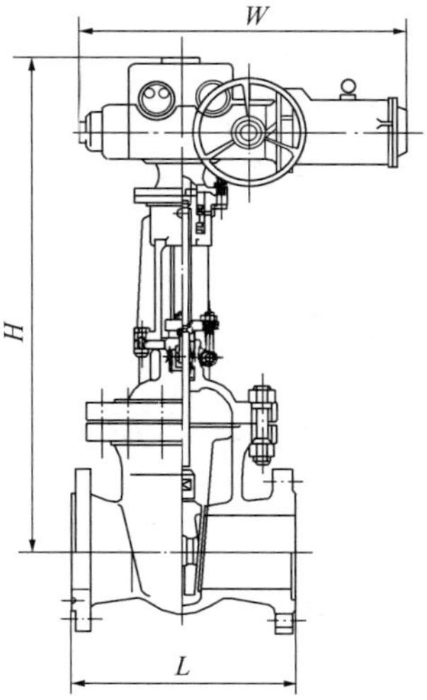

图 1-28

序号	名称	型号	公称通径 DN	结构尺寸/mm L	结构尺寸/mm H	结构尺寸/mm L_1	结构尺寸/mm L_2	结构尺寸/mm D_0	质量/kg	生产厂
45	电动明杆楔式双闸板闸阀	Z942W-1	450	330	1975	394	647		618	铁岭 DN 450~2000
			500	350	2063	394	647		750	
			600	390	2549	394	647		1059	
			700	430	2945	394	647		1319	
			800	470	3383	466	720		1812	
			900	510	2743	466	720		2268	
			1000	550	3993	466	720		2690	
			1200	700	4847	556	905		4751	
			1400	900	5515	556	905		6685	
			1600	1000	6265	556	905		9906	
			1800	1500	7216	556	905		15275	
			2000	955	7985	556	875		11747	
		Z942W-6C	1000	1200	4330	485	882	240	6350	浙石化、沈阀
		Z942H-16C	600	800	2432				2200	兰高、沈阀 DN 600~1000
			700	900	2489				3600	
			800	1000	2643				4500	
			900	1100	3200				5500	
			1000	1200	4330	485	882	240	6385	

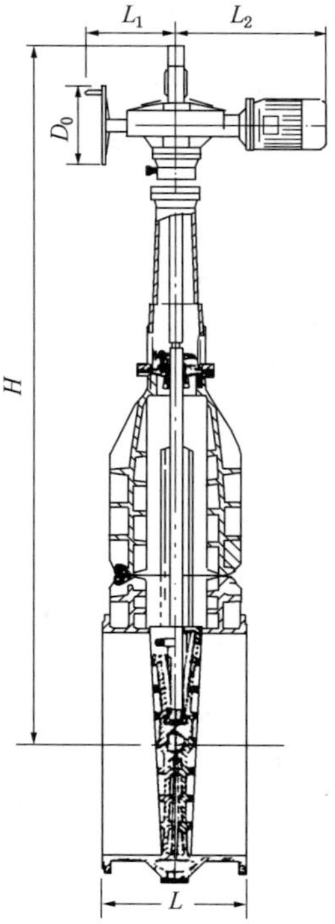

图 1-29-1

序号	名称	型号	公称通径 DN	结构尺寸/mm					质量/kg	生产厂
				L	H	L_1	L_2	D_0		
45	电动明杆楔式双闸板闸阀（同图 1-29-1）	Z942H-25	150	350	950	160	360		190	兰高 DN 150~700 北阀 DN 150~500 沈阀 DN 300~1000 开阀 DN 600~1000 良精 DN 700、800
			200	400	1090	160	360		300	
			250	450	1290	160	360		370	
			300	500	1510	445	573		570	
			400	600	2050	595	621		1100	
			500	700	2577	667	730	200	2050	
			600	800	2920			280	3600	
			700	900	3238				4500	
			800	1000	3940	882	1070		5500	
			900	1100	4300				6300	
			1000	1200	4500				7274	
		Z9$_B$42H-25	300	500	1540	430	612		700	沈阀 DN 300~1000 兰高 DN 500 开阀 DN 500、600
			400	600	2050	430	642		1100	
			500	700	2577	430	712	200	2050	
			600	800	2920	485	852	200	3600	
			700	900	3238	485	852	240	4500	
			800	1000	3940	485	882		5500	
			1000	1200	4500				7274	

序号	名称	型号	公称通径 DN	结构尺寸/mm						质量/kg	生产厂
				L	L_1	L_2	H	H_1	D_0		
46	电动明杆平行式双闸板闸阀 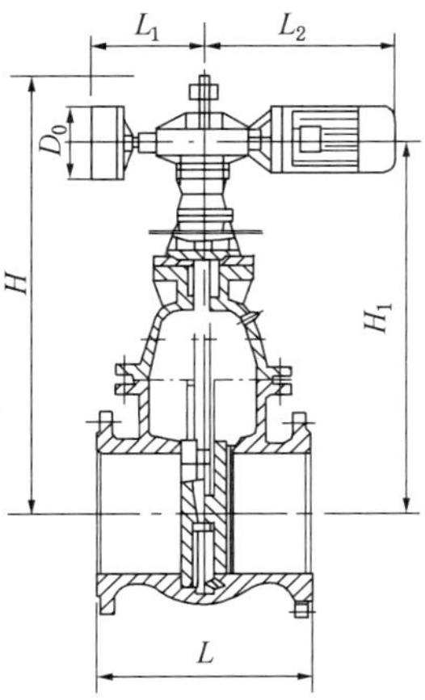 图 1-29-2	Z944$\substack{T\\W}$-10	80	210	206	380	417	332	160	114	鞍山 DN 80~400 铁岭 DN 100~400
			100	230	336	512	762	501	250	109	
			125	255	336	512	834	573	250	129	
			150	280	336	512	969	648	250	140	
			200	330	336	542	1084	823	250	205	
			250	450	394	627	1309	1031	320	288	
			300	500	394	627	1446	1168	320	367	
			350	550	394	647	1561	1283	320	457	
			400	600	394	647	1695	1417	320	539	

续表

序号	名称	型号	公称通径 DN	结构尺寸/mm L	L_1	L_2	L_3	H	H_1	H_2	D_0	d_0	质量/kg	生产厂
47	电动暗杆楔式单闸板闸阀（见图 1-30）	Z945T-2.5	500	350	394	647		1586	1336	350	320		754	铁岭 DN 500~1000
			600	390	394	647		1858	1636	400	320		1008	
			800	470	473	758		2265	2010	575	400		2020	
			1000	550	473	738		2621	2337	665	400		3243	
		Z945T-6	1200	960	606	1058	1033	2700	2541	800	500	200	4850	铁岭 DN 1200、1400
			1400	1080	606	1058	1138	3270	3111	900	500	200	7176	
		Z945$\frac{\text{T}}{\text{W}}$-10	80	210	284	475		714	469		160		76.4	铁岭 DN 80~1000 鞍山 DN 80~1000
			100	230	284	475		751	501		160		84	
			125	255	284	475		867	605		160			
			150	280	336	512		897	635		250		143	
			200	330	336	542		1020	758		250		193	
			250	380	336	542		1104	842		250		240	
			300	420	394	627		1303	1007		320		356	
			350	450	394	627		1385	1089		320		444	
			400	480	394	467		1470	1192		320		573	
			450	510	394	647		1555	1277		320		647	
			500	540	473	758		1579	1459	380	400		775	
			600	600	473	758		1740	1634	430	400		1018	
			700	660	556	905	718	1950	1803	485	500	200	1750	
			800	720	556	905	785	2110	1963	545	500	200	2258	
			900	780	556	905	825	2156	2009	640	500	200	3070	
			1000	840	606	1058	885	2340	2181	650	500	200	3560	

续表

序号	名称	型号	公称通径 DN	结构尺寸/mm						质量/kg	生产厂
				L	L_1	L_2	L_3	L_4	H		
48	电动暗杆楔式双闸板闸阀(见图 1-31a)	Z946T-2.5	1200	700	556	905		620	2895	5738	铁岭 DN 1200~1800
			1400	900	606	1058	1100	720	3311	7254	
			1600	1000	606	1058	1270	800	3535	9900	
			1800	1500	606	1058	1535	900	3925	14225	
49	电动暗杆平行式双闸板闸阀(见图 1-31b)	Z948T-10	450	650	408	530	1438	1062		768	铁岭 DN 500~1400 鞍山 DN 450、500
			500	760	394	647	1669	1434	142	1100	
			600	800	473	758	1794	1563	204	1418	
			700	900	473	793	2113	1878	204	2179	
			800	1000	473	793	2258	1972	204	2892	
			900	1100	556	875	2495	2193	292	3732	
			1000	1200	556	875	2585	2283	292	4448	
			1200	1200	606	1058	3150	2826	360	7197	
			1400	1200	606	1058	3500	3176	360	11020	

序号	名称	型号	公称通径 DN	结构尺寸/mm						质量/kg	生产厂
				H_1	H_2	C_1	C_2	D_0	d_0		
48	电动暗杆楔式双闸板闸阀(见图 1-31a)	Z946T-2.5	1200	2611		300	200	500	$\phi30$	5738	铁岭 DN 1200~1800
			1400	2986	817	300	200	500	$\phi30$	7254	
			1600	3211	817	370	300	500	$\phi34$	9900	
			1800	3626	992	400	330	500	$\phi34$	14225	
49	电动暗杆平行式双闸板闸阀(见图 1-31b)	Z948T-10	450							768	铁岭 DN 500~1400 鞍山 DN 450、500
			500	145	320					1100	
			600	215	400					1418	
			700	215	400	706				2179	
			800	215	400	775				2892	
			900	310	500	888				3732	
			1000	310	500	943				4448	
			1200	376	500	1053				7197	
			1400	376	500	1133				21320	

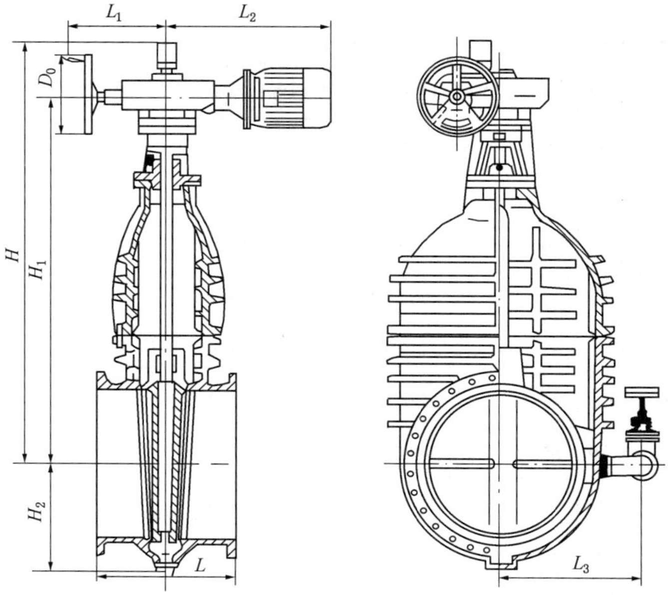

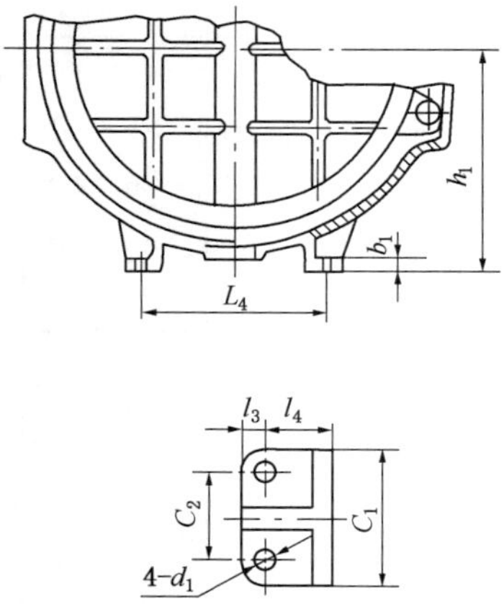

地脚尺寸 mm

公称通径 DN	h_1	L_4	l_3	l_4	C_1	C_2	b_1	d_1
1200	800	620	50	85	300	200	30	30
1400	900	720	50	110	300	200	35	30

图 1-30

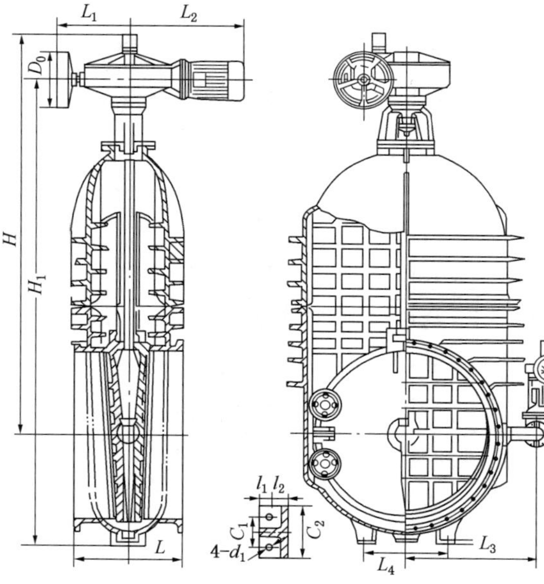

图 1-31a

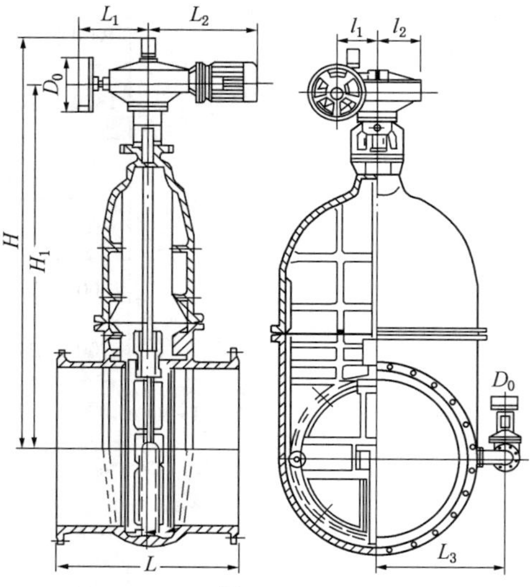

图 1-31b

序号	名　称	型　号	公称通径 *DN*	结构尺寸/mm			质量/kg	生产厂
				L	*H*	*W*		
50	NFZ 平板电动闸阀 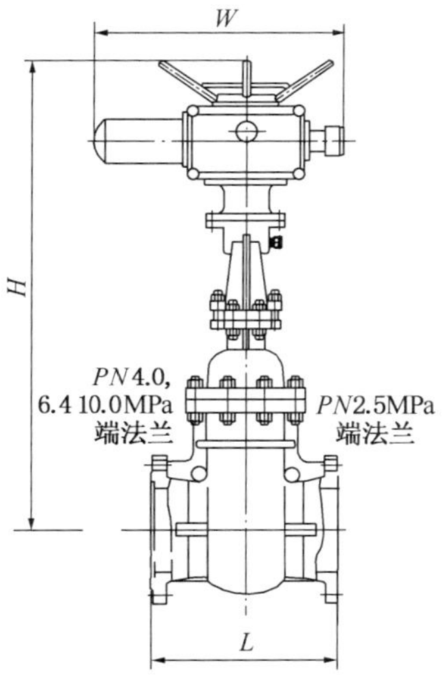 图 1-32	NFZ944 H/Y-16C NFZ944Y-16 Ⅰ	80	280	680	562	81	南方 *DN* 50~800
			100	300	760	607	95	
			125	325	820	607	127	
			150	350	965	607	165	
			200	400	1050	607	234	
			250	450	1120	607	306	
			300	500	1380	755	475	
			350	550	1630	755	590	
			400	600	1755	755	755	
			450	650	1880	825	1023	
			500	700	2040	825	1251	
			600	800	2340	925	1613	
			700	900	2546	925	2230	
			800	1000	3140	1162	2894	
		NFZ944 H/Y-25 NFZ944Y-25 Ⅰ	80	280	680	562	82	南方 *DN* 50~800
			100	300	760	607	98	
			125	325	820	607	130	
			150	350	965	607	170	
			200	400	1050	607	253	
			250	450	1120	607	348	
			300	500	1380	755	530	
			350	550	1630	755	682	
			400	600	1775	755	870	
			450	650	1880	825	1079	
			500	700	2040	825	1303	
			600	800	2340	925	1679	
			700	900	2540	925	2377	
			800	1000	3135	1162	3098	
		NFZ944 H/Y-40 NFZ944Y-40 Ⅰ	80	310	680	607	91	南方 *DN* 50~400
			100	350	760	607	110	
			125	400	820	607	137	
			150	450	965	607	190	
			200	550	1050	607	292	
			250	650	1210	755	495	
			300	750	1380	755	632	
			350	850	1650	825	830	
			400	950	1775	825	1055	

续表

序号	名　　称	型　号	公称通径 DN	结构尺寸/mm L	H	W	质量/kg	生产厂
50	NFZ 平板电动闸阀（同图 1-32）	NFZ944$^{H}_{Y}$-64 NFZ944Y-64 Ⅰ	80	310	690	607	98	南方 *DN* 50~400
			100	350	765	607	118	
			125	400	830	607	155	
			150	450	975	607	204	
			200	550	1155	755	400	
			250	650	1225	755	535	
			300	750	1410	825	705	
			350	850	1670	825	900	
			400	950	1945	925	1260	

序号	名　　称	型　号	公称通径 DN	结构尺寸/mm L	H	质量/kg	生产厂
51	MGZ 系列电动闸阀（见图 1-32）	MGZ1F9022C （$Z9_B$43WH-16C） （$KZ9_B$43WH-16C）	150	350	780	210	凯喜姆 *DN* 150~1200 （大高 *DN* 150~500） （保一 *DN* 150~1000）
			200	400	985	310	
			250	450	1240	455	
			300	500	1460	560	
			350	550	1680	886	
			400	600	1830	1120	
			450	650	1986	1320	
			500	700	2200	1550	
			600	800	2620	1970	
			700	900	3160	2980	
			800	1000	3520	3450	
			900	1100	3810	5800	
			1000	1200	4140	6380	
			1200	1400	5030	9100	
		MGZ2F9022C （$Z9_B$43WH-25） （$KZ9_B$43WH-25）	150	350	835	220	凯喜姆 *DN* 150~1000 （大高 *DN* 150~500） （保一 *DN* 150~1000）
			200	400	1160	315	
			250	450	1276	475	
			300	500	1460	625	
			350	550	1620	895	
			400	600	2030	1170	
			450	650	2175	1670	
			500	700	2425	2090	
			600	800	2865	2685	
			700	900	3065	3480	
			800	1000	3260	4590	
			900	1100	3478	7500	
			1000	1200	3630	8200	

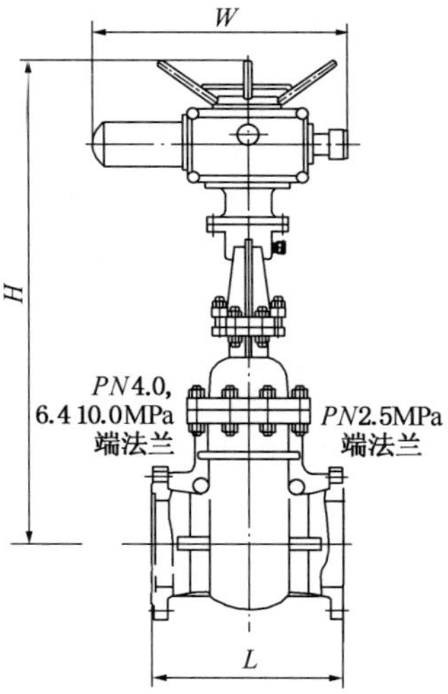

图 1-32

序号	名　　称	型　号	公称通径 DN	结构尺寸/mm L	H	质量/kg	生产厂
51	MGZ 系列电动闸阀 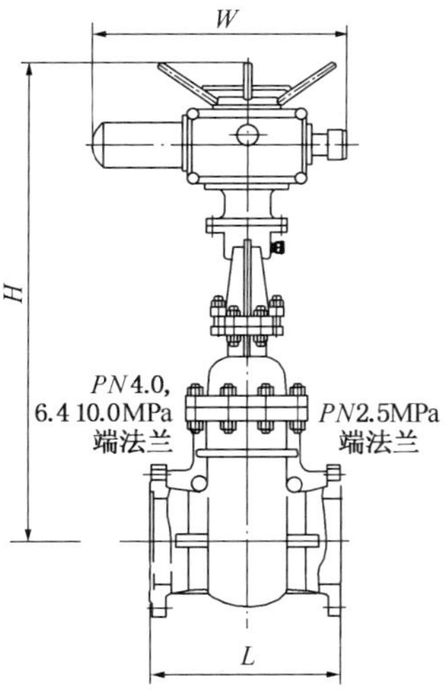 图 1-32	MGZ4F9022C（$Z9_B$43WH-40）（$KZ9_B$43WH-40）	150	450	960	300	凯喜姆 DN 150~800（大高 DN 150~500）（保一 DN 150~800）
			200	550	1175	355	
			250	650	1410	535	
			300	750	1630	710	
			350	850	1950	1260	
			400	950	2080	1560	
			450	1050	2220	2050	
			500	1150	2490	2360	
			600	1350	2920	3100	
			700	1450	3030	4950	
			800	1650	3460	6200	
		MGZ6F9022C（$Z9_B$43WH-64）（$KZ9_B$43WH-64）	100	350	810	190	凯喜姆 DN 100~600（大高 DN 100~500）（保一 DN 100~600）
			150	450	1010	327	
			200	550	1205	420	
			250	650	1456	722	
			300	750	1695	790	
			350	850	1975	1370	
			400	950	2160	2040	
			500	1150	2530	2630	
			600	1350	2920	3690	
		MGZ10F9022C（PN 10.0MPa）	100	350	810	300	凯喜姆 DN 100~600
			150	450	1010	400	
			200	550	1205	484	
			250	650	1456	803	
			300	750	1695	920	
			350	850	2086	1410	
			400	950	2280	2340	
			450	1050	2295	2850	
			500	1150	2660	3020	
			600	1350	3050	4150	

续表

序号	名称	型号	公称通径 DN	结构尺寸/mm					质量/kg	生产厂
				L	L_1	L_2	H	d		
52	高温高压电站电动闸阀	Z960Y-250	100	406	437	277	1164	84	234	良精、保一
	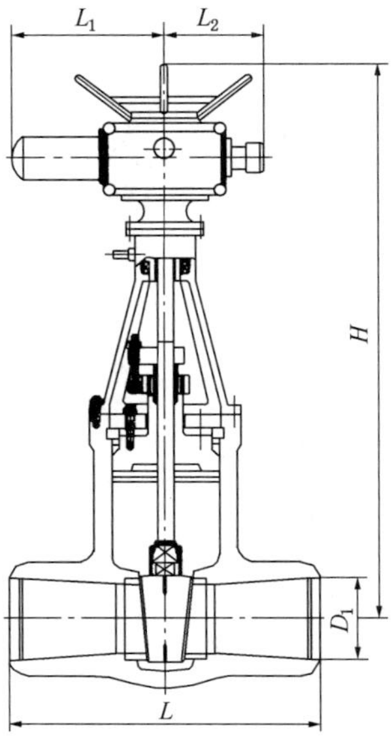		125	483	437	277	1402	100	343	
	图 1-33		175	711	554	309	1650	158	638	
			225	864	554	309	1650	200	654	
			300	1067	764	398	2106	280	1973	
		Z960Y-320	100	533	437	277	1236	96	291	良精、保一
			125	610	437	277	1302	118	315	
			150	762	526	283	1403	148	672	
			175	762	554	309	1650	148	684	
			225	1041	554	309	1650	222	696	
		Z960Y-P_{54}100	175	762	554	309	1650	148	683	良精、保一
			225	1041	554	309	1650	222	704	
			250	1041	554	309	1795	222	1214	
			300	1245	554	309	2080	294	2125	
		Z960Y-P_{54}170	125	630	437	277	1230	98	312	良精、保一
			225	1060	554	309	1680	186	1401	
			300	1397	764		2265	278	2834	
			325	1448	690	398	2265	310	2632	
			350	1550	715		2536	338	5591	
		Z961Y-64P_I	375	890	910	1876	362			兰高

序号	名称	型号	公称通径 DN	结构尺寸/mm			质量/kg	生产厂
				L	H	D_0		
53	球面闸阀	ZQ49$\frac{H}{Y}$-16C	50	250	435	240	38	浙石化
	(1) 手动(法兰连接)	ZQ49$\frac{W}{Y}$-16P	65	270	460	240	45	
	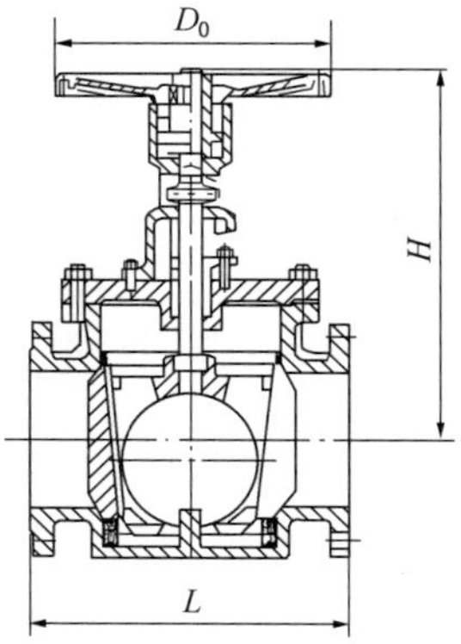	ZQ49Y-16I	80	280	490	260	60	
	图 1-34-1		100	300	525	280	70	
			125	325	570	300	95	
			150	350	625	320	140	
			200	400	700	360	195	
			250	450	780	400	255	
			300	500	870	450	320	
			350	550	980	520	510	
			400	600	1010	600	685	

序号	名称	型号	公称通径 DN	结构尺寸/mm			质量/kg	生产厂
				L	H	D_0		
53	球面闸阀 (1) 手动(法兰连接) 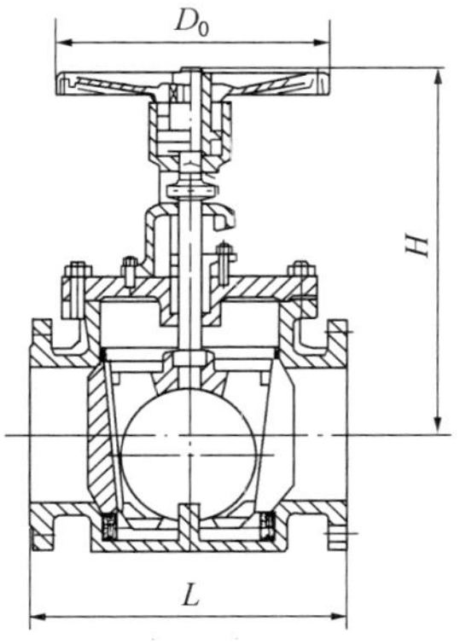 图 1-34-1	ZQ49$^{H}_{Y}$-25 ZQ49$^{W}_{Y}$-25P ZQ49Y-25I	50	250	435	240	40	浙石化
			65	270	460	240	48	
			80	280	490	260	65	
			100	300	525	280	78	
			125	325	570	300	105	
			150	350	625	320	150	
			200	400	700	360	210	
			250	450	780	400	275	
			300	500	870	450	340	
			350	550	930	520	530	
			400	600	1010	600	715	
		ZQ49$^{H}_{Y}$-40 ZQ49$^{W}_{Y}$-40P ZQ49Y-40I	50	250	440	240	45	浙石化
			65	280	470	240	55	
			80	310	500	260	75	
			100	350	540	280	95	
			125	400	585	300	138	
			150	450	640	320	185	
			200	550	720	360	330	
			250	650	800	400	450	
			300	750	900	450	680	
			350	850	960	520	980	
			400	950	1050	600	1350	
		ZQ49$^{H}_{Y}$-64 ZQ49$^{W}_{Y}$-64 ZQ49Y-64I	50	250	440	240	470	浙石化
			65	280	480	260	57	
			80	310	510	280	79	
			100	350	550	300	105	
			125	400	600	320	148	
			150	450	660	360	220	
			200	550	740	400	370	
			250	650	830	450	520	
			300	750	930	520	690	
			350	850	1000	600	1030	
			400	950	1100	680	1480	

续表

序号	名称	型号	公称通径 DN	结构尺寸/mm L	结构尺寸/mm H	结构尺寸/mm D_0	质量/kg	生产厂
53	球面闸阀 （1）手动（法兰连接） 同图 1-34-1	ZQ49 $\frac{\text{H}}{\text{Y}}$-100 ZQ49 $\frac{\text{W}}{\text{Y}}$-100P ZQ49Y-100 Ⅰ	50	250	440	240	49	浙石化
			65	280	480	260	59	
			80	310	510	280	8	
			100	350	550	300	115	
			125	400	600	320	160	
			150	450	660	360	270	
			200	550	740	400	430	
			250	650	830	450	580	
			300	750	930	520	770	
			350	850	1000	600	1120	
			400	950	1100	680	1690	

序号	名称	型号	公称通径 DN	结构尺寸/mm L	结构尺寸/mm H	结构尺寸/mm L_1	质量/kg	生产厂
53	球面闸阀 （2）伞齿轮（法兰连接） 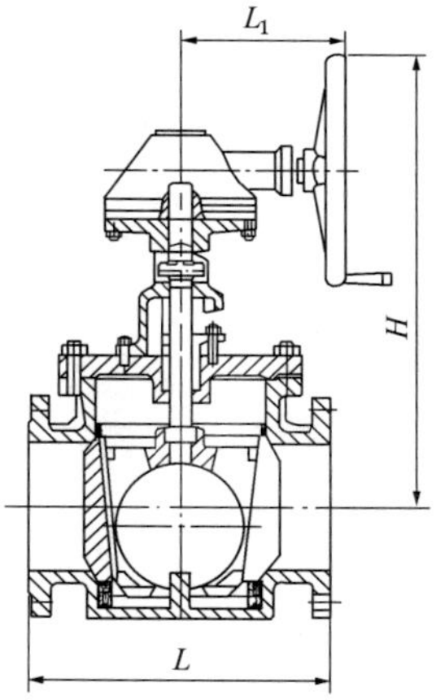 图 1-34-2	ZQ549 $\frac{\text{H}}{\text{Y}}$-16 ZQ549 $\frac{\text{W}}{\text{Y}}$-16P ZQ549Y-16 Ⅰ	300	500	1050	362	355	浙石化
			350	550	1160	362	545	
			400	600	1290	440	765	
			450	650	1430	513	1020	
			500	700	1660	588	1480	
			600	800	1910	588	2130	
			700	900	2195	645	2880	
			800	1000	2525	645	4130	
		ZQ549 $\frac{\text{H}}{\text{Y}}$-25 ZQ549 $\frac{\text{W}}{\text{Y}}$-25P ZQ549Y-25 Ⅰ	300	500	1050	362	355	浙石化
			350	550	1160	362	565	
			400	600	1290	440	790	
			450	650	1430	513	1100	
			500	700	1660	588	1590	
			600	800	1910	588	2170	
			700	900	2195	645	2930	
			800	1000	2525	645	4330	
		ZQ549 $\frac{\text{H}}{\text{Y}}$-40 ZQ549 $\frac{\text{W}}{\text{Y}}$-40P ZQ549Y-40 Ⅰ	300	750	1100	362	715	浙石化
			350	850	1240	440	1055	
			400	950	1330	440	1415	
			450	1050	1490	513	1700	
			500	1150	1710	588	1250	
			600	1350	1970	588	3450	
			700	1450	2266	645	4830	
			800	1650	2610	645	6950	
		ZQ549 $\frac{\text{H}}{\text{Y}}$-64 ZQ549 $\frac{\text{W}}{\text{Y}}$-64P ZQ549Y-64 Ⅰ	200	550	940	362	395	浙石化
			250	650	1030	362	545	
			300	750	1210	440	715	
			350	850	1280	440	1085	
			400	950	1420	513	1585	
			500	1150	1860	588	2210	
		ZQ549 $\frac{\text{H}}{\text{Y}}$-100 ZQ549 $\frac{\text{W}}{\text{Y}}$-100P ZQ549Y-100I	200	550	940	362	458	浙石化
			250	650	1030	440	608	
			300	750	1210	440	825	
			350	850	1280	513	1180	
			400	950	1420	588	1800	

续表

序号	名　称	型　号	公称通径 DN	结构尺寸/mm L	结构尺寸/mm H	质量/kg	生产厂
53	球面闸阀 (3) 气动(法兰连接) 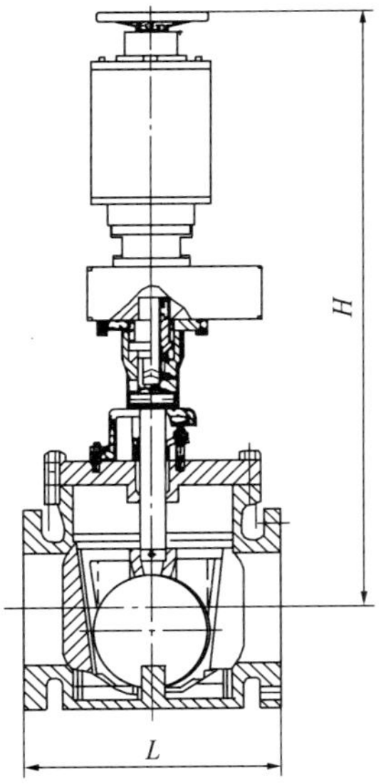 图 1-34-3	ZQ649$\genfrac{}{}{0pt}{}{H}{Y}$-16C ZQ649$\genfrac{}{}{0pt}{}{W}{Y}$-16P ZQ649Y-16I	300	500	1545	440	浙石化
			350	550	1635	665	
			400	600	1720	805	
			450	650	1905	1090	
			500	700	2060	1525	
			600	800	2345	2250	
			700	900	2550	3150	
			800	1000	2860	4400	
		ZQ649$\genfrac{}{}{0pt}{}{H}{Y}$-25 ZQ649$\genfrac{}{}{0pt}{}{W}{Y}$-25P ZQ649Y-25 I	300	500	1545	470	浙石化
			350	550	1630	685	
			400	600	1720	655	
			450	650	1905	1160	
			500	700	2060	1655	
			600	800	2345	2490	
			700	900	2550	3350	
			800	1000	2860	4680	
		ZQ649$\genfrac{}{}{0pt}{}{H}{Y}$-40 ZQ649$\genfrac{}{}{0pt}{}{W}{Y}$-40C ZQ649Y-40 I	300	750	1575	800	浙石化
			350	850	1675	1125	
			400	950	1765	1520	
			450	1050	1970	1790	
			500	1150	2130	2450	
			600	1350	2425	3530	
			700	1450	2655	4940	
			800	1650	2980	7105	
		ZQ649$\genfrac{}{}{0pt}{}{H}{Y}$-64 ZQ649$\genfrac{}{}{0pt}{}{W}{Y}$-64P ZQ649Y-64 I	200	550	1450	415	浙石化
			250	650	1570	650	
			300	750	1675	845	
			350	850	1770	1185	
			400	950	1970	1670	
			500	1150	2425	2310	
		ZQ649$\genfrac{}{}{0pt}{}{H}{Y}$-100 ZQ649$\genfrac{}{}{0pt}{}{W}{Y}$-100P ZQ649Y-100 I	200	550	1450	475	浙石化
			250	650	1570	700	
			300	750	1675	910	
			350	850	1770	1240	
			400	950	1970	1880	

续表

序号	名称	型号	公称通径 DN	结构尺寸/mm L	H	L_1	L_2	质量/kg	生产厂
53	球面闸阀 (4) 电动(法兰连接) 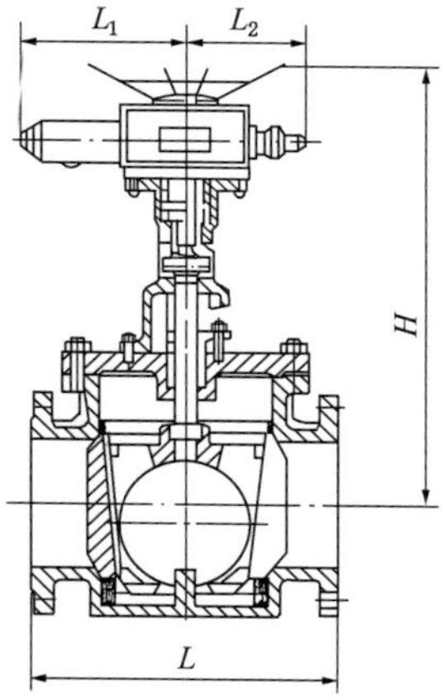 图 1-34-4	ZQ949$^{\text{H}}_{\text{Y}}$-16C ZQ949$^{\text{W}}_{\text{Y}}$-16P ZQ949Y-16I	300	500	1118	467	394	450	浙石化
			350	550	1220	597	413	685	
			400	600	1300	597	413	830	
			450	650	1440	730	455	1110	
			500	700	1670	800	505	1550	
			600	800	1945	800	505	2330	
			700	900	2230	885	568	3180	
			800	1000	2620	885	568	4410	
		ZQ949$^{\text{H}}_{\text{Y}}$-25 ZQ949$^{\text{W}}_{\text{Y}}$-25P ZQ949Y-25I	300	500	1118	467	394	480	浙石化
			350	550	1220	597	413	705	
			400	600	1300	597	413	880	
			450	650	1440	730	455	1180	
			500	700	1670	800	505	1680	
			600	800	1945	800	505	2475	
			700	900	2230	885	568	3385	
			800	1000	2620	885	568	4790	
		ZQ949$^{\text{H}}_{\text{Y}}$-40 ZQ949$^{\text{W}}_{\text{Y}}$-40P ZQ949Y-40I	300	750	1148	467	394	815	浙石化
			350	850	1250	597	413	1155	
			400	950	1340	597	413	1550	
			450	1050	1480	730	455	1820	
			500	1150	1680	800	505	2480	
			600	1350	2060	800	505	3560	
			700	1450	2320	885	568	4980	
			800	1650	2780	885	568	7150	
		ZQ949$^{\text{H}}_{\text{Y}}$-64 ZQ949$^{\text{W}}_{\text{Y}}$-64P ZQ949Y-64I	200	550	990	467	394	430	浙石化
			250	650	1080	467	394	670	
			300	750	1180	597	413	870	
			350	850	1285	597	413	1210	
			400	950	1460	730	455	1750	
			500	1150	1820	860	590	2400	
		ZQ949$^{\text{H}}_{\text{Y}}$-100 ZQ949$^{\text{W}}_{\text{Y}}$-100P ZQ949Y-100I	200	550	990	467	394	494	浙石化
			250	650	1080	597	413	730	
			300	750	1180	597	413	950	
			350	850	1285	730	455	1300	
			400	950	1460	800	505	1960	

序号	名称	型号	公称通径DN	结构尺寸/mm L	H	L_1	质量/kg	生产厂
53	球面闸阀 (5) 伞齿轮(对焊连接) 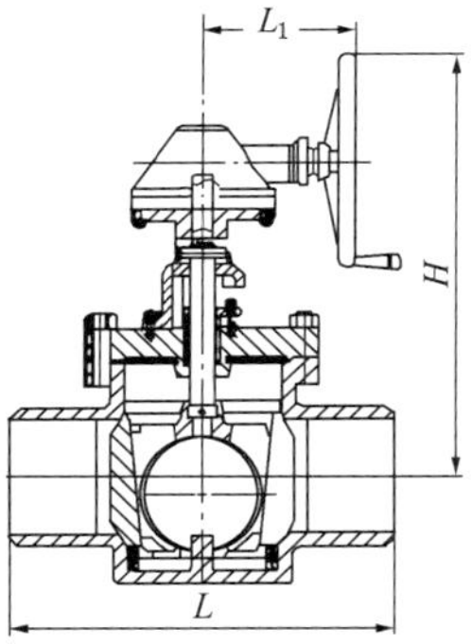 图 1-34-5	ZQ569$\substack{H\\Y}$-16C ZQ569$\substack{W\\Y}$-16P ZQ569Y-16I	300	502	1118	362		浙石化
			350	572	1220	362		
			400	610	1300	440		
			450	660	1440	513		
			500	711	1670	588		
			600	813	1945	588		
			700	991	2230	645		
			800	1194	2620	645		
		ZQ569$\substack{H\\Y}$-25 ZQ569$\substack{W\\Y}$-25P ZQ569Y-25I	300	502	1180	362		浙石化
			350	572	1220	362		
			400	610	1300	440		
			450	660	1440	513		
			500	711	1670	588		
			600	813	1945	588		
			700	991	2230	645		
			800	1194	2620	645		
		ZQ569$\substack{H\\Y}$-40 ZQ569$\substack{W\\Y}$-40P ZQ569Y-40I	300	502	1148	362		浙石化
			350	572	1250	440		
			400	610	1340	440		
			450	660	1480	513		
			500	711	1680	588		
			600	813	2060	588		
			700	991	2320	645		
			800	1194	2780	645		
		ZQ569$\substack{H\\Y}$-64 ZQ569$\substack{W\\Y}$-64P ZQ569Y-64I	200	597	990	362		浙石化
			250	673	1080	362		
			300	762	1180	440		
			350	826	1285	440		
			400	902	1460	513		
			500	1054	1820	588		
		ZQ569$\substack{H\\Y}$-100 ZQ569$\substack{W\\Y}$-100P ZQ569Y-100I	200	660	990	362		浙石化
			250	787	1080	440		
			300	838	1180	440		
			350	889	1285	513		
			400	991	1460	588		

序号	名称	型号	公称通径 DN	结构尺寸/mm L	L_1	H	W	质量/kg	生产厂
54	DV、DVW 型排液放空阀	DV-113 DV-549 DV-319 DV-349	15	82		180	100	2.9	华凯、四方
			20	88		190	100	3.2	
			25	114		200	120	3.6	
			40	142		282	145	5.7	
			50	152		318	185	6.4	
		DVW-113 DVW-549 DVW-319 DVW-349	15	120	46	180	100	4.3	华凯、四方
			20	120	46	190	100	5.1	
			25	120	46	200	120	5.9	
			40	150	65	282	145	10.7	
			50	150	70	318	185	13.9	

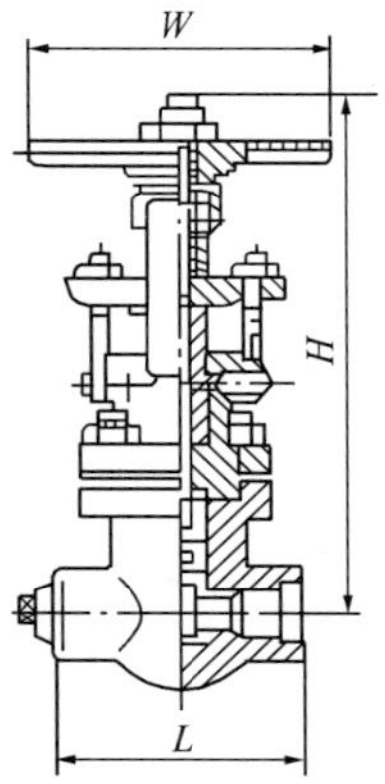

DV型(承插焊)

图 1-35-1

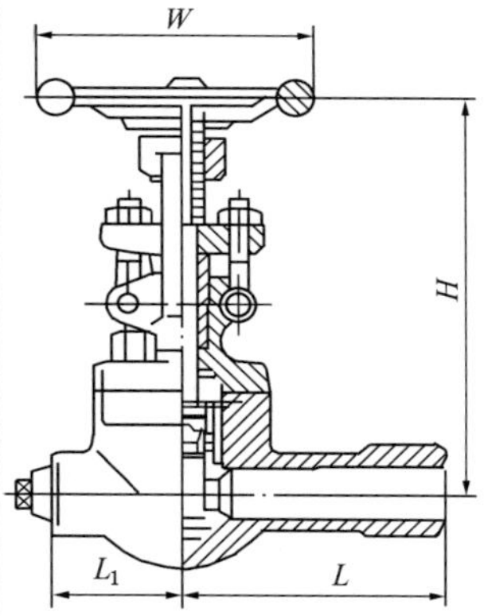

DVW型(对焊)

图 1-35-2

型号标记

DN　DV—31　9　S

- S：两端螺纹，当一端螺纹另一端承插时，无代号。
- 9：阀内件材料同阀体材料堆焊硬质合金，3 - Cr13。
- 31：阀体材料为 304，34 - 316L，54 - 1Cr5Mn，11 - 优质碳钢。
- DV：排液放空阀（DVW 表示管阀一体，DV 表示承插焊结构）。
- DN：公称通径（或可用英制表示）。

注：生产厂简称与全称对照见附录五。

第二节 截 止 阀

一、截止阀使用范围

序号	名称	型号	阀体材质	使用温度/℃	适用介质	公称通径 *DN*	页次
1	内螺纹截止阀	J11T-16	灰铸铁	≤200	水、蒸汽	15~65	145
		J11W-16	灰铸铁	≤100	油　品	15~65	145
		J11F-16	灰铸铁	≤150	氨　水	15~50	145
		J11H-16	灰铸铁	≤200	水、油品、蒸汽	15~65	145
		J11H-16C	碳　钢	≤425	水、油品、蒸汽	15~50	145
		J11H-25	碳　钢	≤425	水、油品、蒸汽	15~50	145
		J11H-40	碳　钢	≤425	水、油品、蒸汽	15~50	146
		J11H-160	碳　钢	≤425	水、油品、蒸汽	15~50	146
		J11H-320	碳　钢	≤300	油　品	15~50	146
		J11Y-25	碳　钢	≤425	水、油品、蒸汽	15~50	146
		J11Y-40	碳　钢	≤425	水、油品、蒸汽	15~50	146
		J11Y-160	碳　钢	≤425	水、油品、蒸汽	15~50	146
		J11Y-40P	1Cr18Ni9Ti	≤100	硝酸类	15~50	147
		J11W-25P	1Cr18Ni9Ti	≤200	硝酸类	15~25	147
		J11W-25R	Cr18Ni12Mo2Ti	≤200	醋酸类	15~25	147
		J11W-40P	1Cr18Ni9Ti	≤200	硝酸类	15~25	147
		J11W-40R	Cr18Ni12Mo2Ti	≤200	醋酸类	15~25	147
		J11Y-160I	Cr5Mo	≤550	油品	15~50	147
		CJ11H-40R	Cr18Ni12Mo2Ti	≤200	醋酸类	6. 10	147
		CJ11W-160R	Cr18Ni12Mo2Ti	≤200	醋酸类	6. 10	147
		J13H-40	碳　钢	≤250	水、油品、蒸汽	10~50	147
		J13H-160	碳　钢	≤450	油　品	15~50	147
		J13W-25P	1Cr18Ni9Ti	≤200	硝酸类	15~25	148
		J13W-40P	1Cr18Ni9Ti	≤200	硝酸类	15~25	148
		J13W-40R	Cr18Ni12Mo2Ti	≤200	醋酸类	15~25	148
		J13W-100P	1Cr18Ni9Ti	≤200	硝酸类	6~25	148
		J13W-160P	1Cr18Ni9Ti	≤200	硝酸类	6~25	148
		J13W-160R	Cr18Ni12Mo2Ti	≤200	醋酸类	6~25	148
		J13Y-160I	Cr5Mo	≤550	油　品	15	148
		J13H-40Ⅲ	碳　钢	≤250	油品、水、蒸汽	15~25	148
		J13H-160Ⅲ	碳　钢	≤250	油品、水、蒸汽	6~25	148
		J13W-40Ⅲ$_{Cr}$	2Cr13	≤200	油品、水、蒸汽	15~25	148
		J13W-160Ⅲ$_{Cr}$	2Cr13	≤200	油品、水、蒸汽	6~25	149
		J13W-160Ⅲ$_{I}$	铬钼钢	≤550	油品、蒸汽	6~25	149
		J13W-160Ⅲ$_{Cr}$	2Cr13	-40~200	液化石油气	15~25	149
		KJ13Y-160Ⅲ	碳　钢	≤130	含硫天然气	15~25	149
		J13N-160Ⅲ$_{P}$	1Cr18Ni9Ti	≤200	油品、水、蒸汽	6~25	149
		J13H-320Ⅲ	碳　钢	≤250	石油、油品	6~25	149

续表

序号	名称	型号	阀体材质	使用温度/℃	适用介质	公称通径 *DN*	页次
2	外螺纹截止阀	J21B-25Q	球墨铸铁	≤350	氨、液氨	10~25	149
		J21H-25	碳　钢	-40~150	氨、液氨	6~25	149
		J21H-40	碳　钢	≤400	油品、水、蒸汽	6~25	149
		J21H-64	碳　钢	≤425	油品、水、蒸汽	6~25	150
		J21H-100	碳　钢	≤425	油品、水、蒸汽	6~25	150
		J21H-160	碳　钢	≤300	油　品	6~25	150
		J21W-25	碳　钢	-40~150	氨、液氨	6~25	150
		J21W-40	碳　钢	≤200	油品、水、蒸汽	6~25	150
		J21W-160	碳　钢	≤200	油　品	6~15	150
		J21W-25P	1Cr18Ni9Ti	≤200	硝酸类	6~25	150
		J21W-25R	Cr18Ni12Mo2Ti	≤200	醋酸类	6~25	150
		J21W-40P	1Cr18Ni9Ti	≤200	硝酸类	6~25	150
		J21W-40R	Cr18Ni12Mo2Ti	≤200	醋酸类	6~25	150
		J21W-64P	1Cr18Ni9Ti	≤200	硝酸类	6~25	151
		J21W-64R	Cr18Ni12Mo2Ti	≤200	醋酸类	6~25	151
3	外螺纹针型阀	J21W-64Ⅲ$_P$	1Cr18Ni9Ti	≤200	硝酸类	6~25	151
		J21W-160Ⅲ	碳　钢	≤200	水、油品、蒸汽	6~25	151
		J21W-160Ⅲ$_P$	1Cr18Ni9Ti	≤200	硝酸类	6~25	151
		J21W-160Ⅲ$_{Cr}$	2Cr13	≤200	水、油品、蒸汽	15	151
4	外螺纹波纹管截止阀	WJ21H-16C	碳　钢	≤350	水、油品、蒸汽	10~25	151
		WJ21H-25	碳　钢	≤350	水、油品、蒸汽	10~25	151
		WJ21H-16P	1Cr18Ni9Ti	≤150	硝酸类	10~25	151
		WJ21H-25P	1Cr18Ni9Ti	≤150	硝酸类	10~25	151
5	外螺纹截止阀	J23W-25	碳　钢	-70~200	氨、液氨	6~15	152
		J23W-25P	1Cr18Ni9Ti	≤200	硝酸类	6~15	152
		J23W-100P	1Cr18Ni9Ti	≤200	硝酸类	6、10	152
		J23W-25R	Cr18Ni12Mo2Ti	≤200	醋酸类	6~25	152
		J23H-160Ⅲ	碳　钢	≤350	水、油品、蒸汽	6~25	152
		J23W-160Ⅲ$_P$	1Cr18Ni9Ti	≤200	硝酸类	6~25	152
		J23W-160Ⅲ$_{Cr}$	2Cr13	≤350	水、蒸汽、油品	6~25	152
6	外螺纹角式截止阀	J24W-25	碳　钢	-40~150	氨、液氨	6~25	152
		J24W-40	碳　钢	≤200	水、蒸汽、油品	6~25	152
		J24H-40	碳　钢	≤425	油品	15~25	153
		J24H-160	碳　钢	≤200	氮、氢、氨	15、25	153
		J24H-320	碳　钢	≤200	氮、氢、氨	3~25	153
		J24W-25P	1Cr18Ni9Ti	≤150	硝酸类	6、10	153
		J24W-40P	1Cr18Ni9Ti	≤150	硝酸类	6~25	153
		J24W-25R	Cr18Ni12Mo2Ti	≤150	醋酸类	6~20	153
		J24W-40R	Cr18Ni12Mo2Ti	≤150	醋酸类	6~25	153

续表

序号	名称	型号	阀体材质	使用温度/℃	适用介质	公称通径 *DN*	页次
7	外螺纹角式波纹管截止阀	WJ24W-16C	碳　钢	≤350	蒸汽、水、油品	10~25	153
		WJ24W-25	碳　钢	≤350	蒸汽、水、油品	10~25	153
		WJ24W-16P	1Cr18Ni9Ti	≤150	硝酸类	10~25	153
		WJ24W-25P	1Cr18Ni9Ti	≤150	硝酸类	10~25	153
8	法兰截止阀	J41$^{H}_{Y}$-16C	碳　钢	≤425	油品、水、蒸汽	10~400	154
		J41$^{H}_{Y}$-25	碳　钢	≤425	油品、蒸汽	15~400	154
		J41$^{H}_{Y}$-40	碳　钢	≤425	水、油品、蒸汽	10~400	155
		J41$^{H}_{Y}$-64	碳　钢	≤425	水、油品、蒸汽	10~200	155
		J41$^{H}_{Y}$-100	碳　钢	≤425	水、油品、蒸汽	15~200	155
		J41$^{H}_{Y}$-160	碳　钢	≤425	水、油品、蒸汽	15~100	156
		J41Y-320	碳　钢	≤425	蒸　汽	80、125	156
		J41$^{W}_{Y}$-16P	1Cr18Ni9Ti	≤200	硝酸类	10~400	156
		J41$^{W}_{Y}$-25P	1Cr18Ni9Ti	≤200	硝酸类	10~400	156
		J41$^{W}_{Y}$-40P	1Cr18Ni9Ti	≤200	硝酸类	10~400	157
		J41$^{W}_{Y}$-64P	1Cr18Ni9Ti	≤200	硝酸类	10~200	157
		J41$^{W}_{Y}$-100P	1Cr18Ni9Ti	≤200	硝酸类	15~200	157
		J41$^{W}_{Y}$-160P	1Cr18Ni9Ti	≤200	硝酸类、CO_2	10~100	158
		J41$^{W}_{Y}$-16R	Cr18Ni12Mo2Ti	≤200	醋酸类	10~400	158
		J41$^{W}_{Y}$-25R	Cr18Ni12Mo2Ti	≤200	醋酸类	10~400	158
		J41$^{W}_{Y}$-40R	Cr18Ni12Mo2Ti	≤200	醋酸类	10~400	159
		J41$^{W}_{Y}$-64R	Cr18Ni12Mo2Ti	≤200	醋酸类	10~200	159
		J41$^{W}_{Y}$-100R	Cr18Ni12Mo2Ti	≤200	醋酸类	10~200	159
		J41$^{W}_{Y}$-160R	Cr18Ni12Mo2Ti	≤200	醋酸类	10~100	160
		J41Y-16I	Cr5Mo	≤550	油品、水、蒸汽	10~400	160
		J41Y-25I	Cr5Mo	≤550	油品、水、蒸汽	15~400	160
		J41Y-40I	Cr5Mo	≤550	油品、水、蒸汽	10~400	161
		J41Y-64I	Cr5Mo	≤550	油品、水、蒸汽	10~200	161
		J41Y-100I	Cr5Mo	≤550	油　品	10~200	161

续表

序号	名称	型号	阀体材质	使用温度/℃	适用介质	公称通径 *DN*	页次
8	法兰截止阀	J41Y-160Ⅰ	Cr5Mo	≤550	油　品	15~100	162
		J41F-16	灰铸铁	≤150	氨　水	15~200	162
		J41Fs-16	灰铸铁	≤120	强酸碱	25~100	162
		J41N-25	碳　钢	-40~50	液化石油气	15~200	162
		J41N-40	碳　钢	-40~50	液化石油气	15~200	163
		J41W-40T	黄　铜	-100~150	氧、氮	20~200	163
		J41W-16	灰铸铁	≤200	水、油品、蒸汽	15~200	163
		J41W-25S	铬镍钼铜钢 Cr20Ni24Mo3Si3Cu2Ti	≤70	稀硫酸	50、80	163
		J41W-40A	TA_2	≤310	氧化腐蚀性介质	40~150	164
		J41W-64A	TA_2	≤310	氧化腐蚀性介质	15~150	164
		J41W-100A	TA_2	≤310	氧化腐蚀性介质	15~100	164
		J41W-160A	TA_2	≤310	氧化腐蚀性介质	15~40	164
9	氧气管道专用截止阀	JY41W-16P	06Cr18Ni11Ti	常温	氧　气	25~400	165
		JY41W-16T	ZCuZn16Si4	常温	氧　气	25~400	165
		JY41Y-16P	06Cr18Ni11Ti	常温	氧　气	25~400	165
		JY41Y-16T	ZCuZn16Si4	常温	氧　气	25~400	165
		JY41W-25P	06Cr18Ni11Ti	常温	氧　气	25~400	165
		JY41W-25T	ZCuZn16Si4	常温	氧　气	25~400	165
		JY41Y-25P	06Cr18Ni11Ti	常温	氧　气	25~400	165
		JY41Y-25T	ZCuZn16Si4	常温	氧　气	25~400	165
		JY41W-40P	06Cr18Ni11Ti	常温	氧　气	25~400	165
		JY41W-40T	ZCuZn16Si4	常温	氧　气	25~400	165
		JY41Y-40P	06Cr18Ni11Ti	常温	氧　气	25~400	165
		JY41Y-40T	ZCuZn16Si4	常温	氧　气	25~400	165
10	波纹管法兰截止阀	WJ41H-6C	碳　钢	≤350	蒸汽、水、油品	32~100 300、400	166
		WJ41H-16C	碳　钢	≤350	蒸汽、水、油品	10~250	166
		CJ$_{C}$41H-16C	碳　钢	≤350	蒸汽、水、油品	15~125	166
		WJ41H-25	碳　钢	≤350	蒸汽、水、油品	10~200	166
		WJ$_{C}$41$\genfrac{}{}{0pt}{}{H}{Y}$-25	碳　钢	≤425	蒸汽、水、油品	15~450	166
		WJ41H-40	碳　钢	≤425	蒸汽、水、油品	10~100	167
		WJ$_{C}$41$\genfrac{}{}{0pt}{}{H}{Y}$-40	碳　钢	≤425	蒸　汽	15~450	167
		WJ41W-6P	1Cr18Ni9Ti	≤150	硝酸类	32~100 250、300、400	167
		WJ41W-16P	1Cr18Ni9Ti	≤150	硝酸类	10~250	167
		WJ41W-25P	1Cr18Ni9Ti	≤150	硝酸类	10~250	168
		WJ41W-40P	1Cr18Ni9Ti	≤150	硝酸类	10~250	168

续表

序号	名称	型号	阀体材质	使用温度/℃	适用介质	公称通径 *DN*	页次
11	氨截止阀	J41B-16	铸　铁	-20~150	氨、液氨	15~300	168
		J41B-25Z	铸　铁	-20~150	氨、液氨	20~200	169
		J41H-25Q	球墨铸铁	<150	氨、液氨	10~300	169
		J41B-25K	可锻铸铁	-20~150	氨、液氨	10~300	169
		J41YA25	铸钢、锻钢	-20~100	氨、液氨	15~50	169
		J41YA40	铸钢、锻钢	-20~100	氨、液氨	15~50	169
		J41B-16C	碳　钢	-20~150	氨、液氨	25~300	170
		J41B-25	碳　钢	-40~150	氨、液氨	15~300	170
		BQJ41F-25DC	碳　钢	-20~100	氨、液氨	15~50	170
12	法兰低温截止阀	FDJ41$\substack{H\\Y}$-16D	LCB	-46~120	乙烯、丙烯	15~300	171
		FDJ41$\substack{H\\Y}$-25D	LCB	-46~120	乙烯、丙烯	15~300	171
		FDJ41$\substack{H\\Y}$-40D	LCB	-46~120	乙烯、丙烯	15~300	171
		FDJ41$\substack{H\\Y}$-64D	LCB	-46~120	乙烯、丙烯	15~300	172
		FDJ41$\substack{H\\Y}$-100D	LCB	-46~120	乙烯、丙烯	15~300	172
		FDJ41$\substack{H\\Y}$-16P	CF8、304	-196~120	乙烯、丙烯	15~300	172
		FDJ41$\substack{H\\Y}$-25P	CF8、304	-196~120	乙烯、丙烯	15~300	173
		FDJ41$\substack{H\\Y}$-40P	CF8、304	-196~120	乙烯、丙烯	15~300	173
		FDJ41$\substack{H\\Y}$-64P	CF8、304	-196~120	乙烯、丙烯	15~300	173
		DJ41Y-64P	1Cr18Ni9Ti	-162~120	乙烯、丙烯	15~100	173
		FDJ41$\substack{H\\Y}$-100P	CF8、304	-196~120	乙烯、丙烯	15~300	174
		FDJ41$\substack{H\\Y}$-16R	CF8M、316	-196~120	乙烯、丙烯	15~300	174
		FDJ41$\substack{H\\Y}$-25R	CF8M、316	-196~120	乙烯、丙烯	15~300	174
		FDJ41$\substack{H\\Y}$-40R	CF8M、316	-196~120	乙烯、丙烯	15~300	175
		FDJ41$\substack{H\\Y}$-64R	CF8M、316	-196~120	乙烯、丙烯	15~300	175
		FDJ41$\substack{H\\Y}$-100R	CF8M、316	-196~120	乙烯、丙烯	15~300	175
13	角式截止阀	J44H-40	碳　钢	≤400	蒸汽、水、油品	32~50	176
		J44H-100	碳　钢	≤425	蒸汽、水、油品	32~50	176
		J44$\substack{H\\Y}$-160	碳　钢	≤425	氨、液氨、氮氢混合物	3~125	176
		J44$\substack{H\\Y}$-220	碳　钢	≤425	氨、液氨、氮氢混合物	3~125	176

续表

序号	名称	型号	阀体材质	使用温度/℃	适用介质	公称通径 *DN*	页次
13	角式截止阀	J44$^{H}_{Y}$-250	碳　钢	≤425	氨、液氨、氮氢混合物	3~125	176
		J44$^{H}_{Y}$-320	碳　钢	≤425	氨、液氨、氮氢混合物	3~125	177
		J44$^{W}_{Y}$-160P	1Cr18Ni9Ti	≤200	硝酸类	3~125	177
		J44$^{W}_{Y}$-220P	1Cr18Ni9Ti	≤200	硝酸类	3~125	177
		J44$^{W}_{Y}$-250P	1Cr18Ni9Ti	≤200	硝酸类	3~125	178
		J44$^{W}_{Y}$-320P	1Cr18Ni9Ti	≤200	尿素、硝酸类	3~125	178
		J44$^{W}_{Y}$-160R	Cr18Ni12Mo2Ti	≤200	尿素、醋酸类	3~125	178
		J44$^{W}_{Y}$-220R	Cr18Ni12Mo2Ti	≤200	尿素、醋酸类	3~125	179
		J44$^{W}_{Y}$-250R	Cr18Ni12Mo2Ti	≤200	尿素、醋酸类	3~125	179
		J44$^{W}_{Y}$-320R	Cr18Ni12Mo2Ti	≤200	尿素、醋酸类	3~125	179
14	抗氢角式截止阀	J44Y-320Nb	抗氢钢	≤400	氮、氢、氨混合气	6~125	180
15	蜗轮传动角式截止阀	J344Y-160C	碳钢	≤200	氮、氢、氨	40~300	180
		J344W-220R	316L	≤200	尿素、甲铵液	40~300	180
		J344Y-320C	碳钢	≤200	氮、氢、氨	40~300	180
		J344W-320R	316L	≤200	尿素、甲铵液	400~300	180
16	抗氢蜗轮传动角式截止阀	J344Y-320Nb	12SiMoVNb 10MoWVNb	≤400	氮、氢、氨混合气	80~300	181
17	低温角式截止阀	DJ44Y-6P	1Cr18Ni9Ti	≥-196	液氮	50~150	181
		DJ44Y-16P	1Cr18Ni9Ti	≥-196	氢气、液氮	40、125	181
		DJ44W-40P	1Cr18Ni9Ti	≥-196	氢气、液氮	25~100	181
		DJ44W-160P	1Cr18Ni9Ti	≥-196	氢气、液氮	65	181
18	抗硫角式截止阀	KJ44Y-160	碳　钢	-40~130	酸性天然气	10~50	182
19	直流式截止阀	J45Y-25	碳　钢	-20~425		50~200	182
		J45Y-40	碳　钢	-20~425		50~250	182
		J45Y-64	碳　钢	-20~425	泥浆、铝酸、钠溶液	50~250	182
		J45W-16A	TA_2	≤310	氧化腐蚀性介质	15~80	182
		J45W-25A	TA_2	≤310	氧化腐蚀性介质	15~200	183
		J45T-6	灰铸铁	≤50	水	40~200	183
		J45J-6	灰铸铁	≤50	非腐蚀性介质	50~200	183

续表

序号	名称	型号	阀体材质	使用温度/℃	适用介质	公称通径 *DN*	页次
20	保温夹套直流式截止阀	BJ45H-25	碳　钢	≤400	非腐蚀或弱腐蚀介质	15~200	184
		BJ45Y-25P	1Cr18Ni9Ti	≤200	硝酸类	15~200	184
		BJ45Y-25R	Cr18Ni2Mo2Ti	≤200	醋酸类	15~200	184
		BJ45Y-25R_3	00Cr17Ni14Mo2	≤200	硫铵、尿素等	15~200	184
		BJ45H-40	碳钢	≤400	非腐蚀或弱腐蚀介质	15~200	184
		BJ45Y-40P	1Cr18Ni9Ti	≤200	硝酸类	15~200	184
		BJ45Y-40R	Cr18Ni12Mo2Ti	≤200	醋酸类	15~200	184
		BJ45Y-40R_3	00Cr17Ni14Mo2	≤200	硫铵、尿素等	15~200	184
21	平衡式直通截止阀	J46Y-160C	碳　钢	≤200	氮、氢、氨	65~300	185
		J46W-220R	316L	≤200	尿素、甲胺液	65~300	185
		J46Y-320C	碳　钢	≤200	氮、氢、氨	65~300	185
		J46W-320R	316L	≤200	尿素、甲胺液	65~300	185
		J346Y-160C	碳　钢	≤200	氮、氢、氨	175~300	185
		J446Y-160C	碳　钢	≤200	氮、氢、氨	175~300	185
		J546Y-160C	碳　钢	≤200	氮、氢、氨	175~300	185
		J346W-220R	316L	≤200	尿素、甲胺液	175~300	185
		J446W-220R	316L	≤200	尿素、甲胺液	175~300	185
		J546W-220R	316L	≤200	尿素、甲胺液	175~300	185
		J346Y-320C	碳　钢	≤200	氮、氢、氨	175~300	186
		J446Y-320C	碳　钢	≤200	氮、氢、氨	175~300	186
		J546Y-320C	碳　钢	≤200	氮、氢、氨	175~300	186
		J346W-320R	316L	≤200	尿素、甲胺液	175~300	186
		J446W-320R	316L	≤200	尿素、甲胺液	175~300	186
		J546W-320R	316L	≤200	尿素、甲胺液	175~300	186
22	角式平衡截止阀（方体）	J47Y-160C	碳　钢	≤200	氮、氢、氨	50~300	186
		J47W-160R	316L	≤200	尿素、甲胺液	50~300	186
		J47W-220R	316L	≤200	尿素、甲胺液	50~300	186
		J47Y-320C	碳　钢	≤200	氮、氢、氨	50~300	186
		J47Y-320R	316L	≤200	尿素、甲胺液	50~300	186
		J347Y-160C	碳　钢	≤200	氮、氢、氨	50~300	187
		J447Y-160C	碳　钢	≤200	氮、氢、氨	50~300	187
		J547Y-160C	碳　钢	≤200	氮、氢、氨	50~300	187
		J347W-220R	316L	≤200	尿素、甲胺液	50~300	187
		J447W-220R	316L	≤200	尿素、甲胺液	50~300	187
		J547W-220R	316L	≤200	尿素、甲胺液	50~300	187
		J347Y-320C	碳　钢	≤200	氮、氢、氨	50~300	187
		J447Y-320C	碳　钢	≤200	氮、氢、氨	50~300	187
		J547Y-320C	碳　钢	≤200	氮、氢、氨	50~300	187
		J347W-320R	316L	≤200	尿素、甲胺液	50~300	187
		J447W-320R	316L	≤200	尿素、甲胺液	50~300	187
		J447W-320R	316L	≤200	尿素、甲胺液	50~300	187

序号	名称	型号	阀体材质	使用温度/℃	适用介质	公称通径 *DN*	页次
23	角式平衡截止阀（法兰连接）	J47Y-160C	碳　钢	≤200	氮、氢、氨	40~200	188
		J47W-220R	316L	≤200	尿素、甲胺液	40~200	188
		J47Y-320C	碳　钢	≤200	氮、氢、氨	40~200	188
		J47W-320R	316L	≤200	尿素、甲胺液	40~200	188
		J347Y-160C	碳　钢	≤200	氮、氢、氨	40~200	188
		J347W-220R	316L	≤200	尿素、甲胺液	40~200	188
		J347Y-320C	碳　钢	≤200	氮、氢、氨	40~200	188
		J347W-320R	316L	≤200	尿素、甲胺液	40~200	188
24	CVA 高压平衡截止阀	CJ47Y-160	碳　钢	≤170	氮、氢、氨	100~200	189
		CJ47Y-320	碳　钢	≤170	氮、氢、氨	100~200	189
25	正齿轮传动截止阀	J441$\genfrac{}{}{0pt}{}{H}{Y}$-100	碳　钢	≤425	水、蒸汽、油品	50~150	189
		J441W-100P	1Cr18Ni9Ti	≤200	硝酸类	50~150	189
		J441W-100R	Cr18Ni12Mo2Ti	≤200	醋酸类	50~150	189
		J441Y-100I	铬钼钢	≤550	蒸汽、油品	50~150	189
26	承插焊接截止阀	J61$\genfrac{}{}{0pt}{}{H}{Y}$-25	碳　钢	≤350	油品、水、蒸汽	10~50	190
		J61$\genfrac{}{}{0pt}{}{H}{Y}$-40	碳　钢	≤425	油品、水、蒸汽	10~50	190
		J61$\genfrac{}{}{0pt}{}{H}{Y}$-64	碳　钢	≤425	油品、水、蒸汽	10~50	190
		J61$\genfrac{}{}{0pt}{}{H}{Y}$-100	碳　钢	≤425	油品、水、蒸汽	10~50	190
		J61$\genfrac{}{}{0pt}{}{H}{Y}$-160	碳　钢	≤425	油品、水、蒸汽	10~50	190
		J61H-64Ⅲ	碳　钢	≤250	油　品	15	190
		J61H-160Ⅲ	碳　钢	≤250	油　品	6~25	191
		J61H-320Ⅲ	碳　钢	≤250	油　品	6~25	191
		J61$\genfrac{}{}{0pt}{}{W}{Y}$-25P	1Cr18Ni9Ti	≤200	硝酸类	10~50	191
		J61$\genfrac{}{}{0pt}{}{W}{Y}$-40P	1Cr18Ni9Ti	≤200	硝酸类	10~50	191
		J61$\genfrac{}{}{0pt}{}{W}{Y}$-64P	1Cr18Ni9Ti	≤200	硝酸类	10~50	191
		J61$\genfrac{}{}{0pt}{}{W}{Y}$-100P	1Cr18Ni9Ti	≤200	硝酸类	10~50	191
		J61$\genfrac{}{}{0pt}{}{W}{Y}$-160P	1Cr18Ni9Ti	≤200	硝酸类	10~50	192
		J61$\genfrac{}{}{0pt}{}{W}{Y}$-25R	Cr18Ni12Mo2Ti	≤200	醋酸类	10~50	192
		J61$\genfrac{}{}{0pt}{}{W}{Y}$-40R	Cr18Ni12Mo2Ti	≤200	醋酸类	10~50	192

续表

序号	名称	型号	阀体材质	使用温度/℃	适用介质	公称通径 *DN*	页次
26	承插焊接截止阀	J61${W \atop Y}$-64R	Cr18Ni12Mo2Ti	≤200	醋酸类	10~50	192
		J61${W \atop Y}$-100R	Cr18Ni12Mo2Ti	≤200	醋酸类	10~50	192
		J61${W \atop Y}$-160R	Cr18Ni12Mo2Ti	≤200	醋酸类	10~50	193
		J61Y-25I	铬钼钢	≤550	蒸汽、油品	10~50	193
		J61Y-40I	铬钼钢	≤550	蒸汽、油品	10~50	193
		J61Y-64I	铬钼钢	≤550	蒸汽、油品	10~50	193
		J61Y-100I	铬钼钢	≤550	蒸汽、油品	10~50	193
		J61Y-160I	铬钼钢	≤550	蒸汽、油品	10~50	194
27	波纹管式承插焊截止阀	WJ61H-16C	碳　钢	≤350	油品、水、蒸汽	10~50	194
		WJ61H-25	碳　钢	≤350	油品、水、蒸汽	10~50	194
		WJ$_C$61${H \atop Y}$-25	碳　钢	≤350	热　媒	15~450	194
		WJ$_C$61${H \atop Y}$-40	碳　钢	≤350	热　媒	15~450	194
		WHJ$_C$61${H \atop Y}$-25	碳　钢	≤350	热　媒	15~450	194
		WHJ$_C$61${H \atop Y}$-40	碳　钢	≤350	热　媒	15~450	194
		WJ61Y-16P	1Cr18Ni9Ti	≤150	硝酸类	10~50	194
		WJ61Y-25P	1Cr18Ni9Ti	≤150	硝酸类	10~50	194
28	承插焊低温截止阀	DJ61Y-40P	1Cr18Ni9Ti	≥-196	乙烯、丙烯	15~50	195
		DJ61Y-64P	1Cr18Ni9Ti	≥-162	乙烯、丙烯	15~40	195
29	直通式对焊平衡截止阀	J66Y-160C	碳　钢	≤200	氮、氢、氨	50~250	195
		J66W-220R	316L	≤200	尿素、甲胺液	50~250	195
		J66Y-320C	碳　钢	≤200	氮、氢、氨	50~250	195
		J66Y-320R	316L	≤200	尿素、甲胺液	50~250	195
		J466Y-160C	碳　钢	≤200	氮、氢、氨	175~300	196
		J566W-220R	316L	≤200	尿素、甲胺液	175~300	196
		J466Y-320C	碳　钢	≤200	氮、氢、氨	175~300	196
		J566W-320R	316L	≤200	尿素、甲胺液	175~300	196
30	角式对焊平衡截止阀	J67Y-160C	碳　钢	≤200	氮、氢、氨	175~250	196
		J67W-220R	316L	≤200	尿素、甲胺液	175~250	196
		J67Y-320C	碳　钢	≤200	氮、氢、氨	175~250	196
		J67W-320R	316L	≤200	尿素、甲胺液	175~250	196
		J467Y-160C	碳　钢	≤200	氮、氢、氨	175~250	196
		J467W-220R	316L	≤200	尿素、甲胺液	175~250	196
		J467Y-320C	碳　钢	≤200	氮、氢、氨	175~250	196
		J467W-320R	316L	≤200	尿素、甲胺液	175~250	196
		J567Y-160C	碳　钢	≤200	氮、氢、氨	175~250	197
		J567W-220R	316L	≤200	尿素、甲胺液	175~250	197
		J567Y-320C	碳　钢	≤200	氮、氢、氨	175~250	197
		J567W-320R	316L	≤200	尿素、甲胺液	175~250	197

续表

序号	名称	型号	阀体材质	使用温度/℃	适用介质	公称通径 *DN*	页次
31	电动截止阀	J941H-16C	碳　钢	≤400	油品、水、蒸汽	50~200	197
		J941H-25	碳　钢	≤400	油品、水、蒸汽	50~200	197
		J941H-40	碳　钢	≤400	油品、水、蒸汽	50~200	197
		J941H-64	碳　钢	≤400	油品、水、蒸汽	50~100	197
		J941H-100	碳　钢	≤425	油品、水、蒸汽	50~100	197
		J941Y-25	碳　钢	≤425	油品、水、蒸汽	50~200	198
		J941Y-40	碳　钢	≤425	油品、水、蒸汽	50~200	198
		J941Y-64	碳　钢	≤425	油品、水、蒸汽	50~100	198
		J941Y-100	碳　钢	≤425	油品、水、蒸汽	50~100	198
		J941Y-25I	铬钼钢	≤550	蒸汽、油品	50~200	198
		J941Y-40I	铬钼钢	≤550	蒸汽、油品	50~200	198
		J941Y-64I	铬钼钢	≤550	蒸汽、油品	50~100	199
		J941Y-100I	铬钼钢	≤550	蒸汽、油品	50~100	199
		J941W-16P	1Cr18Ni9Ti	≤200	硝酸类	50~200	199
		J941W-25P	1Cr18Ni9Ti	≤200	硝酸类	50~200	199
		J941W-40P	1Cr18Ni9Ti	≤200	硝酸类	50~200	199
		J941W-64P	1Cr18Ni9Ti	≤200	硝酸类	50~100	199
		J941W-100P	1Cr18Ni9Ti	≤200	硝酸类	50~100	199
		J941W-16R	Cr18Ni12Mo2Ti	≤200	醋酸类	50~200	199
		J941W-25R	Cr18Ni12Mo2Ti	≤200	醋酸类	50~200	199
		J941W-40R	Cr18Ni12Mo2Ti	≤200	醋酸类	50~200	199
		J941W-64R	Cr18Ni12Mo2Ti	≤200	醋酸类	50~100	199
		J941W-100R	Cr18Ni12Mo2Ti	≤200	醋酸类	50~100	199
32	电动角式截止阀	J944Y-160	碳　钢	≤100	氮氢混合气	25~50	200
		GJ944Y-160	碳　钢	≤100	氮氢混合气	65~100	200
		J944Y-320	碳　钢	≤100	氮氢混合气	25~50	200
		GJ944Y-320	碳　钢	≤100	氮氢混合气	65~100	200
33	电动直通式平衡截止阀(方体)	J946Y-160C	碳　钢	≤200	氮、氢、氨	175~300	200
		J946W-220R	316L	≤200	尿素、甲胺液	175~300	200
		J946Y-320C	碳　钢	≤200	氮、氢、氨	175~300	200
		J946W-320R	316L	≤200	尿素、甲胺液	175~300	200
34	电动角式平衡截止阀(方体)	J947Y-160C	碳　钢	≤200	氮、氢、氨	50~300	201
		J947W-220R	316L	≤200	尿素、甲胺液	50~300	201
		J947Y-320C	碳　钢	≤200	氮、氢、氨	50~300	201
		J947W-320R	316L	≤200	尿素、甲胺液	50~300	201
35	电动直通式对焊平衡截止阀	J966Y-160C	碳　钢	≤200	氮、氢、氨	175~300	201
		J966W-220R	316L	≤200	尿素、甲胺液	175~300	201
		J966Y-320C	碳　钢	≤200	氮、氢、氨	175~300	201
		J966W-320R	316L	≤200	尿素、甲胺液	175~300	201
36	电动角式对焊平衡截止阀	J967Y-160C	碳　钢	≤200	氮、氢、氨	175~250	202
		J967W-220R	316L	≤200	尿素、甲胺液	175~250	202
		J967Y-320C	碳　钢	≤200	氮、氢、氨	175~250	202
		J967W-320R	316L	≤200	尿素、甲胺液	175~250	202

二、截止阀结构尺寸和质量

序号	名称	型号	公称通径 DN	结构尺寸/mm L	H	D_0	质量/kg	生产厂
1	内螺纹截止阀	J11$\frac{T}{W}$-16	15	90	117	55	0.9	福阀 DN 15~65
	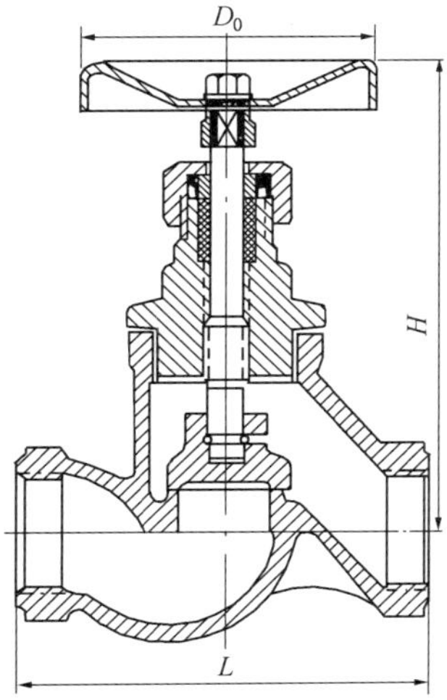		20	100	117	55	1.0	
	图 2-1-1		25	120	142	80	1.8	
			32	140	168	100	2.6	
			40	170	182	100	3.7	
			50	200	200	120	5.6	
			65	260	223	140	9	
		J11F-16	15	90	111	55	0.7	福阀 DN 15~50
			20	100	132	55	1.3	
			25	120	142	80	1.7	
			32	140	172	100	2.7	
			40	170	198	120	3.8	
			50	200	230	140	6	
	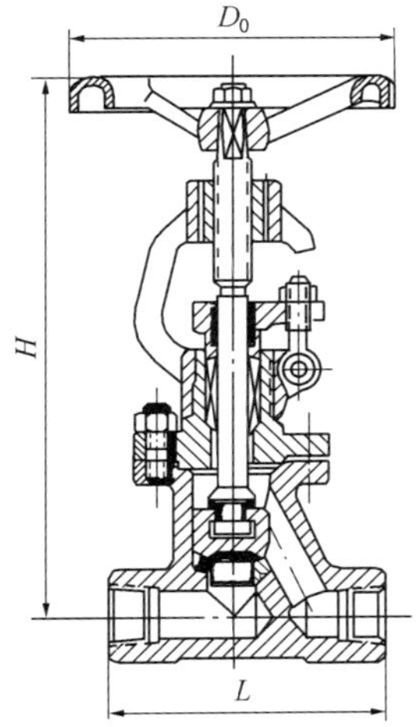	J11H-16	15	90	117	55	0.7	福阀、白湖 DN 15~65
	图 2-1-2		20	100	117	55	1.3	
			25	120	142	80	1.7	
			32	140	168	100	3	
			40	170	182	100	4	
			50	200	200	120	6	
			65	260	223	144	10	
		J11H-16C	15	90	117	65	2.3	大洋、保一 DN 15~50
			20	100	117	65	3.6	
			25	120	142	80	7.8	
			32	140	168	100	8.2	
			40	170	182	100	12	
			50	200	200	120	15	
			15	90	220	200	3	
		J11H-25	20	110	258	250	5	屯溪、良精、大洋、保一 大高 DN 15~50
			25	120	272	250	6	
			32	140	289	250	8	
			40	150	323	300	11	
			50	190	373	350	16	

序号	名称	型号	公称通径 DN	结构尺寸/mm L	H	D_0	质量/kg	生产厂
1	内螺纹截止阀 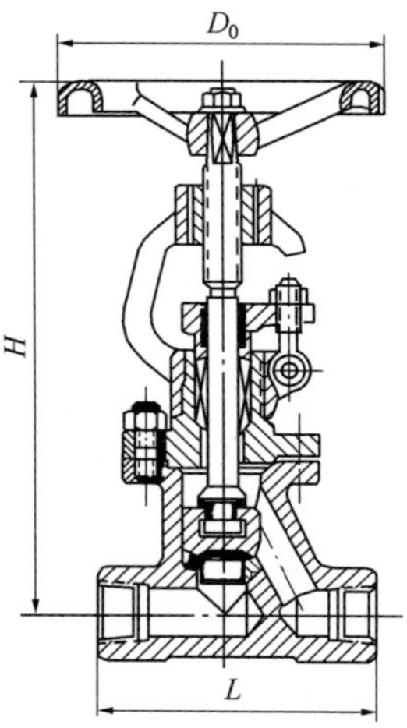 图 2-1-2	J11H-40	15	90(110)	220	200	3	大高、扬阀、屯溪、大洋、保一 良精 DN 15~50 (西高)DN 15~40
			20	110(130)	258	250	5	
			25	120(140)	272	250	6	
			32	140(180)	289	250	8	
			40	150(200)	323	300	11	
			50	190	373	350	16	
		J11H-160	15	90(110)	240	200	4	大高、(扬阀) 大洋、屯溪、良精 DN 15~50 (西高) DN 15~40
			20	110(130)	272	250	5	
			25	120(140)	295	250	7	
			32	130(160)	335	300	12	
			40	150	375	350	17	
			50	190	455	400	23	
		J11H-320	15	90	242	200	6	大高 DN 15~50
			20	110	280	250	8	
			25	130	305	250	11	
			32	160	350	300	15	
			40	190	400	350	20	
			50	220	460	400	25	
		J11Y-25	15	90	220	200	3	屯溪、良精、大洋 大高 DN 15~50
			20	110	258	250	5	
			25	120	272	250	6	
			32	140	289	250	8	
			40	150	323	300	11	
			50	190	373	350	16	
		J11Y-40	15	90(110)	220	200	3	(扬阀)、大高、屯溪、大洋、良精 DN 15~50
			20	110(130)	258	250	5	
			25	120(140)	272	250	6	
			32	140(160)	289	250	8	
			40	150(180)	323	300	11	
			50	190(200)	373	350	16	
		J11Y-160	15	90	240	200	4	自高 DN 15 大高、屯溪、良精、大洋、保一 DN 15~50
			20	110	272	250	5	
			25	120	295	250	7	
			32	130	335	300	12	
			40	150	375	350	17	
			50	190	455	400	23	

序号	名　称	型　号	公称通径 DN	结构尺寸/mm L	H	D_0	质量/kg	生产厂
1	内螺纹截止阀 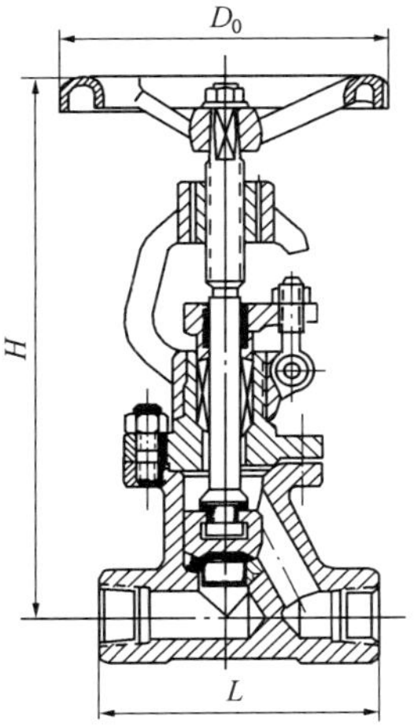 图 2-1-2	J11Y-40P	15	90	220	200	3	大洋、大高 DN 15~50
			20	110	258	250	5	
			25	120	272	250	6	
			32	140	289	250	8	
			40	150	323	300	11	
			50	190	373	350	16	
		J11W-25 $^{P}_{R}$	15	90	212	200	4	锦阀 DN 15~25
			20	110	243	250	5	
			25	130	253	250	6	
		J11W-40 $^{P}_{R}$	15	90	212	200	4	锦阀 DN 15~25
			20	110	243	250	5	
			25	130	253	250	6	
		J11Y-160I	15	90	240	200	4	大高 DN 15~50
			20	110	272	250	5	
			25	120	295	250	7	
			32	130	335	300	12	
			40	150	375	350	17	
			50	190	455	400	23	
		CJ11H-40R	6	48	64	87	1	屯溪 DN 6、10
			10	48	64	87	1	
		CJ11W-160R	6	48	64	87	1	屯溪 DN 6、10
			10	48	64	87	1	
	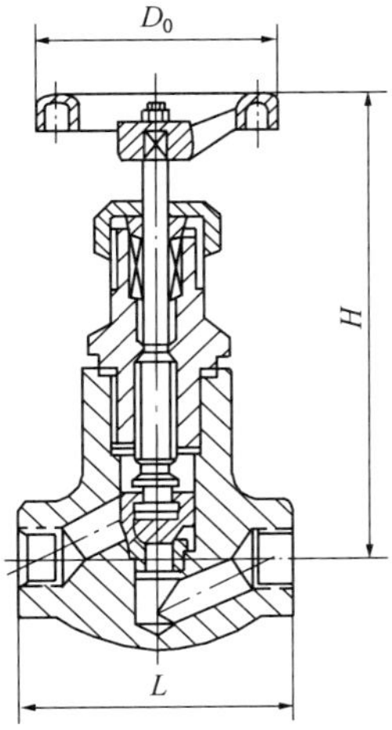 图 2-1-3	J13H-40	10	80	200	140	4	屯溪、大高 DN 10~50
			15	90	220	140	5	
			20	110	250	180	5.5	
			25	120	272	180	6	
			32	140	298	180	8	
			40	150	323	240	10	
			50	190	373	240	16	
		J13H-160	15	90	201	140	4	大高 DN 15~50 屯溪 DN 15~40
			20	110	223	140	5	
			25	130	253	180	8	
			32	160	292	180	12	
			40	190	327	240	19	
			50	220	353	240	26	

序号	名　　称	型　号	公称通径 DN	结构尺寸/mm L	结构尺寸/mm H	结构尺寸/mm D_0	质量/kg	生产厂
1	内螺纹截止阀 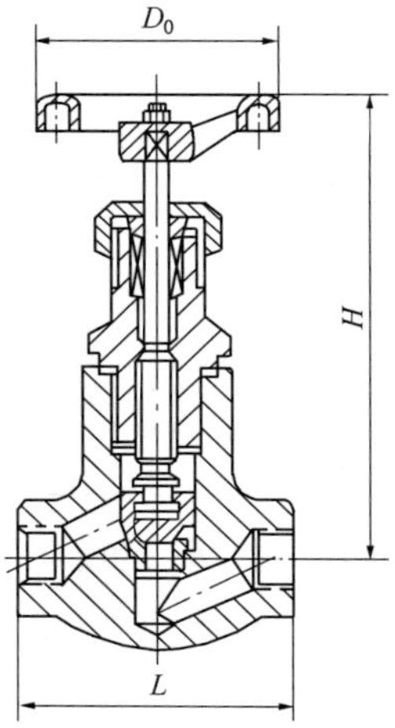 图 2-1-3	J13W-25P	15	90	200	140	1.5	锦阀 DN 15~25
			20	100	233	140	2	
			25	120	253	180	3	
		J13W-40 P/R	15	90	200	140	3	锦阀 DN 15~25
			20	110	223	140	5	
			25	130	253	180	6	
		J13W-100P	6	60	84	65	1	大高 DN 6~25
			10	60	84	65	1	
			15	60	84	65	1	
			20	80	98	80	2	
			25	80	98	80	2	
		J13W-160P	6	60	84	65	1	大洋、大高 DN 6~25
			10	66	84	65	1	
			15	60	84	65	1	
			20	80	98	80	2	
			25	80	98	80	2	
		J13W-160R	6	60	84	65	1	大洋、大高 DN 6~25
			10	60	84	65	1	
			15	60	84	65	1	
			20	80	98	80	2	
			25	80	98	80	2	
		J13Y-160I	15	64	118	65	1	屯溪 DN 15
		J13H-40Ⅲ	15	64	115	65	1	正华、屯溪 DN 15~25
			20	85	133	80	2	
			25	85	133	80	2	
		J13H-160Ⅲ	6	60	86	65	1	大洋、屯溪、大高、保一 DN 6~25 正华、西高 DN 15~25
			10	60	86	65	1	
			15	64	115	65	1	
			20	85	133	80	2	
			25	85	133	80	2	
		J13W-40Ⅲ$_{Cr}$	15	64	115	65	1	屯溪 DN 15~25
			20	85	133	80	2	
			25	85	133	80	2	

序号	名称	型号	公称通径 DN	结构尺寸/mm L	结构尺寸/mm H	结构尺寸/mm D_0	质量/kg	生产厂
1	内螺纹截止阀 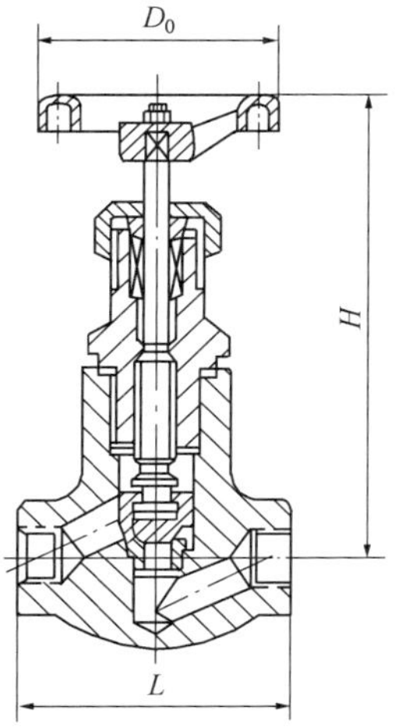 图 2-1-3	J13W-160Ⅲ$_{Cr}$ J13W-160Ⅲ$_{I}$	6	64	110	65	1	屯溪 DN 6~25 西高 DN 15~25
			10	64	110	65	1	
			15	64	110	65	1	
			20	85	133	80	2	
			25	85	133	80	2	
		J13N-160Ⅲ$_{Cr}$	15	64	107	65	1	屯溪 DN 15~25
			20	85	113	80	2	
			25	85	113	80	2	
		KJ13Y-160Ⅲ	15	64	107	65	1	屯溪 DN 15~25
			20	85	133	80	2	
			25	85	133	80	2	
		J13W-160Ⅲ$_{P}$	6	64	110	65	1	屯溪 DN 6~25 锦阀 DN 15、25 西高 DN 15~25
			10	64	110	65	1	
			15	64	110	65	1	
			20	80	125	80	2	
			25	80	125	80	2	
		J13H-320Ⅲ	6	60	82	65	1	大洋、屯溪、大高 DN 6~25
			10	60	82	65	1	
			15	60	82	65	1	
			20	80	94	80	2	
			25	80	94	80	2	
2	外螺纹截止阀 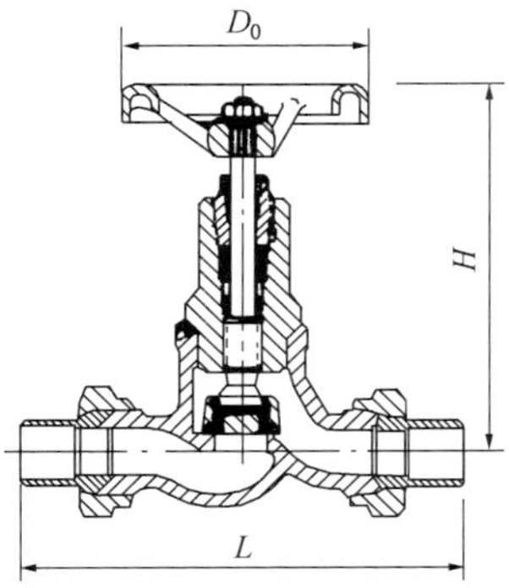 图 2-2	J21B-25Q	10	155	134	80	1	自高 DN 10~25
			15	165	152	100	2	
			20	183	160	100	3	
			25	203	180	120	4	
		J21H-25	6	142	86	65	0.9	大洋 DN 6~25 自高 DN 20、25
			10	152	86	65	1.1	
			15	154	86	65	1.8	
			20	180	100	80	2.0	
			25	214	100	80	2.4	
		J21H-40	6	142	86	65	0.9	大洋 DN 6~25 自高、屯溪、正华 DN 15~25
			10	152	86	65	1.1	
			15	154	100	65	1.8	
			20	180	100	80	2.0	
			25	214	100	80	2.4	

序号	名称	型号	公称通径 DN	结构尺寸/mm L	结构尺寸/mm H	结构尺寸/mm D_0	质量/kg	生产厂
2	外螺纹截止阀	J21H-64	6	142	86	65	0.9	大洋 *DN* 6~25
			10	152	86	65	1.1	
			15	154	86	65	1.8	
			20	180	100	80	2.0	
			25	214	100	80	2.4	
		J21H-100	6	142	86	65	0.9	大洋 *DN* 6~25 屯溪 *DN* 10~25
			10	152	86	65	1.1	
			15	154	100	65	1.8	
			20	214	275	140	3	
			25	236	295	160	4	
		J21H-160	6	68	104	65	2	屯溪 *DN* 6、20 大高 *DN* 15~25
			10	80	106	65	2	
			15	196	203	80	2	
			20	214	225	140	3	
			25	246	249	180	4	
		J21W-25	6	80	124	65	1	北阀、自高 *DN* 6~25
			10	85	126	65	1	
			15	100	157	65	2	
			20	115	164	80	3	
			25	236	214	80	5	
		J21W-40	6	142	124	65	2	北阀、屯溪 *DN* 6~25 自高 *DN* 6、10
			10	154	157	80	3	
			15	186	157	80	4	
			20	214	164	140	5	
			25	236	214	140	6	
		J21W-160	6	142	92	65	1	正华、大高 *DN* 6~15
			10	154	104	80	3	
			15	180	104	80	4	
		J21W-25$_{R}^{P}$	6	142	86	65	0.9	大洋 *DN* 6~25 自高 *DN* 6~25(P) 北阀 *DN* 6~20
			10	152	86	65	1.1	
			15	154	86	65	1.8	
			20	180	100	80	2	
			25	214	100	80	2.4	
		J21W-40$_{R}^{P}$	6	142	86	65	0.9	大洋、屯溪 *DN* 6~25 北阀 *DN* 15、20(P) 锦阀 *DN* 10~25(R)
			10	152	86	65	1.1	
			15	154	86	65	1.8	
			20	180	100	80	2	
			25	214	100	80	2.4	

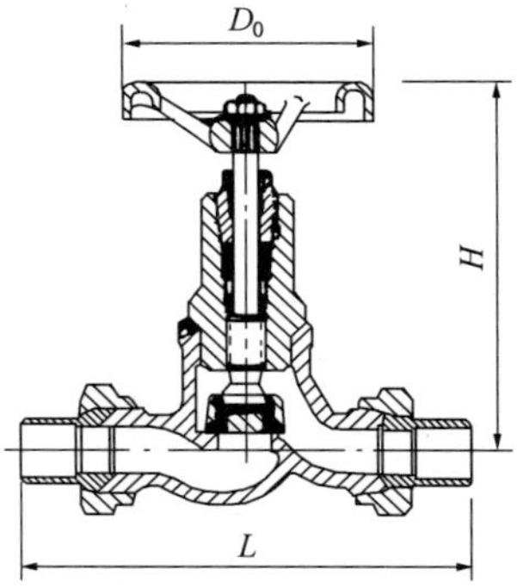

图 2-2

序号	名　　称	型　号	公称通径 DN	结构尺寸/mm L	H	D_0	质量/kg	生产厂
2	同图 2-2	J21W-64$^{P}_{R}$	6	142	86	65	0.9	大洋 *DN* 6~25
			10	152	86	65	1.1	
			15	154	86	65	1.8	
			20	180	100	80	2	
			25	214	100	80	2.4	
3	外螺纹针型阀 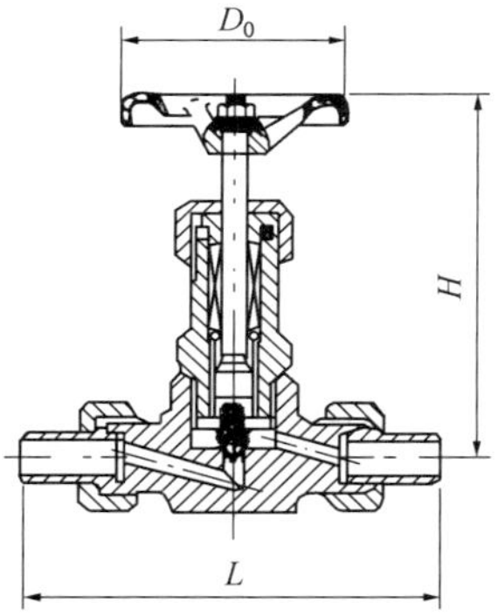 图 2-3	J21W-64Ⅲ$_P$	6	125	85	65	1.2	正华 *DN* 6~25 屯溪 *DN* 20
			10	135	85	65	1.4	
			15	145	85	65	1.6	
			20	160	110	80	2	
			25	200	125	80	2.5	
		J21W-160Ⅲ	6	125	80	65	1.2	正华 *DN* 6~25 屯溪 *DN* 15
			10	135	80	65	1.4	
			15	145	85	65	1.6	
			20	160	110	80	2	
			25	200	125	80	2.5	
		J21W-160Ⅲ$_P$	6	125	85	65	1.2	正华 *DN* 6~25 屯溪 *DN* 15
			10	135	85	65	1.4	
			15	145	85	65	1.6	
			20	160	110	80	2	
			25	200	125	80	2.5	
		J21W-160Ⅲ$_{Cr}$	15	126	85	65	2	屯溪 *DN* 15
4	外螺纹波纹管截止阀 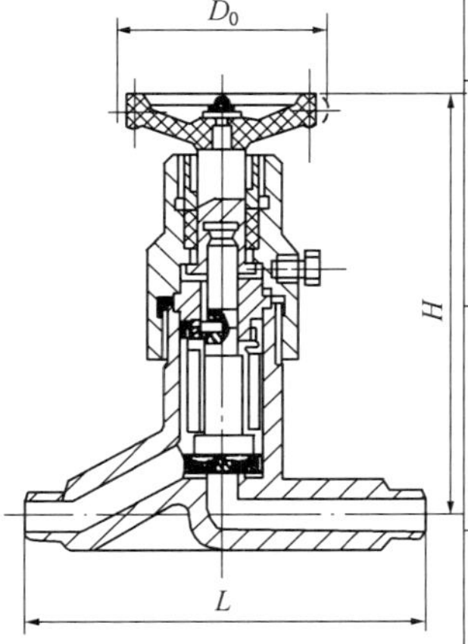 图 2-4	WJ21H-16C	10	170	214	120		沈一 *DN* 10~25
			15	180	217	120		
			20	214	241	140		
			25	230	244	140		
		WJ21H-25	10	170	214	120		沈一 *DN* 10~25
			15	180	217	120		
			20	214	241	140		
			25	230	244	140		
		WJ21W-16P	10	170	214	120		沈一 *DN* 10~25
			15	180	217	120		
			20	214	241	140		
			25	230	244	140		
		WJ21W-25P	10	170	214	120		沈一 *DN* 10~25
			15	180	217	120		
			20	214	241	140		
			25	230	244	140		

续表

序号	名称	型号	公称通径 DN	结构尺寸/mm L	H	D_0	质量/kg	生产厂
5	外螺纹截止阀 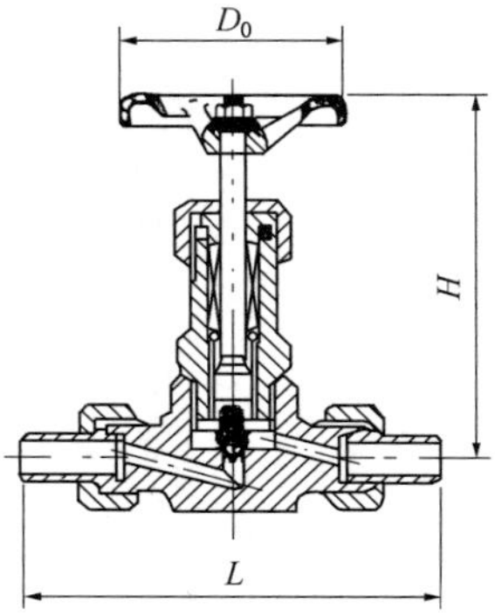 图 2-3	J23W-25	6	64(80)	85	65	1	保一、大高、(西高) DN 6~15
			10	76(100)	90	65	1	
			15	120(110)	125	80	2	
		J23W-25P	6	64(68)	79	65	1	保一、大高(西高) DN 6~15
			10	76(100)	90	65	1	
			15	120(110)	125	80	2	
		J23W-100P	6	80	87	65	1	保一、大高、西高 DN 6、10
			10	95	91	65	1	
		J23W-25R	6	64	79	65	1	保一、大高 DN 6~25
			10	76	90	65	1	
			15	120	110	80	2	
			20	130	125	80	2	
			25	236	125	80	2	
		J23H-160Ⅲ	6	64	110	65	1	屯溪 DN 6~25 保一 DN 10、20
			10	64	110	65	1.2	
			15	64	110	80	1.2	
			20	85	125	80	2	
			25	85	125	80	2	
		J23H-160$Ⅲ_P$	6	64	110	65	1	屯溪 DN 6~25 保一 DN 10、20
			10	64	110	65	1.2	
			15	64	110	80	1.2	
			20	85	125	80	2	
			25	85	125	80	2	
		J23H-160$Ⅲ_{Cr}$	6	64	110	65	1	屯溪 DN 6~25
			10	64	110	65	1.2	
			15	64	110	80	1.2	
			20	85	125	82	2	
			25	85	125	80	2	
6	外螺纹角式截止阀 (同图 2-5)	J24W-25	6	68(36)	158	85	0.7	北阀 DN 6~20 (自高) DN 6~25 保一 DN 6~25
			10	71(40)	180	80	1	
			15	78(52)	295	120	4	
			20	92(58)	348	140	5	
			25	(60)	370	160	6	
		J24W-40	6	71	158	65	0.7	(自高) DN 6、10 北阀 DN 6~20 屯溪、保一 DN 6~25
			10	77(75)	180	80	1	
			15	93	295	120	3	
			20	107	348	140	5	
			25	118	370	160	6	

序号	名称	型号	公称通径 *DN*	结构尺寸/mm *L*	*H*	D_0	质量/kg	生产厂
6	外螺纹角式截止阀 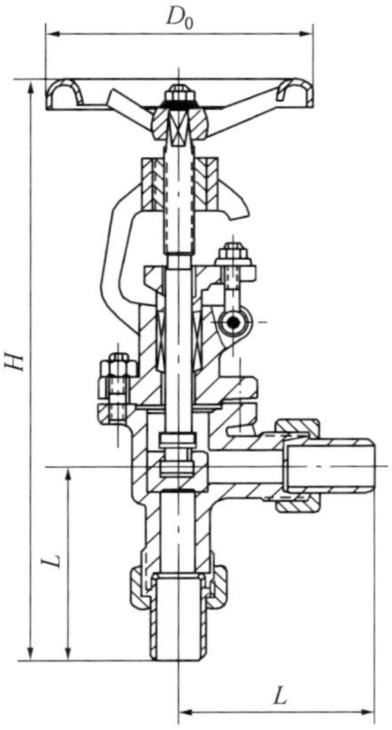 图 2-5	J24H-40	15	93(90)	295	120	4	屯溪(自高) *DN* 15~25
			20	107	348	140	6	
			25	118(115)	370	160	8	
		J24H-160	15	120	162	200	4	屯溪 *DN* 15、25
			25	141	212	250	8	
		J24H-320	3	80	74		1	屯溪、自高 *DN* 3~15
			6	80	92		1	
			10	100	148		2	
			15	115	145		4	
		J24W-25P	6	35	84	65	1	自高、保一 *DN* 6、10
			10	48	90	65	4	
		J24W-40P	6	71	158	65	2	自高、屯溪、保一 *DN* 6~25
			10	77	180	84	4	
			15	93	295	120	5	
			20	107	348	140	6	
			25	118	368	160	8	
		J24W-25R	6	32(62)	158	65	1	大高 *DN* 6、10 (北阀)6~20
			10	48(67)	180	80	4	
			15	(70)	295	120	5	
			20	(81)	348	140	6	
		J24W-40R	6	71	158	65	2	北阀 *DN* 6~25 锦阀 *DN* 6、10
			10	77	180	80	4	
			15	93	295	120	5	
			20	107	348	140	6	
			25	118	365	160	8	
7	外螺纹角式波纹管截止阀 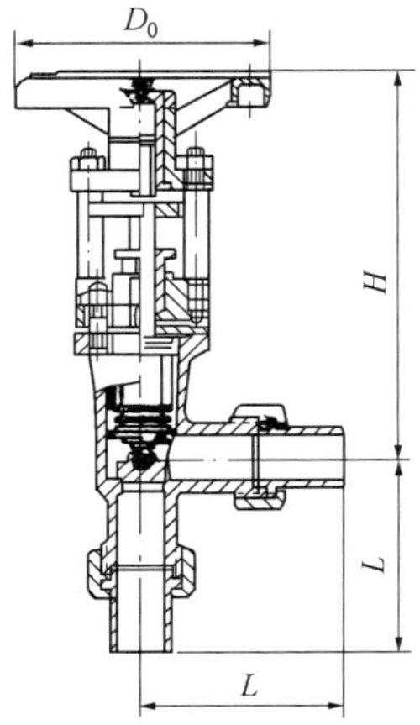 图 2-6	WJ24W-16C	10	75	273	120		沈一 *DN* 10~25
			15	85	280	120		
			20	97	312	140		
			25	110	324	140		
		WJ24W-25	10	75	273	120		沈一 *DN* 10~25
			15	85	280	120		
			20	97	312	140		
			25	110	324	140		
		WJ24W-16P	10	75	273	120		沈一 *DN* 10~25
			15	85	280	120		
			20	97	312	140		
			25	110	324	140		
		WJ24W-25P	10	75	273	120		沈一 *DN* 10~25
			15	85	280	120		
			20	97	312	140		
			25	110	324	140		

续表

序号	名称	型号	公称通径 DN	结构尺寸/mm L	结构尺寸/mm H	结构尺寸/mm D_0	质量/kg	生产厂
8	法兰截止阀 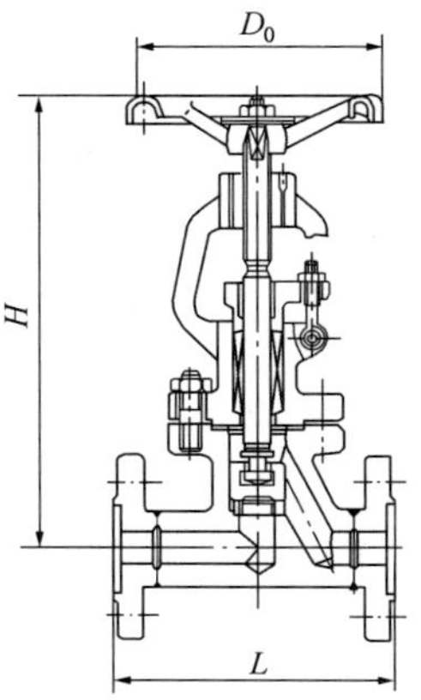 图 2-7-1 （DN≤50）	J41$_{Y}^{H}$-16C	10	130	230	120	3.5	伯特利 DN 10~400 良精、保一 DN 15~300 良工 DN 15~150 兰高 DN 15~100 南通 DN 40~300 浙高 DN 15~65 苏高、浙石化、屯溪、北阀、纽威、苏阀 DN 15~200 大高 DN 15~250 建湖 DN 15~400 精工 DN 10~200 南方、承高 DN 10~300 大洋 DN 15~50 开阀 DN 10~150(H) 上一阀 DN 10~300(H)
			15	130	230	120	5	
			20	150	275	140	7	
			25	160	295	160	9	
			32	190	304	160	12	
			40	200	354	200	16	
			50	230	412	240	24	
			65	290	445	280	30	
			80	310	480	320	41	
			100	350	523	360	56	
			125	400	545	400	90	
			150	480	613	400	98	
			200	600	780	450	170	
			250	730	950	450	350	
			300	850	1120	500	502	
			350	980	1250	600	560	
			400	1100	1380	600	750	
	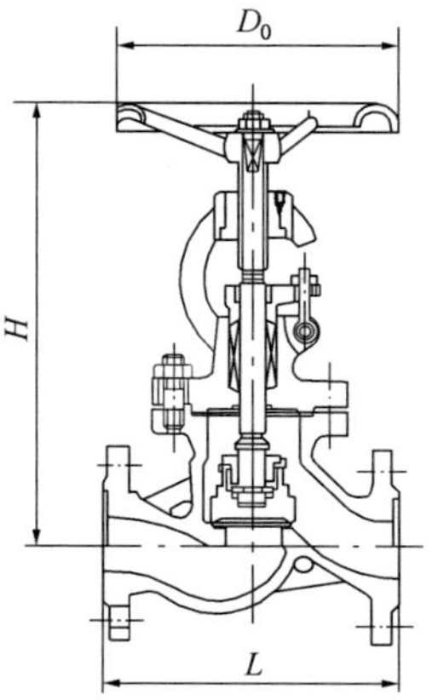 图 2-7-2 （DN>50）	J41$_{Y}^{H}$-25	15	130	230	120	5	伯特利、兰高、建湖 DN 15~400 苏高、浙石化、上阀、慎江、保一、开阀、三明、屯溪、正华、纽威、苏阀 DN 15~200 大高 DN 50~250 杭阀 DN 10、15 锦阀 DN 15~150 南通 DN 40~400 良精、自高 DN 15~300 沈阀 DN 40~300 精工 DN 25~200 南方、承高 DN 10~300 大洋 DN 15~50 上一核 DN 10~300(H)
			20	150	275	140	7	
			25	160	295	160	9	
			32	190	304	160	15	
			40	200	354	200	17	
			50	230	412	240	24	
			65	290	445	280	30	
			80	310	480	320	42	
			100	350	523	360	58	
			125	400	545	400	90	
			150	480	613	400	98	
			200	600	780	450	170	
			250	730	975	450	350	
			300	850	1120	500	502	
			350	980	1250	600	560	
			400	1100	1380	600	750	

法兰截止阀

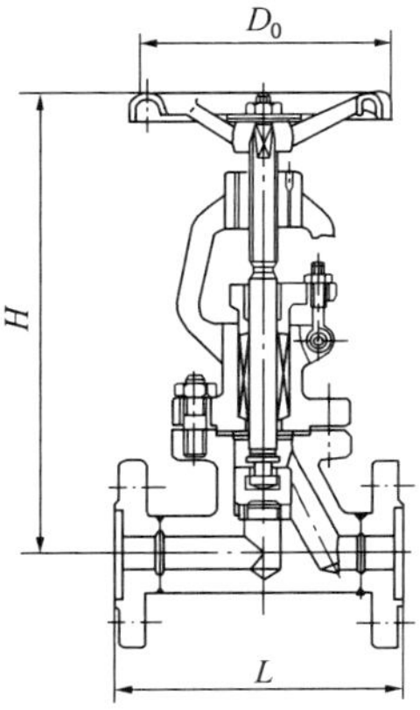

图 2-7-1 （$DN \leqslant 50$）

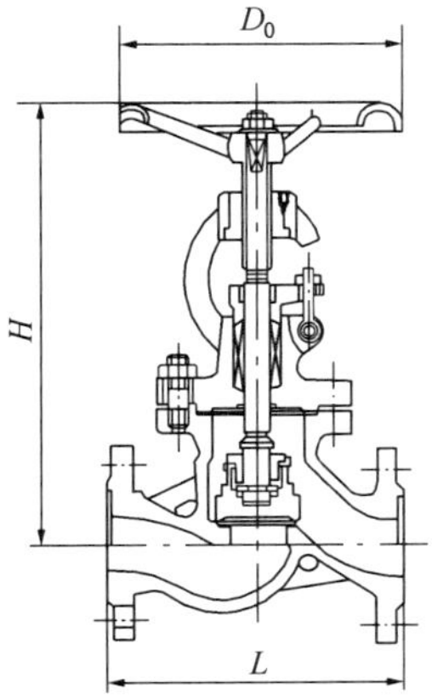

图 2-7-2 （$DN>50$）

序号	名称	型号	公称通径 DN	结构尺寸/mm			质量/kg	生产厂
				L	H	D_0		
8	法兰截止阀	J41$^{H}_{Y}$-40	10、15	130	230	120	5	伯特利、兰高、建湖 DN 15~400 上阀、北阀、自高、正华、良精、苏高、保一、精工 DN 15~200 浙石化、大高 DN 15~250 良工、苏阀、纽威 DN 15~150 南通、沈阀 DN 40~200 浙高 DN 25~100 屯溪、大洋 DN 15~50 南方、承高 DN 10~200 开阀、上一核 DN 10~200(H)
			20	150	275	140	7	
			25	160	295	160	9	
			32	190	308	160	15	
			40	200	354	200	17	
			50	230	380	240	25	
			65	290	420	280	33	
			80	310	462	320	43	
			100	350	506	360	58	
			125	400	538	400	82	
			150	480	692	450	98	
			200	600	831	560	175	
			250	730	975	640	491	
			300	850	1120	720	705	
			350	980	1300	800	930	
			400	1100	1425	900	1234	
		J41$^{H}_{Y}$-64	10、15	170	231	120	8	保一、正华、良工、苏阀苏高、纽威、杭阀、开阀 DN 15~100 兰高 DN 40~100 大高 DN 50~250 南通 DN 40~200 伯特利、锦阀、精工 DN 15~150 自高、屯溪、三明、大洋 DN 15~50 浙高 DN 50~100 良精、精工 DN 15~200 南方、开阀、上一核、承高 DN 10~200
			20	190	275	160	11	
			25	210	295	160	15	
			32	230	325	200	19	
			40	260	360	240	25	
			50	300	405	280	35	
			65	340	430	320	48	
			80	380	465	360	66	
			100	430	550	450	100	
			125	500	799	450	153	
			150	550	794	450	226	
			200	650	896	450	370	
		J41$^{H}_{Y}$-100	15	170	230	120	8	伯特利 DN 15~150 苏高、纽威、上阀、良工、保一、苏阀、正华 DN 15~100 兰高 DN 15~40 大高、良精、建湖 DN 15~200 开阀 DN 15~150(H) 屯溪、精工 DN 15~50 南通 DN 40~200 南方、承高 DN 10~200 大洋 DN 15~50
			20	190	275	140	11	
			25	210	295	160	15	
			32	230	350	200	19	
			40	260	382	240	26	
			50	300	428	280	38	
			65	340	485	320	56	
			80	380	530	360	71	
			100	430	660	450	129	
			125	500	799	450	153	
			150	550	794	500	298	
			200	650	896	500	446	

序号	名称	型号	公称通径 DN	结构尺寸/mm L	H	D_0	质量/kg	生产厂
8	法兰截止阀 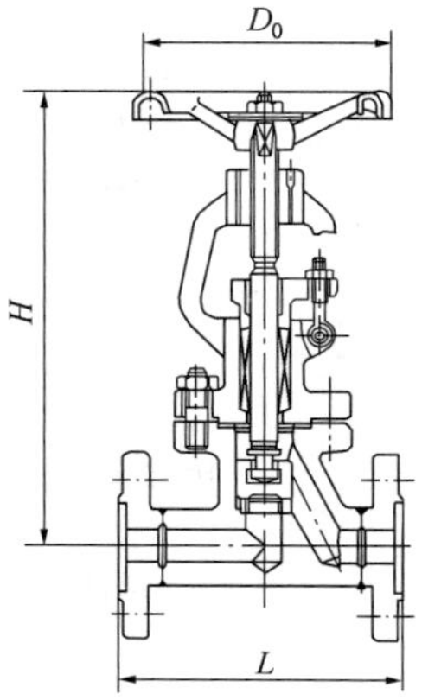 图 2-7-1 （DN≤50） 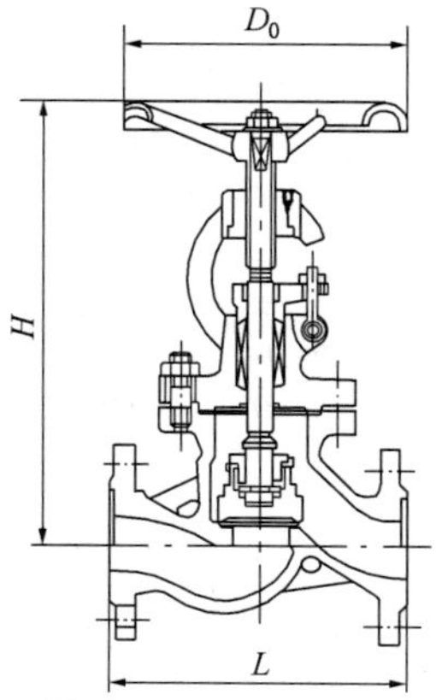 图 2-7-2 （DN>50）	J41$^{H}_{Y}$-160	15	170	230	120	8	伯特利、苏高、建湖、南方 DN 15~100 大高、良精 DN 15~200 屯溪、精工、大洋 DN 15~50 保一、承高 DN 15~100 开阀 DN 15~100(H)
			20	190	275	200	11	
			25	210	295	200	15	
			32	230	350	200	21	
			40	260	382	280	28	
			50	300	428	320	45	
			65	340	569	320	75	
			80	380	604	360	105	
			100	430	708	450	165	
		J41Y-320	80	470	668	500	157	开阀 DN 80、125
			125	673	945	560	364	
		J41$^{W}_{Y}$-16P	10	130	230	120	3.5	兰高、保一、上一核 DN 15~300 浙高 DN 40~100 沈阀 DN 40~200 精工 DN 10~200 伯特利 DN 10~400(W) 建湖 DN 15~400(Y) 良精 DN 15~300(W) 南通 DN 40~300 沈一、北阀、开阀、锦阀 DN 15~150 大洋 DN 15~50(Y) 南方 DN 10~300(W) 锡山 DN 15~400(W) 良工、苏高、浙石化 DN 15~200(W) 承高 DN 10~300
			15	130	230	120	5	
			20	150	275	140	7	
			25	160	295	160	9	
			32	190	304	160	12	
			40	200	354	200	16	
			50	230	412	240	24	
			65	290	445	280	30	
			80	310	480	320	41	
			100	350	523	360	56	
			125	400	545	400	90	
			150	480	613	400	98	
			200	600	780	450	170	
			250	730	950	450	350	
			300	850	1120	500	502	
			350	980	1250	600	560	
			400	1100	1380	600	750	
		J41$^{W}_{Y}$-25P	10、15	130	230	120	5	南通 DN 40~250 兰高 DN 15~250 良工、浙石化 DN 15~200 精工 DN 25~200 建湖 DN 15~400(Y) 屯溪、大高、大洋 DN 15~50(Y) 伯特利、锡山 DN 15~400(W) 苏高、保一、开阀、正华、 纽威 DN 15~200(W) 良精 DN 15~300(W) 沈阀 DN 50~200(W) 上阀 DN 32~200(W) 锦阀、北阀 DN 15~100(W) 南方 DN 10~300(W) 上一核、承高 DN 10~300
			20	150	275	140	7	
			25	160	295	160	9	
			32	190	304	160	15	
			40	200	354	200	17	
			50	230	412	240	24	
			65	290	445	280	30	
			80	310	480	320	42	
			100	350	523	360	58	
			125	400	545	400	90	
			150	480	613	400	98	
			200	600	780	450	170	
			250	730	975	450	350	
			300	850	1120	500	502	
			350	980	1250	600	560	
			400	1100	1380	600	750	

序号	名称	型号	公称通径 *DN*	结构尺寸/mm *L*	结构尺寸/mm *H*	结构尺寸/mm D_0	质量/kg	生产厂
8	法兰截止阀 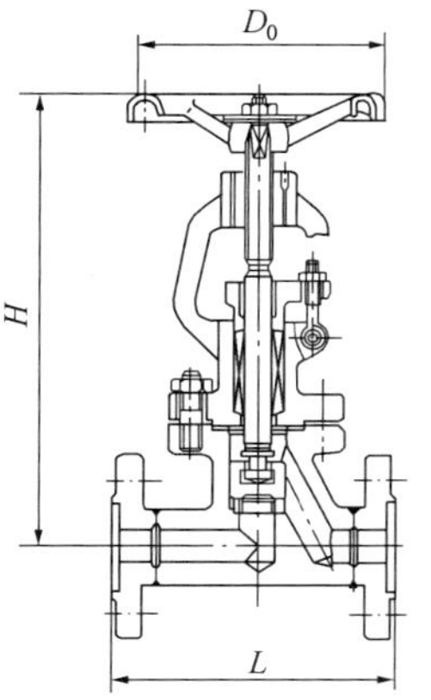 图 2-7-1 (*DN*≤50) 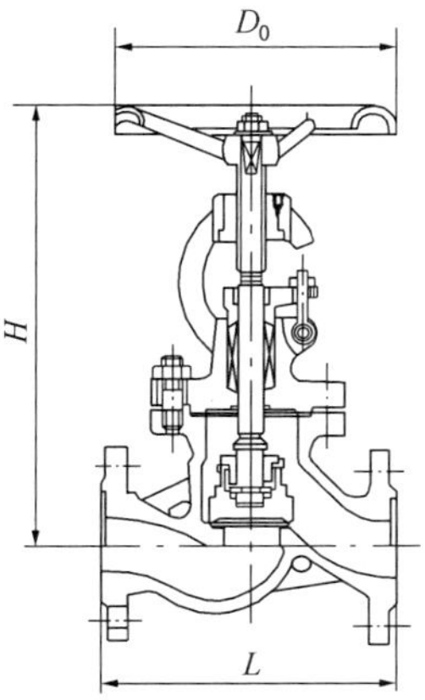 图 2-7-2 (*DN*>50)	J41$^{W}_{Y}$-40P	10、15	130	236	120	5	兰高、浙石化 *DN* 15~250 南通 *DN* 40~200 精工 *DN* 15~200 建湖 *DN* 15~400(Y) 良工 *DN* 15~150 屯溪、大高、大洋 *DN* 15~50(Y) 伯特利、锡山 *DN* 15~400(W) 沈阀 *DN* 40~200(W) 南方、开阀 *DN* 10~200(W) 苏高、上阀、保一、正华、良精 *DN* 15~200(W) 北阀 *DN* 15~50(W) 上一核、承高 *DN* 10~200
			20	150	275	140	7	
			25	160	295	160	9	
			32	190	308	160	15	
			40	200	354	200	17	
			50	230	380	240	25	
			65	290	420	280	33	
			80	310	462	320	43	
			100	350	506	360	58	
			125	400	538	400	82	
			150	480	692	450	98	
			200	600	831	560	175	
			250	730	975	640	491	
			300	850	1120	720	705	
			350	980	1300	800	930	
			400	1100	1425	900	1234	
		J41$^{W}_{Y}$-64P	10、15	170	231	120	8	上一核、承高 *DN* 10~200 南通 *DN* 40~200 浙石化、良工、纽威 *DN* 15~100 开阀 *DN* 15~125 精工 *DN* 15~150 建湖、保一 *DN* 15~200(Y) 大洋 *DN* 15~15(Y) 伯特利 *DN* 15~150(W) 锡山 *DN* 15~65(W) 开阀 *DN* 10~100(W)
			20	190	275	160	11	
			25	210	295	160	15	
			32	230	325	200	19	
			40	260	360	240	25	
			50	300	405	280	35	
			65	340	430	320	48	
			80	380	465	360	66	
			100	430	550	450	100	
			125	500	799	450	153	
			150	550	794	450	226	
			200	650	896	450	370	
		J41$^{W}_{Y}$-100P	10、15	170	230	120	8	开阀 *DN* 15~150(W) 南通 *DN* 40~200 良工、纽威 *DN* 15~50 精工 *DN* 15~50 大洋 *DN* 15~50(Y) 建湖、保一 *DN* 15~200(Y) 伯特利 *DN* 15~150(W) 精工 *DN* 15~50(W) 承高 *DN* 10~200
			20	190	275	140	11	
			25	210	295	160	15	
			32	230	350	200	19	
			40	260	382	240	26	
			50	300	428	280	38	
			65	340	485	320	56	
			80	380	530	360	71	
			100	430	660	450	129	
			125	500	799	450	153	
			150	550	794	500	298	
			200	650	896	500	446	

序号	名称	型号	公称通径 *DN*	结构尺寸/mm *L*	*H*	D_0	质量/kg	生产厂
8	法兰截止阀 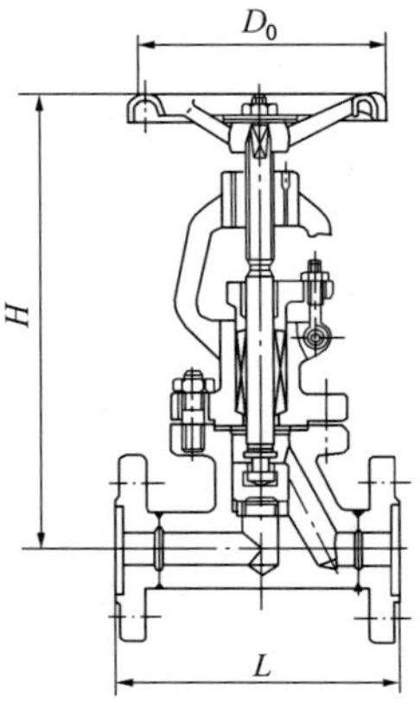 图 2-7-1 (*DN*≤50) 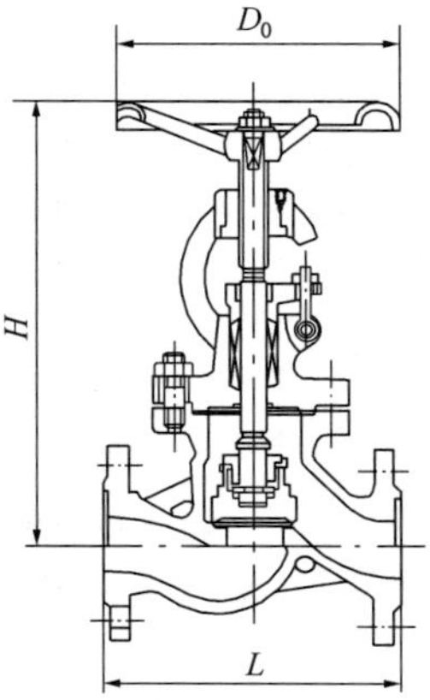 图 2-7-2 (*DN*>50)	J41$_{Y}^{W}$-160P	10、15	170	230	120	8	精工 *DN* 15~50 屯溪、大高、大洋 *DN* 15~50(Y) 建湖、保一 *DN* 15~100(Y) 伯特利 *DN* 15~100(W) 开阀 *DN* 10~100(W) 承高 *DN* 10~100
			20	190	275	200	11	
			25	210	295	200	15	
			32	230	350	200	21	
			40	260	382	280	28	
			50	300	428	320	45	
			65	340	569	320	75	
			80	380	604	360	105	
			100	430	708	450	165	
		J41$_{Y}^{W}$-16R	10	130	230	120	3.5	上一核、承高 *DN* 10~300 兰高 *DN* 15~300 浙高 *DN* 40~100 沈阀 *DN* 40~200 精工 *DN* 10~200 伯特利 *DN* 10~400(W) 建湖 *DN* 15~400(Y) 良精 *DN* 15~300(W) 南通 *DN* 40~300 沈一、北阀、开阀、 锦阀 *DN* 15~150 大洋 *DN* 15~50(Y) 南方 *DN* 10~300(W) 锡山 *DN* 15~400(W) 良工、苏高、浙石化 *DN* 15~200(W) 保一 *DN* 15~300(Y)
			15	130	230	120	5	
			20	150	275	140	7	
			25	160	295	160	9	
			32	190	304	160	12	
			40	200	354	200	16	
			50	230	412	240	24	
			65	290	445	280	30	
			80	310	480	320	41	
			100	350	523	360	56	
			125	400	545	400	90	
			150	480	613	400	98	
			200	600	780	450	170	
			250	730	950	450	350	
			300	850	1120	500	502	
			350	980	1250	600	560	
			400	1100	1380	600	750	
		J41$_{Y}^{W}$-25R	15	130	230	120	5	南通 *DN* 40~250 兰高 *DN* 15~250 良工、浙石化 *DN* 15~200 精工 *DN* 25~200 建湖 *DN* 15~400(Y) 屯溪、大高、大洋 *DN* 15~50(Y) 伯特利、锡山 *DN* 15~400(W) 苏高、保一、开阀、正华、纽威 *DN* 15~200(W) 良精 *DN* 15~300(W) 沈阀 *DN* 50~200(W) 上阀 *DN* 32~200(W) 锦阀、北阀 *DN* 15~100(W) 南方 *DN* 10~300(W) 上一核、承高 *DN* 10~300
			20	150	275	140	7	
			25	160	295	160	9	
			32	190	304	160	15	
			40	200	354	200	17	
			50	230	412	240	24	
			65	290	445	280	30	
			80	310	480	320	42	
			100	350	523	360	58	
			125	400	545	400	90	
			150	480	613	400	98	
			200	600	780	450	170	
			250	730	975	450	350	
			300	850	1120	500	502	
			350	980	1250	600	560	
			400	1100	1380	600	750	

序号	名　称	型　号	公称通径 DN	结构尺寸/mm			质量/kg	生产厂
				L	H	D_0		
8	法兰截止阀 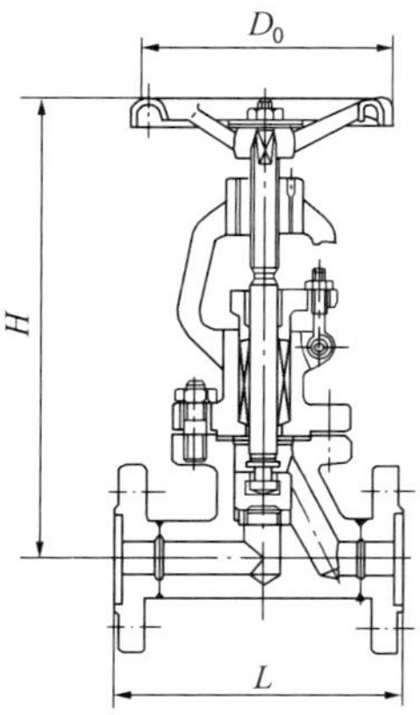 图 2-7-1　(DN≤50) 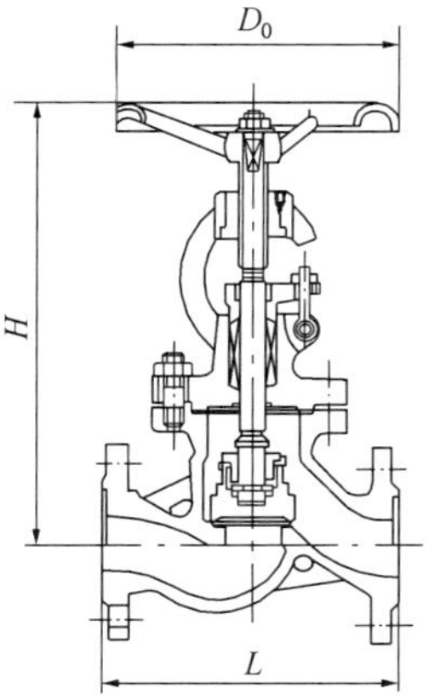 图 2-7-2　(DN>50)	J41$^{W}_{Y}$-40R	10、15	130	236	120	5	兰高、浙石化 DN 15~250 南通 DN 40~200 精工 DN 15~200 建湖 DN 15~400(Y) 良工 DN 15~150(Y) 屯溪、大高、大洋 DN 15~50(Y) 伯特利、锡山 DN 15~400(W) 沈阀 DN 40~200(W) 苏高、上阀、保一、正华、良精 DN 15~200(W) 北阀 DN 15~50(W) 锦阀、沈一、纽威 DN 15~150(W) 南方、开阀 DN 10~200(W) 上一核、承高 DN 10~200
			20	150	275	140	7	
			25	160	295	160	9	
			32	190	308	160	15	
			40	200	354	200	17	
			50	230	380	240	25	
			65	290	420	280	33	
			80	310	462	320	43	
			100	350	506	360	58	
			125	400	538	400	82	
			150	480	692	450	98	
			200	600	831	560	175	
			250	730	975	640	491	
			300	850	1120	720	705	
			350	980	1300	800	930	
			400	1100	1425	900	1234	
		J41$^{W}_{Y}$-64R	10、15	170	231	120	8	南通 DN 40~200 浙石化、良工、纽威 DN 15~100 开阀 DN 10~200(H) 精工 DN 15~150 建湖、保一 DN 15~200(Y) 大洋 DN 15~50(Y) 伯特利 DN 15~150(W) 精工 DN 15~65(W) 承高 DN 10~200
			20	190	275	160	11	
			25	210	295	160	15	
			32	230	325	200	19	
			40	260	360	240	25	
			50	300	405	280	35	
			65	340	430	320	48	
			80	380	465	360	66	
			100	430	550	450	100	
			125	500	799	450	153	
			150	550	794	450	226	
			200	650	896	450	370	
		J41$^{W}_{Y}$-100R	10、15	170	230	120	8	承高 DN 10~200 开阀 DN 10~200(W) 南通 DN 40~200 良工、纽威 DN 15~100 精工 DN 15~50 大洋 DN 15~50(Y) 建湖、保一 DN 15~200(Y) 伯特利 DN 15~150(W) 精工 DN 15~50(W)
			20	190	275	140	11	
			25	210	295	160	15	
			32	230	350	200	19	
			40	260	382	240	26	
			50	300	428	280	38	
			65	340	485	320	56	
			80	380	530	360	71	
			100	430	660	450	129	
			125	500	799	450	153	
			150	550	794	500	298	
			200	650	896	500	446	

序号	名称	型号	公称通径 DN	结构尺寸/mm L	H	D_0	质量/kg	生产厂
8	法兰截止阀	J41 W/Y -160R	10、15	170	230	120	8	精工 DN 15~50 屯溪、大高、大洋 DN 15~50(Y) 建湖、保一 DN 15~100(Y) 伯特利 DN 15~100(W) 开阀 DN 10~100(W) 承高 DN 15~100
			20	190	275	200	11	
			25	210	295	200	15	
			32	230	350	200	21	
			40	260	382	280	28	
			50	300	428	320	45	
			65	340	569	320	75	
			80	380	604	360	105	
			100	430	708	450	165	
		J41Y-16I	10	130	230	120	3.5	伯特利 DN 10~400 良工 DN 15~150 南通 DN 40~300 精工 DN 10~200 南方、上一核、承高 DN 10~300 大洋 DN 15~50 保一 DN 15~300
			15	130	230	120	5	
			20	150	275	140	7	
			25	160	295	160	9	
			32	190	304	160	12	
			40	200	354	200	16	
			50	230	412	240	24	
			65	290	445	280	30	
			80	310	480	320	41	
			100	350	523	360	56	
			125	400	545	400	90	
			150	480	613	400	98	
			200	600	780	450	170	
			250	730	950	450	350	
			300	850	1120	500	502	
			350	980	1250	600	560	
			400	1100	1380	600	750	
		J41Y-25I	10、15	130	230	120	5	伯特利 DN 15~400 苏高 DN 15~200 良工 DN 15~150 南通 DN 40~300 良精、上阀 DN 32~200 精工 DN 25~200 南方、上一核、承高 DN 10~300 大洋 DN 15~50 保一 DN 15~300
			20	150	275	140	7	
			25	160	295	160	9	
			32	190	304	160	15	
			40	200	354	200	17	
			50	230	412	240	24	
			65	290	445	280	30	
			80	310	480	320	42	
			100	350	523	360	58	
			125	400	545	400	90	
			150	480	613	400	98	
			200	600	780	450	170	
			250	730	975	450	350	
			300	850	1120	500	502	
			350	980	1250	600	560	
			400	1100	1380	600	750	

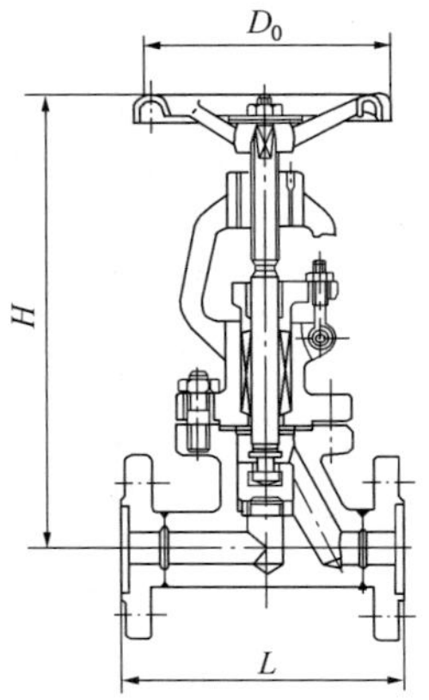

图 2-7-1 (DN≤50)

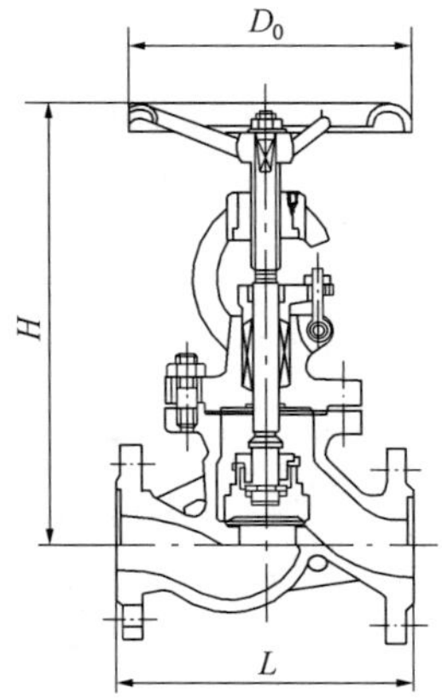

图 2-7-2 (DN>50)

法兰截止阀

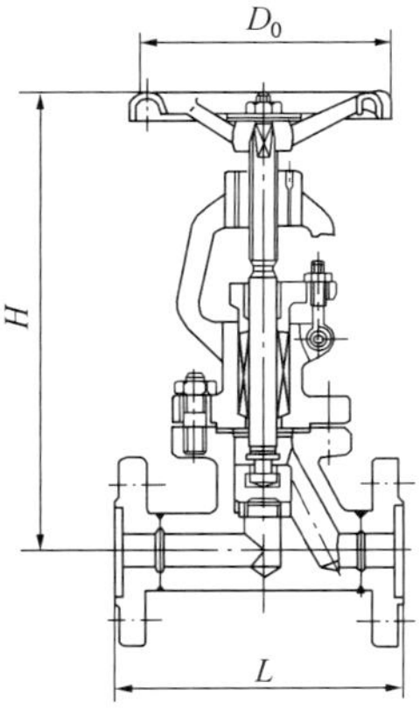

图 2-7-1 （DN≤50）

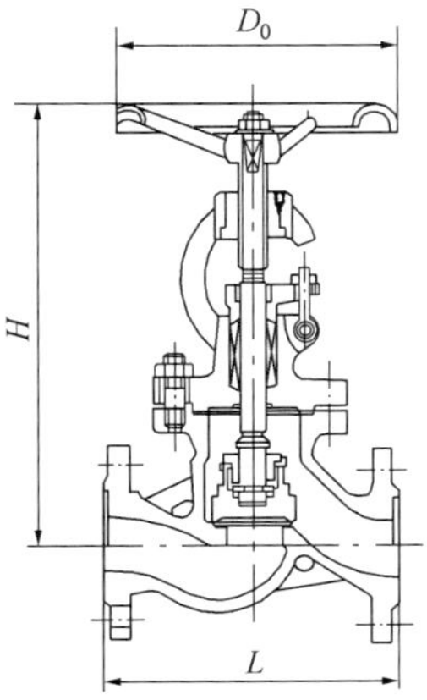

图 2-7-2 （DN>50）

序号	名称	型号	公称通径 DN	结构尺寸/mm L	H	D_0	质量/kg	生产厂
8	法兰截止阀	J41Y-40I	10、15	130	236	120	5	伯特利 DN 15~400 苏高、精工、保一 DN 15~200 南通 DN 40~200 屯溪、大高、大洋 DN 15~50 良精、上阀 DN 32~200 良工 DN 15~150 南方、开阀、上一核、承高 DN 10~200
			20	150	275	140	7	
			25	160	295	160	9	
			32	190	308	160	15	
			40	200	354	200	17	
			50	230	380	240	25	
			65	290	420	280	33	
			80	310	462	320	43	
			100	350	506	360	58	
			125	400	538	400	82	
			150	480	692	450	98	
			200	600	831	560	175	
			250	730	975	640	491	
			300	850	1120	720	705	
			350	980	1300	800	930	
			400	1100	1425	900	1234	
		J41Y-64I	10、15	170	236	120	8	伯特利、精工 DN 15~150 苏高 DN 32~100 良工 DN 15~100 开阀 DN 15~125 南通 DN 40~200 良精、保一 DN 15~200 南方、开阀、上一核、承高 DN 10~200 大洋 DN 15~50
			20	190	275	160	11	
			25	210	295	160	15	
			32	230	325	200	19	
			40	260	360	240	25	
			50	300	405	280	35	
			65	340	430	320	48	
			80	380	465	360	66	
			100	430	550	450	100	
			125	500	799	450	153	
			150	550	794	450	226	
			200	650	896	450	370	
		J41Y-100I	10、15	170	236	120	8	伯特利 DN 15~150 开阀 DN 15~125 南通 DN 40~200 苏高 DN 32~100 良精、保一 DN 15~200 精工 DN 15~50 南方、开阀、承高 DN 10~200 大洋 DN 15~50
			20	190	275	140	11	
			25	210	295	160	15	
			32	230	350	200	19	
			40	260	382	240	26	
			50	300	428	280	38	
			65	340	485	320	56	
			80	380	530	360	71	
			100	430	660	450	129	
			125	500	799	450	153	
			150	550	794	500	298	
			200	650	896	500	446	

续表

序号	名称	型号	公称通径 DN	结构尺寸/mm L	H	D_0	质量/kg	生产厂
8	法兰截止阀 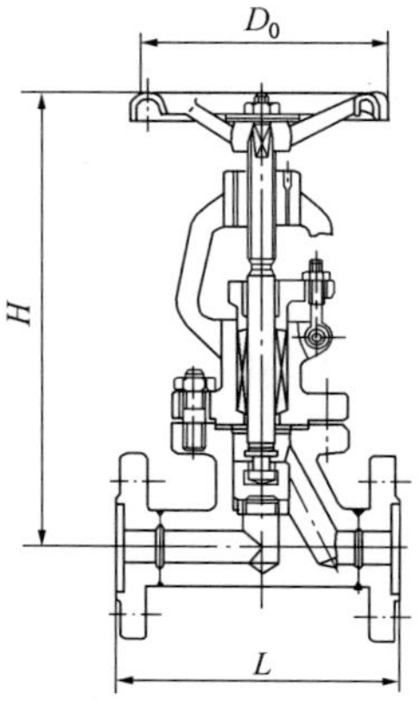 图 2-7-1 （DN≤50） 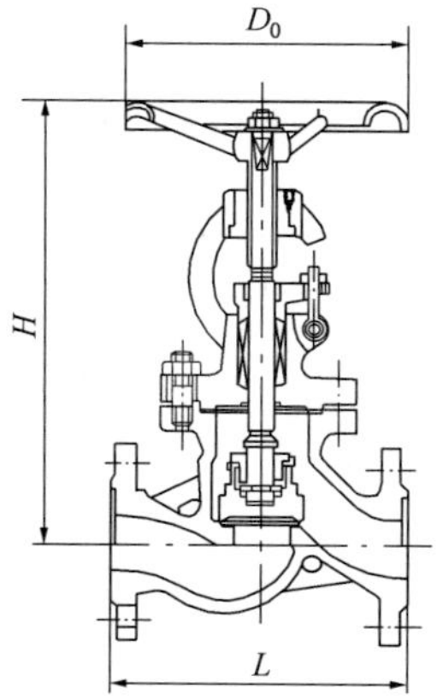 图 2-7-2 （DN>50）	J41Y-160I	15	170	230	120	8	伯特利、保一、承高 DN 15~100 屯溪、大高 DN 15~40 精工、大洋 DN 15~50
			20	190	275	200	11	
			25	210	295	200	15	
			32	230	350	200	21	
			40	260	382	280	28	
			50	300	428	320	45	
			65	340	569	320	75	
			80	380	604	360	105	
			100	430	708	450	165	
		J41F-16	15	100	115	120	2	福阀 DN 15~200
			20	120	132	140	3	
			25	160	142	160	3.7	
			32	180	170	160	6.2	
			40	200	198	200	7.5	
			50	230	230	240	11	
			65	290	359	280	26	
			80	310	386	320	35	
			100	350	433	360	43	
			125	400	486	400	63	
			150	480	566	400	90	
			200	600	648	450	180	
		$J41F_S-16$	25	160	288	160	10	上阀五 DN 25~100
			32	180	296	160	12	
			40	200	325	240	15	
			50	230	346	240	18	
			65	290	396	280	30	
			80	310	438	320	40	
			100	350	517	360	60	
		J41N-25	15	130	230	120	5	北阀 DN 15~150 保一 DN 15~200 兰高 DN 15~80
			20	150	231	140	7	
			25	160	310	160	8.7	
			32	190	322	160	11.8	
			40	200	340	240	15.6	
			50	230	355	240	21.5	
			65	290	400	280	28	
			80	310	440	320	32.5	
			100	350	500	360	44.8	
			150	480	615	400	94.6	
			200	600	735	450	162	

续表

序号	名称	型号	公称通径 DN	结构尺寸/mm L	H	D_0	质量/kg	生产厂
8	法兰截止阀	J41N-40	15	130	218	120	7	兰高、保一 DN 15~200 大洋 DN 32~100 北阀 DN 15~100
			20	150	258	140	9	
			25	160	275	160	13	
			32	190	322	160	15	
			40	200	289	240	20	
			50	230	374	240	25	
			65	290	428	280	35	
			80	310	436	320	50	
			100	350	480	360	75	
			125	400	532	400	94	
			150	480	637	400	125	
			200	600	756	450	165	
		J41W-40T	20	150	193	140	15	杭阀 DN 20~200
			25	160	197	160	20	
			40	200	325	200	32	
			50	230	368	200	40	
			65	290	395	280	50	
			80	310	400	280	75	
			100	350	460	320	100	
			150	480	655	360	250	
			200	600	735	450	320	
		J41W-16	15	100	111	55	2	福阀 DN 15~200
			20	120	132	65	3	
			25	160	142	80	3.7	
			32	180	170	100	6.2	
			40	200	198	100	7.5	
			50	230	230	120	11	
			65	290	359	140	26	
			80	310	386	200	35	
			100	350	433	240	43	
			125	400	486	280	63	
			150	480	560	280	90	
			200	600	662	320	180	
		J41W-25S	50	230	370	240	24	兰高 DN 50、80
			80	310	440	320	40	

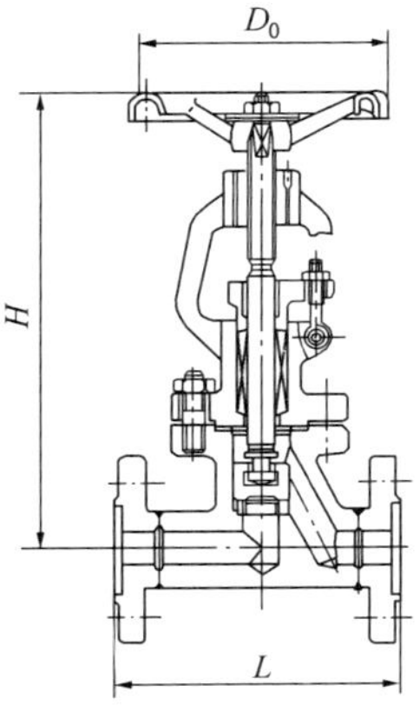

图 2-7-1 （DN≤50）

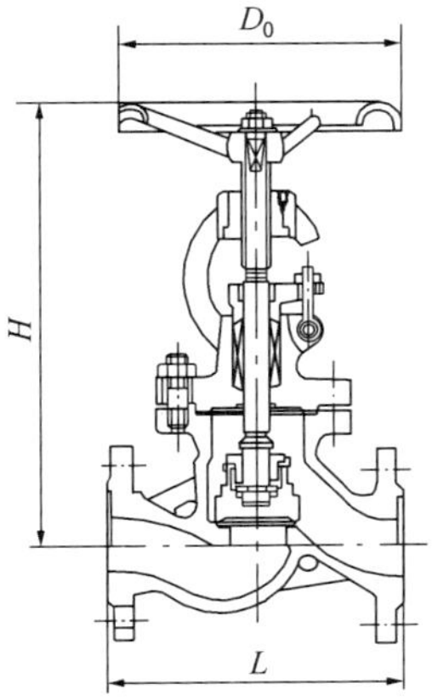

图 2-7-2 （DN>50）

续表

序号	名　称	型　号	公称通径 DN	结构尺寸/mm L	H	D_0	质量/kg	生产厂
8	法兰截止阀 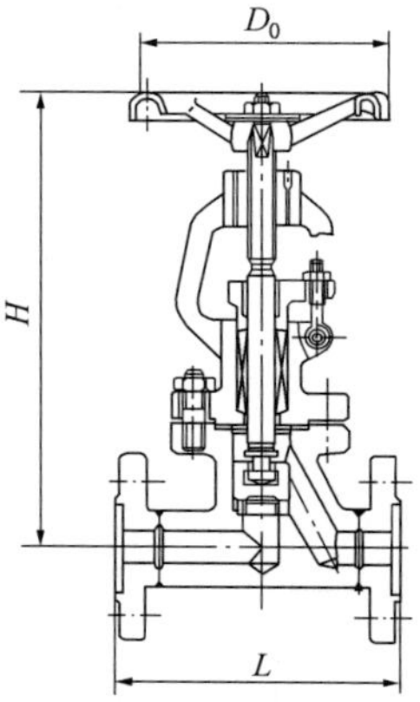 图 2-7-1 （$DN\leqslant50$） 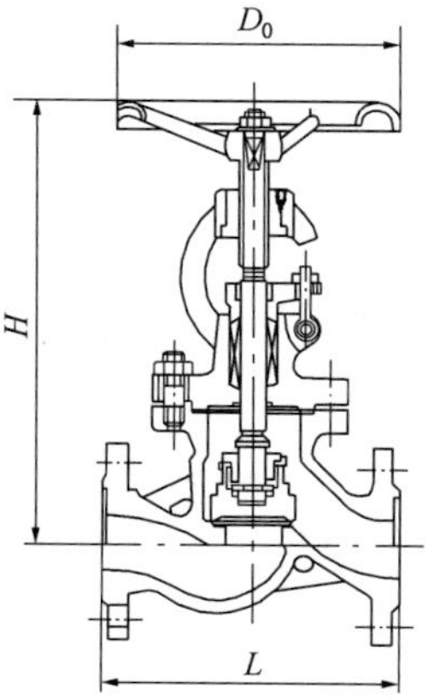 图 2-7-2 （$DN>50$）	J41W-40A	40	200	354	240	13	西高 DN 40～150
			50	230	380	240	16	
			65	290	420	280	34	
			80	310	462	320	32	
			100	350	506	360	50	
			150	480	692	400	95	
		J41W-64A	15	170	210	120	7	西高 DN 15～150
			20	190	248	160	9	
			25	210	275	160	13	
			32	230	355	200	18	
			40	260	395	240	23	
			50	300	450	280	28	
			65	340	494	320	35	
			80	380	531	360	45	
			100	430	580	450	60	
			150	550	790	450	110	
		J41W-100A	15	170	210	120	7	西高 DN 15～100
			20	190	248	140	9	
			25	210	275	160	13	
			32	230	348	200	18	
			40	260	388	240	26	
			50	300	448	280	38	
			65	340	477	320	50	
			80	380	598	360	73	
			100	430	685	450	90	
		J41W-160A	15	170	240	120	8	西高 DN 15～40
			20	190	272	200	10	
			25	210	295	200	14	
			32	230	355	200	19	
			40	260	375	280	27	

续表

序号	名称	型号	公称通径 DN	结构尺寸/mm L	H	H_1	D_0	质量/kg	生产厂
9	氧气管通专用截止阀 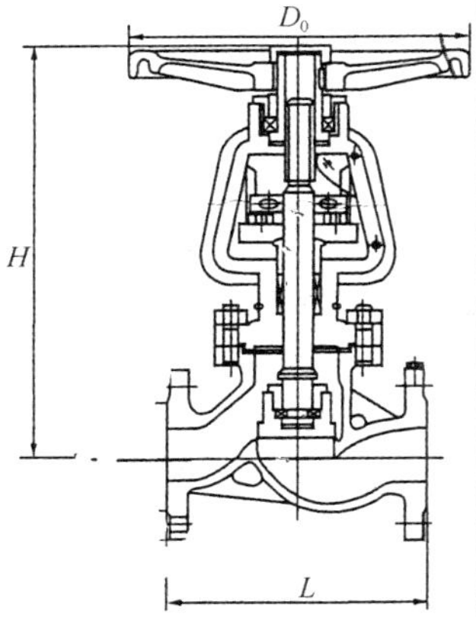 图 2-8-1	JY41W-16P JY41W-16T JY41Y-16P JY41Y-16T	25	160	305		160	9	承高 *DN* 25~400
			32	180	316		160	12	
			40	200	328		180	16	
			50	230	356		200	24	
			65	290	389		280	30	
			80	310	400		280	41	
			100	350	460		320	56	
			125	400	528		320	90	
			150	480	668		450	98	
			200	600	795		500	170	
			250	650	910		560	350	
			300	750	1200		640	502	
			350	850	1290		720	560	
			400	950	1560		800	750	
		JY41W-25P JY41W-25T JY41Y-25P JY41Y-25T	25	160	305		160	9	承高 *DN* 25~400
			32	180	316		160	15	
			40	200	328		180	17	
			50	230	356		200	24	
			65	290	389		280	30	
			80	310	400		280	42	
			100	350	460		320	58	
			125	400	538		320	90	
			150	480	668		450	98	
			200	600	795		500	170	
			250	650	910		560	350	
			300	750	1200		640	502	
			350	850	1290		720	560	
			400	950	1560		800	750	
	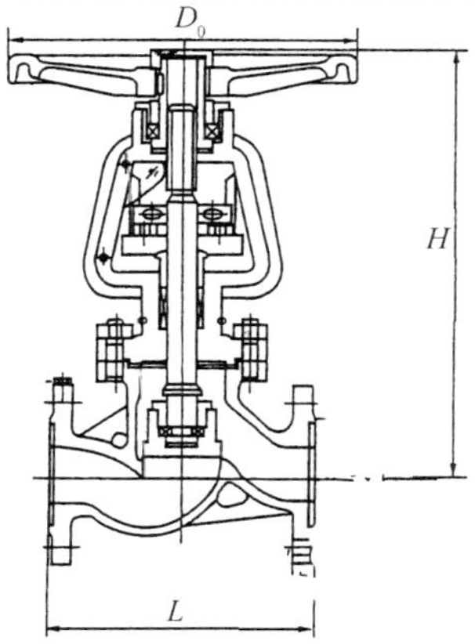 图 2-8-2	JY41W-40P JY41W-40T JY41Y-40P JY41Y-40T	25	160	305		160	9	承高 *DN* 25~400
			32	180	316		160	15	
			40	200	328		180	17	
			50	230	356		200	25	
			65	290	389		280	33	
			80	310	400		280	43	
			100	350	460		320	58	
			125	400	538		320	82	
			150	480	668		450	98	
			200	600	795		500	175	
			250	650	910		560	491	
			300	750	1200		640	705	
			350	850	1290		720	930	
			400	950	1560		800	1234	

续表

序号	名　称	型　号	公称通径 DN	结构尺寸/mm			质量/kg	生产厂
				L	H	D_0		
10	波纹管法兰截止阀 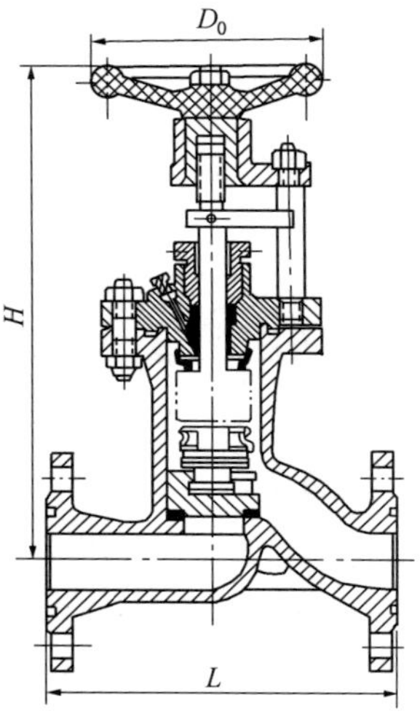 图 2-9	WJ41H-6C	32	180	304	160	8	上阀 *DN* 32~400 *DN* 300、400
			40	200	402	200	10.5	
			50	230	430	240	13.5	
			65	290	445	240	45	
			80	310	523	280	55	
			100	350	535	280	75	
			300	750	754	500	450	
			400	950	954	720	700	
		WJ41H-16C ($CJ_C41H-16C$)	10	130	230	120	5.8	伯特利、保一 *DN* 10~200 良精、沈一 *DN* 10~250 (屯溪 *DN* 15~125) (安科 *DN* 15~250)
			15	130	230	120	5.8	
			20	150	275	140	7	
			25	160	295	160	8.5	
			32	180	304	160	16	
			40	200	354	200	19	
			50	230	412	200	25	
			65	290	445	240	37	
			80	310	480	240	50	
			100	350	523	320	80	
			125	400	545	360	91	
			150	480	613	360	136	
			200	600	780	500	200	
			250	650	850	640	300	
		WJ41H-25 ($CJ_C41\frac{H}{Y}-25$)	10	130	230	120	5.8	良精、伯特利、保一 沈一 *DN* 10~200 (安科 *DN* 15~450)
			15	130	230	148	5.8	
			20	150	306	148	7	
			25	160	310	148	9	
			32	180	420	148	16	
			40	200	420	196	19	
			50	230	432	196	25	
			65	290	495	220	37	
			80	310	548	250	50	
			100	350	626	320	80	
			125	400	710	320	91	
			150	480	855	400	136	
			200	600	1016	560	200	
			250	730	1240	600	490	
			300	850	780			
			350	980	920			
			400	1100	1006			
			450	1200	1215			

续表

序号	名称	型号	公称通径 DN	结构尺寸/mm L	H	D_0	质量/kg	生产厂
10	波纹管法兰截止阀 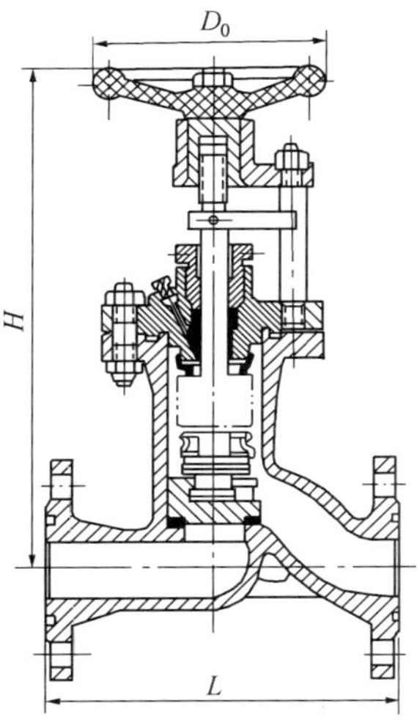 图 2-9	WJ41H-40 （$CJ_C41\frac{H}{Y}$-40）	10	130	230	120	5.8	良精、伯特利、保一 沈一 *DN* 10~100 （安科 *DN* 15~450）
			15	130	230	148	5.8	
			20	150	306	148	7	
			25	160	310	148	9	
			32	180	420	148	16	
			40	200	420	196	23	
			50	230	432	196	30	
			65	290	495	220	68	
			80	310	548	250	80	
			100	350	626	320	90	
			125	400	710	320	102	
			150	480	855	400	148	
			200	600	1016	560	212	
			250	730	1240	600	330	
			300	850	780			
			350	980	920			
			400	1100	1006			
			450	1200	1215			
		WJ41W-6P	32	180	273	120	8	上阀 *DN* 32~100 沈一 *DN* 32~50 *DN* 300、400、250
			40	200	278	120	10.5	
			50	230	317	140	13.5	
			65	290	331	240	45	
			80	310	402	280	55	
			100	350	416	280	75	
			250	650	750	640	300	
			300	750	754	500	450	
			400	950	954	720	700	
		WJ41W-16P	10	130	202	120	5.8	伯特利 *DN* 10~200 良精、沈一 *DN* 10~250 锡山 *DN* 15~250 保一 *DN* 15~200
			15	130	202	120	5.8	
			20	150	231	140	7	
			25	160	231	140	8.5	
			32	180	286	160	16	
			40	200	317	200	19	
			50	230	317	200	25	
			65	290	331	240	37	
			80	310	402	240	50	
			100	350	416	320	80	
			125	400	467	360	91	
			150	480	525	360	136	
			200	600	611	500	200	
			250	650	750	640	300	

续表

序号	名称	型号	公称通径 DN	结构尺寸/mm			质量/kg	生产厂
				L	H	D_0		
10	波纹管法兰截止阀 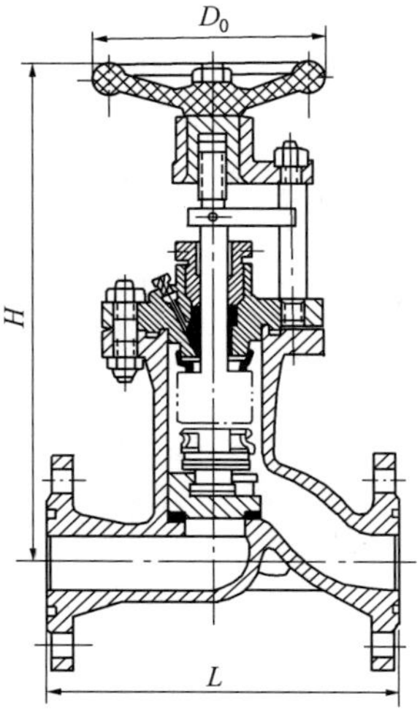 图 2-9	WJ41W-25P	10	130	202	120	5.8	良精、伯特利 沈一 DN 10～200 锡山 DN 15～250 保一 DN 15～200
			15	130	202	120	5.8	
			20	150	231	140	7	
			25	160	231	140	8.7	
			32	180	286	160	16	
			40	200	317	200	19	
			50	230	317	200	25	
			65	290	331	240	37	
			80	310	402	240	50	
			100	350	416	320	80	
			125	400	467	360	91	
			150	480	525	360	136	
			200	600	736	800	198	
			250	622	825	900	490	
		WJ41W-40P	10	130	202	120	5.8	良精、伯特利 沈一 DN 10～100 锡山 DN 15～250 保一 DN 15～100
			15	130	202	120	5.8	
			20	150	228	160	7	
			25	160	228	160	8.7	
			32	180	274	160	16	
			40	200	345	200	23	
			50	230	396	200	30	
			65	290	451	280	36	
			80	310	451	280	48	
			100	350	480	320	67	
			150	480	615	500	108	
			200	600	658	560	209	
			250	622	916	720	330	
11	氨截止阀 (同下页图 2-10)	J41B-16	15	130	196	120	4	南通 DN 40～300 南方 DN 15～300 良精 DN 15～200
			20	150	196	120	5	
			25	160	201	160	6	
			32	180	208	160	12	
			40	200	248	200	14	
			50	230	248	200	19	
			65	290	321	240	32	
			80	310	325	240	45	
			100	350	371	280	70	
			125	400	400	320	115	
			150	480	750	400	161	
			200	600	830	450	282	
			250	650	853	720	369	
			300	750	928	80	426	

序号	名称	型号	公称通径 DN	结构尺寸/mm L	H	D_0	质量/kg	生产厂
11	氨截止阀 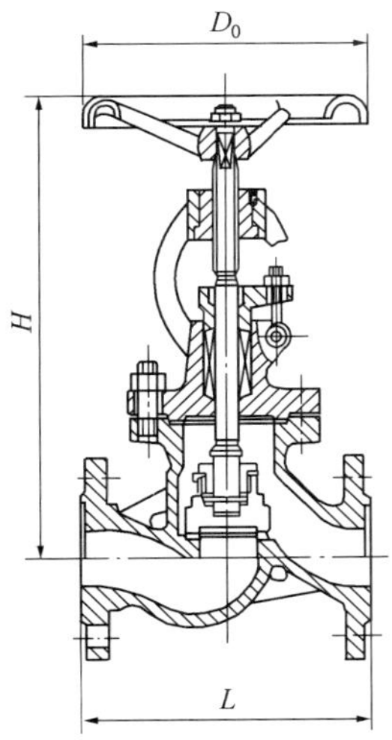 图 2-10	J41B-25Z	20	150	227	120	9	杭阀 *DN* 40~150
			25	160	216	120	10	
			32	180	213	120	12	
			40	200	264	160	15	
			50	230	268	160	20	
			65	290	349	240	30	
			80	310	357	240	40	
			100	350	413	280	60	
			125	400	451	320	85	
			150	480	492	320	120	
			200	600	756	400	200	
		J41B-25Q J41B-25K	10	130	196	120	5	南方 *DN* 15~300 良精 *DN* 10~300 北阀 *DN* 40~80(K)
			15	130	215	120	6	
			20	150	270	120	9	
			25	160	218	120	11	
			32	180	260	120	12	
			40	200	264	160	15	
			50	230	268	160	20	
			65	290	349	240	30	
			80	310	357	240	40	
			100	350	423	280	60	
			125	400	451	320	85	
			150	480	492	320	120	
			200	600	654	400	200	
			250	650	745	500	306	
			300	750	852	600	413	
		J41YA25	15	130	231	120	4.5	大高、大洋 *DN* 15~50
			20	150	277	140	6.5	
			25	160	293	140	8.1	
			32	190	316	140	11.3	
			40	200	356	160	14.9	
			50	230	408	180	21.7	
		J41YA40	15	130	231	120	4.5	大高、大洋 *DN* 15~50
			20	150	277	140	6.5	
			25	160	293	140	8.1	
			32	190	316	140	11.3	
			40	200	356	160	14.9	
			50	230	408	180	21.7	

序号	名　　称	型　号	公称通径 DN	结构尺寸/mm			质量/kg	生产厂
				L	H	D_0		
11	氨截止阀 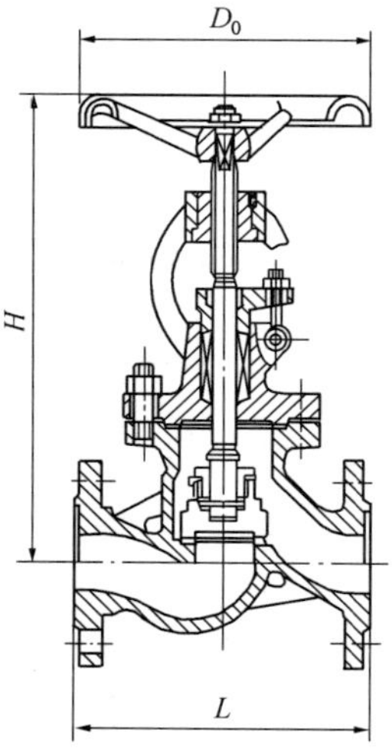 图 2-10	J41B-16C	25	160	210	160	6	南通 DN 40~300 南方、良精 DN 25~300
			40	200	352	200	15	
			50	230	382	200	25	
			65	290	438	240	36	
			80	310	457	240	46	
			100	350	645	280	68	
			125	400	695	320	115	
			150	480	750	400	161	
			200	600	830	450	282	
			250	622	853	720	369	
			300	698	928	800	426	
		J41B-25	15	130	171	100	4.5	兰高 DN 15~300 自高、西高、良精、正华 DN 15~200 南通 DN 40~300
			20	150	200	100	6.5	
			25	160	217	120	8.5	
			32	180	264	120	11.5	
			40	200	289	160	15	
			50	230	338	160	19	
			65	290	402	280	33	
			80	310	436	320	44	
			100	350	480	360	61	
			125	400	538	400	85.8	
			150	480	612	400	98	
			200	600	721	450	169	
			250	650	830	720	446	
			300	750	995	800	656	
		BQJ41F-25DC	15	130	−185	110	5	南京流机 DN 15~50
			20	150	−190	110	5.4	
			25	160	−195	110	5.8	
			32	180	−202	110	5.8	
			40	200	−230	160	7.3	
			50	230	−240	160	8	

续表

序号	名称	型号	公称通径 DN	结构尺寸/mm L	H	D_0	质量/kg	生产厂
12	法兰低温截止阀 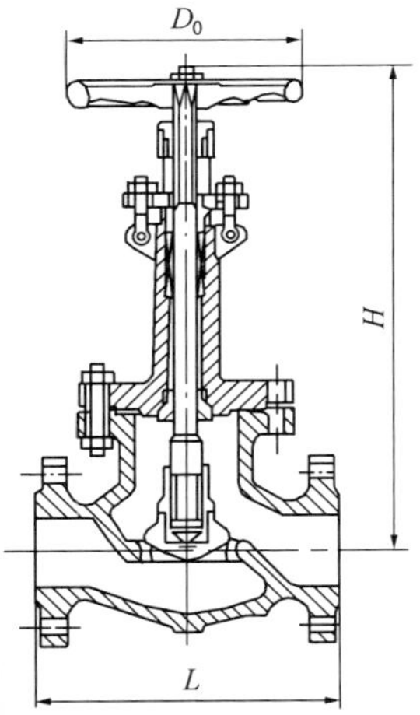 图 2-11	FDJ41 H/Y-16D	15	130	220	120		建湖 DN 15~300 保一 DN 50~300
			20	150	220	140		
			25	160	255	160		
			32	180	285	180		
			40	200	300	200		
			50	230	305	240		
			65	290	345	280		
			80	310	490	280		
			100	350	535	320		
			125	400	570	400		
			150	480	655	400		
			200	600	740			
			250	730	790			
			300	850	840			
		FDJ41 H/Y-25D	15	130	220	120		建湖 DN 15~300 保一 DN 50~300
			20	150	220	140		
			25	160	255	160		
			32	180	285	180		
			40	200	300	200		
			50	230	305	240		
			65	290	345	280		
			80	310	490	280		
			100	350	535	320		
			125	400	570	400		
			150	480	655			
			200	600	740			
			250	730	790			
			300	850	840			
		FDJ41 H/Y-40D	15	130	345	120		建湖 DN 15~300 保一 DN 50~300
			20	150	385	140		
			25	160	405	160		
			32	180	427	180		
			40	200	485	200		
			50	230	505	240		
			65	290	550	280		
			80	310	590	320		
			100	350	640			
			125	400	670			
			150	480	730			
			200	600	780			
			250	730	830			
			300	850	880			

续表

序号	名称	型号	公称通径 DN	结构尺寸/mm L	H	D_0	质量/kg	生产厂
12	法兰低温截止阀 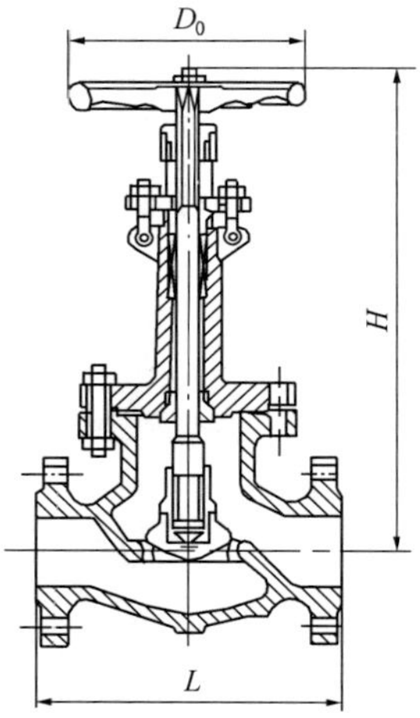 图 2-11	FDJ41$^{H}_{Y}$-64D	15	170	345	140		建湖 DN 15~300
			20	190	385	160		
			25	210	405	180		
			32	230	427	200		
			40	260	485	240		
			50	300	505	280		
			65	340	550	320		
			80	380	590	360		
			100	430	640			
			125	500	670			
			150	550	730			
			200	650	780			
			250	775	830			
			300	900	880			
		FDJ41$^{H}_{Y}$-100D	15	170	350	160		建湖 DN 15~300
			20	190	390	180		
			25	210	410	200		
			32	230	440	240		
			40	260	550	280		
			50	300	525	320		
			65	340	570	360		
			80	380	610	400		
			100	430	660			
			125	500	690			
			150	550	750			
			200	650	800			
			250	775	850			
			300	900	900			
		FDJ41$^{H}_{Y}$-16P (DJ41Y-16P)	15	130	220	120		建湖 DN 15~300 保一 DN 50~300 (承高 DN 50~300)
			20	150	220	140		
			25	160	255	160		
			32	180	285	180		
			40	200	300	200		
			50	230	305	240		
			65	290	345	280		
			80	310	490	280		
			100	350	535	320		
			125	400	570	400		
			150	480	655	400		
			200	600	740			
			250	730	790			
			300	850	840			

序号	名称	型号	公称通径 *DN*	结构尺寸/mm *L*	结构尺寸/mm *H*	结构尺寸/mm D_0	质量/kg	生产厂
12	法兰低温截止阀 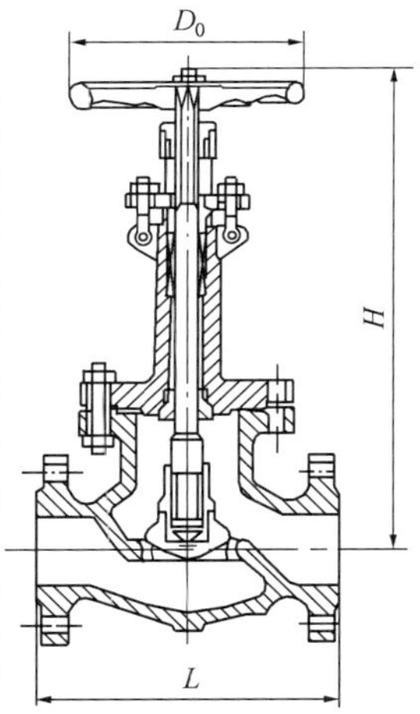 图 2-11	FDJ41$\frac{H}{Y}$-25P (DJ4Y-25P)	15	130	220	120		建湖 *DN* 15~300 保一 *DN* 50~300 (承高 *DN* 50~300)
			20	150	220	140		
			25	160	225	160		
			32	180	285	180		
			40	200	300	200		
			50	230	305	240		
			65	290	345	280		
			80	310	490	280		
			100	350	535	320		
			125	400	570	400		
			150	480	655			
			200	600	740			
			250	730	790			
			300	850	840			
		FDJ41$\frac{H}{Y}$-40P (DJ41Y-40P)	15	130	345	120		建湖 *DN* 15~300 保一 *DN* 50~300 (承高 *DN* 50~300)
			20	150	385	140		
			25	160	405	160		
			32	180	427	180		
			40	200	485	200		
			50	230	505	240		
			65	290	550	280		
			80	310	590	320		
			100	350	640			
			125	400	670			
			150	480	730			
			200	600	780			
			250	730	830			
			300	850	880			
		FDJ41$\frac{H}{Y}$-64P (DJ41Y-64P)	15	170	345	140		建湖 *DN* 15~300 (大高 *DN* 15~100)
			20	190	385	160		
			25	210	405	180		
			32	230	427	200		
			40	260	485	240		
			50	300	505	280		
			65	340	550	320		
			80	380	590	360		
			100	430	640			
			125	500	670			
			150	550	730			
			200	650	780			
			250	775	830			
			300	900	880			

续表

序号	名称	型号	公称通径 *DN*	结构尺寸/mm *L*	*H*	D_0	质量/kg	生产厂
12	法兰低温截止阀 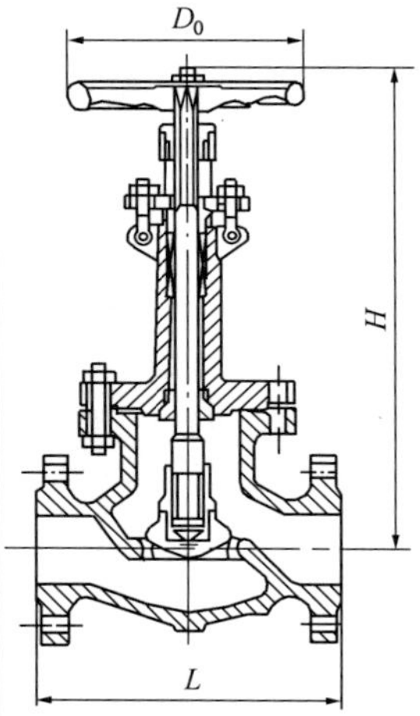 图 2-11	FDJ41 $\frac{H}{Y}$-100P	15	170	350	160		建湖 *DN* 15~300
			20	190	390	180		
			25	210	410	200		
			32	230	440	240		
			40	260	550	280		
			50	300	525	320		
			65	340	570	360		
			80	380	610	400		
			100	430	660			
			125	500	690			
			150	550	750			
			200	650	800			
			250	775	850			
			300	900	900			
		FDJ41 $\frac{H}{Y}$-16R （DJ41Y-16R）	15	130	220	120		建湖 *DN* 15~300 保一 *DN* 50~300 （承高 *DN* 50~300）
			20	150	220	140		
			25	160	255	160		
			32	180	285	180		
			40	200	300	200		
			50	230	305	240		
			65	290	345	280		
			80	310	490	280		
			100	350	535	320		
			125	400	570	400		
			150	480	655	400		
			200	600	740			
			250	730	790			
			300	850	840			
		FDJ41 $\frac{H}{Y}$-25R （DJ41Y-25R）	15	130	220	120		建湖 *DN* 15~300 保一 *DN* 50~300 （承高 *DN* 50~300）
			20	150	220	140		
			25	160	255	160		
			32	180	285	180		
			40	200	300	200		
			50	230	305	240		
			65	290	345	280		
			80	310	490	280		
			100	350	535	320		
			125	400	570	400		
			150	480	655			
			200	600	740			
			250	730	790			
			300	850	840			

续表

序号	名称	型号	公称通径 DN	结构尺寸/mm L	H	D_0	质量/kg	生产厂
12	法兰低温截止阀 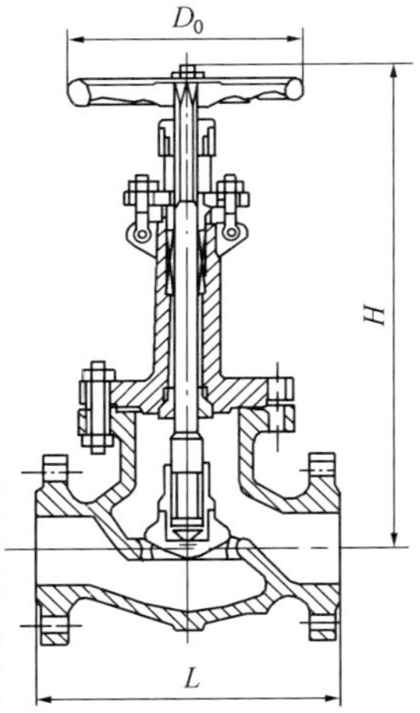 图 2-11	FDJ41$\frac{H}{Y}$-40R (DJ41Y-40R)	15	130	345	120		建湖 DN 15~300 保一 DN 50~300 (承高 DN 50~300)
			20	150	385	140		
			25	160	405	160		
			32	180	427	180		
			40	200	485	200		
			50	230	505	240		
			65	290	550	280		
			80	310	590	320		
			100	350	640			
			125	400	670			
			150	480	730			
			200	600	780			
			250	730	830			
			300	850	880			
		FDJ41$\frac{H}{Y}$-64R	15	170	345	140		建湖 DN 15~300
			20	190	385	160		
			25	210	405	180		
			32	230	427	200		
			40	260	485	240		
			50	300	505	280		
			65	340	550	320		
			80	380	590	360		
			100	430	640			
			125	500	670			
			150	550	730			
			200	650	780			
			250	775	780			
			300	900	880			
		FDJ41$\frac{H}{Y}$-100R	15	170	350	160		建湖 DN 15~300
			20	190	390	180		
			25	210	410	200		
			32	230	440	240		
			40	260	550	280		
			50	300	525	320		
			65	340	570	360		
			80	380	610	400		
			100	430	660			
			125	500	690			
			150	550	750			
			200	650	800			
			250	775	850			
			300	900	900			

序号	名　　称	型　号	公称通径 DN	结构尺寸/mm L	H	D_0	质量/kg	生产厂
13	角式截止阀 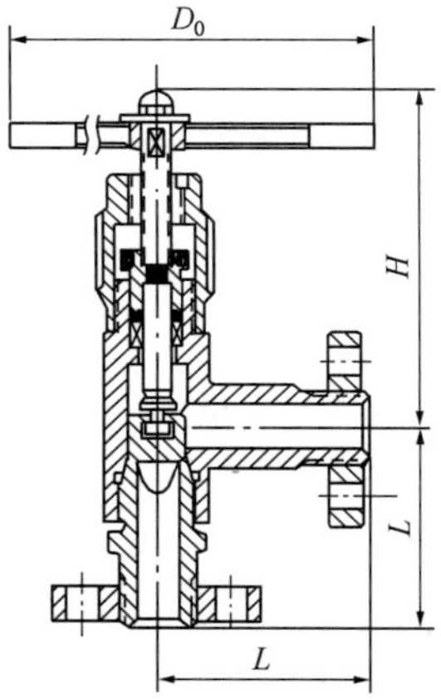 图 2-12	J44H-40	32	90	307	160	17	上阀 DN 32~50
			40	100	340	200	20	
			50	115	380	200	25	
		J44H-100	32	115	332	200	25	上阀 DN 32~50
			40	130	385	240	35	
			50	150	445	280	45	
		J44$\substack{H\\Y}$-160	3	60	81	110	1.4	伯特利 DN 3~125 开阀 DN 6~80(H) 西高 DN 15~125(H) 正华 DN 15~80 北阀、大高、苏高 DN 15~50 屯溪、大洋、杭阀 DN 10~50 良工、汉威 DN 10~65 保一 DN 10~80 精工 DN 6~125 承高 DN 10~50(H) 承高 DN 10~150(Y、W)
			6	60	81	110	1.5	
			10	90	210	200	5	
			15	105	220	200	5	
			25	120	275	300	9.2	
			32	135	280	300	10.5	
			40	165	325	350	21	
			50	190	404	400	30	
			65	215	442	650	90	
			80	260	510	720	132	
			100	290	595	850	360	
			125	320	710	1000	410	
			150	320	790	1000	576	
		J44$\substack{H\\Y}$-220	3	60	81	110	1.4	伯特利 DN 3~125 精工 DN 6~125(H)
			6	60	81	110	1.5	
			10	90	210	200	5	
			15	105	220	200	5	
			25	120	275	300	9.2	
			32	135	280	300	10.5	
			40	165	325	350	21	
			50	190	404	400	30	
			65	215	442	650	90	
			80	260	510	720	132	
			100	290	595	850	360	
			125	320	710	1000	410	
		J44$\substack{H\\Y}$-250	3	60	81	110	1.4	伯特利 DN 3~125 精工 DN 6~125(H)
			6	60	100	150	1.5	
			10	90	210	200	5.5	
			15	105	220	200	6	
			25	120	275	300	10.5	
			32	135	283	300	12	
			40	165	325	350	23	
			50	190	404	400	35	
			65	215	442	650	80	
			80	260	595	850	154	
			100	290	692	850	190	
			125	320	825	1000	320	

序号	名称	型号	公称通径 DN	结构尺寸/mm L	H	D_0	质量/kg	生产厂
13	角式截止阀 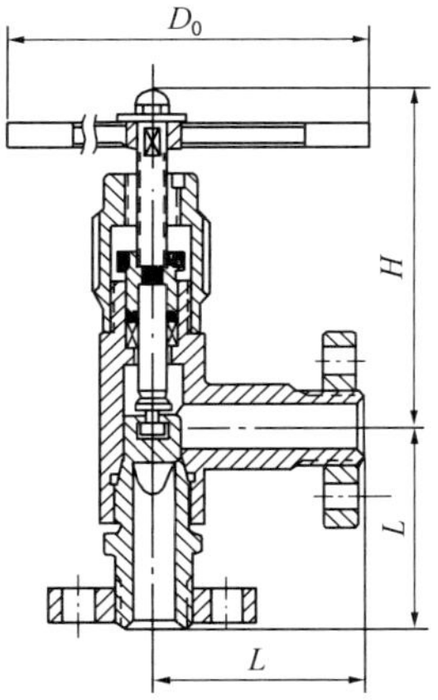 图 2-12	J44$\genfrac{}{}{0pt}{}{H}{Y}$-320	3	60	81	110	1.4	伯特利 DN 3~125 保一 DN 10~80 开阀 DN 3~80(H) 北阀 DN 6~50 良工、汉威 DN 3~50 屯溪、大洋 DN 10~50 正华 DN 3~80 精工 DN 6~125 承高 DN 3~150(H) 承高 DN 10~150(Y)
			6	60	100	150	1.5	
			10	90	210	200	5.5	
			15	105	220	200	6	
			25	120	275	300	10.5	
			32	135	283	300	12	
			40	165	325	350	23	
			50	190	404	400	35	
			65	215	442	650	80	
			80	260	595	850	154	
			100	290	692	850	360	
			125	320	825	1000	410	
			150	320	710	1000	576	
		J44$\genfrac{}{}{0pt}{}{W}{Y}$-160P	3	60	81	110	1.4	伯特利 DN 3~125 良精 DN 15(W) 正华 DN 15~80(W) 开阀 DN 3~80(Y)
			6	60	81	110	1.5	
			10	90	210	200	5	
			15	105	220	200	5	
			25	120	275	300	9.2	
			32	135	280	300	10.5	
			40	165	325	350	21	
			50	190	404	400	30	
			65	215	442	650	90	
			80	260	510	720	132	
			100	290	595	850	171	
			125	320	710	1000	371	
		J44$\genfrac{}{}{0pt}{}{W}{Y}$-220P	3	60	81	110	1.4	伯特利 DN 3~125 良精 DN 25~100(W)
			6	60	81	110	1.5	
			10	90	210	200	5	
			15	105	220	200	5	
			25	120	275	300	9.2	
			32	135	280	300	10.5	
			40	165	325	350	21	
			50	190	404	400	30	
			65	215	442	650	90	
			80	260	510	720	132	
			100	290	595	850	171	
			125	320	710	1000	317	

续表

序号	名称	型号	公称通径 DN	结构尺寸/mm			质量/kg	生产厂
				L	H	D_0		
13	角式截止阀 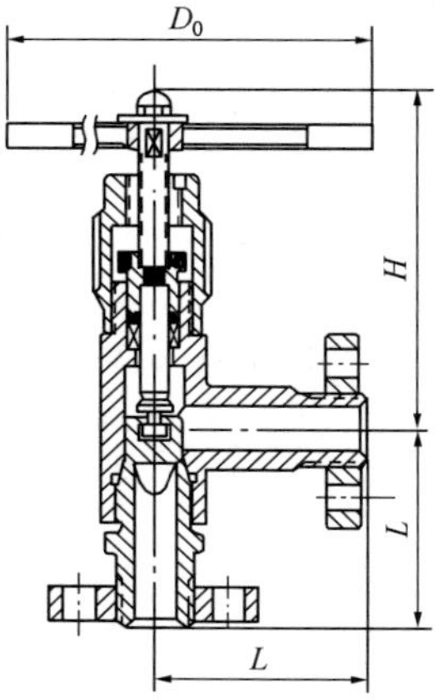 图 2-12	J44$\genfrac{}{}{0pt}{}{W}{Y}$-250P	3	60	81	110	1.4	伯特利 DN 3~125 良精 DN 3(W)
			6	60	100	150	1.5	
			10	90	210	200	5.5	
			15	105	220	200	6	
			25	120	275	300	10.5	
			32	135	283	300	12	
			40	165	325	350	23	
			50	190	404	400	35	
			65	215	442	650	80	
			80	260	595	850	154	
			100	290	692	850	190	
			125	320	825	1000	320	
		J44$\genfrac{}{}{0pt}{}{W}{Y}$-320P	3	60	81	110	1.4	伯特利 DN 3~125 正华 DN 3~80(W) 良精 DN 6~100(W) 开阀 DN 3~80(Y)
			6	60	100	150	1.5	
			10	90	210	200	5.5	
			15	105	220	200	6	
			25	120	275	300	10.5	
			32	135	283	300	12	
			40	165	325	350	23	
			50	190	404	400	35	
			65	215	442	650	80	
			80	260	595	850	154	
			100	290	692	850	190	
			125	320	825	1000	320	
		J44$\genfrac{}{}{0pt}{}{W}{Y}$-160R	3	60	81	110	1.4	伯特利 DN 3~125 良精 DN 15(W) 正华 DN 15~80(W) 屯溪 DN 6~50(W) 开阀 DN 6~80(Y)
			6	60	81	110	1.5	
			10	90	210	200	5	
			15	105	220	200	5	
			25	120	275	300	9.2	
			32	135	280	300	10.5	
			40	165	325	350	21	
			50	190	404	400	30	
			65	215	442	650	90	
			80	260	510	720	132	
			100	290	595	850	171	
			125	320	710	1000	317	

续表

序号	名称	型号	公称通径 DN	结构尺寸/mm L	H	D_0	质量/kg	生产厂
13	角式截止阀 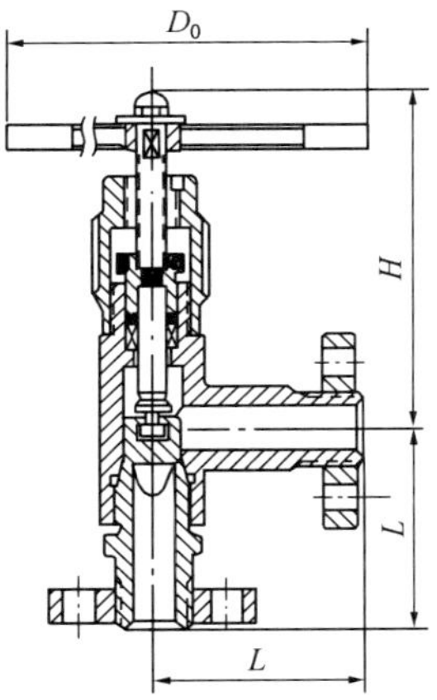 图 2-12	J44$\frac{H}{Y}$-220R	3	60	81	110	1.4	伯特利 *DN* 3~125 良精 *DN* 25~100(W) 承高 *DN* 10~150(W)
			6	60	81	110	1.5	
			10	90	210	200	5	
			15	105	220	200	5	
			25	120	275	300	9.2	
			32	135	280	300	10.5	
			40	165	325	350	21	
			50	190	404	400	30	
			65	215	442	650	90	
			80	260	510	720	132	
			100	290	595	850	360	
			125	320	710	1000	410	
			150	320	790	1000	576	
		J44$\frac{W}{Y}$-250R	3	60	81	110	1.4	伯特利 *DN* 3~125 良精 *DN* 3(W)
			6	60	100	150	1.5	
			10	90	210	200	5.5	
			15	105	220	200	6	
			25	120	275	300	10.5	
			32	135	283	300	12	
			40	165	325	350	23	
			50	190	404	400	35	
			65	215	442	650	80	
			80	260	595	850	154	
			100	290	692	850	190	
			125	320	825	1000	320	
		J44$\frac{W}{Y}$-320R	3	60	81	110	1.4	伯特利 *DN* 3~125 正华 *DN* 3~80(W) 良精 *DN* 6~100(W) 屯溪 *DN* 6~50(W) 开阀 *DN* 3~80(Y) 承高 *DN* 3~150(W)
			6	60	100	150	1.5	
			10	90	210	200	5.5	
			15	105	220	200	6	
			25	120	275	300	10.5	
			32	135	283	300	12	
			40	165	325	350	23	
			50	190	404	400	35	
			65	215	442	650	80	
			80	260	595	850	154	
			100	290	6921	850	360	
			125	320	825	1000	410	
			150	320	790	1000	576	

续表

序号	名　　称	型　号	公称通径 DN	结构尺寸/mm L	H	H_1	D_0	质量/kg	生产厂
14	抗氢角式截止阀 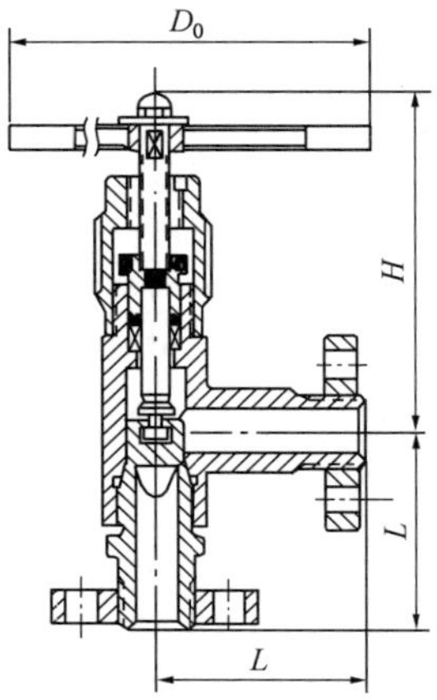 图 2-13	J44Y-320Nb	6	60	176		200	8	承高 DN 6~125
			10	90	183		200	10	
			15	105	343		280	12	
			25	120	343		280	16	
			32	135	438		400	20	
			40	165	539		450	51	
			50	190	690		390	78	
			65	215	770		390	86	
			80	260	835		390	165	
			100	290	884		390	390	
			125	320	1074		500	480	
15	蜗轮传动角式截止阀 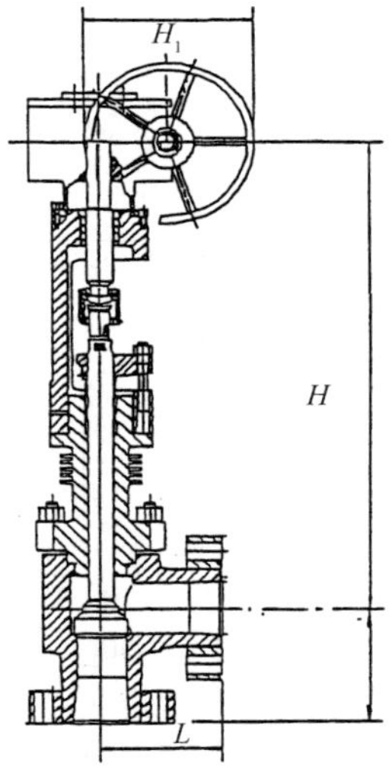 图 2-14	J344Y-160C J344W-220R	40	165	290	251		140	承高 DN 40~300
			50	190	330	251		163	
			65	215	400	251		215	
			80	260	510	251		360	
			100	390	600	251		585	
			125	320	680	251		660	
			150	320	720	425		920	
			175	420	920	425		1130	
			200	455	920	425		1250	
			225	455	920	425			
			250	500	920	425			
			275	550	1035	456			
			300	600	1035	456			
		J344Y-320C J344W-320R	40	165	280	251		141	承高 DN 40~300
			50	190	320	251		168	
			65	215	400	251		222	
			80	260	540	251		380	
			100	290	650	251		615	
			125	320	720	425		730	
			150	320	920	425		1290	
			175	420	920	425		1350	
			200	455	1035	425		1400	
			225	500	1035	456			
			250	550	1035	456			
			275	600	1055	456			
			300	650	1055	456			

序号	名称	型号	公称通径 DN	结构尺寸/mm				质量/kg	生产厂
				L	H	H_1	D_0		
16	抗氢钢蜗轮传动角式截止阀 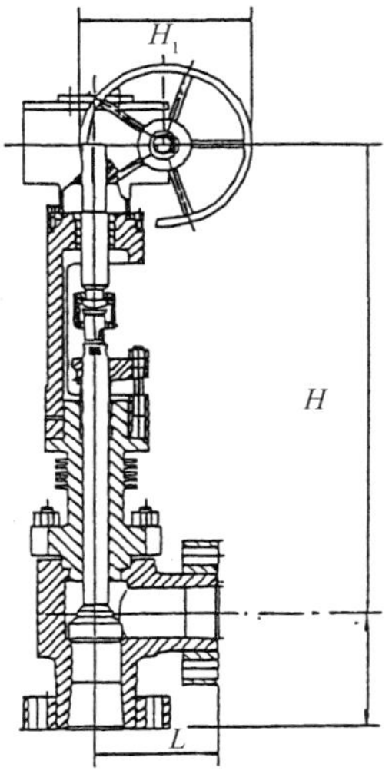 图 2-15	J344Y-320Nb	80	260	540	251		380	承高 DN 80~300
			100	290	650	251		615	
			125	320	720	425		730	
			150	390	920	425		1290	
			175	420	920	425		1350	
			200	455	1035	425		1400	
			225	500	1035	456			
			250	550	1035	456			
			275	600	1035	456			
			300	650	1035	585			

序号	名称	型号	公称通径 DN	结构尺寸/mm			质量/kg	生产厂
				L	H	D_0		
17	低温角式截止阀 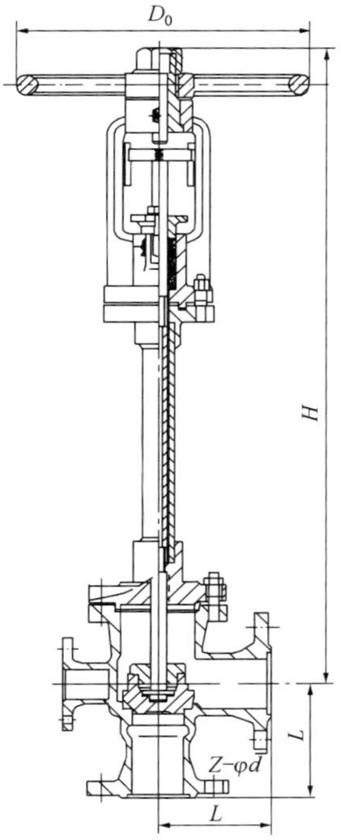 图 2-16	DJ44Y-6P	50	235	711	200	40	沈阀 DN 50~150
			65	265	910	200	50	
			80	275	912	200	60	
			100	300	912	200	70	
			150	415	920	200	110	
		DJ44Y-16P	40	200	674	200	21.7	沈阀 DN 40、125
			125	355	1066	450	92.6	
		DJ44W-40P	25	160	658	200	18	沈阀 DN 25、40~100
			40	200	674	200	22	
			50	230	875	310	43	
			65	265	902	360	58.5	
			80	275	925	400	63.9	
			100	300	1056	450	84.2	
		DJ44W-160P	65	320	1285	450	146	沈阀 DN 65

序号	名称	型号	公称通径 DN	结构尺寸/mm			质量/kg	生产厂
				L	H	D_0		
18	抗硫角式截止阀（同图 2-12）	KJ44Y-160	10	90	148	200	6	屯溪 DN 10~50
			15	105	162	200	10	
			25	120	212	300	17	
			32	135	224	300	25	
			40	165	278	500	32	
			50	190	305	650	40	
19	直流式截止阀（同图 2-17）	J45Y-25	50	310	380		18	北阀 DN 50~200
			65	368	450			
			100	400	610			
			125	457	703			
			150	555	823		105	
			200	600	980			
		J45Y-40	50	378				北阀 DN 50~250
			80	422				
			100	461				
			150	634				
			200	736				
			250	856				
		J45Y-64	50	378				北阀 DN 50~250
			80	422				
			100	461				
			150	634				
			200	736				
			250	856				
		J45Y-16A	15	130	232			西高 DN 15~80
			20	150	268			
			25	160	277			
			32	180	310			
			40	200	356			
			50	230	380			
			65	290	450			
			80	310	463			

序号	名称	型号	公称通径 DN	结构尺寸/mm L	H	D_0	质量/kg	生产厂
19	直流式截止阀（同图 2-17）	J45W-25A	15	130	232			西高 DN 15~200
			20	150	268			
			25	160	277		10	
			32	180	310			
			40	200	356			
			50	230	380		18	
			65	290	450			
			80	310	463		38	
			100	350	610			
			125	400	703			
			150	480	823		105	
			200	600	980			
		J45T-6	40	200	330	160	14	上阀五 DN 40~200
			50	230	402	160	16. 5	
			80	310	521	200	36	
			100	350	615	200	50	
			125	400	729	280	60	
			150	480	810	280	90	
			200	600	1003	400	146	
		J45J-6	50	210	229		14	上阀五 DN 50~200
			80	300	305		30	
			100	350	362		45	
			150	460	496		80	
			200	570	654		145	

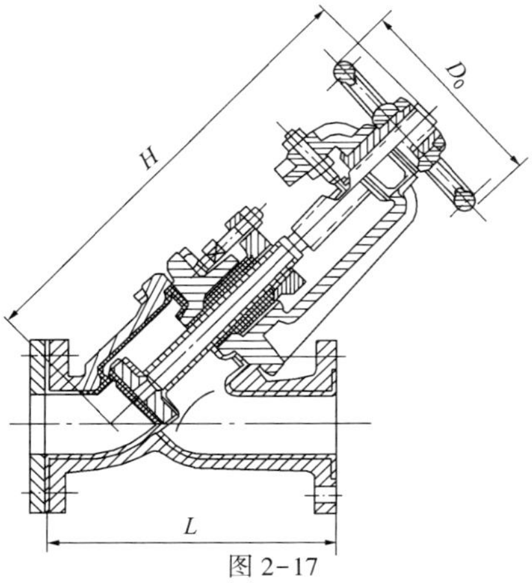

图 2-17

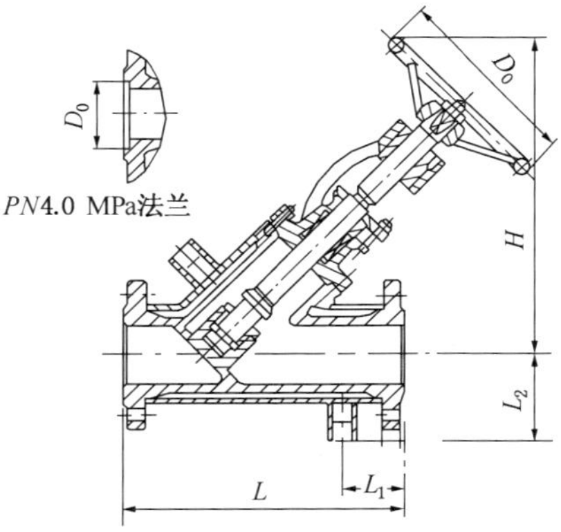

图 2-18

续表

序号	名称	型号	公称通径 DN	结构尺寸/mm L	H	D_0	质量/kg	生产厂
20	保温夹套直流式截止阀（见图 2-18）注：夹套引入、出口尺寸：见下表	BJ45H-25	15	200	210	120	14	良精、保一 DN 15~200
			20	220	240	140	18	
			25	220	314	160	25	
			32	250	351	160	30	
			40	270	365	160	36	
			50	300	450	240	40	
			65	350	500	240	54	
			80	380	540	280	70	
			100	430	625	320	100	
			125	490	550	360	130	
			150	570	620	360	170	
			200	690	750	400	250	
		BJ45Y-25$^{P}_{R}$ BJ45Y-25R_3 （BJ45W-25$^{P}_{R}$）	15	200	210	120	14	良精、保一 DN 15~200（承高 DN 25~200）
			20	220	240	140	18	
			25	220	314	160	25	
			32	250	351	160	30	
			40	270	365	160	36	
			50	300	450	240	40	
			65	350	500	240	54	
			80	380	540	280	70	
			100	430	625	320	100	
			125	490	550	360	130	
			150	570	620	360	170	
			200	690	750	400	250	
		BJ45H-40	15	200	210	120	14	良精、保一 DN 15~200
			20	220	240	140	18	
			25	220	250	160	25	
			32	250	270	160	33	
			40	270	310	160	41	
			50	300	330	240	45	
			65	350	360	240	62	
			80	380	400	280	80	
			100	430	480	320	100	
			125	490	550	360	130	
			150	570	620	360	185	
			200	690	750	400	268	
		BJ45Y-40$^{P}_{R}$ BJ45Y-40R_3 （BJ45W-40$^{P}_{R}$）	15	200	210	120	14	良精、保一 DN 15~200（承高 DN 25~200）
			20	220	240	140	18	
			25	220	250	160	25	
			32	250	270	160	33	
			40	270	310	160	41	
			50	300	330	240	45	
			65	350	360	240	62	
			80	380	400	280	80	
			100	430	480	320	100	
			125	490	550	360	130	
			150	570	620	360	185	
			200	690	750	400	268	

DN	L_1	L_2
15	50	50
20	50	55
25	50	65
32	55	70
40	60	78
50	60	88
65	65	95
80	70	112
100	75	132
125	80	146
150	90	172
200	95	205

序号	名称	型号	公称通径 DN	结构尺寸/mm L	H	D_0	质量/kg	生产厂
21	平衡直通式截止阀	J46W-25P	250	817	825		400	沈阀、保一 DN 250、300、400
			300	881	976		650	
			400	1067	1096		1000	
		J46W-40P	250	851	825		500	沈阀、保一 DN 250、300
			300	929	976		700	

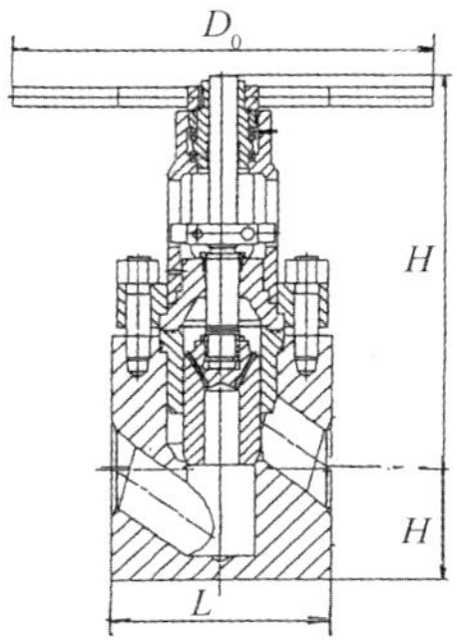

图 2-19-1(J46)

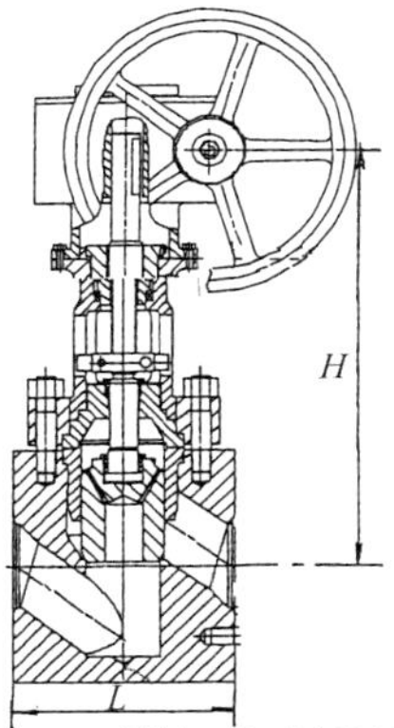

图 2-19-2(J346)

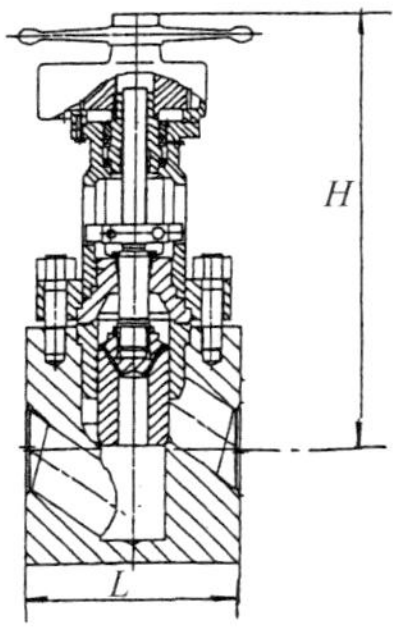

图 2-19-3(J446)

序号	名称	型号	公称通径 DN	结构尺寸/mm L	H	H_1	D_0	质量/kg	生产厂
21	图 2-19-1(J46)、图 2-19-2(J346)、图 2-19-3(J446)	J46Y-160C J46W-220R	65	200	485	100	440	120	承高 DN 65~300
			80	225	542	133	450	170	
			100	260	652	150	600	210	
			125	380	782	187	800	470	
			150	400	777	215	800	520	
			175	450	1010	265	800	1000	
			200	500	1010	280	1000	1250	
			225	550	1047	300	1000	1480	
			250	600	1047	325	1000	1750	
			275	650	1047	350	1000		
			300	700	1047	375	1100		
		J46Y-320C J46W-320R	50	200	428	92	400		承高 DN 50~300
			65	225	540	133	450	130	
			80	260	642	140	600	180	
			100	320	705	165	700	230	
			125	330	720	165	550	490	
			150	400	790	200	650	567	
			175	500	1010	250	800	1250	
			200	520	1045	275	1000	1340	
			225	650	1160	330	1000	2490	
			250	700	1175	370	1000	2900	
			275	750		410	1100		
			300	800		450	1100		

型号	DN	L	H	质量/kg 346	446	546	生产厂
J346Y-160C J446Y-160C J546Y-160C	175	450	935	1230	1130	1230	承高 DN 175~300
	200	500	960	1480	1380	1480	
	225	550	1076	1710	1610	1710	
	250	600	1180	1980	1880	1980	
	275	650	1290	2380	2280	2380	
	300	700	1410	2430	2330	2430	
J346W-220R J446W-220R J546W-220R	175	450	935	1230	1130	1230	承高 DN 175~300
	200	500	960	1480	1380	1480	
	225	550	1076	1710	1610	1710	
	250	600	1180	1980	1880	1980	
	275	650	1290	2380	2280	2380	
	300	700	1410	2430	2330	2430	

序号	名称	型号	公称通径 DN	结构尺寸/mm		质量/kg			生产厂
				L	H	346	446	546	
21	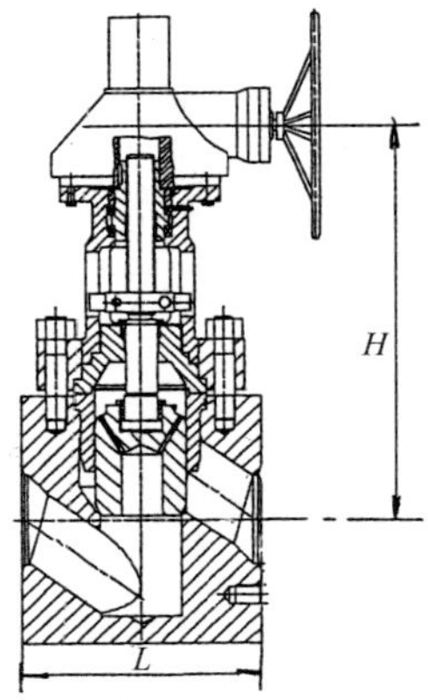 图 2-19-4(J546)	J346Y-320C J446Y-320C J546Y-320C	175	500	935	1480	1380	1480	承高 DN 175~300
			200	520	960	1570	1470	1570	
			225	650	1076	2760	2660	2760	
			250	700	1180	3130	3030	3130	
			275	750	1290	3540	3430	3540	
			300	800	1410	4050	3930	4050	
		J346W-320R J446W-320R J546W-320R	175	500	935	1480	1380	1480	承高 DN 175~300
			200	520	960	1570	1470	1570	
			225	650	1076	2760	2660	2760	
			250	700	1180	3130	3030	3130	
			275	750	1290	3540	3430	3540	
			300	800	1410	4050	3930	4050	

序号	名称	型号	公称通径 DN	结构尺寸/mm				质量/kg	生产厂
				L	H	H_1	D_0		
22	角式平衡截止阀(方体) 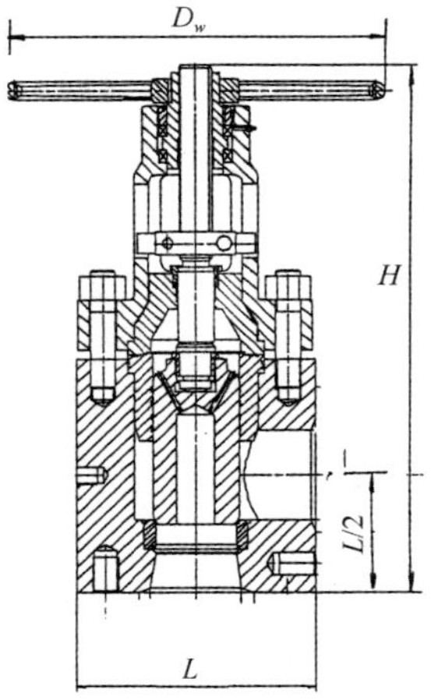 图 2-20-1(J47)	J47Y-160C (J47W-160R) J47W-220R	50	165	394		400	121	良工、汉威、伯特利 DN 65~126(160C) 开阀 DN 100~220 (160C) (良精 DN 65~125) 承高 DN 50~300
			65	200	410		400	156	
			80	225	500		450	213	
			100	300	642		700	336	
			125	380	724		800	598	
			150	400	723		800	724	
			175	450	938		800	860	
			200	450	936		800	860	
			225	500	965		1000	1180	
			250	520	981		1000	1320	
			275	650	990		1000	1520	
			300	700	990		1000	1720	
		J47Y-320C J47W-320R	50	200	410		400	198	承高 DN 50~300 良工、汉威、伯特利、 良精 DN 65~125 西高 DN 65~150 良精 DN 65~100 (320R) 开阀 DN 100~200
			65	225	500		450	233	
			80	260	602		600	290	
			100	320	650		700	381	
			125	400	723		800	598	
			150	450	815		800	724	
			175	450	938		800	860	
			200	500	961		1000	1180	
			225	560	1060		1000	1650	
			250	600	1060		1000	2100	
			275	650	1060		1000	2300	
			300	700	1060		1000	2500	

续表

序号	名称	型号	公称通径 DN	结构尺寸/mm L	H_3	H_4	H_5	质量/kg 347	447	547	生产厂
22	角式平衡阀(方体) 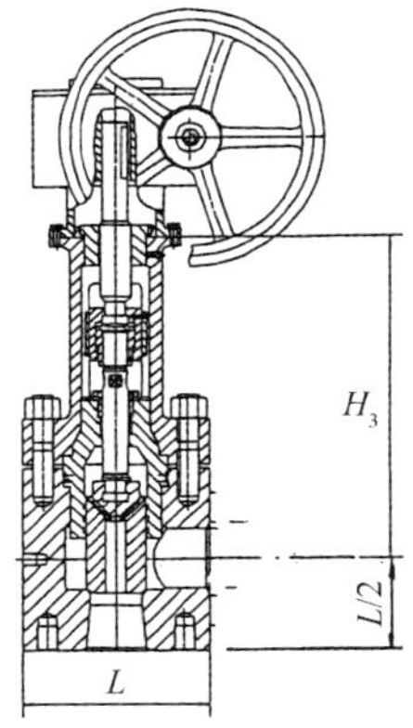 图 2-20-2(J347)	J347Y-160C J447Y-160C J547Y-160C J347W-220R J447W-220R J547W-220R	50	165	520	—	—	244	—	—	承高 DN 50~300
			65	200	520	—	—	279	—	—	
			80	225	570	—	—	336	—	—	
			100	300	738	—	—	498	—	—	
			125	380	865	—	—	680	—	—	
			150	400	925	—	—	790	—	—	
			175	450	1014	1135	1135	990	990	1090	
			200	450	1015	1160	1160	1310	1310	1410	
			225	500	1038	1280	1280	1780	1780	1880	
			250	520	1038	1172	1280	2230	2230	2330	
			275	650							
			300	700							
	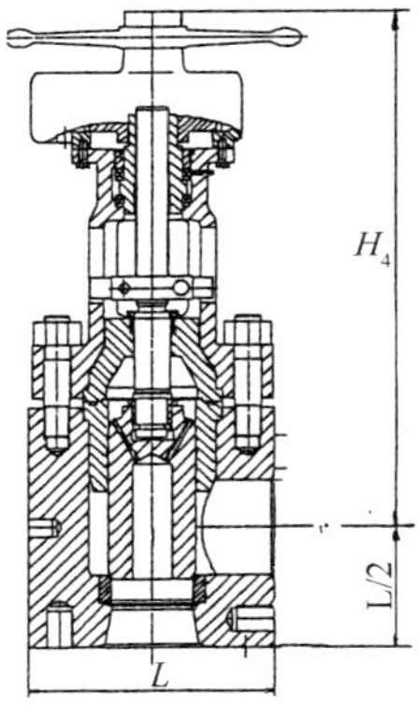 图 2-20-3(J447)	J347Y-320C J447Y-320C J547Y-320C	50	200	520	—	—	167	—	—	承高 DN 50~300
			65	225	520	—	—	233	—	—	
			80	260	570	—	—	280	—	—	
			100	320	738	—	—	447	—	—	
			125	400	865	—	—	702	—	—	
			150	450	925	—	—	733	—	—	
			175	450	1014	935	935	990	880	1090	
			200	500	1015	960	960	990	990	1090	
			225	560	1038	1076	1076	1310	1310	1410	
			250	600	1038	1180	1180	1450	1450	1550	
			275	650							
			300	700							
	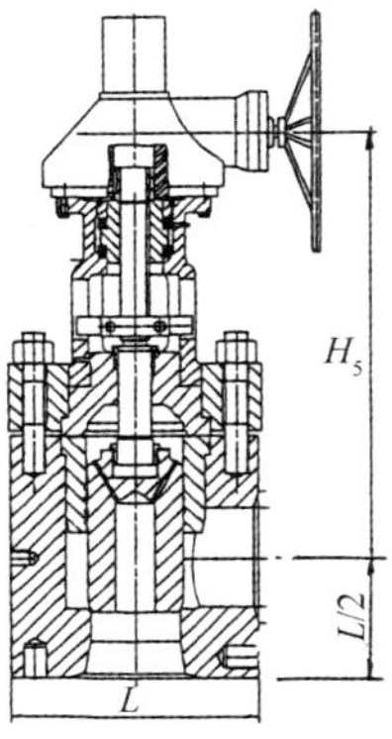 图 2-20-4(J547)	J347W-320R J447W-320R J547W-320R	50	200	520			244			承高 DN 50~300
			65	225	520			279			
			80	260	570			336			
			100	320	738			498			
			125	400	865			680			
			150	450	925			790			
			175	450	1014	1135	1135	990	990	1090	
			200	500	1015	1160	1160	1310	1310	1410	
			225	560	1038	1280	1280	1780	1780	1880	
			250	600	1038	1172	1280	2230	2230	2330	
			275	650							
			300	700							

续表

序号	名　称	型　号	公称通径 DN	结构尺寸/mm L	H	H_1	D_0	质量/kg	生产厂
23	角式平衡截止阀(法兰连接) 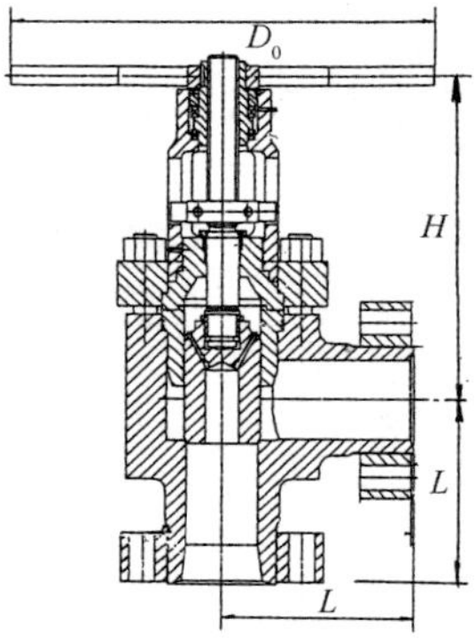 图 2-21-1(J47)	J47Y-160C J47W-220R	40	165	352		280	73	承高 DN 40~200
			50	190	396		350	86	
			65	215	485		440	125	
			80	260	500		450	171	
			100	290	607		600	210	
			125	320	638		700	490	
			150	390	702		800	567	
			175	420	910		800	660	
			200	455	918		800	681	
		J47Y-320C J47W-320R	40	165	352		280	80	承高 DN 40~200
			50	190	396		350	96	
			65	215	560		450	125	
			80	260	607		600	171	
			100	290	630		700	210	
			125	320	703		800	490	
			150	390	765		800	567	
			175	420	1065		800	710	
			200	455	918		1000	727	
	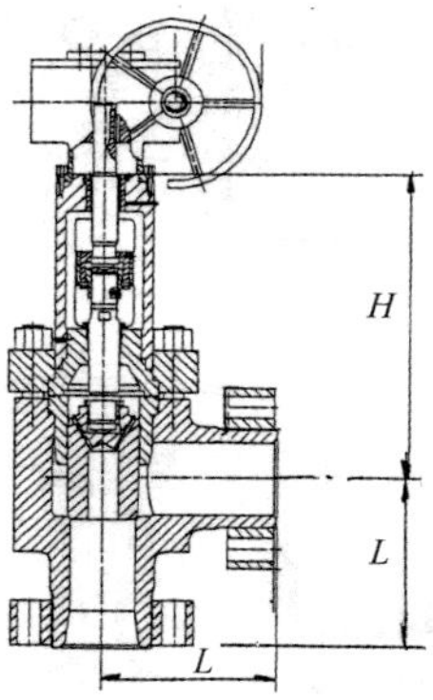 图 2-21-2(J347)	J347Y-160C J347W-220R	40	165	320			185	承高 DN 40~250
			50	190	352			218	
			65	215	435			270	
			80	260	435			300	
			100	290	520			336	
			125	320	585			598	
			150	390	670			700	
			175	420	978			810	
			200	455	1015			840	
			225	455	—			—	
			250	500	—			—	
		J347Y-320C J347W-320R	40	165	320			191	承高 DN 40~250
			50	190	352			242	
			65	215	435			300	
			80	260	435			350	
			100	290	520			381	
			125	320	585			700	
			150	390	670			760	
			175	420	978			840	
			200	455	1015			952	
			225	500	1128			1180	
			250	550	1128			1520	

续表

序号	名称	型号	公称通径 DN	结构尺寸/mm L	L_1	L_2	H	L_0	质量/kg	生产厂
24	CVA 高压平衡截止阀 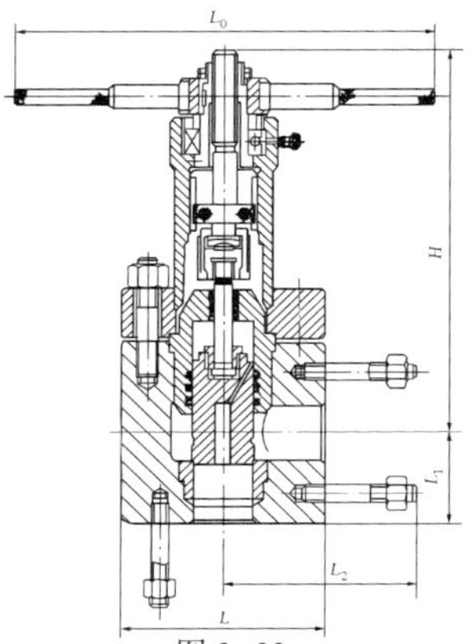 图 2-22	CJ47Y-160	100	300	160	276	1046	1003	596	开阀 DN 100~200
			125	380	175	340	1098	1003	934	
			150	430	205	405	1155	1003	1183	
			200	500	250	500	1235	1003	1535	
		CJ47Y-320	100	340	160	310	1053	1003	627	开阀 DN 100~200
			125	380	175	340	1098	1003	934	
			150	430	205	405	1155	1003	1183	
			200	500	250	500	1235	1003	1535	

序号	名称	型号	公称通径 DN	结构尺寸/mm L	H	D_0	质量/kg	生产厂
25	正齿轮传动截止阀 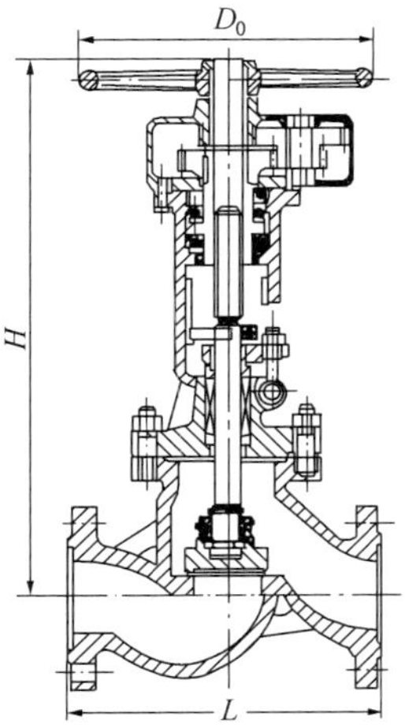 图 2-23	J441 H/Y -100	50	300	550	280	75	伯特利 DN 50~150 苏高 DN 80、100
			65	340	650	320	90	
			80	380	697	400	103	
			100	430	770	400	162	
			125	500	880	450	240	
			150	550	980	450	270	
		J441W-100P	50	300	550	280	75	伯特利 DN 50~150
			65	340	650	320	90	
			80	380	697	400	103	
			100	430	770	400	162	
			125	550	880	450	240	
			150	550	980	450	270	
		J441W-100R	50	300	550	280	75	伯特利 DN 50~150
			65	340	650	320	90	
			80	380	697	400	103	
			100	430	770	400	162	
			125	500	880	450	240	
			150	550	980	450	270	
		J441Y-100I	50	300	550	280	75	伯特利 DN 50~150
			65	340	650	320	90	
			80	380	697	400	103	
			100	430	770	400	162	
			125	500	880	450	240	
			150	550	980	450	270	

序号	名称	型号	公称通径 DN	结构尺寸/mm L	H	D_0	质量/kg	生产厂
26	承插焊截止阀 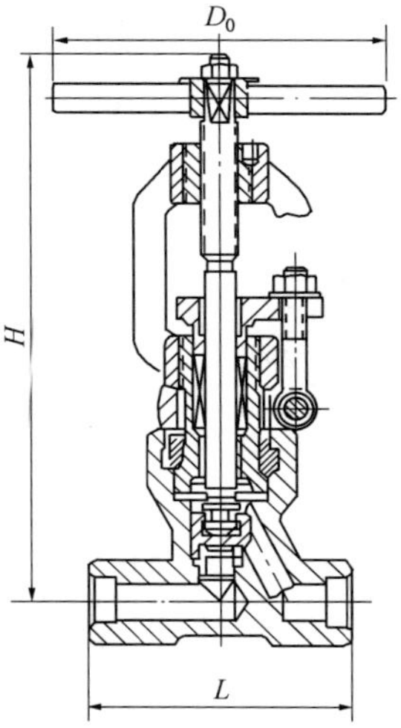 图 2-24	J61$_{Y}^{H}$-25	10	100	220	120	3.2	伯特利、屯溪、建湖、大洋 DN 10~50 苏高 DN 10~25 良精、大高、保一 DN 15~50
			15	110	230	120	3.3	
			20	130	275	140	4.8	
			25	140	295	160	6	
			32	160	302	160	7	
			40	180	355	160	12	
			50	200	355	180	18	
		J61$_{Y}^{H}$-40	10	100	220	120	3.2	伯特利、屯溪、建湖、大洋 DN 10~50 苏高 DN 10~25 良精、大高、保一 DN 15~50 西高 DN 10~40
			15	110	230	120	3.3	
			20	130	275	140	4.8	
			25	140	295	160	6	
			32	160	302	160	7	
			40	180	355	160	12	
			50	200	355	200	18	
		J61$_{Y}^{H}$-64	10	100	220	120	3.5	伯特利、屯溪、建湖、大洋 DN 10~50 苏高 DN 10~25 良精、大高 DN 15~50 保一 DN 15~50(Y)
			15	110	230	120	3.3	
			20	130	275	140	4.8	
			25	140	295	160	6	
			32	160	302	160	8	
			40	180	355	160	14	
			50	200	355	200	20	
		J61$_{Y}^{H}$-100	10	100	220	120	3.2	伯特利、建湖、南方、大洋 DN 10~50 苏高、屯溪、良精 DN 15~25 保一 DN 15~50(Y)
			15	110	230	120	3.3	
			20	130	275	140	4.8	
			25	140	295	160	6	
			32	160	302	160	8	
			40	180	355	160	14	
			50	200	355	200	20	
		J61$_{Y}^{H}$-160	10	100	220	120	5	伯特利、苏高 DN 10~25 屯溪、良精、大高、大洋 DN 15~50 西高 DN 15~40 建湖 DN 10~50
			15	110	230	120	6	
			20	130	275	140	8	
			25	140	295	160	10	
			32	160	335	160	12	
			40	180	375	200	19	
			50	200	455	200	24	
		J61H-64Ⅲ	15	64	115	65	1	屯溪 DN 15

续表

序号	名称	型号	公称通径 *DN*	结构尺寸/mm *L*	结构尺寸/mm *H*	结构尺寸/mm D_0	质量/kg	生产厂
26	承插焊截止阀 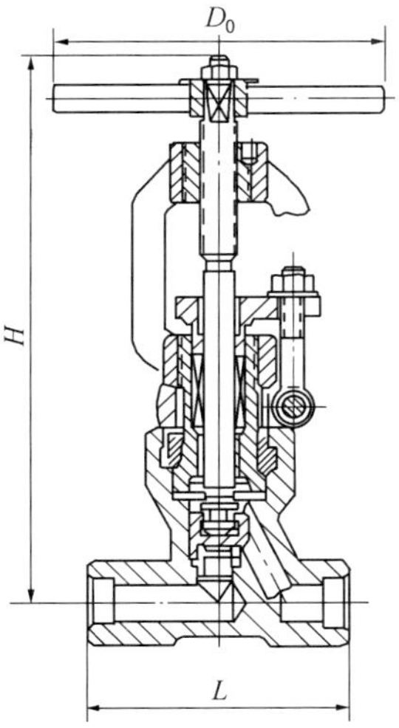 图 2-24	J61H-160Ⅲ J61H-320Ⅲ	6	60	82	65	1	屯溪、大高、大洋 *DN* 6~25
			10	60	82	65	1	
			15	60	82	65	1	
			20	80	94	80	2	
			25	80	94	82	2	
		J61$\begin{smallmatrix}W\\Y\end{smallmatrix}$-25P	10	100	220	120	3.2	伯特利 *DN* 10~50(W) 建湖、大洋 *DN* 10~50(Y)
			15	110	230	120	3.3	
			20	130	275	140	4.8	
			25	140	295	160	6	
			32	160	302	160	7	
			40	180	355	160	12	
			50	200	355	180	18	
		J61$\begin{smallmatrix}W\\Y\end{smallmatrix}$-40P	10	100	220	120	3.2	伯特利 *DN* 10~50(W) 建湖、大洋、屯溪、大高 *DN* 10~50(Y)
			15	110	230	120	3.3	
			20	130	275	140	4.8	
			25	140	295	160	6	
			32	160	302	160	7	
			40	180	355	160	12	
			50	200	355	200	18	
		J61$\begin{smallmatrix}W\\Y\end{smallmatrix}$-64P	10	100	220	120	3.2	伯特利 *DN* 10~50(W) 建湖、大洋 *DN* 10~50(Y)
			15	110	230	120	3.3	
			20	130	275	140	4.8	
			25	140	295	160	6	
			32	160	302	160	8	
			40	180	355	160	14	
			50	200	355	200	20	
		J61$\begin{smallmatrix}W\\Y\end{smallmatrix}$-100P	10	100	220	120	3.2	伯特利 *DN* 10~50(W) 建湖、大洋 *DN* 10~50(Y)
			15	110	230	120	3.3	
			20	130	275	140	4.8	
			25	140	295	160	6	
			32	160	302	160	8	
			40	180	355	160	14	
			50	200	355	200	20	

序号	名称	型号	公称通径 DN	结构尺寸/mm			质量/kg	生产厂
				L	H	D_0		
26	承插焊截止阀	J61$^{W}_{Y}$-160P	10	100	220	120	5	伯特利 DN 10~50(W) 建湖、大洋、屯溪、大高 DN 10~50(Y)
			15	110	230	120	6	
			20	130	275	140	8	
			25	140	295	160	10	
			32	160	335	160	12	
			40	180	375	200	19	
			50	200	425	200	24	
		J61$^{W}_{Y}$-25R	10	100	220	120	3.2	伯特利 DN 10~50(W) 建湖、大洋 DN 10~50(Y)
			15	110	230	120	3.3	
			20	130	275	140	4.8	
			25	140	295	160	6	
			32	160	302	160	7	
			40	180	355	160	12	
			50	200	355	180	18	
		J61$^{W}_{Y}$-40R	10	100	220	120	3.2	伯特利 DN 10~50(W) 建湖、大洋、屯溪、大高 DN 10~50(Y)
			15	110	230	120	3.3	
			20	130	275	140	4.8	
			25	140	295	160	6	
			32	160	302	160	7	
			40	180	355	160	12	
			50	200	355	200	18	
		J61$^{W}_{Y}$-64R	10	100	220	120	3.2	伯特利 DN 10~50(W) 建湖、大洋 DN 10~50(Y)
			15	110	230	120	3.3	
			20	130	275	140	4.8	
			25	140	295	160	6	
			32	160	302	160	8	
			40	180	355	160	14	
			50	200	355	200	20	
		J61$^{W}_{Y}$-100R	10	100	220	120	3.2	伯特利 DN 10~50(W) 建湖、大洋 DN 10~50(Y)
			15	110	230	120	3.3	
			20	130	275	140	4.8	
			25	140	295	160	6	
			32	160	302	160	8	
			40	180	355	160	14	
			50	200	355	200	20	

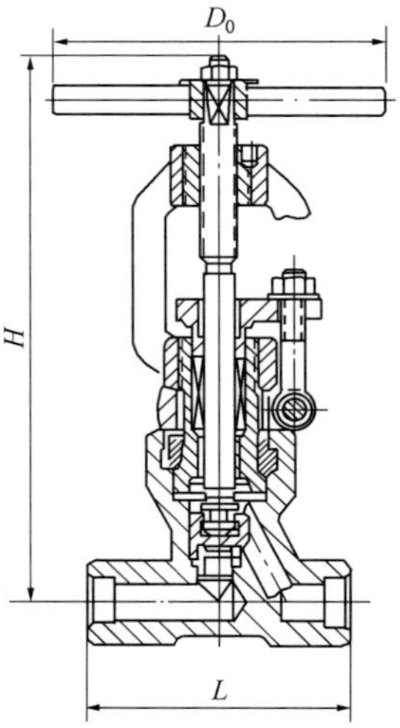

图 2-24

序号	名　　称	型　号	公称通径 DN	结构尺寸/mm L	H	D_0	质量/kg	生产厂
26	承插焊截止阀 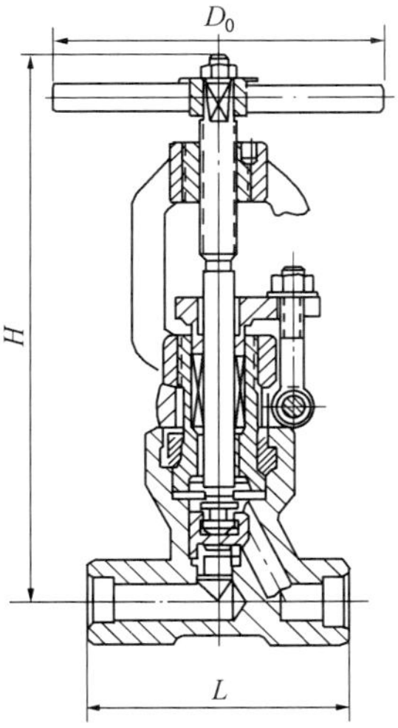 图 2-24	J61$\genfrac{}{}{0pt}{}{W}{Y}$-160R	10	100	220	120	5	伯特利 *DN* 10～25(W) 建湖、大洋、屯溪、大高 *DN* 10～50(Y)
			15	110	230	120	6	
			20	130	275	140	8	
			25	140	295	160	10	
			32	160	335	160	12	
			40	180	375	200	19	
			50	200	425	200	24	
		J61Y-25I	10	100	220	120	3.2	大洋、伯特利 *DN* 10～50
			15	110	230	120	3.3	
			20	130	275	140	4.8	
			25	140	295	160	6	
			32	160	302	160	7	
			40	180	355	160	12	
			50	200	355	180	18	
		J61Y-40I	10	100	220	120	3.2	大洋、伯特利 *DN* 10～50
			15	110	230	120	3.3	
			20	130	275	140	4.8	
			25	140	295	160	6	
			32	160	302	160	7	
			40	180	355	160	12	
			50	200	355	200	18	
		J61Y-64I	10	100	220	120	3.2	大洋、伯特利 *DN* 10～50
			15	110	230	120	3.3	
			20	130	275	140	4.8	
			25	140	295	160	6	
			32	160	302	160	8	
			40	180	355	160	14	
			50	200	355	200	20	
		J61Y-100I	10	100	220	120	3.2	大洋、伯特利 *DN* 10～50
			15	110	230	120	3.3	
			20	130	275	140	4.8	
			25	140	295	160	6	
			32	160	302	160	8	
			40	180	355	160	14	
			50	200	355	200	20	

序号	名 称	型 号	公称通径 DN	结构尺寸/mm			质量/kg	生产厂
				L	H	D_0		
26	承插焊截止阀（见图 2-24）	J61Y-160I	10	100	220	120	5	伯特利 DN 10~25 屯溪、大高、大洋 DN 15~50
			15	110	230	120	6	
			20	130	275	140	8	
			25	140	295	160	10	
			32	160	335	160	12	
			40	180	375	200	19	
			50	200	455	200	24	
27	波纹管式承插焊截止阀 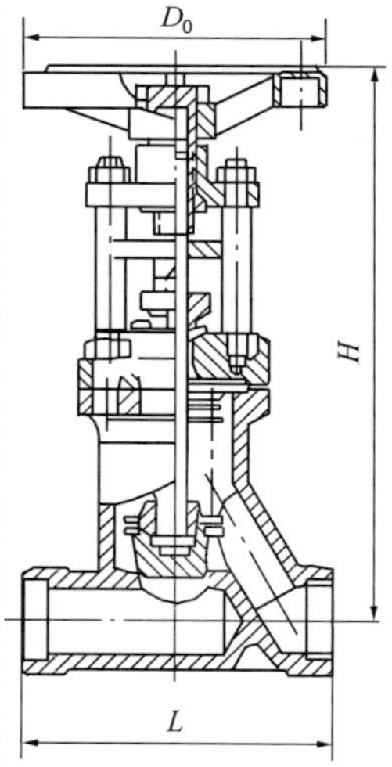 图 2-25	WJ61H-16C WJ61H-25	10	110	214	120		良精、安科 沈一 DN 10~50
			15	110	214	120		
			20	130	242	140		
			25	140	245	140		
			32	160	296	160		
			40	180	337	200		
			50	230	342	200		
		WJ$_C$61$\frac{H}{Y}$-25 WJ$_C$61$\frac{H}{Y}$-40 WHJ$_C$61$\frac{H}{Y}$-25 WHJ$_C$61$\frac{H}{Y}$-40	15	130	306	148		安科 DN 15~450 （屯溪 WJ$_C$61H-25 DN 15~250）
			20	150	306	148		
			25	160	310	145		
			32	190	420	196		
			40	200	420	196		
			50	230	432	196		
			65	290	495	220		
			80	310	548	250		
			100	350	626	320		
			125	400	710	320		
			150	480	780	400		
			200	600	855	500		
			250	730	920	600		
			300	850	1006			
			350	980	1016			
			400	1100	1215			
			450	1180	1240			
		WJ61W-16P	10	110	214	120	5.8	良精、沈一 DN 10~50
			15	110	214	120	6	
			20	130	242	140	7	
			25	140	245	140	9	
			32	160	296	160	14	
			40	180	337	200		
			50	230	342	200		
		WJ61W-25P	10	110	214	120		良精、沈一 DN 10~50
			15	110	214	120		
			20	130	242	140		
			25	140	245	140		
			32	160	296	160		
			40	180	337	200		
			50	230	342	200		

续表

序号	名称	型号	公称通径 DN	结构尺寸/mm L	H	D_0	质量/kg	生产厂
28	承插焊低温截止阀 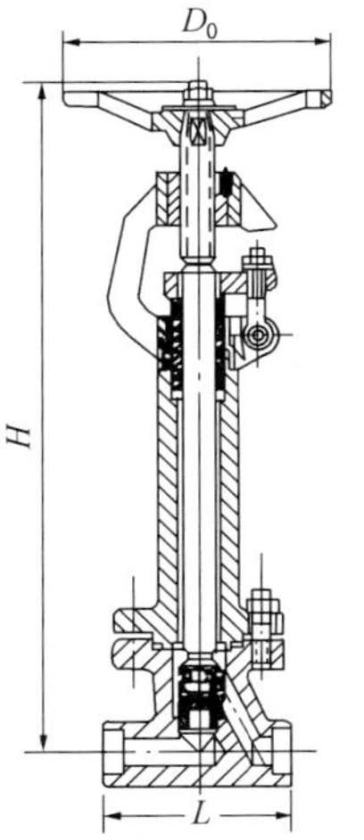 图 2-26	DJ61Y-40P	15	90	330	120		大高 DN 15~50
			20	110	382	140		
			25	120	402	160		
			40	150	479	180		
			50	190	549	200		
		DJ61Y-64P	15	90	330	120		大高 DN 15~40
			20	110	382	140		
			25	120	402	160		
			40	150	479	180		

序号	名称	型号	公称通径 DN	结构尺寸/mm L	H	H_1	D_0	质量/kg	生产厂
29	直通式对焊平衡截止阀 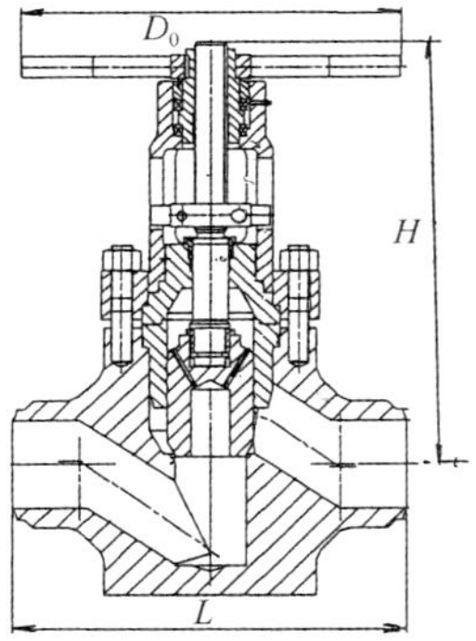 图 2-27-1(J66)	J66Y-160C J66W-220R	50	368	485		350	125	承高 DN 50~250
			65	419	500		440	171	
			80	470	607		450	210	
			100	546	638		600	490	
			125	673	702		700	567	
			150	705	910		800	727	
			175	780	1010		800	1040	
			200	832	1010		1000	1300	
			225	900	1047		1000	1540	
			250	991	1047		1000	1840	
	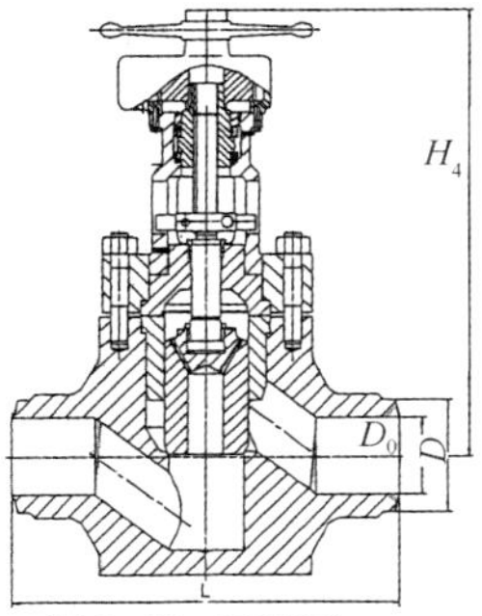 图 2-27-2(J466)	J66Y-320C J66W-320R	50	368	485		350	125	承高 DN 50~250
			65	419	500		440	171	
			80	470	607		450	210	
			100	546	638		600	490	
			125	673	702		700	567	
			150	705	910		800	727	
			175	780	1010		800	1300	
			200	832	1045		1000	1420	
			225	1100	1160		1000	2650	
			250	1270	1175		1000	3140	

续表

序号	名　称	型　号	公称通径 DN	结构尺寸/mm L	H	H_1	D_0	质量/kg	生产厂
29	直通式对焊平衡截止阀						质量/kg		
	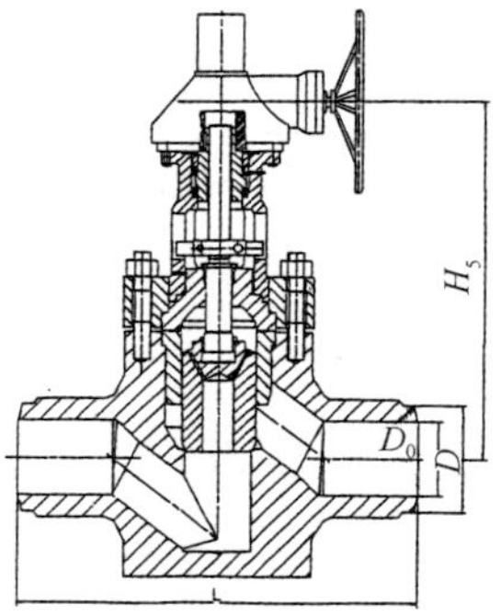						466	566	
		J466Y-160C J566W-220R	175	780	1235		1170	1270	承高 *DN* 175~300
			200	832	1235		1430	1530	
			225	900	1362		1670	1770	
			250	991	1362		1970	2070	
			275	1130					
			300	1130					
	图 2-27-3(J566)	J466Y-320C J566W-320R	175	780	1235		1430	1530	承高 *DN* 175~300
			200	832	1260		1550	1650	
			225	1110	1476		2780	2880	
			250	1270	1492		3270	3370	
			275	1422					
			300	1422					
30	角式对焊平衡截止阀 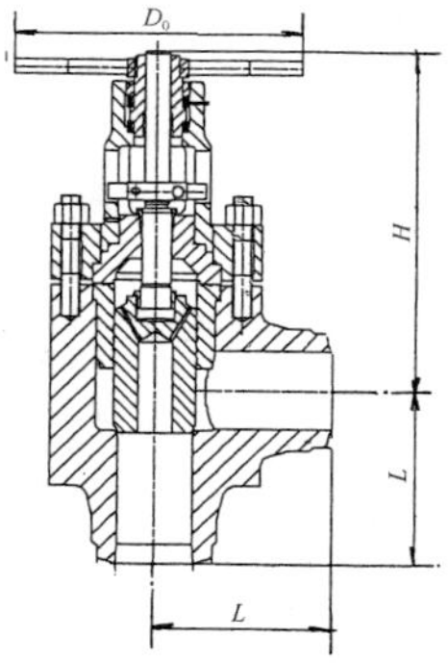	J67Y-160C J67W-220R	175	350	908		800	890	承高 *DN*175~250
			200	368	918		1000	900	
			225	455	918		1000	1250	
			250	500	980		1000	1420	
		J67Y-320C J67W-320R	175	368	908		800	920	承高 *DN*175~250
			200	416	918		1000	1260	
			225	500	1060		1000	1800	
	图 2-28-1(J67)		250	500	1078		1000	2270	
	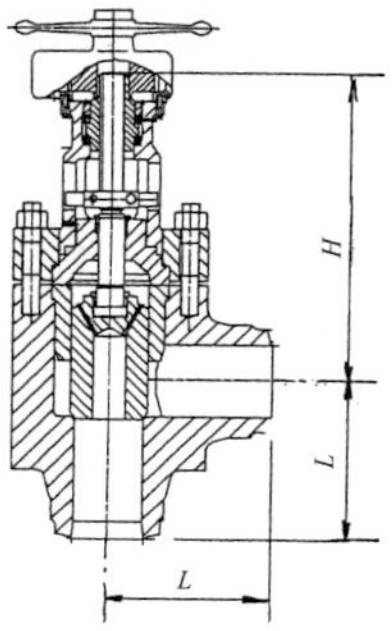	J467Y-160C J467W-220R	175	350	1130			1020	承高 *DN*175~250
			200	368	1142			1030	
			225	455	1142			1380	
			250	500	1226			1550	
		J467Y-320C J467W-320R	175	368	1130			1050	承高 *DN*175~250
			200	416	1142			1390	
	图 2-28-2(J467)		225	500	1308			1930	
			250	500	1348			2400	

续表

序号	名　　称	型　号	公称通径 DN	结构尺寸/mm				质量/kg	生产厂
				L	H	H_1	D_0		
30	角式对焊平衡截止阀 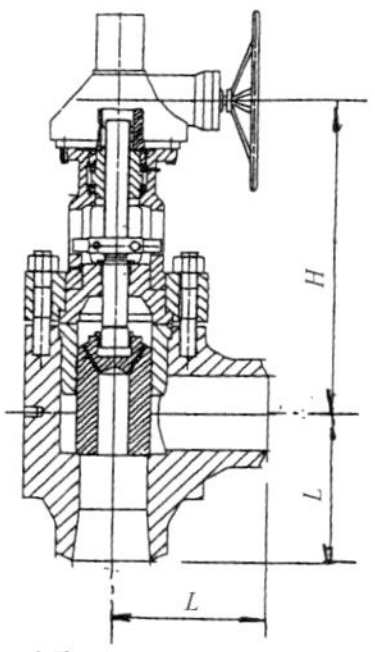 图 2-28-3(J567)	J567Y-160C J567W-220R	175	350	1130			1120	承高 DN175~250
			200	368	1142			1130	
			225	455	1142			1480	
			250	500	1226			1650	
		J567Y-320C J567W-320R	175	368	1130			1150	承高 DN175~250
			200	416	1142			1490	
			225	500	1308			2030	
			250	500	1348			2500	

序号	名　　称	型　号	公称通径 DN	结构尺寸/mm			质量/kg	生产厂
				L	H	D_0		
31	电动截止阀 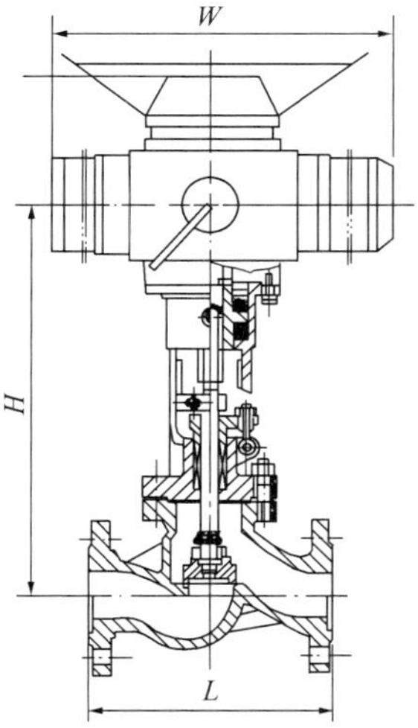 图 2-29	J941H-16C	50	230	664	516	56	伯特利、建湖、保一、承高 北阀、上一核 DN 50~200
			65	290	697	516	68	
			80	310	746	680	75	
			100	350	770	860	140	
			125	400	865	860	200	
			150	480	1064	860	260	
			200	600	1160	860	370	
		J941H-25	50	230	664	516	56	南方、北阀、上阀、正华、伯特利、建湖、良精、保一、开阀、上一核、承高 DN 50~200 苏高 DN 50~80
			65	290	697	516	68	
			80	310	746	680	75	
			100	350	770	860	140	
			125	400	865	860	200	
			150	480	1064	860	260	
			200	600	1160	860	370	
		J941H-40	50	230	664	516	56	南方、北阀、上阀、正华、伯特利、建湖、良精、保一、开阀、上一核、承高 DN 50~200 苏高 DN 50~80
			65	290	697	516	68	
			80	310	746	680	75	
			100	350	770	860	140	
			125	400	865	860	200	
			150	480	1064	860	290	
			200	600	1160	860	370	
		J941H-64	50	300	710	680	110	南方、建湖、北阀、上阀、苏高、承高、正华、伯特利、开阀、良精、保一、上一核 DN 50~100
			65	340	750	680	130	
			80	380	785	720	170	
			100	470	837	720	200	
		J941H-100	50	300	715	680	120	北阀、上阀、苏高、建湖、良精、伯特利、南方、开阀、浙高、保一、承高 DN 50~100
			65	340	760	680	130	
			80	380	905	720	260	
			100	430	975	720	300	

序号	名　称	型　号	公称通径 *DN*	结构尺寸/mm *L*	*H*	*W*	质量/kg	生产厂
31	电动截止阀 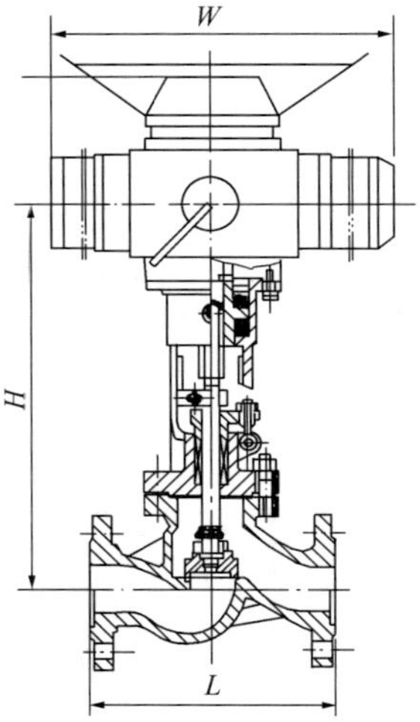 图 2-29	J941Y-25	50	230	645	516	50	伯特利、建湖、南方、良精、承高、保一 *DN* 50～200
			65	290	690	516	62	
			80	310	715	680	67	
			100	350	770	860	73	
			125	400	780	860	127	
			150	480	875	860	215	
			200	600	967	860	322	
		J941Y-40	50	230	645	516	61	伯特利、建湖、南方、良精、承高、保一 *DN* 50～200
			65	290	690	516	75	
			80	310	715	680	84	
			100	350	770	860	101	
			125	400	782	860	207	
			150	480	875	860	226	
			200	600	1160	860	339	
		J941Y-64	50	300	710	680	64	伯特利、建湖、南方、良精、承高、保一 *DN* 50～100
			65	340	750	680	77	
			80	380	785	720	86	
			100	430	837	720	171	
		J941Y-100	50	300	710	680	82	伯特利、建湖、南方、良精、承高、保一 *DN* 50～100
			65	340	750	680	104	
			80	380	785	720	138	
			100	430	837	720	243	
		J941Y-25I	50	230	645	516	50	伯特利、南方、良精、保一、承高、开阀、上一核 *DN* 50～200
			65	290	690	516	62	
			80	310	715	680	67	
			100	350	770	860	73	
			125	400	780	860	127	
			150	480	875	860	215	
			200	600	967	860	322	
		J941Y-40I	50	230	645	516	61	伯特利、南方、良精、保一、承高、上一核 *DN* 50～200
			65	290	690	516	75	
			80	310	715	680	84	
			100	350	770	860	101	
			125	400	782	860	207	
			150	480	875	860	226	
			200	600	1160	860	339	

续表

序号	名称	型号	公称通径 DN	结构尺寸/mm			质量/kg	生产厂
				L	*H*	*W*		
31	电动截止阀 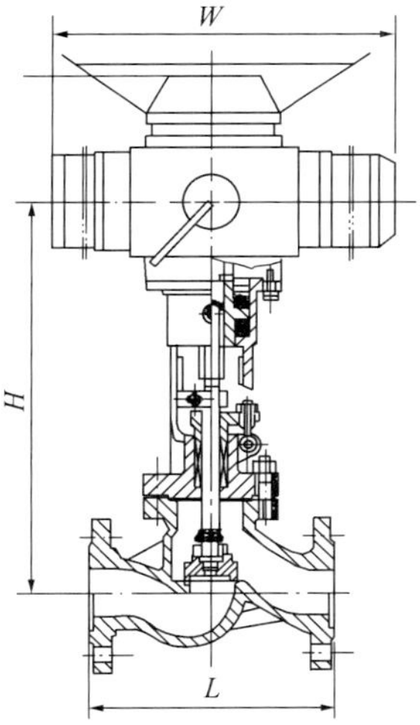 图 2-29	J941Y-64I	50	300	710	680	64	伯特利、南方、保一、开阀、 良精、上一核、承高 *DN* 50~100
			65	340	750	680	77	
			80	380	785	720	86	
			100	430	837	720	171	
		J941Y-100I	50	300	710	680	82	伯特利、南方、保一、开阀、 承高、良精 *DN* 50~100
			65	340	750	680	104	
			80	380	785	720	138	
			100	430	837	720	243	
		J941W-16 $^{P}_{R}$	50	230	664	516	56	建湖、伯特利、保一、上一核、承高 *DN* 50~200
			65	290	697	516	68	
			80	310	746	680	75	
			100	350	770	860	140	
			125	400	865	860	200	
			150	480	1064	860	260	
			200	600	1160	860	370	
		J941W-25 $^{P}_{R}$	50	230	645	516	50	伯特利、保一、开阀、 良精、上一核、承高 *DN* 50~200
			65	290	690	516	62	
			80	310	715	680	67	
			100	350	770	860	73	
			125	400	780	860	127	
			150	480	875	860	215	
			200	600	967	860	322	
		J941W-40 $^{P}_{R}$	50	230	645	516	61	伯特利、建湖、开阀、承高、 良精、上一核 *DN* 50~200
			65	290	690	516	75	
			80	310	715	680	84	
			100	350	770	860	101	
			125	400	780	860	207	
			150	480	875	860	226	
			200	600	1160	860	339	
		J941W-64 $^{P}_{R}$	50	300	715	680	60	伯特利、建湖、开阀、上一核、承高 *DN* 50~100
			65	340	760	680	90	
			80	380	905	720	105	
			100	430	975	720	163	
		J941W-100 $^{P}_{R}$	50	300	715	680	62	建湖、伯特利、开阀、承高 *DN* 50~100
			65	340	760	680	92	
			80	380	905	720	130	
			100	430	975	720	175	

序号	名　称	型　号	公称通径 DN	结构尺寸/mm			质量/kg	生产厂
				L	*H*	*W*		
32	电动角式截止阀 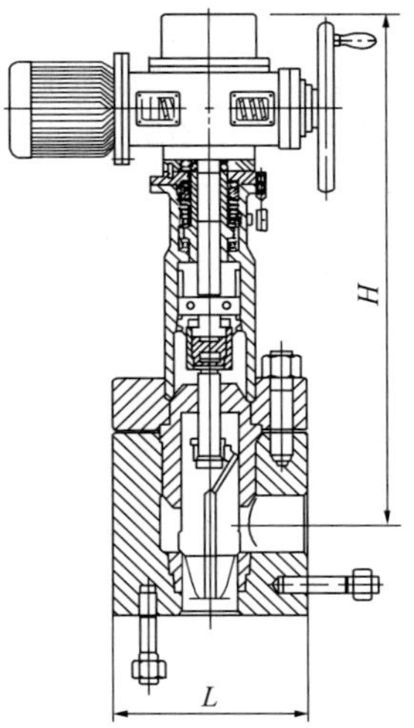 图 2-29	J944Y-160	25	120	553		50	良工、正华、汉威 *DN* 25~50
			32	135	560		70	
			40	165	565		90	
			50	190	579		150	
		GJ944Y-160	65	215	685		180	良工、汉威 *DN* 65~100
			80	260	756		230	
			100	290	860		350	
		J944Y-320	25	120	553		50	良工、汉威 *DN* 25~50
			32	135	560		70	
			40	165	565		90	
			50	190	579		160	
		GJ944Y-320	65	190	685		190	良工、汉威 *DN* 65~100
			80	250	756		250	
			100	380	1157		380	

序号	名　称	型　号	公称通径 DN	结构尺寸/mm				质量/kg	生产厂
				L	*H*	H_1	D_0		
33	电动直通式平衡截止阀(方体) 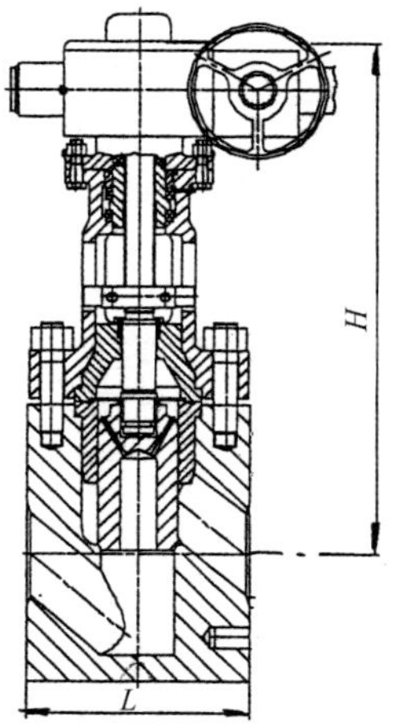 图 2-30	J946Y-160C J946W-220R	175	450	935			1230	承高 *DN* 175~300
			200	500	960			1480	
			225	550	1076			1710	
			250	600	1180			1980	
			275	650	1290			2380	
			300	700	1410			2430	
		J946Y-320C J946W-320R	175	500	935			1480	承高 *DN*175~300
			200	520	960			1570	
			225	650	1076			2760	
			250	700	1180			3130	
			275	750	1290			3540	
			300	800	1410			4050	

序号	名称	型号	公称通径 DN	结构尺寸/mm L	H	H_1	D_0	质量/kg	生产厂
34	电动角式平衡截止阀(方体) 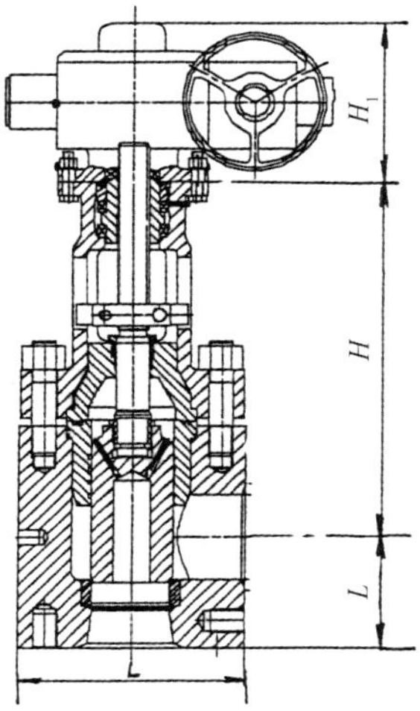 图 2-31	J947Y-160C J947W-220R	50	165	370	251		167	承高 *DN* 50~300 良工、汉威 *DN* 65~100(Y) 开阀 *DN* 100、125(Y)
			65	200	528	251		233	
			80	225	690	251		280	
			100	300	525	251		447	
			125	380	494	425		702	
			150	400	667	425		733	
			175	450	1130	425		1090	
			200	450	960	425		1090	
			225	500	1076	456		1410	
			250	520	1180	456		1550	
			275	650					
			300	700					
		J947Y-320C J947W-320R	50	200	352	251		244	承高 *DN* 50~300 良工、汉威 *DN* 65~100(Y) 开阀 *DN*100、125(Y)
			65	225	435	251		279	
			80	260	439	251		336	
			100	320	525	251		498	
			125	400	494	425		805	
			150	450	667	425		1051	
			175	450	770	425		1090	
			200	500	1160	425		1410	
			225	560	1280	456		1880	
			250	600	1280	456		2330	
			275	650					
			300	700					
35	电动直通式对焊平衡截止阀 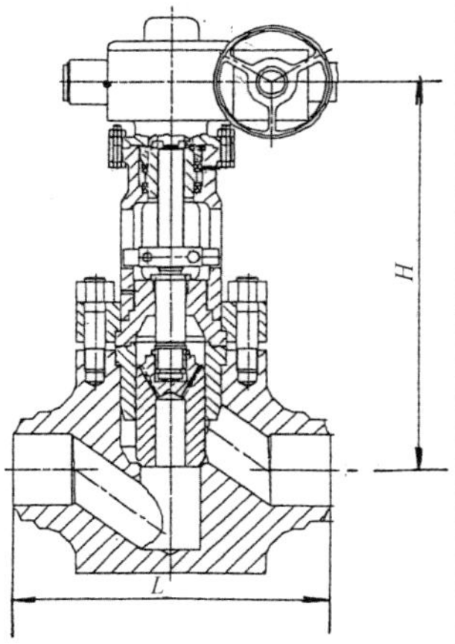 图 2-32	J966Y-160C J966W-220R	175	780	1235			1270	承高 *DN* 175~300
			200	832	1235			1530	
			225	900	1362			1770	
			250	991	1362			2070	
			275	1130					
			300	1130					
		J966Y-320C J966W-320R	175	780	1235			1530	承高 *DN* 175~300
			200	832	1260			1650	
			225	1100	1476			2880	
			250	1270	1492			3370	
			275	1422					
			300	1422					

续表

序号	名称	型号	公称通径 DN	结构尺寸/mm				质量/kg	生产厂
				L	H	H_1	D_0		
36	电动角式对焊平衡截止阀 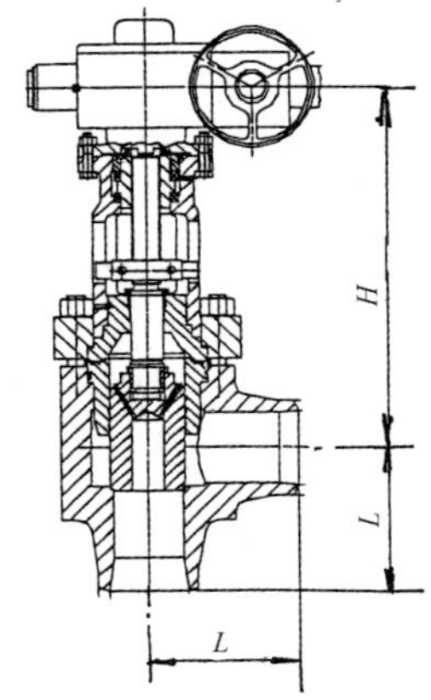 图 2-33	J967Y-160C J967W-220R	175	350	1130			1120	承高 DN 175~250
			200	368	1142			1130	
			225	455	1142			1480	
			250	500	1226			1650	
		J967Y-320C J967W-320R	175	368	1130			1150	承高 DN 175~250
			200	416	1142			1490	
			225	500	1308			2030	
			250	500	1348			2500	

第三节　止　回　阀

一、　止回阀使用范围

序号	名称	型号	阀体材质	使用温度/℃	适用介质	公称通径 DN	页次
1	内螺纹升降式底阀	H12X-2.5	灰铸铁	≤50	水	50~80	209
2	内螺纹立式止回阀	H13H-40	碳　钢	≤300	油　品	15~50	209
		H13H-160	碳　钢	≤300	油　品	15~50	209
3	升降式止回阀	H41H-25K	可锻铸铁	≤300	蒸　汽	25~80	209
		H41W-16	灰铸铁	≤100	油　品	20~200	209
		H41W-16A	TA_2	≤310	氧化腐蚀性介质	20~100	210
		H41W-25A	TA_2	≤310	氧化腐蚀性介质	20~100	210
		H41W-40A	TA_2	≤310	氧化腐蚀性介质	20~100	210
		H41W-64A	TA_2	≤310	氧化腐蚀性介质	20~100	210
		H41W-100A	TA_2	≤310	氧化腐蚀性介质	20~100	211
		H41N-25	碳　钢	-40~50	液化石油气	15~150	211
		H41N-40	碳　钢	-40~50	液化石油气	15~200	211
		H41$\substack{H\\Y}$-16C	碳　钢	≤　00	油品、水、蒸汽	10~400	211
		H41$\substack{H\\Y}$-25	碳　钢	≤400	油品、水、蒸汽	10~400	212
		H41$\substack{H\\Y}$-40	碳　钢	≤400	油品、水、蒸汽	10~400	212

续表

序号	名称	型号	阀体材质	使用温度/℃	适用介质	公称通径 *DN*	页次
3	升降式止回阀	H41$^{H}_{Y}$-64	碳　钢	≤425	油品、水、蒸汽	10~200	213
		H41$^{H}_{Y}$-100	碳　钢	≤425	油品、水、蒸汽	10~200	213
		H41$^{H}_{Y}$-160	碳　钢	≤425	油品、水、蒸汽	10~200	213
		H41W-16P	1Cr18Ni9Ti	≤200	硝酸类	10~400	214
		H41W-25P	1Cr18Ni9Ti	≤200	硝酸类	10~400	214
		H41W-40P	1Cr18Ni9Ti	≤200	硝酸类	10~400	215
		H41W-64P	1Cr18Ni9Ti	≤200	硝酸类	10~200	215
		H41W-100P	1Cr18Ni9Ti	≤200	硝酸类	10~200	215
		H41W-160P	1Cr18Ni9Ti	≤200	硝酸类	10~50	216
		H41W-16R	Cr18Ni12Mo2Ti	≤200	醋酸类	10~400	214
		H41W-25R	Cr18Ni12Mo2Ti	≤200	醋酸类	10~400	214
		H41W-40R	Cr18Ni12Mo2Ti	≤200	醋酸类	10~400	215
		H41W-64R	Cr18Ni12Mo2Ti	≤200	醋酸类	10~200	215
		H41W-100R	Cr18Ni12Mo2Ti	≤200	醋酸类	10~200	215
		H41W-160R	Cr18Ni12Mo2Ti	≤200	醋酸类	10~50	216
		H41Y-16P	1Cr18Ni9Ti	≤200	硝酸类	10~400	216
		H41Y-25P	1Cr18Ni9Ti	≤200	硝酸类	10~400	216
		H41Y-40P	1Cr18Ni9Ti	≤200	硝酸类	10~400	217
		H41Y-64P	1Cr18Ni9Ti	≤200	硝酸类	10~200	217
		H41Y-100P	1Cr18Ni9Ti	≤200	硝酸类	10~200	217
		H41Y-160P	1Cr18Ni9Ti	≤200	硝酸类	10~200	218
		H41Y-16R	Cr18Ni12Mo2Ti	≤200	醋酸类	10~400	216
		H41Y-25R	Cr18Ni12Mo2Ti	≤200	醋酸类	10~400	216
		H41Y-40R	Cr18Ni12Mo2Ti	≤200	醋酸类	10~400	217
		H41Y-64R	Cr18Ni12Mo2Ti	≤200	醋酸类	10~200	217
		H41Y-100R	Cr18Ni12Mo2Ti	≤200	醋酸类	10~200	217
		H41Y-160R	Cr18Ni12Mo2Ti	≤200	醋酸类	10~200	218
		H41Y-16$_I$	铬钼钢	≤550	蒸汽、油品	10~400	218
		H41Y-25$_I$	铬钼钢	≤550	蒸汽、油品	10~400	218
		H41Y-40$_I$	铬钼钢	≤550	蒸汽、油品	10~400	219
		H41Y-64$_I$	铬钼钢	≤550	蒸汽、油品	10~200	219
		H41Y-100$_I$	铬钼钢	≤550	蒸汽、油品	10~200	219

续表

序号	名称	型号	阀体材质	使用温度/℃	适用介质	公称通径 *DN*	页次
3	升降式止回阀	H41Y-160$_{I}$	铬钼钢	≤550	蒸汽、油品	10~50	220
		H41$\begin{smallmatrix}W\\Y\end{smallmatrix}$-16P$_{I}$	铬钼钛耐热钢	≤550	油　品	10~400	220
		H41$\begin{smallmatrix}W\\Y\end{smallmatrix}$-25P$_{I}$	铬钼钛耐热钢	≤550	油　品	10~400	220
		H41$\begin{smallmatrix}W\\Y\end{smallmatrix}$-40P$_{I}$	铬钼钛耐热钢	≤550	油　品	10~400	221
		H41$\begin{smallmatrix}W\\Y\end{smallmatrix}$-64P$_{I}$	铬钼钛耐热钢	≤550	油　品	10~200	221
		H41$\begin{smallmatrix}W\\Y\end{smallmatrix}$-100P$_{I}$	铬钼钛耐热钢	≤550	油　品	10~200	221
		H41$\begin{smallmatrix}W\\Y\end{smallmatrix}$-160P$_{I}$	铬钼钛耐热钢	≤550	油　品	10~50	222
4	法兰升降式底阀	H42W-2.5P	1Cr18Ni9Ti	≤200	硝酸类	25~200	222
		H42W-2.5R	Cr18Ni12Mo2Ti	≤200	醋酸类	25~200	222
5	立式升降式止回阀	H42$\begin{smallmatrix}H\\Y\end{smallmatrix}$-16C	碳　钢	≤400	蒸汽、水、油品	50~250	222
		H42$\begin{smallmatrix}H\\Y\end{smallmatrix}$-25	碳　钢	≤400	蒸汽、水、油品	50~250	222
		H42H-40	碳　钢	≤400	蒸汽、水、油品	50~250	223
		H42Y-160	碳　钢	≤200	氨、液氨、氮氢混合气	15~40	223
		H42Y-320	碳　钢	≤170	氮、氢、氨	10~40 100、125、200	223
		H42$\begin{smallmatrix}W\\Y\end{smallmatrix}$-25P	1Cr18Ni9Ti	≤200	硝酸类	15~250	223
		H42$\begin{smallmatrix}W\\Y\end{smallmatrix}$-40P	1Cr18Ni9Ti	≤200	硝酸类	15~250	224
		H42$\begin{smallmatrix}W\\Y\end{smallmatrix}$-25R	Cr18Ni12Mo2Ti	≤200	醋酸类	15~250	224
		H42$\begin{smallmatrix}W\\Y\end{smallmatrix}$-40R	Cr18Ni12Mo2Ti	≤200	醋酸类	15~250	224
		H42Y-160R	Cr18Ni12Mo2Ti	≤100	尿　素	125	225
		H42W-160A	TA_2	≤310	氧化腐蚀性介质	15~100	225
		H42W-320A	TA_2	≤310	氧化腐蚀性介质	10~100	225
		H42N-25	碳钢	-40~80	液化石油气	32~200	225
		H42N-40	碳钢	-40~80	液化石油气	32~200	225
6	旋启式止回阀	H44J-6	硫化橡胶铸铁	≤60	腐蚀介质	25~250	226
		H44T-10	灰铸铁	≤200	水、蒸汽	50~600	226
		H44W-10	灰铸铁	≤100	煤气、油品	50~600	226

续表

序号	名称	型号	阀体材质	使用温度/℃	适用介质	公称通径 *DN*	页次
6	旋启式止回阀	H44X-10	灰铸铁	≤80	水	50~600	226
		H44$_{Y}^{H}$-16C	碳　钢	≤400	水、蒸汽、油品	50~500	227
		H44$_{Y}^{H}$-25	碳　钢	≤400	水、蒸汽、油品	15~600	227
		H44$_{Y}^{H}$-40	碳　钢	≤425	水、蒸汽、油品	15~600	228
		H44$_{Y}^{H}$-64	碳　钢	≤425	水、蒸汽、油品	15~700	228
		H44$_{Y}^{H}$-100	碳　钢	≤425	水、蒸汽、油品	15~450	229
		H44$_{Y}^{H}$-160	碳　钢	≤425	水、蒸汽、油品	15~300	229
		H44Y-200	碳　钢	≤200	油品、水	50~200	229
		H44$_{Y}^{H}$-250	碳　钢	-40~100	油品、水	50~200	230
		H44W-16P	1Cr18Ni9Ti	≤200	硝酸类	50~500	230
		H44W-16R	Cr18Ni12Mo2Ti	≤200	醋酸类	50~500	230
		H44W-25P	1Cr18Ni9Ti	≤200	硝酸类	25~500	230
		H44W-25R	Cr18Ni12Mo2Ti	≤200	醋酸类	25~500	230
		H44W-40P	1Cr18Ni9Ti	≤200	硝酸类	25~500	231
		H44W-40R	Cr18Ni12Mo2Ti	≤200	醋酸类	25~500	231
		H44W-64P	1Cr18Ni9Ti	≤200	硝酸类	50~400	231
		H44W-64R	Cr18Ni12Mo2Ti	≤200	醋酸类	50~400	231
		H44W-100P	1Cr18Ni9Ti	≤200	硝酸类	40~300	231
		H44W-100R	Cr18Ni12Mo2Ti	≤200	醋酸类	40~300	231
		H44W-160P	1Cr18Ni9Ti	≤200	硝酸类	50~300	232
		H44W-160R	Cr18Ni12Mo2Ti	≤200	醋酸类	50~300	232
		H44Y-16P	1Cr18Ni9Ti	≤200	硝酸类	50~500	232
		H44Y-16R	Cr18Ni12Mo2Ti	≤200	醋酸类	50~500	232
		H44Y-25P	1Cr18Ni9Ti	≤200	硝酸类	15~500	232
		H44Y-25R	Cr18Ni12Mo2Ti	≤200	醋酸类	15~500	232
		H44Y-40P	1Cr18Ni9Ti	≤200	硝酸类	15~500	233
		H44Y-40P	1Cr18Ni9Ti	≥-180	乙烯、丙烯	50~200、400	233
		H44Y-40R	Cr18Ni12Mo2Ti	≤200	醋酸类	15~500	233
		H44Y-64P	1Cr18Ni9Ti	≤200	硝酸类	15~400	233
		H44Y-64R	Cr18Ni12Mo2Ti	≤200	醋酸类	15~400	233
		H44Y-100P	1Cr18Ni9Ti	≤200	硝酸类	15~50	233

续表

序号	名称	型号	阀体材质	使用温度/℃	适用介质	公称通径 *DN*	页次
6	旋启式止回阀	H44Y-100R	Cr18Ni12Mo2Ti	≤200	醋酸类	15~50	233
		H44Y-160P	1Cr18Ni9Ti	≤200	硝酸类	15~300	234
		H44Y-160R	Cr18Ni12Mo2Ti	≤200	醋酸类	15~300	234
		H44Y-16I	Cr5Mo	≤550	蒸汽、油品	50~500	234
		H44Y-25I	Cr5Mo	≤550	蒸汽、油品	15~500	234
		H44Y-40I	Cr5Mo	≤550	蒸汽、油品	15~600	235
		GH44Y-40I	Cr5Mo	≤550	蒸汽、油品	80、300	235
		H44Y-64I	Cr5Mo	≤550	蒸汽、油品	15~400	235
		GH44H-64I	Cr5Mo	≤550	蒸汽、油品	50~300	235
		H44Y-100I	Cr5Mo	≤550	蒸汽、油品	15~300	236
		H44Y-160I	Cr5Mo	≤550	蒸汽、油品	15~300	236
		$H44\genfrac{}{}{0pt}{}{W}{Y}-16P_{I}$	铬钼钛耐热钢	≤550	空气、油品	50~500	236
		$H44\genfrac{}{}{0pt}{}{W}{Y}-25P_{I}$	铬钼钛耐热钢	≤550	空气、油品	50~500	237
		$H44Y-40P_{I}$	铬钼钛耐热钢	≤550	空气、油品	50~500	237
		$H44Y-64P_{I}$	铬钼钛耐热钢	≤550	空气、油品	50~300	237
7	旋启式多瓣止回阀	H45X-2. 5	灰铸铁	≤80	水	1200~1800	238
		H45X-6	灰铸铁	≤80	水	1200~1800	238
		H45X-10	灰铸铁	≤80	水	800~1000	238
		H45T-10	灰铸铁	≤80	水、蒸汽	800~1000	238
8	承插焊接升降式止回阀	H61H-25	碳　钢	≤425	水、蒸汽、油品	15~50	238
		H61H-40	碳　钢	≤425	水、蒸汽、油品	15~50	238
		H61H-64	碳　钢	≤425	水、蒸汽、油品	15~50	238
		H61H-160	碳　钢	≤450	油品	15~50	238
		H61Y-160	碳　钢	≤450	油品	15~50	238
9	对夹式止回阀	H71H-16C	WCB	≤400	水、蒸汽、油品	15~200	239
		H71H-25	WCB	≤400	水、蒸汽、油品	15~200	239
		H71H-40	WCB	≤400	水、蒸汽、油品	15~200	239
		H71H-64	WCB	≤400	水、蒸汽、油品	15~150	240
		H71Y-16P	1Cr18Ni9Ti	≤200	硝酸类	15~200	240
		H71Y-16R	Cr18Ni12Mo2Ti	≤200	醋酸类	15~200	240
		H71Y-25P	1Cr18Ni9Ti	≤200	硝酸类	15~200	240
		H71Y-25R	Cr18Ni12Mo2Ti	≤200	醋酸类	15~200	240
		H71Y-40P	1Cr18Ni9Ti	≤200	硝酸类	15~200	241
		H71Y-40R	Cr18Ni12Mo2Ti	≤200	醋酸类	15~200	241

续表

序号	名称	型号	阀体材质	使用温度/℃	适用介质	公称通径 DN	页次
10	高压对夹式止回阀	H72Y-160	碳　钢	≤200	氮、氢、氨、铜胺、碱液	10~150	241
		H72H-320	碳　钢	≤200	氮、氢、氨	10~80	241
		H72Y-320	碳　钢	≤200	氮、氢、氨、铜胺、碱液	10~125	241
		H72W-220R	Cr18Ni12Mo2Ti	≤200	尿素、甲胺	15~80	242
		H72W-320R	Cr18Ni12Mo2Ti	≤200	尿素、甲胺	15~80	242
		H73H-320	碳　钢	-40~200	氮、氢、氨	10~50	242
11	对夹式双瓣旋启式止回阀	H76H-16C	碳　钢	≤425	水、蒸汽、油品	50~600	242
		H76Y-16C	碳　钢	≤425	水、蒸汽、油品	50~300	242
		H76H-25	碳　钢	≤425	水、蒸汽、油品	50~600	243
		H76Y-25	碳　钢	≤425	水、蒸汽、油品	50~300	243
		H76H-40	碳　钢	≤425	水、蒸汽、油品	50~400	243
		H76Y-40	碳　钢	≤425	水、蒸汽、油品	50~300	243
		H76H-64	碳　钢	≤425	水、蒸汽、油品	50~300	243
		H76Y-64	碳　钢	≤425	水、蒸汽、油品	50~300	243
		H76H-100	碳　钢	≤425	水、蒸汽、油品	50~300	244
		H76Y-100	碳　钢	≤425	水、蒸汽、油品	50~300	244
		H76W-16P	1Cr18Ni9Ti	≤200	硝酸类	50~600	244
		H76W-16R	Cr18Ni12Mo2Ti	≤200	醋酸类	50~600	244
12	对夹式蝶形止回阀	DH77X-10C	碳　钢	-15~150	水、蒸汽、油品	50~700	244
		DH77X-16C	碳　钢	-15~150	水、蒸汽、油品	50~700	244

序号	名称	型号	阀体材质	使用温度/℃	适用介质	公称通径 $DN_1 \times DN_2$	页次
13	升降式异径止回阀	F-Ⅰ/Ⅱ/Ⅲ-1.0	碳　钢	≤425	水、蒸汽、油品	25×40~600×900	245
		F-Ⅰ/Ⅱ/Ⅲ-1.6	碳　钢	≤425	水、蒸汽、油品	25×40~600×900	245
		F-Ⅰ/Ⅱ/Ⅲ-2.5	碳　钢	≤425	水、蒸汽、油品	25×40~500×800	246
		RCV-Ⅰ/Ⅱ/Ⅲ-2.5	碳　钢	≤425	水、蒸汽、油品	25×40~500×800	246
		F-Ⅰ/Ⅱ/Ⅲ-4.0	碳　钢	≤425	水、蒸汽、油品	25×40~400×600	246
		RCV-Ⅰ/Ⅱ/Ⅲ-4.0	碳　钢	≤425	水、蒸汽、油品	25×40~400×600	246
		F-Ⅰ/Ⅱ/Ⅲ-6.4	碳　钢	≤425	水、蒸汽、油品	25×40~300×400	247
		RCV-Ⅰ/Ⅱ/Ⅲ-6.4	碳　钢	≤425	水、蒸汽、油品	25×40~300×400	247
		RCV-Ⅰ/Ⅱ/Ⅲ-10.0	碳　钢	≤425	水、蒸汽、油品	25×80~80×100	247

序号	名称	型号	阀体材质	使用温度/℃	适用介质	公称通径 $DN_1 \times DN_2$	页次
14	FD（蝶阀切断结构型异径切断式止回阀）	FD-Ⅰ/Ⅱ/Ⅲ-1.0	碳　钢	≤425	水、蒸汽、油品	25×50~400×600	247
		FD-Ⅰ/Ⅱ/Ⅲ-1.6	碳　钢	≤425	水、蒸汽、油品	25×50~400×600	248
		FD-Ⅰ/Ⅱ/Ⅲ-2.5	碳　钢	≤425	水、蒸汽、油品	25×50~400×600	249
		FD-Ⅰ/Ⅱ/Ⅲ-4.0	碳　钢	≤425	水、蒸汽、油品	25×50~400×500	250
15	FZ（闸阀切断结构型异径切断式止回阀）	FZ-Ⅰ/Ⅱ/Ⅲ-1.6	碳　钢	≤425	水、蒸汽、油品	25×40~400×500	251
		FZ-Ⅰ/Ⅱ/Ⅲ-2.5	碳　钢	≤425	水、蒸汽、油品	25×40~400×500	252
		FZ-Ⅰ/Ⅱ/Ⅲ-4.0	碳　钢	≤425	水、蒸汽、油品	25×40~300×400	252
		序号 13、14、15 注：① 型号标注见“结构尺寸”部分；② 其他规格可与生产厂联系；③ 阀体材质：铬钼钢（t≤550℃）；不锈钢（t≤550℃）。					
16	旋启式液压缓冲止回阀	H44H/HK-0.6	碳钢	≤250	空气	450~1200	254
		H44H/HK-1.0 （FLF929-1.0）	碳钢	≤250	空气	450~1200 （300~1000）	254
		H44H/HK-1.6	碳钢	≤300	空气	450~1200	254
		H44H/HK-2.5	碳钢	≤300	空气	450~1200	254
		注：① 其他规格可与生产厂联系；②关闭时间：t≤3s；开启力矩：M≤50N·m。					
		HH44H-16C HH44H-25	碳　钢	≤425	水、油品、蒸汽	100~800	254
17	梭式止回阀	ZSH41H-16C	ZG230-450	≤425	水、蒸汽、油品	15~700	254
		ZSH41H-D16C	ZG230-450	≤425	水、蒸汽、油品	15~700	255
		ZSH41H-25	ZG230-450	≤425	水、蒸汽、油品	15~600	256
		ZSH41H-D25	ZG230-450	≤425	水、蒸汽、油品	15~600	256
		ZSH41H-40	ZG230-450	≤425	水、蒸汽、油品	15~600	257
		ZSH41H-D40	ZG230-450	≤425	水、蒸汽、油品	15~600	257
		ZSH41H-64	ZG230-450	≤425	水、蒸汽、油品	15~500	258
		ZSH41H-D64	ZG230-450	≤425	水、蒸汽、油品	15~500	258
		ZSH41H-100	ZG230-450	≤425	水、蒸汽、油品	15~500	259
		ZSH41H-D100	ZG230-450	≤425	水、蒸汽、油品	15~500	259
		ZSH41H-160	ZG230-450	≤425	水、蒸汽、油品	15~300	260
		ZSH41H-D160	ZG230-450	≤425	水、蒸汽、油品	15~300	260

二、止回阀结构尺寸和质量

序号	名　　称	型　号	公称通径 DN	结构尺寸/mm		质量/kg	生　产　厂
				H	D		
1	内螺纹升降式底阀 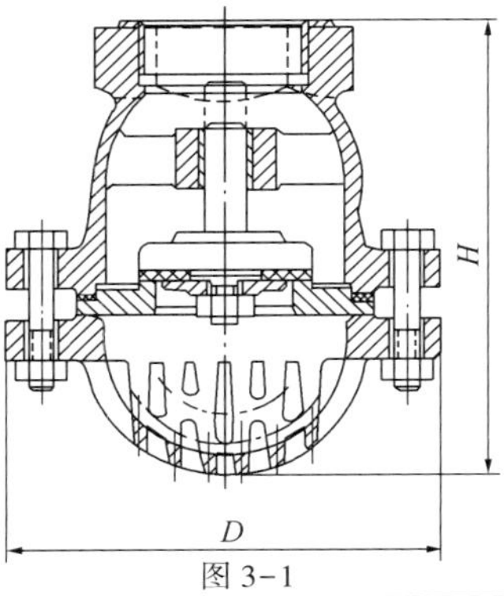 图 3-1	H12X-2.5	50	168.5	154	4.8	鞍山 DN50~80
			65	202	190	8.5	
			80	236	215	12	
2	内螺纹立式止回阀 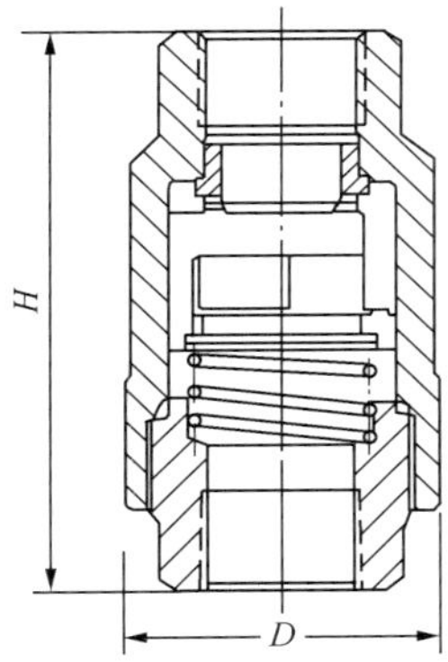 图 3-2	H13H-40	15	100	50	1	大高 DN15~50
			20	120	60	2	
			25	130	68	2	
			32	150	82	3	
			40	170	95	5	
			50	190	110	6	
		H13H-160	15	110	50	3	大高 DN15~50
			20	120	60	4	
			25	130	68	5	
			32	150	82	8	
			40	170	95	12	
			50	190	110	16	

序号	名　　称	型　号	公称通径 DN	结构尺寸/mm		质量/kg	生　产　厂
				L	H		
3	升降式止回阀 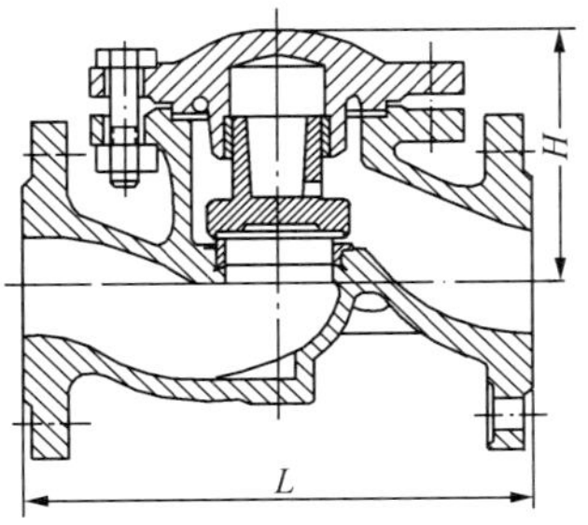 图 3-3	H41H-25K	25	160	80	6	北阀 DN25~80
			32	180	92	7	
			40	200	108	9.5	
			50	230	117	14	
			65	290	145	26.5	
			80	310	156	33	
		H41W-16	20	150	58	3	福阀 DN20~200
			25	160	71	3.6	
			32	180	84	5.8	
			40	200	96	7	
			50	230	115	10	
			65	290	145	21	
			80	310	156	29	

续表

序号	名称	型号	公称通径 DN	结构尺寸/mm		质量/kg	生产厂
				L	H		
3	升降式止回阀 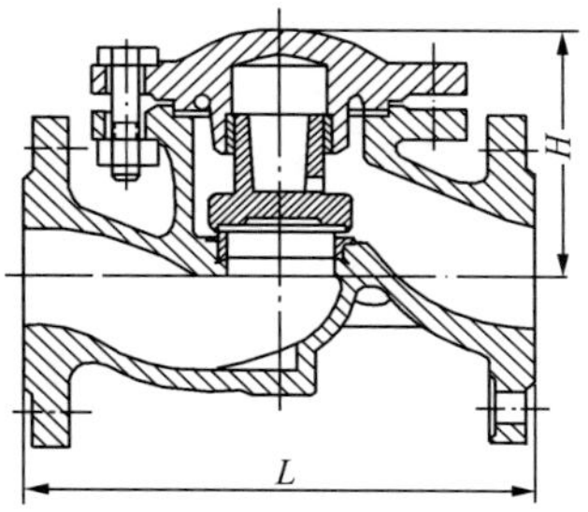 图 3-3	H41W-16	100	350	170	36	福阀 DN20~200
			125	400	201	57	
			150	480	238	80	
			200	600	268	126	
		H41W-16A	20	150	58	7	西高 DN20~100
			25	160	75	7	
			32	190	84	8	
			40	200	95	11	
			50	230	106	14	
			65	290	130	25	
			80	310	150	28	
			100	350	170	50	
		H41W-25A	20	150	58	7	西高 DN20~100
			25	160	75	7	
			32	190	79	8	
			40	200	95	11	
			50	230	110	14	
			65	290	142	25	
			80	310	156	28	
			100	350	189	50	
		H41W-40A	20	150	105	8	西高 DN20~100
			25	160	120	8	
			32	190	130	9	
			40	200	135	12	
			50	230	149	15	
			65	290	164	26	
			80	310	194	30	
			100	350	222	55	
		H41W-64A	20	190	110	8	西高 DN20~100
			25	210	125	9	
			32	230	152	10	
			40	260	168	13	
			50	300	170	16	
			65	340	188	27	
			80	380	205	40	
			100	430	230	60	

序号	名称	型号	公称通径 DN	结构尺寸/mm L	结构尺寸/mm H	质量/kg	生产厂
3	升降式止回阀 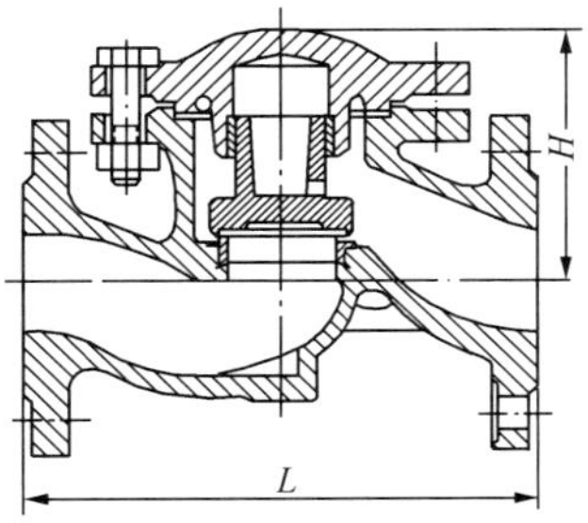 图 3-3	H41W-100A	20	190	110	8	西高 DN20~100
			25	210	125	9	
			32	230	140	10	
			40	260	170	13	
			50	300	185	16	
			65	340	200	27	
			80	380	235	40	
			100	430	260	60	
		H41N-25	15	130	82	3.3	良精、北阀 DN15~150
			20	150	102	4.8	
			25	160	112	6.1	
			32	190	123	9	
			40	200	139	12.1	
			50	230	158	16.4	
			65	290	168	23.8	
			80	310	182	27.7	
			100	350	190	37.7	
			150	480	268	80.8	
		H41N-40	15	135	62	4.5	保一 DN15~200 北阀 DN15~100 正华 DN25~80
			20	150	102	5.5	
			25	160	112	6	
			32	180	128	8	
			40	200	148	10	
			50	230	158	11.5	
			65	290	168	17	
			80	310	182	23	
			100	350	190	50	
			150	480	268	120	
			200	600	318	200	
		H41$\begin{smallmatrix}H\\Y\end{smallmatrix}$-16C	10	130	78	3.5	伯特利 DN10~400 慎江 DN15~200 南通 DN40~300 开阀 DN50~200 大高 DN15~200(H) 建湖 DN15~400 大洋 DN15~50 苏阀 DN15~150
			15	130	78	3.5	
			20	150	100	5	
			25	160	110	6	
			32	190	120	11	
			40	200	140	13	
			50	230	165	20	

序号	名称	型号	公称通径 *DN*	结构尺寸/mm *L*	结构尺寸/mm *H*	质量/kg	生产厂
3	升降式止回阀 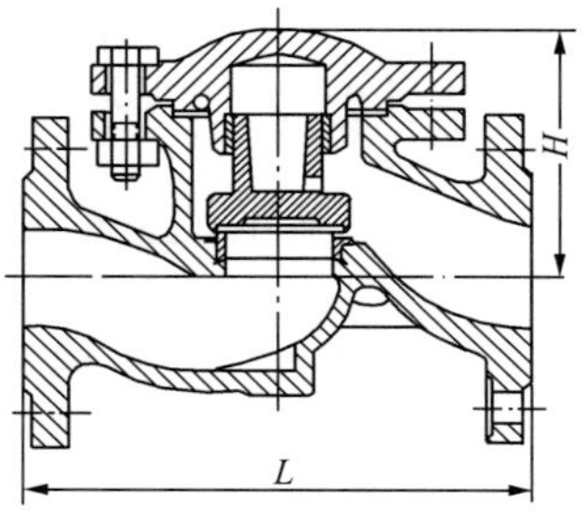 图 3-3	H41$^{H}_{Y}$-16C	65	290	170	25	保一承高 *DN*15~300 伯特利 *DN*10~400 慎江 *DN*15~200 南通 *DN*40~300 开阀 *DN*50~200 大高 *DN*15~200(H) 建湖 *DN*15~400 大洋 *DN*15~50 苏阀 *DN*15~150 上一核 *DN*25~200(H)
			80	310	178	31	
			100	350	195	44	
			125	400	222	65	
			150	480	255	99	
			200	600	312	190	
			250	730			
			300	850			
			350	980			
			400	1100			
		H41$^{H}_{Y}$-25	10	130	78	3.5	上阀、三明 *DN*32~200(H) 精工 *DN*10~200 伯特利 *DN*10~400 慎江、兰高、开阀、 大高、良精 *DN*15~200 承高 *DN*15~300 苏高、正华 *DN*15~200 南通 *DN*40~200 浙石化 *DN*20~150 建湖 *DN*15~400 自高 *DN*15~200(H) 屯溪、大洋 *DN*15~50 锦阀 *DN*10~200(H) 西高、开阀 *DN*15~150(H) 北阀 *DN*15~100(H) 杭阀 *DN*20~150(H) 保一、南方 *DN*15~200(H) 苏阀 *DN*15~150 上一核 *DN*25~200(H)
			15	130	78	3.5	
			20	150	100	5	
			25	160	110	6	
			32	190	120	11	
			40	200	140	13	
			50	230	165	20	
			65	290	170	25	
			80	310	178	31	
			100	350	195	44	
			125	400	222	65	
			150	480	255	99	
			200	600	312	190	
			250	730			
			300	850			
			350	980			
			400	1100			
		H41$^{H}_{Y}$-40	10	130	78	3.5	开阀 *DN*32~200 南通 *DN*40~200 伯特利 *DN*10~400 兰高 *DN*15~250 慎江、良精 *DN*15~200 浙石化、正华 *DN*15~150 苏高 *DN*10~150 屯溪、大洋 *DN*15~50 承高 *DN*15~300 自高、大高 *DN*15~200(H) 北阀 *DN*15~100(H) 杭阀 *DN*20~150(H) 上阀、三明 *DN*32~200(H) 上一核 *DN* 25~200(H)
			15	130	78	3.5	
			20	150	100	5	
			25	160	110	6	
			32	190	120	11	
			40	200	140	13	
			50	230	165	20	
			65	290	170	25	
			80	310	178	31	
			100	350	195	44	
			125	400	222	65	
			150	480	255	99	

序号	名　称	型　号	公称通径 DN	结构尺寸/mm		质量/kg	生　产　厂
				L	H		
3	升降式止回阀 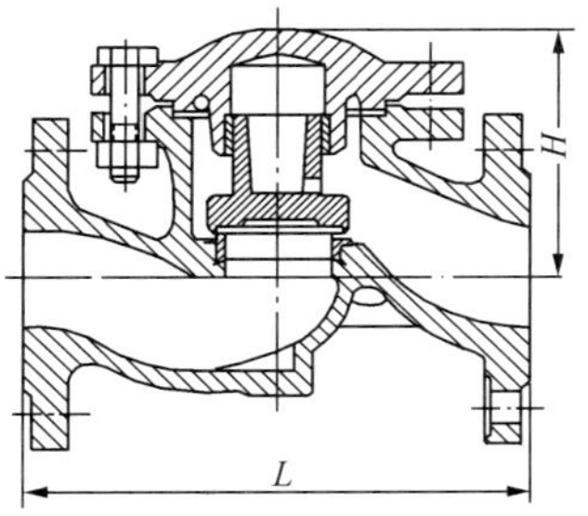 图 3-3	H41$\genfrac{}{}{0pt}{}{H}{Y}$-40	200	600	312	190	锦阀 DN10~150(H) 保一、南方 DN15~200(H) 建湖 DN15~400 精工 DN10~200 苏阀 DN15~150
			250	730			
			300	850			
			350	980			
			400	1100			
		H41$\genfrac{}{}{0pt}{}{H}{Y}$-64	10	170	80	4	屯溪 DN10~50 伯特利 DN10~150 开阀 DN 32~200 南通 DN40~200 大洋 DN15~50 苏高 DN15~100 锦阀、良精、北阀 DN15~100(H) 南方 DN15~200(H) 苏阀 DN20~100 上阀 DN32~100(H) 自高 DN15~50(H) 建湖、保一、承高 DN15~200 精工 DN10~100 上一核 DN25~200(H)
			15	170	80	4	
			20	190	102	8.5	
			25	210	112	9	
			32	230	135	13.5	
			40	260	155	18	
			50	300	180	26	
			65	340	200	46	
			80	380	225	56	
			100	430	270	89	
			125	500	310	122	
			150	550	365	175	
			200	600	400	195	
		H41$\genfrac{}{}{0pt}{}{H}{Y}$-100	10	170	80	4	开阀 DN32~200 屯溪 DN10~50 伯特利 DN10~150 南通 DN40~200 大洋 DN15~50 苏高、苏阀 DN15~100 锦阀 DN10~100(H) 良精、南方 DN15~200(H) 精工 DN10~100 上阀 DN32~65(H) 杭阀 DN20~100(H) 自高 DN10~32(H) 建湖 DN15~200 保一 DN15~50(Y) 承高 DN15~150
			15	170	80	4	
			20	190	102	8.5	
			25	210	112	9	
			32	230	135	13.5	
			40	260	155	18	
			50	300	180	26	
			65	340	200	46	
			80	380	225	56	
			100	430	270	89	
			125	500	310	122	
			150	550	365	175	
			200	600	400	195	
		H41$\genfrac{}{}{0pt}{}{H}{Y}$-160	10	170	80	5	伯特利 DN10~50 屯溪、大高 DN10~40 建湖 DN15~200 大洋 DN15~50 保一 DN15~50(Y) 开阀 DN32~100
			15	170	80	5	
			20	190	102	8.5	
			25	210	112	10	
			32	230	135	15	
			40	260	155	20	
			50	300	180	28	
			65	340	200	48	
			80	380	225	58	
			100	430	270	93	
			125	500	310	126	
			150	550	365	179	
			200	650	400	200	

续表

序号	名　称	型　号	公称通径 *DN*	结构尺寸/mm *L*	结构尺寸/mm *H*	质量/kg	生　产　厂
3	升降式止回阀 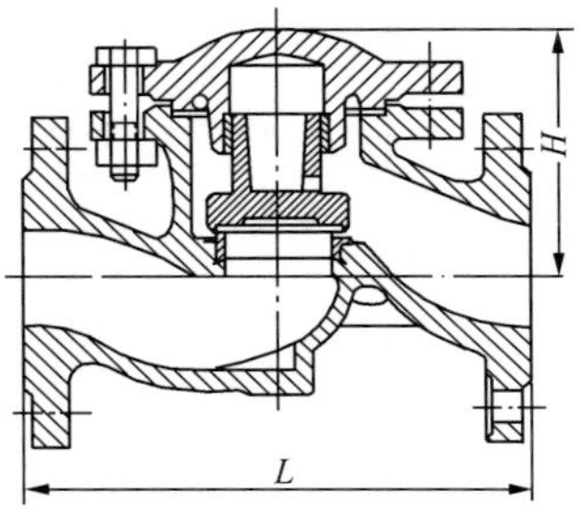 图 3-3	H41W-16$^{P}_{R}$	10	130	78	3.5	伯特利 *DN*10～400 锦阀 *DN*15～150 沈阀 *DN*40～150 兰高 *DN*50～100 西高 *DN*15～50(R) 锡山 *DN*15～400 开阀 *DN*50～200 上一核 *DN*25～200 承高 *DN*15～300
			15	130	78	3.5	
			20	150	100	5	
			25	160	110	6	
			32	190	120	11	
			40	200	140	13	
			50	230	165	20	
			65	290	170	25	
			80	310	178	31	
			100	350	195	44	
			125	400	222	65	
			150	480	255	99	
			200	600	312	190	
			250	730			
			300	850			
			350	980			
			400	1100			
		H41W-25$^{P}_{R}$	10	130	78	3.5	伯特利 *DN*10～400 兰高、保一、良精 *DN*15～200 沈阀 *DN*40～150 西高 *DN*15～50 上阀 *DN*32～200(P) 正华、锦阀 *DN*15～150 自高 *DN*15～150(P) 锡山、承高 *DN*15～300 开阀 *DN*50～200 上一核 *DN*25～200
			15	130	78	3.5	
			20	150	100	5	
			25	160	110	6	
			32	190	120	11	
			40	200	140	13	
			50	230	165	20	
			65	290	170	25	
			80	310	178	31	
			100	350	195	44	
			125	400	222	65	
			150	480	255	99	
			200	600	312	190	
			250	730			
			300	850			
			350	980			
			400	1100			

序号	名称	型号	公称通径 DN	结构尺寸/mm L	结构尺寸/mm H	质量/kg	生产厂
3	升降式止回阀 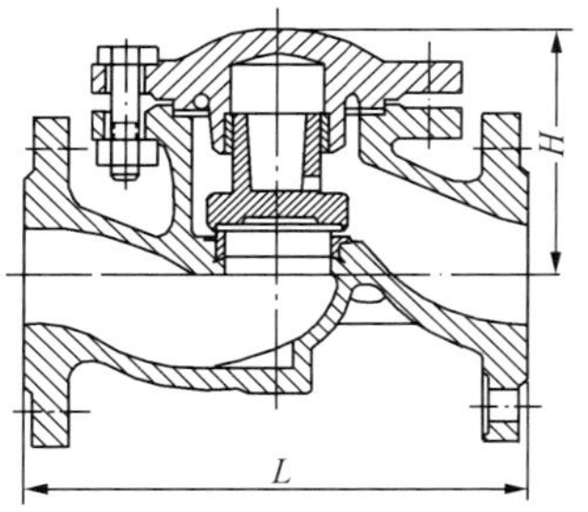 图 3-3	H41W-40$_{R}^{P}$	10	130	78	3.5	西高 DN15~50 伯特利 DN10~400 兰高、保一、良精 DN15~200 沈阀 DN40~150 正华、锦阀 DN15~150 自高 DN15~150(P) 上阀 DN32~150(P) 承高、锡山 DN15~300 开阀 DN50~200 上一核 DN25~200
			15	130	78	3.5	
			20	150	100	5	
			25	160	110	6	
			32	190	120	11	
			40	200	140	13	
			50	230	165	20	
			65	290	170	25	
			80	310	178	31	
			100	350	195	44	
			125	400	222	65	
			150	480	255	99	
			200	600	312	190	
			250	730			
			300	850			
			350	980			
			400	1100			
		H41W-64$_{R}^{P}$	10	170	80	4	伯特利 DN10~150 良精、保一、承高 DN15~200 锦阀 DN32~50 开阀 DN32~200 上一核 DN25~200
			15	170	80	4	
			20	190	102	8.5	
			25	210	112	9	
			32	230	135	13.5	
			40	260	155	18	
			50	300	180	26	
			65	340	200	46	
			80	380	225	56	
			100	430	270	89	
			125	500	310	122	
			150	550	365	175	
			200	600	400	195	
		H41W-100$_{R}^{P}$	10	170	80	4	伯特利 DN10~150 良精、保一、承高 DN15~200 开阀 DN32~200
			15	170	80	4	
			20	190	102	8.5	
			25	210	112	9	
			32	230	135	13.5	
			40	260	155	18	
			50	300	180	26	
			65	340	200	46	
			80	380	225	56	
			100	430	270	89	
			125	500	310	122	
			150	550	365	175	
			200	600	400	195	

<table>
<tr><th rowspan="2">序号</th><th rowspan="2">名　称</th><th rowspan="2">型　号</th><th rowspan="2">公称通径 DN</th><th colspan="2">结构尺寸/mm</th><th rowspan="2">质量/kg</th><th rowspan="2">生 产 厂</th></tr>
<tr><th>L</th><th>H</th></tr>
<tr><td rowspan="41">3</td><td rowspan="41">升降式止回阀
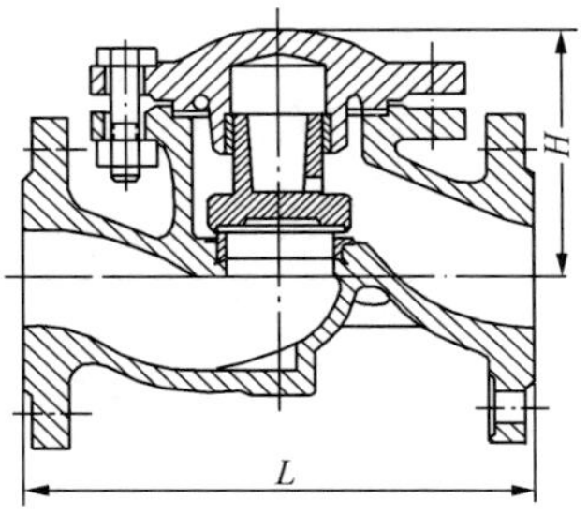

图 3-3</td><td rowspan="7">H41W-160 $^{P}_{R}$</td><td>10</td><td>170</td><td>80</td><td>5</td><td rowspan="7">伯特利 DN10～50
开阀 DN32～50</td></tr>
<tr><td>15</td><td>170</td><td>80</td><td>5</td></tr>
<tr><td>20</td><td>190</td><td>102</td><td>8.5</td></tr>
<tr><td>25</td><td>210</td><td>112</td><td>10</td></tr>
<tr><td>32</td><td>230</td><td>135</td><td>15</td></tr>
<tr><td>40</td><td>260</td><td>155</td><td>20</td></tr>
<tr><td>50</td><td>300</td><td>180</td><td>28</td></tr>
<tr><td rowspan="17">H41Y-16 $^{P}_{R}$</td><td>10</td><td>130</td><td>78</td><td>3.5</td><td rowspan="17">伯特利 DN10～400
建湖 DN15～400
大洋 DN15～50
保一、承高
DN15～300
上一核 DN25～200</td></tr>
<tr><td>15</td><td>130</td><td>78</td><td>3.5</td></tr>
<tr><td>20</td><td>150</td><td>100</td><td>5</td></tr>
<tr><td>25</td><td>160</td><td>110</td><td>6</td></tr>
<tr><td>32</td><td>190</td><td>120</td><td>11</td></tr>
<tr><td>40</td><td>200</td><td>140</td><td>13</td></tr>
<tr><td>50</td><td>230</td><td>165</td><td>20</td></tr>
<tr><td>65</td><td>290</td><td>170</td><td>25</td></tr>
<tr><td>80</td><td>310</td><td>178</td><td>31</td></tr>
<tr><td>100</td><td>350</td><td>195</td><td>44</td></tr>
<tr><td>125</td><td>400</td><td>222</td><td>65</td></tr>
<tr><td>150</td><td>480</td><td>255</td><td>99</td></tr>
<tr><td>200</td><td>600</td><td>312</td><td>90</td></tr>
<tr><td>250</td><td>730</td><td></td><td></td></tr>
<tr><td>300</td><td>850</td><td></td><td></td></tr>
<tr><td>350</td><td>980</td><td></td><td></td></tr>
<tr><td>400</td><td>1100</td><td></td><td></td></tr>
<tr><td rowspan="17">H41Y-25 $^{P}_{R}$</td><td>10</td><td>130</td><td>78</td><td>3.5</td><td rowspan="17">伯特利 DN10～400
建湖 DN15～400
大洋 DN15～50
保一、承高
DN15～300
上一核 DN25～200</td></tr>
<tr><td>15</td><td>130</td><td>78</td><td>3.5</td></tr>
<tr><td>20</td><td>150</td><td>100</td><td>5</td></tr>
<tr><td>25</td><td>160</td><td>110</td><td>6</td></tr>
<tr><td>32</td><td>190</td><td>120</td><td>11</td></tr>
<tr><td>40</td><td>200</td><td>140</td><td>13</td></tr>
<tr><td>50</td><td>230</td><td>165</td><td>20</td></tr>
<tr><td>65</td><td>290</td><td>170</td><td>25</td></tr>
<tr><td>80</td><td>310</td><td>178</td><td>31</td></tr>
<tr><td>100</td><td>350</td><td>195</td><td>44</td></tr>
<tr><td>125</td><td>400</td><td>222</td><td>65</td></tr>
<tr><td>150</td><td>480</td><td>255</td><td>99</td></tr>
<tr><td>200</td><td>600</td><td>312</td><td>190</td></tr>
<tr><td>250</td><td>730</td><td></td><td></td></tr>
<tr><td>300</td><td>850</td><td></td><td></td></tr>
<tr><td>350</td><td>980</td><td></td><td></td></tr>
<tr><td>400</td><td>1100</td><td></td><td></td></tr>
</table>

序号	名　称	型　号	公称通径 DN	结构尺寸/mm		质量/kg	生　产　厂
				L	H		
3	升降式止回阀 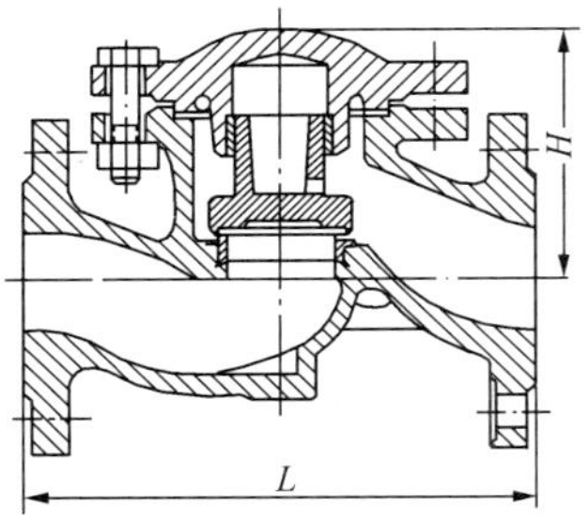 图 3-3	H41Y-40$^{P}_{R}$	10	130	78	3.5	伯特利 DN10~400 建湖 DN15~400 大洋 DN15~50 保一、承高 DN15~300 上一核 DN25~200
			15	130	78	3.5	
			20	150	100	5	
			25	160	110	6	
			32	190	120	11	
			40	200	140	13	
			50	230	165	20	
			65	290	170	25	
			80	310	178	31	
			100	350	195	44	
			125	400	222	65	
			150	480	255	99	
			200	600	312	190	
			250	730			
			300	850			
			350	980			
			400	1100			
		H41Y-64$^{P}_{R}$	10	170	80	4	伯特利 DN10~150 建湖、保一、承高 DN15~200 大洋 DN15~50 上一核 DN25~200
			15	170	80	4	
			20	190	102	8.5	
			25	210	112	9	
			32	230	135	13.5	
			40	260	155	18	
			50	300	180	26	
			65	340	200	46	
			80	380	225	56	
			100	430	270	89	
			125	500	310	122	
			150	550	365	175	
			200	600	400	195	
		H41Y-100$^{P}_{R}$	10	170	80	4	伯特利 DN10~150 建湖 DN15~200 大洋 DN15~50 承高 DN15~200
			15	170	80	4	
			20	190	102	8.5	
			25	210	112	9	
			32	230	135	13.5	
			40	260	155	18	
			50	300	180	26	
			65	340	200	46	
			80	380	225	56	
			100	430	270	89	
			125	500	310	122	
			150	550	365	175	
			200	600	400	195	

序号	名称	型号	公称通径 DN	结构尺寸/mm		质量/kg	生产厂
				L	H		
3	升降式止回阀 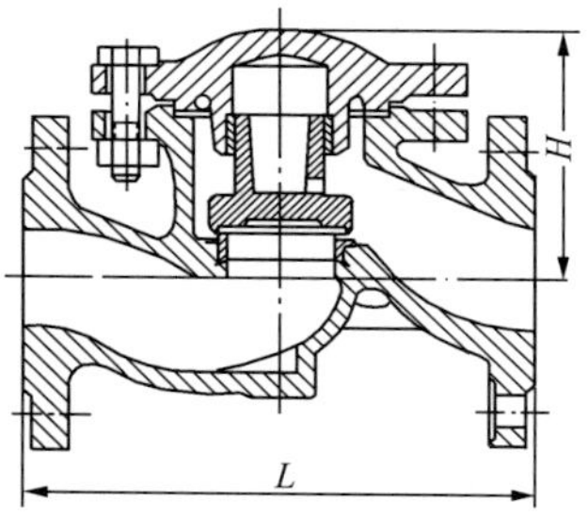 图 3-3	H41Y-160 P/R	10	170	80	5	伯特利 DN10~50 建湖 DN15~200 大洋 DN15~50
			15	170	80	5	
			20	190	102	8.5	
			25	210	112	10	
			32	230	135	15	
			40	260	155	20	
			50	300	180	28	
			65	340	200	48	
			80	380	225	58	
			100	430	270	93	
			125	500	310	126	
			150	550	365	179	
			200	650	400	200	
		H41Y-16I	10	130	78	3.5	伯特利 DN10~400 开阀 DN50~200 南通 DN40~300 大洋 DN15~50 保一、承高 DN15~300 上一核 DN25~200
			15	130	78	3.5	
			20	150	100	5	
			25	160	110	6	
			32	190	120	11	
			40	200	140	13	
			50	230	165	20	
			65	290	170	25	
			80	310	178	31	
			100	350	195	44	
			125	400	222	65	
			150	480	255	99	
			200	600	312	190	
			250	730			
			300	850			
			350	980			
			400	1100			
		H41Y-25I	10	130	78	3.5	伯特利 DN10~400 开阀 DN50~200 大洋 DN15~50 保一、承高 DN15~300 上一核 DN25~200
			15	130	78	3.5	
			20	150	100	5	
			25	160	110	6	
			32	190	120	11	
			40	200	140	13	
			50	230	165	20	
			65	290	170	25	
			80	310	178	31	
			100	350	195	44	
			125	400	222	65	
			150	480	255	99	
			200	600	312	190	
			250	730			
			300	850			
			350	980			
			400	1100			

续表

序号	名　称	型　号	公称通径 DN	结构尺寸/mm		质量/kg	生　产　厂
				L	H		
3	升降式止回阀 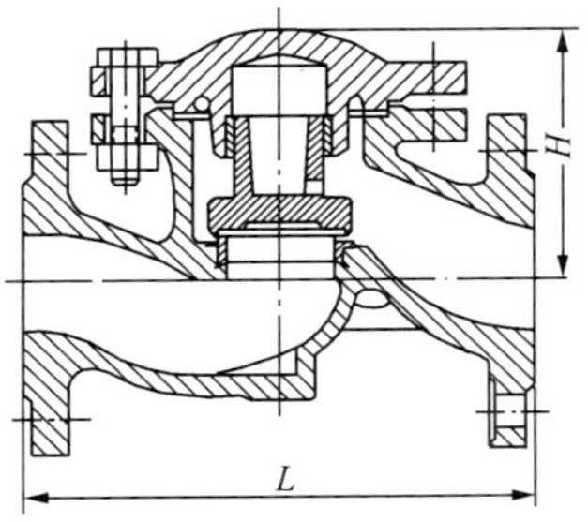 图 3-3	H41Y-40I	10	130	78	3.5	伯特利 DN10～400 南通 DN40～200 大洋 DN15～50 保一、承高 DN15～300 开阀 DN32～200 上一核 DN25～200
			15	130	78	3.5	
			20	150	100	5	
			25	160	110	6	
			32	190	120	11	
			40	200	140	13	
			50	230	165	20	
			65	290	170	25	
			80	310	178	31	
			100	350	195	44	
			125	400	222	65	
			150	480	255	99	
			200	600	312	190	
			250	730			
			300	850			
			350	980			
			400	1100			
		H41Y-64I	10	170	80	4	伯特利 DN10～150 南通 DN40～200 大洋 DN15～50 保一、承高 DN15～200 开阀 DN32～200 上一核 DN25～200
			15	170	80	4	
			20	190	102	8.5	
			25	210	112	9	
			32	230	135	13.5	
			40	260	155	18	
			50	300	180	26	
			65	340	200	46	
			80	380	225	56	
			100	430	270	89	
			125	500	310	122	
			150	550	365	175	
			200	600	400	195	
		H41Y-100I	10	170	80	4	伯特利 DN10～150 开阀 DN32～200 大洋 DN15～50 苏高 DN100 承高 DN15～150
			15	170	80	4	
			20	190	102	8.5	
			25	210	112	9	
			32	230	135	13.5	
			40	260	155	18	
			50	300	180	26	
			65	340	200	46	
			80	380	225	56	
			100	430	270	89	
			125	500	310	122	
			150	550	365	175	
			200	600	400	195	

续表

序号	名称	型号	公称通径 DN	结构尺寸/mm L	结构尺寸/mm H	质量/kg	生产厂
3	升降式止回阀 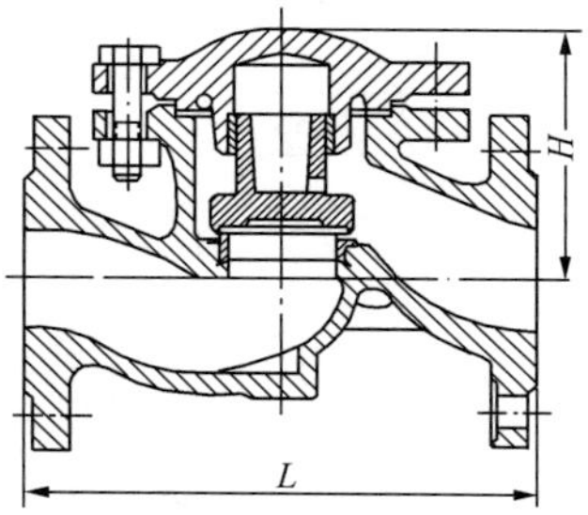 图 3-3	H41Y-160I	10	170	80	5	伯特利 DN10~50 大洋 DN15~50 开阀 DN32~50
			15	170	80	5	
			20	190	102	8.5	
			25	210	112	10	
			32	230	135	15	
			40	260	155	20	
			50	300	180	28	
		H41$\frac{W}{Y}$-16P_{I}	10	130	78	3.5	伯特利 DN10~400
			15	130	78	3.5	
			20	150	100	5	
			25	160	110	6	
			32	190	120	11	
			40	200	140	13	
			50	230	165	20	
			65	290	170	25	
			80	310	178	31	
			100	350	195	44	
			125	400	222	65	
			150	480	255	99	
			200	600	312	190	
			250	730			
			300	850			
			350	980			
			400	1100			
		H41$\frac{W}{Y}$-25P_{I}	10	130	78	3.5	伯特利 DN10~400
			15	130	78	3.5	
			20	150	100	5	
			25	160	110	6	
			32	190	120	11	
			40	200	140	13	
			50	230	165	20	
			65	290	170	25	
			80	310	178	31	
			100	350	195	44	
			125	400	222	65	
			150	480	255	99	
			200	600	312	190	
			250	730			
			300	850			
			350	980			
			400	1100			

序号	名称	型号	公称通径 *DN*	结构尺寸/mm *L*	结构尺寸/mm *H*	质量/kg	生产厂
3	升降式止回阀 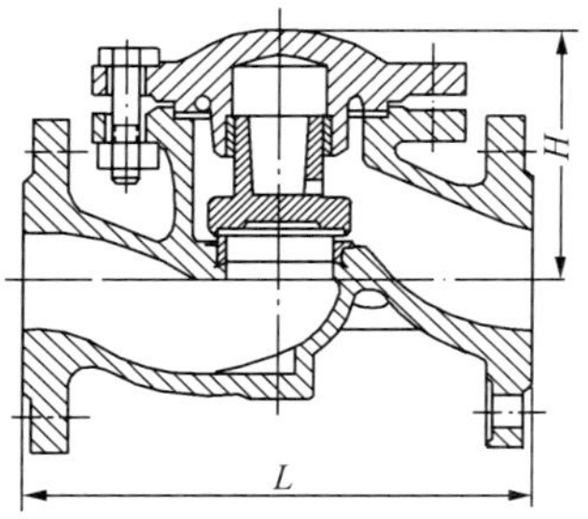 图 3-3	H41$^{W}_{Y}$-40P_1	10	130	78	3.5	伯特利 *DN*10~400
			15	130	78	3.5	
			20	150	100	5	
			25	160	110	6	
			32	190	120	11	
			40	200	140	13	
			50	230	165	20	
			65	290	170	25	
			80	310	178	31	
			100	350	195	44	
			125	400	222	65	
			150	480	255	99	
			200	600	312	190	
			250	730			
			300	850			
			350	980			
			400	1100			
		H41$^{W}_{P}$-64P_1	10	170	80	4	伯特利 *DN*10~150
			15	170	80	4	
			20	190	102	8.5	
			25	210	112	9	
			32	230	135	13.5	
			40	260	155	18	
			50	300	180	26	
			65	340	200	46	
			80	380	225	56	
			100	430	270	89	
			125	500	310	122	
			150	550	365	175	
		H41$^{W}_{Y}$-100P_1	10	170	80	4	伯特利 *DN*10~150
			15	170	80	4	
			20	190	102	8.5	
			25	210	112	9	
			32	230	135	13.5	
			40	260	155	18	
			50	300	180	26	
			65	340	200	46	
			80	380	225	56	
			100	430	270	89	
			125	500	310	122	
			150	550	365	175	

序号	名称	型号	公称通径 DN	结构尺寸/mm L	结构尺寸/mm H	质量/kg	生产厂
3	升降式止回阀 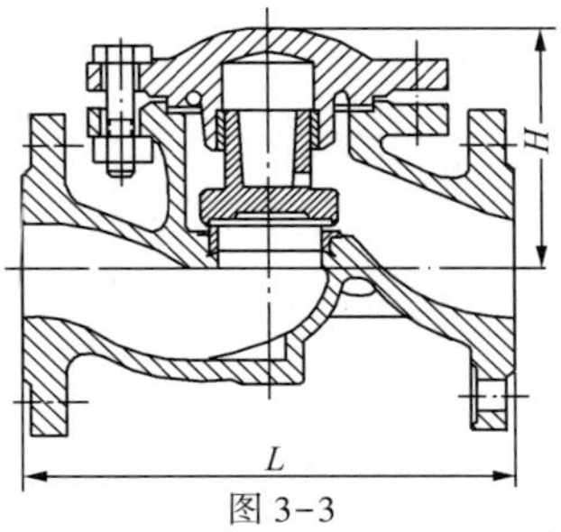 图 3-3	H41$\begin{matrix}W\\Y\end{matrix}-160P_{I}$	10	170	80	5	伯特利 DN10~50
			15	170	80	5	
			20	190	102	8.5	
			25	210	112	10	
			32	230	135	15	
			40	260	155	20	
			50	300	180	28	

序号	名称	型号	公称通径 DN	结构尺寸/mm L	结构尺寸/mm H	结构尺寸/mm A	质量/kg	生产厂
4	法兰升降式底阀 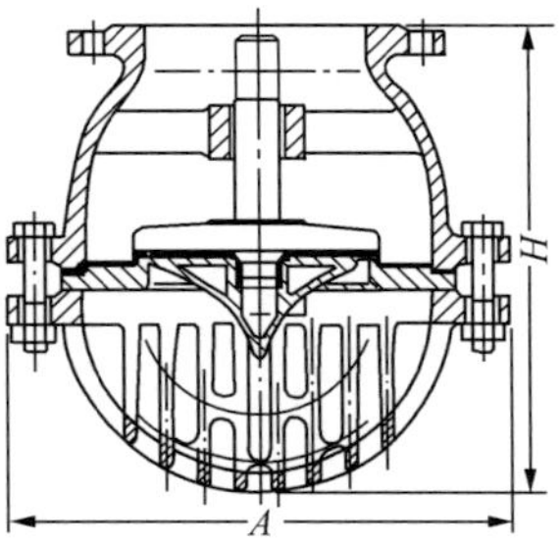 图 3-4	H42W-2.5$\begin{matrix}P\\R\end{matrix}$	25		111	124	2	锡山 DN25~200
			32		130	134	2.5	
			40		143	144	3	
			50		161	154	4	
			65		190	190	6.5	
			80		205	215	9.5	
			100		252	255	17	
			125		315	295	25	
			150		340	345	35.5	
			200		408	430	62	
5	立式升降式止回阀 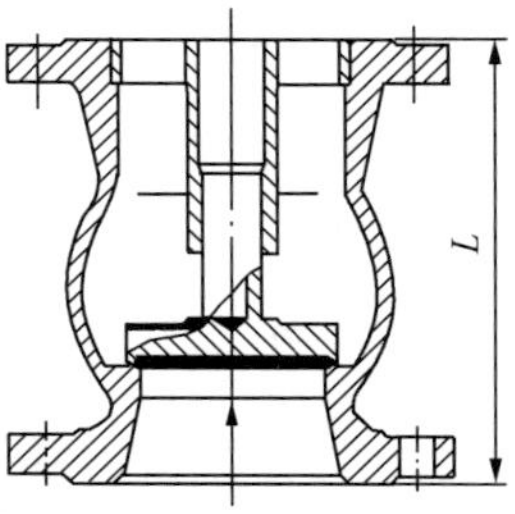 图 3-5	H42$\begin{matrix}H\\Y\end{matrix}$-16C	50	140			32	南通 DN50~250 苏阀 DN50~200
			65	160			38	
			80	185			46	
			100	210			50	
			125	240			70	
			150	250			115	
			200	380			200	
			250	420			280	
		H42$\begin{matrix}H\\Y\end{matrix}$-25	25	100			5	苏阀 DN50~200 正华 DN25~200 慎江 DN40~200 上阀 DN100~200 良精 DN32~200
			32	110			12	
			40	125			20	
			50	140			32	
			65	160			38	
			80	185			46	
			100	210			50	
			125	275			70	
			150	300			115	
			200	380			200	
			250	420			280	

续表

序号	名称	型号	公称通径 *DN*	结构尺寸/mm			质量/kg	生产厂
				L	*H*	*A*		
5	立式升降式止回阀 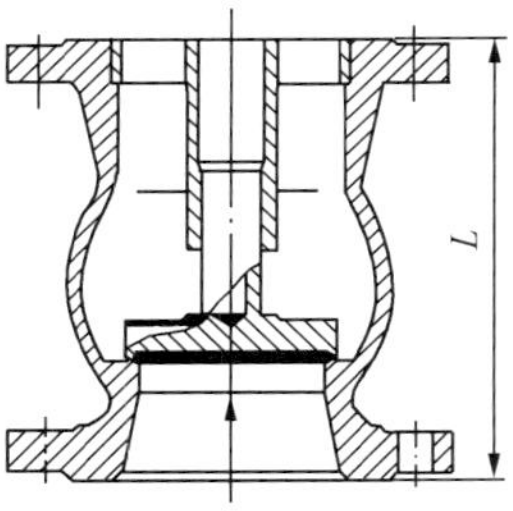 图 3-5	H42H-40	25	100			5	良精 *DN*32~200 上阀 *DN*100~200 南通 *DN*50~250 伯特利 *DN*50~200
			32	110			12	
			40	125			20	
			50	140			32	
			65	160			38	
			80	185			46	
			100	210			50	
			125	275			70	
			150	300			115	
			200	380			200	
			250	420			280	
		H42Y-160	15	240			5.5	苏高 *DN*15~40
			25	262			7.5	
			32	285			10	
			40	316			19.5	
		H42Y-320	10	234			5.5	苏高 *DN*10~40 开阀 *DN*100~200
			15	240			6	
			25	262			8.5	
			32	285			12	
			40	316			21	
			100	790			316	
			125	850			533	
			200	1220			1052	
		H42$^{W}_{Y}$-25P	15	80			4	锡山、兰高 *DN*15~200(W) 良精 *DN*32~200(W) 正华 *DN*25~200(W) 南通 *DN*50~250 伯特利 *DN*50~200
			20	90			4	
			25	100			5	
			32	110			12	
			40	125			20	
			50	140			32	
			65	160			38	
			80	185			46	
			100	210			50	
			150	300			115	
			200	380			200	
			250	420			280	

续表

序号	名　　称	型　号	公称通径 *DN*	结构尺寸/mm			质量/kg	生　产　厂
				L	*H*	*A*		
5	立式升降式止回阀 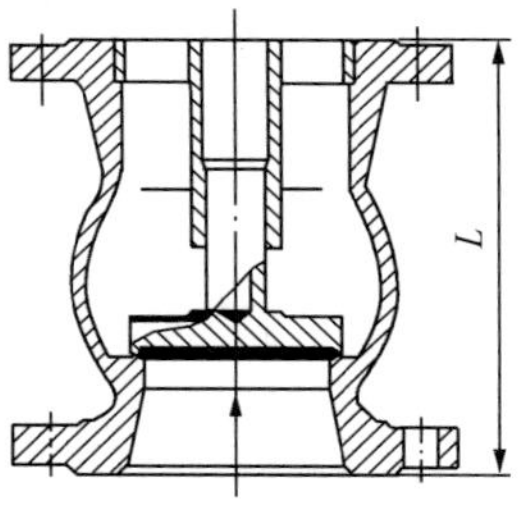 图 3-5	H42$\genfrac{}{}{0pt}{}{W}{Y}$-40P	15	80			3	兰高 *DN*15~200(W) 良精 *DN*32~200(W) 锡山 *DN*150、200(W) 南通 *DN*50~250 伯特利 *DN*50~200
			20	90			5	
			25	100			6	
			32	110			12	
			40	125			20	
			50	140			32	
			65	160			38	
			80	185			46	
			100	210			50	
			150	300			115	
			200	380			200	
			250	420			280	
		H42$\genfrac{}{}{0pt}{}{W}{Y}$-25R	15	80			3	锡山、兰高 *DN*15~200(W) 正华 *DN*25~200(W) 良精 *DN*32~200(W) 南通 *DN*50~250 伯特利 *DN*50~200
			20	90			4	
			25	100			5	
			32	110			12	
			40	125			20	
			50	140			32	
			65	160			38	
			80	185			46	
			100	210			50	
			150	300			115	
			200	380			200	
			250	420			280	
		H42$\genfrac{}{}{0pt}{}{W}{Y}$-40R	15	80			3	兰高 *DN*15~200 良精 *DN*32~200 锡山 *DN*150、200 南通 *DN*50~250 伯特利 *DN*50~200
			20	90			4	
			25	100			5	
			32	110			12	
			40	125			20	
			50	140			32	
			65	160			38	
			80	185			46	
			100	210			50	
			150	300			115	
			200	380			200	
			250	420			280	

序号	名称	型号	公称通径 *DN*	结构尺寸/mm			质量/kg	生产厂
				L	*H*	*A*		
5	立式升降式止回阀 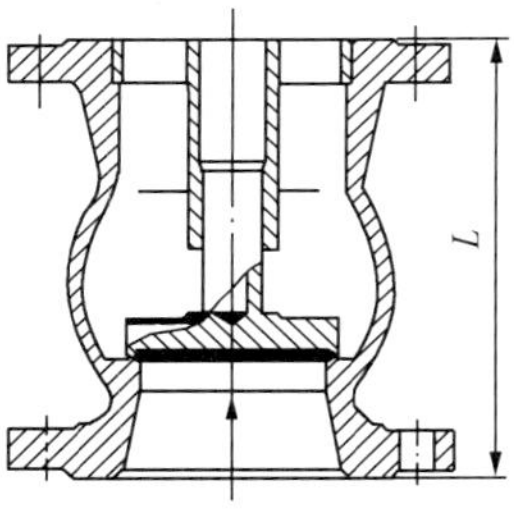 图 3-5	H42Y-160R	125	850			477	开阀 *DN*125
		H42W-160A	15	240			14	西高 *DN*15～100
			20	250			20	
			25	262			27	
			32	285			36	
			40	316			80	
			50	510			140	
			65	564			160	
			80	726			300	
			100	790			360	
		H42W-320A	10	234			8	西高 *DN*10～100
			15	240			14	
			25	262			30	
			32	285			40	
			40	316			90	
			50	510			160	
			65	564			190	
			80	726			350	
			100	790			450	
		H42N-25	32	120			6	良精 *DN*32～200
			40	130			7	
			50	140			10	
			65	160			12	
			80	185			14	
			100	210			21	
			125	250			32	
			150	300			48	
			200	380			65	
		H42N-40	32	120			6	良精 *DN*32～200
			40	130			7	
			50	140			10	
			65	160			12	
			80	185			14	
			100	210			21	
			125	250			32	
			150	300			48	
			200	380			65	

序号	名　　称	型　号	公称通径 *DN*	结构尺寸/mm *L*	结构尺寸/mm *H*	质量/kg	生　产　厂
6	旋启式止回阀 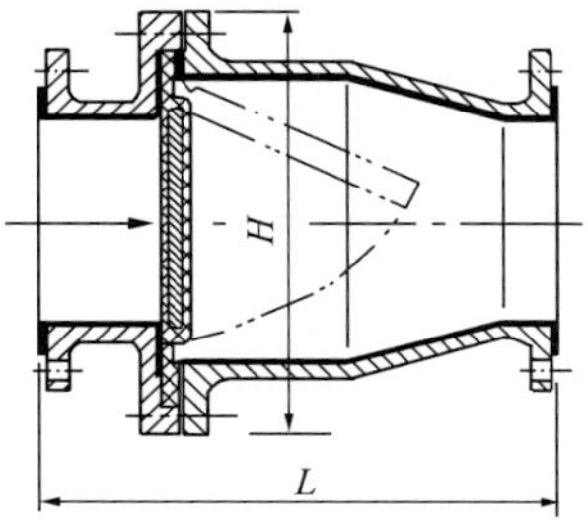 图 3-6-1	H44J-6	25	160	140	6	上阀五 *DN*25～250
			40	200	190	8	
			50	230	210	10	
			80	310	240	25	
			100	350	265	30	
			125	400	320	50	
			150	480	375	65	
			200	500	440	95	
			250	550	500	137	
	旋启式止回阀 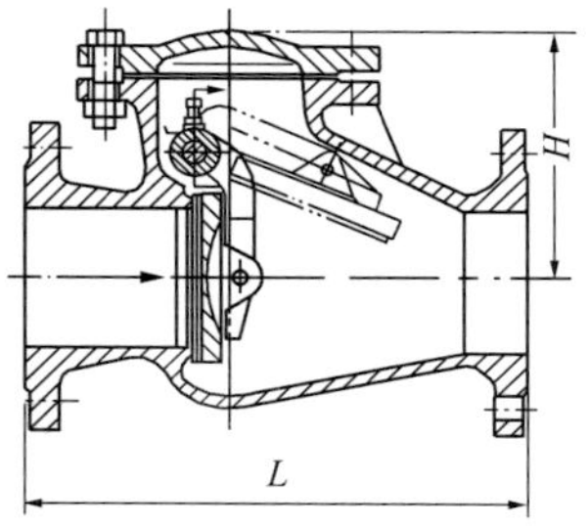 图 3-6-2	H44$\frac{T}{W}$-10	50	230	137	16	铁岭 *DN*50～600 白湖 *DN*50～200 鞍山 *DN*50～400
			65	290	142	18	
			80	310	161	27.5	
			100	350	178	36	
			125	400	203	51	
			150	480	233	71	
			200	500	262	91	
			250	550	299	141	
			300	620	350	192	
			350	720	396	360	
			400	820	448	520	
			450	880	484	650	
			500	980	525	800	
			600	1180	608	1100	
		H44X-10	50	230	137	16	鞍山 *DN*50～400 铁岭 *DN*300～600
			65	290	142	18	
			80	310	161	27.5	
			100	350	178	36	
			125	400	203	51	
			150	480	233	71	
			200	500	262	91	
			250	550	299	141	
			300	620	350	192	
			350	720	396	360	
			400	820	448	520	
			450	880	484	650	
			500	980	525	800	
			600	1180	608	1100	

序号	名称	型号	公称通径 DN	结构尺寸/mm		质量/kg	生产厂
				L	H		
6	旋启式止回阀 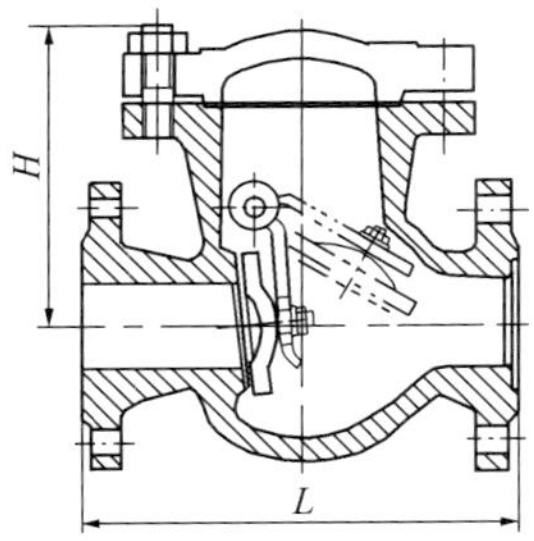 图 3-6-3	H44$\genfrac{}{}{0pt}{}{H}{Y}$-16C	50	230	165	20	开阀、伯特利、保一、承高 DN50～500 建湖、苏阀、苏高、纽威 DN50～400 上一核 DN50～500(H)
			65	290	173	26	
			80	310	210	32	
			100	350	240	50	
			125	400	265	84	
			150	480	270	100	
			200	550	312	167	
			250	650	355	257	
			300	750	430	289	
			350	850	518	388	
			400	950	560	455	
			450	1050	575	650	
			500	1150	590	810	
		H44$\genfrac{}{}{0pt}{}{H}{Y}$-25	15	130	61	8	伯特利、保一、良精、 南方、开阀、兰高 沈阀、承高 DN50～500 大高、南通 DN50～600 慎江 DN15～300 良工 DN50～250 苏高、纽威、建湖、苏阀 DN50～400 浙石化 DN15～250 正华 DN25～200(H) 锦阀 DN50～300(H) 精工 DN25～500(H) 大洋 DN15～50 广汉 DN50、65(H) 上一核 DN50～500(H)
			20	150	78	10	
			25	160	84	10	
			32	180	101	1	
			40	200	120	15	
			50	230	165	20	
			65	290	173	26	
			80	310	210	32	
			100	350	240	50	
			125	400	265	84	
			150	480	270	100	
			200	550	312	167	
			250	650	355	257	
			300	750	430	289	
			350	850	518	388	
			400	950	560	455	
			450	1050	575	650	
			500	1150	590	950	
			600	1350	650	2040	

续表

序号	名称	型号	公称通径 DN	结构尺寸/mm		质量/kg	生产厂
				L	H		
6	旋启式止回阀 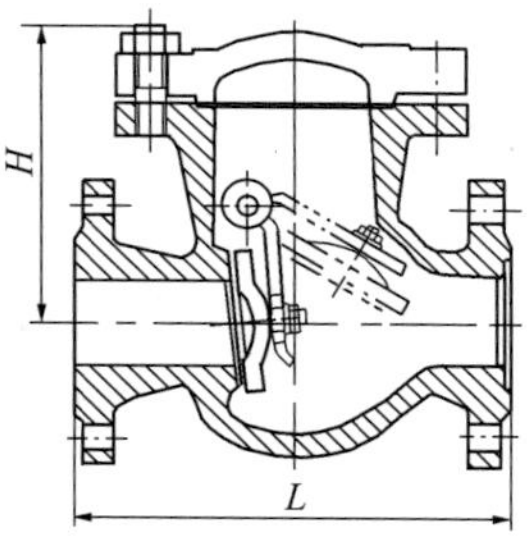 图 3-6-3	H44 $\begin{matrix}H\\Y\end{matrix}$-40	15	130	61	8	伯特利、开阀 DN50~500 苏高、兰高、纽威、 保一、建湖 DN40~500 镇江 DN15~300 上阀 DN32~200 南通 DN50~600 沈阀、良精、南方、苏阀 DN50~400(H) 锦阀 DN50~300(H) 大高 DN50~600(H) 大高 DN15~200(Y) 广汉 DN50、65(H) 正华 DN25~200(H) 精工 DN25~400(H) 大洋 DN15~50 上一核 DN50~500(H) 承高 DN15~400
			20	150	78	10	
			25	160	84	10	
			32	190	101	12	
			40	200	120	15	
			50	230	165	23	
			65	290	173	27	
			80	310	210	38	
			100	350	240	53	
			125	400	265	87	
			150	480	270	105	
			200	550	315	192	
			250	650	365	262	
			300	750	430	361	
			350	850	518	400	
			400	950	560	550	
			450	1050	575	850	
			500	1150	590	1450	
			600	1350	650	2045	
		H44 $\begin{matrix}H\\Y\end{matrix}$-64	15	170	61	8	伯特利 DN50~300 大高 DN15~200(Y) 大高 DN15~450(H) 苏高、开阀、南通 DN50~500 兰高、纽威、保一、 建湖、苏阀、承高 DN50~400 镇江 DN15~300 良精、沈阀、南方 DN50~400 沈阀 DN700(H) 正华 DN50~450(H) 精工 DN50~700(H) 大洋 DN15~50 上一核 DN50~500(H)
			20	190	78	10	
			25	210	84	10	
			32	230	101	23	
			40	260	120	23	
			50	300	177	30	
			65	340	197	40	
			80	380	212	47	
			100	430	248	72	
			125	500	296	108	
			150	550	330	155	
			200	650	385	217	
			250	775	445	341	
			300	900	474	472	
			350	1025	514	627	
			400	1150	568	1300	
			450	1275	590	1400	
			500	1400	620	1450	
			700	1450	1075	2500	

序号	名称	型号	公称通径 DN	结构尺寸/mm		质量/kg	生产厂
				L	H		
6	旋启式止回阀 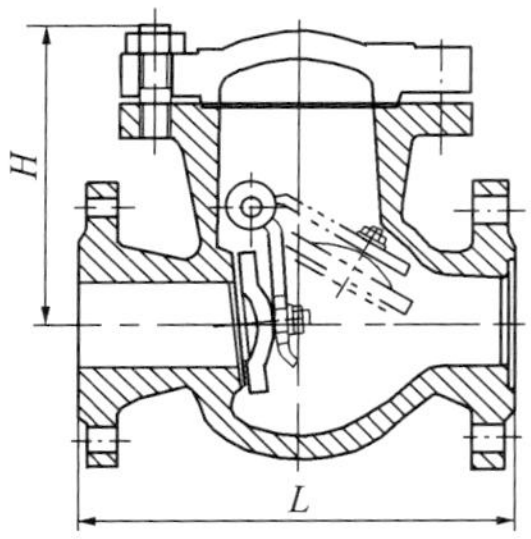 图 3-6-3	H44$\begin{smallmatrix}H\\Y\end{smallmatrix}$-100	15	170	61	10	伯特利、兰高、建湖、承高 DN50～300 苏高、开封 DN50～250 南通 DN50～400 慎江 DN15～250 大高 DN15～200(Y) 大高 DN15～450(H) 沈阀 DN100、250(H) 精工 DN50～300(H) 大洋 DN15～50
			20	190	78	12	
			25	210	84	12	
			32	230	101	25	
			40	260	120	25	
			50	300	210	32	
			65	340	230	42	
			80	380	255	60	
			100	430	295	110	
			125	500	330	170	
			150	550	365	220	
			200	650	420	390	
			250	775	505	630	
			300	900	515	709	
			350	1025	580	1010	
			400	1150	650	1250	
			450	1275	735	1480	
		H44$\begin{smallmatrix}H\\Y\end{smallmatrix}$-160	15	170	61	12	南通、兰高、保一、南方 DN50～300 伯特利、建湖 DN50～200 开阀 DN50～250 苏高 DN50～150 慎江、大高 DN15～50 精工 DN50～200 良精 DN50～300(H) 正华、沈阀 DN50～200(H) 苏阀 DN50～300
			20	190	78	24	
			25	210	84	14	
			32	230	101	28	
			40	260	120	28	
			50	300	210	44	
			65	340	282	66	
			80	380	270	100	
			100	430	330	130	
			125	500	393	168	
			150	550	428	300	
			200	650	508	578	
			250	750	514	688	
			300	900	600	1019	
		H44Y-200	50	380	250		自高 DN50～200 建湖 DN50～200
			65	400	280		
			80	450	300		
			100	520	350		
			150	700	380		
			200	800	400		

续表

序号	名　　称	型　号	公称通径 DN	结构尺寸/mm		质量/kg	生　产　厂
				L	H		
6	旋启式止回阀 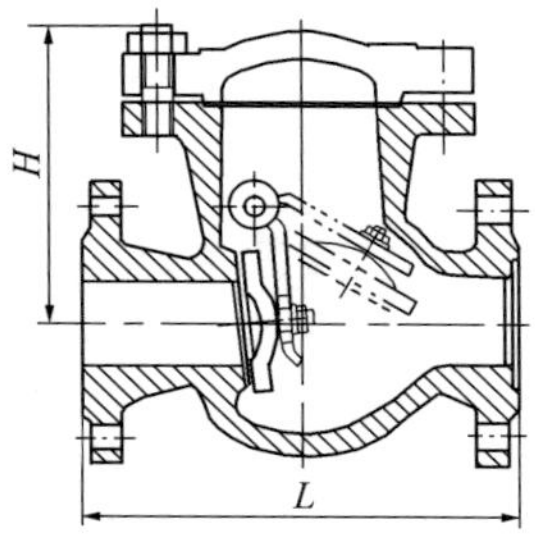 图 3-6-3	H44$_{Y}^{H}$-250	50	380	280		苏阀 DN80 自高 DN65~200(Y) 建湖 DN50~100(Y) 开阀 DN50~200(H)
			65	400	300		
			80	450	345		
			100	520	380		
			150	700	400		
			200	800	450		
		H44W-16$_{R}^{P}$	50	230	165	20	伯特利、锡山、 开阀、上一核、承高 DN50~500
			65	290	173	26	
			80	310	210	32	
			100	350	240	50	
			125	400	265	84	
			150	480	270	100	
			200	550	312	167	
			250	650	355	287	
			300	750	430	289	
			350	850	518	388	
			400	950	560	455	
			450	1050	575	650	
			500	1150	590	810	
		H44W-25$_{R}^{P}$	25	160	84	10	伯特利、保一、南方、 开阀、上一核、承高 DN50~500 良精 DN50~400 兰高 DN50~250 锦阀 DN150~250(P) 正华 DN25~200 锡山 DN40~300
			32	180	101	1	
			40	200	120	15	
			50	230	165	20	
			65	290	173	26	
			80	310	210	32	
			100	350	240	50	
			125	400	265	84	
			150	480	270	100	
			200	550	312	167	
			250	650	355	257	
			300	750	430	289	
			350	850	518	388	
			400	950	560	455	
			450	1050	575	650	
			500	1150	590	950	

续表

序号	名　　称	型　号	公称通径 DN	结构尺寸/mm L	结构尺寸/mm H	质量/kg	生　产　厂
6	旋启式止回阀 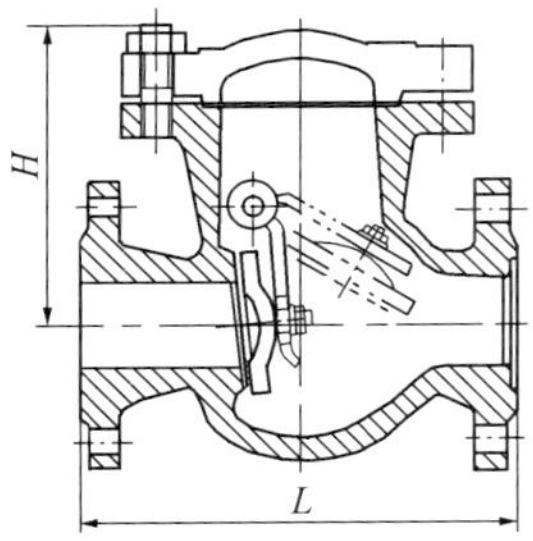 图 3-6-3	H44W-40$^{P}_{R}$	25	160	84	10	伯特利、开阀、上一核 DN50～500 正华 DN25～200 兰高、保一、良精 DN50～250(R) 良精、保一 DN50～400(P) 南方、承高 DN50～400 锡山 DN40～300
			32	190	101	12	
			40	200	120	15	
			50	230	165	23	
			65	290	173	27	
			80	310	210	38	
			100	350	240	53	
			125	400	265	87	
			150	480	270	105	
			200	550	315	192	
			250	650	365	262	
			300	750	430	361	
			350	850	518	400	
			400	950	560	550	
			450	1050	575	850	
			500	1150	590	1450	
		H44W-64$^{P}_{R}$	50	300	177	30	伯特利 DN50～300 保一、南方、开阀、 上一核、承高 DN50～400
			65	340	197	40	
			80	380	212	47	
			100	430	248	72	
			125	500	296	108	
			150	550	330	155	
			200	650	385	217	
			250	775	445	341	
			300	900	474	472	
			350	1025	514	627	
			400	1150	568	1300	
		H44W-100$^{P}_{R}$	40	260	120	25	伯特利、承高 DN50～300 开阀 DN50～250
			50	300	210	32	
			65	340	230	42	
			80	380	255	60	
			100	430	295	110	
			125	500	330	170	
			150	550	365	220	
			200	650	420	390	
			250	775	505	630	
			300	900	515	709	

续表

序号	名　称	型　号	公称通径 *DN*	结构尺寸/mm *L*	结构尺寸/mm *H*	质量/kg	生　产　厂
6	旋启式止回阀（图 3-6-3）	H44W-160$^{P}_{R}$	50	300	210	44	保一、南方 *DN*50～300 伯特利 *DN*50～200 开阀 *DN*50～250
			65	340	282	66	
			80	380	270	100	
			100	430	330	130	
			125	500	393	168	
			150	550	428	300	
			200	650	508	578	
			250	750	514	688	
			300	900	600	1019	
		H44Y-16$^{P}_{R}$	50	230	165	20	伯特利、保一、承高 *DN*50～500 建湖 *DN*50～400
			65	290	173	26	
			80	310	210	32	
			100	350	240	50	
			125	400	265	84	
			150	480	270	100	
			200	550	312	167	
			250	650	355	257	
			300	750	430	289	
			350	850	518	388	
			400	950	560	455	
			450	1050	575	650	
			500	1150	590	810	
		H44Y-25$^{P}_{R}$	15	130	61	8	大洋 *DN*15～50 保一、伯特利、南方、承高 *DN*50～500 建湖 *DN*50～400
			20	150	78	10	
			25	160	84	10	
			32	180	101	1	
			40	200	120	15	
			50	230	165	20	
			65	290	173	26	
			80	310	210	32	
			100	350	240	50	
			125	400	265	84	
			150	480	270	100	
			200	550	312	167	
			250	650	355	257	
			300	750	430	289	
			350	850	518	388	
			400	950	560	455	
			450	1050	575	650	
			500	1150	590	950	

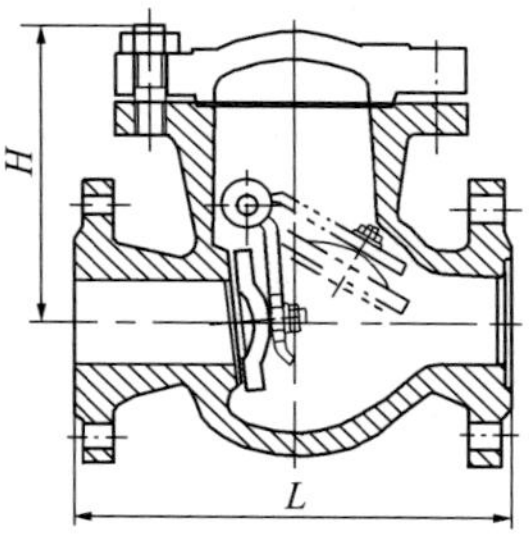

图 3-6-3

序号	名称	型号	公称通径 DN	结构尺寸/mm		质量/kg	生产厂
				L	H		
6	旋启式止回阀 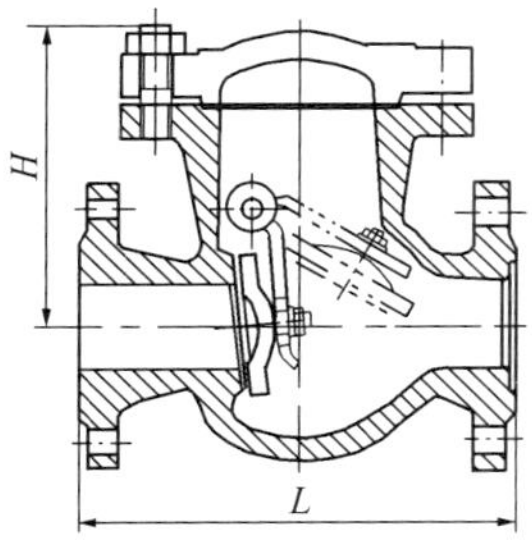 图 3-6-3	H44Y-40$_{R}^{P}$ (DH44Y-40P)	15	130	61	8	大洋 DN15～50 伯特利 DN50～500 保一、建湖、南方、承高 DN50～400 (沈阀 DN50～200、400)
			20	150	78	10	
			25	160	84	10	
			32	190	101	12	
			40	200	120	15	
			50	230	165	23	
			65	290	173	27	
			80	310	210	38	
			100	350	240	53	
			125	400	265	87	
			150	480	270	105	
			200	550	315	192	
			250	650	365	262	
			300	750	430	361	
			350	850	518	400	
			400	950	560	550	
			450	1050	575	850	
			500	1150	590	1450	
		H44Y-64$_{R}^{P}$	15	170	61	10	大洋 DN15～50 南方、保一、承高 DN50～400
			20	190	78	12	
			25	210	84	12	
			32	230	101	25	
			40	260	120	25	
			50	300	210	32	
			65	340	230	42	
			80	380	255	60	
			100	430	295	110	
			125	500	330	170	
			150	550	365	220	
			200	650	420	390	
			250	775	505	630	
			300	900	515	709	
			350	1025	580		
			400	1150	620		
		H44Y-100$_{R}^{P}$	15	170	61	12	大洋 DN15～50
			20	190	78	14	
			25	210	84	14	
			32	230	101	27	
			40	260	120	29	
			50	300	21	34	

续表

序号	名称	型号	公称通径 DN	结构尺寸/mm L	结构尺寸/mm H	质量/kg	生产厂
6	旋启式止回阀	H44Y-160$_{R}^{P}$	15	170	61	14	大洋 *DN*15~50 南方 *DN*50~300
			20	190	78	16	
			25	210	84	16	
			32	230	101	30	
			40	260	120	35	
			50	300	210	44	
			65	340	282	66	
			80	380	270	100	
			100	430	330	130	
			125	500	393	168	
			150	550	428	300	
			200	650	508	578	
			250	750	514	688	
			300	900	600	1019	
		H44Y-16I	50	230	165	20	开阀、伯特利、 上一核、承高 *DN*50~500 苏高、纽威 *DN*50~400
			65	290	173	26	
			80	310	210	32	
			100	350	240	50	
			125	400	265	84	
			150	480	270	100	
			200	550	312	167	
			250	650	355	257	
			300	750	430	289	
			350	850	518	388	
			400	950	560	455	
			450	1050	575	650	
			500	1150	590	810	
		H44Y-25I	15	130	61	8	大洋 *DN*15~50 开阀、兰高、保一、承高、 伯特利、南通、南方、 上一核 *DN*50~500 苏高、纽威 *DN*50~400
			20	150	78	10	
			25	160	84	10	
			32	180	101	1	
			40	200	120	15	
			50	230	165	20	
			65	290	173	26	
			80	310	210	32	
			100	350	240	50	
			125	400	265	84	
			150	480	270	100	
			200	550	312	167	
			250	650	355	257	
			300	750	430	289	
			350	850	518	388	
			400	950	560	455	
			450	1050	575	650	
			500	1150	590	950	

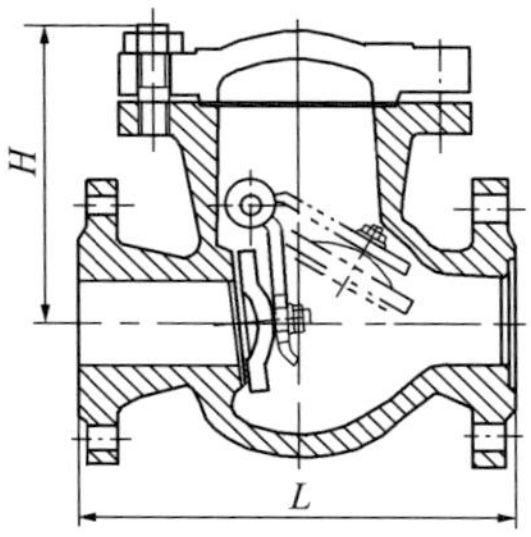

图 3-6-3

序号	名称	型号	公称通径 DN	结构尺寸/mm		质量/kg	生产厂
				L	H		
6	旋启式止回阀 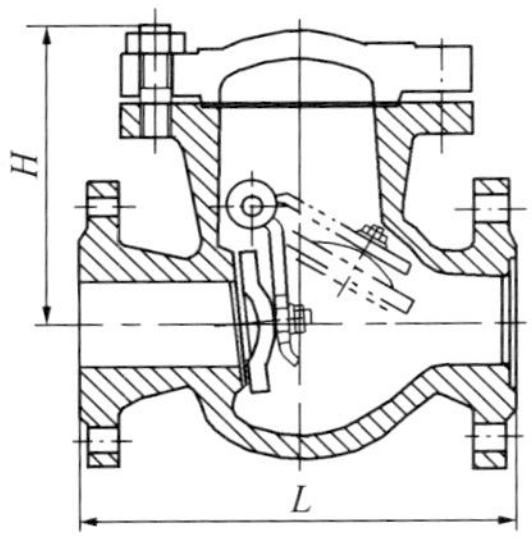 图 3-6-3	H44Y-40I (GH44Y-40I)	15	130	61	8	大洋 DN15~50 苏高、兰高、纽威、南方、承高 DN50~400 开阀、伯特利、保一、上一核 DN50~500 南通 DN50~600 (沈阀 DN80、300)
			20	150	78	10	
			25	160	84	10	
			32	190	101	12	
			40	200	120	15	
			50	230	165	23	
			65	290	173	27	
			80	310	210	38	
			100	350	240	53	
			125	400	265	87	
			150	480	270	105	
			200	550	315	192	
			250	650	365	262	
			300	750	430	361	
			350	850	518	400	
			400	950	560	550	
			450	1050	575	850	
			500	1150	590	1450	
			600	1350	650	2045	
		H44Y-64I (GH44Y-64I)	15	170	61	8	南方、保一、开阀、承高 上一核 DN50~400 大洋 DN15~50 (沈阀 DN50~300)
			20	190	78	10	
			25	210	84	10	
			32	230	101	23	
			40	260	120	23	
			50	300	177	30	
			65	340	197	40	
			80	380	212	47	
			100	430	248	72	
			125	500	296	108	
			150	550	330	155	
			200	650	385	217	
			250	775	445	341	
			300	900	474	472	
			350	1025	514	627	
			400	1150	568	1300	

续表

序号	名称	型号	公称通径 DN	结构尺寸/mm L	结构尺寸/mm H	质量/kg	生产厂
6	旋启式止回阀 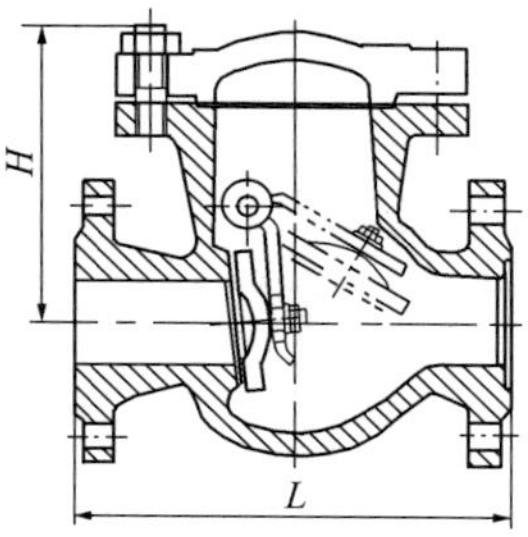 图 3-6-3	H44Y-100I	15	170	61	10	苏高、开阀 DN50~250 大洋 DN15~50 南通、伯特利、承高 DN50~300
			20	190	78	12	
			25	210	84	12	
			32	230	101	25	
			40	260	120	25	
			50	300	210	32	
			65	340	230	42	
			80	380	255	60	
			100	430	295	110	
			125	500	330	170	
			150	550	365	220	
			200	650	420	390	
			250	775	505	630	
			300	900	515	709	
		H44Y-160I	15	170	61	12	开阀 DN50~250 苏高 DN50~150 大洋 DN15~50 南方、南通 DN50~300 伯特利 DN50~200
			20	190	78	14	
			25	210	84	14	
			32	230	101	28	
			40	260	120	28	
			50	300	210	44	
			65	340	282	66	
			80	380	270	100	
			100	430	330	130	
			125	500	393	168	
			150	550	428	300	
			200	650	508	578	
			250	750	514	688	
			300	900	600	1019	
		H44$\begin{smallmatrix}W\\Y\end{smallmatrix}-16P_I$	50	230	165	20	伯特利 DN50~500
			65	290	173	26	
			80	310	210	32	
			100	350	240	50	
			125	400	265	84	
			150	480	270	100	
			200	550	312	167	
			250	650	355	257	
			300	750	430	289	
			350	850	518	388	
			400	950	560	455	
			450	1050	575	650	
			500	1150	590	810	

续表

序号	名称	型号	公称通径 DN	结构尺寸/mm L	结构尺寸/mm H	质量/kg	生产厂
6	旋启式止回阀	H44$\frac{W}{Y}$-25P_{I}	50	230	165	20	伯特利 DN50～500
			65	290	173	26	
			80	310	210	32	
			100	350	240	50	
			125	400	265	84	
			150	480	270	100	
			200	550	312	167	
			250	650	355	257	
			300	750	430	289	
			350	850	518	388	
			400	950	560	455	
			450	1050	575	650	
			500	1150	590	950	
		H44$\frac{W}{Y}$-40P_{I}	50	230	165	23	伯特利 DN50～500 兰高 DN50～200
			65	290	173	27	
			80	310	210	38	
			100	350	240	53	
			125	400	265	87	
			150	480	270	105	
			200	550	315	192	
			250	650	365	262	
			300	750	430	361	
			350	850	518	400	
			400	950	560	550	
			450	1050	575	850	
			500	1150	590	1450	
		H44$\frac{W}{Y}$-64P_{I}	50	300	177	30	伯特利 DN50～300 兰高 DN50～200
			65	340	197	40	
			80	380	212	47	
			100	430	248	72	
			125	500	296	108	
			150	550	330	155	
			200	650	385	217	
			250	775	445	341	
			300	900	474	472	

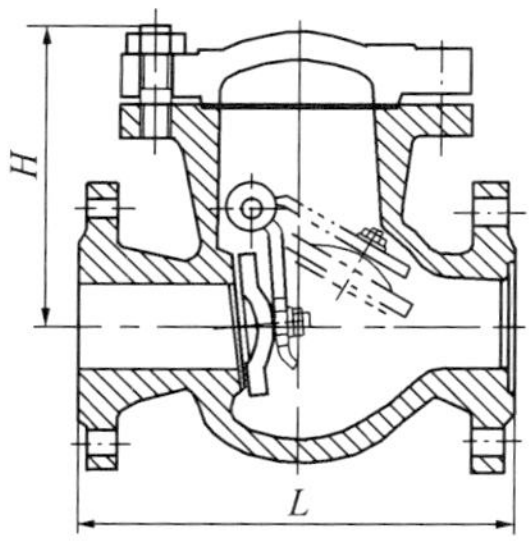

图 3-6-3

序号	名　称	型　号	公称通径 DN	结构尺寸/mm L	结构尺寸/mm H	质量/kg	生产厂
7	旋启式多瓣止回阀 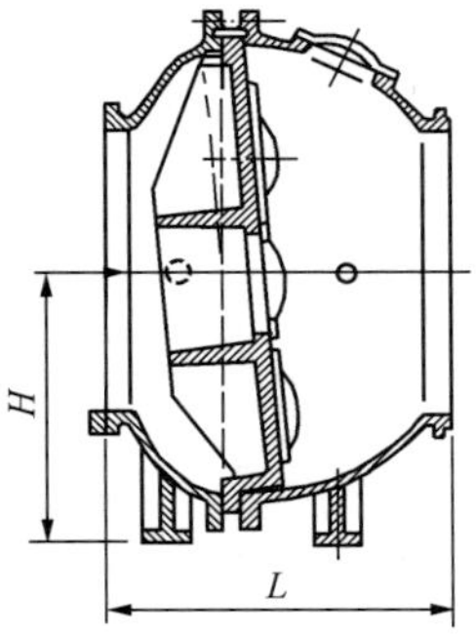 图 3-7	H45X-2.5	1200	1400	1180	5700	铁岭 DN1200～1800
			1400	1600	1310	11200	
			1600	1800	1450		
			1800	2000	1500	18720	
		H45X-6	1200	1400	1180	5700	铁岭 DN1200～1800
			1400	1600	1310	11200	
			1600	1800	1450		
			1800	2000	1500	18720	
		H45X-10	800	1500	930	4220	铁岭、鞍山 DN800～1000
			900	1700	1020	5980	
			1000	1900	1170	8450	
		H45T-10	800	1500	930	4220	铁岭 DN800～1000
			900	1700	1020	5980	
			1000	1900	1170	8450	
8	承插焊接升降止回阀 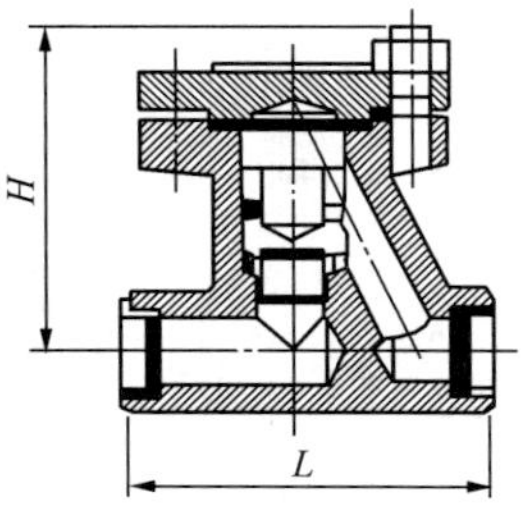 图 3-8	H61H-25	15	90	76	3	大洋、大高、屯溪 DN15～50
			20	110	95	5	
			25	120	107	6	
			32	140	123	8	
			40	150	147	10	
			50	190	172	12	
		H61H-40	15	90	76	3	大洋、大高、屯溪 DN15～50
			20	110	95	5	
			25	120	107	6	
			32	140	123	8	
			40	150	147	11	
			50	190	172	16	
		H61H-64	15	90	76	3	大洋、大高、屯溪 DN15～50
			20	110	95	5	
			25	120	107	6	
			32	140	123	8	
			4	150	147	1	
			50	190	172	1	
		H61H-160	15	90	97	3	屯溪、大洋 DN15～50 大高 DN15～40
			20	110	109	5	
			25	120	121	6	
			32	130	146	8	
			40	150	158	11	
			50	190	172	16	
		H61Y-160	15	90	97	3	屯溪 DN15～50 屯溪、大高 DN15～40
			20	110	109	5	
			25	120	121	6	
			32	130	146	8	
			40	150	158	11	
			50	190	172	16	

序号	名　　称	型　号	公称通径 *DN*	结构尺寸/mm *L*	*H*	*D*	质量/kg	生　产　厂
9	对夹式止回阀 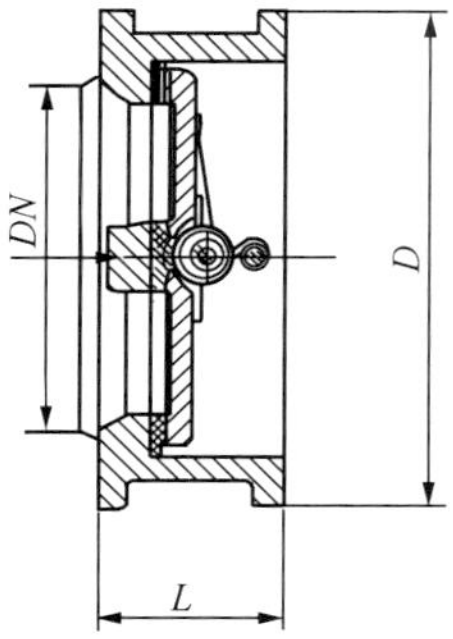 图 3-9	H71H-16C	15	16		53	0.2	伯特利 *DN*25～200 超达 *DN*15～150 保一 *DN*15～200
			20	19		63	0.3	
			25	22		64	0.4	
			32	28		76	0.6	
			40	31.5		83	0.8	
			50	40		95	1.1	
			65	46		115	2	
			80	50		133	2.6	
			100	60		152	5.7	
			125	90		192	10	
			150	106		218	13	
			200	140		233	21	
		H71H-25	15	16		53	0.2	伯特利 *DN*25～200 超达 *DN*15～150 保一 *DN*15～200
			20	19		63	0.3	
			25	22		64	0.45	
			32	28		76	0.6	
			40	31.5		83	0.8	
			50	40		95	1.2	
			65	46		115	2.3	
			80	50		133	3	
			100	60		152	7	
			125	90		196	12	
			150	106		226	15	
			200	140		286	22	
		H71H-40	15	20		53	0.3	伯特利 *DN*25～200 超达 *DN*15～150 保一 *DN*15～200
			20	25		63	0.4	
			25	28		67	0.6	
			32	34		80	0.8	
			40	38		87	1.2	
			50	46		100	2	
			65	52		120	3	
			80	56		135	5.5	
			100	67		160	9	
			125	97		188	15	
			150	113		218	20	
			200	147		282	23	

序号	名称	型号	公称通径 DN	结构尺寸/mm L	H	D	质量/kg	生产厂
9	对夹式止回阀 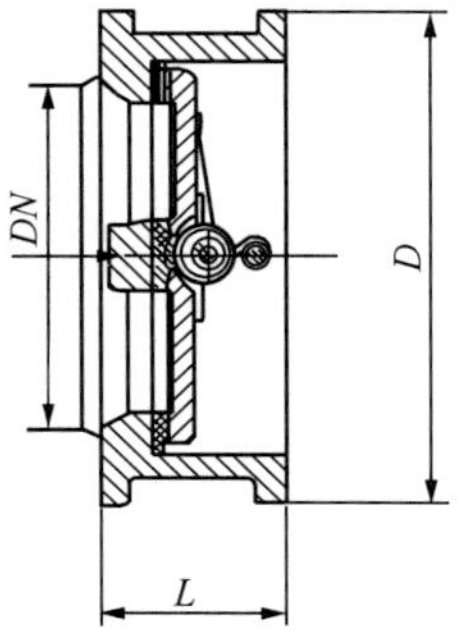 图 3-9	H71H-64	15	25		63	0.3	超达 DN15~150
			20	31.5		74	0.4	
			25	35.5		84	0.6	
			32	40		90	1.0	
			40	45		105	1.5	
			50	56		115	2.0	
			65	63		140	3.2	
			80	71		150	7.2	
			100	80		177	11	
			125	110		213	18	
			150	125		250	22	
		H71H-16 P/R	15	16		53	0.15	保一 DN15~200 伯特利 DN25~200
			20	19		63	0.25	
			25	22		73	0.4	
			32	28		84	0.55	
			40	31.5		94	0.75	
			50	40		109	1.1	
			65	46		129	2.0	
			80	50		144	2.6	
			100	60		164	5.7	
			125	90		194	10	
			150	106		220	13	
			200	140		278	21	
		H71Y-25 P/R	15	16		53	0.2	保一 DN15~200 伯特利 DN25~200
			20	19		63	0.3	
			25	22		73	0.45	
			32	28		84	0.6	
			40	31.5		94	0.8	
			50	40		109	1.2	
			65	46		129	2.3	
			80	50		144	3.0	
			100	60		170	7.0	
			125	90		197	12	
			150	106		220	12.5	
			200	140		278	22	

续表

序号	名称	型号	公称通径 DN	结构尺寸/mm L	H	D	质量/kg	生产厂
9	对夹式止回阀 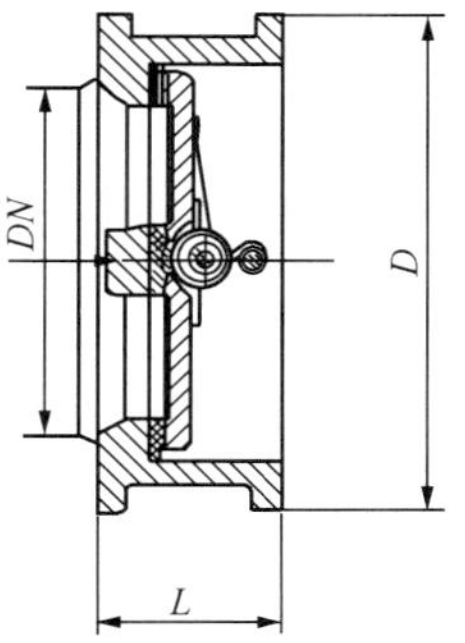 图 3-9	H71Y-40$_{R}^{P}$	15	25		53	0.23	伯特利 DN25~200
			20	31.5		63	0.35	
			25	35.5		73	0.53	
			32	40		84	0.8	
			40	45		94	1.2	
			50	56		109	1.9	
			65	63		129	2.9	
			80	71		144	5.5	
			100	80		170	9	
			125	110		197	14.5	
			150	125		227	19	
			200	140		279	23	
10	高压对夹式止回阀 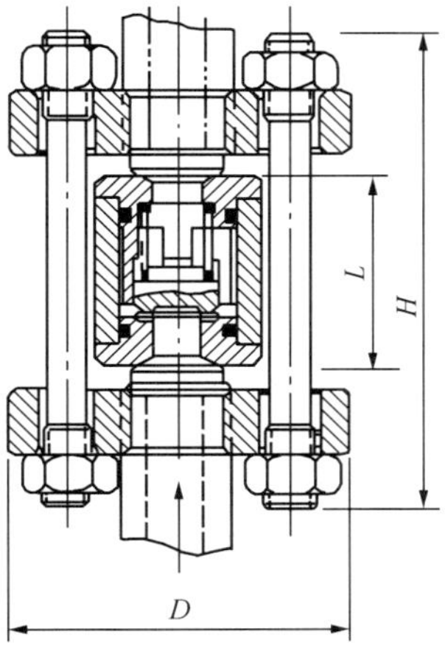 图 3-10	H72Y-160	10	60	155	95	3.4	良精 DN10~150
			15	60	158	95	4.1	
			25	65	163	105	6.9	
			32	80	180	115	8	
			40	90	230	165	15	
			50	115	265	165	27	
			65	140	315	200	49	
			80	160	360	225	88	
			100	180	420	260	91	
			125	200	460	300	115	
			150	220	500	330	145	
		H72H-320	10	60	145	95	3	北阀 DN10~50
			15	65	155	105	5	
			25	80	175	115	10	
			32	90	200	135	15	
			40	115	245	165	20	
			50	145	300	200	30	
			65	160	345	215	45	
			80	185	395	260	60	
		H72Y-320	10	60	155	95	3.4	良精 DN10~125
			15	65	158	105	4.5	
			25	80	180	115	7.3	
			32	90	200	135	8.7	
			40	115	255	165	17	
			50	140	300	200	30	
			65	160	345	225	56	
			80	180	410	260	92	
			100	200	470	300	109	
			125	220	510	330	135	

续表

序号	名称	型号	公称通径 *DN*	结构尺寸/mm *L*	结构尺寸/mm *H*	结构尺寸/mm *D*	质量/kg	生产厂
10	高压对夹式止回阀 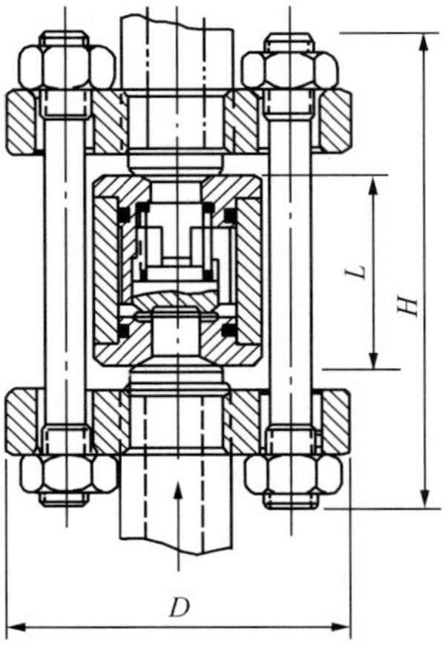 图 3-10	H72W-220R	15	60	145	95	5	良精 *DN*15~80
			25	65	155	105	10	
			32	80	175	115	15	
			40	90	215	165	20	
			50	115	245	165	30	
			65	145	300	200	45	
			80	160	345	225	60	
		H72W-320R	10	60	145	95	3	良精 *DN*10~80
			15	65	155	105	5	
			25	80	175	115	10	
			32	90	200	135	15	
			40	115	245	165	20	
			50	145	300	200	30	
			65	160	345	215	45	
			80	185	395	260	60	
		H73H-320	10	60	145	95	3	北阀 *DN*10~50
			15	65	155	105	4.5	
			25	80	175	115	7.3	
			32	90	200	135	8.7	
			40	115	245	165	17	
			50	140	300	200	30	

序号	名称	型号	公称通径 *DN*	结构尺寸/mm *L*	结构尺寸/mm *D*	质量/kg	生产厂
11	对夹式双瓣旋启式止回阀 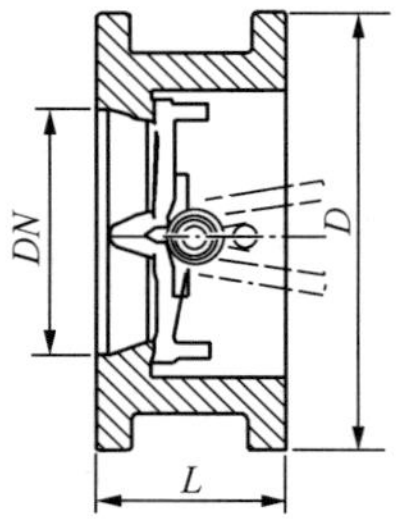 图 3-11	H76 $\begin{smallmatrix}H\\Y\end{smallmatrix}$ -16C	50	60	109	2	超达、伯特利、保一 *DN*50~600(H) 南方 *DN*50~450(H) 大高 *DN*50~300
			65	67	129	3	
			80	73	144	4	
			100	73	164	6	
			125	86	194	7.5	
			150	98	220	11.5	
			200	127	275	20	
			250	146	332	32	
			300	181	387	50	
			350	184	447	75	
			400	191	498	108	
			450	203	558	160	
			500	219	620	200	
			600	222	734	320	

续表

序号	名称	型号	公称通径 DN	结构尺寸/mm L	结构尺寸/mm D	质量/kg	生产厂
11	对夹式双瓣旋启式止回阀 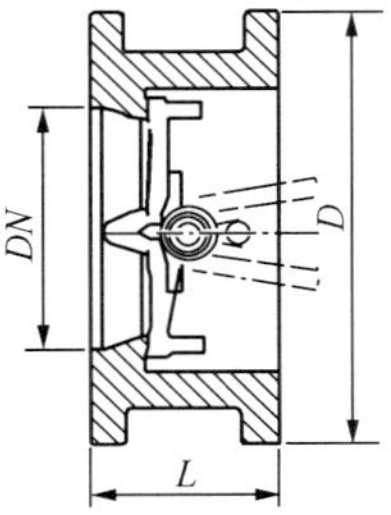 图 3-11	H76 $_{Y}^{H}$-25	50	60	109	2	大高 DN50～300 超达 DN50～600(H) 保一 DN50～400(H)
			65	67	129	3	
			80	73	144	4	
			100	73	170	6	
			125	86	197	9	
			150	98	227	12	
			200	127	287	22	
			250	146	343	38	
			300	181	403	54	
			350	184	460	80	
			400	191	518	118	
			450	203	568	210	
			500	219	624	240	
			600	222	734	410	
		H76 $_{Y}^{H}$-40	50	60	109	3.5	大高 DN50～300 超达、保一 DN50～400(H)
			65	67	129	5	
			80	73	144	7	
			100	73	170	9	
			125	86	197	16	
			150	98	227	18	
			200	127	293	30	
			250	146	355	50	
			300	181	420	86	
			350	222	478	120	
			400	232	549	160	
		H76 $_{Y}^{H}$-64	50	60	115	3.5	大高 DN50～300 超达 DN50～300(H)
			65	67	140	5	
			80	73	150	7	
			100	79	177	11	
			125	105	213	20	
			150	136	250	30	
			200	165	313	41	
			250	213	364	70	
			300	229	424	100	

<table>
<tr><th rowspan="2">序号</th><th rowspan="2">名　称</th><th rowspan="2">型　号</th><th rowspan="2">公称通径 DN</th><th colspan="2">结构尺寸/mm</th><th rowspan="2">质量/kg</th><th rowspan="2">生　产　厂</th></tr>
<tr><th>L</th><th>D</th></tr>
<tr><td rowspan="23">11</td><td rowspan="23">对夹式双瓣旋启式止回阀
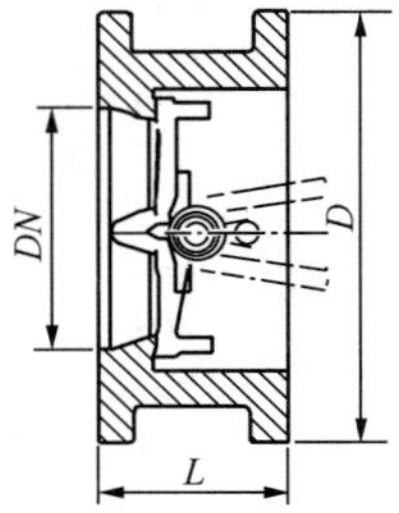
图 3-11</td><td rowspan="9">H76$^{H}_{Y}$-100</td><td>50</td><td>60</td><td>115</td><td>3.5</td><td rowspan="9">大高 DN50~300</td></tr>
<tr><td>65</td><td>67</td><td>140</td><td>5</td></tr>
<tr><td>80</td><td>73</td><td>150</td><td>7</td></tr>
<tr><td>100</td><td>79</td><td>177</td><td>11</td></tr>
<tr><td>125</td><td>105</td><td>213</td><td>20</td></tr>
<tr><td>150</td><td>136</td><td>250</td><td>30</td></tr>
<tr><td>200</td><td>165</td><td>313</td><td>41</td></tr>
<tr><td>250</td><td>213</td><td>364</td><td>70</td></tr>
<tr><td>300</td><td>229</td><td>424</td><td>100</td></tr>
<tr><td rowspan="14">H76W-16$^{P}_{R}$</td><td>50</td><td>60</td><td>109</td><td>2</td><td rowspan="14">伯特利、保一
DN50~600</td></tr>
<tr><td>65</td><td>67</td><td>129</td><td>3</td></tr>
<tr><td>80</td><td>73</td><td>144</td><td>4</td></tr>
<tr><td>100</td><td>73</td><td>164</td><td>6</td></tr>
<tr><td>125</td><td>86</td><td>194</td><td>7.5</td></tr>
<tr><td>150</td><td>98</td><td>220</td><td>11.5</td></tr>
<tr><td>200</td><td>127</td><td>275</td><td>20</td></tr>
<tr><td>250</td><td>146</td><td>332</td><td>32</td></tr>
<tr><td>300</td><td>181</td><td>387</td><td>50</td></tr>
<tr><td>350</td><td>184</td><td>447</td><td>75</td></tr>
<tr><td>400</td><td>191</td><td>498</td><td>108</td></tr>
<tr><td>450</td><td>203</td><td>558</td><td>160</td></tr>
<tr><td>500</td><td>219</td><td>620</td><td>200</td></tr>
<tr><td>600</td><td>222</td><td>734</td><td>260</td></tr>
<tr><td rowspan="14">12</td><td rowspan="14">对夹式蝶形止回阀
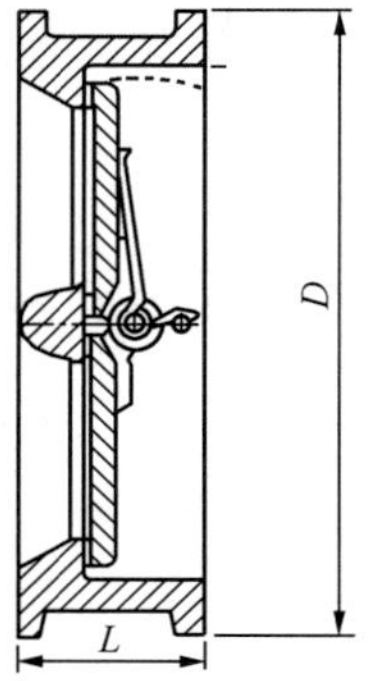
图 3-12</td><td rowspan="14">DH77X-10C
DH77X-16C</td><td>50</td><td>43</td><td>109</td><td>1.5</td><td rowspan="14">塘沽 DN50~700</td></tr>
<tr><td>65</td><td>46</td><td>129</td><td>2.4</td></tr>
<tr><td>80</td><td>64</td><td>144</td><td>3.6</td></tr>
<tr><td>100</td><td>64</td><td>164</td><td>5.7</td></tr>
<tr><td>125</td><td>70</td><td>194</td><td>7.3</td></tr>
<tr><td>150</td><td>76</td><td>220</td><td>9</td></tr>
<tr><td>200</td><td>89</td><td>275</td><td>17</td></tr>
<tr><td>250</td><td>114</td><td>332</td><td>26</td></tr>
<tr><td>300</td><td>114</td><td>387</td><td>42</td></tr>
<tr><td>350</td><td>127</td><td>447</td><td>55</td></tr>
<tr><td>400</td><td>140</td><td>498</td><td>75</td></tr>
<tr><td>500</td><td>152</td><td>558</td><td>107</td></tr>
<tr><td>600</td><td>178</td><td>620</td><td>172</td></tr>
<tr><td>700</td><td>229</td><td>734</td><td>219</td></tr>
</table>

序号	名　称	型　号	公称通径 $DN_1 \times DN_2$	H/mm	质量/kg	公称通径 $DN_1 \times DN_2$	H/mm	质量/kg	生产厂
			25×40	160	7.5	200×250	480	138	
			25×50	160	8.5	200×300	382	168	
			32×40	180	9	200×350	392	215	
	升降式异径止回阀		40×50	180	10.5	200×400	400	355	
			40×80	180	12.5	250×300	515	315	
			50×65	185	12.5	250×350	515	355	
			50×80	185	15	250×400	420	420	
	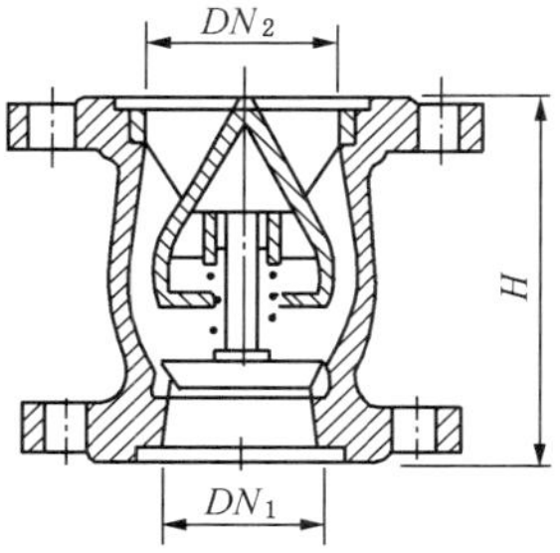		65×80	200	17	300×400	698	490	
			40×100	210	15	300×500	651		
			50×100	210	17	350×400	698		
		F-Ⅰ-1.0	65×100	210	21	350×500	711		
		F-Ⅱ-1.0	80×100	220	25	400×450	703		华凯
		F-Ⅲ-1.0	80×150	230	36	400×500	711		
	图 3-13-1(Ⅰ型)		100×125	250	36	400×600	663		
			100×150	250	44	450×500	828		
			100×200	300	48	450×600	840		
			125×150	270	46	500×600	848		
			125×200	325	72	500×700	848		
			125×250	325	102	500×800	794		
			150×200	400	93	600×700	860		
			150×250	345	102	600×800	876		
			150×300	350	128	600×900	818		
	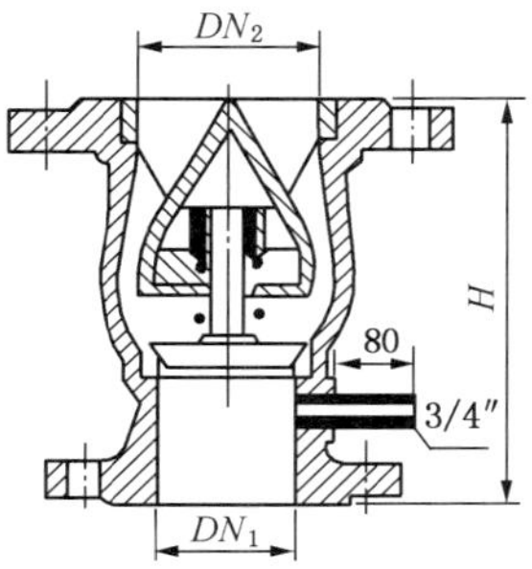		150×350	355	148				
			25×40	160	7.5	200×250	480	140	
13			25×50	160	8.5	200×300	382	170	
			32×40	180	9	200×350	392	220	
			40×50	180	10.5	200×400	400	360	
			40×80	180	13	250×300	518	320	
	图 3-13-2(Ⅱ型)		50×65	185	13	250×350	526	360	
			50×80	185	15.5	250×400	430	430	
			65×80	200	18	300×400	728	500	
			40×100	210	16	300×500	676		
			50×100	210	18	350×400	736		
		F-Ⅰ-1.6	65×100	210	22	350×500	744		
		F-Ⅱ-1.6	80×100	220	26	400×450	753		华凯
	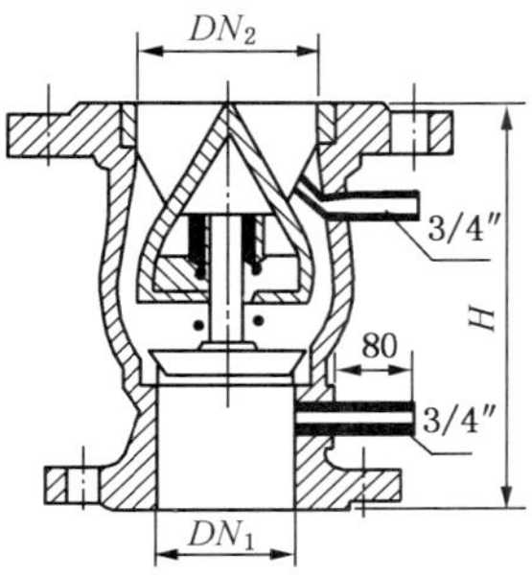	F-Ⅲ-1.6	80×150	230	38	400×500	756		
			100×125	250	38	400×600	703		
			100×150	250	46	450×500	873		
			100×200	300	50	450×600	880		
			125×150	270	48	500×600	883		
			125×200	325	75	500×700	888		
			125×250	325	105	500×800	823		
	图 3-13-3(Ⅲ型)		150×200	400	96	600×700	895		
			150×250	345	105	600×800	900		
			150×300	350	130	600×900	837		
			150×350	355	150				

升降式异径止回阀

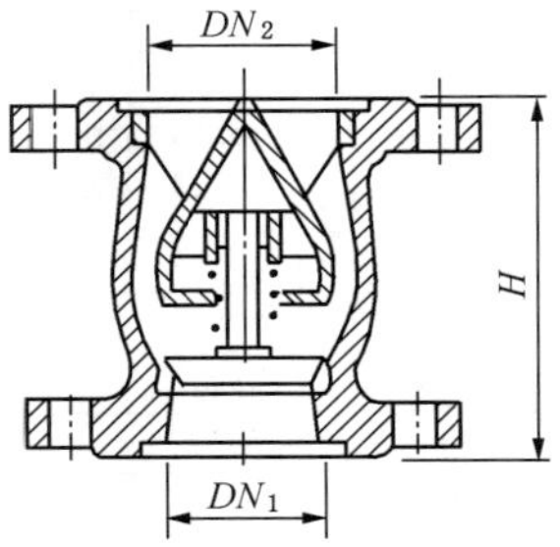

图 3-13-1(Ⅰ型)

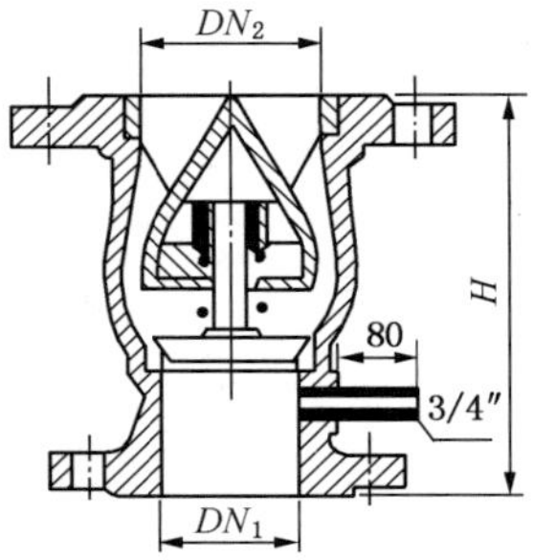

图 3-13-2(Ⅱ型)

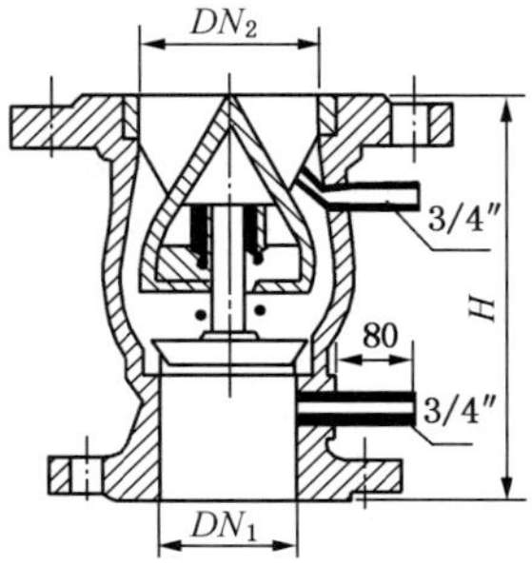

图 3-13-3(Ⅲ型)

序号	名称	型号	公称通径 $DN_1 \times DN_2$	H/mm	质量/kg	公称通径 $DN_1 \times DN_2$	H/mm	质量/kg	生产厂
13	升降式异径止回阀	F-Ⅰ-2.5 F-Ⅱ-2.5 F-Ⅲ-2.5 RCV-Ⅰ-2.5 RCV-Ⅱ-2.5 RCV-Ⅲ-2.5	25×40	160	7.5	150×300	362	112	华凯(F 型) 四方(RCV 型)
			25×50	160	9	150×350	368	150	
			32×40	180	8.5	200×250	498	125	
			40×50	180	10	200×300	400	160	
			40×80	180	12	200×350	410	200	
			50×65	185	12	200×400	418	360	
			50×80	185	15	250×300	535	320	
			65×80	200	17	250×350	540	360	
			40×100	210	14	250×400	448	420	
			50×100	210	16	300×400	775	500	
			65×100	210	20	300×500	720		
			80×100	220	25	350×400	781		
			80×150	230	36	350×500	786		
			100×125	250	36	400×450	798		
			100×150	250	40	400×500	803		
			100×200	310	45	400×600	753		
			125×150	270	46	450×500	915		
			125×200	333	58	450×600	925		
			125×250	333	72	500×600	930		
			150×200	412	76	500×700	940		
			150×250	358	105	500×800	880		
		F-Ⅰ-4.0 F-Ⅱ-4.0 F-Ⅲ-4.0 RCV-Ⅰ-4.0 RCV-Ⅱ-4.0 RCV-Ⅲ-4.0 (凸面)	25×40	160	7.5	150×200	412	98	华凯(F 型) 四方(RCV 型)
			25×50	160	8.5	150×250	358	120	
			32×40	180	9	150×300	362	140	
			40×50	180	10.5	150×350	368	160	
			40×80	180	13	200×250	506	148	
			50×65	185	13	200×300	400	180	
			50×80	185	15.5	200×350	410	230	
			65×80	200	18	200×400	418	380	
			40×100	210	16	250×300	552	340	
			50×100	210	18	250×350	556	380	
			65×100	210	22	250×400	465	450	
			80×100	220	26	300×400	826	520	
			80×150	230	38	300×500	780		
			100×125	250	38	350×400	830		
			100×150	250	47	350×500	844		
			100×200	316	51	400×450	856		
			125×150	270	49	400×500	866		
			125×200	333	76	400×600	982		
			125×250	333	110				

序号	名称	型号	公称通径 $DN_1 \times DN_2$	H/mm	质量/kg	公称通径 $DN_1 \times DN_2$	H/mm	质量/kg	生产厂
13	标注： （1）F 型标注见序号 15 后注。 （2）RCV 标注举例： RCV -I - $DN_1/PN_1 \times DN_2/PN_2$ -I └出口 └入口 └Ⅰ、Ⅱ、Ⅲ 型 碳钢省略 I— 铬钼钢 P— 不锈钢	F-Ⅰ-6.4 F-Ⅱ-6.4 F-Ⅲ-6.4 RCV-Ⅰ-6.4 RCV-Ⅱ-6.4 RCV-Ⅲ-6.4 （凸面）	25×40	276	8	125×150	463	118	华凯 （F 型） 四方 （RCV 型）
			25×50	248	10.5	125×200	426	125	
			32×40	282	10	125×250	438	145	
			40×50	292	12	150×200	503	146	
			40×80	272	14	150×250	458	185	
			50×65	320	14	150×300	495	205	
			50×80	274	17	150×350	592	220	
			65×80	332	21	200×250	623	186	
			40×100	290	22	200×300	572		
			50×100	292	25	200×350	600		
			65×100	297	28	200×400	642		
			80×100	362	39	250×300	669		
			80×150	343	56	250×350	687		
			100×125	392	55	250×400	648		
			100×150	348	63	300×400	874		
			100×200	388	128				
		RCV-Ⅰ-10.0 RCV-Ⅱ-10.0 RCV-Ⅲ-10.0 （凸面）	50×80	180	230				四方
			65×100	210	265				
			80×100	240	265				

序号	名称	型号	公称通径 $DN_1 \times DN_2$	结构尺寸/mm					质量/kg	生产厂
				L	L_1	H_0	H	D_0		
14	FD（蝶阀切断结构）型 异径切断式止回阀 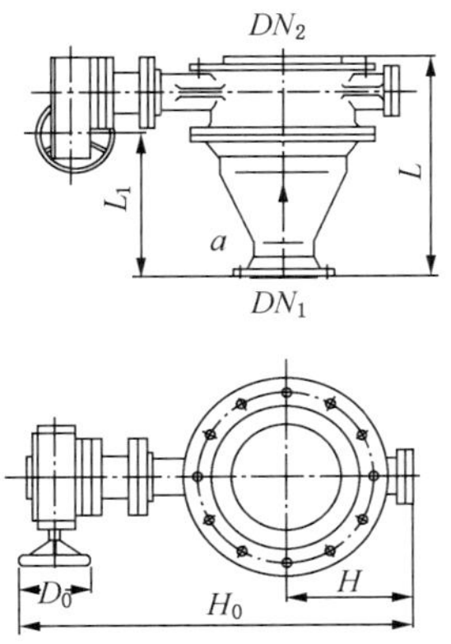 图 3-14	FD-Ⅰ-1.0 FD-Ⅱ-1.0 FD-Ⅲ-1.0	25×50	268	160	260	112	165	17	华凯
			40×50	288	180	260	112	185	26	
			40×80	294	180	355	120	200	44.5	
			50×65	297	185	280	115	200	38	
			50×80	299	185	355	120	200	47	
			65×80	324	210	355	120	220	49	
			40×100	337	210	390	138	220	55	
			50×100	337	210	390	138	220	57	
			65×100	337	210	390	138	220	61	
			80×100	347	230	390	138	250	65	
			80×150	370	230	630	175	285	87	
			100×125	390	250	490	164	285	84	
			100×150	390	250	630	175	285	95	
			100×200	452	300	690	208	340	143	
			125×150	465	299	630	175	340	97	
			125×200	477	325	690	208	340	167	
			125×250	490	325	830	243	395	222	
			150×200	497	345	690	208	395	188	
			150×250	510	345	830	243	395	222	

续表

序号	名称	型号	公称通径 $DN_1 \times DN_2$	结构尺寸/mm L	L_1	H_0	H	D_0	质量/kg	生产厂
14	FD(蝶阀切断结构)型异径切断式止回阀	FD-Ⅰ-1.0 FD-Ⅱ-1.0 FD-Ⅲ-1.0	150×300	528	350	930	283	445	284	华凯
			150×350	545	355	1010	310	505	304	
			200×250	547	382	830	243	505	258	
			200×300	560	382	930	283	505	324	
			200×350	582	392	1010	310	505	408	
			200×400	616	400	1070	340	565	582	
			250×300	598	420	930	283	565	471	
			250×350	610	420	1010	310	565	548	
			250×400	636	420	1070	340	565	647	
			300×400	854	638	1070	340	670	717	
			300×500	880	651	1200	410	670		
			350×400	854	638	1070	340	780		
			350×500	880	651	1200	410	780		
			400×450	865	643	1140	380	780		
			400×500	880	651	1200	410	780		
			400×600	930	663	1340	470	780		
		FD-Ⅰ-1.6 FD-Ⅱ-1.6 FD-Ⅲ-1.6	25×50	268	160	260	112	165	17	华凯
			40×50	288	180	260	112	185	27	
			40×80	294	180	355	120	200	45	
			50×65	297	185	280	115	200	40	
			50×80	299	185	355	120	200	47.5	
			65×80	324	210	355	120	220	50	
			40×100	337	210	390	138	220	56	
			50×100	337	210	390	138	220	58	
			65×100	337	210	390	138	220	62	
			80×100	347	230	390	138	250	66	
			80×150	370	230	630	175	285	89	
			100×125	390	250	490	164	285	86	
			100×150	390	250	630	175	285	97	
			100×200	452	300	690	208	340	145	
			125×150	465	299	630	175	340	99	
			125×200	477	325	690	208	340	170	
			125×250	490	325	830	243	405	225	
			150×200	497	345	690	208	405	191	
			150×250	510	345	830	243	405	225	
			150×300	528	350	930	283	460	284	
			150×350	545	355	1010	310	520	306	
			200×250	547	382	830	243	520	296	
			200×300	560	382	930	283	520	326	
			200×350	582	392	1010	310	520	413	
			200×400	616	400	1070	340	580	587	
			250×300	608	430	930	283	580	476	
			250×350	620	430	1010	310	580	553	
			250×400	466	430	1070	340	580	657	
			300×400	884	668	1070	340	715	727	
			300×500	905	676	1200	410	715		
			350×400	892	676	1070	340	840		
			350×500	913	684	1200	410	840		
			400×450	915	693	1140	380	840		
			400×500	925	696	1200	410	840		
			400×600	970	703	1340	470	840		

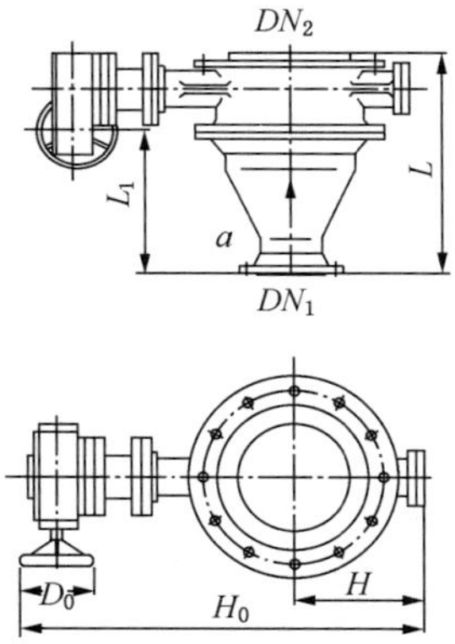

图 3-14

续表

序号	名称	型号	公称通径 $DN_1 \times DN_2$	结构尺寸/mm					质量/kg	生产厂
				L	L_1	H_0	H	D_0		
14	FD(蝶阀切断结构)型异径切断式止回阀 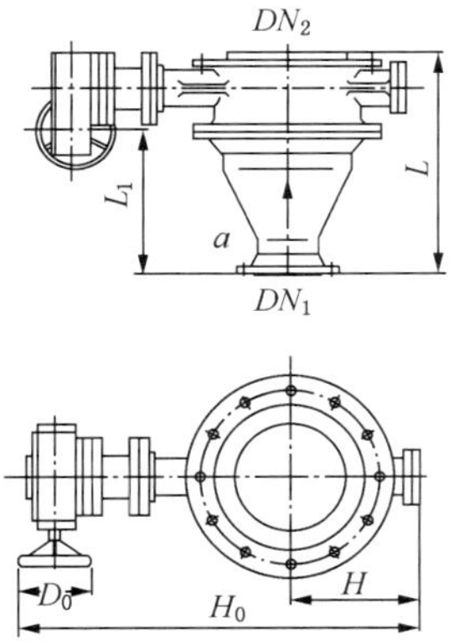 图 3-14	FD-Ⅰ-2.5 FD-Ⅱ-2.5 FD-Ⅲ-2.5	25×50	268	160	260	112	165	17	华凯
			40×50	288	180	260	112	185	27	
			40×80	294	180	355	120	200	45	
			50×65	297	185	280	115	200	40	
			50×80	299	185	355	120	200	47.5	
			65×80	324	210	355	120	230	50	
			40×100	337	210	485	138	230	56	
			50×100	337	210	485	138	230	58	
			65×100	337	210	485	138	230	62	
			80×100	347	230	485	138	270	66	
			80×150	370	230	667	175	300	90	
			100×125	390	250	538	164	300	86	
			100×150	390	250	667	175	300	97	
			100×200	462	310	787	208	360	173	
			125×150	473	333	667	175	360	99	
			125×200	485	333	787	208	360	186	
			125×250	498	333	823	253	425	277	
			150×200	510	358	787	208	425	204	
			150×250	523	358	823	253	425	310	
			150×300	540	362	908	283	485	423	
			150×350	558	368	964	310	555	557	
			200×250	565	400	823	253	555	330	
			200×300	578	400	908	283	555	471	
			200×350	600	410	964	310	555	607	
			200×400	634	418	1330	350	580	855	
			250×300	626	448	908	283	580	631	
			250×350	638	448	964	310	620	767	
			250×400	664	448	1330	350	620	915	
			300×400	931	715	1330	350	730	995	
			300×500	949	720	1200	410	730		
			350×400	937	721	1330	350	845		
			350×500	955	726	1200	410	845		
			400×450	960	738	1140	380	845		
			400×500	972	743	1200	410	845		
			400×600	1020	753	1340	470	845		

续表

序号	名　称	型　号	公称通径 $DN_1 \times DN_2$	结构尺寸/mm L	L_1	H_0	H	D_0	质量/kg	生产厂
14	FD(蝶阀切断结构)型 异径切断式止回阀 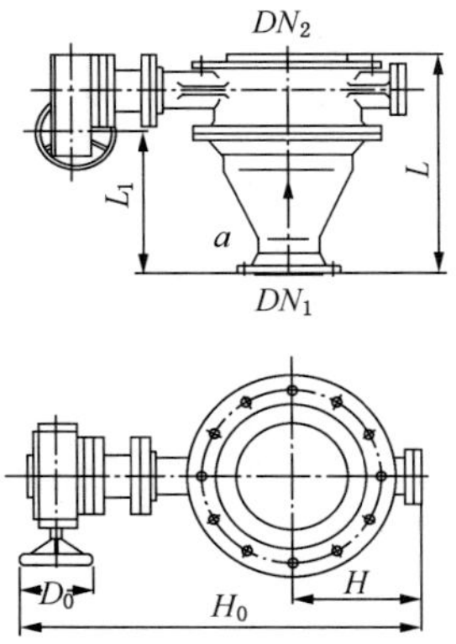 图 3-14	FD-Ⅰ-4.0 FD-Ⅱ-4.0 FD-Ⅲ-4.0 标注:见序号 15 后注。	25×50	268	160	260	112	165	18	华凯
			40×50	288	180	260	112	185	28	
			40×80	294	180	355	120	200	46	
			50×65	297	185	280	115	200	42	
			50×80	299	185	355	120	200	48	
			65×80	324	218	355	120	235	51	
			40×100	337	210	485	138	235	61	
			50×100	337	210	485	138	235	63	
			65×100	337	210	485	138	235	67	
			80×100	347	230	485	138	270	71	
			80×150	370	230	667	175	300	93	
			100×125	390	250	538	164	300	88	
			100×150	390	250	667	175	300	102	
			100×200	468	316	787	208	375	179	
			125×150	473	333	667	175	375	104	
			125×200	485	333	787	208	375	204	
			125×250	498	333	823	253	450	315	
			150×200	510	358	787	208	450	226	
			150×250	523	358	823	253	450	325	
			150×300	540	362	908	283	515	451	
			150×350	558	368	964	310	580	567	
			200×250	565	400	823	253	580	353	
			200×300	578	400	908	283	580	491	
			200×350	600	410	964	310	580	637	
			200×400	634	418	1330	350	660	875	
			250×300	643	465	908	283	660	651	
			250×350	655	465	964	310	660	787	
			250×400	681	465	1330	350	660	945	
			300×400	982	766	1330	350	755	1015	
			300×500	1009	780	1200	410	755		
			350×400	986	770	1330	350			
			350×500	1013	784	1200	410			
			400×450	1018	796	1140	380			
			400×500	1035	806	1200	410			

序号	名称	型号	公称通径 $DN_1 \times DN_2$	结构尺寸/mm					质量/kg	生产厂
				L	L_1	H	D_0	D		
15	FZ(闸阀切断结构)型 异径切断式止回阀 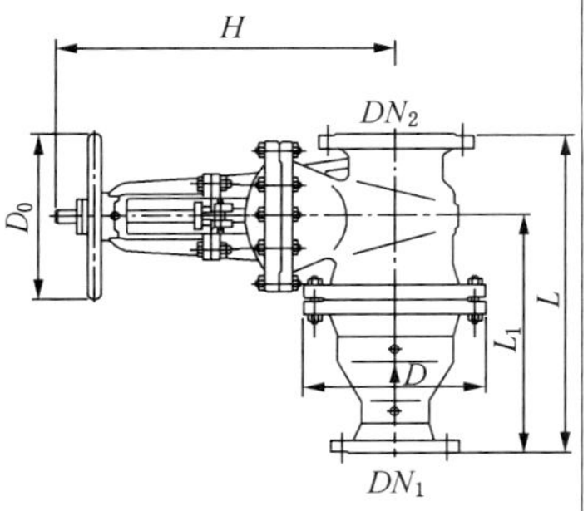 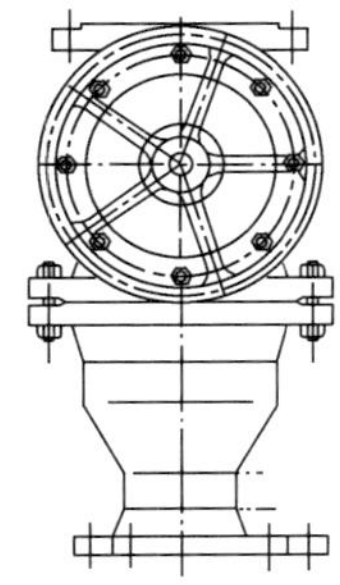 图 3-15	FZ-Ⅰ-1.6 FZ-Ⅱ-1.6 FZ-Ⅲ-1.6	25×40	360	260	420	200	165	30.5	华凯
			25×50	410	285	438	240	165	48.5	
			32×40	360	260	420	200	185	32	
			40×50	430	305	438	240	185	50.5	
			40×80	460	320	530	280	200	73	
			50×65	450	318	452	240	200	58	
			50×80	465	325	530	280	200	75.5	
			65×80	490	350	530	280	220	78	
			40×100	510	360	620	280	220	106	
			50×100	510	360	620	280	220	108	
			65×100	510	360	620	280	220	112	
			80×100	530	380	620	280	250	116	
			80×150	580	405	709	300	285	178	
			100×150	600	425	790	300	285	186	
			100×200	700	500	960	350	340	250	
			125×150	653	478	790	300	340	188	
			125×200	725	525	960	350	340	275	
			125×250	775	550	1158	400	405	385	
			150×200	745	545	960	350	405	296	
			150×250	795	570	1158	400	405	385	
			150×300	850	600	1378	450	460	510	
			150×350	905	630	1542	500	520	650	
			200×250	832	607	1158	400	520	420	
			200×300	882	632	1378	450	520	550	
			200×350	942	667	1542	500	520	720	
			200×400	1000	700	1750	600	580	1060	
			250×300	930	680	1378	450	580	700	
			250×350	980	705	1542	500	580	860	
			250×400	1030	730	1750	600	580	1130	
			300×400	1276	976	1750	600	715	1200	
			300×500	1376	1026	1980	650	715		
			350×400	1303	1003	1750	600	840		
			350×500	1403	1053	1980	650	840		
			400×500	1403	1053	1980	650	840		

序号	名称	型号	公称通径 $DN_1 \times DN_2$	结构尺寸/mm L	L_1	H	D_0	D	质量/kg	生产厂
15	FZ(闸阀切断结构)型异径切断式止回阀 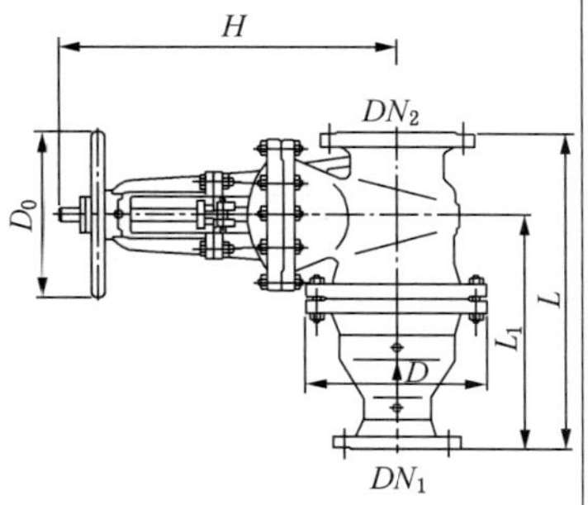 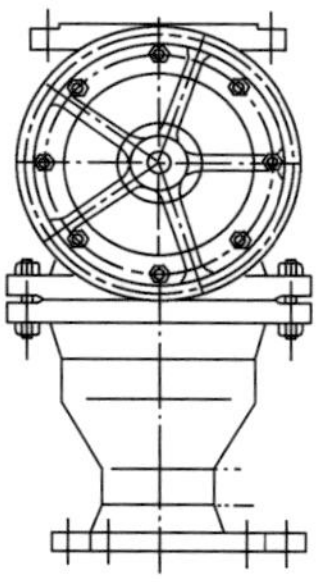 图 3-15	FZ-Ⅰ-2.5 FZ-Ⅱ-2.5 FZ-Ⅲ-2.5	25×40	360	260	420	200	165	31.5	华凯
			25×50	410	285	438	240	165	51	
			32×40	360	260	420	200	185	32.5	
			40×50	430	305	438	240	185	52	
			40×80	460	320	530	280	200	74	
			50×65	450	318	452	240	200	59	
			50×80	465	325	530	280	200	77	
			65×80	490	350	530	280	230	79	
			40×100	510	360	620	280	230	109	
			50×100	510	360	620	280	230	111	
			65×100	510	360	620	280	230	115	
			80×100	530	380	620	280	270	119	
			80×150	580	405	790	300	300	180	
			100×150	600	425	790	300	300	184	
			100×200	710	510	960	350	360	258	
			125×150	679	504	790	300	360	190	
			125×200	733	533	960	350	360	271	
			125×250	783	558	1158	400	425	362	
			150×200	758	558	960	350	425	289	
			150×250	808	583	1158	400	425	395	
			150×300	862	612	1378	450	485	511	
			150×350	918	643	1542	500	555	781	
			200×250	850	625	1158	400	555	415	
			200×300	900	650	1378	450	555	559	
			200×350	960	685	1542	500	555	831	
			200×400	1018	718	1750	600	580	1260	
			250×300	948	698	1378	450	580	719	
			250×350	998	723	1542	500	620	991	
			250×400	1048	748	1750	600	620	1320	
			300×400	1320	1020	1750	600	730	1400	
			300×500	1420	1070	1980	650	730		
			350×400	1353	1053	1750	600	845		
			350×500	1453	1103	1980	650	845		
			400×500	1453	1103	1980	650	845		
		FZ-Ⅰ-4.0 FZ-Ⅱ-4.0 FZ-Ⅲ-4.0	25×40	360	260	420	240	165	32.5	华凯
			25×50	410	285	438	280	165	53.5	
			32×40	360	260	420	240	185	34	
			40×50	430	305	438	280	185	55.5	
			40×80	490	335	550	300	200	93	
			40×65	465	325	473	280	200	78	
			50×80	495	340	550	300	200	95.5	
			65×80	520	365	550	300	235	98	
			40×100	560	385	640	320	235	126	
			50×100	560	385	640	320	235	128	
			65×100	560	385	640	320	235	132	

序号	名称	型号	公称通径 $DN_1 \times DN_2$	结构尺寸/mm					质量/kg	生产厂
				L	L_1	H	D_0	D		
15	FZ(闸阀切断结构)型 异径切断式止回阀 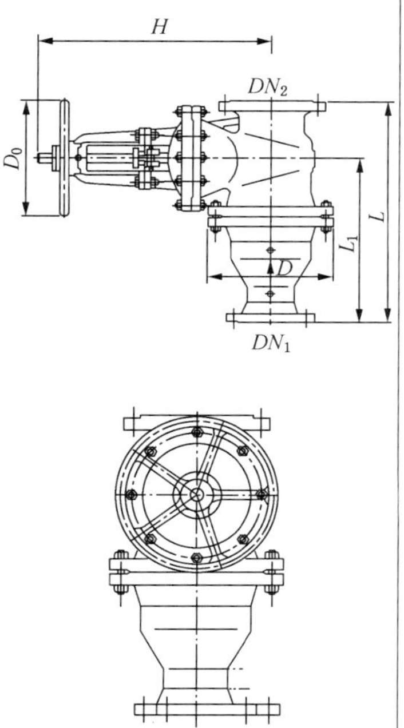 图 3-15	FZ-Ⅰ-4.0 FZ-Ⅱ-4.0 FZ-Ⅲ-4.0	80×100	580	405	640	320	275	136	华凯
			80×150	680	455	795	360	300	218	
			100×150	700	475	795	360	300	227	
			100×200	866	591	1012	450	375	351	
			125×150	787	562	795	360	375	229	
			129×200	883	608	1012	450	375	376	
			125×250	983	658	1230	450	450	560	
			150×200	908	633	1012	450	450	398	
			150×250	1008	683	1230	450	450	570	
			150×300	1112	737	1450	500	515	720	
			150×350	1218	793	1645	600	580	910	
			200×250	1050	725	1230	450	580	598	
			200×300	1150	775	1450	500	580	760	
			200×350	1260	835	1645	600	580	980	
			200×400	1368	893	1845	600	660	1330	
			250×300	1215	840	1450	500	660	920	
			250×350	1315	890	1645	600	660	1130	
			250×400	1415	940	1845	600	660	1400	
			300×400	1730	1255	1845	600	755	1470	

注：①产品型号标记方法

F □ - DN_1 / PN_1 □ × DN_2 / PN_2 □ - □ - □

- 阀体材质代号(见表 - 1)
- 接管型式代号(见表 - 2)
- 阀出口法兰密封面型式代号(见表 - 3)、若为光滑(突)面密封时此位号可省略
- 阀出口法兰公称压力(MPa)
- 阀出口法兰公称直径(mm)
- 阀入口法兰密封面型式代号(见表 - 3)、若为光滑(突)面密封时此位号可省略
- 阀入口法兰公称压力(MPa)
- 阀入口法兰公称直径(mm)
- 阀切断部分结构型式代号(见表 - 4)、若无切断阀门只有异径止回部分时，此位号可省略

表-1 阀体材质代号

阀体材质	20#	1Cr5Mo	$1\frac{1}{4}$Cr$\frac{1}{2}$Mo	15CrMo	12CrMo	0Cr18Ni9Ti	1Cr18Ni9Ti	0Cr18Ni9 (304)	0Cr17NiMo2 (316)	0Cr18Ni10Ti (321)
代号	A1	G1	D1	C1	C2	K1	K2	K9	K8	K11

表-2 接管型式代号

代号	接管型式(参见图 3-13-1、2、3)
Ⅰ	阀体上无接管
Ⅱ	阀入口设置压力计管嘴
Ⅲ	同时设置压力计管嘴和排液管嘴

表-3 法兰密封面型式代号

代号	密封面型式
F E	凹面法兰密封
M E	凸面法兰密封
R J	环连接面法兰密封

表-4 切断部分结构型式代号

代号	结构型式
Z	闸阀
D	硬密封碟阀

② 标记示例：F-100/1.6×200/2.5-Ⅰ-G1；FD-50/6.4ME×80/6.4RJ-Ⅱ-A1；
FZ-50/2.5ME×80/2.5FE-Ⅱ-A1；RCW-150/6.4ME×250/6.4RJ-Ⅲ-K1。

续表

序号	名称	型号	公称通径 DN	结构尺寸/mm L	(L)	H	B	质量/kg	生产厂
16	旋启式液压缓冲止回阀 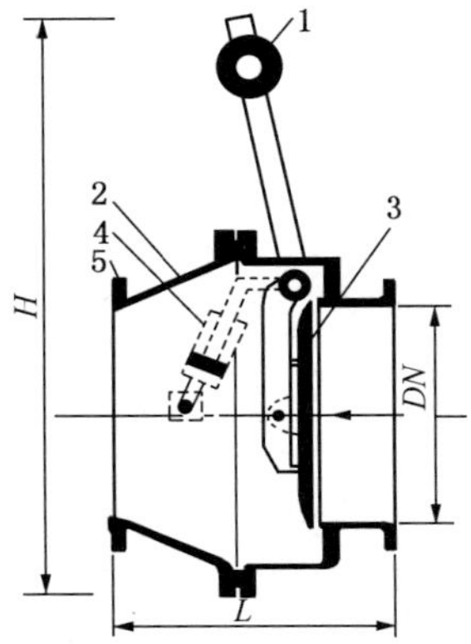 图 3-16-1	H44H/HK-0.6 H44H/HK-1.0 H44H/HK-1.6 H44H/HK-2.5 (FLF929-1.0) 注：型号中 0.6、1.0、1.6、2.5 单位为 MPa	300		570	920		210	华凯 DN450~1200（福炼 DN300~1000）
			400		680	1120		390	
			450	720	745	1200		480	
			500	790	790	1350		540	
			600	860	825	1850		570	
			700	920	930	2035		1150	
			800	980	1160	2395		1630	
			900		1350	2940		2170	
			1000	1250	1490	3260		2540	
			1200	1650					
	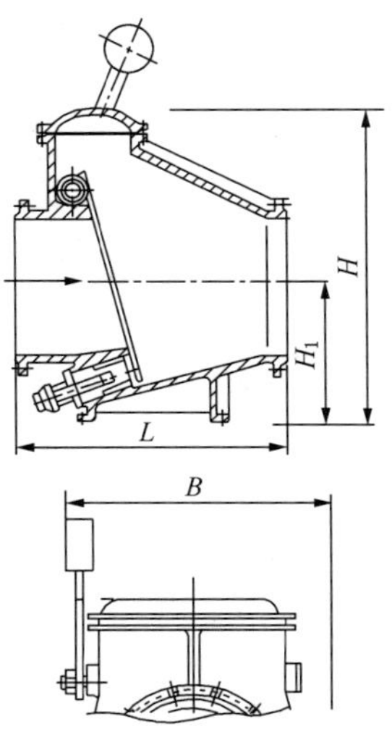 图 3-16-2	HH44H-16C HH44H-25	100	350		350	320	120	保一 DN100~800
			150	480		500	410	175	
			200	500		580	450	205	
			250	600		670	550	427	
			300	700		730	580	597	
			350	800		820	630	800	
			400	900		920	700	1168	
			500	1100		1100	900	1795	
			600	1300		1200	990	2125	
			800	1500		1700	1300	3050	

序号	名称	型号	公称通径 DN	结构尺寸/mm L	D	质量/kg	生产厂
17	梭式止回阀（见下页图）	ZSH41H-16C（标准型）（订货号 ZHVⅢ材质为 ZG230-450）	15	130	95	3.5	成都孚硌 DN15~700
			20	150	105	4	
			25	160	115	5.5	
			32	180	140	7.5	
			40	200	150	11	
			50	230	165	13	
			65	290	185	19	
			80	310	200	27	
			100	350	240	48	
			125	400	270	60	

序号	名　　称	型　号	公称通径 DN	结构尺寸/mm		质量/kg	生　产　厂
				L	D		
17	梭式止回阀 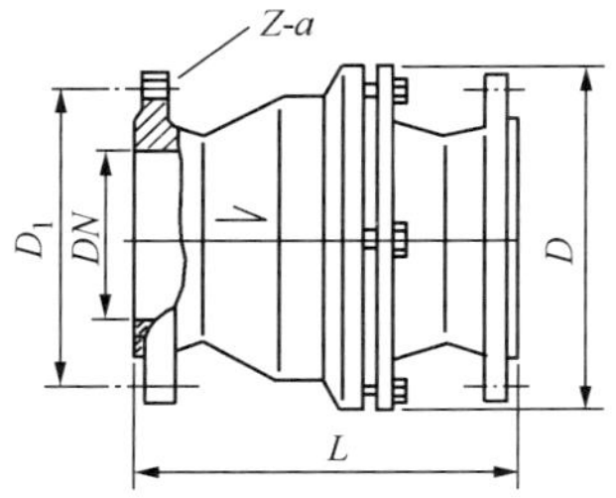 图 3-17-1(标准型)	ZSH41H-16C(标准型)(订货号 ZHVⅢ，材质为 ZG230-450)	150	480	300	72	成都孚硌 DN15~700
			175	490	330	96	
			200	500	360	120	
			250	600	450	192	
			300	700	510	280	
			350	790	580	460	
			400	910	660	520	
			450	980	740	640	
			500	980	840	820	
			600	1300	980	1095	
			700	1450	1070	1585	
	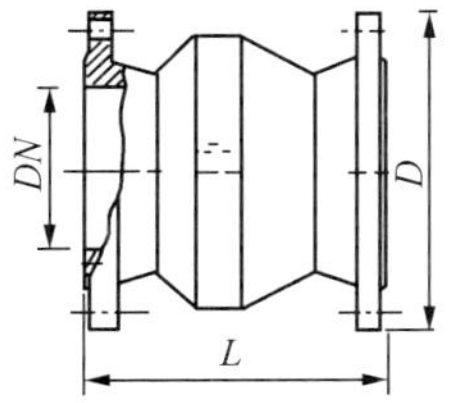 图 3-17-2(短型) 注：订货时需注明订货号，不同的材质有不同的订货号，由厂家样本提供	ZSH41H-D16C(短型)(订货号 ZHDVⅢ，材质为 ZG230-450)	15	80	90	2.2	成都孚硌 DN15~700
			20	80	105	2.5	
			25	85	115	3	
			32	110	140	3.5	
			40	120	150	5.5	
			50	130	165	8.5	
			65	160	185	12	
			80	180	200	14	
			100	200	220	19	
			125	230	250	28	
			150	270	285	42	
			175	300	310	63	
			200	330	340	75	
			250	370	405	115	
			300	450	460	165	
			350	520	520	182	
			400	580	580	288	
			450	650	640	369	
			500	720	715	450	
			600	980	840	631	
			700	1060	910	884	

序号	名　　称	型　号	公称通径 DN	结构尺寸/mm		质量/kg	生　产　厂
				L	D		
17	梭式止回阀 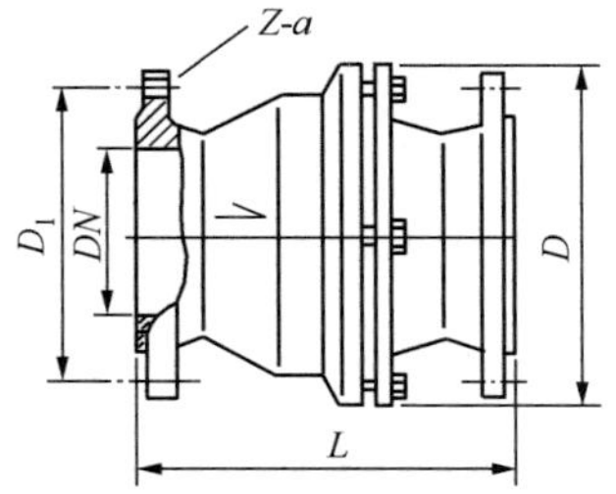 图 3-17-1(标准型)	ZSH41H-25 (标准型) (订货号 ZH VⅢ，材质为 ZG230-450)	15	130	95	3.5	成都孚硌 DN15~600
			20	150	105	4.5	
			25	160	115	6	
			32	180	140	8	
			40	200	150	12	
			50	230	165	14	
			65	290	185	21	
			80	310	200	30	
			100	350	240	52	
			125	400	280	66	
			150	480	320	80	
			175	530	355	114	
			200	550	390	148	
			250	650	470	210	
			300	750	540	350	
			350	790	630	400	
			400	910	730	560	
			450	980	810	762	
			500	1020	920	1184	
			600	1350	1060	1514	
	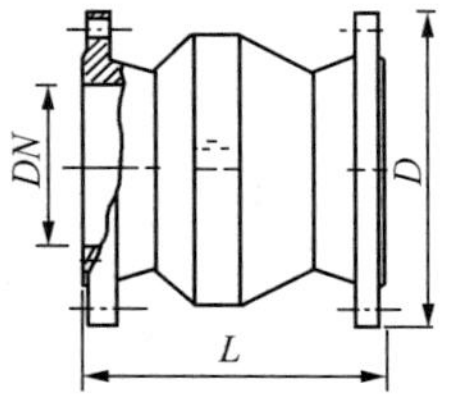 图 3-17-2(短型) 注：订货时需注明订货号，不同的材质有不同的订货号，由厂家样本提供	ZSH41H-D25 (短型) (订货号 ZHD VⅢ，材质为 ZG230-450)	15	80	95	2.2	成都孚硌 DN15~600
			20	80	105	2.5	
			25	85	115	3	
			32	110	140	4	
			40	120	150	6	
			50	130	165	9	
			65	160	185	13.7	
			80	180	200	16	
			100	200	230	22	
			125	230	270	33	
			150	270	300	48	
			175	300	330	67	
			200	330	360	88	
			250	370	425	130	
			300	450	485	188	
			350	520	550	215	
			400	580	610	335	
			450	650	670	426	
			500	720	730	518	
			600	980	845	725	

序号	名称	型号	公称通径 DN	结构尺寸/mm		质量/kg	生产厂
				L	D		
17	梭式止回阀 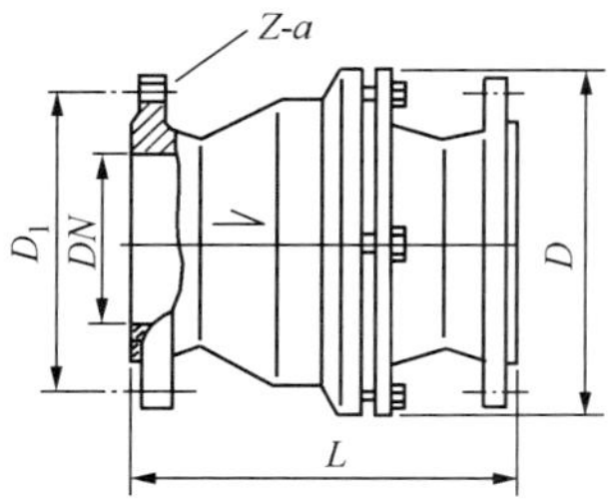 图 3-17-1(标准型)	ZSH41H-40（标准型）（凹面）（订货号 ZH VⅢ，材质为 ZG230-450）	15	130	95	4	成都孚硌 DN15～600
			20	150	105	5	
			25	160	115	6.5	
			32	180	140	9	
			40	200	150	13.5	
			50	230	165	17	
			65	290	185	27	
			80	310	200	34	
			100	350	240	58	
			125	400	280	73	
			150	480	320	98	
			175	530	360	142	
			200	550	400	180	
			250	650	490	236	
			300	750	570	368	
			350	840	660	529	
			400	870	770	703	
			450	910	850	993	
			500	1020	970	1279	
			600	1350	1120	1774	
	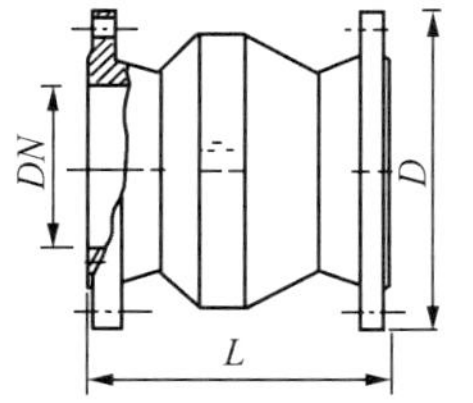 图 3-17-2(短型) 注：订货时需注明订货号，不同的材质有不同的订货号，由厂家样本提供	ZSH41H-D40（短型）（凹面）（订货号 ZHD VⅢ，材质为 ZG230-450）	15	80	95	2.5	成都孚硌 DN15～600
			20	80	105	3	
			25	85	115	3.5	
			32	110	140	5	
			40	120	150	7	
			50	130	165	11	
			65	160	185	15	
			80	180	200	18	
			100	200	235	26	
			125	230	270	46	
			150	270	300	65	
			175	300	350	86	
			200	330	375	110	
			250	370	450	150	
			300	450	515	235	
			350	520	580	269	
			400	580	660	419	
			450	650	685	534	
			500	720	755	648	
			600	980	890	906	

续表

序号	名称	型号	公称通径 DN	结构尺寸/mm		质量/kg	生产厂
				L	D		
17	梭式止回阀 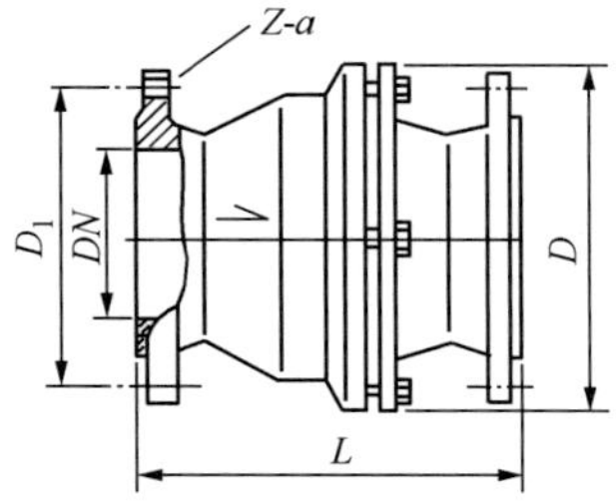 图 3-17-1(标准型)	ZSH41H-64 (标准型) (凹面或梯形槽面) (订货号 ZH VⅢ，材质为 ZG230-450)	15	170	105	6	成都孚硌 DN15~500
			20	190	125	7	
			25	210	135	8	
			32	230	150	12	
			40	260	165	18	
			50	300	175	26	
			65	340	200	36	
			80	380	210	42	
			100	430	260	68	
			125	500	310	102	
			150	550	360	136	
			175	600	400	169	
			200	650	440	202	
			250	775	510	364	
			300	900	600	456	
			350	1025	690	742	
			400	1150	820	984	
			450	1275	900	1388	
			500	1400	1040	1792	
	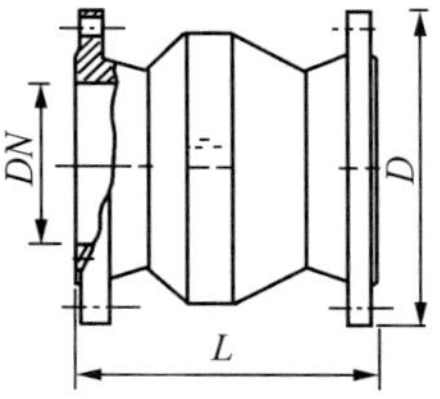 图 3-17-2(短型) 注：订货时需注明订货号，不同的材质有不同的订货号，由厂家样本提供	ZSH41H-D64 (短型) (凹面或梯形槽面) (订货号 ZHD VⅢ，材质为 ZG230-450)	15	90	105	3.5	成都孚硌 DN15~500
			20	90	125	4	
			25	100	135	5	
			32	120	150	7.5	
			40	130	165	10	
			50	170	175	17	
			65	190	200	21	
			80	220	210	26	
			100	260	250	40	
			125	300	295	75	
			150	340	340	105	
			175	380	370	129	
			200	420	405	152	
			250	480	470	205	
			300	560	530	295	
			350	620	595	486	
			400	680	670	727	
			450	750	735	1090	
			500	830	800	1134	

序号	名称	型号	公称通径 DN	结构尺寸/mm		质量/kg	生产厂
				L	D		
17	梭式止回阀 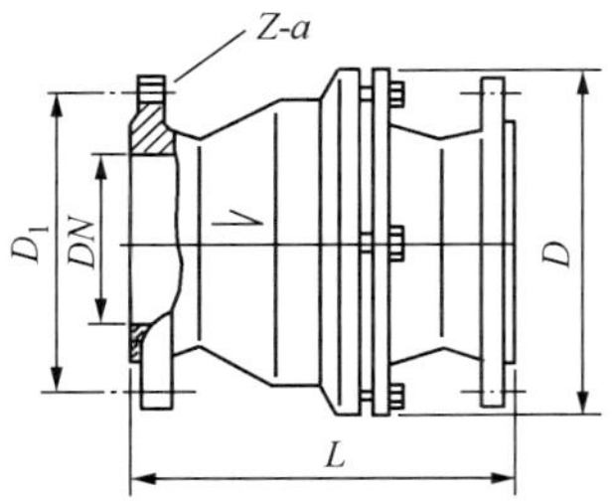 图 3-17-1(标准型)	ZSH41H-100(标准型)(凹面或梯形槽面)(订货号 ZHD Ⅴ Ⅲ，材质为 ZG230-450)	15	170	105	7	成都孚硌 DN15~500
			20	190	125	8	
			25	210	135	10	
			32	230	150	20	
			40	260	165	23	
			50	300	195	38	
			65	340	200	46	
			80	380	230	66	
			100	430	280	91	
			125	500	380	165	
			150	550	470	240	
			175	600	500	290	
			200	650	550	342	
			250	775	630	888	
			300	900	730	1130	
			350	1025	830	1260	
			400	1150	970	1809	
			450	1275	1060	2410	
			500	1400	1210	3005	
	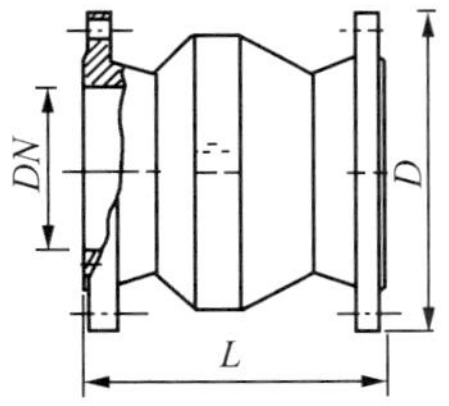 图 3-17-2(短型) 注：订货时需注明订货号，不同的材质有不同的订货号，由厂家样本提供	ZSH41H-D100(短型)(凹面或梯形槽面)(订货号 ZH Ⅴ Ⅲ，材质为 ZG230-450)	15	90	105	5	成都孚硌 DN15~500
			20	90	125	6	
			25	100	135	7.5	
			32	120	150	10	
			40	130	165	16	
			50	170	195	20	
			65	190	200	24	
			80	220	230	37	
			100	260	265	65	
			125	300	310	102	
			150	340	350	138	
			175	380	380	194	
			200	420	430	250	
			250	480	500	401	
			300	590	585	536	
			350	650	655	932	
			400	720	715	1279	
			450	770	795	1611	
			500	850	870	1892	

续表

序号	名称	型号	公称通径 DN	结构尺寸/mm L	结构尺寸/mm D	质量/kg	生产厂
17	梭式止回阀 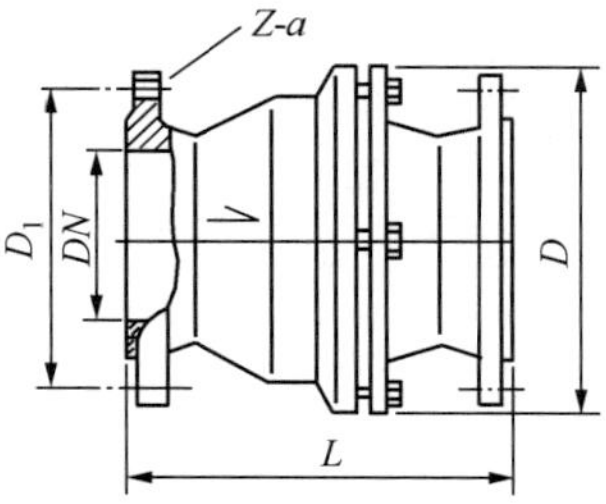 图 3-17-1(标准型)	ZSH41H-160(标准型)(凹面或梯形槽面)(订货号 ZH VⅢ，材质为 ZG230-450)	15	200	120	14.5	成都孚硌 DN15~300
			20	230	130	20	
			25	250	160	25	
			32	270	170	32	
			40	300	195	47	
			50	340	225	77	
			65	380	265	96	
			80	410	280	116	
			100	460	310	215	
			125	530	450	270	
			150	590	580	394	
			175	640	600	550	
			200	690	660	680	
			250	810	750	1020	
			300	940	800	1422	
	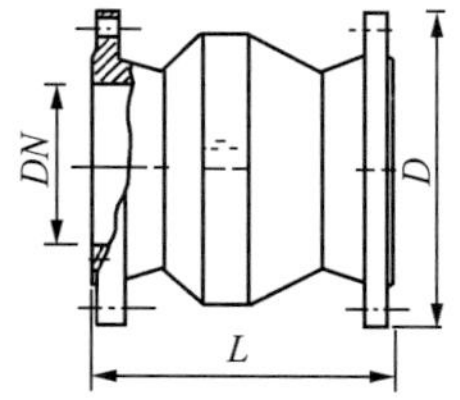 图 3-17-2(短型) 注：订货时需注明订货号，不同的材质有不同的订货号，由厂家样本提供	ZSH41H-D160(短型)(凹面或梯形槽面)(订货号 ZH VⅢ，材质为 ZG230-450)	15	110	110	9.3	成都孚硌 DN15~300
			20	110	130	11	
			25	120	140	15.4	
			32	140	165	18.8	
			40	160	175	25.2	
			50	200	215	45	
			65	230	245	65.5	
			80	260	260	60.2	
			100	300	300	99.8	
			125	350	355	162	
			150	390	390	215	
			175	460	460	321	
			200	480	480	378	
			250	550	580	605	
			300	670	665	905	

第四节　节　流　阀

一、节流阀使用范围

序号	名　称	型　号	阀体材质	使用温度/℃	适用介质	公称通径 *DN*	页次
1	内螺纹节流阀	L11W-25P	1Cr18Ni9Ti	≤200	硝酸类	15~25	266
		L11W-40P	1Cr18Ni9Ti	≤200	硝酸类	15~25	266
		L11W-25R	Cr18Ni12Mo2Ti	≤200	醋酸类	15~25	266
		L11W-40R	Cr18N12Mo2Ti	≤200	醋酸类	15~25	266
		L13H-25	碳　钢	≤300	油品	15~25	266
		L13H-40	碳　钢	≤300	油品	15~25	266
2	外螺纹节流阀	L21W-25	碳　钢	-40~150	氨、液氨	6~25	267
		L21W-40	碳　钢	≤200	水、蒸汽、油品	6~25	267
		L21H-25	碳　钢	-40~150	氨、液氨	20、25	267
		L21H-40	碳　钢	≤425	水、油品、蒸汽	15~25	267
		L21H-100	碳　钢	≤425	水、油品、蒸汽	10~25	267
		L21W-25P	1Cr18Ni9Ti	≤200	硝酸类	10、20	267
		L21W-40P	1Cr18Ni9Ti	≤200	硝酸类	6~25	267
		L21W-64P	1Cr18Ni9Ti	≤200	硝酸类	6~25	267
		L21W-25R	Cr18Ni12Mo2Ti	≤200	醋酸类	10、20	267
		L21W-40R	Cr18Ni12Mo2Ti	≤200	醋酸类	6~25	267
3	外螺纹角式节流阀	L24W-40	碳　钢	≤200	氨、液氨	6、10	268
		L24W-40P	1Cr18Ni9Ti	≤100	硝酸	6~25	268
		L24W-40R	Cr18Ni12Mo2Ti	≤100	醋酸类	6~25	268
		L24H-40	碳　钢	≤400	水、蒸汽、油品	15~25	268
		L24H-160	碳　钢	-40~150	氨、液氨	3~25	268
		L24W-160P	1Cr18Ni9Ti	≤150	硝酸类	10~25	268
		L24H-320	碳　钢	-40~150	氨、液氨	3、6、10	268
4	法兰节流阀	L41$_{Y}^{H}$-16C	碳　钢	≤400	水、蒸汽、油品	10~400	269
		L41$_{Y}^{H}$-25	碳　钢	≤400	水、蒸汽、油品	10~400	269
		L41$_{Y}^{H}$-40	碳　钢	≤400	水、蒸汽、油品	10~400	270
		L41$_{Y}^{H}$-64	碳　钢	≤400	水、蒸汽、油品	10~200	270
		L41$_{Y}^{H}$-100	碳　钢	≤400	水、蒸汽、油品	15~200	270
		L41$_{Y}^{H}$-160	碳　钢	≤425	水、蒸汽、油品	15~100	271
		L41F-16P	1Cr18Ni9Ti	≤200	硝酸类	10~32	271
		L41W-16P	1Cr18Ni9Ti	≤200	硝酸类	10~400	271

续表

序号	名　称	型　号	阀体材质	使用温度/℃	适用介质	公称通径 *DN*	页次
4	法兰节流阀	L41W-25P	1Cr18Ni9Ti	≤200	硝酸类	15~400	271
		L41W-40P	1Cr18Ni9Ti	≤200	硝酸类	15~400	272
		L41W-64P	1Cr18Ni9Ti	≤200	硝酸类	10~200	272
		L41W-100P	1Cr18Ni9Ti	≤200	硝酸类	10~200	272
		L41W-160P	1Cr18Ni9Ti	≤200	硝酸类	15~100	273
		L41W-16R	Cr18Ni12Mo2Ti	≤200	醋酸类	10~400	271
		L41W-25R	Cr18Ni12Mo2Ti	≤200	醋酸类	15~400	271
		L41W-40R	Cr18Ni12Mo2Ti	≤200	醋酸类	15~400	272
		L41W-64R	Cr18Ni12Mo2Ti	≤200	醋酸类	10~200	272
		L41W-100R	Cr18Ni12Mo2Ti	≤200	醋酸类	10~200	272
		L41W-160R	Cr18Ni12Mo2Ti	≤200	醋酸类	15~100	273
		L41Y-16I	铬钼钢	≤550	油品、蒸汽	15~400	273
		L41Y-25I	铬钼钢	≤550	油品、蒸汽	10~400	273
		L41Y-40I	铬钼钢	≤550	油品、蒸汽	15~400	274
		L41Y-64I	铬钼钢	≤550	油品、蒸汽	15~200	274
		L41Y-100I	铬钼钢	≤550	油品、蒸汽	15~200	274
		L41Y-160I	铬钼钢	≤550	油品、蒸汽	15~100	275
		L41W-25K	可锻铸铁	-20~150	氨、液氨	40~80	275
		L41W-25	碳　钢	≤425	水、蒸汽、油品	15~50	275
		L41W-160	碳　钢	≤425	水、蒸汽、油品	15~50	275
5	法兰角式节流阀	L44H-160	碳　钢	≤200	氨、液氨	3~125	276
		L44Y-160	碳　钢	-40~100	氮、氢、氨	3~125	276
		L44H-220	碳　钢	≤200	氨、液氨	3~125	276
		L44Y-220	碳　钢	-40~100	氮、氢、氨	3~125	276
		L44H-250	碳　钢	≤200	氨、液氨	3~125	276
		L44Y-250	碳　钢	-40~100	氮、氢、氨	3~125	276
		L44H-320	碳　钢	≤200	氨、液氨	3~125	277
		L44Y-320	碳　钢	-40~100	氮、氢、氨	3~125	277
		KL44Y-160	碳　钢	-40~130	酸性天然气	10~50	277
		KL44Y-320	碳　钢	40~130	含硫天然气	10~50	277
		GL44H-160	碳　钢	-30~50	氨、液氨	15~100	277
		GL44H-320	碳　钢	-30~50	氨、液氨	3~100	278
		GL44Y-320	碳　钢	-30~50	氨、液氨	3~15	278
		L44$^{W}_{Y}$-160P	1Cr18Ni9Ti	≤200	硝酸类	3~125	278
		L44$^{W}_{Y}$-220P	1Cr18Ni9Ti	≤200	硝酸类	3~125	278
		L44$^{W}_{Y}$-250P	1Cr18Ni9Ti	≤200	硝酸类	3~125	279

续表

序号	名　称	型　号	阀体材质	使用温度/℃	适用介质	公称通径 *DN*	页次
5	法兰角式节流阀	L44$\genfrac{}{}{0pt}{}{W}{Y}$-320P	1Cr18Ni9Ti	≤100	氮氢混合气、氨、液氨	3~125	279
		L44$\genfrac{}{}{0pt}{}{W}{Y}$-160R	Cr18Ni12Mo2Ti	≤200	醋酸类	3~125	279
		L44$\genfrac{}{}{0pt}{}{W}{Y}$-220R	Cr18Ni12Mo2Ti	≤200	醋酸类	3~125	280
		L44$\genfrac{}{}{0pt}{}{W}{Y}$-250R	Cr18Ni12Mo2Ti	≤200	醋酸类	3~125	280
		L44$\genfrac{}{}{0pt}{}{W}{Y}$-320R	Cr18Ni12Mo2Ti	≤100	尿素、醋酸类	3~125	280
6	抗氢角式节流阀	L44Y-320N6	抗氢钢	≤400	氮、氢、氨混合气	6~125	281
7	蜗轮传动角式节流阀	L344Y-160C	碳　钢	≤200	氮、氢、氨	40~300	281
		L344W-220R	316L	≤200	尿素、甲铵液	40~300	281
		L344Y-320C	碳　钢	≤200	氮、氢、氨	40~300	281
		L344W-320R	316L	≤200	尿素、甲铵液	40~300	281
8	抗氢蜗轮传动角式节流阀	344Y-320Nb	12SiMoVNb 10MoWVNb	≤400	氮、氢、氨混合气	80~300	282
9	直通式平衡节流阀	L46Y-160C	碳　钢	≤200	氮、氢、氨	65~300	282
		L46W-220R	316L	≤200	尿素、甲胺液	65~300	282
		L46Y-320C	碳　钢	≤200	氮、氢、氨	65~300	282
		L46W-320R	316L	≤200	尿素、甲胺液	65~300	282
		L346Y-160C	碳　钢	≤200	氮、氢、氨	175~300	283
		L446Y-160C	碳　钢	≤200	氮、氢、氨	175~300	283
		L546Y-160C	碳　钢	≤200	氮、氢、氨	175~300	283
		L346W-220R	316L	≤200	尿素、甲胺液	175~300	283
		L446W-220R	316L	≤200	尿素、甲胺液	175~300	283
		L546W-220R	316L	≤200	尿素、甲胺液	175~300	283
		L346Y-320C	碳　钢	≤200	氮、氢、氨	175~300	283
		L446Y-320C	碳　钢	≤200	氮、氢、氨	175~300	283
		L546Y-320C	碳　钢	≤200	氮、氢、氨	175~300	283
		L346W-320R	316L	≤200	尿素、甲胺液	175~300	283
		L446W-320R	316L	≤200	尿素、甲胺液	175~300	283
		L546W-320R	316L	≤200	尿素、甲胺液	175~300	283
10	角式平衡节流阀(方体)	L47Y-160C	碳　钢	≤200	氮、氢、氨	50~300	284
		L47W-160R	316L	≤200	尿素、甲胺液	50~300	284
		L47W-220R	316L	≤200	尿素、甲胺液	50~300	284
		L47Y-320C	碳　钢	≤200	氮、氢、氨	50~300	284
		L47Y-320R	316L	≤200	尿素、甲胺液	50~300	284
		L347Y-160C	碳　钢	≤200	氮、氢、氨	50~300	285
		L447Y-160C	碳　钢	≤200	氮、氢、氨	50~300	285

续表

序号	名　称	型　号	阀体材质	使用温度/℃	适用介质	公称通径 *DN*	页次
10	角式平衡节流阀(方体)	L547Y-160C	碳　钢	≤200	氮、氢、氨	50~300	285
		L347W-220R	316L	≤200	尿素、甲胺液	50~300	285
		L447W-220R	316L	≤200	尿素、甲胺液	50~300	285
		L547W-220R	316L	≤200	尿素、甲胺液	50~300	285
		L347Y-320C	碳　钢	≤200	氮、氢、氨	50~300	285
		L447Y-320C	碳　钢	≤200	氮、氢、氨	50~300	285
		L547Y-320C	碳　钢	≤200	氮、氢、氨	50~300	285
		L347W-320R	316L	≤200	尿素、甲胺液	50~300	285
		L447W-320R	316L	≤200	尿素、甲胺液	50~300	285
		L447Y-320R	316L	≤200	尿素、甲胺液	50~300	285
11	角式平衡节流阀(法兰连接)	L47Y-160C	碳　钢	≤200	氮、氢、氨	40~200	286
		L47W-220R	316L	≤200	尿素、甲胺液	40~200	286
		L47Y-320C	碳　钢	≤200	氮、氢、氨	40~200	286
		L47W-320R	316L	≤200	尿素、甲胺液	40~200	286
		L347Y-160C	碳　钢	≤200	氮、氢、氨	40~250	286
		L347W-220R	316L	≤200	尿素、甲胺液	40~250	286
		L347Y-320C	碳　钢	≤200	氮、氢、氨	40~250	286
		L347W-320R	316L	≤200	尿素、甲胺液	40~250	286
12	承插焊节流阀	L61$\genfrac{}{}{0pt}{}{H}{Y}$-25	碳　钢	≤425	水、蒸汽、油品	10~50	287
		L61$\genfrac{}{}{0pt}{}{H}{Y}$-40	碳　钢	≤425	水、蒸汽、油品	10~50	287
		L61$\genfrac{}{}{0pt}{}{H}{Y}$-64	碳　钢	≤425	水、蒸汽、油品	10~50	287
		L61$\genfrac{}{}{0pt}{}{H}{Y}$-100	碳　钢	≤425	水、蒸汽、油品	10~50	287
		L61$\genfrac{}{}{0pt}{}{H}{Y}$-160	碳　钢	≤425	水、蒸汽、油品	10~25	288
		L61Y-25I	铬钼钢	≤550	油品、蒸汽	10~50	288
		L61Y-40I	铬钼钢	≤550	油品、蒸汽	10~50	288
		L61Y-64I	铬钼钢	≤550	油品、蒸汽	10~50	288
		L61Y-100I	铬钼钢	≤550	油品、蒸汽	10~50	288
		L61Y-160I	铬钼钢	≤550	油品、蒸汽	10~25	288
		L61W-25P	1Cr18Ni9Ti	≤200	硝酸类	10~50	289
		L61W-40P	1Cr18Ni9Ti	≤200	硝酸类	10~50	289
		L61W-64P	1Cr18Ni9Ti	≤200	硝酸类	10~50	289
		L61W-100P	1Cr18Ni9Ti	≤200	硝酸类	10~50	289
		L61W-160P	1Cr18Ni9Ti	≤200	硝酸类	10~25	289
		L61W-25R	Cr18Ni12Mo2Ti	≤200	醋酸类	10~50	289

续表

序号	名　称	型　号	阀体材质	使用温度/℃	适用介质	公称通径 *DN*	页次
12	承插焊节流阀	L61W-40R	Cr18Ni12Mo2Ti	≤200	醋酸类	10～50	289
		L61W-64R	Cr18Ni12Mo2Ti	≤200	醋酸类	10～50	289
		L61W-100R	Cr18Ni12Mo2Ti	≤200	醋酸类	10～50	289
		L61W-160R	Cr18Ni12Mo2Ti	≤200	醋酸类	10～25	289
13	直通式对焊平衡节流阀	L66Y-160C	碳　钢	≤200	氮、氢、氨	50～250	290
		L66W-220R	316L	≤200	尿素、甲胺液	50～250	290
		L66Y-320C	碳　钢	≤200	氮、氢、氨	50～250	290
		L66Y-320R	316L	≤200	尿素、甲胺液	50～250	290
		L466Y-160C	碳　钢	≤200	氮、氢、氨	175～300	290
		L566W-220R	316L	≤200	尿素、甲胺液	175～300	290
		L466Y-320C	碳　钢	≤200	氮、氢、氨	175～300	290
		L566W-320R	316L	≤200	尿素、甲胺液	175～300	290
14	角式对焊平衡节流阀	L67Y-160C	碳　钢	≤200	氮、氢、氨	175～250	291
		L67W-220R	316L	≤200	尿素、甲胺液	175～250	291
		L67Y-320C	碳　钢	≤200	氮、氢、氨	175～250	291
		L67W-320R	316L	≤200	尿素、甲胺液	175～250	291
		L467Y-160C	碳　钢	≤200	氮、氢、氨	175～250	291
		L467W-220R	316L	≤200	尿素、甲胺液	175～250	291
		L467Y-320C	碳　钢	≤200	氮、氢、氨	175～250	291
		L467W-320R	316L	≤200	尿素、甲胺液	175～250	291
		L567Y-160C	碳　钢	≤200	氮、氢、氨	175～250	291
		L567W-220R	316L	≤200	尿素、甲胺液	175～250	291
		L567Y-320C	碳　钢	≤200	氮、氢、氨	175～250	291
		L567W-320R	316L	≤200	尿素、甲胺液	175～250	291
15	电动角式节流阀	L944Y-160C	碳　钢	≤200	氮、氢、氨	25～300	291
		GL944H-160	碳　钢	≤100	氨、液氨	65～100	292
		L944W-220R	316L	≤200	尿素、甲胺液	25～300	291
		L944Y-320C	碳　钢	≤200	氮、氢、氨	25～300	292
		L944W-320R	316L	≤200	尿素、甲胺液	25～300	292
		GL944H-320	碳　钢	≤100	氨、液氨	65～100	292
16	抗氢钢电动角式节流阀	L944Y-320N6	12SiMoVNb 10MoWVNb	≤400	氮、氢、氨混合气	80～300	292
17	电动直通式平衡节流阀（方体）	L946Y-160C	碳　钢	≤200	氮、氢、氨	175～300	293
		L946W-220R	316L	≤200	尿素、甲胺液	175～300	293
		L946Y-320C	碳　钢	≤200	氮、氢、氨	175～300	293
		L946W-320R	316L	≤200	尿素、甲胺液	175～300	293

续表

序号	名　称	型　号	阀体材质	使用温度/℃	适用介质	公称通径 *DN*	页次
18	电动角式平衡节流阀（方体）	L947Y-160C	碳　钢	≤200	氮、氢、氨	50~300	293
		L947W-220R	316L	≤200	尿素、甲胺液	50~300	293
		L947Y-320C	碳　钢	≤200	氮、氢、氨	50~300	293
		L947W-320R	316L	≤200	尿素、甲胺液	50~300	293
19	电动角式平衡节流阀（法兰连接）	L947Y-160C	碳　钢	≤200	氮、氢、氨	40~250	294
		L947W-220R	316L	≤200	尿素、甲胺液	40~250	294
		L947Y-320C	碳　钢	≤200	氮、氢、氨	40~250	294
		L947W-320R	316L	≤200	尿素、甲胺液	40~250	294
20	电动直通式对焊平衡截止阀	J966Y-160C	碳　钢	≤200	氮、氢、氨	175~300	294
		J966W-220R	316L	≤200	尿素、甲胺液	175~300	294
		J966Y-320C	碳　钢	≤200	氮、氢、氨	175~300	294
		J966W-320R	316L	≤200	尿素、甲胺液	175~300	294
21	电动角式对焊平衡截止阀	J967Y-160C	碳　钢	≤200	氮、氢、氨	175~250	295
		J967W-220R	316L	≤200	尿素、甲胺液	175~250	295
		J967Y-320C	碳　钢	≤200	氮、氢、氨	175~250	295
		J967W-320R	316L	≤200	尿素、甲胺液	175~250	295

二、节流阀结构尺寸和质量

序号	名　称	型　号	公称通径 *DN*	结构尺寸/mm			质量/kg	生　产　厂
				L	*H*	D_0		
1	内螺纹节流阀 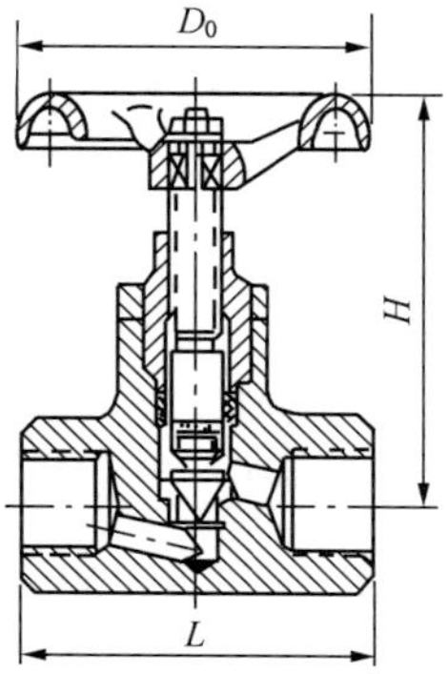 图 4-1	L11W-25P	15	90	212	120	4	锦阀 *DN*15~25
			20	110	243	120	5	
			25	130	253	140	6	
		L11W-40P	15	90	212	120	4	锦阀 *DN*15~25
			20	110	243	120	5	
			25	130	253	140	6	
		L11H-25R	15	90	212	120	4	锦阀 *DN*15~25
			20	110	243	120	5	
			25	130	253	140	6	
		L11W-40R	15	90	212	120	4	锦阀 *DN*15~25
			20	110	243	120	5	
			25	130	253	140	6	
		L13H-25	15	90	200	120	3	锦阀 *DN*15~25
			20	100	220	120	4	
			25	120	250	140	5	
		L13H-40	15	90	200	120	3	锦阀 *DN*15~25
			20	110	220	120	4	
			25	130	250	140	5	

序号	名　　称	型　号	公称通径 DN	结构尺寸/mm			质量/kg	生　产　厂
				L	H	D_0		
2	外螺纹节流阀 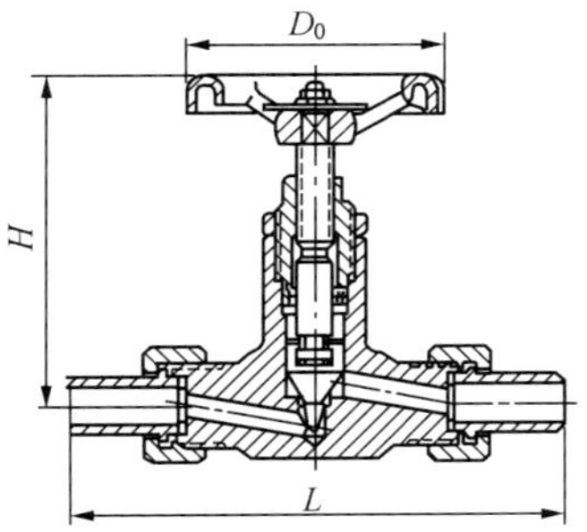 图 4-2	L21W-25	6	68(80)	88	65	2	自高(北阀) DN6~20
			10	76(85)	109	80	3	
			15	110(100)	140	120	4	
			20	130	275	140	4	
			25	236	295	160	8	
		L21W-40	6	136(142)	92	65	2	自高 DN6~25 (屯溪、DN6、10)
			10	160(154)	110	80	3	
			15	186	230	120	4	
			20	214	275	140	6	
			25	236	295	160	8	
		L21H-25	20	130	275	140	6	自高 DN20、25
			25	236	295	160	8	
		L21H-40	15	186	230	120	4	屯溪、自高 DN15~25
			20	214	275	140	6	
			25	236	295	160	8	
		L21H-100	10	174	230	120	3	屯溪 DN10~25
			15	186	230	120	4	
			20	214	275	140	6	
			25	236	295	160	8	
		L21W-25P	10	154	110	80	3	锦阀 DN10、20
			20	214	275	140	6	
		L21W-40P	6	142	92	65	2	屯溪、锦阀 DN6~25 北阀 DN10~25
			10	154	110	80	3	
			15	186	230	120	4	
			20	214	270	140	6	
			25	236	290	160	8	
		L21W-64P	6	115	122	65	3	上阀 DN6~25
			10	135	134	65	4	
			15	170	160	100	5	
			20	200	180	100	7	
			25	220	210	100	10	
		L21W-25R	10	154	110	80	3	锦阀 DN10、20
			20	214	275	140	6	
		L21W-40R	6	142	92	65	2	屯溪 DN6~25 北阀 DN10~25
			10	154	110	80	3	
			15	186	230	120	4	
			20	214	270	140	6	
			25	236	290	160	8	

序号	名　　称	型　号	公称通径 DN	结构尺寸/mm			质量/kg	生　产　厂
				L	H	D_0		
3	外螺纹角式节流阀 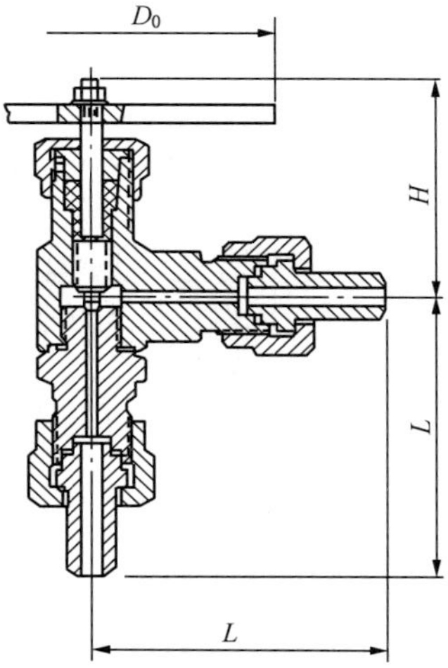 图 4-3	L24W-40	6	71	87	65		自高 DN6、10
			10	75	107	65		
		L24W-40P	6	71	87	65		自高 DN6~25 锦阀 DN6、10
			10	75	107	65		
			15	90	230	65		
			20	107	275	80		
			25	115	295	80		
		L24W-40R	6	71	87	65		自高 DN6~25 锦阀 DN6、10
			10	75	107	65		
			15	90	230	65		
			20	107	275	80		
			25	115	295	80		
		L24H-40	15	90	230	65		自高 DN15~25
			20	107	275	65		
			25	115	295	80		
		L24H-160	3	69	78	100	0.5	自高 DN3~25 广汉 DN10~25
			6	80	92	150	1	
			10	95	162	250	1.5	
			15	103	162	250		
			25	122	212	350		
		L24W-160P	10	130	162	250	1.5	西高 DN10~25
			15	140	162	250		
			20	150	190	350		
			25	165	212	350		
		L24H-320	3	80	78	100	0.5	西高 DN3、6、10
			6	80	92	150	1	
			10	130	162	250	1.5	

续表

序号	名称	型号	公称通径 DN	结构尺寸/mm L	H	D_0	质量/kg	生产厂
4	法兰节流阀 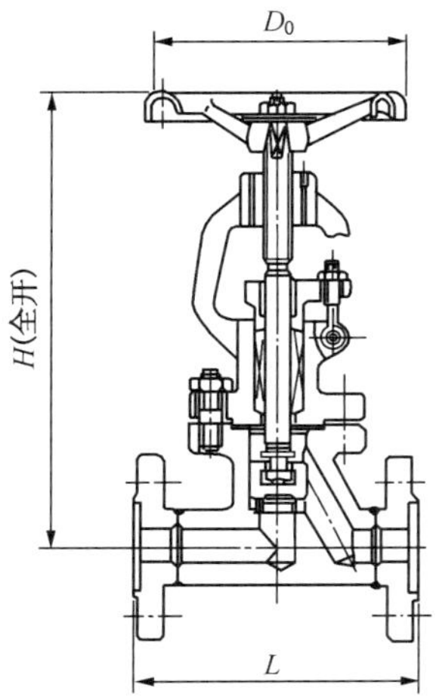 图 4-4-1 （$DN \leq 50$） 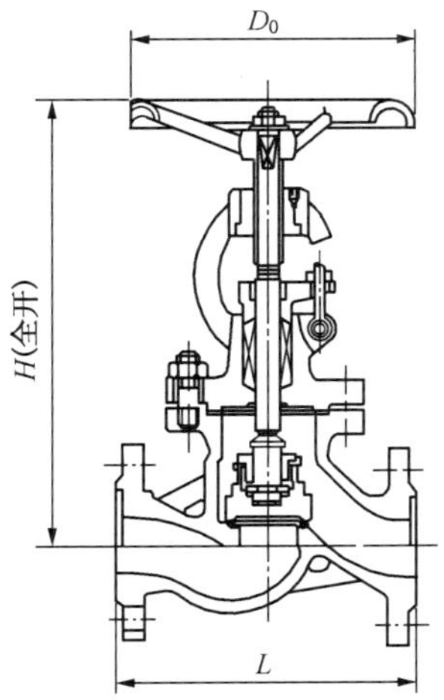 图 4-4-2 （$DN>50$）	L41$\genfrac{}{}{0pt}{}{H}{Y}$-16C	10	130	230	120	3.5	伯特利 DN10~400 北阀、保一 DN10~200(H) 屯溪 DN10~150(H) 开阀 DN10~200(H)
			15	130	230	120	5	
			20	150	275	140	7	
			25	160	295	160	9	
			32	190	304	160	12	
			40	200	354	200	16	
			50	230	412	240	24	
			65	290	445	280	30	
			80	310	480	320	41	
			100	350	523	360	56	
			125	400	545	400	90	
			150	480	613	400	98	
			200	600	780	450	170	
			250	730	950	450	350	
			300	850	1120	500	502	
			350	980	1250	600	560	
			400	1100	1380	600	750	
		L41$\genfrac{}{}{0pt}{}{H}{Y}$-25	10	130	230	120	3.5	伯特利 DN15~400 北阀、保一 DN15~200(H) 屯溪、锦阀 DN15~150(H) 自高、西高 DN15~50(H) 杭阀 DN32~150(H) 三明 DN32~50(H) 苏高 DN10~25(H) 广汉 DN10~40(H) 开阀 DN10~200(H)
			15	130	230	120	5	
			20	150	275	140	7	
			25	160	295	160	9	
			32	190	304	160	15	
			40	200	354	200	17	
			50	230	412	240	24	
			65	290	445	280	30	
			80	310	480	320	42	
			100	350	523	360	58	
			125	400	545	400	90	
			150	480	613	400	98	
			200	600	780	450	170	
			250	730	975	450	350	
			300	850	1120	500	502	
			350	980	1250	600	560	
			400	1100	1380	600	750	

序号	名称	型号	公称通径 DN	结构尺寸/mm L	H	D_0	质量/kg	生产厂
4	法兰节流阀 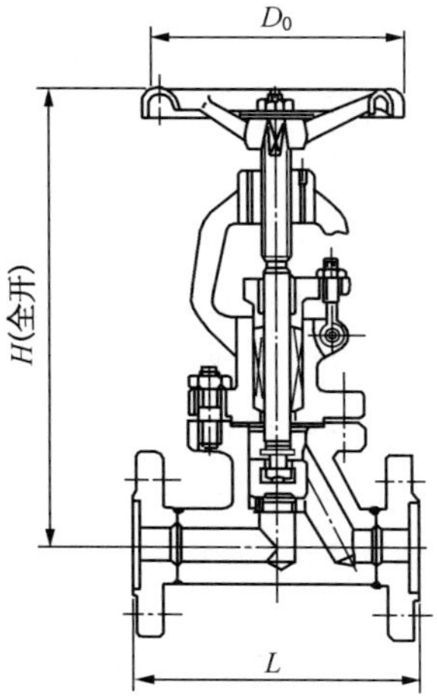 图 4-4-1 （$DN\leq50$） 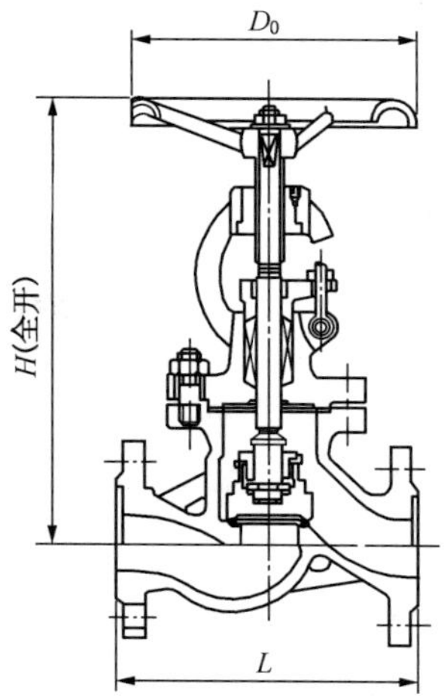 图 4-4-2 （$DN>50$）	L41$^{H}_{Y}$-40	10	130	230	120	3.5	伯特利 DN15～400 北阀 DN15～200(H) 锦阀、屯溪 DN15～150(H) 杭阀 DN25～50(H) 西高 DN15～50(H) 苏高、自高 DN15～25(H) 三明 DN32～50(H) 广汉 DN10～40(H) 保一、开阀 DN10～200(H)
			15	130	230	120	5	
			20	150	275	140	7	
			25	160	295	160	9	
			32	190	308	160	15	
			40	200	354	200	18	
			50	230	380	240	25	
			65	290	420	280	33	
			80	310	462	320	43	
			100	350	506	360	58	
			125	400	538	400	82	
			150	480	692	450	97.6	
			200	600	831	560	175	
			250	730	975	640	491	
			300	850	1120	720	705	
			350	980	1300	800	930	
			400	1100	1425	900	1234	
		L41$^{H}_{Y}$-64	10	170	231	120	6	伯特利 锦阀 DN15～150(H) 开阀、杭阀、北阀 DN15～100(H) 西高、屯溪 DN15～50(H) 苏高 DN10～25(H)
			15	170	231	120	10	
			20	190	275	160	13	
			25	210	295	160	15	
			32	230	325	200	19	
			40	260	360	240	25	
			50	300	405	280	35	
			65	340	430	320	48	
			80	380	465	360	66	
			100	430	550	450	100	
			125	500	799	450	153	
			150	550	794	450	226	
			200	650	896	450	370	
		L41$^{H}_{Y}$-100	15	170	230	120	10	伯特利 DN15～150 开阀、锦阀 DN15～100(H) 屯溪、西高、杭阀 DN15～50(H) 北阀、自高、苏高、广汉 DN15～25(H) 三明 DN32～50(H)
			20	190	275	140	13	
			25	210	295	160	15	
			32	230	350	200	19	
			40	260	382	240	26	
			50	300	428	280	38	
			65	340	485	320	56	
			80	380	530	360	71	
			100	430	660	450	129	
			125	500	799	450	153	
			150	550	794	500	298	
			200	650	896	500	446	

序号	名　称	型　号	公称通径 DN	结构尺寸/mm L	H	D_0	质量/kg	生　产　厂
4	法兰节流阀	L41 H/Y-160	15	170	230	120	12	伯特利 DN15~100 屯溪 DN15~40(H)
			20	190	275	200	15	
			25	210	295	200	17	
			32	230	350	200	22	
			40	260	382	280	28	
			50	300	428	320	45	
			65	340	569	320	75	
			80	380	604	360	105	
			100	430	708	450	165	
	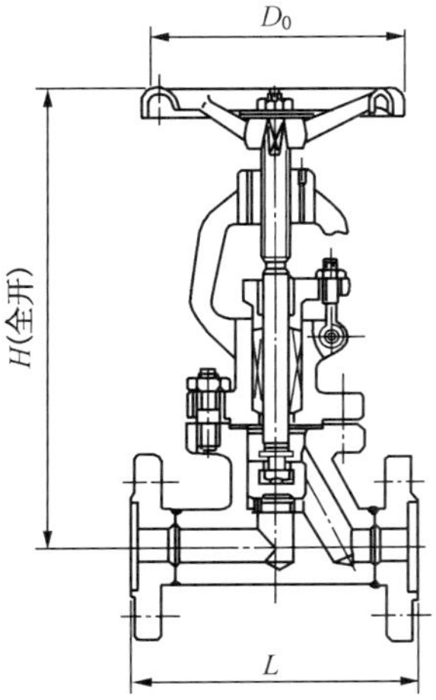 图 4-4-1 （DN≤50）	(L41F-16P) L41W-16 P/R	10	130	230	120	3.5	伯特利 DN10~400 开阀 DN10~150 北阀 DN10~50 (开阀 DN10~32) 保一 DN10~200
			15	130	230	120	5	
			20	150	275	140	7	
			25	160	295	160	9	
			32	190	304	160	12	
			40	200	354	200	16	
			50	230	412	240	24	
			65	290	445	280	30	
			80	310	480	320	41	
			100	350	523	360	56	
			125	400	545	400	90	
			150	480	613	400	98	
			200	600	780	450	170	
			250	730	950	450	350	
			300	850	1120	500	502	
			350	980	1250	600	560	
			400	1100	1380	600	750	
	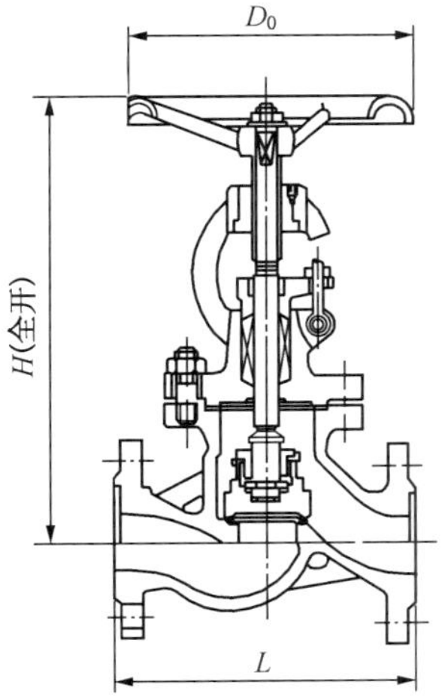 图 4-4-2 （DN>50）	L41W-25 P/R	15	130	230	120	5	伯特利 DN15~400 开阀 DN10~200 北阀、西高、屯溪 DN15~50 锦阀 DN15~150 保一 DN10~200
			20	150	275	140	7	
			25	160	295	160	9	
			32	190	304	160	15	
			40	200	354	200	17	
			50	230	412	240	24	
			65	290	445	280	30	
			80	310	480	320	42	
			100	350	523	360	58	
			125	400	545	400	90	
			150	480	613	400	98	
			200	600	780	450	170	
			250	730	975	450	350	
			300	850	1120	500	502	
			350	980	1250	600	560	
			400	1100	1380	600	750	

续表

序号	名称	型号	公称通径 DN	结构尺寸/mm L	H	D_0	质量/kg	生产厂
4	法兰节流阀	L41W-40$_{R}^{P}$	15	130	230	120	5	伯特利 DN15~400 锦阀 DN15~150 北阀、屯溪 DN15~50 西高 DN15~25 保一、开阀 DN10~200
			20	150	275	140	7	
			25	160	295	160	9	
			32	190	308	160	15	
			40	200	354	200	18	
			50	230	380	240	25	
			65	290	420	280	33	
			80	310	462	320	43	
			100	350	506	360	58	
			125	400	538	400	82	
			150	480	692	450	98	
			200	600	831	560	175	
			250	730	975	640	491	
			300	850	1120	720	705	
			350	980	1300	800	930	
			400	1100	1425	900	1234	
		L41W-64$_{R}^{P}$	10、15	170	231	120	10	伯特利 DN15~150 西高 DN15~20 锦阀 DN32~80 屯溪 DN15~50 开阀 DN10~200
			20	190	275	160	13	
			25	210	295	160	15	
			32	230	325	200	19	
			40	260	360	240	25	
			50	300	405	280	35	
			65	340	430	320	48	
			80	380	465	360	66	
			100	430	550	450	100	
			125	500	799	450	153	
			150	550	794	450	226	
			200	650	896	450	370	
		L41W-100$_{R}^{P}$	10、15	170	230	120	10	伯特利 DN15~150 开阀 DN10~200
			20	190	275	140	13	
			25	210	295	160	15	
			32	230	350	200	19	
			40	260	382	240	26	
			50	300	428	280	38	
			65	340	485	320	56	
			80	380	530	360	71	
			100	430	660	450	129	
			125	500	799	450	153	
			150	550	794	500	298	
			200	650	896	500	446	

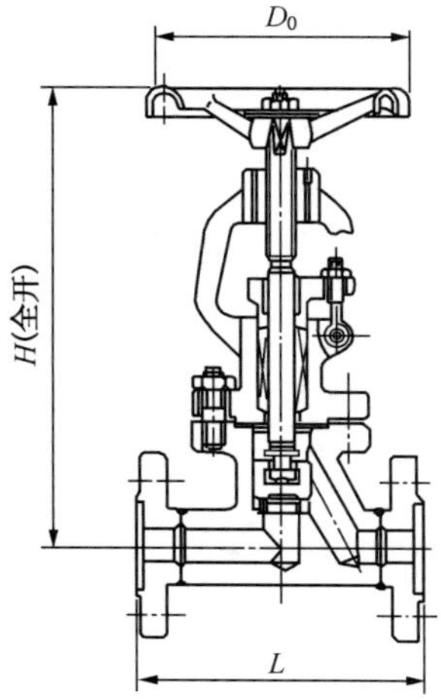

图 4-4-1 （DN≤50）

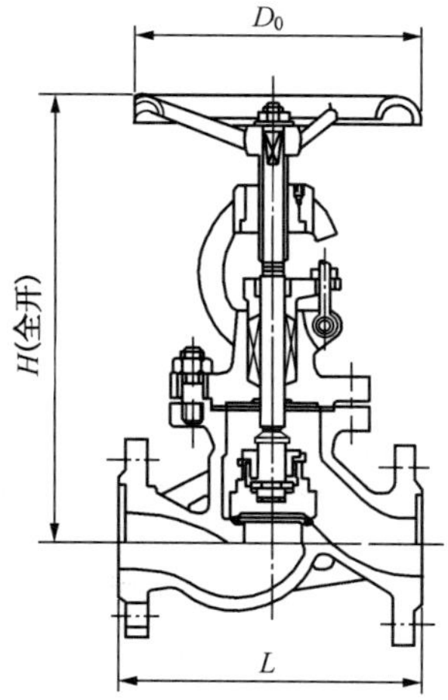

图 4-4-2 （DN>50）

续表

序号	名称	型号	公称通径 DN	结构尺寸/mm L	H	D_0	质量/kg	生产厂
4	法兰节流阀	L41W-160P/R	15	170	230	120	12	伯特利 DN15～100
			20	190	275	200	15	
			25	210	295	200	17	
			32	230	350	200	22	
			40	260	382	280	28	
			50	300	428	320	45	
			65	340	569	320	75	
			80	380	604	360	105	
			100	430	708	450	165	
		L41Y-16I	10	130	230	120	3.5	伯特利 DN10～400 开阀 DN10～150
			15	130	230	120	5	
			20	150	275	140	7	
			25	160	295	160	9	
			32	190	304	160	12	
			40	200	354	200	16	
			50	230	412	240	24	
			65	290	445	280	30	
			80	310	480	320	41	
			100	350	523	360	56	
			125	400	545	400	90	
			150	480	613	400	98	
			200	600	780	450	170	
			250	730	950	450	350	
			300	850	1120	500	502	
			350	980	1250	600	560	
			400	1100	1380	600	750	
		L41Y-25I	10、15	130	230	120	5	伯特利 DN15～400 开阀 DN10～200
			20	150	275	140	7	
			25	160	295	160	9	
			32	190	304	160	15	
			40	200	354	200	17	
			50	230	412	240	24	
			65	290	445	280	30	
			80	310	480	320	42	
			100	350	523	360	58	
			125	400	545	400	90	
			150	480	613	400	98	
			200	600	780	450	170	
			250	730	975	450	350	
			300	850	1120	500	502	
			350	980	1250	600	560	
			400	1100	1380	600	750	

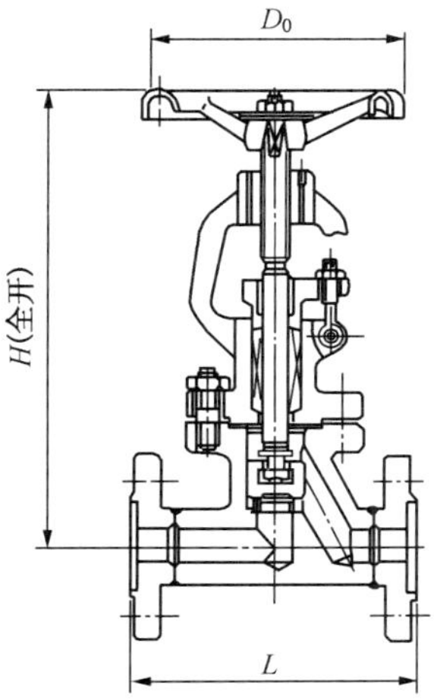

图 4-4-1 （DN≤50）

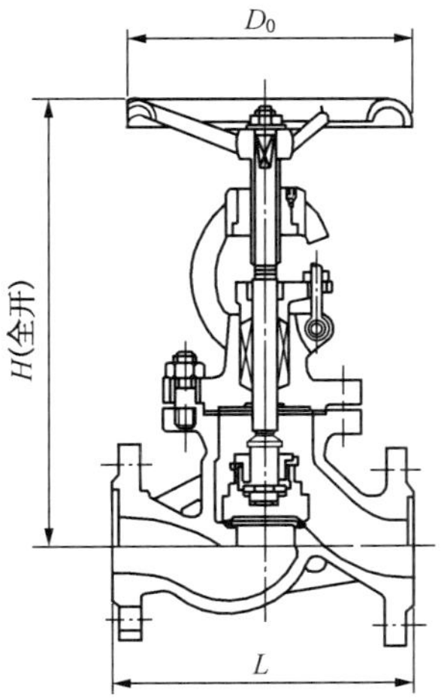

图 4-4-2 （DN>50）

序号	名称	型号	公称通径 DN	结构尺寸/mm			质量/kg	生产厂
				L	H	D_0		
4	法兰节流阀 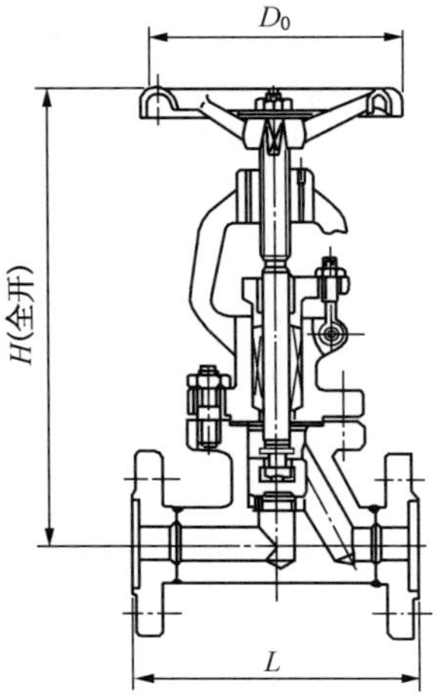 图 4-4-1 （DN≤50） 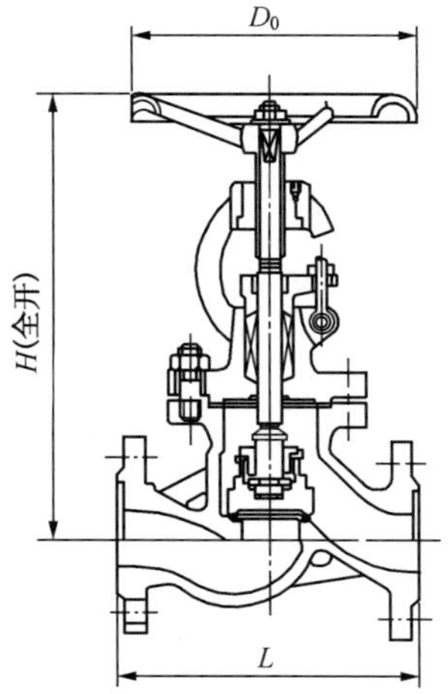 图 4-4-2 （DN>50）	L41Y-40I	15	130	230	120	5	伯特利 DN15~400
			20	150	275	140	7	
			25	160	295	160	9	
			32	190	308	160	15	
			40	200	354	200	18	
			50	230	380	240	25	
			65	290	420	280	33	
			80	310	462	320	43	
			100	350	506	360	58	
			125	400	538	400	82	
			150	480	692	450	98	
			200	600	831	560	175	
			250	730	975	640	491	
			300	850	1120	720	705	
			350	980	1300	800	930	
			400	1100	1425	900	1234	
		L41Y-64I	15	170	231	120	10	伯特利 DN15~150
			20	190	275	160	13	
			25	210	295	160	15	
			32	230	325	200	19	
			40	260	360	240	25	
			50	300	405	280	35	
			65	340	430	320	48	
			80	380	465	360	66	
			100	430	550	450	100	
			125	500	799	450	153	
			150	550	794	450	226	
			200	650	896	450	370	
		L41Y-100I	15	170	230	120	10	伯特利 DN15~150
			20	190	275	140	13	
			25	210	295	160	15	
			32	230	350	200	19	
			40	260	382	240	26	
			50	300	428	280	38	

续表

序号	名　　称	型　号	公称通径 DN	结构尺寸/mm			质量/kg	生　产　厂
				L	H	D_0		
4	法兰节流阀	L41Y-100I	65	340	485	320	56	伯特利 DN15~150
			80	380	530	360	71	
			100	430	660	450	129	
			125	500	799	450	153	
			150	550	794	500	298	
			200	650	896	500	446	
		L41Y-160I	15	170	230	120	12	伯特利 DN15~100
			20	190	275	200	15	
			25	210	295	200	17	
			32	230	350	200	22	
			40	260	382	280	28	
			50	300	428	320	45	
			65	340	569	320	75	
			80	380	604	360	105	
			100	430	708	450	165	
		L41W-25K	40	200	354	200	17	北阀 DN40~80
			50	230	412	240	24	
			65	290	445	280	30	
			80	310	480	320	42	
		L41W-25	15	130	230	120	5	自高 DN15~50
			20	150	275	140	7	
			25	160	295	160	9	
			32	190	304	160	15	
			40	200	354	200	17	
			50	230	412	240	24	
		L41W-160	15	170	230	120	12	西高 DN15~50
			20	190	275	200	15	
			25	210	295	200	17	
			32	230	350	200	22	
			40	260	382	280	28	
			50	300	428	320	45	

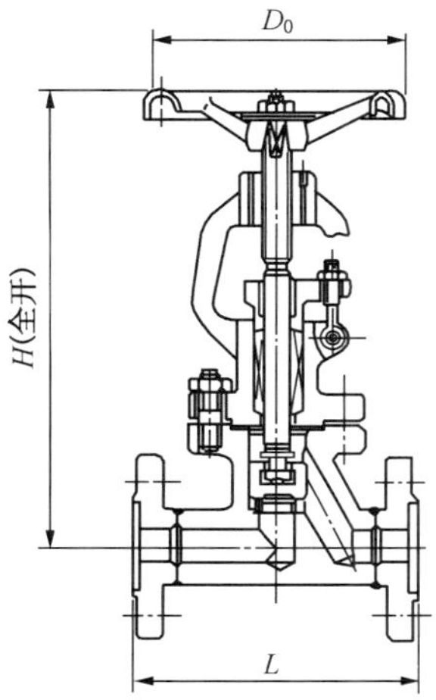

图 4-4-1　(DN≤50)

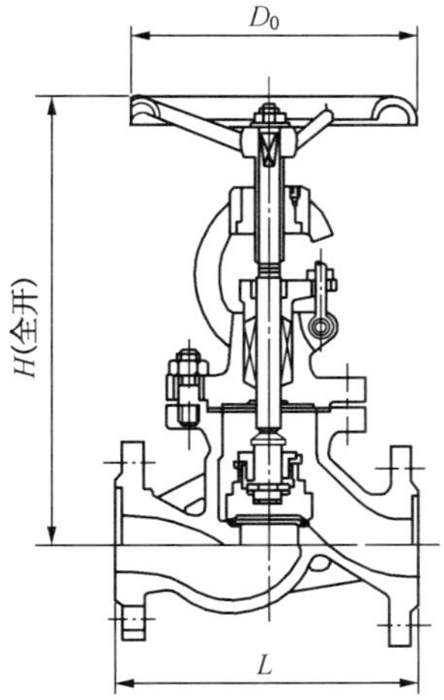

图 4-4-2　(DN>50)

续表

序号	名称	型号	公称通径 DN	结构尺寸/mm L	结构尺寸/mm H	结构尺寸/mm L_0	质量/kg	生产厂
5	法兰角式节流阀 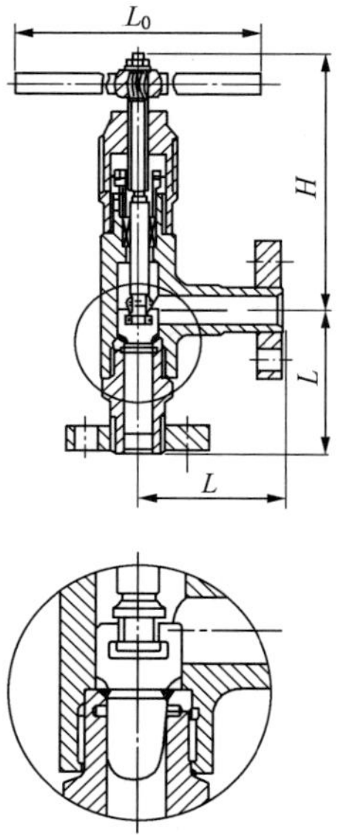 图 4-5	L44$\frac{H}{Y}$-160	3	60	81	110	1.4	伯特利 DN3~125 屯溪 DN3~80 开阀 DN3~100(H) 西高 DN15~50 自高 DN15~80(H) 良工 DN10~50(Y) 苏高 DN15~80(Y) 精工 DN6~125 广汉 DN15~80(H) 保一 DN10~80(Y)
			6	60	81	110	1.5	
			10	90	210	200	5	
			15	105	220	200	5	
			25	120	275	300	9.2	
			32	135	280	300	10.5	
			40	165	325	350	21	
			50	190	404	400	30	
			65	215	442	650	90	
			80	260	510	720	132	
			100	290	595	850	171	
			125	320	710	1000	317	
		L44$\frac{H}{Y}$-220	3	60	81	110	1.4	伯特利 DN3~125 精工 DN6~125(H)
			6	60	81	110	1.5	
			10	90	210	200	5	
			15	105	220	200	5	
			25	120	275	300	9.2	
			32	135	280	300	10.5	
			40	165	325	350	21	
			50	190	404	400	30	
			65	215	442	650	90	
			80	260	510	720	132	
			100	290	595	850	171	
			125	320	710	1000	317	
		L44$\frac{H}{Y}$-250	3	60	81	110	1.4	伯特利 DN3~125 精工 DN6~125(H)
			6	60	100	150	1.5	
			10	90	210	200	5.5	
			15	105	220	200	6	
			25	120	275	300	10.5	
			32	135	283	300	12	
			40	165	325	350	23	
			50	190	404	400	35	
			65	215	442	650	80	
			80	260	595	850	154	
			100	290	692	850	190	
			125	320	825	1000	320	

续表

序号	名称	型号	公称通径 DN	结构尺寸/mm			质量/kg	生产厂
				L	H	L_0		
5	法兰角式节流阀 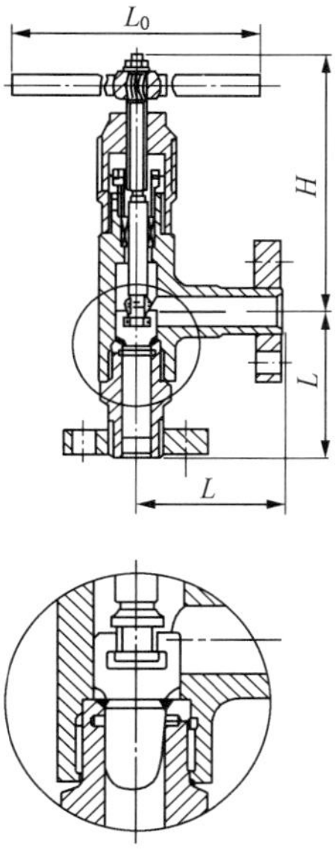 图 4-5	L44$\begin{smallmatrix}H\\Y\end{smallmatrix}$-320	3	60	81	110	1.4	伯特利 *DN*3~125 开阀 *DN*3~80(H) 西高、屯溪 *DN*3~80 自高 *DN*3~80(H) 北阀 *DN*6~50 精工 *DN*6~125 保一 *DN*10~80(Y) 承高 *DN*3、6(H)
			6	60	100	150	1.5	
			10	90	210	200	5.5	
			15	105	220	200	6	
			25	120	275	300	10.5	
			32	135	283	300	12	
			40	165	325	350	23	
			50	190	404	400	35	
			65	215	442	650	80	
			80	260	595	850	154	
			100	290	692	850	190	
			125	320	825	1000	320	
		KL44Y-160	10	90	148	180	6	屯溪 *DN*10~50
			15	105	162	200	10	
			25	120	212	300	17	
			32	135	224	300	25	
			40	165	278	500	32	
			50	190	305	650	40	
		KL44Y-320	10	90	148	180	6	屯溪 *DN*10~50
			15	105	148	200	10	
			25	120	190	300	17	
			32	135	198	300	25	
			40	165	240	500	32	
			50	190	260	650	45	
		GL44H-160	15	95	143	180	5	大高 *DN*15~50 良工、汉威 *DN*65~100
			25	105	188	300	9	
			32	115	194	300	10	
			40	165	240	500	20	
			50	165	260	650	28	
			65	215	490	710	90	
			80	260	600	810	150	
			100	290	685	850	190	

续表

序号	名称	型号	公称通径 DN	结构尺寸/mm *L*	结构尺寸/mm *H*	结构尺寸/mm L_0	质量/kg	生产厂
5	法兰角式节流阀 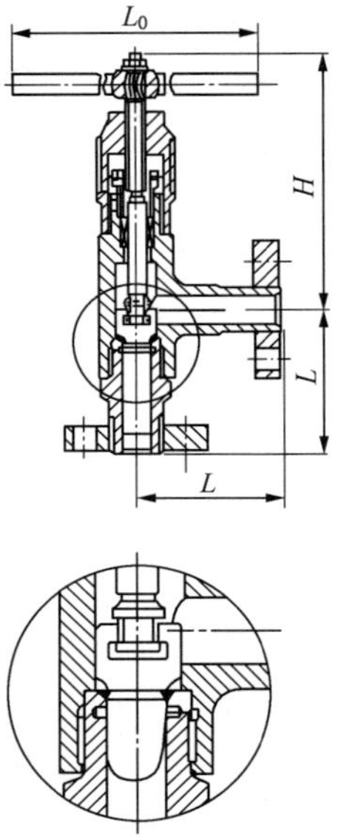 图 4-5	GL44H-320	3	60	70	120	2	大高 DN3~50 良工、汉威 DN65~100
			6	60	82	120	2	
			10	90	143	180	5	
			15	105	146	200	6	
			25	120	188	300	10	
			32	135	196	300	12	
			40	165	240	500	22	
			50	190	260	650	37	
			65	215	490	650	110	
			80	260	600	720	170	
			100	290	685	850	210	
		GL44Y-320	3	60	70	120	2	大高 DN3~15
			6	60	82	120	2	
			10	90	143	180	5	
			15	105	146	200	6	
		L44 W/Y-160P	3	60	81	110	1.4	伯特利 DN3~125 开阀 DN3~80(Y)
			6	60	81	110	1.5	
			10	90	210	200	5	
			15	105	220	200	5	
			25	120	275	300	9.2	
			32	135	280	300	10.5	
			40	165	325	350	21	
			50	190	404	400	30	
			65	215	442	650	90	
			80	260	510	720	132	
			100	290	595	850	171	
			125	320	710	1000	317	
		L44 W/Y-220P	3	60	81	110	1.4	伯特利 DN3~125(W) DN6~125(Y)
			6	60	81	110	1.5	
			10	90	210	200	5	
			15	105	220	200	5	
			25	120	275	300	9.2	
			32	135	280	300	10.5	
			40	165	325	350	21	
			50	190	404	400	30	
			65	215	442	650	90	
			80	260	510	720	132	
			100	290	595	850	171	
			125	320	710	1000	317	

续表

序号	名称	型号	公称通径 DN	结构尺寸/mm			质量/kg	生产厂
				L	H	L_0		
5	法兰角式节流阀 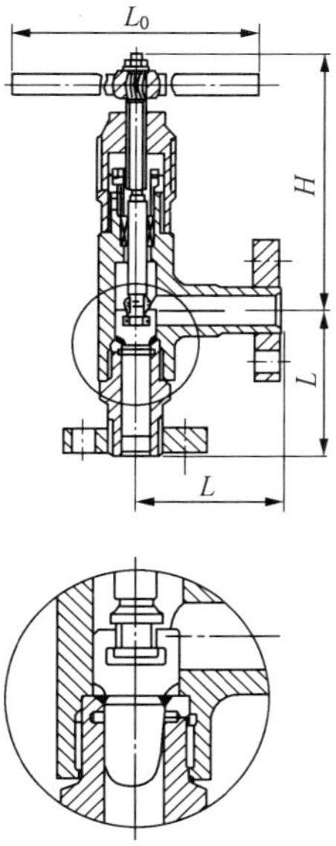 图 4-5	L44$_{Y}^{W}$-250P	3	60	81	110	1.4	伯特利 DN3~125(W) DN6~125(Y)
			6	60	100	150	1.5	
			10	90	210	200	5.5	
			15	105	220	200	6	
			25	120	275	300	10.5	
			32	135	283	300	12	
			40	165	325	350	23	
			50	190	404	400	35	
			65	215	442	650	80	
			80	260	595	850	154	
			100	290	692	850	190	
			125	320	825	1000	320	
		L44$_{Y}^{W}$-320P	3	60	81	110	1.4	伯特利 DN3~125(W) DN6~125(Y) 良工 DN6~80 良精 DN6~100(W) 开阀 DN3~80(Y)
			6	60	100	150	1.5	
			10	90	210	200	5.5	
			15	105	220	200	6	
			25	120	275	300	10.5	
			32	135	283	300	12	
			40	165	325	350	23	
			50	190	404	400	35	
			65	215	442	650	80	
			80	260	595	850	154	
			100	290	692	850	190	
			125	320	825	1000	320	
		L44$_{Y}^{W}$-160R	3	60	81	110	1.4	伯特利 DN3~125(W) DN6~125(Y) 开阀 DN 3~80(Y)
			6	60	81	110	1.5	
			10	90	210	200	5	
			15	105	220	200	5	
			25	120	275	300	9.2	
			32	135	280	300	10.5	
			40	165	325	350	21	
			50	190	404	400	30	
			65	215	442	650	90	
			80	260	510	720	132	
			100	290	595	850	171	
			125	320	710	1000	317	

续表

序号	名称	型号	公称通径 DN	结构尺寸/mm L	结构尺寸/mm H	结构尺寸/mm L_0	质量/kg	生产厂
5	法兰角式节流阀 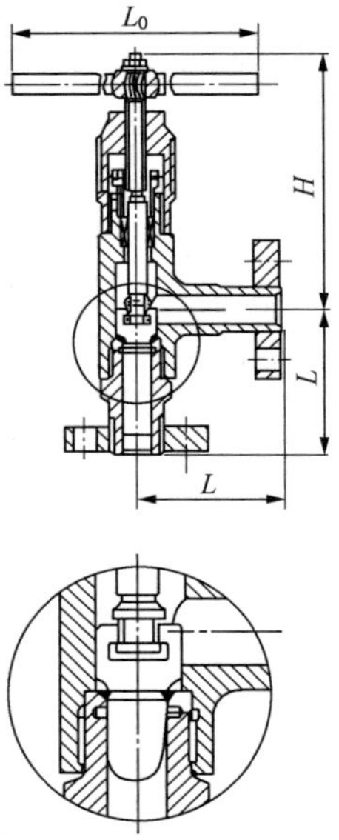 图 4-5	L44$_{Y}^{W}$-220R	3	60	81	110	1.4	伯特利 DN3~125(W) DN6~125(Y)
			6	60	81	110	1.5	
			10	90	210	200	5	
			15	105	220	200	5	
			25	120	275	300	9.2	
			32	135	280	300	10.5	
			40	165	325	350	21	
			50	190	404	400	30	
			65	215	442	650	90	
			80	260	510	720	132	
			100	290	595	850	171	
			125	320	710	1000	317	
		L44$_{Y}^{W}$-250R	3	60	81	110	1.4	伯特利 DN3~125(W) DN6~125(Y)
			6	60	100	150	1.5	
			10	90	210	200	5.5	
			15	105	220	200	6	
			25	120	275	300	10.5	
			32	135	283	300	12	
			40	165	325	350	23	
			50	190	404	400	35	
			65	215	442	650	80	
			80	260	595	850	154	
			100	290	692	850	190	
			125	320	825	1000	320	
		L44$_{Y}^{W}$-320R	3	60	81	110	1.4	伯特利 DN3~125(W) DN6~125(Y) 良工 DN6~80 良精 DN6~100(W) 开阀 DN 3~80(Y)
			6	60	100	150	1.5	
			10	90	210	200	5.5	
			15	105	220	200	6	
			25	120	275	300	10.5	
			32	135	283	300	12	
			40	165	325	350	23	
			50	190	404	400	35	
			65	215	442	650	80	
			80	260	595	850	154	
			100	290	692	850	190	
			125	320	825	1000	320	

序号	名称	型号	公称通径 DN	结构尺寸/mm L	H	H_1	D_0	质量/kg	生产厂
5	抗氢角式节流阀 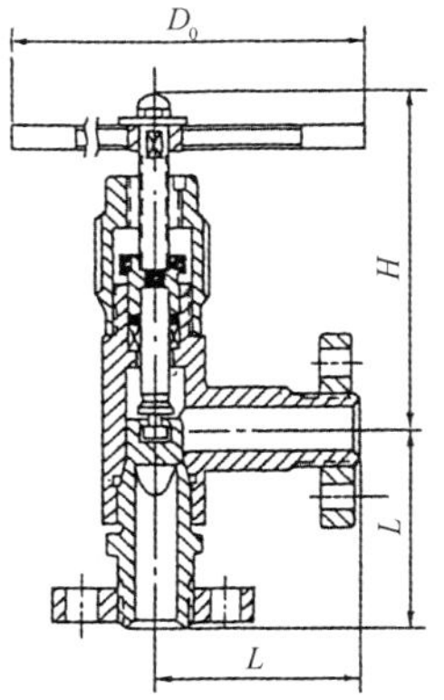 图 4-5	L44Y-320Nb	6	60	176		200	8	承高 DN6~125
			10	90	183		200	10	
			15	105	343		280	12	
			25	120	343		280	16	
			32	135	438		400	20	
			40	165	539		450	51	
			50	190	690		390	78	
			65	215	770		390	86	
			80	260	835		390	165	
			100	290	884		390	390	
			125	320	1074		500	480	
6	蜗轮传动角式节流阀 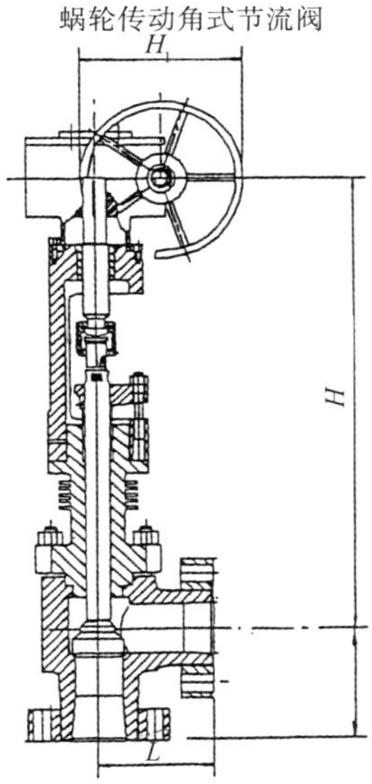 图 4-6	L344Y-160C L344W-220R	40	165	290	251		140	承高 DN40~300
			50	190	330	251		163	
			65	215	400	251		215	
			80	260	510	251		360	
			100	290	600	251		585	
			125	320	680	251		660	
			150	320	720	425		920	
			175	420	920	425		1130	
			200	455	920	425		1250	
			225	455	920	425			
			250	500	920	425			
			275	550	1035	456			
			300	600	1035	456			
		L344Y-320C L344W-320R	40	165	280	251		141	承高 DN40~300
			50	190	320	251		168	
			65	215	400	251		222	
			80	260	540	251		380	
			100	290	650	251		615	
			125	320	720	425		730	
			150	320	920	425		1290	
			175	420	920	425		1350	
			200	455	1035	425		1400	
			225	500	1035	456			
			250	550	1035	456			
			275	600	1055	456			
			300	650	1055	456			

续表

序号	名称	型号	公称通径 DN	结构尺寸/mm L	H	H_1	D_0	质量/kg	生产厂
7	抗氢钢蜗轮传动节流阀 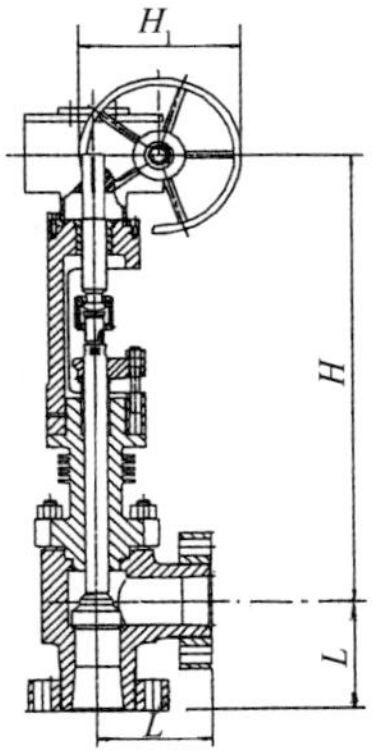 图 4-6	L344Y-320Nb	80	260	540	251		380	承高 DN80~300
			100	290	650	251		615	
			125	320	720	425		730	
			150	390	920	425		1290	
			175	420	920	425		1350	
			200	455	1035	425		1400	
			225	500	1035	456			
			250	550	1035	456			
			275	600	1035	456			
			300	650	1035	585			
8	直通式平衡节流阀 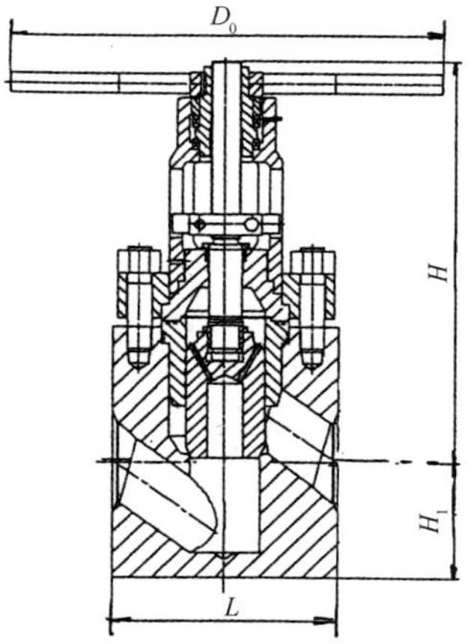 图 4-6-1(46)	L46Y-160C L46W-220R	65	200	485	100	440	120	承高 DN65~300
			80	225	542	133	450	170	
			100	260	652	150	600	210	
			125	380	782	187	800	470	
			150	400	777	215	800	520	
			175	450	1010	265	800	1000	
			200	500	1010	280	1000	1250	
			225	550	1047	300	1000	1480	
			250	600	1047	325	1000	1750	
			275	650	1047	350	1000		
			300	700	1047	375	1100		
	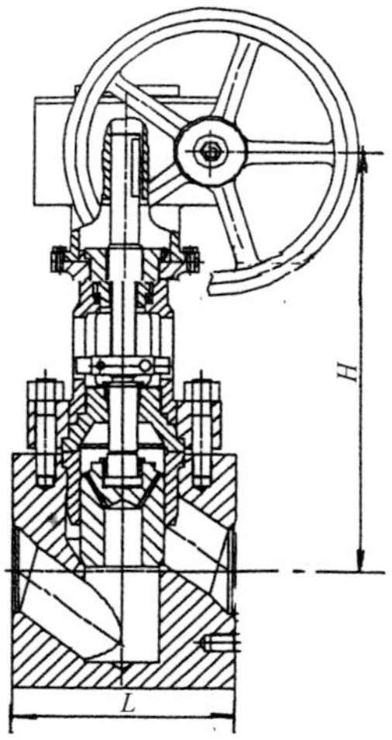 图 4-6-2(346)	L46W-320R L46Y-320C	50	200	428	92	400		承高 DN50~300
			65	225	540	133	450	130	
			80	260	642	140	600	180	
			100	320	705	165	700	230	
			125	330	720	165	550	490	
			150	400	790	200	650	567	
			175	500	1010	250	800	1250	
			200	520	1045	275	1000	1340	
			225	650	1160	330	1000	2490	
			250	700	1175	370	1000	2900	
			275	750		410	1100		
			300	800		450	1100		

序号	名称	型号	公称通径 DN	结构尺寸/mm		质量/kg			生产厂
				L	H	346	446	546	
8	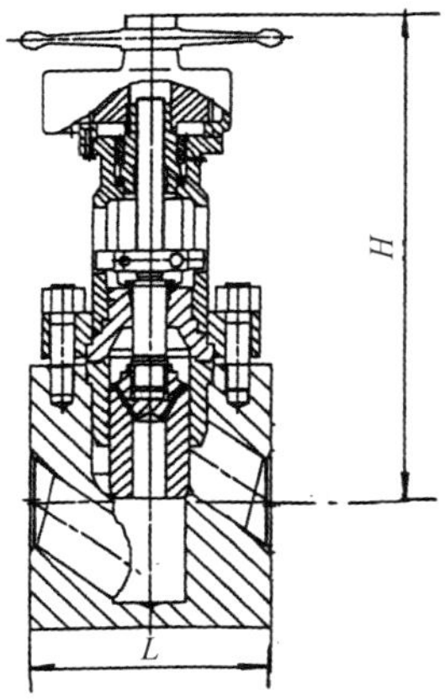 图 4-6-3(446) 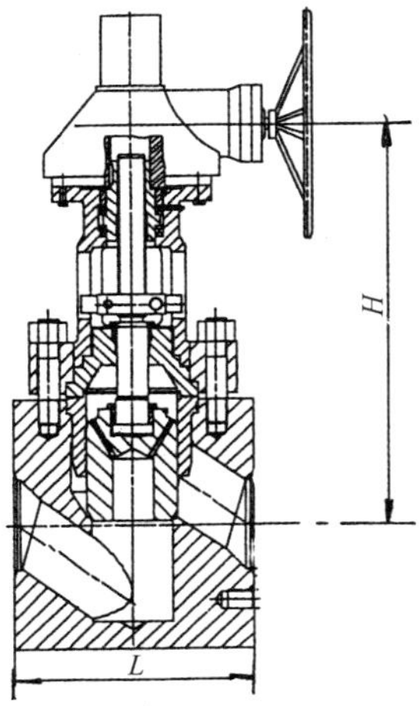 图 4-6-4(546)	L346Y-160C L446Y-160C L546Y-160C	175	450	935	1230	1130	1230	承高 DN175~300
			200	500	960	1480	1380	1480	
			225	550	1076	1710	1610	1710	
			250	600	1180	1980	1880	1980	
			275	650	1290	2380	2280	2380	
			300	700	1410	2430	2330	2430	
		L346W-220R L446W-220R L546W-220R	175	450	935	1230	1130	1230	承高 DN175~300
			200	500	960	1480	1380	1480	
			225	550	1076	1710	1610	1710	
			250	600	1180	1980	1880	1980	
			275	650	1290	2380	2280	2380	
			300	700	1410	2430	2330	2430	
		L346Y-320C L446Y-320C L546Y-320C	175	500	935	1480	1380	1480	承高 DN175~300
			200	520	960	1570	1470	1570	
			225	650	1076	2760	2660	2760	
			250	700	1180	3130	3030	3130	
			275	750	1290	3540	3430	3540	
			300	800	1410	4050	3930	4050	
		L346W-320R L446W-320R L546W-320R	175	500	935	1480	1380	1480	承高 DN175~300
			200	520	960	1570	1470	1570	
			225	650	1076	2760	2660	2760	
			250	700	1180	3130	3030	3130	
			275	750	1290	3540	3430	3540	
			300	800	1410	4050	3930	4050	

续表

序号	名称	型号	公称通径 DN	结构尺寸/mm L	H	H_1	D_0	质量/kg	生产厂
9	角式平衡节流阀(方体) 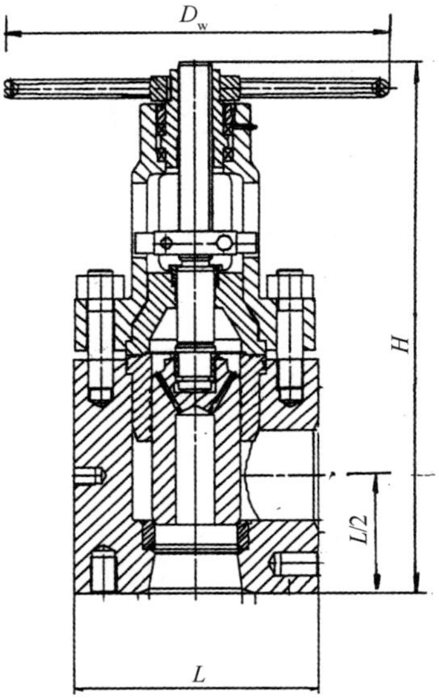 图 4-7-1(L47)	L47Y-160C L47W-220R	50	165	394		400	121	承高 DN50~300 良精、良工 DN65~150(Y) 开阀 DN100~200(Y)
			65	200	410		400	156	
			80	225	500		450	213	
			100	300	642		700	336	
			125	380	724		800	598	
			150	400	723		800	724	
			175	450	938		800	860	
			200	450	936		800	860	
			225	500	965		1000	1180	
			250	520	981		1000	1320	
			275	650	990		1000	1520	
			300	700	990		1000	1720	
		L47Y-320C L47W-320R	50	200	410		400	198	承高 DN50~300 良精、良工 DN65~125(Y) 开阀 DN100~200(Y)
			65	225	500		450	233	
			80	260	602		600	290	
			100	320	650		700	381	
			125	400	723		800	598	
			150	450	815		800	724	
			175	450	938		800	860	
			200	500	961		1000	1180	
			225	560	1060		1000	1650	
			250	600	1060		1000	2100	
			275	650	1060		1000	2300	
			300	700	1060		1000	2500	

续表

序号	名称	型号	公称通径 DN	结构尺寸/mm				质量/kg			生产厂
				L	H_3	H_4	H_5	347	447	547	
9	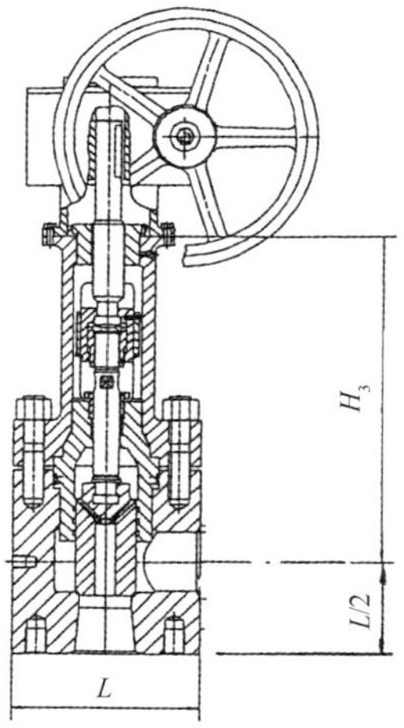 图 4-7-2(L347)	L347Y-160C L447Y-160C L547Y-160C L347W-220R L447W-220R L547W-220R	50	165	520	—	—	244	—	—	承高 DN50~300
			65	200	520	—	—	279	—	—	
			80	225	570	—	—	336	—	—	
			100	300	738	—	—	498	—	—	
			125	380	865	—	—	680	—	—	
			150	400	925	—	—	790	—	—	
			175	450	1014	1135	1135	990	990	1090	
			200	450	1015	1160	1160	1310	1310	1410	
			225	500	1038	1280	1280	1780	1780	1880	
			250	520	1038	1172	1280	2230	2230	2330	
			275	650							
			300	700							
	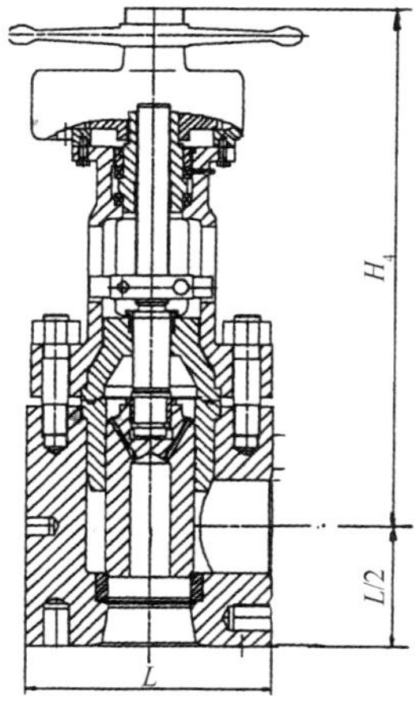 图 4-7-3(L447)	L347Y-320C L447Y-320C L547Y-320C	50	200	520	—	—	167	—	—	承高 DN50~300
			65	225	520	—	—	233	—	—	
			80	260	570	—	—	280	—	—	
			100	320	738	—	—	447	—	—	
			125	400	865	—	—	702	—	—	
			150	450	925	—	—	733	—	—	
			175	450	1014	935	935	990	880	1090	
			200	500	1015	960	960	990	990	1090	
			225	560	1038	1076	1076	1310	1310	1410	
			250	600	1038	1180	1180	1450	1450	1550	
			275	650							
			300	700							
	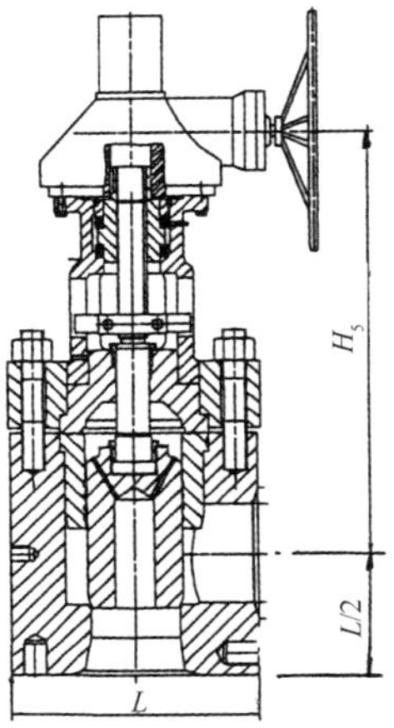 图 4-7-4(L547)	L347W-320R L447W-320R L547W-320R	50	200	520	—	—	244	—	—	承高 DN50~300
			65	225	520	—	—	279	—	—	
			80	260	570	—	—	336	—	—	
			100	320	738	—	—	498	—	—	
			125	400	865	—	—	680	—	—	
			150	450	925	—	—	790	—	—	
			175	450	1014	1135	1135	990	990	1090	
			200	500	1015	1160	1160	1310	1310	1410	
			225	560	1038	1280	1280	1780	1780	1880	
			250	600	1038	1172	1280	2230	2230	2330	
			275	650							
			300	700							

续表

序号	名称	型号	公称通径 DN	结构尺寸/mm L	H	H_1	D_0	质量/kg	生产厂
10	角式平衡节流阀(法兰连接) 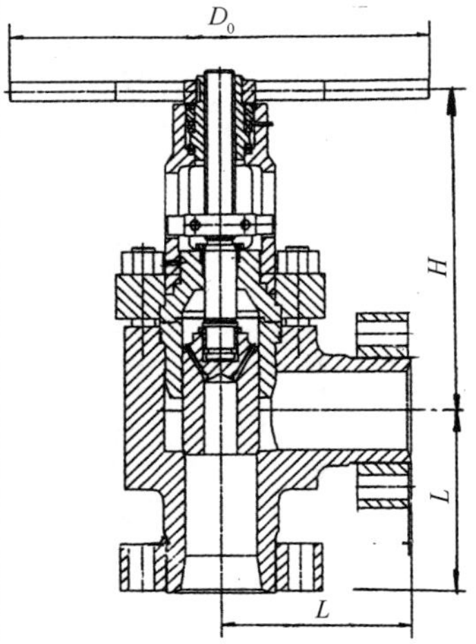 图 4-8-1(L47) 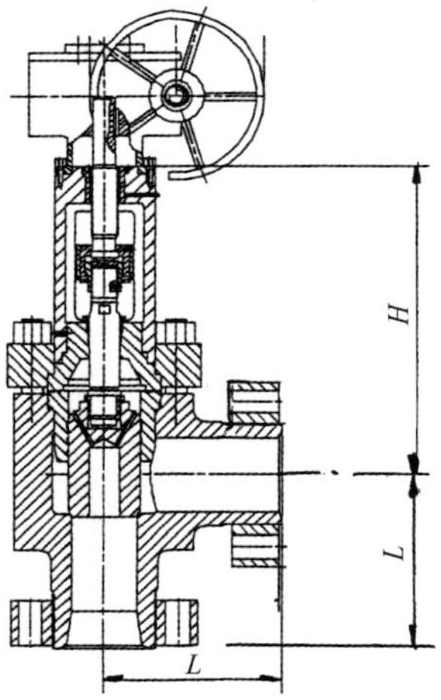 图 4-8-2(L347)	L47Y-160C L47W-220R	40	165	352		280	73	承高 DN40~200
			50	190	396		350	86	
			65	215	485		440	125	
			80	260	500		450	171	
			100	290	607		600	210	
			125	320	638		700	490	
			150	390	702		800	567	
			175	420	910		800	660	
			200	455	918		800	681	
		L47Y-320C L47W-320R	40	165	352		280	80	承高 DN40~200
			50	190	396		350	96	
			65	215	560		450	125	
			80	260	607		600	171	
			100	290	630		700	210	
			125	320	703		800	490	
			150	390	765		800	567	
			175	420	1065		800	710	
			200	455	918		1000	727	
		L347Y-160C L347W-220R	40	165	320			185	承高 DN40~250
			50	190	352			218	
			65	215	435			270	
			80	260	435			300	
			100	290	520			336	
			125	320	585			598	
			150	390	670			700	
			175	420	978			810	
			200	455	1015			840	
			225	455	—			—	
			250	500	—			—	
		L347Y-320C L347W-320R	40	165	320			191	承高 DN40~250
			50	190	352			242	
			65	215	435			300	
			80	260	435			350	
			100	290	520			381	
			125	320	585			700	
			150	390	670			760	
			175	420	978			840	
			200	455	1015			952	
			225	500	1128			1180	
			250	550	1128			1520	

续表

序号	名称	型号	公称通径 DN	结构尺寸/mm L	H	L_0	质量/kg	生产厂
11	承插焊节流阀 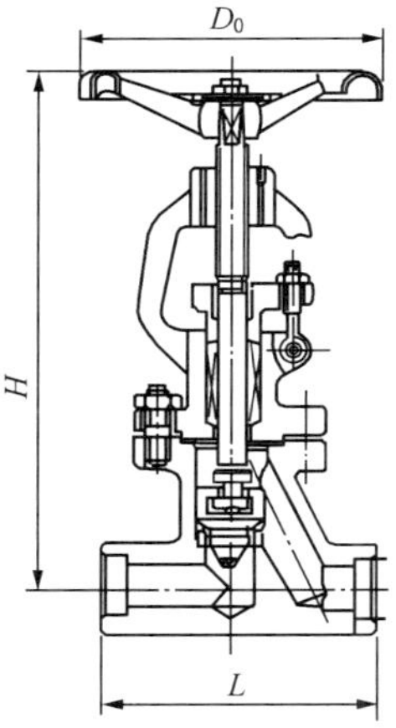 图 4-9	L61$\genfrac{}{}{0pt}{}{H}{Y}$-25	10	100	220	120	3.2	伯特利 DN10~50
			15	110	230	120	3.3	
			20	130	275	140	4.8	
			25	140	295	160	6	
			32	160	302	160	7	
			40	180	355	160	12	
			50	200	355	180	18	
		L61$\genfrac{}{}{0pt}{}{H}{Y}$-40	10	100	220	120	3.2	伯特利 DN10~50
			15	110	230	120	3.3	
			20	130	275	140	4.8	
			25	140	295	160	6	
			32	160	302	160	7	
			40	180	355	160	12	
			50	200	355	200	18	
		L61$\genfrac{}{}{0pt}{}{H}{Y}$-64	10	100	220	120	3.2	伯特利 DN10~50
			15	110	230	120	3.3	
			20	130	275	140	4.8	
			25	140	295	160	6	
			32	160	302	160	8	
			40	180	355	160	14	
			50	200	355	200	20	
		L61$\genfrac{}{}{0pt}{}{H}{Y}$-100	10	100	220	120	3.2	伯特利 DN10~50
			15	110	230	120	3.3	
			20	130	275	140	4.8	
			25	140	295	160	6	
			32	160	302	160	8	
			40	180	355	160	14	
			50	200	355	200	20	

序号	名　称	型　号	公称通径 DN	结构尺寸/mm			质量/kg	生　产　厂
				L	*H*	L_0		
11	承插焊节流阀 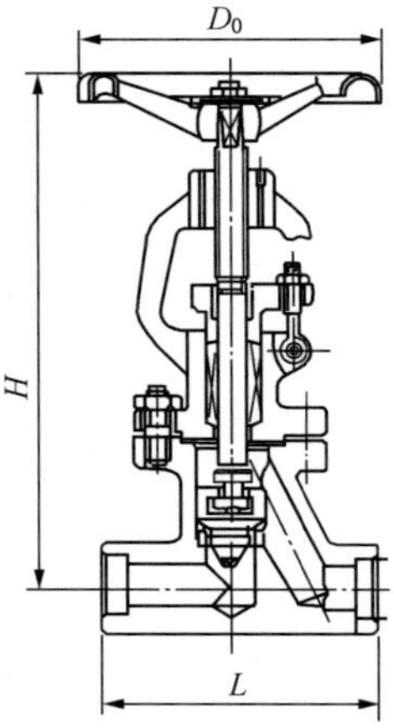 图 4-9	L61 $^{H}_{Y}$-160	10	100	220	120	5	伯特利 *DN*10~15
			15	110	230	120	6	
			20	130	275	140	8	
			25	140	295	160	10	
		L61Y-25I L61Y-40I	10	100	220	120	3. 2	伯特利 *DN*10~50
			15	110	230	120	3. 3	
			20	130	275	140	4. 8	
			25	140	295	160	6	
			32	160	302	160	7	
			40	180	355	160	12	
			50	200	355	180	18	
		L61Y-64I	10	100	220	120	3. 2	伯特利 *DN*10~50
			15	110	230	120	3. 3	
			20	130	275	140	4. 8	
			25	140	295	160	6	
			32	160	302	160	8	
			40	180	355	160	14	
			50	200	355	200	20	
		L61Y-100I	10	100	220	120	3. 2	伯特利 *DN*10~50
			15	110	230	120	3. 3	
			20	130	275	140	4. 8	
			25	140	295	160	6	
			32	160	302	160	8	
			40	180	355	160	14	
			50	200	355	200	20	
		L61Y-160I	10	100	220	120	5	伯特利 *DN*10~25
			15	110	230	120	6	
			20	130	275	140	8	
			25	140	295	160	10	

续表

序号	名称	型号	公称通径 DN	结构尺寸/mm			质量/kg	生产厂
				L	H	L_0		
11	承插焊节流阀 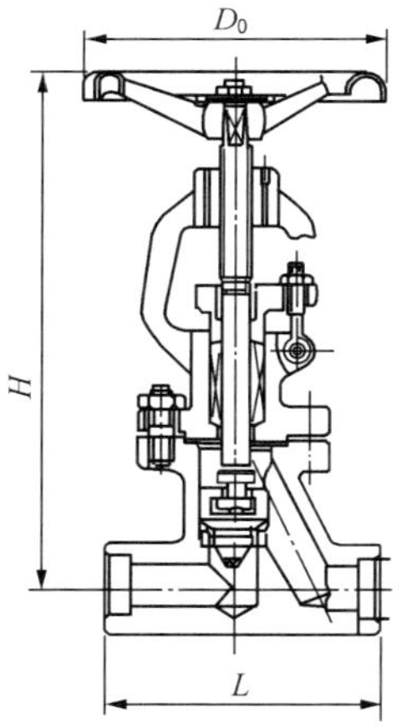 图 4-9	L61W-25 $^{P}_{R}$	10	100	220	120	3. 2	伯特利 DN10~50
			15	110	230	120	3. 3	
			20	130	275	140	4. 8	
			25	140	295	160	6	
			32	160	302	160	7	
			40	180	355	160	12	
			50	200	355	180	18	
		L61W-40 $^{P}_{R}$	10	100	220	120	3. 2	伯特利 DN10~50
			15	110	230	120	3. 3	
			20	130	275	140	4. 8	
			25	140	295	160	6	
			32	160	302	160	7	
			40	180	355	160	12	
			50	200	355	200	18	
		L61W-64 $^{P}_{R}$	10	100	220	120	3. 2	伯特利 DN10~50
			15	110	230	120	3. 3	
			20	130	275	140	4. 8	
			25	140	295	160	6	
			32	160	302	160	8	
			40	180	355	160	14	
			50	200	355	200	20	
		L61W-100 $^{P}_{R}$	10	100	220	120	3. 2	伯特利 DN10~50
			15	110	230	120	3. 3	
			20	130	275	140	4. 8	
			25	140	295	160	6	
			32	160	302	160	8	
			40	180	355	160	14	
			50	200	355	200	20	
		L61W-160 $^{P}_{R}$	10	100	220	120	5	伯特利 DN10~25
			15	110	230	120	6	
			20	130	275	140	8	
			25	140	295	160	10	

续表

序号	名称	型号	公称通径 DN	结构尺寸/mm L	H	H_1	D_0	质量/kg	生产厂
12	手动、正齿轮、伞齿轮传动直通式对焊平衡节流阀	L66Y-160C L66W-220R	50	368	485		350	125	承高 DN50~250
	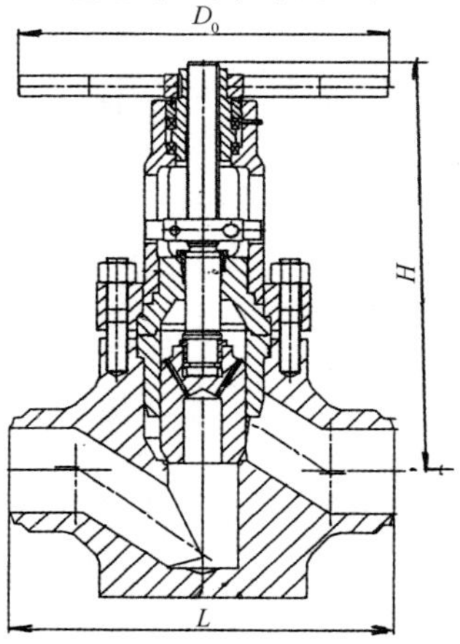		65	419	500		440	171	
	图 4-10-1(L66)		80	470	607		450	210	
			100	546	638		600	490	
			125	673	702		700	567	
			150	705	910		800	727	
			175	780	1010		800	1040	
			200	832	1010		1000	1300	
			225	900	1047		1000	1540	
			250	991	1047		1000	1840	
	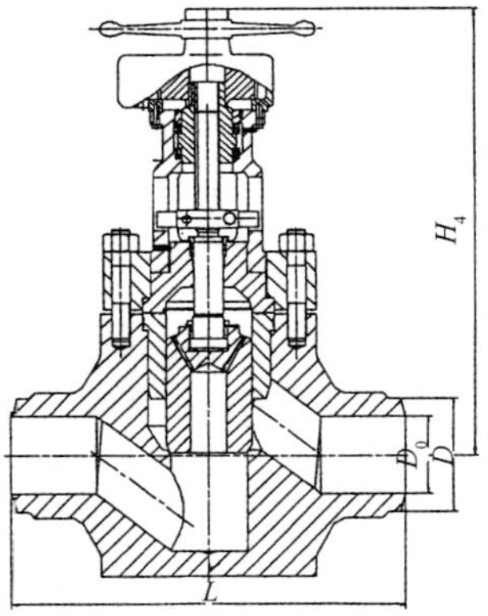	L66Y-320C L66W-320R	50	368	485		350	125	承高 DN50~250
	图 4-10-2(L466)		65	419	500		440	171	
			80	470	607		450	210	
			100	546	638		600	490	
			125	673	702		700	567	
			150	705	910		800	727	
			175	780	1010		800	1300	
			200	832	1045		1000	1420	
			225	1100	1160		1000	2650	
			250	1270	1175		1000	3140	

序号	名称	型号	公称通径 DN	结构尺寸/mm L	H	H_1	质量/kg L466	L566	生产厂
12	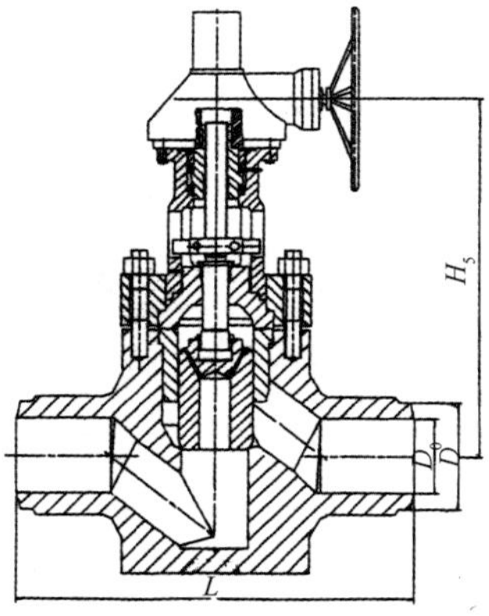	L466Y-160C L566W-220R	175	780	1235		1170	1270	承高 DN175~300
	图 4-10-3(L566)		200	832	1235		1430	1530	
			225	900	1362		1670	1770	
			250	991	1362		1970	2070	
			275	1130					
			300	1130					
		L466Y-320C L566W-320R	175	780	1235		1430	1530	承高 DN175~300
			200	832	1260		1550	1650	
			225	1100	1476		2780	2880	
			250	1270	1492		3270	3370	
			275	1422					
			300	1422					

续表

序号	名称	型号	公称通径 DN	L	H	H_1	D_0	质量/kg	生产厂
13	角式对焊平衡节流阀 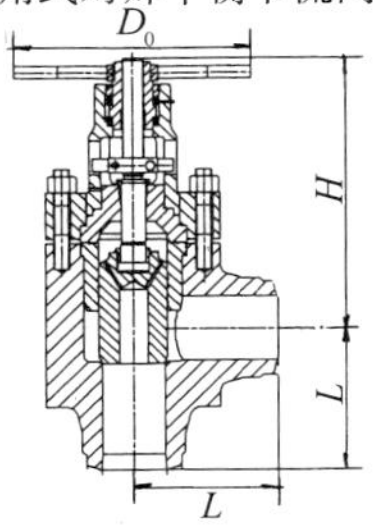 图 4-11-1(L67)	L67Y-160C L67W-220R	175	350	908		800	890	承高 DN175~250
			200	368	918		1000	900	
			225	455	918		1000	1250	
			250	500	980		1000	1420	
		L67Y-320C L67W-320R	175	368	908		800	920	承高 DN175~250
			200	416	918		1000	1260	
			225	500	1060		1000	1800	
			250	500	1078		1000	2270	
	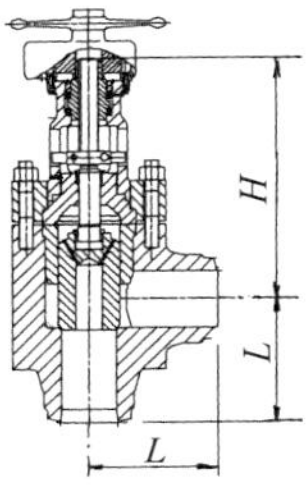 图 4-11-2(L467)	L467Y-160C L467W-220R	175	350	1130			1020	承高 DN175~250
			200	368	1142			1030	
			225	455	1142			1380	
			250	500	1226			1550	
		L467Y-320C L467W-320R	175	368	1130			1050	承高 DN175~250
			200	416	1142			1390	
			225	500	1308			1930	
			250	500	1348			2400	
	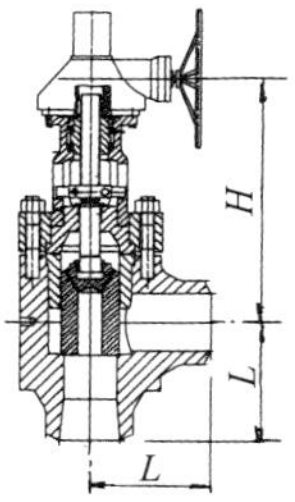 图 4-11-3(L567)	L567Y-160C L567W-220R	175	350	1130			1120	承高 DN175~250
			200	368	1142			1130	
			225	455	1142			1480	
			250	500	1226			1650	
		L567Y-320C L567W-320R	175	368	1130			1150	承高 DN175~250
			200	416	1142			1490	
			225	500	1308			2030	
			250	500	1348			2500	
14	电动角式节流阀 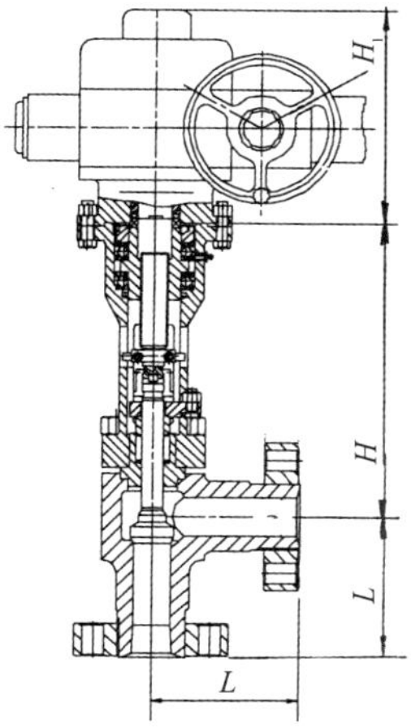 图 4-12	L944Y-160C L944W-220R	25	120	290	251		50	承高 DN40~300 良工 DN25~50 汉威 DN25~50
			32	135	290	251		70	
			40	165	290	251		140	
			50	190	330	251		163	
			65	215	400	251		215	
			80	260	510	251		360	
			100	290	600	251		585	
			125	320	680	251		660	
			150	320	720	425		920	
			175	420	920	425		1130	
			200	455	920	425		1250	
			225	455	920	425			
			250	500	920	425			
			275	550	1035	456			
			300	600	1035	456			

续表

序号	名称	型号	公称通径 DN	结构尺寸/mm L	H	H_1	D_0	质量/kg	生产厂
14	电动角式节流阀 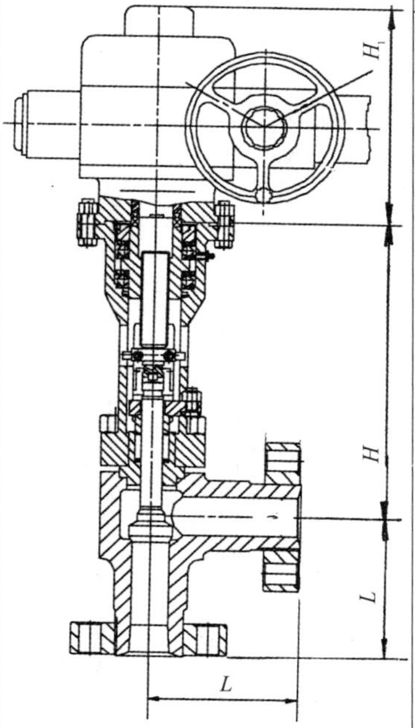 图 4-12	GL994H-160	65	215	400	251		180	良工、汉威 DN65~100
			80	260	510	251		230	
			100	290	600	251		350	
		L944Y-320C L944W-320R	25	120	290	251		50	承高 DN40~306 良工 DN25~50 汉威 DN25~50
			32	135	290	251		70	
			40	165	290	251		90	
			50	190	330	251		141	
			65	215	400	251		168	
			80	260	540	251		222	
			100	290	650	251		380	
			125	320	720	425		615	
			150	320	920	425		730	
			175	420	920	425		1290	
			200	455	1035	425		1350	
			225	500	1035	456		1400	
			250	550	1035	456			
			275	600	1055	456			
			300	650	1055	585			
		GL994H-320	65	215	400	251		190	良工、汉威 DN65~100
			80	260	510	251		250	
			100	290	600	251		380	

序号	名称	型号	公称通径 DN	结构尺寸/mm L	H	H_1	h_1/h_2	质量/kg	生产厂
15	抗氢钢电动角式节流阀 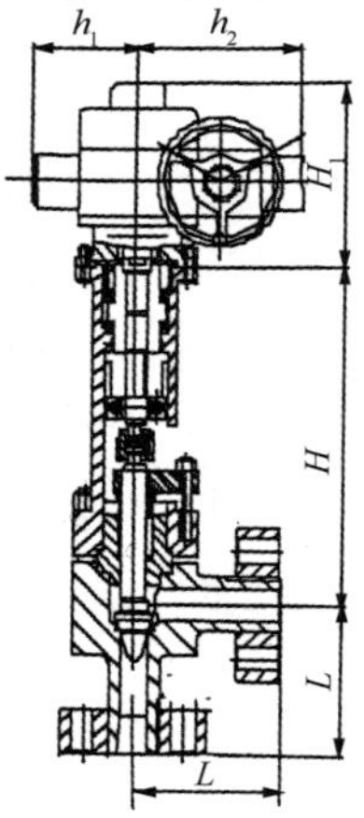 图 4-13	L944Y-320Nb	80	260	540	251	363/197	410	承高 DN80~300
			100	290	650	251	363/197	470	
			125	320	720	425	437/277	580	
			150	390	920	425	437/277	710	
			175	420	920	425	437/277	1050	
			200	455	1035	425	437/277	1190	
			225	500	1035	456	526/283		
			250	550	1035	456	526/283		
			275	600	1035	456	526/283		
			300	650	1035	585	554/309		

序号	名　称	型　号	公称通径 DN	结构尺寸/mm L	H	H_1	D_0	质量/kg	生产厂
16	电动直通式平衡节流阀(方体) 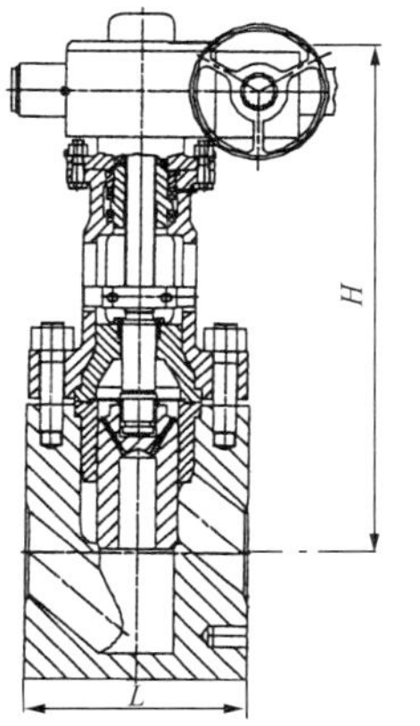 图 4-14	L946Y-160C L946W-220R	175	450	935			1230	承高 DN175～300
			200	500	960			1480	
			225	550	1076			1710	
			250	600	1180			1980	
			275	650	1290			2380	
			300	700	1410			2430	
		L946Y-320C L946W-320R	175	500	935			1480	承高 DN175～300
			200	520	960			1570	
			225	650	1076			2760	
			250	700	1180			3130	
			275	750	1290			3540	
			300	800	1410			4050	
17	电动角式平衡节流阀(方体) 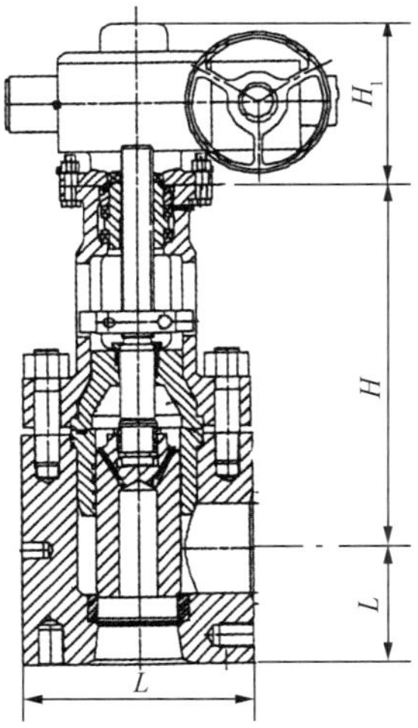 图 4-15	L947Y-160C L947W-220R	50	165	370	251		167	承高 DN50～300 良工、汉威 DN65～125(Y)
			65	200	528	251		233	
			80	225	690	251		280	
			100	300	525	251		447	
			125	380	494	425		702	
			150	400	667	425		733	
			175	450	1130	425		1090	
			200	450	960	425		1090	
			225	500	1076	456		1410	
			250	520	1180	456		1550	
			275	650					
			300	700					
		L947Y-320C L947W-320R	50	200	352	251		244	承高 DN50～300 良工、汉威 DN65～125(Y)
			65	225	435	251		279	
			80	260	439	251		336	
			100	320	525	251		498	
			125	400	494	425		805	
			150	450	667	425		1051	
			175	450	770	425		1090	
			200	500	1160	425		1410	
			225	560	1280	456		1880	
			250	600	1280	456		2330	
			275	650					
			300	700					

序号	名称	型号	公称通径 DN	结构尺寸/mm				质量/kg	生产厂
				L	H	H_1	D_0		
18	电动角式平衡节流阀(法兰连接) 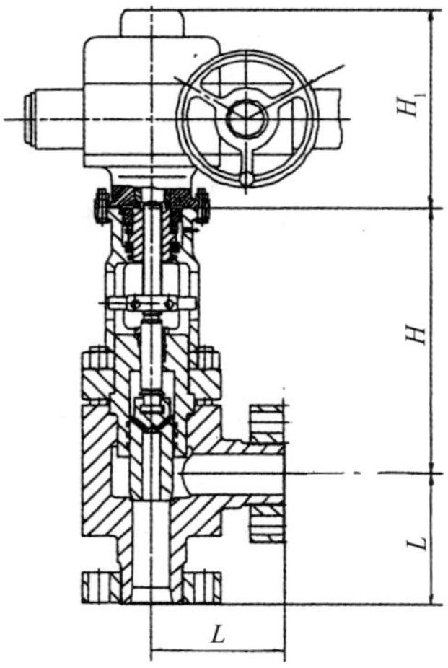 图 4-16	L947Y-160C L947W-220R	40	165	320	251		185	承高 DN40~250 良工 DN65~125(Y) 汉威 DN65~125(Y)
			50	190	352	251		218	
			65	215	435	251		270	
			80	260	435	251		300	
			100	290	520	425		336	
			125	320	585	425		598	
			150	390	670	425		700	
			175	420	978	425		810	
			200	455	1015	425		840	
			225	455	1128	456			
			250	500	1128	456			
		L947Y-320C L947W-320R	40	165	320	251		191	承高 DN40~250 良工 DN65~125(Y) 汉威 DN65~125(Y)
			50	190	352	251		242	
			65	215	435	251		300	
			80	260	435	251		350	
			100	290	520	251		381	
			125	320	585	425		700	
			150	390	670	425		760	
			175	420	978	425		840	
			200	455	1015	425		952	
			225	500	1128	456		1180	
			250	550	1128	456		1520	
19	电动直通式对焊平衡阀 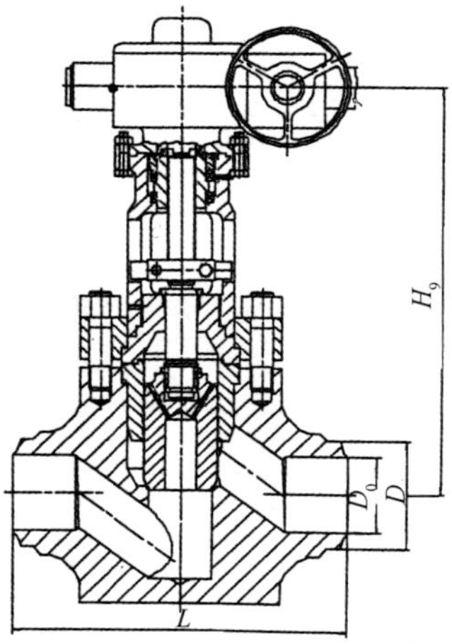 图 4-17	966Y-160C 966W-220R	175	780	1235			1270	承高 DN175~300
			200	832	1235			1530	
			225	900	1362			1770	
			250	991	1362			2070	
			275	1130					
			300	1130					
		966Y-320C 966W-320R	175	780	1235			1530	承高 DN175~300
			200	832	1260			1650	
			225	1100	1476			2880	
			250	1270	1492			3370	
			275	1422					
			300	1422					

续表

序号	名称	型号	公称通径 DN	结构尺寸/mm L	H	H_1	D_0	质量/kg	生产厂
20	电动角式对焊平衡阀 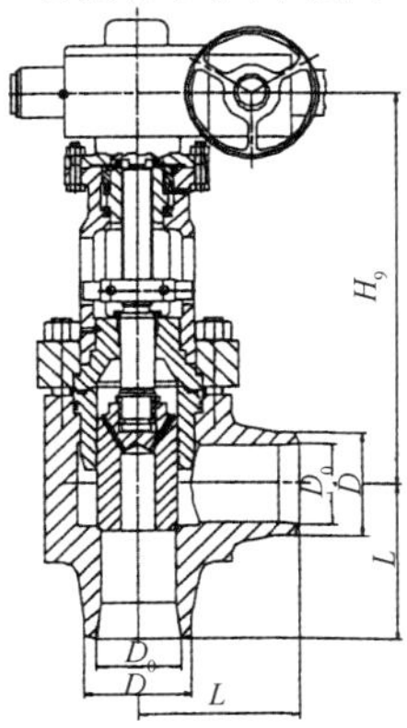 图 4-17	967Y-160C 967W-220R	175	350	1130			1120	承高 DN175~250
			200	368	1142			1130	
			225	455	1142			1480	
			250	500	1226			1650	
		967Y-320C 967W-320R	175	368	1130			1150	承高 DN175~250
			200	416	1142			1490	
			225	500	1308			2030	
			250	500	1348			2500	

第五节　安　全　阀

一、安全阀使用范围

序号	名　称	型　号	阀体材质	使用温度/℃	适用介质	公称通径 DN	页次
1	外螺纹弹簧微启式安全阀	A21F-16	灰铸铁	-40~80	煤气、油品	15~25	299
		A21H-16C	碳　钢	≤200	水、空气、油品	15~25	299
		A21H-25	2Cr13	≤200	氨、液氨	15~25	299
		A21H-40	2Cr13	≤200	氨、液氨	15~25	299
		A21H-64	2Cr13	≤200	水、空气、氨	15	299
		A21W-16P	1Cr18Ni9Ti	≤200	硝酸类	15~25	299
		A21W-40P	1Cr18Ni9Ti	≤200	硝酸类	15~25	299
2	弹簧微启封闭式安全阀	CA41H-16C	碳　钢	≤300	水、空气、油品	25~100	299
		A41H-25	碳　钢	≤300	水、空气、油品	25~100	299
		A41H-40	碳　钢	≤300	水、空气、油品	25~100	299
		A41Y-16P	1Cr18Ni9Ti	≤200	硝酸类	32~100	300
		A41Y-25P	1Cr18Ni9Ti	≤200	硝酸类	32~100	300
		A41Y-40P	1Cr18Ni9Ti	≤200	硝酸类	32~80	300
3	弹簧微启封闭式高压安全阀	SA41Y-160	碳　钢	≤150	空气、氢气、油品	15、32	300
		SA41Y-320	碳　钢	≤150	空气、氢气、油品	15、32	300
		A41H-160	碳　钢	≤150	空气、氢气、油品	15~32	300
		A41H-320	碳　钢	≤150	空气、氢气、油品	10、15、32	300

续表

序号	名　称	型　号	阀体材质	使用温度/℃	适用介质	公称通径 *DN*	页次
4	外螺纹抗硫弹簧微启式安全阀	KA21Y-16C	碳　钢	-30~60	酸性天然气	25	300
		KA21Y-25	碳　钢	-30~60	酸性天然气	20、25	300
		KA21Y-64	碳　钢	-30~60	酸性天然气	20	300
5	抗硫弹簧微启封闭式安全阀	KA41Y-16C	碳　钢	≤130	酸性天然气	50	300
		KA41Y-40	碳　钢	≤130	酸性天然气	50	300
		KA41Y-64	碳　钢	≤130	酸性天然气	50	300
		KA41Y-100	碳　钢	≤130	酸性天然气	50、100	300
		KA41Y-160	碳　钢	≤130	酸性天然气	15、32	300
		KA41Y-320	碳　钢	≤130	酸性天然气	15	300
6	弹簧全启封闭式安全阀	CA42Y-16C	碳　钢	≤300	油品、空气	32~200	301
		C42F-16C	碳　钢	-40~80	液化石油气	40~100	301
		A42Y-40	碳　钢	≤300	油品、空气	32~200	301
		A42Y-64	碳　钢	≤300	油品、空气	40~100	301
		A42Y-16P	碳　钢	≤200	硝酸类	32~150	301
		A42Y-40P	碳　钢	≤200	硝酸类	32~200	301
		A42Y-64P	碳　钢	≤200	硝酸类	32~100	302
7	弹簧全启封闭式高压安全阀	SA42Y-160	碳　钢	≤150	氢气、空气、油品	32、40	302
		SA42Y-320	碳　钢	≤150	氢气、空气、油品	32、40	302
		SA42Y-400	碳　钢	≤150	氢气、空气、油品	32	302
8	弹簧封闭全启式抗硫安全阀	KA42Y-16P	1Cr18Ni9Ti	≤200	硫化氢	32~150	302
		KA42Y-40P	1Cr18Ni9Ti	≤200	硫化氢	32~150	302
		KA42Y-64P	1Cr18Ni9Ti	≤200	硫化氢	40~100	302
		KA42Y-16C	碳　钢	-30~60	酸性天然气	50	302
		KA42Y-40	碳　钢	-30~60	酸性天然气	40、50	302
		KA42Y-64	碳　钢	-30~60	酸性天然气	50、80、100	302
9	弹簧封闭全启式波纹管安全阀	A_C4_A2Y-16C (WA42Y-16C)	碳　钢	≤300	水、蒸汽、油品	40~200	302
		A_C4_E2Y-40 (WA42Y-40)	碳　钢	≤300	水、蒸汽、油品	40~200	303
		A_C4_A2Y-16P (WA42Y-16P)	1Cr18Ni9Ti	≤200	硝酸类	40~200	303
		A_C4_E2Y-40P (WA42Y-40P)	1Cr18Ni9Ti	≤200	硝酸类	40~200	303

续表

序号	名　称	型　号	阀体材质	使用温度/℃	适用介质	公称通径 *DN*	页次
10	双联弹簧封闭微启式安全阀	A43H-16C	碳　钢	≤350	蒸　汽	80~150	303
		A43H-25	碳　钢	≤350	蒸　汽	80、100	303
		A43H-40	碳　钢	≤350	蒸　汽	80、100	303
11	带扳手弹簧全启封闭式安全阀	CA44Y-16C	碳　钢	≤300	油品、空气	40~200	304
		A44Y-40	碳　钢	≤300	油品、空气	40~200	304
		A44Y-64	碳　钢	≤300	油品、空气	40~100	304
		A44Y-100	碳　钢	≤300	油品、空气	40~100	304
		KA44Y-100	碳　钢	-30~60	酸性天然气	50、80、100	304
12	带扳手弹簧微启式安全阀	CA47H-16C	碳　钢	≤350	蒸　汽	40~100	304
		A47H-16C	碳　钢	≤300	蒸　汽	25~100	304
		A47H-25	碳　钢	≤350	蒸　汽	25~100	304
		A47H-40	碳　钢	≤350	蒸　汽	25~100	305
		A47Y-16P	1Cr18Ni9Ti	≤200	硝酸类	25~100	305
		A47Y-25P	1Cr18Ni9Ti	≤200	硝酸类	25~100	305
		A47Y-40P	1Cr18Ni9Ti	≤200	硝酸类	25~100	305
13	带扳手弹簧全启式不封闭安全阀	A48H-16C	碳　钢	≤350	蒸　汽	25~150	305
		A48H-25	碳　钢	≤350	蒸　汽	25~150	305
		A48H-40	碳　钢	≤350	蒸　汽	25~150	306
		CA48Y-16C	碳　钢	≤350	蒸　汽	25~150	306
		A48Y-16C	碳　钢	≤350	蒸　汽	25~150	306
		A48Y-25	碳　钢	≤350	蒸　汽	25~150	306
		A48Y-40	碳　钢	≤350	蒸　汽	40~150	306
		A48Y-64	碳　钢	≤350	蒸　汽	50~100	306
		A48Y-100	碳　钢	≤350	蒸　汽	50~100	306
14	封闭全开型弹簧安全阀	A1D40	碳　钢	-25~300	油品、蒸汽	25	307
		TA1D40	Cr5Mo	300~550	油品、蒸汽	25	307
		A1. 5F40	碳　钢	-25~300	油品、蒸汽	40	307
		TA1. 5F40	Cr5Mo	300~550	油品、蒸汽	40	307
		A2J16	碳　钢	-25~300	油品、蒸汽	50	307
		TA2J16	Cr5Mo	300~550	油品、蒸汽	50	307
		A2H40	碳　钢	-25~300	油品、蒸汽	50	307

续表

序号	名　称	型　号	阀体材质	使用温度/℃	适用介质	公称通径 *DN*	页次
14	封闭全开型弹簧安全阀	TA2H40	Cr5Mo	300~550	油品、蒸汽	50	307
		A3L16	碳　钢	-25~300	油品、蒸汽	80	307
		TA3L16	Cr5Mo	300~550	油品、蒸汽	80	307
		A3K40	碳　钢	-25~300	油品、蒸汽	80	307
		TA3K40	Cr5Mo	300~550	油品、蒸汽	80	307
		A4P16	碳　钢	-25~300	油品、蒸汽	100	307
		TA4P16	Cr5Mo	300~550	油品、蒸汽	100	307
		A4N40	碳　钢	-25~300	油品、蒸汽	100	307
		TA4N40	Cr5Mo	300~350	油品、蒸汽	100	307
		A6R16	碳　钢	-25~300	油品、蒸汽	150	307
		TA6R16	Cr5Mo	300~550	油品、蒸汽	150	307
		A6Q16	碳　钢	-25~300	油品、蒸汽	150	307
		TA6Q16	Cr5Mo	300~550	油品、蒸汽	150	307

二、上海阀门厂安全阀整定压力分级表

（单位：0.1MPa）

公称压力 *PN*	整　定　压　力　级												
16	1~1.3	1.3~1.6	1.6~2	2~2.5	2.5~3	3~4	4~5	5~6	6~7	7~8	8~10	10~13	13~16
25	>13~16		>16~20		>20~25								
40(*PN*25)			>16~20		>20~25		>25~32		>32~40				
40(*PN*40)	>13~16		>16~20		>20~25		>25~32		>32~40				
64	>25~32		>32~40		>40~50		>50~64						
100	>40~50		>50~64		>64~80		>80~100						
160	>100~130		>130~160										
320	>160~190		>190~220		>220~250		>250~290		>290~320				

三、其他阀门厂安全阀整定压力分级表

（单位：0.1MPa）

公称压力 *PN*	整　定　压　力　级							
10	1~2	2~3	3~7	7~10				
16	1~1.6	1.6~2.5	2.5~4	4~6	6~8	8~10	10~13	13~16

四、 安全阀结构尺寸和质量

序号	名称	型号	公称通径 DN	结构尺寸/mm					质量/kg	生产厂
				L	L_1	H	d_0	$D_出$		
1	外螺纹弹簧微启式安全阀 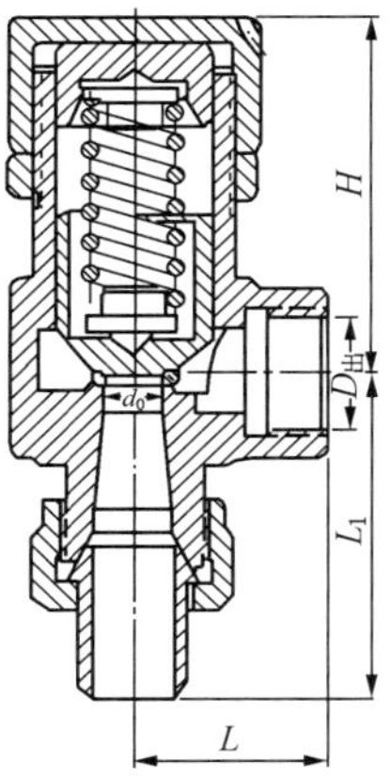 图 5-1	A21F-16	15	35	59	64	12	1/2″	1	扬阀 DN15~25
			20	40	68	68	16	3/4″	1.25	
			25	50	78	103	20	1″	2.5	
		A21H-16C	15	35	59	64	12	1/2″	3	上阀、自高、杭阀 扬阀、梅陇 DN15~25
			20	40	68	68	16	3/4″	5	
			25	50	78	103	20	1″	5	
		A21H-25	15	35	60	64	12	1/2″	3	杭阀、自高、扬阀 DN15~25
			20	40	68	68	16	3/4″	5	
			25	50	78	103	20	1″	5	
		A21H-40	15	35	60	66	12	1/2″	3	杭阀、上阀、扬阀、 自高、梅陇 DN15~25
			20	40	68	68	16	3/4″	3	
			25	50	78	105	20	1″	5	
		A21H-64	15	50	82	105	10	1/2″	5	杭阀 DN15
		A21W-16P	15	35	60	66	12	1/2″	3	上阀 DN15~25
			20	40	68	68	16	3/4″	5	
			25	50	78	105	20	1″	5	
		A21W-40P	15	35	60	66	12	1/2″	3	上阀 DN15~25
			20	40	68	68	16	3/4″	5	
			25	50	78	105	20	1″	5	
2	弹簧微启封闭式安全阀 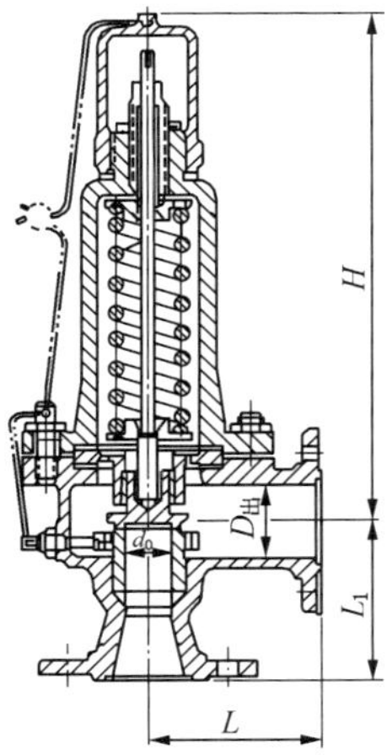 图 5-2	CA41H-16C	25	100	85	194		25	10	上阀、杭阀 DN32~100 开阀 DN40~100 自高、沈一 DN32~80 良精、保一 DN25~100
			32	115	100	266	25	32	15	
			40	120	105	318	32	40	20	
			50	130	115	350	40	50	25	
			80	160	135	385	65	80	65	
			100	170	160	525	80	100	70	
		A41H-25 法兰:入口 PN25; 出口 PN16	25	100	85	194		25	10	上阀 DN32~100 良精、扬阀、自高、保一 DN25~100 梅陇 DN32~80
			32	115	100	266	25	32	15	
			40	120	105	318	32	40	20	
			50	130	115	350	40	50	25	
			80	160	135	570	65	80	65	
			100	170	160	580	80	100	70	
		A41H-40 法兰:入口 PN40 (凹); 出口 PN16	25	100	85	194		25	10	上阀 DN32~80 自高、扬阀、中南 DN25~80 开阀 DN40~100 杭阀 DN40~80 良精、保一 DN25~100
			32	115	100	266	25	32	15	
			40	120	105	318	32	40	20	
			50	130	115	350	40	50	25	
			80	160	135	570	65	80	70	
			100	170	160	580	80	100	80	

序号	名　　称	型　号	公称通径 DN	结构尺寸/mm L	L_1	H	d_0	$D_{出}$	质量/kg	生　产　厂
2	弹簧微启封闭式安全阀 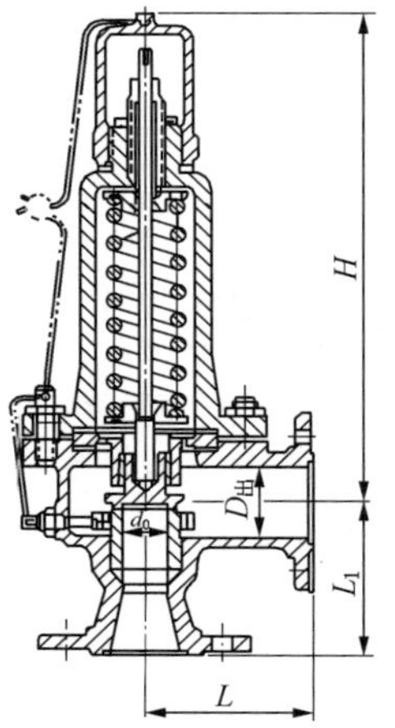 图 5-2	A41Y-16P	32	115	100	266	25	32	15	保一、上阀 DN32~100 开阀 DN32~80 沈一、梅陇 DN32~80
			40	120	105	318	32	40	20	
			50	130	115	350	40	50	25	
			80	160	135	385	65	80	65	
			100	170	160	525	80	100	70	
		A41Y-25P 法兰：入口 PN25；出口 PN16	32	115	100	266	25	32	15	保一、上阀 DN32~100 梅陇 DN32~100
			40	120	105	318	32	40	20	
			50	130	115	350	40	50	25	
			80	160	135	570	65	80	65	
			100	170	160	580	80	100	70	
		A41Y-40P 法兰：入口 PN40(凹)；出口 PN16	32	115	100	266	25	32	15	上阀、沈一、梅陇 DN32~80 开阀 DN40~100 保一 DN32~100
			40	120	105	318	32	40	20	
			50	130	115	350	40	50	25	
			80	160	135	570	65	80	70	
3	弹簧微启封闭式高压安全阀 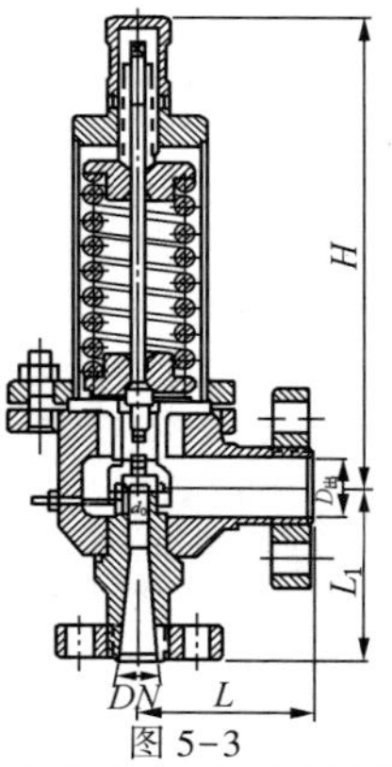 图 5-3	SA41Y-160（螺纹法兰）	15	95	100	238	8	15	20	上阀 DN15、32
			32	130	135	310	14	32	40	
		SA41Y-320（螺纹法兰）	15	95	100	238	8	15	20	上阀 DN15、32
			32	130	135	310	14	32	40	
		A41H-160（螺纹法兰）	10	60	105	265		10	10	杭阀 DN10、15 自高 DN15、25、32 梅陇 DN15
			15	60	115	265	8	15	20	
			25	70	105	140	12	25	25	
			32	130	130	308	14	32	55	
		A41H-320（螺纹法兰）	10	60		265	8	10	10	杭阀 DN10、15 自高 DN15、32 梅陇 DN15
			15	100	95	265	12	15	22	
			32	130	130	308	14	32	60	
4	外螺纹抗硫弹簧微启式安全阀（同图 5-1）	KA21Y-16C	25	50	78	105	20	1″	5	自高
		KA21Y-25	20	55				3/4″	4	自高 DN20~25
			25	70				1″	5	
		KA21Y-64	20					3/4″	4.5	自高
5	抗硫弹簧微启封闭式安全阀（同图 5-2）	KA41Y-16C	50	135	130	332	40	50	28	自高
		KA41Y-40	50	135	115	320	40	50	35	自高
		KA41Y-64	50	170	130	435	40	50	37	自高
		KA41Y-100	50	155				50	40	自高 DN50、100
			100	155				100	110	
	（同图 5-3）	KA41Y-160（螺纹法兰）	15	100	95	240	8	15	12	自高 DN15、32
			32	115	130	240	14	32	40	
		KA41Y-320（螺纹法兰）	15	100	95	268	8	15	20	自高

序号	名称	型号	公称通径 DN	L	L_1	H	d_0	$D_{出}$	质量/kg	生产厂
6	弹簧全启封闭式安全阀 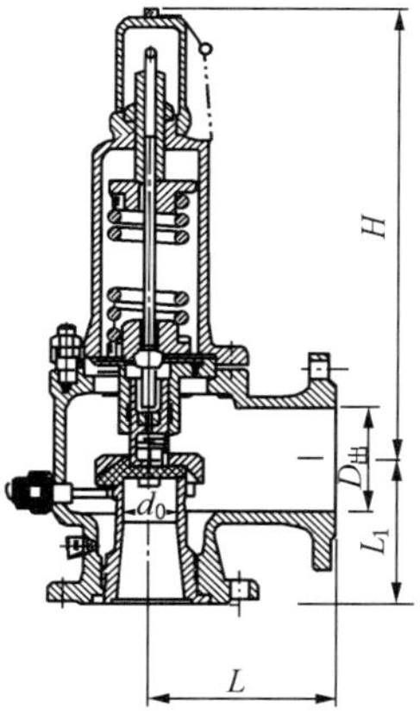 图 5-4	CA42Y-16C	32	115	100	285	20	40	16	上阀 DN32～200 自高、开阀 DN40～100 沈一、杭阀 DN40～150 扬阀 DN40、80 伯特利 DN32～150
			40	120	110	298	25	50	20	
			50	135	120	332	32	65	25	
			80	170	135	478	50	100	65	
			100	205	160	590	65	125	75	
			150	255	230	650	100	175	130	
			200	300	260					
		A42F-16C	40	120	110	279			20	良精、保一 DN40～100
			50	135	120	306			25	
			80	170	135	429			70	
			100	200	160	530			90	
		A42Y-40 法兰入口 PN40(凹) 出口 PN16	32	115	100	285	20	40	20	沈一、上阀 DN32～200 杭阀 DN40～80 良精、伯特利 DN32～150 梅陇 DN40～100 保一 DN32～10
			40	130	120	298	25	50	25	
			50	145	130	332	32	65	30	
			80	170	150	478	50	100	75	
			100	205	185	590	65	125	95	
			150	255	230	650	100	175	150	
			200	300	260					
		A42Y-64 法兰入口 PN64(凹) 出口 PN40(凹)	40	130	120	308	25	50	30	上阀 DN40～100 杭阀 DN50～100
			50	155	130	464	32	65	35	
			80	175	160	582	50	100	80	
			100	195	195	600	65	125	110	
		A42Y-16P	32	115	100	285	20	40	16	上阀 DN32～150 开阀、沈一 DN40～150 保一 DN32～100
			40	120	110	298	25	50	20	
			50	135	120	332	32	65	25	
			80	170	135	478	50	100	65	
			100	205	160	590	65	125	75	
			150	255	230	650	100	175	130	
		A42Y-40P 法兰入口 PN40(凹) 出口 PN16	32	115	100	285	20	40	20	上阀 DN32～200 沈一、开阀 DN40～150 保一 DN32～100
			40	130	120	298	25	50	25	
			50	145	130	332	32	65	30	
			80	170	150	478	50	100	75	
			100	205	185	590	65	125	95	
			150	255	230	650	100	175	150	
			200	300	260					

序号	名称	型号	公称通径 DN	结构尺寸/mm L	L_1	H	d_0	$D_{出}$	质量/kg	生产厂
6	弹簧全启封闭式安全阀（见图 5-4）	A42Y64P 法兰：入口 PN64（凹）；出口 PN40（凹）	32	130	110	285	20	40	25	上阀 DN32～100
			40	130	120	308	25	50	30	
			50	155	130	464	32	65	35	
			80	175	160	582	50	100	80	
			100	195	195	600	65	125	110	
7	弹簧全启封闭式高压安全阀（同图 5-3）	SA42Y-160（螺纹法兰）	32	150	150	397	15	50	90	上阀 DN32、40
			40	165	165	438	20	65	100	
		SA42Y-320（螺纹法兰）	32	150	150	397	15	50	90	上阀 DN32、40
			40	165	165	438	20	65	100	
		SA42Y-400（螺纹法兰）	32	150	150	397	15	50	90	上阀 DN32
8	弹簧封闭全启式抗硫安全阀	KA42Y-16P	32	115	100	285	20	40	16	上阀 DN32～150
			40	120	110	298	25	50	20	
			50	135	120	332	32	65	25	
			80	170	135	498	50	100	65	
			100	205	160	590	65	125	75	
			150	255	230	650	100	175	130	
		KA42Y-40P 法兰：入口 PN40（凹）；出口 PN16	32	115	100	285	20	40	20	上阀 DN32～150
			40	130	120	298	25	50	25	
			50	145	130	332	32	65	30	
			80	170	150	478	50	100	75	
			100	205	185	590	65	125	95	
			150	255	230	650	100	175	150	
		KA42Y-64P 法兰：入口 PN64（凹）；出口 PN40（凹）	40	130	120	308	25	50	30	上阀 DN40～100
			50	155	130	464	32	65	35	
			80	175	160	582	50	100	80	
			100	195	195	600	65	125	110	
		KA42Y-16C	50	135	120	332	32	65	28	自高 DN50
		KA42Y-40	40	130	115	298	25	50	18	自高 DN40、50
			50	145	130	377	32	65	27	
		KA42Y-64	50	155	130	462	32	65	35	自高 DN50～100
			80	175	160	574	50	100	67	
			100	200	195	600	65	125	125	
9	弹簧封闭全启式波纹管安全阀（见图 5-5）	A_C4_A2Y-16C（WA42Y-16C）	40	130	115	340	25	50	16	沈一 DN40～200
			50	145	130	344	32	65	24	
			80	170	150	530	50	100	50	
			100	205	185	605	65	125	77	
			150	255	230	730	100	175	130	
			200	305	280	1150	150	250		

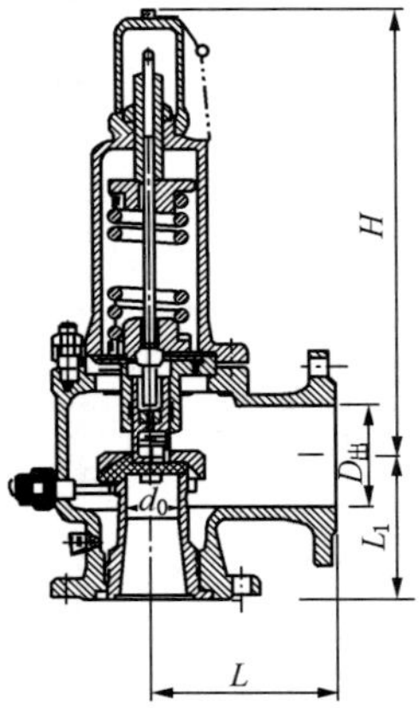

图 5-4

序号	名称	型号	公称通径 DN	结构尺寸/mm L	L_1	H	d_0	$D_{出}$	质量/kg	生产厂
9	弹簧封闭全启式波纹管安全阀 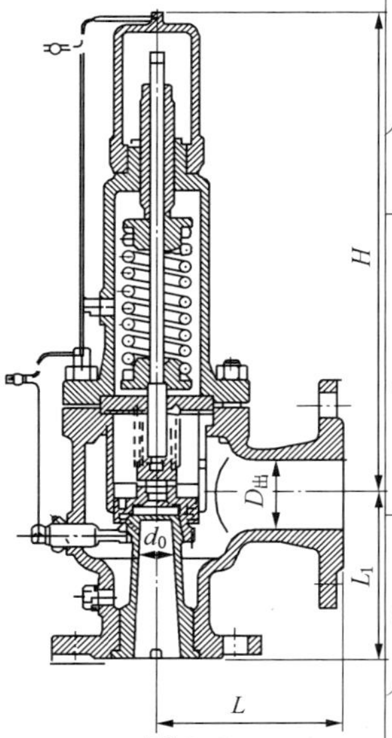 图 5-5	A_C4_E2Y-40 (WA42Y-40) 法兰: 入口 PN40(凹); 出口 PN16	40	130	115	340	25	50	18	沈一 DN40~200
			50	145	130	344	32	65	27	
			80	170	150	545	50	125	56	
			100	205	185	705	65	150	82	
			150	255	230	900	100	200	150	
			200	305	280	1150	150	250		
		$A_C4_A2Y-16P$ (WA42Y-16P)	40	130	115	340	25	50	16	沈一 DN40~200 开阀 DN50
			50	145	130	344	32	65	24	
			80	170	150	530	50	100	50	
			100	205	185	605	65	125	77	
			150	255	230	730	100	175	130	
			200	305	280	1140	150	225		
		$A_C4_E2Y-40P$ (WA42Y-40P) 法兰: 入口 PN40(凹); 出口 PN16	40	130	115	340	25	50	18	沈一 DN40~200
			50	145	130	344	32	65	27	
			80	170	150	545	50	125	56	
			100	205	185	705	65	150	82	
			150	255	230	900	100	200	150	
			200	305	280	1150	150	250		
10	双联弹簧封闭微启式安全阀 (见图 5-6)	A43H-16C	80	145	310	817	40	50	100	上阀 DN80~150 梅陇 DN80
			100	160	355	975	65	80	100	
			150	190	430	1025	100	125	250	
		A43H-25	80	145	310	817	40	40	50	上阀 DN80、100 梅陇 DN80
			100	160	355	975	65	65	80	
		A43H-40	80	145	310	817	40	50	120	上阀、开阀 DN80、100 梅陇 DN80
			100	160	355	975	65	80	170	

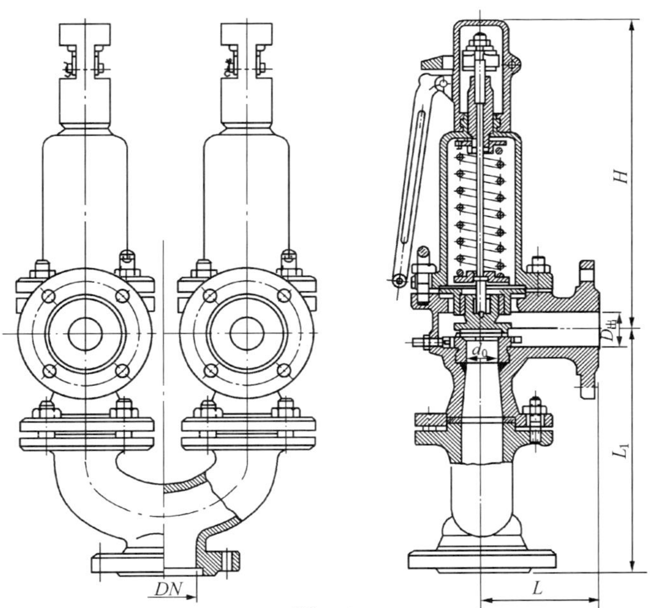

图 5-6

续表

序号	名称	型号	公称通径 DN	结构尺寸/mm					质量/kg	生产厂
				L	L_1	H	d_0	$D_{\text{出}}$		
11	带扳手弹簧全启封闭式安全阀 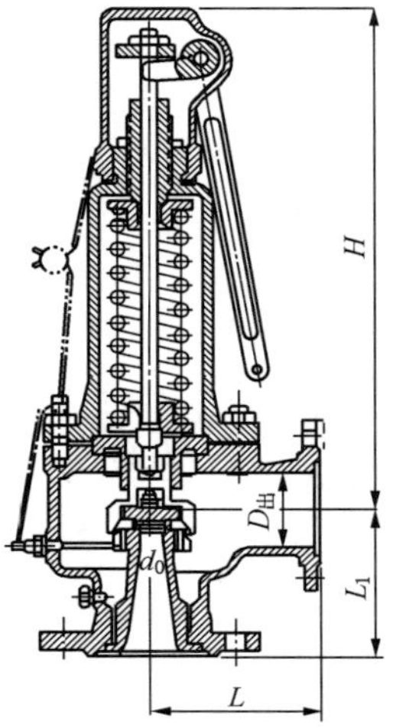 图 5-7	CA44Y-16C	40	120	110	314	25	50	50	上阀 DN40～200
			50	135	120	376	32	65	30	
			80	170	135	538	50	100	65	
			100	205	185	655	65	125	80	
			150	255	230	740	100	175	135	
			200	300	260					
		A44Y-40	40	130	120	314	25	50	20	上阀 DN40～200
			50	145	130	376	32	65	30	
			80	170	150	538	50	100	70	
			100	205	185	655	65	125	95	
			150	255	230	740	100	175	155	
			200	300	260					
		A44Y-64	40	130	120					上阀 DN40～100
			50	155	130	520	32	65	36	
			80	175	160	810	50	100	70	
			100	195	195		65	125	118	
		A44Y-100	40	130	120					上阀 DN40～100
			50	155	130	520	32	65	42	
			80	175	160	810	50	100	75	
			100	220	210	680	65	125	122	
		KA44Y-100	50	155	130				42	自高 DN50～100
			80	175	160				75	
			100	220	210				128	
12	带扳手弹簧微启式安全阀 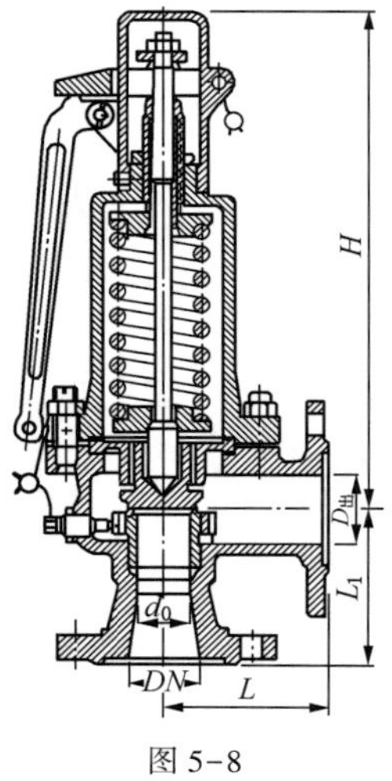 图 5-8	CA47H-16C	40	120	110	360	32	40	20	上阀、自高、开阀、保一 DN40～100 杭阀 DN40～80 扬阀 DN40、50
			50	135	120	380	40	50	25	
			80	170	135	405	65	80	65	
			100	170	160	580	80	100	70	
		A47H-16C	25	100	85	264	20	25	12	良精 DN25～100
			32	115	100	266	25	32	16	
			40	120	110	318	32	40	20	
			50	135	115	340	40	50	25	
			80	170	135	505	65	80	65	
			100	205	160	525	80	100	70	
		A47H-25 法兰: 入口 PN25; 出口 PN16	25	100	85	264	20	25	12	上阀、自高、保一 DN40～100 良精 DN25～100 扬阀 DN40、50
			32	115	100	266	25	32	16	
			40	120	110	318	32	40	20	
			50	135	115	340	40	50	25	
			80	170	135	505	65	80	65	
			100	205	160	525	80	100	70	

序号	名称	型号	公称通径 DN	结构尺寸/mm					质量/kg	生产厂
				L	L_1	H	d_0	$D_{出}$		
12	带扳手弹簧微启式安全阀 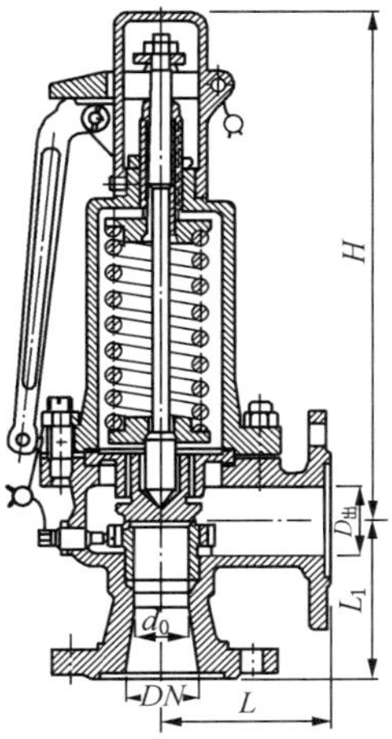 图 5-8	A47H-40 法兰: 入口 PN40(凹); 出口 PN25	25	100	85	264	20	25	12	良精 DN25~100 保一、自高 DN40~100 上阀、杭阀 DN40~80 扬阀 DN40、50
			32	115	100	266	25	32	16	
			40	120	110	318	32	40	20	
			50	135	115	340	40	50	25	
			80	170	135	505	65	80	65	
			100	205	160	525	80	100	70	
		A47Y-16P	25	100	85	264	20	25	12	良精 DN25~100
			32	115	100	266	25	32	16	
			40	120	110	318	32	40	20	
			50	135	115	340	40	50	25	
			80	170	135	505	65	80	65	
			100	205	160	525	80	100	70	
		A47Y-25P 法兰: 入口 PN25; 出口 PN16	25	100	85	264	20	25	12	良精 DN25~100
			32	115	100	266	25	32	16	
			40	120	110	318	32	40	20	
			50	135	115	340	40	50	25	
			80	170	135	505	65	80	65	
			100	205	160	525	80	100	70	
		A47Y-40P 法兰: 入口 PN40(凹); 出口 PN25	25	100	85	264	20	25	12	良精 DN25~100
			32	115	100	266	25	32	16	
			40	120	110	318	32	40	20	
			50	135	115	340	40	50	25	
			80	170	135	505	65	80	65	
			100	205	160	525	80	100	70	
13	带扳手弹簧全启式 不封闭安全阀 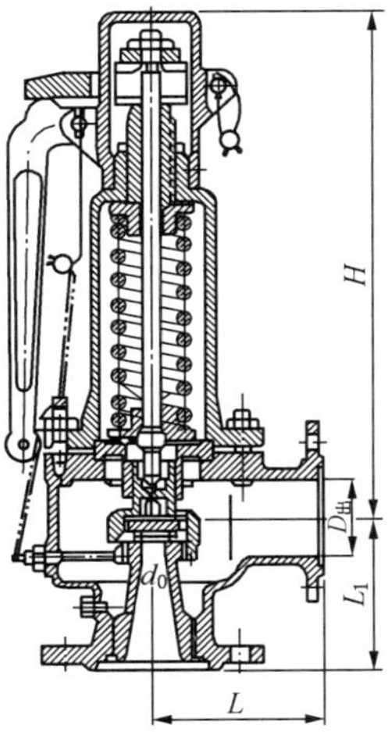 图 5-9	A48H-16C	25	95	90	270	15	32	12	良精 DN25~150 保一 DN40~100
			32	115	100	275	20	40	16	
			40	120	110	279	25	50	20	
			50	135	120	306	32	65	30	
			80	170	135	429	50	100	65	
			100	205	160	530	65	125	80	
			150	255	230	650	100	175	135	
		A48H-25	25	95	90	270	15	32	12	良精 DN25~150 保一 DN40~100
			32	115	100	275	20	40	16	
			40	120	110	279	25	50	20	
			50	135	120	306	32	65	30	
			80	170	135	429	50	100	65	
			100	205	160	530	65	125	80	
			150	255	230	650	100	175	135	

序号	名称	型号	公称通径 DN	结构尺寸/mm					质量/kg	生产厂
				L	L_1	H	d_0	$D_{出}$		
13	带扳手弹簧全启式不封闭安全阀 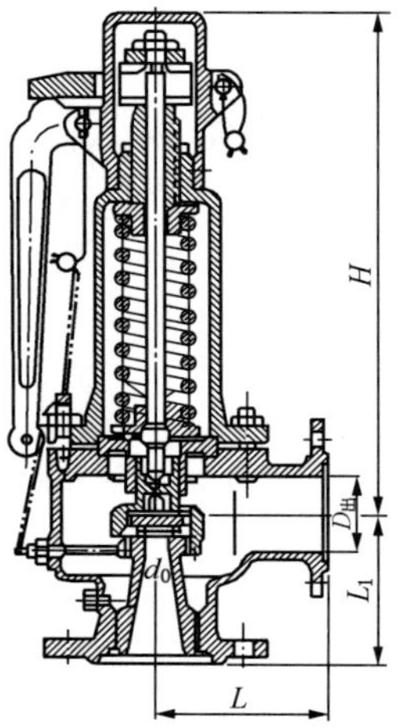 图 5-9	A48H-40	25	95	90	270	15	32	12	良精 DN25~150 保一 DN40~100
			32	115	100	275	20	40	16	
			40	120	110	279	25	50	20	
			50	135	120	306	32	65	30	
			80	170	135	429	50	100	70	
			100	205	160	530	65	125	95	
			150	255	230	650	100	175	155	
		CA48Y-16C	40	130	115	312	25	50	20	上阀、杭阀、沈一 DN40~150 自高、扬阀 DN40~100 开阀 DN50、80
			50	145	130	366	32	65	30	
			80	170	150	528	50	100	65	
			100	205	185	655	65	125	80	
			150	255	230	724	100	175	135	
		A48Y-16C	25	95	90	270	15	32	12	良精 DN25~150 保一 DN40~100 伯特利 DN40~150
			32	115	100	275	20	40	16	
			40	120	110	279	25	50	20	
			50	135	120	306	32	65	30	
			80	170	135	429	50	100	70	
			100	205	160	530	65	125	95	
			150	255	230	650	100	175	135	
		A48Y-25	25	95	90	270	15	32	12	良精 DN25~150 保一 DN40~100
			32	115	100	275	20	40	16	
			40	120	110	279	25	50	20	
			50	135	120	306	32	65	30	
			80	170	135	429	50	100	70	
			100	205	160	530	65	125	95	
			150	255	230	650	100	175	135	
		A48Y-40	25	130	90	270	15	32	12	良精 DN25~150 上阀、杭阀、沈一、保一 DN40~150 自高 DN40~80 开阀 DN50、80 伯特利 DN32~150
			32	145	110	275	20	40	16	
			40	130	120	312	25	50	20	
			50	145	135	366	32	65	30	
			80	170	150	528	50	100	70	
			100	205	185	655	65	125	95	
			150	255	230	845	100	175	155	
		A48Y-64	50	155	130	508	32	65	35	上阀 DN50~100
			80	175	160	655	50	100	70	
			100	195	195	680	65	125	130	
		A48Y-100	50	155	130	508	32	65	33	上阀 DN50~100
			80	175	160	655	50	100	64	
			100	200	195	680	65	125	86	

序号	名　称	型　号	公称通径 DN（入口）	结构尺寸/mm					质量/kg	生　产　厂
				L	L_1	H	d_0	DN 出口		
14	封闭全开型弹簧安全阀（A 型见图 5-10）（TA 型见图 5-11）	A1D40	25	99	100	327	10	40	12	兰机
		TA1D40	25	99	100	425	10	40	18	兰机
		A1. 5F40	40	107	120	336	16	50	15. 5	兰机
		TA1. 5F40	40	107	120	444	16	50	21	兰机
		A2J16	50	139	150	409	34	80	27	兰机
		TA2J16	50	139	150	540	34	80	34	兰机
		A2H40	50	139	150	409	26	80	27	兰机
		TA2H40	50	139	150	504	26	80	34	兰机
		A3L16	80	147	160	487	50	100	42	兰机
		TA3L16	80	147	160	652	50	100	55	兰机
		A3K40	80	149	160	489	40	100	40	兰机
		TA3K40	80	149	160	654	40	100	53	兰机
		A4P16	100	176	200	596	72	150	77	兰机
		TA4P16	100	176	200	789	72	150	102. 5	兰机
		A4N40	100	182. 5	200	640	60	150	84	兰机
		TA4N40	100	182. 5	200	833	60	150	107	兰机
		A6R16	150	228	230	757	115	200	146. 5	兰机
		TA6R16	150	228	230	978	115	200	205	兰机
		A6Q16	150	228	230	775	95	200	138. 5	兰机
		TA6Q16	150	228	230	986	95	200	187	兰机

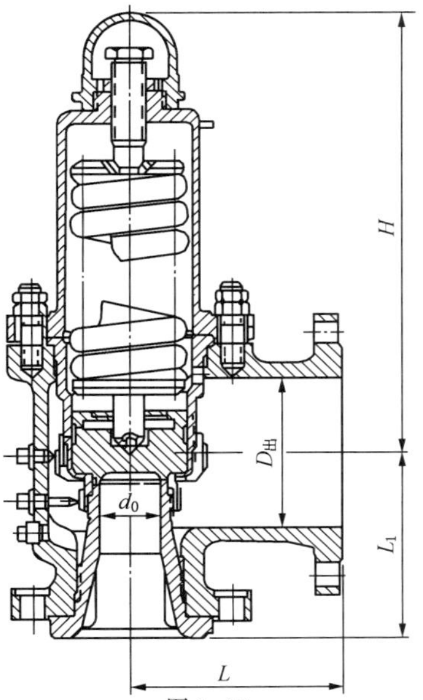

图 5-10

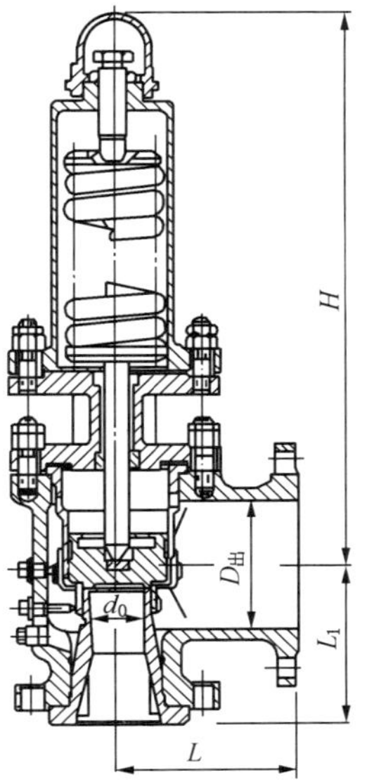

图 5-11

第六节 球 阀

一、球阀使用范围

序号	名 称	型 号	阀体材质	使用温度/℃	适用介质	公称通径 *DN*	页次
1	内螺纹浮动球阀（Q13SA 系老型号，为浮动球直通式）	Q11F-16C	碳 钢	≤150	水、油品	15~65	319
		Q11F-25	碳 钢	≤150	水、油品	10~65	319
		Q11F-40	碳 钢	≤150	水、油品	10~50	319
		Q11F-64	碳 钢	≤150	水、油品	10~50	319
		Q11F-16R	Cr18Ni12Mo2Ti	-40~200	醋酸类	15~65	319
		Q11F-25R	Cr18Ni12Mo2Ti	-40~200	醋酸类	15~65	320
		Q11F-40R	Cr18Ni12Mo2Ti	-40~200	醋酸类	15~50	320
		Q11F-64R	Cr18Ni12Mo2Ti	-40~200	醋酸类	8~50	320
		Q11F-16P	1Cr18Ni9Ti	-40~200	硝酸类	15~50	320
		Q11F-25P	1Cr18Ni9Ti	-40~200	硝酸类	15~65	320
		Q11F-40P	1Cr18Ni9Ti	-40~200	硝酸类	15~50	321
		CQ11F-64P	1Cr18Ni9Ti	-40~200	硝酸类	8~50	321
		Q13SA-25	碳 钢	≤200	油品	15~50	321
		Q13SA-40	碳 钢	≤200	油品	15~50	321
		Q13SA-160	碳 钢	≤80	油品	15~25	321
		Q13SA-40P	1Cr18Ni9Ti	≤100	硝酸类	15~25	321
		Q13SA-40R	Cr18Ni12Mo2Ti	≤100	醋酸类	15~25	321
2	外螺纹浮动直通式球阀	Q21F-16C	碳 钢	≤100	水、油品	10~25	322
		Q21F-25	碳 钢	≤100	水、油品	10~25	322
		Q21F-40	碳 钢	≤100	水、油品	10~25	322
		Q21F-64	碳 钢	≤100	水、油品	10~32	322
		Q21F-16P	1Cr18Ni9Ti	-40~200	硝酸类	10~25	322
		Q21F-25P	1Cr18Ni9Ti	-40~200	硝酸类	10~25	322
		Q21F-40P	1Cr18Ni9Ti	-40~200	硝酸类	10~25	322
		Q21F-64P	1Cr18Ni9Ti	-40~200	硝酸类	10~32	322
		Q21F-40R	Cr18Ni2Mo2Ti	-40~200	醋酸类	8~50	323
		Q21F-64R	Cr18Ni2Mo2Ti	-40~200	醋酸类	10~32	323
3	法兰直通式浮动球阀	Q41F-6C	碳 钢	-20~150	水、油品	15~100	323
		Q41F-16C	碳 钢	-20~150	水、油品	15~200	323
		Q41F-25	碳 钢	-20~150	水、油品	15~200	324
		Q41F-40	碳 钢	-20~150	水、油品	15~200	324
		Q41F-64	碳 钢	-20~100	水、油品	32~100	324
		Q41F-160	碳 钢	≤150	氮、氢	80~150	324

续表

序号	名　称	型　号	阀体材质	使用温度/℃	适用介质	公称通径 DN	页次
3	法兰直通式浮动球阀	Q41F-320	碳　钢	≤150	氮、氢	65	324
		Q41F-6P	1Cr18Ni9Ti	-20~150	硝酸类	15~100	325
		Q41F-16P	1Cr18Ni9Ti	-20~150	硝酸类	15~200	325
		Q41F-25P	1Cr18Ni9Ti	-20~150	硝酸类	15~200	325
		Q41F-40P	1Cr18Ni9Ti	-20~150	硝酸类	15~200	326
		Q41F-64P	1Cr18Ni9Ti	-20~80	硝酸类	32~80	326
		Q41SA-16P	1Cr18Ni9Ti	≤200	硝酸类	50~150	326
		BQ41F-16P	1Cr18Ni9Ti	≤180	苯　酐	50	326
		Q41F-6R	Cr18Ni12Mo2Ti	-20~150	醋酸类	15~100	326
		Q41F-16R	Cr18Ni12Mo2Ti	-20~150	醋酸类	15~200	327
		Q41F-25R	Cr18Ni12Mo2Ti	-20~150	醋酸类	15~200	327
		Q41F-40R	Cr18Ni12Mo2Ti	-20~150	醋酸类	15~200	327
		Q41F-64R	Cr18Ni12Mo2Ti	-20~80	醋酸类	32~80	328
		Q41F-16A	TA_2	≤310	氧化腐蚀性介质	15~200	328
		Q41F-25A	TA_2	≤310	氧化腐蚀性介质	15~100	328
		Q41F-40A	TA_2	≤310	氧化腐蚀性介质	15~100	328
		Q41F-100A	TA_2	≤310	氧化腐蚀性介质	15~50	329
		BQ41F-16A	TA_2	≤310	氧化腐蚀性介质	25、50	329
		Q41F-16MM	A744M-35	≤220	氢氟酸	50、80、100	329
		Q41F-16Ha	铱合金	≤130	盐酸、甲醇	100	329
		Q41F-25Ha	铱合金	≤130	盐酸、甲醇	15~80	329
4	法兰高温球阀	CQ41PPL-6C	碳　钢	-30~400	油　品	25~80	329
		CQ41PPL-16C	碳　钢	-30~400	油　品	25~80	329
		CQ41PPL-25	碳　钢	-30~400	油　品	25~80	329
		CQ41PPL-40	碳　钢	-30~400	油　品	25~80	330
5	手动金属密封法兰连接浮动球阀	Q41Y-16C	碳　钢	≤400	水、蒸汽、油品	15~200	330
		Q41Y-25	碳　钢	≤400	水、蒸汽、油品	15~200	330
		Q41Y-40	碳　钢	≤400	水、蒸汽、油品	15~200	331
		Q41Y-64	碳　钢	≤400	水、蒸汽、油品	15~150	331
		Q41Y-16P	1Cr18Ni9Ti	≤200	硝酸类	15~200	330
		Q41Y-25P	1Cr18Ni9Ti	≤200	硝酸类	15~200	330
		Q41Y-40P	1Cr18Ni9Ti	≤200	硝酸类	15~200	331
		Q41Y-64P	1Cr18Ni9Ti	≤200	硝酸类	15~150	331
		Q41Y-16R	Cr18Ni12Mo2Ti	≤200	醋酸类	15~200	330
		Q41Y-25R	Cr18Ni12Mo2Ti	≤200	醋酸类	15~200	330
		Q41Y-40R	Cr18Ni12Mo2Ti	≤200	醋酸类	15~200	331
		Q41Y-64R	Cr18Ni12Mo2Ti	≤200	醋酸类	15~150	331

续表

序号	名　称	型　号	阀体材质	使用温度/℃	适用介质	公称通径 *DN*	页次
6	法兰球阀（Q43SA 系老型号，为浮动球直通式）	Q43SA-25	碳　钢	≤200	油　品	15~50	331
		Q43SA-40	碳　钢	≤200	油　品	15~50	331
		Q43SA-160	碳　钢	≤200	油　品	15~25	332
		Q43SA-25P	1Cr18Ni9Ti	≤100	硝酸类	15~25	332
		Q43SA-40P	1Cr18Ni9Ti	≤100	硝酸类	15~50	332
		Q43SA-40R	Cr18Ni12Mo2Ti	≤100	醋酸类	15~50	332
7	L 型三通球阀	Q44F-25	碳　钢	≤100	油品、氨水	15~50	332
		Q44F-40	碳　钢	≤200	油品、氨水	15~50	332
8	法兰直通式固定球阀	Q47F-16C	碳　钢	-40~100	油品、水	150~600	333
		Q47F-25	碳　钢	-40~100	油品、水	150~700	333
		Q47F-40	碳　钢	-40~100	油品、水	150~700	333
		Q47F-64	碳　钢	-40~100	油品、水	150~700	333
		Q47F-100	碳　钢	-40~100	油品、水	150~400	333
		KQ47F-40	碳　钢	-40~100	酸性天然气	150~700	334
		KQ47F-64	碳　钢	-40~100	酸性天然气	150~700	334
		KQ47F-100	碳　钢	-40~100	酸性天然气	150~400	334
9	焊接直通浮动球阀	Q61F-25	碳　钢	≤200	油品、水	10~100	334
		Q61F-25P	1Cr18Ni9Ti	≤200	硝酸类	10~100	334
		Q61F-25R	Cr18Ni12Mo2Ti	≤150	醋酸类	10~100	334
		Q61F-40P	1Cr18Ni9Ti	≤150	硝酸类	10~50	335
		Q61F-40R	Cr18Ni12Mo2Ti	≤150	醋酸类	10~50	335
10	焊接式高压球阀	Q61N-160	碳　钢	-40~50	氨、氢气	10~50	335
		Q61N-320	碳　钢	-40~50	氨、氢气	10~50	335
11	蜗轮传动球阀	Q341F-16C	碳　钢	≤150	油品、水	125~200	335
		Q341F-25	碳　钢	≤150	油品、水	125~200	335
		Q341F-40	碳　钢	≤150	油品、水	125~200	335
		Q341F-16P	1Cr18Ni9Ti	≤150	硝酸类	125~200	335
		Q341F-25P	1Cr18Ni9Ti	≤150	硝酸类	125~200	336
		Q341F-40P	1Cr18Ni9Ti	≤150	硝酸类	125~200	336
		Q341F-16R	Cr18Ni12Mo2Ti	≤150	醋酸类	125~200	335
		Q341F-40R	Cr18Ni12Mo2Ti	≤150	醋酸类	125~200	336
		Q341Y-16C	碳　钢	≤400	油品、水	125~200	336
		Q341Y-25	碳　钢	≤400	油品、水	100~200	336
		Q341Y-40	碳　钢	≤400	油品、水	100~200	336
		Q341Y-64	碳　钢	≤400	油品、水	80~150	336

续表

序号	名　称	型　号	阀体材质	使用温度/℃	适用介质	公称通径 *DN*	页次
12	气动球阀	Q641F-6C	碳　钢	-20～150	油品、水	20～100	336
		Q641F-16C	碳　钢	-20～150	油品、水	15～200	336
		Q641F-25	碳　钢	-20～150	油品、水	15～200	336
		Q641F-40	碳　钢	-20～150	油品、水	20～200	337
		Q641Y-16C	碳　钢	≤400	油品、水	15～300	337
		Q641Y-25	碳　钢	≤400	油品、水	15～200	337
		Q641Y-40	碳　钢	≤400	油品、水	15～100	338
		Q641Y-16P	1Cr18Ni9Ti	≤180	酸、碱	50、100～350	338
		Q641F-16P	1Cr18Ni9Ti	-20～150	硝酸类	15～200	338
		Q641F-16R	Cr18Ni12Mo2Ti	-20～150	醋酸类	15～200	338
		Q641F-40P	1Cr18Ni9Ti	-20～150	硝酸类	20～150	338
		Q641F-40R	Cr18Ni2Mo2Ti	-20～150	醋酸类	20～150	338
13	电动法兰直通式浮动球阀	Q941F-16C	碳　钢	-20～150	水、油品	25～200	339
		Q941F-25	碳　钢	-20～150	水、油品	25～200	339
		Q941F-40	碳　钢	-20～150	水、油品	25～200	339
		Q941F-16P	1Cr18Ni9Ti	-20～150	硝酸类	32～200	340
		Q941F-40P	1Cr18Ni9Ti	-20～150	硝酸类	32～200	340
		Q941F-16R	Cr18Ni12Mo2Ti	-20～150	醋酸类	32～200	340
		Q941F-40R	Cr18Ni12Mo2Ti	-20～150	醋酸类	32～200	340
14	电动直通式固定球阀	Q947F-16C	碳　钢	-20～100	天然气	200～400	341
		Q947F-25	碳　钢	≤100	天然气	200～400	341
		Q947F-64	碳　钢	≤100	天然气	150～300	341
		Q947F-100	碳　钢	-20～100	天然气	200～300	341
		KQ947F-100	碳　钢	-20～100	酸性天然气	200～300	341
		Q947-16P	1Cr18Ni9Ti	≤100	硝酸类	400	341
		Q947-16R	Cr18Ni12Mo2Ti	≤100	醋酸类	400	341
15	整体斜面球阀 (1) 螺纹连接	YHQ11F-25	WCB	-30～180	水、蒸汽、油品含纤维、颗粒状高黏度液体	15～50	341
		YHQ11F-40	WCB	-30～180		15～50	341
		YHQ11F-64	WCB	-30～180		15～50	341
		YHQ11F-25P	1Cr18Ni9Ti	-30～180		15～50	341
		YHQ11F-40P	1Cr18Ni9Ti	-30～180		15～50	341
		YHQ11F-64P	1Cr18Ni9Ti	-30～180		15～50	341
		YHQ11F-25R	Cr18Ni72Mo2Ti	-30～180		15～50	341
		YHQ11F-40R	Cr18Ni72Mo2Ti	-30～180		15～50	341
		YHQ11F-64R	Cr18Ni12Mo2Ti	-30～180		15～50	341

续表

序号	名　称	型　号	阀体材质	使用温度/℃	适用介质	公称通径 DN	页次
15	整体斜面球阀（1）螺纹连接	YHQ11S-25	WCB	-30~300	水、蒸汽、油品含纤维、颗粒状、高黏度液体	15~50	342
		YHQ11S-40	WCB	-30~300		15~50	342
		YHQ11S-64	WCB	-30~300		15~50	342
		YHQ11S-25P	1Cr18Ni9Ti	-30~300		15~50	342
		YHQ11S-40P	1Cr18Ni9Ti	-30~300		15~50	342
		YHQ11S-64P	1Cr18Ni9Ti	-30~300		15~50	342
		YHQ11S-25R	Cr18Ni12Mo2Ti	-30~300		15~50	342
		YHQ11S-40R	Cr18Ni12Mo2Ti	-30~300		15~50	342
		YHQ11S-64R	Cr18Ni12Mo2Ti	-30~300		15~50	342
		YHQ11S-25P_3	00Cr19Ni11	-30~300		15~50	342
		YHQ11S-40P_3	00Cr19Ni11	-30~300		15~50	342
		YHQ11S-64P_3	00Cr19Ni11	-30~300		15~50	342
		YHQ11S-25R_3	00Cr17Ni14Mo2	-30~300		15~50	342
		YHQ11S-40R_3	00Cr17Ni14Mo2	-30~300		15~50	342
		YHQ11S-64R_3	00Cr17Ni14Mo2	-30~300		15~50	342
		YHQ11M-25	WCB	-30~4		15~50	342
		YHQ11M-40	WCB	-30~4		15~50	342
		YHQ11M-64	WCB	-30~4		15~50	342
		YHQ11M-25P	1Cr18Ni9Ti	-30~400		15~50	342
		YHQ11M-40P	1Cr18Ni9Ti	-30~400		15~50	342
		YHQ11M-64P	1Cr18Ni9Ti	-30~400		15~50	342
		YHQ11M-25R	Cr18Ni12Mo2Ti	-30~400		15~50	342
		YHQ11M-40R	Cr18Ni12Mo2Ti	-30~400		15~50	342
		YHQ11M-64R	Cr18Ni12Mo2Ti	-30~400		15~50	342
		YHQ11M-25P_3	00Cr19Ni11	-30~400		15~50	342
		YHQ11M-40P_3	00Cr19Ni11	-30~400		15~50	342
		YHQ11M-64P_3	00Cr19Ni11	-30~400		15~50	342
		YHQ11M-25R_3	00Cr17Ni14Mo2	-30~400		15~50	343
		YHQ11M-40R_3	00Cr17Ni14Mo2	-30~400		15~50	343
		YHQ11M-64R_3	00Cr17Ni14Mo2	-30~400		15~50	343
	整体斜面球阀(2)法兰连接	YHQ41F-16C	WCB	-30~180	水、蒸汽、油品含纤维、颗粒状高黏度液体	15~250	343
		AEQ41F-16C	WCB	-28~180		15~250	343
		YHQ41F-25	WCB	-30~180		15~250	343
		AEQ41F-25	WCB	-28~180		15~250	343
		YHQ41F-40	WCB	-30~180		15~250	343
		AEQ41F-40	WCB	-28~180		15~250	343
		YHQ41F-64	WCB	-30~180		15~250	343
		AEQ41F-64	WCB	-28~180		15~250	343

续表

序号	名　称	型　号	阀体材质	使用温度/℃	适用介质	公称通径 DN	页次
15	整体斜面球阀(2)法兰连接	YHQ41F-16P	1Cr18Ni9Ti	-30~180	硝酸类	15~250	344
		YHQ41F-16R	Cr18Ni12Mo2Ti	-30~180	醋酸类	15~250	344
		AEQ41F-16P	1Cr18Ni9Ti	-28~180	硝酸类	15~250	344
		AEQ41F-16R	Cr18Ni12Mo2Ti	-28~180	醋酸类	15~250	344
		YHQ41F-25P	1Cr18Ni9Ti	-30~180	硝酸类	15~250	344
		YHQ41F-25R	Cr18Ni12Mo2Ti	-30~180	醋酸类	15~250	344
		AEQ41F-25P	1Cr18Ni9Ti	-28~180	硝酸类	15~250	344
		AEQ41F-25R	Cr18Ni12Mo2Ti	-28~180	醋酸类	15~250	344
		YHQ41F-40P	1Cr18Ni9Ti	-30~180	硝酸类	15~250	344
		YHQ41F-40R	Cr18Ni12Mo2Ti	-30~180	醋酸类	15~250	344
		AEQ41F-40P	1Cr18Ni9Ti	-28~180	硝酸类	15~250	344
		AEQ41F-40R	Cr18Ni12Mo2Ti	-28~180	醋酸类	15~250	344
		YHQ41F-64P	1Cr18Ni9Ti	-30~180	水、蒸汽、油品含纤维、颗粒状高黏度液体	15~250	344
		YHQ41F-64R	Cr18Ni12Mo2Ti	-30~180		15~250	344
		AEQ41F-64P	1Cr18Ni9Ti	-28~180		15~250	344
		AEQ41F-64R	Cr18Ni12Mo2Ti	-28~180		15~250	344
		YHQ41S-16C	WCB	-30~300	水、蒸汽、油品含纤维、颗粒状高黏度液体	15~250	345
		AEQ41S-16C	WCB	-28~300		15~250	345
		YHQ41S-25	WCB	-30~300		15~250	345
		AEQ41S-25	WCB	-28~300		15~250	345
		YHQ41S-40	WCB	-30~300		15~250	345
		AEQ41S-40	WCB	-28~300		15~250	345
		YHQ41S-64	WCB	-30~300		15~250	345
		AEQ41S-64	WCB	-28~300		15~250	345
		YHQ41S-16P	1Cr18Ni9Ti	-30~300	水、蒸汽、油品含纤维、颗粒状高黏度液体	15~250	346
		YHQ41S-16R	Cr18Ni12Mo2Ti	-30~300		15~250	346
		AEQ41S-16P	1Cr18Ni9Ti	-28~300		15~250	346
		AEQ41S-16R	Cr18Ni12Mo2Ti	-28~300		15~250	346
		YHQ41S-25P	1Cr18Ni9Ti	-30~300		15~250	346
		YHQ41S-25R	Cr18Ni12Mo2Ti	-30~300		15~250	346
		AEQ41S-25P	1Cr18Ni9Ti	-28~300		15~250	346
		AEQ41S-25R	Cr18Ni12Mo2Ti	-28~300		15~250	346
		YHQ41S-40P	1Cr18Ni9Ti	-30~300		15~250	346
		YHQ41S-40R	Cr18Ni12Mo2Ti	-30~300		15~250	346
		AEQ41S-40P	1Cr18Ni9Ti	-28~300		15~250	346
		AEQ41S-40R	Cr18Ni12Mo2Ti	-28~300		15~250	346
		YHQ41S-64P	1Cr18Ni9Ti	-30~300		15~250	346

续表

序号	名　称	型　号	阀体材质	使用温度/℃	适用介质	公称通径 DN	页次
15	整体斜面球阀(2)法兰连接	YHQ41S-64R	Cr18Ni12Mo2Ti	-30~300	水、蒸汽、油品含纤维、颗粒状高黏度液体	15~250	346
		AEQ41S-64P	1Cr18Ni9Ti	-28~300		15~250	346
		AEQ41S-64R	Cr18Ni12Mo2Ti	-28~300		15~250	346
		YHQ41S-16P_3	00Cr19Ni11	-30~300		15~250	347
		YHQ41S-16R_3	00Cr17Ni14Mo2	-30~300		15~250	347
		YHQ41S-25P_3	00Cr19Ni11	-30~300		15~250	347
		YHQ41S-25R_3	00Cr17Ni14Mo2	-30~300		15~250	347
		YHQ41S-40P_3	00Cr19Ni11	-30~300		15~250	347
		YHQ41S-40R_3	00Cr17Ni14Mo2	-30~300		15~250	347
		YHQ41S-64P_3	00Cr19Ni11	-30~300		15~250	347
		YHQ41S-64R_3	00Cr17Ni14Mo2	-30~300		15~250	347
		YHQ41M-16C	WCB	-30~400	水、蒸汽、油品含纤维、颗粒状高黏度液体	15~250	348
		YHQ41M-25	WCB	-30~400		15~250	348
		YHQ41M-40	WCB	-30~400		15~250	348
		YHQ41M-64	WCB	-30~400		15~250	348
		YHQ41M-16P	1Cr18Ni9Ti	-30~400		15~250	349
		YHQ41M-16R	Cr18Ni12Mo2Ti	-30~400		15~250	349
		YHQ41M-25P	1Cr18Ni9Ti	-30~400		15~250	349
		YHQ41M-25R	Cr18Ni12Mo2Ti	-30~400		15~250	349
		YHQ41M-40P	1Cr18Ni9Ti	-30~400		15~250	349
		YHQ41M-40R	Cr18Ni12Mo2Ti	-30~400		15~250	349
		YHQ41M-64P	1Cr18Ni9Ti	-30~400		15~250	349
		YHQ41M-64R	Cr18Ni12Mo2Ti	-30~400		15~250	349
		YHQ41M-16P_3	00Cr19Ni11	-30~400		15~250	350
		YHQ41M-16R_3	00Cr17Ni14Mo2	-30~400		15~250	350
		YHQ41M-25P_3	00Cr19Ni11	-30~400		15~250	350
		YHQ41M-25R_3	00Cr17Ni14Mo2	-30~400		15~250	350
		YHQ41M-40P_3	00Cr19Ni11	-30~400		15~250	350
		YHQ41M-40R_3	00Cr17Ni14Mo2	-30~400		15~250	350
		YHQ41M-64P_3	00Cr19Ni11	-30~400		15~250	350
		YHQ41M-64R_3	00Cr17Ni14Mo2	-30~400		15~250	350
	整体斜面球阀(3)承插焊连接	YHQ61F-25	WCB	-30~180	水、蒸汽、油品含纤维、颗粒状高黏度液体	10~50	351
		YHQ61F-40	WCB	-30~180		10~50	351
		YHQ61F-64	WCB	-30~180		10~50	351
		YHQ61F-25P	1Cr18Ni9Ti	-30~180		10~50	351
		YHQ61F-40P	1Cr18Ni9Ti	-30~180		10~50	351
		YHQ61F-64P	1Cr18Ni9Ti	-30~180		10~50	351
		YHQ61F-25R	Cr18Ni12Mo2Ti	-30~180		10~50	351
		YHQ61F-40R	Cr18Ni12Mo2Ti	-30~180		10~50	351
		YHQ61F-64R	Cr18Ni12Mo2Ti	-30~180		10~50	351

续表

序号	名　称	型　号	阀体材质	使用温度/℃	适用介质	公称通径 *DN*	页次
15	整体斜面球阀(3)承插焊连接	YH161S-25	WCB	-30～300	水、蒸汽、油品含纤维、颗粒状高黏度液体	10～50	351
		YHQ61S-40	WCB	-30～300		10～50	351
		YHQ61S-64	WCB	-30～300		10～50	351
		YHQ61S-25P	1Cr18Ni9Ti	-30～300		10～50	351
		YHQ61S-40P	1Cr18Ni9Ti	-30～300		10～50	351
		YHQ61S-64P	1Cr18Ni9Ti	-30～300		10～50	351
		YHQ61S-25R	Cr18Ni12Mo2Ti	-30～300		10～50	351
		YHQ61S-40R	Cr18Ni12Mo2Ti	-30～300		10～50	351
		YHQ61S-64R	Cr18Ni12Mo2Ti	-30～300		10～50	351
		YHQ61S-25P_3	00Cr19Ni11	-30～300		10～50	352
		YHQ61S-40P_3	00Cr19Ni11	-30～300		10～50	352
		YHQ61S-64P_3	00Cr19Ni11	-30～300		10～50	352
		YHQ61S-25R_3	00Cr17Ni14Mo2	-30～300		10～50	352
		YHQ61S-40R_3	00Cr17Ni14Mo2	-30～300		10～50	352
		YHQ61S-64R_3	00Cr17Ni14Mo2	-30～300		10～50	352
		YHQ61M-25	WCB	-30～400		10～50	352
		YHQ61M-40	WCB	-30～400		10～50	352
		YHQ61M-64	WCB	-30～400		10～50	352
		YHQ61M-25P	1Cr18Ni9Ti	-30～400		10～50	352
		YHQ61M-40P	1Cr18Ni9Ti	-30～400		10～50	352
		YHQ61M-64P	1Cr18Ni9Ti	-30～400		10～50	352
		YHQ61M-25R	Cr18Ni12Mo2Ti	-30～400		10～50	352
		YHQ61M-40R	Cr18Ni12Mo2Ti	-30～400		10～50	352
		YHQ61M-64R	Cr18Ni12Mo2Ti	-30～400		10～50	352
		YHQ61M-25P_3	00Cr19Ni11	-30～400		10～50	352
		YHQ61M-40P_3	00Cr19Ni11	-30～400		10～50	352
		YHQ61M-64P_3	00Cr19Ni11	-30～400		10～50	352
		YHQ61M-25R_3	00Cr17Ni14Mo2	-30～400		10～50	352
		YHQ61M-40R_3	00Cr17Ni14Mo2	-30～400		10～50	352
		YHQ61M-64R_3	00Cr17Ni14Mo2	-30～400		10～50	352
16	撑开式金属密封球阀(1)手动(法兰连接)	TZQY H/W F-16C	WCB	≤425	水、蒸汽、油品	50～400	353
		TZQY H/W F-16I	1Cr5Mo	≤550	轻、微腐蚀油品	50～400	353
		TZQY H/W F-16P	0Cr18Ni9	-196～650	腐蚀性介质	50～400	353
		TZQY H/W F-25	WCB	≤425	水、蒸汽、油品	50～400	353

续表

序号	名　称	型　号	阀体材质	使用温度/℃	适用介质	公称通径 DN	页次
16	撑开式金属密封球阀（1）手动（法兰连接）	H TZQY F-25I W	1Cr5Mo	≤550	轻、微腐蚀油品	50~400	353
		H TZQY F-25P W	0Cr18Ni9	-196~650	腐蚀性介质	50~400	353
		H TZQY F-40 W	WCB	≤425	水、蒸汽、油品	50~400	353
		H TZQY F-40I W	1Cr5Mo	≤550	轻、微腐蚀油品	50~400	353
		H TZQY F-40P W	0Cr18Ni9	-196~650	腐蚀性介质	50~400	353
		H TZQY F-64 W	WCB	≤425	水、蒸汽、油品	50~400	353
		H TZQY F-64I W	1Cr5Mo	≤550	轻、微腐蚀油品	50~400	353
		H TZQY F-64P W	0Cr18Ni9	-196~650	腐蚀性介质	50~400	353
		H TZQY F-100 W	WCB	≤425	水、蒸汽、油品	50~400	353
		H TZQY F-100I W	1Cr5Mo	≤550	轻、微腐蚀油品	50~400	353
		H TZQY F-100P W	0Cr18Ni9	-196~650	腐蚀性介质	50~400	353
	撑开式金属密封球阀（2）伞齿轮（法兰连接）	H TZQY F-16C-S W	WCB	≤425	水、蒸汽、油品	300~800	354
		H TZQY F-16I-S W	1Cr5Mo	≤550	轻、微腐蚀油品	300~800	354
		H TZQY F-16P-S W	0Cr18Ni9	-196~650	腐蚀性介质	300~800	354
		H TZQY F-25-S W	WCB	≤425	水、蒸汽、油品	300~800	354
		H TZQY F-25I-S W	1Cr5Mo	≤550	轻、微腐蚀油品	300~800	354
		H TZQY F-25P-S W	0Cr18Ni9	-196~650	腐蚀性介质	300~800	354
		H TZQY F-40-S W	WCB	≤425	水、蒸汽、油品	300~800	354
		H TZQY F-40I-S W	1Cr5Mo	≤550	轻、微腐蚀油品	300~800	354
		H TZQY F-40P-S W	0Cr18Ni9	-196~650	腐蚀性介质	300~800	354
		H TZQY F-64-S W	WCB	≤425	水、蒸汽、油品	200~500	354

续表

序号	名　称	型　号	阀体材质	使用温度/℃	适用介质	公称通径 *DN*	页次
16	撑开式金属密封球阀（2）伞齿轮（法兰连接）	H TZQY F-64I-S W	1Cr5Mo	≤550	轻、微腐蚀油品	200～500	354
		H TZQY F-64P-S W	0Cr18Ni9	-196～650	腐蚀性介质	200～500	354
		H TZQY F-100-S W	WCB	≤425	水、蒸汽、油品	200～400	354
		H TZQY F-100I-S W	1Cr5Mo	≤550	轻、微腐蚀油品	200～400	354
		H TZQY F-100P-S W	0Cr18Ni9	-196～650	腐蚀性介质	200～400	354
	撑开式金属密封球阀（3）气动（法兰连接）	H TZQY F-16C-Q W	WCB	≤425	水、蒸汽、油品	300～800	355
		H TZQY F-16I-Q W	1Cr5Mo	≤550	轻、微腐蚀油品	300～800	355
		H TZQY F-16P-Q W	0Cr18Ni9	-196～650	腐蚀性介质	300～800	355
		H TZQY F-25-Q W	WCB	≤425	水、蒸汽、油品	300～800	355
		H TZQY F-25I-Q W	1Cr5Mo	≤550	轻、微腐蚀油品	300～800	355
		H TZQY F-25P-Q W	0Cr18Ni9	-196～650	腐蚀性介质	300～800	355
		H TZQY F-40-Q W	WCB	≤425	水、蒸汽、油品	300～800	355
		H TZQY F-40I-Q W	1Cr5Mo	≤550	轻、微腐蚀油品	300～800	355
		H TZQY F-40P-Q W	0Cr18Ni9	-196～650	腐蚀性介质	300～800	355
		H TZQY F-64-Q W	WCB	≤425	水、蒸汽、油品	200～500	355
		H TZQY F-64I-Q W	1Cr5Mo	≤550	轻、微腐蚀油品	200～500	355
		H TZQY F-64P-Q W	0Cr18Ni9	-196～650	腐蚀性介质	200～500	355
		H TZQY F-100-Q W	WCB	≤425	水、蒸汽、油品	200～400	355
		H TZQY F-100I-Q W	1Cr5Mo	≤550	轻、微腐蚀油品	200～400	355
		H TZQY F-100P-Q W	0Cr18Ni9	-196～650	腐蚀性介质	200～400	355

续表

序号	名　称	型　号	阀体材质	使用温度/℃	适用介质	公称通径 *DN*	页次
16	撑开式金属密封球阀(4) 电动(法兰连接)	H TZQY F-16C-D W	WCB	≤425	水、蒸汽、油品	300~800	356
		H TZQY F-16I-D W	1Cr5Mo	≤550	轻、微腐蚀油品	300~800	356
		H TZQY F-16P-D W	0Cr18Ni9	-196~650	腐蚀性介质	300~800	356
		H TZQY F-25-D W	WCB	≤425	水、蒸汽、油品	300~800	356
		H TZQY F-25I-D W	1Cr5Mo	≤550	轻、微腐蚀油品	300~800	356
		H TZQY F-25P-D W	0Cr18Ni9	-196~650	腐蚀性介质	300~800	356
		H TZQY F-40-D W	WCB	≤425	水、蒸汽、油品	300~800	356
		H TZQY F-40I-D W	1Cr5Mo	≤550	轻、微腐蚀油品	300~800	356
		H TZQY F-40P-D W	0Cr18Ni9	-196~650	腐蚀性介质	300~800	356
		H TZQY F-64-D W	WCB	≤425	水、蒸汽、油品	200~500	356
		H TZQY F-64I-D W	1Cr5Mo	≤550	轻、微腐蚀油品	200~500	356
		H TZQY F-64P-D W	0Cr18Ni9	-196~650	腐蚀性介质	200~500	356
		H TZQY F-100-D W	WCB	≤425	水、蒸汽、油品	200~400	356
		H TZQY F-100I-D W	1Cr5Mo	≤550	轻、微腐蚀油品	200~400	356
		H TZQY F-100P-D W	0Cr18Ni9	-196~650	腐蚀性介质	200~400	356
	撑开式金属密封球阀(5) 伞齿轮(对焊连接)	H TZQY W-64-S W	WCB	≤425	水、蒸汽、油品	200~500	356
		H TZQY W-64I-S W	1Cr5Mo	≤550	轻、微腐蚀油品	200~500	356
		H TZQY W-64P-S W	0Cr18Ni9	-196~650	腐蚀性介质	200~500	356
		H TZQY W-100-S W	WCB	≤425	水、蒸汽、油品	200~400	356
		H TZQY W-100I-S W	1Cr5Mo	≤550	轻、微腐蚀油品	200~400	356
		H TZQY W-100P-S W	0Cr18Ni9	-196~650	腐蚀性介质	200~400	356

二、 球阀结构尺寸和质量

序号	名称	型号	公称通径 DN	结构尺寸/mm L	(L)	H	L_0	质量/kg	生产厂
1	内螺纹浮动球阀 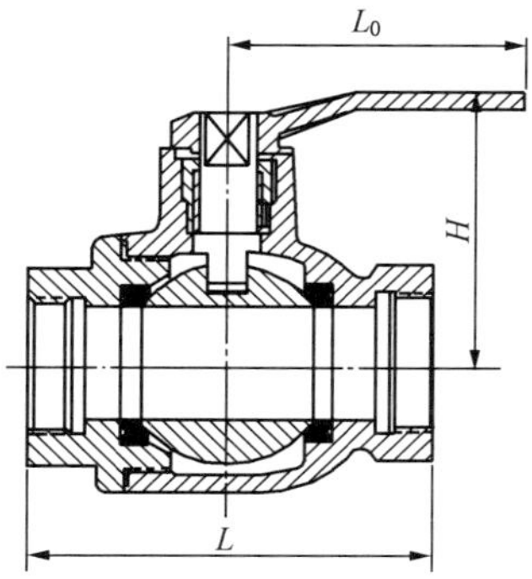 图 6-1	Q11F-16C	15	90		76	110	1.5	S. N. J、扬中、苏阀 DN15~50 自高 DN15~25 建湖 DN15~65
			20	100		81	110	2	
			25	115		92	140	4	
			32	130		114	180	5	
			40	150		125	180	7.5	
			50	170		144	180	9	
			65	200		154	250	12	
		Q11F-25	10	80	56	57	95	0.5	苏阀、保一 DN15~50 建湖、安科、 启东 DN15~55 (玉环 DN10~50)
			15	90	68	76	110	1.5(0.5)	
			20	100	78	81	110	2(0.7)	
			25	115	86	92	140	4(1)	
			32	130	95	114	180	5	
			40	150	106	125	180	7.5(2.3)	
			50	170	130	144	180	10(3.3)	
			65	200		154	250	13(5)	
		Q11F-40	10	80	56	57	95	0.4	S. N. J DN15~20 (玉环、正华 DN15~50) 建湖、苏阀、保一 DN15~50
			15	90	68	80	110	1	
			20	100	78	85	110	2	
			25	115	86	92	140	2	
			40	130	106	100	180	2.3	
			50	150	130	110	180	3.3	
		Q11F-64	10	75	56			0.4	自高 DN15~25 S. N. J、建湖 DN15~50 (玉环、正华 DN10~50)
			15	75	68	51	105	1	
			20	80	78	54	110	2	
			25	90	86	63	150	2	
			32	110	95	100	150	2	
			40	120	106	100	180	2.3	
			50	140	130	110	220	3.3	
		Q11F-16R	15	90		76	160	1	启东 DN15~65 S. N. J、建湖、 苏阀、保一 DN15~50
			20	100		81	160	1.5	
			25	115		92	160	2.5	
			32	130		114	250	3.5	
			40	150		125	250	6	
			50	170		144	350	6.5	
			65	200		154		12	

序号	名　　称	型　号	公称通径 DN	结构尺寸/mm L	(L)	H	L_0	质量/kg	生　产　厂
1	内螺纹浮动球阀 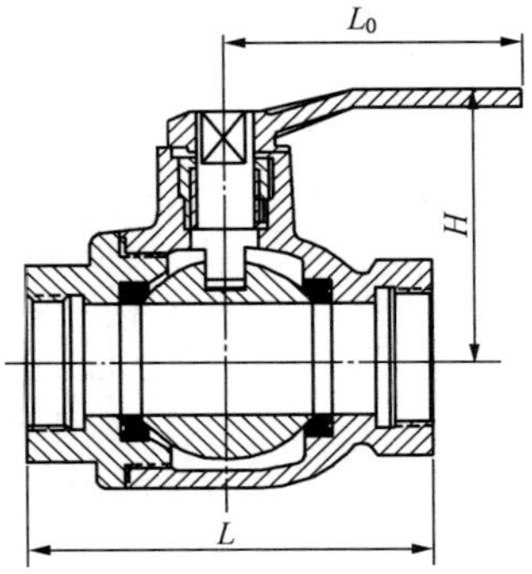 图 6-1	Q11F-25R	15	90	68	76	160	1.5	建湖、安科 启东 DN15~65 S. N. J、建湖、 （玉环）、保一、 苏阀 DN15~50
			20	100	78	81	160	2	
			25	115	86	92	160	2.5	
			32	130	95	114	250	5	
			40	150	106	125	250	7.5	
			50	170	130	144	350	10	
			65	200		154	350	13	
		Q11F-40R	15	90	68	80	160	1	S. N. J、 建湖、（玉环）、保一、 苏阀、正华 DN15~50
			20	100	78	85	160	2	
			25	115	86	92	160	2	
			32	130	95	118	250	3	
			40	150	106	126	250	4.5	
			50	180	130	145	350	7.5	
		Q11F-64R	8	60		56	110	0.4	建湖 DN15~50 （玉环 DN10~50） 正华 DN8~50
			10	60	56	58	110	0.4	
			15	60	68	58	110	0.4	
			20	67.3	78	62	110	0.5	
			25	73	86	68	110	0.7	
			32	90	95	75	150	1.1	
			40	97.5	106	83	150	1.8	
			50	112	130	93	180	2.5	
		Q11F-16P	15	90		80	160	1	S. N. J、扬中、 建湖、保一 苏阀 DN15~50
			20	100		85	160	1.5	
			25	115		92	160	2	
			32	130		118	250	3	
			40	150		126	250	4.5	
			50	170		145	350	7.5	
		Q11F-25P	15	90	68	80	160	1.5	安科、启东 DN15~65 扬中、建湖、 （玉环）、保一、 苏阀 DN15~50
			20	100	78	85	160	2	
			25	115	86	92	160	2.5	
			32	130	95	118	250	5	
			40	150	106	126	250	6.5	
			50	170	130	145	350	10	
			65	200		144	350	13	

序号	名　称	型　号	公称通径 DN	结构尺寸/mm L	(L)	H	L_0	质量/kg	生　产　厂
1	内螺纹浮动球阀 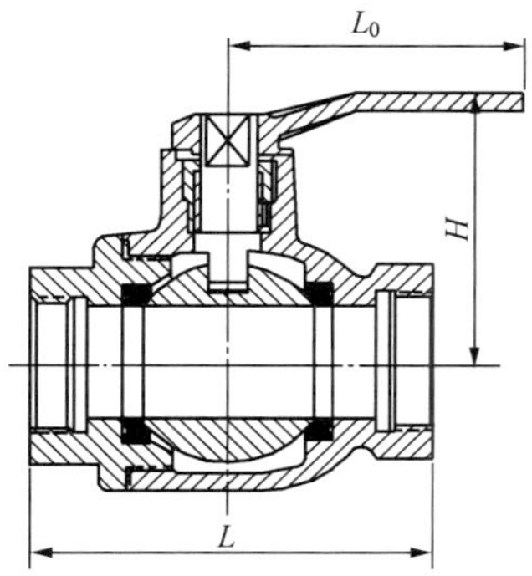 图 6-1	Q11F-40P	15	90	68	80	160	1	S. N. J、建湖、玉环、苏阀、保一、扬中 DN15～50 西高 DN25～40
			20	100	78	85	160	2	
			25	115	86	92	160	2	
			32	130	95	118	250	3	
			40	150	106	126	250	4. 5	
			50	170	130	145	350	7. 5	
		CQ11F-64P	8	60		56	110	0. 4	建湖 DN15～50 玉环 DN10～50
			10	60	56	58	110	0. 4	
			15	60	68	58	110	0. 4	
			20	67. 3	78	62	110	0. 5	
			25	73	86	68	110	0. 7	
			32	90	95	75	150	1. 8	
			40	97. 5	106	83	150	1. 8	
			50	112	130	93	180	2. 8	
		Q13SA-25	15	90		92	200	2	大高 DN15～50
			20	100		102	200	2	
			25	170		108	250	3	
			32	122		121	250	6	
			40	140		138	300	13	
			50	211		146	300	20	
		Q13SA-40	15	90		92	200	2	大高 DN15～50
			20	100		102	200	3	
			25	110		108	250	4	
			32	122		121	250	5	
			40	140		138	300	7	
			50	211		146	300	10	
		Q13SA-160	15	125		92	200	2	大高 DN15～25
			20	140		102	200	3	
			25	150		108	250	4	
		Q13SA-40P	15	90		92	200	2	大高 DN15～25
			20	100		102	200	3	
			25	110		108	250	4	
		Q13SA-40R	15	90		92	200	2	大高 DN15～25
			20	100		102	200	3	
			25	110		108	250	4	

续表

序号	名称	型号	公称通径 DN	结构尺寸/mm L	L_1	H	L_0	质量/kg	生产厂
2	外螺纹浮动直通式球阀	Q21F-16C	10	90		63	120	1	自高、保一 DN10~25
			15	100		76	140	1. 2	
			20	115		82	160	1. 5	
			25	130		94	160	2. 5	
		Q21F-25	10	90		63	120	1	自高、正华、保一 DN10~25
			15	100		76	140	1. 2	
			20	115		82	160	1. 5	
			25	130		94	160	2. 5	
		Q21F-40（图 6-2-2）	10	150	71	63	120	1	扬中、自高、保一、S. N. J、正华 DN10~25
			15	170	82	76	140	1. 2	
			20	195	96	82	160	1. 5	
			25	200	166	94	160	2. 5	
		Q21F-64	10	90		63	100	1. 5	S. N. J DN10~32
			15	100		76	120	2	
			20	115		82	120	2. 5	
			25	130		94	150	3	
			32	135		98	150	4	
		Q21F-16P	10	90		72	120	1	自高、S. N. J、保一 DN10~25
			15	100		76	140	1. 2	
			20	115		82	160	1. 5	
			25	130		94	160	2. 5	
		Q21F-25P	10	90		63	120	1	正华、自高、保一 DN10~25
			15	100		76	140	1. 2	
			20	115		82	160	1. 5	
			25	135		94	160	2. 5	
		Q21F-40P（图 6-2-2）	10	150	71	63	120	1	扬中 S. N. J、正华、保一 DN10~25
			15	170	82	76	140	1. 2	
			20	175	96	82	160	1. 5	
			25	220	106	94	160	2. 5	
		Q21F-64P	10	90		63	100	1. 5	SNJ DN10~32
			15	100		76	120	2	
			20	115		82	150	2. 5	
			25	130		94	150	3	
			32	135		98	150	4	

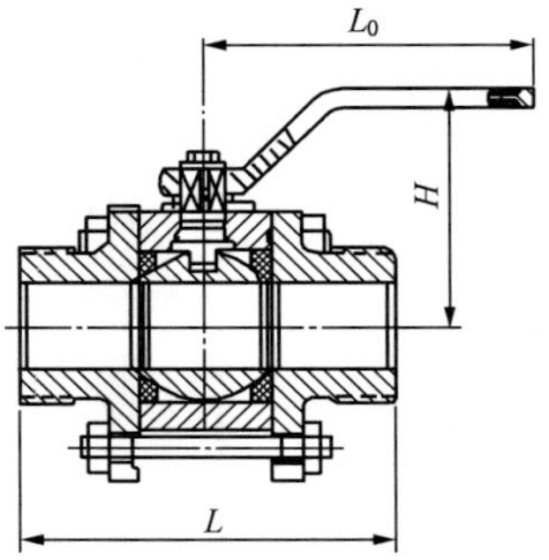

图 6-2-1

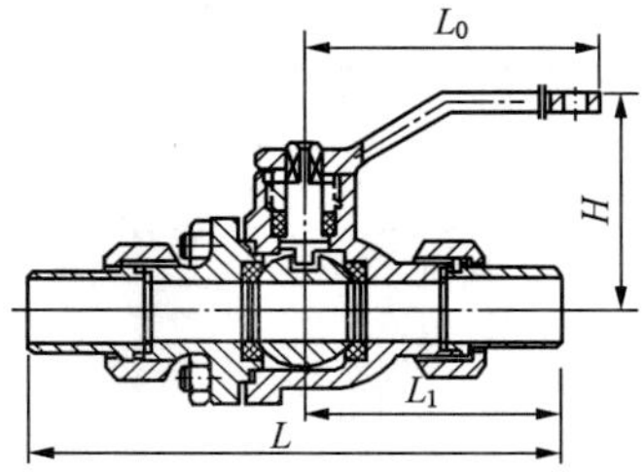

图 6-2-2

序号	名称	型号	公称通径 DN	结构尺寸/mm L	L_1	H	L_0	质量/kg	生产厂
2	同图 6-2-1	Q21F-40R	8	85		63	120	0.6	正华、保一 DN8~50
			10	85		63	120	0.6	
			15	85		76	120	0.6	
			20	90		82	120	0.6	
			25	100		94	140	1.9	
			32	120		98	160	2	
			40	135		115	160	2.5	
			50	140		135	180	3.5	
		Q21F-64R	10	90		63	120	1.5	正华 DN10~32
			15	100		76	120	2	
			20	115		82	120	2.5	
			25	130		94	140	3	
			32	135		98	160	4	
3	法兰直通式浮动球阀 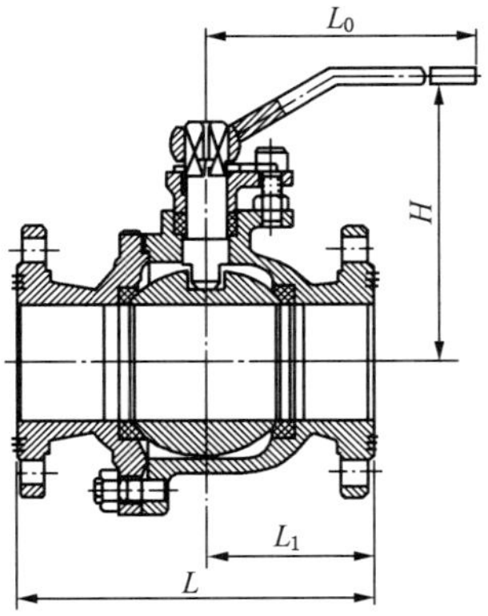 图 6-3-1	Q41F-6C	15	96	119	50	100	1.5	S. N. J DN15~100
			20	105	133	60	100	2	
			25	120	148	75	100	2.5	
			32	130	162	100	100	3	
			40	150	182	115	150	4	
			50	165	197	135	150	6	
			65	185	217	152	250	10	
			80	210	246	175	250	13	
			100	235	271	182	250	20	
		Q41F-16C	15	130	57	82	100	3	南方、苏阀、上阀、精工、永嘉、纽威、建湖、良精、S. N. J、玉环、伯特利、保一、承高 DN15~200 北阀 DN15~100 正华 DN15~150 开阀 DN100~200
			20	150	62	100	160	4	
			25	160	71	103	160	5	
			32	165	78	103	160	10	
			40	180	73	122	250	14	
			50	200	97	132	250	20	
			65	220	98	157	300	25	
			80	250	121	177	300	30	
			100	280	132	203	400	40	
			125	320	150	250	600	65	
			150	360	170	275	800	83	
			200	400	200	335	1200	153	

序号	名　　称	型　号	公称通径 *DN*	结构尺寸/mm L	L_1	H	L_0	质量/kg	生　产　厂
3	法兰直通式浮动球阀 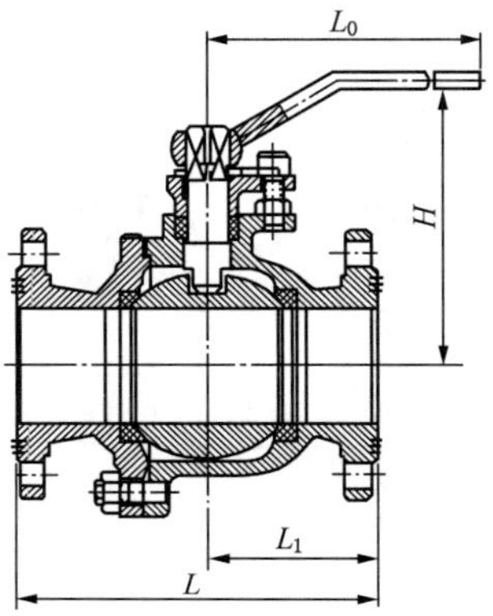 图 6-3-1	Q41F-25	15	130	57	82	100	3	苏阀、南方、上阀、精工、永嘉、纽威、建湖、良精、*S. N. J*、玉环、伯特利、保一、承高 *DN*15～200 北阀 *DN*15～200 大洋 *DN*15～50 正华、扬中 *DN*15～150
			20	140	62	100	160	4	
			25	150	71	104	160	5	
			32	165	73	134	250	10	
			40	185	78	140	250	14	
			50	200	85	155	300	20	
			65	220	100	160	300	25	
			80	250	114	200	400	50	
			100	320	130	222	400	70	
			125	400	190	240	1000	80	
			150	400	190	295	1200	101	
			200	550	230	363	1200	216	
		Q41F-40	15	130	57	82	100	3	苏阀、永嘉、纽威、伯特利、精工、良精、*S. N. J*、玉环、建湖、保一、承高 *DN*15～200 北阀 *DN*15～100 锦阀 *DN*25 南方、正华 *DN*15～150 大洋 *DN*15～50 开阀 *DN*32～100
			20	140	62	100	160	4	
			25	150	71	104	160	5	
			32	180	73	134	250	10	
			40	200	78	140	250	14	
			50	220	85	155	300	20	
			65	250	100	180	300	25	
			80	280	114	200	400	50	
			100	320	150	222	400	70	
			125	400	190	240	1000	80	
			150	400	190	295	1200	101	
			200	550	230	363	1200	216	
	法兰直通式浮动球阀 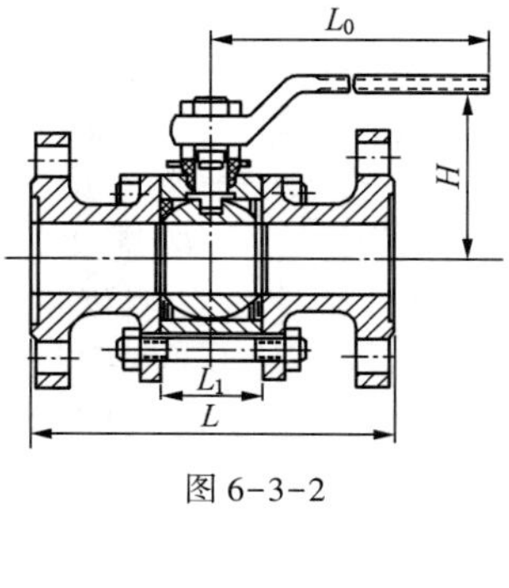 图 6-3-2	Q41F-64	32	229	49	98	250	8	精工、永嘉、*S. N. J*、良精、建湖、保一 *DN*32～80 南方、承高 *DN*32～100 开阀 *DN*50～100
			40	241	60	110	250	12	
			50	292	70	114	300	15	
			65	330	88	127	300	23	
			80	356		152	400	36	
			100	432		178	700	66	
		Q41F-160	80	572	161	163	300	150	沈阀 *DN*80～150
			100	610	188	183	600	200	
			125	748	216	270	600	350	
			150	793	260	300	800	500	
		Q41F-320	65	454	130	148	400	108	沈阀

序号	名称	型号	公称通径 DN	结构尺寸/mm L	L_1	H	L_0	质量/kg	生产厂
3	法兰直通式浮动球阀	Q41F-6P	15	95	38	50	100	1.5	*S. N. J* *DN*15~100
			20	105	44	60	100	2	
			25	120	50	75	100	2.5	
			32	130	51	100	100	3	
			40	150	67	115	150	4	
			50	165	75	135	150	6	
			65	185	85	152	250	10	
			80	210	100	175	250	13	
			100	235	115	182	250	20	
		Q41F-16P	15	130	57	82	100	3	苏阀、永嘉、良精、纽威、建湖、*S. N. J*、扬中、兰高、伯特利、承高、锡山 *DN*15~200 北阀 *DN*15~150 西高、锦阀、*DN*15~100 开阀 *DN*100~200
			20	140	62	100	160	4	
			25	150	71	103	160	5	
			32	165	73	103	160	10	
			40	180	78	122	250	14	
			50	200	85	132	250	20	
			65	220	98	157	300	25	
			80	250	121	177	300	30	
			100	280	132	203	400	40	
			125	320	150	250	600	65	
			150	360	170	275	800	80	
			200	400	200	335	1200	153	
		Q41F-25P	15	130	57	82	100	3	苏阀、伯特利、永嘉、建湖、锡山、*S. N. J*、良精、纽威、承高 *DN*15~200 北阀、西高 *DN*15~100 锦阀 *DN*15、20 正华、扬中 *DN*15~150
			20	140	62	100	160	4	
			25	150	71	104	160	5	
			32	160	73	134	250	10	
			40	180	78	140	250	14	
			50	200	85	155	300	20	
			65	220	100	180	300	25	
			80	250	114	200	400	30	
			100	320	130	222	400	70	
			125	400	190	240	1000	80	
			150	400	190	295	1200	101	
			200	550	200	330	1200	216	

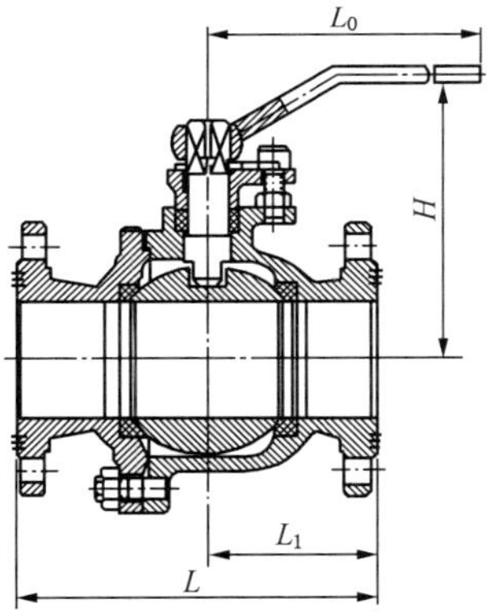

图 6-3-1

序号	名称	型号	公称通径 DN	结构尺寸/mm L	L_1	H	L_0	质量/kg	生产厂
3	法兰直通式浮动球阀 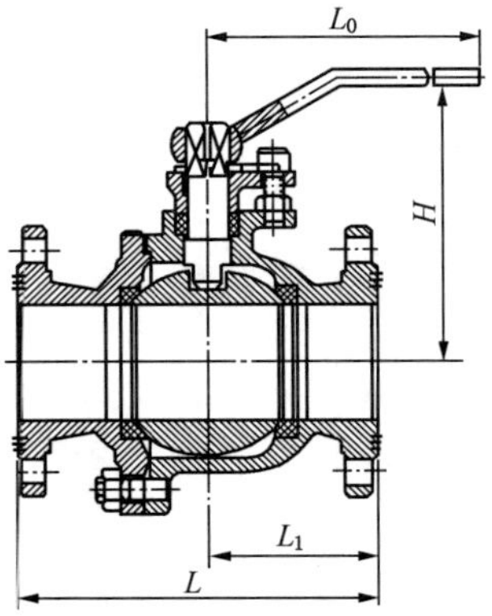 图 6-3-1	Q41F-40P	15	130	57	82	100	3	沈一 DN32~50 建湖、锡山、苏阀、良精、永嘉、纽威、保一、承高、伯特利 DN15~200 西高、北阀 DN15~100 正华、扬中 DN15~150 开阀 DN32~100
			20	140	62	100	160	4	
			25	150	71	104	160	5	
			32	180	73	134	250	10	
			40	200	78	140	250	14	
			50	220	85	155	300	20	
			65	250	100	180	300	25	
			80	280	113	200	400	50	
			100	320	130	222	400	70	
			125	400	190	240	1000	80	
			150	400	190	295	1200	101	
			200	550	200	330	1200	216	
		Q41F-64P	32	229	49	98	250	8	永嘉、S. N. J、良精、保一、建湖、承高 DN32~80 开阀 DN50~80
			40	241	60	110	250	12	
			50	292	70	114	300	15	
			65	330	88	127	300	23	
			80	356		152	400	36	
	法兰直通式浮动球阀 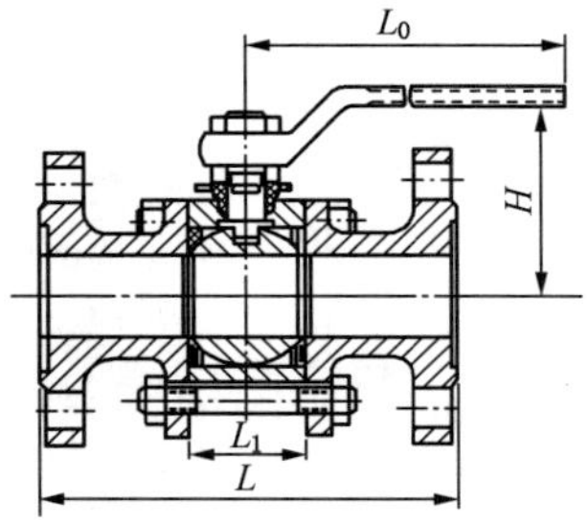 图 6-3-2	Q41SA-16P	50	210		190	250	20	沈阀 DN50~150
			65	225		230	300	25	
			80	245		235	300	30	
			100	285		245	400	35	
			125	320		260	600	50	
			150	360		275	800	80	
		BQ41F-16P	50	178		190	250	20	北阀
		Q41F-6R	15	95	38	50	100	1.5	S. N. J DN15~100
			20	105	44	60	100	2	
			25	120	50	75	100	2.5	
			32	130	51	100	100	3	
			40	150	67	115	150	4	
			50	165	75	135	150	6	
			65	185	85	152	250	10	
			80	210	100	175	250	13	
			100	235	115	185	250	20	

续表

序号	名　称	型　号	公称通径 DN	结构尺寸/mm L	L_1	H	L_0	质量/kg	生　产　厂
3	法兰直通式浮动球阀 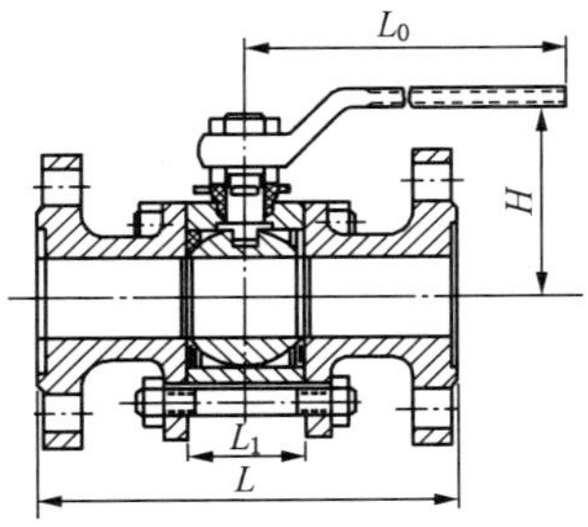 图 6-3-2	Q41F-16R	15	130	57	82	100	3	苏阀、S. N. J、兰高、良精、永嘉、纽威、伯特利、建湖、锡山、承高 DN15～200 沈阀、沈一、北阀、正华、扬中 DN15～150 锦阀 DN15～100 开阀 DN100～200
			20	140	62	100	160	4	
			25	150	71	103	160	5	
			32	165	73	103	160	10	
			40	180	78	122	250	14	
			50	200	85	132	250	20	
			65	220	98	157	300	25	
			80	250	121	177	300	30	
			100	280	132	203	400	40	
			125	320	150	250	600	65	
			150	360	170	275	800	80	
			200	400	200	335	1200	153	
		Q41F-25R	15	130	57	82	100	3	苏阀、永嘉、伯特利、建湖、锡山、S. N. J、良精、纽威、承高 DN15～200 沈一 DN32～80 西高、北阀 DN15～100 锦阀 DN15、210 正华、扬中 DN15～150
			20	140	62	100	160	4	
			25	150	71	104	250	5	
			32	165	73	134	250	10	
			40	185	78	140	300	14	
			50	200	85	155	300	20	
			65	220	100	180	300	25	
			80	250	114	200	400	30	
			100	320	130	222	400	70	
			125	400	190	240	1000	80	
			150	400	190	295	1200	101	
			200	550	200	363	1200	216	
		Q41F-40R	15	130	57	82	100	3	苏阀、永嘉、伯特利、建湖、锡山、S. N. J、良精、纽威、承高 DN15～200 沈一 DN32～50 西高、北阀 DN15～100 正华、扬中 DN15～150 开阀 DN32～100
			20	140	62	100	160	4	
			25	150	71	104	160	5	
			32	180	73	134	250	10	
			40	200	78	140	250	14	
			50	220	85	155	300	20	
			65	250	100	180	300	25	
			80	280	113	200	400	50	
			100	320	130	222	400	70	
			125	400	190	240	1000	80	
			150	400	190	295	1200	101	
			200	550	200	363	1200	216	

续表

序号	名称	型号	公称通径 DN	结构尺寸/mm L	L_1	H	L_0	质量/kg	生产厂
3	(同图 6-3-2)	Q41F-64R	32	229	49	98	250	8	永嘉、$S.N.J$、良精、承高、建湖 DN32~80 开阀 DN50~80
			40	241	60	110	250	12	
			50	292	70	114	300	15	
			65	330	88	127	300	23	
			80	356		152	400	36	
	法兰直通式浮动球阀 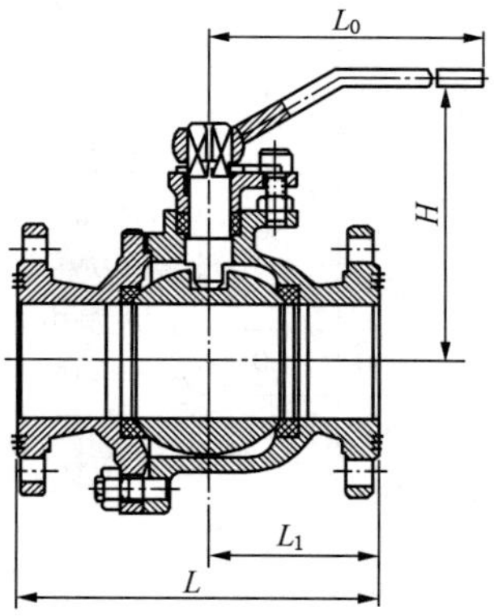 图 6-3-1	Q41F-16A	15	130		116		4	西高 DN15~200
			20	150		86		5	
			25	160		102		7	
			32	165		150		9	
			40	180		165		12	
			50	200		190		18	
			65	220		195		25	
			80	250		215		30	
			100	280		250		40	
			125	320		267		50	
			150	360		275		60	
			200	500		335		100	
		Q41F-25A	15	130		110		4	西高 DN15~100
			20	150		86		5	
			25	160		102		7	
			32	165		150		9	
			40	180		165		12	
			50	200		190		18	
			65	220		195		25	
			80	250		215		30	
			100	280		250		40	
		Q41F-40A	15	130		82		4	西高 DN15~100
			20	150		100		5	
			25	160		104		7	
			32	180		134		9	
			40	200		140		12	
			50	220		155		18	
			65	250		180		25	
			80	280		200		30	
			100	320		222		40	

续表

序号	名称	型号	公称通径 DN	结构尺寸/mm				质量/kg	生产厂
				L	L_1	H	L_0		
3	（同图 6-3-2）	Q41F-100A	15	165				5	西高 DN15~50
			20	190				6	
			25	216				8	
			32	229				10	
			40	241				15	
			50	292				25	
	法兰直通式浮动球阀 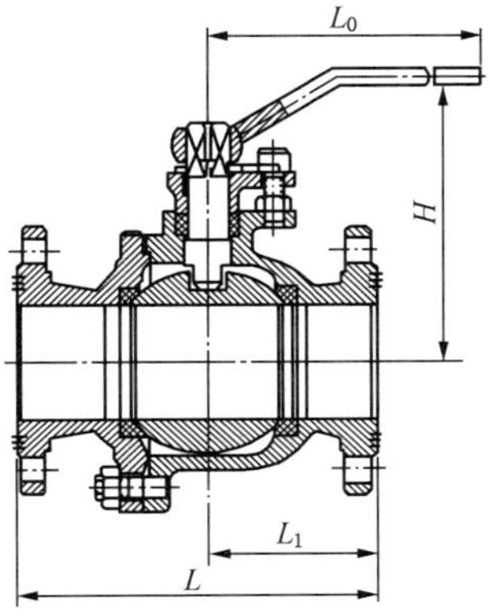 图 6-3-1	BQ41F-16A	25	160				10	西高 DN25、50
			50	200		172		25	
		Q41F-16MM	50	200		190		16.6	兰高 DN50、80、100
			80	250		215		30	
			100	280		250		42.5	
		Q41F-16Ha	100	280				62.5	北阀 DN100
		Q41F-25Ha	15	130				2.4	北阀 DN15~80
			20	140				3	
			25	150				4	
			50	220				23.6	
			65	250				30	
			80	280				36	
4	法兰高温球阀 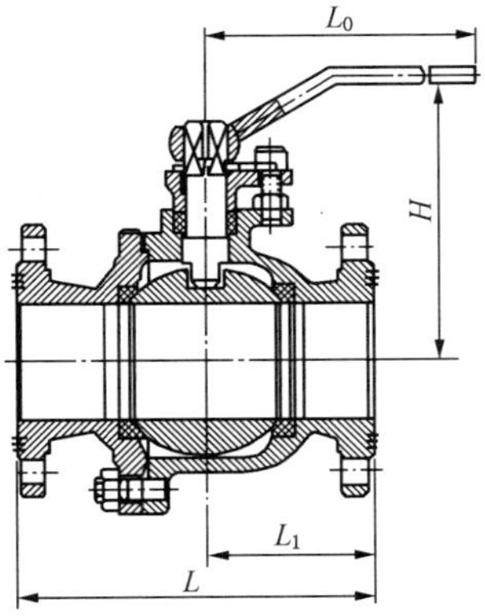 图 6-3-1	CQ41PPL-6C	25	150	65	123	160	4	超达 DN25~80
			32	165	71	150	250	5.5	
			40	180	71	155	250	7	
			50	200	85	172	350	9	
			65	220	100	197	350	13	
			80	250	114	222	450	18	
		CQ41PPL-16C	25	150	65	123	160	4	超达 DN25~80
			32	165	71	150	250	5.5	
			40	180	71	155	250	7	
			50	200	85	172	350	9	
			65	220	100	197	350	13	
			80	250	114	222	450	18	
		CQ41PPL-25	25	150	65	123	160	4.5	超达 DN25~80
			32	165	71	150	250	6	
			40	180	71	155	250	7.5	
			50	200	85	172	350	10	
			65	220	100	197	350	15	
			80	250	114	222	450	20	

续表

序号	名　　称	型　号	公称通径 DN	结构尺寸/mm				质量/kg	生　产　厂
				L	L_1	H	L_0		
4	法兰高温球阀 (同图 6-3-1)	CQ41PPL-40	25	150	66	104	160	5	超达 DN25~80
			32	180	69	134	250	7	
			40	200	73	140	250	9	
			50	220	85	150	300	12	
			65	250	100	180	300	18	
			80	280	113	220	400	20	

序号	名　　称	型　号	公称通径 DN	结构尺寸/mm				质量/kg	生　产　厂
				L	H	L_1	L_0		
5	手动金属密封法兰连接浮动球阀 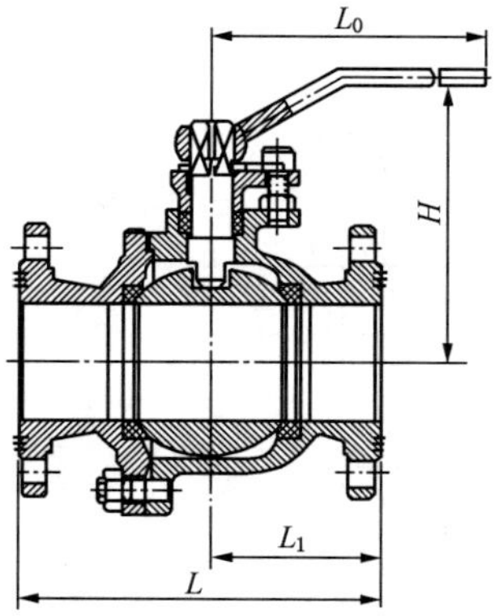 图 6-3-1	Q41Y-16C Q41Y-16P Q41Y-16R	15	108	62			2	超达、凯喜姆 DN15~200
			20	117	68			2.5	
			25	127	75			4	
			32	140	85			5.5	
			40	165	95			7	
			50	178	110			9	
			65	190	130			13	
			80	203	155			18	
			100	229	180			28	
			125	356	250			55	
			150	394	275			86	
			200	457	345			148	
		Q 41Y-25 Q 41Y-25P Q 41Y-25R	15	108	62			2.5	超达、凯喜姆 DN15~200
			20	117	68			3	
			25	127	75			4.5	
			32	140	85			6	
			40	165	95			7.5	
			50	178	110			10	
			65	190	130			15	
			80	203	155			20	
			100	229	180			32	
			125	356	250			60	
			150	394	275			92	
			200	457	330			175	

续表

序号	名称	型号	公称通径 DN	结构尺寸/mm L	H	L_1	L_0	质量/kg	生产厂
5	手动金属密封法兰连接浮动球阀 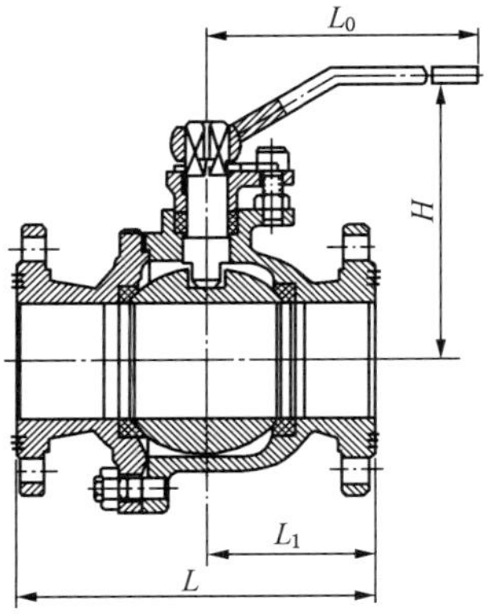 图 6-3-1	Q41Y-40 Q41Y-40P Q41Y-40R	15	140	62			3	超达、凯喜姆 DN15~20
			20	152	68			4	
			25	165	75			5	
			32	178	85			7	
			40	190	95			9	
			50	216	110			12	
			65	241	130			18	
			80	283	155			20	
			100	305	180			46	
			125	381	250			75	
			150	403	275			106	
			200	502	330			190	
	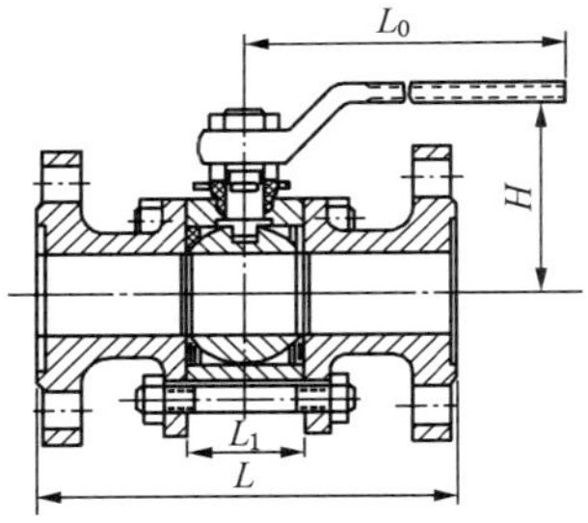 图 6-3-2	Q41Y-64 Q41Y-64P Q41Y-64R	15	140	70			4.5	超达、凯喜姆 DN15~150
			20	152	75			6	
			25	165	85			8	
			32	178	100			12	
			40	190	115			14	
			50	216	130			18	
			65	241	155			28	
			80	283	180			40	
			100	305	210			65	
			125	381	250			98	
			150	403	275			140	

序号	名称	型号	公称通径 DN	结构尺寸/mm L	L_1	H	L_0	质量/kg	生产厂
6	法兰球阀 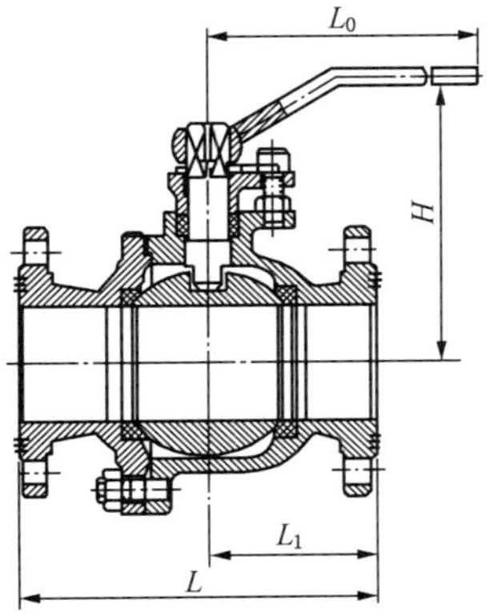 图 6-3-1	Q43SA-25	15	120	50	92	200	3	大高 DN15~50
			20	130	55	102	200	4	
			25	140	61	108	250	5	
			32	165	70	121	250	8	
			40	180	78	138	300	11	
			50	210	90	146	300	14	
		Q43SA-40	15	120	50	92	200	4	大高 DN15~50
			20	130	55	102	200	5	
			25	140	61	108	250	6	
			32	165	70	121	250	8	
			40	180	78	138	300	11	
			50	210	90	146	300	14	

序号	名称	型号	公称通径 DN	结构尺寸/mm L	L_1	H	L_0	质量/kg	生产厂
6	法兰球阀 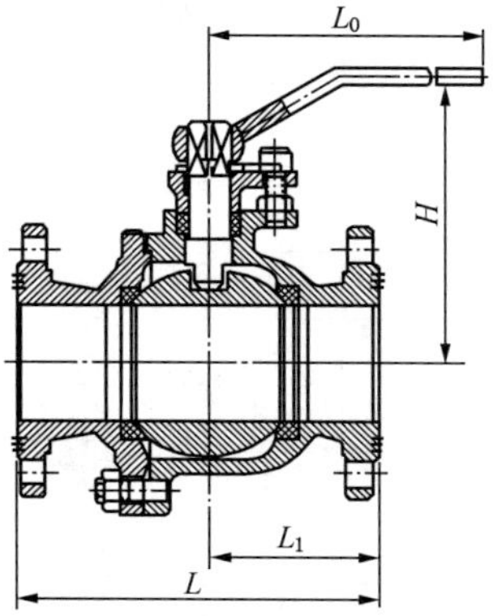 图 6-3-1	Q43SA-160	15	180	50	70	200	5	大高 DN15～25
			20	195	55	85	250	7	
			25	210	61	95	320	9	
		Q43SA-25P	15	120	50	92	200	3	大高 DN15～25
			20	130	55	102	200	4	
			25	140	61	108	250	5	
		Q43SA-40P	15	120	50	92	200	4	大高 DN15～50
			20	130	55	102	200	5	
			25	140	61	108	250	6	
			32	165	70	121	250	8	
			40	180	78	138	300	11	
			50	210	90	146	300	14	
		Q43SA-40R	15	120	50	92	200	4	大高 DN15～50
			20	130	55	102	200	5	
			25	140	61	108	250	6	
			32	165	70	121	250	8	
			40	180	78	138	300	11	
			50	210	90	146	300	14	
7	L 型三通球阀 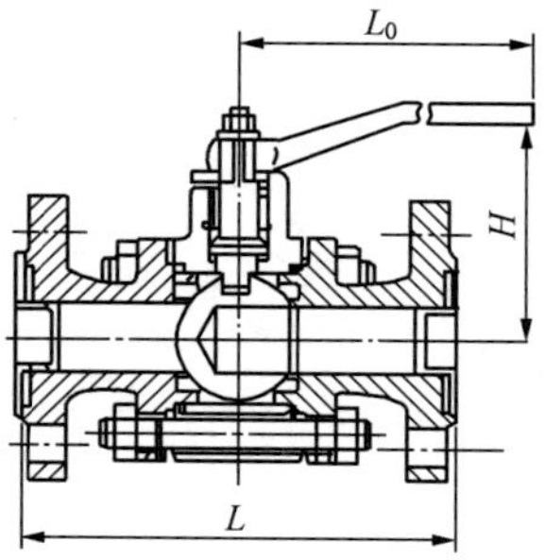 图 6-4	Q44F-25	15	140		85	200	10	正华、大泽 西高 DN15～50
			20	160		90	200	12	
			25	180		94	250	15	
			32	200		110	250	20	
			40	220		125	300	25	
			50	240		140	300	35	
		Q44F-40	15	140		85	200	10	大高 DN25、32 开阀，锦阀 DN25 大洋 DN15～50
			20	160		90	200	12	
			25	180		94	250	15	
			32	200		110	250	20	
			40	220		125	300	25	
			50	240		140	300	35	

序号	名称	型号	公称通径 DN	结构尺寸/mm L	H	L_0	质量/kg	生产厂
8	法兰直通式固定球阀 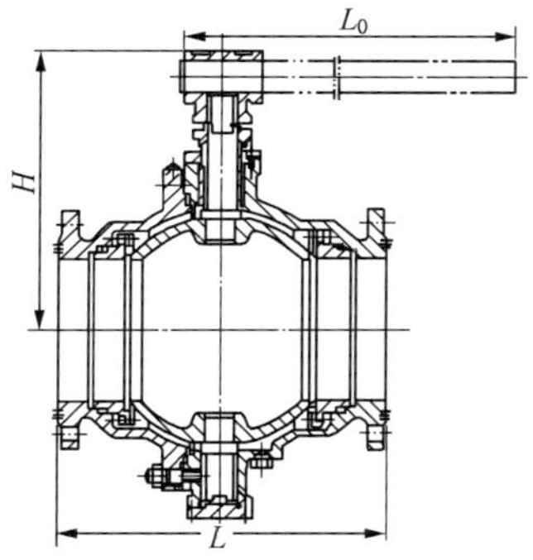 图 6-5	Q47F-16C	150	394	272	500	93	精工、弘盛、保一、承高 自高 DN150~600 建湖 DN150、200
			200	500	342	500	160	
			250	600	495	600	240	
			300	700	580	800	390	
			350	800	625	800	510	
			400	900	720	800	750	
			500	1000	840	800	1190	
			600	1450	1050	800	2100	
		Q47F-25	150	480	272	500	102	精工、弘盛、保一、承高 自高 DN150~700 建湖 DN150、200
			200	600	342	500	192	
			250	700	495	600	288	
			300	800	580	800	468	
			400	1000	720	800	863	
			500	1200	840	800	1369	
			600	1450	1050	800	2200	
			700	1700	1150	800	3000	
		Q47F-40	150	480	327	600	142	精工、弘盛、保一 自高 DN150~700 建湖 DN150、200
			200	600	374	800	287	
			250	700	495	800	430	
			300	800	580	800	530	
			350	900	625	800	740	
			400	1000	720	800	1030	
			500	1200	840	800	1540	
			600	1450	1050	800	2300	
			700	1700	1150	800	3200	
		Q47F-64	150	480	327	500	250	精工、弘盛、保一、承高 自高 DN150~700 建湖 DN150、200
			200	600	374	600	340	
			250	700	495	800	540	
			300	800	580	800	660	
			400	1000	720	800	1750	
			500	1200	840	800	1750	
			600	1450	1050	800	2415	
			700	1700	1150	800	3450	
		Q47F-100	150	559				自高、弘盛 DN150~400
			200	660				
			250	760				
			300	860				
			400	1096				

续表

序号	名称	型号	公称通径 DN	结构尺寸/mm L	结构尺寸/mm H	结构尺寸/mm L_0	质量/kg	生产厂
8	法兰直通式固定球阀 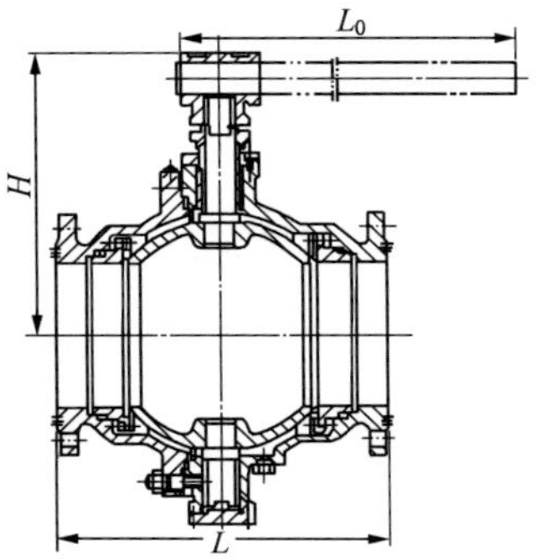 图 6-5	KQ47F-40	150	480	327	600	142	自高 DN150~700
			200	600	374	800	287	
			250	700	495	800	430	
			300	800	580	800	530	
			350	900	625	800	740	
			400	1000	720	800	1030	
			500	1200	840	800	1540	
			600	1450	1050	800	2300	
			700	1700	1150	800	3200	
		KQ47F-64	150	480	327	600	250	自高 DN150~700
			200	600	374	800	340	
			250	700	495	800	540	
			300	800	580	800	660	
			400	1000	720	800	1300	
			500	1200	840	800	1750	
			600	1450	1050	800	2415	
			700	1700	1150	800	3450	
		KQ47F-100	150	559				自高 DN150~400
			200	660				
			250	760				
			300	860				
			400	1096				
9	焊接直通浮动球阀（见图 6-6）	Q61F-25 Q61F-25$^{P}_{R}$	10	70	57	95	0.32	安科 DN10~100 苏阀 DN15~100
			15	75	68	110	0.48	
			20	90	70	110	0.68	
			25	100	80	140	1.2	
			32	110	85	140	1.9	
			40	128	100	180	2.7	
			50	154	110	180	3.8	
			65	193	130	200	7	
			80	222	150	250	11.4	
			100	273	170	250	20.3	

序号	名称	型号	公称通径 DN	结构尺寸/mm L	L_1	H	L_0	质量/kg	生产厂
9	焊接直通浮动球阀 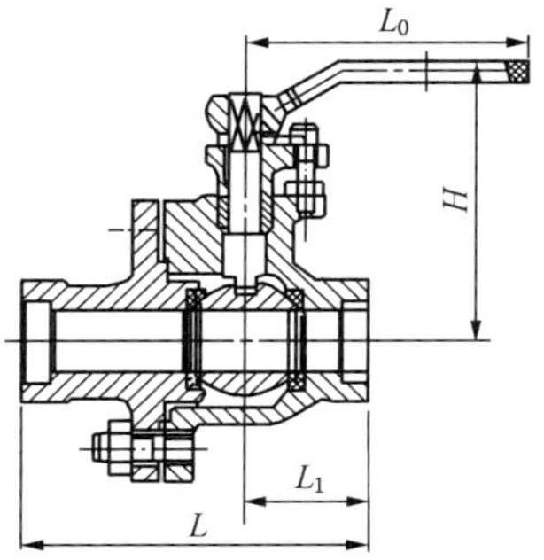 图 6-6	Q61F-40P	10	90	36	66	140	2	沈一 DN10~50 苏阀 DN15~50
			15	100	40	76	160	3	
			20	115	40	81	200	4	
			25	130	52	92	200	5	
			32	180	76	150	250	11	
			40	200	80	165	300	14	
			50	220	88	190	350	19	
		Q61F-40R	10	90	36	66	140	2	沈一 DN10~50 苏阀 DN15~50
			15	100	40	76	160	3	
			20	115	46	81	200	4	
			25	130	52	92	200	5	
			32	180	76	150	250	11	
			40	200	80	165	300	14	
			50	220	88	190	350	19	
10	焊接式高压球阀 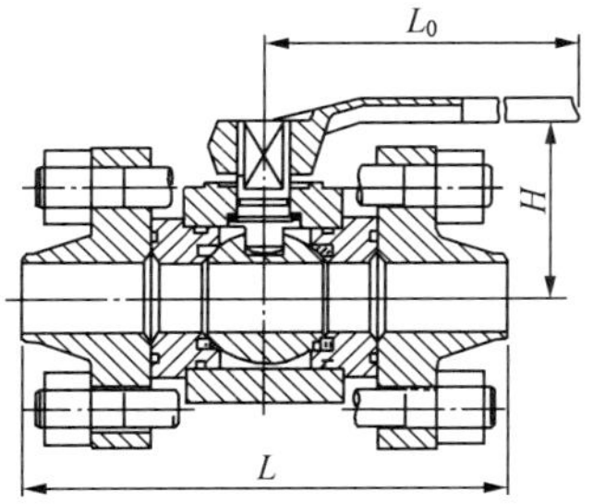 图 6-7	Q61N-160	10	150		58	160	4	S. N. J DN10~50
			15	170		62	160	4	
			20	191		75	250	6. 5	
			25	205		80	250	8	
			32	230		96	350	16	
			40	260		111	450	22. 5	
			50	330		128	450	35	
		Q61N-320	10	150		58	160	4	S. N. J DN10~50
			15	170		62	160	4	
			20	191		75	250	4. 5	
			25	205		80	250	8	
			32	230		96	350	16	
			40	260		111	450	22. 5	
			50	330		128	450	35	
11	蜗轮传动球阀 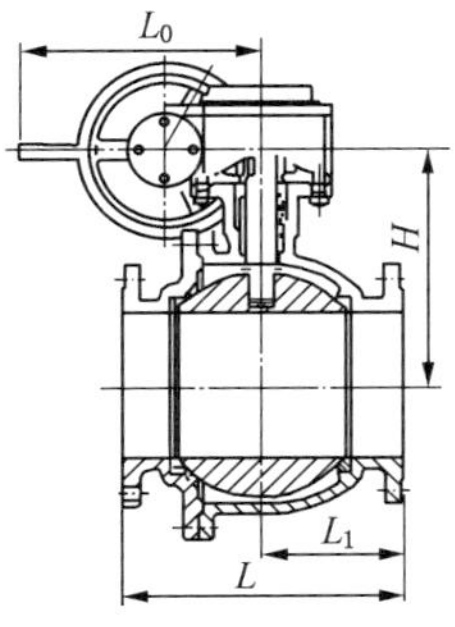 图 6-8	Q341F-16C	125	320	150	273	250	86	超达、精工、S. N. J DN125~200
			150	360	170	308	250	115	
			200	400	200	330	334	227	
		Q341F-25	125	381	200	539	250	110	超达、精工、S. N. J DN125~200
			150	403	200	588	250	127	
			200	502	250	595	250	290	
		Q341F-40	125	400	190	220	200	110	超达、精工、S. N. J DN125~200
			150	403	192	280	200	127	
			200	550	230	366	274	290	
		Q341F-16 P/R	125	320	150	273	250	86	超达、精工、苏阀、D. N. J DN125~200
			150	360	170	308	250	115	
			200	400	200	330	334	227	

续表

序号	名称	型号	公称通径 DN	结构尺寸/mm				质量/kg	生产厂
				L	L_1	H	L_0		
11	蜗轮传动球阀 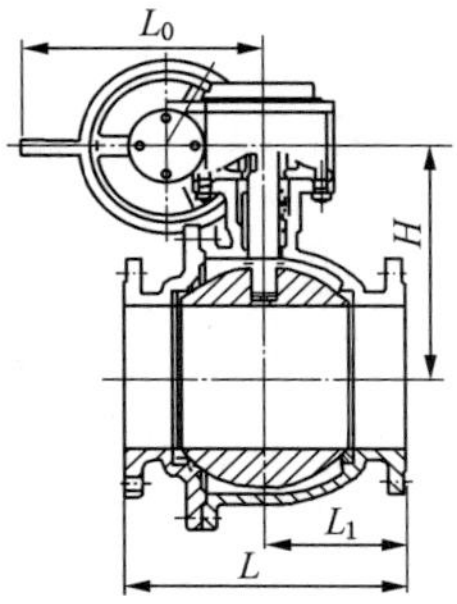 图 6-8	Q341F-25 P R	125	381	200	539	250	110	超达、精工、苏阀、*D. N. J* *DN*125~200
			150	403	200	588	250	127	
			200	502	250	595	250	290	
		Q341F-40 P R	125	400	190	220	200	110	超达、精工、苏阀、*D. N. J* *DN*125~200
			150	403	192	280	200	127	
			200	550	230	366	274	290	
		Q341Y-16C	125	356		380		85	超达、凯喜姆 *DN*125~200
			150	394		400		113	
			200	457		450		210	
		Q341Y-25	100	229		320		62	超达、凯喜姆 *DN*100~200
			125	356		380		90	
			150	394		400		119	
			200	457		450		210	
		Q341Y-40	100	305		320		76	超达、凯喜姆 *DN*100~200
			125	381		380		95	
			150	403		400		135	
			200	502		450		225	
		Q341Y-64	80	283		320		58	超达
			100	305		340		85	
			125	381		460		120	
			150	403		480		170	
12	气动球阀 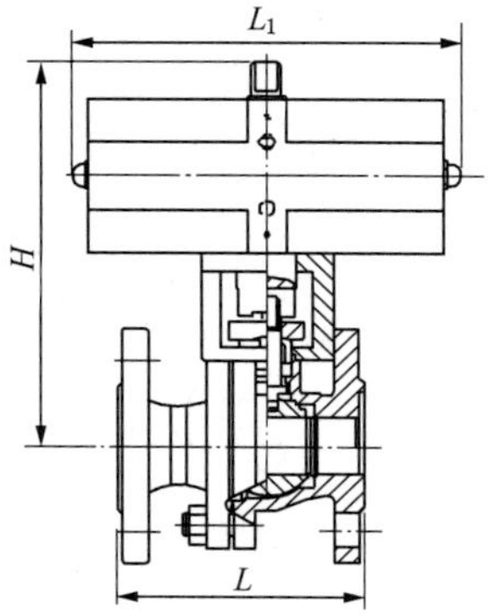 图 6-9	Q641F-6C	20	105	178	198		7	*S. N. J* *DN*20~100
			25	120	178	205		8	
			32	130	178	210		13	
			40	151	245	265		17	
			50	165	245	275		23	
			65	185	245	291		33	
			80	203	245	313		38	
			100	229	245	311		48	
		Q641F-16C	15	130	178	203		6	超达、精工、保一、*S. N. J* *DN*15~200 正华 *DN*50~150
			20	140	178	208		7	
			25	150	178	213		8	
			32	165	245	259		13	
			40	180	245	267		17	
			50	200	245	278		23	
			65	220	348	363		33	
			80	250	348	383		38	
			100	280	348	399		48	
			125	320	520	565		93	
			150	360	520	599		108	
			200	400	520	600		181	
		Q641F-25	15	140	178	203		6	超达、精工、保一、*S. N. J* *DN*15~200 正华 *DN*50~150
			20	152	178	208		7	
			25	165	178	213		8	
			32	178	245	280		13	
			40	190	245	285		23	
			50	216	348	290		38	
			65	241	348	385		48	
			80	283	348	396		93	

序号	名称	型号	公称通径 DN	结构尺寸/mm			质量/kg	生产厂
				L	L_1	H		
12	气动球阀 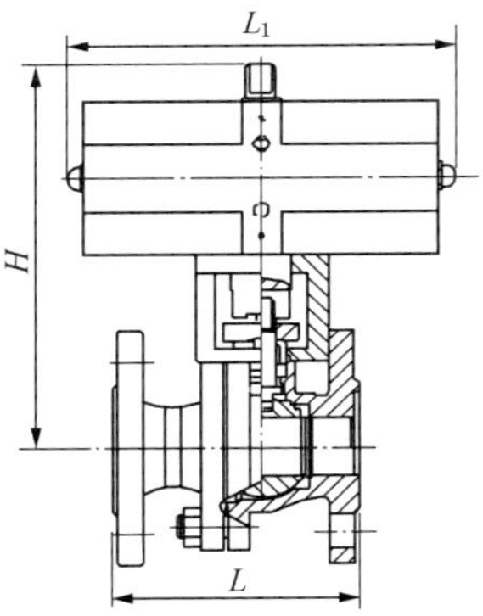 图 6-9	Q641F-25	100	306	520	416	108	
			125	381	520	542	181	
			150	403	520	572	200	
			200	502	520	730	220	
		Q641F-40	20	140	245	256	7	精工、保一 DN20~150 超达 DN20~200
			25	150	245	260	8	
			32	180	245	280	13	
			40	600	245	285	23	
			50	220	348	360	38	
			65	250	348	385	48	
			80	280	348	395	93	
			100	320	520	450	108	
			125	400	520	580	181	
			150	403	520	600	200	
			200	520	520		220	
		Q641Y-16C	15	108	178	200	6	超达 DN15~200 沈阀 DN300
			20	117	178	204	7	
			25	127	178	215	8	
			32	140	245	240	13	
			40	165	245	264	17	
			50	178	245	274	23	
			65	190	348	379	38	
			80	203	348	389	42	
			100	229	348	416	53	
			125	356	520	542	95	
			150	394	520	572	105	
			200	457	520	600	200	
			300	700		1072	537	
		Q641Y-25	15	108	178	200	7	超达 DN15~200
			20	117	178	204	7	
			25	127	178	215	9	
			32	140	245	240	13	
			40	165	245	264	23	
			50	178	245	274	38	
			65	190	348	379	48	
			80	203	348	389	93	
			100	229	348	416	108	
			125	356	520	542	181	
			150	394	520	572	200	
			200	457	520	730	220	

序号	名称	型号	公称通径 DN	结构尺寸/mm L	结构尺寸/mm L_1	结构尺寸/mm H	质量/kg	生产厂
12	气动球阀 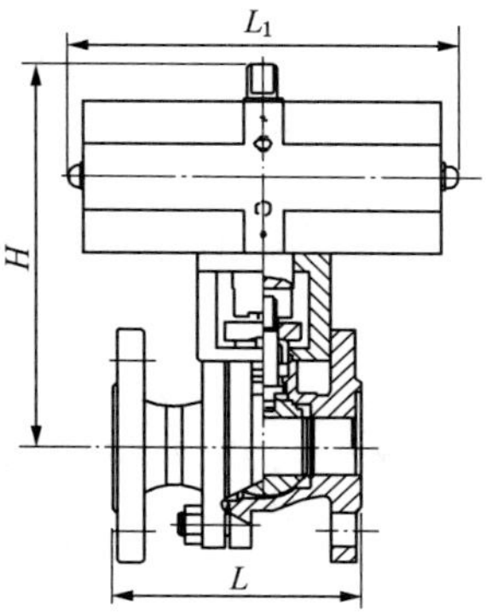 图 6-9	Q641Y-40	15	140	178	200	7	超达 DN15~200
			20	152	245	204	8	
			25	165	245	215	13	
			32	178	245	240	23	
			40	190	245	264	23	
			50	216	348	360	38	
			65	241	348	378	48	
			80	283	348	452	93	
			100	305	520	479	108	
		Q641Y-16P	50	203	245	557	87	沈阀 DN50 100~350
			100	305	348	564	79	
			150	398	520	600	250	
			200	400	520	745	339	
			250	533	520	635	402	
			300	700		652	532	
			350	986		695	724	
		Q641F-16$_{R}^{P}$	15	130	178	200	6	S. N. J DN15~200 正华 DN50~150 保一 DN15~200(P)
			20	140	178	204	7	
			25	150	178	215	8	
			32	165	245	253	13	
			40	180	245	261	17	
			50	200	245	272	23	
			65	220	348	374	33	
			80	250	348	394	38	
			100	280	348	410	48	
			125	320	520	565	93	
			150	360	520	599	108	
			200	400	520	639	181	
		Q641F-40$_{R}^{P}$	20	140	245	256	7	S. N. J DN20~150 正华 DN50~150 保一 DN20~150(P)
			25	150	245	260	8	
			50	200	348	290	38	
			65	220	348	385	48	
			80	250	348	396	93	
			100	280	520	450	108	
			125	320	520	580	180	
			150	360	520	600	240	

序号	名称	型号	公称通径 DN	结构尺寸/mm			质量/kg	生产厂
				L	L_1	*H*		
13	电动法兰直通式浮动球阀	Q941F-16C	25	150				超达、精工 *S. N. J DN*25~200
			32	165				
			40	180				
			50	200		581	71	
			65	220		631	91	
			80	250		681	126	
			100	280		700	166	
			125	320		751	234	
			150	360		971	290	
			200	400		1100	405	
		Q941F-25	25	165				超达、精工 *S. N. J DN*25~200 正华 *DN*50~150
			32	178				
			40	190				
			50	216		581	74	
			65	241		631	99	
			80	283		681	136	
			100	305		900	219	
			125	381		951	286	
			150	403		1100	345	
			200	500		1250	420	
		Q941F-40	25	165				超达、精工 *S. N. J DN*25~200 正华 *DN*50~150
			32	178				
			40	190				
			50	218		640	99	
			65	241		870	166	
			80	283		950	208	
			100	305		1210	280	
			125	381		1220	335	
			150	403		1250	407	
			200	500		1310	628	

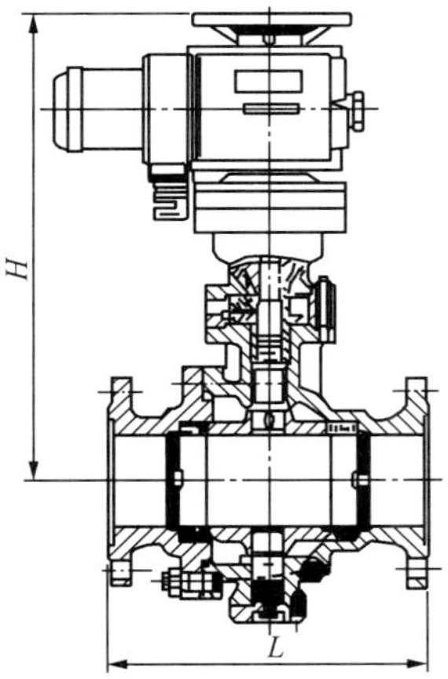

图 6-10

序号	名称	型号	公称通径 DN	结构尺寸/mm L	结构尺寸/mm H	质量/kg	生产厂
13	电动法兰直通式浮动球阀 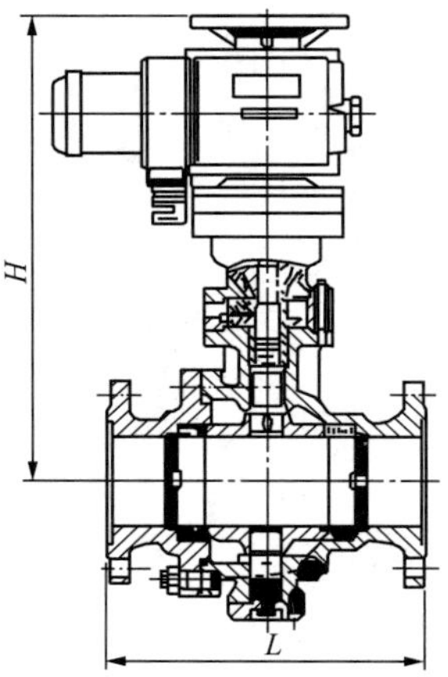 图 6-10	Q941F-16P	32	165			S. N. J DN32~200
			40	180			
			50	200	581	71	
			65	220	631	91	
			80	250	681	126	
			100	280	700	166	
			125	320	751	234	
			150	360	971	290	
			200	400	1100	405	
		Q941F-40P	32	180			S. N. J DN32~200 正华 DN50~150
			40	200			
			50	220	640	99	
			65	250	870	166	
			80	280	950	208	
			100	320	1210	280	
			125	400	1220	335	
			150	400	1250	407	
			200	500	1310	628	
		Q941F-16R	32	165			S. N. J DN32~200
			40	180			
			50	200	581	71	
			65	220	631	91	
			80	250	681	126	
			100	280	700	166	
			125	320	751	234	
			150	360	971	290	
			200	400	1100	405	
		Q941F-40R	32	180			S. N. J DN32~200 正华 DN50~150
			40	200			
			50	220	640	99	
			65	250	870	166	
			80	280	950	208	
			100	320	1210	280	
			125	400	1220	335	
			150	400	1250	407	
			200	500	1310	628	

序号	名　　称	型　号	公称通径 *DN*	结构尺寸/mm			质量/kg	生　产　厂
				L	*H*	*W*		
14	电动直通式固定球阀 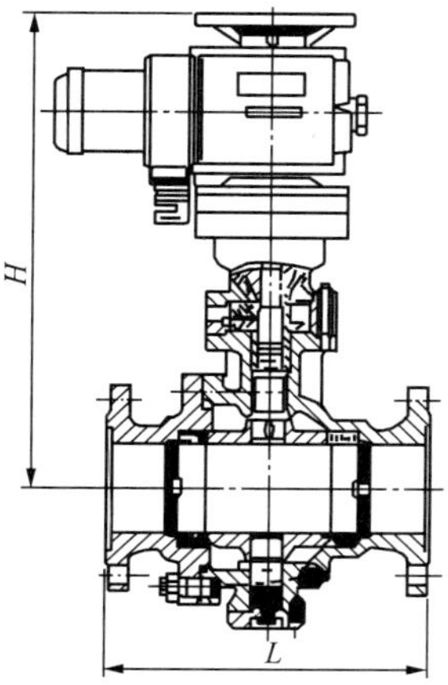 图 6-10	Q947F-16C	200	500	398		180	自高、建湖、精工、弘盛、承高 *DN*200～400
			250	600	495		240	
			300	700	580		390	
			350	800	625		510	
			400	900	720		750	
		Q947F-25	200	500	398		212	自高、建湖、精工、弘盛、承高 *DN*200～400
			250	600	495		288	
			300	700	580		468	
			350	800	625		587	
			400	900	720		863	
		Q947F-64	150	559	272		142	自高、建湖、精工、弘盛 *DN*150～300
			200	660	398		286	
			250	787	445		540	
			300	838	515		780	
		Q947F-100	200	660	377			自高、弘盛 *DN*200～300
			250	787	420			
			300	838	467			
		KQ947F-100	200	660	377			自高 *DN*200～300
			250	787	420			
			300	838	467			
		Q947F-16P	400	900	720		750	开阀
		Q947F-16R	400	900	720		750	开阀
15	整体斜面球阀 (1) 螺纹连接 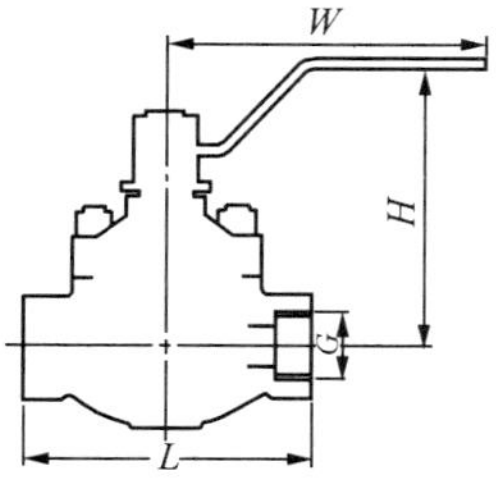 图 6-11-1	YHQ11F-25/40/64	15	90	100	100	1.0	玉环
			20	100	100	100	2.0	
			25	115	100	125	2.7	
			40	150	120	125	5.5	
			50	180	140	125	6.5	
		YHQ11F-25P/40P/64P	15	90	100	100	1.0	玉环
			20	100	100	100	2.0	
			25	115	100	125	2.7	
			40	150	120	125	5.5	
			50	180	140	125	6.5	
		YHQ11F-25R/40R/64R	15	90	100	100	1.0	玉环
			20	100	100	100	2.0	
			25	115	100	125	2.7	
			40	150	120	125	5.5	
			50	180	140	125	6.5	

序号	名称	型号	公称通径 DN	结构尺寸/mm L	H	W	质量/kg	生产厂
15	整体斜面球阀 （1）螺纹连接 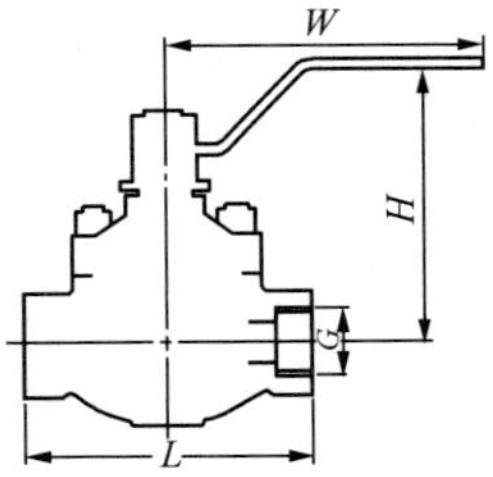 图 6-11-1 注：阀体材质 P_3—00Cr19Ni11(304L) R_3—00Cr17Ni14Mo2(316L) (下同)	25 YHQ11S-40 64	15	90	100	100	1.0	玉环
			20	100	100	100	2.0	
			25	115	100	125	2.7	
			40	150	120	125	5.5	
			50	180	140	125	6.5	
		25P YHQ11S-40P 64P	15	90	100	100	1.0	玉环
			20	100	100	100	2.0	
			25	115	100	125	2.7	
			40	150	120	125	5.5	
			50	180	140	125	6.5	
		25R YHQ11S-40R 64R	15	90	100	100	1.0	玉环
			20	100	100	100	2.0	
			25	115	100	125	2.7	
			40	150	120	125	5.5	
			50	180	140	125	6.5	
		25P_3 YHQ11S-40P_3 64P_3	15	90	100	100	1.0	玉环
			20	100	100	100	2.0	
			25	115	100	125	2.7	
			40	150	120	125	5.5	
			50	180	140	125	6.5	
		25R_3 YHQ11S-40R_3 64R_3	15	90	100	100	1.0	玉环
			20	100	100	100	2.0	
			25	115	100	125	2.7	
			40	150	120	125	5.5	
			50	180	140	125	6.5	
		25 YHQ11M-40 64	15	90	100	100	1.0	玉环
			20	100	100	100	2.0	
			25	115	100	125	2.7	
			40	150	120	125	5.5	
			50	180	140	125	6.5	
		25P YHQ11M-40P 64P	15	90	100	100	1.0	玉环
			20	100	100	100	2.0	
			25	115	100	125	2.7	
			40	150	120	125	5.5	
			50	180	140	125	6.5	
		25R YHQ11M-40R 64R	15	90	100	100	1.0	玉环
			20	100	100	100	2.0	
			25	115	100	125	2.7	
			40	150	120	125	5.5	
			50	180	140	125	6.5	
		25P_3 YHQ11M-40P_3 64P_3	15	90	100	100	1.0	玉环
			20	100	100	100	2.0	
			25	115	100	125	2.7	
			40	150	120	125	5.5	
			50	180	140	125	6.5	

<table>
<tr><th rowspan="2">序号</th><th rowspan="2">名　　称</th><th rowspan="2">型　号</th><th rowspan="2">公称通径 DN</th><th colspan="3">结构尺寸/mm</th><th rowspan="2">质量/kg</th><th rowspan="2">生　产　厂</th></tr>
<tr><th>L</th><th>H</th><th>W/E</th></tr>
<tr><td rowspan="44">15</td><td rowspan="5"></td><td rowspan="5">25R$_3$
YHQ11M-40R$_3$
64R$_3$</td><td>15</td><td>90</td><td>100</td><td>100</td><td>1.0</td><td rowspan="5">玉环</td></tr>
<tr><td>20</td><td>100</td><td>100</td><td>100</td><td>2.0</td></tr>
<tr><td>25</td><td>115</td><td>100</td><td>125</td><td>2.7</td></tr>
<tr><td>40</td><td>150</td><td>120</td><td>125</td><td>5.5</td></tr>
<tr><td>50</td><td>180</td><td>140</td><td>125</td><td>6.5</td></tr>
<tr><td rowspan="39">整体斜面球阀
（2）法兰连接
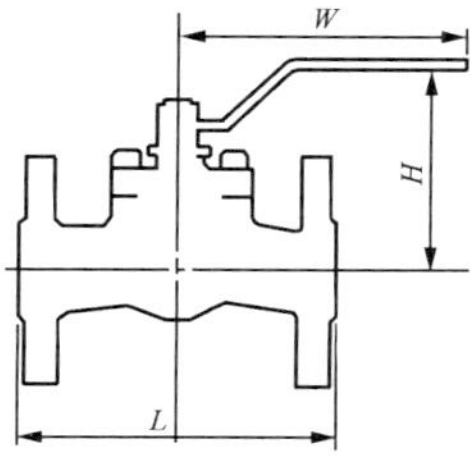
图 6-11-2（DN15～25）
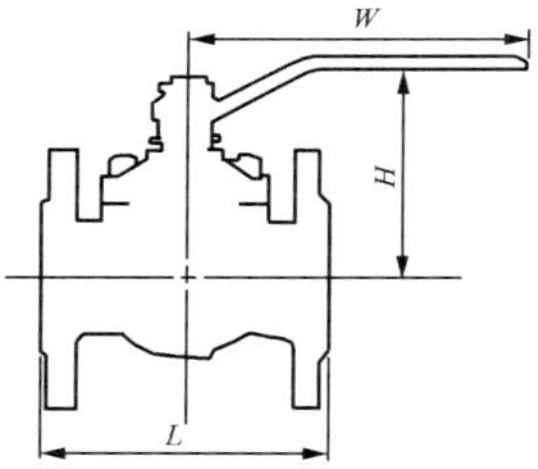
图 6-11-3（DN32～100）
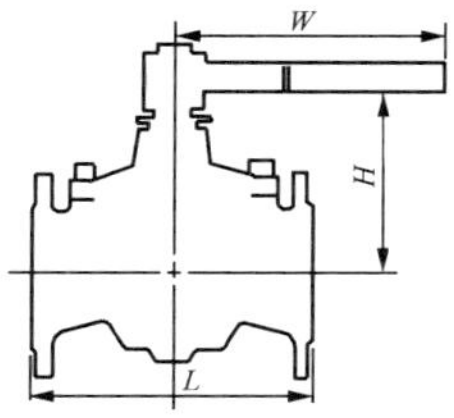
图 6-11-4（DN125～250）
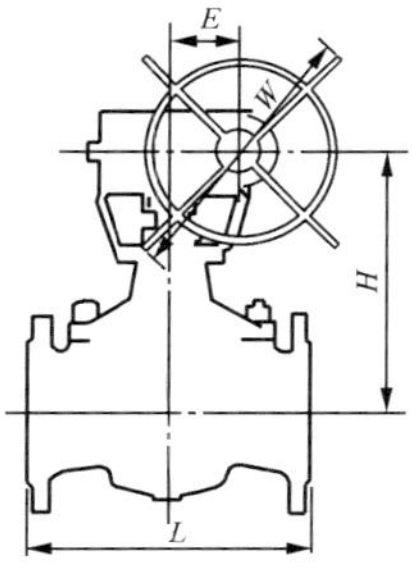
图 6-11-5（DN150～250）</td><td rowspan="13">YHQ41F-16C
（AEQ41F-16C）
YHQ41F-25
（AEQ41F-25）</td><td>15</td><td>130</td><td>100</td><td>140</td><td>2.75</td><td rowspan="13">玉环 DN15～250
（安科 DN15～250）</td></tr>
<tr><td>20</td><td>152</td><td>100</td><td>140</td><td>3.25</td></tr>
<tr><td>25</td><td>160</td><td>100</td><td>140</td><td>3.9</td></tr>
<tr><td>32</td><td>165</td><td>120</td><td>190</td><td>7.25</td></tr>
<tr><td>40</td><td>165</td><td>120</td><td>190</td><td>8.6</td></tr>
<tr><td>50</td><td>178</td><td>140</td><td>230</td><td>11.5</td></tr>
<tr><td>65</td><td>222</td><td>180</td><td>320</td><td>22.5</td></tr>
<tr><td>80</td><td>241</td><td>210</td><td>320</td><td>25</td></tr>
<tr><td>100</td><td>305</td><td>220</td><td>450</td><td>35</td></tr>
<tr><td>125</td><td>381</td><td>230</td><td>800</td><td>75</td></tr>
<tr><td>150</td><td>403</td><td>320</td><td>450/110</td><td>146</td></tr>
<tr><td>200</td><td>502</td><td>380</td><td>660/130</td><td>197.5</td></tr>
<tr><td>250</td><td>568</td><td>420</td><td>660/130</td><td>28.5</td></tr>
<tr><td rowspan="13">YHQ41F-40
（AEQ41F-40）</td><td>15</td><td>130</td><td>100</td><td>140</td><td>3.0</td><td rowspan="13">玉环 DN15～250
（安科 DN15～250）</td></tr>
<tr><td>20</td><td>152</td><td>100</td><td>140</td><td>4.25</td></tr>
<tr><td>25</td><td>165</td><td>100</td><td>140</td><td>4.25</td></tr>
<tr><td>32</td><td>180</td><td>120</td><td>190</td><td>10.5</td></tr>
<tr><td>40</td><td>190</td><td>120</td><td>230</td><td>12</td></tr>
<tr><td>50</td><td>216</td><td>140</td><td>230</td><td>13.5</td></tr>
<tr><td>65</td><td>241</td><td>180</td><td>320</td><td>24</td></tr>
<tr><td>80</td><td>283</td><td>210</td><td>450</td><td>37.5</td></tr>
<tr><td>100</td><td>305</td><td>220</td><td>450</td><td>41</td></tr>
<tr><td>125</td><td>381</td><td>230</td><td>800</td><td>78</td></tr>
<tr><td>150</td><td>403</td><td>320</td><td>450/110</td><td>147.5</td></tr>
<tr><td>200</td><td>550</td><td>380</td><td>660/130</td><td>207.5</td></tr>
<tr><td>250</td><td>650</td><td>420</td><td>660/130</td><td>296</td></tr>
<tr><td rowspan="13">YHQ41F-64
（AEQ41F-64）</td><td>15</td><td>140</td><td>100</td><td>140</td><td>3.6</td><td rowspan="13">玉环 DN15～250
（安科 DN15～250）</td></tr>
<tr><td>20</td><td>152</td><td>100</td><td>140</td><td>5.5</td></tr>
<tr><td>25</td><td>165</td><td>100</td><td>140</td><td>5.8</td></tr>
<tr><td>32</td><td>180</td><td>120</td><td>190</td><td>12</td></tr>
<tr><td>40</td><td>200</td><td>120</td><td>230</td><td>13.5</td></tr>
<tr><td>50</td><td>230</td><td>140</td><td>230</td><td>15.5</td></tr>
<tr><td>65</td><td>290</td><td>180</td><td>320</td><td>24</td></tr>
<tr><td>80</td><td>310</td><td>210</td><td>450</td><td>40</td></tr>
<tr><td>100</td><td>350</td><td>220</td><td>450</td><td>46</td></tr>
<tr><td>125</td><td>400</td><td>230</td><td>800</td><td>78</td></tr>
<tr><td>150</td><td>480</td><td>320</td><td>450/110</td><td>165</td></tr>
<tr><td>200</td><td>600</td><td>380</td><td>660/130</td><td>215</td></tr>
<tr><td>250</td><td>730</td><td>420</td><td>660/130</td><td>325</td></tr>
</table>

序号	名称	型号	公称通径 DN	结构尺寸/mm L	H	W/E	质量/kg	生产厂
15	整体斜面球阀 （2）法兰连接 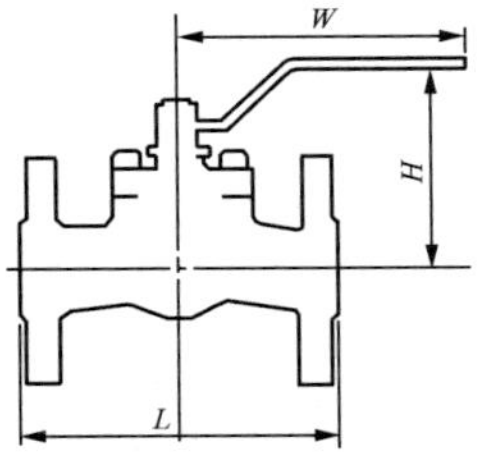 图 6-11-2（*DN*15～25） 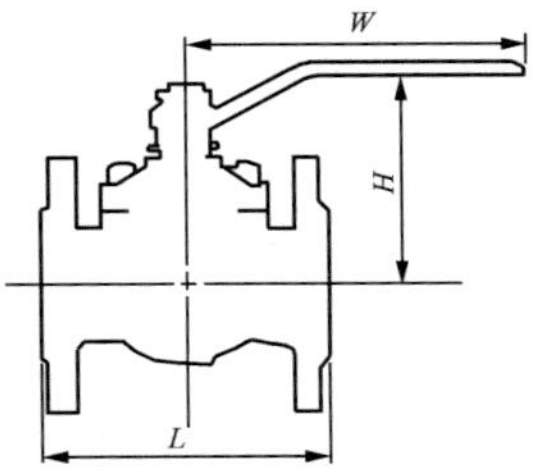 图 6-11-3（*DN*32～100） 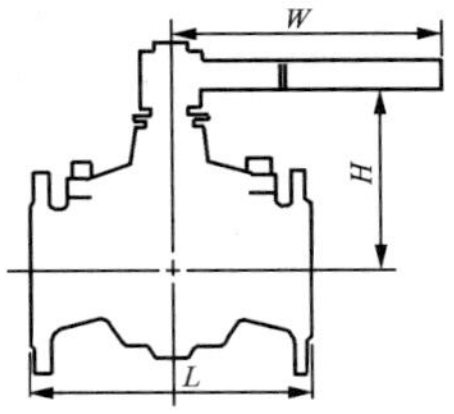 图 6-11-4（*DN*125～250） 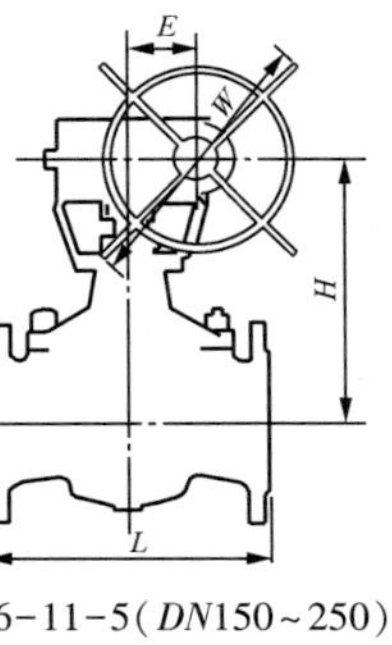 图 6-11-5（*DN*150～250）	YHQ41F-16$_{R}^{P}$ （AEQ41F-16$_{R}^{P}$） YHQ41F-25$_{R}^{P}$ （AEQ41F-25$_{R}^{P}$）	15	130	100	140	2.75	玉环 *DN*15～250 （安科 *DN*15～250）
			20	152	100	140	3.25	
			25	160	100	140	3.9	
			32	165	120	190	7.25	
			40	165	120	190	8.6	
			50	178	140	230	11.5	
			65	222	180	320	22.5	
			80	241	210	320	25	
			100	305	220	450	35	
			125	381	230	800	75	
			150	403	320	450/110	146	
			200	502	380	660/130	197.5	
			250	568	420	660/130	28.5	
		YHQ41F-40$_{R}^{P}$ （AEQ41F-40$_{R}^{P}$）	15	130	100	140	3.0	玉环 *DN*15～250 （安科 *DN*15～250）
			20	152	100	140	4.25	
			25	165	100	140	4.25	
			32	180	120	190	10.5	
			40	190	120	230	12	
			50	216	140	230	13.5	
			65	241	180	320	24	
			80	283	210	450	37.5	
			100	305	220	450	41	
			125	381	230	800	78	
			150	403	320	450/110	147.5	
			200	550	380	660/130	207.5	
			250	650	420	660/130	296	
		YHQ41F-64$_{R}^{P}$ （AEQ41F-64$_{R}^{P}$）	15	140	100	140	3.6	玉环 *DN*15～250 （安科 *DN*15～250）
			20	152	100	140	5.5	
			25	165	100	140	5.8	
			32	180	120	190	12	
			40	200	120	230	13.5	
			50	230	140	230	15.5	
			65	290	180	320	24	
			80	310	210	450	40	
			100	350	220	450	46	
			125	400	230	800	78	
			150	480	320	450/110	165	
			200	600	380	660/130	215	
			250	730	420	660/130	325	

续表

序号	名称	型号	公称通径 DN	结构尺寸/mm L	H	W/E	质量/kg	生产厂
15	整体斜面球阀 (2) 法兰连接 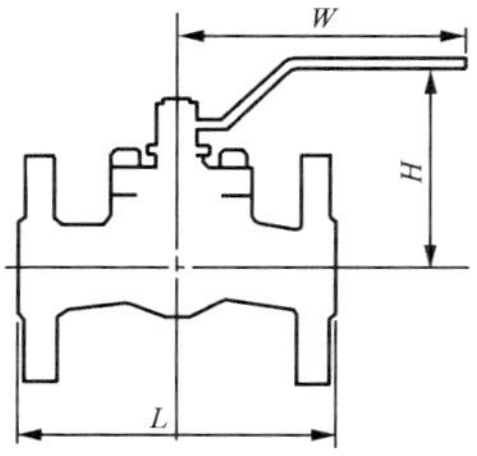 图 6-11-2(DN15~25) 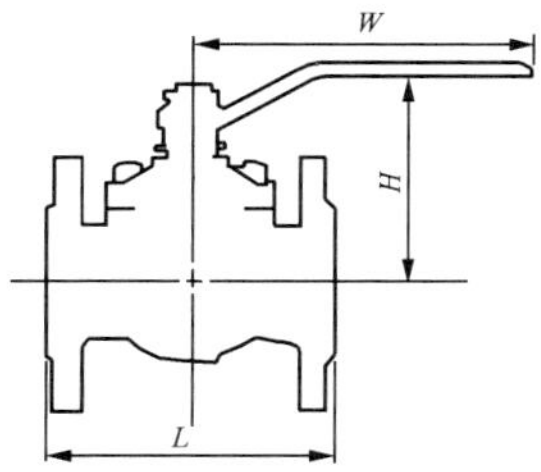 图 6-11-3(DN32~100) 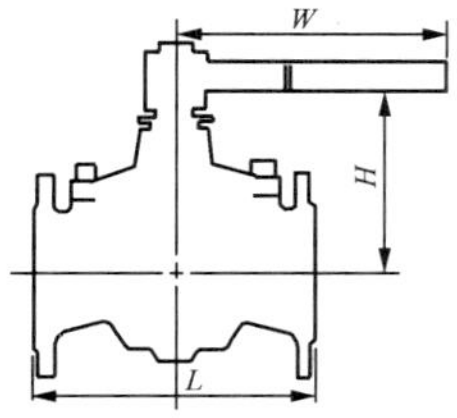 图 6-11-4(DN125~250) 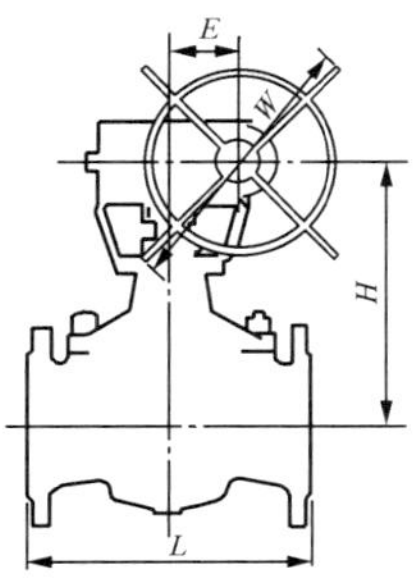 图 6-11-5(DN150~250)	YHQ41S-16C (AEQ41S-16C) YHQ41S-25 (AEQ41S-25)	15	130	100	140	2.75	玉环 DN15~250 (安科 DN15~250)
			20	152	100	140	3.25	
			25	160	100	140	3.9	
			32	165	120	190	7.25	
			40	165	120	190	8.6	
			50	178	140	230	11.5	
			65	222	180	320	22.5	
			80	241	210	320	25	
			100	305	220	450	35	
			125	381	230	800	75	
			150	403	320	450/110	146	
			200	502	380	660/130	197.5	
			250	568	420	660/130	28.5	
		YHQ41S-40 (AEQ41S-40)	15	130	100	140	3.0	玉环 DN15~250 (安科 DN15~250)
			20	152	100	140	4.25	
			25	165	100	140	4.25	
			32	180	120	190	10.5	
			40	190	120	230	12	
			50	216	140	230	13.5	
			65	241	180	320	24	
			80	283	210	450	37.5	
			100	305	220	450	41	
			125	381	230	800	78	
			150	403	320	450/110	147.5	
			200	550	380	660/130	207.5	
			250	650	420	660/130	296	
		YHQ41S-64 (AEQ41S-64)	15	140	100	140	3.6	玉环 DN15~250 (安科 DN15~250)
			20	152	100	140	5.5	
			25	165	100	140	5.8	
			32	180	120	190	12	
			40	200	120	230	13.5	
			50	230	140	230	15.5	
			65	290	180	320	24	
			80	310	210	450	40	
			100	350	220	450	46	
			125	400	230	800	78	
			150	480	320	450/110	165	
			200	600	380	660/130	215	
			250	730	420	660/130	325	

序号	名　称	型　号	公称通径 DN	结构尺寸/mm L	H	W/E	质量/kg	生　产　厂
15	整体斜面球阀 (2) 法兰连接 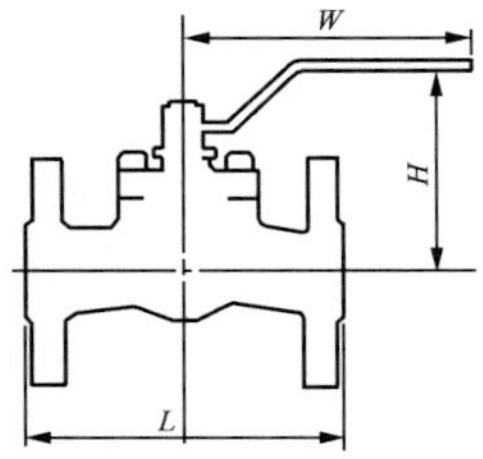 图 6-11-2(DN15～25)	YHQ41S-16$^{P}_{R}$ (AEQ41S-16$^{P}_{R}$) YHQ41S-25$^{P}_{R}$ (AEQ41S-25$^{P}_{R}$)	15	130	100	140	2.75	玉环 DN15～250 (安科 DN15～250)
			20	152	100	140	3.25	
			25	160	100	140	3.9	
			32	165	120	190	7.25	
			40	165	120	190	8.6	
			50	178	140	230	11.5	
			65	222	180	320	22.5	
			80	241	210	320	25	
			100	305	220	450	35	
			125	381	230	800	75	
			150	403	320	450/110	146	
			200	502	380	660/130	197.5	
			250	568	420	660/130	28.5	
	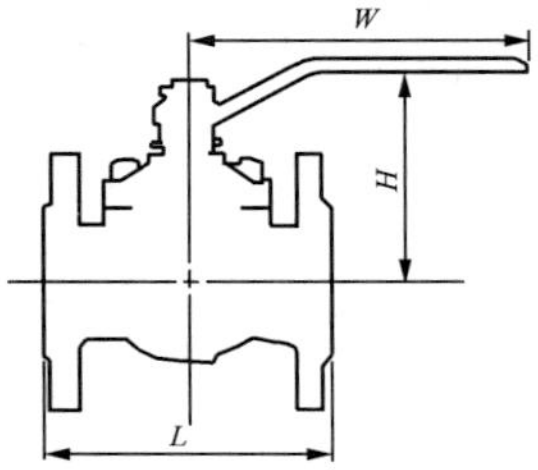 图 6-11-3(DN32～100)	YHQ41S-40$^{P}_{R}$ (AEQ41S-40$^{P}_{R}$)	15	130	100	140	3.0	玉环 DN15～250 (安科 DN15～250)
			20	152	100	140	4.25	
			25	165	100	140	4.25	
			32	180	120	190	10.5	
			40	190	120	230	12	
			50	216	140	230	13.5	
			65	241	180	320	24	
			80	283	210	450	37.5	
			100	305	220	450	41	
			125	381	230	800	78	
			150	403	320	450/110	147.5	
			200	550	380	660/130	207.5	
			250	650	420	660/130	296	
	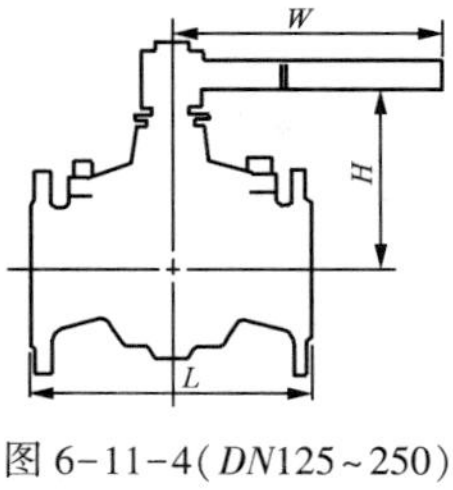 图 6-11-4(DN125～250) 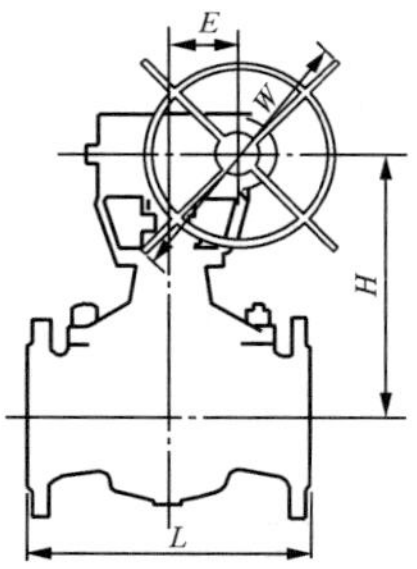 图 6-11-5(DN150～250)	YHQ41S-64$^{P}_{R}$ (AEQ41S-64$^{P}_{R}$)	15	140	100	140	3.6	玉环 DN15～250 (安科 DN15～250)
			20	152	100	140	5.5	
			25	165	100	140	5.8	
			32	180	120	190	12	
			40	200	120	230	13.5	
			50	230	140	230	15.5	
			65	290	180	320	24	
			80	310	210	450	40	
			100	350	220	450	46	
			125	400	230	800	78	
			150	480	320	450/110	165	
			200	600	380	660/130	215	
			250	730	420	660/130	325	

整体斜面球阀

（2）法兰连接

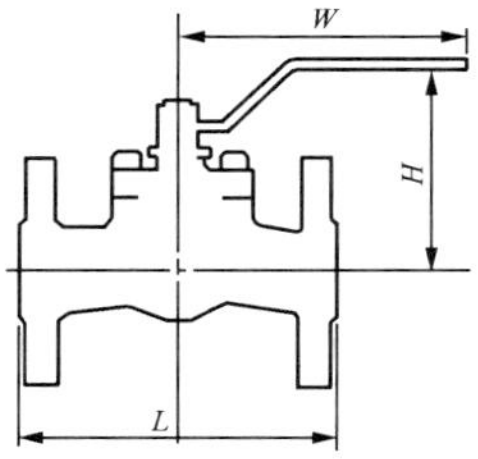

图 6-11-2（*DN*15～25）

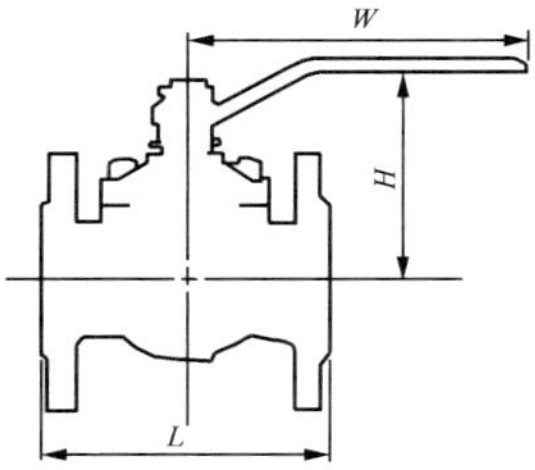

图 6-11-3（*DN*32～100）

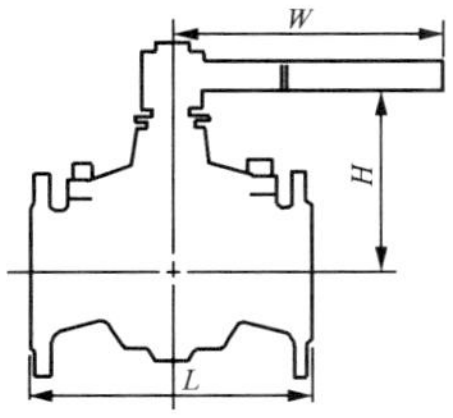

图 6-11-4（*DN*125～250）

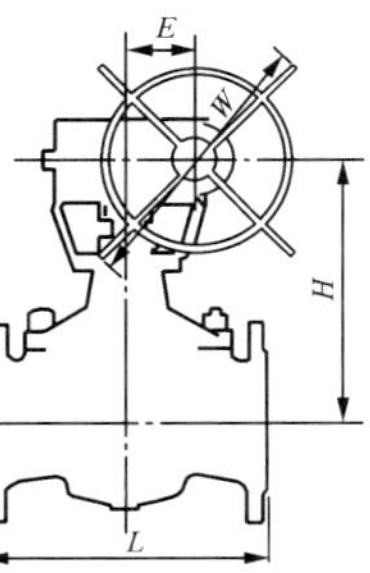

图 6-11-5（*DN*150～250）

序号	名称	型号	公称通径 *DN*	结构尺寸/mm *L*	*H*	*W*/*E*	质量/kg	生产厂
15	整体斜面球阀（2）法兰连接	YHQ41S-16 P_3 R_3 YHQ41S-25 P_3 R_3	15	130	100	140	2.75	玉环
			20	152	100	140	3.25	
			25	160	100	140	3.9	
			32	165	120	190	7.25	
			40	165	120	190	8.6	
			50	178	140	230	11.5	
			65	222	180	320	22.5	
			80	241	210	320	25	
			100	305	220	450	35	
			125	381	230	800	75	
			150	403	320	450/110	146	
			200	502	380	660/130	197.5	
			250	568	420	660/130	28.5	
		YHQ41S-40 P_3 R_3	15	130	100	140	3.0	玉环
			20	152	100	140	4.25	
			25	165	100	140	4.25	
			32	180	120	190	10.5	
			40	190	120	230	12	
			50	216	140	230	13.5	
			65	241	180	320	24	
			80	283	210	450	37.5	
			100	305	220	450	41	
			125	381	230	800	78	
			150	403	320	450/110	147.5	
			200	550	380	660/130	207.5	
			250	650	420	660/130	296	
		YHQ41S-64 P_3 R_3	15	140	100	140	3.6	玉环
			20	152	100	140	5.5	
			25	165	100	140	5.8	
			32	180	120	190	12	
			40	200	120	230	13.5	
			50	230	140	230	15.5	
			65	290	180	320	24	
			80	310	210	450	40	
			100	350	220	450	46	
			125	400	230	800	78	
			150	480	320	450/110	165	
			200	600	380	660/130	215	
			250	730	420	660/130	325	

序号	名　称	型　号	公称通径 DN	结构尺寸/mm			质量/kg	生 产 厂
				L	H	W/E		
15	整体斜面球阀 (2) 法兰连接 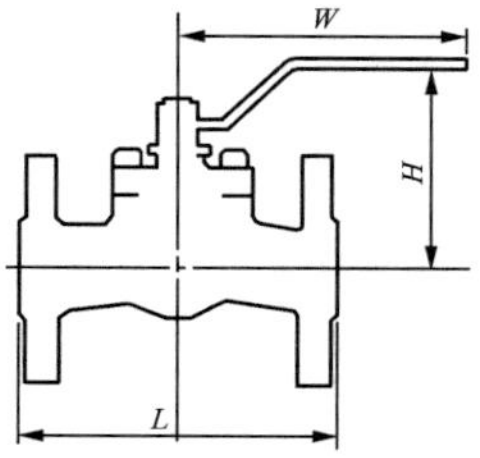 图 6-11-2(DN15~25)	YHQ41M-16C YHQ41M-25	15	130	100	140	2. 75	玉环
			20	152	100	140	3. 25	
			25	160	100	140	3. 9	
			32	165	120	190	7. 25	
			40	165	120	190	8. 6	
			50	178	140	230	11. 5	
			65	222	180	320	22. 5	
			80	241	210	320	25	
			100	305	220	450	35	
			125	381	230	800	75	
			150	403	320	450/110	146	
			200	502	380	660/130	197. 5	
			250	568	420	660/130	28. 5	
	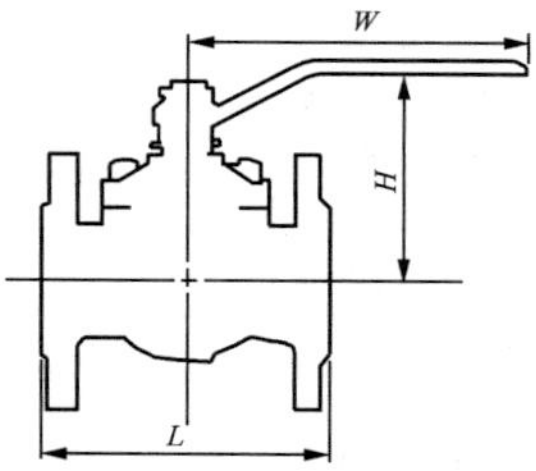 图 6-11-3(DN32~100)	YHQ41M-40	15	130	100	140	3. 0	玉环
			20	152	100	140	4. 25	
			25	165	100	140	4. 25	
			32	180	120	190	10. 5	
			40	190	120	230	12	
			50	216	140	230	13. 5	
			65	241	180	320	24	
			80	283	210	450	37. 5	
			100	305	220	450	41	
			125	381	230	800	78	
			150	403	320	450/110	147. 5	
			200	550	380	660/130	207. 5	
			250	650	420	660/130	296	
	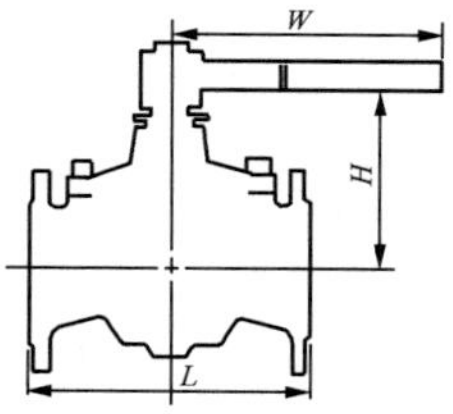 图 6-11-4(DN125~250) 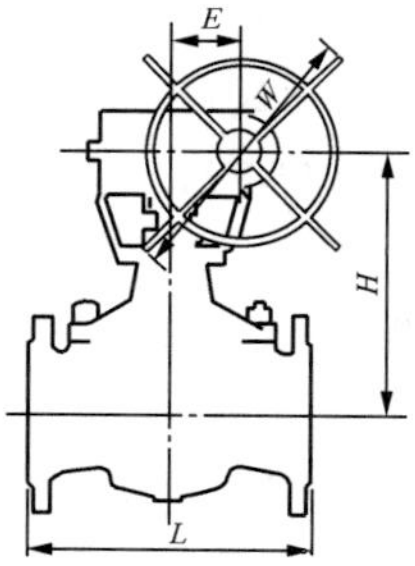 图 6-11-5(DN150~250)	YHQ41M-64	15	140	100	140	3. 6	玉环
			20	152	100	140	5. 5	
			25	165	100	140	5. 8	
			32	180	120	190	12	
			40	200	120	230	13. 5	
			50	230	140	230	15. 5	
			65	290	180	320	24	
			80	310	210	450	40	
			100	350	220	450	46	
			125	400	230	800	78	
			150	480	320	450/110	165	
			200	600	380	660/130	215	
			250	730	420	660/130	325	

序号	名称	型号	公称通径 DN	结构尺寸/mm L	H	W/E	质量/kg	生产厂
15	整体斜面球阀 (2) 法兰连接	YHQ41M-16 P R YHQ41M-25 P R	15	130	100	140	2. 75	玉环
	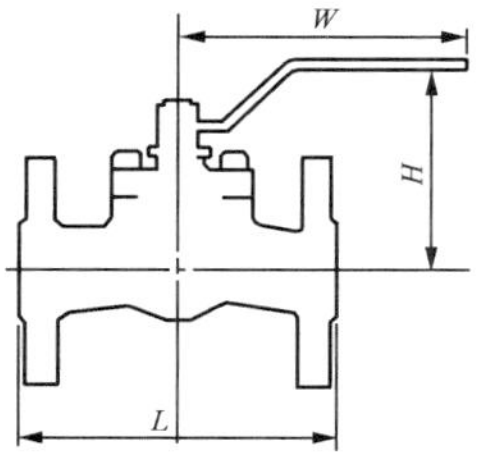		20	152	100	140	3. 25	
	图 6-11-2(*DN*15~25)		25	160	100	140	3. 9	
			32	165	120	190	7. 25	
			40	165	120	190	8. 6	
			50	178	140	230	11. 5	
			65	222	180	320	22. 5	
			80	241	210	320	25	
			100	305	220	450	35	
			125	381	230	800	75	
			150	403	320	450/110	146	
			200	502	380	660/130	197. 5	
			250	568	420	660/130	28. 5	
	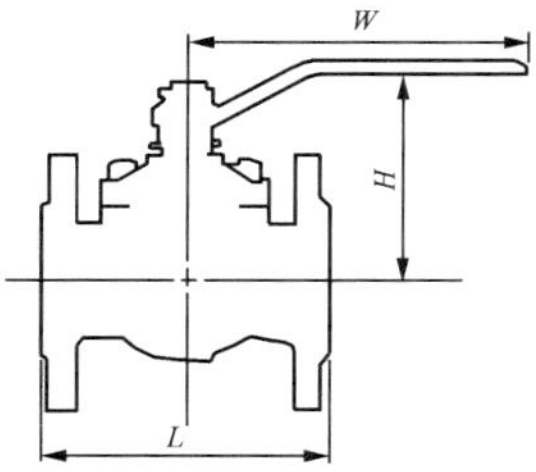	YHQ41M-40 P R	15	130	100	140	3. 0	玉环
	图 6-11-3(*DN*32~100)		20	152	100	140	4. 25	
			25	165	100	140	4. 25	
			32	180	120	190	10. 5	
			40	190	120	230	12	
			50	216	140	230	13. 5	
			65	241	180	320	24	
	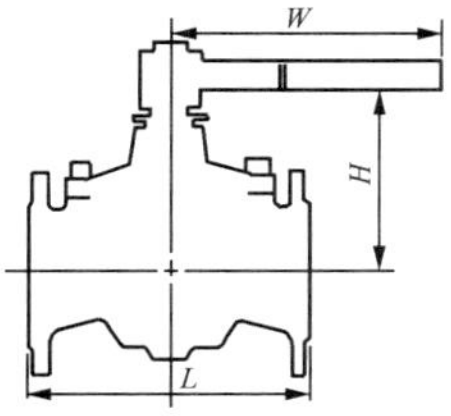		80	283	210	450	37. 5	
	图 6-11-4(*DN*125~250)		100	305	220	450	41	
			125	381	230	800	78	
			150	403	320	450/110	147. 5	
			200	550	380	660/130	207. 5	
			250	650	420	660/130	296	
	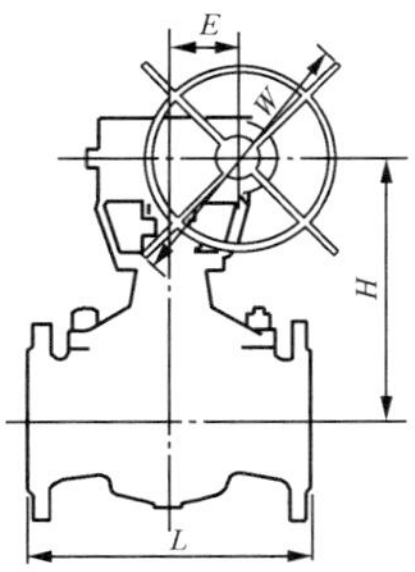	YHQ41M-64 P R	15	140	100	140	3. 6	玉环
	图 6-11-5(*DN*150~250)		20	152	100	140	5. 5	
			25	165	100	140	5. 8	
			32	180	120	190	12	
			40	200	120	230	13. 5	
			50	230	140	230	15. 5	
			65	290	180	320	24	
			80	310	210	450	40	
			100	350	220	450	46	
			125	400	230	800	78	
			150	480	320	450/110	165	
			200	600	380	660/130	215	
			250	730	420	660/130	325	

序号	名称	型号	公称通径 DN	结构尺寸/mm L	结构尺寸/mm H	结构尺寸/mm W/E	质量/kg	生产厂
15	整体斜面球阀 (2) 法兰连接	YHQ41M-16 P_3 R_3 YHQ41M-25 P_3 R_3	15	130	100	140	2.75	玉环
			20	152	100	140	3.25	
			25	160	100	140	3.9	
			32	165	120	190	7.25	
			40	165	120	190	8.6	
			50	178	140	230	11.5	
			65	222	180	320	22.5	
			80	241	210	320	25	
			100	305	220	450	35	
			125	381	230	800	75	
			150	403	320	450/110	146	
			200	502	380	660/130	197.5	
			250	568	420	660/130	28.5	
		YHQ41M-40 P_3 R_3	15	130	100	140	3.0	玉环
			20	152	100	140	4.25	
			25	165	100	140	4.25	
			32	180	120	190	10.5	
			40	190	120	230	12	
			50	216	140	230	13.5	
			65	241	180	320	24	
			80	283	210	450	37.5	
			100	305	220	450	41	
			125	381	230	800	78	
			150	403	320	450/110	147.5	
			200	550	380	660/130	207.5	
			250	650	420	660/130	296	
		YHQ41M-64 P_3 R_3	15	140	100	140	3.6	玉环
			20	152	100	140	5.5	
			25	165	100	140	5.8	
			32	180	120	190	12	
			40	200	120	230	13.5	
			50	230	140	230	15.5	
			65	290	180	320	24	
			80	310	210	450	40	
			100	350	220	450	46	
			125	400	230	800	78	
			150	480	320	450/110	165	
			200	600	380	660/130	215	
			250	730	420	660/130	325	

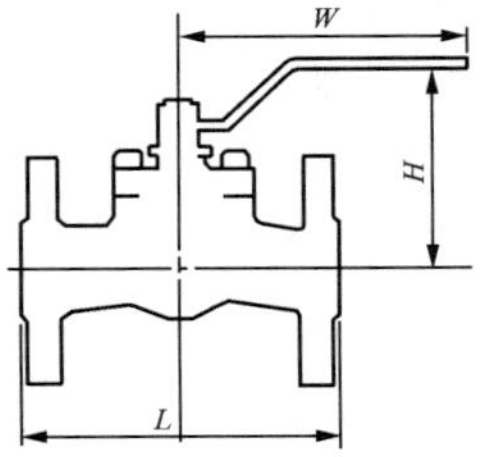

图 6-11-2(*DN*15~25)

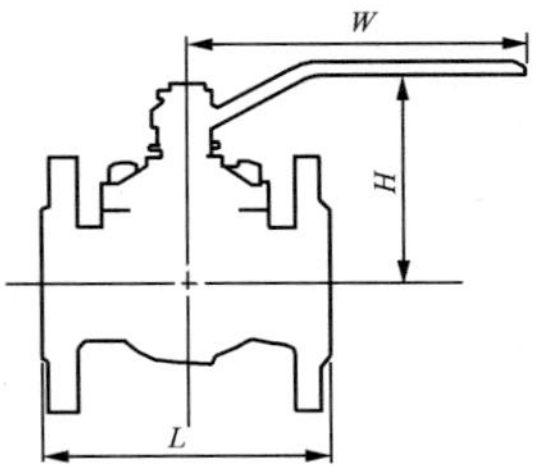

图 6-11-3(*DN*32~100)

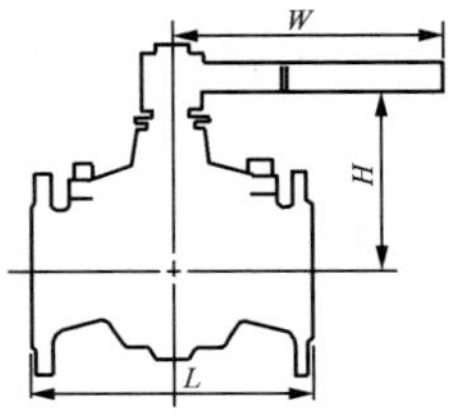

图 6-11-4(*DN*125~250)

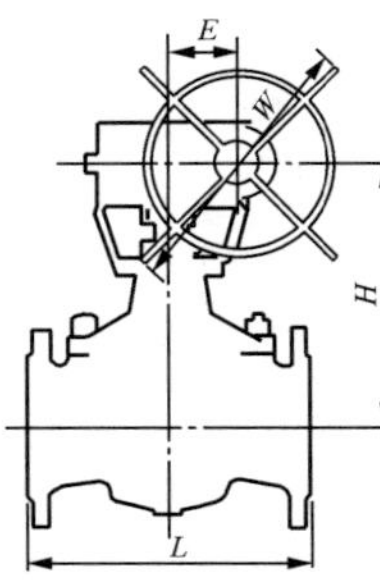

图 6-11-5(*DN*150~250)

序号	名称	型号	公称通径 DN	结构尺寸/mm L	结构尺寸/mm H	结构尺寸/mm W	质量/kg	生产厂
15	整体斜面球阀 (3) 承插焊连接	YHQ61F-25/40/64	10	80	90	130	0.85	玉环
			15	90	100	130	1.2	
			20	110	100	130	2.1	
			25	120	100	130	2.8	
			40	170	120	150	5.7	
			50	180	140	150	6.9	
		YHQ61F-25P/40P/64P	10	80	90	130	0.85	玉环
			15	90	100	130	1.2	
			20	110	100	130	2.1	
			25	120	100	130	2.8	
			40	170	120	150	5.7	
			50	180	140	150	6.9	
		YHQ61F-25R/40R/64R	10	80	90	130	0.85	玉环
			15	90	100	130	1.2	
			20	110	100	130	2.1	
			25	120	100	130	2.8	
			40	170	120	150	5.7	
			50	180	140	150	6.9	
		YHQ61S-25/40/64	10	80	90	130	0.85	玉环
			15	90	100	130	1.2	
			20	110	100	130	2.1	
			25	120	100	130	2.8	
			40	170	120	150	5.7	
			50	180	140	150	6.9	
		YHQ61S-25P/40P/64P	10	80	90	130	0.85	玉环
			15	90	100	130	1.2	
			20	110	100	130	2.1	
			25	120	100	130	2.8	
			40	170	120	150	5.7	
			50	180	140	150	6.9	
		YHQ61S-25R/40R/64R	10	80	90	130	0.85	玉环
			15	90	100	130	1.2	
			20	110	100	130	2.1	
			25	120	100	130	2.8	
			40	170	120	150	5.7	
			50	180	140	150	6.9	

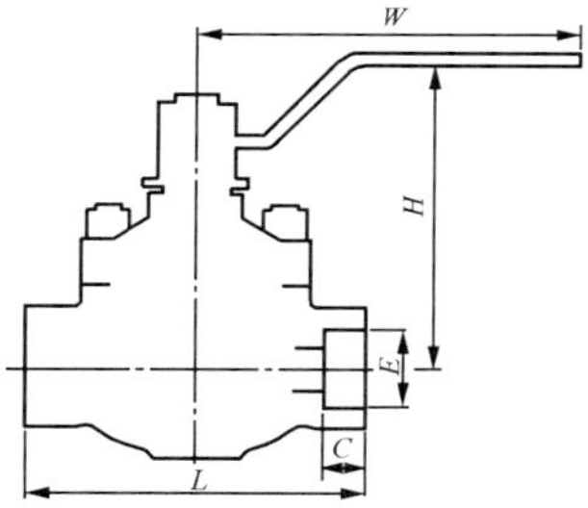

图 6-11-6

DN	10	15	20	25	40	50
E	14.5	22.5	28.5	34.5	48.7	61.3
C	10	10	13	13	15	18

续表

序号	名称	型号	公称通径 DN	结构尺寸/mm L	H	W	质量/kg	生产厂
15	整体斜面球阀 (3)承插焊连接	25P$_3$ YHQ61S-40P$_3$ 64P$_3$	10	80	90	130	0.85	玉环
			15	90	100	130	1.2	
			20	110	100	130	2.1	
			25	120	100	130	2.8	
			40	170	120	150	5.7	
			50	180	140	150	6.9	
		25R$_3$ YHQ61S-40R$_3$ 64R$_3$	10	80	90	130	0.85	玉环
			15	90	100	130	1.2	
			20	110	100	130	2.1	
			25	120	100	130	2.8	
			40	170	120	150	5.7	
			50	180	140	150	6.9	
		25 YHQ61M-40 64	10	80	90	130	0.85	玉环
			15	90	100	130	1.2	
			20	110	100	130	2.1	
			25	120	100	130	2.8	
			40	170	120	150	5.7	
			50	180	140	150	6.9	
		25P YHQ61M-40P 64P	10	80	90	130	0.85	玉环
			15	90	100	130	1.2	
			20	110	100	130	2.1	
			25	120	100	130	2.8	
			40	170	120	150	5.7	
			50	180	140	150	6.9	
		25R YHQ61M-40R 64R	10	80	90	130	0.85	玉环
			15	90	100	130	1.2	
			20	110	100	130	2.1	
			25	120	100	130	2.8	
			40	170	120	150	5.7	
			50	180	140	150	6.9	
		25P$_3$ YHQ61M-40P$_3$ 64P$_3$	10	80	90	130	0.85	玉环
			15	90	100	130	1.2	
			20	110	100	130	2.1	
			25	120	100	130	2.8	
			40	170	120	150	5.7	
			50	180	140	150	6.9	
		25R$_3$ YHQ61M-40R$_3$ 64R$_3$	10	80	90	130	0.85	玉环
			15	90	100	130	1.2	
			20	110	100	130	2.1	
			25	120	100	130	2.8	
			40	170	120	150	5.7	
			50	180	140	150	6.9	

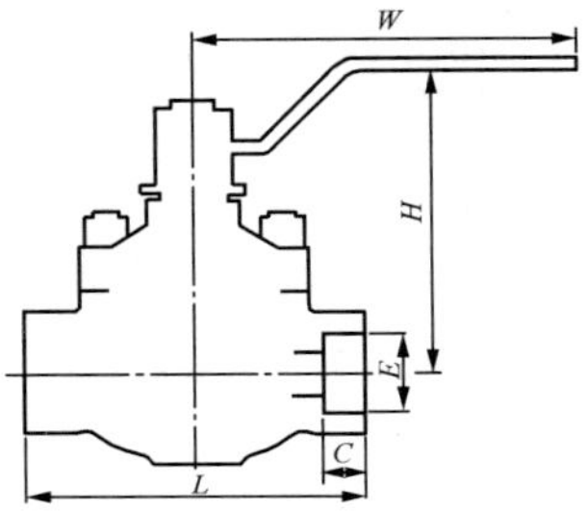

图 6-11-6

DN	10	15	20	25	40	50
E	14.5	22.5	28.5	34.5	48.7	61.3
C	10	10	13	13	15	18

续表

序号	名　称	型　号	公称通径 DN	L	H	D_0	质量/kg	生产厂
16	撑开式金属密封球阀 (1) 手动(法兰连接) 见图 6-12-1	TZQY$_{W}^{H}$F-16C TZQY$_{W}^{H}$F-16I TZQY$_{W}^{H}$F-16P	50	203	435	240	34	浙石化
			65	222	460	240	39	
			80	241	490	260	53	
			100	305	525	280	70	
			125	356	570	300	105	
			150	350	625	320	140	
			200	457	700	360	218	
			250	533	780	400	295	
			300	610	870	450	402	
			350	686	980	520	635	
			400	762	1010	600	905	
		TZQY$_{W}^{H}$F-25 TZQY$_{W}^{H}$F-25I TZQY$_{W}^{H}$F-25P	50	216	435	240	34	浙石化
			65	241	460	240	39	
			80	283	490	260	53	
			100	305	525	280	70	
			125	381	570	300	105	
			150	350	625	320	140	
			200	502	700	360	218	
			250	568	780	400	295	
			300	648	870	450	402	
			350	762	980	520	635	
			400	838	1010	600	905	
		TZQY$_{W}^{H}$F-40 TZQY$_{W}^{H}$F-40I TZQY$_{W}^{H}$F-40P	50	216	440	240	35	浙石化
			65	241	470	240	40	
			80	283	500	260	54	
			100	305	540	280	72	
			125	381	585	300	107	
			150	350	640	320	143	
			200	502	720	360	230	
			250	568	800	400	330	
			300	648	900	450	450	
			350	762	960	520	680	
			400	838	1050	600	980	
		TZQY$_{W}^{H}$F-64 TZQY$_{W}^{H}$F-64I TZQY$_{W}^{H}$F-64P	50	292	440	240	44	浙石化
			65	330	480	260	50	
			80	356	510	280	71	
			100	432	550	300	105	
			125	508	600	320	140	
			150	559	660	360	220	
			200	660	740	400	370	
			250	787	830	450	520	
			300	838	930	520	690	
			350	889	1000	600	1030	
			400	991	1100	680	1480	
		TZQY$_{W}^{H}$F-100 TZQY$_{W}^{H}$F-100I TZQY$_{W}^{H}$F-100P	50	292	440	240	46	浙石化
			65	330	480	260	54	
			80	356	510	280	78	
			100	432	550	300	115	
			125	508	600	320	160	
			150	559	660	360	270	
			200	660	740	400	430	
			250	787	830	450	580	
			300	838	930	520	770	
			350	889	1000	600	1120	
			400	991	1100	680	1690	

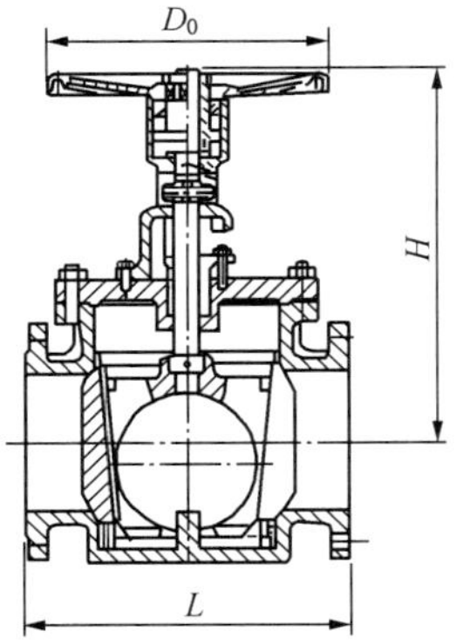

图 6-12-1

续表

序号	名称	型号	公称通径 DN	结构尺寸/mm			质量/kg	生产厂
				L	H	L_1		
16	撑开式金属密封球阀 (2) 伞齿轮(法兰连接) 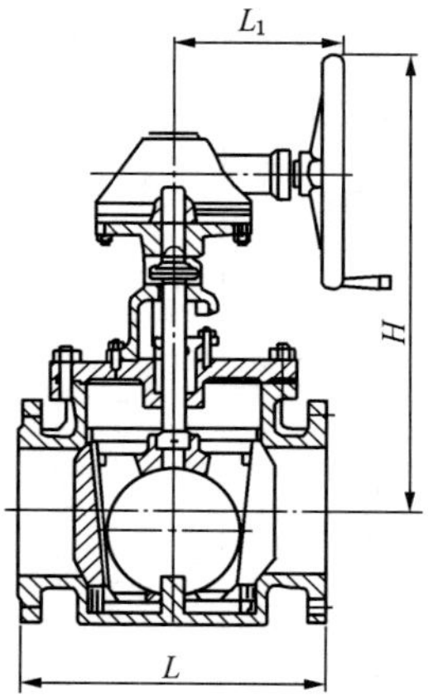 图 6-12-2	TZQY$^{H}_{W}$F-16C-S TZQY$^{H}_{W}$F-16I-S TZQY$^{H}_{W}$F-16P-S	300	610	1050	362	415	浙石化
			350	686	1160	362	640	
			400	762	1290	440	915	
			450	864	1430	513	1300	
			500	914	1660	588	1710	
			600	1067	1910	588	2630	
			700	1250	2195	645	3680	
			800	1450	2525	645	5230	
		TZQY$^{H}_{W}$F-25-S TZQY$^{H}_{W}$F-25I-S TZQY$^{H}_{W}$F-25P-S	300	648	1050	362	427	浙石化
			350	762	1160	362	660	
			400	838	1290	440	960	
			450	914	1430	513	1380	
			500	991	1660	588	1840	
			600	1143	1910	588	2770	
			700	1346	2195	645	3930	
			800	1524	2525	645	5585	
		TZQY$^{H}_{W}$F-40-S TZQY$^{H}_{W}$F-40I-S TZQY$^{H}_{W}$F-40P-S	300	648	1100	362	475	浙石化
			350	762	1240	440	735	
			400	838	1330	440	1035	
			450	914	1490	513	1500	
			500	991	1710	588	2050	
			600	1143	1970	588	3050	
			700	1346	2266	645	4330	
			800	1524	2610	645	6150	
		TZQY$^{H}_{W}$F-64-S TZQY$^{H}_{W}$F-64I-S TZQY$^{H}_{W}$F-64P-S	200	660	940	362	395	浙石化
			250	787	1030	362	545	
			300	838	1210	440	715	
			350	889	1280	440	1085	
			400	991	1420	513	1585	
			500	1194	1860	588	2210	
		TZQY$^{H}_{W}$F-100-S TZQY$^{H}_{W}$F-100I-S TZQY$^{H}_{W}$F-100P-S	200	660	940	362	458	浙石化
			250	787	1030	440	608	
			300	838	1210	440	825	
			350	889	1280	513	1180	
			400	991	1420	588	1800	

续表

序号	名称	型号	公称通径 DN	结构尺寸/mm L	结构尺寸/mm H	质量/kg	生产厂
16	撑开式金属密封球阀 (3)气动(法兰连接) 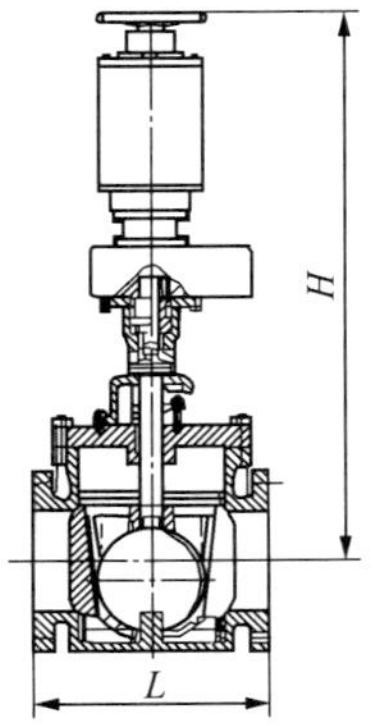 图 6-12-3	TZQY ${}^{H}_{W}$ F-16C-Q TZQY ${}^{H}_{W}$ F-16I-Q TZQY ${}^{H}_{W}$ F-16P-Q	300	610	1545	520	浙石化
			350	686	1635	765	
			400	762	1720	1005	
			450	864	1905	1375	
			500	914	2060	1825	
			600	1067	2345	2750	
			700	1250	2550	3910	
			800	1450	2860	5600	
		TZQY ${}^{H}_{W}$ F-25-Q TZQY ${}^{H}_{W}$ F-25I-Q TZQY ${}^{H}_{W}$ F-25P-Q	300	648	1545	540	浙石化
			350	762	1635	785	
			400	838	1720	1050	
			450	914	1905	1445	
			500	991	2060	1855	
			600	1143	2345	2895	
			700	1346	2550	4115	
			800	1524	2860	5880	
		TZQY ${}^{H}_{W}$ F-40-Q TZQY ${}^{H}_{W}$ F-40I-Q TZQY ${}^{H}_{W}$ F-40P-Q	300	648	1575	585	浙石化
			350	762	1675	835	
			400	838	1765	1120	
			450	914	1970	1585	
			500	991	2130	2055	
			600	1143	2425	3230	
			700	1346	2655	4590	
			800	1524	2980	6560	
		TZQY ${}^{H}_{W}$ F-64-Q ZTQY ${}^{H}_{W}$ F-64I-Q ZTQY ${}^{H}_{W}$ F-64P-Q	200	660	1450	415	浙石化
			250	787	1570	650	
			300	838	1675	845	
			350	889	1770	1185	
			400	991	1970	1670	
			500	1194	2425	2310	
		TZQY ${}^{H}_{W}$ F-100-Q TZQY ${}^{H}_{W}$ F-100I-Q TZQY ${}^{H}_{W}$ F-100P-Q	200	660	1450	475	浙石化
			250	787	1570	700	
			300	838	1675	910	
			350	889	1770	1240	
			400	991	1970	1880	

序号	名称	型号	公称通径 DN	结构尺寸/mm L	H	L_1	L_2	质量/kg	生产厂
16	撑开式金属密封球阀 (4) 电动(法兰连接) 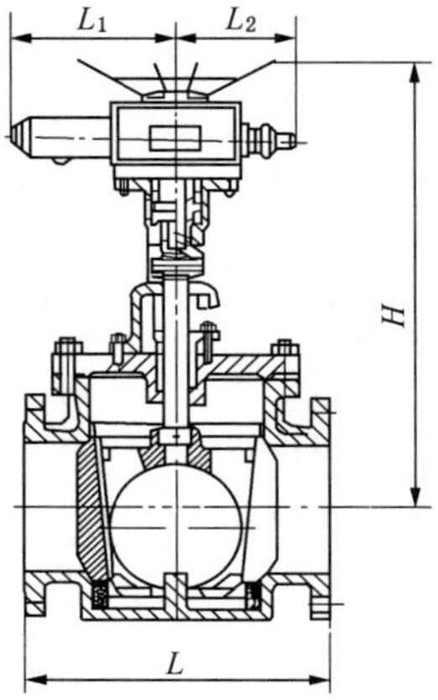 图 6-12-4	TZQY $^{H}_{W}$F-16C-D TZQY $^{H}_{W}$F-16I-D TZQY $^{H}_{W}$F-16P-D	300	610	1118	467	394	530	浙石化
			350	686	1220	597	413	785	
			400	762	1300	597	413	1030	
			450	864	1440	730	455	1390	
			500	914	1670	800	505	1850	
			600	1067	1945	800	505	2830	
			700	1250	2230	885	568	4020	
			800	1450	2620	885	568	5710	
		TZQY $^{H}_{W}$F-25-D TZQY $^{H}_{W}$F-25I-D TZQY $^{H}_{W}$F-25P-D	300	648	1118	467	394	550	浙石化
			350	762	1220	597	413	805	
			400	838	1300	597	413	1080	
			450	914	1440	730	455	1460	
			500	991	1670	800	505	1980	
			600	1143	1945	800	505	2975	
			700	1346	2230	885	568	4225	
			800	1524	2620	885	568	5990	
		TZQY $^{H}_{W}$F-40-D TZQY $^{H}_{W}$F-40I-D TZQY $^{H}_{W}$F-40P-D	300	648	1148	467	394	595	浙石化
			350	762	1250	597	413	855	
			400	838	1340	597	413	1155	
			450	914	1480	730	455	1600	
			500	991	1680	800	505	2180	
			600	1143	2060	800	505	3310	
			700	1346	2320	885	568	4700	
			800	1524	2780	885	568	6670	
		TZQY $^{H}_{W}$F-64-D TZQY $^{H}_{W}$F-64I-D TZQY $^{H}_{W}$F-64P-D	200	660	990	467	394	430	浙石化
			250	787	1080	467	394	670	
			300	838	1180	597	413	870	
			350	889	1285	597	413	1210	
			400	991	1460	730	455	1750	
			500	1194	1820	860	590	2400	
		TZQY $^{H}_{W}$F-100-D TZQY $^{H}_{W}$F-100I-D TZQY $^{H}_{W}$F-100P-D	200	660	990	467	394	497	浙石化
			250	787	1080	597	413	730	
			300	838	1180	597	413	950	
			350	889	1285	730	455	1300	
			400	991	1460	800	505	1960	

序号	名称	型号	公称通径 DN	结构尺寸/mm L	H	L_1	质量/kg	生产厂
16	撑开式金属密封球阀 (5) 伞齿轮(对焊连接) 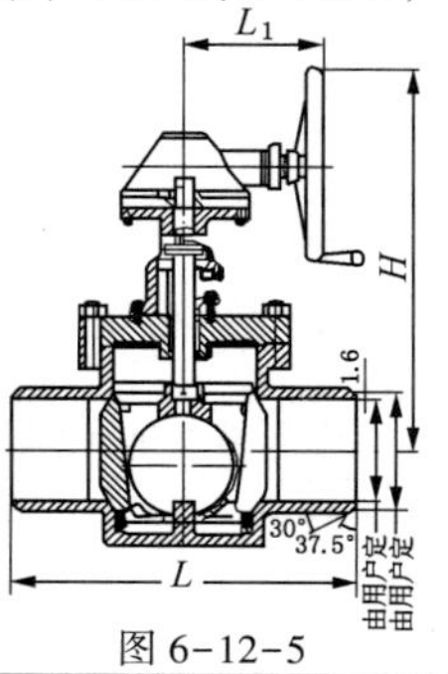 图 6-12-5	TZQY $^{H}_{W}$W-64-S TZQY $^{H}_{W}$W-64I-S TZQY $^{H}_{W}$W-64P-S	200	597	940	362		浙石化
			250	673	1030	362		
			300	762	1210	440		
			350	826	1280	440		
			400	902	1420	513		
			500	1054	1860	588		
		TZQY $^{H}_{W}$W-100-S TZQY $^{H}_{W}$W-100I-S TZQY $^{H}_{W}$W-100P-S	200	660	940	362		浙石化
			250	787	1030	440		
			300	838	1210	440		
			350	890	1280	513		
			400	991	1420	588		

第七节　蝶　　阀

一、蝶阀使用范围

序号	名称	型号	阀体材质	使用温度/℃	适用介质	公称通径 *DN*	页次
1	法兰式蝶阀	DTD41F-10C	碳　钢	-20~200	水、蒸汽、油品	40~150	363
		DTD41F-16C	碳　钢	-20~200	水、蒸汽、油品	40~150	363
		DTD41F-25	碳　钢	-20~200	水、蒸汽、油品	40~150	363
		DTD41F-40	碳　钢	-20~200	水、蒸汽、油品	40~150	363
		VED41F-16C	碳　钢	≤150	水、蒸汽、油品	50~150	363
		VED41F-25	碳　钢	≤150	水、蒸汽、油品	50~150	363
		VED41H-16C	碳　钢	≤425	水、蒸汽、油品、煤气	50~150	363
		VED41H-25	碳　钢	≤425	水、蒸汽、油品、煤气	50~150	363
2	蜗轮传动法兰式蝶阀	DTD341F-10C	碳　钢	≤150	水、蒸汽、油品、煤气	200~1000	364
		DTD341F-10P	1Cr18Ni9Ti	≤150	硝酸类	200~1000	364
		DTD341F-10R	Gr18Ni12Mo2Ti	≤150	醋酸类	200~1000	364
		DTD341F-16C	碳　钢	≤150	水、蒸汽、油品、煤气	200~1000	364
		DTD341F-16P	1Cr18Ni9Ti	≤150	硝酸类	200~1000	364
		DTD341F-16R	Cr18Ni12Mo2Ti	≤150	醋酸类	200~1000	364
		DTD341F-25	碳　钢	≤150	水、蒸汽、油品、煤气	200~600	364
		DTD341F-25P	1Cr18Ni9Ti	≤150	硝酸类	200~600	364
		DTD341F-25R	Cr18Ni12Mo2Ti	≤150	醋酸类	200~600	364
		DTD341F-40	碳　钢	≤150	水、蒸汽、油品、煤气	200~600	364
		DTD341H-10C	碳　钢	≤425	水、蒸汽、油品、煤气	80~3000	364
		DTD341H-16C	碳　钢	≤425	水、蒸汽、油品、煤气	80~3000	364
		D341H-10C	碳　钢	≤300	水、蒸汽、油品	80~2400	364
		D341H-16C	碳　钢	≤300	水、蒸汽、油品	80~1200	364
		D343H-16C	碳　钢	≤425	水、蒸汽、油品	200~1200	364
		D341W-16P	1Cr18Ni9Ti	≤200	硝酸类	200~1200	364
		D341W-6R	Cr18Ni12Mo2Ti	≤200	醋酸类	200~1200	364
		DTD341H-25	碳　钢	≤425	水、蒸汽、油品	80~1400	365
		D341H-25	碳　钢	≤300	水、蒸汽、油品	80~1200	365
		D343H-25	碳　钢	≤425	水、蒸汽、油品	200~1200	365
		D341W-25P	1Cr18Ni9Ti	≤200	硝酸类	200~1200	365
		D341W-25R	Cr18Ni12Mo2Ti	≤200	醋酸类	200~1200	365
		DTD341-40	碳　钢	≤425	水、蒸汽、油品	80~1000	365
		D343H-40	碳　钢	≤425	水、蒸汽、油品	200~600	365
		D341W-40P	1Cr18Ni9Ti	≤200	硝酸类	200~600	365

续表

序号	名称	型号	阀体材质	使用温度/℃	适用介质	公称通径 *DN*	页次
2	蜗轮传动法兰式蝶阀	D341W-40R	Cr18Ni12Mo2Ti	≤200	醋酸类	200~600	365
		DTD341H-64	碳　钢	≤425	水、蒸汽、油品	80~600	366
		DTD341H-100	碳　钢	≤425	水、蒸汽、油品	80~600	366
		DTD_A341H-16C	碳　钢	≤425	水、蒸汽、油品	80~3000	366
		DTD_A341H-16I	Cr5Mo	≤530	水、蒸汽、油品	80~3000	366
		DTD_A341H-16P	1Cr18Ni9Ti	-196~600	硝酸类	80~3000	366
		DTD_A341H-16R	Cr18Ni12Mo2Ti	-196~600	醋酸类	80~3000	366
		DTD_A341H-25	碳　钢	≤425	水、蒸汽、油品	80~1000	367
		DTD_A341H-25I	Cr5Mo	≤530	水、蒸汽、油品	80~1000	367
		DTD_A341H-25P	1Cr18Ni9Ti	-196~600	硝酸类	80~1000	367
		DTD_A341H-25R	Cr18Ni12Mo2Ti	-196~600	醋酸类	80~1000	367
		DTD_A341H-40	碳　钢	≤425	水、蒸汽、油品	80~1000	367
		DTD_A341H-40I	Cr5Mo	≤530	水、蒸汽、油品	80~1000	367
		DTD_A341H-40P	1Cr18Ni9Ti	-196~600	硝酸类	80~1000	367
		DTD_A341H-40R	Cr18Ni12Mo2Ti	-196~600	醋酸类	80~1000	367
		VED341F-16C	碳　钢	≤425	水、蒸汽、油品	50~1200	368
		VED341F-25	碳　钢	≤425	水、蒸汽、油品	50~1200	368
		VED341H-16C	碳　钢	≤425	水、蒸汽、油品	50~1200	369
		VED341H-25	碳　钢	≤425	水、蒸汽、油品	50~1200	369
		HTB341F-10C	碳　钢	≤425	水、蒸汽、油品	150~1200	370
		HTB341F-16C	碳　钢	≤425	水、蒸汽、油品	150~1000	370
		HTB341F-25	碳　钢	≤425	水、蒸汽、油品	150~700	370
		HTB341H-16C	碳　钢	≤425	水、蒸汽、油品	150~1000	371
		HTB341H-25	碳　钢	≤425	水、蒸汽、油品	150~700	371
		SPD341H-16C	碳　钢	≤425	水、蒸汽、油品	100~2000	371
		SPD341H-25	碳　钢	≤425	水、蒸汽、油品	100~2000	372
		HTB3Y-16C	碳　钢	≤425	水、蒸汽、油品	50~700	372
		HTB3Y-25	碳　钢	≤425	水、蒸汽、油品	50~700	373
		FD341H-16C	碳　钢	≤350	水、蒸汽、油品	100~1200	373
		FD341H-25	碳　钢	≤350	水、蒸汽、油品	100~1200	373
		SFGWD341H-16C	碳　钢	≤250	水、蒸汽、油品	200~1000	374
		D341H-25_{42}	碳　钢	≤425	水、蒸汽、油品	80~600	374
3	气动传动法兰式蝶阀	D641F-10C	碳　钢	20	煤　气	150、250、350~500	375
		D641Y-10P	1Cr18Ni9Ti	≤450	热空气	300、500、600、800	375

续表

序号	名称	型号	阀体材质	使用温度/℃	适用介质	公称通径 *DN*	页次
4	电动传动法兰式蝶阀	HTB941F-16C	碳　钢	≤425	水、蒸汽、油品	50~1200	375
		HTB941F-25	碳　钢	≤425	水、蒸汽、油品	50~1000	376
		HTB941H-16C	碳　钢	≤425	水、蒸汽、油品	50~1200	376
		HTB941H-25	碳　钢	≤425	水、蒸汽、油品	50~1000	376
		HTB9Y-16C	碳　钢	≤425	水、蒸汽、油品	300~1200	377
		HTB9Y-25	碳　钢	≤425	水、蒸汽、油品	300~1200	377
		FD941H-16C	碳　钢	≤350	水、蒸汽、油品	700~1200	377
		D941H-25$_{42}$	碳　钢	≤425	水、蒸汽、油品	80~600	377
		DTD941F-10C	碳　钢	≤200	水、蒸汽、油品	80~3000	378
		DTD941F-16C	碳　钢	≤200	水、蒸汽、油品	80~3000	378
		DTD941F-10P	1Cr18Ni9Ti	≤200	硝酸类	80~3000	378
		DTD941F-16P	1Cr18Ni9Ti	≤200	硝酸类	80~3000	378
		DTD941F-10R	Cr18Ni12Mo2Ti	≤200	醋酸类	80~3000	378
		DTD941F-16R	Cr18Ni12Mo2Ti	≤200	醋酸类	80~3000	378
		BSD941H-6C	碳　钢	≤425	水、海水、油品	1000~2400	378
		BSD941H-10C	碳　钢	≤425	水、海水、油品	500~2000	378
		DTD941F-25	碳　钢	≤425	水、蒸汽、油品	80~1400	378
		DTD941F-25P	1Cr18Ni9Ti	≤200	硝酸类	80~1400	378
		DTD941F-25R	Cr18Ni12Mo2Ti	≤200	醋酸类	80~1400	378
		DTD941Y-40	碳　钢	≤425	水、蒸汽、油品	80~600	379
		DTD941Y-64	碳　钢	≤425	水、蒸汽、油品	80~600	379
		DTD941Y-100	碳　钢	≤425	水、蒸汽、油品	80~600	379
		DTD$_A$941H-6C	碳　钢	≤425	水、蒸汽、油品	100~3000	379
		DTD$_A$941H-10C	碳　钢	≤425	水、蒸汽、油品	100~3000	379
		DTD$_A$941H-16C	碳　钢	≤425	水、蒸汽、油品	100~3000	380
		DTD$_A$941H-25	碳　钢	≤425	水、蒸汽、油品	100~3000	380
		DTD$_A$941H-40	碳　钢	≤425	水、蒸汽、油品	100~900	380
		DTD$_A$941H-64	碳　钢	≤425	水、蒸汽、油品	100~900	380
		DTD$_A$941H-100	碳　钢	≤425	水、蒸汽、油品	100~900	380
5	对夹式蝶阀	D71X-10	灰铸铁	≤200	蒸汽、水	40~250	381
		D71X-16	灰铸铁	≤200	煤气、水	40~250	381
		DTD71F-2.5	铸　铁	≤200	污水、海水、油品	40~200	381
		DTD71F-2.5P	1Cr18Ni9Ti	≤200	酸、碱、氨	40~200	381
		DTD71F-6	铸　铁	≤200	蒸汽、油品 煤气、水等	40~200	381
		DTD71F-6P	1Cr18Ni9Ti	≤200	酸、碱、氨	40~200	381
		DTD71F-10	铸　铁	≤200	蒸汽、油品 煤气、水	40~200	382

续表

序号	名称	型号	阀体材质	使用温度/℃	适用介质	公称通径 *DN*	页次
5	对夹式蝶阀	DTD71F-10P	1Cr18Ni9Ti	≤200	酸、碱、氨	40～200	382
		D71F-10	铸 铁	≤200	水、蒸汽、油品、煤气	40～200	382
		DTD71H-16C	碳 钢	≤400	水、蒸汽、油品	40～200	382
		DTD71F_1-16C	碳 钢	≤200	水、蒸汽、油品	40～200	382
		DTD71F-16P	1Cr18Ni9Ti	≤200	硝酸类	40～200	382
		D71F-16C	碳 钢	≤200	水、蒸汽、油品	50～200	382
		D71F-16P	1Cr18Ni9Ti	≤200	硝酸类	50～200	382
		D71F-16R	Cr18Ni12Mo2Ti	≤200	醋酸类	50～200	382
		DTD71H-25	碳 钢	≤400	污水、海水、煤气、蒸汽	40～200	382
		DTD71F_1-25	碳 钢	≤200		40～200	
		DTD71F-25P	1Cr18Ni9Ti	≤200	酸、碱、氨	40～200	
		DTD71H-40	碳 钢	≤400	污水、海水、煤气、蒸汽	40～150	382
		DTD71F_1-40	碳 钢	≤200		40～150	
		DTD71F-40P	1Cr18Ni9Ti	≤200	酸、碱、氨	40～150	
		D71F_4-10C	碳 钢	-20～180	硫酸、氢氟酸等有强腐蚀性的介质	50～125	382
		$D7_A1X$-10	灰铸铁	-20～150	水、蒸汽	50～150	383
		$D7_L1X$-10	灰铸铁	-20～150	水、蒸汽	50～150	383
		$D7_A1X$-16	灰铸铁	-20～150	水、蒸汽	50～150	383
		$D7_L1X$-16	灰铸铁	-20～150	水、蒸汽	50～150	383
		HTB71F-16C	碳 钢	≤150	水、蒸汽、油品	40～150	383
		HTB71F-25	碳 钢	≤150	水、蒸汽、油品	40～150	383
		D73F-10C	碳 钢	-20～160	水、蒸汽、油品	50～150	384
		D73F-16C	碳 钢	-20～160	水、蒸汽、油品	50～150	384
		D73F-25	碳 钢	-20～160	水、蒸汽、油品	50～150	384
		D73H-16C	碳 钢	-20～425	水、蒸汽、油品	50～150	384
		D73H-25	碳 钢	-20～425	水、蒸汽、油品	50～150	384
		VED71H-16C	碳 钢	≤400	水、蒸汽、油品	50～150	384
		VED71H-25	碳 钢	≤400	水、蒸汽、油品	50～150	385
		HTB71H-16C	碳 钢	≤425	水、蒸汽、油品	40～150	385
		HTB71H-25	碳 钢	≤425	水、蒸汽、油品	40～150	385
6	螺旋传动对夹式蝶阀	D271X-10	灰铸铁	≤200	海水、煤气	250～1200	385
		D271X-16	灰铸铁	≤200	海水、煤气	250、300	385
7	蜗轮传动对夹式蝶阀	$D37_A1X$-10	灰铸铁	-20～150	水、蒸汽	50～1000	386
		$D37_L1X$-10	灰铸铁	-20～150	水、蒸汽	50～600	386
		D371X-16	灰铸铁	≤200	水、蒸汽	900、1000	386

序号	名称	型号	阀体材质	使用温度/℃	适用介质	公称通径 *DN*	页次
7	蜗轮传动对夹式蝶阀	$D37_A1X-16$	灰铸铁	−20～150	水、蒸汽	50～1000	387
		$D37_L1X-16$	灰铸铁	−20～150	水、蒸汽	50～600	387
		DTD371F-2.5	铸　铁	≤180	海水、煤气	250～1000	387
		DTD371F-2.5P	1Cr18Ni9Ti	≤180	酸、碱、氨	250～1000	387
		DTD371F-6	铸　铁	≤180	海水、煤气	250～1000	388
		DTD371F-6P	1Cr18Ni9Ti	≤180	酸、碱、氨	250～1000	388
		DTD371F-10	铸　铁	≤180	海水、煤气	250～1000	388
		DTD371F-10P	1Cr18Ni9Ti	≤180	酸、碱、氨	250～1000	388
		DTD371H-16C	碳　钢	≤400	海水、煤气	200～1200	388
		$DTD371F_1-16C$	碳　钢	≤180	海水、煤气	200～1200	388
		DTD371F-16P	1Cr18Ni9Ti	≤180	酸、碱、氨	250～1000	388
		D371H-16C	碳　钢	≤425	海水、煤气	200～1200	388
		DTD371H-25	碳　钢	≤425	水蒸气、油品	200～1400	389
		$DTD371F_1-25$	碳　钢	≤180	海水、煤气	200～1400	389
		DTD371F-25P	1Cr18Ni9Ti	≤180	酸、碱、氨	200～1400	389
		D371H-25	碳　钢	≤425	水、蒸汽、油品	200～700	389
		DTD371H-40	碳　钢	≤425	水、蒸汽、油品	200～600	389
		$DTD371F_1-40$	碳　钢	≤180	海水、煤气	200～600	389
		DTD371F-40P	1Cr18Ni9Ti	≤180	酸、碱、氨	200～600	389
		D371H-40	碳　钢	≤425	水、蒸汽、油品	50～500	389
		D371H-40P	1Cr18Ni9Ti	≤200	硝酸类	50～500	389
		D371H-40R	Cr18Ni12Mo2Ti	≤200	醋酸类	50～500	389
		HTB371F-10C	碳　钢	≤150	水、蒸汽、油品	150～1200	389
		HTB371F-16C	碳　钢	≤150	水、蒸汽、油品	150～1000	389
		HTB371F-25	碳　钢	≤150	水、蒸汽、油品	150～700	390
		D373F-10C	碳　钢	−20～160	水、蒸汽、油品	50～1200	390
		D373F-16C	碳　钢	−20～160	水、蒸汽、油品	50～1200	390
		D373F-25	碳　钢	−20～160	水、蒸汽、油品	50～1200	391
		D373H-16C	碳　钢	−20～425	水、蒸汽、油品	50～1200	391
		D373H-25	碳　钢	−20～425	水、蒸汽、油品	50～1200	392
		HTB371H-16C	碳　钢	≤425	水、蒸汽、油品	150～1000	392
		HTB371H-25	碳　钢	≤425	水、蒸汽、油品	150～700	392

续表

序号	名称	型号	阀体材质	使用温度/℃	适用介质	公称通径 *DN*	页次
8	气动传动对夹式蝶阀	DTD671F-10	铸　铁	≤180	油　品	100～600	393
		DTD671F-10P	1Cr18Ni9Ti	≤180	酸、碱	100～600	393
		$D67_{A}1X-10$	灰铸铁	-20～150	水、蒸汽	50～800	393
		$D67_{L}1X-10$	灰铸铁	-20～150	水、蒸汽	50～600	393
		$D67_{A}1X-16$	灰铸铁	-20～150	水、蒸汽	50～600	394
		$D67_{L}1X-16$	灰铸铁	-20～150	水、蒸汽	50～600	394
9	电动传动对夹式蝶阀	$D97_{A}1X-10$	灰铸铁	≤150	水、蒸汽	50～800	395
		$D97_{L}1X-10$	灰铸铁	≤150	水、蒸汽	50～600	395
		$D97_{A}1X-16$	灰铸铁	≤150	水、蒸汽	50～600	395
		$D97_{L}1X-16$	灰铸铁	≤150	水、蒸汽	50～600	396
		DTD971F-2.5	铸铁	≤180	水、蒸汽	250～1000	396
		DTD971F-2.5P	1Cr18Ni9Ti	≤180	酸、碱	250～1000	396
		DTD971F-6	铸　铁	≤180	水、蒸汽	250～1000	396
		DTD971F-6P	1Cr18Ni9Ti	≤180	酸、碱	250～1000	396
		DTD971F-10	铸　铁	≤180	水、蒸汽	250～1000	397
		DTD971F-10P	1Cr18Ni9Ti	≤180	酸、碱	250～1000	397
		DTD971F-16C	碳　钢	≤180	水、蒸汽、油品	250～1000	397
		DTD971F-16P	碳　钢	≤180	酸、碱	250～1000	397
		HTB971F-16C	碳　钢	≤150	水、蒸汽、油品	50～1200	397
		HTB971F-25	碳　钢	≤150	水、蒸汽、油品	50～1000	397
		HTB971H-16C	碳　钢	≤425	水、蒸汽、油品	50～1200	398
		HTB971H-25	碳　钢	≤425	水、蒸汽、油品	50～1000	398
		DTD971H-6C	碳　钢	≤400	水、蒸汽、油品	80～1200	399
		DTD971H-10C	碳　钢	≤400	水、蒸汽、油品	80～1200	399
		DTD971H-16C	碳　钢	≤425	水、蒸汽、油品	80～1200	399
		D971H-16C	碳　钢	≤425	水、蒸汽、油品	80～1200	399
		DTD971H-25	碳　钢	≤425	水、蒸汽、油品	80～1400	399
		D971H-25	碳　钢	≤425	水、蒸汽、油品	80～300	399
		DTD971H-40	碳　钢	≤425	水、蒸汽、油品	80～600	400
		DTD971H-64	碳　钢	≤425	水、蒸汽、油品	80～600	400
		DTD971H-100	碳　钢	≤425	水、蒸汽、油品	80～600	400
		D973F-16C	碳　钢	-20～160	水、蒸汽、油品	50～1200	401
		D973H-16C	碳　钢	≤425	水、蒸汽、油品	50～1200	401
		D973H-16P	碳　钢	≤425	水、蒸汽、油品	50～1200	402
		D973H-16R	碳　钢	≤425	水、蒸汽、油品	50～1200	402
		D973H-25P	碳　钢	≤425	水、蒸汽、油品	50～1200	402
		D973H-25R	碳　钢	≤425	水、蒸汽、油品	50～1200	402

二、蝶阀结构尺寸和质量

序号	名称	型号	公称通径 DN	结构尺寸/mm L	H	B	质量/kg	生产厂
1	法兰式蝶阀	DTD41F-10C DTD41F-16C	40	106	155	180	3.8	江南 DN40~150
			50	108	162	200	4.8	
			65	112	179	230	6.8	
			80	114	187	250	8.9	
			100	127	192	270	11	
			125	140	212	300	14.5	
			150	140	222	350	20	
		DTD41F-25 DTD41F-40	40	106	155	180	3.8	江南 DN40~150
			50	108	162	200	5.8	
			65	112	179	230	8	
			80	114	187	250	10	
			100	127	202	270	13.5	
			125	140	218	300	17.5	
			150	140	232	350	24	
		VED41F-16C	50	108	168	250	5	汉威 DN50~150
			65	112	196	250	7	
			80	114	197	250	9	
			100	127	228	320	11	
			125	140	253	320	15	
			150	140	288	320	20	
		VED41F-25	50	108	168	250	6	汉威 DN50~150
			65	112	196	250	8	
			80	114	197	250	10	
			100	127	228	320	14	
			125	140	253	320	18	
			150	140	288	320	24	
		VED41H-16C	50	108	168	250	5	汉威 DN50~150
			65	112	196	250	7	
			80	114	198	250	9	
			100	127	228	320	11	
			125	140	253	320	15	
			150	140	288	320	20	
		VED41H-25	50	108	168	250	6	汉威 DN50~150
			65	112	196	250	8	
			80	114	197	250	10	
			100	127	228	320	14	
			125	140	253	320	18	
			150	140	288	320	24	

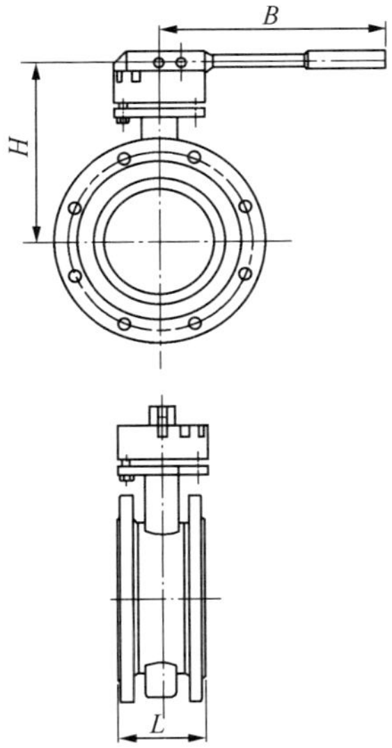

图 7-1

续表

序号	名称	型号	公称通径 DN	结构尺寸/mm L	H	D_0	B	质量/kg	生产厂
2	蜗轮传动 法兰式蝶阀 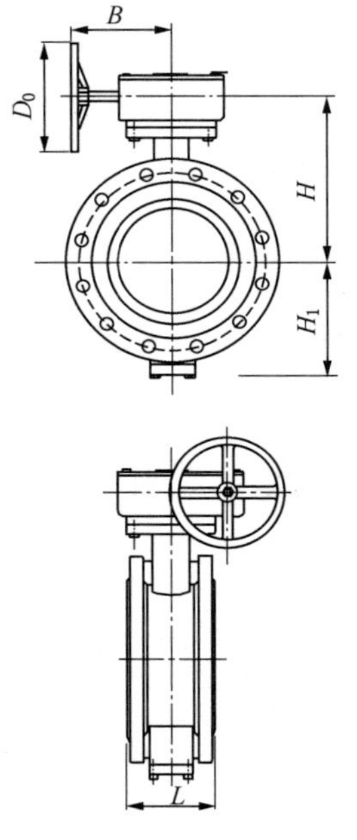 图 7-2	DTD341F-10C DTD341F-10P DTD341F-10R DTD341F-16C DTD341F-16P DTD341F-16R	200	152	297	305	170	41	江南 DN200~1000
			250	165	327	305	170	60	
			300	178	364	305	200	99	
			350	190	404	406	200	127	
			400	216	444	406	240	183	
			450	222	472	406	240	227	
			500	229	522	406	300	295	
			600	267	608	450	320	415	
			700	292	795	450	332	609	
			800	318	835	450	350	740	
			900	330	885	630	350	788	
			1000	300	945	630	350	888	
		DTD341F-25 DTD341F-25P DTD341F-25R DTD341F-40	200	152	307	305	170	52	江南 DN200~600
			250	165	347	305	200	71.5	
			300	178	384	305	220	111	
			350	190	424	406	240	150	
			400	216	264	406	260	219	
			450	222	492	406	300	271	
			500	229	544	406	341	382	
			600	267	618	450	350	454	
		DTD341H-10C DTD341H-16C (D341H-10C) (D341H-16C) [D343H-16C] [D341W-16P] [D341W-16R]	80	114	186	152	195	30	江南 DN80~3000 (良精 PN1.0 DN80~2400 PN1.6 DN80~1200) (精工 PN1.0 DN200~1200 PN1.6 DN200~1000) [伯特利 DN200~1200] [开阀 DN100~500] [承高 DN80~1200]
			100	127	195	152	195	40	
			125	140	208	200	195	48	
			150	140	240	305	325	51	
			200	152	260	305	325	95	
			250	165	295	305	315	120	
			300	178	340	406	315	156	
			350	190	383	406	281	193	
			400	216	427	406	281	227	
			450	222	467	406	320	280	
			500	229	499	406	320	355	
			600	267	618	450	500	538	
			700	292	745	450	500	953	
			800	318	809	450	500	1286	
			900	330	999	630	630	1659	
			1000	300	1064	630	630	2200	
			1200	360	1174	630	630	2450	

续表

序号	名称	型号	公称通径 DN	结构尺寸/mm L	H	D_0	B	质量/kg	生产厂
2	蜗轮传动 法兰式蝶阀 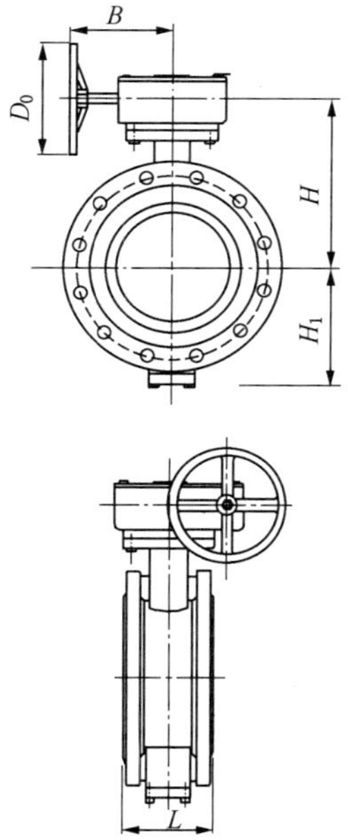 图 7-2	DTD341H-10C DTD341H-16C (D341H-10C) (D341H-16C) [D343H-16C] [D341W-16P] [D341W-16R]	1400	396	1324	630	630	3356	江南 DN80~3000 (良精 PN1.0 DN80~2400 PN1.6 DN80~1200) (精工 PN1.0 DN200~1200 PN1.6 DN200~1000) [伯特利 DN200~1200]
			1600	440	1450	630	700	4925	
			1800	490	1595	630	700	6290	
			2000	540	1740	630	700	8621	
			2200	600	1844	630	865	9631	
			2400	660	1968	630	865	10046	
			2600	720	2098	630	865	12310	
			2800	790	2232	630	865	14400	
			3000	860	2372	630	865	15420	
		DTD341H-25 (D341H-25) [D343H-25] [D341W-25P] [D341W-25R]	80	114	198	152	195	30	江南 DN80~1400 (良精 DN80~1200) (精工 DN200~1000) [伯特利 DN200~1200] [开阀 DN100~500] [承高 DN80~1200]
			100	127	204	152	195	40	
			125	140	214	200	195	48	
			150	140	259	305	325	52	
			200	152	276	305	325	128	
			250	165	313	305	315	205	
			300	178	363	305	315	311	
			350	190	406	406	281	407	
			400	216	441	406	281	495	
			450	222	523	406	320	650	
			500	229	597	406	320	750	
			600	267	662	450	500	860	
			700	292	758	450	500	925	
			800	318	823	450	500	1260	
			900	330	884	630	630	1790	
			1000	410	942	630	630	1940	
			1200	470	1054	630	630	2810	
			1400	530	1162	630	630	3500	
		DTD341H-40 (D343H-40) (D341W-40P) (D341W-40R)	80	180	198	152	195	32	江南 DN80~1000 (伯特利 DN200~600)
			100	190	204	152	195	45	
			125	200	214	200	195	50	
			150	210	259	305	325	55	
			200	230	276	305	325	128	
			250	250	313	305	315	205	
			300	270	363	305	315	311	
			350	290	406	406	281	407	
			400	310	441	406	281	495	
			450	330	523	406	320	650	
			500	350	597	406	320	750	
			600	390	662	450	500	860	

序号	名称	型号	公称通径 DN	结构尺寸/mm L	H	D_0	B	质量/kg	生产厂
2	蜗轮传动法兰式蝶阀 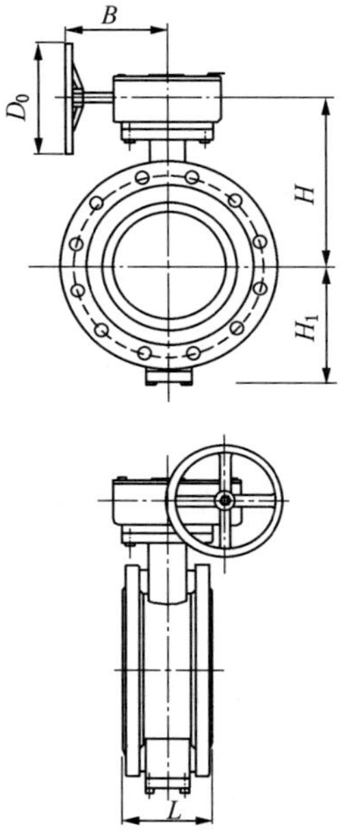 图 7-2	DTD341H-64 DTD341H-100	80	180	250	305	325	50	江南 DN80～600
			100	190	341	305	315	60	
			125	200	398	305	315	95	
			150	210	425	406	281	125	
			200	230	445	406	281	200	
			250	250	536	406	320	290	
			300	270	615	406	320	390	
			350	290	675	406	320	465	
			400	310	820	450	500	650	
			450	330	853	450	500	930	
			500	350	946	450	500	1235	
			600	390	998	630	630	1890	
		$DTD_A341H-16C$ $DTD_A341H-16I$ $DTD_A341H-16P$ $DTD_A341H-16R$	80	114	186	152	195	30	江南 DN80～3000
			100	127	217	152	195	38	
			125	140	233	200	195	45	
			150	140	263	305	325	48	
			200	92	355	305	325	90	
			250	116	388	305	315	114	
			300	116	420	305	315	148	
			350	127	454	406	281	183	
			400	140	528	406	281	215	
			450	152	553	406	320	266	
			500	154	608	406	320	337	
			600	178	682	450	500	511	
			700	229	757	450	500	905	
			800	241	837	450	500	1221	
			900	265	935	630	630	1576	
			1000	300	1021	630	630	2090	
			1200	360	1174	630	630	2227	
			1400	390	1310	630	630	2396	
			1600	440	1436	630	700	3748	
			1800	490	1579	630	700	4491	
			2000	540	1723	630	700	6154	
			2200	600	1844	630	865	8031	
			2400	660	1968	630	865	10046	
			2600	720	2096	630	865	11310	
			2800	790	2232	630	865	14400	
			3000	860	2372	630	865	15420	

续表

序号	名称	型号	公称通径 DN	结构尺寸/mm L	H	D_0	B	质量/kg	生产厂
2	蜗轮传动 法兰式蝶阀 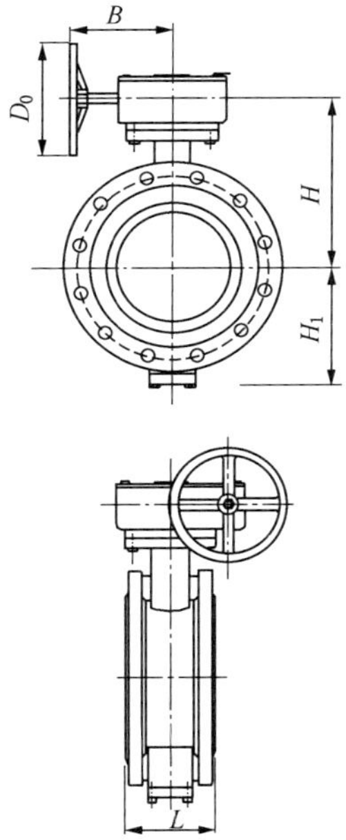 图 7-2	$DTD_A341H-25$ $DTD_A341H-25I$ $DTD_A341H-25P$ $DTD_A341H-25R$	80	114	186	152	195	32	江南 DN80～1000
			100	127	217	152	195	40	
			125	140	233	200	195	48	
			150	140	263	305	325	51	
			200	152	355	305	325	95	
			250	165	388	305	315	120	
			300	178	420	305	315	156	
			350	190	454	406	281	193	
			400	216	528	406	281	227	
			450	222	553	406	320	280	
			500	229	608	406	320	355	
			600	267	682	450	500	538	
			700	292	757	450	500	953	
			800	318	837	450	630	1286	
			900	330	935	630	630	1659	
			1000	410	1021	630	630	2200	
		$DTD_A341H-40$ $DTD_A341H-40I$ $DTD_A341H-40P$ $DTD_A341H-40R$	80	114	186	152	195	32	江南 DN80～1000
			100	127	217	152	195	40	
			125	140	233	200	195	48	
			150	140	263	305	325	51	
			200	152	355	305	325	95	
			250	165	388	305	315	120	
			300	178	420	305	315	156	
			350	190	454	406	281	193	
			400	216	528	406	281	227	
			450	222	553	406	320	280	
			500	229	608	406	320	355	
			600	267	682	450	500	538	
			700	292	757	450	500	953	
			800	318	837	450	630	1286	
			900	330	935	630	630	1659	
			1000	410	1021	630	630	2200	

序号	名称	型号	公称通径 DN	结构尺寸/mm L	H	H_1	D_0	B	质量/kg	生产厂
2	蜗轮传动法兰式蝶阀 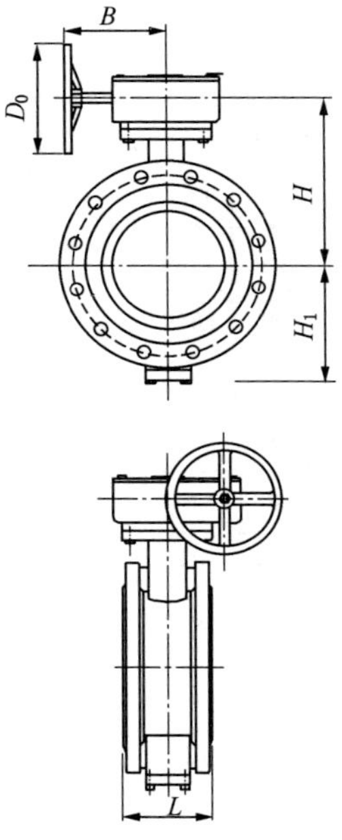 图 7-2	VED341F-16C	50	108	168			84		汉威 DN50~1200
			65	112	196			84		
			80	114	198			84		
			100	127	228			84		
			125	140	259			84		
			150	140	288			84		
			200	152	381			190		
			250	165	499			190		
			300	178	520			207		
			350	190	520			207		
			400	216	699			298		
			450	222	715			298		
			500	229	764			392		
			600	267	808			412		
			700	292	990			509		
			800	318	1106			509		
			900	330	1160			519		
			1000	410	1245			519		
			1200	470	1452			719		
		VED341F-25	50	108	168			84		汉威 DN50~1200
			65	112	196			84		
			80	114	198			84		
			100	127	228			84		
			125	140	259			84		
			150	140	288			84		
			200	152	381			190		
			250	165	499			190		
			300	178	520			207		
			350	190	520			207		
			400	216	699			298		
			450	222	715			298		
			500	229	764			392		
			600	267	808			412		
			700	292	990			509		
			800	318	1106			509		
			900	330	1160			519		
			1000	410	1245			519		
			1200	470	1452			719		

续表

序号	名　称	型　号	公称通径 DN	结构尺寸/mm L	H	H_1	D_0	B	质量/kg	生　产　厂
2	蜗轮传动法兰式蝶阀	VED341H-16C	50	108	168			84		汉威 DN50～1200
			65	112	196			84		
			80	114	198			84		
			100	127	228			84		
			125	140	259			84		
			150	140	288			84		
			200	152	381			190		
			250	165	499			190		
			300	178	520			207		
			350	190	520			207		
			400	216	699			298		
			450	222	715			298		
			500	229	764			392		
			600	267	808			412		
			700	292	990			509		
			800	318	1106			509		
			900	330	1160			519		
			1000	410	1245			719		
			1200	470	1452			719		
		VED341H-25	50	108	168			84		汉威 DN50～1200
			65	112	196			84		
			80	114	198			84		
			100	127	228			84		
			125	140	259			84		
			150	140	288			84		
			200	152	381			190		
			250	165	499			190		
			300	178	520			207		
			350	190	520			207		
			400	216	699			298		
			450	222	715			298		
			500	229	764			392		
			600	267	808			412		
			700	292	990			509		
			800	318	1106			509		
			900	330	1160			519		
			1000	410	1245			519		
			1200	470	1452			719		

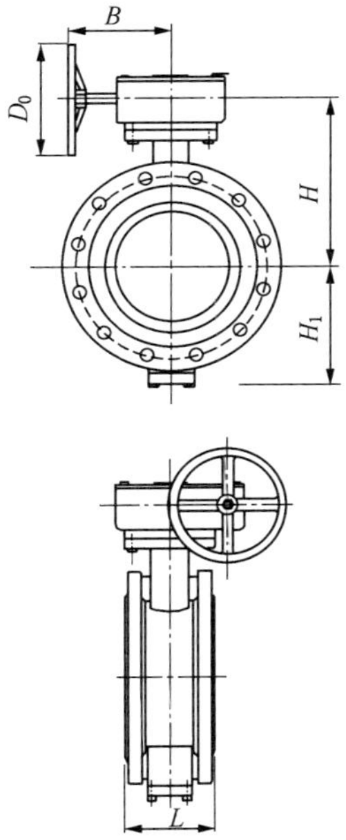

图 7-2

续表

序号	名称	型号	公称通径 DN	结构尺寸/mm					质量/kg	生产厂
				L	H	H_1	D_0	B		
2	蜗轮传动法兰式蝶阀 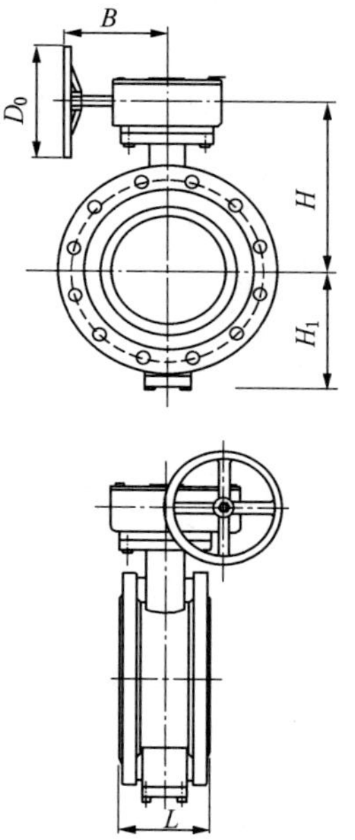 图 7-2	HTB341F-10C	150	140	151	150		285	27.8	郑阀 DN150～1200
			200	152	256	180		285	48	
			250	165	266	215		285	70	
			300	178	345	245		325	92	
			350	190	370	280		325	115	
			400	216	380	305		325	172	
			450	222	460	330		415	218	
			500	229	390	440		415	276	
			600	267	430	470		415	395	
			700	292	460	550		500	530	
			800	318	929	562		500		
			900	330	1103	653		520		
			1000	410	1057	719		720		
			1200	470	1217	813		720		
		HTB341F-16C	150	140	151	150		285	32	郑阀 DN150～1000
			200	152	256	180		285	58	
			250	165	266	215		285	81	
			300	178	345	245		325	114	
			350	190	370	280		325	141	
			400	216	380	305		325	206	
			450	222	460	330		415	245	
			500	229	390	440		415	338	
			600	267	430	470		415	474	
			700	292	460	550		500	564	
			800	318	929	562		500	730	
			900	330	1013	653		520	1135	
			1000	410	1329	797		720	1517	
		HTB341F-25	150	140	151	150		285	32	郑阀 DN150～700
			200	152	256	180		285	58	
			250	165	266	215		285	81	
			300	178	345	245		325	114	
			350	190	370	280		325	141	
			400	216	380	305		325	206	
			450	222	460	330		415	245	
			500	229	390	440		415	338	
			600	267	430	470		415	474	
			700	292	460	550		500	564	

续表

序号	名称	型号	公称通径 DN	结构尺寸/mm					质量/kg	生产厂
				L	H	H_1	D_0	B		
2	蜗轮传动法兰式蝶阀 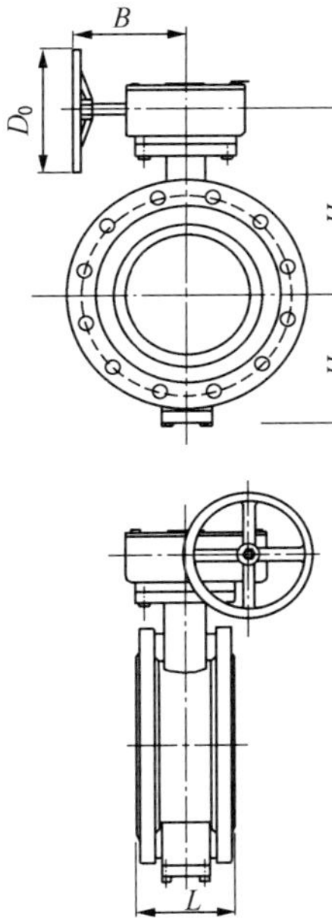 图 7-2	HTB341H-16C	150	140	151	150		285	32	郑阀 DN150~1000
			200	152	256	180		285	58	
			250	165	266	215		285	81	
			300	178	345	245		325	114	
			350	190	370	280		325	141	
			400	216	380	305		325	206	
			450	222	460	330		415	245	
			500	229	390	440		415	338	
			600	267	430	470		415	474	
			700	292	460	550		500	564	
			800	318	929	562		500	730	
			900	330	1013	653		520	1135	
			1000	410	1329	797		720	1517	
		HTB341H-25	150	140	151	150		285	32	郑阀 DN150~700
			200	152	256	180		285	58	
			250	165	266	215		285	81	
			300	178	345	245		325	114	
			350	190	370	280		325	141	
			400	216	380	305		325	206	
			450	222	460	330		415	245	
			500	229	390	440		415	338	
			600	267	430	470		415	474	
			700	292	460	550		500	564	
		SPD341H-16C	100	127	350					郑阀 DN100~2000
			125	140	370					
			150	140	380			285	32	
			200	152	410			285	58	
			250	165	500			285	81	
			300	178	570			325	114	
			350	190	610			325	141	
			400	216	630			325	206	
			450	222	700			415	245	
			500	229	780			415	338	
			600	267	810			415	474	
			700	292	880			500	564	
			800	318	920			500	730	

续表

序号	名称	型号	公称通径 DN	结构尺寸/mm					质量/kg	生产厂
				L	H	H_1	D_0	B		
2	蜗轮传动法兰式蝶阀	SPD341H-16C	900	330	980			520	1135	郑阀 DN100~2000
			1000	410	1040			720	1517	
			1200	470	1240					
			1400	530	1440					
			1600	600	1650					
			1800	670	1860					
			2000	760	2080					
		SPD341H-25	100	127	350					郑阀 DN100~2000
			125	140	370					
			150	140	380	150		285	32	
			200	152	410	180		285	58	
			250	165	500	215		285	81	
			300	178	570	245		325	114	
			350	190	610	280		325	141	
			400	216	630	305		325	206	
			450	222	700	330		415	245	
			500	229	780	440		415	338	
			600	267	810	470		415	474	
			700	292	880	550		500	564	
			800	318	920	562		500	730	
			900	330	980	653		520	1135	
			1000	410	1040	797		720	1517	
			1200	470	1240					
			1400	530	1440					
			1600	600	1650					
			1800	670	1860					
			2000	760	2080					
		HTB3Y-16C	50	108	250	80		202	15	郑阀 DN50~700
			65	112	260	90		202	20	
			80	114	275	100		202	25	
			100	127	290	115		202	35	
			125	140	383	135		202	40	
			150	140	401	150		285	60	
			200	152	436	180		285	80	
			250	165	481	215		285	120	
			300	178	590	245		325	200	

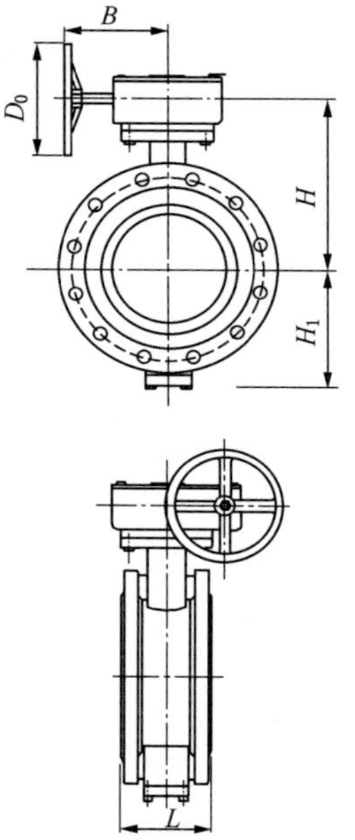

图 7-2

序号	名称	型号	公称通径 DN	结构尺寸/mm					质量/kg	生产厂
				L	H	H_1	D_0	B		
2	蜗轮传动法兰式蝶阀 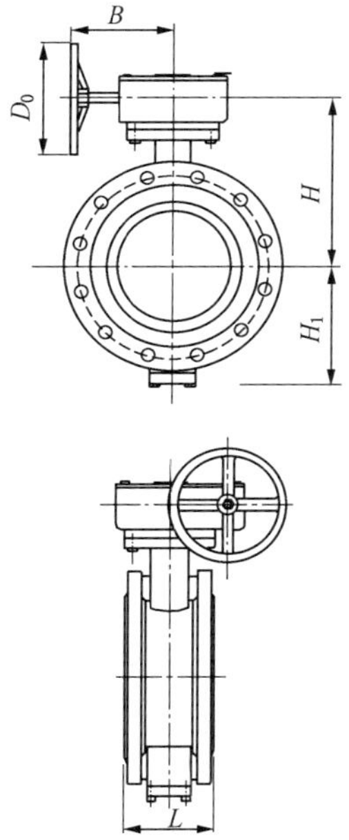 图 7-2	HTB3Y-16C	350	190	650	280		325	280	郑阀 DN50～700
			400	216	685	305		325	320	
			450	222	790	330		415	405	
			500	229	830	440		415	500	
			600	267	900	470		415	620	
			700	292	1010	550		500	825	
		HTB3Y-25	50	108	250	80		202	15	郑阀 DN50～700
			65	112	260	90		202	20	
			80	114	275	100		202	25	
			100	127	290	115		202	35	
			125	140	383	135		202	40	
			150	140	401	150		285	60	
			200	152	436	180		285	80	
			250	165	481	215		285	120	
			300	178	590	245		325	200	
			350	190	650	280		325	280	
			400	216	685	305		325	320	
			450	222	790	330		415	405	
			500	229	830	440		415	500	
			600	267	900	470		415	620	
			700	292	1010	550		500	825	
		FD341H-16C	100	190	300	162	200		55	浙石化 DN100～1200
			125	200	315	187	200		70	
			150	210	335	200	200		85	
			200	230	365	225	200		115	
			250	250	398	253	250		145	
			300	270	429	269	250		279	
			350	290	453	293	250		284	
			400	310	533	352	400		344	
			450	222	562	374	400		406	
			500	229	590	395	400		478	
			600	267	715	455	500		780	
			700	292	770	510	500		910	
			800	318	835	595	500		1328	
			900	330	923	660	640		1475	
			1000	410	998	740	640		1895	
			1200	470	1098	840	640		2697	
		FD341H-25	100	190	300	162	200		65	浙石化 DN100～1200
			125	200	315	187	200		80	
			150	210	335	200	2000		95	
			200	230	365	225	200		121	

序号	名　称	型　号	公称通径 DN	结构尺寸/mm L	H	D_0	B	质量/kg	生产厂
2	蜗轮传动法兰式蝶阀 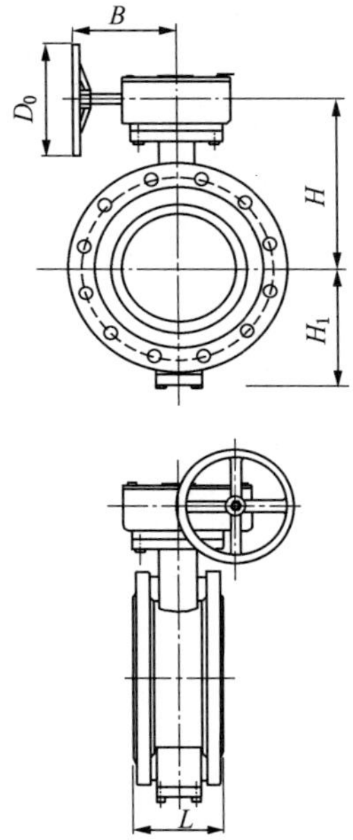 图 7-2	FD341H-25	250	250	398	250		160	浙石化 DN100~1200
			300	270	429	250		286	
			350	290	453	250		335	
			400	310	533	400		468	
			450	222	562	400		449	
			500	229	590	400		521	
			600	267	715	500		792	
			700	292	770	500		930	
			800	318	835	500		1350	
			900	330	923	640		1500	
			1000	410	998	640		1920	
			1200	470	1098	640		2735	
		SFGWD341H-16C	200	230	587			115	慎江 DN200~1000
			250	250	622			145	
			300	278	647			279	
			350	290	667			286	
			400	310	793			344	
			500	350	851			478	
			600	390	1010			701	
			700	430	1106			1146	
			800	470	1168			1328	
			900	510	1271			2045	
			1000	550	1352			2397	
		D341H-25_{42}	80	180	350			55	上阀 DN80~600 注：阀门型号中 25_{42} 右下角 42 表示适用温度≤425℃
			100	190	400			65	
			150	210	450			105	
			200	230	615			135	
			250	250	645			145	
			300	270	700			255	
			350	290	760			365	
			400	310	820			380	
			500	350	930			610	
			600	390	1010			740	

序号	名称	型号	公称通径 DN	结构尺寸/mm				质量/kg	生产厂
				L	H	D_0	B		
3	气动传动法兰式蝶阀 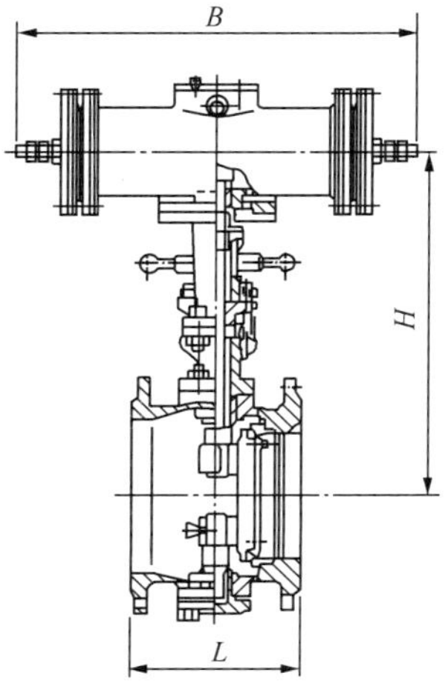 图 7-3	D641F-10C	150	160	505		415	150	沈阀 *DN*150、250、350～500
			250	250	608		495	350	
			350	290	903		740	500	
			400	310	938		740	600	
			500	350	1144		950	800	
		D641Y-10P	350	320	932		740	600	沈阀 *DN*350、500、600、800
			500	460	1118		950	1000	
			600	530	1198		950	1400	
			800	680	1505		1220	2000	

序号	名称	型号	公称通径 DN	结构尺寸/mm						质量/kg	生产厂
				L	H_1	H_2	D_0	A	B		
4	电动传动法兰式蝶阀 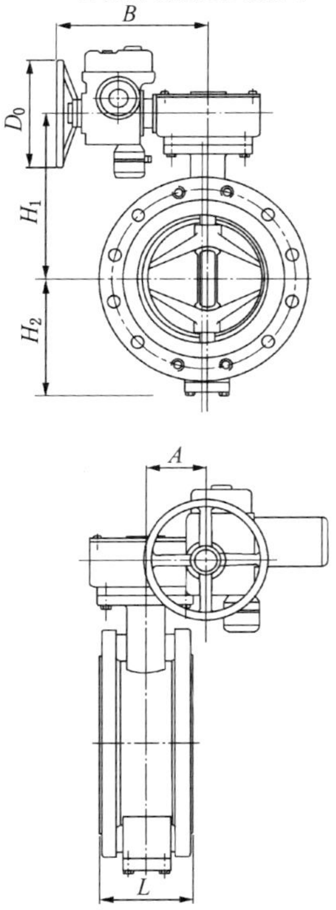 图 7-4	HTB941F-16C	50	108	248	80					郑阀 *DN*50～1200
			65	112	248	90					
			80	114	248	100				82	
			100	127	248	115				85	
			125	140	333	135				105	
			150	140	333	150				130	
			200	152	342	180				202	
			250	165	342	215				212	
			300	178	648	245				240	
			350	190	673	280				320	
			400	216	683	305				400	
			450	222	673	330				490	
			500	229	603	440				580	
			600	267	643	470				700	
			700	292	688	550				930	
			800	318	677	560				1280	
			900	330	480	660				1700	
			1000	410	480	670				2150	
			1200	470	700	750				2980	

序号	名称	型号	公称通径 DN	结构尺寸/mm L	H_1	H_2	D_0	A	B	质量/kg	生产厂
4	电动传动法兰式蝶阀 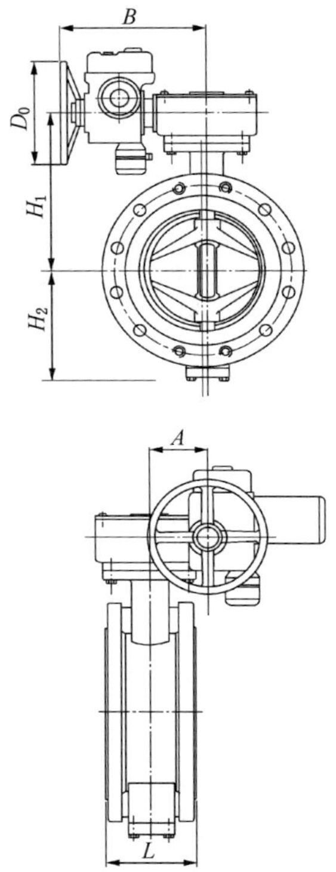 图 7-4	HTB941F-25	50	108	248	80					郑阀 DN50~1000
			65	112	248	90					
			80	114	248	100				82	
			100	127	248	115				85	
			125	140	333	135				105	
			150	140	333	150				130	
			200	152	342	180				202	
			250	165	342	215				212	
			300	178	648	245				240	
			350	190	673	280				320	
			400	216	603	305				400	
			450	222	673	330				490	
			500	229	603	440				580	
			600	267	643	470				700	
			700	292	688	550				930	
			800	318	677	560				1280	
			900	330	480	660				1700	
			1000	410	480	670				2150	
		HTB941H-16C	50	108	248	80					郑阀 DN50~1200
			65	112	248	90					
			80	114	248	100				82	
			100	127	248	115				85	
			125	140	333	135				105	
			150	140	333	150				130	
			200	152	342	180				202	
			250	165	342	215				214	
			300	178	648	245				240	
			350	190	673	280				320	
			400	216	683	305				400	
			450	222	673	330				490	
			500	229	603	440				580	
			600	267	643	470				700	
			700	292	688	550				930	
			800	318	677	560				1280	
			900	330	480	660				1700	
			1000	410	480	670				2150	
			1200	470	700	750				2980	
		HTB941H-25	50	108	248	80					郑阀 DN50~1000
			65	112	248	90					
			80	114	248	100				82	
			100	127	248	115				85	
			125	140	333	135				105	
			150	140	333	150				130	
			200	152	342	180				202	
			250	165	342	215				212	
			300	178	648	245				240	
			350	190	673	280				320	
			400	216	603	305				400	

序号	名称	型号	公称通径 DN	结构尺寸/mm L	H_1	H_2	D_0	A	B	质量/kg	生产厂
4	电动传动法兰式蝶阀 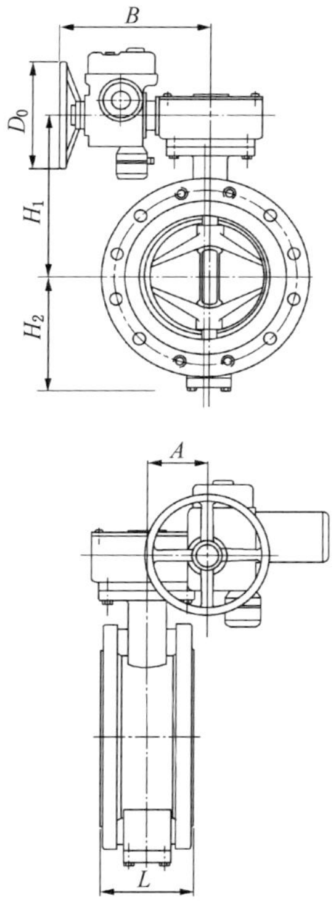 图 7-4	HTB941H-25	450	222	673	330				490	郑阀 DN50～1000
			500	229	603	440				580	
			600	267	643	470				700	
			700	292	688	550				930	
			800	318	677	560				1280	
			900	330	480	660				1700	
			10000	410	480	670				2150	
		HTB9Y-16C	300	178	648	245				240	郑阀 DN300～1200
			350	190	673	280				320	
			400	216	603	305				400	
			450	222	673	330				490	
			500	229	603	440				580	
			600	267	643	470				700	
			700	292	688	550				930	
			800	318	677	560				1280	
			900	339	480	660				1700	
			1000	410	480	670				2150	
			1200	470	700	750				2980	
		HTB9Y-25	300	178	648	245				240	郑阀 DN300～1200
			350	190	673	280				320	
			400	216	603	305				400	
			450	222	673	330				490	
			500	229	603	440				580	
			600	267	643	470				700	
			700	292	688	550				930	
			800	318	677	560				1280	
			900	339	480	660				1700	
			1000	410	480	670				2150	
			1200	470	700	750				2980	
		FD941H-16C	700	292	556	550	305			1146	浙石化 DN700～1200
			800	318	543	625	305			1862	
			900	330	521	750	457			2045	
			1000	420	523	829	457			3126	
			1200	470	516	975	457			4732	
		D941H-25_{42}	80	180	375	130				82	上阀 DN80～600 注：阀门型号中－25_{42}右下角的 42 表示适用温度≤425℃
			100	190	415	150				85	
			150	210	460	185				129	
			200	230	665	225				202	
			250	250	650	270				212	
			300	270	665	300				314	
			350	290	680	320				472	
			400	310	720	340				490	
			500	350	750	420				760	
			600	390	740	510				920	

续表

序号	名称	型号	公称通径 DN	结构尺寸/mm L	H_1	D_0	B	质量/kg	生产厂
4	电动传动法兰式蝶阀 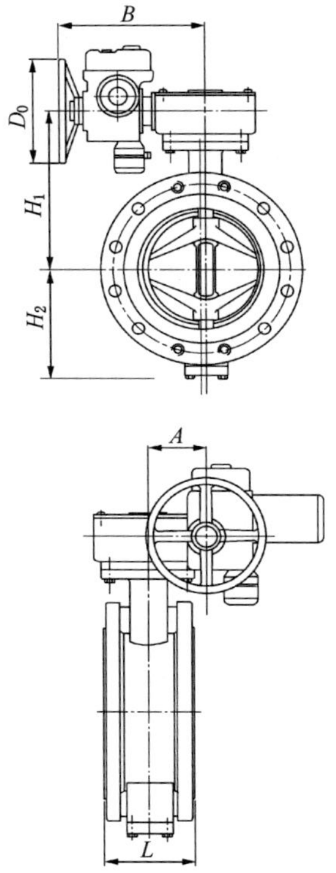 图 7-4	DTD941F-10C DTD941F-16C DTD941F-10P DTD941F-16P DTD941F-10R DTD914F-16R (BSD941H-6C) (BSD941H-10C) 注："BS"为变频调速型	80	114	265		178	76	江南 DN80~3000（江南 PN 0.6：1000~2400；PN 1.0：500~2000）
			100	127	280		178	85	
			125	140	294		178	100	
			150	140	320		178	98	
			200	152	298	365	419	107	
			250	165	328	365	419	134	
			300	178	366	365	437	181	
			350	190	409	365	461	222	
			400	216	445	365	473	262	
			450	222	485	365	489	355	
			500	229	550	365	513	404	
			600	267	618	365	653	607	
			700	292	745	365	750	1084	
			800	318	809	470	750	1481	
			900	300	999	470	835	1876	
			1000	330	1064	550	835	2466	
			1200	360	1174	550	835	3360	
			1400	390	1324	550	835	4027	
			1600	440	1450	320	1193	5910	
			1800	490	1595	320	1193	6590	
			2000	540	1740	320	1193	8985	
			2200	600	1844	630	865	9631	
			2400	660	1968	630	865	11046	
			2600	720	2098	630	865	13310	
			2800	790	2232	630	865	15400	
			3000	860	2372	630	865	16420	
		DTD941F-25 DTD941F-25P DTD941F-25R	80	114	242		178	80	江南 DN80~1400
			100	127	204		178	95	
			125	140	214		178	105	
			150	140	259		178	108	
			200	152	276	365	437	195	
			250	165	313	365	461	268	
			300	178	363	365	473	376	
			350	190	406	365	489	472	
			400	216	441	365	513	560	
			450	222	523	365	653	715	
			500	229	597	365	750	890	
			600	267	662	470	750	1078	
			700	292	758	470	835	1247	
			800	318	823	550	835	1630	
			900	330	884	550	835	2230	
			1000	410	942	550	835	2590	
			1200	470	1054	320	1193	3744	
			1400	530	1162	320	1193	4368	

续表

序号	名称	型号	公称通径 DN	结构尺寸/mm L	H_1	D_0	B	质量/kg	生产厂
4	电动传动法兰式蝶阀 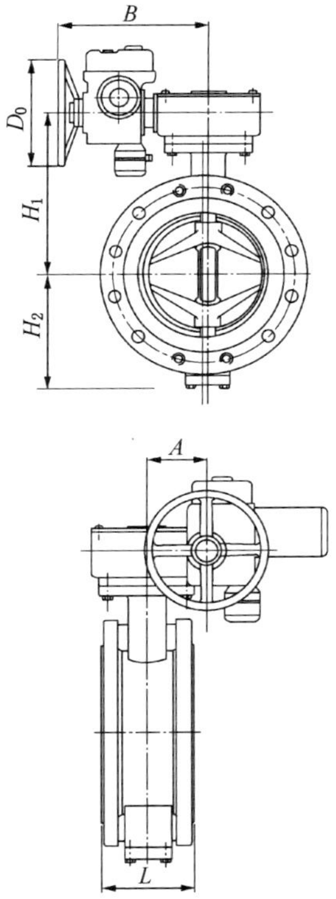 图 7-4	DTD941Y-40	80	180	204		178	80	江南 DN80~600
			100	190	214		178	95	
			125	200	242		178	105	
			150	210	259		178	108	
			200	230	276	365	437	195	
			250	250	313	365	461	268	
			300	270	363	365	473	376	
			350	290	406	365	489	472	
			400	310	441	365	513	560	
			450	330	523	365	653	715	
			500	350	597	365	750	890	
			600	390	662	470	750	1078	
		DTD941Y-64 DTD941Y-100	80	180	204		178	80	江南 DN80~600
			100	190	214		178	90	
			125	200	242		178	128	
			150	210	259		178	155	
			200	230	285	365	489	265	
			250	250	325	365	513	355	
			300	270	375	365	653	500	
			350	290	415	365	750	576	
			400	310	452	470	750	790	
			450	330	539	470	835	1070	
			500	350	625	550	835	1375	
			600	390	675	550	835	2500	
		DTD_A941H-6C DTD_A941H-10C	100	127	217			85	江南 DN100~3000
			125	140	233			100	
			150	140	307			98	
			200	152	341	365	419	107	
			250	165	390	365	419	134	
			300	178	433	365	437	181	
			350	190	470	365	461	222	
			400	216	533	365	473	262	
			450	222	564	365	489	355	
			500	229	598	365	513	404	
			600	267	702	470	653	607	
			700	292	764	470	750	1084	
			800	318	836	470	750	1481	
			900	330	948	550	835	1876	
			1000	300	971	550	835	2466	
			1200	360	1094	550	835	3360	
			1400	390	1197	550	835	4027	
			1600	440	1347	320	1193	5910	
			1800	490	1581	320	1193	6590	
			2000	540	1723	320	1193	8985	
			2200	600	1844	630	865	9831	
			2400	660	1968	630	865	11246	
			2600	720	2096	630	865	12510	
			2800	790	2232	630	865	14800	
			3000	860	2372	630	865	15820	

序号	名称	型号	公称通径 DN	结构尺寸/mm L	H_1	D_0	B	质量/kg	生产厂
4	电动传动法兰式蝶阀 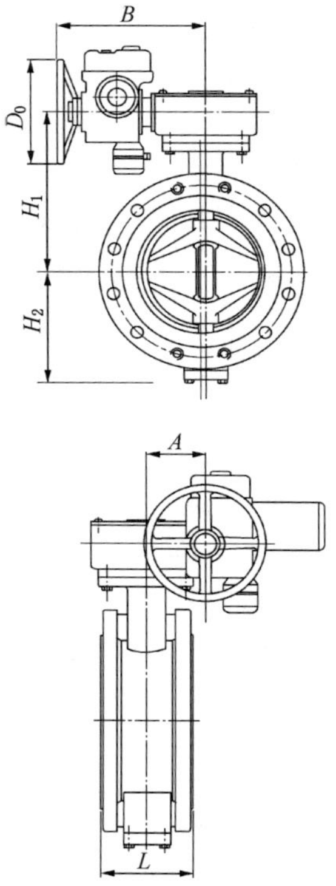 图 7-4	$DTD_A941H-16C$ $DTD_A941H-25$ (D941H-16C) (D941H-25)	100	127	217			85	江南 DN100~3000 (开阀 DN600~1200)
			125	140	233			100	
			150	140	307			98	
			200	152	341	365	419	107	
			250	165	390	365	419	134	
			300	178	433	365	437	181	
			350	190	470	365	461	222	
			400	216	533	365	473	262	
			450	222	564	365	489	355	
			500	229	598	365	513	404	
			600	267	702	470	653	607	
			700	292	764	470	750	1084	
			800	318	836	470	750	1481	
			900	330	948	550	835	1876	
			1000	300	971	550	835	2466	
			1200	360	1094	550	835	3360	
			1400	390	1197	550	835	4027	
			1600	440	1347	320	1193	5910	
			1800	490	1581	320	1193	6590	
			2000	540	1723	320	1193	8985	
			2200	600	1844	630	865	9831	
			2400	660	1968	630	865	11246	
			2600	720	2096	630	865	12510	
			2800	790	2232	630	865	14800	
			3000	860	2372	630	865	15820	
		$DTD_A941H-40$ $DTD_A941H-64$ $DTD_A941H-100$	100	190	217			95	江南 DN100~900
			125	200	233			105	
			150	210	307			108	
			200	230	349	365	437	195	
			250	250	405	365	461	268	
			300	270	482	365	473	376	
			350	290	516	365	489	472	
			400	310	560	365	513	560	
			450	330	622	365	653	715	
			500	350	660	470	750	890	
			600	390	729	470	750	1078	
			700	430	764	550	835	1247	
			800	470	836	550	835	1630	
			900	510	948	550	835	2230	

续表

序号	名称	型号	公称通径 DN	结构尺寸/mm L	结构尺寸/mm H	结构尺寸/mm B	质量/kg	生产厂
5	对夹式蝶阀 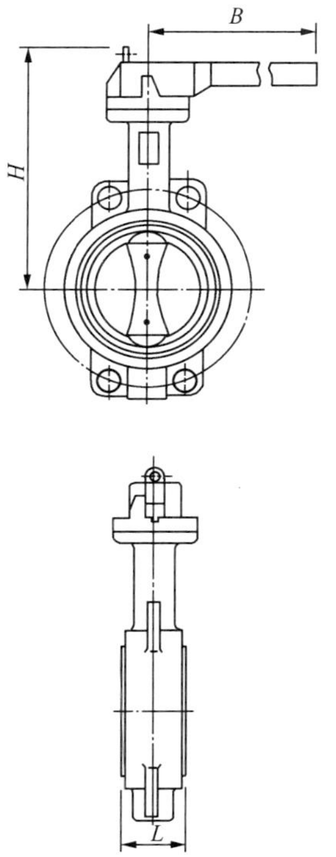 图 7-5-1	D71X-10	40	35	164	255	2.8	铁岭、保一 DN40~200 良精、开阀 DN40~250
			50	45	174	255	3.1	
			65	48	174	255	3.9	
			80	48	189	255	5.5	
			100	54	222	290	7.3	
			125	58	257	290	10.2	
			150	58	286	305	15.7	
			200	62	330	350	22.5	
			250	68	531	550	25.2	
		D71X-16	40	35	164	255	2.8	铁岭 DN40~200 良精、保一、开阀 DN40~250
			50	45	174	255	3.1	
			65	48	174	255	3.9	
			80	48	189	255	5.3	
			100	54	222	290	7.3	
			125	58	257	290	10.2	
			150	58	286	305	15.7	
			200	62	330	350	22.5	
			250	68	531	550	25.2	
		DTD71F-2.5 DTD71F-2.5P	40	48	167	173	2.8	江南 DN40~200
			50	49	177	193	3	
			65	55	198	221	4.5	
			80	60	205	241	6	
			100	65	215	275	7.5	
			125	71	240	315	11	
			150	81	260	355	16	
			200	92	293	425	31	
		DTD71F-6 DTD71F-6P	40	49	167	173	3.1	江南 DN40~200
			50	50	177	193	3.3	
			65	56	198	221	5	
			80	61	205	241	6.6	
			100	66	215	275	8.3	
			125	72	240	315	12	
			150	83	260	355	17.6	
			200	93	293	425	35	

序号	名称	型号	公称通径 *DN*	结构尺寸/mm			质量/kg	生产厂
				L	*H*	*B*		
5	对夹式蝶阀 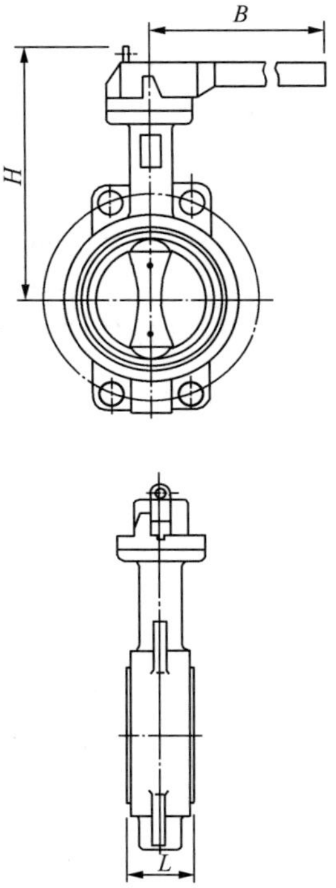 图 7-5-1	DTD71F-10 DTD71F-10P (D71F-10)	40	50	167	173	3.4	江南 *DN*40~200 (苏阀 *DN*40~200)
			50	51	177	193	3.6	
			65	57	198	221	5.4	
			80	63	205	241	7.2	
			100	67	215	275	9	
			125	73	240	315	13.2	
			150	84	260	355	19.2	
			200	94	293	425	39	
		DTD71H-16C DTD71F_1-16C DTD71F-16P (D71F-16C) (D71F-16P) (D71F-16R)	40	50	168	178	4	江南 *DN*40~200 (苏阀 *DN*50~200)
			50	52	178	198	4.2	
			65	58	199	226	6.3	
			80	64(49)	207	246	8.4	
			100	68(56)	225	280	10.5	
			125	75(64)	260	320	15.4	
			150	86(70)	275	360	22.4	
			200	96	310	430	42.9	
		DTD71H-25 DTD71F_1-25 DTD71F-25P	40	51	168	178	4.2	江南 *DN*40~200
			50	53	178	198	4.5	
			65	59	199	228	6.8	
			80	65	207	246	9	
			100	70	225	280	11.5	
			125	77	260	320	16.5	
			150	88	275	360	24	
			200	98	310	430	46.8	
		DTD71H-40 DTD71F_1-40 DTD71F-40P	40	53	168	178	4.5	江南 *DN*40~150
			50	55	178	198	4.8	
			65	61	199	226	7.2	
			80	67	207	246	9.6	
			100	72	225	280	12	
			125	77	260		18	
			150	88	275		27	
		D71F_4-10C	50	43	198	255	3.1	江南 *DN*50~125
			65	46	208	255	3.6	
			80	46	223	255	3.9	
			100	52	239	255	6	
			125	26	254	255	8.4	

序号	名称	型号	公称通径 DN	结构尺寸/mm L	H	B	质量/kg	生产厂
5	对夹式蝶阀 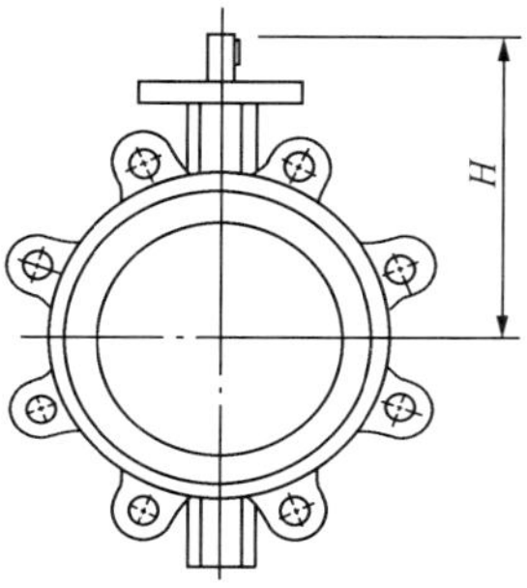 图 7-5-2	D7$_{A}$1X-10	50	42	216	254	3	塘沽 DN50~150
			65	44.5	229	254	3.7	
			80	45	235	254	4.1	
			100	52	254	254	5.4	
			125	54.5	267	254	7.5	
			150	55.5	271	267	8.3	
		D7$_{L}$1X-10	50	42	216	254	4.8	塘沽 DN50~150
			65	44.5	229	254	5.2	
			80	45	235	254	5.4	
			100	52	254	254	9.6	
			125	54.5	267	254	12.6	
			150	55.5	271	267	13.7	
		D7$_{A}$1X-16	50	42	216	254	3	塘沽 DN50~150
			65	44.5	229	254	3.7	
			80	45	235	354	4.1	
			100	52	254	254	5.4	
			125	54.5	267	254	7.5	
			150	55.5	271	267	8.3	
		D7$_{L}$1X-16	50	42	216	254	4.8	塘沽 DN50~150
			65	44.5	229	254	5.2	
			80	45	235	254	5.4	
			100	52	254	254	9.6	
			125	54.5	267	254	12.6	
			150	55.5	271	267	13.7	
	(同图 7-5-1)	HTB71F-16C	40	33	161	267	5.3	郑阀 DN40~150
			50	43	176	267	5.3	
			65	46	186	267	6.5	
			80	46	196	267	6.9	
			100	52	206	267	8.7	
			125	56	231	267	10.5	
			150	56	238	267	13.5	
		HTB71F-25	40	33	161	267	5.3	郑阀 DN40~150
			50	43	176	267	5.3	
			65	46	186	267	6.5	
			80	46	196	267	6.9	
			100	52	206	267	8.7	
			125	56	231	267	10.5	
			150	56	238	267	13.5	

续表

序号	名称	型号	公称通径 DN	结构尺寸/mm L	H	B	质量/kg	生产厂
5	对夹式蝶阀 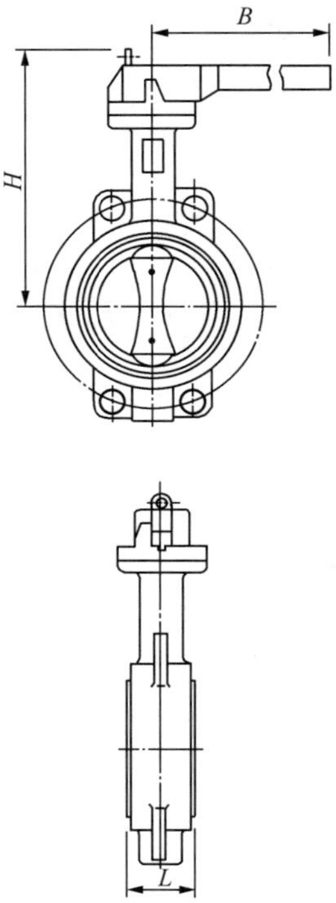 图 7-5-1	D73F-10C	50	43	205	200	7.5	保一 *DN*50~150
			65	46	219	200	8.5	
			80	49	226	230	9.5	
			100	56	225	275	11.5	
			125	64	270	302	15	
			150	70	285	337	22	
		D73F-16C	50	43	223	200	7.5	保一 *DN*50~150
			65	46	240	220	8.5	
			80	49	240	275	9.5	
			100	56	265	300	11.5	
			125	64	283	380	15	
			150	70	313	420	22	
		D73F-25	50	43	220	200	7.5	保一 *DN*50~150
			65	46	230	220	9	
			80	49	235	275	9.5	
			100	56	265	300	12.5	
			125	64	283	380	17	
			150	70	313	420	23	
		D73H-16C	50	43	223	200	8	承高、良精 *DN*50~150
			65	46	235	225	9.5	
			80	49	240	250	11	
			100	56	266	300	12.5	
			125	64	288	380	16	
			150	70	315	420	24	
		D73H-25	50	43	223	200	8	承高、良精 *DN*50~150
			65	46	235	225	9.5	
			80	49	240	250	11	
			100	56	266	300	12.5	
			125	64	288	380	16	
			150	70	315	420	24	
		VED71H-16C	50	43	168	250		汉威 *DN*50~150
			65	46	196	250		
			80	49	197	250		
			100	56	228	320		
			125	64	253	320		
			150	70	288	320		

序号	名称	型号	公称通径 DN	结构尺寸/mm L	H_1	B	质量/kg	生产厂
5	对夹式蝶阀 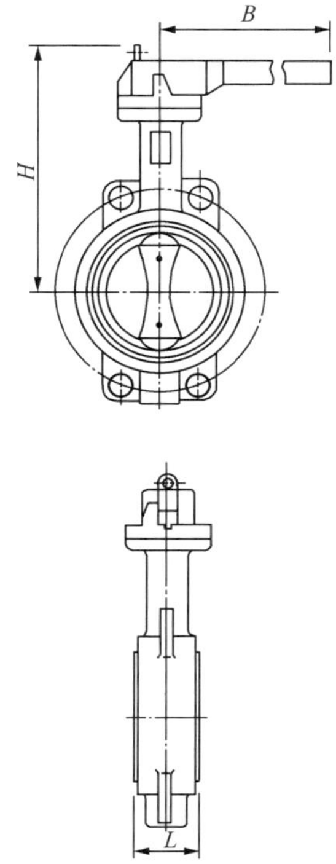 图 7-5-1	VED71H-25	50	43	168	250		汉威 *DN*50~150
			65	46	196	250		
			80	49	197	250		
			100	56	228	320		
			125	64	253	320		
			150	70	288	320		
		HTB71H-16C	40	33	161	267	5.3	郑阀 *DN*40~150
			50	43	176	267	5.3	
			65	46	186	267	6.5	
			80	46	196	267	6.9	
			100	52	206	267	8.7	
			125	56	231	267	10.5	
			150	56	238	267	13.5	
		HTB71H-25	40	33	161	267	5.3	郑阀 *DN*40~150
			50	43	176	267	5.3	
			65	46	186	267	6.5	
			80	46	196	267	6.9	
			100	52	206	267	8.7	
			125	56	231	267	10.5	
			150	56	238	267	13.5	
6	螺旋传动对夹式蝶阀 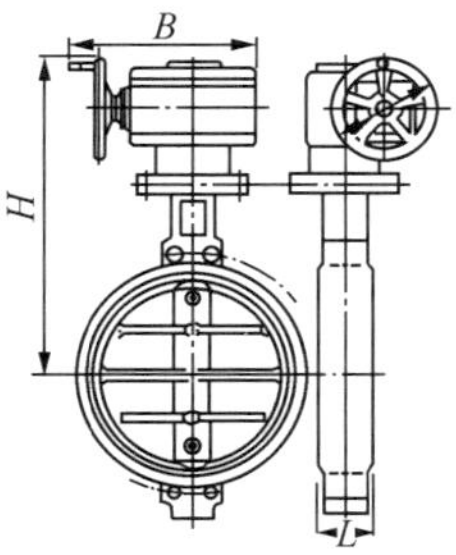 图 7-6	D271X-10	250	70	579	444	89	铁岭 *DN*250~1200
			300	80	614	444	107	
			350	80	659	444	160	
			400	104	805	555	195	
			450	116	864	555	227	
			500	129	905	555	247	
			600	156	1080	725	480	
			700	167	1130	725	587	
			800	192	1190	725	695	
			900	207				
			1000	220				
			1200	258				
		D271X-16	250	70	579	444	89	铁岭 *DN*250、300
			300	80	614	444	107	

序号	名称	型号	公称通径 DN	结构尺寸/mm L	H	B	质量/kg	生产厂
7	蜗轮传动对夹式蝶阀 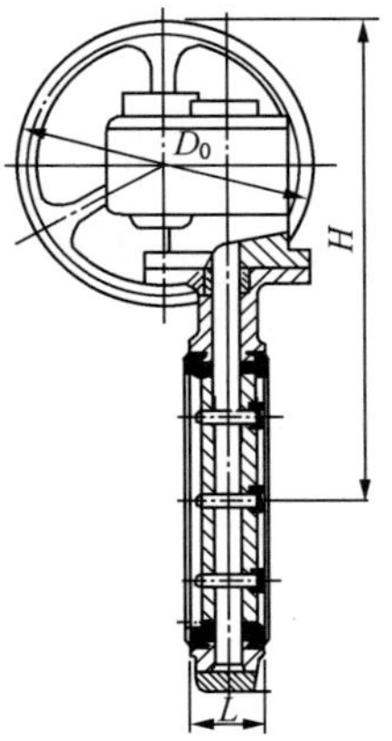 图 7-7-1	D37$_{A}$1X-10 (D371X-10) (BD371X-10)	50	42	235		8.5	塘沽 DN50~1000 (开阀 DN40~700)
			65	44.5	248		9.2	
			80	45	254		9.6	
			100	52	273		10.9	
			125	54.5	286		13	
			150	55.5	299		13.8	
			200	60.2	349		21.7	
			250	65.3	381		27.5	
			300	76.5	435		50.5	
			350	76.5	466		60.5	
			400	86.5	525		85	
			450	105.6	547		120	
			500	131.8	625		165	
			600	152	707		200	
			700	163	777		320	
			800	188	829		520	
			900	203	880		870	
			1000	216	960		1022	
		D37$_{L}$1X-10	50	42	235		10.3	塘沽 DN50~600
			65	44.5	248		10.7	
			80	45	254		10.9	
			100	52	273		15.1	
			125	54.5	286		18.1	
			150	55.5	299		19.2	
			200	60.2	349		28	
			250	65.3	381		38	
			300	76.5	435		67	
			350	76.5	466		90	
			400	86.5	525		123	
			450	105.6	547		144	
			500	131.8	625		190	
			600	152	707		245	
		D371X-16	900	211	977		720	塘沽 DN900、1000
			1000	224	1057		870	

序号	名称	型号	公称通径 DN	结构尺寸/mm			质量/kg	生产厂
				L	H	D_0		
7	蜗轮传动对夹式蝶阀 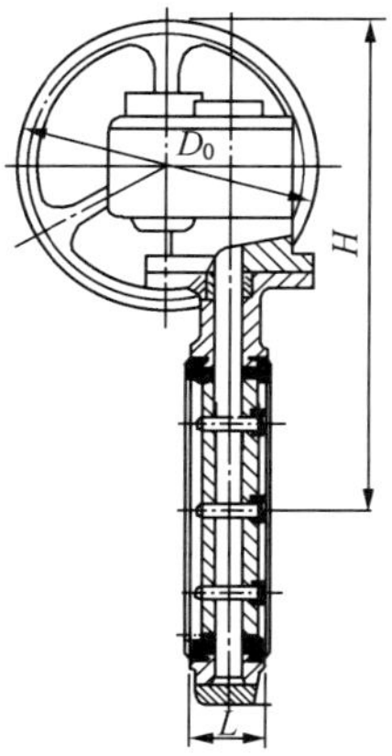 图 7-7-1	$D37_A1X-16$ (D371X-16Q) (D371F-16Q)	50	42	235		8.5	塘沽 DN50~1000 (开阀 DN40~700)
			65	44.5	248		9.2	
			80	45	254		9.6	
			100	52	273		10.9	
			125	54.5	286		13	
			150	55.5	299		13.8	
			200	60.2	349		21.7	
			250	65.3	381		27.5	
			300	76.5	435		50.5	
			350	76.5	466		60.5	
			400	86.5	525		83	
			450	105.6	547		120	
			500	131.8	625		165	
			600	152	707		220	
			700	163	777		340	
			800	188	829		540	
			900	203	880		870	
			1000	216	960		1022	
		$D37_L1X-16$	50	42	235		10.3	塘沽 DN50~600
			65	44.5	248		10.7	
			80	45	254		10.9	
			100	52	273		15.1	
			125	54.5	286		18.1	
			150	55.5	299		19.2	
			200	60.2	349		28	
			250	65.3	381		38	
			300	76.5	435		67	
			350	76.5	466		80	
			400	86.5	525		123	
			450	105.6	547		144	
			500	131.8	625		190	
			600	152	707		245	
		DTD371F-2.5 DTD371F-2.5P	250	104	524	170	50	江南 DN250~1000
			300	115	623	180	58	
			350	123	650	220	90	
			400	132	828	250	160	

序号	名称	型号	公称通径 DN	结构尺寸/mm L	结构尺寸/mm H	结构尺寸/mm D_0	质量/kg	生产厂
7	蜗轮传动对夹式蝶阀 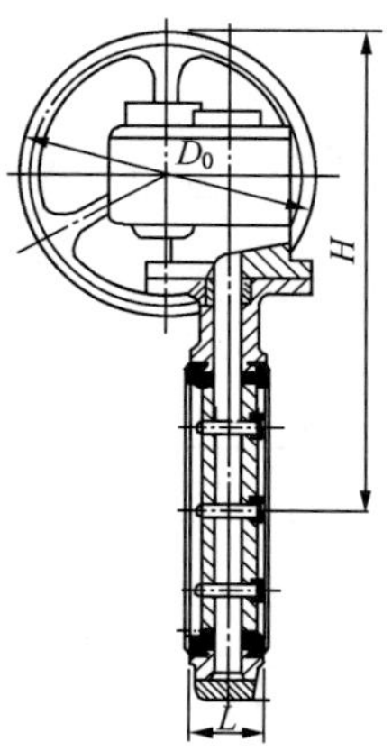 图 7-7-1	DTD371F-2.5 DTD371F-2.5P	450	145	875	250	190	江南 DN250~1000
			500	151	900	300	220	
			600	165	1055	400	270	
			800	193	1065	400	360	
			1000	218	1105	450	456	
		DTD371F-6 DTD371F-6P	250	105	524	170	55	江南 DN250~1000
			300	116	623	180	64	
			350	124	650	220	99	
			400	133	828	250	176	
			450	145	875	250	210	
			500	152	900	300	244	
			600	166	1055	400	297	
			800	194	1065	400	405	
			1000	219	1105	450	513	
		DTD371F-10 DTD371F-10P	250	106	547	180	60	江南 DN250~1000
			300	117	639	190	70	
			350	125	673	230	108	
			400	134	857	250	192	
			450	146	907	270	235	
			500	153	936	300	266	
			600	167	1156	400	324	
			800	195	1085	400	450	
			1000	220	1150	450	570	
		DTD371H-16C DTD371F_1-16C DTD371F-16P (D371H-16C)	200	89(71)	345	180	45(41)	江南 DN200~1200 (精工 DN200~700) (苏阀 DN200~1200) (开阀 DN200~1000) (承高 DN200~1200)
			250	114(76)	547(420)	180	70(54)	
			300	114(83)	639(460)	190	81(65)	
			350	127	673	230	126	
			400	140	857	250	224	
			450	152	907	270	285	
			500	152	936	300	311	
			600	178	843	450	366	
			700	229	970	450	648	
			800	241	1034	450	874	
			900	241	1314	630	1128	
			1000	300	1379	630	1494	
			1200	360	1489	630	1943	

序号	名称	型号	公称通径 DN	结构尺寸/mm L	H	D_0	质量/kg	生产厂
7	蜗轮传动对夹式蝶阀（图 7-7-1）	DTD371H-25 DTD371F_1-25 DTD371F-25P (D371H-25)	200	89(71)	429	305	80	江南 DN200~1400 (精工 DN 200~700) (开阀 DN200~500) (承高 DN200~1200)
			250	114(76)	466(420)	305	110(54)	
			300	114(83)	516(460)	305	210(65)	
			350	127	609	406	235	
			400	140	644	406	255	
			450	152	726	406	405	
			500	152	800	406	445	
			600	178	887	450	690	
			700	229	983	450	740	
			800	241	1048	450	1010	
			900	241	1199	630	1430	
			1000	300	1257	630	1550	
			1200	369	1369	630	2250	
			1400	390	1477	630	2800	
		DTD371H-40 DTD371F_1-40 DTD371F-40P (D371H-40) [D371H-40$\begin{smallmatrix}C\\P\\R\end{smallmatrix}$]	200	93	429	305	80	江南 DN200~600 (良精 DN200~600) (精工 DN200~400) [伯特利 DN50~500]
			250	114	466	305	110	
			300	126	516	305	210	
			350	128	609	406	235	
			400	146	644	406	255	
			450	173	726	406	405	
			500	186	800	406	445	
			600	211	887	450	690	
		HTB371F-10C	150	56	151	290		郑阀 DN150~1200
			200	60	256	290		
			250	68	266	290		
			300	78	345	360		
			350	78	370	360		
			400	102	380	360		
			450	114	460	402		
			500	127	390	402		
			600	154	430	402		
			700	165	460	450		
			800	190	929			
			900	203	1103			
			1000	216	1057			
			1200	254	1217			
		HTB371F-16C	150	56	151	290	18.8	郑阀 DN150~1000
			200	60	256	290	35.7	
			250	68	266	290	46.5	
			300	78	345	360	65.5	
			350	78	370	360		
			400	102	380	360	124	
			450	114	460	402		
			500	127	390	402	236	

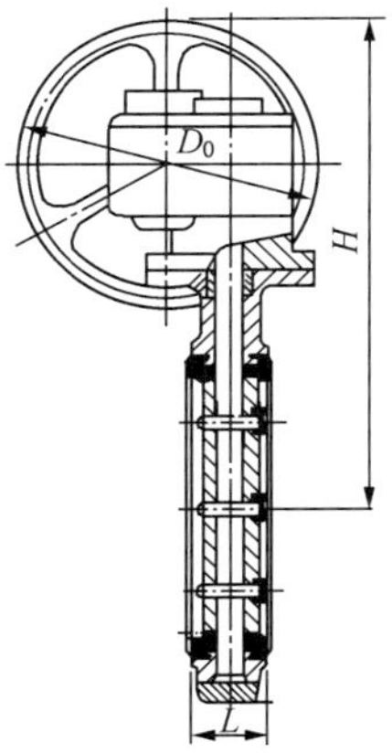

图 7-7-1

序号	名称	型号	公称通径 DN	结构尺寸/mm			质量/kg	生产厂
				L	H	D_0		
7	蜗轮传动对夹式蝶阀 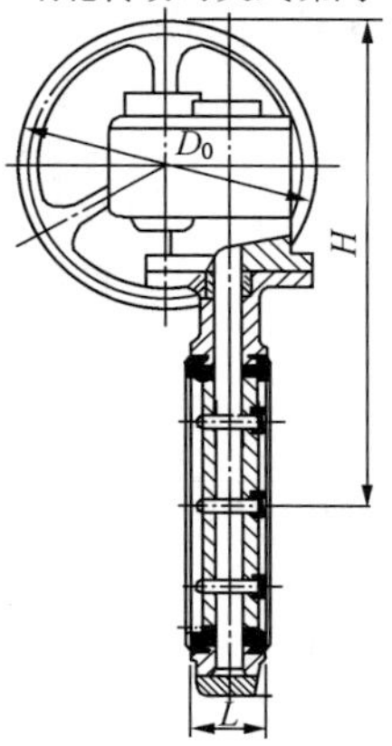 图 7-7-1	HTB371F-16C	600	154	430	402	297	郑阀 DN150~1000
			700	165	460	450		
			800	190	929			
			900	203	1013			
			1000	216	1329			
		HTB371F-25	150	56	151	290		郑阀 DN150~700
			200	60	256	290		
			250	68	266	290		
			300	78	345	360		
			350	78	370	360		
			400	102	380	360		
			450	114	460	402		
			500	127	390	402		
			600	154	430	402		
			700	165	460	450		

序号	名称	型号	公称通径 DN	结构尺寸/mm					质量/kg	生产厂
				L	H_1	H_2	A	B		
7	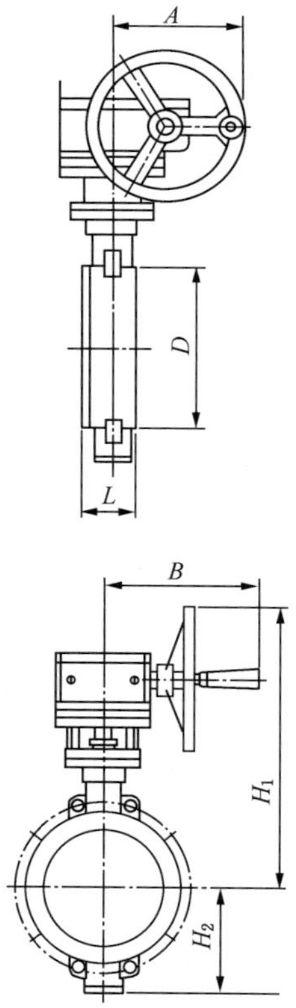 图 7-7-2	D373F-10C	50	43	357	75	50	195	13	上一核 DN50~1200
			65	46	367	85	50	195	16	
			80	49	377	90	50	195	21	
			100	56	377	115	50	195	26	
			125	64	412	135	50	195	31	
			150	70	432	150	69	228	35	
			200	71	433	182	70	228	41	
			250	76	552	245	85	260	54	
			300	83	620	270	85	260	65	
			350	92	755	310	95	320	100	
			400	140	810	330	105	370	180	
			450	152	885	370	125	370	210	
			500	159	895	385	125	370	250	
			600	178	975	445	203	400	370	
			700	229	960	540	268	492	460	
			800	241	1005	580	268	492	590	
			900	241	1154	636	334	606	780	
			1000	300	1240	710	334	606	920	
			1200	360	1300	800	400	710	1040	
		D373F-16C	50	43	223	87	50	195	13	上一核 DN50~1200
			65	46	321	95	50	195	16	
			80	49	331	110	50	195	21	
			100	56	350	123	50	195	26	
			125	64	369	144	70	240	31	
			150	70	396	160	70	240	35	
			200	71	430	192	70	240	41	
			250	76	599	255	85	260	54	

续表

序号	名称	型号	公称通径 DN	结构尺寸/mm L	H_1	H_2	A	B	质量/kg	生产厂
7	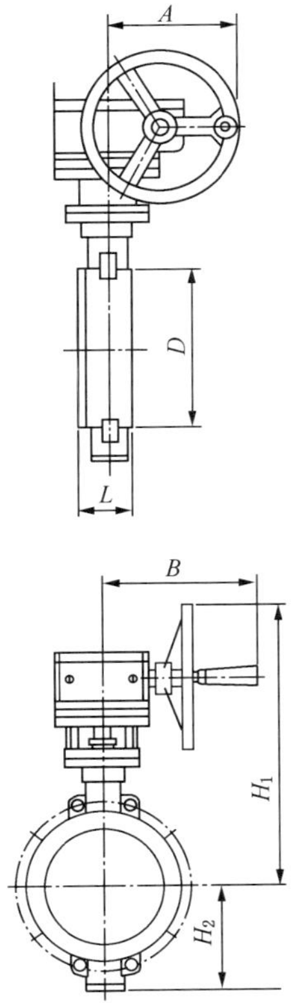 图 7-7-2	D373X-16C	300	83	721	285	95	320	65	承高 DN50~1200
			350	92	770	320	105	370	100	
			400	140	820	330	105	370	180	
			450	152	894	366	105	370	210	
			500	159	962	406	203	400	250	
			600	178	1063	475	238	470	370	
			700	229	1060	540	268	492	460	
			800	241	1140	610	334	606	590	
			900	241	1220	680	400	710	780	
			1000	300	1350	750	460	814	920	
			1200	360	1650	850	520	920	1040	
		D373X-25	50	43	202	98	50	195	13	承高 DN50~1200
			65	46	225	100	50	195	16	
			80	49	245	105	50	195	21	
			100	56	258	122	50	195	26	
			125	64	278	142	70	240	31	
			150	70	318	157	70	240	35	
			200	71	358	192	70	240	45	
			250	76	375	235	85	265	54	
			300	83	420	270	195	315	60	
			350	127	560	350	195	355	70	
			400	140	575	375	195	355	135	
			450	152	760	420	469	370	220	
			500	159	880	440	517	400	250	
			600	178	1050	500	517	470	300	
			700	229	1130	550	491	492	500	
			800	241	1170	630	491	606	625	
			900	241	1220	700	400	710	770	
			1000	300	1370	750	665	795	970	
			1200	360	1650	850	520	920	1320	
		D373H-16C (D373H-16P) (D373H-16R)	50	43	310	87	50	198	15	大洋、承高、伯特利 DN50~1200 良精 DN200~1200 保一 DN100~1200 (承高 DN50~1200)
			65	46	322	95	50	198	17	
			80	49	332	110	50	198	23	
			100	56	350	122	50	198	28	
			125	64	350	144	69	228	34	
			150	70	400	157	69	228	38	
			200	71	430	192	69	245	45	
			250	76	599	255	85	260	60	
			300	83	715	285	95	320	75	
			350	92	770	320	105	370	180	
			400	140	673	327	105	370	240	
			450	152	734	366	125	370	250	
			500	159	950	410	203	400	370	
			600	178	1165	475	238	470	470	

序号	名称	型号	公称通径 DN	结构尺寸/mm L	H_1	H_2	A	B	质量/kg	生产厂
		D373H-16C	700	229	1160	540	268	492	475	
			800	241	1005	610	334	606	600	
			900	241	1220	680	400	710	750	
			1000	300	1350	750	460	814	950	
			1200	360	1650	850	520	920	1300	
		D373H-25 (D373H-25P) (D373H-25R)	50	43	310	87	50	198	15	大洋、承高、伯特利 DN50~1200 良精 DN200~1200 (承高 DN50~1200)
			65	46	322	95	50	198	17	
			80	49	332	110	50	198	23	
			100	56	350	122	50	198	28	
			125	64	370	144	69	228	34	
			150	70	400	157	69	228	38	
			200	71	430	192	69	245	45	
			250	76	599	255	85	260	60	
	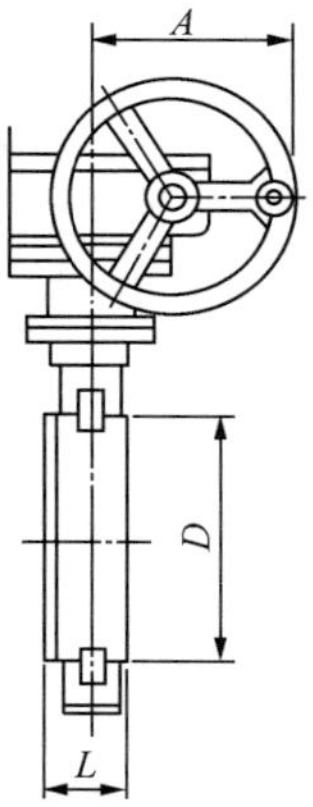		300	83	715	285	95	320	75	
			350	127	770	320	105	370	180	
			400	140	673	327	105	370	240	
			450	152	734	366	125	370	250	
			500	159	950	410	203	400	370	
			600	178	1165	475	238	475	470	
			700	229	1130	550	268	492	500	
			800	241	1170	630	334	606	625	
			900	241	1275	675	400	710	750	
			1000	300	1400	750	460	814	950	
7			1200	360	1410	890	520	920	1300	
		HTB371H-16C	150	56	151	150	290	285	18.8	郑阀 DN150~1000
			200	60	256	180	290	285	35.7	
			250	68	266	215	290	285	46.5	
			300	78	345	245	360	325	65.5	
			350	78	370	280	360	325		
	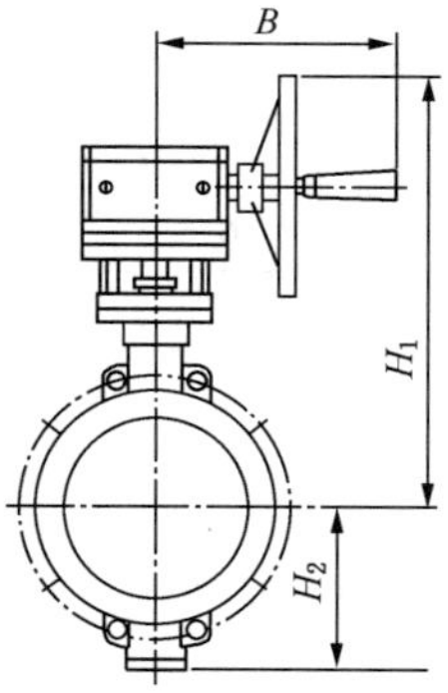图 7-7-2		400	102	380	305	360	325	124	
			450	114	460	330	402	415		
			500	127	390	440	402	415	236	
			600	154	430	470	402	415	297	
			700	165	460	550	450	500		
			800	190	929	562				
			900	203	1013	653				
			1000	216	1329	797				
		HTB371H-25	150	56	151	150	290	285		郑阀 DN150~700
			200	60	256	180	290	285		
			250	68	266	215	290	285		
			300	78	345	245	360	325		
			350	78	370	280	360	325		
			400	102	380	305	360	325		
			450	114	460	330	402	415		
			500	127	390	440	402	415		
			600	154	430	470	402	415		
			700	165	460	550	450	500		

序号	名称	型号	公称通径 DN	结构尺寸/mm			质量/kg	生产厂
				L	H	B		
8	气动传动对夹式蝶阀 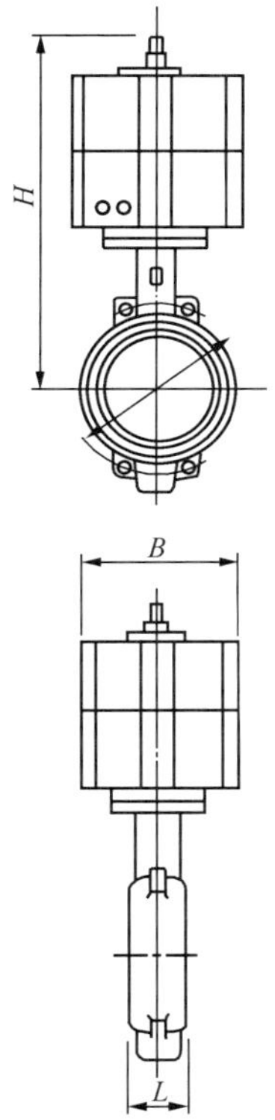 图 7-8	DTD671F-10 DTD671F-10P	100	67	363	200	44	江南 DN100～600
			125	73	414	455	54	
			150	84	418	465	66	
			200	94	421	475	88	
			250	106	505	485	110	
			300	117	571	500	132	
			350	125	565	520	152	
			400	134	571	550	206	
			450	146	669	760	241	
			500	153	765	970	275	
			600	167	832	970	440	
		$D67_A1X-10$	50	42	286		10.5	塘沽 DN50～800
			65	44.5	300		11.2	
			80	45	306		11.6	
			100	52	350		19.9	
			125	54.5	363		22	
			150	55.5	376		22.8	
			200	60.2	460		40.2	
			250	65.3	492		46	
			300	76.5	537		72.5	
			350	76.5	568		82.5	
			400	86.5	600		127	
			450	105.6	622		162	
			500	131.8	680		173	
			600	152	762		243	
			700	163	820		297	
			800	188	872		247	
		$D67_L1X-10$	50	42	286		12.3	塘沽 DN50～600
			65	44.5	300		12.7	
			80	45	306		12.9	
			100	52	350		24.1	

序号	名　称	型　号	公称通径 DN	结构尺寸/mm L	H	B	质量/kg	生　产　厂
8	气动传动对夹式蝶阀 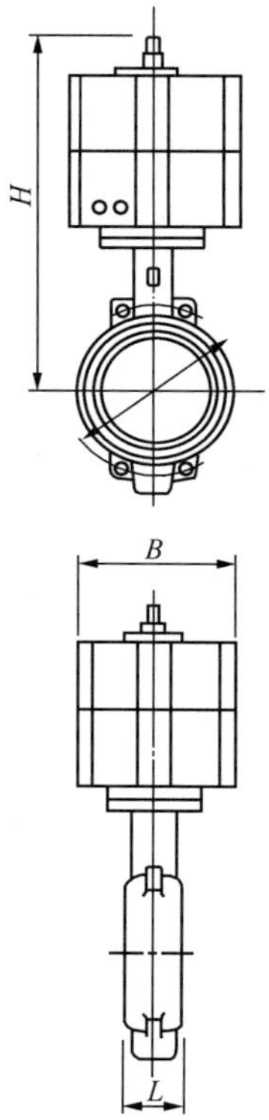 图 7-8	$D67_L1X-10$	125	54.5	363		27.1	塘沽 DN50~600
			150	55.5	376		28.2	
			200	60.2	460		46.5	
			250	65.3	492		56.5	
			300	76.5	537		89	
			350	76.5	568		112	
			400	86.5	600		165	
			450	105.6	622		186	
			500	131.8	680		198	
			600	152	762		288	
		$D67_A1X-16$	50	42	286		10.5	塘沽 DN50~600
			65	44.5	300		11.2	
			80	45	306		11.6	
			100	52	350		18.9	
			125	54.5	363		22	
			150	55.5	376		22.8	
			200	60.2	460		40.2	
			250	65.3	492		46	
			300	76.5	537		72.5	
			350	76.5	568		82.5	
			400	86.5	600		127	
			450	105.6	622		162	
			500	131.8	680		173	
			600	152	762		243	
		$D67_L1X-16$	50	42	286		12.3	塘沽 DN50~600
			65	44.5	300		12.7	
			80	45	306		12.9	
			100	52	350		24.1	
			125	54.5	363		27.1	
			150	55.5	376		28.2	
			200	60.2	460		46.5	
			250	65.3	492		56.5	
			300	76.5	537		89	
			350	76.5	568		112	
			400	86.5	600		165	
			450	105.6	622		186	
			500	131.8	680		198	
			600	152	762		288	

序号	名称	型号	公称通径 DN	结构尺寸/mm L	H	D_0	B	质量/kg	生产厂
9	电动传动对夹式蝶阀	D97$_A$1X-10 (D971X-10) (D971F-10)	50	42	415			17.5	塘沽 DN50~800 (开阀 50~800, 可生产 900~2000)
			65	44.5	428			18.2	
			80	45	434			19.6	
			100	52	453			19.6	
			125	54.5	466			22	
			150	55.5	479			22.8	
			200	60.2	513			28.2	
			250	65.3	522			60	
			300	76.5	667			67.5	
			350	76.5	698			77.5	
			400	86.5	730			87	
			450	105.6	915			122	
			500	131.8	973			198	
			600	152	1055			233	
			700	163	1550			391	
			800	188	1602			6.01	
		D97$_L$1X-10	50	42	415			19.3	塘沽 DN50~600
			65	44.5	428			19.7	
			80	45	434			19.8	
			100	52	453			24.1	
			125	54.5	466			27.1	
			150	55.5	479			28.2	
			200	60.2	513			34.5	
			250	65.3	522			64.5	
			300	76.5	667			84	
			350	76.5	698			107	
			400	86.5	730			125	
			450	105.6	915			166	
			500	131.8	973			233	
			600	152	1055			278	
		D97$_A$1X-16 (D971X-16) (D 971F-16)	50	42	415			17.5	塘沽 DN50~600 (开阀 50~600, 可生产 700~2000)
			65	44.5	428			18.2	
			80	45	434			19.6	
			100	52	453			19.9	
			125	54.5	466			22	
			150	55.5	479			22.8	
			200	60.2	513			28.2	
			250	65.3	522			60	
			300	76.5	667			67.5	
			350	76.5	698			77.5	
			400	86.5	730			87	
			450	105.6	915			122	
			500	131.8	973			198	
			600	152	1055			233	

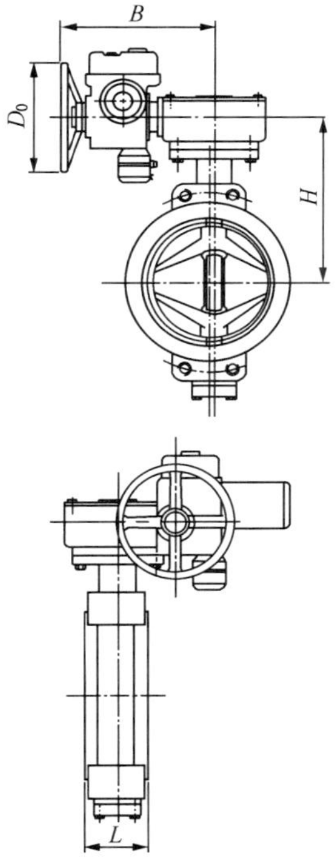

图 7-9

续表

序号	名称	型号	公称通径 DN	结构尺寸/mm				质量/kg	生产厂
				L	H	D_0	B		
9	电动传动对夹式蝶阀 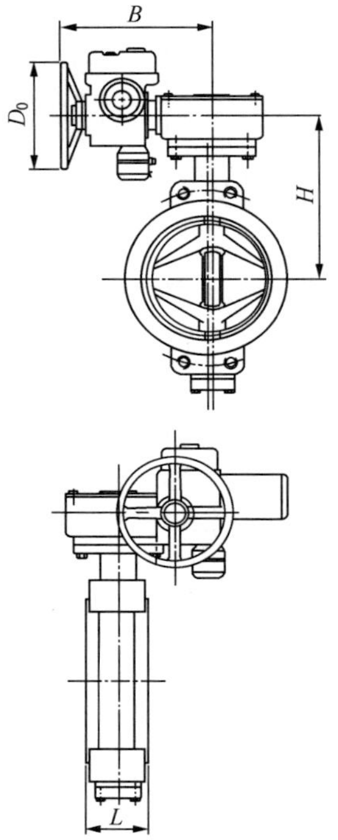 图 7-9	D97$_L$1X-16	50	42	415			19.3	塘沽 DN50~600
			65	44.5	428			19.7	
			80	45	434			19.9	
			100	52	453			24.1	
			125	54.5	466			27.1	
			150	55.5	479			28.2	
			200	60.2	513			34.5	
			250	65.3	522			64.5	
			300	76.5	667			84	
			350	76.5	698			107	
			400	86.5	730			125	
			450	105.5	915			166	
			500	131.8	973			223	
			600	152	1055			278	
		DTD971F-2.5 DTD971F-2.5P	250	104	720	365	419	105	江南 DN250~1000
			300	115	820	365	437	120	
			350	123	845	365	461	130	
			400	132	878	365	473	160	
			450	145	720	365	489	195	
			500	151	770	365	513	240	
			600	165	1028	365	653	343	
			800	193	1113	470	750	456	
			1000	218	1210	550	835	582	
		DTD971F-6 DTD971F-6P	250	105	720	365	419	115	江南 DN250~1000
			300	116	820	365	437	131	
			350	124	845	365	461	141	
			400	133	878	365	473	176	
			450	145	720	365	489	214	
			500	152	770	365	513	264	
			600	166	1028	365	653	384	
			800	194	1113	470	750	513	
			1000	219	1210	550	835	654	

续表

序号	名称	型号	公称通径 DN	结构尺寸/mm L	H	D_0	B	质量/kg	生产厂
9	电动传动对夹式蝶阀 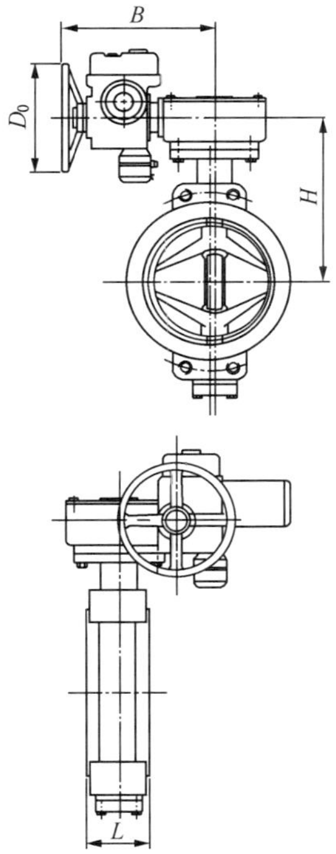 图 7-9	DTD971F-10 DTD971F-10P DTD971F-16C DTD971F-16P	250	106	740	365	419	114	江南 DN250～1000
			300	117	840	365	437	132	
			350	125	865	365	461	144	
			400	134	898	365	473	180	
			450	146	740	365	489	250	
			500	153	790	365	513	290	
			600	167	1048	365	653	429	
			800	195	1133	470	750	570	
			1000	220	1230	550	835	721	
		HTB971F-16C	50	43	248				郑阀 DN50～1200
			65	46	248				
			80	46	248				
			100	52	248				
			125	56	333				
			150	56	333				
			200	60	342				
			250	68	342				
			300	78	648				
			350	78	673				
			400	102	683				
			450	114	673				
			500	127	603				
			600	154	643				
			700	165	688				
			800	190	677				
			900	203	480				
			1000	216	480				
			1200	254	700				
		HTB971F-25	50	43	248				郑阀 DN50～1000
			65	46	248				
			80	46	248				
			100	52	248				
			125	56	333				
			150	56	333				
			200	60	342				
			250	68	342				
			300	78	648				
			350	78	673				
			400	102	603				
			450	114	673				
			500	127	603				
			600	154	643				
			700	165	688				
			800	190	677				
			900	203	480				
			1000	216	480				

续表

序号	名　　称	型　号	公称通径 DN	结构尺寸/mm L	H	D_0	B	质量/kg	生　产　厂
9	电动传动对夹式蝶阀 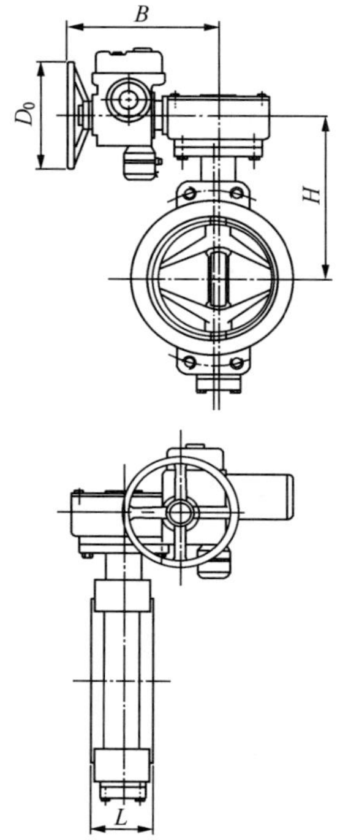 图 7-9	HTB971H-16C	50	43	248				郑阀 DN50~1200
			65	46	248				
			80	46	248				
			100	52	248				
			125	56	333				
			150	56	333				
			200	60	342				
			250	68	342				
			300	78	648				
			350	78	673				
			400	102	683				
			450	114	673				
			500	127	603				
			600	154	643				
			700	165	688				
			800	190	677				
			900	203	480				
			1000	216	480				
			1200	254	700				
		HTB971H-25	50	43	248				郑阀 DN50~1000
			65	46	248				
			80	46	248				
			100	52	248				
			125	56	333				
			150	56	333				
			200	60	342				
			250	68	342				
			300	78	648				
			350	78	673				
			400	102	603				
			450	114	673				
			500	127	603				
			600	154	643				
			700	165	688				
			800	190	677				
			900	203	480				
			1000	216	480				

序号	名　　称	型　号	公称通径 *DN*	结构尺寸/mm				质量/kg	生　产　厂
				L	*H*	D_0	*B*		
9	电动传动对夹式蝶阀	DTD971H-6C DTD971H-10C DTD971H-16C (D971H-16C)	80	64(49)	265		178	73	江南 *DN*80~1200 (北蝶 *DN*80~300) (苏阀 *DN*50~1200) (开阀 *DN*100~1000) (承高 *DN*80~1200)
	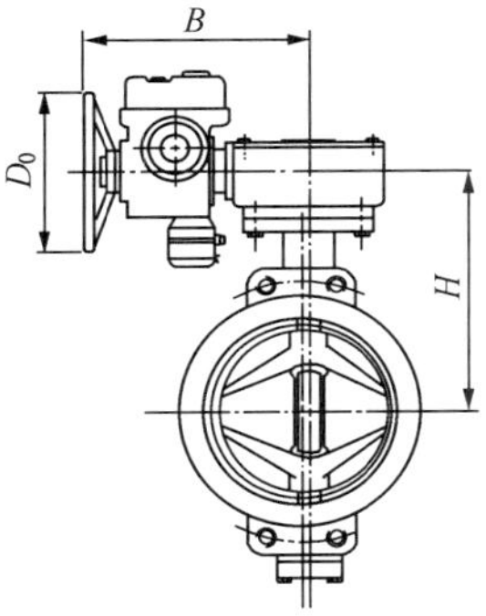		100	64(56)	280		178	82	
			125	70(64)	294		178	91	
			150	76(70)	320		178	96	
			200	89(71)	298	365	419	98	
			250	114(76)	328	365	419	122	
			300	114(83)	366	365	437	165	
			350	127	409	365	461	202	
			400	140	445	365	473	239	
			450	152	485	365	489	296	
			500	152	550	365	513	368	
			600	178	618	365	653	552	
			700	229	745	365	750	986	
			800	241	809	470	750	1347	
			900	241	999	470	835	1706	
			1000	300	1064	550	835	2242	
			1200	360	1174	550	835	3055	
	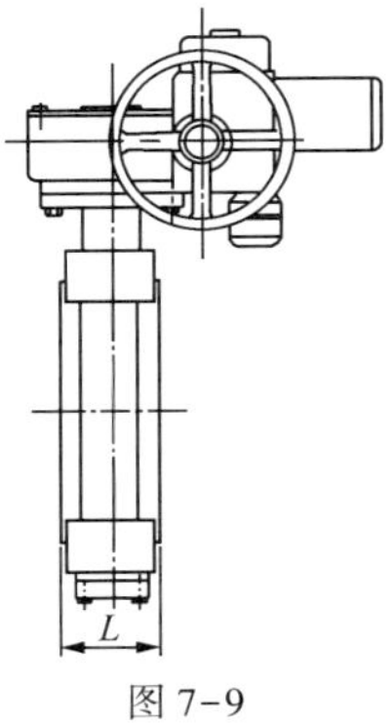	DTD971H-25 (D971H-25)	80	64(49)	204		178	76	江南 *DN*80~1400 (承高 *DN*80~1200) (开阀 *DN*100~500)
	图 7-9		100	64(56)	214		178	82	
			125	70(64)	242		178	92	
			150	76(70)	259		178	94	
			200	89(71)	276	365	437	160	
			250	114(76)	313	365	461	196	
			300	114(83)	363	365	473	277	
			350	127	406	365	489	355	
			400	140	441	365	513	430	
			450	152	523	365	653	547	
			500	152	597	365	750	680	
			600	178	662	470	750	990	
			700	229	758	470	835	1134	
			800	241	823	550	835	1482	
			900	241	884	550	835	1836	
			1000	300	942	550	835	2170	
			1200	360	1054	320	1193	3450	
			1400	390	1162	320	1193	3735	

续表

序号	名称	型号	公称通径 DN	结构尺寸/mm L	H	D_0	B	质量/kg	生产厂
9	电动传动对夹式蝶阀 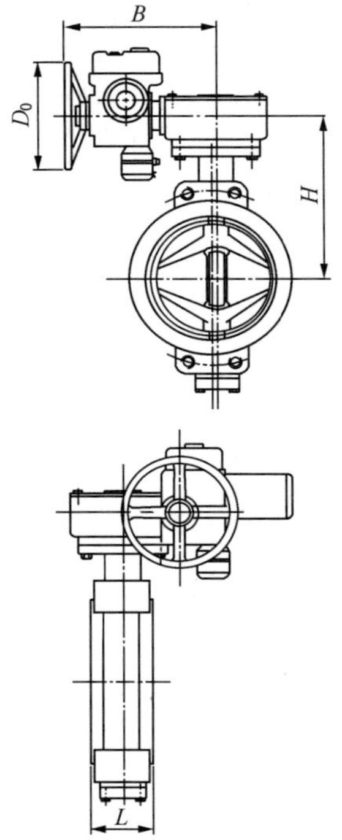 图 7-9	DTD971H-40	80	64	204		178	76	江南 DN80~600
			100	64	214		178	82	
			125	70	242		178	92	
			150	76	259		178	94	
			200	93	276	365	437	160	
			250	114	313	365	461	196	
			300	126	363	365	473	277	
			350	128	406	365	489	355	
			400	146	441	365	513	430	
			450	173	523	365	653	547	
			500	186	597	365	750	680	
			600	211	662	470	750	990	
		DTD971H-64	80	70	204		178	66	江南 DN80~600
			100	76	214		178	75	
			125	86	242		178	90	
			150	100	259		178	108	
			200	116	285	365	489	205	
			250	128	325	365	513	275	
			300	150	375	365	653	402	
			350	165	415	365	750	462	
			400	175	452	470	750	630	
			450	185	539	470	835	750	
			500	195	625	550	835	979	
			600	215	675	550	835	1550	
		DTD971H-100	80	85	204		178	66	江南 DN80~600
			100	90	214		178	75	
			125	100	242		178	90	
			150	120	259		178	108	
			200	138	285	365	489	205	
			250	152	325	365	513	275	
			300	176	375	365	653	402	
			350	182	415	365	750	462	
			400	204	452	470	750	630	
			450	212	539	470	835	750	
			500	232	625	550	835	979	
			600	248	675	550	835	1550	

续表

序号	名称	型号	公称通径 DN	结构尺寸/mm L	H	D_0	B	质量/kg	生产厂
9	电动传动对夹式蝶阀 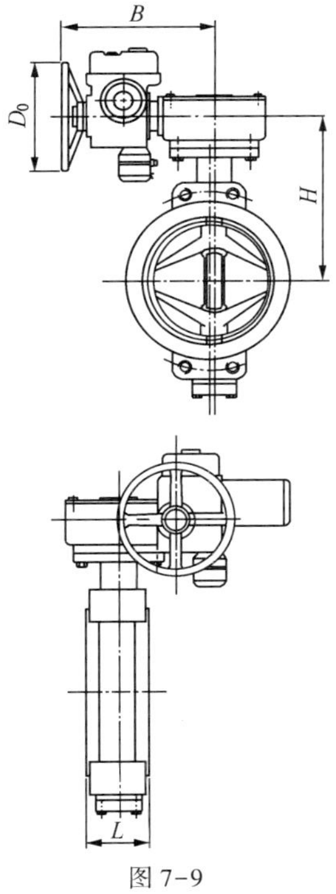 图 7-9	D973F-16C	50	43	423			42	保一 DN50~1200 上一核 DN50~800
			65	46	425			47	
			80	49	440			50	
			100	56	462			60	
			125	64	566			80	
			150	70	590			110	
			200	71	670			130	
			250	76	835			190	
			300	83	825			215	
			350	92	917			270	
			400	140	946			320	
			450	152	1012			390	
			500	159	1035			480	
			600	178	1020			600	
			700	229	1160			740	
			800	241	1470			900	
			900	241	1670			1200	
			1000	300	1930			1750	
			1200	360	2000			2700	
		D973H-16C	50	43	447			42	承高、伯特利、大洋 DN50~1200
			65	46	470			47	
			80	49	675			50	
			100	56	698			60	
			125	64	508			80	
			150	70	511			110	
			200	71	733			130	
			250	76	752			190	
			300	83	757			230	
			350	127	802			300	
			400	140	779			350	
			450	152	779			430	
			500	159	781			500	
			600	178	1000			650	
			700	229	1150			800	
			800	241	1270			1000	
			900	241	1500			1300	
			1000	300	1700			1900	
			1200	360	1950			2750	

序号	名称	型号	公称通径 DN	结构尺寸/mm L	H	D_0	B	质量/kg	生产厂
9	电动传动对夹式蝶阀 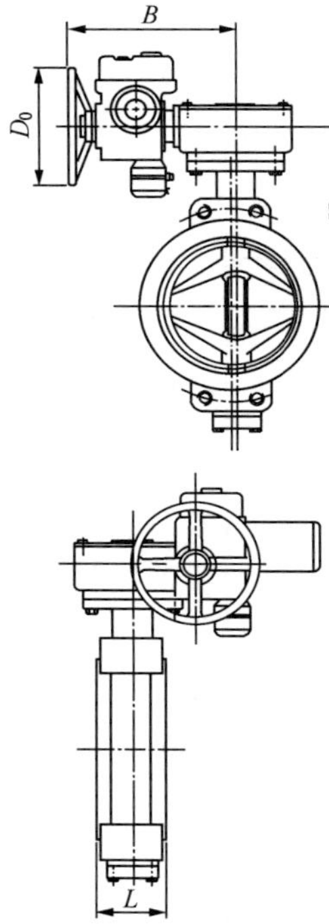 图 7-9	D973H-16P D973H-16R	50	43	421			42	承高 DN50~1200
			65	46	425			47	
			80	49	540			50	
			100	56	563			60	
			125	64	578			80	
			150	70	608			110	
			200	71	653			130	
			250	76	732			190	
			300	83	785			215	
			350	92	915			270	
			400	140	940			320	
			450	152	999			390	
			500	159	1029			480	
			600	178	1120			600	
			700	229	1300			740	
			800	241	1470			900	
			900	241	1670			1200	
			1000	300	1930			1750	
			1200	360	2000			2700	
		D973H-25P D973H-25R	50	43	421			42	承高、伯特利、大洋 DN50~1200 (承高 DN50~1200)
			65	46	425			47	
			80	49	540			50	
			100	56	563			65	
			125	64	583			85	
			150	70	608			110	
			200	71	653			135	
			250	76	727			200	
			300	83	777			225	
			350	92	900			280	
			400	140	954			335	
			450	152	1015			400	
			500	159	1134			500	
			600	178	1245			600	
			700	229	1250			760	
			800	241	1350			920	
			900	241	1525			1300	
			1000	300	1710			2000	
			1200	360	1910			2750	

三、 全四氟防腐蚀蝶阀
（外商独资天津汉迪机电工程有限公司）

（一）主要技术数据和防腐蚀性能参数

1. 公称压力：*PN*1.0MPa。
2. 使用温度：-60~150℃，特殊可达 180℃。
3. 适用介质：各种强有机、无机酸；各种强碱浓溶液；各种强有机溶剂。
4. 操作方式：手动、蜗轮传动、电动控制及气动控制。

（二）结构特点（图 7-10）

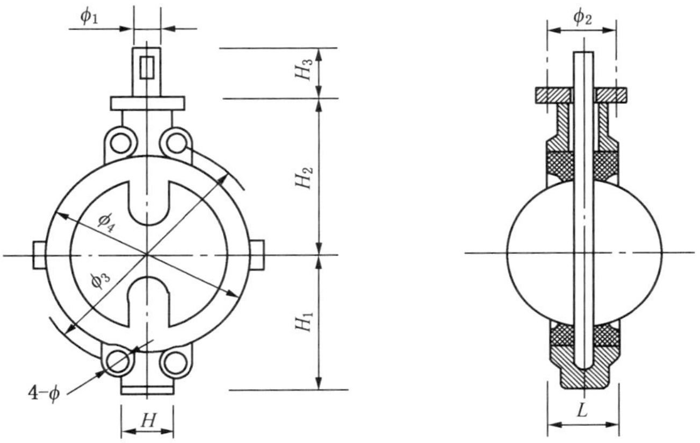

图 7-10

体积小、重量轻、使用安全方便，结构紧凑合理，操作轻便省力，自行密封，严密性好，流阻系数小，仅为 0.6~0.05，流量特性趋于直线，调节流量及节流性能好。

（三）主要零件材料

阀体：灰铸铁、球墨铸铁、不锈钢；阀座：聚四氟乙烯；阀板：球墨铸铁、碳钢、聚四氟乙烯；

轴芯：不锈钢，聚四氟乙烯。

（四）型号及主要尺寸

手动：2″~6″，蜗轮传动：2″~16″；电动、气动：8″~24″。结构见图 7-10。

GD371F-10（蜗轮传动）、GD71F-10（手动）、电动、气动

公称直径 *DN*		H	H_1	H_2	H_3	L	ϕ_1	ϕ_2	ϕ_3	ϕ_4	4-ϕ
mm	in										
50	2	8.38	80	124	32	45	12.70	77	125	89	4-17.5
65	2½	102.52	89	134	32	47	12.70	77	145	108	4-17.5
80	3	113.12	95	141	32	49	12.70	77	160	120	4-17.5
100	4	68.88	114	156	32	54	19	92	180	150	4-17.5
125	5	80.36	127	168	32	58	19	92	210	181	4-17.5
150	6	91.84	139	184	32	58	19	92	240	208	4-22

续表

公称直径 DN		H	H_1	H_2	H_3	L	ϕ_1	ϕ_2	ϕ_3	ϕ_4	4-ϕ
mm	in										
200	8	76.40	175	213	45	62.5	25.5	115	295	260	4-22
250	10	91.95	203	244	45	70	28.5	115	350	320	4-26
300	12	106.20	242	283	45	79.5	31.7	140	400	375	4-26
350	14	91.65	267	320	45	79.5	31.7	140	460	405	4-26
400	16	102.42	299	400	54	90	33.34	197	515	470	4-30
450	18	88.38	318	422	54	109	38	197	565	521	4-30
500	20	96.98	350	480	64	135	41.15	197	620	565	4-30
600	24	113.42	446	562	76	156	50.65	276	725	693	4-30

第八节 隔 膜 阀

一、隔膜阀使用范围

序号	名 称	型 号	阀体材质	使用温度/℃	适用介质	公称通径 DN	页次
1	内螺纹隔膜阀	G11W-16	铸 铁	≤200	腐蚀性介质	8~80	406
		G11W-16Q	球墨铸铁	≤200	腐蚀性介质	8~80	406
		G11W-16P	1Cr18Ni9Ti	≤200	腐蚀性介质	8~80	406
2	衬胶隔膜阀	EG41J-10	铸铁/衬胶	≤85	腐蚀性介质	65~200	406
		EG41J-16	铸铁/衬胶	≤85	腐蚀性介质	20~50	406
		G41J-6	铸铁/衬胶	≤65	腐蚀性介质	25~400	406
		G41J-10	铸铁/衬胶	≤65	腐蚀性介质	25~200	407
3	无衬里隔膜阀	EG41W-10	铸 铁	≤100	氨水、水、蒸汽	65~200	406
		EG41W-16	铸 铁	≤100	氨水、水、蒸汽	20~50	406
		G41W-6	铸 铁	≤100	氨水、水、蒸汽	25~400	407
		G41W-10	铸 铁	≤100	氨水、水、蒸汽	25~200	407
4	搪瓷隔膜阀	G41C-6	铸铁/搪瓷	≤100	腐蚀性介质	15~250	407
5	真空搪瓷隔膜阀	G44C-6	铸铁/搪瓷	≤100	腐蚀性介质	50、80、125	407
6	衬氟塑料隔膜阀	G41F_S-6	铸铁/衬氟	≤180	强腐蚀性介质	15~250	408
		EG41F_S-10	铸铁/衬氟	≤180	强腐蚀性介质	15~100	408
7	直流式衬胶隔膜阀	G45J-6	铸铁/衬胶	≤60	腐蚀性介质	50~250	409
8	直通式衬胶隔膜阀	G46J-10	铸铁/衬胶	≤85	腐蚀性介质	25~350	409
9	直通式无衬里隔膜阀	G46W-10	铸 铁	≤85	腐蚀性介质	25~350	409

序号	名 称	型 号	阀体材质	使用温度/℃	适用介质	公称通径 *DN*	页次
10	气动衬胶隔膜阀(常闭式)	G6$_B$41J-6	铸铁/衬胶	≤65	腐蚀性介质	25~200	410
	(常开式)	G6$_K$41J-6	铸铁/衬胶	≤65	腐蚀性介质	25~200	410
	(往复式)	G641J-6	铸铁/衬胶	≤65	腐蚀性介质	125~200	410
		G641J-10	铸铁/衬胶	≤65	腐蚀性介质	50~150	410
	(常闭式)	EG6$_B$41J-6	铸铁/衬胶	≤65	腐蚀性介质	20~150	411
		EG6$_B$41J-10	铸铁/衬胶	≤65	腐蚀性介质	50~125	411
		EG6$_B$41J-16	铸铁/衬胶	≤65	腐蚀性介质	20~50	411
	(常开式)	EG6$_K$41J-6	铸铁/衬胶	≤65	腐蚀性介质	200	411
		EG6$_K$41J-10	铸铁/衬胶	≤65	腐蚀性介质	65~150	411
		EG6$_K$41J-16	铸铁/衬胶	≤65	腐蚀性介质	20~50	411
	(往复式)	EG641J-6	铸铁/衬胶	≤65	腐蚀性介质	200	412
		EG641J-10	铸铁/衬胶	≤65	腐蚀性介质	65~150	412
		EG641J-16	铸铁/衬胶	≤65	腐蚀性介质	20~50	412
11	电动衬胶隔膜阀	G941J-6	铸铁/衬胶	≤65	腐蚀性介质	25~300	412

(一)橡胶衬里材质的推荐使用范围

衬里材料(代号)	使用温度	适 用 介 质
硬橡胶(NR)	-10~85℃	盐类、盐酸。金属的涂层溶液、水、湿氯气等
软橡胶(BR)	-10~85℃	具有良好的耐磨性能，主要用于水泥粘土、煤灰、干燥化肥等
丁基胶(IIR)	-10~120℃	抗腐蚀、耐腐蚀、能耐极大多数的无机酸和酸液等
氯丁胶(CR)	-10~105℃	动物油、植物油、润滑油及 pH 值变化范围很大的腐蚀性泥浆等，抗磨性好
铸铁不衬里	-40~100℃	非腐蚀性介质

(二)氟塑料及搪瓷衬里材质的推荐使用范围

衬 里 材 料 (代号)	使用温度	适 用 介 质
聚全氟乙丙烯(FEP)Fs-46	≤150℃	除熔融碱金属、元素氟及芳香烃类外的其他强腐蚀性介质
聚偏氟乙烯(PVDF)Fs-2	≤100℃	
聚四氟乙烯和乙烯共聚物(ETFE)Fs-40	≤120℃	
可熔性聚四氟乙烯(PFA)Fs-4100	≤180℃	
聚三氟氯乙烯(PCTFE)Fs-3	≤120℃	
耐酸搪瓷	≤100℃	除氢氟酸、浓磷酸、强碱外的一般腐蚀性介质

(三)隔膜材质的推荐使用范围

隔膜材质(代号)	使用温度	适 用 介 质
丁基胶(B 级)	-40~100℃	良好的耐酸碱性、85%硫酸、盐酸、氢氟酸、磷酸、苛性碱和多种酯类等
天然胶(Q 级)	-50~100℃	用于净化水、无机盐、稀释无机酸等

续表

隔膜材质(代号)	使用温度	适　　用　　介　　质
FEP	≤150℃	多种浓度的硫酸、氢氟酸、王水、高温浓硝酸、各类有机酸及强碱、强氧化剂、浓稀酸交替、酸碱交替和各种有机溶剂等强腐蚀性介质
PFA	≤180℃	

二、　隔膜阀结构尺寸和质量

序号	名　　称	型　号	公称通径 DN	结构尺寸/mm L	G	H	D_0	质量/kg	生　产　厂
1	内螺纹隔膜阀 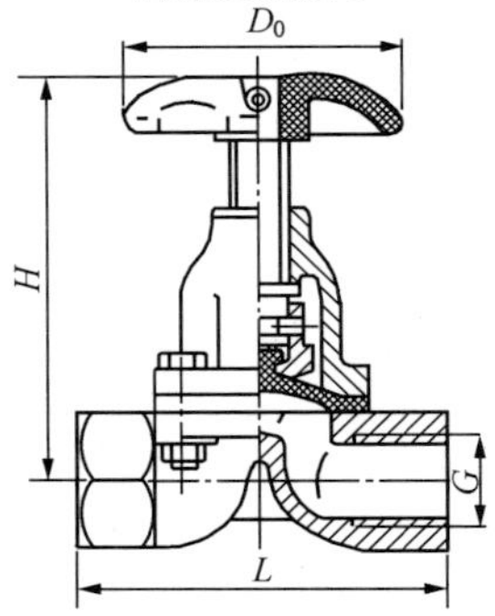 图 8-1	G11W-16 G11W-16Q G11W-16P (EG11W-16)	8	50	1/4″	66	45	0.15	上阀五 DN8~80 (上一核 DN8~80)
			10	50	3/8″	70	45	0.2	
			15	65	1/2″	90	60	0.6	
			20	85	3/4″	76	70	1	
			25	110	1″	93	83	1.6	
			32	120	1¼″	110	114	2.5	
			40	140	1½″	148	114	4	
			50	165	2″	180	140	6.1	
			65	203	2½″	216	165	12	
			80	254	3″	232	230	15	

序号	名　　称	型　号	公称通径 DN	结构尺寸/mm L		H	D_0	质量/kg	生　产　厂
				W	J				
2 3	衬胶隔膜阀 无衬里隔膜阀 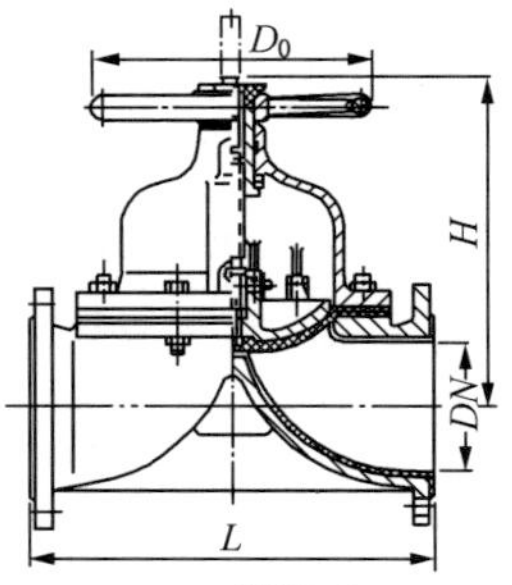 图 8-2	EG41J-10 EG41W-10	65	216	220	203	165	19	上阀五、上一核 DN 65~200
			80	254	258	216	230	25	
			100	305	309	270	280	39	
			125	356	362	319	280	56	
			150	406	412	365	368	78	
			200	521	527	462	483	148	
		EG41J-16 EG41W-16	20	117	121	90	70	3.7	上阀五、上一核 DN20~50
			25	127	131	96	83	4.4	
			32	146	150	131	114	7	
			40	159	163	142	114	8.9	
			50	190	194	170	140	12.6	
		G41J-6 G41W-6	25	145	145	135	120	5	上阀五、良精 DN 25~400 正华 DN25~300 保一 DN25~200 伯特利 DN50~400(J)
			32	160	160	150	120	7	
			40	180	180	176	140	8.5	
			50	210	210	195	140	13	
			65	250	250	236	200	18	
			80	300	300	256	200	24	
			100	350	350	322	280	39	

序号	名称	型号	公称通径 DN	结构尺寸/mm L W	L J	H	D_0	质量/kg	生产厂
2 3	衬胶隔膜阀 无衬里隔膜阀 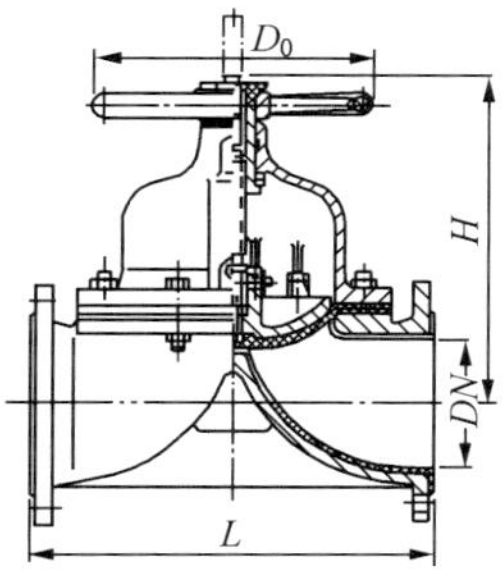 图 8-2	G41J-6 G41W-6	125	400	400	406	320	60	上阀五、良精 DN 25~400 正华 DN25~300 保一 DN25~200 伯特利 DN50~400(J)
			150	460	460	464	320	81	
			200	570	510	638	400	150	
			250	680	680	734	500	243	
			300	790	790	778	560	335	
			350	900	900	885	560	520	
			400	1000	1000	1078	640	600	
		G41J-10 G41W-10	25	145	145	135	120	5	良精、上阀五、正华 DN25~150 保一 DN25~200 伯特利 DN50~150(J)
			32	160	160	150	120	7	
			40	180	180	176	140	8.5	
			50	210	210	195	140	13	
			65	250	250	236	200	18	
			80	300	300	256	200	24	
			100	350	350	322	280	39	
			125	400	400	406	320	60	
			150	460	460	464	320	81	
			200	570	570	626	400	85	

序号	名称	型号	公称通径 DN	结构尺寸/mm L	H	D_0	质量/kg	生产厂
4	搪瓷隔膜阀 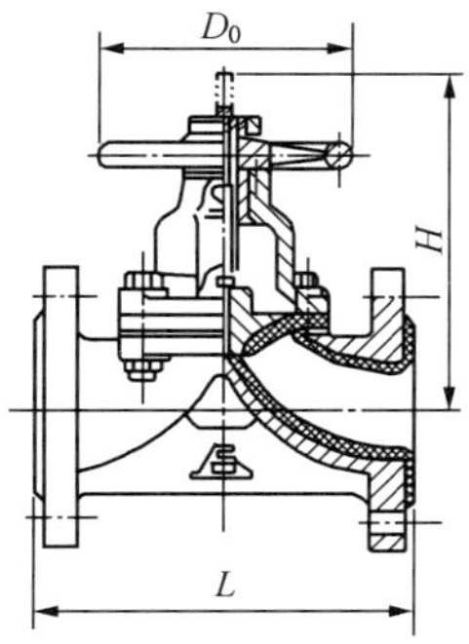 图 8-3	G41C-6	15	125	111	100	3	上阀五 DN15~250
			20	135	126	100	4	
			25	145	139	120	5	
			32	160	150	120	7	
			40	180	175	120	9	
			50	210	197	140	13	
			65	250	240	140	20	
			80	300	260	200	26	
			100	350	324	200	39	
			125	400	406	280	65	
			150	460	460	320	85	
			200	570	626	400	165	
			250	680	726	500	270	

序号	名称	型号	公称通径 DN	结构尺寸/mm			质量/kg	生产厂
				L	H	D_0		
5	真空搪瓷隔膜阀 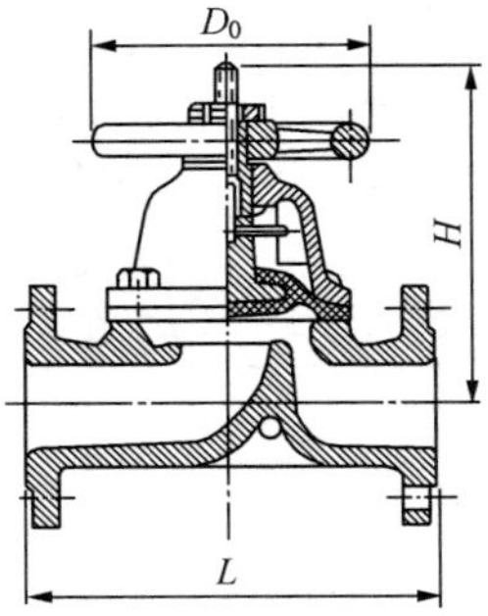 图 8-4	G44C-6	50	230	194	160	11	上阀五 *DN*50、80、125
			80	310	246	200	23	
			125	400	342	280	56	
6	衬氟塑料隔膜阀 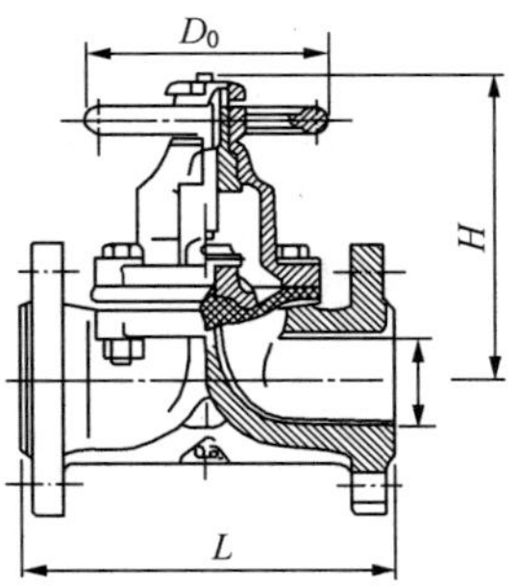 图 8-5	G41Fs-6	15	125	90	60	4	上阀五、良精、保一 *DN*15～250
			20	135	95	70	4.5	
			25	145	125	120	5	
			32	160	136	120	7	
			40	180	163	140	9	
			50	210	175	140	14	
			65	250	215	200	20	
			80	300	230	200	26	
			100	350	272	280	40	
			125	400	350	320	62	
			150	460	396	320	83	
			200	570	530	400	152	
			250	680	610	500	245	
		EG41Fs-10	15	125	95	60		上阀五、良精、保一 *DN*15～100
			20	135	85	70		
			25	145	90	83		
			40	180	155	114		
			50	210	188	140		
			65	250	224	165		
			80	300	250	230		
			100	350	297	280		

序号	名　称	型　号	公称通径 DN	结构尺寸/mm L W	结构尺寸/mm L J	H	D_0	质量/kg	生　产　厂
7	直流式衬胶隔膜阀（见图 8-6）	G45J-6（G45J-10）	50	210		229	140	14	上阀五、上一核 DN50～250（上一核 DN50～250）
			80	300		305	200	30	
			100	350		362	280	45	
			150	460		496	320	80	
			200	570		654	400	145	
			250	680		771	500	225	
8 9	直通式衬胶隔膜阀 直通式无衬里隔膜阀 （见图 8-7）	G46J-10 G46W-10	25	131	127	133			上阀五 DN25～350
			40	163	159	133			
			50	194	190	163			
			65	220	216	170			
			80	258	254	225			
			100	309	305	260			
			125	362	356	284			
			150	412	406	364			
			200	527	521	487			
			250	647	635	680			
			300	755	749	635			
			350	926	920	737			

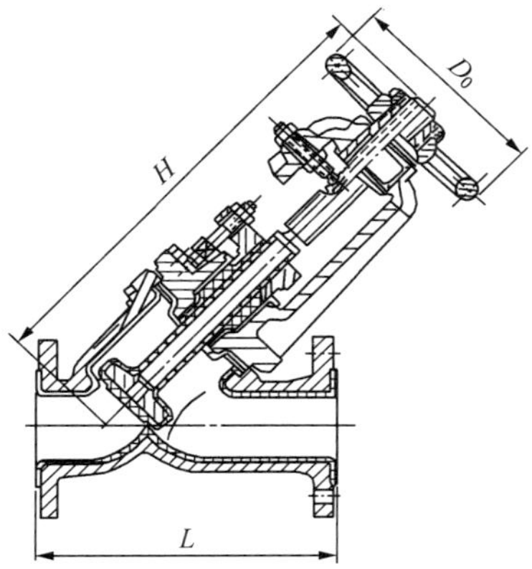

图 8-6

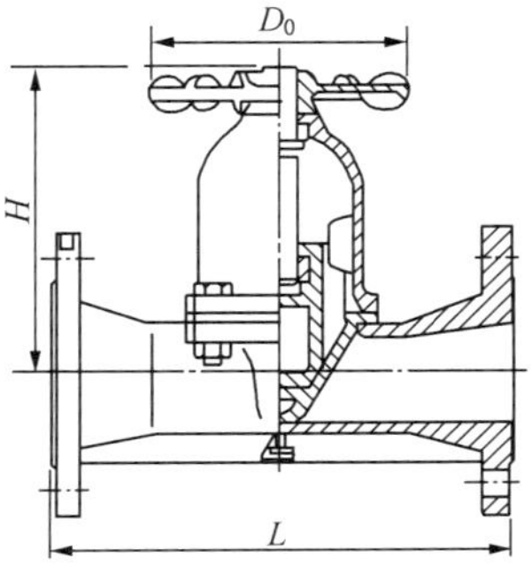

图 8-7

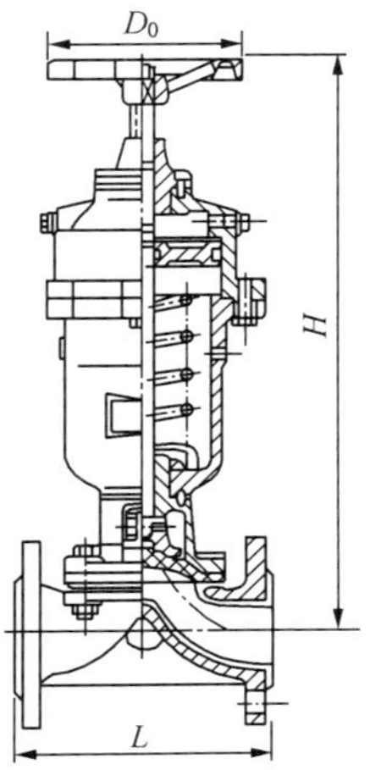

图 8-8-1

续表

序号	名　称	型　号	公称通径 DN	结构尺寸/mm L	H	D_0	质量/kg	生　产　厂
10	气动衬胶隔膜阀（见图 8-8-1）	G6$_{B}$41J-6（常闭型）	25	145	310	120	8	上阀五 DN25～200
			40	180	426	140	17	
			50	210	489	160	26	
			80	300	685	200	56	
			100	350	705	240	100	
			125	400	900	320	170	
			150	460	1013	320	269	
			200	570	1395	400	390	
	（见图 8-8-2）	G6$_{K}$41J-6（常开型）	25	145	320	120	7.5	上阀五、上一核 DN25～200
			40	180	435	140	16.5	
			50	210	483	160	24	
			80	300	682	200	51	
			100	350	760	240	92	
			125	400	872	320	148	
			150	460	1000	320	200	
			200	570	1265	400	275	
	（见图 8-9）	G641J-6（往复型）	125	400	732	320	130	上阀五 DN125～200（PN0.6MPa）
			150	460	830	320	215	
			200	570	1050	400	245	
		G641J-10（往复式）	50	210	405	160	25	上阀五 DN50～150（PN1.0MPa）
			80	300	523	240	60	
			100	350	617	280	90	
			125	400	734	320	130	
			150	460	851	320	215	

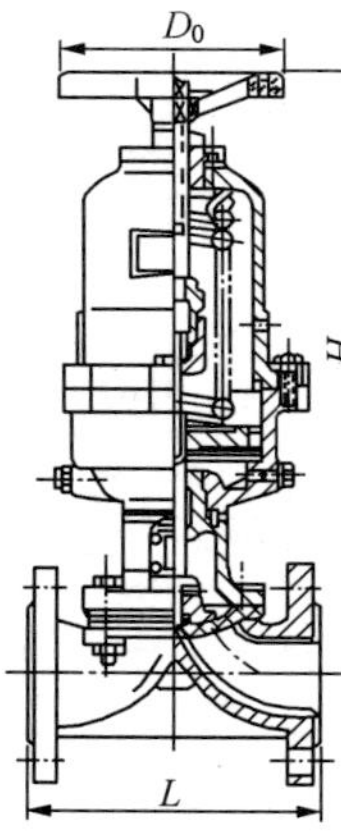

图 8-8-2

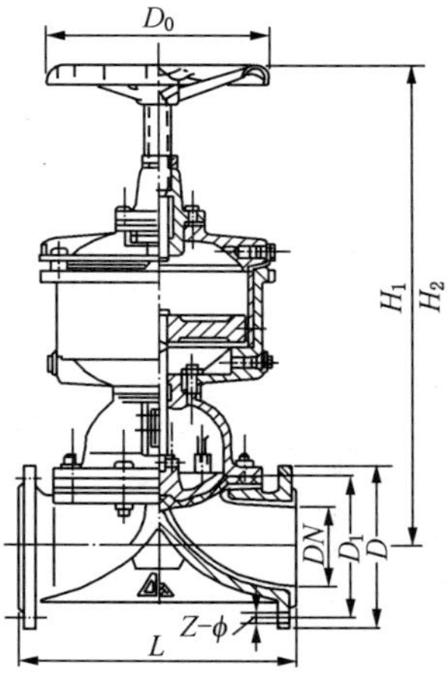

图 8-9

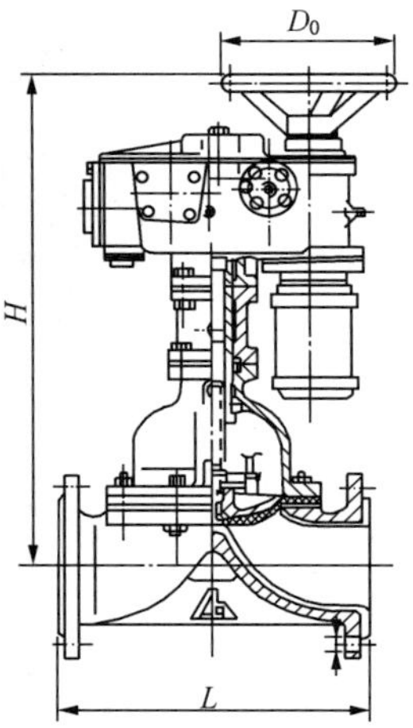

图 8-10

续表

序号	名称	型号	公称通径 DN	结构尺寸/mm L	H	D_0	质量/kg	配气动装置代号	生产厂
10	气动衬胶隔膜阀 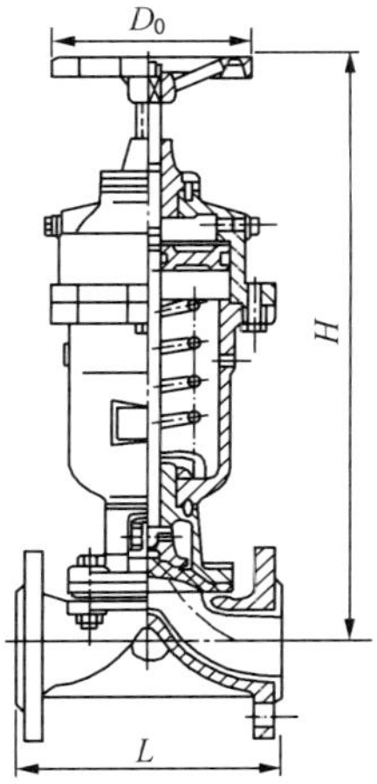 图 8-8-1	EG6$_B$41J-6（常闭型）	20	121	288	120	1	60	上阀五 DN20~150
			25	131	394	120	10	61	
			32	150	400	120	12	61	
			40	163	485	165	25	61	
			50	194	635	165	35	62	
			80	258	660	165	49	63	
			100	309	816	280	11	64	
			125	362	1170	483	361	65	
			150	412	1230	483	390	66	
		EG6$_B$41$^{W}_{J}$-10（常闭型）	50	194	635	165	35	62	上阀五、上一核 DN50~125
			65	220	650	165	40	63	
			80	258	660	165	49	64	
			125	362	1170	485	361	66	
		EG6$_B$41J-16（常闭型）	20	121	388	120	9	61	上阀五 DN20~50
			25	131	394	120	10	62	
			32	150	400	120	12	62	
			40	163	485	165	25	62	
			50	194	635	165	35	63	
	气动衬胶隔膜阀 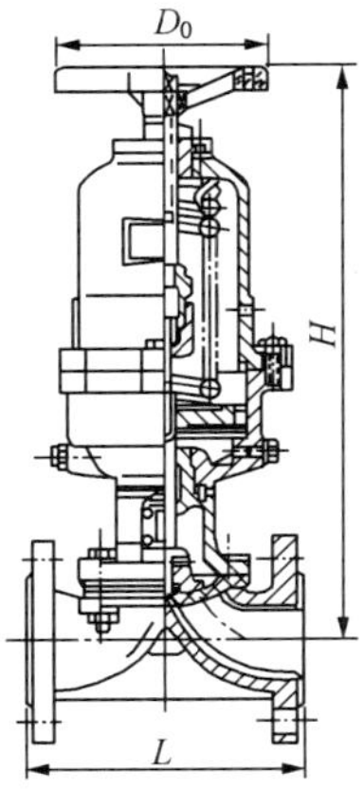 图 8-8-2	EG6$_K$41J-6（常开型）	200	527	1010	280		72	上阀五 DN200
		EG6$_K$41$^{W}_{J}$-10（常开型）	65	220	588	165	31	70	上阀五、上一核 DN65~150
			80	258	769	280	57	71	
			100	309	813	280	66	71	
			125	362	820	280	82	71	
			150	412	920	280	175	72	
		EG6$_K$41J-16（常开型）	20	121	343	140	6	68	上阀五 DN20~50
			25	131	343	140	8.6	68	
			32	150	363	140	10.5	69	
			40	163	430	140	19	69	
			50	194	575	165	26	70	

序号	名称	型号	公称通径 DN	结构尺寸/mm L	H 有手轮	H 无手轮	D_0	质量/kg	气动装置（ES）	生产厂
10	气动衬胶隔膜阀（见图 8-9）	EG641J-6（往复型）	200	527	1010	544	280		58	上阀五 DN200
		EG641$\genfrac{}{}{0pt}{}{W}{J}$-10（往复型）	65	220	455	252	165	31	55	上阀五、上一核 DN65～150
			80	258	607	285	165	57	56	
			100	309	813	362	280	66	57	
			125	362	820	378	280	82	57	
			150	412	920	472	280	174	58	
		EG641J-16（往复型）	20	121	342	138	140	6	54	上阀五 DN20～50
			25	131	342	144	140	8.6	54	
			32	150	363	209	140	10.5	55	
			40	163	430	227	140	19	55	
			50	197	440	237	140	26	55	

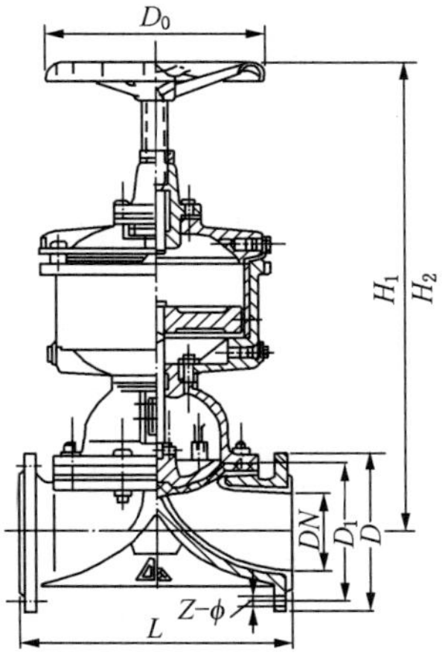

图 8-9

序号	名称	型号	公称通径 DN	结构尺寸/mm L	H	D_0	质量/kg	生产厂
11	电动衬胶隔膜阀（见图 8-10）	G941J-6	25	145	448	125	40	上阀五 DN25～300
			32	160	461	125	42	
			40	180	469	125	45	
			50	210	497	200	50	
			65	250	507	200	60	
			80	300	542	200	70	
			100	350	580	200	80	
			125	400	640	200	104	
			150	460	680	200	125	
			200	570	860	250	180	
			250	680				
			300	790	1003	360		

第九节　柱塞阀、旋塞阀

一、柱塞阀、旋塞阀使用范围

序号	名　　称	型　　号	阀体材质	使用温度/℃	适用介质	公称通径 DN	页次
1	内螺纹柱塞阀	U11S-16Q	QT450-10	≤250℃	油品、水、蒸汽	15～50	388
2	法兰柱塞阀	U41S-16C	碳钢	≤250℃	油品、水、蒸汽	15～250	389

续表

序号	名称	型号	阀体材质	使用温度/℃	适用介质	公称通径 DN	页次
2	法兰柱塞阀	U41S-25	碳钢	≤350℃	水、蒸汽、油品	15~250	389
		U41S-40	碳钢	≤350℃	水、蒸汽、油品	15~250	389
		U41F-16C	碳钢	≤300	水、蒸汽、油品	15~200	390
		U41X-16C	碳钢	≤200	水、蒸汽、油品	15~50	390
		U41F-25	碳钢	≤300	水、蒸汽、油品	15~200	390
		U41X-25	碳钢	≤200	水、蒸汽、油品	15~50	390
		U41F-40	碳钢	≤300	水、蒸汽、油品	15~200	390
		U41X-40	碳钢	≤200	水、蒸汽、油品	15~50	390
		U41F-16P	1Cr18Ni9Ti	≤150	硝酸类	15~200	391
		U41F-16R	Cr18Ni12Mo2Ti	≤150	醋酸类	15~200	391
		U41F-25P	1Cr18Ni9Ti	≤150	硝酸类	15~200	391
		U41F-25R	Cr18Ni12Mo2Ti	≤150	醋酸类	15~200	391
		U41F-40P	1Cr18Ni9Ti	≤150	硝酸类	15~200	391
		U41F-40R	Cr18Ni12Mo2Ti	≤150	醋酸类	15~200	391
		FU41S-40	碳钢	-20~200	液化烃	15~80	391
		U45S-16R	Cr18Ni12Mo2Ti	≤250	活性粉末、醋酸、乙炔	100	391
3	内螺纹旋塞阀	X13W-10	铸铁	≤150	水、油品	15~100	392
4	法兰旋塞阀	X43W-10	铸铁	≤150	水、油品	20~200	392
		X43T-10	铸铁	≤150	水、蒸汽	20~150	392
5	T型三通旋塞阀	X44T-6	铸铁	≤150	水	32~150	393
		X44W-6	铸铁	≤150	水、油品	32~150	393
		X44T-10	铸铁	≤150	水	20~150	393
		X44W-10	铸铁	≤150	水、油品	20~150	393

二、柱塞阀、旋塞阀结构尺寸和质量

序号	名称	型号	公称通径 DN	结构尺寸/mm			质量/kg	生产厂
				L	H	D_0		
1	内螺纹柱塞阀 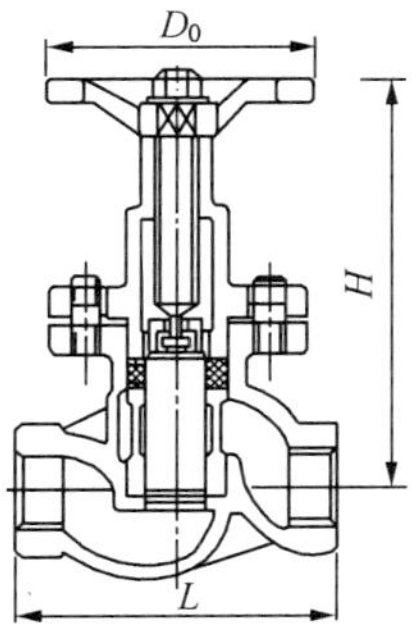 图 9-1	U11S-16Q	15	90	120	80	1.5	玉环
			20	100	120	100	2	
			25	120	145	120	3	
			32	140	168	140	5	
			40	170	180	160	8	
			50	200	200	180	11.5	

续表

序号	名称	型号	公称通径 DN	结构尺寸/mm L	H	D_0	质量/kg	生产厂
2	法兰柱塞阀 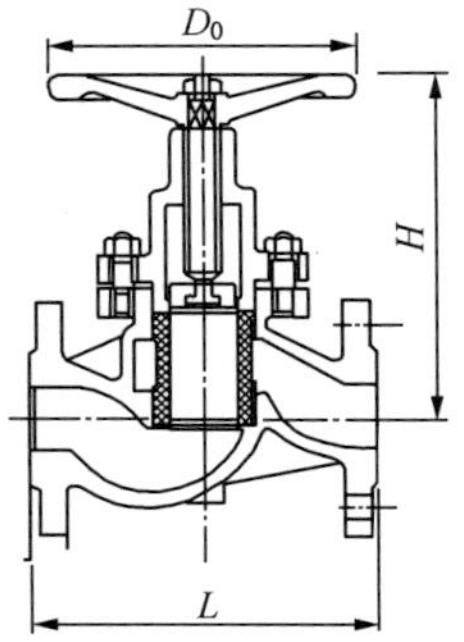 图 9-2-1 (光滑面)	U41S-16C	15	130	155	100	3	开阀、保一 DN15~200 玉环 DN15~250 大洋 DN15~50
			20	150	181	120	4.3	
			25	160	218	140	11	
			32	180	250	160	11	
			40	200	280	180	13	
			50	230	316	240	20	
			65	290	433	280	32	
			80	310	468	280	39	
			100	350	500	320	57	
			125	400	510	360	79	
			150	480	675	360	157	
			200	600	740	450	230	
			250	730	875	450	380	
		U41S-25	15	130	155	80	3.1	玉环 DN15~250 正华、保一 DN15~200 大洋 DN15~50
			20	150	181	100	4.3	
			25	160	218	120	5.6	
			32	180	250	140	8.4	
			40	200	280	200	11.2	
			50	230	316	200	14	
			65	290	433	200	26	
			80	310	468	280	27	
			100	350	500	280	41	
			125	400	510	400	82.5	
			150	480	675	400	114	
	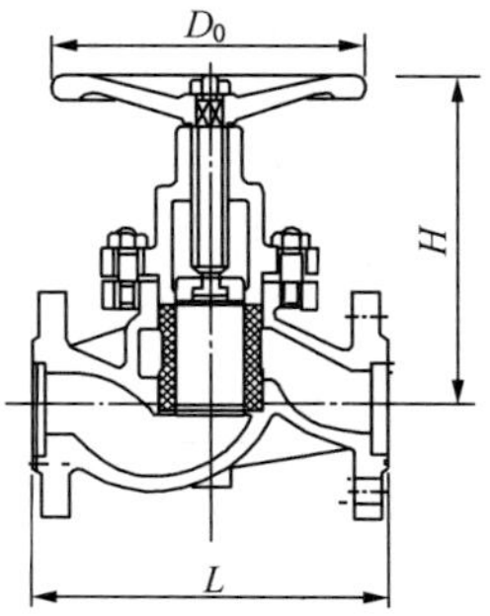 图 9-2-2 (凹面)		200	600	740	500	218	
			250	730	875	500	380	
		U41S-40	15	130	155	80	3.1	玉环 DN15~250 大洋 DN15~50 保一 DN15~200
			20	150	181	100	4.3	
			25	160	218	120	5.6	
			32	180	250	140	8.4	
			40	200	280	200	11.2	
			50	230	316	200	14	
			65	290	433	200	26	
			80	310	468	280	27	
			100	350	500	280	41	
			125	400	510	400	82.5	
			150	480	675	400	114	
			200	600	740	500	218	
			250	730	875	500	380	

序号	名称	型号	公称通径 DN	结构尺寸/mm L	H	D_0	质量/kg	生产厂
2	法兰柱塞阀	$U41^{F}_{X}$-16C	15	130	156	120	3.7	伯特利、保一 DN15~200(F) 大洋 DN15~50(X)
	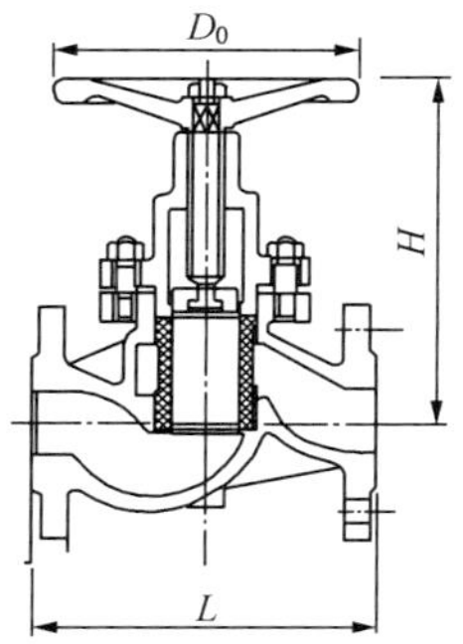		20	150	185	120	5.3	
	图 9-2-1 (光滑面)		25	160	210	140	6.8	
			32	190	225	140	9.5	
			40	200	250	200	13.5	
			50	230	265	200	18	
			65	290	310	240	25	
			80	310	330	320	35	
			100	350	345	360	47	
			125	400	468	450	78	
			150	480	540	450	112	
			200	600	730	500	220	
		$U41^{F}_{X}$-25	15	130	156	120	3.7	伯特利、保一 DN15~200(F) 大洋 DN15~50(X)
			20	150	185	120	5.3	
			25	160	210	140	6.8	
			32	190	225	140	9.5	
			40	200	250	200	13.5	
			50	230	265	200	18	
			65	290	310	240	25	
			80	310	330	320	35	
			100	350	345	360	47	
			125	400	468	450	78	
			150	480	540	450	112	
			200	600	730	500	220	
	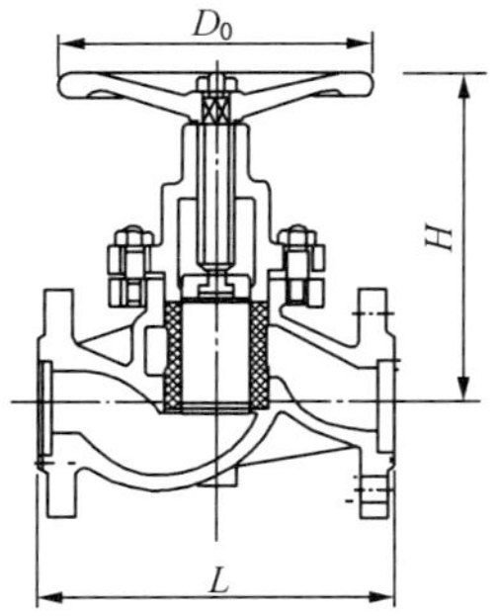	$U41^{F}_{X}$-40	15	130	156	120	3.7	伯特利、保一 DN15~200(F) 大洋 DN15~50(X)
	图 9-2-2 (凹面)		20	150	185	120	5.3	
			25	160	210	140	6.8	
			32	190	225	140	9.5	
			40	200	250	200	13.5	
			50	230	265	200	18	
			65	290	310	240	25	
			80	310	330	320	35	
			100	350	345	360	47	
			125	400	468	450	78	
			150	480	540	450	112	
			200	600	730	500	220	

序号	名称	型号	公称通径 DN	结构尺寸/mm L	H	D_0	质量/kg	生产厂
2	法兰柱塞阀 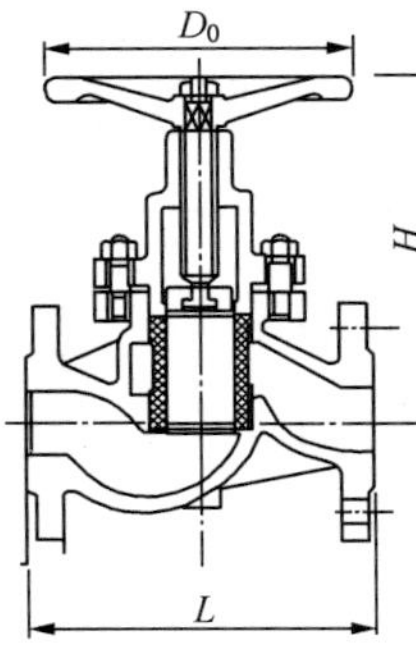 图 9-2-1 （光滑面）	U41F-16$^{P}_{R}$	15	130	156	120	3.7	伯特利、保一 DN15~200
			20	150	185	120	5.3	
			25	160	210	140	6.8	
			32	190	225	140	9.5	
			40	200	250	200	13.5	
			50	230	265	200	18	
			65	290	310	240	25	
			80	310	330	320	35	
			100	350	345	360	47	
			125	400	468	450	78	
			150	480	540	450	112	
			200	600	730	500	220	
		U41F-25$^{P}_{R}$	15	130	156	120	3.7	伯特利、保一 DN15~200
			20	150	185	120	5.3	
			25	160	210	140	6.8	
			32	190	225	140	9.5	
			40	200	250	200	13.5	
			50	230	265	200	18	
			65	290	310	240	25	
			80	310	330	320	35	
			100	350	345	360	47	
			125	400	468	450	78	
			150	480	540	450	112	
			200	600	730	500	220	
	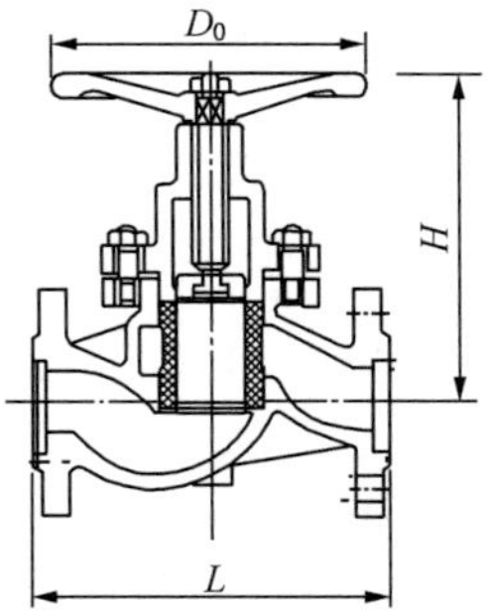 图 9-2-2 （凹面）	U41F-40$^{P}_{R}$	15	130	156	120	3.7	伯特利、保一 DN15~200
			20	150	185	120	5.3	
			25	160	210	140	6.8	
			32	190	225	140	9.5	
			40	200	250	200	13.5	
			50	230	265	200	18	
			65	290	310	240	25	
			80	310	330	320	35	
			100	350	345	360	47	
			125	400	468	450	78	
			150	480	540	450	112	
			200	600	730	500	220	
		FU41S-40	15	130	155	120	3	开阀 DN15~80
			20	150	181	120	4	
			25	160	218	140	11	
			32	180	250	140	11	
			40	200	280	200	13	
			50	230	316	200	20	
			65	290	458	240	32	
			80	310	545	320	39	
		U45S-16R	100	380	620	360	75	开阀 DN100

序号	名称	型号	公称通径 DN	结构尺寸/mm L	H	D_0	质量/kg	生产厂
3	内螺纹旋塞阀 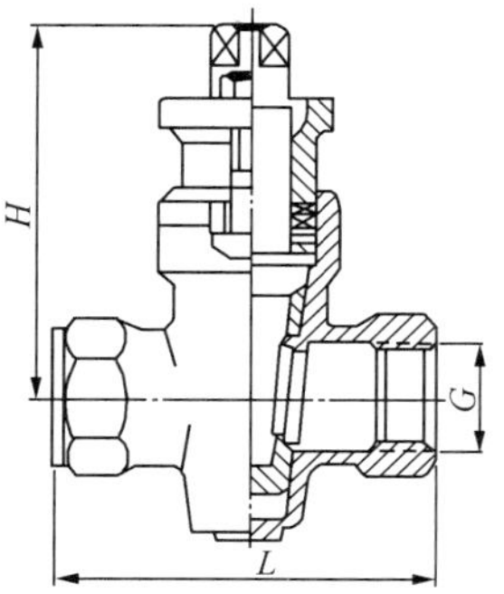 图 9-3	X13W-10	15	80	99		0.8	正华、保一 DN15~100
			20	90	114		1.1	
			25	110	131		1.7	
			32	130	152		3.2	
			40	150	202		4.5	
			50	170	260		7	
			65	220	295		13	
			80	250	327		17.5	
			100	300	425		30	
4	法兰旋塞阀 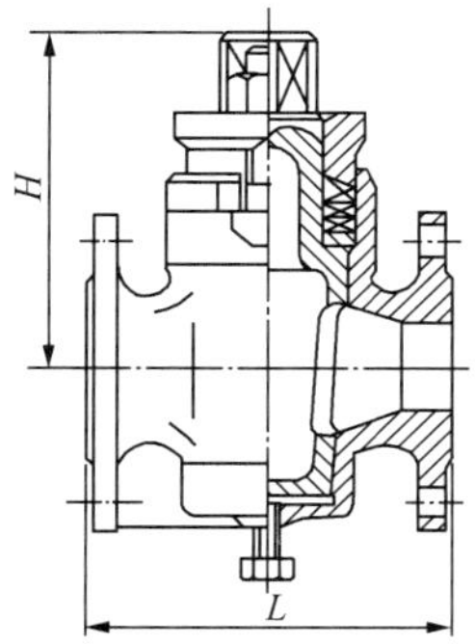 图 9-4	X43W-10	20	90	124		2	瓦阀 DN20~200 良精 DN32~150 保一、正华 DN20~150
			25	110	133		3.5	
			32	130	152		4.3	
			40	150	182		8	
			50	170	236		11	
			65	220	264		18	
			80	250	297		23	
			100	300	425		31	
			125	350	482		52	
			150	400	512		93	
			200	450	705		120	
		X43T-10	20	90	124		3	保一、正华、良精 DN20~150
			25	110	133		4	
			32	130	152		6	
			40	150	182		9	
			50	170	236		12	
			65	220	264		18	
			80	250	297		24	
			100	300	425		36	
			125	350	482		56	
			150	400	512		98	

序号	名　称	型　号	公称通径 DN	结构尺寸/mm		质量/kg	生　产　厂
				L	H		
5	T 型三通旋塞阀 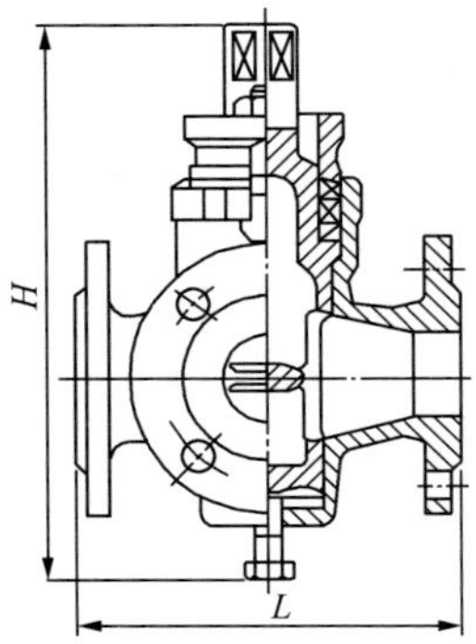 图 9-5	X44$\frac{T}{W}$-6	32	115	150	4.2	良精 DN32～150
			40	130	180	6.2	
			50	145	210	8	
			65	160	254	13	
			80	200	307	21	
			100	230	365	35	
			150	320	550	63	
		X44$\frac{T}{W}$-10	20	90	124	2.5	良精 DN20～150
			25	110	133	3.5	
			32	130	152	5.4	
			40	150	182	7.1	
			50	170	236	11	
			65	220	264	17	
			80	250	297	22.6	
			100	300	425	40	
			125	350	482	51	
			150	400	512	74	

第十节　疏　水　阀

一、疏水阀使用范围

序号	名　称	型　号	阀体材质	使用压力/MPa	使用温度/℃	公称通径 DN	页次
1	自由浮球式蒸汽疏水阀	CS11H-16-Ⅰ	HT200	1.4	≤200	15～25	433
		CS11H-16-Ⅱ	HT200	1.4	≤200	15～25	433
		CS$\frac{11}{61}$H-16C-Ⅰ	WCB	1.6	≤425	15～25	433
		CS$\frac{11}{61}$H-16C-Ⅱ	WCB	1.6	≤425	15～25	434
		CS11H-25-Ⅱ	WCB	2.5	≤350	15～25	434
		S11H-0.4C	碳　钢	0.4	≤210	15～25	434
		S11H-0.8C	碳　钢	0.8	≤210	15～25	434
		S11H-1.6C	碳　钢	1.6	≤210	15～25	434
		CS41H-16-Ⅱ	HT200	1.6	≤200	15～25	434
		CS41H-16-Ⅲ	HT200	1.6	≤200	25～50	434
		CS41H-16-Ⅳ	HT200	1.6	≤200	40、50	434
		CS41H-16-Ⅴ	HT200	1.6	≤200	50～100	434
		CS41H-16C-Ⅰ	WCB	1.6	≤425	15～25	434

续表

序号	名　　称	型　　号	阀体材质	使用压力/MPa	使用温度/℃	公称通径 *DN*	页次
1	自由浮球式蒸汽疏水阀	CS41H-16C-Ⅱ	WCB	1.6	≤425	15~25	434
		CS41H-25-Ⅱ	WCB	2.5	≤425	15~25	434
		CS41H-40-Ⅱ	WCB	4.0	≤425	15~25	434
		CS41H-16C-Ⅲ	WCB	1.6	≤425	25~50	434
		CS41H-25-Ⅲ	WCB	2.5	≤425	25~50	435
		CS41H-40-Ⅲ	WCB	4.0	≤425	25~50	435
		CS41H-16C-Ⅳ	WCB	1.6	≤425	40、50	435
		CS41H-25-Ⅳ	WCB	2.5	≤425	40、50	435
		CS41H-40-Ⅳ	WCB	4.0	≤425	40、50	435
		CS41H-16C-Ⅴ	WCB	1.6	≤425	50~80	435
		CS41H-25-Ⅴ	WCB	2.5	≤425	50~80	435
		CS41H-40-Ⅴ	WCB	4.0	≤425	50~80	435
		CS41H-16C-B	WCB	1.2	≤200	15~25	435
		CS41H-16C-D	WCB	1.2	≤200	25~50	435
		CS41H-16C-F	WCB	1.2	≤200	50、80	435
		CS41H-16C-G	WCB	1.2	≤200	80、100	435
		CS41H-40-B	WCB	2.3	≤250	15~25	436
		CS41H-40-D	WCB	2.3	≤250	25~50	436
		CS41H-40-F	WCB	2.3	≤250	50、80	436
		CS41H-40-G	WCB	2.3	≤250	80、100	436
		S41H-0.4C	碳钢	0.4	≤210	15~25	436
		S41H-0.8C	碳钢	0.8	≤210	15~25	436
		S41H-1.6C	碳钢	1.6	≤210	15~25	436
		J3N	WCB	0.01~1.6	≤425	15~25	436
		JW3N	WCB	0.01~1.6	≤425	15~25	436
		JF3N	WCB	0.01~1.6	≤425	15~25	436
		J5N	WCB	0.01~1.6	≤425	15~25	436
		JW5N	WCB	0.01~1.6	≤425	15~25	436
		JF5N	WCB	0.01~1.6	≤425	15~25	436
		J3NL	WCB	0.01~1.6	≤425	15~25	436
		JW3NL	WCB	0.01~1.6	≤425	15~25	436
		JF3NL	WCB	0.01~1.6	≤425	15~25	436
		J5NL	WCB	0.2~2.5 0.2~4.5	≤425	15~25	436
		JW5NL	WCB	0.2~2.5 0.2~4.5	≤425	15~25	436
		JF5NL	WCB	0.2~2.5 0.2~4.5	≤425	15~25	436

续表

序号	名　称	型　号	阀体材质	使用压力/MPa	使用温度/℃	公称通径 *DN*	页次
1	自由浮球式蒸汽疏水阀	J5N-45	WCB	0.2~4.5	≤425	15~25	437
		JW5N-45	WCB	0.2~4.5	≤425	15~25	437
		JF5N-45	WCB	0.2~4.5	≤425	15~50	437
		J7N	WCB	0.01~1.6	≤425	15~50	437
		JW7N	WCB	0.01~1.6	≤425	15~50	437
		JF7N	WCB	0.01~1.6	≤425	15~50	437
		JHW7.5N	WC6	0.2~1.6	≤475	50	437
				0.2~0.4			
		JHF7.5N	WC6	0.2~1.6	≤475	40~100	437
				0.2~0.4			
		JHW8N	WCB	0.01~1.6	≤425	50~80	437
			WC6	0.2~4.0	≤475	50~80	437
		JHF8N	WCB	0.01~1.6	≤425	40~100	437
			WC6	0.2~4.0	≤475	40~100	437
		FZBS10H-1A	不锈钢	1.0	≤425	*DN*15、20	438
		FZBS10H-4A	不锈钢	1.0	≤425	*DN*15、20	438
		FZBS16H-1B	不锈钢	1.6	≤425	*DN*15~25	438
		FZBS16H-4B	不锈钢	1.6	≤425	*DN*15~25	438
		FZBS16H-4D	不锈钢	1.6	≤425	*DN*25~50	438
		FZBS25H-1B	不锈钢	2.5	≤425	*DN*15~25	438
		FZBS25H-4B	不锈钢	2.5	≤425	*DN*15~25	438
		FZBS25H-4D	不锈钢	2.5	≤425	*DN*25~50	438
		FZBS40H-1B	不锈钢	4.0	≤425	*DN*15~25	438
		FZBS40H-4B	不锈钢	4.0	≤425	*DN*15~25	438
		FZBS40H-4D	不锈钢	4.0	≤425	*DN*25~50	438
		FZBG10H-1A	不锈钢	1.0	≤425	*DN*15、20	438
		FZBG10H-4A	不锈钢	1.0	≤425	*DN*15、20	438
		FZBG16H-1B	不锈钢	1.6	≤425	*DN*15~25	438
		FZBG16H-4B	不锈钢	1.6	≤425	*DN*15~25	438
		FZBG16H-4D	不锈钢	1.6	≤425	*DN*25~50	438
		FZBG25H-1B	不锈钢	2.5	≤425	*DN*15~25	438
		FZBG25H-4B	不锈钢	2.5	≤425	*DN*15~25	439
		FZBG25H-4D	不锈钢	2.5	≤425	*DN*25~50	439
		FZBG40H-1B	不锈钢	4.0	≤425	*DN*15~25	439
		FZBG40H-4B	不锈钢	4.0	≤425	*DN*15~25	439
		FZBG40H-4D	不锈钢	4.0	≤425	*DN*25~50	439

续表

序号	名　　称	型　　号	阀体材质	使用压力/MPa	使用温度/℃	公称通径 *DN*	页次
1	自由浮球式蒸汽疏水阀(立式)	CS11H-16C-ⅠL	WCB	0.01~1.6	≤350	15~25	439
		CS41H-16C-ⅠL	WCB	0.01~1.6	≤350	15~25	439
		CS11H-16C-ⅡL	WCB	0.01~1.6	≤350	15~25	439
		CS61H-25-ⅡL	WCB	0.01~2.5	≤350	15~25	439
		CS41H-16C-ⅡL	WCB	0.01~1.6	≤350	15~25	439
		CS41H-25-ⅡL	WCB	0.01~2.5	≤350	15~25	439
2	先导浮球式蒸汽疏水阀	JH-10	WCB	0.2~4.5	≤425	80~150	440
			WC6		≤475		
		JH15E-21/46	WCB	0.05~4.6	≤425	80~150	440
			WC6		≤475		
		JH15M-21/46	WCB	0.05~4.6	≤425	80~150	440
			WC6		≤475		
		JH15S-21/46	WCB	0.05~4.6	≤425	80~150	440
			WC6		≤475		
		CS11H-16C-G2	WCB	1.6	≤350	15~25	440
		CS11H-25-G2	WCB	2.5	≤350	15~25	440
		CS41H-16C-G2	WCB	1.6	≤350	15~25	440
		CS41H-25-G2	WCB	2.5	≤350	15~25	440
		CS41H-16C-G3	WCB	1.6	≤350	25~50	440
		CS41H-25-G3	WCB	2.5	≤350	25~50	440
		CS41H-16C-G4	WCB	1.6	≤350	25~50	440
		CS41H-25-G4	WCB	2.5	≤350	25~50	440
		CS41H-16C-G5	WCB	1.6	≤350	50~150	440
		CS41H-25-G5	WCB	2.5	≤350	50~150	440
		CS41H-16C-G6	WCB	1.6	≤350	50~150	440
		CS41H-25-G6	WCB	2.5	≤350	50~150	440
		CS41H-16C-G7	WCB	1.6	≤350	50~150	440
		CS41H-25-G7	WCB	2.5	≤350	50~150	440
		CS41H-16C-G8	WCB	1.6	≤350	50~150	440
		CS41H-25-G8	WCB	2.5	≤350	50~150	440

续表

序号	名　　称	型　　号	阀体材质	使用压力/MPa	使用温度/℃	公称通径 *DN*	页次
3	杠杆浮球式蒸汽疏水阀	G3	FCD45	0.01~1.6	≤300	40	441
		GH3	WCB	0.01~2.1	≤425	40	441
		G3-10R	FCD-45	0.01~1.0	≤300	25~50	441
		GH3-10R	WCB	0.01~1.0	≤425	25~50	441
		G3-16R	FCD-45	0.01~1.6	≤300	25~50	441
		GH3-16R	WCB	0.01~1.6	≤425	25~50	441
		GH3-21R	WCB	0.01~2.1	≤425	25~50	441
		G5	FCD-45	0.01~1.6	≤300	50	441
		GH5	WCB	0.01~2.1	≤425	50	441
		G5-16R	FCD45	0.01~1.6	≤300	50~100	441
		GH5-10R	WCB	0.01~1.0	≤425	50~100	441
		GH5-21R	WCB	0.01~2.1	≤425	50~100	441
		GM2	FCD-45	0.01~1.0	≤300	15~50	442
		GSB2	WCB	0.01~2.0	≤425	15~50	442
		GM4	FCD-45	0.01~1.0	≤300	32~50	442
		GSB4	WCB	0.01~2.0	≤425	32~50	442
		GM6	FCD-45	0.01~1.0	≤300	32~80	442
		GSB6	WCB	0.01~2.0	≤425	32~80	442
		GM8	FCD-45	0.01~1.0	≤300	80、100	442
		GSB8	WCB	0.01~2.0	≤425	80、100	442
		CS41Y-40-GH5	WCB	0.01~4.0	≤350	40~80	442
		CS41Y-63-GH5	合金钢	0.01~6.3	≤350	40~80	442
		GH4-50	WC6	0.03~5.0	≤475	32~100	442
		GH4-50R	WC6	0.03~5.0	≤475	32~100	442
		GH4-50RD	WC6	0.01~5.0	≤475	32~100	442
		CS41Y-63-GH6	WCB	6.3	≤350	50~100	442
		CS41Y-100-GH6	合金钢	10.0	≤350	50~100	442
4	G 系列杠杆浮球式疏水阀	GSB2	球墨铸铁	1.0	≤300	25~50	443
		GSB4	碳　钢	2.0	≤425	40~80	443
		GSB6	碳　钢	2.0	≤425	40~100	443
		GSB8	碳　钢	2.0	≤425	80、100	443

续表

序号	名　　称	型　　号	阀体材质	使用压力/MPa	使用温度/℃	公称通径 *DN*	页次
5	柱面浮球式疏水阀	CS011Y-16-Ⅰ	HT-200	1.4	≤200	15~25	443
		CS011Y-16-Ⅱ	HT-200	1.4	≤200	40、50	443
		CS011Y-16C-Ⅰ	WCB/WC6	1.6	≤425/≤475	15~25	443
		CS011Y-16C-Ⅱ	WCB/WC6	1.6	≤425/≤475	40、50	443
		CS041Y-16-Ⅰ	HT-200	1.4	≤200	15~25	443
		CS041Y-16-Ⅱ	HT-200	1.4	≤200	40、50	443
		CS041Y-16C-Ⅰ	WCB/WC6	1.6	≤425/≤475	15~25	443
		CS041Y-16C-Ⅱ	WCB/WC6	1.6	≤425/≤475	40、50	444
		CS041Y-25-Ⅰ	WCB/WC6	2.5	≤425/≤475	15~25	444
		CS041Y-25-Ⅱ	WCB/WC6	2.5	≤425/≤475	40、50	444
		CS041Y-40-Ⅰ	WCB/WC6	4.0	≤425/≤475	15~25	444
		CS041Y-40-Ⅱ	WCB/WC6	4.0	≤425/≤475	40、50	444
		CS041Y-64-Ⅰ	WCB/WC6	6.4	≤425/≤475	15~25	444
		CS041Y-64-Ⅱ	WC6	6.4	≤475	40、50	444
6	超大排量系列疏水阀	CSMS-16A-F	WCB/WC6	1.6	≤425/≤475	50~100	444
		CSMS-25A-F	WCB/WC6	2.5	≤425/≤475	50~100	444
		CSMK-16A-F	WCB/WC6	1.6	≤425/≤475	50、65	444
		CSMK-25A-F	WCB/WC6	2.5	≤425/≤475	80、100	444
		GH4-50	WCB/WC6	4.0	≤425/≤475	50~100	445
7	自由半浮球式蒸汽疏水阀	CS15H-16C-Ⅰ	WCB	0.01~1.6	≤350	15、20	445
		CS45H-16C-Ⅰ	WCB	0.01~1.6	≤350	15~25	445
		CS45H-16C-Ⅱ	WCB	0.01~1.6	≤350	32~50	445
		CS45H-16C-Ⅲ	WCB	0.01~1.6	≤350	15~50	445
8	钟形浮子式疏水阀	CS15H-16	铸铁	1.5	≤200	15~50	445
9	ES 系列钟形浮子式疏水阀	ESH5	WCB	0.01~2.5	≤425	15~25	445
		ESU5	CF8	0.01~2.5	≤425	15~25	445
		ESH5W	WCB	0.01~2.5	≤425	15~25	445
		ESU5W	CF8	0.01~2.5	≤425	15~25	445
		ESH5F	WCB	0.01~2.5	≤425	15~50	445
		ESU5F	CF8	0.01~2.5	≤425	15~50	445
		ES8N	FC25	0.01~1.6	≤220	15~25	446
		ES8B	WCB	0.01~1.6	≤425	15~25	446
		ES8BW	WCB	0.01~1.6	≤425	15~25	446
		ES8NF	FC25	0.01~1.6	≤220	15~50	446
		ES8BF	WCB	0.01~1.6	≤425	15~50	446
		ES10	FC25	0.01~1.6	≤225	15~25	446

续表

序号	名　　称	型　　号	阀体材质	使用压力/MPa	使用温度/℃	公称通径 *DN*	页次
9	ES 系列钟形浮子式疏水阀	ESH10	WCB	0.01~1.6	≤425	15~25	446
		ESH10W	WCB	0.01~1.6	≤425	15~25	446
		ES10F	FC25	0.01~1.6	≤225	15~50	446
		ESH10F	WCB	0.01~1.6	≤425	15~50	446
		ES12N	WCB	0.01~1.6	≤425	15~25	446
		ES12NW	WCB	0.01~1.6	≤425	15~25	446
		ES12NF	WCB	0.01~1.6	≤425	15~50	446
		ESH8N	WCB	0.01~4.5	≤425	15~25	446
		ESH8NW	WCB	0.01~4.5	≤425	15~25	446
		ESH8NF	WCB	0.01~4.5	≤425	15~50	446
		ESH21W	WCB	0.01~4.5	≤425	15~50	446
		ESH21F	WCB	0.01~4.5	≤425	15~50	446
		ER105	FC25	0.05~0.7	≤220	20~40	447
		ERH105	WCB	0.05~0.7	≤425	20~40	447
		ER105W	FC25	0.05~0.7	≤220	20~40	447
		ERH105W	WCB	0.05~0.7	≤425	20~40	447
		ER105F	FC25	0.05~0.7	≤220	15~50	447
		ERH105F	WCB	0.05~0.7	≤425	15~50	447
		ER110	FCD45	0.05~1.2	≤300	15~50	447
		ERH110	WCB	0.05~1.2	≤425	15~50	447
		ER116	FCD45	0.05~1.6	≤300	15~50	447
		ERH116	WCB	0.05~1.6	≤425	15~50	447
		ER116L	FCD45	0.05~1.6	≤300	32~50	447
		ERH116L	WCB	0.05~1.6	≤425	32~50	447
		ERH116A	A105	0.05~1.6	≤425	15~50	447
		ER20	A105	0.05~1.6	≤425	15~50	447
		ER120	FC25	0.05~1.6	≤220	40~65	447
		ERH120	WCB	0.05~1.6	≤425	40~100	447
		ER25W	WCB	0.05~2.5	≤425	15~50	448
		ER25	WCB	0.05~2.5	≤425	15~50	448
		ER25W	WC6	0.05~6.5	≤475	15~50	448
		ER25	WC6	0.05~6.5	≤475	15~50	448
		ER28A	WC9	0.05~8.0	≤475	15~25	448
		ER28AW	WC9	0.05~8.0	≤475	15~25	448
		ER28B	WC9	0.05~8.0	≤475	15~50	448
		ER28AF	WC9	0.05~8.0	≤475	15~50	448
		ER411W	WC9	1.7~6.5	≤475	15~40	448
		ER413W	WC9	1.7~6.5	≤475	15~40	448

续表

序号	名　　称	型　　号	阀体材质	使用压力/MPa	使用温度/℃	公称通径 *DN*	页次
9	ES 系列钟形浮子式疏水阀	ER415W	WC9	1.7～6.5	≤475	15～40	448
		ER416W	WC9	1.7～6.9	≤475	15～40	448
		ER411F	WC9	1.7～6.5	≤475	15～40	448
		ER413F	WC9	1.7～6.5	≤475	15～40	448
		ER415F	WC9	1.7～6.5	≤475	15～40	448
		ER416F	WC9	1.7～6.9	≤475	15～40	448
10	膜盒式蒸汽疏水阀	YBST-16P	304	0.05～1.6	≤350	3～10	449
		YBST-25P	304	0.05～2.5	≤350	3～10	449
		YBSE-16C	WCB	0.05～1.6	≤350	15～25	449
		YBSW-25	WCB	0.05～2.5	≤350	15～25	449
		YBSF-16C	WCB	0.05～1.6	≤350	15～25	449
		YBSF-16P	304	0.05～1.6	≤350	15～25	449
		YBSF-25	WCB	0.05～2.5	≤350	15～25	449
		CS16Y-16C	WCB	0.05～1.6	≤350	15～25	449
		CS16Y-25	WCB	0.05～2.5	≤350	15～25	449
		CS16H-16C	WCB	1.6	≤200	15～25	449
		CS16H-16P	不锈钢	0.01～1.6	≤350	8、10	449
		CS16H-25	WCB	2.5	≤300	15～25	449
		CS16H-25P	不锈钢	0.01～2.5	≤350	8、10	449
		CS16H-40	WCB	4.0	≤425	15～25	449
		CS66Y-16C	WCB	0.05～1.6	≤350	15～25	449
		CS66Y-25	WCB	0.05～2.5	≤350	15～25	449
		CS66H-40	WCB	4.0	≤425	15～25	449
		CS46Y-16C	WCB	0.05～1.6	≤350	15～50	449
		CS46H-16C	WCB	0.01～1.6	≤350	15～25	449
		CS46Y-25	WCB	0.05～2.5	≤350	15～50	449
		CS46H-25	WCB	0.01～2.5	≤350	15～25	449
		CS46Y-40	WCB	0.05～2	≤350	15～50	449
		CS46H-40	WCB	4.0	≤425	15～50	449
		CS16Y-16C-Ⅲ	WCB	0.05～1.6	≤350	15～25	449
		CS16Y-16C-Ⅴ	WCB	0.05～1.6	≤350	15～25	449
		CS16Y-25-Ⅲ	WCB	0.05～2.5	≤350	15～25	449
		CS16Y-25-Ⅴ	WCB	0.05～2.5	≤350	15～25	449
		CS66Y-25-Ⅲ	WCB	0.05～2.5	≤350	15～25	449
		CS66Y-25-Ⅴ	WCB	0.05～2.5	≤350	15～25	449
		CS46Y-16C-Ⅲ	WCB	0.05～2.5	≤350	25～50	449
		CS46Y-16C-Ⅴ	WCB	0.05～2.5	≤350	25～50	449
		CS46Y-25-Ⅲ	WCB	0.05～2.5	≤350	25～50	449
		CS46Y-25-Ⅴ	WCB	0.05～2.5	≤350	25～50	449
		CS16H-16C-Y	WCB	0.01～1.6	≤350	15～25	450
		CS16H-25-Y	WCB	0.01～2.5	≤350	15～25	450
		CS46H-16C-Y	WCB	0.01～1.6	≤350	15～25	450
		CS46H-25-Y	WCB	0.01～2.5	≤350	15～25	450

续表

序号	名　　称	型　　号	阀体材质	使用压力/MPa	使用温度/℃	公称通径 DN	页次
11	双金属调温式蒸汽疏水阀	TB1N	A105、WCB	0.01~1.6	≤425	6、10	450
		TB1	A105、WCB	0.01~1.6	≤425	6、10	450
		BX1	SUS403	0.01~1.8	≤350	15~25	450
		TB3	A105、WCB	0.01~1.6	≤350	15~25	450
		TB3W	A105、WCB	0.01~1.6	≤350	15~25	450
		TB3F	A105、WCB	0.01~1.6	≤350	15~25	450
		TB5	A105、WCB	0.01~2.1	≤350	15~25	450
		TB5W	A105、WCB	0.01~2.1	≤350	15~25	450
		TB5F	A105、WCB	0.01~2.1	≤350	15~25	450
		TB6	A105、WCB	0.01~1.6	≤220	15~25	450
		CS14H-16C	WCB	0.01~1.6	≤350	15~25	450
		CS14H-16C-L	WCB	0.01~1.6	≤350	15~25	450
		TB6W	A105、WCB	0.01~1.6	≤220	15~25	450
		TB6F	A105、WCB	0.01~1.6	≤220	15~25	450
		CS44H-16C	WCB	0.01~1.6	≤350	15~25	450
		TB11(CS17H-16C)	A105、WCB	0.01~1.6	≤220	15~25	451
		TB11W(CS67H-16C)	A105、WCB	0.01~1.6	≤220	15~25	451
		TB11F(CS47H-16C)	A105、WCB	0.01~1.6	≤220	15~50	451
		CSFH(CS17H-45)	WCB	0.1~4.5	≤425	15~25	451
		CSFH-W(CS67H-45)	WCB	0.1~4.5	≤425	15~25	451
		CSFH-F(CS47H-45)	WCB	0.1~4.5	≤425	15~50	451
		BX3	A105、WCB	0.01~1.8	≤350	15~25	451
		CS17H-25	WCB	0.01~2.5	≤350	15~25	451
		BX3W	A105、WCB	0.01~1.8	≤350	15~25	451
		BX3F	A105、WCB	0.01~1.8	≤350	15~25	451
		CA2-TB	A105、WCB	0.01~2.0	≤350	15~25	451
		CA2W-TB	A105、WCB	0.01~2.0	≤350	15~25	451
		CA2F-TB	A105、WCB	0.01~2.0	≤350	15~25	451
		CFH-TB(W)	A105、WCB	2.0~3.2	≤425	15、20	451
		CFH-TB(W)	A105、WCB	3.2~4.5	≤425	25	451
		CFH-TB(F)	A105、WCB	2.0~3.2	≤425	15、20	451
		CFH-TB(F)	A105、WCB	3.2~4.5	≤425	25	451
		CFH1	WCB	1.0~6.5	≤425	15~25	453
		CFH1W	WCB	1.0~6.5	≤425	15~25	453
		CFH1F	WCB	1.0~6.5	≤425	15~25	453
		CFH2	WC6	1.0~6.5	≤475	15~25	453
		CFH2W	WC6	1.0~6.5	≤475	15~25	453
		CFH2F	WC6	1.0~6.5	≤475	15~25	453
		TBL514W	WCB	0.01~1.4	≤425	40、50	453
		TBL514F	WCB	0.01~1.4	≤425	25~100	453
		CS17H-16C-Y	WCB	0.01~1.6	≤350	15~25	453
		CS67H-40-Y	WCB	0.01~4.0	≤350	15~25	453
		CS47H-16C-Y	WCB	0.01~1.6	≤350	15~25	453
		CS47H-40-Y	WCB	0.01~4.0	≤350	15~25	453

续表

序号	名　称	型　号	阀体材质	使用压力/MPa	使用温度/℃	公称通径 *DN*	页次
11	双金属调温式蒸汽疏水阀	TSF-1	碳　钢		≤260	15、20	454
		TSF-2	碳　钢		≤260	15、20	454
		TSF-3	碳　钢		≤454	15、20	454
		TSF-1　GF16	碳　钢		≤260	15、20	454
		TSF-2　GF16	碳　钢		≤260	15、20	454
		TSF-3　GF16	碳　钢		≤454	15、20	454
		TSF-1　GF25	碳　钢		≤260	15、20	454
		TSF-2　GF25	碳　钢		≤260	15、20	454
		TSF-3　GF25	碳　钢		≤454	15、20	454
		TSF-2　GF40	碳　钢		≤260	15、20	454
		TSF-3　GF40	碳　钢		≤450	15、20	454
		SF-1	碳　钢		≤260	20、25	454
		SF-2	碳　钢		≤260	20、25	454
		SF-3	碳　钢		≤454	20、25	454
		SF-1　GF16	碳　钢		≤260	20、25	454
		SF-2　GF16	碳　钢		≤260	20、25	454
		SF-3　GF16	碳　钢		≤454	20、25	454
		SF-2　GF25	碳　钢		≤260	20、25	454
		SF-3　GF25	碳　钢		≤454	20、25	454
		SF-3　GF40	碳　钢		≤454	20、25	454
		CS67Y-100	合金钢	0.2~10.0	≤550	15~25	454
		CS67Y-150	合金钢	0.2~15.0	≤550	15~25	454
		CS47Y-100	合金钢	0.2~10.0	≤550	15~25	454
		CS47Y-150	合金钢	0.2~15.0	≤550	15~25	454
12	波纹管恒温型蒸汽疏水阀	CS14H-16C	WCB	0.01~1.6	≤220	15~25	454
		CS64H-16C	WCB	0.01~1.6	≤220	15~25	454
		CS14H-25	WCB	0.01~2.5	≤220	15~25	454
		CS64H-25	WCB	0.01~2.5	≤220	15~25	454
		CS44H-16C	WCB	0.01~1.6	≤220	15~50	454
		CS44H-25	WCB	0.01~2.5	≤220	15~50	454
		CS14TH-16C	WCB	0.01~1.6	≤220	15~25	454
		CS14F	WCB	0.05~1.6	≤425	15~25	455
13	恒温式蒸汽疏水阀	TL15	A105、WCB	0.01~1.6	≤425	15	455
		TL15F	A105、WCB	0.01~1.6	≤425	15	455
		TL20	A105、WCB	0.01~1.6	≤425	20	455
		TL20F	A105、WCB	0.01~1.6	≤425	20	455
		TL25	A105、WCB	0.01~1.6	≤425	25	455
		TL25F	A105、WCB	0.01~1.6	≤425	25	455
		TL50	A105、WCB	0.01~1.6	≤425	50	455
		TL50F	A105、WCB	0.01~1.6	≤425	50	455

续表

序号	名　称	型　号	阀体材质	使用压力/MPa	使用温度/℃	公称通径 DN	页次
14	蒸汽保温型疏水阀	CSHR45A-E	A105/锻合金钢	0.3~6.0	≤425/≤550	15~25	455
		CSHR65A-E	A105/锻合金钢	0.3~6.0	≤425/≤550	15~25	455
		CSHR45A-W	A105/锻合金钢	0.3~6.0	≤425/≤550	15~25	455
		CSHR65A-W	A105/锻合金钢	0.3~6.0	≤425/≤550	15~25	455
		CSHR45A-F	A105/锻合金钢	0.3~6.0	≤425/≤550	15~25	455
		CSHR65A-F	A105/锻合金钢	0.3~6.0	≤425/≤550	15~25	455
		CSHR260A-W	锻合金钢	0.3~17.5	≤550	15~25	455
		CSHR260A-F	锻合金钢	0.3~17.5	≤550	15~25	455
15	圆盘式蒸汽疏水阀	YB-Ⅰ	WC6/WCB	0.1~2.5	≤425	3~10	456
		CS19Y-25-Ⅱ	WC6/WC9	0.25~2.5	≤425/≤475	15~25	456
		CS19Y-45-Ⅱ	WC6/WC9	0.25~4.5	≤425/≤475	15~25	456
		CS69Y-25-Ⅱ	WC6/WC9	0.25~2.5	≤425/≤475	15~25	456
		CS69Y-45-Ⅱ	WC6/WC9	0.25~4.5	≤425/≤475	15~25	456
		CS49Y-25-Ⅱ	WC6/WC9	0.25~2.5	≤425/≤475	15~25	456
		CS49Y-45-Ⅱ	WC6/WC9	0.25~4.5	≤425/≤475	15~25	456
		CS19Y-25-Ⅲ	WC6/WC9	0.25~2.5	≤425/≤475	25~50	456
		CS19Y-45-Ⅲ	WC6/WC9	0.25~2.5	≤425/≤475	25~50	456
		CS69Y-25-Ⅲ	WC6/WC9	0.25~2.5	≤425/≤475	25~50	456
		CS69Y-45-Ⅲ	WC6/WC9	0.25~4.5	≤425/≤475	25~50	456
		CS49Y-25-Ⅲ	WC6/WC9	0.25~2.5	≤425/≤475	25~50	456
		CS49Y-45-Ⅲ	WC6/WC9	0.25~4.5	≤425/≤475	25~50	456
		CS19H-16C	A105	0.1~1.6	≤425	15~50	456
		CS19H-25	A105	0.1~2.5	≤425	15~50	456
		CS19H-40	A105	0.1~4.0	≤425	15~50	456
		CS19H-64	碳　钢	0.1~6.4	≤270	15~25	456
		CS69H-16C	A105	0.1~1.6	≤425	15~50	457
		CS69H-25	A105	0.1~2.5	≤425	15~50	457
		CS69H-40	A105	0.1~4.0	≤425	15~50	457
		CS49H-16C	A105	0.1~1.6	≤425	15~50	457
		CS49H-25	A105	0.1~2.5	≤425	15~50	457
		CS49H-40	A105	0.1~4.0	≤425	15~50	457
		CS49H-64	碳　钢	5.5	≤270	15~25	457
		CS49Y-160Ⅰ	Cr5Mo		≤550	15~25	457
		CS69Y-160Ⅰ	Cr5Mo		≤550	15~25	457

续表

序号	名称	型号	阀体材质	使用压力/MPa	使用温度/℃	公称通径 *DN*	页次
15	圆盘式蒸汽疏水阀	CS69Y-80A	合金钢	0.8~10.0	≤550	15~25	457
		CS49Y-80A	合金钢	0.8~10.0	≤550	15~25	457
		CS19W-25G	3Cr13	0.03~2.5	≤400	6、10	457
		CS19W-64G	3Cr13	0.03~4	≤400	15~25	457
		CS19H-16Z	铸　铁	0.05~1.6	≤200	15~50	457
		CS49H-16Z	铸　铁	0.05~1.6	≤200	15~50	458
		SL2	3Cr13	0.03~1.0	≤425	6	458
		SL3	3Cr13	0.03~1.0	≤425	6	458
		SD1	3Cr13	0.03~2.0	≤425	6~15	458
		SD2	3Cr13	0.03~2.0	≤425	6、10	458
		SP3	A105、WCB	0.03~1.6	≤425	15~25	458
		SP3W	A105、WCB	0.03~1.6	≤425	15~25	458
		SP3F	A105、WCB	0.03~1.6	≤425	15~50	458
		S30	A105、WCB	0.03~1.6	≤425	15~25	458
		S30W	A105、WCB	0.03~1.6	≤425	15~25	459
		S30F	A105、WCB	0.03~1.6	≤425	15~50	459
		SC-310	A105、WCB	0.03~1.6	≤425	20、25	459
		SC-311	A105、WCB	0.03~1.6	≤425	20、25	459
		SC-312	A105、WCB	0.03~1.6	≤425	32~50	459
		SC-314	A105、WCB	0.03~1.6	≤425	32~50	459
		SC-315	A105、WCB	0.03~1.6	≤425	32~50	459
		SF-340	A105、WCB	0.03~1.6	≤425	20、25	459
		SF-341	A105、WCB	0.03~1.6	≤425	20、25	459
		SF-342	A105、WCB	0.03~1.6	≤425	32~50	459
		SF-344	A105、WCB	0.03~1.6	≤425	32~50	459
		SF-345	A105、WCB	0.03~1.6	≤425	32~50	459
		SP3A	WCB	0.03~1.6	≤425	15~25	459
		SP3AW	WCB	0.03~1.6	≤425	15~25	459
		SP3AF	WCB	0.03~1.6	≤425	15~25	459
		S711	WCB	0.03~4.0	≤425	15~25	459
		S711W	WCB	0.03~4.0	≤425	15~25	459
		S711F	WCB	0.03~4.0	≤425	15~25	459

续表

序号	名　　称	型　　号	阀体材质	使用压力/MPa	使用温度/℃	公称通径 *DN*	页次
15	圆盘式蒸汽疏水阀	S40D	WC6	0. 01～4. 0	≤425	25～40	460
		129Y	3Cr13	0. 03～2. 0	≤425	15、20	460
		129YF	3Cr13	0. 03～2. 0	≤425	15～25	460
		S51	3Cr13	0. 15～4. 5	≤425	15～25	460
		S51N	3Cr13	0. 15～4. 5	≤425	15～25	460
		S51W	3Cr13	0. 15～4. 5	≤425	15～25	460
		S51NW	3Cr13	0. 15～4. 5	≤425	15～25	460
		S51F	3Cr13	0. 15～4. 5	≤425	15～25	460
		S51NF	3Cr13	0. 15～4. 5	≤425	15～25	460
		SU2	3Cr13	0. 03～4. 5	≤425	15～25	460
		SU2N	3Cr13	0. 03～4. 5	≤425	15～25	460
		SU2W	3Cr13	0. 03～4. 5	≤425	15～25	460
		SU2NW	3Cr13	0. 03～4. 6	≤425	15～25	460
		SU2F	3Cr13	0. 03～4. 6	≤425	15～25	460
		SU2NF	3Cr13	0. 03～4. 6	≤425	15～25	460
		A46S	WC9	0. 03～4. 6	≤475	15～25	461
		A46SW	WC9	0. 03～4. 6	≤475	15～25	461
		A46SF	WC9	0. 03～4. 6	≤475	15～25	461
		A65S	WC9	0. 03～6. 5	≤475	15～25	461
		A65SW	WC9	0. 03～6. 5	≤475	15～25	461
		A65SF	WC9	0. 03～6. 5	≤475	15～25	461
		HR3	WC6	0. 3～6. 5	≤475	15～25	461
		HR3W	WC6	0. 3～6. 5	≤475	15～25	461
		HR3F	WC6	0. 3～6. 5	≤475	15～50	461
		HR80A	WC9	0. 8～8. 0	≤475	15～25	461
		HRW80A	WC9	0. 8～8. 0	≤475	15～25	461
		HRF80A	WC9	0. 8～8. 0	≤475	15～50	461
		HRW150A	12Cr1MoV	1. 6～15. 0	≤550	15～25	462
		HRF150A	12Cr1MoV	1. 6～15. 0	≤550	15～25	462
		HRW150	WC9	1. 6～15. 0	≤500	15～25	462
		HRF150	WC9	1. 6～15. 0	≤500	15～25	462
		SV1	A105、WCB	0. 03～1. 6	≤425	10～25	462
		SV-4N	A105、WCB	0. 03～1. 6	≤425	15	462
		SV-6N	A105、WCB	0. 03～1. 6	≤425	20	462
		SV-8N	A105、WCB	0. 03～1. 6	≤425	25	462
		SV-4NF	A105、WCB	0. 03～1. 6	≤425	15	462
		SV-6NF	A105、WCB	0. 03～1. 6	≤425	20	462
		SV-8NF	A105、WCB	0. 03～1. 6	≤425	25	462

续表

序号	名　称	型　号	阀体材质	使用压力/MPa	使用温度/℃	公称通径 DN	页次
16	倒吊桶式蒸汽疏水阀	081-16C	WCB	1.6	≤425	15~25	462
		082-16C	WCB	1.6	≤425	15~25	462
		083-16C	WCB	1.6	≤425	25~40	462
		084-16C	WCB	1.6	≤425	40、50	462
		081F-16C	WCB	1.6	≤425	15~25	462
		082F-16C	WCB	1.6	≤425	20~40	462
		083F-16C	WCB	1.6	≤425	25~50	462
		084F-16C	WCB	1.6	≤425	40、50	462
		081F-25	WCB、WC6	2.5	≤425	15~25	462
		082F-25	WCB、WC6	2.5	≤425	20~40	462
		083F-25	WCB、WC6	2.5	≤425	25~50	462
		084F-25	WCB、WC6	2.5	≤425	40、50	463
		081F-40	WCB、WC6	4.0	≤425	15~25	463
		082F-40	WCB、WC6	4.0	≤425	20~40	463
		083F-40	WCB、WC6	4.0	≤425	25~50	463
		084F-40	WCB、WC6	4.0	≤425	40、50	463
		81-16	HT200	1.6	≤250	15~25	463
		82-16	HT200	1.6	≤250	15~25	463
		83-16	HT200	1.6	≤250	25~40	463
		84-16	HT200	1.6	≤250	40、50	463
		81F-16	HT200	1.6	≤250	15~25	463
		82F-16	HT200	1.6	≤250	20~40	463
		83F-16	HT200	1.6	≤250	25~50	463
		84F-16	HT200	1.6	≤250	40、50	463
		181-16P	304、316	1.6	≤475	15~25	463
		181F-16P	304、316	1.6	≤475	15~25	463
		811F	304、316	1.6	≤475	3~10	463
		CS15H-16C-Ⅰ	WCB	0.05~1.6	≤350	15~25	463
		CS45H-16C-Ⅰ	WCB	0.05~1.6	≤350	15~25	463
		CS15H-16C-Ⅱ	WCB	0.05~1.6	≤350	15~25	463
		CS15H-25-Ⅱ	WCB	0.05~2.5	≤350	15~25	463
		CS45H-16C-Ⅱ	WCB	0.05~1.6	≤350	15~32	463
		CS45H-25-Ⅱ	WCB	0.05~2.5	≤350	15~32	463
		CS15H-16C-Ⅲ	WCB	0.05~1.6	≤350	25~40	463
		CS1H-25-Ⅲ	WCB	0.05~2.5	≤350	25~40	463

续表

序号	名　称	型　号	阀体材质	使用压力/MPa	使用温度/℃	公称通径 DN	页次
16	倒置桶式蒸汽疏水阀	CS45H-16C-Ⅲ	WCB	0.05~1.6	≤350	25~50	464
		CS45H-25-Ⅲ	WCB	0.05~2.5	≤350	25~50	464
		CS45H-16C-Ⅲ	WCB	0.05~1.6	≤350	32~65	464
		CS45H-25-Ⅳ	WCB	0.05~2.5	≤350	32~65	464
		CS45H-40-Ⅳ	WCB	0.05~4.0	≤350	32~65	464
17	倒吊桶先导式蒸汽疏水阀	CS45Y-40-ER	WCB	0.1~4.0	≤350	32~50	464
		CS45Y-63-ER	合金钢	0.1~6.3	≤550	32~50	464
		CS65Y-63-ERL	WCB	0.1~6.3	≤350	20~50	464
		CS65Y-100-ERL	合金钢	0.1~10.0	≤550	20~50	464
		CS45Y-63-ERL	WCB	0.1~6.3	≤350	20~50	464
		CS45Y-100-ERL	合金钢	0.1~10.0	≤550	20~50	464
18	过热蒸汽疏水阀	SHY64P-E	07Cr19Ni11Ti	6.4	≤500	15~25	465
		SHY64P-F	07Cr19Ni11Ti	6.4	≤500	15~25	465
		SHY64P-W	07Cr19Ni11Ti	6.4	≤500	15~25	465
		SHY100P-F	07Cr19Ni11Ti	10.0	≤500	15~25	465
		SHY100P-W	07Cr19Ni11Ti	10.0	≤500	15~25	465
		SHY160P-F	07Cr19Ni11Ti	16.0	≤500	15~25	465
		CS65Y-63P-SH	不锈钢	0.1~6.3	≤550	15~25	465
		CS65Y-100P-SH	不锈钢	0.1~10.0	≤5	15~25	465
		CS45Y-63P-SH	不锈钢	0.1~6.3	≤550	15~25	465
		CS45Y-100P-SH	不锈钢	0.1~10.0	≤550	15~25	465
19	空气疏水阀 (1)自由浮球式空气疏水阀	KS11H-16C-Ⅰ	WCB	0.01~1.6	≤350	15~25	465
		KS11H-16-Ⅱ	铸铁	0.01~1.6	≤220	15~25	465
		KS11H-16C-Ⅱ	WCB	0.01~1.6	≤350	15~25	465
		KS11H-25-Ⅱ	WCB	0.01~2.5	≤350	15~25	465
		KS41H-16C-Ⅰ	WCB	0.01~1.6	≤350	15~25	465
		KS41H-16-Ⅱ	铸铁	0.01~1.6	≤220	15~32	465
		KS41H-16C-Ⅱ	WCB	0.01~1.6	≤350	15~32	465
		KS41H-25-Ⅱ	WCB	0.01~2.5	≤350	15~32	466
		KS41H-16-Ⅲ	铸铁	0.01~1.6	≤220	25~50	466
		KS41H-16C-Ⅲ	WCB	0.01~1.6	≤350	25~50	466
		KS41H-25-Ⅲ	WCB	0.01~2.5	≤350	25~50	466

续表

序号	名　　称	型　　号	阀体材质	使用压力/MPa	使用温度/℃	公称通径 *DN*	页次
19	(2)倒吊桶式空气疏水阀	KS15H-16C-Ⅰ	WCB	0.05~1.6	≤350	15~25	466
		KS45H-16C-Ⅰ	WCB	0.05~1.6	≤350	15~25	466
		KS15H-16C-Ⅱ	WCB	0.05~1.6	≤350	15~25	466
		KS15H-25-Ⅱ	WCB	0.05~2.5	≤350	15~25	466
		KS45H-16C-Ⅱ	WCB	0.05~1.6	≤350	15~32	466
		KS45H-25-Ⅱ	WCB	0.05~2.5	≤350	15~32	466
		KS15H-16C-Ⅲ	WCB	0.05~1.6	≤350	25~40	466
		KS15H-25-Ⅲ	WCB	0.05~2.5	≤350	25~40	466
		KS41H-16C-Ⅲ	WCB	0.05~1.6	≤350	25~50	466
		KS41H-25-Ⅲ	WCB	0.05~2.5	≤350	25~50	466
	(3)杠杆浮球式空气疏水阀	KS11H-16P-L	不锈钢	0.01~1.6	≤350	15~25	466
		KS11H-25P-L	不锈钢	0.01~2.5	≤350	15~25	466
20	汽水分离器	CF11S-16C	WCB	1.6	≤350	25~50	467
		CF11S-25	WCB	2.5	≤350	25~50	467
		CF41S-16C	WCB	1.6	≤350	25~200	467
		CF41S-25	WCB	2.5	≤350	25~200	467
		UF41S-16C	WCB	1.6	≤350	40~300	467
		UF41S-25	WCB	2.5	≤350	40~300	467

二、 疏水阀结构尺寸和质量

序号	名　　称	型　号	公称通径 *DN*	结构尺寸/mm				质量/kg	生　产　厂
				L	*H*	H_1	*B*		
1	自由浮球式蒸汽疏水阀 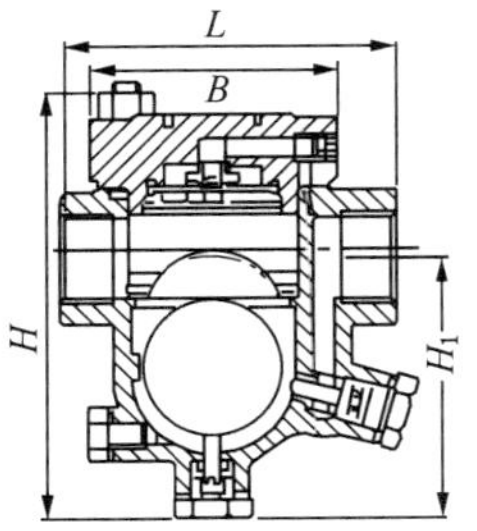 图 10-1-1	CS11H-16-Ⅰ	15	120	150	98	82	2.8	英侨、银球
			20	120	150	98	82	2.8	
			25	120	155	101	82	3.8	
		CS11H-16-Ⅱ	15	150	190	122	110	5.2	英侨、银球
			20	150	190	122	110	5.4	
			25	150	195	125	110	5.6	
		CS11H-16C-Ⅰ CS61H-16C-Ⅰ	15	120	150	98	82	2.8	英侨、保一、银球
			20	120	150	98	82	2.8	
			25	120	155	101	82	3	

续表

序号	名称	型号	公称通径 DN	结构尺寸/mm L	H	H_1	B	质量/kg	生产厂
1	自由浮球式蒸汽疏水阀 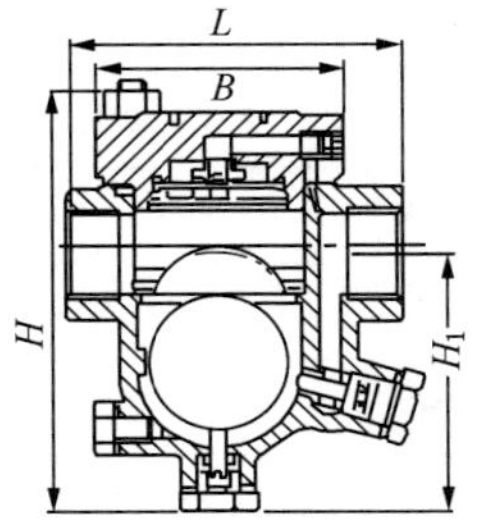 图 10-1-1	CS11H-16C-Ⅱ CS61H-16C-Ⅱ CS11H-25-Ⅱ	15	150	190	122	110	5.2	银球(16C、25)英侨、保一(16C)
			20	150	190	122	110	5.4	
			25	150	195	125	110	5.6	
		S11H-0.4C S11H-0.8C S11H-1.6C	15	120	130		85	3	宁阀、银球
			20	120	130		85	3.5	
			25	120	130		85	4	
	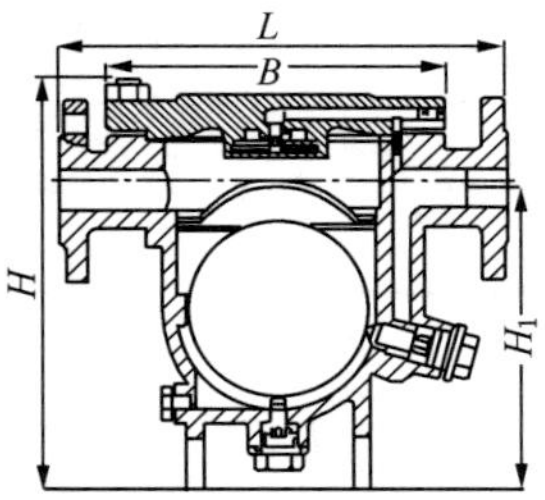 图 10-1-2	CS41H-16-Ⅱ	15	230	210	135	160	10	英侨、银球
			20	230	210	135	160	10.5	
			25	230	215	138	160	11	
		CS41H-16-Ⅲ	25	270	270	188	204	19	英侨、银球
			40	280	285	195	204	22	
			50	290	290	200	204	24	
		CS41H-16-Ⅳ	40	350	330	256	253	38	英侨 DN40、50
			50	350	338	256	253	40	
		CS41H-16-Ⅴ	50	460	438	303	310	64	英侨 DN50~100
			65	460	438	303	310	66	
			80	460	438	303	310	68	
			100	460	438	303	310	70	
		CS41H-16C-Ⅰ	15	130	150	98	95	3.4	英侨 DN15~25
			20	190	155	98	105	3.6	
			25	210	160	101	115	3.8	
		CS41H-16C-Ⅱ	15	230	210	130	156	10	英侨、银球
			20	230	210	130	156	10.5	
			25	230	215	135	156	11	
		CS41H-25-Ⅱ	15	230	210	130	156	10	英侨、银球
			20	230	210	130	156	10.5	
			25	230	215	135	156	11	
		CS41H-40-Ⅱ	15	230	210	130	156	10	英侨 DN15~25
			20	230	210	130	156	10.5	
			25	230	215	135	156	11	
		CS41H-16C-Ⅲ	25	320	270	196	204	20	英侨、银球
			40	320	280	196	204	22	
			50	320	290	196	204	23	

续表

序号	名称	型号	公称通径 DN	结构尺寸/mm L	H	H_1	B	质量/kg	生产厂
1	自由浮球式蒸汽疏水阀	CS41H-25-Ⅲ	25	320	270	196	204	20	英侨、银球
			40	320	280	196	204	22	
			50	320	290	196	204	23	
		CS41H-40-Ⅲ	25	320	270	196	204	20	英侨 DN25~50
			40	320	280	196	204	22	
			50	320	290	196	204	23	
		CS41H-16C-Ⅳ	32	350	330	256	253	36	英侨、银球
			40					38	
			50	350	338	256	253	40	
			65						
		CS41H-25-Ⅳ	40	350	330	256	253	38	英侨、银球
			50	350	338	256	253	40	
		CS41H-40-Ⅳ	40	350	330	256	253	38	英侨、银球
			50	350	338	256	253	40	
		CS41H-16C-Ⅴ	50	460	430	303	310	66	英侨、银球
			65	460	430	303	310	68	
			80	460	430	303	310	70	
			100	460	430	303	310	72	
		CS41H-25-Ⅴ	50	460	430	303	310	66	英侨、银球
			65	460	430	303	310	68	
			80	460	430	303	310	70	
			100	460	430	303	310	72	
		CS41H-40-Ⅴ	50	460	430	303	310	66	英侨、银球
			65	460	430	303	310	68	
			80	460	430	303	310	70	
			100	460	430	303	310	72	
		CS41H-16C-B	15	195	240			11	北阀、扬阀 DN15~25
			20	195	240			11	
			25	315	240			12	
		CS41H-16C-D	25	270	303			18	北阀、扬阀、保一 DN25~50
			40	280	336			32	
			50	290	336			33	
		CS41H-16C-F	50	400	481			73	北阀、扬阀、保一 DN50、80
			80	430	481			77	
		CS41H-16C-G	80	550	561			90	北阀、扬阀 DN80、100
			100	550	571			92	

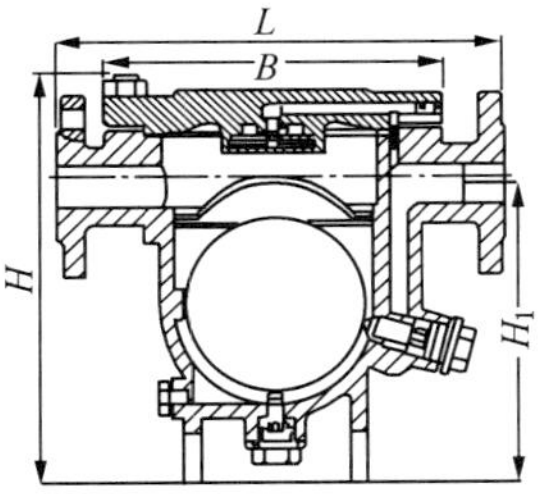

图 10-1-2

续表

序号	名称	型号	公称通径 DN	结构尺寸/mm L	H	H_1	B	质量/kg	生产厂
1	自由浮球式蒸汽疏水阀 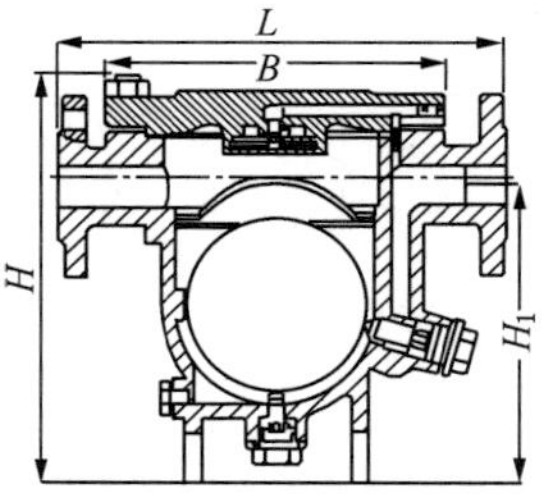 图 10-1-2	CS41H-40-B	15	250	243			12	北阀、扬阀 DN15~25
			20	250	243			12.5	
			25	250	243			13	
		CS41H-40-D	25	350	303			29	北阀、扬阀、保一 DN25~50
			40	350	336			31	
			50	350	336			32	
		CS41H-40-F	50	430	466			73	北阀、扬阀、保一 DN50~80
			80	460	466			77	
		CS41H-40G	80	570	561			104	北阀、扬阀
			100	572	561			107	
		S41H-0.4C	15	170	128		95	5	宁阀
		S41H-0.8C	20	170	133		105	5.5	
		S41H-1.6C	25	210	138		115	6	

序号	名称	型号	公称通径 DN	结构尺寸/mm L	H	H_1	W	质量/kg	生产厂
1	自由浮球式蒸汽疏水阀 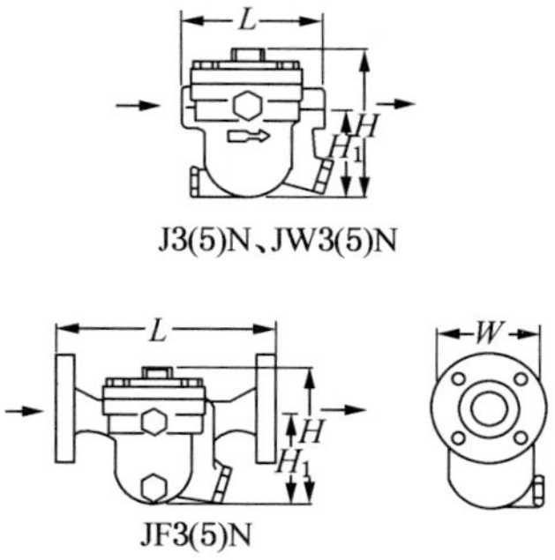 图 10-1-3	内螺纹(1.6) J3N	15	130	132	82	86	3.8	红峰 DN15~25
			20	135					
			25	140					
		承插焊(1.6) JW3N	15	130	132	82	86	3.8	红峰 DN15~25
			20	135					
			25	140					
		法兰(1.6) JF3N	15~25	215	132	82	86	5	红峰 DN15~25
		内螺纹(1.6) J5N	15~25	150	170	118	114	7	红峰 DN15~25
		承插焊(1.6) JW5N	15~25	150	170	118	114	7	红峰 DN15~25
		法兰(1.6) JF5N	15~25	230	170	118	114	12.2	红峰 DN15~25
	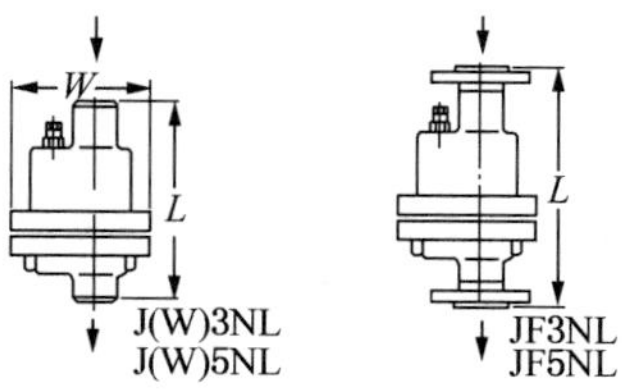 图 10-1-4	内螺纹(1.6) J3NL	15~25	120			90	2.1	红峰 DN15~25
		承插焊(1.6) JW3NL	15~25	120			90	2.1	红峰 DN15~25
		法兰(1.6) JF3NL	15~25	160			90	3.5	红峰 DN15~25
		内螺纹 J5NL (4.0)	15~25	210			134	4	红峰 DN15~25
		(6.3)		230					
		承插焊 JW5NL (4.0)	15~25	210			134	4	红峰 DN15~25
		(6.3)		230					
		法兰 JF5NL (4.0)	15~25	270			134	6	红峰 DN15~25
		(6.3)		280					

序号	名称	型号	公称通径 *DN*	结构尺寸/mm *L*	*H*	H_1	*W*	质量/kg	生产厂
1	自由浮球式蒸汽疏水阀 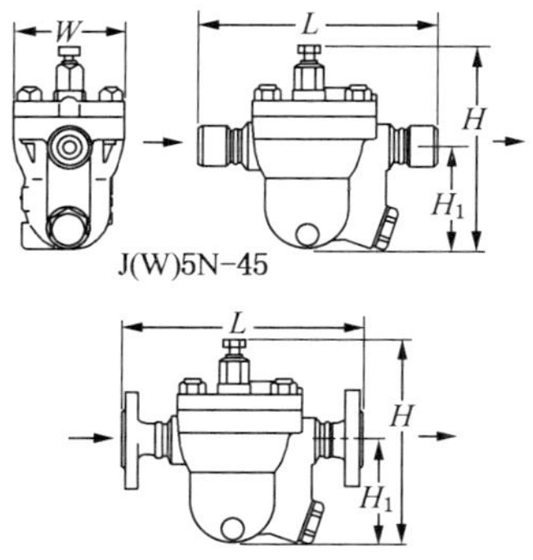 图 10-1-5	内螺纹(6.3) J5N-45	15~25	160	188	91	130	9.6	红峰 *DN*15~25
		承插焊(6.3) JW5N-45	15~25	160	188	91	130	9.6	红峰 *DN*15~25
		法兰(6.3) JF5N-45	15	230	188	91	130	10.8	红峰 *DN*15~25
			20						
			25~50	250	188	91	165	13.5	
	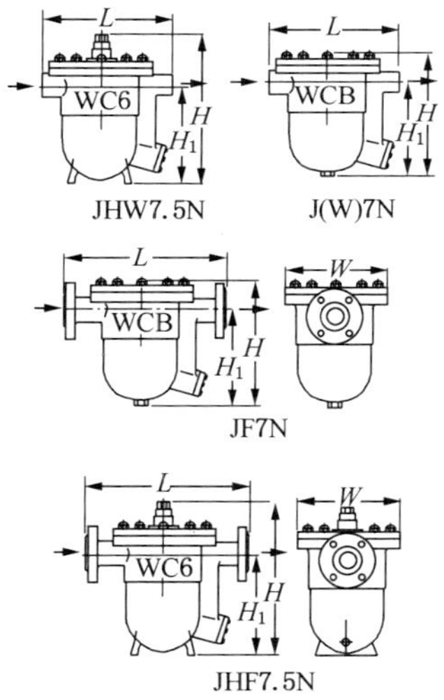 图 10-1-6	内螺纹(1.6) J7N	15~50	300	270	202	222	22	红峰 *DN*15~50
		承插焊(1.6) JW7N	15~50	300	270	202	222	22	红峰 *DN*15~50
		法兰(1.6) JF7N	15~50	320	270	202	222	24.8	红峰 *DN*15~50
		承插焊 (2.5、4.0、6.3) JHW7.5N	50	380	310	415	300	22	红峰 *DN*50
		法兰 (2.5、4.0、6.3) JHF7.5N	40~100	490	310	415	300	25	红峰 *DN*40~100
	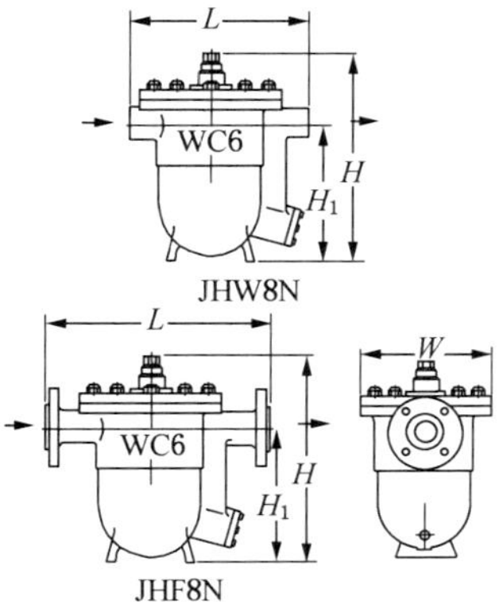 图 10-1-7	承插焊 JHW8N (1.6)	50~80	440	445	339	350	87	红峰 *DN*50~80
		承插焊 JHW8N (4.0)	50~80	440	480	339	350	90	
		承插焊 JHW8N (6.3)	50~80	440	480	339	350	90	
		法兰 JHF8N (1.6)	40~100	560	445	339	350	92	红峰 *DN*40~100
		法兰 JHF8N (4.0)	40~100	560	480	339	350	95	
		法兰 JHF8N (6.3)	40~100	560	480	339	350	95	

序号	名称	型号	公称通径 DN	结构尺寸/mm L	H	H_1	W	质量/kg	生产厂
1	自由浮球式蒸汽疏水阀 蒸汽工程用 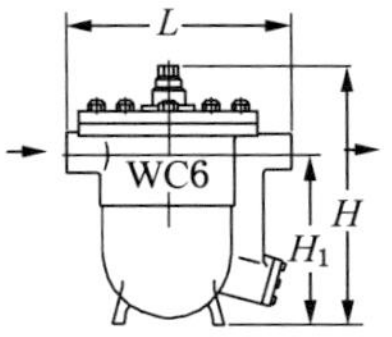 JHW8N 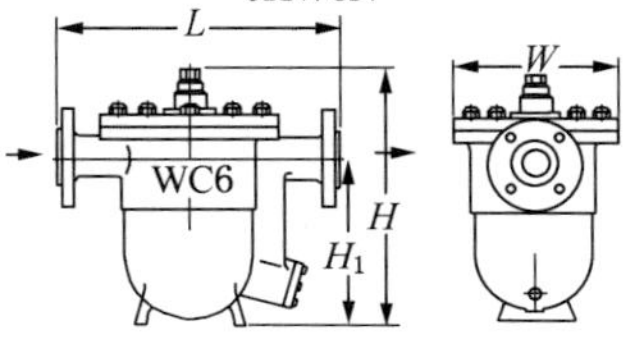 JHF8N 图 10-1-7	FZBS10H-1A	15	160	210	108		4	南京流机 DN15、20
			20	160	210	108		4	
		FZBS10H-4A	15	195	210	108		5.6	
			20	195	210	108		5.6	
		FZBS16H-1B	15	190	236	133		8.2	南京流机 DN15~25
			20	190	236	133		8.2	
			25	200	236	133		8.2	
		FZBS16H-4B	15	215	236	133		10	
			20	215	236	133		10	
			25	215	236	133		10	
		FZBS16H-4D	25	330	328	200		38	南京流机 DN25~50
			40	330	328	200		38	
			50	330	328	200		38	
		FZBS25H-1B	15	190	236	133		8.2	南京流机 DN15~25
			20	190	236	133		8.2	
			25	200	236	133		8.2	
		FZBS25H-4B	15	215	236	133		10	
			20	215	236	133		10	
			25	215	236	133		10	
		FZBS25H-4D	25	330	328	200		38	南京流机 DN25~50
			40	330	328	200		38	
			50	330	328	200		38	
		FZBS40H-1B	15	190	236	133		8.2	南京流机 DN15~25
			20	190	236	133		8.2	
			25	200	236	133		8.2	
		FZBS40H-4B	15	215	236	133		10	
			20	215	236	133		10	
			25	215	236	133		10	
		FZBS40H-4D	25	330	328	200		38	南京流机 DN25~50
			40	330	328	200		38	
			50	330	328	200		38	
	气体工程用 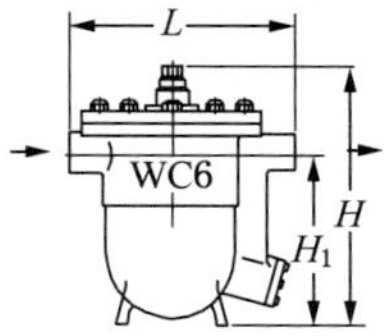 JHW8N 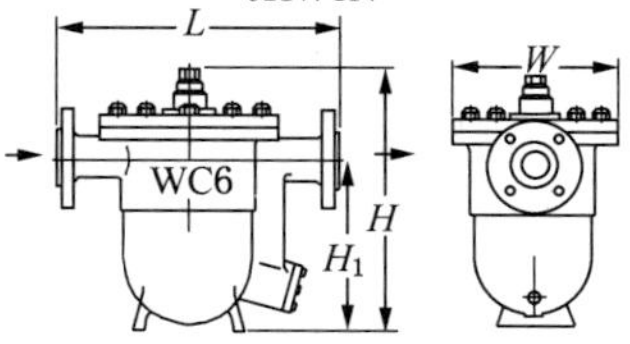 JHF8N 图 10-1-7	FZBG10H-1A	15	160	210	108		4	南京流机 DN15、20
			20	160	210	108		4	
		FZBG10H-4A	15	195	210	108		5.6	
			20	195	210	108		5.6	
		FZBG16H-1B	15	190	236	133		8.2	南京流机 DN15~25
			20	190	236	133		8.2	
			25	200	236	133		8.2	
		FZBG16H-4B	15	215	236	133		10	南京流机 DN15~25
			20	215	236	133		10	
			25	215	236	133		10	
		FZBG16H-4D	25	330	328	200		38	南京流机 DN25~50
			40	330	328	200		38	
			50	330	328	200		38	
		FZBG25H-1B	15	190	236	133		8.2	南京流机 DN 15~25
			20	190	236	133		8.2	
			25	200	236	133		8.2	

序号	名称	型号	公称通径 DN	结构尺寸/mm L	H	H_1	W	质量/kg	生产厂
1	自由浮球式蒸汽疏水阀 气体工程用 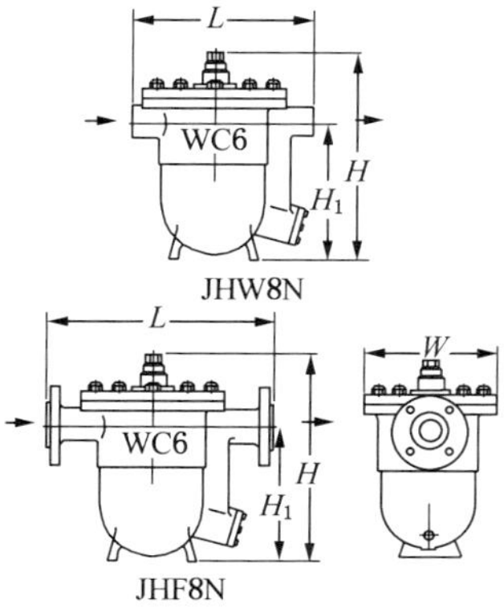 图 10-1-7	FZBG25H-4B	15	215	236	133		10	南京流机 DN15～25
			20	215	236	133		10	
			25	215	236	133		10	
		FZBG25H-4D	25	330	328	200		38	南京流机 DN25～50
			40	330	328	200		38	
			50	330	328	200		38	
		FZBG40H-1B	15	190	236	133		8.2	南京流机 DN15～25
			20	190	236	133		8.2	
			25	200	236	133		8.2	
		FZBG40H-4B	15	215	236	133		10	
			20	215	236	133		10	
			25	215	236	133		10	
		FZBG40H-4D	25	330	302	200		38	南京流机 DN25～50
			40	330	302	200		38	
			50	330	302	200		38	
	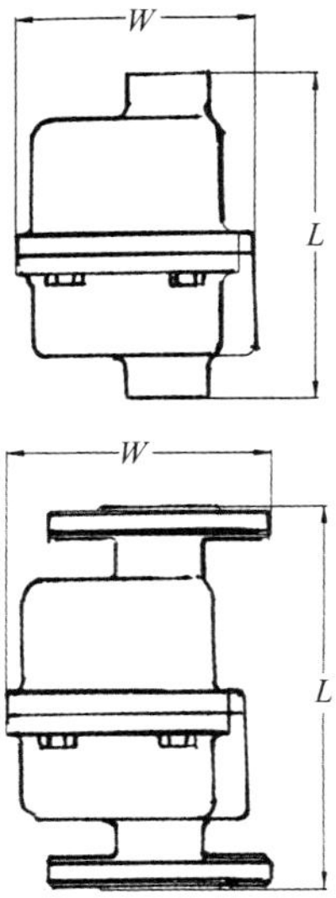	CS11H-16C-IL	15	120			85	2.5	银球
			20	120			85	2.5	
			25	120			85	2.5	
		CS41H-16C-IL	15	150			170	4.8	银球
			20	150			170	4.8	
			25	150			170	4.8	
		CS11H-16C-ⅢL CS11H-25-ⅢL	15	160			85	5.4	银球
			20	160			85	5.4	
			25	160			85	5.4	
		CS41H-16C-ⅢL CS41H-25-ⅢL	15	210			170	6.7	银球
			20	210			170	6.7	
			25	210			170	6.7	

续表

序号	名称	型号	公称通径 DN	结构尺寸/mm L	H	H_1	B_1	W	质量/kg	生产厂
2	先导浮球式蒸汽疏水阀 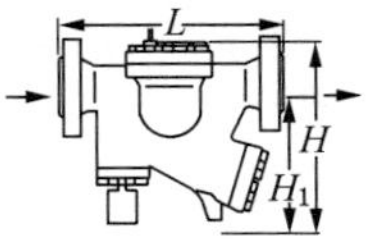 JH10 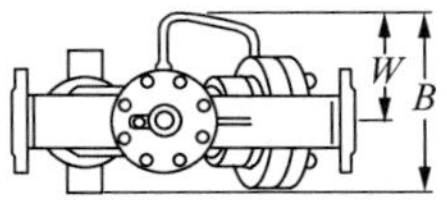 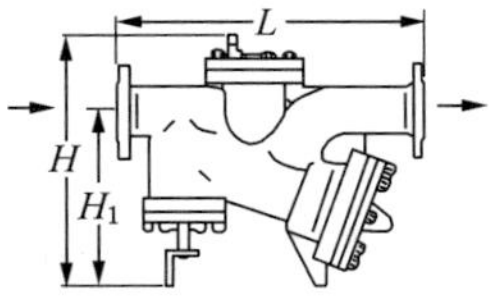 JH15 图 10-2	法兰(6.3、10.0) JH10	80~150	600	570	395	—	—	147	红峰 DN80~150
		法兰(6.3、10.0) JH15E-21	80~150	775	635	440	410	250	240	
		法兰(6.3、10.0) JH15E-46	80~150	775	635	440	410	250	240	
		法兰(6.3、10.0) JH15M-21	80~150	775	635	440	410	250	240	
		法兰(6.3、10.0) JH15M-46	80~150	775	635	440	410	250	240	
		法兰(6.3、10.0) JH15S-21	80~150	775	635	440	410	250	240	
		法兰(6.3、10.0) JH15S-46	80~150	775	635	440	410	250	240	

序号	名称	型号	公称通径 DN	结构尺寸/mm L	H	H_1	W	质量/kg	生产厂
3	杠杆浮球式蒸汽疏水阀 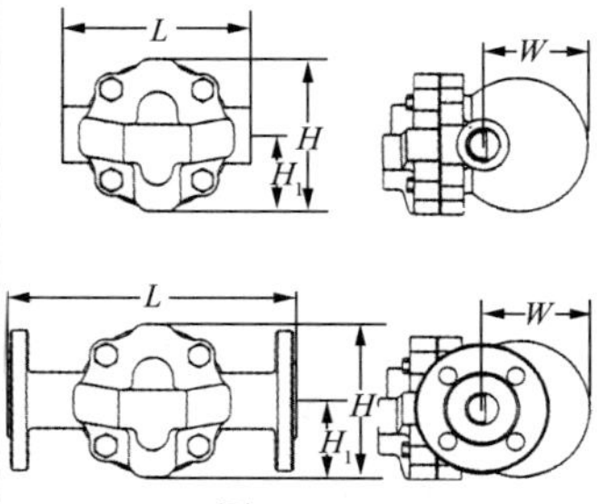 图 10-3-1	CS11H-16C-G2 CS11H-25-G2	15	150	115	60	90	5	银球
			20						
			25						
		CS41H-16C-G2 CS41H-25-G2	15	230	115	60	90	6.2	银球
			20					6.8	
			25					7.3	
		CS41H-16C-G3 CS41H-25-G3 CS41H-16C-G4 CS41H-25-G4	25	270	250	105	260	22.5	银球
			32					23.2	
			40					24	
			50					25.3	
		CS41H-16C-G5 CS41H-25-G5 CS41H-16C-G6 CS41H-25-G6	50	320	300	125	320	35.5	银球
			65					36	
			80					37	
			100					38	
			150					41.5	
		CS41H-16C-G7 CS41H-25-G7 CS41H-16C-G8 CS41H-25-G8	50					62	银球
			65	450				63	
			80		380	150	380	65	
			100	460				69	
			150	550				74	

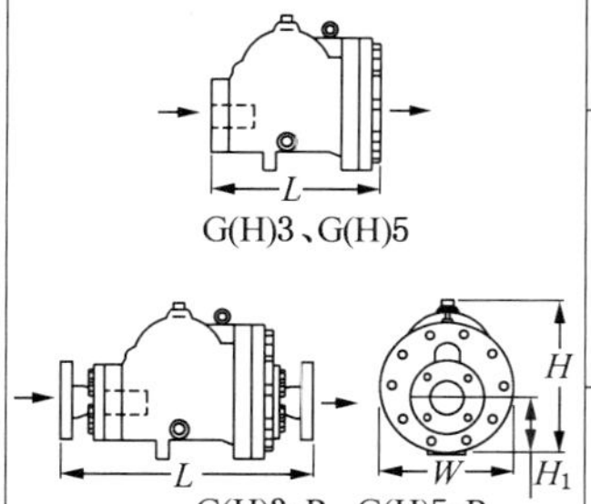

图 10-3-2

序号	名　　称	型　号	公称通径 DN	结构尺寸/mm L	H	H_1	W	质量/kg	生　产　厂
3	图 10-3-2	法兰(1.6) G3	40	265	280	115	230	23	红峰 DN40
		法兰(1.6、2.5) GH3	40	265	280	115	230	23	
		法兰(1.6) G3-10R	25.32	427	280	115	230	44	红峰 DN25~50
			40	437				46	
			50	457				48	
		法兰(1.6) GH3-10R	25.32	427	280	115	230	44	
			40	437				46	
			50	457				48	
		法兰(1.6) G3-16R	25.32	427	280	115	230	44	
			40	427				46	
			50	453				48	
		法兰(1.6) GH3-16R	25.32	427	280	115	230	44	
			40	437				46	
			50	457				48	
		法兰(2.5) GH3-21R	25	427	280	115	230	50	
			32						
			40	437	280	115	230	51	
			50	457				53	
		法兰(1.6) G5	50	360	315	112.5	275	52	红峰 DN50
		法兰(2.5) GH5	50	360	315	112.5	275	52	
		法兰(1.6) G5-16R	50~100	570	315	112.5	275	70	红峰 DN50~100
		法兰(1.6) GH5-10R	50~100	570	315	112.5	275	70	
		法兰(2.5) GH5-21R	50~100	570	315	112.5	275	70	

序号	名称	型号	公称通径 *DN*	结构尺寸/mm L	L_1	H	H_1	H_2	质量/kg	生产厂
3	杠杆浮球式蒸汽疏水阀 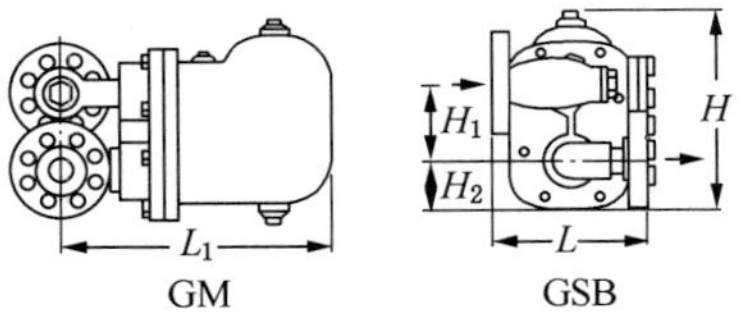 图 10-3-3(平凉) 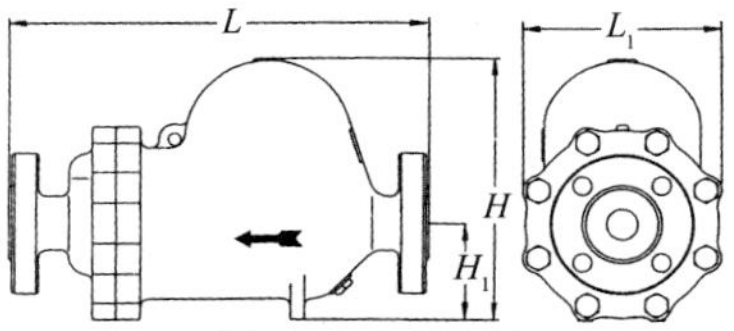 图 10-3-4(银球)	法兰(1.6)GM2	15~50	200	310	230	83	59	28	红峰 *DN*15~50
		法兰(2.5、4.0) GSB2	15~50	200	310	230	83	59	28	
		法兰(1.6) GM4	32~50	200	422	295	105	90	50	红峰 *DN*32~50
		法兰(2.5、4.0) GSB4	32~50	200	422	295	105	90	50	
		法兰(1.6) GM6	32~80	270	422	340	130	88	80	红峰 *DN*32~80
		法兰(2.5、4.0) GSB6	32~80	270	422	340	130	88	80	
		法兰(1.6) GM8	80	350	627	470	174	120	165	红峰 *DN*80~100
			100							
		法兰(2.5、4.0) GSBB	80、100	350	627	470	174	120	165	红峰 *DN*80、100
		CS41Y-40-GH5 CS41Y-63-GH5	40	420	205	280	105		38	银球 *DN*40~80
			50						42	
			65						45	
			80						49	

名称	型号	公称通径 *DN*	结构尺寸/mm L	L_1	H	H_1	质量/kg	生产厂
杠杆浮球式蒸汽疏水阀 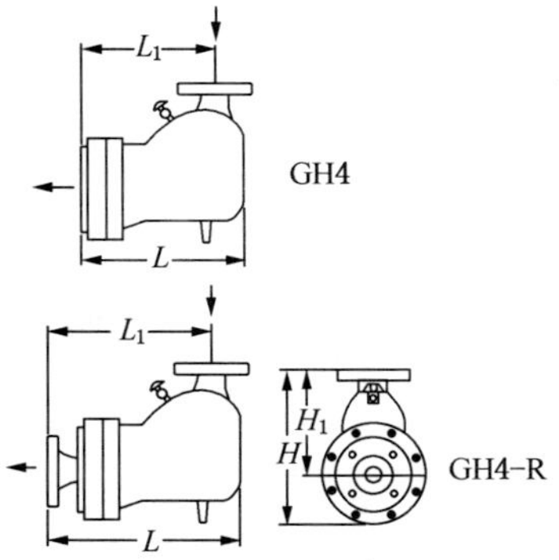 图 10-3-5(平凉) 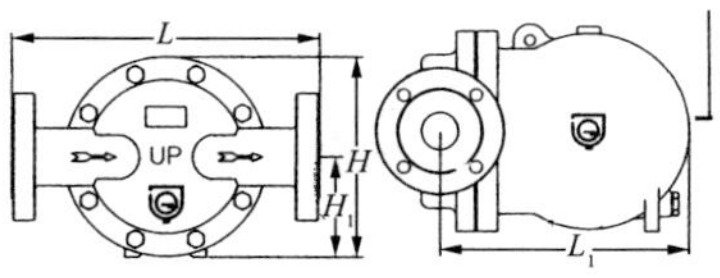 图 10-3-6(银球)	法兰(6.3、10.0) GH4-50	32~100	425	343	435	295	110	红峰 *DN*32~100
	法兰(6.3、10.0) GH4-50R GH4-50RD	32~100	545	463	435	295	130	
	CS41Y-63-GH6 CS41Y-100-GH6	50	420	205	280	105	69	银球 *DN*50~100
		65					72	
		80					76	
		100					79	

序号	名称	型号	公称通径 DN	结构尺寸/mm L	L_1	H	H_1	H_2	质量/kg	生产厂
4	G 系列杠杆浮球式疏水阀 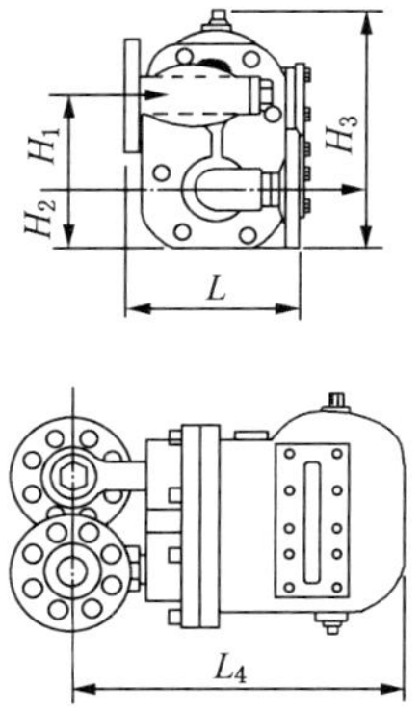 图 10-4	GSB2 (CS41H-16Q)	25	175	310	230	83	59	22	红峰 DN25～50
			32	180	310	230	83	59	22	
			40	190	310	230	83	59	22	
			50	190	310	230	83	59	22	
		GSB4	40	200	422	300	105	90	45	红峰 DN40～80
			50	200	422	300	105	90	45	
			65	200	422	300	105	90	45	
			80	200	422	300	105	90	45	
		GSB6 (CS41H-16C)	40	270	430	345	130	88	70	红峰 DN40～100
			50	270	430	345	130	88	70	
			65	270	430	345	130	88	70	
			80	270	430	345	130	88	70	
			100	270	430	345	130	88	70	
		GSB8 (CS41H-25)	80	350	590	470	174	120	165	红峰 DN80、100
			100	350	590	470	174	120	165	

序号	名称	型号	公称通径 DN	结构尺寸/mm L	H	H_1	B	质量/kg	生产厂
5	柱面浮球式疏水阀 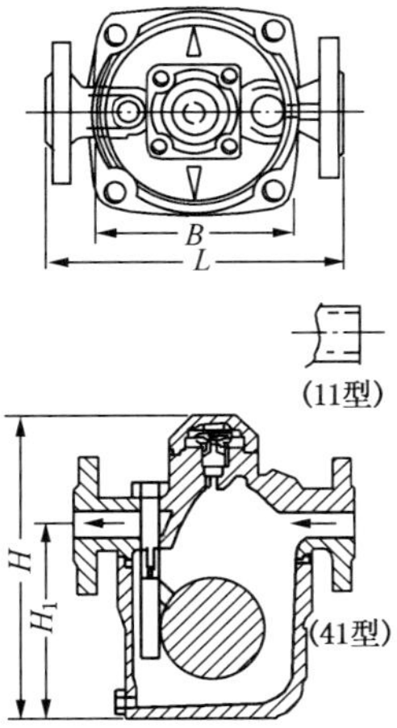 图 10-5	CS011Y-16-Ⅰ	15	210	210	152	150		英侨 DN15～25
			20	210	210	152	150		
			25	210	210	152	150		
		CS011Y-16-Ⅱ	40	350	339	235	276		英侨 DN40、50
			50	350	339	235	276		
		CS011Y-16C-Ⅰ	15	210	210	152	150		英侨 DN15～25
			20	210	210	152	150		
			25	210	210	152	150		
		CS011Y-16C-Ⅱ	40	350	339	235	276		英侨 DN40、50
			50	350	339	235	276		
		CS041Y-16-Ⅰ	15	210	210	152	196		英侨 DN15～25
			20	210	210	152	196		
			25	210	210	152	196		
		CS041Y-16-Ⅱ	40	350	339	235	280		英侨 DN40、50
			50	350	339	235	280		
		CS041Y-16C-Ⅰ	15	270	210	152	196		英侨 DN15～25
			20	270	210	152	196		
			25	270	210	152	196		

续表

<table>
<tr><th rowspan="2">序号</th><th rowspan="2">名　称</th><th rowspan="2">型　号</th><th rowspan="2">公称通径 DN</th><th colspan="4">结构尺寸/mm</th><th rowspan="2">质量/kg</th><th rowspan="2">生　产　厂</th></tr>
<tr><th>L</th><th>H</th><th>H_1</th><th>B</th></tr>
<tr><td rowspan="15">5</td><td rowspan="15">柱面浮球式疏水阀
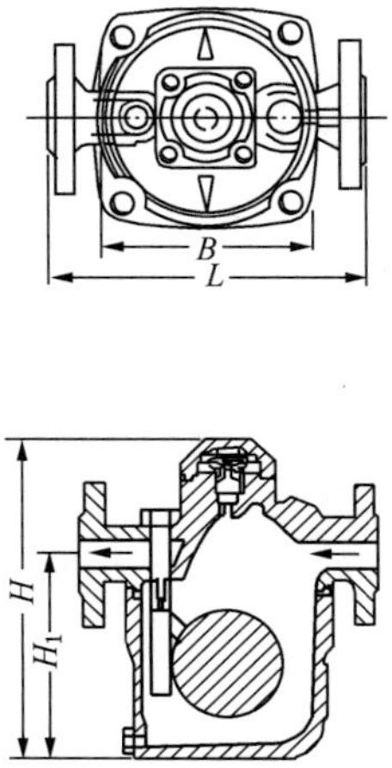
图 10-5</td><td rowspan="2">CSO41Y-16C-Ⅱ</td><td>40</td><td>350</td><td>339</td><td>235</td><td>280</td><td rowspan="2"></td><td rowspan="2">英侨 DN40、50</td></tr>
<tr><td>50</td><td>350</td><td>339</td><td>235</td><td>280</td></tr>
<tr><td>CSO41Y-25-Ⅰ</td><td>15~25</td><td>270</td><td>210</td><td>152</td><td>196</td><td></td><td>英侨 DN15~25</td></tr>
<tr><td rowspan="2">CSO41Y-25-Ⅱ</td><td>40</td><td>350</td><td>339</td><td>235</td><td>280</td><td rowspan="2"></td><td rowspan="2">英侨 DN40、50</td></tr>
<tr><td>50</td><td>350</td><td>339</td><td>235</td><td>280</td></tr>
<tr><td rowspan="3">CSO41Y-40-Ⅰ</td><td>15</td><td>270</td><td>210</td><td>152</td><td>196</td><td rowspan="3"></td><td rowspan="3">英侨 DN15~25</td></tr>
<tr><td>20</td><td>270</td><td>210</td><td>152</td><td>196</td></tr>
<tr><td>25</td><td>270</td><td>210</td><td>152</td><td>196</td></tr>
<tr><td rowspan="2">CSO41Y-40-Ⅱ</td><td>40</td><td>350</td><td>339</td><td>235</td><td>280</td><td rowspan="2"></td><td rowspan="2">英侨 DN40、50</td></tr>
<tr><td>50</td><td>350</td><td>339</td><td>235</td><td>280</td></tr>
<tr><td rowspan="3">CSO41Y-64-Ⅰ</td><td>15</td><td>270</td><td>210</td><td>152</td><td>196</td><td rowspan="3"></td><td rowspan="3">英侨 DN15~25</td></tr>
<tr><td>20</td><td>270</td><td>210</td><td>152</td><td>196</td></tr>
<tr><td>25</td><td>270</td><td>210</td><td>152</td><td>196</td></tr>
<tr><td rowspan="2">CSO41Y-64-Ⅱ</td><td>40</td><td>350</td><td>339</td><td>235</td><td>280</td><td rowspan="2"></td><td rowspan="2">英侨 DN40、50</td></tr>
<tr><td>50</td><td>350</td><td>339</td><td>235</td><td>280</td></tr>
</table>

<table>
<tr><th rowspan="2">序号</th><th rowspan="2">名　称</th><th rowspan="2">型　号</th><th rowspan="2">公称通径 DN</th><th colspan="6">结构尺寸/mm</th><th rowspan="2">质量/kg</th><th rowspan="2">生 产 厂</th></tr>
<tr><th>L</th><th>L_1</th><th>C</th><th>H</th><th>H_1</th><th>R</th></tr>
<tr><td rowspan="12">6</td><td rowspan="8">超大排量系列疏水阀
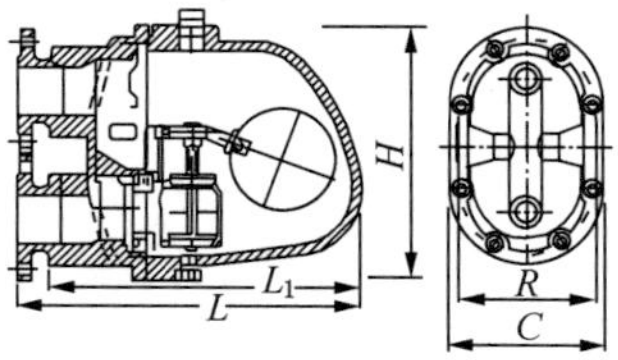
图 10-6-1</td><td rowspan="4">CSMS-16A-F</td><td>50</td><td>590</td><td>543</td><td>389</td><td>510</td><td></td><td>390</td><td rowspan="4"></td><td rowspan="4">英侨 DN50~100</td></tr>
<tr><td>65</td><td>590</td><td>543</td><td>389</td><td>510</td><td></td><td>390</td></tr>
<tr><td>80</td><td>590</td><td>543</td><td>389</td><td>510</td><td></td><td>390</td></tr>
<tr><td>100</td><td>590</td><td>543</td><td>389</td><td>510</td><td></td><td>390</td></tr>
<tr><td rowspan="4">CSMS-25A-F</td><td>50</td><td>590</td><td>543</td><td>389</td><td>510</td><td></td><td>390</td><td rowspan="4"></td><td rowspan="4">英侨 DN50~100</td></tr>
<tr><td>65</td><td>590</td><td>543</td><td>389</td><td>510</td><td></td><td>390</td></tr>
<tr><td>80</td><td>590</td><td>543</td><td>389</td><td>510</td><td></td><td>390</td></tr>
<tr><td>100</td><td>590</td><td>543</td><td>389</td><td>510</td><td></td><td>390</td></tr>
<tr><td rowspan="4">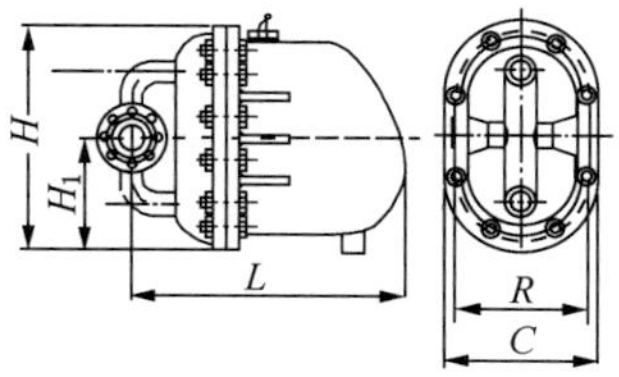
图 10-6-2</td><td rowspan="2">CSMK-16A-F</td><td>50</td><td>643</td><td></td><td>246</td><td>330</td><td>168</td><td>270</td><td rowspan="2"></td><td rowspan="2">英侨 DN50、65</td></tr>
<tr><td>65</td><td>643</td><td></td><td>246</td><td>330</td><td>168</td><td>270</td></tr>
<tr><td rowspan="2">CSMK-25A-F</td><td>80</td><td>643</td><td></td><td>246</td><td>330</td><td>168</td><td>290</td><td rowspan="2"></td><td rowspan="2">英侨 DN80、100</td></tr>
<tr><td>100</td><td>643</td><td></td><td>246</td><td>330</td><td>168</td><td>290</td></tr>
</table>

序号	名称	型号	公称通径 DN	结构尺寸/mm L	L_1	C	H	H_1	R	质量/kg	生产厂
6	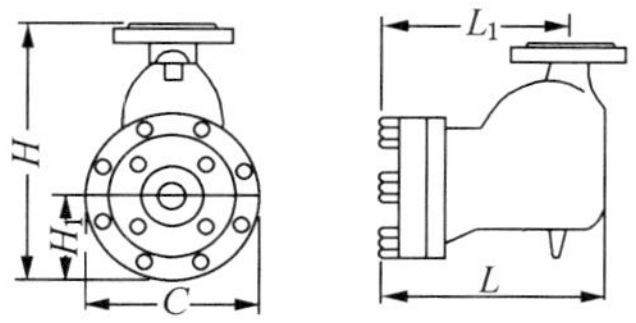 图 10-6-3	GH4-50	50	430	352	278	433	139			英侨 DN50～100
			65	430	352	278	433	139			
			80	430	352	278	433	139			
			100	430	352	278	433	139			

序号	名称	型号	公称通径 DN	结构尺寸/mm L	H_1	H_2	W	质量/kg	生产厂
7	自由半浮球式蒸汽疏水阀 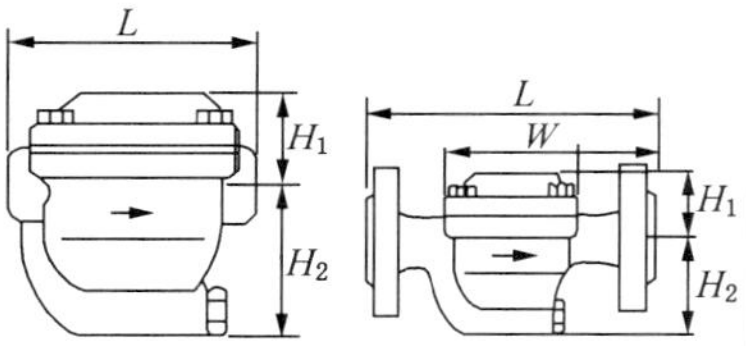 图 10-7	CS15H-16C-Ⅰ	15	120	90	105	110		英侨 DN15、20
			20	120	90	105	110		
		CS45H-16C-Ⅰ	15	230	70	105	110		英侨 DN15～25
			20	230	70	105	110		
			25	230	70	105	110		
		CS45H-16C-Ⅱ	32	270	90	120	170		英侨 DN32～50
			40	270	90	120	170		
			50	270	90	120	170		
		CS45H-16C-Ⅲ	15	320	90	120	170		英侨 DN15～50
			20	320	90	120	170		
			25	320	90	120	170		
			32	320	95	130	180		
			40	320	95	130	180		
			50	320	95	130	180		
8	钟形浮子式疏水阀 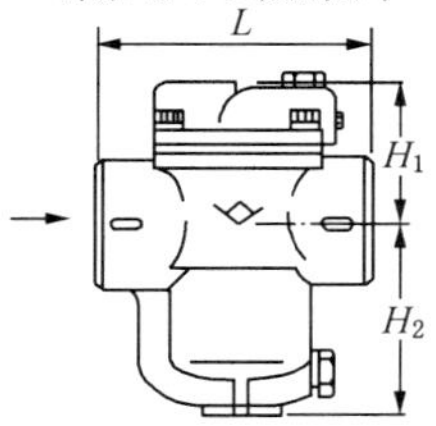 图 10-8	CS15H-16	15	145	115	113		6.2	扬阀 DN15～50
			20	145	115	113		6.2	
			25	150	115	113		6.2	
			32	158	115	113		6.4	
			40	158	115	113		6.4	
			50	158	115	113		6.4	
9	ES 系列钟形浮子式疏水阀 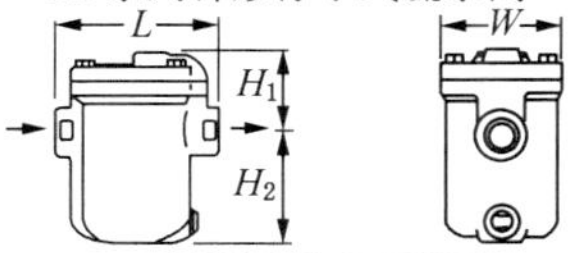 ESH5(W)、ESU5(W) 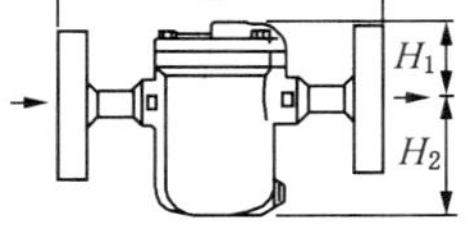 ESH5F、ESU5F 图 10-9-1	内螺纹(1.6、2.5、4.0) ESH5 ESU5	15	110	59	67	75	3	红峰 DN15～25
			20						
			25						
		承插焊(1.6、2.5、4.0) ESH5W ESU5W	15	110	59	67	75	3	红峰 DN15～25
			20						
			25						
		法兰(1.6、2.5、4.0) ESH5F ESU5F	15～50	210	59	67	75	4	红峰 DN15～50

续表

序号	名称	型号	公称通径 DN	结构尺寸/mm L	H_1	H_2	W	质量/kg	生产厂
9	ES 系列钟形浮子式疏水阀 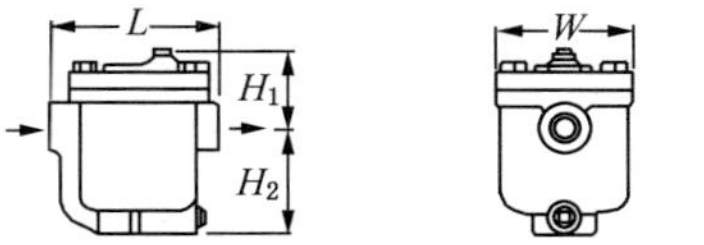 ES8N、ES8B(W)、ES(H)10(W)、ES20N(W) 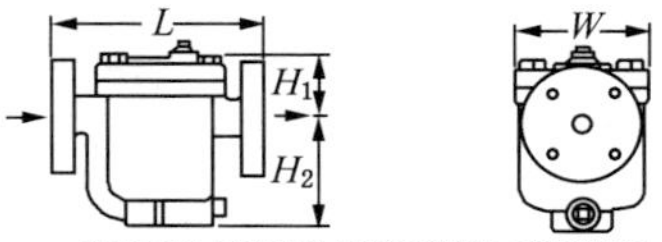 ES8NF、ES8BF、ES(H)10F、ES20NF 图 10-9-2	内螺纹(1.6) ES8N ES8B	15 20 25	135	74	90	100	3.7	红峰 DN15~25
		承插焊(1.6) ES8BW	15 20 25	135	74	90	100	3.7	红峰 DN15~25
		法兰(1.6) ES8NF ES8BF	15~50	210	74	90	10	5.7	红峰 DN15~50
		内螺纹(1.6) ES10 ESH10	15 20 25	200	120	134	120	9.3	红峰 DN15~25
		承插焊(1.6) ESH10W	15 20 25	200	120	134	120	9.3	红峰 DN15~25
		法兰(1.6) ES10F ESH10F	15~50	270	120	134	120	14.1	红峰 DN15~50
		内螺纹(1.6) ES12N	15 20 25	220	140	140	120	13.5	红峰 DN15~25
		承插焊(1.6) ES12NW	15 20 25	220	140	140	120	13.5	红峰 DN15~25
		法兰(1.6) ES12NF	15~50	290	140	140	120	15.1	红峰 DN15~50
	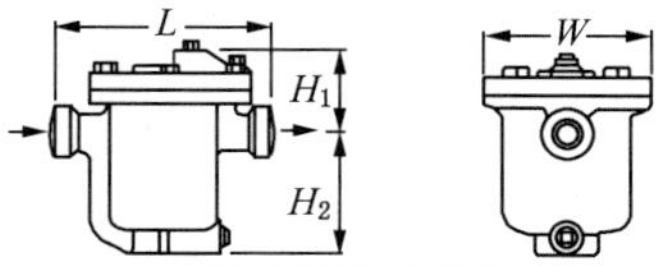 ESH8N(W)、ESH21(W) 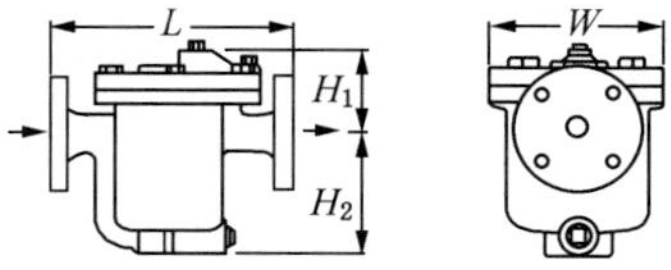 ESH8NF、ESH21F 图 10-9-3	内螺纹(2.5、6.3) ESH8N	15 20 25	220	105	113	146	9.5	红峰 DN15~25
		承插焊(2.5、6.3) ESH8NW	15 20 25	220	105	113	146	9.5	红峰 DN15~25
		法兰(2.5、6.3) ESH8NF	15~50	250	105	113	146	11.4	红峰 DN15~50
		承插焊(2.5、6.3) ESH21W	15~50	300	149	160	205	30	红峰 DN15~50
		法兰(2.5、6.3) ESH21F	15~50	310	149	160	205	34	红峰 DN15~50

序号	名称	型号	公称通径 *DN*	结构尺寸/mm *L*	*H*$_1$	*H*$_2$	*W*	质量/kg	生产厂
9	ES 系列钟形浮子式疏水阀 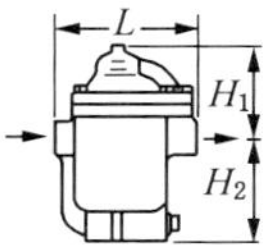 ER(H)105(W) 图 10-9-4	内螺纹(1.6) ER105 ERH105	20~40	200	155	134		10.5	红峰 *DN*20~40
		承插焊(1.6) ER105W ERH105W	20~40	200	155	134		10.5	红峰 *DN*20~40
	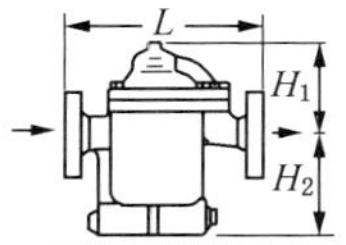 ER(H)105F、ER(H)110 ER(H)116、ER(H)116L、ER(H)116A 图 10-9-5	法兰(1.6) ER105F ERH105F	15~25	270	155	134		13.5	红峰 *DN*15~50
			32~50	270	155	134		15.5	
		法兰(1.6) ER110 ERH110	15~25	310	220	167		19.5	红峰 *DN*15~50
			32~50	310	220	167		22.0	
		法兰(1.6) ER116 ERH116	15~25	310	220	167		19.5	红峰 *DN*15~50
			32~50	310	220	167		22	
		法兰(1.6) ER116L ERH116L	32~50	320	183	167		21	红峰 *DN*32~50
		法兰(1.6) ERH116A	15~50	310	230	167		25	红峰 *DN*15~50
	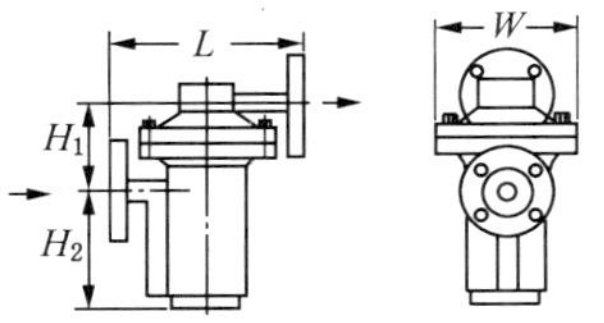 ER20 图 10-9-6	法兰(2.5) ER20	15~50	310	153	200	192	30	红峰 *DN*15~50
	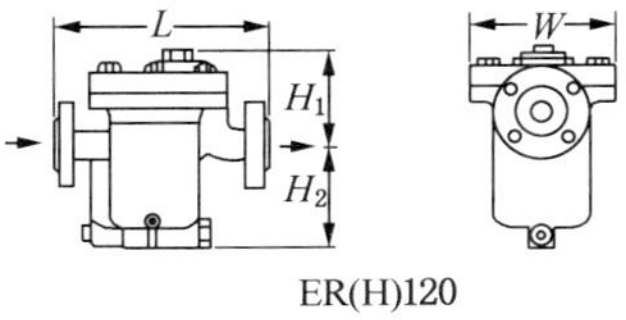 ER(H)120 图 10-9-7	法兰(1.6) ER120	40~65	400	220	214	234	46	红峰 *DN*40~65
		法兰(1.6) ERH120	40~100	400	220	214	234	49	红峰 *DN*40~100

续表

序号	名称	型号	公称通径 DN	结构尺寸/mm L	H_1 / H_2	H_3	W	质量/kg	生产厂
9	ES 系列钟形浮子式疏水阀 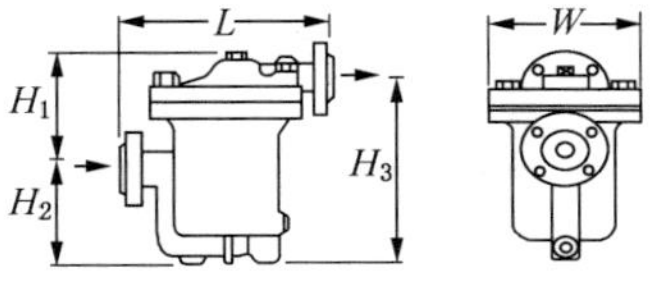 ER25 图 10-9-8	承插焊(4.0、6.3、10.0) ER25W	15~50	380	210 / 180	345	248	45	红峰 DN15~50
		法兰(4.0、6.3、10.0) ER25	15~50	380	210 / 180	345	248	47	红峰 DN15~50
	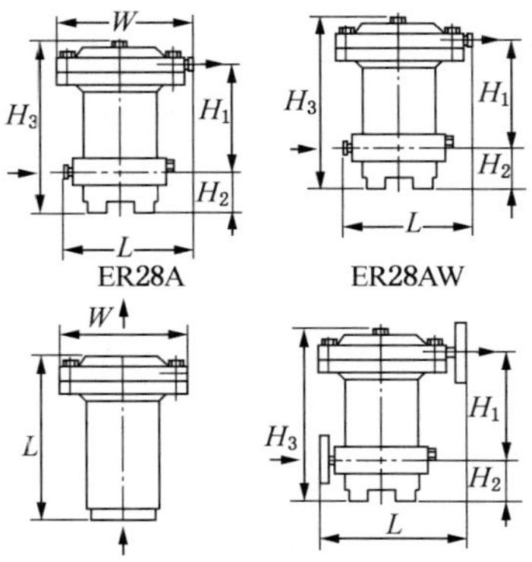 ER28A ER28AW ER28B ER28AF 图 10-9-9	对接焊(10.0) ER28A	15	400	346.5 / 113	520	300	105	红峰 DN15~25
			20						
			25						
		承插焊(10.0) ER28AW	15	400	346.5 / 113	520	300	107	红峰 DN15~25
			20						
			25						
		法兰(10.0) ER28B	15~50	450	—	—	300	96	红峰 DN15~50
		法兰(10.0) ER28AF	15~50	450	346.5 / 113	520	300	107	红峰 DN15~50

名称	型号	公称通径 DN	结构尺寸/mm L		K	W	质量/kg	生产厂
ES 系列钟形浮子式疏水阀 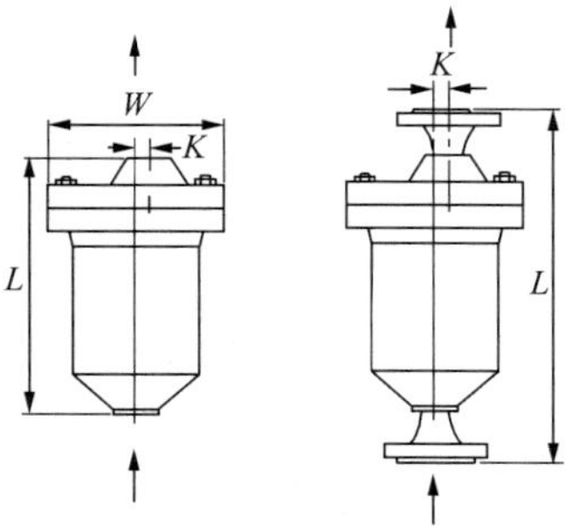 图 10-9-10	承插焊(10.0) ER411W	15~40	380		20	250	57	红峰 DN15~40
	承插焊(10.0) ER413W	15~40	380		20	250	57	红峰 DN15~40
	承插焊(10.0) ER415W	15~40	380		20	250	57	红峰 DN15~40
	承插焊(10.0) ER416W	15~40	420		20	300	60	红峰 DN15~40
	法兰(10.0) ER411F	15~40	460		20	250	64	红峰 DN15~40
	法兰(10.0) ER413F	15~40	460		20	250	64	红峰 DN15~40
	法兰(10.0) ER415F	15~40	460		20	250	64	红峰 DN15~40
	法兰(10.0) ER416F	15~40	500		20	300	70	红峰 DN15~40

续表

序号	名　称	型　号	公称通径 DN	结构尺寸/mm L	H_1	H_2	W	质量/kg	生产厂
10	膜盒式蒸汽疏水阀 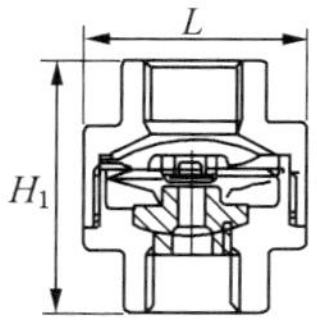 图 10-10-1 （螺纹） 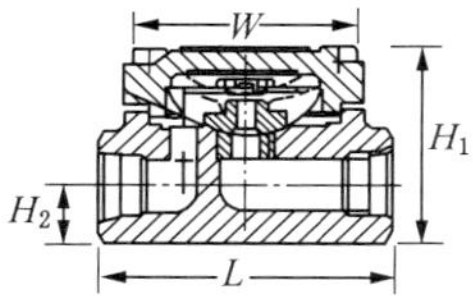 图 10-10-2 （螺纹、承插焊） 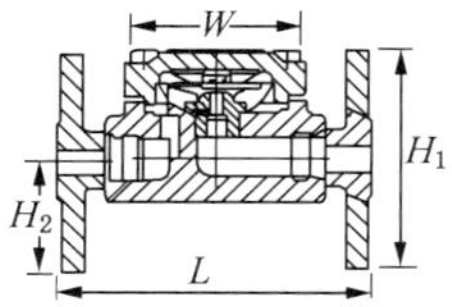 图 10-10-3 （法兰、单膜盒） 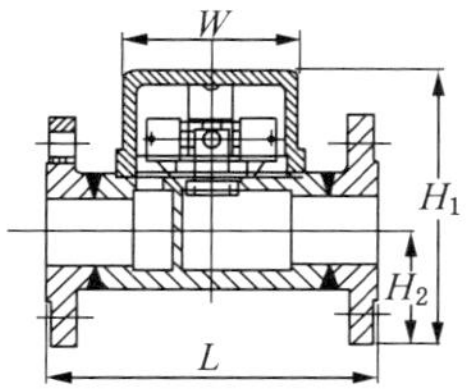 图 10-10-4 （法兰、三、五膜盒）	螺纹 YBST-16P YBST-25P （图 10-10-1）	3	46	65			0.42	英侨 DN3～10
			6	46	65			0.42	
			10	46	65			0.42	
		螺纹、承插焊 YBSE-16C YBSW-25	15	80	62	20	65	1.2	英侨 DN15～25
			20	90	68	23	65	1.4	
			25	100	75	26	65	1.6	
		法兰 YBSF-16C YBSF-16P YBSF-25	15	150	95	48	65	2.8	英侨 DN15～25
			20	150	105	53	65	3.2	
			25	150	115	58	65	3.8	
		螺纹 CS16Y-16C CS16Y-25 （CS16H-16C） （CS16H-25） （CS16H-40） （CS16H-16P） （CS25H-25P）	8	55			45	0.5	英侨（津三）（扬阀） DN15～25 银球（16C、25） DN15～25 银球（16P、25P） DN8～10
			10	55			45	0.5	
			15	80	62	20	65	1.2	
			20	90	68	23	65	1.4	
			25	100	75	26	65	1.6	
		承插焊 CS66Y-16C CS66Y-25 （CS66H-40）	15	80	62	20	65	1.2	英侨 DN15～25 （扬阀）
			20	90	68	23	65	1.4	
			25	100	75	26	65	1.6	
		法兰（单膜盒） CS46Y-16C CS46Y-25 CS46Y-40 （CS46H-40） （CS46H-16C） （CS46H-25）	15	150	95	48	65	2.8	英侨 DN15～50 （扬阀 DN15～25） （银球 DN15～25）
			20	150	105	53	65	3.2	
			25	160	115	58	65	3.8	
			40	160	150	76	65	6	
			50	160	165	83	65	7	
		螺纹（三、五膜盒） CS16Y-16C-Ⅲ/Ⅴ CS16Y-25-Ⅲ/Ⅴ	15	160	160	41	122	8.2	英侨 DN15～25
			20	160	160	41	122	8.6	
			25	160	160	41	122	8.8	
		承插焊（三、五膜盒） CS66Y-25-Ⅲ/Ⅴ	15	160	160	41	122	8.2	英侨 DN15～25
			20	160	160	41	122	8.6	
			25	160	160	41	122	8.8	
		法兰（三、五膜盒） CS46Y-16C-Ⅲ/Ⅴ CS46Y-25-Ⅲ/Ⅴ	25	230	115	58	122	11	英侨 DN15～25
			40	230	150	76	122	13	
			50	230	165	83	122	16	

续表

序号	名称	型号	公称通径 DN	结构尺寸/mm L	H_1	H_2	W	质量/kg	生产厂
10	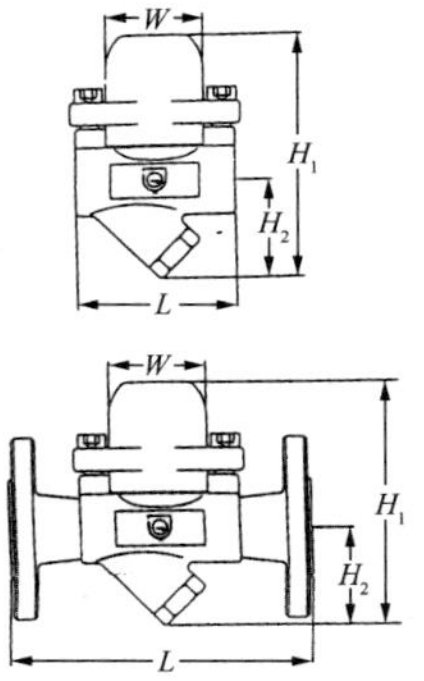图 10-10-5	CS16H-16C-Y CS16H-25-Y	15	90	130	70	60	2	银球
			20	90	130	70	60	2	
			25	100	130	70	60	2	
		CS46H-16C-Y CS46H-25-Y	15	150	130	70	60	3.2	银球
			20	150	130	70	60	4	
			25	160	135	75	60	5	
11	(带过滤器) 双金属调温式蒸汽疏水阀 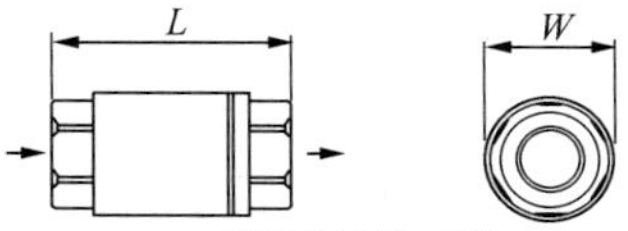TB1N、TB1、BX1 图 10-11-1	螺纹(1.6) TB1N	6	70			38	0.75	红峰 DN6、10
			10						
		卡套连接(1.6) TB1	6	100			40	1.1	红峰 DN6、10
			10						
		螺纹(2.5) BX1	15	80			42	0.8	红峰 DN15~25
			20						
			25	105			44	1	
	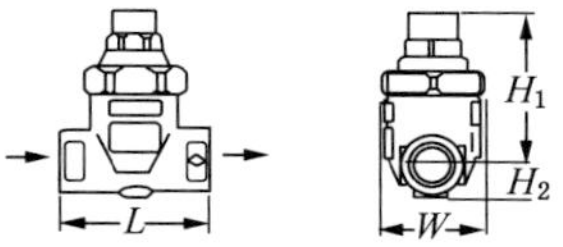TB3(5)(W)	螺纹(1.6) TB3	15	80	80	20	54	1.5	红峰 DN15~25
			20	80	80	20	54	1.5	
			25	85	80	23	54	1.5	
		承插焊(1.6) TB3W	15	80	80	20	54	1.5	红峰 DN15~25
			20	80	80	20	54	1.5	
			25	85	80	23	54	1.5	
	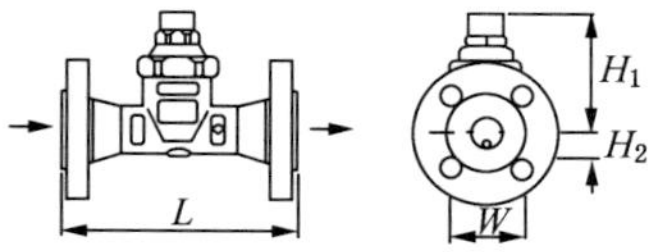TB3(5)F 图 10-11-2	法兰(1.6) TB3F	15	150	80	20	54	4	红峰 DN15~25
			20						
			25	160		23			
		螺纹(2.5) TB5	15	80	80	20	54	1.5	红峰 DN15~25
			20						
			25	85		23			
		承插焊(2.5) TB5W	15	80	80	20	54	1.5	红峰 DN15~25
			20						
			25	85		23			
		法兰(2.5) TB5F	15	150	80	20	54	4	红峰 DN15~25
			20						
			25	160		23			

续表

序号	名称	型号	公称通径 DN	结构尺寸/mm				质量/kg	生产厂
				L	H_1	H_2	W		
11	双金属调温式蒸汽疏水阀 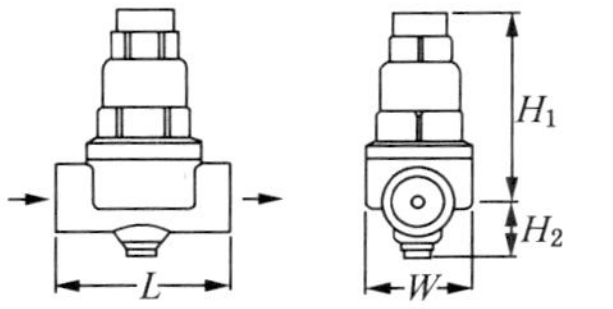 CSFH(W)、TB6(11)(W) 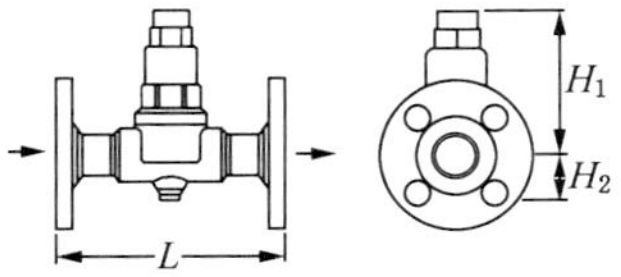 CSFH-F、TB6(11)F 图 10-11-3	螺纹(1.6) TB6 (CS14H-16C) (CS14H-16C-L)	15	90	106	23	58	1.5	红峰 DN15~25 (银球 DN15~25)
			20						
			25	95		25		1.7	
		承插焊(1.6) TB6W	15	90	106	23	58	1.5	红峰 DN15~25
			20						
			25	95		25		1.7	
		法兰(1.6) TB6F (CS44H-16C)	15	150	106	23	58	3	红峰 DN15~50 (银球 DN15~25)
			20						
			25	160	106	25	58	4	
			32~50	230	106	25	58	7.5	
		TB11 (CS17H-16C)	15	90	108	23	60	1.5	红峰 英侨 DN15~25 (津三、保一) (银球)
			20						
			25	95	112	25	60	1.7	
		TB11W (CS67H-16C)	15	90	108	23	60	1.5	红峰 (保一)DN15~25 (银球)
			20						
			25	95	112	25	60	1.7	
		TB11F (CS47H-16C)	15	150	108	48	60	3	英侨 (保一)DN15~50 银球(不)15~25
			20			53			
			25	160	112	58	60	4	
			32	230	112	70	60	7.5	
			40			75			
			50			83			
		CSFH (CS17H-45)	15~25	200	175	26	115		英侨 DN15~25
		CSFH-W (CS67H-45)	15~25	200	175	26	115		英侨 DN15~25
		CSFH-F (CS47H-45)	15	230	175	48	115		英侨 DN15~50
			20			53			
			25	230	175	63	115		
			32			58			
			40	230	175	78	115		
			50			86			

序号	名称	型号		公称通径 DN	结构尺寸/mm L	H_1	H_2	W	质量/kg	生产厂
11	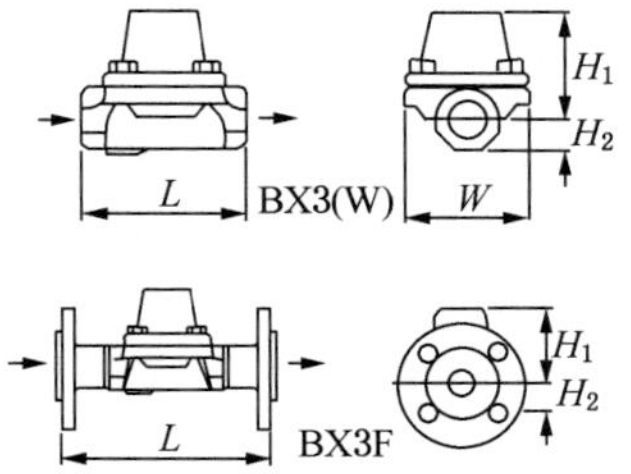 图 10-11-4	螺纹(2.5) BX3 (CS17H-25)		15	90	60	18	62	1.5	红峰 (津三)DN15~25
				20						
				25	95	64	23	62	1.7	
		承插焊(2.5) BX3W		15	90	60	18	62	1.5	红峰 DN 15~25
				20						
				25	95	64	23	62	1.7	
		法兰(2.5) BX3F		15	160	60	18	62	3	红峰 DN15~25
				20	160	60	18	62	4	
				25	165	64	23	62	4.5	
	双金属调温式蒸汽疏水阀 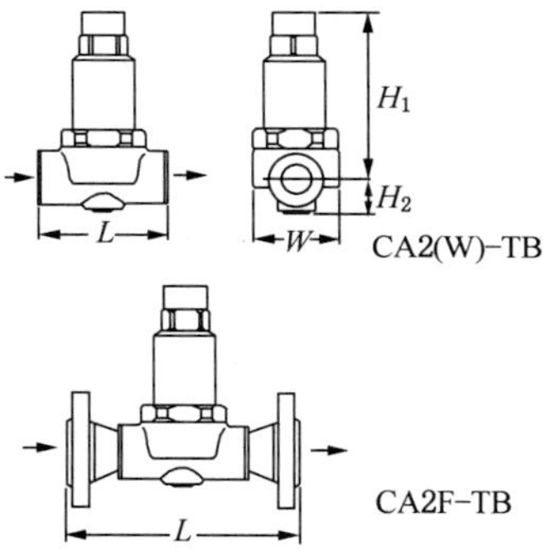 图 10-11-5	螺纹(2.5) CA2-TB		15	90	123	23	82	1.8	红峰 DN15~25
				20						
				25	95		25		2	
		承插焊(2.5) CA2W-TB		15	90	123	23	82	1.8	红峰 DN15~25
				20						
				25	95		25		2	
		法兰(2.5) CA2F-TB		15	150	123	23	82	4	红峰 DN15~50
				20						
				25	160		25		4	
				32	230		25		5	
				40						
				50	230	123	25	82	5	
	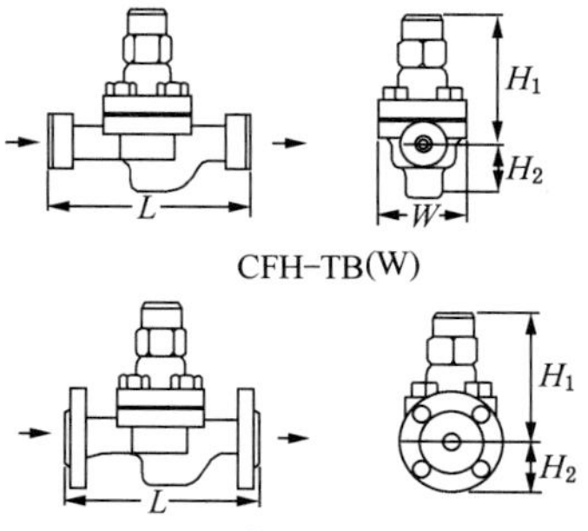 图 10-11-6	承插焊 CFH-TB (W)	(4.0)	15	200	158	57	112	5.5	红峰 DN15~25
				20						
			(6.3)	25					6	
		法兰 CFH-TB (F)	(4.0)	15	230	158	57	112	8	红峰 DN15~25
				20						
			(6.3)	25					9	

序号	名称	型号	公称通径 DN	结构尺寸/mm L	H_1	H_2	W	质量/kg	生产厂
11	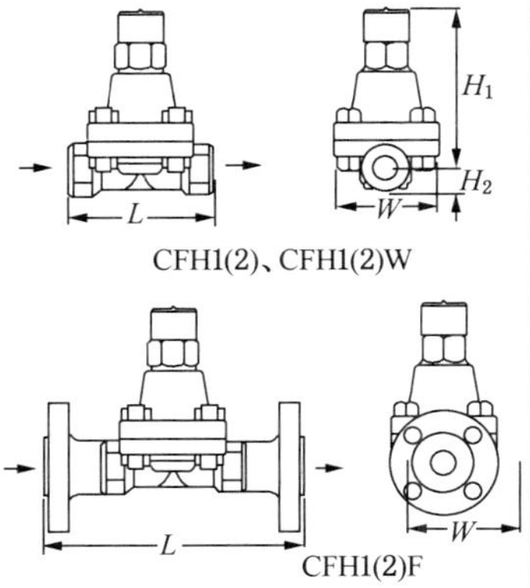 图 10-11-7	螺纹(6.3、10.0) CFH1	15	130	156	25	100	5	红峰 DN15～25
			20						
			25						
		承接焊(6.3、10.0) CFH1W	15	130	156	25	100	5	红峰 DN15～25
			20						
			25						
		法兰(6.3、10.0) CFH1F	15	200	156	25	100	8.8	红峰 DN15～25
			20	210				10.2	
			25	240				11	
		螺纹(6.3、10.0) CFH2	15	130	156	25	100	5	红峰 DN15～25
			20						
			25						
		承接焊(6.3、10.0) CFH2W	15	130	156	25	100	5	红峰 DN15～25
			20						
			25						
		法兰(6.3、10.0) CFH2F	15	200	156	25	100	8.8	红峰 DN15～25
			20	210				10.2	
			25	240				11	
	双金属调温式蒸汽疏水阀 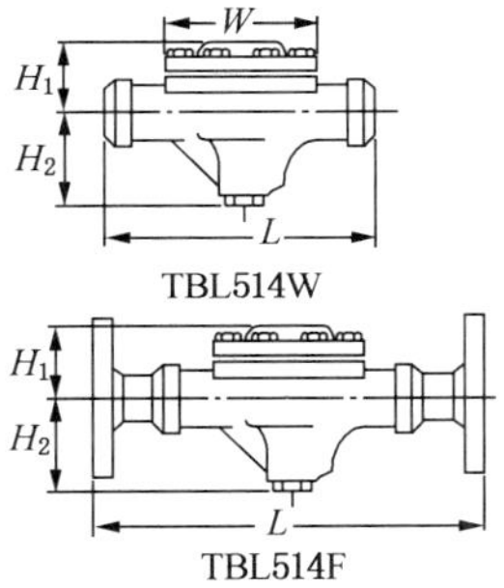 图 10-11-8	承插焊(1.6) TBL514W	40	270	80	75	100	17	红峰 DN40、50
			50						
		法兰(1.6) TBL514F	25	420	80	75	100	23	红峰 DN25～100
			32						
			45						
			50						
			65						
			80						
			100						
	双金属式蒸汽疏水阀 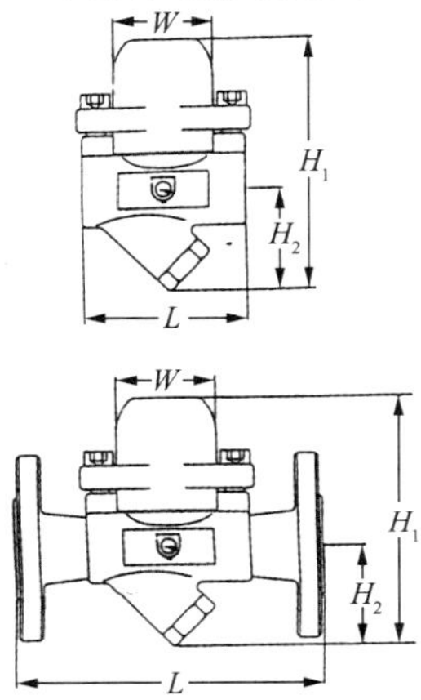 图 10-11-9(带过滤器)	CS17H-16C-Y (螺纹) CS67H-40-Y (承插焊)	15	90	155	70	60	2.8	银球
			20	90	155	70	60	2.8	
			25	100	160	75	60	2.8	
		CS47H-16C-Y CS47H-40-Y						16C / 40	银球
			15	150	155	70	60	3 / 4.5	
			20	150	155	70	60	4.5 / 5.3	
			25	160	160	75	60	5 / 6.8	

序号	名称	型号	公称通径 DN	结构尺寸/mm L	H_1	H_2	W	质量/kg	生产厂
11	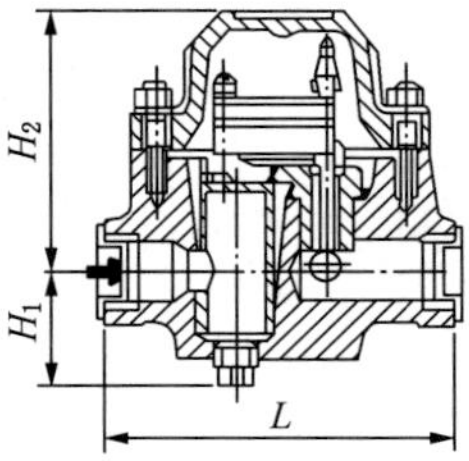 图 10-11-10	TSF-1 TSF-2 TSF-3	15	112	38	89		3.2	大高 DN15、20
			20	112	38	89		3.2	
		TSF-1 GF16 TSF-2 GF16 TSF-3 GF16	15	210	38	89			大高 DN15、20
			20	210	38	89			
		TSF-1 GF25 TSF-2 GF25 TSF-3 GF25	15	210	38	89			大高 DN15、20
			20	210	38	89			
		TSF-2 GF40 TSF-3 GF40	15	210	38	89			大高 DN15、20
			20	210	38	89			
		SF-1 SF-2 SF-3	20	156	51	114		6	大高 DN20、25
			25	156	51	114		6	
		SF-1 GF16 SF-2 GF16 SF-3 GF16	20	156	51	114			大高 DN20、25
			25	156	51	114			
		SF-2 GF25 SF-3 GF25	20	230	51	114			大高 DN20、25
			25	230	51	114			
		SF-3 GF40	20	230	51	114			大高 DN20、25
			25	230	51	114			
	高压双金属式蒸汽疏水阀 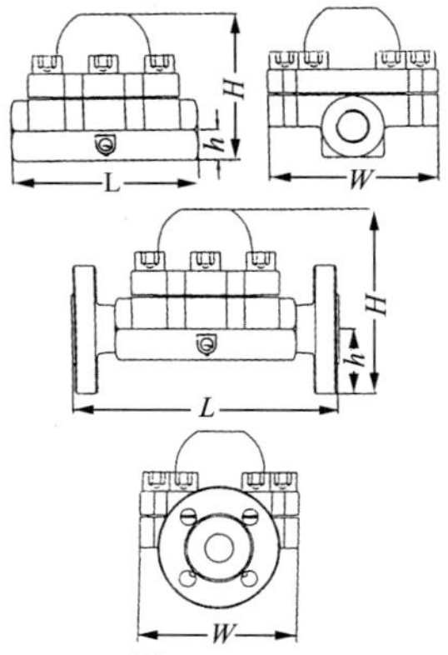 图 10-11-11	CS67Y-100 CS67Y-150	15	150	130	30	140	9	银球
			20	150	130	30	140	9	
			25	150	130	30	140	9	
		CS47Y-100 CS47Y-150	15	250	168	68	140	13	银球
			20	250	180	80	140	16	
			25	250	185	85	140	18	
12	波纹管恒温型蒸汽疏水阀 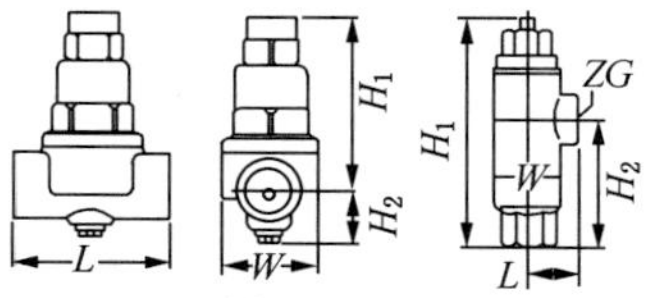 图 10-12-1	CS14H-16C CS64H-16C	15	90	125	33	58		英侨 DN15~25
			20	90	125	33	58		
			25	95	128	36	58		
		CS14H-25 CS64H-25	15	90	125	33	58		英侨 DN15~25
			20	90	125	33	58		
			25	95	128	36	58		
		CS44H-16C CS44H-25	15	150	125	48	58		英侨 DN15~50
			20	150	125	53	58		
			25	160	128	58	58		
			32	230	128	70	58		
			40	230	128	75	58		
			50	230	128	83	58		
		CS14TH-16C（角式）	15	35	157	87	42		英侨 DN15~25
			20	35	157	87	42		
			25	35	157	87	48		

序号	名　　称	型　号	公称通径 DN	结构尺寸/mm L	H_1	H_2	W	质量/kg	生产厂
12	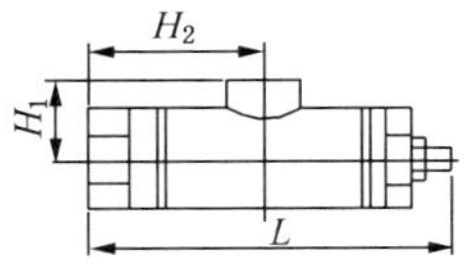 图 10-12-2	螺纹 (PN1.6MPa) CS14F	15	150	34	74.5		1.5	红峰 DN15~25
			20	150	34	74.5		1.5	
			25	150	39	74.5		1.8	
13	恒温式蒸汽疏水阀 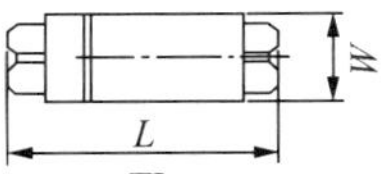 TL 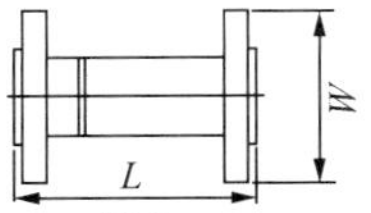 TLF 图 10-13 (PN1.6MPa)	TL15	15	100			33	0.75	红峰 DN15~50
		TL15F	15	110			95	3	
		TL20	20	110			38	0.85	
		TL20F	20	120			105	3.5	
		TL25	25	120			43	1	
		TL25F	25	130			115	4	
		TL50	50	140			72	2	
		TL50F	50	150			165	6	
14	蒸汽保温型疏水阀 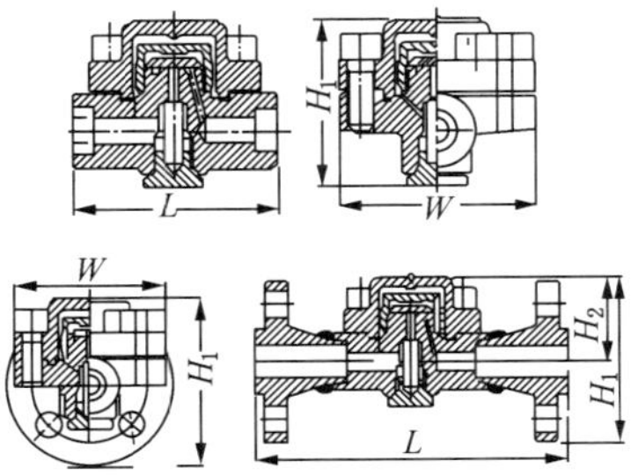 图 10-14-1	螺纹(6.5) CSHR45A-E CSHR65A-E	15	130	106		102		英侨 DN15~25
			20	130	106		102		
			25	130	106		102		
		承插焊(6.5) CSHR45A-W CSHR65A-W	15	130	106		102		英侨 DN15~25
			20	130	106		102		
			25	130	106		102		
		法兰(6.5) CSHR45A-F CSHR65A-F	15	210	120	72	102		英侨 DN15~25
			20	210	132	72	102		
			25	230	135	72	102		
	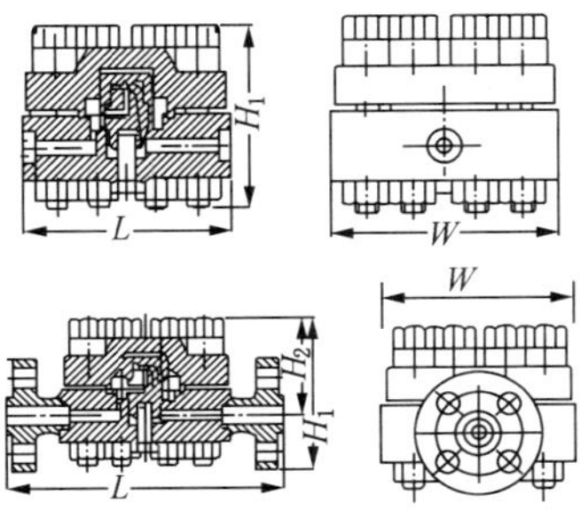 图 10-14-2	承插焊(26.0) CSHR260A-W	15	224	195		224		英侨 DN15~25
			20	224	195		224		
			25	224	195		224		
		法兰(26.0) CSHR260A-F	15	340	190	130	224		英侨 DN15~25
			20	340	195	130	224		
			25	340	205	130	224		

序号	名　称	型　号	公称通径 DN	结构尺寸/mm				质量/kg	生产厂
				L	H_1	H_2	W		
15	圆盘式蒸汽疏水阀 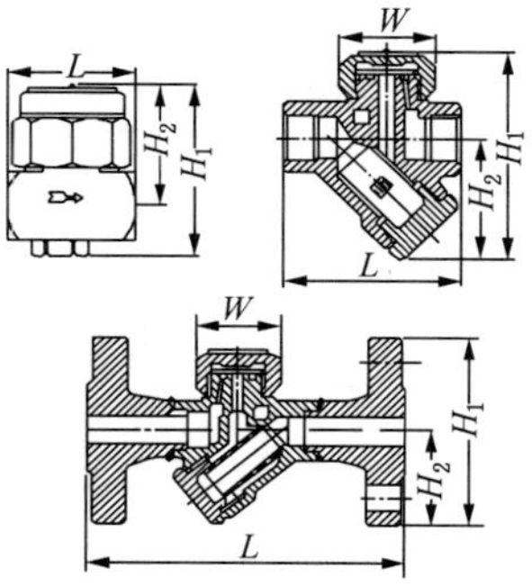 图 10-15-1	YB-Ⅰ	3	49	62	40	39	0.43	英侨 DN3~10
			6	49	62	40	39	0.43	
			10	49	62	40	39	0.43	
		CS19Y-25-Ⅱ CS19Y-45-Ⅱ	15	80	100	42	48	0.8	英侨 DN15~25
			20	90	120	60	48	1	
			25	100	130	70	54	1.8	
		CS69Y-25-Ⅱ CS69Y-45-Ⅱ	15	80	100	42	48	0.8	英侨 DN15~25
			20	90	120	60	48	1	
			25	100	130	70	54	1.8	
		CS49Y-25-Ⅱ	15	150	95	48	48	2.8	英侨 DN15~25
			20	150	105	53	48	3.2	
			25	160	115	58	54	3.8	
		CS49Y-45-Ⅱ	15	150	105	53	48	2.8	英侨 DN15~25
			20	150	130	65	48	3.2	
			25	160	140	70	54	3.8	
		CS19Y-25-Ⅲ CS19Y-45-Ⅲ	25	100	128	73	65	2	英侨 DN25~50
			40	160	185	110	112	5.2	
			50	160	185	110	112	6.2	
		CS69Y-25-Ⅲ CS69Y-45-Ⅲ	25	100	128	73	65	2	英侨 DN25~50
			40	160	185	110	112	5.2	
			50	160	185	110	112	6.2	
		CS49Y-25-Ⅲ	25	210	115	58	65	4.6	英侨 DN25~50
			40	210	150	75	65	8	
			50	210	165	83	65	10.5	
		CS49Y-45-Ⅲ	25	210	140	70	65	4.6	英侨 DN25~50
			40	210	170	85	65	8	
			50	210	180	90	65	10.5	
		CS19H-16C CS19H-25 CS19H-40	15	85	120	62	65	1.2	英侨、扬阀、保一北阀 DN15~50
			20	85	120	62	65	1.2	
			25	100	125	65	65	2	
			40	110	132	45	70	3	
			50	120	135	48	70	3.5	
		CS19H-64	15	75	61	41		1.2	北阀、扬阀 DN15~25
			20	85	64	45		1.3	
			25	95	67	45		1.7	

续表

序号	名　称	型　号	公称通径 DN	结构尺寸/mm L	H_1	H_2	W	质量/kg	生产厂
15	圆盘式蒸汽疏水阀	CS69H-16C CS69H-25 CS69H-40	15	85	120	62	65	1.2	英侨 *DN*15～50
			20	85	120	62	65	1.2	
			25	100	125	65	65	2	
			40	110	132	45	70	3	
			50	120	135	48	70	3.5	
	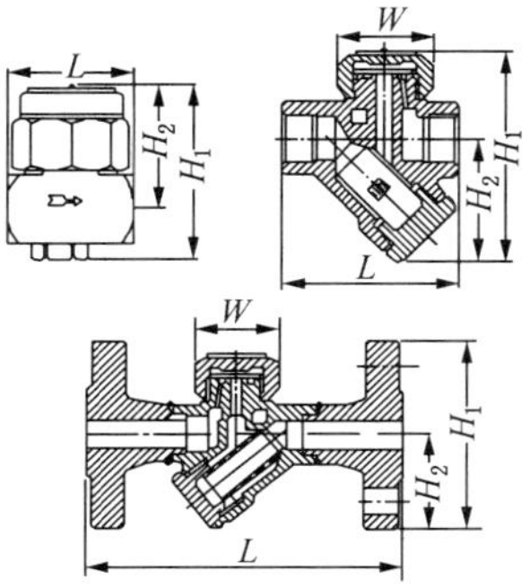 图 10-15-1	CS49H-16C	15	150	120	61	65	3	英侨、北阀、保一扬阀 *DN*15～50
			20	150	120	62	65	3.5	
			25	160	135	67	65	4.2	
			40	20	150	83	70	7.5	
			50	20	165	89	70	9.5	
		CS49H-25	15	150	120	61	65	3	英侨、北阀、保一扬阀 *DN*15～50
			20	150	120	62	65	3.5	
			25	160	135	67	65	4.2	
			40	20	150	83	70	7.5	
			50	20	165	89	70	9.5	
	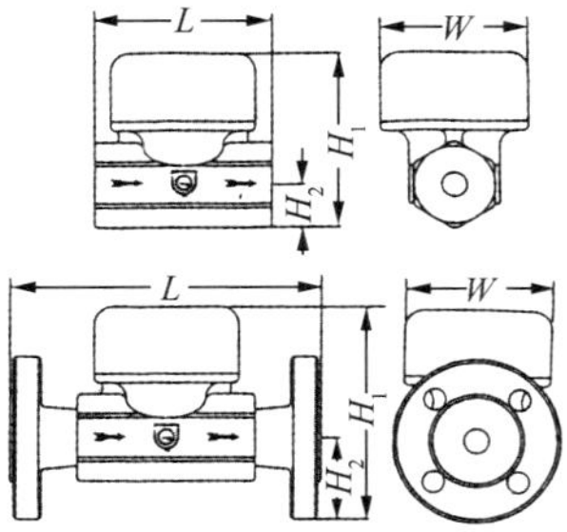 图 10-15-2	CS49H-40	15	150	120	61	65	3	英侨、北阀、保一扬阀 *DN*15～50
			20	150	120	62	65	3.5	
			25	160	135	67	65	4.2	
			40	20	150	83	70	7.5	
			50	20	165	89	70	9.5	
		CS49H-64	15	150	61				扬阀、北阀 *DN*15～25
			20	150	62				
			25	160	67				
		CS69Y-160 Ⅰ	15～25	220	93				扬阀、北阀 *DN*15～25
		CS49Y-160 Ⅰ	15～25	320	93				
		CS69Y-80A	15～25	110	115	30	95	4	银球 *DN*15～25（图 10-15-2）
		CS49Y-80A	15	210	140	55	95	7	
			20					8.8	
			25					10	
	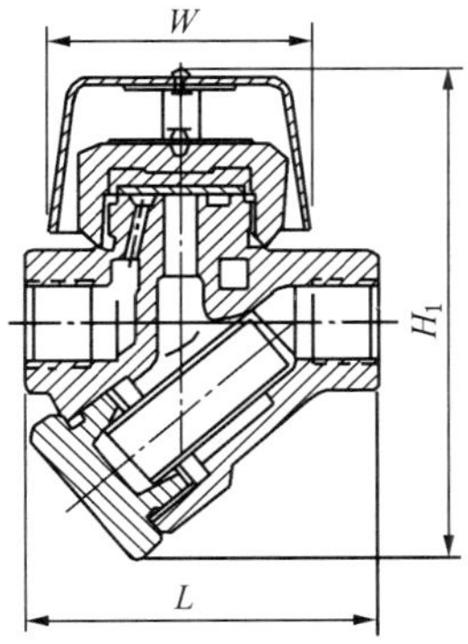 图 10-15-3	CS19W-25G	6	52	61		33	0.3	津三 *DN*6、10
			10	43	6		33	0.5	
		CS19W-64G	15	78	112		57	0.8	津三 *DN*15～25
			20	90	119		57	1	
			25	100	133		64	1.8	
		CS19H-16Z	15	90	120		74	1.5	津三、江恒 *DN*15～50
			20	100	130		74	1.8	
			25	120	150		74	2.2	
			32	140	160		83	3.1	
			40	140	190		98	5.6	
			50	160	200		98	7.5	

<table>
<tr><th rowspan="2">序号</th><th rowspan="2">名　称</th><th rowspan="2">型　号</th><th rowspan="2">公称通径 DN</th><th colspan="4">结构尺寸/mm</th><th rowspan="2">质量/kg</th><th rowspan="2">生产厂</th></tr>
<tr><th>L</th><th>H_1</th><th>H_2</th><th>W</th></tr>
<tr><td rowspan="27">15</td><td rowspan="5">圆盘式蒸汽疏水阀
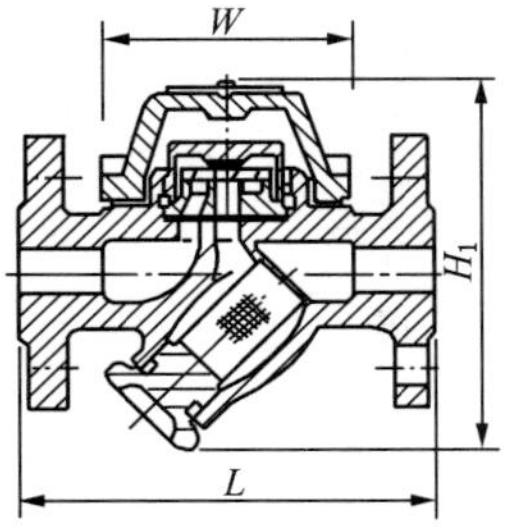

图 10-15-4</td><td rowspan="5">CS49H-16Z</td><td>15</td><td>140</td><td>130</td><td></td><td>98</td><td>3.6</td><td rowspan="5">津三、江恒 DN15~50</td></tr>
<tr><td>20</td><td>160</td><td>145</td><td></td><td>105</td><td>4.7</td></tr>
<tr><td>25</td><td>180</td><td>156</td><td></td><td>115</td><td>5.8</td></tr>
<tr><td>40</td><td>220</td><td>187</td><td></td><td>140</td><td>9.1</td></tr>
<tr><td>50</td><td>240</td><td>198</td><td></td><td>165</td><td>12</td></tr>
<tr><td rowspan="2">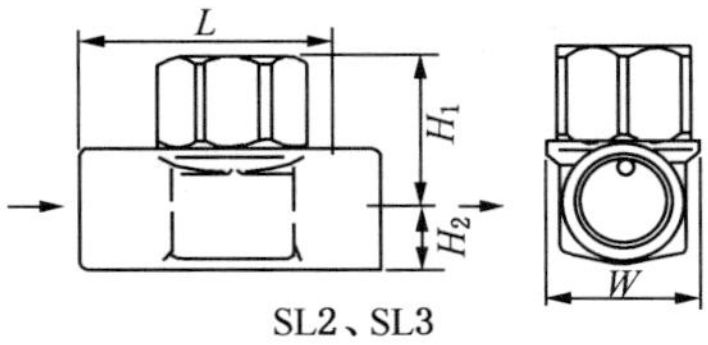

SL2、SL3
图 10-15-5</td><td>螺纹(1.6)
SL2</td><td>6</td><td>42</td><td>22</td><td>8</td><td>19</td><td>0.1</td><td>红峰 DN6</td></tr>
<tr><td>螺纹(1.6)
SL3</td><td>6</td><td>42</td><td>22</td><td>8</td><td>19</td><td>0.1</td><td>红峰 DN6</td></tr>
<tr><td rowspan="5">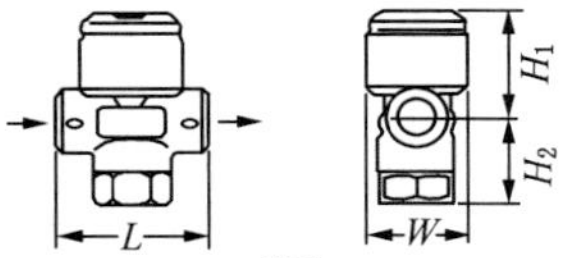

SD1
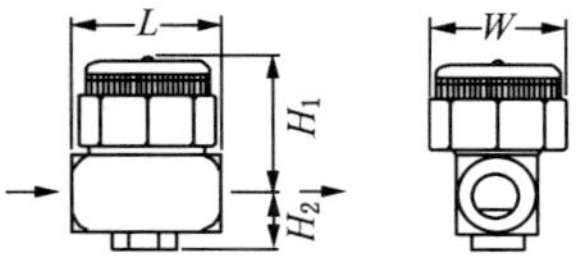

SD2
图 10-15-6</td><td rowspan="3">螺纹(2.5)
SD1</td><td>6</td><td>60</td><td>41</td><td>23</td><td>34</td><td>0.5</td><td rowspan="3">红峰 DN 6~15</td></tr>
<tr><td>10</td><td>60</td><td>41</td><td>23</td><td>34</td><td>0.5</td></tr>
<tr><td>15</td><td>60</td><td>41</td><td>23</td><td>34</td><td>0.5</td></tr>
<tr><td rowspan="2">螺纹(2.5)
SD2</td><td>6</td><td>44</td><td>42</td><td>19</td><td>41</td><td>0.32</td><td rowspan="2">红峰 DN6、10</td></tr>
<tr><td>10</td><td>44</td><td>42</td><td>19</td><td>41</td><td>0.32</td></tr>
<tr><td rowspan="15">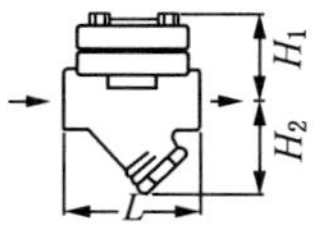

SP3(W)、S30(W)
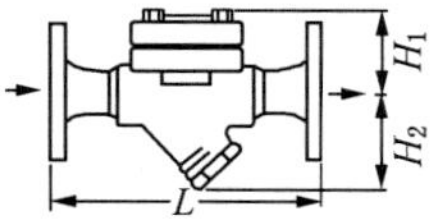

SP3F、S30F
图 10-15-7</td><td rowspan="3">螺纹(1.6)
SP3</td><td>15</td><td>90</td><td>60</td><td>68</td><td></td><td>2.8</td><td rowspan="3">红峰 DN15~25</td></tr>
<tr><td>20</td><td>90</td><td>60</td><td>68</td><td></td><td>2.8</td></tr>
<tr><td>25</td><td>110</td><td>60</td><td>68</td><td></td><td>2.8</td></tr>
<tr><td rowspan="3">承插焊(1.6)
SP3W</td><td>15</td><td>90</td><td>60</td><td>68</td><td></td><td>2.8</td><td rowspan="3">红峰 DN15~25</td></tr>
<tr><td>20</td><td>90</td><td>60</td><td>68</td><td></td><td>2.8</td></tr>
<tr><td>25</td><td>110</td><td>60</td><td>68</td><td></td><td>2.8</td></tr>
<tr><td rowspan="6">法兰(1.6)
SP3F</td><td>15</td><td>150</td><td>60</td><td>73</td><td></td><td>3.8</td><td rowspan="6">红峰 DN15~50</td></tr>
<tr><td>20</td><td>150</td><td>60</td><td>73</td><td></td><td>3.8</td></tr>
<tr><td>25</td><td>160</td><td>60</td><td>73</td><td></td><td>6.3</td></tr>
<tr><td>32</td><td>230</td><td>60</td><td>73</td><td></td><td>9.3</td></tr>
<tr><td>40</td><td>230</td><td>60</td><td>73</td><td></td><td>9.3</td></tr>
<tr><td>50</td><td>230</td><td>60</td><td>73</td><td></td><td>9.3</td></tr>
<tr><td rowspan="3">螺纹(1.6)
S30</td><td>15</td><td>90</td><td>60</td><td>65</td><td></td><td>1.8</td><td rowspan="3">红峰 DN15~25</td></tr>
<tr><td>20</td><td>90</td><td>60</td><td>65</td><td></td><td>1.8</td></tr>
<tr><td>25</td><td>95</td><td>60</td><td>65</td><td></td><td>1.8</td></tr>
</table>

序号	名称	型号	公称通径 DN	结构尺寸/mm				质量/kg	生产厂
				L	H_1	H_2	W		
15	圆盘式蒸汽疏水阀 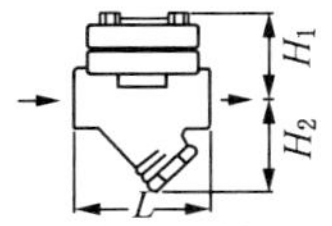 SP3(W)、S30(W) 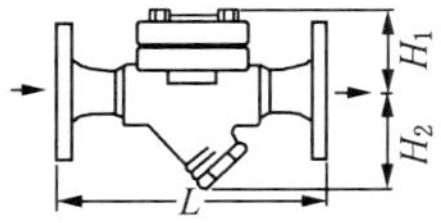 SP3F、S30F 图 10-15-8	承插焊(1.6) S30W	15	90	60	65		1.8	红峰 DN15~25
			20	90	60	65		1.8	
			25	95	60	65		1.8	
		法兰(1.6) S30F	15	140	60	68		3	红峰 DN15~50
			20	140	60	68		3	
			25	150	60	68		3.5	
			32	160	60	68		4.5	
			40	160	60	68		4.5	
			50	160	60	68		4.5	
	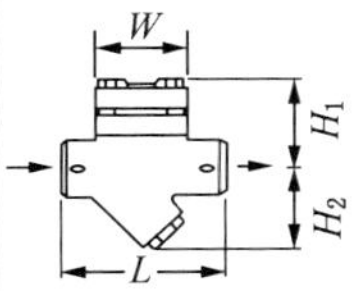 SC-310、311、312 314、315 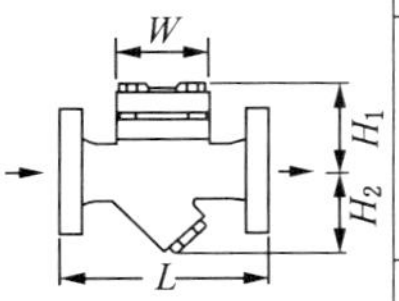 SF-340、341、342 344、345 图 10-15-9	螺纹(1.6) SC-310 SC-311	20	180	95	76	96	6	红峰 DN20、25
			25	180	95	76	96	6	
		螺纹(1.6) SC-312 SC-314 SC-315	32	180	110	100	106	8.7	红峰 DN32~50
			40	180	110	100	106	8.7	
			50	180	110	100	106	8.7	
		法兰(1.6) SF-340 SF-341	20	240	95	76	96	10	红峰 DN20、25
			25	240	95	76	96	10	
		法兰(1.6) SF-342 SF-344 SF-345	32	240	110	100	106	12	红峰 DN32~50
			40	240	110	100	106	13.5	
			50	240	110	100	106	14.5	
	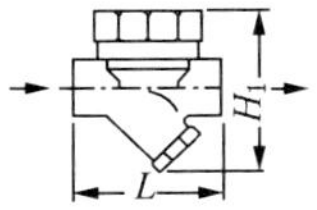 SP3A(W) 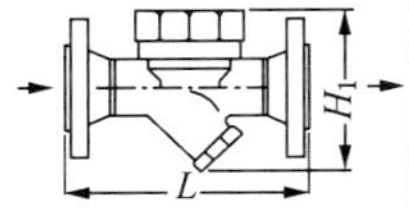 图 10-15-10	螺纹(1.6) SP3A	15	90	140			2.8	红峰 DN15~25
			20	90	140			2.8	
			25	110	144			2.8	
		承插焊(1.6) SP3AW	15	90	140			2.8	红峰 DN15~25
			20	90	140			2.8	
			25	110	144			2.8	
		法兰(1.6) SP3AF	15	150	140			3.8	红峰 DN15~25
			20	150	140			6.3	
			25	160	144			9.3	
	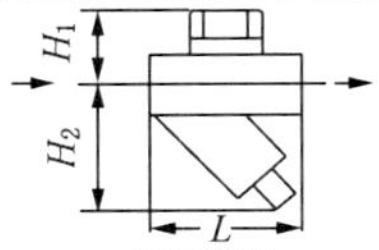 S711(W) 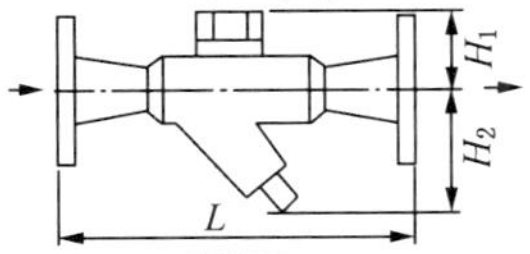 S711F 图 10-15-11	螺纹(6.3) S711	15	90	54	86		1.4	红峰 DN15~25
			20	90	54	86		1.4	
			25	90	54	86		1.4	
		承插焊(6.3) S711W	15	90	54	86		1.4	红峰 DN15~25
			20	90	54	86		1.4	
			25	90	54	86		1.4	
		法兰(6.3) S711F	15	150	54	86		2.3	红峰 DN15~25
			20	210	54	86		2.3	
			25	230	54	86		2.3	

序号	名称	型号	公称通径 DN	结构尺寸/mm L	H_1	H_2	W	质量/kg	生产厂
15	圆盘式蒸汽疏水阀 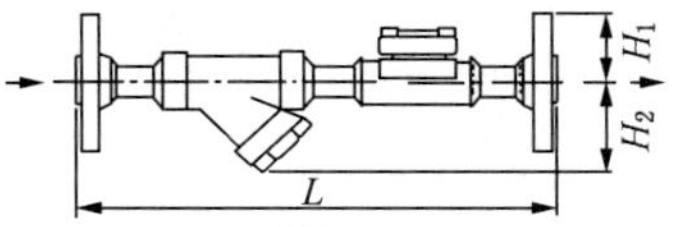 S40D 图 10-15-12	法兰(6.3) S40D	25	420	69	75		15	红峰 DN25~40
			32	420	69	75		15	
			40	420	69	75		15	
	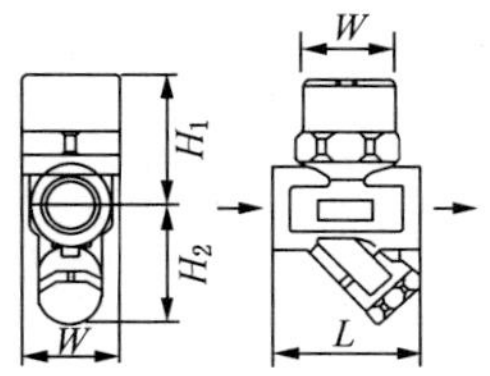 129Y S51(W) S51N(W) 图 10-15-13	螺纹(2.5) 129Y	15	100	41	68	44	1	红峰 DN15、20
			20	100	41	68	44	1	
		法兰(2.5) 129YF	15	210	41	68	44	4.5	红峰 DN15~25
			20	210	41	68	44	4.5	
			25	230	41	68	44	4.8	
		螺纹(2.5) S51 S51N	15	70	62	58	50	1.3	红峰 DN15~25
			20	70	62	58	50	1.3	
			25	75	67	65	50	1.6	
	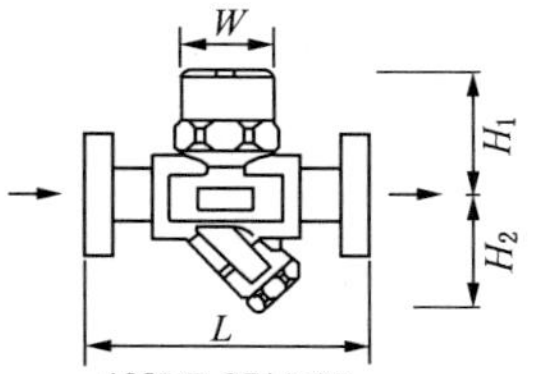 129YF S51(N)F 图 10-15-14	承插焊(2.5) S51W S51NW	15	70	62	58	50	1.3	红峰 DN15~25
			20	70	62	58	50	1.3	
			25	75	67	65	50	1.6	
		法兰(2.5) S51F S51NF	15	140	62	56	50	2.3	红峰 DN15~25
			20	165	62	58	50	3.3	
			25	175	67	65	50	4.6	
	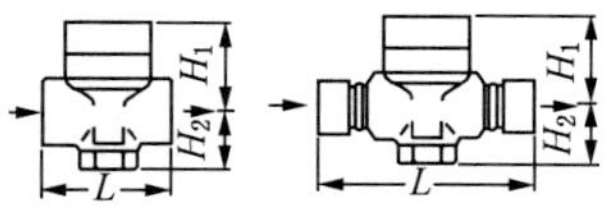 SU2(SU2N) SU2W(SU2NW) 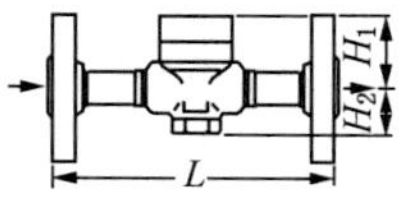 SU2F(SU2NF) 图 10-15-15	螺纹(6.3) SU2 SU2N	15	70	51	35		1.2	红峰、扬阀 DN15~25
			20	70	51	35		1.2	
			25	75	51	35		1.2	
		承接焊(6.3) SU2W	15	70	51	35		1.2	红峰、扬阀 DN15~25
			20	70	51	35		1.2	
			25	75	51	35		1.2	
		承接焊(6.3) SU2NW	15	120	51	35		1.4	红峰 DN15~25
			20	130	51	35		1.4	
			25	140	51	35		1.4	
		法兰(6.3) SU2F	15	150	51	35		2.4	红峰 DN15~25
			20	150	51	35		2.4	
			25	160	51	35		3.8	
		法兰(6.3) SU2NF	15	205	51	35		4	红峰 DN15~25
			20	205	51	35		5.3	
			25	205	51	35		6.6	

续表

序号	名称	型号	公称通径 DN	结构尺寸/mm L	H_1	H_2	W	质量/kg	生产厂
15	圆盘式蒸汽疏水阀 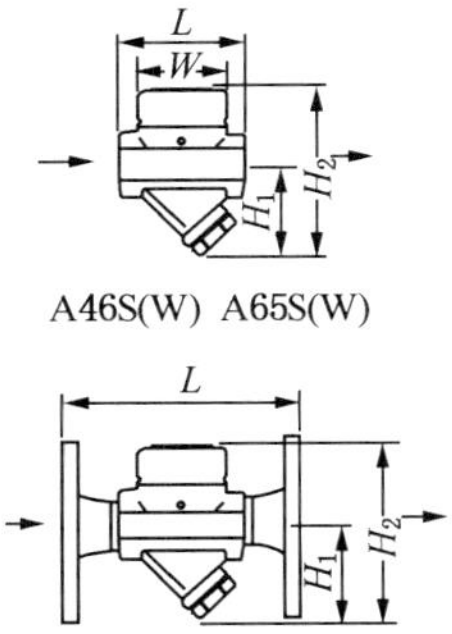 A46S(W) A65S(W) A46SF A65SF 图 10-15-16	螺纹(6.3) A46S	15	90	66	116	62	1.4	红峰 DN15~25
			20	90	66	116	62	1.4	
			25	90	66	116	62	1.4	
		承插焊(6.3) A46SW	15	90	66	116	62	1.4	红峰 DN15~25
			20	90	66	116	62	1.4	
			25	90	66	116	62	1.4	
		法兰(6.3) A46SF	15	175	66	116	62	4.5	红峰 DN15~25
			20	175	66	116	62	4.5	
			25	210	66	116	62	4.5	
		螺纹(10.0) A65S	15	90	66	116	62	1.4	红峰 DN15~25
			20	90	66	116	62	1.4	
			25	90	66	116	62	1.4	
		承插焊(10.0) A65SW	15	90	66	116	62	1.4	红峰 DN15~25
			20	90	66	116	62	1.4	
			25	90	66	116	62	1.4	
		法兰(10.0) A65SF	15	175	66	116	62	4.5	红峰 DN15~25
			20	175	66	116	62	4.5	
			25	210	66	116	62	4.5	
	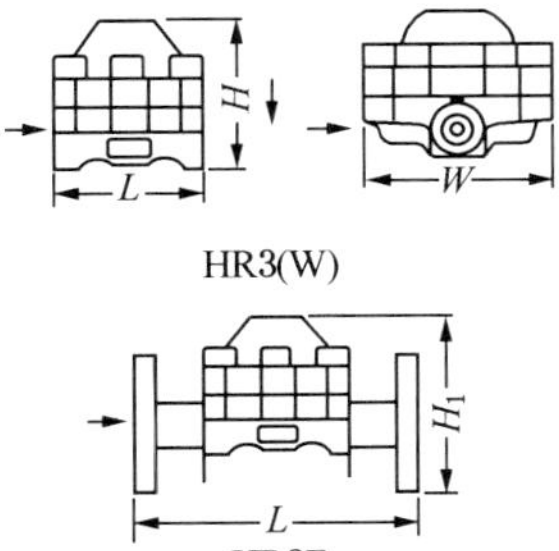 HR3(W) HR3F 图 10-15-17	螺纹(6.3、10.0) HR3	15~25	134	123		150	28	红峰 DN15~25
		承插焊(6.3、10.0) HR3W	15~25	134	123		150	28	红峰 DN15~25
		法兰(6.3) HR3F	15~25	230	123		150	31	红峰 DN15~25
		法兰(10.0) HR3F	25~50	230	123		150	31	红峰 DN25~50
	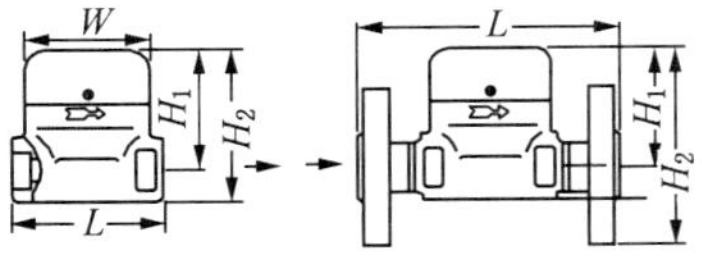 HR(W)80A HRF80A 图 10-15-18	螺纹(10.0) HR80A	15~25	110	120	90	80	4	红峰 DN15~25
		承接焊(10.0) HRW80A	15~25	110	120	90	80	4	红峰 DN15~25
		法兰(10.0) HRF80A	15~25	230	160	90	80	9.5	红峰 DN15~50
			32~50	270	180	90	80	17	

序号	名称	型号	公称通径 DN	结构尺寸/mm L	结构尺寸/mm H_1	结构尺寸/mm H_2	结构尺寸/mm W	质量/kg	生产厂
15	圆盘式蒸汽疏水阀 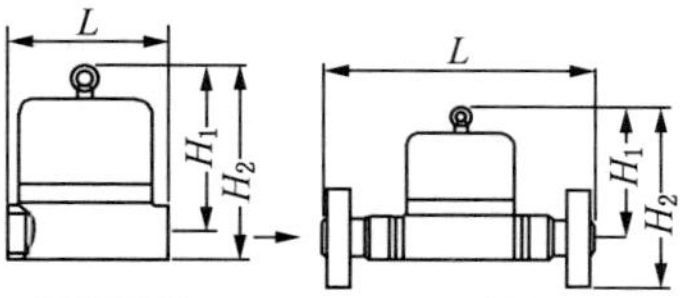 HRW150A　HRF150A 图 10-15-19	承插焊(42.0) HRW150A	15	140	160	190		12	红峰 DN15~25
			20						
			25						
		法兰(42.0) HRF150A	15	320	160	225		18.5	红峰 DN15~25
			20						
			25						
	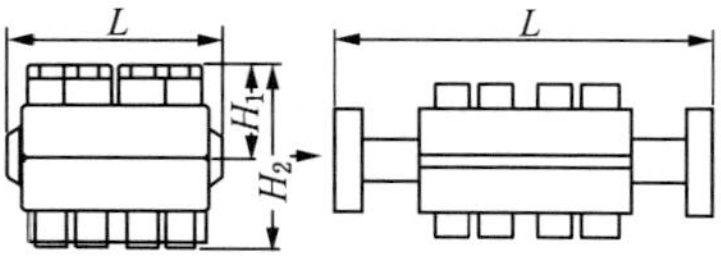 HRW150　HRF150 图 10-15-20	承插焊(42.0) HRW150	15	220	125	170		45	红峰 DN15~25
			20						
			25						
		法兰(42.0) HRF150	15	400	125	170		51	红峰 DN15~25
			20						
			25						
	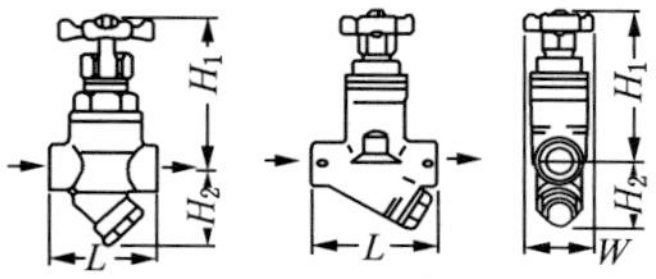 SV1　SV-4N·6N·8N 图 10-15-21	螺纹(1.6) SV1	10	75	75	53		1	红峰 DN10~25
			25						
			20	90	90	53		1.3	
			25						
		螺纹(1.6) SV-4N	15	110	155	60	65	2.4	红峰 DN15~25
		螺纹(1.6) SV-6N	20	120	155	65	65	2.5	
		螺纹(1.6) SV-8N	25	120	155	70	65	2.7	
	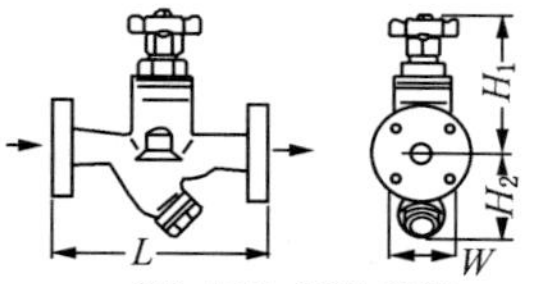 SV-4NF·6NF·8NF 图 10-15-22	法兰(1.6) SV-4NF	15	220	155	60	65	4.1	红峰 DN15~25
		法兰(1.6) SV-6NF	20	220	155	65	65	4.7	
		法兰(1.6) SV-8NF	25	230	155	70	65	6.5	
16	倒置桶式蒸汽疏水阀 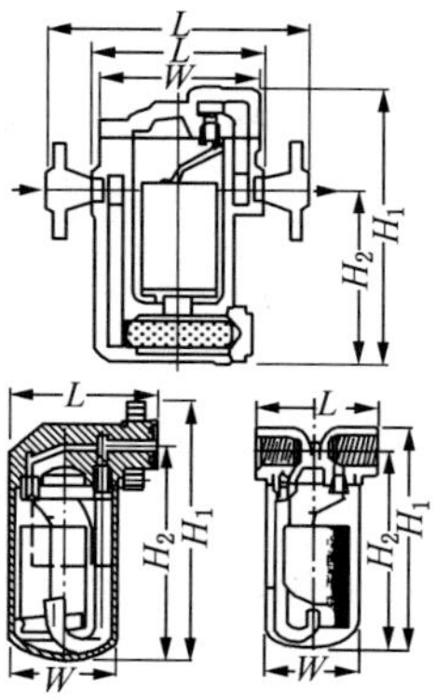 811F　181(F) 图 10-16-1	081-16C	15~25	128	176	106	98	3.6	英侨 DN15~50
		082-16C	15~25	166	236	138	150	9	
		083-16C	25~40	198	306	186	182	16	
		084-16C	40、50	230	368	220	203	23	
		081F-16C	15~25	160	176	106	98	5	英侨 DN15~50
		082F-16C	20~40	230	230	138	150	11	
		083F-16C	25~50	260	306	186	182	19	
		084F-16C	40、50	290	368	220	203	28	
		081F-25	15~25	160	176	106	98	6	英侨 DN15~50
		082F-25	20~40	230	230	138	150	12	
		083F-25	25~50	260	306	186	182	20	

序号	名称	型号	公称通径 DN	L	H_1	H_2	W	质量/kg	生产厂
16	倒吊桶式蒸汽疏水阀 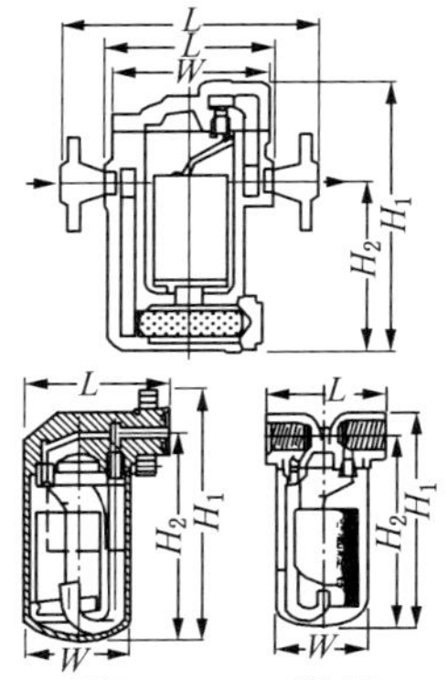 811F 181(F) 图 10-16-1	084F-25	40、50	290	368	220	203	29	
		081F-40	15~25	160	176	106	98	6	
		082F-40	15~25	230	230	138	150	12	英侨 DN15~50
		083F-40	25~40	260	306	186	182	20	
		084F-40	40、50	290	368	220	203	29	
		81-16	15~25	128	176	106	98	3.3	英侨 DN15~50
		82-16	15~25	166	236	138	150	8.5	
		83-16	25~40	198	306	186	182	15	
		84-16	40、50	230	368	220	203	22	英侨 DN15~50
		81F-16	15~25	160	176	106	98	4.5	
		82F-16	20~40	230	230	138	150	10	英侨 DN15~25
		83F-16	25~50	260	306	186	182	18	
		84F-16	40、50	290	368	220	203	27	
		181-16P	15~25	120	183	160	80	2.6	英侨 DN 3~10
		181F-16P	15~25	150	218	160	80	3.6	
		811F	3~10	106	218	160	80	2.8	
	倒吊桶式蒸汽疏水阀 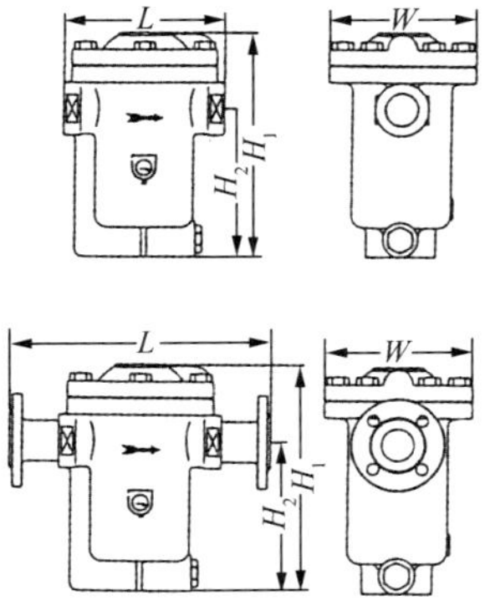 图 10-16-2	CS15H-16C-Ⅰ	15	130	180	110	100	4.8	
			20						
			25						
		CS45H-16C-Ⅰ	15	210	180	110	100	5.5	银球 DN15~25
			20	210	180	110	100	6.8	
			25	210	180	110	100	8	
		CS15H-16C-Ⅱ CS15H-25-Ⅱ	15	165	230	150	145	8.5	
			20	165	230	150	145	8.5	银球 DN15~25
			25	165	230	150	145	8.5	
		CS45H-16C-Ⅱ CS45H-25-Ⅱ	15	230	230	150	145	9.8	
			20	230	230	150	145	12	银球 DN15~32
			25	230	230	150	145	14	
			32	230	230	150	145	15.8	
		CS15H-16C-Ⅲ CS15H-25-Ⅲ	25	200	280	170	180	9	
			32	200	280	170	180	9	银球 DN25~40
			40	200	280	170	180	9	

续表

序号	名称	型号	公称通径 DN	结构尺寸/mm L	H_1	H_2	W	质量/kg	生产厂
16	倒吊桶式蒸汽疏水阀 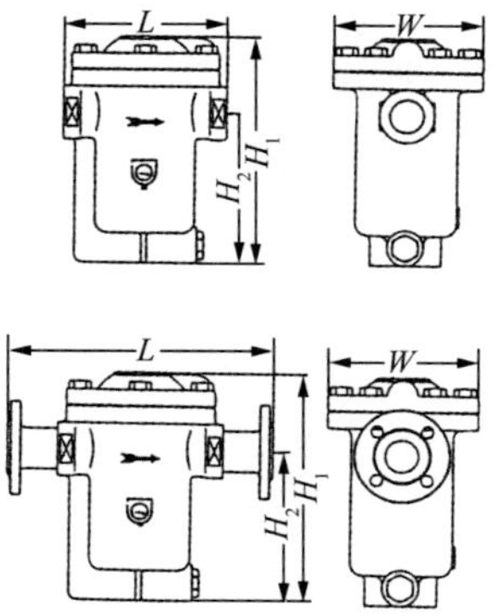 图 10-16-2	CS45H-16C-Ⅲ CS45H-25-Ⅲ	25	270	280	170	180	14.8	银球 DN25~50
			32	270	280	170	180	16.4	
			40	270	280	170	180	18	
			50	270	280	170	180	20	
		CS45H-16C-Ⅳ CS45H-25-Ⅳ CS45H-40-Ⅳ	32	320	290	180	220	27.5	银球 DN32~65
			40	320	290	180	220	29	
			50	320	290	180	220	31	
			65	320	290	180	220	33	

序号	名称	型号	公称通径 DN	结构尺寸/mm L	H	H_1	H_2	质量/kg 4.0/6.3	生产厂
17	倒吊桶式蒸汽疏水阀 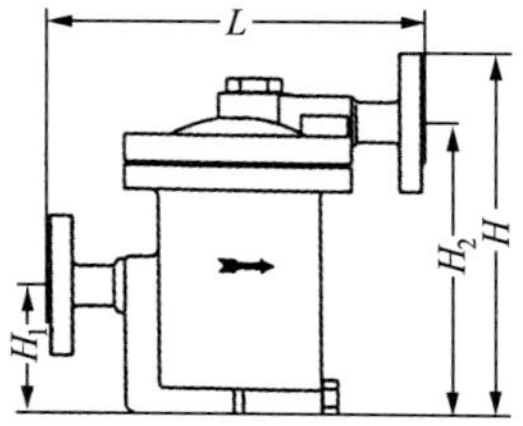 图 10-16-3	CS45Y-40-ER CS45Y-63-ER	25	400	385	185	350	29/41	银球 DN25~50
			32	400	385	185	350	42/43	
			40	400	385	185	350	45/47	
			50	400	385	185	350	48/50	

序号	名称	型号	公称通径 DN	结构尺寸/mm L	W	K		质量/kg	生产厂
17	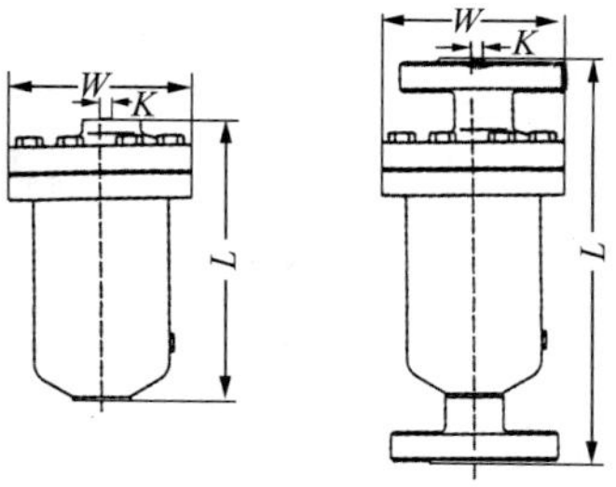 图 10-16-4	CS65Y-63-ERL CS65Y-100-ERL	ERL-1	380	250	20		57	银球 DN20~50
			ERL-2	380	250	20		57	
			ERL-3	380	250	20		57	
			ERL-4	420	265	20		60	
		CS45Y-63-ERL CS45Y-100-ERL	ERL-1	520	250	20		64	银球 DN20~50
			ERL-2	520	250	20		64	
			ERL-3	560	250	20		64	
			ERL-4	560	265	20		70	

续表

序号	名称	型号	公称通径 DN	结构尺寸/mm L	H_1	H_2	W	质量/kg	生产厂
18	过热蒸汽疏水阀 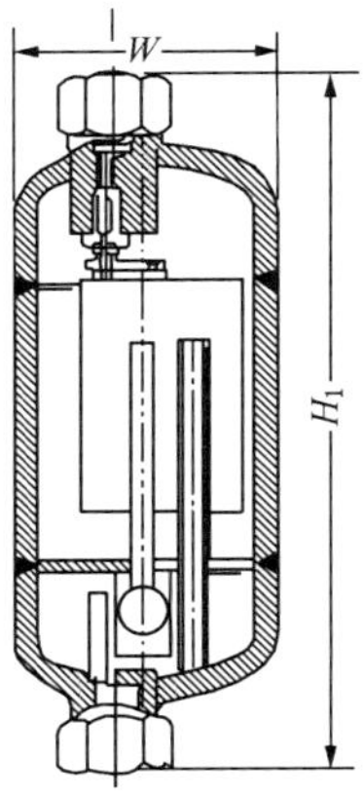 图 10-17-1	SHY64P-E	15		303		108		英侨 DN15~25
			20						
			25						
		SHY64P-F	15		334		108		英侨 DN15~25
			20						
			25						
		SHY64P-W	15		303		108		英侨 DN15~25
			20						
			25						
		SHY100P-F	15		338		112		英侨 DN15~25
			20						
			25						
		SHY100P-W	15		303		112		英侨 DN15~25
			20						
			25						
		SHY160P-F	15		468		124		英侨 DN15~25
			20						
			25						
	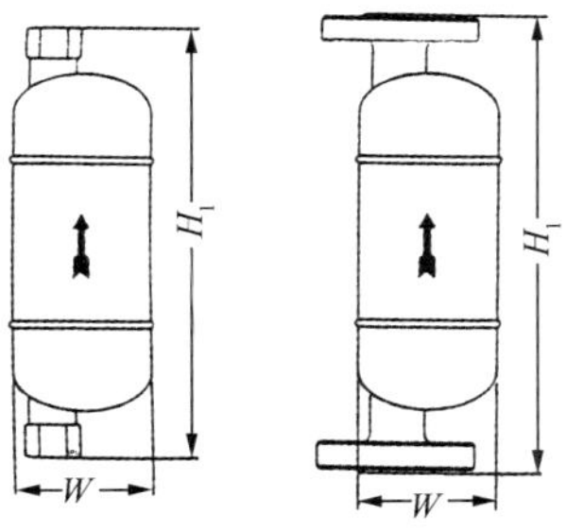 图 10-17-2	CS65Y-63P-SH	15		380		120	60	银球 DN15~25
			20						
			25						
		CS65Y-100P-SH	15		380		120	60	银球 DN15~25
			20						
			25						
		CS45Y-63P-SH	15		380		120	65	银球 DN15~25
			20		380		120	68	
			25		380		120	70	
		CS45Y-100P-SH	15		380		120	65	银球 DN15~25
			20		380		120	68	
			25		380		120	70	
19	空气疏水阀 (1)自由浮球式空气疏水阀 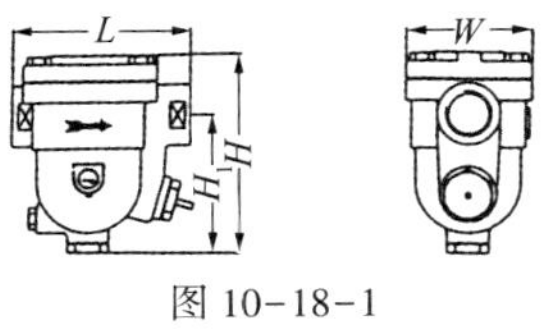 图 10-18-1	KS11H-16C-Ⅰ KS11H-16-Ⅱ KS11H-16C-Ⅱ KS11H-25C-Ⅱ						HT200/WCB	银球 DN15~25
			15	150	180	140	110	4.8/6	
			20	150	180	140	110	4.8/6	
			25	150	180	140	110	4.8/6	
	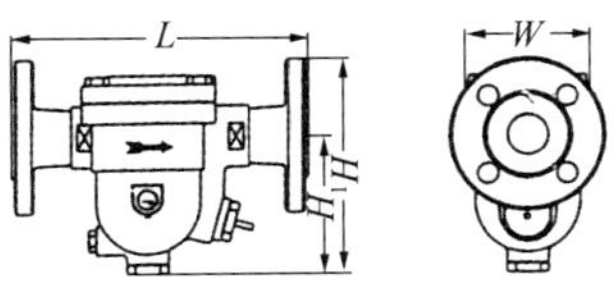 图 10-18-2	KS41H-16C-Ⅰ KS41H-16-Ⅱ KS41H-16C-Ⅱ KS41H-25-Ⅱ	15	230	180	140	110	6.6/7.4	银球 DN15~32
			20	230	180	140	110	7/7.8	
			25	230	200	140	110	7.4/8.5	
			32	230	200	140	110	7.8/9	

续表

序号	名称	型号	公称通径 DN	结构尺寸/mm L	H_1	H_2	W	质量/kg	生产厂
19	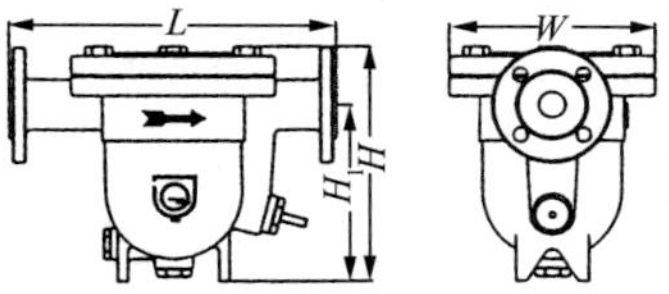 图 10-18-3	KS41H-16-Ⅲ	25	270	245	190	200	18.4	银球 DN25~50
			32	280	275	200	200	19	
			40	280	280	200	200	20.5	
			50	290	285	200	200	22	
		KS41H-16C-Ⅲ KS41H-25-Ⅲ	25	320	260	195	200	21	银球 DN25~50
			32	320	270	195	200	22.5	
			40	320	280	195	200	23.7	
			50	320	280	195	200	25	
	(2)倒吊桶式空气疏水阀	KS15H-16C-Ⅰ	15~25	130	180	110	100	4.8	银球 DN15~25
	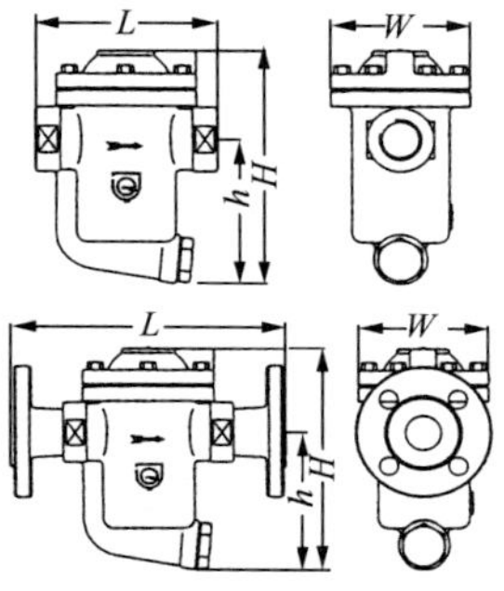 图 10-18-4	KS41H-16C-Ⅰ	15	210	180	110	100	5.5	银球 DN15~25
			20	210	180	110	100	6.8	
			25	210	180	110	100	8	
		KS15H-16C-Ⅱ KS15H-25-Ⅱ	15~25	165	230	150	145	8.5	银球 DN15~25
		KS45H-16C-Ⅱ KS45H-25-Ⅱ	15	230	230	150	145	9.8	银球 DN15~32
			20	230	230	150	145	12	
			25	230	230	150	145	14	
			32	230	230	150	145	15.8	
	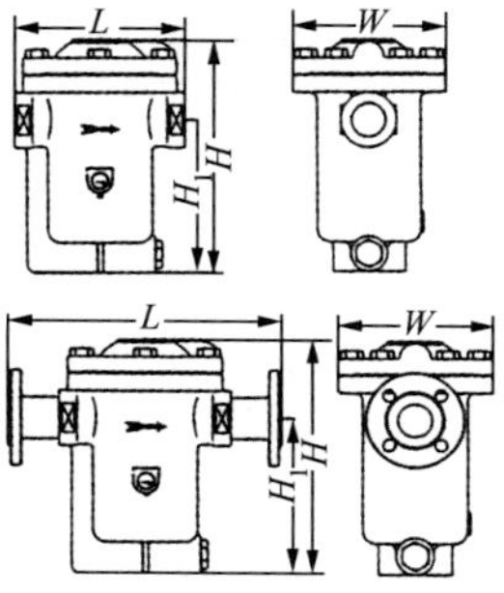 图 10-18-5	KS15H-16C-Ⅲ KS15H-25-Ⅲ	15	200	280	170	180	9	银球 DN25~40
			32	200	280	170	180	9	
			40	200	280	170	180	9	
		KS41H-16C-Ⅲ KS41H-25-Ⅲ	25	270	280	170	180	14.8	银球 DN25~50
			32	270	280	170	180	16.4	
			40	270	280	170	180	18	
			50	270	280	170	180	20	
	(3)杠杆浮球式空气疏水阀 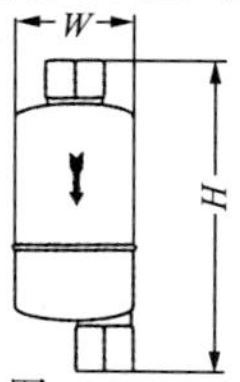 图 10-18-6	KS11H-16P-L	15		180		85	0.8	银球 DN15~25
			20		180		85	0.8	
			25		180		85	0.8	
		KS11H-25P-L	15		180		85	0.8	银球 DN15~25
			20		180		85	0.8	
			25		180		85	0.8	

序号	名　　称	型　号	公称通径 DN	结构尺寸/mm				质量/kg	生产厂
				L	H_1	H_2	W		
	汽水分离器								
	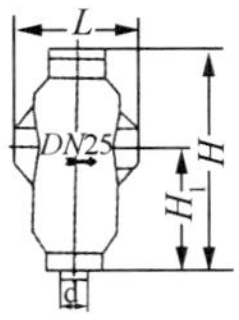		25	150	280	160			
		CF11S-16C CF11S-25	320	150	280	160	螺纹 $DN20$		银球 $DN25\sim50$
			40	180	280	160			
	CF11S		50	180	280	160			
	图 10-19-1								
			25	320	180	125	螺纹 $DN15$		
			32	320	190	125			
	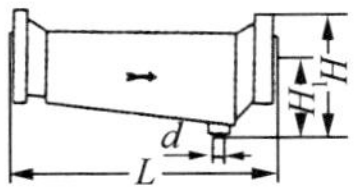		40	460	215	140			
			50	460	220	140	螺纹 $DN20$		
	图 10-19-2		65	480	270	180			
		CF41S-16C CF41S-25	80	480	280	180			银球 $DN25\sim200$
			100	540	320	210			
20			125	580	335	210	螺纹 $DN25$		
			150	630	385	240			
			200	710	457	290			
			40	320	365	280			
	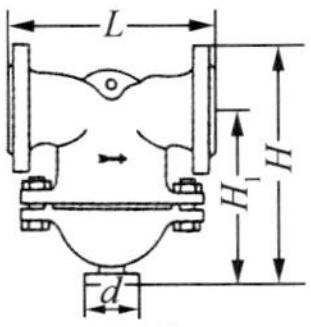		50	320	365	280			
			65	320	365	280			
			80	400	425	325			
	UF41S 图 10-19-3	CF41S-16C CF41S-25	100	400	445	325	法兰 $DN25$		银球 $DN40\sim300$
			150	460	480	330			
			200	550	510	330			
			250	550	685	470			
			300	550	735	490			

注：序号 1、2、3、9、11、14、15 型号中带括弧中的数字为公称压力，单位 MPa。

第十一节 减 压 阀

一、减压阀使用范围

序号	名　称	型　号	阀体材质	压力/MPa		使用温度	适用介质	公称通径 *DN*	页次
				进　口	出　口				
1	薄膜式减压阀	Y41H-10Q	球墨铸铁	0.3	0.5~0.1	常　温	水	150、200	468
2	弹簧薄膜式减压阀	Y42X-16C	碳　钢	1.6	0.1~1.2	≤50	空气、水	300	468
		Y42SD-40	碳　钢	≤4.0	1.0~2.5	≤70	空气、水	25~50	468
		Y42SD-64	碳　钢	≤6.4	1.0~3.0	≤70	空气、水	25~50	468
3	活塞式减压阀	Y43H-10	灰铸铁	1.0	0.07~0.8	≤200	蒸汽、空气	40、50	469
		Y43H-16	灰铸铁	0.2~1.6	0.05~1.0	≤200	蒸汽、空气	20~200	469
		Y43H-25	碳　钢	≤2.5	0.05~1.6	≤450	蒸　汽	25~200	469
		Y43H-40	碳　钢	≤4.0	0.1~2.5	≤450	蒸　汽	25~100	469
		Y43H-64	碳　钢	≤6.4	0.1~3.0	≤450	蒸　汽	25~100	469

二、减压阀结构尺寸和质量

序号	名　称	型　号	公称通径 *DN*	结构尺寸/mm		质量/kg	生 产 厂
				L	*H*		
1	薄膜式减压阀	Y41H-10Q	150	400	335		津三 *DN*150、200
			200	550	660		
2	内弹簧薄膜式减压阀 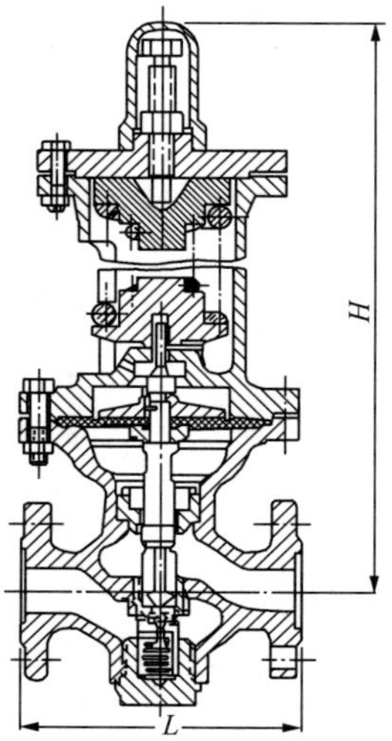 图 11-1	Y42X-16C	300	750	820	700	沈阀 *DN*300
		Y42SD-40	25	200	580	50	沈阀 *DN*25~50
			32	220	592	55	
			40	240	622	65	
			50	270	632	80	
		Y42SD-64	25	200	520	55	沈阀 *DN*25~50
			32	220	530	65	
			40	250	562	80	
			50	270	567	100	

续表

序号	名称	型号	公称通径 DN	结构尺寸/mm		质量/kg	生产厂
				L	H		
3	活塞式减压阀 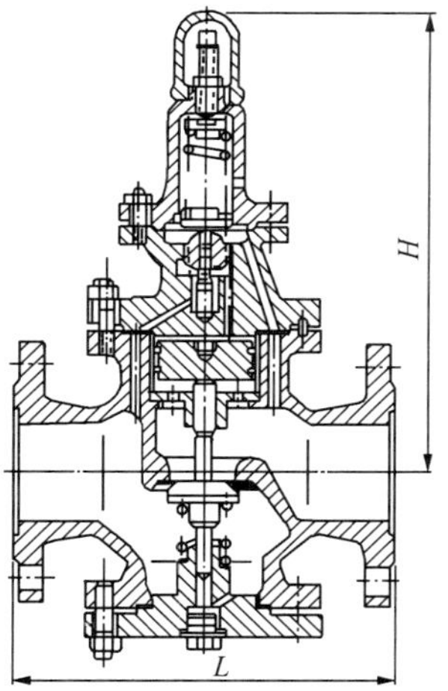 图 11-2	Y43H-10	40	200	385	17	津三 DN40、50
			50	210	404	21	
		Y43H-16	20	160	312	14	津三 DN20~200
			25	180	328	18	
			32	200	320	22	
			40	220	325	24	
			50	250	335	26	
			65	280	365	40	
			80	310	385	50	
			100	350	385	55	
			125	400	425	80	
			150	450	445	90	
			200	500	515	150	
		Y43H-25	25	180	312	15	沈阀 DN25~200
			32	200	315	19	
			40	220	315	23	
			50	250	319	26	
			65	260	332	36	
			80	300	373	55	
			100	350	373	59	
			125	400	413	97	
			150	450	434	108	
			200	500	490	152	
		Y43H-40	25	200	370	18	沈阀 DN25~100
			32	220	380	22. 5	
			40	240	395	28	
			50	270	405	33	
			65	300	410	39. 5	
			80	330	445	53. 6	
			100	380	455	60. 3	
		Y43H-64	25	200	370	23	沈阀 DN25~100
			32	220	380	28	
			40	240	395	337	
			50	270	405	39	
			65	300	410	51	
			80	330	445	68	
			100	380	455	77. 5	

第十二节　特　殊　阀　门

一、 阀门使用范围

序号	名　　称	型　　号	阀体材质	使用温度/℃	适用介质	公称通径 *DN*	页次
1	冷壁单动滑阀	OTLBD-6	碳钢+耐磨耐热衬里	≤650	催化剂、高温烟气、蒸汽	500～1300	470
2	冷壁双动滑阀	OTLBS-6		≤650		100～1800	
3	电液控塞阀	OTDSF-D		≤650		300～1100	471
		OTDSF-Z		≤650		300	
		OTDSF		≤650		500～900	
4	高温掺合阀	HC6s41H-16C	碳钢	1430/425	硫磺装置用	150～800	
5	气动高温平板闸阀	OZ6s43WS-25P$_{Ⅱ}$	铬钼钛耐热钢	≤650	高温烟气	700～1000	472
6	放火炬气动调节快开蝶阀	OTD6s41H-25	碳钢	≤425	油气	450～900	
7	液动高温调节蝶阀	OTDTs41WY-25P$_{Ⅱ}$	铬钼钛耐热钢	≤625	烟气	700～1000	

二、 阀门结构尺寸和质量

序号	名　　称	型　号	公称通径 *DN*	结构尺寸/mm *L*	*H*	*D*	质量/kg	生 产 厂
1	冷壁单动滑阀 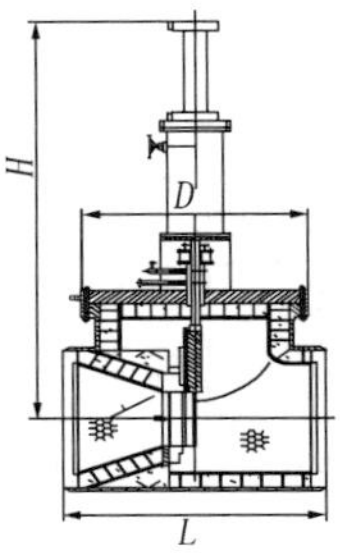	OTLBD-6	500	1200	3600	1000	5000	浙石化
			700	1250	3900	1200	5500	
			800	1500	4300	1250	6800	
			900	2200	4500	1300	8500	
			1100	2300	5100	1430	9230	
			1300	2500	5730	1650	10630	
2	冷壁双动滑阀 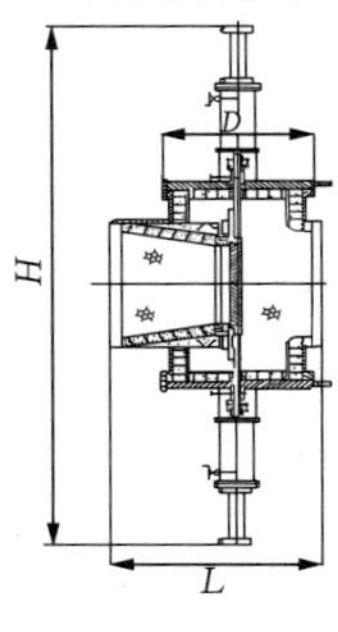	OTLBS-6	1000	1500	4200	1300	7500	浙石化
			1100	1700	4500	1500	10500	
			1200	1700	5000	1500	11520	
			1410	1700	5500	1550	12800	
			1600	2500	8400	1900	17500	
			1800	2500	9640	2200	21000	

序号	名称	型号	公称通径 *DN*	结构尺寸/mm			质量/kg	生产厂
				L	L_1	*D*		
3	电液控塞阀 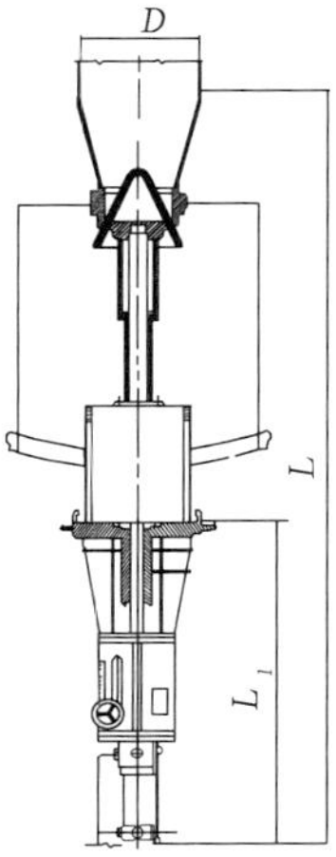	OTDSF-D	300/125	4326	2312	305	2047	浙石化
			450/250A	4612	2312	450	2189	
			450/250B	4465	2312	450	2179	
			500/300	4715	2360	500	2332	
			800/450	6286	2901	800	4423	
			1000/600A	6356	2901	1000	4614	
			1100/600	6677	2901	1100	4476	
		OTDSF-Z	300/125	3936	2312	280	2028	
		OTDSF	500/250	4700	2405	500	2357	
			700/400	6286	2841	700	3079	
			750/500	5851	2756	500	2888	
			900/500	6379	2901	900	4354	
			900/550	6286	2901	900	4245	

序号	名称	型号	公称通径 *DN*	结构尺寸/mm			质量/kg	生产厂
				L	H_1	H_2		
4	高温掺合阀 （硫磺回收装置用） 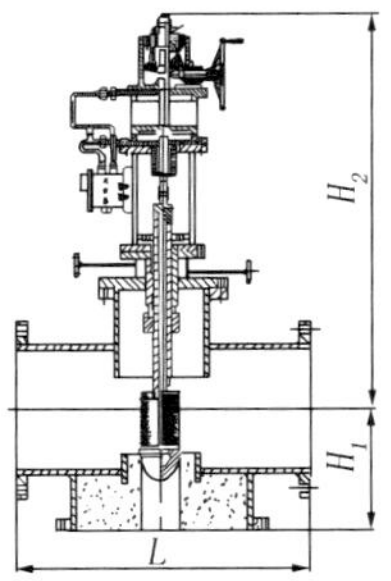 热流温度1430℃ 冷流温度160℃ 混合温度270℃	HC6s41 H-16C	150/50-600	900	400	1710	762	浙石化
			250/89-500	900	400	1710	707	
			350/80-500	900	400	1800	787	
			500/150-700	1200	700	1950	1455	
			600/150-800	1400	700	1950	2085	
			700/180-800	1400	750	2250	2246	
			800/250-800	1400	750	2250	2488	

续表

序号	名称	型号	公称通径 DN	结构尺寸/mm L	结构尺寸/mm H_1	结构尺寸/mm H_2	质量/kg	生产厂
5	气动高温平板闸阀（催化装置用）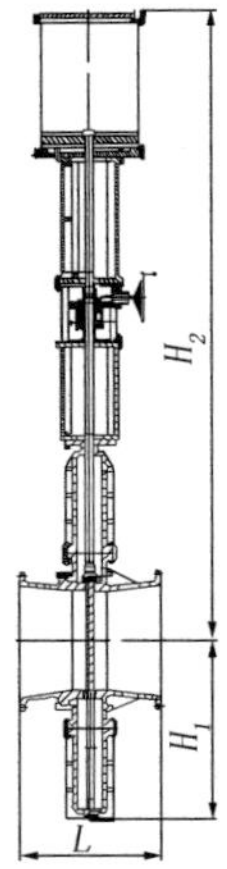	OTZ6s-43 WS-25P Ⅱ	700	900	1370	4550	4860	浙石化
			800	1000	1430	5005	6300	
			900	1100	1430	5005	6740	
			1000	1100	1430	5005	7210	

序号	名称	型号	公称通径 DN	结构尺寸/mm L	结构尺寸/mm L_1	结构尺寸/mm H_1	结构尺寸/mm H_2	质量/kg	生产厂
6	放火炬气动调节快开蝶阀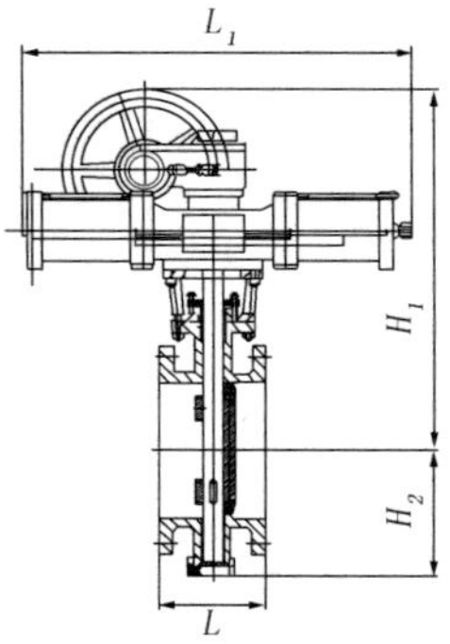* 根据需要连接法兰可 PN2.5MPa 及 150lb	OTZ6s-41 H-25 (150lb)*	450	222	1245	742	405	410	浙石化
			500	229	1245	831	444	485	
			600	267	1420	1032	521	688	
			700	292	1840	1160	586	1253	
			800	318	1850	1281	659	1886	
			900	330	2015	1362	720	2465	
7	液动高温调节蝶阀（催化装置用）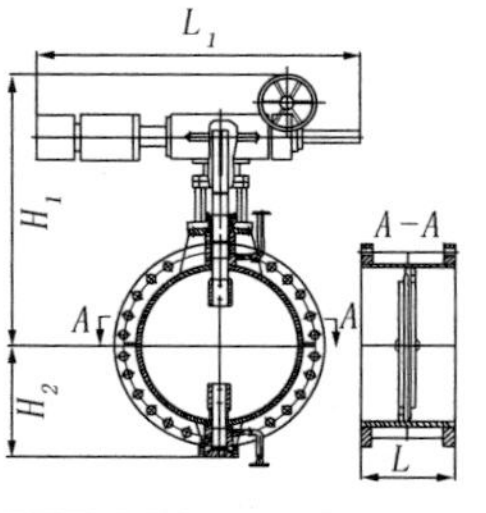	OTD7s 41WY-25P Ⅱ	700	540	960	1030	550	1796	浙石化
			800	550	960	1100	620	2038	
			900	610	1240	1170	670	2366	
			1000	660	1240	1240	720	2670	

第三章　按国外标准生产的阀门

第一节　闸　　阀

一、　铸钢闸阀

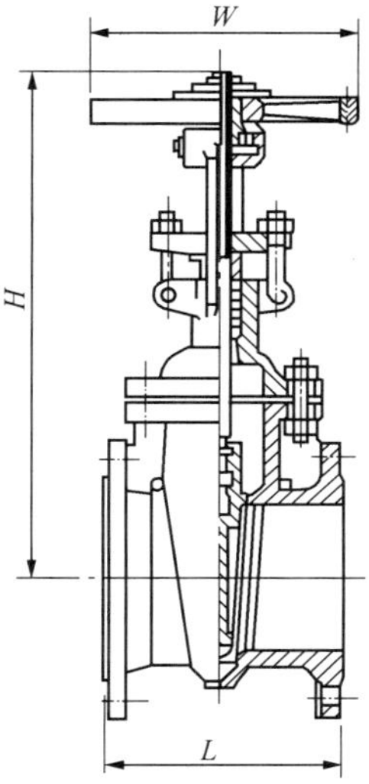

图 3-1-1

1. 压力等级

150、300、600、900、1500、2500 lb

JIS 10K 20K

2. 应用规范

（1）设计、制造按 API 600

（2）结构长度按 ASME B16. 10

（3）连接端：

法兰尺寸 ASME 按 ASME B16. 5；

JIS 10K、20K 分别按 JIS B2212、2214；

对接焊端按 ASME B16. 25

（4）阀门检查和试验按 API 598

3. 结构 B. B；OS&Y

4. 主体材料

材　料	生　　产　　厂
A216-WCB	苏阀、良工、沈阀、包阀、承高、上阀、兰高、启化阀、自高、北阀、保一、上阀二、浙石化、锡山、南方、伯特利、纽威、建湖、精工、大洋、凯喜姆、安科、旭龙、玉环、良精、开阀
A351-CF8	苏阀、良工、沈阀、包阀、上阀、承高、兰高、启化阀、自高、保一、玉环、安科、浙石化、良精、纽威、伯特利、建湖、精工、锡山、旭龙
A351-CF8M	苏阀、良工、沈阀、保一、包阀、上阀、承高、兰高、启化阀、玉环、安科、浙石化、纽威、建湖、精工、锡山、旭龙、伯特利
A351-CF3M	苏阀、良工、沈阀、兰高、玉环、浙石化、保一、良精、纽威、伯特利、建湖、精工、锡山、安科、旭龙、承高
A217-WC6、WC9	苏阀、良工、沈阀、纽威、包阀、承高、伯特利、建湖、精工、锡山、安科
CF3	苏阀、浙石化、保一、良精、纽威、伯特利、建湖、精工、锡山、安科、旭龙、承高
CN7M	苏阀、安科
Monel	苏阀、兰高、浙石化、安科、凯喜姆、承高
A352-LCB(-46℃)	汉威、良精、纽威、南方、锡山、大洋、安科、开阀、承高
A352-LC3(-101℃)	汉威、玉环、良精、南方、锡山、大洋、安科、开阀、承高
A351-CF8(-196℃)	汉威、玉环、良精、南方、锡山、大洋、安科、承高

5. 结构尺寸和质量

<table>
<tr><th rowspan="2">序号</th><th rowspan="2">型 号</th><th rowspan="2">公称通径
DN
in</th><th colspan="3">结构尺寸/mm</th><th colspan="2">质量/kg</th><th rowspan="2">生 产 厂</th></tr>
<tr><th>L</th><th>H</th><th>W</th><th>RF</th><th>BW</th></tr>
<tr><td rowspan="16">1</td><td rowspan="16">150 lb
(RF)(BW)
JIS10K</td><td>2</td><td>178</td><td>40. 9</td><td>200</td><td>24</td><td>22</td><td rowspan="16">苏阀、上阀、沈阀、浙石化、伯特利、旭龙、锡山、包阀、精工、纽威
DN 2″~24″
良工、汉威、北阀、兰高、大洋
DN 2″~12″
玉环、自高、凯喜姆
DN 2″~16″
启化阀、屯溪、上阀二
DN 2″~6″
南方、建湖、保一、良精、安科、开阀
DN 2″~36″
承高 2″~40″</td></tr>
<tr><td>2½</td><td>190</td><td>450</td><td>200</td><td>31</td><td>29</td></tr>
<tr><td>3</td><td>203</td><td>570</td><td>250</td><td>40</td><td>37</td></tr>
<tr><td>4</td><td>229</td><td>590</td><td>250</td><td>55</td><td>45</td></tr>
<tr><td>6</td><td>267</td><td>630</td><td>300</td><td>90</td><td>80</td></tr>
<tr><td>8</td><td>292</td><td>960</td><td>350</td><td>145</td><td>130</td></tr>
<tr><td>10</td><td>330</td><td>1158</td><td>400</td><td>230</td><td>210</td></tr>
<tr><td>12</td><td>356</td><td>1378</td><td>450</td><td>330</td><td>290</td></tr>
<tr><td>14</td><td>381</td><td>1543</td><td>500</td><td>430</td><td>390</td></tr>
<tr><td>16</td><td>408</td><td>1738</td><td>600</td><td>570</td><td>520</td></tr>
<tr><td>18</td><td>432</td><td>1959</td><td>600</td><td>740</td><td>700</td></tr>
<tr><td>20</td><td>457</td><td>2214</td><td>680</td><td>920</td><td>870</td></tr>
<tr><td>24</td><td>508</td><td>2599</td><td>760</td><td>1410</td><td>1550</td></tr>
<tr><td>30</td><td>610</td><td>3183</td><td>915</td><td>2800</td><td></td></tr>
<tr><td>36</td><td>711</td><td>3737</td><td>915</td><td>3820</td><td></td></tr>
<tr><td>40</td><td>812</td><td>4318</td><td></td><td></td><td></td></tr>
<tr><td rowspan="14">2</td><td rowspan="14">300 lb
(RF)(BW)
JIS20K</td><td>2</td><td>216</td><td>424</td><td>200</td><td>32</td><td>26</td><td rowspan="14">锡山、玉环、凯喜姆
DN 2″~16″
南方、苏阀、沈阀、上阀、旭龙、浙石化、精工、
建湖、良精、承高、包阀、保一、纽威、安科、开阀
DN 2″~24″
良工、汉威、北阀
大洋、兰高、自高
DN 2″~12″
启化阀 DN 2″~6″
屯溪 DN 2″~8″
伯特利 DN 2″~18″</td></tr>
<tr><td>2½</td><td>241</td><td>500</td><td>200</td><td>39</td><td>31</td></tr>
<tr><td>3</td><td>283</td><td>535</td><td>250</td><td>55</td><td>44</td></tr>
<tr><td>4</td><td>305</td><td>615</td><td>250</td><td>80</td><td>60</td></tr>
<tr><td>6</td><td>403</td><td>795</td><td>350</td><td>160</td><td>130</td></tr>
<tr><td>8</td><td>419</td><td>1012</td><td>400</td><td>250</td><td>210</td></tr>
<tr><td>10</td><td>457</td><td>1231</td><td>450</td><td>370</td><td>310</td></tr>
<tr><td>12</td><td>502</td><td>1450</td><td>500</td><td>560</td><td>470</td></tr>
<tr><td>14</td><td>762</td><td>1645</td><td>600</td><td>820</td><td>690</td></tr>
<tr><td>16</td><td>838</td><td>1841</td><td>600</td><td>1010</td><td>870</td></tr>
<tr><td>18</td><td>914</td><td>1943</td><td>680</td><td>1300</td><td>1110</td></tr>
<tr><td>20</td><td>991</td><td>2154</td><td>762</td><td>1720</td><td>1490</td></tr>
<tr><td>24</td><td>1143</td><td>2553</td><td>915</td><td>2500</td><td>2140</td></tr>
</table>

<table>
<tr><th rowspan="2">序号</th><th rowspan="2">型 号</th><th rowspan="2">公称通径
DN
in</th><th colspan="3">结构尺寸/mm</th><th colspan="2">质量/kg</th><th rowspan="2">生 产 厂</th></tr>
<tr><th>L</th><th>H</th><th>W</th><th>RJ</th><th>BW</th></tr>
<tr><td rowspan="4">3</td><td rowspan="4">300 lb
(RJ)JIS 20K</td><td>2</td><td>232</td><td>460</td><td>200</td><td>37</td><td></td><td rowspan="4">旭龙、苏阀、上阀、沈阀、浙石化、精工、安科、纽威、承高、包阀、建湖、南方
DN 2″~24″
屯溪 DN 2″~8″</td></tr>
<tr><td>2½</td><td>257</td><td>500</td><td>200</td><td>45</td><td></td></tr>
<tr><td>3</td><td>298</td><td>540</td><td>324</td><td>65</td><td></td></tr>
<tr><td>4</td><td>321</td><td>640</td><td>250</td><td>90</td><td></td></tr>
</table>

续表

序号	型号	公称通径 DN in	结构尺寸/mm			质量/kg		生产厂
			L	H	W	RJ	BW	
3	300 lb (RJ) JIS 20K	6	419	870	355	175		良工、汉威、北阀 大洋、兰高 DN 2″~12″ 自高 DN 2″~16″ 启化阀 DN 2″~6″ 伯特利 DN 2″~18″
		8	435	1045		265		
		10	473	1240		390		
		12	518	1425		620		
		14	778	1585		880		
		16	854	1960		1100		
		18	930	2155		1400		
		20	1010	2350		1810		
		24	1165	2720		2700		
4	600 lb (RJ)	1½	241	430	200	22		凯喜姆 DN1½″~12″ 沈阀、良精、承高、保一、建湖、纽威、包阀、上阀、浙石化、精工、开阀、南方 DN 2″~24″ 苏阀 DN 2″~18″ 伯特利、自高、锡山 DN 2″~16″ 北阀、良工、汉威、大洋、旭龙、兰高 DN 2″~12″ 启化阀 DN 2″~6″ 屯溪 DN 2″~8″ 安科 DN 2″~20″
		2	295	470	200	42		
		2½	333	520	250	55		
		3	359	570	280	70		
		4	435	700	315	120		
		6	562	950	450	250		
		8	664	1260	500	480		
		10	791	1500	600	790		
		12	841	1720	680	1020		
		14	892	1870	760	1340		
		16	994	2060	760	1820		
		18	1095	2290	760	2150		
		20	1194	2356	864	3116		
		24	1397	2750	864	3856		

序号	型号	公称通径 DN in	结构尺寸/mm			质量/kg		生产厂
			L	H	W	RF	BW	
5	600 lb (RF) (BW)	2	292	458	250	42	35	沈阀、纽威、承高、建湖、精工、包阀、上阀 DN 2″~24″ 苏阀 DN 2″~18″ 伯特利、自高、锡山 DN 2″~16″ 北阀、良工、兰高、凯喜姆 汉威 DN 2″~12″ 启化阀 DN 2″~6″ 安科 DN 2″~20″
		2½	330	520	250	55	45	
		3	356	570	250	70	55	
		4	432	690	350	120	90	
		6	559	910	450	250	190	
		8	660	1064	500	480	400	
		10	787	1257	600	790	660	
		12	838	1468	680	1020	860	
		14	889	1623	760	1340	1150	

序号	型号	公称通径 DN in	结构尺寸/mm			质量/kg		生产厂
			L	H	W	RF	BW	
5	600 lb (RF)(BW)	16	991	1816	760	1820	1560	
		18	1092	2100	760	2150	1840	
		20	1194	2250	864	3116		
		24	1397	2730	864	3856		
6	900 lb (RF)(BW)	2	368	590	250	130	110	建湖、保一、苏阀 DN 2″~18″ 承高 DN 2″~14″ 精工 DN 2″~12″ 安科、纽威、伯特利 DN2″~16″ 开阀 DN 3″~16″
		2½	419	700	315	170	145	
		3	381	740	315	140	120	
		4	457	870	355	215	175	
		6	610	1120		450	370	
		8	737	1390		780	650	
		10	838	1590		1160	980	
		12	965	1795		1700	1450	
		14	1029	2025		2300	2000	
		16	1130	2170		3060	2750	
		18	1219	2510		4040	3600	

序号	型号	公称通径 DN in	结构尺寸/mm			质量/kg		生产厂
			L	H	W	RJ	BW	
7	900 lb (RJ)	2	372	590	250	130		建湖、苏阀 DN 2″~18″ 纽威、承高 DN 2″~14″ 安科、伯特利 DN2″~16″ 精工 DN 2″~12″
		2½	422	700	315	170		
		3	384	740	315	140		
		4	460	870	355	215		
		6	613	1120		450		
		8	740	1390		780		
		10	841	1590		1160		
		12	968	1795		1700		
		14	1038	2025		2300		
		16	1140	2170		3060		
		18	1232	2510		4040		

续表

序号	型　号	公称通径 DN in	结构尺寸/mm L RF、BN	L RJ	H	W	质量/kg RJ，RF	BW	生　产　厂
8	1500 lb (RF)(BW)(RJ)	2	368	372	590	250	130	110	建湖、苏阀 DN 2″~4″ 纽威 DN 2″~5″ 伯特利、开阀 DN 2″~12″ 精工 DN 2″~8″ 安科 DN 2″~10″ 承高 DN 2″~14″
		2½	419	422	700	315	170	145	
		3	470	473	780	400	225	190	
		4	546	549	880	500	335	285	
		5	673	616	1120	610	508	440	
		6	705	711	1220	720	600	495	
		8	832	841	1572	900	954	740	
		10	991	1000	1830	900	1603	1122	
		12	1130	1146	2076	1000	2600	1807	
		14		1276	2216	800			
9	2500 lb (RF)(BW)(RJ)	2	451	454	730	315	200	180	建湖、苏阀、开阀 纽威 DN2″~4″ 承高 DN2″~10″
		2½	508	514	810	400	260	215	
		3	578	584	932	450	310	245	
		4	673	683	1025	500	480	385	
		5		806	1047	650			
		6		927	1144	700			
		8		1038	1392	700			
		10		1292	1614	800			

二、锻钢闸阀

1. 压力等级

150~800 lb、900~1500 lb、1500 lb

2. 应用规范

(1) 设计制造按 API 602

(2) 连接端：

承插口尺寸按 ASME B16.11；

螺纹端按 ASME B1.20.1

(3) 阀门检查和试验按 API 598

(4) 材料按 ASME/ASTM 的规定

3. 结构：B.B；OS&Y

4. 主体材料

材　料	生　产　厂
A105 A182-F304 A182-F316	上阀、良工、汉威、苏阀、大高、屯溪、承高、纽威、梅陇、玉环、伯特利、建湖、锡山、安科、旭龙
A182-F316L	上阀、苏阀、大高、屯溪、承高、纽威、梅陇、玉环、伯特利、建湖、锡山、安科、旭龙
A182-F316(高温)	上阀、苏阀、大高、屯溪、承高、锡山
F11	苏阀、伯特利、建湖、锡山、安科
Monel	苏阀、安科、凯喜姆
20 号合金	苏阀、安科
A350-LF1(-46℃)	汉威、屯溪、锡山、安科
A351-FL3(-101℃)	
A182-F304(-196℃)	

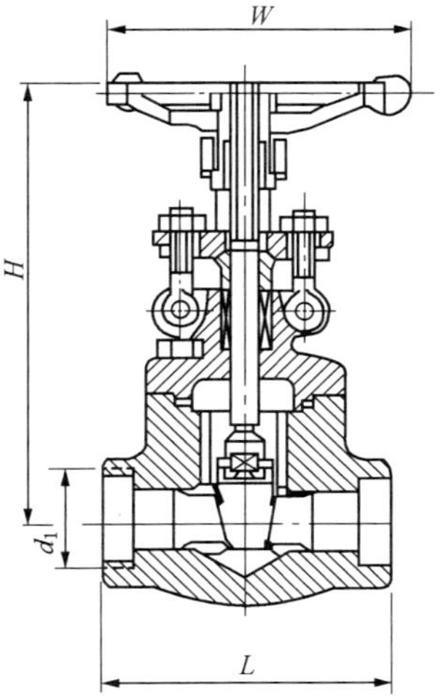

图 3-1-2

5. 结构尺寸和质量

序号	型　号	公称通径 DN in	结构尺寸/mm			质量	螺纹	生　产　厂
			L	H	W	kg	d_1/in	
1	150～800 lb	1/2	79	161	100	2.1	NPT 1/2	安科、苏阀、上阀、大高、伯特利、旭龙、建湖、屯溪、承高、玉环、锡山、凯喜姆 DN 1/2″～2″ 良工、汉威 纽威、梅陇 DN 1/2″～1½
		3/4	92	161	100	2.3	NPT 3/4	
		1	111	196	125	4.3	NPT 1	
		1 ¼	120	239	160	6.9	NPT 1 ¼	
		1 ½	121	244	160	6.9	NPT 1 ½	
		2	140	286	200	10.8	NPT 2	
2	900～1500 lb	1/2	140	322	180	13	NPT 1/2	屯溪、伯特利、建湖、安科 苏阀 DN 1/2″～2″ 兰高 DN 1/2″～1½″
		3/4	140	322	180	13	NPT 3/4	
		1	140	322	180	15	NPT 1	
		1½	178	414	200	24	NPT 1½	
		2	216	508	300	44	NPT 2	
3	2500 lb	1/2	92	218	100	4.3	NPT 1/2	屯溪、伯特利、建湖、安科 大高 DN 1/2″～2″
		3/4	111	239	125	6.6	NPT 3/4	
		1	127	275	160	9.5	NPT 1	
		1½	171	313	180	14.5	NPT 1½	
		2	210	365	250	18	NPT 2	

三、锻钢法兰闸阀

1. 压力等级

150、300、600 lb、JIS10K20K

2. 应用规范

(1) 设计、制造按 API 602

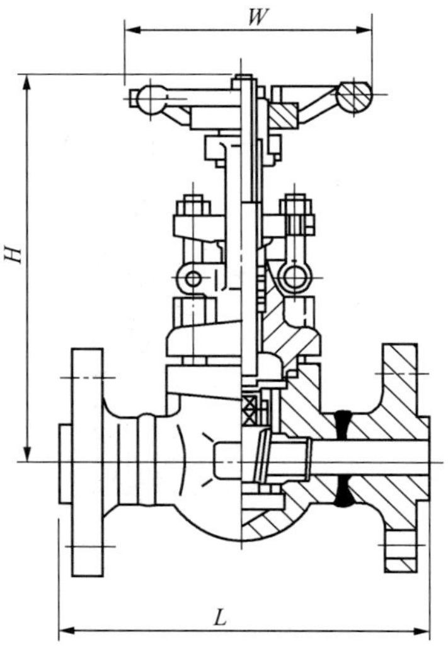

图 3-1-3

(2) 连接法兰

150～600lb 按 ASME B16.5;

JIS 10K 按 JIS B2212;

JIS 20K 按 JIS B2214

(3) 阀门检查和试验按 API 598

3. 结构：B.B；OS&Y

4. 主体材料

材　　料	生　　产　　厂
A105 A182-F304 A182-F316	上阀、良工、汉威、苏阀、大高、屯溪、承高、纽威、梅陇、伯特利、大洋、安科、旭龙
A182-F316L	良工、苏阀、屯溪、承高、伯特利、大洋、安科、旭龙
A182-F316(高温阀)	良工、苏阀、屯溪、承高、大洋、安科
F11、F22、Monel 20 号合金	苏阀、伯特利、安科、旭龙(F11)

5. 结构尺寸和质量

序号	型　号	公称通径 DN/in	结构尺寸/mm			质量/kg		生　产　厂
			L	*H*	*W*	RF	BW	
1	150 lb JIS 10K	1/2	108	161	100	4.6		上阀、苏阀、大高、纽威、大洋、旭龙、屯溪、承高、伯特利、安科、梅陇 *DN* 1/2″~2″ 汉威、良工 *DN* 1/2″~1″
		3/4	117	161	100	5.4		
		1	127	196	126	7.8		
		1½	165	244	160	12		
		2	178	286	180	20		
2	300 lb JIS 20K	1/2	140	161	100	4.9		上阀、苏阀、大高、大洋 屯溪 *DN* 1/2~1″ 旭龙、纽威、梅陇、伯特利、安科、承高 *DN* 1/2″~2″
		3/4	152	161	100	6.3		
		1	165	196	125	8.8		
		1½	190.5	244	160	15		
		2	216	286	180	23		
3	600 lb	1/2	165	161	100	5.9		纽威、上阀、苏阀、大高、大洋、安科、梅陇、屯溪、承高、伯特利、旭龙、纽威、梅陇 *DN* 1/2″~2″ 良工、汉威 *DN* 1/2″~1″
		3/4	190.5	161	100	7.3		
		1	216	196	125	9.9		
		1½	241	244	160	17		
		2	292	286	180	28		

注：大洋为整体模锻和焊接两种。

四、压力自紧密封阀盖铸钢闸阀

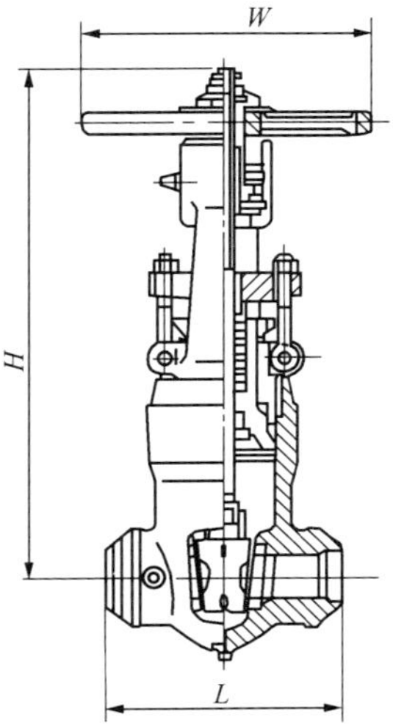

图 3-1-4

1. 压力等级

900、1500、2000、2500 lb

2. 应用规范

(1) 设计制造按 ASME B16.34

(2) 结构长度按 ASME B16.10

(3) 连接端按 ASME B16.25

(4) 阀门检查和试验按 API 598

3. 结构：P.B；OS&Y

4. 主体材料：WCB、WC6、WC9

5. 结构尺寸和质量

序号	型　号	公称通径 DN/in	结构尺寸/mm			质量/kg	生　产　厂
			L	H	W	BW	
1	900 lb (BW)	2½	254	680	500	45	苏阀 DN 2½″~18″ 汉威 DN 2½″~10″
		3	305	974	500	60	
		4	356	1083	600	120	
		6	508	1432	560	280	
		8	660	1750		510	
		10	787	1998		935	
		12	914	2355		1275	
		14	991	2690		1600	
		16	1092	2905		2000	
		18	1219	3380		2640	
2	1500 lb (BW)	2½	254	680	500	45	苏阀 DN 2½″~16″ 汉威 DN 2½″~10″ 开阀 DN 2½″~8″
		3	305	932	600	60	
		4	406	1029	560	120	
		6	559	1373		280	
		8	711	1650		510	
		10	864	1910		1100	
		12	991	2274		1660	
		14	1067	2380		2100	
		16	1194	2670		2800	
3	2000 lb (BW)	2½	330	730	500	55	苏阀 DN 2½″~10″ 开阀 DN 2½″~6″
		3	368	800	500	80	
		4	457	895	600	130	
		6	610	1110		390	
		8	762	1360		630	
		10	914	1570		1100	
4	2500 lb (BW)	2½	330	645	500	55	苏阀 DN 2½″~4″ 汉威 DN 2½″~10″ 开阀 DN 2½″~6″
		3	368	892	600	80	
		4	457	982	560	130	
		6	914	1000	600	420	
		8	1022	1210	850	970	
		10	1270	1500	960	1300	

五、压力自紧密封阀盖锻钢闸阀

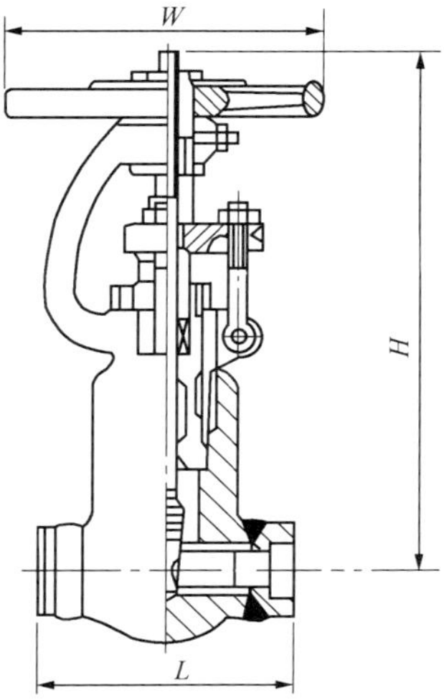

图 3-1-5

1. 压力等级

900~1500、2500 lb

2. 应用规范

(1) 设计、制造按 ASME B16. 34

(2) 连接端:

承插口尺寸按 ASME B16. 11

螺纹端按 ASME B2. 1

(3) 阀门检查和试验按 API 598

3. 结构: P. B; OS&Y

4. 主体材料: A105、F11、F22、304、316、304L、316L

5. 结构尺寸和质量

序号	型　号	公称通径 DN/in	结构尺寸/mm			质量/kg	生　产　厂
			L	H	W		
1	900~1500lb	1/4	111	197	125	4. 7	大洋 DN 1/4″~2″ 苏阀 DN 1/2″~2″
		3/8	111	197	125	6. 6	
		1/2	140	322	180	11	
		3/4	140	322	180	11	
		1	140	322	180	17	
		1½	178	414	200	21	
		2	216	508	300	40	
2	2500 lb	1/2	186	322	180	12	苏阀 DN 1/2″~2″
		3/4	186	322	180	12	
		1	186	322	180	12	
		1½	232	414	200	28	
		2	279	508	300	53	

六、铸钢夹套闸阀

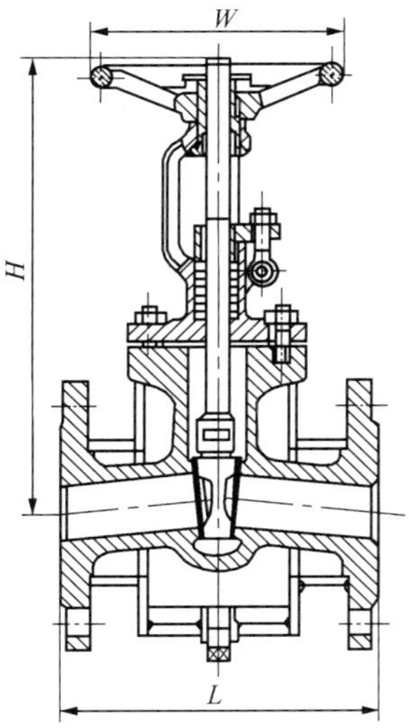

图 3-1-6

1. 压力等级

150、300 lb, JIS10K、20K

2. 应用规范

(1) 设计制造按 API600

(2) 结构长度按本厂规定或按用户要求确定

(3) 连接法兰

150、300lb 按 ASME B16. 5; JIS 10K, 20K 按 JIS B2212 B2214

(4) 阀门检查和试验按 API 598

3. 结构: 带夹套、B. B; OS&Y

4. 主体材料: WCB、CF8、CF8M、CF3、CF3M、CN7M

5. 结构尺寸和质量

序号	型　号	公称通径 DN/in	结构尺寸/mm			质量/kg		生　产　厂
			L	*H*	*W*	RF	BW	
1	150 lb JIS10K	1/2	165	222	125	9		苏阀、安科 *DN* 1′/2″~8″
		3/4	190	229	125	13		
		1	210	246	125	14		
		1½	241	269	180	18		
		2	230	329	180	26		
		2½	240	392	200	44		
		3	250	433	250	57		
		4	270	500	250	68		
		6	330	707	300	150		
		8	400	828	355	244		
2	300 lb JIS20K	1/2	165	243	150	12		苏阀 *DN* 3/4~1½″ 安科 *DN* 1/2″~8″
		3/4	190	251	150	15		
		1	216	263	180	22		
		1½	230	320	200	24		
		2	241	352	200	31		
		2½	241	435	250	52		
		3	283	464	250	56		
		4	305	542	300	82		
		6	403	750	355	173		
		8	419	874	400	252		

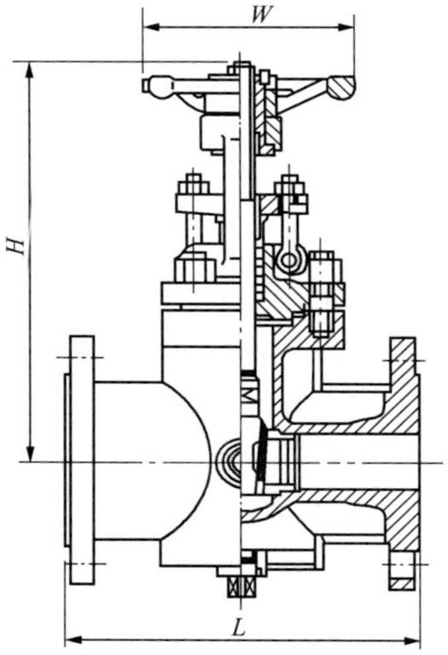

图 3-1-7

七、钢制夹套闸阀

1. 压力等级 150、300 lb，JIS10K、20K
2. 应用规范
(1) 设计、制造按 API
(2) 连接法兰：
150~300 lb 按 ASME B16.5；
JIS 10K 按 JIS B2212；
JIS 20K 按 JIS B2214
(3) 阀门检查和试验按 API 598
3. 结构：B. B；OS&Y-G
4. 主体材料：A105、F11、F22、304、316、304L、316L
5. 夹套压力级按用户要求确定(*PN*1.0~2.5MPa)
6. 结构尺寸和质量

序号	型　号	公称通径 DN①/mm	结构尺寸/mm			质量/kg		生　产　厂
			L	*H*	*W*	RF	BW	
1	150 lb JIS10K	15/40	165	214	100	10		苏阀、安科 *DN* 15~40
		20/40	190	218	100	11		
		25/50	216	239	125	17		

续表

序号	型　号	公称通径 DN[①]/mm	结构尺寸/mm			质量/kg		生　产　厂
			L	H	W	RF	BW	
1	150 lb JIS10K	40/65	241	290	160	38		苏阀、安科 DN 15～40
2	300 lb JIS20K	15/40	165	214	100	11		苏阀、安科 DN15～40
		20/40	190	218	100	12		
		25/50	216	239	125	19		
		40/65	241	290	160	41		

注：① 公称通径 DN：上边为管道公称通径；下边为法兰公称通径。

八、球面闸阀

1. 压力等级

150、300、600 lb

2. 应用规范

（1）结构长度按 ASME B16.10

（2）连接法兰按 ASME B16.5

（3）阀门检验和试验按 API 598

3. 主体材料：WCB、A182－F5、A182F304

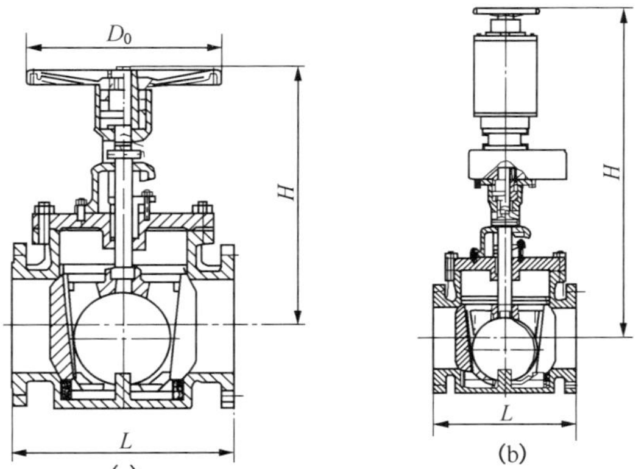

(a)

ZQ49Y-150～600 lb H/W C/I/P

(b)

ZQ649Y-150～600 lb H/W C/I/P

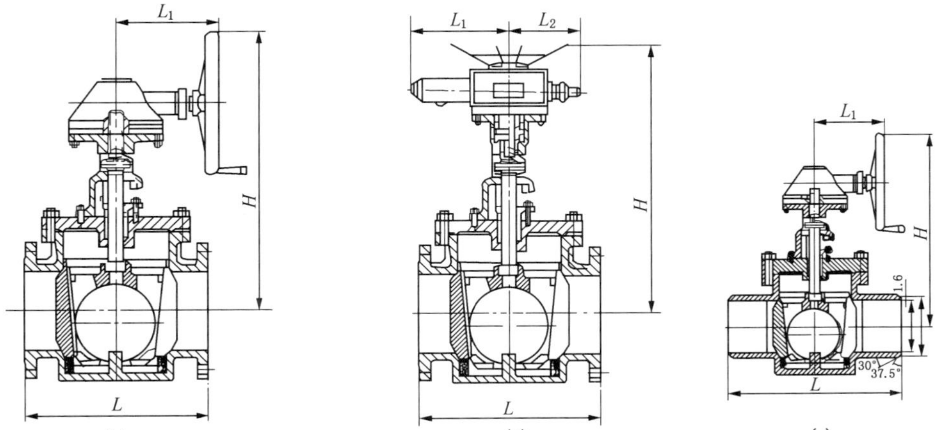

(c)

ZQ549Y-150～600 lb H/W C/I/P

(d)

ZQ949Y-150～600 lb H/W C/I/P

(e)

ZQ569Y-300～600 lb H/W C/I/P

图 3-1-8

4. 外形尺寸、连接尺寸和质量

Class = 150 lb　*DN* = 2″ ~ 32″

规格/in	L	D_0	H	H_1	H_2	H_3	L_2	L_3	L_4	质量(法兰连接)/kg			
										手轮	伞齿轮	电动	气动
2	216	240	435	—	—	—	—	—	—	35	—	—	—
2½	241	240	460	—	—	—	—	—	—	42	—	—	—
3	283	260	490	—	—	—	—	—	—	56	—	—	—
4	305	280	525	—	—	—	—	—	—	73	—	—	—
5	381	300	570	—	—	—	—	—	—	120	—	—	—
6	403	320	625	—	—	—	—	—	—	160	—	—	—
8	419	360	700	—	—	—	—	—	—	205	—	—	—
10	457	400	780	—	—	—	—	—	—	264	—	—	—
12	502	450	870	1050	1118	1545	362	394	457	365	435	550	540
14	762	520	980	1160	1220	1635	362	413	597	690	755	800	780
16	838	600	1010	1290	1300	1720	440	413	597	960	1045	1060	1060
18	914	—	—	1430	1440	1905	513	455	730	—	1380	1370	1455
20	991	—	—	1660	1670	2060	588	505	800	—	1910	1850	2025
24	1143	—	—	1910	1945	2345	588	505	800	—	2720	2810	2780
28	1346	—	—	2195	2230	2550	645	568	885	—	3810	3950	3910
32	1524	—	—	2525	2620	2860	645	568	885	—	5610	5890	5860

Class = 300 lb　*DN* = 2″ ~ 32″

规格/in	L	L_1	D_0	H	H_1	H_2	H_3	L_2	L_3	L_4	质量(法兰连接)/kg			
											手轮	伞齿轮	电动	气动
2	216	216	240	440	—	—	—	—	—	—	36	—	—	—
2½	241	241	240	470	—	—	—	—	—	—	45	—	—	—
3	283	283	260	500	—	—	—	—	—	—	60	—	—	—
4	305	305	280	540	—	—	—	—	—	—	80	—	—	—
5	381	381	300	585	—	—	—	—	—	—	130	—	—	—
6	403	403	320	640	—	—	—	—	—	—	175	—	—	—
8	502	419	360	720	—	—	—	—	—	—	205	—	—	—
10	568	457	400	800	—	—	—	—	—	—	295	—	—	—
12	648	502	450	900	1100	1148	1575	362	394	467	390	515	635	615
14	762	572	520	960	1240	1250	1675	440	413	597	730	785	905	885
16	838	610	600	1050	1330	1340	1765	400	413	597	1050	1105	1225	1180
18	914	660	—	—	1490	1480	1970	513	455	730	—	1610	1710	1635
20	991	711	—	—	1710	1680	2130	588	505	800	—	2230	2360	2265
24	1143	813	—	—	1970	2060	2426	588	505	800	—	3450	3710	3550
28	1346	991	—	—	2266	2320	2655	645	568	885	—	4360	4730	4660
32	1524	1194	—	—	2610	2780	2980	645	568	885	—	6250	6770	6620

Class = 600 lb　$DN = 2'' \sim 20''$

规格/in	L	L_1	D_0	H	H_1	H_2	H_3	L_2	L_3	L_4	质量(法兰连接)/kg			
											手轮	伞齿轮	电动	气动
2	292	292	240	440	—	—	—	—	—	—	44	—	—	—
2½	330	330	260	480	—	—	—	—	—	—	52	—	—	—
3	356	356	280	510	—	—	—	—	—	—	76	—	—	—
4	432	432	300	550	—	—	—	—	—	—	118	—	—	—
5	508	508	320	600	—	—	—	—	—	—	165	—	—	—
6	559	559	360	660	—	—	—	—	—	—	272	—	—	—
8	660	660	400	740	940	990	1450	362	394	457	430	458	494	475
10	787	787	450	830	1030	1080	1570	362	394	457	590	618	740	710
12	838	838	520	930	1210	1180	1675	440	413	597	750	805	930	905
14	889	889	600	1000	1280	1285	1770	440	413	597	1080	1140	1260	1230
16	991	991	680	1100	1420	1460	1970	513	455	730	1640	1750	1910	1860
18	1092	1092	—	—	1610	1680	2130	588	505	800	2380	2530	2760	2685
20	1194	1194	—	—	1830	1980	2425	660	580	920	3150	3380	3880	3780

5. 生产厂：浙石化

第二节　截　止　阀

一、铸钢截止阀

1. 压力等级

150 ~ 2500 lb、JIS10K

2. 应用规范

(1) 设计、制造按 BS 1873，ASME B16.34

(2) 结构长度按 ASME B16.10

(3) 连接端

法兰尺寸 ASME 按 ASME B16.5；

对焊接端按 ASME B16.25

JIS 10K 法兰尺寸按 JIS B2212；

(4) 阀门检查和试验按 API 598

3. 结构

B.B；OS&Y

4. 主体材料

Ⅰ型：WCB，WC6，WC9

Ⅱ型：CF8，CF8M，CF3，CF3M，CN7M

注：Ⅰ型指镶套阀座。

　　Ⅱ型指本体阀座。

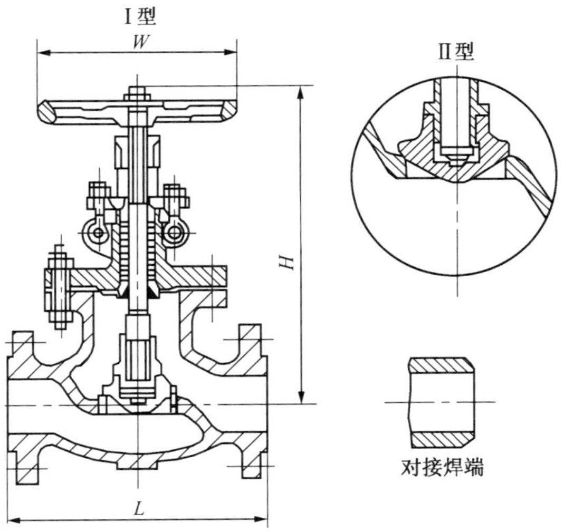

图 3-2-1

5. 主体材料

材　　料	生　　产　　厂
A216WCB	良工、苏阀、沈阀、苏高、自高、三明、承高、保一、启化阀、开阀、汉威、玉环、浙石化、凯喜姆、安科、纽威、建湖、精工、南方、锡山、旭龙、良精
A351-CF8	良工、苏阀、沈阀、苏高、自高、锡山、启化阀、承高、玉环、浙石化、保一、良精、纽威、建湖、安科、旭龙
A351-CF8M	汉威、良工、苏阀、沈阀、苏高、保一、锡山、启化阀、玉环、浙石化、良精、纽威、建湖、安科、旭龙、承高
A351-CF3M	汉威、良工、苏阀、沈阀、玉环、浙石化、良精、纽威、建湖、锡山、安科、旭龙、承高
A217-WC6 WC9	汉威、良工、苏阀、沈阀、苏高、承高、保一、纽威、建湖、锡山、安科
Monel	凯喜姆、承高
A351-CF3 CN7M	苏阀、良精、纽威、建湖、锡山、安科、旭龙
A352-LF1 (-46℃)	汉威、纽威、建湖、南方、安科、开阀
A352-LF1(-101℃) A351-CF8(-196℃)	汉威、玉环、建湖、南方、安科、开阀

6. 结构尺寸和质量

序号	型　号	公称通径 DN/in	结构尺寸/mm			质量/kg		生　产　厂
			L	H	W	RF	BW	
1	150 lb (RF) JIS10K	2	203	340	200	24		建湖、苏阀、沈阀、承高、保一、纽威、安科、良精 DN 2″~12″ 南方、良工、自高、三明、玉环、伯特利、精工、浙石化、旭龙、锡山、开阀 DN 2″~8″ 开阀、启化阀　DN 2″~6″ 凯喜姆 DN 2″~10″
		2½	216	370	224	34		
		3	241	400	250	42		
		4	292	470	250	70		
		6	406	540	355	120		
		8	495	645	400	200		
		10	622	749	457	271		
		12	699	895	457	374		
2	300 lb (RF)	2	267	390	200	32		安科、苏阀、沈阀、承高、保一、建湖、纽威　DN 2″~12″ 良工、自高、三明、玉环、伯特利、良精、浙石化、精工、锡山、旭龙 DN 2″~8″ 开阀、南方、启化阀 DN 2″~6″ 凯喜姆 DN 2″~10″
		2½	292	425	250	45		
		3	318	450	250	60		
		4	356	565	355	100		
		6	444	710	450	190		
		8	559	860	560	310		
		10	622	873	864	571		
		12	711	1219	864	770		

序号	型　号	公称通径 DN/in	结构尺寸/mm			质量/kg		生　产　厂
			L	H	W	RF、RJ	BW	
3	600 lb (RF)(BW)	2	292	460	250	42	35	良精、纽威、伯特利、凯喜姆、旭龙、精工、安科、保一、苏阀、承高 DN 2″~8″ 浙石化、开阀 DN2″~6″
		2½	330	490	315	55	45	
		3	356	555	355	75	60	
		4	432	630	450	140	110	
		6	559	955	560	300	240	
		8	660	1310	630	580	500	
4	900 lb (RF)(BW)	2	368	620	315	135	110	建湖、保一、苏阀、承高 DN 2″~10″ 安科、纽威 DN 2″~8″ 开阀 DN 2″~6″
		2½	419	680	355	175	150	
		3	381	680	400	140	120	
		4	457	780	450	230	190	
		6	610	1240	630	500	420	
		8	737	1520	710	900	770	
		10	838	1270	760	1680	1555	
5	1500 lb (RF)(BW)	2	368	620	315	130	110	建湖、纽威、苏阀、开阀 DN 2″~8″ 承高 DN 2½″~8″
		2½	419	680	355	175	150	
		3	470	760	400	245	210	
		4	546	1100	450	350	300	
		6	705	1500	710	720	620	
		8	832	1750	800	1370	1180	
6	2500 lb (RF)(BW)	2	451	480	400			苏阀 DN 3″、4″ 纽威 DN 3″~8″ 建湖 DN 2″~4″ 承高 DN 2½″~8″
		2½	508	495	400			
		3	578	937	610	350	285	
		4	673	1048	660	560	465	
		6	705	1020	455	620	620	
		8	832	1180	455	960	960	
7	150 lb (RJ)	3	254	416	254	38		建湖、承高 DN 3″~12″ 浙石化、伯特利 DN 3″~8″
		4	305	498	254	63		
		6	419	651	356	108		
		8	508	727	356	186		
		10	635	749	457	271		
		12	711	895	457	374		
8	300 lb (RJ)	3	333	527	254	62		建湖、承高 DN 3″~12″ 浙石化、伯特利 DN 3″~8″
		4	371	632	356	102		
		6	460	730	457	176		
		8	515	797	457	288		
		10	638	873	864	571		
		12	727	1219	864	770		

序号	型　号	公称通径 DN/in	结构尺寸/mm			质量/kg		生　产　厂
			L	*H*	*W*	RJ	BW	
9	600 lb (RJ)	2	295	460	250	42		安科、苏阀、承高 *DN* 2″~8″ 伯特利、苏高 *DN* 2″~8″ 浙石化 *DN* 2″~6″
		2½	333	490	315	55		
		3	359	555	355	87		
		4	435	630	450	144		
		6	562	955	560	355		
		8	664	1310	630	580		
10	900 lb (RJ)	2	371	620	315	130		建湖、苏阀、承高 *DN*2″~10″ 安科 *DN*2″~8″
		2½	422	680	355	175		
		3	384	680	400	161		
		4	460	780	450	233		
		6	613	1240	630	680		
		8	740	1520	710	1100		
		10	831	1270	760	1680		
11	1500 lb (RJ)	2	371	620	315	130		建湖、安科、承高 苏阀 *DN*2″~8″
		2½	422	680	355	175		
		3	473	760	400	245		
		4	549	1100	450	350		
		6	711	1500	710	720		
		8	842	1750	800	1370		
12	2500 lb (RJ)	2	454	480	400			苏阀 *DN*3″~4″ 建湖、承高 *DN*2″~4″
		2½	511	495	400			
		3	584	937	610	350		
		4	683	1048	660	560		

二、锻钢法兰截止阀

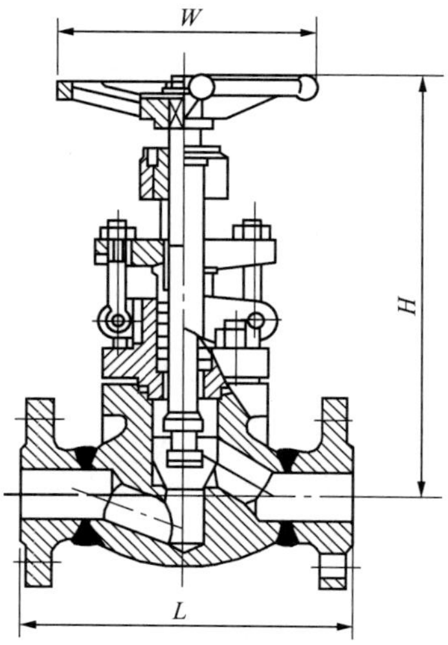

图 3-2-2

1. 压力等级

150、300、600 lb，JIS10K，20K

2. 应用规范

（1）设计、制造按 BS 5352

（2）法兰

150、300、600lb 按 ASME B16.5RF；

JIS 10K 按 JIS B2212；

JIS 20K 按 JIS B2214

（3）阀门的检查和试验按 API 598

3. 结构

B. B；OS&Y

4. 主体材料

材　料	生　产　厂
A105	良工、苏阀、大高、屯溪、承高、上阀、伯特利、梅陇、启化阀、汉威
A182-F304	良工、苏阀、大高、屯溪、承高、上阀、伯特利、梅陇、启化阀、汉威
A182-F316	良工、苏阀、大高、屯溪、承高、上阀、伯特利、梅陇、启化阀、汉威
A182-F316L	良工、苏阀、屯溪、承高、汉威、伯特利
A182-F316	良工、苏阀、大高、屯溪、承高、汉威、伯特利
F11、F22、304L、Monel、20 号合金	苏阀

5. 结构尺寸和质量

序号	型　号	公称通径 DN/in	结构尺寸/mm			质量/kg		生　产　厂
			L	H	W	RF	BW	
1	150 lb (RF) JIS10K	1/2	108	163	100	5.7		上阀、苏阀、大高、伯特利、承高、启化阀、屯溪 DN 1/2″~2″ 良工、汉威 DN 1/2″~1″ 梅陇 DN 1/2″~1½″
		3/4	117	163	100	8.1		
		1	127	201	125	11.0		
		1½	165	246	160	21.0		
		2	203	283	180	34.0		
2	300 lb (RF) JIS20K	1/2	152	163	100	6.1		上阀、苏阀、大高、伯特利、承高、启化阀、屯溪 DN 1/2″~2″ 良工、汉威 DN 1/2″~1″ 梅陇 DN 1/2″~1½″
		3/4	178	163	100	8.8		
		1	203	201	125	12.5		
		1½	229	246	160	23.0		
		2	217	283	180	37.0		
3	600 lb (RF)	1/2	165	163	100	7.0		上阀、苏阀、大高、伯特利、承高、启化阀、屯溪 DN 1/2″~2″ 良工、汉威 DN 1/2″~1″ 梅陇 DN 1/2″~1½″
		3/4	190	163	100	9.0		
		1	216	201	126	14.0		
		1½	241	246	160	25.0		
		2	292	283	180	41.0		

三、锻钢截止阀（150~800 lb）

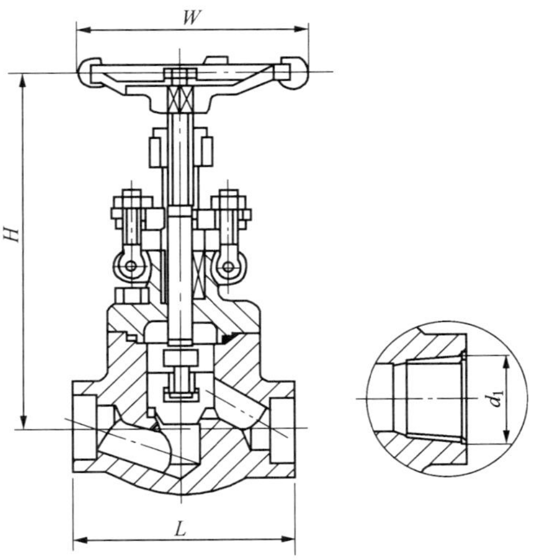

图 3-2-3

1. 压力等级

150~800 lb

2. 应用规范

（1）设计、制造按 BS 5352

（2）连接端：

承接口尺寸按 ASME B16.11；

螺纹端按 ASME B1.20.1

（3）阀门检查和试验按 API 598

3. 结构：B.B；OS&Y

4. 主体材料

材　　料	生　　产　　厂
A105 A182-F304	苏阀、良工、汉威、上阀、大高、屯溪、承高、纽威、梅陇、玉环、伯特利、凯喜姆、建湖、大洋、安科
A182-F316	大洋、安科、苏阀、良工、汉威、上阀、大高、屯溪、承高、纽威、梅陇、玉环、伯特利、建湖
A182-F316L A182-F316(高温)	大洋、安科、上阀、苏阀、大高、屯溪、承高、呼高、梅陇、玉环、伯特利、建湖
F11、F22、20 号合金 304L，Monel	苏阀、伯特利、建湖、大洋、安科、凯喜姆
A350-LF1(-46℃) A350-FL3(-101℃) A182-F304(-196℃)	汉威、安科

5. 结构长度和质量

型　号	公称通径 *DN*/in	结构尺寸/mm			质量	螺纹口	生　产　厂
		L	*H*	*W*	kg	d_1/in	
150~800 lb	1/2	79	163	100	2.2	NPT1/2	苏阀、上阀、大高、伯特利、凯喜姆、大洋、屯溪、纽威、梅陇、玉环、建湖、安科、承高 *DN* 1/2″~2″ 良工、汉威 *DN* 1/2″~1″
	3/4	92	163	100	2.4	NPT3/4	
	1	111	201	125	4.4	NPT1	
	1½	152	246	160	7.2	NPT1½	
	2	171	283	180	11.5	NPT2	

四、锻钢截止阀(900~1500 lb，2500 lb)

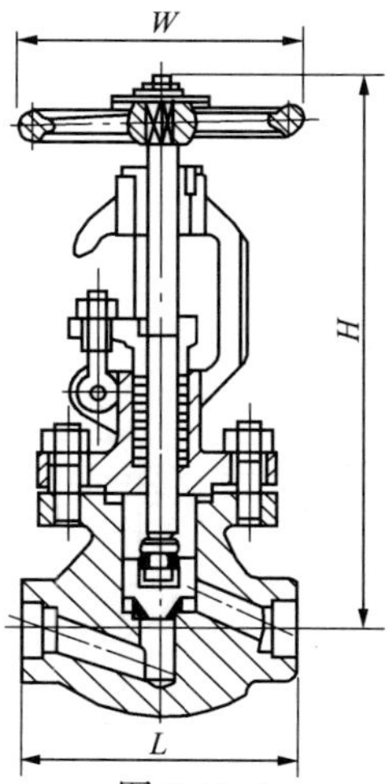

图 3-2-4

1. 压力等级

900~1500 lb，2500 lb

2. 应用规范

(1) 设计、制造按 ASME B16.34

(2) 连接端：

承插口尺寸按 ASME B16.11

(3) 阀门检查和试验按 API 598

3. 结构：B.B；OS&Y

4. 主体材料

材　料	A105	F5	F11、F22	F304、316	F304L、316L
生产厂	大高、苏阀、纽威、大洋、安科	安科、大高、大洋	大高、苏阀、大洋、安科	大高、苏阀、纽威、大洋、安科	大洋、苏阀、纽威、安科

5. 结构尺寸和质量

型　号	公称通径 DN/in	结构尺寸/mm			质量/kg		生　产　厂
		L	H	W			
900～1500 lb	1/2	140	334	180	12.4		大洋、苏阀、大高、纽威、安科 DN 1/2″～2″
	3/4	140	334	180	12.2		
	1	140	334	180	12		
	1½	178	402	200	22		
	2	216	523	300	45.5		
2500 lb	1/2	186	334	180	13.6		安科、苏阀、纽威 DN 1/2″～2″
	3/4	186	334	180	14.4		
	1	186	334	180	14.2		
	1½	232	402	200	31		
	2	279	523	300	56		

五、压力自紧密封阀盖的铸钢截止阀

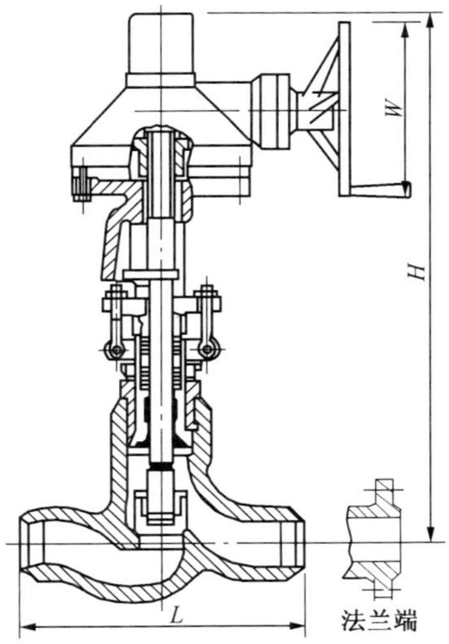

图 3-2-5

1. 压力等级

900、1500、2500 lb

2. 应用规范

(1) 设计、制造按 ASME B16.34

(2) 结构长度按 ASME B16.10

(3) 连接端：

法兰按 ASME B16.5；

对接焊端按 ASME B16.25

(4) 阀门的检查与试验按 API 598

3. 结构：P.B；OS&Y

4. 主体材料

WCB、WC6、WC9、CF8、CF8M、CF3、CF3M

5. 结构尺寸和质量

序号	型　号	公称通径 DN/in	结构尺寸/mm			质量/kg		生　产　厂
			L	H	W	RJ、RF	BW	
1	900 lb (RF、BW)	2½	419	750	560	115	86	苏阀、纽威 DN 2½″～8″
		3	381	784	560	120	95	
		4	457	1088	457	200	175	
		6	610	1293	600	450	365	
		8	737	1715	600	830	680	
2	900 lb (RJ)	2½	422	750	560	115		苏阀 DN 2½″～8″
		3	384	784	560	120		

续表

序号	型　号	公称通径 DN/in	结构尺寸/mm			质量/kg		生　产　厂
			L	*H*	*W*	RJ、RF	BW	
2	900 lb (RJ)	4	460	1088	457	200		
		6	613	1293	600	450		
		8	740	1715	600	830		
3	1500 lb (RF、BW)	2½	419	750	560	115	86	苏阀、纽威 *DN* 2½″~8″ 开阀 *DN* 4″~8″ 承高 *DN* 5″~8″(BW)
		3	470	784	600	174	135	
		4	546	1088	457	280	225	
		5	580	1170	610			
		6	705	1255	600	580	440	
		8	832	1660	600	1080	850	
4	1500 lb (RJ)	2½	422	750	560	115		苏阀 *DN* 2½″~8″ 承高 *DN* 5″~8″
		3	473	784	600	174		
		4	549	1088	457	280		
		5	580	1170	610			
		6	711	1355	600	580		
		8	841	1660	600	1080		
5	2500 lb (RF、BW)	2½	508	722	660	143	95	苏阀、纽威 *DN* 2½″~4″ 开阀 DN4″ 承高 *DN* 4″~6″(BW)
		3	578	753	457	186	113	
		4	673	1041	600	300	194	
		5	660	1370	610			
		6	760	1430	610			
6	2500 lb (RJ)	2½	514	722	660	143		苏阀 *DN* 2½″~4″ 承高 *DN* 4″~6″
		3	584	753	457	186		
		4	683	1041	600	300		
		5	660	1370	610			
		6	760	1430	610			

六、压力自紧密封阀盖的锻钢截止阀

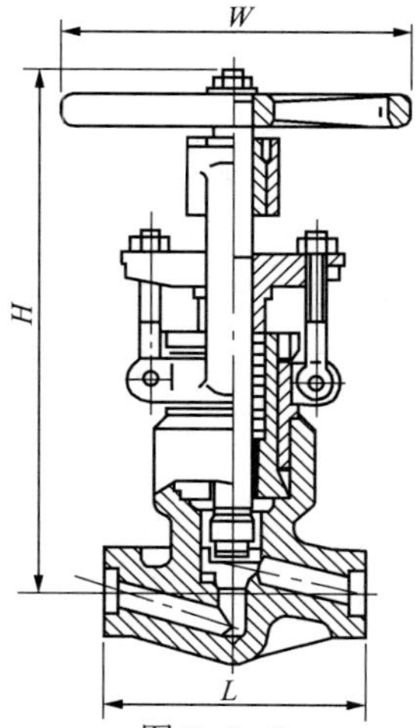

图 3-2-6

1. 压力等级

900~1500 lb，2500 lb

2. 应用规范

(1) 设计、制造按 ASME B16.34

(2) 连接端：

承插口尺寸按 ASME B16.11

(3) 阀门检查和试验按 API 598

3. 结构

P.B；OS&Y

4. 主体材料

A105、F11、F22、304、316、304L、316L

5. 结构尺寸和质量

公称通径 DN		900~1500 lb						2500 lb					
in	mm	H	W	L	B	C	质量/kg	H	W	L	B	C	质量/kg
1/2	15	334	180	140	21.8	9.6	11.4	334	180	186	21.8	9.6	12.6
1/4	20	334	180	140	27.1	12.7	11.2	334	180	186	27.1	12.7	12.4
1	25	334	180	140	33.8	12.7	11.0	334	180	186	33.8	12.7	12.2
1½	40	402	200	178	48.7	12.7	20.0	402	200	232	48.7	12.7	28.7
2	50	523	300	216	61.1	15.9	43.5	523	300	279	61.1	15.9	53.7

注：生产厂：苏阀、纽威、伯特利、建湖、开封

七、Y型截止阀

1. 压力等级

900、1500、2500lb

2. 应用规范

(1) 设计、制造：BS1873

(2) 结构长度：ASME B16.10

(3) 对焊端：ASME B16.25

(4) 阀门的检查和试验按 API 598

3. 结构：Y 型；OS&Y

4. 主体材料：

A216-WCA、WCB、WCC；

A217-WC6、WC9；

A351 - CF3、CF3M、CF8、CF8M、CF10M、CG8M、CG3M；

A995-1B、2A、3A、4A、5A、6A；

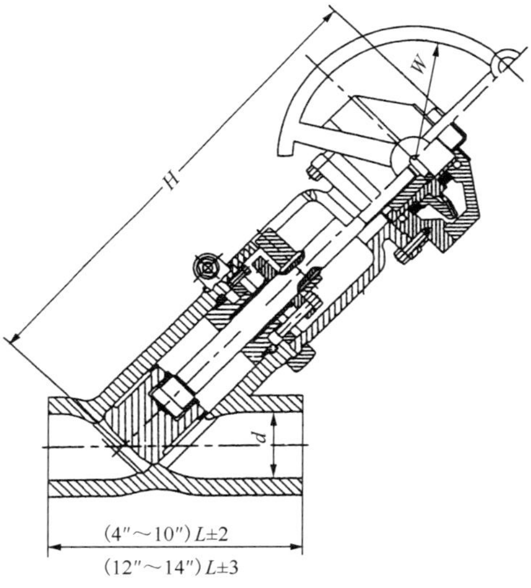

4″~14″

5. 结构尺寸和质量

序号	型号	in	DN	d/mm	H/mm	W/mm	L/mm	Wt/Kg
1	900 lb	4″	100	98	899	460	356	189
		6″	150	146	1252	610	508	377
		8″	200	190	1585	610	660	747
		10″	250	238	1854	1000	787	1211
		12″	300	283	1857	1000	914	1517
		14″	350	311	2110	1000	991	1840
2	1500 lb	4″	100	92	1032	610	406	224.5
		6″	150	137	1242	710	559	446.1
		8″	200	178	1498	810	711	826.8
		10″	250	222	1740	1000	864	1621.6
		12″	300	264	1984	1000	991	2103.9
		14″	350	289	2221	1200	1067	2713.1

续表

序号	型号	in	DN	d/mm	H/mm	W/mm	L/mm	Wt/Kg
3	2500 lb	4″	100	73	1138	610	457	329.75
		6″	150	111	1437	800	610	584.19
		8″	200	146	1690	810	762	1070.3
		10″	250	184	1682	1000	914	1697.5
		12″	300	219	2143	1000	1041	2497.2
		14″①	350	241	2325	1000	1238	3100.3

注：①2500 lb，14″结构长度为制造厂自定。

②生产厂：苏阀。

八、夹套铸钢法兰截止阀

1. 压力等级

150、300、600 lb

2. 应用规范

(1) 法兰尺寸按 ASME B16.5

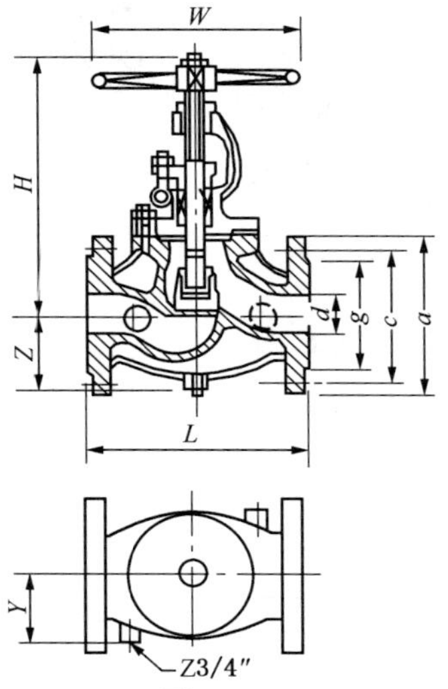

图 3-2-7

(2) 夹套接口圆锥螺纹尺寸为 Z3/4″

3. 试验压力

MPa

压力等级/lb		150			300	600
强度试验	水	3.0			7.7	15.3
密封试验	水	2.1			5.3	10.5
	空气	0.6			0.6	0.6
夹套试验	水	7.5	5.7	2.5	2.7	1.0

4. 结构：B. B；OS&Y-G

5. 材料

(1) 主体材料：CF8、CF8M、CF3、CF3M

(2) 夹套材料：304

6. 结构尺寸和质量

(1) 150 lb

公称通径 DN in	mm	d①	L	H	W	法兰尺寸 a	c	g	螺栓数	螺栓孔径	Y	Z	质量/kg
1/2	15	15	150	241	125	127	98.5	73	4	15	60~75	50~65	
3/4	20	20	150	241	125	127	98.5	73	4	14	60~75	50~65	
1	25	25	150	242	125	152	120.5	92	4	19	70~85	55~70	
1½	40	40	190	286	160	190	152.5	127	4	19	75~90	65~80	
2	50	50	210	286	160	190	152.5	127	4	19	85~100	80~95	36
2½	65	65	240	342	200	254	216	186	8	22	95~110	105~120	51
3	80	80	280	362	200	254	216	186	8	22	95~110	105~120	67
4	100	100	340	420	250	279	241.5	216	8	22	115~130	120~135	112
6	150	150	410	528	300	343	298.5	270	8	22	135~150	160~175	204

① 尺寸按 JIS B2001；生产厂：苏阀、纽威、精工、安科、旭龙。

（2）300 lb

公称通径 DN in	公称通径 DN mm	d①	L	H（近似值）	W	法兰尺寸 a	c	g	螺栓数	螺栓孔径	Y	Z	质量/kg
1/2	15	15	152	241	125	156	114.5	73	4	22	60~75	50~65	
3/4	20	20	178	241	125	156	114.5	73	4	22	60~75	50~65	
1	25	25	203	283	160	165	127	92	8	19	70~85	55~70	
1½	40	40	229	322	200	210	168.5	127	8	22	75~90	65~80	
2	50	50	267	333	200	210	168.5	127	8	22	85~100	80~95	48
2½	65	65	292	395	250	279	235	186	8	22	95~110	105~120	68
3	80	80	318	410	250	279	235	186	8	22	95~100	105~120	96
4	100	100	356	520	300	318	270	216	12	22	115~130	120~135	170
6	150	150	444	648	450	381	330	270	12	25	135~150	160~175	342

① 尺寸按 JIS B2001；生产厂：苏阀、纽威、精工、安科、旭龙。

（3）600 lb

公称通径 DN in	公称通径 DN mm	d①	L	H（近似值）	W	法兰尺寸 a	c	g	螺栓数	螺栓孔径	Y	Z
1/2	15	15	241	285	160	156	114.5	73	4	22	40~55	55~70
3/4	20	20	241	285	160	156	114.5	73	4	22	40~55	55~70
1	25	25	292	313	160	165	127	92	8	19	45~60	55~70
1½	40	38	330	360	250	210	168	127	8	22	60~75	85~100
2	50	50	356	371	250	210	168	127	8	22	85~100	105~120

① 尺寸按 JIS B2001；生产厂：苏阀、纽威、精工、安科、旭龙。

九、 锻钢法兰针形阀

1. 压力等级

150、300、600lb；JIS10K、20K

应用规范

（1）设计、制造按 BS 5352

（2）法兰：

150、300、600lb 按 ASME B16.5RF；

JIS 10K 按 JIS B2212，JIS20K 按 JISB2214

（3）阀门的检查和试验按 API 598

2. 结构：B.B.OS&Y-N

3. 主体材料：

A105、F11、F22、304、316、304L、316L、20 号合金、Monel

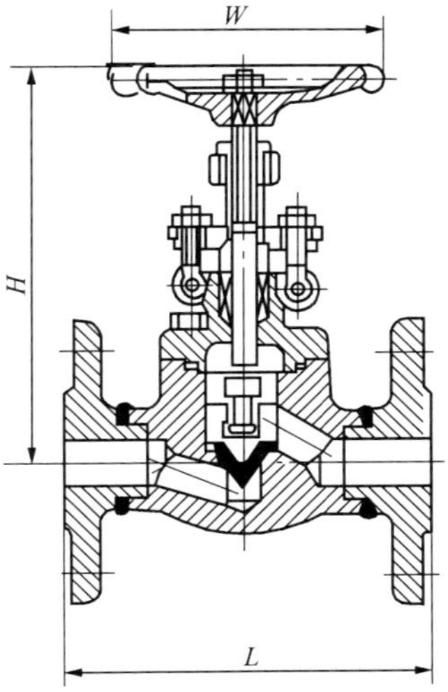

图 3-2-8

4. 结构尺寸和质量

序号	型号	公称通径 DN/in	结构尺寸/mm			质量/kg	生产厂
			L	H	W	RF	
1	150 lb (RF) JIS10K	1/2	108	163	100	5.7	安科、纽威 苏阀 DN 1/2″~2″
		3/4	117	163	100	8.1	
		1	127	201	125	11	
		1½	165	246	160	21	
		2	203	283	180	34	
2	300 lb (RF) JIS20K	1/2	152	163	100	6.1	安科、纽威 苏阀 DN 1/2″~2″
		3/4	178	163	100	8.8	
		1	203	201	125	12.5	
		1½	229	246	160	23	
		2	267	283	180	37	
3	600 lb (RF)	1/2	165	163	100	7.0	安科、纽威、苏阀 DN 1/2″~2″
		3/4	190	163	100	9	
		1	216	201	125	14	
		1½	241	246	160	25	
		2	292	283	180	41	

十、 锻钢针形阀

1. 压力等级

150~80 lb

2. 应用规范

(1) 设计、制造按 BS5352

(2) 连接端：

承插口尺寸按 ASME B16.11；

螺纹端按 ASME B1.20.1

(3) 阀门检查和试验按 API 598

3. 结构：B.B；OS&Y-N

4. 主体材料：

A105、F11、F22、304、316、304L、316L、20 号合金、Monel

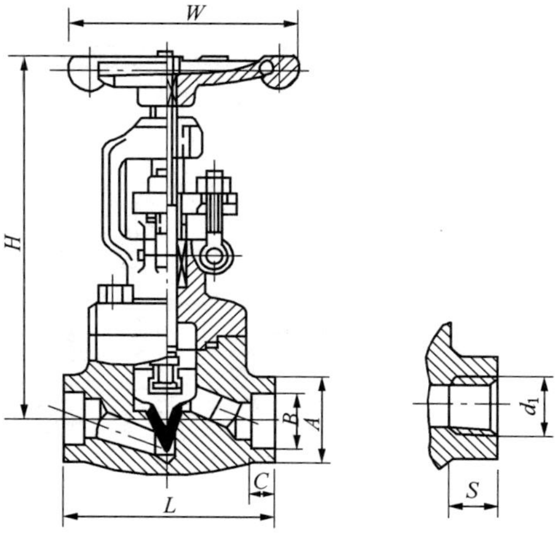

图 3-2-9

5. 结构尺寸和质量

公称通径 DN		H	W	L	A	B	C	S	d_1/in	质量/kg
in	mm									
1/2	15	163	100	79	33	21.8	9.6	13.6	NPT 1/2	2.2
1/4	20	163	100	92	40	27.1	12.7	13.9	NPT 3/4	2.4
1	25	201	125	111	47	33.8	12.7	17.3	NPT 1	4.4
1½	40	246	160	152	66	48.7	12.7	18.4	NPT1½	7.2
2	50	283	180	171	79	61.1	15.9	19.2	NPT2	11.5

注：生产厂：苏阀、纽威、安科。

第三节 止 回 阀

一、 铸钢旋启式止回阀

1. 压力等级

JIS 10K 20K ASME 150、300、600、900、1500、2500 lb

2. 应用规范

（1）设计制造按 BS 1868、JIS B2071

（2）结构长度：

150～2500 lb 按 ASME B16.10；

JIS10K、20K 按 JIS B2001

（3）连接法兰：

150～2500 lb 按 ASME B16.5；JIS 10K、20K 分别按 JIS B2212、B2214

（4）阀门检查和试验按 API 598

3. 结构：B、B，旋启式

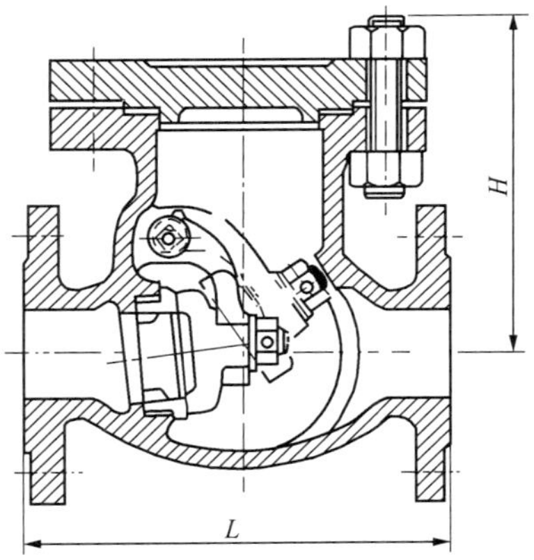

图 3-3-1

4. 主体材料

材　料	生　产　厂
A216-WCB	上阀、良工、苏阀、沈阀、承高、大高、三明、启化阀、汉威、浙石化、保一、良精、纽威、旭龙、安科、大洋、精工、建湖、伯特利、开阀
A351-CF8	上阀、良工、苏阀、沈阀、承高、大高、启化阀、浙石化、保一、南方、良精、纽威、伯特利、建湖、安科、大洋、旭龙
A315-CF8M	上阀、良工、苏阀、沈阀、大高、启化阀、汉威、浙石化、保一、南方、良精、纽威、伯特利、建湖、安科、大洋、旭龙、承高
A315-CF3M	良工、苏阀、沈阀、汉威、浙石化、保一、纽威、伯特利、建湖、大洋、安科、旭龙
A217-WC6 WC9	良工、苏阀、沈阀、大高、汉威、保一、良精、纽威、伯特利、建湖、南方、大洋、安科、承高
Monel	凯喜姆、承高
A351-CF3	苏阀、浙石化、保一、纽威、伯特利、建湖、大洋、安科、旭龙、承高
A352-LCB（-46℃）	汉威、良精、纽威、安科
A352-LC3（-101℃）	
A351-CF8（-196℃）	

5. 结构尺寸和质量

序号	型　号	公称通径 DN/in	结构尺寸/mm		质量/kg	生　产　厂
			L	*H*		
1	150 lb(RF) JIS 10K	2	203	165	17	苏阀、纽威、保一、建湖 *DN* 2″~36″ 大高、伯特利 *DN* 2″~24″ 沈阀 *DN* 2″~18″ 良工、三明、汉威、南方 *DN* 2″~12″ 上阀、启化阀、大洋 *DN* 2″~8″ 凯喜姆、浙石化 *DN* 2″~16″ 良精 *DN* 1½″~14″ 精工 *DN* 2″~14″ 安科、开阀、承高 *DN* 2″~30″ 旭龙 *DN* 2″~20″
		2½	216	175	25	
		3	241	190	29	
		4	292	215	50	
		6	356	265	85	
		8	495	320	150	
		10	622	365	240	
		12	698	415	350	
		14	787	460	460	
		16	864	495	580	
		18	978	550	690	
		20	978	590	810	
		24	1295	650	1140	
		26	1295	690	1370	
		28	1448	750	1590	
		30	1524	810	1890	
		36	1956	870	2250	
2	300 lb(RF) JIS 20K	2	267	190	28	苏阀、纽威、保一、建湖 *DN* 2″~36″ 大高、伯特利、开阀 *DN* 2″~24″ 沈阀　*DN* 2″~18″ 良工、三明、汉威、精工、南方 *DN* 2″~12″ 上阀、启化阀、大洋 *DN* 2″~8″ 浙石化 *DN*2″~14″ 良精 *DN* 1½″~12″ 安科、承高 *DN* 2″~30″ 旭龙 *DN* 2″~20″ 凯喜姆 *DN*2″~16″
		2½	292	205	33	
		13	318	220	45	
		4	356	245	70	
		6	444	295	150	
		8	533	330	230	
		10	622	420	390	
		12	711	480	520	
		14	838	535	710	
		16	864	585	890	
		18	978	615	1000	
		20	1016	685	1360	
		24	1346	785	2040	
		26	1346	810	2310	
		28	1498	835	2540	
		30	1594	865	2830	
		36	2083	920	3500	

续表

序号	型号	公称通径 DN/in	结构尺寸/mm L	结构尺寸/mm H	质量/kg	生产厂
3	600 lb (RJ)	2	295	210	32	伯特利、安科、承高 纽威、大高 *DN* 2″~24″ 苏阀、沈阀、保一、建湖 *DN* 2″~18″ 良精 *DN* 1½″~12″ 浙石化、良工、三明、汉威、凯喜姆、精工、南方 *DN* 2″~12″ 大洋、上阀 *DN* 2″~8″ 旭龙 *DN* 2″~20″ 开阀 *DN* 2″~14″
		2½	333	230	42	
		3	359	255	60	
		4	435	295	110	
		6	562	365	220	
		8	664	420	390	
		10	791	505	630	
		12	841	545	870	
		14	892	600	940	
		16	994	650	1018	
		18	1095	735	1355	
		20	1200	758	1756	
		24	1407	975	2525	
4	900 lb (RJ)	2	372	335	120	纽威、建湖、安科、保一、承高、开阀、苏阀 *DN* 2″~16″ 汉威 *DN* 2″~10″ 大高 *DN* 2½″~16″
		2½	422	370	165	
		3	384	300	115	
		4	460	340	180	
		6	613	425	400	
		8	740	490	690	
		10	841	585	1020	
		12	968	655	1550	
		14	1038	710	2000	
		16	1140	765	2500	
5	1500 lb (RJ)	2	372	335	120	纽威、建湖、保一、苏阀、开阀 *DN* 2″~12″ 大高 *DN* 2½″~12″ 安科 *DN* 2″~10″
		2½	422	370	165	
		3	473	390	195	
		4	549	415	290	
		6	711	510	630	
		8	841	610	1050	
		10	1000	710	1690	
		12	1146	800	2270	
6	2500 lb (RJ)	2	454	350	170	建湖、纽威、苏阀、开阀 *DN* 2″~8″ 保一 *DN* 2″~4″ 大高 *DN* 2½″~8″
		2½	514	380	210	
		3	584	445	280	
		4	683	484	548	
		6	927	515	1170	
		8	1038	695	2115	

二、 锻钢法兰升降式止回阀

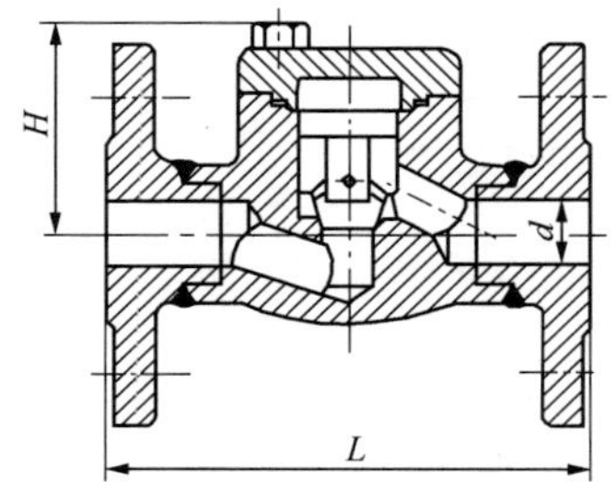

图 3-3-2

1. 压力等级

150、300、600 lb

2. 应用规范

(1) 设计、制造按 BS5352

(2) 连接端法兰按 ASME B16. 5

(3) 阀门检查和试验按 API 598

3. 结构特点：升降式

4. 主体材料

材　　料	阀　门　生　产　厂
A105	苏阀、良工、大高、屯溪、承高、纽威、自高、汉威、建湖、大洋、安科、旭龙
A182-F304	苏阀、良工、大高、屯溪、承高、纽威、自高、汉威、建湖、大洋、安科、旭龙
A182-F316	良工、苏阀、大高、屯溪、承高、纽威、汉威、建湖、大洋、安科、旭龙
A182-F316L	良工、苏阀、屯溪、承高、汉威、纽威、建湖、大洋、安科、旭龙
A182-F316 高温阀	良工、苏阀、大高、屯溪、承高、纽威、汉威、建湖、大洋、安科
A182-F11、F22 20 号合金	苏阀、大洋、安科
A350-CF1 (-46℃)	汉威、纽威、安科
A350-CF3 (-101℃)	
A182-F304 (-196℃)	

5. 结构尺寸和质量

序号	型　号	公称通径 DN/in	结构尺寸/mm			质量/kg	生　产　厂
			L	*H*	*d*	RF	
1	150 lb (RF)	1/2	152	5. 5	13	4	苏阀、良工、大高、建湖、安科 屯溪、承高、汉威、大洋、旭龙 *DN* 1/2″~2″ 纽威 *DN* 1/2″~1½″ 自高 *DN* 1½″~2″
		3/4	178	62	19	5. 8	
		1	203	69	25	8	
		1½	229	80	38	13. 2	
		2	267	106	51	18. 9	
2	300 lb (RF)	1/2	152	55	13	4. 5	苏阀、良工、大高、建湖、安科 屯溪、承高、汉威、大洋、旭龙 *DN*1/2″~2″ 纽威 *DN* 1/2″~1½″ 自高 *DN* 1½″~2″
		3/4	178	62	19	6. 3	
		1	203	69	25	8. 9	
		1½	229	80	38	14. 1	
		2	267	106	51	20	

续表

序号	型号	公称通径 DN/in	结构尺寸/mm L	结构尺寸/mm H	结构尺寸/mm d	质量/kg RF	生产厂
3	600 lb (RF)	1/2	164	55	13	5.1	苏阀、良工、大高、建湖、安科、屯溪、承高、汉威、大洋、旭龙 DN 1/2″~2″ 纽威 DN 1/2″~1½″ 自高 DN 1½″~2″
		3/4	190	62	19	6.3	
		1	216	69	25	9	
		1½	241	80	38	18.5	
		2	292	106	51	26.5	
4	900 lb (RF、RJ) 1500 lb (RF、RJ)	1/2	216	70		8.5	安科 DN 1/2″~2″
		3/4	229	78		10.5	
		1	254	107		15.7	
		1½	305	129		27.2	
		2	368	206		33	
5	2500 lb (RF、RJ)	1/2	264	70		10.1	安科 DN 1/2″~2″
		3/4	273	78		13	
		1	308	107		18.6	
		1½	384	129		31.5	
		2	451	206		34.5	

三、 锻钢升降式止回阀

1. 压力等级

150~800、800、1500 lb

2. 应用规范

(1) 设计制造按 BS5352

(2) 连接端:

承插焊端口尺寸按 ASME B16.11;

螺纹端尺寸按 ASME B1.20.1

(3) 阀门检查和试验按 API 598

3. 结构:升降式

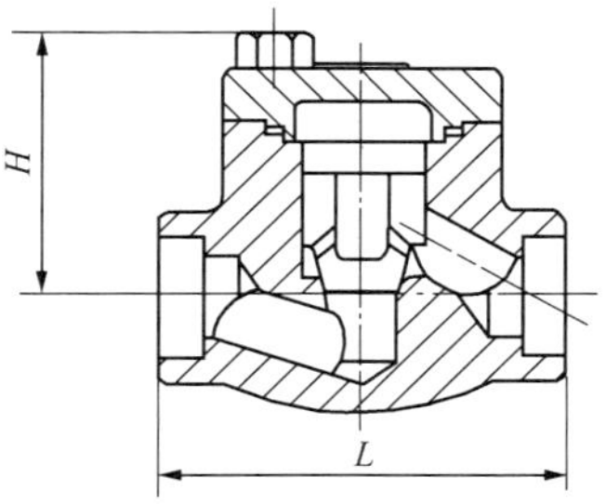

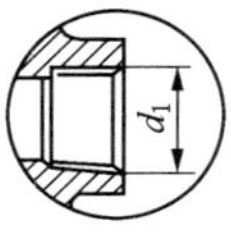

150~800 lb止回阀(苏阀)

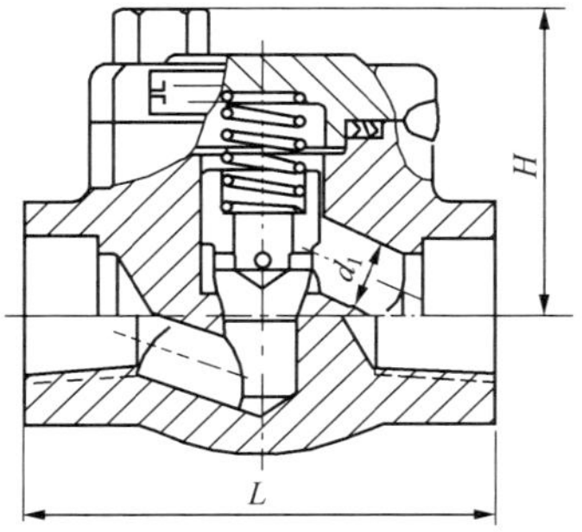

800 lb止回阀

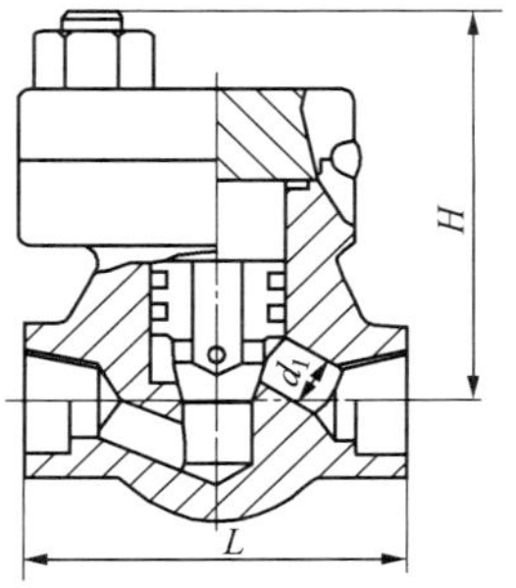

1500 lb止回阀

图 3-3-3

4. 主体材料

材料	A105	F304	F316	F5	F11	F22	F304L	F316L	20号合金	Monel
阀门生产厂	伯特利、苏阀、大高、纽威、大洋、安科、旭龙			大高、伯特利、大洋	伯特利、苏阀、纽威、大洋、安科、旭龙					凯喜姆

材料	A350-LF1（-46℃）	A350-CF3（-101℃）	A82-F304（-196℃）
生产厂	汉威、纽威、安科		

5. 结构尺寸和质量

序号	型号	公称通径 *DN* /in	结构尺寸/mm			质量/kg	生产厂
			L	*H*	d_1/in	RF	
1	150~800 lb	1/2	82	55	NPT1/2	2.2	凯喜姆、安科、旭龙、大洋、苏阀、汉威、纽威、伯特利 *DN* 1/2″~2″
		3/4	88	62	NPT3/4	2.4	
		1	101	69	NPT1	4.4	
		1½	146	80	NPT1/2	7.2	
		2	178	106	NPT2	11.5	
2	800 lb	1/2	79	158	10	1.2	大高 *DN* 1/2″~2″
		3/4	92	163	13	1.4	
		1	111	193	17.5	2.3	
		1¼	152	250	23	5.5	
		1½	152	250	30	5.5	
		2	172	291	35	8.5	
3	1500 lb	1/2	79	211	10	2.2	大洋、安科、大高 *DN* 1/2″~2″
		3/4	92	218	13.2	2.4	
		1	111	243	18	3.8	
		1½	152	290	30.3	8	
		2	171	316	35.5	13.1	

四、压力自紧密封铸钢旋启式止回阀

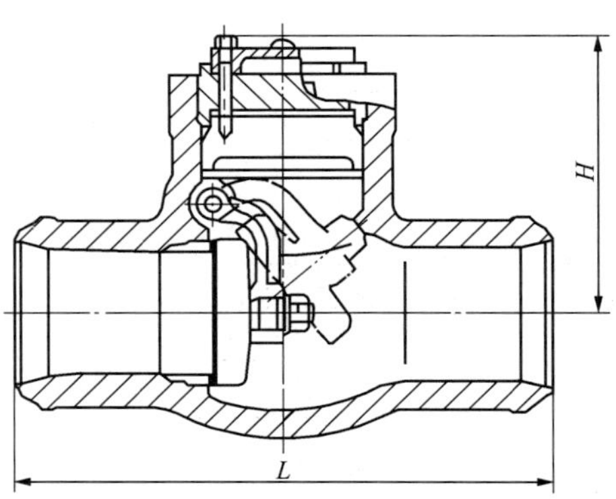

图 3-3-4

1. 压力等级 900、1500、2500 lb

2. 应用规范

(1) 设计、制造按

ASME B16.34

(2)结构长度按

ASME B16.10

(3) 连接端

对接焊端按 ASME B16.25

(4) 阀门的检查和试验按

API 598

3. 结构：(1)旋启式阀瓣；

(2)压力自紧密封的盖板

4. 主体材料：WCB、WC6、WC9

5. 结构尺寸和质量

序号	型号	公称通径 DN/in	结构尺寸/mm		质量/kg	生产厂
			L	*H*	BW	
1	900 lb (BW)	2	368	270	67	纽威、苏阀 *DN* 2″~16″
		2½	419	311	86	
		3	381	358	90	
		4	457	385	130	
		6	610	413	264	
		8	737	585	450	
		10	838	612	660	
		12	965	698	935	
		14	1029	710	1440	
		16	1130	765	1560	
2	1500 lb (BW)	2	368	270	67	纽威、苏阀 *DN* 2″~12″
		2½	419	311	86	
		3	470	358	115	
		4	546	416	190	
		6	705	475	350	
		8	832	614	350	
		10	991	631	915	
		12	1130	705	1400	
3	2500 lb (BW)	2	451	350	88	纽威、苏阀 *DN* 2″~4″
		2½	508	380	110	
		3	578	423	145	
		4	673	465	235	

五、 高性能蝶形止回阀

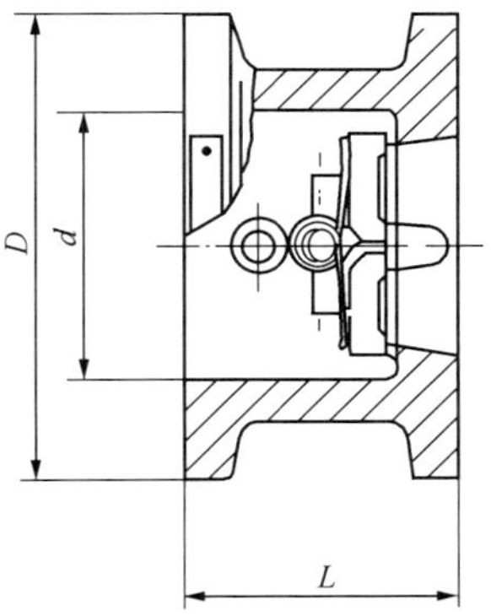

图 3-3-5

1. 压力等级

150 lb

2. 应用规范

(1) 设计、制造按 API 6D

(2) 连接法兰按 ASME B16.5

(3) 阀门检查和试验按 API 598

3. 结构：对夹式、蝶形

4. 主体材料：WCB、CF8、CF8M、CF3、CF3M

5. 结构尺寸和质量

型号	公称通径 DN/in	结构尺寸/mm			质量/kg	生产厂
		L	D	d		
150 lb	2	60	105	60	2.5	纽威、苏阀、安科、旭龙 DN 2″~12″
	2½	73	124	67	3.5	
	3	89	137	73	4.4	
	4	114	175	73	6.5	
	5	141	197	86	10	
	6	168	222	98	12	
	8	219	279	127	25	
	10	273	340	146	43	
	12	324	410	181	58	
300 lb	2	60	112	64	3	安科、纽威、旭龙 DN 2″~12″
	2½	73	130	77	4.2	
	3	89	149	94	5.3	
	4	114	181	120	7.8	
	5	141	216	146	12	
	6	168	251	175	13.2	
	8	219	309	226	30	
	10	273	361	280	51	
	12	324	422	332	68	

六、 对夹式止回阀

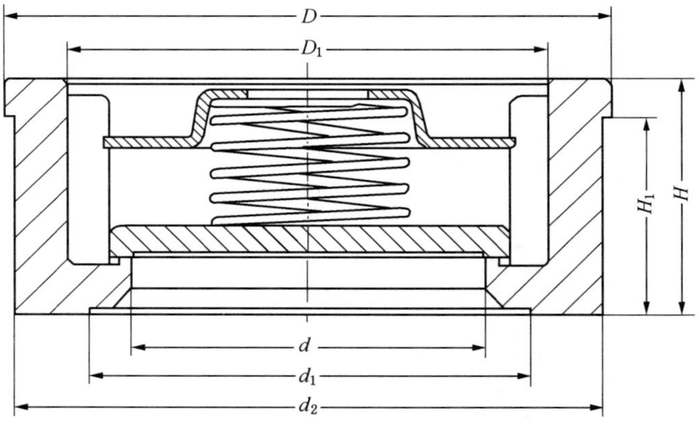

图 3-3-6

1. 应用标准 DNI RL567-40R

2. 适用工况

公称压力 PN			4		MPa
强度试验压力 PT			6		
密封试验压力			4.4		
工作温度	<200	工作压力	P	4	
工作介质			醋酸等腐蚀性介质		

3. 连接端

接法兰标准
DIN2633 DIN2635

4. 主要零件材料

阀 体	A351-CF8M A276-316
阀 瓣	A276-316
弹 簧	A276-316

5. 结构尺寸和质量

DN/in	*d*	d_1	d_2	*D*	D_1	*H*	H_1	质量/kg	生产厂
3/4	20	28	42	47	35	19	13	0.127	兰高 DN3/4″~4″
1	25	35	51	56	43.5	22	14	0.184	
2	48	64	90	95	75	40	32	1.020	
3	76	92	127.5	132	102	50	52	2.560	
4	89	111	147.5	152	120	60	50	3.850	

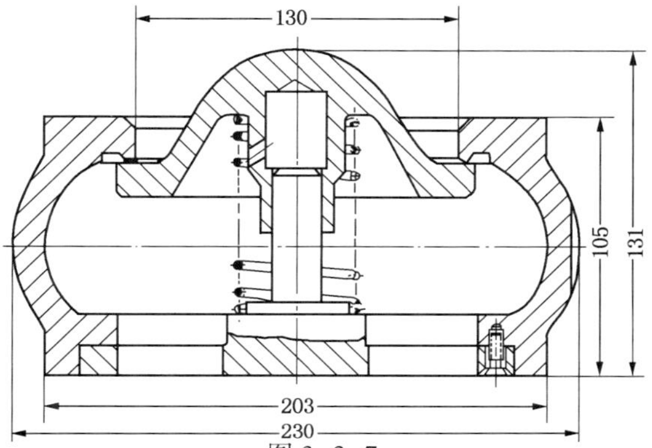

图 3-3-7

1. 应用标准 DIN RL567-40R

2. 适用工况

公称压力 *PN*			4		MPa
强度试验压力 *PT*			6		
密封试验压力			4.4		
工作温度	<200	工作压力	*P*	4	
工作介质			醋酸等腐蚀性介质		

3. 连接端

接法兰标准	DIN2633 DIN2635

4. 主要零件材料

阀体	A351-CF8M A276-316
阀瓣	A276-316
弹簧	A276-316

5. 生产厂：兰高

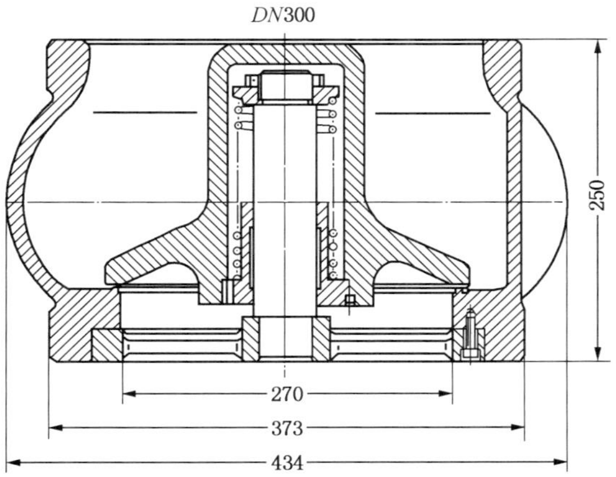

图 3-3-8

1. 应用标准 DIN RL564-10R

2. 适用工况

公称压力 *PN*			1.0		MPa
强度试验压力 *PT*			1.5		MPa
密封试验压力			1.1		MPa
工作温度	<200	工作压力	*P*	1.0	MPa
工作介质			醋酸等腐蚀性介质		

3. 连接端

接法兰标准	DIN2633 DIN2635

4. 主要零件材料

阀　体	A351-CF8M
阀　瓣	A351-CF8M
弹　簧	A276-316

5. 生产厂：兰高

七、对夹式单瓣/双瓣旋启式止回阀

1. 压力等级

150、300、600 lb

2. 应用规范

(1) 设计制造

按 ASME B16.34；API 594；API 6D

(2) 结构长度

按 API 594

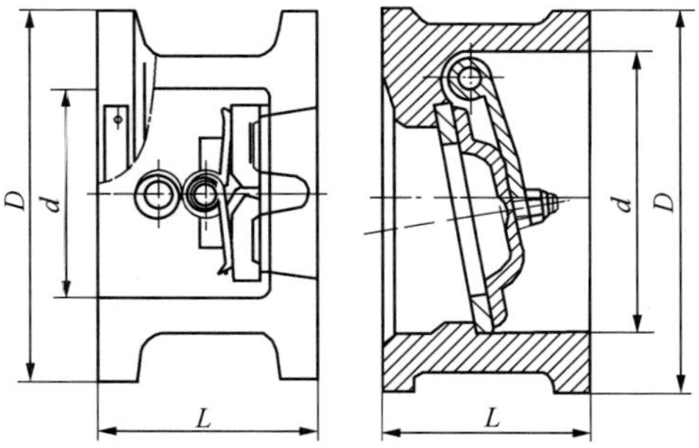

图 3-3-9

(3) 对夹法兰端尺寸

按 ASME B16.5(RF)

(4) 结构特征：对夹式；蝶形(双瓣)或(单瓣)；单轴

(5) 使用温度：碳钢(≤425℃)；合金钢(≤550℃)不锈钢(按不同介质而定)

(6) 阀门的检验和试验：按 API 598

(7) 材料：按 AISI/ASTM 的规定

(8) 主体材料

WCB、WC6、WC9、CF8、CF8M

3. 生产厂：大高

4. 结构尺寸和质量

公称通径		150 lb				300 lb				600 lb			
in	mm	结构尺寸/mm			质量/kg	结构尺寸/mm			质量/kg	结构尺寸/mm			质量/kg
		L	*D*	*d*		*L*	*D*	*d*		*L*	*D*	*d*	
2	50	60.3	105	65	2.6	60.3	111	68	3.1	60.3	111	68	4.2
2½	65	66.7	123	78	3.6	66.7	130	78	4.3	66.7	130	78	5.3
3	80	73.0	136	92	4.5	73.0	149	92	5.4	73.0	149	92	7.8
4	100	73.0	174	110	6.6	73.0	180	110	7.9	79.4	193	114	13.2
6	150	98.4	222	166	12.1	98.4	250	168	13.3	136.5	266	170	31

公称通径		150 lb				300 lb				600 lb			
		结构尺寸/mm			质量/kg	结构尺寸/mm			质量/kg	结构尺寸/mm			质量/kg
in	mm	*L*	*D*	*d*		*L*	*D*	*d*		*L*	*D*	*d*	
8	200	127	279	219	25.2	127	308	221	31	165	320	227	52
10	250	146	339	266	43	146	362	273	52	212.7	400	278	68
12	300	181	409	322	58.5	181	422	322	70	228.6	457	328	83

八、Y型止回阀

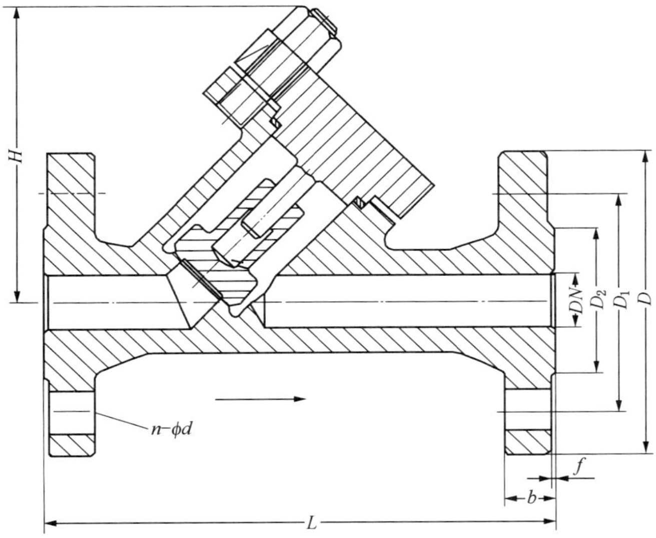

图 3-3-10

1. 应用标准

DIN R569-100R

2. 适用工况

公称压力 *PN*			10		MPa
强度试验 *PT*			15		
水压密封试验			11		
工作温度	<200℃	工作压力	*P*	10	
工作介质			醋酸等腐蚀性介质		

3. 主要零件材料

零件名称	材　质
阀　体	A276-316
阀　盖	A276-316
阀　瓣	A276-316

4. 结构尺寸和质量

DN	*L*	*D*	D_1	D_2	*b*	*f*	*n*-*φd*	*H*	质量/kg	生产厂
25	230	140	100	68	24	2	4~18	130	10.72	兰高

九、落球式止回阀

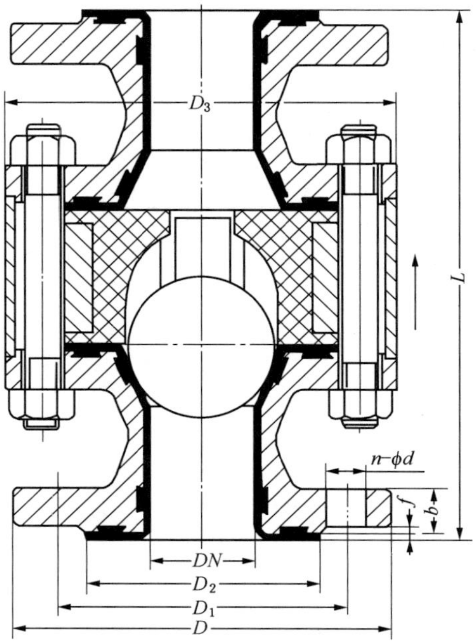

图 3-3-11

1. 应用标准

DIN 9701-10

DIN R9701-25

DIN R9712-40

2. 主要零件材料

零件名称	材质	零件名称	材质	零件名称	材质
壳体	25 衬 F46	球	聚四氟乙烯	导向套	聚四氟乙烯

3. 衬层要求

衬层厚度不小于 3mm；

衬层绝缘电阻≥1000MΩ

4. 工作温度

-40～+150℃

5. 适用介质：碱类、酸类、有机物等

6. 结构尺寸、连接端和质量

DN	PN/bar	L	D	D_1	D_2	b	f	n-ϕd	D_3	质量/kg	连接标准	生产厂
25	10	160	115	85	68	16	2	4-φ14	115		DIN2632	兰高
25	25/40	160	115	85	68	18	2	4-φ14	115		DIN2635	
50		230	165	125	102	20	3	4-φ18	170			
100		350	235	190	162	24	3	8-φ22	280			
15	6	130	80	55	38			4-φ12			DIN 9701-10 GB 9115.7-88	旭龙
20		150	90	65	48			4-φ12				
25		160	100	75	58			4-φ12				
40		200	130	100	78			4-φ14				
50		230	140	110	88			4-φ14				
65		290	160	130	108			4-φ14				
80		310	190	150	124			4-φ18				
100		350	210	170	144			4-φ18				
150		480	265	225	199			8-φ18				
200		600	320	280	254			8-φ18				

第四节　球　　阀

一、对分式法兰球阀(通孔)

1. 压力等级

150、300 lb

JIS 10K、20K

2. 应用规范

(1) 设计制造按 BS5351

(2) 结构长度按 ASME B16.10

(3) 连接法兰：

150、300lb 按 ASME B16.5

JIS 10K、20K 分别按 JIS B2212、B2214

(4) 阀门检查和试验按 API 598

3. 结构：对分式：B.B 浮动球阀

耐火、防静电

4. 主体材料

材　料	生　产　厂
A216WCB	苏阀、自高、S.N.J、纽威、启化阀、玉环、浙石化、保一、伯特利、建湖、精工、锡山、旭龙、安科、弘盛、开阀、承高
A351CF8	同上
A351、CF8M	苏阀、S.N.J、纽威、启化阀、玉环、浙石化、保一、旭龙、伯特利、建湖、精工、锡山、安科、弘盛、开阀、承高
A351、CF3M	苏阀、S.N.J、纽威、启化阀、玉环、浙石化、保一、旭龙、伯特利、建湖、精工、锡山、安科、开阀、承高
CN7M、TA3	苏阀、纽威、建湖、安科
Monel	凯喜姆、承高

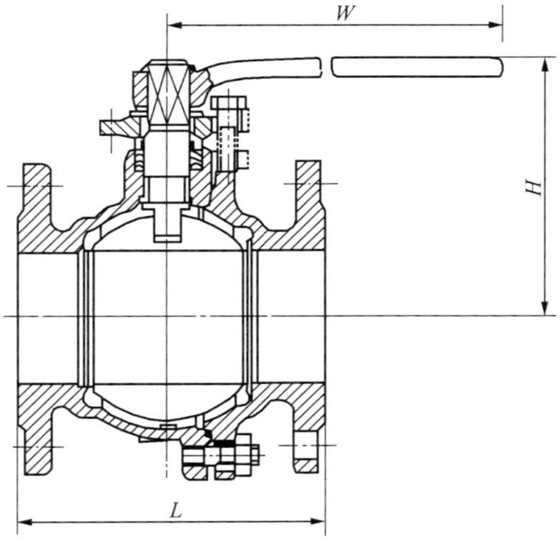

图 3-4-1

5. 结构尺寸和质量

序号	型　号	公称通径 DN/in	结构尺寸/mm			质量/kg	生　产　厂
			L	H	W	RF	
1	150 lb (RF) JIS 10K	1/2	108	59	130	2.3	伯特利、建湖、凯喜姆、纽威、苏阀、开阀、承高 DN 1/2″~10″ 兰高、自高、S.N.J 浙石化、锡山、启化阀、玉环、安科 DN 1/2″~8″ 保一、安科 2″~10″
		3/4	117	63	130	3.0	
		1	127	75	160	4.5	
		1½	165	97	230	7.0	
		2	178	107	230	9.5	

序号	型　号	公称通径 DN/in	结构尺寸/mm			质量/kg	生　产　厂
			L	*H*	*W*	RF	
1	150 lb (RF) JIS 10K	2½	190	142	400	15.0	精工 *DN* 6″~10″ 旭龙 *DN* 1/2″~4″ 弘盛 *DN* 3/4″~8″
		3	203	152	400	19.0	
		4	229	178	700	33.0	
		5	356	252	1100	58.0	
		6	394	272	1100	93.0	
		8	457	342	1500	160.0	
		10	533	345	1500	200.0	
2	300 lb (RF) JIS 20K	1/2	140	59	130	2.5	伯特利、苏阀、建湖、凯喜姆、开阀、承高 *DN* 1/2″~10″ 纽威、启化阀、锡山、玉环、安科、S. N. J 浙石化 *DN* 1/2″~8″ 保一、安科 2″~10″ 精工 *DN* 3/4″~10″ 旭龙 *DN* 1/2″~4″ 弘盛 *DN* 3/4″~8″
		3/4	152	63	130	3.5	
		1	165	75	160	5.5	
		1½	190	97	230	10.5	
		2	216	107	230	14.5	
		2½	241	142	400	23.5	
		3	283	152	400	30	
		4	305	178	700	55	
		5	381	252	1100	81	
		6	403	272	1100	118	
		8	502	342	1500	200	
		10	568	345	1500	250	

二、 对分式法兰球阀(缩孔)

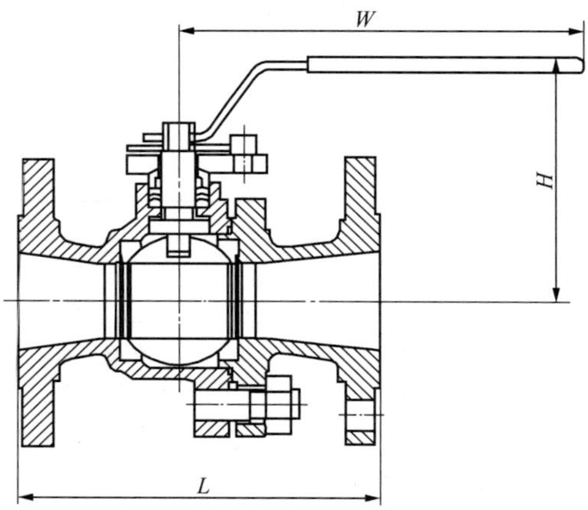

图 3-4-2

1. 压力等级

150、300 lb；JIS 10K、20K

2. 应用规范

(1) 设计、制造按 BS5351

(2) 结构长度按 ASME B16.10

(3) 连接法兰：

150、300 lb 按 ASME B16.5；

JIS 10K、20K 分别按 JIS B2212、B2214

(4) 阀门检查和试验按 API 598

3. 结构：对分式；B.B；浮动球阀 防火、防静电

4. 主体材料：WCB、CF8、CF8M、CF3、CF3M、CN7M、TA3

5. 结构尺寸和质量

序号	型　号	公称通径 DN/in	结构尺寸/mm			质量/kg	生　产　厂
			L	H	W	RF	
1	150 lb (RF) JIS 10K	1/2	108	80	130	2.5	纽威 DN 3/4″~12″ 伯特利、苏阀 DN 1/2″~10″
		3/4	117	82	130	3	
		1	127	85	130	4.5	
		1½	165	100	160	7	
		2	178	115	230	9.5	
		2½	190	120	230	15	
		3	203	153	400	19	
		4	229	162	400	33	
		6	394	191	460	58	
		8	457	290	800	93	
		10	530	340	1100	160	
		12	610	442	1500	230	
2	300 lb JIS 20K	3/4	152	82	130	2.5	纽威、苏阀 DN 3/4″~10″ 伯特利 DN 3/4″~8″ 精工 DN 8″、10″
		1	165	85	130	5.5	
		1½	190	100	160	10.5	
		2	216	115	230	14.5	
		2½	241	120	230	23.5	
		3	283	153	400	30	
		4	305	162	400	55	
		6	403	191	460	81	
		8	502	290	800	118	
		10	568	340	1100	200	

三、　全通径浮动球法兰球阀

1. 压力等级

150 lb、300 lb

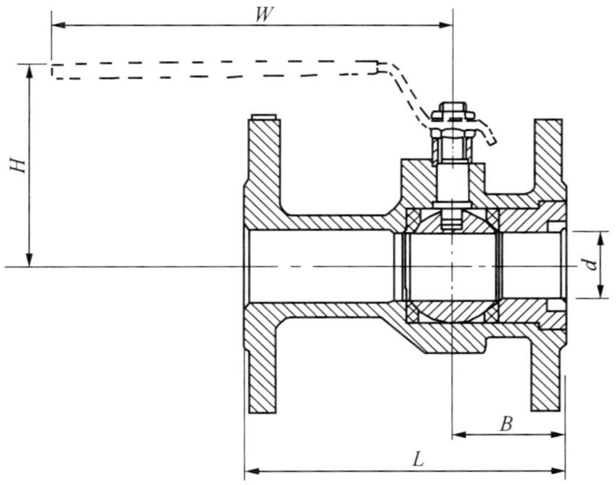

图 3-4-3

6150、6300 型　3/4″~1½″

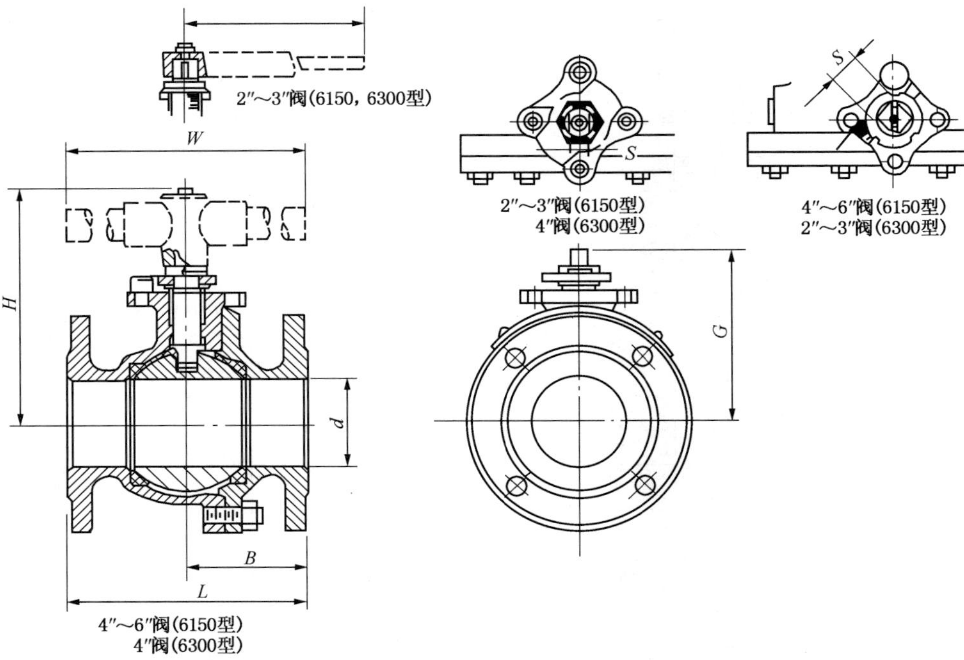

图 3-4-4

6150 型 2″~6″，6300 型 2″~4″

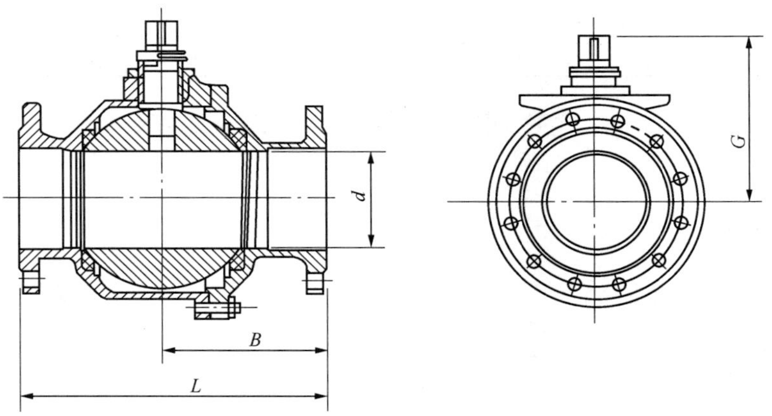

图 3-4-5

6150 型 8″

2. 应用标准

API607

3. 试验压力

	6150		6300	
材　　料	碳　钢	316 不锈钢	碳　钢	316 不锈钢
试验压力/MPa	3.2	3.0	7.9	7.7

注：试验压力为球体处于半开启位置时的静压试验压力。

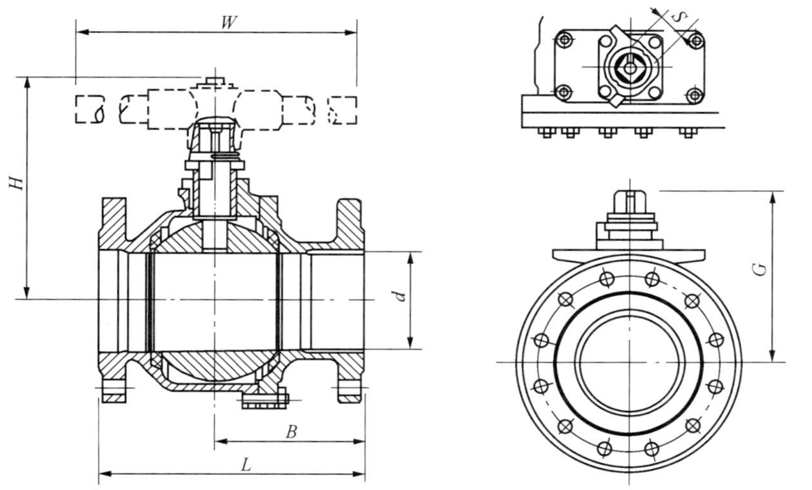

图 3-4-6

6300 型 6″和 8″

4. 材料

零件名称	阀体材料		零件名称	阀体材料	
	碳　钢	316 不锈钢		碳　钢	316 不锈钢
阀体	碳钢 ASTMA216WCB 型	316 不锈钢 ASTMA351CF8M	密封座	聚四氟乙烯（≤200℃）；填充聚四氟乙烯（≤260℃）	
侧体	碳钢 ASTMA216WCB 型	316 不锈钢 ASTMA315CF8M			
球	304 不锈钢	316 不锈钢	阀体螺栓	ASTM A193 B7M 等级	
阀杆	304 不锈钢	316 不锈钢	螺母	ASTM A194 2HM 等级	

5. 结构尺寸和质量

序号	型　号	公称通径 DN/in	结构尺寸/mm					质量/kg	生　产　厂
			L	*S*	*H*	*d*	*W*		
1	6150 型 150 lb(RF)	3/4	117.5	52	90	19	170	4.54	S. N. J、旭龙 *DN* 3/4″~1½″
		1	127	56	94	25	170	5.9	
		1½	165	62	111	38	224	7.7	
2	6300 型 300 lb(RF)	3/4	152	52	90	19	170	5.9	S. N. J、旭龙 *DN* 3/4″~1½″
		1	165	56	94	25	170	7.7	
		1½	190	62	111	38	224	9.98	

序号	型　号	公称通径 DN/in	结构尺寸/mm							质量/kg	生　产　厂
			S	*L*	*B*	*H*	*G*	*d*	*W*		
3	6150 型 150 lb(RF)	2	16	178	89	137	125	51	356	14.1	S. N. J、旭龙 *DN* 2″~8″
		3	16	203	102	168	157	76	356	25.9	
		4	25	229	114	208	198	102	506	42.6	
		6	33	394	197	325	264	152	762	96.6	
		8	—	457	241	—	305	203	—	142.9	

序号	型　号	公称通径 DN/in	结构尺寸/mm							质量/kg	生　产　厂
			S	L	B	H	G	d	W		
4	6300 型 300 lb(RF)	2	16	216	127	137	125	51	356	17.2	S. N. J、旭龙 DN 2″~8″
		3	25	283	181	186	176	76	506	34.9	
		4	33	305	184	284	225	102	762	60.8	
		6	41	403	227	343	267	152	762	123.4	
		8	51	419	210	343	343	203	762	195	

四、全通径固定球法兰球阀

1. 压力等级

150 lb、300 lb

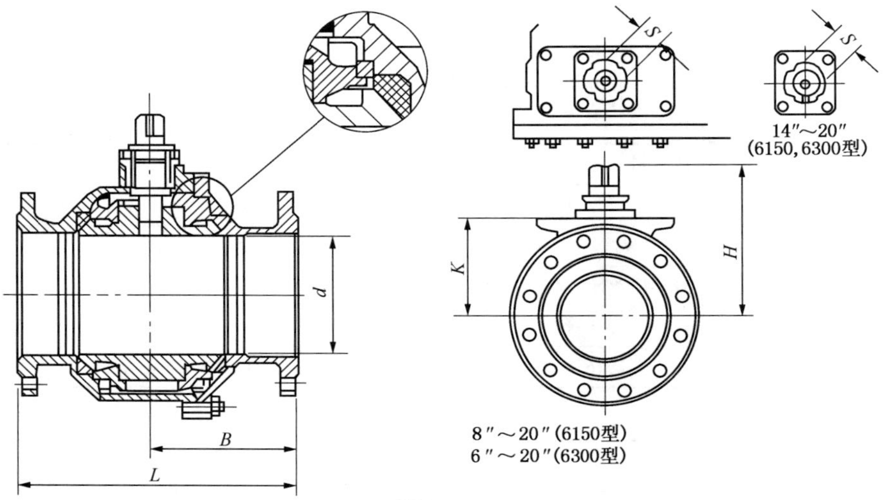

图 3-4-7

6150 型 8″~20″　6300 型 6″~20″

2. 应用标准

API 607

3. 试验压力

	6150		6300	
材　料	碳　钢	316 不锈钢	碳　钢	316 不锈钢
试验压力/MPa	3.2	3.0	7.9	7.7

注：试验压力为球体处于半开启位置时的静压试验压力

4. 材料

阀　体	A216 WCB	A351 CF8M
球	304	316
阀　杆	304	316
密封座	聚四氟乙烯(≤200℃)；填充聚四氟乙烯(≤260℃)	
阀体螺栓	ASTM A193 B7M 等级	
螺　母	ASTM A194 2HM 等级	

5. 结构尺寸和质量

序号	型 号	公称通径 DN/in	结构尺寸/mm						质量/kg	生 产 厂
			S	L	B	H	K	d		
1	6150 型 150 lb(RF)	8	41	457	241	306	216	203	142.9	S. N. J DN 8″~20″
		10	41	533	286	346	260	254	292.6	
		12	51	610	318	425	306	305	449.1	
		14	76	686	362	518	362	337	666.8	
		16	76	762	419	562	387	387	861.8	
		18	89	864	457	568	441	438	1270.1	
		20	89	914	492	629	464	489	1587.6	
2	6300 型 300 lb(RF)	6	41	403	227	267	175	152	123.4	S. N. J DN 6″~20″
		8	51	419	210	343	222	203	195	
		10	76	578	308	448	283	254	376.5	
		12	89	648	337	486	321	305	616.9	
		14	89	762	438	521	366	337	907.2	
		16	89	838	448	559	386	387	1124.9	
		18	89	914	490	649	384	438	1542.2	
		20	89	991	518	695	427	489	2177.3	

五、 不锈钢球阀

1. 不锈钢球阀(DN20、25)

① 应用标准 DIN VH575-40P

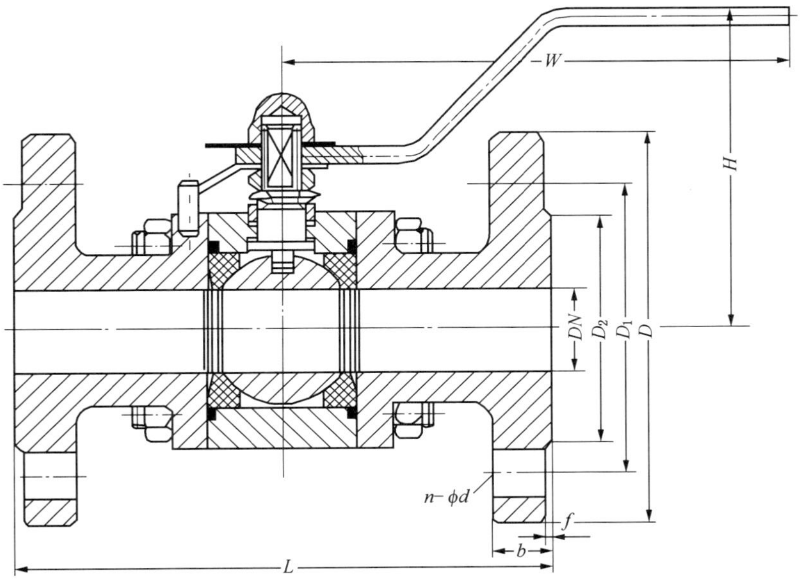

图 3-4-8

② 适用工况

公称压力 *PN*			4.0		MPa
强度试验 *PT*			6.0		
水压密封试验			4.4		
气密封试验			0.6		
工作温度	≤150℃	工作压力	P_0	4.0	
	≤200℃		P_1	1.6	

适用介质：P：硝酸类等腐蚀性介质
R：醋酸类等腐蚀性介质

③ 主要零件材料

零件名称	R	P
阀　体	A276-316	A276-304
端　盖	A276-316	A276-304
球　体	A276-316	A276-304
阀　杆	A276-316	A276-304
阀　座	聚四氟乙烯	聚四氟乙烯

④ 结构尺寸和质量

DN	*L*	*D*	D_1	D_2	*b*	*f*	*n*-*ϕd*	*H*	*W*	质量/kg	生产厂
20	150	105	75	58	18	2	4-14	88	150	3.82	兰高
25	160	115	85	68	18	2	4-14	93	150	5.32	

2. 不锈钢球阀(*DN*40~200)

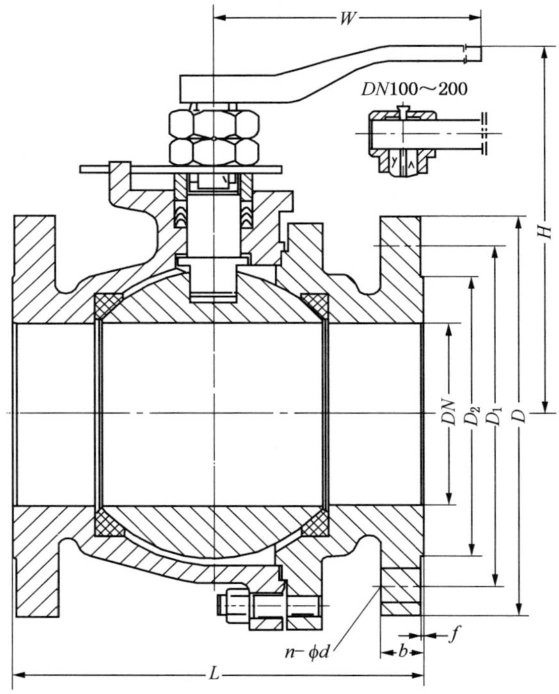

图 3-4-9

① 应用标准 JIS EO105-10KR

② 适用工况

公称压力 *PN*					10K
强度试验 *PT*			2.4		MPa
水压密封试验			1.5		
气密封试验			0.6		
工作温度	≤120℃	工作压力	P_0	1.4	
			P_1		

适用介质：硫氰酸钠、氢氧化钠等

③ 主要零件材料

零件名称	材　　质
阀　体	A351-CF8M
端　盖	A351-CF8M
球　体	A276-316
阀　杆	A276-316
阀　座	聚四氟乙烯

④ 结构尺寸和质量

DN mm	*DN* in	*L*	*D*	D_1	D_2	*b*	*f*	*n*-*ϕd*	*H*	*W*	质量/kg	生产厂
40	1½	165	140	105	85	16	2	4-19	118	250	10.72	兰高
50	2	178	155	120	100	16	2	4-19	148	350	14.80	
80	3	203	185	150	130	18	2	8-19	173	400	20.08	

续表

DN		L	D	D_1	D_2	b	f	n-ϕd	H	W	质量/kg	生产厂
mm	in											
100	4	229	210	175	155	18	2	8-19	194	700	42.20	兰高
150	6	394	280	240	215	22	2	8-23	250	1100	74.46	
200	8	457	330	290	265	22	2	12-23	279	1500	163.34	

六、三件式球阀

1. 应用标准

JIS HM10KSG、HM10KSSB、E0600S-10KR

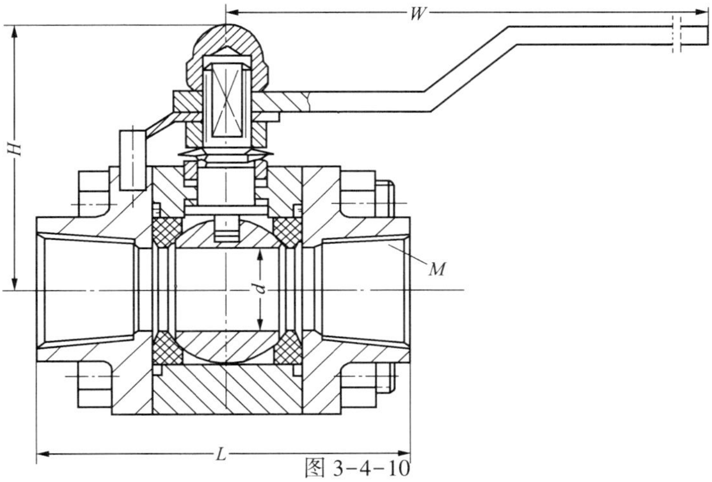

图 3-4-10

2. HM10KSG HM10KSSB 适用工况

公称压力 PN			10K		
强度试验压力 PT			2.4		MPa
密封试验压力 P					
气密性试验			0.6		
工作温度	≤200℃	工作压力	P	1.4	
工作介质：石油产品					

3. E0600D-10KR 适用工况

公称压力 PN			10K		
强度试验压力 PT			2.4		MPa
密封试验压力 P					
气密性试验			0.6		
工作温度	≤200℃	工作压力	P	1.4	
工作介质：硫氰酸钠、氢氧化钠等					

4. 主要零件材料

零件名称	HM10KSG HM10KSSB	E0600S-10KR
阀　体	25	A276-316
端　盖	25	A276-316
球　体	2Cr13	A276-316
阀　杆	2Cr13	A276-316
阀　座	聚四氟乙烯	聚四氟乙烯

5. 结构尺寸和质量

DN	L	d	M	H	W	质量/kg	生产厂
15	65	15	2G1/2″	53	121	0.86	兰高
20	80	20	ZG3/4″	63	149	1.50	
25	90	25	ZG1″	68	149	2.50	

七、缩口型浮动球法兰球阀

1. 压力等级

150 lb、300 lb

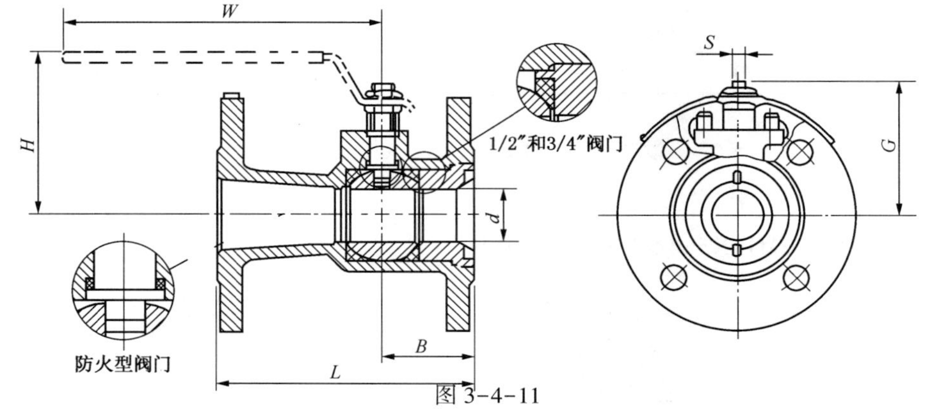

图 3-4-11

5150、5305 型½″~4″；5300 型 1½″~4″

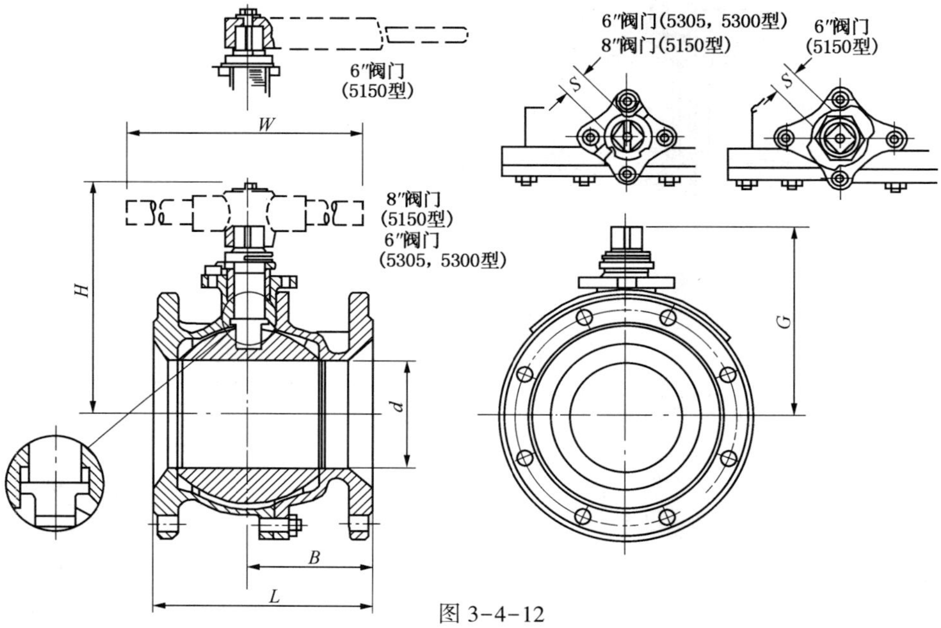

图 3-4-12

5150 型 6″和 8″5305、5300 型 6″

（5305、5300 型　图形近似）

2. 应用标准

API607

3. 试验压力

	5105 型		5305、5300 型	
材　料	碳　钢	316 不锈钢	碳　钢	316 不锈钢
试验压力/MPa	3.2	3.0	7.9	7.7

注：试验压力为球体处于半开启位置时的静压试验压力。

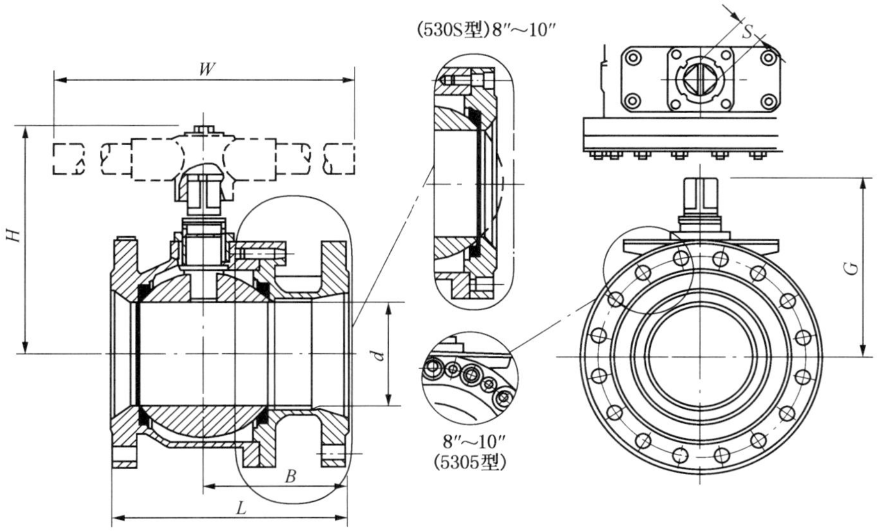

图 3-4-13

5150 型 10″5305 5300 型 8″和 10″

4. 材料

零件名称	阀体材料	
	碳　钢	316 不锈钢
阀　体	碳钢 ASTM A216WCB 型	316 不锈钢 ASTM A351 CF8M
侧　体	碳钢 ASTM A216WCB 型	316 不锈钢 ASTM A315 CF8M
球	304 不锈钢	316 不锈钢
阀　杆	304 不锈钢	316 不锈钢
密封座	聚四氟乙烯(≤200℃)；填充聚四氟乙烯(≤260℃)	
阀体螺栓(除 8″~10″5305 外)	ASTM A193 B7M 等级	
螺母(除 8″~10″ 5305 外)	ASTM A194 2HM 等级	

5. 结构尺寸和质量

序号	型　号	公称通径 DN/in	结构尺寸/mm							质量/kg	生产厂
			S	L	B	H	d	W	G		
1	5150 型 150 lb (RF)	1/2	5	108	46	89	13	129	43	1.6	S. N. J DN 1/2″~4″
		3/4	5	117	51	89	17.5	129	48	2.1	
		1	8	127	56	90	22	170	67	3.4	
		1½	9.5	165	62	106	32	224	92	5.2	
		2	9.5	178	62	111	38	224	95	7.3	
		3	16	203	95	146	59	356	153	16.8	
		4	16	229	102	171	76	356	160	24.9	

序号	型　号	公称通径 DN/in	结构尺寸/mm							质量/kg	生　产　厂
			S	*L*	*B*	*H*	*d*	*W*	*G*		
2	5305 型 150 lb(RF)	1/2	5	108	46	89	13	129	43	2	S. N. J *DN* 1/2″~4″
		3/4	5	117	51	89	17. 5	129	48	2. 5	
		1	8	127	56	90	22	170	67	4. 2	
		1½	9. 5	165	62	106	32	224	92	7. 7	
		2	9. 5	178	62	111	38	224	95	9. 7	
		3	16	203	95	160	59	356	149	20. 9	
		4	25	229	102	186	76	506	176	36. 3	
3	5300 型 150 lb (RF)	1½	9. 5	190	62	106	32	224	92	8. 1	S. N. J *DN* 1½″~4″
		2	9. 5	216	62	111	38	224	95	9. 7	
		3	16	283	95	160	59	356	149	27. 2	
		4	25	305	102	186	76	506	176	41. 3	
4	5150 型 300 lb	6	25	267	171	240	102	546	198	56	S. N. J *DN* 6″~10″
		8	33	292	165	325	152	762	264	104	
		10	41	330	173		203		305	145	
5	5305 型 300 lb	6	33	267	140	284	102	762	225	77	S. N. J *DN* 6″~10″
		8	41	292	132	343	152	762	267	127	
		10	51	330	156		203		343	145	
6	5300 型 300 lb	6	33	403	276	284	102	762	225	118	S. N. J *DN* 6″~10″
		8	41	419	259	343	152	762	267	159	
		10	51	457	283		208		343	207	

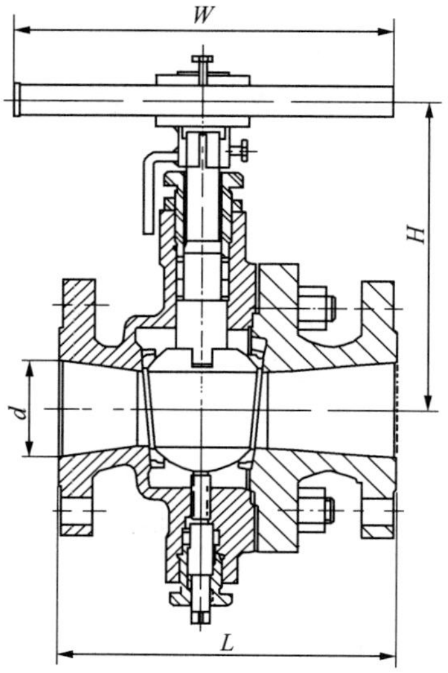

图 3-4-14

八、法兰斜球球阀

1. 压力等级

150 lb

2. 应用规范

(1) 设计、制造参照 BS4467

(2) 结构长度按 ASME B16. 10

(3) 连接法兰

150 lb 按 ASME B16. 5；JIS 10K 按 JIS B2212

(4) 阀门检查和试验按 API 598

3. 结构：斜球式

4. 主体材料：WCB、CF8、CF8M、CF3、CF3M

5. 结构尺寸和质量

型号	公称通径 DN/in	结构尺寸/mm				质量/kg	生产厂
		L	*d*	*H*	*W*		
150 lb (RF)	1	165	25	117	150	6.5	苏阀 *DN* 1″~4″
	1½	190	40	130	200	10	
	2	216	50	148	250	16.3	
	3	283	80	200	350	30	
	4	305	100	212	500	44	

九、 夹套法兰球阀

1. 压力等级

150、300 lb；JIS 10K、20K

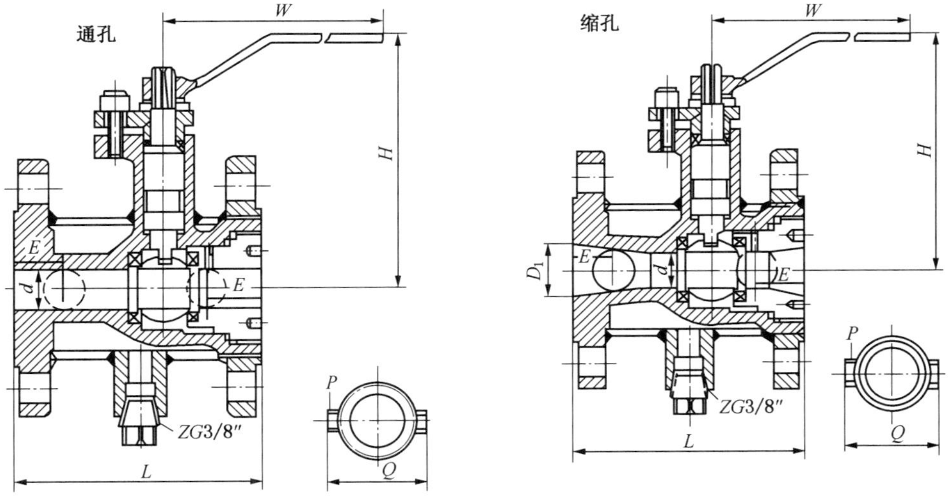

图 3-4-15

2. 应用规范

（1）设计、制造按 BS5351

（2）结构长度按 ASME B16.10

（3）连接法兰

150，300 lb 按 ASME B16.5；JIS 10K，20K 分别按 JIS B2212，B2214

（4）阀门检查和试验按 API 598

3. 结构：带夹套、防火、防静电

4. 主体材料：WCB、CF8、CF8M、CF3、CF3M

5. 结构尺寸和质量

(1) 通孔型

公称通径 DN		法兰规格	150 lb、300 lb；10K、20K								生产厂
in	mm		*d*	*L*	*H*	*W*	*E*	*Q*	*P*	质量/kg	
1/2	15	15×40	15	110	101	130	58.5	147	NPT3/4	5	苏阀、玉环、伯特利、凯喜姆、安科、旭龙 *DN* ½″8″
3/4	20	20×40	19	117	101	160	58.5	147	NPT3/4	6	
1	25	25×50	25	127	106	160	63.5	156	NPT3/4	9	
1½	40	40×65	38	165	125	230	62.5	181	NPT3/4	15	
2	50	50×80	51	178	135	230	68	218	NPT3/4	21	
3	80	80×150	76	229	193	400	82	275	NPT3/4	38	
4	100	100×200	102	254	265	700	83	300	NPT3/4	70	
6	150	150×250	152	292	355	1100	95	403	NPT1	101	
8	200	200×350	203	330	410	1500	100	492	NPT1	140	

(2) 缩孔型

公称通径 DN		法兰规格	150lb、300lb；10K、20K								
in	mm		D_1	*d*	*L*	*H*	*W*	*E*	*Q*	*P*	质量/kg
3	80	80×100	76	64	203	184	400	71.5	239	NPT3/4	35
4	100	100×150	102	76	229	193	400	82	275	NPT3/4	65
6	150	150×200	152	127	267	335	1100	83	332	NPT3/4	100
8	200	200×250	203	152	292	355	1100	95	403	NPT1	

注：生产厂：苏阀。

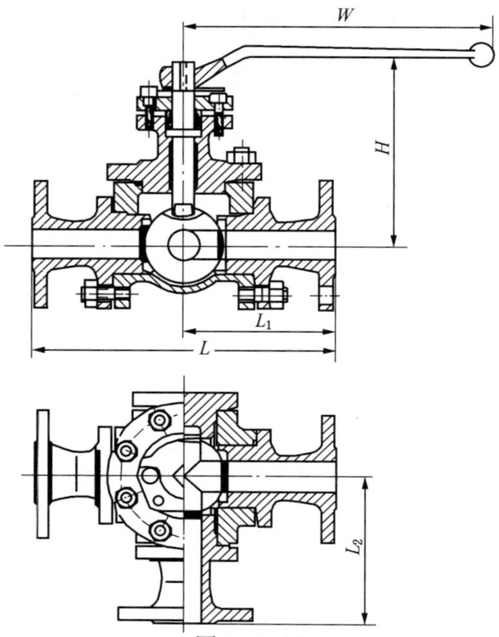

图 3-4-16

十、丁字形三通法兰球阀

1. 压力等级

150、300 lb

2. 应用规范

(1) 设计、制造按 BS 5351

(2) 结构长度按本厂规定

(3) 连接法兰

150、300 lb 按 ASME B16.5；

JIS 10K、20K 分别按

JIS B2212，B2214

(4) 阀门检查和试验按 API 598

3. 结构：上装式、三通

4. 主体材料：WCB、CF8M、CF3、CN7M

5. 结构尺寸和质量

型　号	公称通径 DN/in	结构尺寸/mm					质量/kg	生　产　厂
		L	L_1	L_2	H	W		
150 lb 300 lb(RF)	1/2	140	70	70	64	130	3.5	建湖、安科 纽威、苏阀 DN1/2″~8″
	3/4	165	83	83	64	160	5.5	
	1	165	83	83	84	160	8	
	1½	250	125	125	152	500	15	
	2	260	130	130	157	500	18	
	3½	320	160	160	183	800	27	
	3	320	160	160	183	800	35	
	4	370	185	185	195	800	61	
	5	510	255	255	355	850	70	
	6	510	255	255	355	850	88	
	8	580	290	290	430	150	125	

十一、Y型三通法兰球阀

1. 压力等级

150、300 lb，JIS10K、20K

2. 应用规范

(1) 设计、制造按 BS 5351

(2) 结构长度按本厂规定

(3) 连接法兰

150，300 lb 按 ASME B16.5；

JIS 10K、20K 分别按 JIS B2212、B2214

(4) 阀门检查和试验按 API 598

3. 结构：Y 型

4. 主体材料：

WCB、CF8、CF8M、CF3、CF3M、CN7M

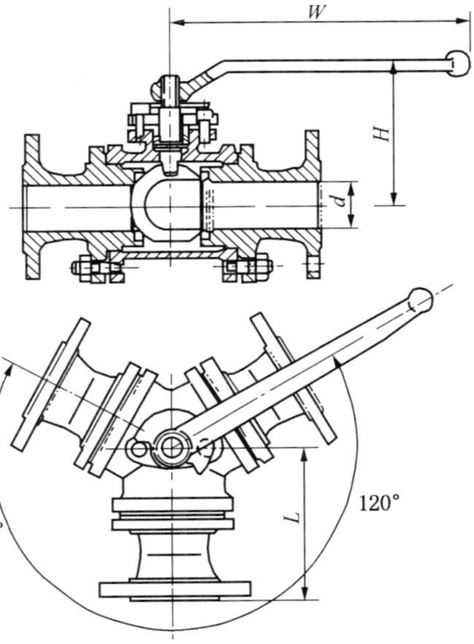

图 3-4-17

5. 结构尺寸和质量

型　号	公称通径 DN/in	结构尺寸/mm				质量/kg	生　产　厂
		L	d	H	W		
150 lb 300 lb(RF) JIS10K，20K	1½	140	38	151	185	20	纽威、安科 苏阀 DN 1½″~4″
	2	150	51	162	250	26	
	3	160	76	188	400	45	
	4	175	102	208	500	68	

十二、 三 通 球 阀

1. 应用标准

JIS　E3501-10KP、E3501-10KR

2. 适用工况

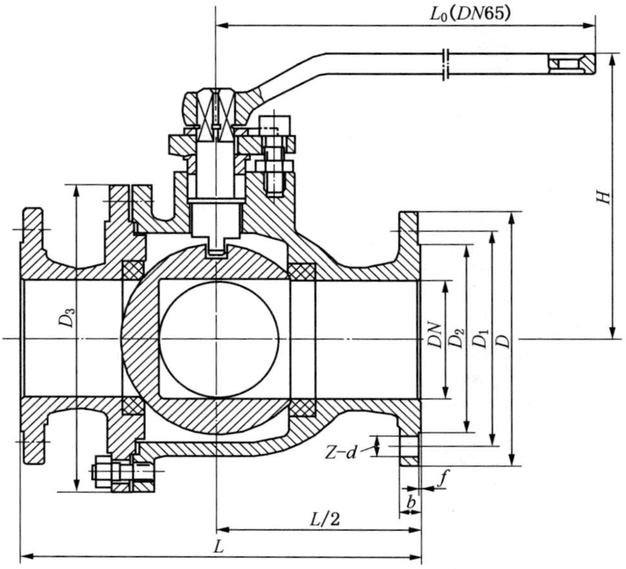

图 3-4-18(上)

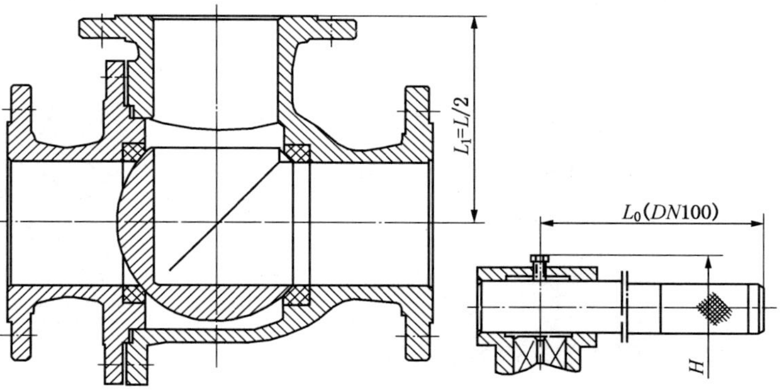

图 3-4-18(下)

65E3501-10KR

公称压力 *PN*			10K		
强度试验压力 *PT*			2.4		MPa
密封试验压力 *P*			1.5		
气密性试验压力			0.6		
工作温度	≤120℃	工作压力	*P*	1.4	
工作介质：硫酸氢钠、氢氧化钠					

100E3501-10KP

公称压力 *PN*			10K		
强度试验压力 *PT*			2.4		MPa
密封试验压力 *P*			1.5		
气密性试验压力			0.6		
工作温度	≤120℃	工作压力	*P*	1.4	
工作介质：油剂、热水					

3. 主要零件材料

零件名称	R	P	零件名称	R	P
阀　体	A351-CF8M	A351-CF8M	端　盖	A351-CF8M	A351-CF8M

零件名称	R	P	零件名称	R	P	零件名称	R	P
球　体	A276-316	A276-304	阀　杆	A276-316	A276-304	阀　座	聚四氟乙烯	聚四氟乙烯

4. 技术要求

（1）制造与验收技术条件按 JB 3211—78 的规定。

（2）压盖定块的厚度和两定位面装配时允许修正。

（3）扳手实际位置按图纸所示位置顺时针旋转 90°。

5. 结构尺寸和质量

DN	L	L_1	D	D_1	D_2	D_3	b	f	z-d	H	L_0	质量/kg	生产厂
100	350	165	210	175	155	255	18	2	8-19	274	700	43.5	兰高
65	250	125	175	140	120	196	18	2	4-19	141	350	207	

十三、 整体斜面球阀

1. 压力等级

150、300 lb、600lb、800lb、1500lb，JIS10K、20K

2. 应用规范

（1）结构长度按本厂规定

（2）连接法兰

150、300 lb 按 ASME B16.5；

JIS10K、20K 分别按 JIS B2212、B2214。

（3）承插口连接 600lb、800lb、1500lb 尺寸按图或 ASME B16.11。

（4）螺纹滞连接 800lb 按 ASME B1.20.1。

（5）阀门检查和试验按 API 598

3. 结构：浮动直通（上装）式

4. 主体材料：WCB、CF8、CF8M、CF3M、A105、F11、F22、304、316、304L、316L。

5. 生产厂：玉环、安科

6. 结构尺寸和质量

型号	150 lb，JIS10K						300 lb，JIS20K					
结构尺寸/mm DN/in	L	d	H	W	E	质量/kg	L	d	H	W	E	质量/kg
1/2″	108	14	100	140		2.5	140	14	100	140		3.0
3/4″	117	19	100	140		3.2	152	19	100	140		4.2
1″	127	25	100	140		3.5	165	25	100	140		4.2
1¼″	140	32	120	190		6.5	178	32	120	190		10.5
1½″	165	38	120	190		7.2	190	38	120	230		12
2″	178	51	140	230		8.5	216	51	140	230		13.5

续表

型号 结构尺寸/mm DN/in	150 lb，JIS10K						300 lb，JIS20K					
	L	*d*	*H*	*W*	*E*	质量/kg	*L*	*d*	*H*	*W*	*E*	质量/kg
2½″	190	64	180	320		14.8	241	64	180	320		24
3″	203	76	210	320		25	283	76	210	450		37.5
4″	229	102	220	450		35	305	102	220	450		41
5″	356	127	230	800		75	381	127	230	800		78
6″	394	152	320	450*	110	135	403	152	320	450*	110	147.5
8″	457	203	380	660*	130	192	502	203	380	660*	130	207
10″	533	254	420	660*	130	275	568	254	420	660*	130	296

型号 结构尺寸/mm DN/in	YHQ11H(Y)-800lb						YHQ61H(Y)-600Lb					
	E	*C*	*L*	*H*	*W*	质量/kg	*E*	*C*	*L*	*H*	*W*	质量/kg
1/8″			90	90	115	0.9	14.5	9.6	90	90	145	1.3
1/2″			100	105	115	1.7	22.5	10	100	105	145	1.8
3/4″			120	115	145	2.5	28.5	13	110	115	145	2.6
1″			120	115	145	3.8	34.5	13	140	115	145	4
1½″							48.7	13	170	120	150	5.7
2″							61.3	16	180	140	150	6.9

型号 结构尺寸/mm DN/in	YHQ61H(Y)-800lb						YHQ61H(Y)-1500lb					
	E	*C*	*L*	*H*	*W*	质量/kg	*E*	*C*	*L*	*H*	*W*	质量/kg
1/8″	14.5	9.6	90	90	145	1.3	14.5	9.6	90	90	130	
1/2″	22.5	10	100	105	145	1.8	22.5	10	100	110	130	
3/4″	28.5	13	110	115	145	2.6	28.5	3	110	120	200	3.6
1″	34.5	13	140	115	145	4	34.5	13	140	125	200	

注：带“*”尺寸为蜗轮蜗杆结构尺寸，也可以配手柄。

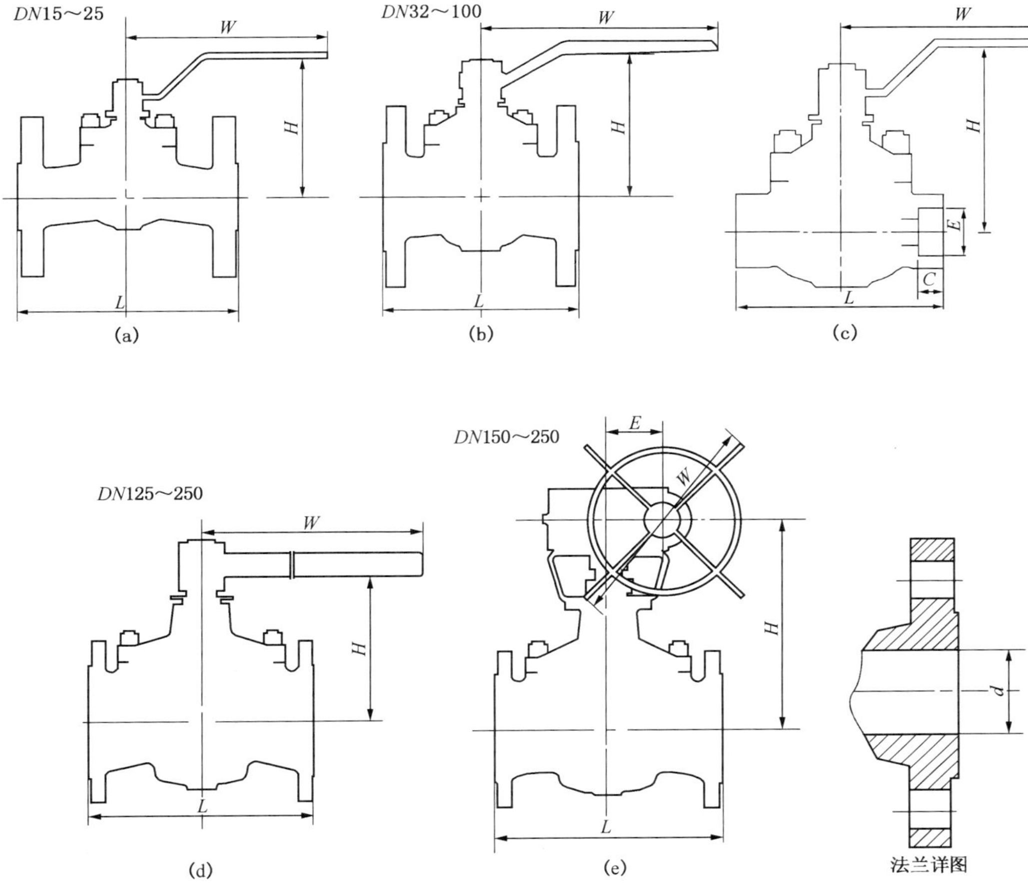

图 3-4-19

十四、低温球阀

1. 压力等级

150、300 lb，JIS 10K、20K

2. 工作温度

-196～-46℃

3. 工作介质：丙烷、丙烯、甲醇、乙烷等非腐蚀性介质

4. 应用规范

（1）设计制造按 API 608

（2）结构长度按 ASME B16.10

（3）连接法兰：

150、300 lb 按 ASME B16.5；

JIS 10K、20K 分别按 JIS 2212、2214

（4）阀门检查和试验按 API 598

5. 结构：浮动直通（上装）式

6. 主体材料：WCB、CF8、CF8M、CF3M

7. 生产厂：玉环。

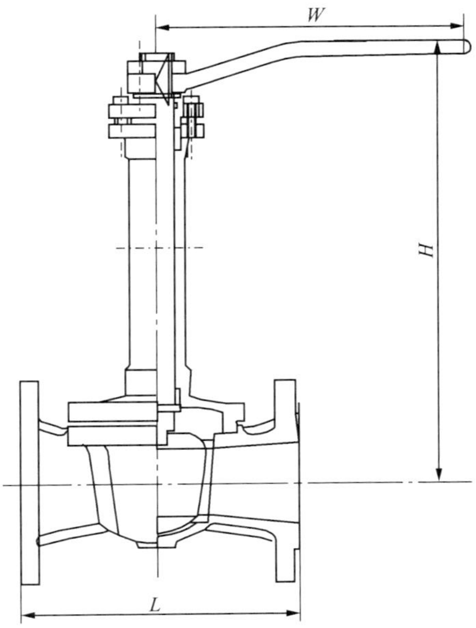

图 3-4-20

8. 结构尺寸和质量 (mm)

公称通称 DN	150 lb，10K								300 lb，20K							
	>-100				<-100				>-100				<-100			
in	*L*	*H*	*W*	质量/kg	*L*	*H*	*W*	质量/kg	*L*	*H*	*W*	质量/kg	*L*	*H*	*W*	质量/kg
1/2	140	200	140	3.5	140	220	140	3.8	140	200	140	4.2	140	220	140	4.8
3/4	152	200	140	4.5	152	220	140	4.9	152	200	140	6.4	152	220	140	7
1	165	220	140	5	165	250	140	5.5	165	220	140	6.9	165	250	140	7.2
1¼	165	240	190	9	165	270	190	10	178	240	190	15	178	270	190	16.5
1½	165	250	190	9.8	165	280	190	11	190	250	190	17	190	280	230	18.5
2	178	270	230	12.3	178	302	230	13.7	216	270	230	20	216	300	320	22
2½	190	340	320	22.1	190	380	320	24.6	241	340	320	35	241	380	320	38.5
3	203	360	320	35	203	400	320	38	283	360	320	53	283	400	450	58.5
4	229	380	450	50	229	420	450	56	305	380	450	60	305	420	800	66
5	356	400	800	95	356	440	800	105	381	400	800	110	381	440		122
6	394	480		170	394	520		182	403	480		195	403	520		203
8	457	540		250	457	580		265	502	540		270	502	580		302

十五、 气动球阀

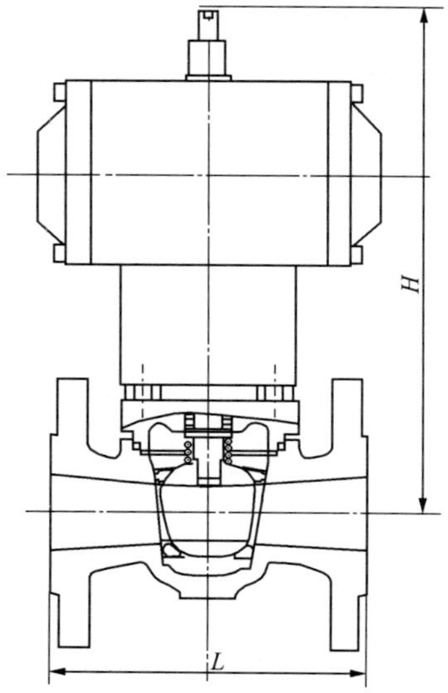

图 3-4-21

1. 压力等级

150、300 lb，JIS 10K、20K

2. 应用规范

（1）设计制造按 API 608

（2）结构长度按 ASME B16.10

（3）连接法兰：

150、300 lb 按 ASME B16.5；

JIS 10K、20K 分别按 JIS 2212、2214

（4）阀门检查和试验按 API 598

3. 结构：浮动直通(上装)式

4. 主体材料：WCB、CF8、CF8M、CF3M

5. 气动球阀选用美国柏勒夫公司、阿斯口公司的气动执行器、阀位信号器、电磁阀配套，有普通型和防爆型两种。

6. 生产厂：玉环、弘盛。

7. 结构尺寸和质量

公称通径 DN	150 lb			300 lb			10K			20K		
in	L	H	质量/kg	L	H	质量/kg	L	H	质量/kg	L	H	质量/kg
1/2	140	250	5.3	140	255	6	140	250	5.3	140	255	6
3/4	152	250	6	152	255	7	152	250	6	152	255	7
1	165	255	6.9	165	265	8.2	165	255	6.9	165	265	8.2
1¼	165	280	10.3	178	290	14.9	165	280	10.3	178	290	14.9
1½	165	305	11.5	190	315	18.9	165	305	11.5	190	315	18.9
2	178	340	14.5	216	340	20.5	178	340	14.5	216	340	20.5
2½	190	350	20	241	375	30	190	350	20	241	375	30
3	203	405	32	283	405	46	203	405	32	283	405	46
4	229	430	42	305	450	60	229	430	42	305	450	60
5	356	510	84.5	381	560	102	356	510	84.5	381	560	102
6	394	610	153	403	660	181	394	610	153	403	660	181
8	457	720	220	502	770	262	457	720	220	502	770	262

十六、轨道球阀

1. 压力等级

150、300、600、900、1500 lb

2. 应用规范

(1) 结构长度按 ASME B16.10

(2) 连接法兰按 ASME B16.5

(3) 焊接标准按 ASME 16.25

(4) 阀门检查和试验按 API 598

3. 主体材料：WCB、CF8、CF8M、WC9

4. 结构尺寸和质量

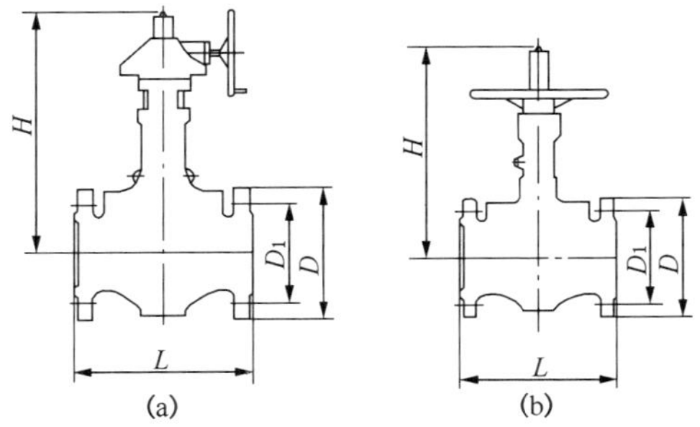

图 3-4-22

(1) 法兰连接(图 3-4-22)

(mm)

型号	in	1″	1½″	2″	2½″	3″	4″	5″	6″	8″	10″	12″	14″	16″	20″
150 lb	L	216	216	216	241	283	305	381	403	502	568	648	762	838	991
	D	110	127	152	178	190	229	254	279	343	406	482.6	533	597	698
	D_1	79.5	98.5	120.5	139.5	152.5	190.5	216	241.5	298.5	362	431.8	476	539.5	635
	H	368	378	380	390	400	508	585	690	778	980	1250	1320	1430	1520
	质量/kg	18	27	27		36	82		172	236	517	880			
300 lb	L	216	216	216	241	283	305	381	403	502	568	648	762	838	991
	D	125	156	165	190	210	254	279	318	381	444	520.8	584.2	647.8	774.8
	D_1	89	114.5	127	149	168	200	235	270	330	387.5	451	514.5	571.5	685.8

续表

型号	in	1″	1½″	2″	2½″	3″	4″	5″	6″	8″	10″	12″	14″	16″	20″
300 lb	H	368	380	380	390	400	508	585	690	778	980	1250	1320	1430	1520
	质量/kg	18	27	32		45	91		172	263	549	925			
600 lb	L	216	241	292		356	432		559	660	787	838	889	991	1194
	D	125	156	165		210	273		355.6	419.5	508	559	603.2	686	813
	D_1	89	114.5	127		168	216		292	349	432	489	527	603.2	724
	H	368	380	405		492	575		773	933	1238	1348	1450	1535	1622
	质量/kg	18	27	32		64	118		254	426	794	1275			
900 lb	L	245	305	371		384	460		613	740	841	968	1038	1140	
	D	150	178	216		241	292		381	470	546	610	641	705	
	D_1	101.5	124	165		190.5	235		317.5	393.5	470	533.5	559	616	
	H	387	380	380		492	575		773	933	1238	1348	1450	1535	
	质量/kg	27	27	59		77	167		358	630	943	1533			
1500 lb	L	254	305	371		473	549		711	841	1000	1146			
	D	150	178	216		267	311		394	483	584	673			
	D_1	101.5	124	165		203	241.5		317.5	393.5	482.5	571.5			
	H	387	380	380		575	773		1238	1348	1510	1650			
	质量/kg	27	270	59		113	177		726	1247	2032	2875			
2500 lb	L	254		454		584	683		927	1036					
	D	160		235		305	355		485	550					
	D_1	108		171.5		228.5	273		368	438					
	H	387		481		730	991		1159	1534					
	质量/kg	27		95		177	351		885	1676					

注：生产厂：玉环、特福隆、精工、凯喜姆、安科、弘盛。

（2）对焊焊接(图 3-4-23)

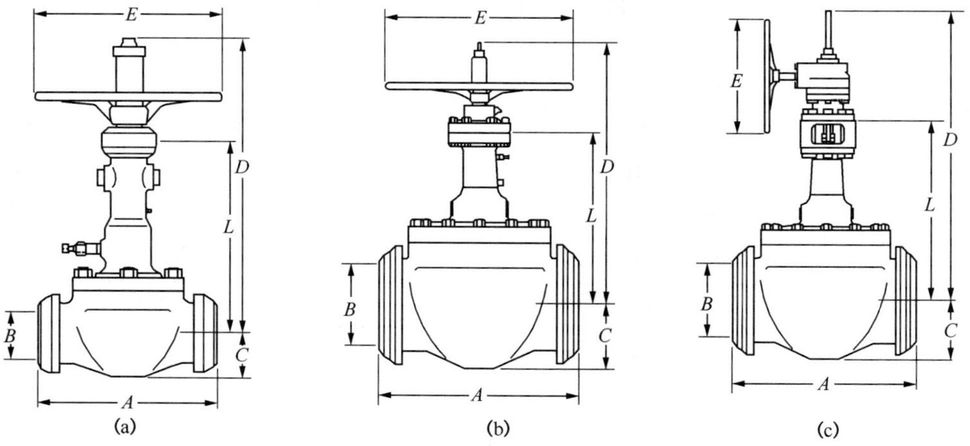

图 3-4-23

公称通径			形式	*A*	*B*	*C*	*D*	*E*	*L*	质量/kg
150 Class	50	2″	a	216	50	62	381	178	238	25
	80	3″	a	295	78	83	400	229	257	41
	100	4″	a	368	103	117	575	432	313	100
	150	6″	a	508	154	149	691	432	473	136
	200	8″	a	594	203	194	778	432	560	213
	250	10″	b	673	254	235	989	610	712	453
	300	12″	b	762	303	276	1289	819	826	780
	350	14″	b	826	337	276	1289	819	826	890
	400	16″	c	991	387	349	1556	762	1024	1510
300 Class	50	2″	a	216	50	62	381	178	238	25
	80	3″	a	295	78	83	400	229	257	41
	100	4″	a	368	103	117	575	432	313	100
	150	6″	a	508	154	149	691	432	473	136
	200	8″	a	594	203	194	778	432	560	213
	250	10″	b	673	254	235	989	610	712	453
	300	12″	b	762	303	276	1289	819	826	780
	350	14″	b	826	337	276	1289	819	826	890
	400	16″	c	991	387	349	1556	762	1024	1510
600 Class	50	2″	a	216	51	62	381	229	238	25
	80	3″	a	295	78	89	492	229	297	50
	100	4″	a	368	103	117	575	432	381	100
	150	6″	a	473	154	146	773	432	556	200
	200	8″	b	660	203	203	933	610	665	358
	250	10″	c	787	254	241	1238	610	800	680
	300	12″	c	838	305	292	1348	819	895	1098
	350	14″	c	889	337	302	1348	819	895	1359
	400	16″	c	991	387	349	1556	762	1024	1601
900 Class	50	2″	a	270	51	68	478	229	282	41
	80	3″	a	337	78	92	559	432	365	64
	100	4″	a	368	103	117	575	432	381	100
	150	6″	b	584	154	171	897	610	632	272
	200	8″	c	737	203	206	1202	610	765	476
	250	10″	c	838	254	252	1326	819	873	717
	300	12″	c	965	305	303	1508	762	976	1239
1500 Class	50	2″	a	270	51	68	478	229	282	41
	80	3″	a	337	78	92	559	432	365	64
	100	4″	a	546	105	121	643	432	425	113
	150	6″		705	124	186	1145	610	638	585

注：生产厂：特福隆、精工、凯喜姆、安科、弘盛。

十七、 撑开式金属密封球阀

1. 压力等级

150、300、600 lb

2. 应用规范

(1) 结构长度按 ASME B16.10

(2) 连接法兰按 ASME B16.5

(3) 阀门检验和试验按 API 598

3. 主体材料：WCB、A182-F5、A182-F304

4. 外形尺寸、连接尺寸和质量

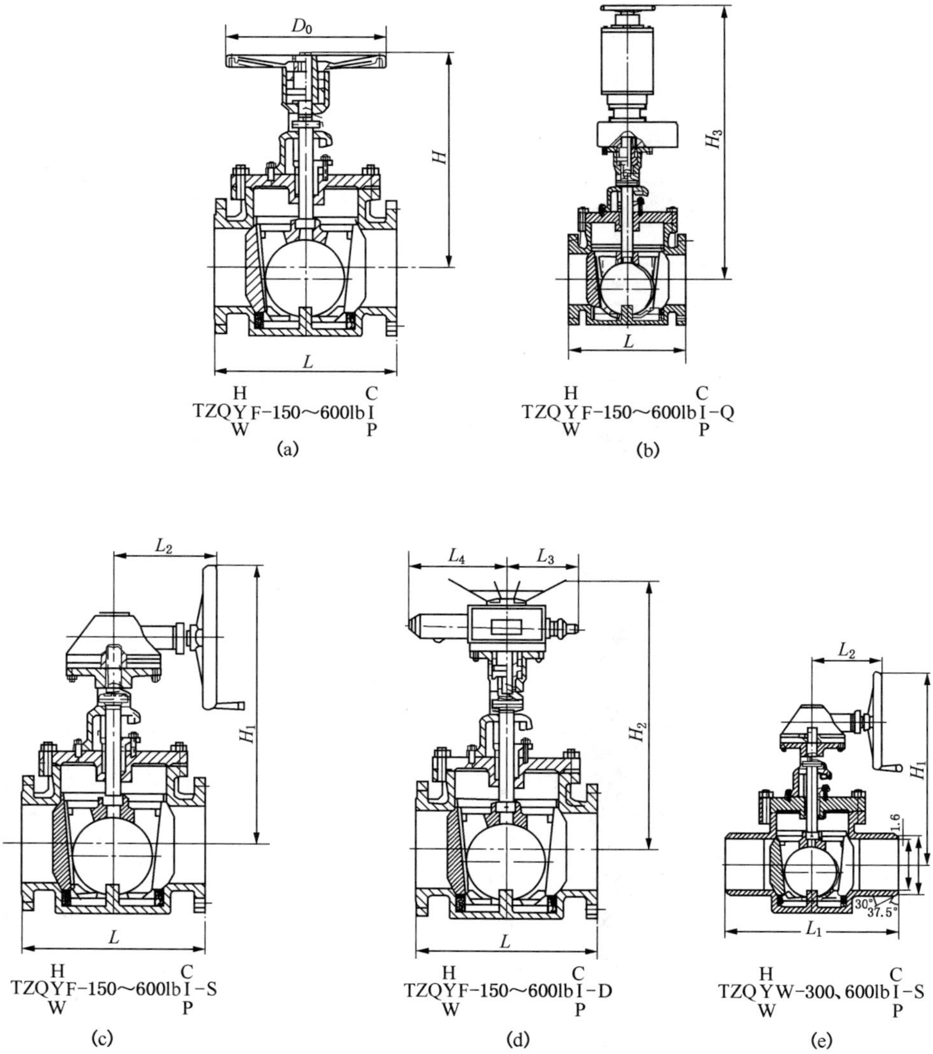

图 3-4-24

Class = 150lb　$DN = 2'' \sim 32''$

规格/in	L	D_0	H	H_1	H_2	H_3	L_2	L_3	L_4	质量(法兰连接)/kg			
										手轮	伞齿轮	电动	气动
2	203	240	435	—	—	—	—	—	—	33	—	—	—
2½	222	240	460	—	—	—	—	—	—	39	—	—	—
3	241	260	490	—	—	—	—	—	—	52	—	—	—
4	305	280	525	—	—	—	—	—	—	73	—	—	—
5	356	300	570	—	—	—	—	—	—	110	—	—	—
6	394	320	625	—	—	—	—	—	—	155	—	—	—
8	457	360	700	—	—	—	—	—	—	218	—	—	—
10	533	400	780	—	—	—	—	—	—	284	—	—	—
12	610	450	870	1050	1118	1545	362	394	467	410	435	550	540
14	686	520	980	1160	1220	1635	362	413	597	630	655	800	780
16	762	600	1010	1290	1300	1720	440	413	597	890	945	1060	1030
18	864	—	—	1430	1440	1905	513	455	730	—	1280	1370	1355
20	914	—	—	1660	1670	2060	588	505	800	—	1710	1850	1825
24	1067	—	—	1910	1945	2345	588	505	800	—	2620	2810	2750
28	1250	—	—	2195	2230	2550	645	568	885	—	3610	3950	3910
32	1450	—	—	2525	2620	2860	645	568	885	—	5110	5590	5600

Class = 300lb　$DN = 2'' \sim 32''$

规格/in	L	L_1	D_0	H	H_1	H_2	H_3	L_2	L_3	L_4	质量(法兰连接)/kg			
											手轮	伞齿轮	电动	气动
2	216	216	240	440	—	—	—	—	—	—	36	—	—	—
2½	241	241	240	470	—	—	—	—	—	—	42	—	—	—
3	283	283	260	500	—	—	—	—	—	—	57	—	—	
4	305	305	280	540	—	—	—	—	—	—	78	—	—	—
5	381	381	300	585	—	—	—	—	—	—	109	—	—	—
6	403	403	320	640	—	—	—	—	—	—	148	—	—	—
8	502	419	360	720	—	—	—	—	—	—	238	—	—	—
10	568	457	400	800	—	—	—	—	—	—	350	—	—	—
12	648	502	450	900	1100	1148	1575	362	394	467	490	515	635	615
14	762	572	520	960	1240	1250	1675	440	413	597	730	785	905	885
16	838	610	600	1050	1330	1340	1765	400	413	597	1050	1105	1225	1180
18	914	660	—	—	1490	1480	1970	513	455	730	—	1610	1710	1635
20	991	711	—	—	1710	1680	2130	588	505	800	—	2230	2360	2265
24	1143	813	—	—	1970	2060	2425	588	505	800	—	3450	3710	3550
28	1346	991	—	—	2266	2320	2655	645	568	885	—	4360	4730	4660
32	1524	1194	—	—	2610	2780	2980	645	568	885	—	6250	6770	6620

Class = 600lb　$DN = 2'' \sim 20''$

规格/in	L	L_1	D_0	H	H_1	H_2	H_3	L_2	L_3	L_4	质量(法兰连接)/kg			
											手轮	伞齿轮	电动	气动
2	292	292	240	440	—	—	—	—	—	—	44	—	—	—
2½	330	330	260	480	—	—	—	—	—	—	52	—	—	—
3	356	356	280	510	—	—	—	—	—	—	76	—	—	—
4	432	432	300	550	—	—	—	—	—	—	118	—	—	—
5	508	508	320	600	—	—	—	—	—	—	165	—	—	—
6	559	559	360	660	—	—	—	—	—	—	272	—	—	—
8	660	660	400	740	940	990	1450	362	394	467	430	458	494	475
10	787	787	450	830	1030	1080	1570	362	394	467	590	618	740	710
12	838	838	520	930	1210	1180	1675	440	413	597	750	805	930	905
14	889	889	600	1000	1280	1285	1770	440	413	597	1080	1140	1260	1230
16	991	991	680	1100	1420	1460	1970	513	455	730	1640	1750	1910	1860
18	1092	1092	—	—	1610	1680	2130	588	505	800	2380	2530	2760	2685
20	1194	1194	—	—	1830	1980	2425	660	580	920	3150	3380	3880	3780

5. 生产厂：浙石化

第五节　蝶　　阀

一、对夹式蝶阀

1. 压力等级

150、300 lb

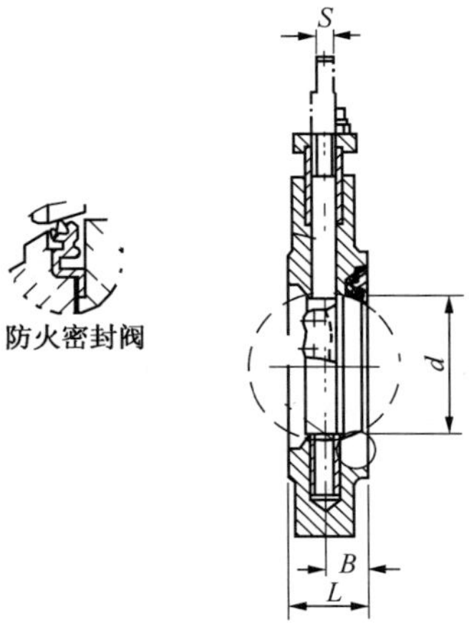

图 3-5-1(左)

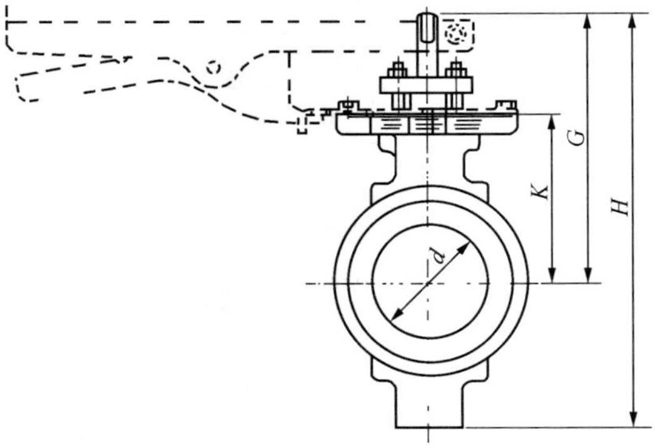

图 3-5-1(右)

815W 型(C 式)，830W 型 $3'' \sim 12''$

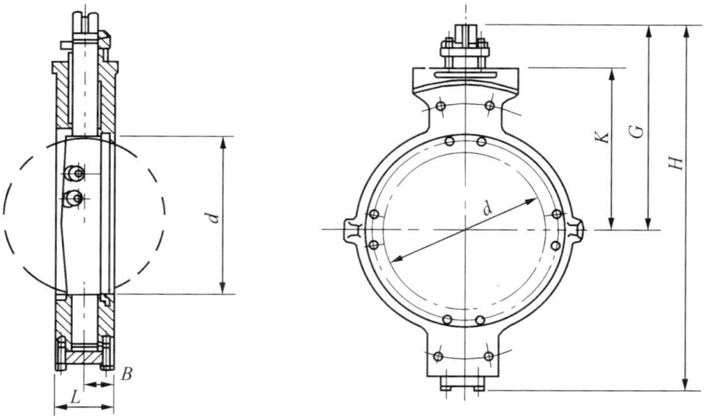

图 3-5-2

815W 型 14″~30″ 830W 型 14″~24″

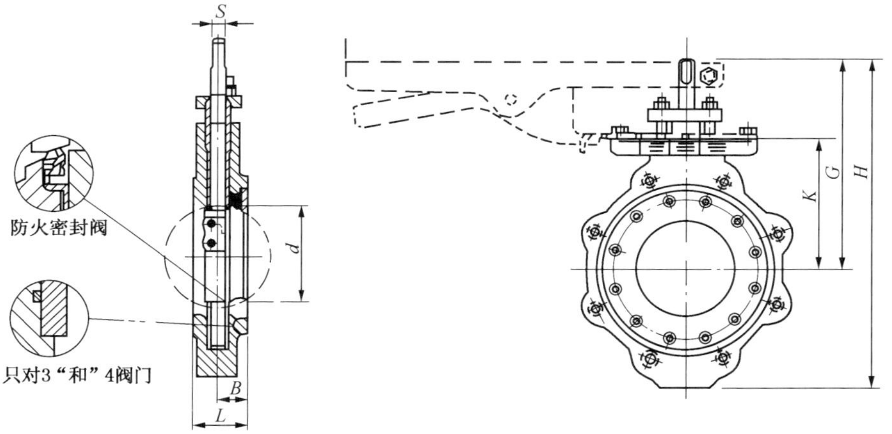

图 3-5-3

815L 型(C 式) 830L 型 3″~12″

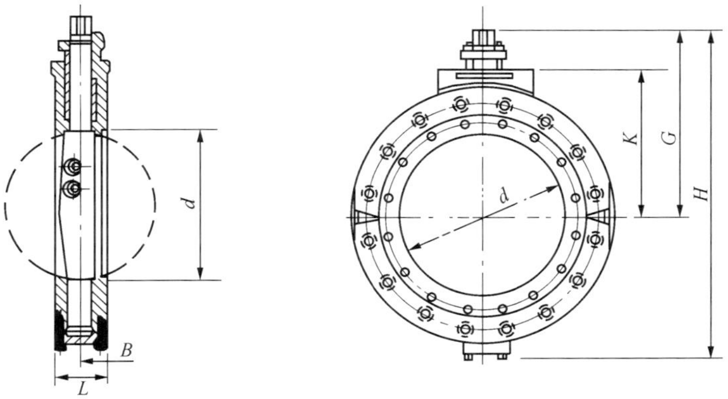

图 3-5-4

815L 型 14″~60″ 830L 型 14″~36″

2. 试验压力

	815 型		830 型	
材　料	碳　钢	316 不锈钢	碳　钢	316 不锈钢
试验压力/MPa	3.2	3.0	7.9	7.7

注：试验压力为阀瓣开启时的静压试验压力。

3. 材料

	815 型		830 型	
阀体	碳　钢 ASTM A216 WCB	316 不锈钢 ASTM A351 CF8M	碳　钢 ASTM A216 WCB(3″~12″) ASTM A515-70(14″~24″)	316 不锈钢 ASTM A351 CF8M
镶插件	碳　钢	316 不锈钢	碳　钢	316 不锈钢
阀瓣	316 不锈钢			
轴	316 不锈钢(3″~12″) 或 17-4PH 不锈钢	316 不锈钢	17-4PH 不锈钢	
密封座	聚四氟乙烯(<200℃)；填充聚四氟乙烯/316 不锈钢(<260℃)			

4. 结构尺寸和质量

序号	型　号	公称通径 DN/in	结构尺寸/mm							质量/kg	生　产　厂
			L	*B*	*H*	*d*	*G*	*K*	*S*		
1	815W 型 (C 式)150 lb (对夹式结构)	3	49	27	316	73	203	121	11	8.6	伯特利、安科 S. N. J *DN*3″~30″
		4	54	30	341	95	216	133	11	9.98	
		6	57	33	384	142	235	152	13	15.4	
		8	64	36	464	188	270	187	16	27.2	
		10	71	41	560	236	325	232	21	35.4	
		12	81	48	632	282	359	260	24	52.2	
		14	92	52	705	314	394	309	29	82.1	
		16	102	56	742	363	421	332	41	114.8	
		18	114	67	802	414	448	356	41	156.5	
		20	127	67	841	456	407	378	41	198.7	
		24	154	76	1160	549	607	490	51	333.4	
		30	167	87	1307	702	697	570	51	593.8	
2	815L 型 (C 式)150 lb (带凸耳单法兰结构)	3	49	27	316	73	203	121	11	9.98	S. N. J *DN* 3″~60″ 伯特利 *DN* 3″~36″ 安科 *DN* 3″~42″
		4	54	30	341	95	216	133	11	14.1	
		6	57	33	384	142	235	152	13	19.96	
		8	64	36	464	188	270	187	16	36.3	
		10	74	41	560	236	325	232	21	48.5	
		12	81	48	632	282	359	260	24	75.8	
		14	92	52	705	314	394	309	29	104.8	
		16	102	56	742	363	421	332	41	163.3	

续表

序号	型号	公称通径 DN/in	结构尺寸/mm							质量/kg	生产厂
			L	B	H	d	G	K	S		
2	815L 型 (C 式)150 lb (带凸耳单法兰结构)	18	114	67	802	414	448	356	41	206. 5	S. N. J DN 3″~60″ 伯特利 DN 3″~36″ 安科 DN 3″~42″
		20	127	67	841	456	467	378	41	270. 3	
		24	154	71	1160	549	607	490	51	437. 3	
		30	167	87	1307	702	697	570	51	741. 2	
		36	184	92	1432	886	794	660	51	1188. 9	
		42	222	114	1730	1016	1006	737	102	1723. 7	
		48	254	130	1953	1168	1130	845	127	2177. 3	
		54	267	133	2178	1329	1248	953	152	2630. 9	
		60	292	146	2423	1472	1391	1045	152	3175. 2	
3	830W 型 300 lb (对夹式结构)	3	49	27	301	73	203	121	11	5. 44	伯特利、安科 S. N. J DN3″~24″
		4	54	30	329	95	216	133	11	7. 71	
		6	59	34	410	142	257	175	16	13. 6	
		8	73	40	499	188	306	213	21	26. 3	
		10	83	44	585	236	352	254	24	47. 2	
		12	92	50	671	282	389	293	29	65. 3	
		14	117	59	732	314	414	325	41	166. 9	
		16	133	62	787	364	440	351	41	194. 6	
		18	117	75	1062	414	548	431	51	324	
		20	162	81	1124	455	581	454	51	406	
		24	184	92	1245	549	638	511	51	6305	
4	830L 型 300 lb (带凸耳单法兰结构)	3	49	27	301	73	203	121	11	9. 07	伯特利、安科 S. N. J DN3″~36″
		4	54	30	329	95	216	133	11	11. 79	
		6	59	34	410	142	257	175	16	23. 13	
		8	73	40	499	188	306	213	21	40. 37	
		10	83	44	585	236	352	254	24	69. 4	
		12	92	50	671	282	389	283	29	98. 4	
		14	117	59	732	314	414	325	41	252. 7	
		16	133	62	787	364	440	351	41	328. 4	
		18	149	75	1062	414	548	431	51	503. 5	
		20	162	81	1124	455	581	454	51	647. 7	
		24	184	92	1245	549	638	511	51	984	
		30	273	137	1511	703	883	642	89	1270	
		36	286	143	1822	886	1063	783	102	1542	

二、凸型和薄型蝶阀

1. 压力等级

150 lb

2. 应用规范

（1）设计和制造按 API 609

（2）结构长度按 API 609

（3）阀门检查和试验按 API 598

3. 结构：凸型和薄型

4. 主体材料：CF8、CF8M、CF3、CF3M、CN7M、WCB

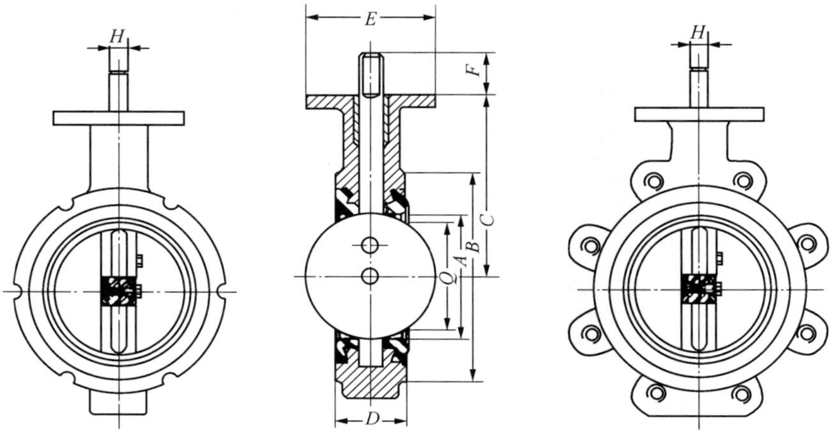

图 3-5-5

5. 结构尺寸和质量

公称通径 DN		A/mm	B/mm	C/mm	D/mm	E/mm	F/mm	H/mm	Q/in	质量/kg
in	mm									
2	50	54	104.8	100	41	101.6	31.8	9.5	$1\frac{11}{16}$	3.5
$2\frac{1}{2}$	65	65	124	114.3	44.5	101.6	31.8	9.5	$2\frac{3}{16}$	5
3	80	79.4	136.5	123.8	44.5	101.6	31.8	9.5	$2\frac{7}{8}$	5.5
4	100	104.8	174.6	152	50	101.6	31.8	11	$3\frac{7}{8}$	8.5
5	125	131.7	193.6	152	54	101.6	31.8	11	5	10.5
6	150	155.6	222	165	54	101.6	31.8	11	6	13
8	200	206.3	279	211	63.5	152.4	31.8	12.7	8	21
10	250	257	339.7	228.6	63.5	152.4	31.8	15.8	$10\frac{1}{16}$	32.5
12	300	307	409.5	261	76	152.4	50.8		$11\frac{15}{16}$	50.4
14	350	336.5	450.8	406	76	152.4	76		$13\frac{1}{8}$	72
16	400	387	514	329	101.6	152.4	76		15	119
18	450	438	549	368	108	203	108		$16\frac{7}{8}$	130.5
20	500	489	606	403	127	203	108		$18\frac{3}{4}$	188
24	600	590.5	717.5	495	150.8	203	108		$22\frac{5}{8}$	250

续表

公称通径 DN		A/mm	B/mm	C/mm	D/mm	E/mm	F/mm	H/mm	Q/in	质量/kg
in	mm									
30	750	743	879.4	584	168	203	108		28 11/16	305
36	900	895	1047.7	704.8	200	203	139.7		34½	950

说明：Q 为最小允许管子或法兰的内径。生产厂：苏阀。

第六节　旋　塞　阀

一、　直通式旋塞阀

1. 压力等级

150、300 lb

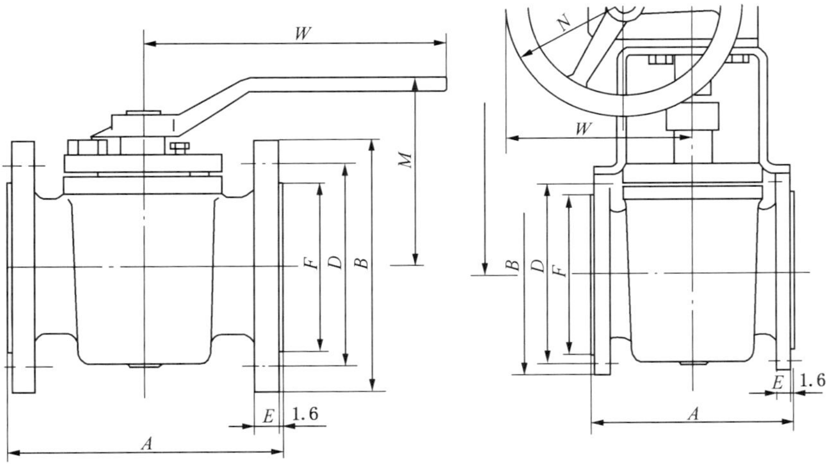

图 3-6-1

2. 应用规范

(1) 设计按 API 599

(2) 结构长度按 ASME B16.10

(3) 法兰尺寸按 ASME B16.5

(4) 阀门检查和试验按 API 598

3. 特点

(1) 阀门在使用中无需注入润滑剂

(2) 密封程度高，无金属对金属的直接接触，也没有密封面咬死现象

(3) 具有防静电结构

(4) 转动扭矩数低，且聚四氟乙烯套更换方便

4. 主体材料

阀体、阀盖、旋塞	CF8、CF8M、CF3、CF3M、CN7M	衬套、V 型密封垫	PTFE
楔形环	20%玻纤 PTFE	防静电环	1Cr18Ni9Ti

5. 温压曲线和适用工况

适用于-30～+180℃的磷酸、酸酸及其他腐蚀性的管道上，作为控制介质流动的启闭器。

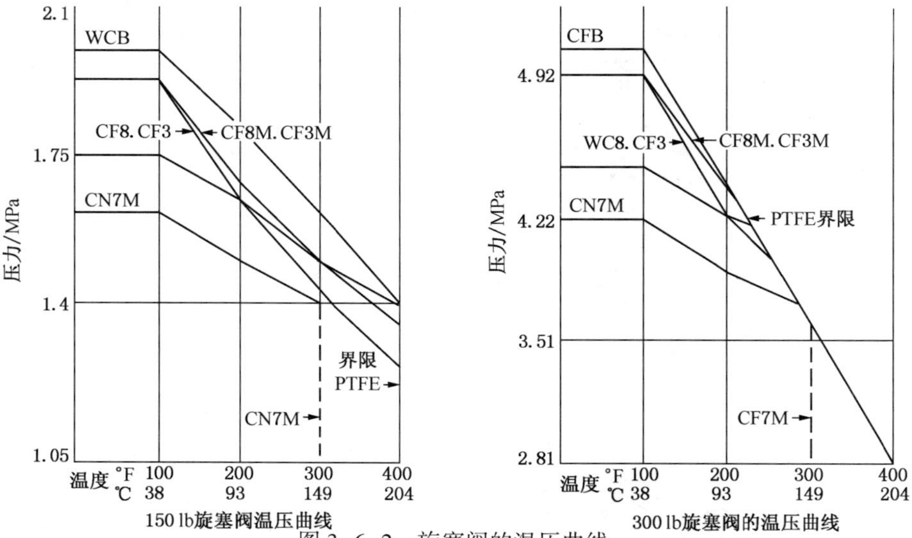

图 3-6-2 旋塞阀的温压曲线

6. 结构尺寸和质量

DN		A		B		E		D		M		N	F	W	150lb		300lb		旋塞孔/%	质量/kg	
in	mm	150 lb	300 lb	150 lb	300 lb	150 lb	300 lb	150 lb	300 lb	150 lb	300 lb				n	d	n	d		150 lb	300 lb
1/2	15	108	140	92	98	11	14	60.5	66.5	89	89	—	35	150	4	15	4	15	126	4.3	
3/4	20	117	152	102	121	11	16	70	82.5	89	89	—	43	150	4	15	4	19	56	5	
1	25	127	165	108	124	11	17	79.5	89	114	114	—	51	180	4	16	4	19	100	8	8
1½	40	165	190	127	156	14	21	98.5	114.5	112	112	—	73	230	4	16	4	22	68	11	12
2	50	178	216	152	165	16	22	120.5	127	109	109	—	92	305	4	19	8	19	64	11	13
3	80	203	283	190	210	19	29	152.5	168.5	150	150	—	127	457	4	19	8	22	65	20	21
4	100	229	305	229	254	24	32	190.5	200	468	468	308	157	243	8	19	8	22	59	57	67
6	150	267	403	279	318	25	37	241.5	270	519	519	308	216	243	8	19	12	22	57	77	86
8	200	292	419	343	381	29	41	298.5	330	410		308	270	243	8	19	12	25	55	98	
10	250	330	457	406	444	30	48	362	387.5	680		460	324	319	12	25	16	29	57	197	
14	350	381	762	533	584	35	54	476	514.5	776		460	413	338	12	29	20	32	37	231	

注：1. 本系列阀门在≥4″口径时，均装有手动传动装置，亦可安装气动和电动传动装置。

2. %为实际通径的缩口率。

3. 生产厂：苏阀、浙石化、良精、纽威、伯特利、保一 *DN* 1/2″～14″，旭龙 *DN* 1/2″～8″

二、 提升式硬密封旋塞阀

（生产厂：浙江石化阀门有限公司）

1. 压力等级

150lb，300lb，600lb，900lb，1500lb。

2. 公称尺寸

NPS2NPS40（*DN*50*DN*1000）。

3. 适用温度

≤600℃（标准结构）。

4. 应用规范

（1）结构长度按 ASME B16. 10；

（2）连接法兰按 ASME B16. 5；

（3）阀门的检验和试验按 API 598。

5. 主体材料

WCB、C5、WC6、WC9、CF8、CF8M、CF3、CF3M 等。

6. 型号编制说明

YX 5 4 9 Y 300lb P

- 7 单元 — 阀体材质代号，JB/T 308 标准。
- 6 单元 — 压力等级代号，用 Class 数值加 lb 表示。
- 5 单元 — 密封面材料代号，同 JB/T 308 标准。
- 4 单元 — 结构形式代号，9 代表直通升降旋转式结构。
- 3 单元 — 连接形式代号，同 JB/T 308 标准。
- 2 单元 — 传动形式代号，同 JB/T 308 标准。
- 1 单元 — 提升式硬密封旋塞阀。

7. 阀门结构尺寸

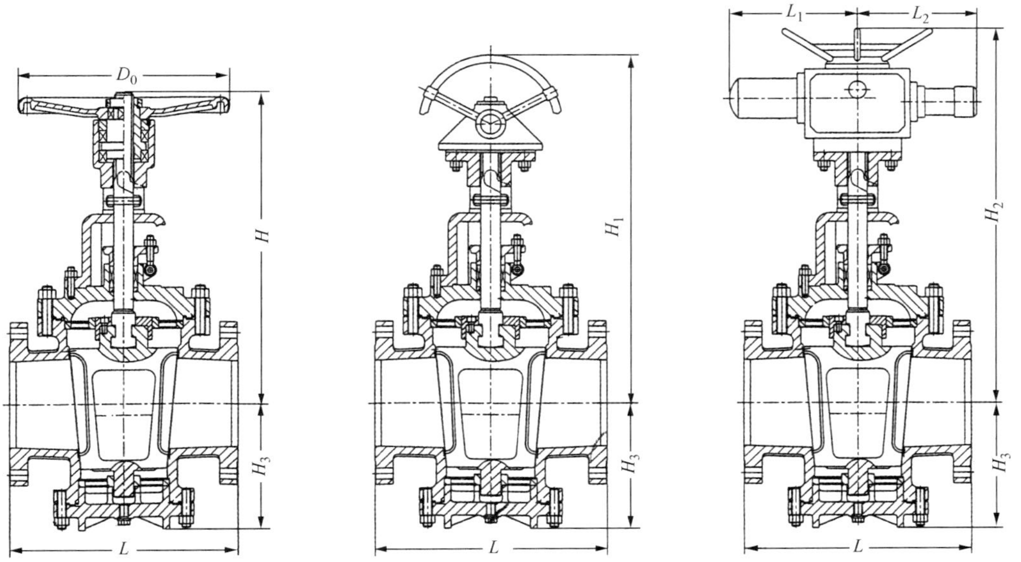

(a)手轮　　(b)伞齿轮　　(c)电动

图 3-6-3

Class 150

NPS	*DN*	*L*	D_0	*H*	H_1	H_2	H_3	L_1	L_2	质量(法兰连接)/kg		
										手轮	伞齿轮	电动
2	50	216	240	420	—	—	124	—	—	42	—	—
3	80	282	240	470	—	—	152	—	—	62	—	—
4	100	305	260	510	—	—	186	—	—	90	—	—
6	150	394	360	590	—	—	220	—	—	180	—	—
8	200	457	400	670	—	—	258	—	—	272	—	—
10	250	533	450	765	—	—	296	—	—	355	—	—
12	300	610	520	1020	1090	1125	338	467	394	544	635	658
14	350	686	600	1121	1170	1220	382	597	413	760	818	867
16	400	762	650	1200	1260	1350	410	730	455	1021	1181	1223
18	450	864	—	—	1410	1510	440	800	505	—	1600	1658
20	500	914	—	—	1620	1710	500	800	505	—	2137	2173
24	600	1067	—	—	1860	1930	580	885	568	—	3275	3320
28	700	1245	—	—	2160	2240	650	885	568	—	4513	4689
32	800	1372	—	—	2480	2530	740	885	568	—	6388	6435
36	900	1524	—	—	2840	2910	800	920	580	—	8210	8980
40	1000	1727	—	—	3230	3320	870	920	580	—	10466	10512

Class 300

NPS	*DN*	*L*	D_0	*H*	H_1	H_2	H_3	L_1	L_2	质量(法兰连接)/kg		
										手轮	伞齿轮	电动
2	50	216	240	420	—	—	164	—	—	44	—	—
3	80	282	240	470	—	—	192	—	—	66	—	
4	100	305	260	510	—	—	226	—	—	97	—	—
6	150	403	360	600	—	—	260	—	—	192	—	—
8	200	502	400	680	—	—	293	—	—	298	—	—
10	250	568	520	780	860	915	336	467	394	438	452	489
12	300	711	600	985	1065	1165	378	597	413	702	744	798
14	350	762	650	1120	1200	1280	422	730	455	912	981	1023
16	400	838	—	—	1298	1370	445	800	505	—	1383	1420
18	450	914	—	—	1460	1580	480	800	505	—	2012	2080
20	500	991	—	—	1680	1740	550	885	568	—	2988	3052
24	600	1143	—	—	1930	1990	630	885	568	—	4313	4389
28	700	1346	—	—	2240	2290	680	885	568	—	5650	5698
32	800	1524	—	—	2580	2630	770	920	580	—	7812	7889
36	900	1727	—	—	2950	3010	830	920	580	—	10180	10230
40	1000	1930	—	—	3350	3420	900	1067	620	—	12745	12880

Class 600

NPS	DN	L	D_0	H	H_1	H_2	H_3	L_1	L_2	质量(法兰连接)/kg		
										手轮	伞齿轮	电动
2	50	292	260	430	—	—	184	—	—	58	—	—
3	80	356	320	480	—	—	212	—	—	95	—	—
4	100	432	400	515	—	—	245	—	—	148	—	—
6	150	559	520	610	635	652	278	597	413	340	395	408
8	200	660	600	890	920	956	320	730	455	526	578	612
10	250	787	650	950	1010	1083	358	800	505	728	778	816
12	300	838	—	—	1200	1272	398	800	505	—	1006	1052
14	350	889	—	—	1270	1335	440	885	568	—	1430	1489
16	400	991	—	—	1410	1489	475	885	568	—	2187	2230
18	450	1092	—	—	1600	1688	508	885	568	—	3162	3216
20	500	1194	—	—	1810	1870	560	920	580	—	4225	4296
24	600	1397	—	—	2250	2320	650	920	580	—	7860	7918
26	650	1448	—	—	2510	2590	735	920	580	—	8945	9150
28	700	1549	—	—	2790	2870	820	920	580	—	9860	10065
30	750	1651	—	—	2985	3055	910	920	580	—	10955	11060
32	800	1778	—	—	3205	3325	1015	1067	620	—	12150	12325
34	850	1930	—	—	3450	3565	1130	1067	620	—	13650	13810
36	900	2083	—	—	3665	3730	1250	1067	620	—	15750	15965

Class 900

NPS	DN	L	D_0	H	H_1	H_2	H_3	L_1	L_2	质量(法兰连接)/kg		
										手轮	伞齿轮	电动
2	50	368	300	460	—	—	196	—	—	75	—	—
3	80	381	350	495	—	—	230	—	—	132	—	—
4	100	457	400	650	—	—	265	—	—	205	—	—
6	150	610	—	765	795	820	305	597	413	560	615	640
8	200	737	—	—	1081	1165	349	730	455	—	1045	1075
10	250	838	—	—	1175	1235	392	800	505	—	1285	1325
12	300	965	—	—	1335	1375	438	800	505	—	2150	2270
14	350	1029	—	—	1495	1560	485	885	568	—	2820	2995
16	400	1130	—	—	1670	1735	530	920	580	—	3585	3725
18	450	1219	—	—	1890	1945	575	920	580	—	4546	4735
20	500	1320	—	—	2060	2135	620	1067	620	—	6213	6350
24	600	1549	—	—	2235	2330	685	1067	620	—	9520	9765

Class 1500

NPS	*DN*	*L*	D_0	*H*	H_1	H_2	H_3	L_1	L_2	质量(法兰连接)/kg		
										手轮	伞齿轮	电动
2	50	368	350	510	—	—	260	—	—	78	—	—
3	80	470	400	560	—	—	295	—	—	145	—	—
4	100	546	—	—	715	880	335	730	455	—	232	415
6	150	705	—	—	905	1035	380	800	505	—	675	845
8	200	832	—	—	1150	1280	425	800	505	—	1258	1430
10	250	991	—	—	1265	1390	485	885	568	—	1735	1995
12	300	1130	—	—	1405	1545	510	885	568	—	2560	2835
14	350	1257	—	—	1560	1675	565	885	568	—	4135	4315
16	400	1384	—	—	1710	1815	625	920	580	—	53754	5885
18	450	1537	—	—	1975	2045	670	1067	620	—	7530	7710
20	500	1664	—	—	2180	2325	745	1067	620	—	10890	11135

三、 压力平衡式管线旋塞阀

(生产厂：浙江石化阀门有限公司)

1. 压力等级

150lb，300lb，600lb，900lb，1500lb。

2. 公称尺寸

NPS224(*DN*50*DN*600)。

3. 适用温度

-46180℃(标准结构，具体还需按密封脂类别而定)。

4. 应用规范

(1)设计制造符合 API 599、API 6D 等标准；

(2)结构长度按 ASME B16. 10；

(3)连接法兰按 ASME B16. 5；

(4)阀门的检验和试验按 API 598。

5. 主要零部件材料

WCB、A105、CF8、CF8M、4140 等。

6. 型号编制说明

GX 3 4 7 W 900lb P

7 单元 — 阀体材质代号，同 JB/T 308 标准。
6 单元 — 压力等级代号，用 Class 数值加 lb 表示。
5 单元 — 密封面材料代号，同 JB/T 308 标准。
4 单元 — 结构形式代号，7 代表油封直通式结构。
3 单元 — 连接形式代号，同 JB/T 308 标准。
2 单元 — 传动形式代号，同 JB/T 308 标准。
1 单元 — 压力平衡式管线塞阀。

7. 阀门结构尺寸

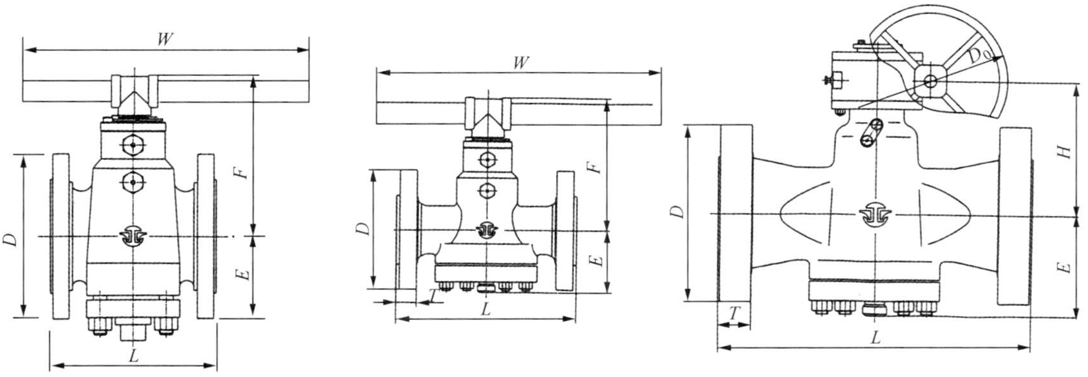

(a)短型旋塞阀　(b)规则型旋塞阀　(c)文丘里型旋塞阀

图 3-6-4

短型 ANSI Class 150(*PN*20)　*DN*50300

通径	NPS	2	3	4	6	8	10	12
	DN	50	80	100	150	200	250	300
结构长度 RF	L_1	178	203	229	267	292	330	356
结构长度 BW	L_3	178	203	229	267	292	330	356
法兰外圆	*D*	152	191	229	279	343	406	483
法兰厚	*T*	16	19	24	26	29	31	32
阀杆高	*F*	180	220	240	250	—	—	—
底盖尺寸	*E*	120	165	180	210	270	320	365
手轮直径	D_0	—	—	—	560	560	560	560
手轮中心高	*H*	—	—	—	280	320	370	420
手柄长	*W*	600	800	800	1000	—	—	—
约重 RF	kg	22	41	64	94	168	264	390
约重 BW	kg	18	36	54	80	149	234	348

文丘里型 ANSI Class 150(*PN*20)　*DN*250600

通径	NPS	10	12	14	16	88	20	24
	DN	250	300	350	400	450	500	600
结构长度 RF	L_1	533	610	686	762	864	914	1067
结构长度 BW	L_3	559	635	686	762	864	914	1067
法兰外圆	*D*	406	483	533	597	635	699	813
法兰厚	*T*	31	32	35	37	40	43	48
底盖尺寸	*E*	320	365	380	400	420	470	530
手轮直径	D_0	560	500	500	700	700	700	800
手轮中心高	*H*	370	420	420	420	450	500	550
约重 RF	kg	264	390	516	912	960	1380	2196
约重 BW	kg	228	324	426	804	954	1212	2004

短型 ANSI Class 300（*PN*50）　*DN*50300

通径	NPS	2	3	4	6	8	10	12
	DN	50	80	100	150	200	250	300
结构长度 RF	L_1	216	283	305	403	419	457	502
结构长度 RJ	L_2	232	298	321	419	435	473	517
结构长度 BW	L_3	267	330	357	457	521	559	635
法兰外圆	D	165	210	254	318	381	445	521
法兰厚	T	23	29	32	37	42	48	51
阀杆高	F	180	220	240	250	—	—	—
底盖尺寸	E	120	165	180	220	285	320	380
手轮直径	D_0	—	—	—	560	560	560	700
手轮中心高	H	—	—	—	280	330	370	430
手柄长	W	600	800	800	1000	—	—	—
约重 RF	kg	25	47	74	120	216	348	480
约重 BW	kg	19	40	60	96	178	288	396

文丘里型 ANSI Class 300（*PN*50）　*DN*150600

通径	NPS	6	8	10	12	14	16	18	20	22
	DN	150	200	250	300	350	400	450	500	600
结构长度 RF	L_1	403	419	457	502	762	838	914	991	1143
结构长度 RJ	L_2	419	435	473	517	778	859	930	1010	1165
结构长度 BW	L_3	457	521	559	635	762	838	914	991	1143
法兰外圆	D	318	381	445	521	584	648	711	775	914
法兰厚	T	37	42	48	51	54	58	61	64	70
阀杆高	F	250	—	—	—	—	—	—	—	—
底盖尺寸	E	220	285	320	380	400	430	460	510	580
手轮直径	D_0	560	560	560	700	700	700	700	800	800
手轮中心高	H	—	330	370	430	445	450	490	540	600
手柄长	W	1000	—	—	—	—	—	—	—	—
约重 RF	kg	120	216	348	480	660	960	1320	1800	2520
约重 BW	kg	96	178	288	396	535	786	1044	1464	2016

规则型 ANSI Class 600（*PN*100）　*DN*50600

通径	NPS	2	3	4	6	8	10	12	14	16	20	24
	DN	50	80	100	150	200	250	300	350	400	500	600
结构长度 RF	L_1	292	356	432	559	660	787	838	889	991	1194	1397
结构长度 RJ	L_2	295	359	435	562	663	790	841	892	994	1200	1407
结构长度 BW	L_3	292	356	432	559	660	787	838	889	991	1194	1397
法兰外圆	D	165	210	273	356	419	508	559	603	686	813	940
法兰厚	T	26	32	38	48	56	64	67	70	77	89	102

续表

通径	NPS	2	3	4	6	8	10	12	14	16	20	24
	DN	50	80	100	150	200	250	300	350	400	500	600
阀杆高	*F*	180	220	240	—	—	—	—	—	—	—	—
底盖尺寸	*E*	120	165	180	250	300	320	390	412	455	520	620
手轮直径	D_0	—	—	560	560	700	800	800	800	800	800	800
手轮中心高	*H*	—	—	280	295	350	380	420	565	650	700	720
手柄长	*W*	600	800	800	1000	—	—	—	—	—	—	—
约重 RF	kg	30	56	97	234	402	732	1086	1476	1944	3120	5160
约重 BW	kg	24	46	66	162	294	600	882	1182	1554	2736	4104

文丘里型 ANSI Class 600(*PN*100)　*DN*150600

通径	NPS	6	8	10	12	14	16	18	20	24
	DN	150	200	250	300	350	400	450	500	600
结构长度 RF	L_1	559	660	787	838	889	991	1092	1194	1397
结构长度 RJ	L_2	562	663	790	841	892	994	1095	1200	1407
结构长度 BW	L_3	559	660	787	838	889	991	1092	1194	1397
法兰外圆	*D*	356	419	508	559	603	686	743	813	940
法兰厚	*T*	48	56	64	67	70	77	83	89	102
底盖尺寸	*E*	190	250	315	340	380	430	460	480	510
手轮直径	D_0	560	560	700	700	700	800	800	800	800
手轮中心高	*H*	235	295	350	395	425	480	545	570	640
约重 RF	kg	194	312	600	858	1092	1440	1980	2340	5160
约重 BW	kg	134	228	492	696	876	1152	1680	2064	4488

ANSI Class 900(*PN*150)　*DN*50600

APS2、3、4 为规则型，其他规格为文丘里型

通径	NPS	2	3	4	6	8	10	12	14	16	20	24
	DN	50	80	100	150	200	250	300	350	400	500	600
结构长度 RF	L_1	368	381	457	610	737	838	965	1029	1130	1321	1549
结构长度 RJ	L_2	371	384	460	613	740	841	968	1038	1140	1330	1558
结构长度 BW	L_3	368	381	457	610	737	838	965	1029	1130	1321	1549
法兰外圆	*D*	216	242	292	381	470	546	610	642	705	857	1041
法兰厚	*T*	38.5	38.5	45	56	64	70	80	86	89	108	140
阀杆高	*F*	180	220	240	—	—	—	—	—	—	—	—
底盖尺寸	*E*	130	180	190	200	270	350	380	430	470	500	580
手轮直径	D_0	—	—	560	560	560	700	700	700	800	800	800
手轮中心高	*H*	—	—	—	260	335	380	450	496	590	600	635
手柄长	*W*	600	800	1000	—	—	—	—	—	—	—	—
约重 RF	kg	54	89	127	300	432	720	1260	1500	1920	2844	5616
约重 BW	kg	41	64	98	246	318	516	972	1104	1500	2268	4920

ANSI Class 1500（*PN*250） *DN*50600

APS2、3、4 为规则型，其他规格为文丘里型

通径	NPS	2	3	4	6	8	10	12	14	16	20	24
	DN	50	80	100	150	200	250	300	350	400	500	600
结构长度 RF	L_1	368	470	546	705	832	991	1130	1257	1384	1664	1943
结构长度 RJ	L_2	371	473	549	711	841	1000	1146	1276	1406	1686	1962
结构长度 BW	L_3	368	470	546	705	832	991	1130	1257	1384	1664	1943
法兰外圆	*D*	216	267	311	394	483	584	673	749	825	984	1168
法兰厚	*T*	38. 5	48	54	83	92	108	124	133. 5	146. 5	178	203. 5
阀杆高	*F*	210	235	—	—	—	—	—	—	—	—	—
底盖尺寸	*E*	180	190	200	225	280	390	440	490	530	560	600
手轮直径	D_0	—	—	560	560	560	700	700	700	800	800	800
手轮中心高	*H*	—	—	250	265	370	400	530	580	610	640	670
手柄长	*W*	600	1000	—	—	—	—	—	—	—	—	—
约重 RF	kg	54	106	186	372	708	1140	1920	2244	3275	3624	6473
约重 BW	kg	41	80	138	298	638	888	1512	1608	2760	2940	4260

8. 压力测试

壳体测试与密封测试

阀门压力等级	最大 C. W. P.		壳体测试(最小)		密封测试(最小)	
	bar	lbf/in^2	bar	lbf/in^2	bar	lbf/in^2
CLASS 150 *PN* 20	19. 5	285	29. 5	427. 5	21. 5	313. 5
CLASS 300 *PN* 50	51	740	76. 5	1110	56	814
CLASS 600 *PN* 100	102	1480	153. 2	2220	112	1628
CLASS 1500 *PN* 150	153	2220	230	3330	168	2442
CLASS 1500 *PN* 250	256	3705	383	5558	281	4076
CLASS 2500 *PN* 420	425	6170	638	9255	468	6787
API 2000	138	2000	276	4000	138	2000
API 3000	207	3000	414	6000	207	3000
API 5000	345	5000	690	10000	345	5000

注：API 压力等级摘自 API 6A，Class 压力等级摘自 ASME B16. 34，以上的测试压力数据是摘自 ASME B16. 34 碳钢组类别 A216 WCB。有些数据由于单位换算和圆整的原因，所以不是非常精确。每一个相关标准对测试压力需要保压的最短持续时间和测试顺序都有明确的规定。

试验压力最低持续时间

阀门公称通径		API 598/min		API 60/s	
DN	NPS	壳体测试	密封测试	壳体测试	密封测试
≤50	≤2	15	15	2	2
65100	2. 54	60	60	2	2
150	6	60	60	5	5
200250	810	120	120	5	5
300	12	120	120	15	5

续表

阀门公称通径		API 598/min		API 60/s	
DN	NPS	壳体测试	密封测试	壳体测试	密封测试
350450	1418	300	120	15	5
≥500	≥20	300	120	30	5

注：API 60 同样需要 5.5bar(80 lbf/in^2)气体密封测试按照同样的持续时间。这些测试必须严格执行，除非特殊订单需要执行特殊的测试规范。切记在以下情况下一定要加注旋塞密封脂：①在测试开始之前；②在测试完毕之后；③在出现任何密封面泄漏时。

第七节　直通式隔膜阀

1. 压力等级

150 lb、JIS 10K

2. 应用规范

（1）结构长度按 BS 5156

（2）法兰尺寸按 ASME B16.5

3. 主体材料

CF8、CF8M、CF3、CF3M、CN7M

隔膜丁基橡胶(ASME)隔膜 PTFE

隔膜垫 EPDM(J16)

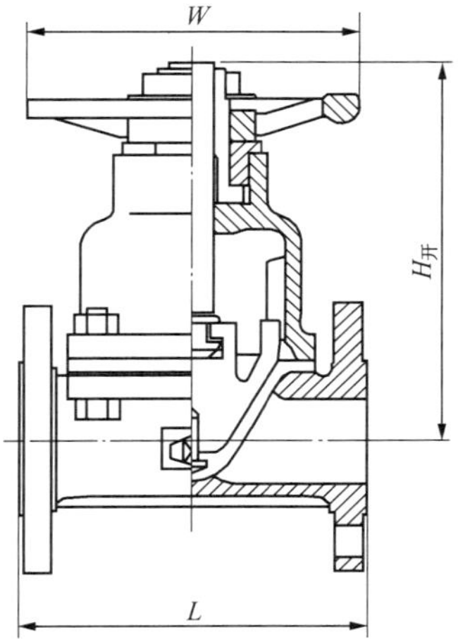

图 3-7-1

4. 结构尺寸、最大工作压力和质量 150 lb/JIS 10K

公称通径 *DN*		*H*（全开时）	*W*	*L*	最大工作压力/MPa	质量/kg
in	mm					
1/2	15	105/114	80/80	108/125	1.0/—	2.2/2.7
3/4	20	114/127	80/80	117/135	1.0/—	3.3/3.4
1	25	160/110	120/80	127/145	1.0/—	4.0/4.8
1¼	32	160/135	120/100	146/160	1.0/—	6.1/7.0
1½	40	160/152	120/100	159/180	1.0/—	7.5/8.2
2	50	182/169	120/120	191/210	1.0/—	11.5/12.0
2½	65	219/190	230/160	216/250	1.0/—	15/19.0
3	80	296/250	230/160	254/300	1.0/—	24.5/23.0
4	100	299/280	280/200	305/350	1.0/—	35/38.4
5	125	320/320	280/224	356/400	0.6/—	50/62.0
6	150	442/370	368/250	406/460	0.6/—	72/88.0
8	200	467	368	521	0.35	119
10	250	635	483	635	0.35	202
12	300	740	585	750	0.35	289
14	350	1250	720	980	0.35	493

注：生产厂苏阀 *DN* 1/2″~12″，纽威 *DN* 1/2″~14″。

第四章　日本金华机械株式会社生产的阀门

第一节　闸　　阀

1. 规格范围与材料

<table>
<tr><th>公称通径</th><th>压力等级</th><th>阀体材料①</th></tr>
<tr><td>1½″~48″②</td><td>150 lb</td><td rowspan="4">碳钢铸件：ASTM A216-WCB
ASTM A352-LCB
合金钢铸件：ASTM A217-WC1
-WC6
-WC9
-C5
ASTM A352-LC1
-LC2
-LC3
不锈钢铸件：ASTM A351-CF8
-CF8M
-CF3M</td></tr>
<tr><td>1½″~48″</td><td>300 lb
400 lb
600 lb</td></tr>
<tr><td>1½″~36″</td><td>900 lb</td></tr>
<tr><td>1 1″/2~26″</td><td>1500 lb
2500 lb</td></tr>
<tr><td>3/8″~2″</td><td>600 lb
900 lb
1500 lb
2500 lb
API 602-800 lb</td><td rowspan="2">碳钢锻件：ASTM A105
ASTM A305-LF1
-LF2
合金钢锻件：ASTM A182-F1
-F6a
-F11
-F22
ASTM A350-LF3
不锈钢锻件：ASTM A182-F304
-F316</td></tr>
<tr><td>6″~16″③</td><td>1500 lb
2500 lb</td></tr>
</table>

注：① 表中所列为标准材料，根据定货要求可采用其他材料。
② 不锈钢铸钢阀最小规格为 1/2″。
③ 锻件以封闭模锻锻造。

2. 设计与特点

此类阀门遵守现行标准：ASME B16.5；B16.10；B16.25；B16.34；API 600 及 BS1414。

公称通径小于或等于 24″的法兰，和压力等级2500lb、公称通径小于或等于 12″的法兰尺寸，按 ASME B16.5 标准制造。公称通径等于或大于 26″的法兰，或压力等级 2500lb、公称通径等于或大于 14″的法兰尺寸，按 API 605 标准制造，也可按用户订货说明书所指出的特殊标准制造。

焊接阀门的对接焊口，按用户指定的钢管壁厚号加工，并符合 ASME B16.25 的规定。

提供压力等级为 150~1500 lb 螺栓连接阀盖的阀门。

提供压力等级为 600~2500 lb 压力自紧密封式连接阀盖的阀门。

结构特点：明杆轭式外螺纹阀架结构，阀杆升降（手轮不升降）。采用弹性闸板，阀座采用螺纹连接，焊接或整体结构。

3. 结构尺寸和质量

序号	型号	公称通径 DN/in	结构尺寸/in					质量/kg	
			A_1	A_2	A_3	H	D	RF	BW
1	150lb 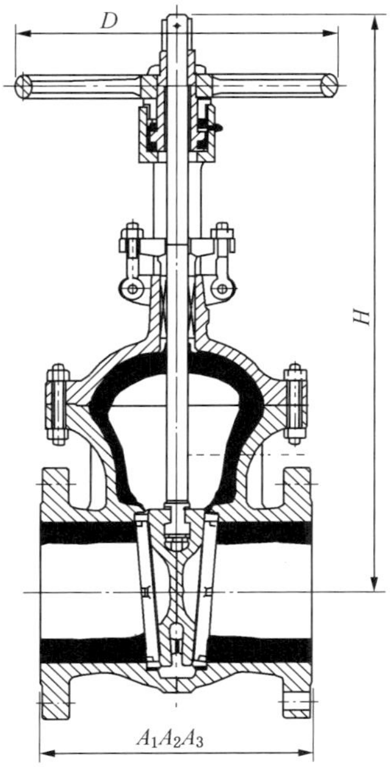 图 4-1　阀体与阀盖为螺栓连接的闸阀 A_1—法兰连接端阀门尺寸； A_2—螺纹连接端阀门尺寸； A_3—焊接端阀门尺寸 （以下各图中 A_1、A_2、A_3 含义均同上）	2	7. 00		8. 50	14. 12	7. 88	44	36
		3	8. 00		11. 12	17. 62	9. 88	73	61
		4	9. 00		12. 00	21. 12	9. 88	110	88
		6	10. 50		15. 88	29. 38	11. 88	175	147
		8	11. 50		16. 50	38. 00	14. 00	265	223
		10	13. 00		18. 00	46. 25	15. 75	405	337
		12	14. 00		19. 75	54. 25	19. 62	585	489
		14	15. 00		22. 50	59. 88	21. 62	705	565
		16	16. 00		24. 00	69. 25	23. 62	945	820
		18	17. 00		26. 00	77. 00	26. 75	1185	980
		20	18. 00		28. 00	86. 88	29. 50	1565	1350
		22	19. 12		30. 00	94. 62	29. 50	1890	1620
		24	20. 00		32. 00	99. 25	31. 50	2500	2200
		26	22. 00		34. 00	117. 75	24. 00	2850	2650
		28	24. 00		36. 00	123. 00	24. 00	3400	3150
		30	24. 00		36. 00	130. 50	24. 00	3950	3750
		32	26. 00		38. 00	138. 75	30. 00	4500	4200
		34	28. 00		40. 00	144. 00	30. 00	5800	5350
		36	28. 00		40. 00	158. 50	39. 38	6850	6500
		38	30. 00			163. 75	39. 38	8000	
		40	30. 00			173. 00	39. 38	9100	
		42	32. 00			178. 00	39. 38	9900	
		48	35. 00			212. 00	39. 38	15500	
2	300 lb （见图 4-1）	2	8. 50	9. 12	8. 50	15. 75	7. 88	60	47
		3	11. 12	11. 75	11. 12	19. 12	9. 88	105	80
		4	12. 00	12. 62	12. 00	22. 75	9. 88	155	112
		6	15. 88	16. 50	15. 88	32. 62	14. 00	325	255
		8	16. 50	17. 12	16. 50	42. 38	17. 75	540	435
		10	18. 00	18. 62	18. 00	50. 38	21. 62	770	615
		12	19. 75	20. 38	19. 75	58. 50	23. 62	1050	830
		14	30. 00	30. 62	30. 00	64. 12	26. 75	1550	1250
		16	33. 00	33. 62	33. 00	80. 00	18. 12	2250	1870
		18	36. 00	36. 62	36. 00	86. 25	18. 12	2600	2150
		20	39. 00	39. 75	39. 00	95. 50	24. 00	3950	3350
		22	43. 00	43. 88	43. 00	104. 50	24. 00	5100	4400
		24	45. 00	45. 88	45. 00	113. 38	30. 00	6250	5400

续表

序号	型　　号	公称通径DN/in	结构尺寸/in					质量/kg	
			A_1	A_2	A_3	H	D	RF	BW
3	600 lb (见图4-1)	2	11.50	11.62	7.00	20.12	9.88	92	72
		3	14.00	14.12	10.00	23.88	14.00	155	115
		4	17.00	17.12	12.00	30.88	17.75	290	210
		6	22.00	22.12	18.00	39.50	23.62	635	485
		8	26.00	26.12	23.00	46.88	26.75	970	750
		10	31.00	31.12	28.00	55.38	26.75	1600	1250
		12	33.00	33.12	32.00	65.75	31.50	2150	1700
		14	35.00	35.12	35.00	76.38	24.00	2900	2500
		16	39.00	39.12	39.00	84.25	24.00	4100	3500
		18	43.00	43.12	43.00	88.75	30.00	5000	4300
		20	47.00	47.25	47.00	99.00	24.00	6650	5750
		24	55.00	55.38	55.00	114.00	30.00	10000	8700
4	900 lb (见图4-1)	2	14.50	14.62	8.50	28.00	14.00	300	250
		3	15.00	15.12	12.00	28.25	15.75	285	225
		4	18.00	18.12	14.00	32.00	17.75	460	360
		6	24.00	24.12	20.00	40.50	23.62	810	620
		8	29.00	29.12	26.00	50.38	26.75	1400	1050
		10	33.00	33.12	31.00	70.00	24.00	2300	1800
		12	38.00	38.12	36.00	74.25	24.00	3400	2800
		14	40.50	40.88	39.00	79.88	24.00	4400	3700
		16	44.50	44.88	43.00	89.00	30.00	6150	5300
		18	48.00	48.50	48.00	100.75	30.00	8050	6950
		20	52.00	52.50	52.00	108.88	30.00	10000	8700
		24	61.00	61.75	61.00	131.25	31.50	18500	15900
5	1500 lb (见图4-1)	2	14.50	14.62	8.50	28.00	14.00	300	250
		3	18.50	18.62	12.00	33.75	19.62	470	380
		4	21.50	21.62	16.00	38.00	21.62	390	550
		6	27.75	28.00	22.00	45.75	23.62	1400	1100
		8	32.75	33.12	28.00	58.50	24.00	2450	1950
		10	39.00	39.38	34.00	68.75	24.00	4250	3400
		12	44.50	45.12	39.00	79.12	30.00	6400	5100
		14	49.50	50.25	42.00	87.88	30.00	8250	6450
		16	54.50	55.38	47.00	96.75	30.00	11000	8600

序号	型号	公称通径 DN/in	结构尺寸/in					质量/kg	
			A_1	A_2	A_3	H	D	RF	BW
6	2500 lb (见图 4-1)	2	17.75	17.88	11.00	29.38	15.75	445	360
		3	22.75	23.00	14.50	38.50	23.62	1050	860
		4	26.50	26.88	18.00	43.75	26.75	1400	1130
		6	36.00	36.50	24.00	53.50	31.50	2400	1650
		8	40.25	40.88	30.00	64.50	30.00	4300	3200
		10	50.00	50.88	36.00	81.00	24.00	8300	6300
		12	56.00	56.88	41.00	89.50	30.00	11300	8400
7	900 lb (见图 4-2)	2	14.50	14.62	8.50	23.12	14.00	160	110
		3	15.00	15.12	12.00	32.50	19.62	295	235
		4	18.00	18.12	14.00	36.00	21.62	455	355
		6	24.00	24.12	20.00	38.00	23.62	720	530
		8	29.00	29.12	26.00	48.50	26.75	1350	1000

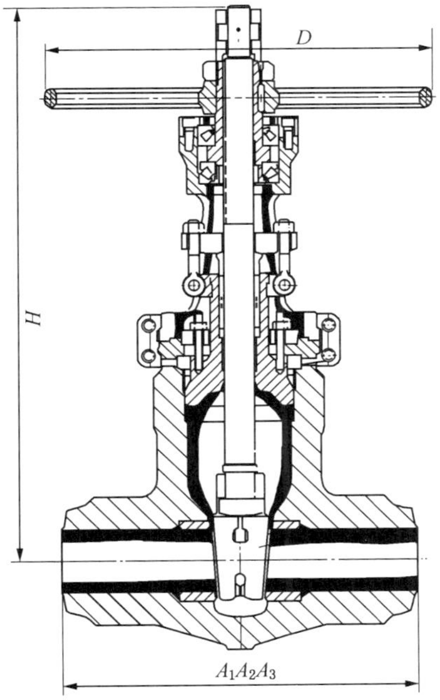

A型

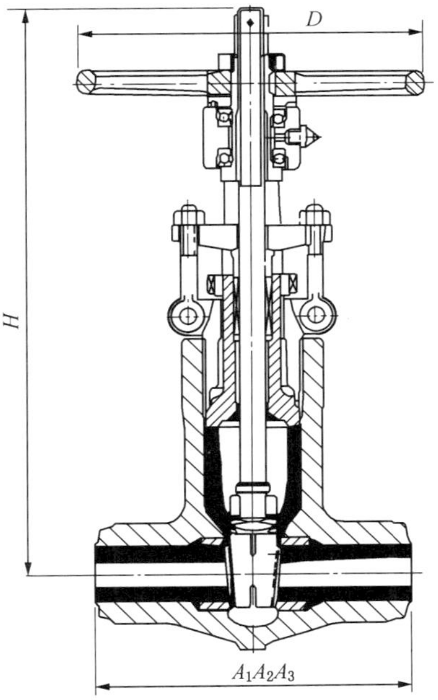

B型

图 4-2 阀体与阀盖为压力自紧密封式连接的闸阀

续表

序号	型号	公称通径 DN/in	结构尺寸/in					质量/kg	
			A_1	A_2	A_3	H	D	RF	BW
7	900 lb (见图4-2)	10	33.00	33.12	31.00	66.75	24.00	2250	1750
		12	38.00	38.12	36.00	71.50	24.00	3300	2700
		14	40.50	40.88	39.00	77.50	24.00	3800	2100
		16	44.50	44.88	43.00	86.75	30.00	6150	5300
		18	48.00	48.50	48.00	97.38	30.00	7700	6600
		20	52.00	52.50	52.00	105.50	30.00	10500	9200
		24	61.00	61.75	61.00	128.12	31.50	17800	15200
8	1500 lb (见图4-2)	2	14.50	14.62	8.50	23.12	14.00	160	110
		3	18.50	18.62	12.00	32.50	19.62	340	250
		4	21.50	21.62	16.00	36.00	21.62	520	380
		6	27.75	28.00	22.00	39.12	23.62	1010	710
		8	32.75	33.12	28.00	51.50	24.00	1950	1450
		10	39.00	39.38	34.00	62.25	24.00	3250	2400
		12	44.50	45.12	39.00	73.62	30.00	5000	3700
		14	49.50	50.25	42.00	79.38	30.00	6000	4200
		16	54.50	55.38	47.00	89.00	30.00	8100	5700
9	2500 lb (见图4-2)	2	17.75	17.88	11.00	26.62	15.75	215	130
		3	22.75	23.00	14.50	33.88	23.62	470	280
		4	26.50	26.88	18.00	38.38	26.75	710	440
		6	36.00	36.50	24.00	42.62	31.50	1570	820
		8	40.25	40.88	30.00	57.25	30.00	2700	1600
		10	50.00	50.88	36.00	68.00	24.00	4800	2800
		12	56.00	56.88	41.00	75.25	30.00	7100	4200
		14			44.00	88.50	39.38		4750

第二节 截止阀及角式截止阀

1. 规格范围与材料

公称通径	压力等级	阀体材料[①]
1½″~24″[②]	150 lb	碳钢铸件：ASTM A216-WCB ASTM A352-LCB 合金钢铸件：ASTM A217-WC1 -WC6 -WC9 -C5 ASTM A352-LC1 -LC2 -LC3 不锈钢铸件：ASTM A351-CF8 -CF8M -CF3M
1½″~24″	300 lb 400 lb 600 lb	
1½″~16″	900 lb 1500 lb 2500 lb	

续表

公称通径	压力等级	阀体材料①
3/8″~2″	600 lb 900 lb 1500 lb 2500 lb	碳钢锻件：ASTM A105 ASTM A305-LF1 -LF2 合金钢锻件：ASTM A182-F1 -F5a -F11 -F22 ASTM A350-LF3 不锈钢锻件：ASTM A182-F304 -F316

注：① 表中所列为标准材料，根据订货要求可采用其他材料。
② 不锈钢铸钢阀的最小规格为 1/2″。

2. 设计与特点

此类阀门遵守现行标准：ASME B16.5；B16.10；B16.25；B16.34 及 BS 1873。

法兰尺寸按 ASME B16.5 制造，但压力等级 2500(14″及 16″)除外。因上述标准不包括该规格，该规格可按用户指定的标准制造。

焊接阀门的对接焊口按用户指定钢管壁厚号加工，并符合 ASME B16.25 的规定。

提供压力等级 150~1500 lb 螺栓连接阀盖的阀门。

提供压力等级 600~2500 lb 压力自紧密封式连接阀盖的阀门。

结构特点：明杆轭式外螺纹阀架结构，阀杆升降式。

阀芯与阀座：阀芯可以是旋塞式、球式、平式或针式。阀座采用螺纹连接，焊接或整体结构。

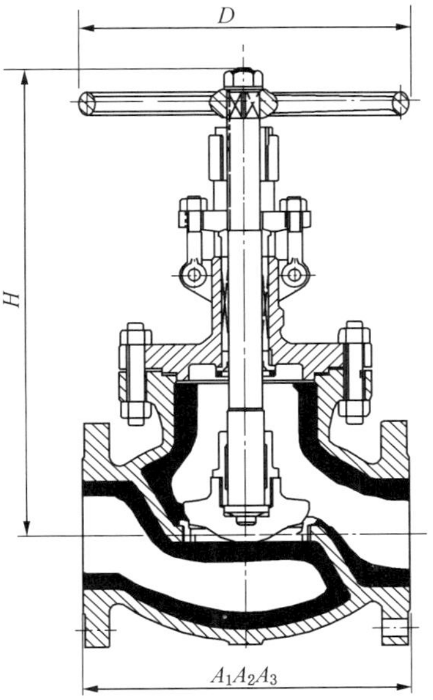

图 4-3 阀体与阀盖为螺栓连接的截止阀

3. 结构尺寸和质量

序号	型号	公称通径 DN/in	结构尺寸/in					质量/kg		C_v①
			A_1	A_2	A_3	H	D	RF	BW	
1	150 lb (见图 4-3)	2	8.00		8.00	14.38	7.88	55	46	48
		3	9.50		9.50	16.38	9.88	88	71	100
		4	11.50		11.50	17.75	9.88	140	117	175
		6	16.00		16.00	20.75	14.00	240	205	400
		8	19.50		19.50	25.25	17.75	350	295	660
		10	24.50		24.50	28.62	17.75	605	530	1100

续表

序号	型号	公称通径 DN/in	结构尺寸/in A_1	A_2	A_3	H	D	质量/kg RF	BW	C_v①
1	150 lb（见图 4-3）	12	27.50		27.50	47.00	18.12	970	850	1550
		14	31.00		31.00	50.75	18.12	1200	1050	2000
		16	36.00		36.00	51.62	18.12	1600	1400	2800
		18	38.50		38.50	57.62	24.00	1950	1730	3700
		20	38.50		38.50	64.62	30.00	2700	2430	4500
		22	42.00		42.00	70.50	30.00	3750	3450	5400
		24	51.00		51.00	81.88	39.38	4850	4470	6600
2	300 lb（见图 4-3）	2	10.50	11.12	10.50	15.75	7.88	75	62	48
		3	12.50	13.12	12.50	18.38	9.88	130	105	100
		4	14.00	14.62	14.00	22.50	14.00	220	177	175
		6	17.50	18.12	17.50	28.62	17.75	440	370	400
		8	22.00	22.62	22.00	35.75	23.62	660	555	660
		10	24.50	25.12	24.50	49.62	18.12	1200	1045	1100
		12	28.00	28.62	28.00	55.75	24.00	1650	1430	1550
		14	30.00	30.62	30.00	59.50	24.00	2250	1950	2000
		16	34.00	34.62	34.00	65.75	30.00	2950	2570	2800
		18	38.50	39.12	38.50	69.75	30.00	3500	3050	3700
		20	40.00	40.75	40.00	82.12	39.38	4850	4250	4500
3	600 lb（见图 4-3）	2	11.50	11.62	7.00	17.88	14.00	100	80	48
		3	14.00	14.12	10.00	23.75	14.12	190	150	88
		4	17.00	17.12	12.00	27.00	17.75	320	240	175
		6	22.00	22.12	18.00	43.88	18.12	630	480	380
		8	26.00	26.12	23.00	52.75	24.00	990	770	630
		10	31.00	31.12	28.00	58.25	24.00	1650	1300	1060
		12	33.00	33.12	32.00	71.00	30.00	3200	2750	1500
		14	35.00	35.12	35.00	80.38	39.38	3650	3250	1900
4	900 lb（结构见图 4-4；括弧中 C_v 值系列阀门结构见图 4-5）	2	14.50	14.62	8.50	22.88	14.12	195	145	35(32)
		3	15.00	15.12	12.00	27.62	15.75	295	235	77(70)
		4	18.00	18.12	14.00	30.00	17.75	540	440	145(135)
		6	24.00	24.12	20.00	56.50	24.00	1150	920	340(320)
		8	29.00	29.12	26.00	71.00	30.00	1950	1600	600(550)
		10	33.00	33.12	31.00	78.00	30.00	3700	3200	1000(870)

续表

序号	型　　号	公称通径 DN/in	结　构　尺　寸/in					质量/kg		C_v①
			A_1	A_2	A_3	H	D	RF	BW	
5	1500 lb（结构见图 4-4；括弧中 C_v 值系列阀门结构见图 4-5）	2	14.50	14.62	14.50	23.25	14.12	195	155	35(28)
		3	18.50	18.62	18.50	27.62	15.75	315	245	77(62)
		4	21.50	21.62	21.50	30.00	17.75	580	470	145(116)
		6	27.75	28.00	27.75	56.50	24.00	1300	1050	350(270)
		8	32.75	33.12	32.75	71.75	30.00	2100	1700	540(490)
		10	39.00	39.38	39.00	78.00	30.00	4050	3350	870(750)
6	2500 lb（结构见图 4-4；括弧中 C_v 值系列阀门结构见图 4-5）	3	22.75	23.00	22.75	31.12	19.62	400	250	51(43)
		4	26.50	26.88	26.50	39.00	23.62	910	690	93(70)
		6	36.00	36.50	36.00	59.75	24.00	1800	1200	220(185)
		8	40.25	40.88	40.25	77.25	30.00	3150	2250	350(330)

注：① C_v 值定义：$C_v=Q\sqrt{\frac{\rho}{\Delta P}}$

式中：Q—流量；ρ—流体密度；ΔP—压差。（下同）。

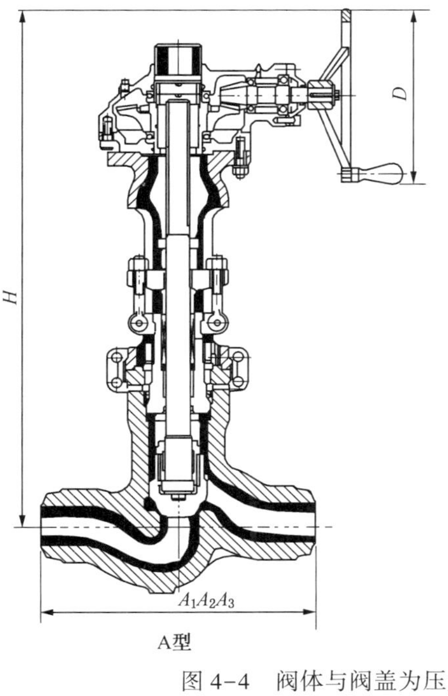

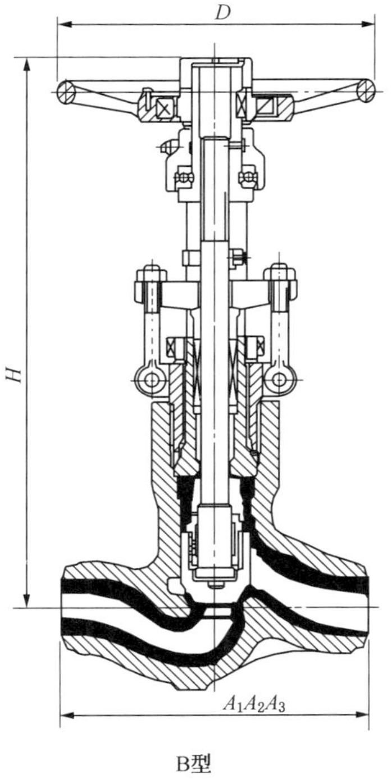

图 4-4　阀体与阀盖为压力自紧密封式连接的截止阀

续表

序号	型号	公称通径 DN/in	结构尺寸/in					质量/kg		C_v①
			A_1	A_2	A_3	H	D	RF	BW	
7	900 lb (结构见图 4-6；括弧中 C_v 值系列阀门结构见图 4-7)	2	18.88	19.00	18.88	22.25	13.75	200	145	105(80)
		3	22.88	23.00	22.88	25.62	15.75	275	200	245(175)
		4	26.50	26.62	26.50	29.25	17.75	440	340	450(340)
		6	32.00	32.12	32.00	34.50	24.00	1235	1060	1080(780)
		8	36.50	36.62	36.50	43.50	24.00	2250	1930	1890(1340)
		10	42.00	42.12	42.00	54.38	30.00	3500	3050	3010(2130)
		12	47.25	47.38	47.25	66.50	30.00	5950	5070	4330(3050)

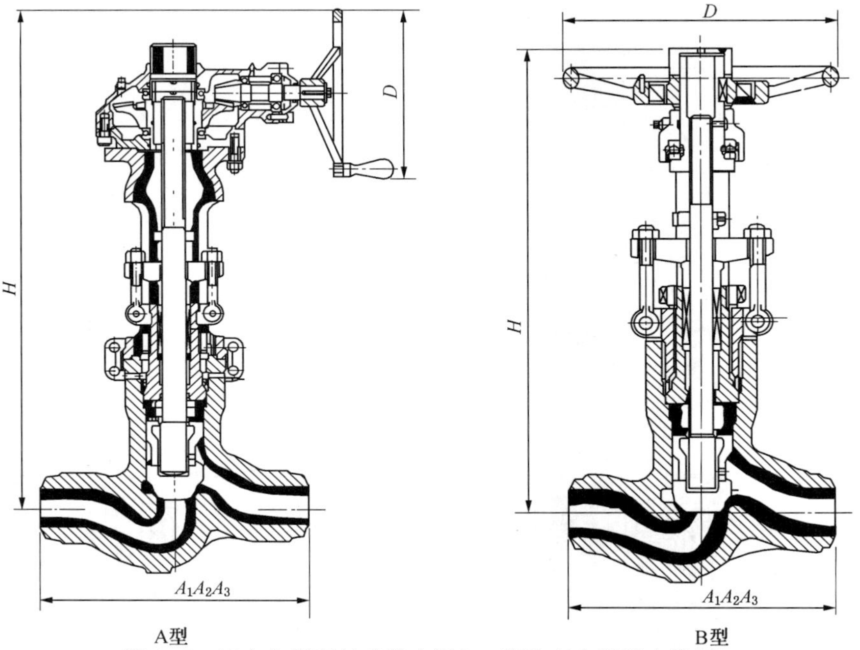

图 4-5 压力自紧密封式截止阀(C_v 值为表中括弧中数据)

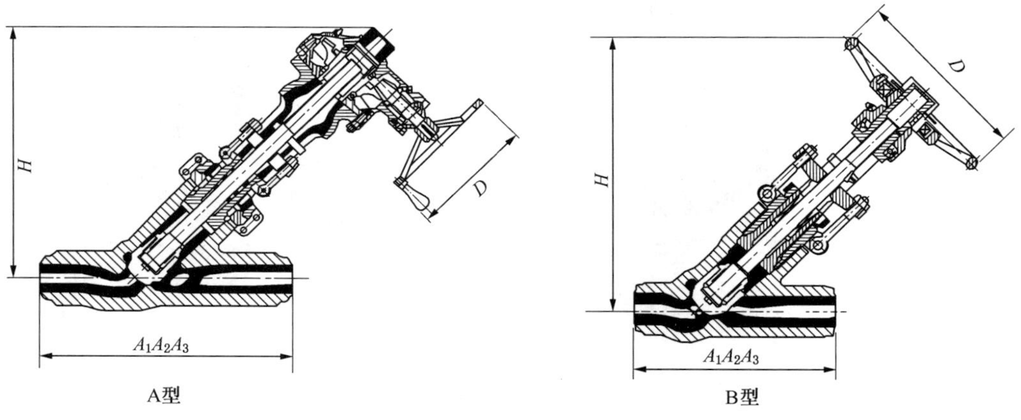

图 4-6 压力自紧密封式角式截止阀

序号	型号	公称通径 DN/in	结构尺寸/in					质量/kg		C_v①
			A_1	A_2	A_3	H	D	RF	BW	
8	1500 lb（结构见图 4-6；括弧中 C_v 值系列阀门结构见图 4-7）	2	18.88	19.00	18.88	22.25	13.75	200	145	95(70)
		3	22.88	23.00	22.88	25.62	15.75	310	220	225(160)
		4	26.50	26.62	26.50	27.25	24.00	575	440	400(275)
		6	32.75	33.00	32.75	38.00	24.00	1520	1235	930(680)
		8	40.12	40.50	40.12	54.50	30.00	2845	2380	1850(1200)
		10	48.12	48.50	48.12	61.75	30.00	4320	3525	2620(1840)
		12	53.00	53.62	53.00	70.12	30.00	8400	7165	3770(2660)
9	2500 lb（结构见图 4-6；括弧中 C_v 值系列阀门结构见图 4-7）	2	17.75	17.88	17.75	25.75	15.75	285	200	65(47)
		3	22.75	23.00	22.75	28.75	19.62	440	310	150(110)
		4	26.50	26.88	26.50	32.50	18.12	880	670	250(180)
		6	36.00	36.50	36.00	42.62	30.00	1875	1500	620(440)
		8	40.25	40.88	40.25	53.38	24.00	3130	2665	1120(880)
		10	50.00	50.88	50.00	63.38	30.00	5620	4500	1800(1270)

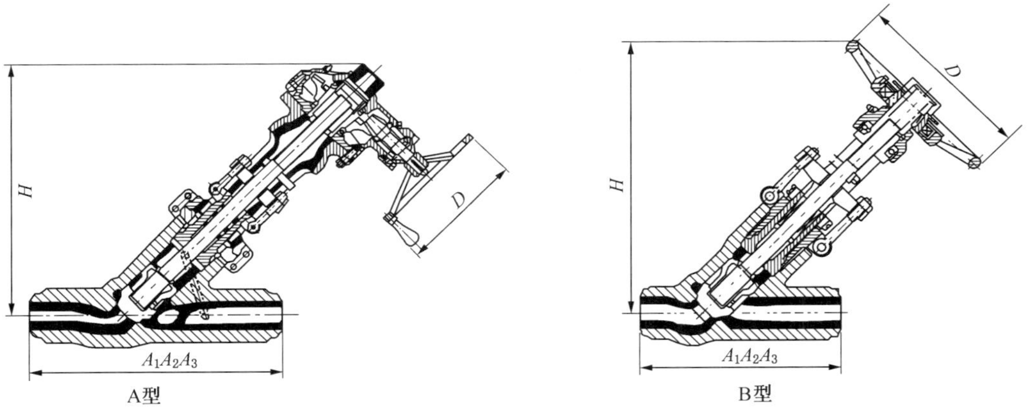

图 4-7　压力自紧密封式角式截止阀（C_v 值为表中括弧中数据）

序号	型号	公称通径 DN/in	结构尺寸/in					质量/kg	C_v①
			A_1	A_2	d	H	D	BW	
10	1500 lb（见图 4-8）	1/2	5.51	12.60	1.81	11.02	5.91	21	5
		3/4	5.51	12.75	1.81	11.14	5.91	21	10
		1	6.69	14.56	2.13	12.60	7.87	29	15
		1¼	8.66	18.03	3.23	15.28	11.02	49	41
		1½	8.66	18.03	3.23	15.28	11.02	49	41
		2	9.45	20.63	3.62	17.48	11.81	88	75

续表

序号	型　　号	公称通径 DN/in	结构尺寸/in					质量/kg	C_v①
			A_1	A_2	d	H	D	BW	
11	2500 lb（见图 4-8）	1/2	5.51	12.60	1.81	11.02	5.91	21	5
		3/4	6.69	13.30	2.13	11.34	5.91	25	7
		1	6.69	14.56	2.13	12.60	7.87	27	13
		1¼	8.66	17.99	3.23	15.24	11.02	50	28
		1½	8.66	17.99	3.23	15.24	11.02	50	28
		2	9.45	20.47	3.62	17.32	11.81	90	52

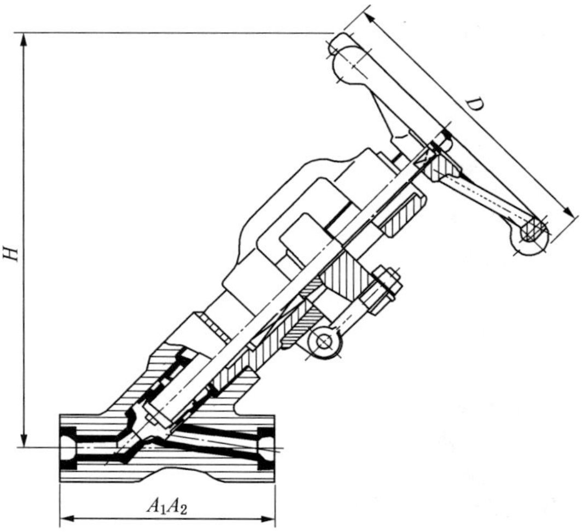

图 4-8　焊接密封式角式截止阀

第三节　止　回　阀

1. 规格范围与材料

公　称　通　径	压　力　等　级	阀　体　材　料①	
1½″~60″②	150 lb	旋启或升降式止回阀	碳钢铸件：ASTM　A216-WCB ASTM　A352-LCB 合金钢铸件：ASTM　A217-WC1 -WC6 -WC9 -C5 ASTM　A352-LC1 -LC2 -LC3 不锈钢铸件：ASTM　A351-CF8 -CF8M -CF3M
1½″~60″	300 lb		
1½″~48″	400 lb 600 lb		
1½″~36″	900 lb		
1½″~26″	1500 lb		
1½″~24″	2500 lb		

续表

公称通径	压力等级	阀体材料①	
3/8″~2″	600 lb 900 lb 1500 lb 2500 lb	升降式止回阀	碳钢锻件：ASTM A105 ASTM A305-LF1 -LF2 合金钢锻件：ASTM A182-F1 -F5a -F11 -F22 ASTM A350-LF3 不锈钢锻件：ASTM A182-F304 -F316

注：① 表中所列为标准材料，根据订货要求可采用其他材料。

②不锈钢铸钢阀的最小规格为 1/2″。

2. 设计与特点

此类阀门遵守现行标准：ASME B16.5；B16.10；B16.25；B16.34；及 BS 1868。

公称通径小于或等于 24″，和压力等级 2500 lb，公称通径小于或等于 12″的法兰尺寸，按 ASME B16.5 标准制造。公称通径等于或大于 26″，和压力等级 2500 lb，公称通径等于或大于 14″的法兰尺寸按 API 605 标准制造，也可按用户订货说明书所指出的特殊标准制造。

焊接阀门的对接焊口，按用户指定的钢管壁厚加工，并符合 ASME B16.25 的规定。

提供压力等级为 150~1500 lb 螺栓连接阀盖的阀门。

提供压力等级为 600~2500 lb 压力自紧密封式连接阀盖的阀门。

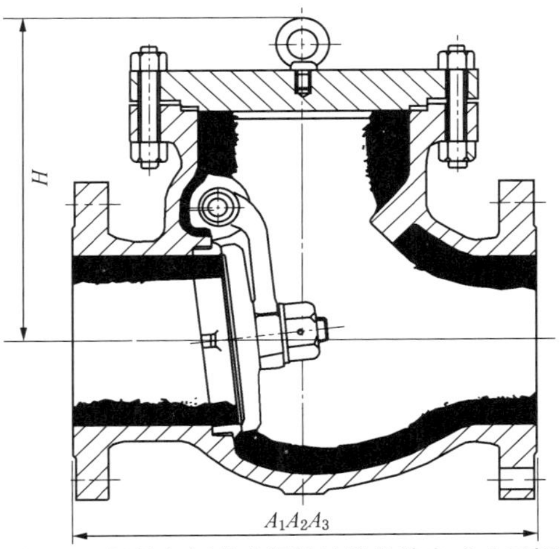

图 4-9 阀体与阀盖为螺栓连接的旋启式止回阀

阀座结构采用螺纹连接、焊接或整体结构。大部分旋启式止回阀能够安装外部配重锤杠杆，缓冲油缸或两者同时安装。

3. 结构尺寸和质量

序号	型号	公称通径 DN/in	结构尺寸/in A_1	A_2	A_3	H	质量/lb RF	BW
1	150 lb（见图 4-9）	2	8.00		8.00	6.38	37	28
		3	9.50		9.50	7.38	70	53
		4	11.50		11.50	8.75	115	92
		6	14.00		14.00	11.50	180	145
		8	19.50		19.50	13.12	340	285
		10	24.50		24.50	15.12	485	410
		12	27.50		27.50	16.50	725	605
		14	31.00		31.00	18.50	1000	850

续表

序号	型 号	公称通径 DN/in	结 构 尺 寸/in				质量/lb	
			A_1	A_2	A_3	H	RF	BW
1	150 lb (见图 4-9)	16	34.00		34.00	25.00	1350	1150
		18	38.50		38.50	28.12	1750	1530
		20	38.50		38.50	29.62	1900	1630
		22	42.00		42.00	33.00	2400	2100
		24	51.00		51.00	34.62	2850	2470
		26	51.00		51.00	37.25	3200	2950
2	300 lb (见图 4-9)	2	10.50	11.12	10.50	7.25	60	47
		3	12.50	13.12	12.50	8.50	110	85
		4	14.00	14.62	14.00	10.50	160	117
		6	17.50	18.12	17.50	13.25	300	230
		8	21.00	21.62	21.00	15.25	460	355
		10	24.50	25.12	34.50	16.88	715	560
		12	28.00	28.62	28.00	19.00	950	730
		14	33.00	33.62	33.00	21.25	1300	1000
		16	34.00	34.62	34.00	28.00	1800	1420
		18	38.50	39.12	38.50	30.88	2300	1850
		20	40.00	40.75	40.00	34.12	2950	2350
		22	44.00	44.88	44.00	36.25	3650	2950
		24	53.00	53.88	53.00	40.38	4600	3750
3	600 lb (见图 4-9)	2	11.50	11.62	7.00	7.75	62	42
		3	14.00	14.12	10.00	10.50	185	145
		4	17.00	17.12	12.00	11.88	240	160
		6	22.00	22.12	18.00	14.62	450	300
		8	26.00	26.12	23.00	17.25	790	570
		10	31.00	31.12	28.00	21.25	1300	950
		12	33.00	33.12	32.00	23.75	1750	1300
		14	35.00	35.12	35.00	25.75	2500	2100
		16	39.00	39.12	39.00	29.62	2950	2350
		18	43.00	43.12	43.00	32.25	4050	3350
		20	47.00	47.25	47.00	34.88	5200	4300
		22	51.00	51.38	51.00	38.75	7250	6150
		24	55.00	55.38	55.00	38.75	7700	6400
4	900 lb (见图 4-9)	2	14.50	14.62	8.50	10.12	130	80
		3	15.00	15.12	12.00	11.88	175	115
		4	18.00	18.12	14.00	13.38	300	200
		6	24.00	24.12	20.00	16.50	660	470

续表

序号	型号	公称通径 DN/in	结构尺寸/in				质量/lb	
			A_1	A_2	A_3	H	RF	BW
4	900 lb（见图 4-9）	8	29.00	29.12	26.00	19.62	1100	750
		10	33.00	33.12	31.00	21.62	1750	1250
		12	38.00	38.12	36.00	25.38	2400	1800
		14	40.50	40.88	39.00	27.25	3100	2400
		16	44.50	44.88	43.00	30.75	3750	2900
		18	48.00	48.50	48.00	34.50	4950	3850
		20	52.00	52.50	52.00	38.25	6700	5400
		24	61.00	61.75	61.00	42.25	10500	7900
5	1500 lb（见图 4-9）	2	14.50	14.62	8.50	10.12	130	80
		3	18.50	18.62	12.00	15.75	430	340
		4	21.50	21.62	16.00	16.25	550	410
		6	27.75	28.00	22.00	22.50	1350	1050
		8	32.75	33.12	28.00	24.62	2100	1600
		10	39.00	39.38	34.00	27.88	3500	2650
		12	44.50	45.12	39.00	33.88	4800	3500
		14	49.50	50.25	42.00	37.62	6900	5100
6	900 lb（见图 4-10）	2	14.50	14.62	8.50	9.62	120	70
		3	15.00	15.12	12.00	12.12	190	130
		4	18.00	18.12	14.00	13.50	290	190
		6	24.00	24.12	20.00	12.75	680	490
		8	29.00	29.12	26.00	14.50	1150	800
		10	33.00	33.12	31.00	19.00	2050	1550
		12	38.00	38.12	36.00	20.25	3100	2500
		14	40.50	40.88	39.00	25.25	3700	3000
7	1500 lb（见图 4-10）	2	14.50	14.62	8.50	9.62	120	70
		3	18.50	18.62	12.00	12.12	220	130
		4	21.50	21.62	16.00	13.50	335	195
		6	27.75	28.00	22.00	12.75	810	510
		8	32.75	33.12	28.00	15.38	1310	810
		10	39.00	39.38	34.00	19.00	2450	1600
		12	44.50	45.12	39.00	22.50	3850	2550
		14	49.50	50.25	42.00	25.50	4900	3100
8	2500 lb（见图 4-10）	2	17.75	17.78	11.00	10.12	160	75
		3	22.75	23.00	14.50	12.38	330	140
		4	26.50	26.88	18.00	14.88	495	225
		6	36.00	36.50	24.00	13.88	1350	600

续表

序号	型号	公称通径 DN/in	结构尺寸/in				质量/lb	
			A_1	A_2	A_3	H	RF	BW
8	2500 lb（见图 4-10）	8	40.25	40.88	30.00	16.50	2250	1150
		10	50.00	50.88	36.00	19.75	3850	1850
		12	56.00	56.88	41.00	23.50	5850	2950
		14			44.00	26.00		4300

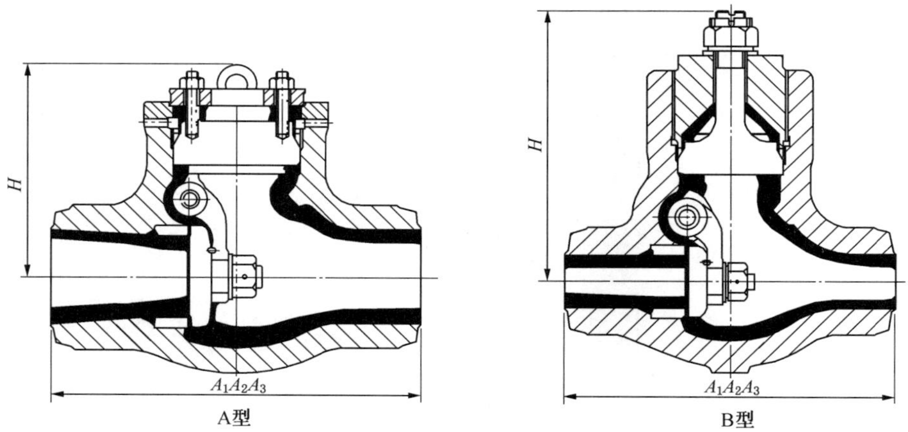

图 4-10　压力自紧密封旋启式止回阀

第四节　低温及深冷阀

1. 材料

最低使用温度/℉(℃)	阀体材料		螺栓及螺母材料
	铸件	锻件	
-20(-29)	ASTM A352-LCB	ASTM A350-LF1	ASTM A320Cr. L7 及 ASTM A194Cr. 4
-50(-46)		ASTM A350-LF2	
-75(-59)	ASTM A352-LCT	ASTM A350-LF3	
-100(-73)	ASTM A352-LC2		
-150(-101)	ASTM A352-LC3		
-321(-196)	ASTM A351-CF8	ASTM A182-F304	ASTM A320Cr. B8 及 ASTM A194Cr. 8
	ASTM A351-CF8. M	ASTM A182-F316	
	ASTM A351-CF3	ASTM A182-F304L	
	ASTM A351-CF3. M	ASTM A182-F316L	
	ASTM A351-CF8C	ASTM A182-F347	

2. 设计与特点

此类阀门遵守如下标准：ASME B16. 5；B16. 10；B16. 25 及 B16. 34。

公称通径小于等于24″，和压力等级2500lb，公称通径小于等于12″的法兰尺寸，按ASME B16. 5 制造。公称通径大于等于26″，和压力等级2500lb、公称通径大于等于14″的法兰尺寸按API605标准制造，也可按用户订货说明书所指出的特殊标准制造。

焊接阀门的对接焊口，按用户指定钢管的壁厚号加工，并符合ASME B16. 25 的规定。

深冷阀的规格范围根据明细单，按上述闸阀、截止阀、止回阀所示范围承制。

液化天然气用阀门采用插入式 KEL. F(PCTFE)阀座。

金华公司深冷用截止阀、止回阀、双重作用阀以及伸长管是与法国 SNF 公司进行技术协作，取得许可证而进行生产的产品。

第五章　美国 KEYSTONE(基士敦)国际有限公司生产的新型流体控制器材

第一节　Vanessa❶30000 系列通用阀

VANESSA 30000 系列通用阀是一种直角旋转阀。貌似蝶阀，其密封靠扭矩，又似闸阀，故称通用阀。

本系列中有 33000 系列为法兰连接；32000 系列为对夹连接；32500 系列为支耳连接；33500 系列为焊接连接。此外尚有 33000 系列伴热阀，其中有蒸汽夹套阀体、蒸汽伴热阀杆、阀板和仅为蒸汽夹套阀体，共两种。

VANESSA 通用阀可应用于各种领域，既可双向零泄漏切断，又可近似线性调节。故可取代闸阀、截止阀、球阀、旋塞阀及高性能蝶阀。其工作温度范围应视金属材料而定，一般可从超低温-253℃至高温 815℃，其公称直径由 3″(80mm)至 72″(1800mm)，压力等级为 ASME 150、300、600、900lb 级。

1. 特性

金属弹性密封、双向流动零泄漏、三向偏心无摩擦、本质火灾安全。

VANESSA 通用阀是阀座与阀板均为金属件，并有弹性金属密封圈的硬密封阀，其内件几何形状独特，采用三向偏心如图 5-1 所示。由于这种几何形状提供了无转动摩擦；由扭矩产生弹性密封；适当的锥形角可确保密封圈以一定的接触角与阀座均匀的密封接触。

一般高性能蝶阀，仅为双离心，(1)阀杆偏离管道中心线；(2)阀杆偏离密封面中心线，目的是减少阀座与密封件之间大约 20°行程的摩擦。而 VANESSA 又增加了一个独特的偏心；(3)倾斜的锥形阀板，这不仅是凸轮作用，而且消除了在阀门行程中密封圈和阀座之间的所有接触摩擦，从而延长了阀门寿命。

由于圆形阀座带有一向上突起的锥形密封面，固体物不易在其上积聚；密封圈虽镶嵌在阀板上，但不固死，它能在径向自由移动，因此密封圈有很大的弹性。

综上所述确保了零泄漏。同时，全金属密封件加上在火灾前、火灾中和火灾后均为零泄漏，故 VANESSA 通用阀是本质火灾安全型。

VANESSA 通用阀，流量在 80%以下时，阀门流量特性 C_v 与阀门开度几乎呈线性关系。

该种阀门可以与各种手动、电动、气动和液压执行机构搭配。若客户要求，只需加一个连接段，就可以配用任何执行机构。

2. 阀门设计

本阀门符合以下标准：设计计算根据 ASME SEC Ⅷ；ASME SEC Ⅲ；ASME B16. 34；ASME B31. 3；ASME B31. 3。

阀体可以是：法兰式(常规双法兰)33000 系列

❶Vanessa 是基士敦国际控股公司的注册商标。

支耳式　　　　　32500 系列

对夹式　　　　　32000 系列

焊接式　　　　　33500 系列

阀座支承面与阀体可采用机械连接或焊接，如果必要，可在阀座上加硬质表面层。

阀长度：33000 系列根据 ISO 5752

32000；32500 系列根据 MSS-SP-68

33500 系列根据 API 609

阀体法兰钻孔：ASME B16.5 150、300、600、900、1500lb 级

MSS-SP-44 CL.150、300lb 级

BS 3293 CL.150、300lb 级

API 605 CL.150、300lb 级

ISO 2084NP 6、10、16、25、40、64、100 级

试验可根据：MSS-SP-61

API 598(闸阀或软阀座)

API 6D(无泄漏)

ASME B16.104 CL.Ⅵ级泄漏还可根据要求进行特殊试验。

质量保证：ISO 9001

CSA 标准 Z299.1

BS 5750 第一部分

温度和压力范围参照 ASME B16.34(见表 5-1)，系列尺寸见表 5-2。

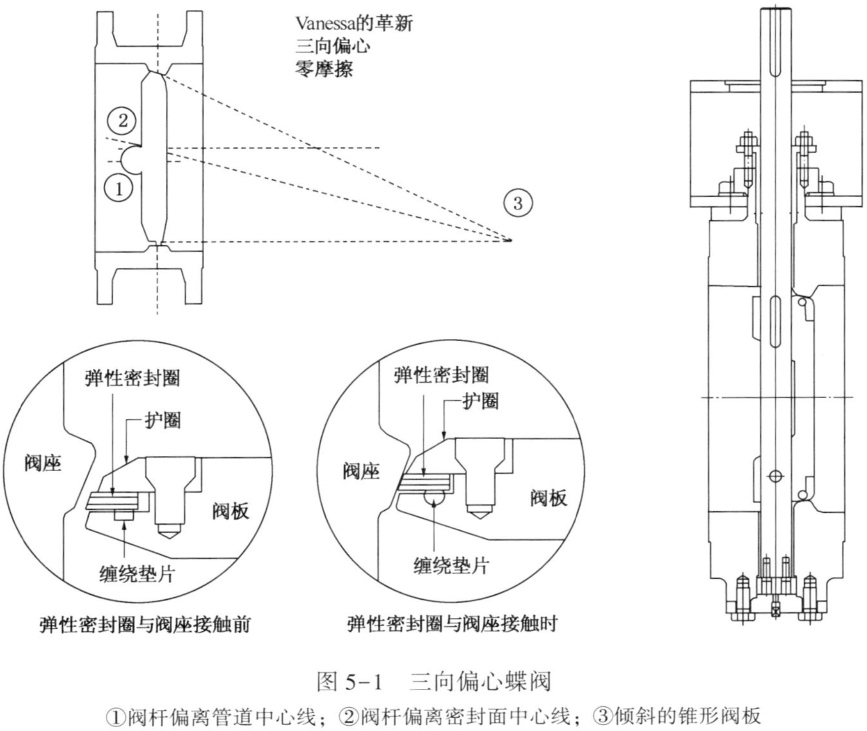

图 5-1　三向偏心蝶阀

①阀杆偏离管道中心线；②阀杆偏离密封面中心线；③倾斜的锥形阀板

表 5-1　Vanessa 30000 系列温压表(MPa)

温度/℉	150#		300#		600#		900#		温度/℃
	A216 GR WCB	A315GR CFBM	A216 GR WCB	A315 CFBM	A216 GR WCB	A315 CFBM	A216 GR WCB	A315 CFBM	
-20~100	1. 97	1. 90	5. 11	4. 97	10. 2	9. 94	15. 32	14. 90	-29~37. 7
200	1. 79	1. 66	4. 66	4. 28	9. 32	8. 56	13. 97	12. 83	93. 3
300	1. 59	1. 48	4. 52	3. 86	9. 07	7. 73	13. 59	11. 59	148. 8
400	1. 38	1. 35	4. 38	3. 55	8. 76	7. 11	13. 11	10. 63	204. 4
500	1. 17	1. 17	4. 14	3. 31	8. 28	6. 59	12. 39	9. 90	260. 0
600	0. 97	0. 97	3. 80	3. 11	7. 56	6. 25	11. 32	9. 35	315. 5
650	0. 86	0. 86	3. 69	3. 07	7. 42	6. 14	11. 11	9. 18	343. 3
700	0. 76	0. 76	3. 69	2. 97	7. 35	5. 97	11. 04	8. 94	371. 0
750	0. 66	0. 66	3. 49	2. 93	6. 97	5. 83	10. 42	8. 76	399. 0
800	0. 55	0. 55	2. 83	2. 86	5. 69	5. 73	8. 52	8. 59	426. 6
850	0. 45①	0. 45	1. 86①	2. 80	3. 69①	5. 59	5. 56	8. 38	454. 4
900	0. 35①	0. 35	1. 17①	2. 73	2. 38①	5. 45	3. 55	8. 14	482. 2
950	0. 24①	0. 24	0. 73①	2. 66	1. 42①	5. 35	2. 14	8. 00	510. 0
1000	0. 14①	0. 14	0. 35①	2. 52	0. 73①	5. 00	1. 07	7. 52	537. 8
1050	—	0. 14②	—	2. 48	—	4. 97	—	7. 45	565. 6
1100	—	0. 14②	—	2. 24	—	4. 45	—	6. 66	593. 3
1150	—	0. 14②	—	1. 90	—	3. 80	—	5. 69	621. 0
1200	—	0. 14②	—	1. 42	—	2. 83	—	4. 28	648. 9

注：① 允许，但建议不要长期用于 426. 6℃以上；

② 在温压表上，法兰允许值为 537. 8℃。

表 5-2　Vanessa 30000 系列尺寸表

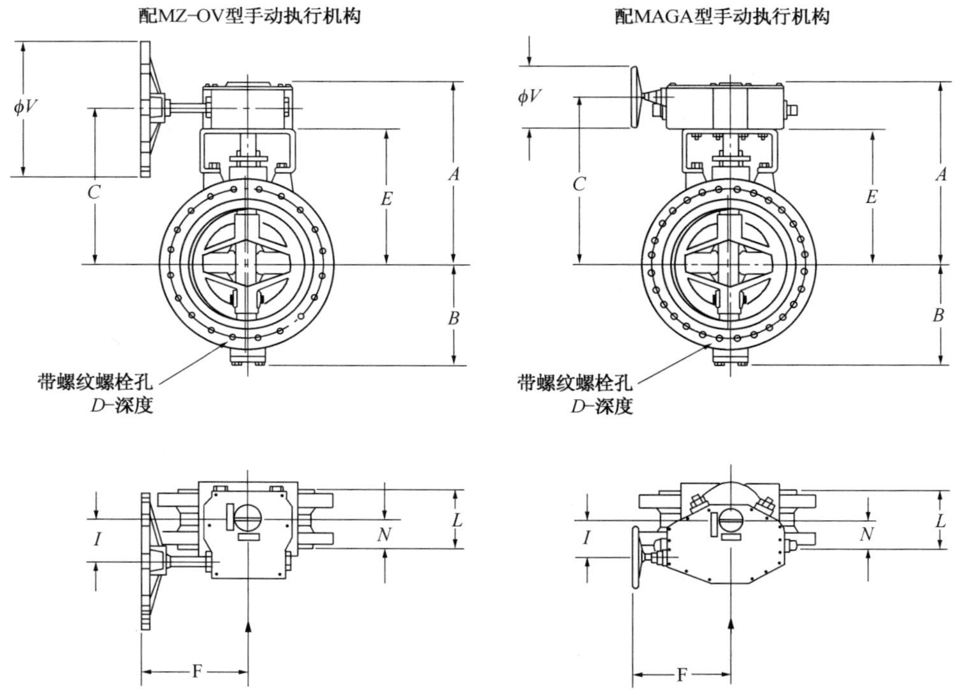

150#													
DN		执行机构型号	尺寸/mm										质量/kg
mm	in		A	B	C	E	V	F	I	L	N	D	
80	3	MZ40	304	136	266	234	150	180	60	114	57	—	27
100	4	MZ40	325	157	287	255	150	180	60	127	63. 5	18	36
125	5	OV15	390	183	339	300	225	180	67	140	70	22	42
150	6	OV15	383	211	332	293	225	180	67	140	70	22	45
200	8	OV50	440	218	389	350	300	220	67	152	76	24	75
250	10	OV100	500	253	447	398	500	340	86	165	82. 5	25	104
300	12	OV100	544	300	491	442	500	340	86	178	89	26	142
350	14	OV200	589	328	524	469	600	370	119	190	95	30	190
400	16	OV200	617	356	552	497	600	370	119	216	108	28	230
450	18	MAGA200	742	395	644	562	300	315	80	222	111	30	295
500	20	MAGA200	774	426	676	594	300	315	80	229	114. 5	33	360
600	24	MAGA400	887	491	774	677	450	350	100	267	133. 5	35	540
700	28	MAGA1000	1049	525	972	794	450	480	200	292	146	45	790
750	30	MAGA1000	1118	615	1041	863	450	480	200	318	159	36	900
800	32	MAGA1000	1143	640	1066	888	450	480	200	318	159	55	1060
900	36	MAGA2000	1275	672	1196	975	700	630	263	330	165	45	1435
1000	40	MAGA2000	1315	741	1256	1015	700	630	263	410	205	60	1800
1050	42	MAGA2000	1357	755	1278	1057	700	630	263	410	205	64	1880
1200	48	MAGA 6KCR	1552	866	1422	1267	1400	950	165	470	235	67	2610
1350	54	MAGA 10KCR	1765	980	1656	1385	1400	1045	243	530	265	74	3710
1400	56	MAGA 10KCR	1815	1050	1705	1435	1400	1045	243	530	265	74	4070
1500	60	MAGA 18KCR	1930	1132	1801	1500	1400	1080	273	600	300	70	4680
1650	66	MAGA 18KCR	2030	1180	1901	1600	1400	1080	273	600	300	75	5750
1800	72	MAGA 24KCR	2130	1350	1996	1680	1400	1110	293	670	335	75	6695

300#													
DN		执行机构型号	尺寸/mm										质量/kg
mm	in		A	B	C	E	V	F	I	L	N	D	
80	3	MZ40	304	136	266	234	150	180	60	114	57	—	28
100	4	MZ40	325	157	287	255	150	180	60	127	63. 5	24	46
125	5	OV15	390	183	339	300	225	180	67	140	70	22	63
150	6	OV50	413	211	362	323	300	220	67	140	70	22	73
200	8	OV100	483	231	430	381	500	340	86	152	76	28	105
250	10	OV200	539	283	474	419	600	370	119	165	82. 5	30	148
300	12	OV200	568	311	503	448	600	370	119	178	89	32	205
350	14	MAGA200	712	362	614	532	300	315	80	190	95	35	320
400	16	MAGA400	782	380	669	572	450	350	100	216	108	38	392
450	18	MAGA400	810	419	697	600	450	350	100	222	111	40	475
500	20	MAGA400	840	444	727	630	450	350	100	229	114. 5	40	525
600	24	MAGA1000	1044	518	967	789	450	480	200	267	133. 5	45	960

续表

600#													
DN		执行机构型号	尺寸/mm										质量/kg
mm	in		A	B	C	E	V	F	I	L	N	D	
80	3	MZ40	304	136	266	234	150	180	60	180	130	—	35
100	4	OV50	388	185	337	298	300	220	67	190	125	26	56
125	5	OV50	410	198	359	320	300	220	67	200	100	28	90
150	6	OV100	457	238	404	355	500	340	86	210	105	28	117
200	8	OV200	530	263	460	405	600	370	119	230	115	32	150
250	10	MAGA200	665	309	567	485	300	315	80	250	125	36	294
300	12	MAGA400	751	346	638	538	450	350	100	270	135	36	403
350	14	MAGA400	781	382	668	571	450	350	100	290	145	45	546
400	16	MAGA1000	898	432	821	643	450	480	200	310	155	43	850
450	18	MAGA1000	938	454	861	683	450	480	200	330	165	50	906
500	20	MAGA2000	1101	520	1016	795	700	630	263	350	175	50	1266
600	24	MAGA2000	1185	622	1106	885	700	630	263	390	195	58	1621

900#													
DN		执行机构型号	尺寸/mm										质量/kg
mm	in		A	B	C	E	V	F	I	L	N	D	
150	6	OV100	457	238	404	355	500	340	86	225	112.5	36	180
200	8	MAGA200	646	293	548	466	300	315	80	275	137.5	43	339
250	10	MAGA400	730	345	617	520	450	350	100	325	162.5	44	455
300	12	MAGA1000	988	480	911	733	450	480	200	375	187.5	49	744
350	14	MAGA1000	938	456	861	683	450	480	200	425	212.5	49	951
400	16	MAGA1000	1045	515	968	790	450	480	200	475	237.5	52	1384
450	18	MAGA2000	1195	565	1120	890	700	630	263	500	250	60	1708
500	20	MAGA2000	1225	630	1146	925	1400	950	165	575	287.5	65	2194
600	24	MAGA 10KCR	1460	740	1351	1080	1400	1045	243	675	337.5	80	3373

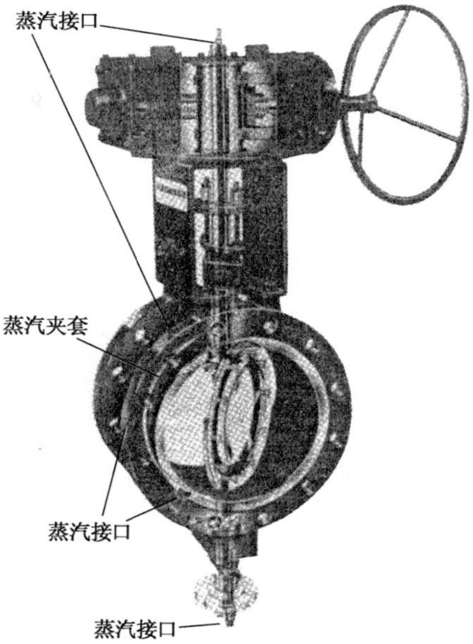

图 5-2

3. Vanessa 33000 系列伴热阀

Vanessa 与他的 33000 系列设计一道推出了蒸汽夹套阀体和蒸汽伴热阀杆、阀板阀(见图 5-2)。通常，当需要伴热夹套阀时，热传递的两项最重要的要求为：

1）给阀的关键部位提供最大的热量，像阀座表面、轴承和盘根；

2）在热源和关键部位之间要求热量损失最小。

为了实现上述要求，Vanessa 修改了在 33000 系列双法兰阀，法兰与法兰背面装配加热套的热介质通道设计，增加了在上下轴承区域加工而成的通道面，使得加热流体可以在轴承之后通过。

由于装配了整体的加热套，热传导的损失被减至最小，这是因为从热源到要求的关键阀位置之间的距离，只相当于其他同类设计的几分之一，这在阀座和轴承部分是非常理想的。

做为阀体夹套的补充，Vanessa 对大口径阀来说，配有阀杆和阀板密封伴热，这要求提供中空的阀杆并且在阀板密封背面配制通道。这样做，载热体从顶部进入阀杆，沿 着密封圈后流过再由阀杆底部流出。

当 Vanessa 加热阀板时，阀杆/阀板接头有一个标准的锥形销，而不需密封焊接，这就可以简便地维修。

加热系统，可以使用各种载热体，如蒸汽、乙二醇以及高温载体等。

对于需要伴热套的应用，Vanessa 特别推荐双法兰 33000 系列，这个阀体的设计是按传统的法兰与管道连接的，只有 8 个螺栓穿入阀体(对于 24″ 150# 的阀则共有 40 个螺栓)，这样可使阀安装和维护远远比传统的支耳和对夹型简便。

第二节 蝶 阀

在人们的传统观念中，蝶阀只能用于常温、低压或水的管道系统，加上某些蝶阀生产厂家产品质量不佳，迄今仍普遍认为没有不漏的蝶阀，无法严密切断。但是，今日世界市场蝶阀最高压力等级为 1500 lb 级，最高使用温度 815℃，达到气泡级密封或零泄漏。

KEYSTONE 生产的蝶阀有 20 多种不同结构，再加上 300 多种材料组合，可达 1000 种以上的不同产品。阀门直径由 *DN*25 至 *DN*3150，工作压力从高真空至 100 多大气压；工作温度-245~815℃。

1. AR1 和 AR2 型蝶阀(2″~12″175psi，14″~36″150psi)

① 工作温度：丁腈橡胶阀座　0~212℉(-17~100℃)

EPDM 阀座　-40~250℉(-40~121℃)

② 主要材料：

阀体：

铸铁(ASTM A-126 B 级)；球墨铸铁(ASTM A-395 GR60、40、18)(仅 AR2)，碳钢(ASTM A-216WCB)(仅 AR2)

阀板：

可锻铸铁(ASTM A-536，GR65、45、12)；铝青铜(ASTM B-148 合金 952)316 SS(ASTM A-743)

阀杆：

磷酸盐处理钢(ASTM 108)；316 SS(ASTM A-276 GR316；416 SS(ASTM A-582 GR416)，17-4SS(ASTM A-564 630 型)

③ 适用介质：水、气、油

此种阀门主要适用于脱盐水，取代传统的隔膜阀，也适用于气动输送系统(如塑料颗粒的渗合、包装、料仓系统)，结构与尺寸系列见表 5-3。

2. HS1 和 HS2 型加强阀座蝶阀(250psi2″~12″)

HS1 和 HS2 型蝶阀的结构尺寸与外型，与 175psi 的 AR1、AR2 相同，见表 5-3。

① 工作温度：

丁腈橡胶加强阀座　0~212℉(-17.7~100℃)

EPDM 加强阀座　-40~250℉(-40~121℃)

EPDM Food Grade 阀座　-40~250℉(-40~121℃)

表 5-3　AR1 和 AR2 型蝶阀尺寸系列表

(in)

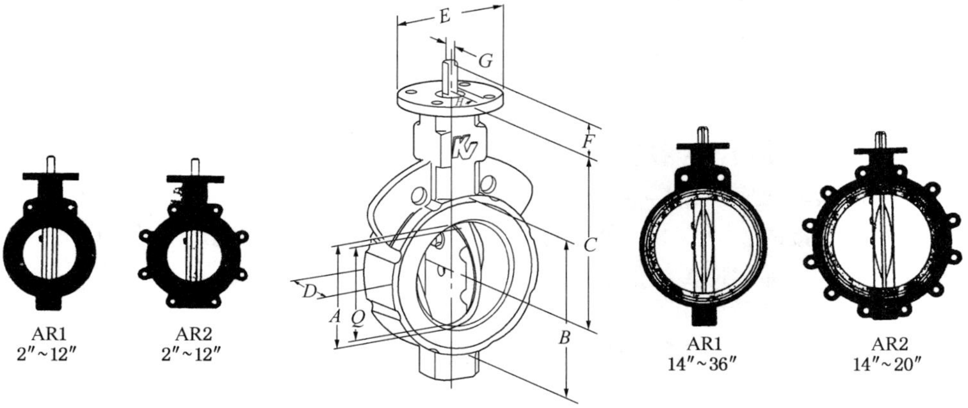

AR1、AR2　　175#

DN	尺寸									键槽	顶板钻孔			支耳数据			质量/lb	
	A	B	C	D	E	F	G	H	Q		螺栓外圆	孔数	孔径	螺栓外圆	孔数	丝锥	AR1	AR2
2	2	4⅛	5½	1⅝	4	1¼	9/16	3/8	1⅜	—	3¼	4	7/16	4¾	4	⅝-11UNC	6¼	7
2½	2½	4⅝	6	1¾	4	1¼	9/16	3/8	$2\frac{1}{16}$	—	3¼	4	7/16	5½	4	5/8-11UNC	8½	10
3	3	①	6¼	1¾	4	1¼	9/16	3/8	$2\frac{9}{16}$	—	3¼	4	7/16	6	4	5/8-11UNC	10	11½
4	4	6⅜	7	2	4	1¼	5/8	7/16	3⅝	—	3¼	4	7/16	7½	8	5/8-11UNC	14	18
5	5	7⅜	7½	2⅛	4	1¼	3/4	1/2	4¾	—	3¼	4	7/16	8½	8	3/4-10UNC	18	22½
6	5¾	8½	8	2⅛	4	1¼	3/4	1/2	5½	—	3¼	4	7/16	9½	8	3/4-10UNC	22	28½
8	7¾	$10\frac{11}{16}$	9½	2½	6	1¼	7/8	5/8	7½	—	5	4	9/16	11¾	8	3/4-10UNC	38	49
10	9¾	13	10¾	2½	6	2	1⅛	—	$9\frac{19}{32}$	1/4×1/4	5	4	9/16	14¼	12	7/8-9UNC	51	69
12	11¾	$14\frac{13}{16}$	12¼	3	6	2	1⅛	—	$11\frac{9}{16}$	1/4×1/4	5	4	9/16	17	12	7/8-9UNC	71	107

AR1　　150#

DN	尺寸								键槽	顶板钻孔			质量/lb
	A	B	C	D	E	F	G	Q		螺栓外圆	孔数	孔径	
14	13¼	16⅞	12	3	6	3	1⅜	13⅛	5/16×5/16	5	4	9/16	114
16	15¼	19¼	$12\frac{61}{64}$	4	6	3	1⅝	15	3/8×3/8	5	4	9/16	193
18	17¼	21½	14½	4¼	8	4¼	1⅞	16⅞	1/2×3/8	6½	4	13/16	222
20	19¼	23¾	15⅞	5	8	4¼	1⅞	18¾	1/2×3/8	6½	4	13/16	315
24②	23¼	28¼	19½	$5\frac{15}{16}$	8	4¼	1⅞	22⅝	1/2×3/8	6½	4	13/16	506
30②	29¼	34⅝	23	$6\frac{9}{16}$	8	4¼	2¼	$28\frac{11}{16}$	1/2×3/8	6½	4	13/16	610
36②	35¼	41¼	27¾	7⅞	8	5½	2⅞	34½	3/4×1/2	6½	4	13/16	1185

AR2　　150#

DN	尺寸								键槽	顶板钻孔			支耳数据			质量/lb
	A	B	C	D	E	F	G	Q		螺栓外圆	孔数	孔径	螺栓外圆	孔数	丝锥	
14	13¼	16¾	12	3	6	3	1⅜	13⅛	5/16×5/16	5	4	9/16	18¾	12	1-8UNC	143
16	15¼	19	$12\frac{61}{64}$	4	6	3	1⅝	15	3/8×3/8	5	4	9/16	21¼	16	1-8UNC	238
18	17¼	21⅜	14½	4¼	8	4¼	1⅞	16⅞	1/2×3/8	6½	4	13/16	22¾	16	1⅛-7UNC	261
20	19¼	23½	15⅞	5	8	4¼	1⅞	18¾	1/2×3/8	6½	4	13/16	25	20	1⅛-7UNC	366

注：① AR1-5⅛″和 AR2-$5\frac{3}{16}$″。

② 24″~36″装配两个锥形销。

② 主要材料：

阀体：HS1

铸铁（ASTM A-126B 级）

球墨铸铁（ASTM A-395 GR60/40/18）

HS2

碳钢（ASTM A-216 WCB）

铸铁（ASTM A-126 B 级）

球墨铸铁（ASTM A-395 GR60/40/18）

阀板：

铝青铜（ASTM B-148，合金 952）；球墨铸铁（ASTM A-536，65、45、12）；

316 SS（ASTM A-743，CF8M）

阀杆：

磷酸盐处理钢（ASTM A-108）；316 SS（ASTM A-276，GR316）；

416 SS（ASTM A-582，GR416）；17-4 SS（ASTM A-564，630 型）

3. F990 型（对夹式）蝶阀

① 工作温度：

乙丙橡胶或聚四氟乙烯内件：-14~120℃；丁腈橡胶内件：-18~100℃

② 工作压力范围：

DN<300mm 不锈钢内件：0~1MPa；

DN=50~300mm 包橡胶或四氟乙烯内件：0~0.1MPa；

DN=350~500mm 包橡胶或四氟乙烯内件：0~0.07MPa。

③ 主要材料：阀体：铸铁、不锈钢；

阀板：316SS 或加外包乙丙橡胶、丁腈橡胶或聚四氟乙烯外层；

阀杆：316SS 或 304SS；

阀座：乙丙橡胶、丁腈橡胶或橡胶外包复聚四氟乙烯外层、聚胺基甲酸甲酯。

④ 适用介质：油、气、水、脱盐水、气动输送系统（塑料颗粒的渗合、包装、料仓系统）。

⑤ 法兰标准（连接面）：

150 lb 级，亦可提供其他法兰标准。

⑥ 该阀门可配置手动、电动、气动、液压执行机构，实现手动或自动控制。结构及外形尺寸见表 5-4。

表 5-4 F990 型（对夹式）蝶阀结构及外形尺寸表

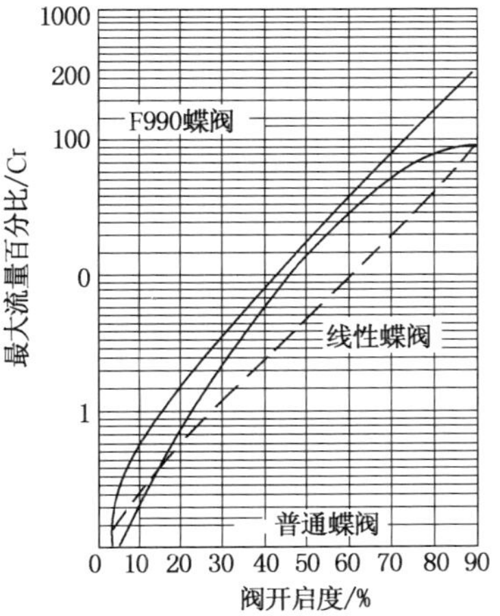

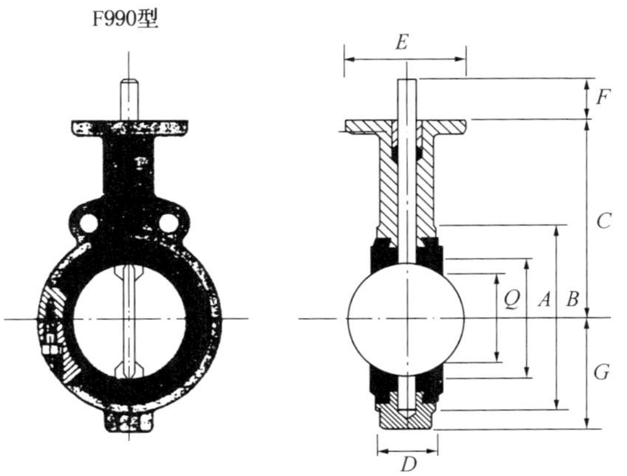

续表

DN/mm	阀杆代码	阀杆直径/in	尺寸/mm								阀杆联接尺寸/in	销子/in	执行机构联接法兰螺栓孔中心圆直径	孔数	直径/mm	质量/kg
			A	*B*	*C*	*D*	*E*	*F*	*G*	*Q*						
25	A	3/8	32	62	79	29	57	19	31	15	3/8×1/4		44	4	6	0.7
40	A	3/8	47	82	94	30	57	19	41	36	3/8×1/4		44	4	6	1
50	B	9/16	52	105	140	41	102	32	70	32	9/16×3/8		83	4	11	3
65	B	9/16	65	117	152	44	102	32	76	48	9/16×3/8		83	4	11	4
80	B	9/16	78	130	159	44	102	32	88	65	9/16×3/8		83	4	11	5
100	C	5/8	103	162	178	51	102	32	102	90	5/8×7/16		83	4	11	6
125	D	3/4	129	187	191	54	102	32	119	118	3/4×1/2		83	4	11	8
150	D	3/4	148	216	203	54	102	32	133	138	3/4×1/2		83	4	11	9
200	E	7/8	198	271	241	64	152	32	170	188	7/8×5/8		127	4	14	15
250	F	1.1/8	249	330	273	64	152	51	210	241	1.1/8	1/4×1/4	127	4	14	22
300	F	1.1/8	300	375	311	76	152	51	238	291	1.1/8	1/4×1/4	127	4	14	34
350	G	1.3/8	339	429	305	76	152	76	248	331	1.3/8	5/16×5/16	127	4	14	42
400	H	1.5/8	390	499	336	102	152	69	279	377	1.5/8	3/8×3/8	127	4	14	61
450	J	1.7/8	441	546	368	108	203	108	314	428	1.7/8	1/2×3/8	165	4	21	88
500	J	2.1/8	491	603	403	127	203	108	349	475	1.7/8	1/2×3/8	165	4	21	112

执行机构选配

<table>
<tr><th rowspan="2">DN/mm</th><th colspan="2">F401
手动执行机构</th><th colspan="2">齿轮操作器</th><th colspan="2">F777
电动执行机构</th><th colspan="2">F790
气动执行机构</th></tr>
<tr><th>型 号</th><th>质量/kg</th><th>型 号</th><th>减速比</th><th>型 号</th><th>质量/kg</th><th>型 号</th><th>质量/kg</th></tr>
<tr><td>25</td><td rowspan="2">A</td><td rowspan="2">0.5</td><td rowspan="2"></td><td rowspan="2"></td><td rowspan="4">002</td><td rowspan="4">3</td><td rowspan="4">100</td><td rowspan="4">2</td></tr>
<tr><td>40</td></tr>
<tr><td>50</td><td rowspan="3">B</td><td rowspan="3">1</td><td rowspan="6">BAF</td><td rowspan="6">24 :1</td></tr>
<tr><td>65</td></tr>
<tr><td>80</td><td>005</td><td>4</td><td rowspan="3">200</td><td rowspan="3">3</td></tr>
<tr><td>100</td><td>C</td><td>1</td><td rowspan="3">012</td><td rowspan="3">9</td></tr>
<tr><td>125</td><td rowspan="2">D</td><td rowspan="2">1</td></tr>
<tr><td>150</td><td>300</td><td>6</td></tr>
<tr><td>200</td><td>E</td><td>1.5</td><td rowspan="3">CAF</td><td rowspan="3">30 :1</td><td>018</td><td>11</td><td rowspan="2">400</td><td rowspan="2">10</td></tr>
<tr><td>250</td><td rowspan="2">F</td><td rowspan="2">1.5</td><td rowspan="2">050</td><td rowspan="2">24</td></tr>
<tr><td>300</td><td>500</td><td>13</td></tr>
<tr><td>350</td><td rowspan="4">待选</td><td rowspan="4">待选</td><td>CAG</td><td>50 :1</td><td rowspan="2">070</td><td rowspan="2">24</td><td rowspan="2">600</td><td rowspan="2">27</td></tr>
<tr><td>400</td><td>CAH</td><td>50 :1</td></tr>
<tr><td>450</td><td rowspan="2">DAJ</td><td rowspan="2">80 :1</td><td rowspan="2">150</td><td rowspan="2">33</td><td rowspan="2">700</td><td rowspan="2">40</td></tr>
<tr><td>500</td></tr>
</table>

4. K-LOK 高性能蝶阀

K-LOK 高性能蝶阀具有独特的二段式阀杆和双偏心阀板/阀杆设计，第一个偏心是阀杆安装在介质流向的下游方向，偏离阀座的中心。这样，使阀门整个密封表面 360°都能有效地工作；第二个偏心是阀杆与阀座的垂直轴线偏离。这两种偏心的结合产生了一种凸轮效应，当阀板从阀座移开时，阀板离开阀座以后，再也不与阀座接触。这样就避免了阀板和阀座的摩擦，也减少了阀门开启所需要的扭矩和延长了阀门的寿命。

K-LOK 阀座设计是一种完善的设计，它不需要用介质压力来帮助关闭。不管是聚合物(PTFE、RTFE 和 UHMWPE)、弹性体或金属阀座，当阀板关闭时，都能使阀板周边受到稳定的力和保证了阀板/阀座间达到气泡级密封或零泄漏。

K-LOK 阀还有火灾安全型，采用不锈钢或 MONEL(蒙乃尔)合金阀座，上贴增强的 TEFLON(RTFE)并用钢丝缠绕，提供了阀板与阀座之间紧密的密封力；阀杆用火灾安全填料是由三个石墨环介于两个石墨绳编织的环中间，即使阀杆处于高温下也能提供一个非常好的密封。

K-LOK 阀经 50×10^4 次/年反复开关仍能保持零泄漏。

(1) 150 lb F360/F362、300# F370/F372 型(见表 5-5~表 5-7、图 5-3)

工作温度：

-50~530℃

工作压力：

真空度：1×10^3mmHg~2.5(4.0)MPa

主要材料：

阀体：碳钢、不锈钢、可锻铸铁、镍铝青铜

阀板：316 不锈钢、316 不锈钢镀镍、可锻铸铁镀镍、蒙乃尔合金、镍铝青铜

阀杆：17—4PH 不锈钢、316 不锈钢、NITRONIC 50 蒙乃尔合金、英康耐尔合金

阀座：~149℃——四氟乙烯；~232℃——带补强的四氟乙烯；

~100℃超高分子量聚乙烯；~120℃——乙丙橡胶；

~537℃——金属(不锈钢)

K-LOK 阀门开闭扭矩：阀门开闭扭矩与阀门的尺寸和系统的工作压力有关。根据阀门尺寸和系统工作压力可以在表 5-7 中查到阀门开闭所需扭矩。

表上所列扭矩，只适用于对 PTFE 和 RTFE 阀座的阀门，其他阀座材料需要乘以表下所附的修正系数。表中所列扭矩是指正常工况下(每月至少开一次)，介质对阀板无腐蚀。介质是干净气体、液体或水蒸气，无磨损，而且不与阀座产生化学反应。

(2) F310/F312(对夹/支耳)型　150 lb(见图 5-4、表 5-8)

材料：

阀体：碳钢或 316 不锈钢；

阀板/阀杆：316 不锈钢/17-4PH；

阀座：增强的聚四氟乙烯(RTFE)或者聚四氟乙烯(TFE)与外包聚四氟乙烯的氟橡胶(FKM)O 形圈。

阀杆轴承：316 不锈钢轴承体：不锈钢/DU；

碳钢轴承体：碳钢/DU。

表 5－5　结构与系列尺寸表

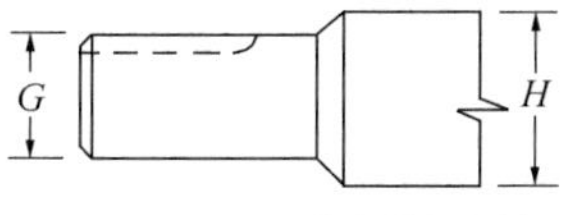

*DN*200~600阀门的阀杆键

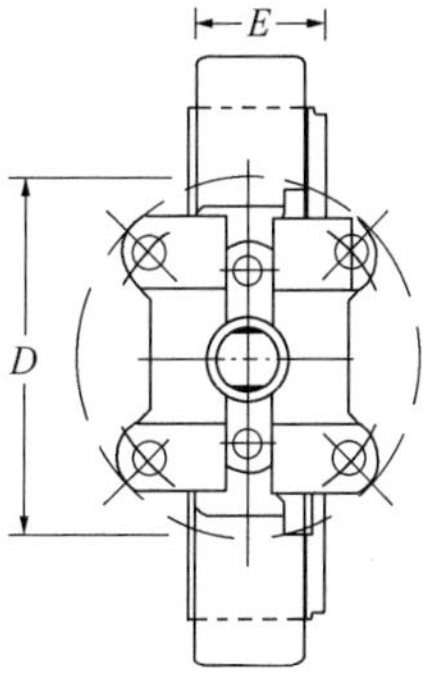

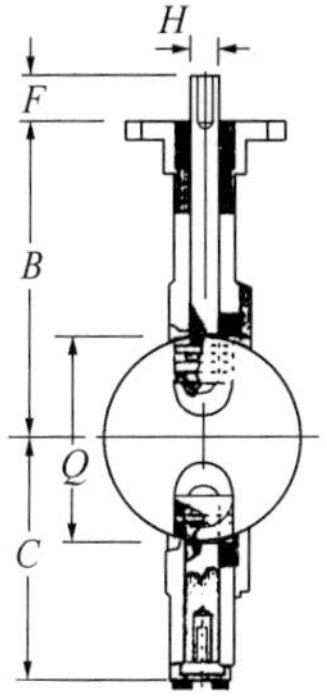

对夹式

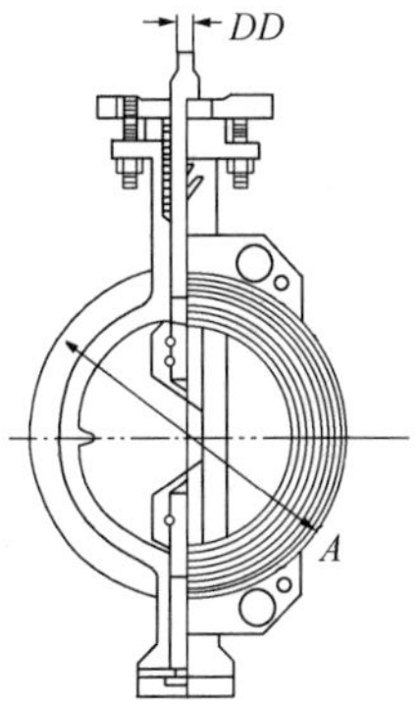

支耳式

150 lb F360/F362（对夹/全支耳）

公称直径 *DN*	阀门尺寸/mm （F360/F362）									*DD* 或键	F360 顶板数据					F362 锥形支耳数据				
	A	*B*	*C*	*D*	*E*	*F*	*G*	*H*	*Q*		节圆螺栓孔直径	螺栓孔数目	螺栓孔直径	质量/kg	联接器代码	螺栓孔数目	节圆螺栓孔直径	锥 形	质量/kg	联接器代码
50	105	152	103	102	60	32	14	14	60	10	83	4	11	5	BAB	4	140	5/8－11UNC	7	BAB
65	105	152	103	102	48	32	14	14	60	10	83	4	11	4	BAB	4	140	5/8－11UNC	6	BAB
80	127	168	117	102	48	32	16	16	75	11	83	4	11	5	BAC	4	152	5/8－11UNC	7	BAC
100	157	191	140	102	54	32	19	19	98	13	83	4	11	9	BAD	8	191	5/8－11UNC	12	BAD
125	184	192	141	102	57	32	19	19	122	13	83	4	11	11	BAD	8	216	3/4－10UNC	14	BAD
150	218	222	170	152	57	32	19	22	148	13	127	4	14	15	CAD	8	241	3/4－10UNC	18	CAD
150①	214	222	170	152	57	32	22	22	148	16*	127	4	14	15	CAE	8	241	3/4－10UNC	19	CAE
200	270	257	205	152	64	51	29	29	194	6×6×41	127	4	14	23	CAF	8	298	3/4－10UNC	29	CAF
250	324	289	238	152	71	51	29	35	243	6×6×41	127	4	14	35	CAF	12	362	7/8－9UNC	48	CAF
250①	324	289	238	152	71	76	35	35	243	8×8×67*	127	4	14	35	CAG	12	362	7/8－9UNC	49	CAG
300	375	330	268	203	97	76	35	38	289	8×8×67	165	4	21	56	DAG	12	432	7/8－9UNC	73	DAG
350	413	337	294	203	92	76	41	41	318	10×10×67	165	4	21	64	DAH	12	476	1－8UN	120	DAH
400	470	368	319	203	102	76	41	44	364	10×10×67	165	4	21	104	DAH	16	552	1－8UN	138	DAH
450	533	406	341	203	114	108	48	48	410	13×10×77	165	4	21	138	DAJ	16	578	1⅛－8UN	188	DAJ

150 lb F360/F362(对夹/全支耳)

公称直径 DN	阀门尺寸/mm (F360/F362)									DD 或键	F360 顶板数据					F362 锥形支耳数据				
	A	*B*	*C*	*D*	*E*	*F*	*G*	*H*	*Q*		节圆螺栓孔直径	螺栓孔数目	螺栓孔直径	质量/kg	联接器代码	螺栓孔数目	节圆螺栓孔直径	锥形	质量/kg	联接器代码
500	584	443	383	203	127	108	57	57	456	13×10×77	165	4	21	159	DAK	20	635	1⅛-8UN	227	DAK
600	699	500	443	203	154	108	57	64	548	13×10×77	165	4	21	281	DAK	20	749	1¼-8UN	340	DAK
750	857	622	527	241	187	178	76	76	699	19×19×149	248	4	25	463	MAZ	28	914	1¼-8UN	612	MBZ
900	1022	721	616	241	216	203	89	89	851	22×22×149	248	4	25	839	MBE	32	1086	1½-8UN	1021	MBE

注:① E. N. P(非电镀镍)阀板,对 *DN*150~250 的阀门,要求比较大的上阀杆连接直径。(即,UHMWPE 阀座、金属阀座和火灾安全阀座)。

300 lb F370/F372(对夹/全支耳)

公称直径 DN	阀门尺寸/mm(F370/F372)									DD 或键	F370 顶板数据 锥形支耳数据								F372 锥形支耳数据				
	A	*B*	*C*	*D*	*E*	*F*	*G*	*H*	*Q*		节圆螺栓孔直径	螺栓孔数目	螺栓孔直径	螺栓孔数目	节圆螺栓孔数目	锥形	质量/kg	联接器代码	螺栓孔数目	节圆螺栓孔直径	锥形	质量/kg	联接器代码
50	105	152	103	102	60	32	14	14	60	10	83	4	11	—	—	—	5	BAB	8	149	3/4-10UNC	9	BAB
65	105	152	103	102	48	32	14	14	60	10	83	4	11	—	—	—	4	BAB	8	149	3/4-10UNC	8	BAB
80	127	168	117	102	48	32	16	16	75	11	83	4	11	—	—	—	5	BAC	8	168	3/4-10UNC	9	BAC
100	157	191	140	102	54	32	19	19	98	13	83	4	11	—	—	—	9	BAD	8	200	3/4-10UNC	12	BAD
125	184	192	141	102	59	32	19	19	122	13	83	4	11	—	—	—	11	BAD	8	235	3/4-10UNC	14	BAD
150	218	222	170	152	59	32	22	22	148	16	127	4	14	—	—	—	15	CAE	12	270	3/4-10UNC	25	CAE
200	270	257	205	152	73	51	29	29	194	6×6×41	127	4	14	—	—	—	29	CAF	12	330	7/8-9UNC	36	CAF
250	324	283	238	152	83	76	35	35	243	8×8×67	127	4	14	—	—	—	43	CAG	16	387	1-8UNC	62	CAG
300	375	330	268	203	92	76	35	38	289	8×8×67	165	4	21	—	—	—	66	DAG	16	451	1⅛-8UN	84	DAG
350	413	359	311	203	117	108	48	48	318	13×10×102	165	4	21	4	514	1⅛-8UN	122	DAJ	20	514	1⅛-8UN	154	DAJ
400	470	406	340	203	133	108	57	57	364	13×10×102	165	4	21	4	572	1¼-8UN	138	DAK	20	572	1¼-8UN	196	DAK
450	533	432	375	203	149	108	64	64	410	16×16×102	165	4	21	4	629	1¼-8UN	175	DBA	24	629	1¼-8UN	249	DRA
500	584	513	414	191	159	165	70	70	456	16×16×146	203	4	21	4	686	1¼-8UN	204	LAX	24	686	1¼-8UN	386	LAX
600	692	594	492	241	181	173	89	89	548	22×22×146	248	4	25	4	813	1½-8UN	349	MAY	24	813	1½-8UN	580	MAY
750	857	676	610	254	241	187	114	114	699	25×25×159	254	4	29	4	997	1¾-8UN	499	NAW	28	997	1¾-8UN	1111	MAW
900	1022	784	708	311	273	203	127	127	851	32×32×171	305	4	29	4	1143	2-8UN	721	EBD	32	1168	2-8UN	1293	EBD

表 5-6　K-LOK 阀的常用材料

阀门代码	阀　体	阀　板	轴	阀　座	衬　　套	填料
一般用途的阀门材料						
100	钢	316SS	17-4PH SS	PTFE	RTFE/玻璃纤维增强的环氧树脂	TEFLON
102	316SS	316SS	17-4PH SS	PTFE	RTFE/玻璃纤维增强的环氧树脂	TEFLON
104	钢	316SS	17-4PH SS	PTFE	RTFE/玻璃纤维增强的环氧树脂	TEFLON
105	316SS	316SS	17-4PH SS	PTFE	RTFE/玻璃纤维增强的环氧树脂	TEFLON
106	钢	316SS/ENP	17-4PH SS	UHMWPE	RTFE/玻璃纤维增强的环氧树脂	TEFLON
107	316SS	316SS/ENP	17-4PH SS	UHMWPE	RTFE/玻璃纤维增强的环氧树脂	TEFLON
169	DI	316SS	17-4PH SS	RTFE	RTFE/玻璃纤维增强的环氧树脂	TEFLON
172	钢	316SS	17-4PH SS	BUNA-N	RTFE/玻璃纤维增强的环氧树脂	TEFLON
173	316SS	316SS	17-4PH SS	BUNA-N	RTFE/玻璃纤维增强的环氧树脂	TEFLON
189	钢	316SS	17-4PH SS	EPDM	RTFE/玻璃纤维增强的环氧树脂	TEFLON
154	316SS	316SS	17-4PH SS	EPDM	RTFE/玻璃纤维增强的环氧树脂	TEFLON
190	钢	316SS	17-4PH SS	碳氟化物	RTFE/玻璃纤维增强的环氧树脂	TEFLON
191	316SS	316SS	17-4PH SS	碳氟化物	RTFE/玻璃纤维增强的环氧树脂	TEFLON
水蒸气用阀门材料						
123	钢	316SS/ENP	17-4PH SS	RTFE	316SS DU	TEFLON
124	316SS	316SS/ENP	17-4PH SS	RTFE	316SS DU	TEFLON
158	钢	316SS	17-4PH SS	RTFE	316SS DU	TEFLON
159	316SS	316SS	17-4PH SS	RTFE	316SS DU	TEFLON
金属阀座　低温用阀门材料						
101	钢	316SS/ENP	17-4PH SS	316SS 镀铬	RTFE/玻璃纤维增强的环氧树脂	TEFLON
103	316SS	316SS/ENP	17-4PH SS	316SS 镀铬	RTFE/玻璃纤维增强的环氧树脂	TEFLON
金属阀座　高温用阀门材料						
113	钢	316SS/ENP	17-4PH SS	316SS 镀铬	316SS 氮化	石墨
114	316SS	316SS/ENP	17-4PH SS	316SS 镀铬	316SS 氮化	石墨
244	316SS	316SS/ENP	INCONEL	316SS 镀铬	316SS 氮化	石墨
250	钢	316SS/ENP	INCONEL	316SS 镀铬	316SS 氮化	石墨
耐腐蚀阀门材料						
133(*DN*65-200)	316SS	316SS	316SS 工况 B	RTFE	RTFE/玻璃纤维增强的环氧树脂	TEFLON
134(*DN*250-600)	316SS	316SS	Nitronic 50	RTFE	RTFE/玻璃纤维增强的环氧树脂	TEFLON
135(*DN*65-200)	316SS	316SS/ENP	316SS 工况 B	316SS 镀铬	RTFE/玻璃纤维增强的环氧树脂	TEFLON
136(*DN*250-600)	316SS	316SS/ENP	Nitronic 50	316SS 镀铬	RTFE/玻璃纤维增强的环氧树脂	TEFLON
火灾安全阀门材料						
115	钢	316SS/ENP	17-4PH SS	316SS 镀铬 和 RTFE	316SS 氮化 RTFE/玻璃纤维增强的环氧树脂	石墨
116	316SS	316/ENP	17-4PH SS	316SS 镀铬 和 RTFE	316SS 氮化 RTFE/玻璃纤维增强的环氧树脂	石墨
NACE①阀门材料						
117	钢	316SS	17-4PH SS DHT	RTFE	RTFE/玻璃纤维增强的环氧树脂	TEFLON
118	316SS	316SS	17-4PH SS DHT	RTFE	RTFE/玻璃纤维增强的环氧树脂	TEFLON
119	钢	316SS	17-4PH SS DHT	316SS 镀铬 和 RTFE	316SS 氮化 和 RTFE/玻璃纤维增强的环氧树脂	石墨
120	316SS	316SS	17-4PH SS DHT	316SS 镀铬 和 RTFE	316SS 氮化 和 RTFE/玻璃纤维增强的环氧树脂	石墨

① 符合 NACE(美国防腐工程师协会)的规定，满足 MR-01-75 的要求。

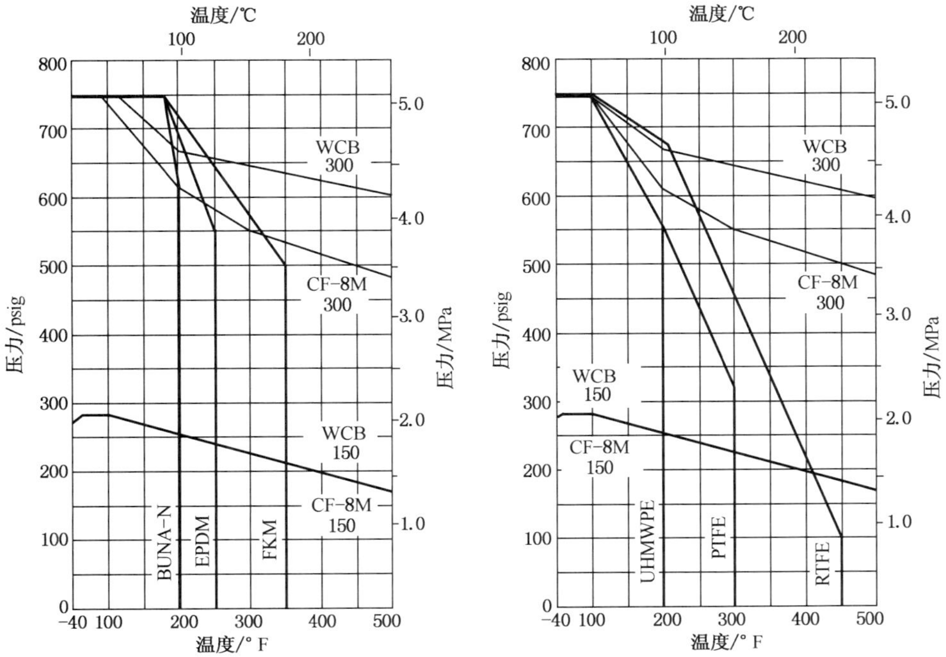

火灾安全和金属阀座

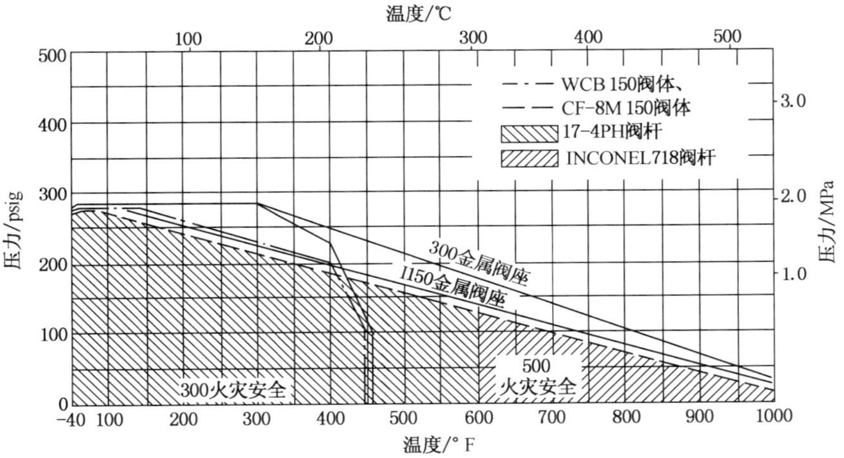

图 5-3　K-LOK F360/F362、F370/F372 阀座材料、压力/温度工作范围

表 5-7　PTFE 和 RTFE 双向流动阀门开闭所需扭矩

阀门尺寸/mm	阀杆安装代码		阀门开闭扭矩/N·m 系统工作压力/MPa					
	150 lb	300 lb	1.05	1.4	2.0	2.8	3.7	5.2
50	BAB	BAB	25	32	43	52	59	66
65	BAB	BAB	25	32	43	52	59	66
80	BAC	BAC	28	36	49	59	67	73
100	BAD	BAD	54	68	96	112	127	140
125	BAD	BAD	105	127	153	177	198	215

阀门尺寸/mm	阀杆安装代码		阀门开闭扭矩/N·m 系统工作压力/MPa					
	150 lb	300 lb	1.05	1.4	2.0	2.8	3.7	5.2
150	BAD/CAE①	CAE	155	181	209	243	270	328
200	CAF	CAF	233	263	362	452	550	759
250	CAF/CAG①	CAG	377	412	531	706	842	1113
300	DAG	DAG	519	593	723	922	1095	1462
350	DAH	DAJ	767	854	1034	1294	1503	1943
400	DAH	DAK	1056	1181	1424	1695	1977	2508
450	DAJ	DBA	1345	1503	1785	2203	2474	3220
500	DAK	LAX	1763	1977	2372	2847	3243	4083
600	DAK	MAY	2452	2863	3457	4169	4757	6101
750	MAZ	NAW	3299	3954	4915	6158	7602	9039
900	MBE	EBD	5932	6610	7909	9604	11016	14123

说明：1. 扭矩仅用于对 PTFE 和 RTFE 阀座。对于火灾安全和金属阀座，需要将在 2.0MPa 下阀门的扭矩乘以 2.0。

2. 对于其他阀座材料，选择最大压差下的扭矩，乘以下列修正系数：

EPDM/BUNA/氟橡胶 ×1.4

UHMWPE(干净介质) ×1.3

UHMWPE(浆液介质) ×1.7

注：① CAE 和 CAG 的扭矩仅适用于金属和火灾安全阀座。

② 选用 K-LOK 阀时，请写清阀门的公称直径、阀门型号和阀门代码。例如 250mmF360-104。

最高工作压力：

2.0MPa 双向，管道端部最高工作

温度：标准：-29~177℃

可选：-29~232℃

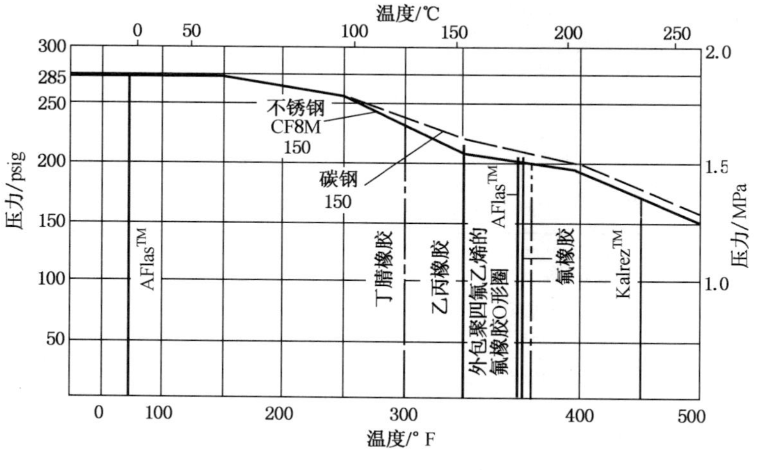

图 5-4 后环材料的温压等级

表 5-8　结构与尺寸系列表

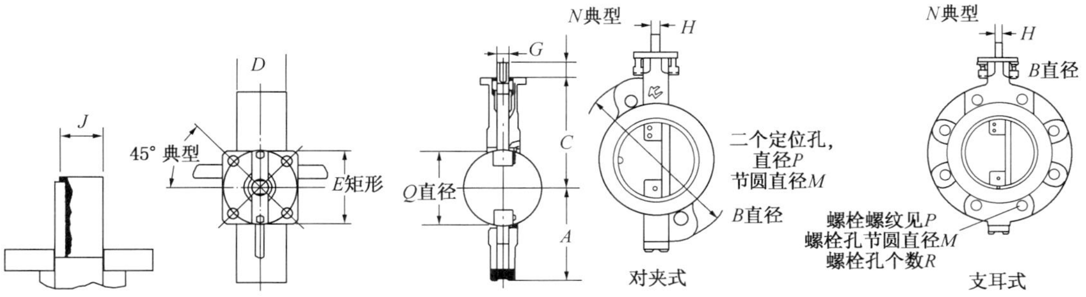

公称直径	MSS ISO 阀门尺寸/mm																	键尺寸 宽×高	顶板数据/mm		
DN	*A*	*B*	*B*①	*C*	*Q*	*E*	*D*	*D*	*F*	*G*	*H*	*J*	*M*	*N*	*P*	*P*①	*R*①		螺栓孔节圆直径	螺栓孔个数	螺栓孔直径
50	95	162	159	125	49	81	43	43	22	13	10	—	121	45°	19	5/8-11UNC-2B	4	—	83	4	11
65	105	183	178	137	59	81	48	46	31	16	11	—	140	45°	19	5/8-11UNC-2B	4	—	83	4	11
80	117	200	191	146	73	81	48	46	31	16	11	—	152	45°	19	5/8-11UNC-2B	4	—	83	4	11
100	132	235	250	170	81	81	54	52	31	16	11	—	191	22.5°	19	5/8-11UNC-2B	8	—	83	4	11
125	160	276	279	185	106	81	57	56	31	19	13	—	216	22.5°	22	3/4-10UNC-2B	8	—	83	4	11
150	177	310	298	203	146	81	57	56	31	19	13	—	241	22.5°	22	3/4-10UNC-2B	8	—	83	4	11
200	202	362	343	239	194	117	64	60	31	22	16	—	298	22.5°	22	3/4-10UNC-2B	8	—	127	4	14
250	239	425	430	275	243	117	71	68	51	29	—	25	362	15°	25	7/8-9UNC-2B	12	6×6	127	4	14
300	268	491	483	307	289	117	81	79	51	29	—	25	432	15°	25	7/8-9UNC-2B	12	6×6	127	4	14

注：① 支耳式的数据。

5. 蝶阀 F55

特点：中心对置阀板适于双向流动，*KV* 值高；阀体内部橡胶衬里，并延伸至法兰；阀板边沿抛光，可提供双向密封，在最大操作压力时仍保持气泡级密封；污物刮板可防止污物进入阀杆填料部分。结构与尺寸见表 5-9。材料与执行机构见表 5-10。

DN(mm)　　150~600；*PN*(MPa)　　1.0/1.6

工作温度(℃)：-40~120

工作压力(MPa)：1.0/1.6

适用介质：饮用水、工业用水、污水

连接法兰：150 lb 也可用 ISO、JIS、BS、API

6. 蝶阀 F56

特点：F56 蝶阀系双偏心高效能蝶阀。在整体橡胶阀座上有 360°压圈，不需特殊工具即可在线更换阀座；阀座与阀板边缘经特殊材料和加工工艺，使阀的开闭自如、降低开启扭矩，避免结垢，会延长阀的寿命；无论管道压力如何变化都不影响双向关闭，水流量稳定，压头损失小；干式阀杆设计，可避免介质从填料处渗漏；阀体与阀体全部覆有保护层适于海水或其他腐蚀性水质使用。*DN*(mm)：200～2000(2800)，*PN*(MPa)：0.6/1.0；工作温度(℃)：-40～120，工作压力(MPa)：≤0.6/1.0；介质：水、含腐蚀性水。

F56 蝶阀性能优越、价格低廉，特别适用于海水脱盐系统；工业用水发电厂等大直径管道系统。材料与结构尺寸见表 5-11 和表 5-12。

表 5-9　结构与尺寸系列表　(mm)

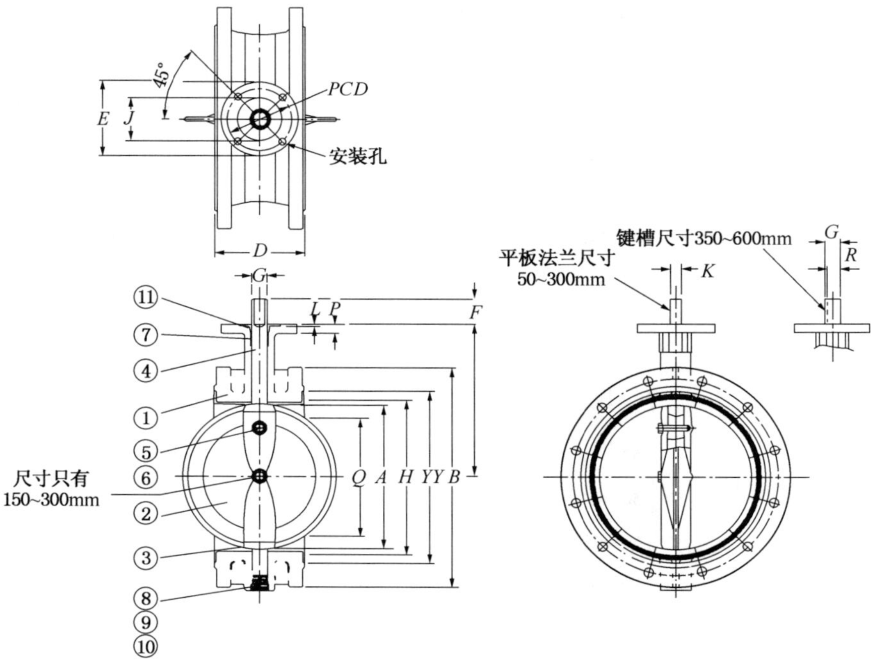

DN	*A*	*B*	*C*	*D* ISO短型	*D* ISO长型	*H*	*YY*	*Q*	*F*	*G*	*K*	*R*	键尺寸宽×高	类型	*E*	*J*	*L*	*P*	*PCD*	ϕ孔	孔眼数量	质量 ISO短型	质量 ISO长型
150	151	285	210	140	210	168	192	61	30	20	14	—	—	F-07	90	55	4	12	70	9	4	24	28
200	196	340	240	152	230	222	245	130	50	25	18	—	—	F-12	150	85	4	18	125	13.5	4	35	41
250	246	405	275	165	250	264	300	189	50	30	22	—	—	F-12	150	85	4	18	125	13.5	4	50	59
300	293	445	310	178	270	314	350	243	50	30	22	—	—	F-12	150	85	4	18	125	13.5	4	65	77
350	325	505	325	190	290	364	400	267	70	35	—	30	10×8	F-12	150	85	4	18	125	13.5	4	90	106
400	380	565	360	216	310	412	450	316	70	40	—	35	12×8	F-16	210	130	6	25	165	22	4	120	138
450	440	615	395	222	330	466	505	377	70	40	—	35	12×8	F-16	210	130	6	25	165	22	4	145	170
500	486	670	430	229	350	517	555	432	70	50	—	44.5	14×9	F-16	210	130	6	25	165	22	4	170	202
600	586	780	500	267	390	617	655	525	70	50	—	44.5	14×9	F-16	210	130	6	25	165	22	4	250	292

表 5-10 材料与执行机构选择表

阀体	阀板	阀座	阀杆	材料代码	尺寸/mm	备注
铸铁	球墨铸铁	乙丙橡胶	碳钢	101	150~600	1. 若需要可提供 ISO 长阀体 2. 根据 PN10 ISO 7005—2，需要 PN16 时可与工厂联系 3. 法兰标准在订货时务请注明
			不锈钢	276	150~600	
		丁腈橡胶	碳钢	105	150~600	
			不锈钢	274	150~600	
	球墨铸铁（镀镍）	乙丙橡胶	碳钢	261	150~600	
			不锈钢	304	150~600	
		丁腈橡胶	碳钢	262	150~600	
			不锈钢	305	150~600	
	铝青铜	乙丙橡胶	不锈钢	131	150~600	
		丁腈橡胶	不锈钢	133	150~600	
	不锈钢	乙丙橡胶	不锈钢	102	150~600	
		丁腈橡胶	不锈钢	106	150~600	
球墨铸铁	球墨铸铁	乙丙橡胶	碳钢	111	150~600	
			不锈钢	288	150~600	
		丁腈橡胶	碳钢	115	150~600	
			不锈钢	289	150~600	
	球墨铸铁（镀镍）	乙丙橡胶	碳钢	264	150~600	
			不锈钢	298	150~600	
		丁腈橡胶	碳钢	265	150~600	
			不锈钢	297	150~600	
	铝青铜	乙丙橡胶	不锈钢	135	150~600	
		丁腈橡胶	不锈钢	137	150~600	
	不锈钢	乙丙橡胶	不锈钢	112	150~600	
		丁腈橡胶	不锈钢	116	150~600	

执行机构类型	型号	备注
齿轮传动	F455	齿轮箱配离合器可用于 Keystone 基士敦气动执行机构的手动控制
气动执行机构	F796	
齿轮/气动执行机构	F454/796	
电动执行机构	F778	

表 5-11 材料选择表

阀体	阀板	阀杆	阀座	材料代码	DN/mm	备注
铸铁	不锈钢	不锈钢	乙丙橡胶	102	700~2000	标准设计球墨铸铁阀板有一不锈钢包边
			丁腈橡胶	106	700~2000	
	铝青铜	不锈钢	乙丙橡胶	131	700~2000	
			丁腈橡胶	133	700~2000	
	球墨铸铁	不锈钢	乙丙橡胶	148	700~2000	
			丁腈橡胶	150	700~2000	
	球墨铸铁	碳钢	乙丙橡胶	162	700~2000	
			丁腈橡胶	163	700~2000	

续表

阀体	阀板	阀杆	阀座	材料代码	DN/mm	备注
球墨铸铁	不锈钢	不锈钢	乙丙橡胶	112	700~2000	标准设计球墨铸铁阀板有一不锈钢包边
			丁腈橡胶	116	700~2000	
	铝青铜	不锈钢	乙丙橡胶	135	700~2000	
			丁腈橡胶	137	700~2000	
	球墨铸铁	不锈钢	乙丙橡胶	152	700~2000	
			丁腈橡胶	154	700~2000	
	球墨铸铁	碳钢	乙丙橡胶	164	700~2000	
			丁腈橡胶	165	700~2000	

表 5-12　结构尺寸系列表

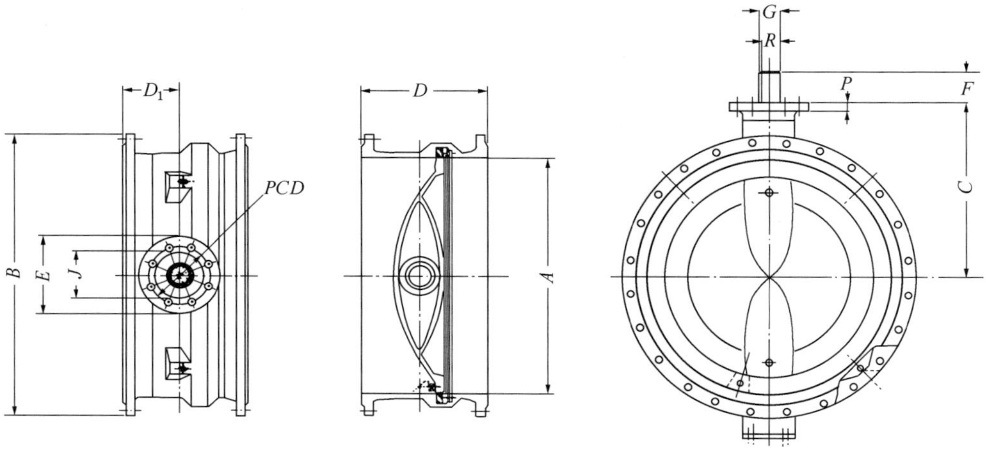

阀门尺寸(mm)							阀杆	执行机构连接法兰	质量/
DN	*A*	*B*①	*C*	*D*②	D_1	*Q*	*G*③	符合 ISO 5211	kg
700	700	895	623	292	86	658	50/60/70	F-14/F-16	470
750	750	965	598	318	105	703	60/70/80	F-16/F-25	530
800	800	1015	623A④	318	99	757	60/70/80	F-16/F-25	620
900	900	1115	673A④	330	97	859	60/70/80/90	F-16/F-25	750
1000	1000	1230	730	410	159	934	70/80/90/100	F-25/F-30	1030
1100	1100	1340	798	470	197	1012	80/90/100/120	F-25/F-30	1270
1200	1200	1455	848	470	185	1129	80/90/100/120	F-30/F-35	1520
1300	1300	1575	918	530	212	1216	90/100/120/140	F-30/F-35	1875
1400	1400	1675	968	530	219	1319	90/100/120/140	F-30/F-35	2240
1500	1500	1785	1038	600	250	1405	100/120/140/160	F-35/F-40	2630
1600	1600	1915	1088	600	243	1518	100/120/140/160	F-35/F-40	3160
1800	1800	2115	1210	670	286	1711	120/140/160/180	F-35/F-40	4100
2000	2000	2325	1333	760	350	1884	140/160/180/200	F-40/F-48	5490

① *PN*10 标准法兰，有关其他标准法兰，请向厂方查询。
② ISO 5752 基本系列 13，有关其他尺寸，请向厂方查询。
③ 根据应用选择阀杆直径。
④ 仅限于顶板 F-25。

7. 蝶阀 F24

特点：该阀为对夹式分离阀体，其阀杆与阀板一体化，阀板、阀座与法兰密封面均包覆聚四氟乙烯，表面光滑，不仅对流体阻力小且扭矩较小；只有阀座与阀板同介质接触；该阀为三级密封，主密封为阀板与阀座肩部间的密封；由于阀轴孔比阀轴小形成紧密的二级密封；由精密的自紧聚四氟乙烯 V 型垫圈形成三级密封；该阀在聚四氟乙烯阀座外有一层连续硅橡胶背衬，可保证弹性接触和阀座的严格密封；该阀经 20Pa 氦气做真空试验，合格。

注意：订货时务请注明法兰标准，*Q* 是阀门与管道相连接时的最小法兰内径。表 5-13 为阀门与执行机构的系列尺寸，图中所示为 *DN*100 的阀门，其余阀门外形略有不同。

工作温度/℃	-40~200	
DN/mm	50~150	200~300
工作压力/MPa	最高工作温度/℃	
1.0	180	160
0.6	200	180
0.4	200	200
连接法兰	PN10/16，150	
可选法兰	BS 4504，JIS 10/16，BS 10DE	
适用介质	化学药品、化工、油品、医药腐蚀性气体、液体	

表 5-13　阀门结构尺寸与执行机构

阀门尺寸/mm						阀　杆			执行机构连接法兰符合 ISO 5211								质量/kg
DN	*A*	*C*	*D*	*N*	*Q*	*F*	G_{h9}	$K^{0}_{-0.05}$	类型	*E*	*J*	*L*	*P*	*PCD*	孔径	孔径	
50	51	135	43	91	27	25	12	8	F-05	65	35	4	7.5	50	6.6	4	2.0
65	62	150	46	105	42	30	16	11	F-07	90	55	4	10.5	70	9	4	3.1
80	78	160	46	123	63	30	16	11	F-07	90	55	4	10.5	70	9	4	3.9
100	101	180	52	155	87	30	16	11	F-07	90	55	4	10.5	70	9	4	5.6
125	126	195	56	186	113	30	20	14	F-07	90	55	4	10.5	70	9	4	7.7
150	152	210	56	208	141	30	20	14	F-07	90	55	4	16.5	70	9	4	9.2

续表

阀门尺寸/mm						阀 杆			执行机构连接法兰符合 ISO 5211								质量/kg
DN	*A*	*C*	*D*	*N*	*Q*	*F*	G_{h9}	$K^{0}_{-0.05}$	类型	*E*	*J*	*L*	*P*	*PCD*	孔径	孔径	
200	197	240	60	264	188	50	25	18	F-12	150	85	4	16.5	125	13.5	4	15.7
250	249	275	68	319	240	50	30	22	F-12	150	85	4	16.5	125	13.5	4	23.4
300	294	310	78	371	283	50	30	22	F-12	150	85	4	16.5	125	13.5	4	35.0

执行机构型号	型 号	备 注
手 柄	F412	带锁阀杆
	F413	可连续调整
齿轮传动	F455	—
气动执行机构	F796	—
齿轮/气动执行机构	F454+F796	带离合器的齿轮箱可用于气动执行机构的手动控制
电动执行机构	778	—

8. 蝶阀 F633(气体调节阀)

型式：金属阀座、旋转、通轴

应用：高温或低温调节

DN(mm)：50~600(2000)

额定压力：250kPa(400℃/600℃)

额定温度：400℃(内件材料代号 025)；

600℃(内件材料代号 028)

法兰标准：150 lb FF

注：最高温度可达 700℃，最大直径可达 2000mm。

结构系列尺寸见表 5-14。

表 5-14 结构尺寸系列表

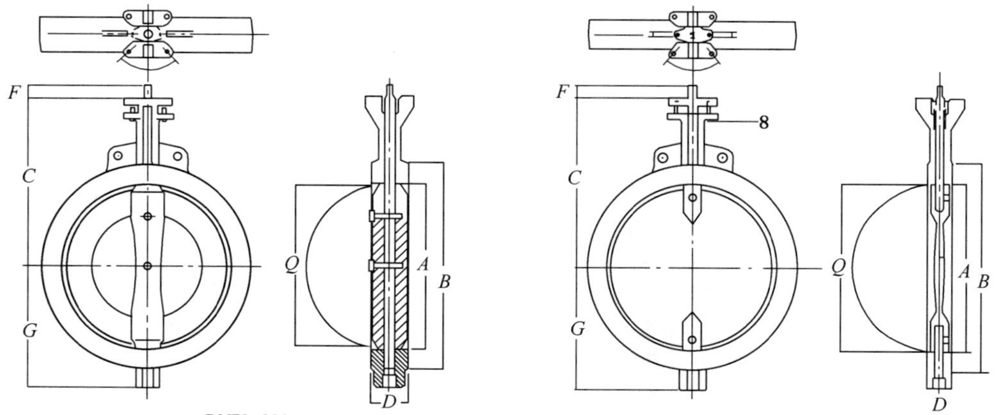

*DN*50~300mm　　*DN*350~600mm

续表

DN/mm	阀杆连接代号	尺寸								阀杆连接 Dia×A. F. /in	键/in	顶板		
		轴径/in	A/mm	B/mm	C/mm	D/mm	F/mm	G/mm	Q/mm			PCD/mm	孔数	孔径/mm
50	BAB	9/16	52	98	145	41	32	70	32	9/16×3/8		83	4	11
65	BAB	9/16	65	118	150	44	32	76	48	9/16×3/8		83	4	11
80	BAB	9/16	78	128	159	44	32	88	65	9/16×3/8		83	4	11
100	BAC	5/8	103	150	178	51	32	102	90	5/8×7/16		83	4	11
125	BAD	3/4	129	185	192	54	32	119	118	3/4×1/2		83	4	11
150	BAD	3/4	148	212	203	54	32	133	138	3/4×1/2		83	4	11
200	BAD	7/8	198	262	241	64	32	170	188	3/4×1/2		83	4	11
250	BAD	11/8	249	324	270	64	32	210	241	3/4×1/2		83	4	11
300	BAD	11/8	300	370	311	76	32	238	291	3/4×1/2		83	4	11
350	BAD	11/8	337	420	336	63	32	255	331	3/4×1/2		83	4	11
400	BAD	11/8	388	480	368	63	32	290	383	3/4×1/2		83	4	11
450	CAF	11/8	439	530	432	63	51	310	433	1⅛	1/4×1/4	127	4	14
500	CAF	11/8	490	585	442	63	51	340	485	1⅛	1/4×1/4	127	4	14
600	CAG	13/8	592	700	500	76	76	400	585	1⅜	5/16×5/16	127	4	14

第三节 安全阀

ANDERSON GREENWOOD & CO（安德森·格林伍德）简称 AGCO，从 1954 年起生产导阀操作的活塞式安全阀，始终能达到下列要求：

- 在非常接近设定压力时，仍保持气泡级密封，不会产生泄漏；
- 始终在设定压力下泄放；
- 在短时间泄放后，能很快回座，恢复气泡级密封；
- 经多次跳阀，无需维修。

1. AGCO200，400，500，600，700 系列

AGCO200，700 系列是突开的安全泄压阀，采用无流导阀操作活塞式主阀，AGCO 400、500、600 系列为调节式导阀操作活塞式主阀。技术条件见表 5-15。

表 5-15 技术条件

项目	200 系列	400 系列	500 系列	600 系列	700 系列
入口管口 DN/mm	25～200	25～200	40～200		50～200
设计压力/MPa	1. 76～42. 5	1. 05～26. 09	1. 03～49. 7	10. 2～42. 2	Max8. 3
工作温度/℃	-252～260	-54～260	-54～268	-29～205	Max540
喷嘴面积/cm^2	0. 71～268. 13	0. 71～268. 13	5. 064～276. 06		4. 058～209. 77
介质	气体、蒸汽及混合物	气体、液体	热水、蒸汽及烃类气体与液体；腐蚀性介质	气体、液体	空气、非腐蚀性气体蒸汽
备注	尤适合于液体			尤适用于液体	金属密封

2. AGCO 90 系列

AGCO 还生产低压及超低压带导阀泄压真空阀(亦称呼吸阀)AGCO 90 系列，提供低压或真空保护，其中包括 91/94、93/93T、95 和 96A 型。由于导阀采用薄膜结构，故在很低的压力下控制主阀动作。在导阀开启前，主阀不受控制流的作用，关闭严密，无泄漏，加之采用软密封，故完全达到气泡级密封。

此外也生产 9000 系列低压导阀式安全阀，其中 9200 型是将介质排入泄压系统。这两种型号的阀，可单独进行压力泄放或破真空，也可以既能压力泄放又能破真空。技术条件见表 5-16。

表 5-16　技术条件

项　　目	91/94 型	93/93T 型	95 型	96A 型
入口管口 DN/mm	50~300	50~300	50~150	10~300
设定压力/kPa	1.78~350	0.7~350	35kPa~1.05MPa	200Pa~100kPa
工作温度/℃	-254~93	-196~149	-106~204	
喷嘴面积/cm^2	18.8~579.8	14.7~541.93	18.8~142.9	
备　注	用于冷冻与低温储罐和液化气体运输船的低压保护	用于液化气体运输船的压力容器保护	用于油罐车与液化气体运输船	本型为重力式破真空阀可与一个导阀式安全阀组成一体

项　　目	9200 型	9300AL 型	9300SS 型
压力范围	1~35kPa	1~35kPa	9300AL. SS 内件：1.8~350kPa 9300C. SS SS 内件：1.8~210kPa
真空范围	-0.4~-35kPa	-0.4~-35kPa	-0.4~-35kPa
温度范围	-196~60℃	-196~93℃	-196~93℃
规格 DN/mm	AL：50~300 SS：50~300	AL：50~300	SS：50~300 L. S：50~300

以上几种系列阀门的其他主要参数，请见表 5-17、表 5-18，结构与尺寸见表 5-19、表 5-20、表 5-21。

表 5-17　200/400/600/900 系列安全阀的喷嘴面积

阀规格/in	喷嘴面积/in^2(cm^2)					
	Type×33①	Type×23①	Type×73①	Type226/526	Type576	Type727
1″×2″ 1½″×2″	0.110("D")(0.710) 0.196("E")(1.264)	0.307("F")(1.981)	—	—	—	—
1½″×2″	0.503("G")(3.245)	0.785("H")(5.064)	1.257(8.110)	—	1.257(8.110)	—
1½″×3″	0.503("G")(3.245)	0.785("H")(5.064)	—	0.785("H")(5.064)	—	—
2″×3″	0.503("G")(3.245) 0.785("H")(5.064)	1.287("J")(8.303)	2.380(15.35)	1.287("J")(8.303)	2.380(15.35)	0.503("G")(3.245) 0.785("H")(5.064) 1.287("J")(8.303)
3″×4″	1.287("J")(8.303) 1.838("K")(11.86)	2.853("L")(18.41)	6.257(40.37)	2.853("L")(18.41)	6.257(40.37)	1.287("J")(8.303) 1.838("K")(11.86) 2.853("L")(18.41)

阀规格/in	喷嘴面积/in²(cm²)					
	Type×33①	Type×23①	Type×73①	Type226/526	Type576	Type727
4″×6″	2.853("L")(18.41) 3.60("M")(23.22) 4.34("N")(28.00)	6.38("P")(41.16)	9.058(58.44)	6.38("P")(41.16)	9.058(58.44)	2.853("L")(18.41) 3.60("M")(23.22) 4.34("N")(28.00) 6.38("P")(41.16)
6″×8″	11.05("Q")(71.29)	16.00("R")(103.22)	—	16.00("R")(103.22)	—	11.05("Q")(71.29) 16.00("R")(103.22)
6″×Dual 8″	—	—	20.244(130.61)	—	—	—
8″×10″	—	26.00("T")(167.74)	—	26.00("T")(167.74)	41.56(268.13)	26.00("T")(167.74)
8″×Dual 8″	—	—	27.675(178.55)	—	—	—
8″×Dual 10″ 8″×Single 10″	—	—	41.56(268.13)	—	41.56(268.13)	—

① 表示200/400/600/900系列。

表 5-18 导阀式安全阀出口法兰的压力等级

阀规格/in	出口法兰压力等级	最大定压/psig	阀规格/in	出口法兰压力等级	最大定压/psig
1½H3	300#	3535	2FB3	150#	1150
2J3	300#	5475	4FB6	150#	1225
6R8	150#	1200	8FB8×8	150#	1400
8T10	150#	1175	8FB10	150#	450①
1½FB2	300#	2500			

注：上表的压力极限是指碳钢阀体的，不锈钢阀体的额定压力是上表的97%。

表 5-19 223/233，423/433，526，623/633，923/933 型尺寸和质量

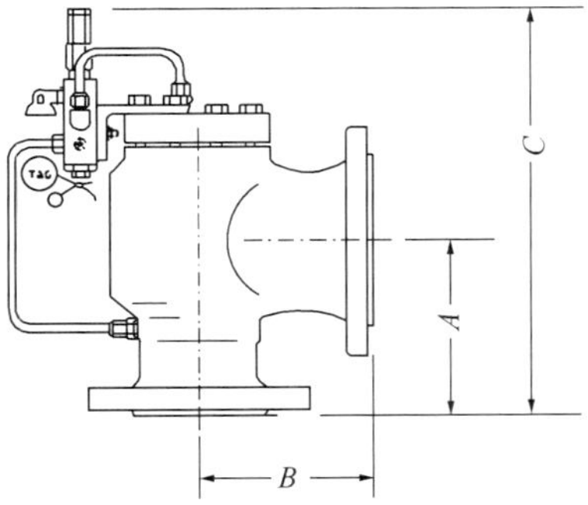

法兰连接

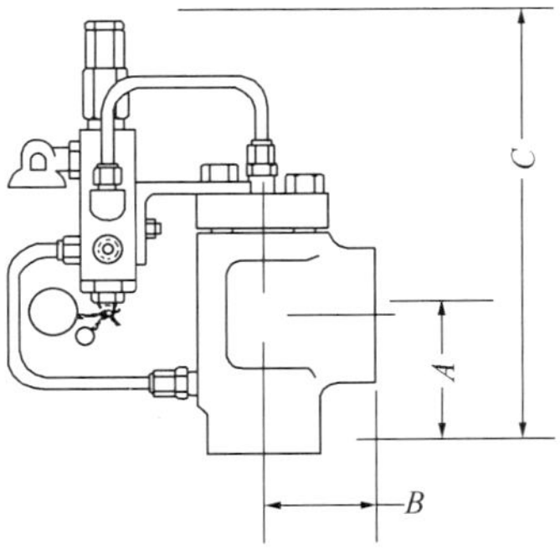

螺纹连接
(FNPT)

DN/in	近似相当的流通面积	入口/in	出口/in	尺寸/in			质量②/lb
				A	B	C①近似值	
	螺纹连接						
1×2	D，E，G	1″	2″	3.57	2.88	16	22
1½×2	D，E，G	1½″	2″	3.57	2.88	16	22
1½×2	G，H	1½	2″	3.75	3.75	16	27

续表

螺纹连接							
DN/in	近似相当 API 喷嘴	平焊入口法兰 RF 或 RJ	出口法兰 RF	尺寸/in			质量(近似)/lb
				A	B	C(近似)	
1×2	D, E, F	1″-150#	2″-150#	4.12	4.50	16	26
		1″-300#	2″-150#	4.38	4.50	16	27
		1″-600#	2″-150#	4.38	4.50	16	28
		1″-900#	2″-300#	4.94	4.75	20	35
		1″-1500#	2″-300#	4.94	4.75	20	35
		1″-2500#	2″-300#	4.94	4.75	20	39
1½×2	D, E, F	1½″-150#	2″-150#	4.87	4.75	17	29
		1½″-300#	2″-150#	4.87	4.75	17	33
		1½″-600#	2″-150#	4.87	4.75	17	33
		1½″-900#	2″-300#	5.87	5.50	21	44
		1½″-1500#	2″-300#	5.87	5.50	21	44
		1½″-2500#	2″-300#	5.87	5.50	21	55
1½×3	G, H	1½″-150#	3″-150#	5.12	4.87	18	38
		1½″-300#	3″-150#	5.12	4.87	18	42
		1½″-600#	3″-150#	5.12	4.87	18	42
		1½″-900#	3″-300#	6.38	6.75	22	48
		1½″-1500#	3″-300#	6.38	6.75	22	48
		1½″-2500#	3″-300#	6.38	6.75	22	65
2×3	G, H, J	2″-150#	3″-150#	5.37	4.87	18	50
		2″-300#	3″-150#	5.37	4.87	18	52
		2″-600#	3″-150#	5.37	4.87	18	53
		2″-900#	3″-300#	6.56	6.75	22	79
		2″-1500#	3″-300#	6.56	6.75	22	79
		2″-2500#	3″-300#	7.00	6.75	23	95
3×4	J, K, L	3″-150#	4″-150#	6.13	6.38	19	86
		3″-300#	4″-150#	6.13	6.38	19	90
		3″-600#	4″-150#	6.38	6.38	19	92
		3″-900#	4″-300#	7.50	7.12	24	121
		3″-1500#	4″-300#	7.50	7.12	24	138
4×6	L, M, N, P	4″-150#	6″-150#	7.75	8.25	22	138
		4″-300#	6″-150#	7.75	8.25	22	148
		4″-600#	6″-150#	7.75	8.25	22	158
		4″-900#	6″-300#	9.81	9.19	28	228
		4″-1500#	6″-300#	9.81	9.19	28	248

续表

螺纹连接							
DN/in	近似相当 API 喷嘴	平焊入口法兰 RF 或 RJ	出口法兰 RF	尺寸/in			质量(近似)/lb
				A	B	C(近似)	
6×8	Q，R	6″-150#	8″-150#	9.44	9.50	25	245
		6″-300#	8″-150#	9.44	9.50	25	264
		6″-600#	8″-150#	9.70	9.50	25	308
8×10	T	8″-150#	10″-150#	10.88	11.00	28	516
		8″-300#	10″-150#	10.88	11.00	28	544
		8″-600#	10″-150#	11.68	11.00	29	585

注：① 对 200 和 600 系列而言。对 400 和 900 系列加 1″。对 500 系列，加 7″。

② 对 200 系列而言。对 500 系列，加 12 lb。对 600 系列，加 9 lb，对 900 系列加 6 lb。如果有附件，过滤器，额外增加 7 lb。

表 5-20　273、473、673、973、576 型尺寸和质量

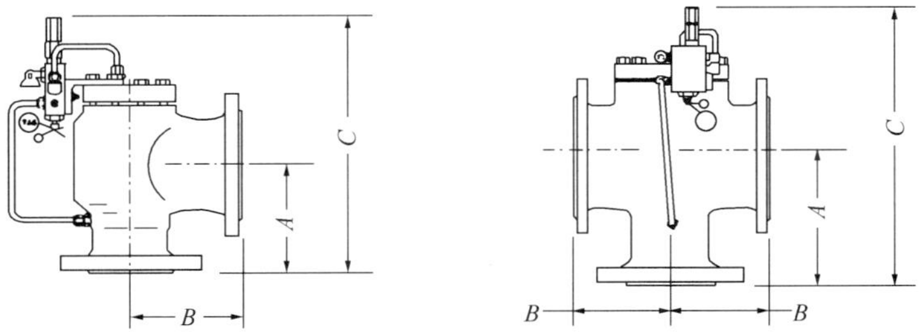

DN/in	喷嘴面积/in^2	入口法兰	出口法兰③	尺寸/in				质量②(近似)/lb	
				A		B	C①(近似)		
				RF	RTJ	RF		单	双
1½×2	1.257	150#RF 或 RTJ	150#RF	3.62	3.87	4.50	17	31	—
		300#RF 或 RTJ	150#RF	3.75	4.00	4.50	17	34	—
		600#RF 或 RTJ	300#RF	4.06	4.06	5.24	17	38	—
		900#RF 或 RTJ	300#RF	4.43	4.43	5.24	21	48	—
		1500#RF 或 RTJ	300#RF	4.43	4.43	5.24	21	48	—
2×3	2.380	150#RF 或 RTJ	150#RF	4.56	4.81	5.31	18	55	75
		300#RF 或 RTJ	150#RF	4.69	5.00	5.31	18	57	77
		600#RF 或 RTJ	150#RF	5.06	5.12	5.31	18	58	78
		900#RF 或 RTJ	300#RF	5.69	5.75	6.38	23	—	108
		1500#RF 或 RTJ	300#RF	5.69	5.75	6.38	23	—	108
3×4	6.257	150#RF 或 RTJ	150#RF	5.56	5.81	7.00	21	115	128
		300#RF 或 RTJ	150#RF	5.81	6.12	7.00	22	120	133
		600#RF 或 RTJ	150#RF	6.12	6.19	7.00	22	130	135
		900#RF 或 RTJ	300#RF	6.37	6.44	7.50	26	—	175
		1500#RF 或 RTJ	300#RF	7.66	7.72	7.50	28	—	188

DN/in	喷嘴面积/in^2	入口法兰	出口法兰③	尺寸/in				质量②（近似）/lb	
				A		B	C①（近似）		
				RF	RTJ	RF		单	双
4×6	9.058	150#RF 或 RTJ	150#RF	6.90	7.06	7.38	22	140	155
		300#RF 或 RTJ	150#RF	7.43	7.74	7.38	22	150	165
		600#RF 或 RTJ	150#RF	7.93	7.99	7.38	23	160	175
		900#RF 或 RTJ	150#RF	9.21	9.27	7.38	27	—	190
6×8×8	20.244	150#RF 或 RTJ	150#RF	8.87	9.12	8.25	26	—	245
		300#RF 或 RTJ	150#RF	9.31	9.62	8.25	26	—	265
		600#RF 或 RTJ	150#RF	10.00	10.06	8.25	27	—	310
8×8×8	27.675	150#RF 或 RTJ	150#RF	10.44	10.69	11.44	29	—	520
		300#RF 或 RTJ	150#RF	10.94	11.25	11.44	30	—	545
		600#RF 或 RTJ	150#RF	11.12	11.25	11.44	30	—	585
8×10 或 8×10×10	41.560	150#RF 或 RTJ	150#RF	10.25	10.50	11.06	31	—	625
		300#RF 或 RTJ	150#RF	10.93	11.25	11.06	31	—	650
		600#RF 或 RTJ	150#RF	11.75	11.81	11.06	32	610	690

注：① 对 200 和 600 系列而言；对 400 和 900 系列加 1″；对 500 系列加 7″。

② 对 200 系列而言；对 500 系列加 12 lb；对 600 系列加 9 lb；对 900 系列加 6 lb。如果有附件、过滤器等，额外再增加 7 lb。

③ 更高压力级别的法兰特殊定货，请询问工厂。

表 5-21 727 型尺寸和质量

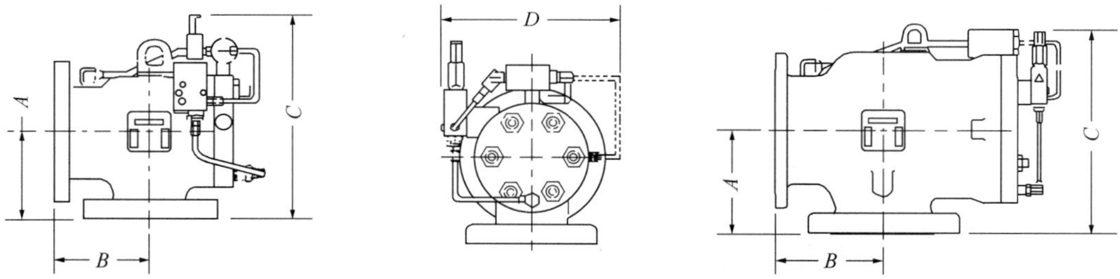

入口法兰	阀门尺寸	基本型式	尺寸/in(mm)				质量/lb(kg)
			A	B	C(最大)	D	
150#	2G3	72705G23	5.12(130)	4.88(124)	15.90(404)	11.87(301)	90(41)
	2H3	72705H23	5.12(130)	4.88(124)	15.90(404)	11.87(301)	90(41)
	2J3	72705J23	5.38(137)	4.88(124)	16.16(420)	11.87(301)	90(41)
	3J4	72705J34	6.12(155)	6.38(162)	16.88(429)	13.64(346)	135(62)
	3K4	72705K34	6.12(155)	6.38(162)	16.88(429)	13.64(346)	135(62)
	3L4	72705L34	6.12(155)	6.50(165)	16.88(429)	13.64(346)	135(62)
	4L6	72705L46	7.00(178)	7.25(184)	17.59(447)	12.47(317)	220(100)
	4M6	72705M46	7.00(178)	7.25(184)	17.59(447)	12.47(317)	220(100)
	4N6	72705N46	7.75(197)	8.25(206)	18.34(466)	12.47(317)	220(100)
	4P6	72705P46	7.12(181)	9.00(229)	17.71(450)	12.47(317)	220(100)
	6Q8	72705Q68	9.44(240)	9.50(241)	19.56(497)	—	350(159)
	6R8	72705R68	9.44(240)	9.50(241)	19.56(497)	—	350(159)
	8T10	72705T80	10.88(276)	11.00(279)	22.50(572)	—	750(340)

续表

入口法兰	阀门尺寸	基本型式	尺寸/in(mm)				质量/lb(kg)
			A	B	C(最大)	D	
300#	2G3	72710G23	5.12(130)	4.88(124)	15.90(404)	11.87(301)	92(42)
	2H3	72710H23	5.12(130)	4.88(124)	15.90(404)	11.87(301)	92(42)
	2J3	72710J23	5.38(137)	4.88(124)	16.16(420)	11.87(301)	92(42)
	3J4	72710J34	6.12(155)	6.38(162)	16.88(429)	13.64(346)	139(64)
	3K4	72710K34	6.12(155)	6.38(162)	16.88(429)	13.64(346)	139(64)
	3L4	72710L34	6.12(155)	6.50(165)	16.88(429)	13.64(346)	139(64)
	4L6	72710L46	7.06(179)	7.12(181)	17.59(447)	12.47(317)	228(103)
	4M6	72710M46	7.00(178)	7.25(184)	17.59(447)	12.47(317)	228(103)
	4N6	72710N46	7.75(197)	8.25(206)	18.34(466)	12.47(317)	228(103)
	4P6	72710P46	8.88(226)	10.00(254)	17.71(450)	12.47(317)	228(103)
	6Q8	72710Q68	9.44(210)	9.50(241)	19.56(497)	—	365(166)
	6R8	72710R68	9.44(240)	9.50(241)	19.56(497)	—	365(166)
	8T10	72710T80	10.88(276)	11.00(279)	22.50(572)	—	770(349)
600#	2G3	72712G23	6.06(154)	6.38(162)	16.84(428)	11.87(301)	93(43)
	2H3	72712H23	6.06(154)	6.38(162)	16.84(428)	11.87(301)	93(43)
	2J3	72712J23	6.06(154)	6.38(162)	16.84(428)	11.87(301)	93(43)
	3J4	72712J34	7.25(184)	7.12(181)	18.01(457)	13.64(346)	141(65)
	3K4	72712K34	7.25(184)	7.12(181)	18.01(457)	13.64(346)	141(65)
	3L4	72712L34	7.25(184)	7.12(181)	18.01(457)	13.64(346)	141(65)
	4L6	72712L46	7.06(179)	8.00(206)	17.59(447)	12.47(317)	235(107)
	4M6	72712M46	7.00(178)	8.00(206)	17.59(447)	12.47(317)	235(107)
	4N6	72712N46	7.75(197)	8.75(222)	18.34(466)	12.47(317)	235(107)
	4P6	72712P46	8.88(226)	10.00(254)	19.46(496)	12.47(317)	235(107)
	6Q8	72712Q68	9.44(240)	9.50(241)	19.62(498)	—	380(172)
	6R8	72712R68	9.44(240)	9.50(241)	19.62(498)	—	380(172)

3. 氮封阀 TANK BLKANKETING REGULATOR SYSTEM

氮封阀是由 Y1 型或 RA 型导阀与变零(TRANS—ZERO)主阀组成。它可自动开启与关闭。它可一次将气体压力从 1.4MPa 减至 25.4mmH_2O。氮封阀用于向储罐内供应气封用气。最适用于芳烃类固定顶储罐顶部充氮。结构与尺寸见表 5-22。

表 5-22 结构与尺寸系列表

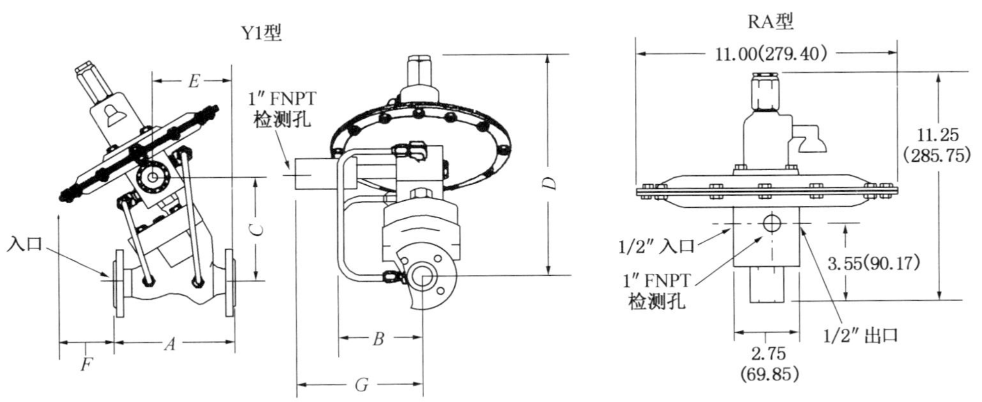

规格尺寸	"A"尺寸①/in(mm)				最大 in(mm)						质量/lb(kg)	
	螺纹连接	法兰			*B*	*C*	*D*	*E*	*F*	*G*	总	单
		150#	300#	600#								
Y1 型												
1″	6.75 (171.45)	7.25 (184.15)	7.75 (196.85)	6.25 (209.55)	5.00 (127.00)	7.38 (187.45)	14.50 (368.30)	5.63 (143.00)	3.65 (92.71)	7.13 (181.10)	39 (17.69)	21 (9.52)
2″	9.25 (234.95)	14.37 (365.00)	14.87 (377.70)	15.62 (396.75)	5.25 (133.35)	10.00 (254.00)	17.00 (431.80)	7.56 (192.02)	2.75 (69.85)	7.13 (181.10)	75 (34.01)	27 (12.25)

① "A"尺寸用于 B16.10 法兰连接的控制阀。

Y1 R 2 1 _ C 1 B 1 Y

基准阀型
- Y1—Y 型，导阀操作
- RA—直接弹簧

作用形式
- R—压力降低

阀的尺寸
- 1—1″
- 2—2″
- 3—1/2″FNPT(仅 RA)

连接
- S—螺纹(内 NPT)
- 1—150#
- 3—300#
- 6—600#
- X—其他(详见订单)

喷嘴
- 1—100%
- 9—10%
- 3—30%
- 5—50%
- 7—70%
- ※ 不应用于 RA 调节器

阀体材料
- C—碳钢
- S—316 不锈钢
- N—碳钢/NACF

主阀内件材料
- 1—标准内件
- 2—316 不锈钢内件(RA 标准)

阀座、密封圈和薄膜材料
- B—丁腈橡胶
- V—氟橡胶
- E—EPR
- X—其他(详见订单)

定压范围
- 1—1/2~1.4inH_2O 6—0.6~1.4psi
- 2—1.2~4inH_2O 7—1.3~3.1psi
- 3—3.5~10inH_2O 8—2.3~3.5psi
- 4—8~18inH_2O 9—3.0~6.0psi
- 5—15~29inH_2O

导阀用过滤器
- Y—用过滤器
- N—不用过滤器

第四节 球　　阀

1. VALVTRON 球阀

VALVTRON 球阀耐高温、高压、腐蚀、磨损。全金属整体阀座，球体表面可根据介质性质、操作条件，有三种硬化处理方法，其硬度可达 Rc70。VALVTRON 有极佳的防火性能和切断性能，气泡级密封，经测定可达零泄漏。VALVTRON 除有全通径、缩径球阀外还有夹套球阀、双球阀、三通球阀。技术条件见表 5-23，结构与尺寸见表 5-24，表 5-25。

VALVTRON 球阀被广泛地应用于高温高压蒸汽和温度急剧变化的管道、超低温管道。更广泛地应用于催化裂化装置的催化剂、油浆系统以及焦化装置的焦炭塔油气管道；真空、超高压管道，启闭频繁的(1000 次/年)管道阀门。也适用于强腐蚀性介质、剧毒、有爆炸危险性(氢气等)等设备或管道阀门。

表 5-23　技术条件

DN		15~600mm	*PN*	150~900 lb
工作温度/℃		-253~1148		
工作压力/MPa		真空~350		
材　料	阀体	碳钢、不锈钢、各种特殊合金		
	阀座	碳钢、不锈钢、各种特殊合金		
	球体	不锈钢，表面有三种处理方法①		
适用介质		高温、高压蒸汽、气体、液体、超低温液体固定颗粒、浆液、强腐蚀性介质等		

① 渗氮/镀镍、铬；高速氧焰喷涂，表面熔融。

表 5-24　全通径球阀结构与尺寸系列　　(in)

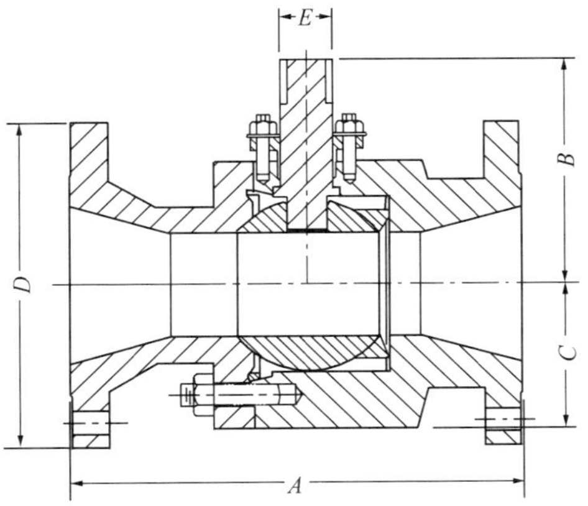

续表

150#

DN	通径	A(RF)	A(RTJ)	B	C	D	E
5	5	15	15½	11¼	6¾	10	2
6	6	15½	16	13½	7½	11	2½
8	8	18	18½	17¼	8½	13½	3
10	10	21	21½	18⅜	10½	16	4
12	12	24	24½	20½	12	19	4½
14	13¼	27	27½	22¾	13¼	21	6
16	15¼	30	30½	26¼	14¾	23½	8
18	17¼	34	34½	31⅜	17	25	9
20	19¼	36	36½	32½	19	27½	10
24	23¼	42	42½	34⅝	20½	32	11

600#

DN	通径	A(RF)	A(RTJ)	B	C	D	E
1/2	1/2	6½	6½	1⅞	1¾	3¾	5/8
3/4	1/2	7½	7½	1⅞	1¾	4⅝	5/8
1	3/4	8½	8½	2⅛	1¾	4⅞	5/8
1½	1	9½	9½	2¾	2 7/16	6⅛	3/4
2	1½	11½	11⅝	4	2¾	6½	1
2½	2	13	13⅛	4⅜	3¼	7½	1
3	2	14	14⅛	4⅜	3¼	8¼	1
4	3	17	17⅛	7⅜	4¾	10¾	1½
5	4	20	20⅛	9⅜	5⅝	13	2
6	4	22	22⅛	9⅜	5⅝	14	2
8	6	26	26⅛	13½	7½	16½	2½
10	8	31	31⅛	17⅛	9⅛	20	3½
12	10	33	33⅛	18⅜	10¾	22	4
14	12	35	35⅛	20½	12¾	23¾	5
16	13¼	39	39⅛	22¾	14	27	6
18	15¼	43	43⅛	26¼	16¼	29¼	8
20	17¼	47	47¼	31⅜	20	32	9
24	19¼	55	55⅜	32½	22⅜	37	10

900#

DN	通径	A(RF)	A(RTJ)	B	C	D	E
1/2	1/2	8½	8½	1⅞	1¾	4¾	5/8
3/4	1/2	9	9	1⅞	1¾	5⅛	5/8
1	3/4	10	10	2⅛	1¾	5⅞	5/8
1½	1	12	12	2¾	2 7/16	7	3/4
2	1½	14½	14⅝	4	2¾	8½	1
2½	2	16½	16⅝	4⅜	3¼	9⅝	1
3	2	15	15⅛	4⅜	3¼	9½	1
4	3	18	18⅛	7⅜	5¼	11½	1½
5	4	22	22⅛	9⅜	5⅝	13¾	2

续表

900#							
DN	通径	*A*(RF)	*A*(RTJ)	*B*	*C*	*D*	*E*
6	4	24	29⅛	9⅜	5⅝	15	2
8	6	29	33⅛	13½	7½	18½	3
10	8	33	38⅛	17¼	9¼	21½	4
12	8	38	40⅞	17¼	9¼	24	4
14	10	40½	44⅞	18⅜	10⅞	25¼	4½
16	12	44½	44⅞	20½	13½	27¾	6
18	13¼	48	48½	22¾	15¼	31	8
20	15¼	52	52½	26¼	17½	33¾	9
24	17¼	61	61¾	31⅜	20¾	41	10

表 5-25　缩径球阀结构与尺寸系列　(in)

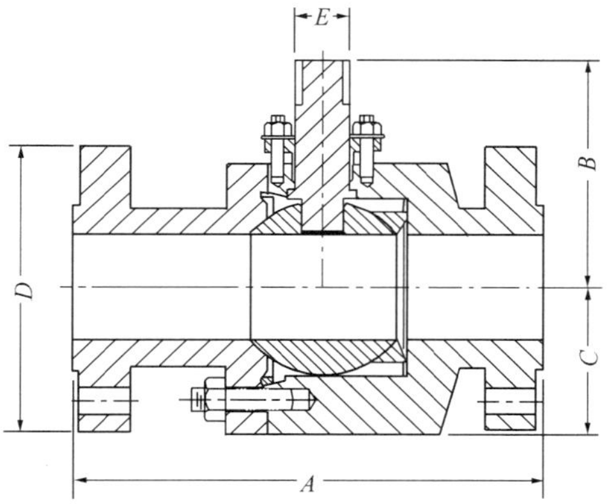

150#							
DN	通径	*A*(RF)	*A*(RTJ)	*B*	*C*	*D*	*E*
1/2	1/2	4¼	4 11/16	1⅞	1¾	3½	5/8
3/4	1/2	4⅝	5⅛	1⅞	1¾	3⅞	5/8
1	3/4	5	5½	2⅛	1¾	4¼	5/8
1½	1	6½	7	2¾	2¼	5	3/4
2	1½	7	7½	4	2¾	6	1
2½	2	11⅛	11⅝	4⅜	3¼	7	1
3	2	8	8½	4⅜	3¼	7½	1
4	3	9	9½	7⅜	4¾	9	1½
5	4	15	15½	9⅜	5	10	2
6	4	15/12	16	9⅜	5	11	2
8	6	18	18½	13½	6¾	13½	2½
10	8	21	21½	17¼	8½	16	3
12	10	24	24½	18⅜	10½	19	4
14	12	30	30½	20½	12	21	5
16	13¼	33	33½	22¾	13¼	23½	6
18	15¼	36	36½	26¼	14¾	25	8
20	17¼	39	39½	31⅜	17	27½	9
24	19¼	45	45½	32½	19	32	10

续表

300$^{\#}$							
DN	通径	*A*(RF)	*A*(RTJ)	*B*	*C*	*D*	*E*
1/2	1/2	$5\frac{1}{2}$	$5\frac{15}{16}$	$1\frac{7}{8}$	$1\frac{3}{4}$	$3\frac{3}{4}$	5/8
3/4	1/2	6	$6\frac{1}{2}$	$7\frac{7}{8}$	$1\frac{3}{4}$	$4\frac{5}{8}$	5/8
1	3/4	$6\frac{1}{2}$	7	$2\frac{1}{8}$	$1\frac{3}{4}$	$4\frac{7}{8}$	5/8
$1\frac{1}{2}$	1	$7\frac{1}{2}$	8	$2\frac{3}{4}$	$2\frac{1}{4}$	$6\frac{1}{8}$	3/4
2	$1\frac{1}{2}$	$8\frac{1}{2}$	$9\frac{1}{8}$	4	$2\frac{3}{4}$	$6\frac{1}{2}$	1
$2\frac{1}{2}$	2	$9\frac{1}{2}$	$10\frac{1}{8}$	$4\frac{3}{8}$	$3\frac{1}{4}$	$8\frac{1}{4}$	1
3	2	$11\frac{1}{8}$	$11\frac{3}{4}$	$4\frac{3}{8}$	$3\frac{1}{4}$	$8\frac{1}{4}$	1
4	3	12	$12\frac{5}{8}$	$7\frac{3}{8}$	$4\frac{3}{4}$	10	$1\frac{1}{2}$
5	4	15	$15\frac{5}{8}$	$9\frac{3}{8}$	5	11	2
6	4	$15\frac{7}{8}$	$16\frac{1}{2}$	$9\frac{3}{8}$	5	$12\frac{1}{2}$	2
8	6	$19\frac{3}{4}$	$20\frac{3}{8}$	$13\frac{1}{2}$	$6\frac{3}{4}$	15	$2\frac{1}{2}$
10	8	$22\frac{3}{8}$	23	$17\frac{1}{4}$	$8\frac{1}{2}$	$17\frac{1}{2}$	3
12	10	$25\frac{1}{2}$	$26\frac{1}{8}$	$18\frac{3}{8}$	$10\frac{1}{2}$	$20\frac{1}{2}$	4
14	12	30	$30\frac{5}{8}$	$20\frac{1}{2}$	12	23	5
16	$13\frac{1}{4}$	33	$33\frac{5}{8}$	$22\frac{3}{4}$	$13\frac{1}{4}$	$25\frac{1}{2}$	6
18	$15\frac{1}{4}$	36	$36\frac{5}{8}$	$26\frac{1}{4}$	$14\frac{3}{4}$	28	8
20	$17\frac{1}{4}$	39	$39\frac{3}{4}$	$31\frac{3}{8}$	17	$30\frac{1}{2}$	9
24	$19\frac{1}{4}$	45	$45\frac{7}{8}$	$32\frac{1}{2}$	19	36	10
1/2	1/2	$5\frac{1}{2}$	$5\frac{15}{16}$	$1\frac{7}{8}$	$1\frac{3}{4}$	$3\frac{3}{4}$	5/8
3/4	3/4	6	$6\frac{1}{2}$	$2\frac{1}{8}$	$1\frac{3}{4}$	$4\frac{5}{8}$	5/8
1	1	$6\frac{1}{2}$	7	$2\frac{3}{4}$	$2\frac{1}{4}$	$4\frac{7}{8}$	3/4
$1\frac{1}{2}$	$1\frac{1}{2}$	$7\frac{1}{2}$	8	4	$2\frac{3}{4}$	$6\frac{1}{8}$	1
2	2	$8\frac{1}{2}$	$9\frac{1}{8}$	$4\frac{3}{8}$	$3\frac{1}{4}$	$6\frac{1}{2}$	1
$2\frac{1}{2}$	$2\frac{1}{2}$	$9\frac{1}{2}$	$10\frac{1}{8}$	$6\frac{3}{4}$	$4\frac{1}{4}$	$7\frac{1}{2}$	$1\frac{1}{2}$
3	3	$11\frac{1}{8}$	$11\frac{3}{4}$	$7\frac{3}{8}$	$4\frac{3}{4}$	$8\frac{1}{4}$	$1\frac{1}{2}$
4	4	12	$12\frac{5}{8}$	$9\frac{3}{8}$	5	10	2
5	5	15	$15\frac{5}{8}$	$11\frac{1}{4}$	$6\frac{3}{4}$	11	2
6	6	$15\frac{7}{8}$	$16\frac{1}{2}$	$13\frac{1}{2}$	$6\frac{3}{4}$	$12\frac{1}{2}$	$2\frac{1}{2}$
8	8	$19\frac{3}{4}$	$20\frac{3}{8}$	$17\frac{1}{4}$	$8\frac{1}{2}$	15	3
10	10	$22\frac{3}{8}$	23	$18\frac{3}{8}$	$10\frac{1}{2}$	$17\frac{1}{2}$	4
12	12	$25\frac{1}{2}$	$26\frac{1}{8}$	$20\frac{1}{2}$	12	$20\frac{1}{2}$	5
14	$13\frac{1}{4}$	30	$30\frac{5}{8}$	$22\frac{3}{4}$	$13\frac{1}{4}$	23	6
16	$15\frac{1}{2}$	33	$33\frac{5}{8}$	$26\frac{1}{4}$	$14\frac{3}{4}$	$25\frac{1}{2}$	8
18	$17\frac{1}{4}$	36	$36\frac{5}{8}$	$31\frac{3}{8}$	17	28	9
20	$19\frac{1}{4}$	39	$39\frac{3}{4}$	$32\frac{1}{2}$	19	$30\frac{1}{2}$	10
24	$23\frac{1}{4}$	45	$45\frac{7}{8}$	$34\frac{5}{8}$	$20\frac{1}{2}$	36	11

600#							
DN	通径	*A*(RF)	*A*(RTJ)	*B*	*C*	*D*	*E*
1/2	1/2	6½	6½	1⅞	1¾	3¾	5/8
3/4	3/4	7½	7½	2⅛	1¾	4⅝	5/8
1	1	8½	8½	2¾	2 7/16	4⅞	3/4
1½	1½	9½	9½	4	2¾	6⅛	1
2	2	11½	11⅝	4⅜	3¼	6½	1
2½	2½	13	13⅛	6¾	4¼	7½	1½
3	3	14	14⅛	7⅜	4¾	8¼	1½
4	4	17	17⅛	9⅜	5⅝	10¾	2
5	5	20	20⅛	11¼	6¾	13	2
6	6	22	22⅛	13½	7½	14	2½
8	8	26	26⅛	17¼	9⅛	16½	3½
10	10	31	31⅛	18⅜	10¾	20	4
12	12	33	33⅛	20½	12¾	22	5
14	13¼	35	35⅛	22¾	14	23¾	6
16	15¼	39	39⅛	26¼	16¼	27	8
18	17¼	43	43⅛	31⅜	20	29¼	9
20	19¼	47	47¼	32½	22⅜	32	10
24	23¼	55	55⅜	34⅝	24½	37	11

900#							
DN	通径	*A*(RF)	*A*(RTJ)	*B*	*C*	*D*	*E*
1/2	1/2	8½	8½	1⅞	1¾	4¾	5/8
3/4	3/4	9	9	2⅛	1¾	5⅛	5/8
1	1	10	10	2¾	2⅛	5⅞	3/4
1½	1½	12	12	4	2¾	7	1
2	2	14½	14⅝	4⅜	3¼	8½	1
2½	2½	16½	16⅝	6¾	4¼	9⅝	1½
3	3	15	15⅛	7⅜	5¼	9½	1½
4	4	18	18⅛	9⅜	5⅝	11½	2
5	5	22	22⅛	11¼	7	13¾	2½
6	6	24	24⅛	13½	7½	15	3
8	8	29	29⅛	17¼	9¼	18½	4
10	10	33	33⅛	18⅜	10⅞	21½	4½
12	10	38	38⅛	18⅜	10⅞	24	4½
14	12	40½	40⅝	20½	13½	25¼	6
16	13¼	44½	44⅝	22¾	15¼	25¾	8
18	15¼	48	48½	26¼	17½	31	9
20	17¼	52	52½	31⅜	20¾	33¾	10
24	19¼	61	61¾	32½	23⅝	41	11

2. 球阀 F382

F382 系三片式、缩径、浮动球球阀，适用于许多工业领域的水、石油、气体和化工工艺介质。三片式设计，允许中心阀体与两端分离，可快速和容易维修。F382 有碳钢和不锈钢阀两种，可根据介质性质、操作条件选用。F382 可装配气动或电动执行机构。规格、性能见表 5-26、表 5-27、图 5-5、图 5-6。

表 5-26　F382 *DN*8～40 球阀结构与尺寸系列

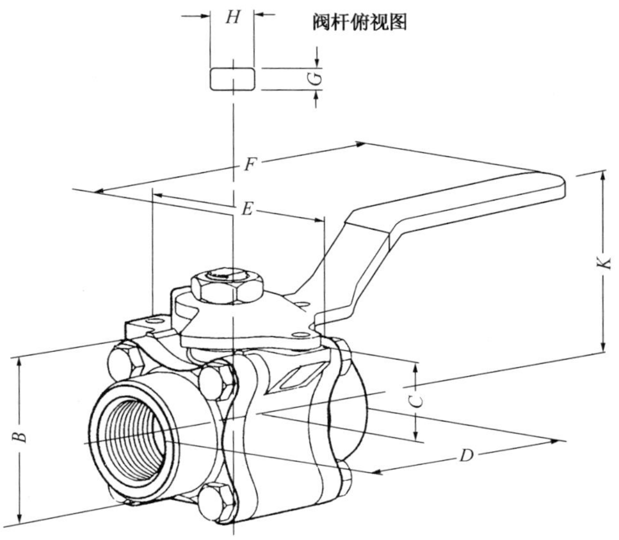

端部连接和标准

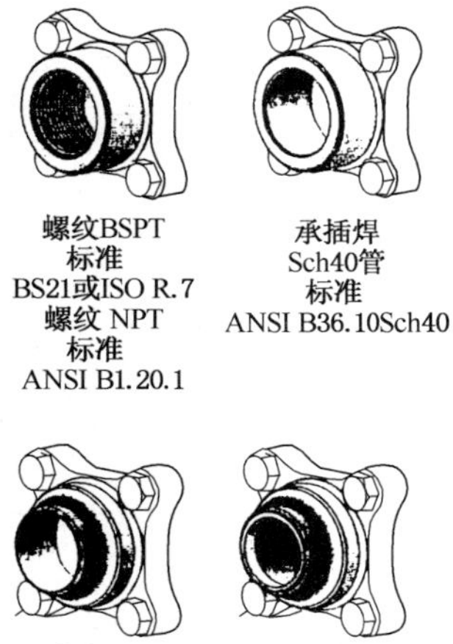

DN/mm	通径/mm	阀杆连接代号	尺寸/mm							顶板数据			质量/kg	K_v
			B	C	D	E	F	K	H×G/in	PCD/mm	孔数	孔径/mm		
8	11.1	A	45	23	67	68	135	52	3/8×1/4	56	2	7	0.6	15.1
10	11.1	A	45	23	67	68	135	52	3/8×1/4	56	2	7	0.6	15.1
15	13.6	A	50	25	73	72	135	55	3/8×1/4	60	2	7	0.8	15.1
20	19.0	B	61	32	95	83	160	65	9/16×3/8	71	2	7	1.4	30.3
25	25.0	B	68	35	108	89	160	68	9/16×3/8	77	2	7	2.2	54.4
32	31.5	B	80	41	116	97	200	79	9/16×3/8	85	4	7	2.8	93.4
40	38.2	B	88	45	128	113	200	83	9/16×3/8	101	4	7	3.9	146.1

表 5-27　F382 *DN*50～80 球阀结构与尺寸系列

DN/mm	通径/mm	阀杆连接代号	尺寸/mm									顶板数据			质量/kg	K_v
			B	C	D	E	F	J	J_1	K	H×G/in	PCD/mm	孔数	孔径/mm		
50	52.5	BAD	140	100	143	80	300	150	258	150	3/4×1/2	83	4	11	8.4	286
65	63.5	BAE	163	114	171	80	380	190	332	181	7/8×5/8	83	4	11	13.5	401
80	76.2	CAE	201	125	209	114	480	240	432	192	7/8×5/8	127	4	13	23.7	542

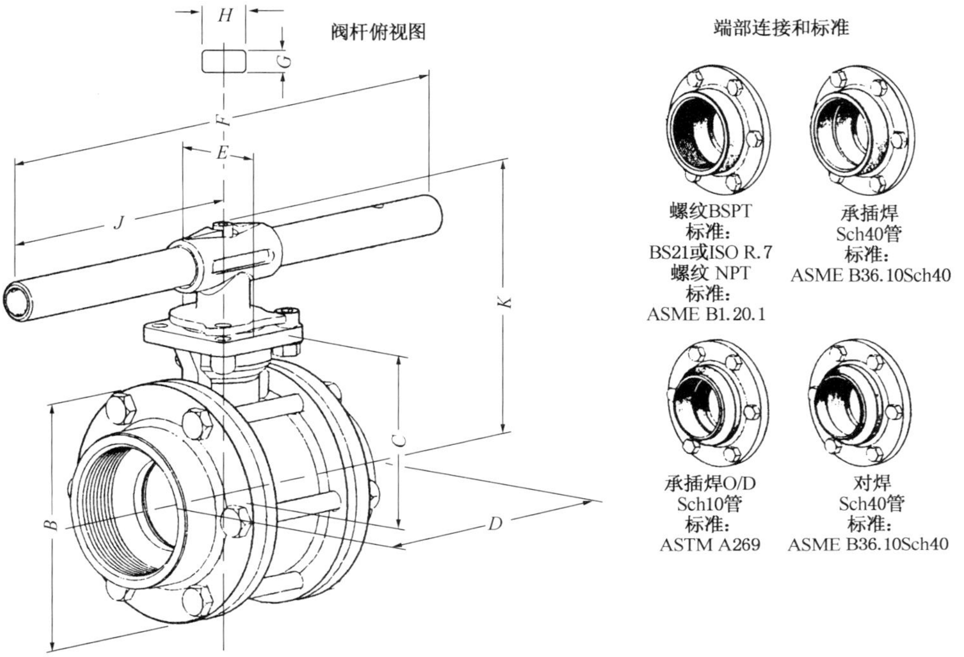

注：K_v 为 20℃水，阀门全开，在压降 0.1MPa 时通过的每小时风量(m^3/h)。$C_v = 1.155K_v$。

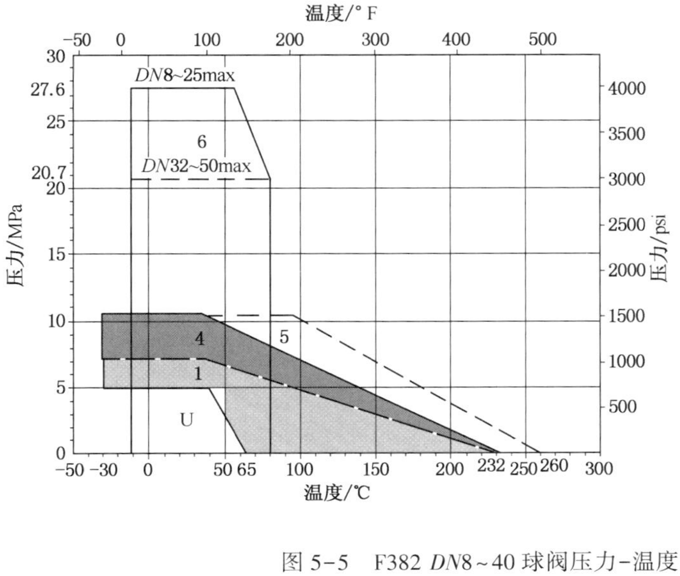

图 5-5 F382 DN8~40 球阀压力-温度曲线

1—纯 PTFE；4—玻璃加强 PTFE；5—石墨加强 PTFE；6—Delrin AF；U—UHMWPE

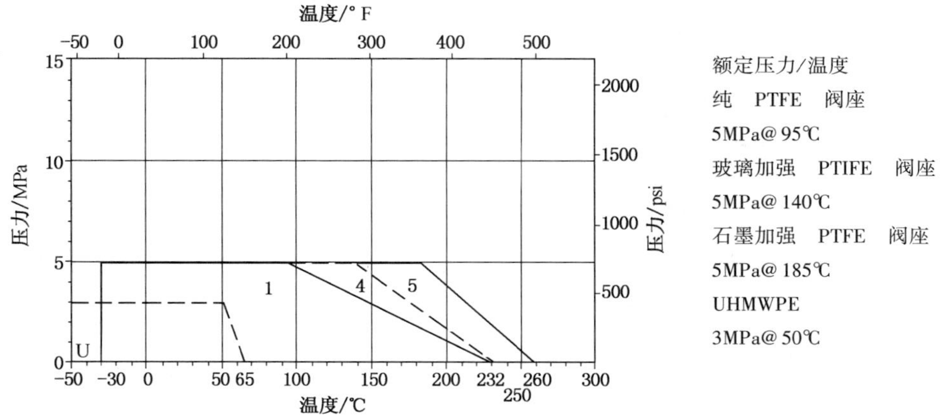

图 5-6 F382 *DN*50~80 球阀压力-温度曲线

1—纯 PTFE；4—玻璃加强 PTFE；5—石墨加强 PTFE；U—UHMWPE

3. 球阀 F384

F384 是火灾安全和防静电的三片或缩径球阀。是石油化工和易挥发性物质加工工业的理想阀门。

F834 球阀，在燃料和气体或化学物质加工的危险场所应用，是符合安全需要，也是必须遵守的准则。F384 有碳钢阀和不锈钢阀两种，可根据介质性质，操作条件选用。

F384 可装配气动或电动执行机构。结构尺寸见表 5-28，额定压力—温度曲线见图 5-7。

表 5-28 F384 球阀结构与尺寸系列

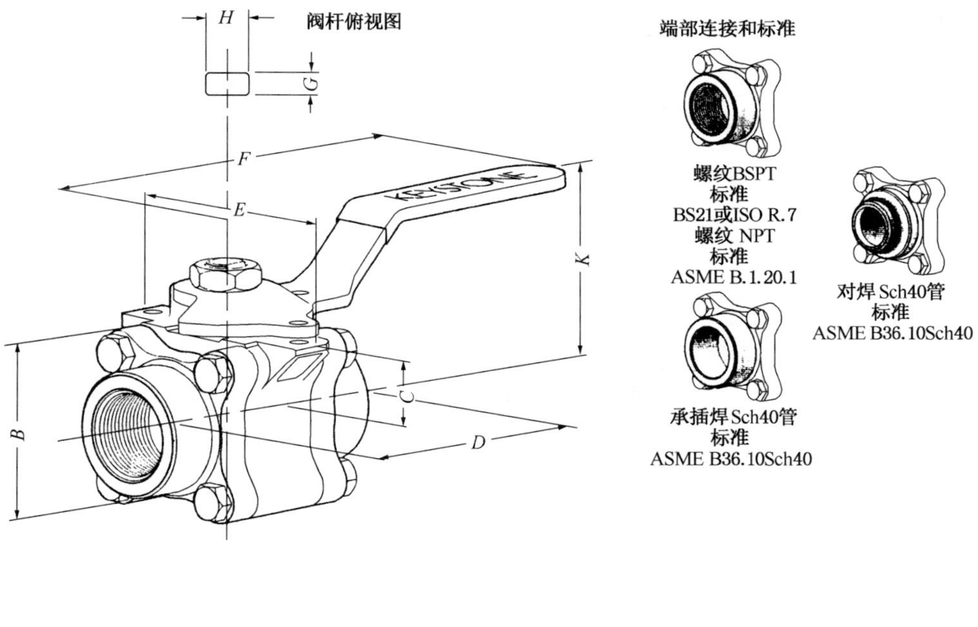

续表

DN/mm	通径/mm	阀杆连接代号	尺寸/mm							顶板数据			质量/kg	K_v
			B	C	D	E	F	K	H×G/in	PCD/mm	孔数	孔径/mm		
8	10.0	A	48	24	67	68	135	53	3/8×1/4	56	2	7	0.76	5.6
10	10.0	A	48	24	67	68	135	53	3/8×1/4	56	2	7	0.76	5.6
15	10.0	A	48	24	67	68	135	53	3/8×1/4	56	2	7	0.76	5.6
20	12.5	A	52	27	73	72	135	55	3/8×1/4	60	2	7	0.93	8.9
25	17.7	B	63	32	95	83	160	67	9/16×3/8	71	2	7	1.65	18.3
32	23.0	B	69	35	108	89	160	76	9/16×3/8	77	2	7	2.50	31.7
40	29.8	B	80	41	116	97	200	79	9/16×3/8	85	4	7	3.19	57.2
50	36.5	D	96	49	128	113	200	91	3/4×1/2	101	4	7	4.77	92.4

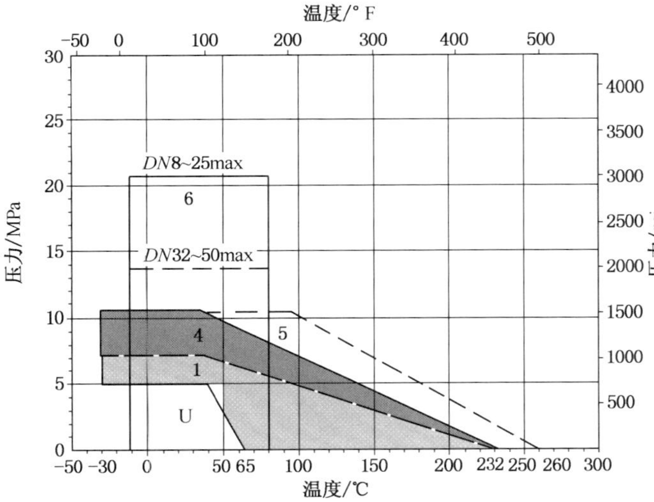

额定压力/温度
纯 PTFE 阀座
7MPa@ 40℃
玻璃加强 PTFE 阀座
10.3MPa@ 40℃
石墨加强 PTFE 阀座
10.3MPa@ 100℃
Delrin 阀座
8~25mm 27.6MPa@ 58℃
32~50mm 20.7MPa@ 80℃
UHMWPE 阀座
5MPa@ 40℃

图 5-7 F384 球阀压力-温度曲线

1—纯 PTFE；4—玻璃加强 PTFE；5—石墨加强 PTFE；6—Delrin AF；U—UHMWPE

4. 球阀 F344(150#)、F345(300#)

F344、F345 是 RICHARDS 火灾安全和防静电的 ASME ISD 300 缩径、整体式双法兰球阀。是专门为石油和气体加工设计的，广泛应用于炼油厂和化工厂的油品、油气或可燃液体的管道。F344、F345 是根据 BS5351 设计的，也可根据需要提供符合 NACE MR-01-75 的阀门。火焰试验按 BS 6755 第 2 部分和 ARI607。法兰按照 ASME B16.5。F344、F345 有碳钢和不锈钢阀两种，可根据介质性质和操作条件选用。F344 可装配气动或电动执行机构。性能与结构尺寸见表 5-29、图 5-8、图 5-9。

表 5-29　F344（150#）、F345（300#）球阀结构尺寸系列

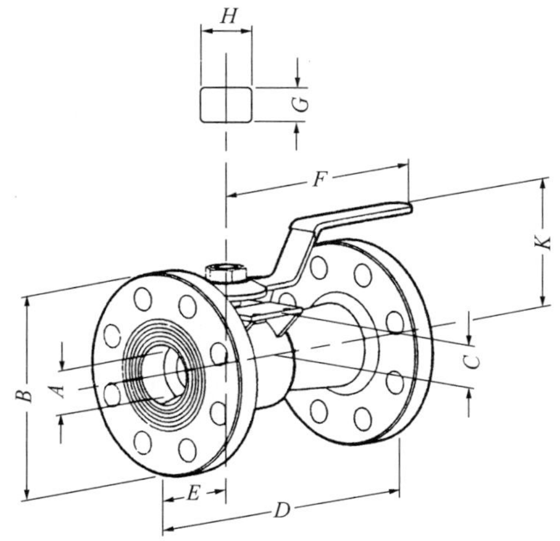

15~50mm

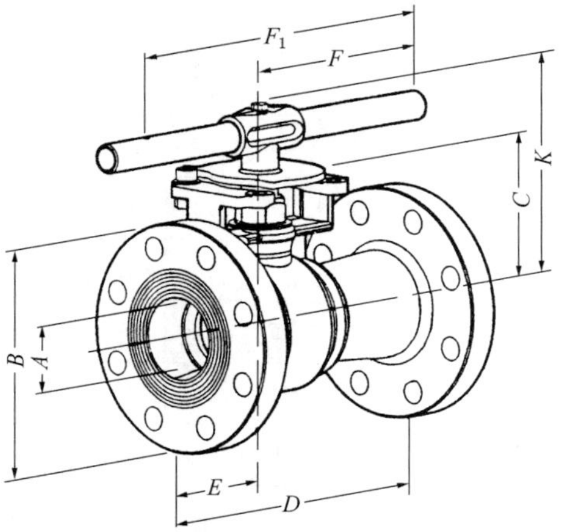

80~150mm(F345)
80~200mm(F344)

DN/mm	阀杆连接代号	通径/mm	尺寸/mm								顶板数据			质量/kg	K_v
			B	C	D	E	F	F_1	K	H×G/in	PCD/mm	孔数	孔径/mm		
15	A	10. 0	89	24	108	48	138	—	100	3/8 UNF×1/4	56	2	7	2	7
20	A	12. 5	99	27	117	56	138	—	102	3/8 UNF×1/4	60	2	7	2. 5	11
25	B	17. 7	108	32	127	48	175	—	106	9/16 UNF×3/8	71	2	7	3	23
40	B	29. 8	127	41	165	61	210	—	120	9/16 UNF×3/8	85×28	4	7	6	70
50	D	36. 5	152	49	178	68	210	—	130	3/4 UNF×1/2	101×34	4	7	7. 5	112
80	CAE	61. 0	190	132	203	100	185	321	203	7/8×5/8	90×90	4	13	19	320
100	CAE	75. 5	229	144	229	104	228	407	215	7/8×5/8	90×90	4	13	29	440
150	CAF	99. 0	279	188	267	132	330	600	267	ϕ11/8	90×90	4	13	51	720
200	CAF	145. 0	343	223	292	161	330	600	301	ϕ11/8	90×90	4	13	95	1470

注：F345 没有 *DN*200 阀。

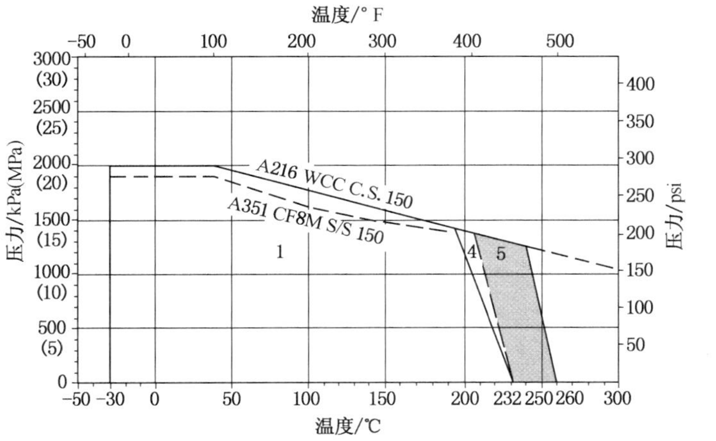

额定压力/温度
纯 PTFE 阀座
碳 钢：2000kPa/20 bar max.
：232℃ max.
不锈钢：1900kPa/19 bar max.
：232℃ max.
玻璃加强 PTFE 阀座
碳 钢：2000kPa/20 bar max.
：232℃ max.
不锈钢：1900kPa/19 bar max.
：232℃ max.
石墨加强 PTFE 阀座
碳 钢：2000kPa/20 bar max.
：260℃ max.
不锈钢：1900kPa/19 bar max.
：260℃ max.

图 5-8 F344 压力-温度曲线

1—纯 PTFE＊；4—玻璃加强 PTFE；5—石墨加强 PTFE

注：用于火灾安全阀门

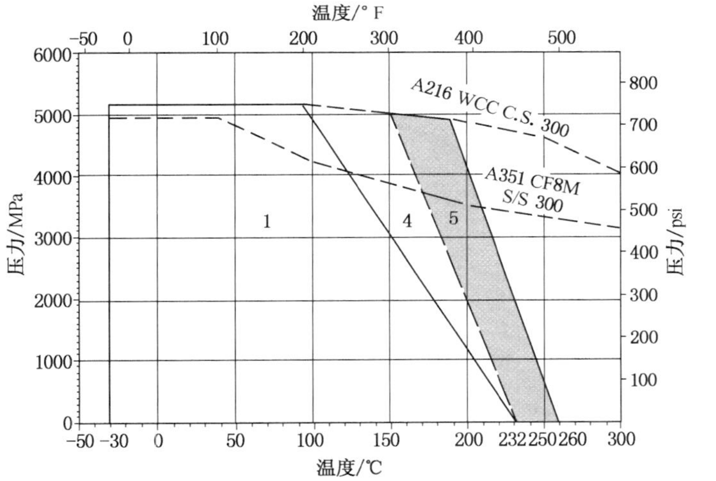

额定压力/温度
纯 PTFE 阀座
碳 钢：5170kPa/51.7 bar max.
：232℃ max.
不锈钢：4960kPa/49.6 bar max.
：232℃ max.
玻璃加强 PTFE 阀座
碳 钢：5170kPa/51.7 bar max.
：232℃ max.
不锈钢：4960kPa/49.6 bar max.
：232℃ max.
石墨加强 PTFE 阀座
碳 钢：5170kPa/51.7 bar max.
：260℃ max.
不锈钢：4960kPa/49.6 bar max.
：260℃ max.

图 5-9 F345 压力-温度曲线

1—纯 PTFE＊；4—玻璃加强 PTFE；5—石墨加强 PTFE

注：用于火灾安全阀门

5. RICHARDS 球阀

RICHARDS 球阀广泛用于石油、化工及其他工业领域的油、气、蒸汽和水等介质。阀的尺寸由 *DN*8~450(mm)、压力等级为 150~1500 lb、适用温度-191~300℃，其材料和类型有青铜球阀(15、61、62 系列)、铸铁球阀(11、35 系列)和碳钢与不锈钢球阀(11、14、22、32、33、35、41、43、51、65、92、94 系列等)，此外尚有低温冷冻系统球阀和高温金属密封球阀、蒸汽夹套阀等。而且多数是抗静电、火灾安全型，利于石化企业的生产安全。

RICHARDS 球阀的设计和制造系按照 BS 5351 标准，与 API-6D 一致。其火灾安全按 BS

5146/5351 和 BS 6755 第 2 部分/API 607 第 3 版双向试验。

本手册仅就石油化工常用球阀简介如下：

（1）Richards 11 系列

本系列为缩径整体式抗静电、火灾安全型浮动球球阀，符合 B. S. 5351 火灾安全和 B. S. 6755 第 2 部分/API 607 标准并具有 Richards 专利的加强阀座和阀杆密封。最适合于烃类环境和加工过程。抗静电装置是预防静电在阀内集聚，以利易挥发物质的操作安全。

本系列的标准设计是以阀的双面切断和泄放为特征。它可预防阀体腔内因热胀而产生的危险的超压。本系列既满足壳牌公司 MESC 标准，也满足 A. G. A 中批准的 150 和 300 要求。若改变本系列的阀体、阀座等材料，即可做为低温冷冻阀，适用于最低温度-190℃；若改为金属密封，即可做为高温阀，适用于最高温度 540℃，并耐腐蚀。性能与结构尺寸见图 5-10、表 5-30。

为了减少大阀或附件的操作用力，一般超过下面条件的，应考虑使用齿轮操纵器。

*DN*100	5MPa,	*DN*250	0.7MPa,
*DN*150	0.7MPa,	*DN*300	0.7MPa。
*DN*200	0.7MPa,		

根据需要亦可采用液压、气动或电动执行机构，见表 5-31。

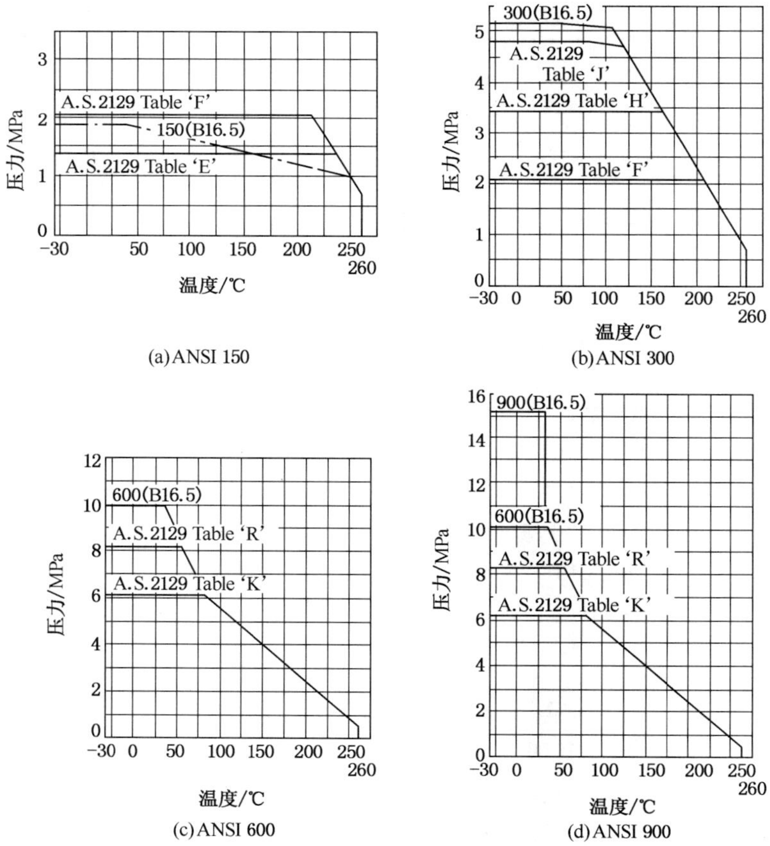

图 5-10　Richards 11 系列球阀压力-温度曲线

表 5-30　Richards 11 系列结构尺寸

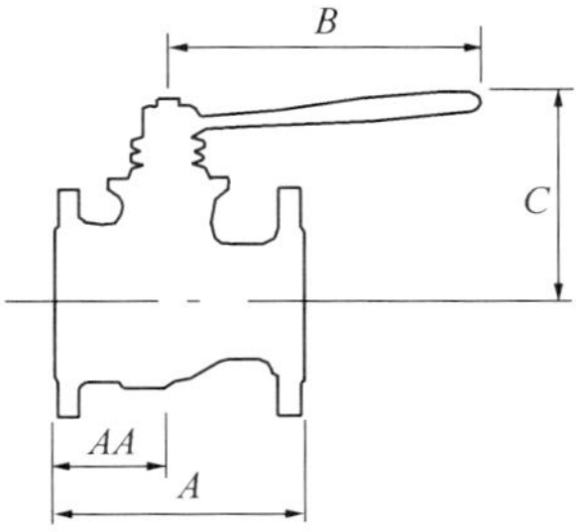

150#

DN/mm	通径/mm	尺寸/mm			
		A	AA	B	C
15	10	108	54	115	60
20	13	117	58	140	90
25	19	127	64	140	102
40	32	165	83	225	129
50	38	178	89	275	144
65	51	190	89	275	153
80	58	203	92	387	180
100	76	229	105	387	200
150	111	267	120	820	250
200	144	292	146	1100	330

300#

DN/mm	通径/mm	尺寸/mm			
		A	AA	B	C
15	10	140	54	115	60
20	13	152	58	140	90
25	19	165	64	140	102
40	32	190	83	225	129
50	38	216	89	275	144
80	58	283	92	800	180
100	76	305	105	800	200
150	111	403	120	1800	250
200	144	419	146	1800	330

600#

DN/mm	通径/mm	尺寸/mm			
		A	AA	B	C
25	19	216	64	140	102
40	32	241	83	175	129
50	38	292	89	220	144
80	58	356	110	500	245
100	76	432	130	600	255

900#

DN/mm	通径/mm	尺寸/mm			
		A	AA	B	C
25	19	254	90	140	102
40	32	305	103	225	129
50	38	368	125	400	144
80	58	381	130	800	245
100	76	457	150	2000	255

表 5-31 Richards 11 系列齿轮传动操纵器结构尺寸

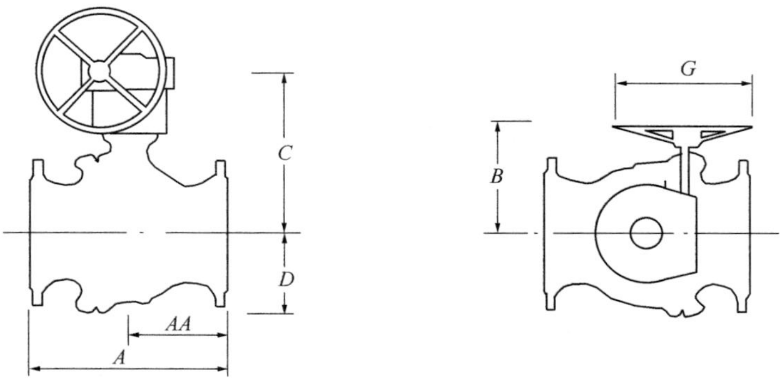

125#，150#

DN/mm	通径/mm	尺寸/mm						Operator
		A	AA	B	C	D	G	
100	76	229	105	283	314	115	305	LEVER
150	111	267	118	283	360	140	305	LEVER
200	144	292	146	283	400	172	305	GBSB

600#

DN/mm	通径/mm	尺寸/mm						Operator
		A	AA	B	C	D	G	
100	76	432	130	283	287	136	200	GBSB
150	111	559	150	340	393	165	450	$GBSD_1$
200	144	660	200	378	460	278	610	$GBSE_1$

300#

DN/mm	通径/mm	尺寸/mm						Operator
		A	AA	B	C	D	G	
100	76	305	105	283	314	125	305	LEVER
150	111	403	118	340	373	159	450	LEVER
200	144	419	146	340	413	190	450	GBSD

900#

DN/mm	通径/mm	尺寸/mm						Operator
		A	AA	B	C	D	G	
100	76	457	150	340	351	146	450	$GBSD_1$
150	111	610	170	340	393	190	450	$GBSD_1$
200	144	737	200	378	460	235	610	$BGSE_1$

（2）Richards 92 系列

Richards 全通径两片式浮动球球阀设计符合 B. S. 5351 标准，火灾安全符合 B. S. 6755 第 2 部分/API 607。并具有专利的加强阀座和阀杆密封。其抗静电装置是预防静电在阀体内集聚以利易挥发物质的操作安全。

所有的阀门都有预防阀体腔内因热胀而产生危险的超压泄放装置。

标准设计的特征是双面切断和泄放并有辅助的阀体密封措施。通常建议免修阀门。可采用法兰和对焊连接。若改变本系列的阀体、阀座等材料，即可做为低温冷冻阀，适用于最低温度-190℃；若改为金属密封，即可做为高温阀，适用于最高温度 540℃，并耐腐蚀。

92 系列结构尺寸见表 5-32，压力-温度特性见图 5-11。

表 5-32 Richards 92 系列结构尺寸表

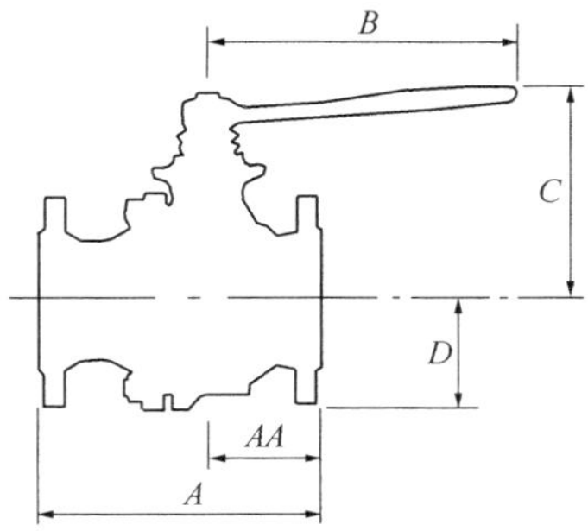

125#

DN/mm	通径/mm	尺寸/mm				
		A	AA	B	C	D
50	51	203	78	275	154	71
65	58	222	90	387	185	82
80	76	241	98	387	200	100
100	102	305	152	820	247	135
150	152	394	197	1100	330	175
200	203	457	229	—	370	215
250	254	533	267	—	430	265
300	305	610	305	—	460	300

300#

DN/mm	通径/mm	尺寸/mm				
		A	AA	B	C	D
25	25	165	76	140	114	46
40	38	190	76	275	144	64
50	51	216	92	387	165	87
80	76	283	133	500	200	105
100	102	305	153	1200	247	140
150	152	403	202	2700	330	178
200	203	502	251	—	370	222
250	254	568	284	—	430	280

150#

DN/mm	通径/mm	尺寸/mm				
		A	AA	B	C	D
25	25	127	48	140	114	46
40	38	165	70	275	144	60
50	51	203	78	275	154	71
65	58	222	90	387	185	82
80	76	241	98	387	200	100
100	102	305	152	820	247	135
150	152	394	197	2000	330	175
200	203	457	229	—	370	215
250	254	533	267	—	430	265
300	305	610	305	—	460	300

600#

DN/mm	通径/mm	尺寸/mm				
		A	AA	B	C	D
25	25	216	100	225	114	60
40	38	241	110	400	144	80
50	58	292	146	600	190	100
80	76	356	178	1200	270	125
100	111	432	216	2000	350	155
150	152	559	280	—	—	—

为了减少大阀或附件的操作用力。一般超过下面的条件应考虑使用齿轮传动操纵器，操纵器系列尺寸见表 5-33。

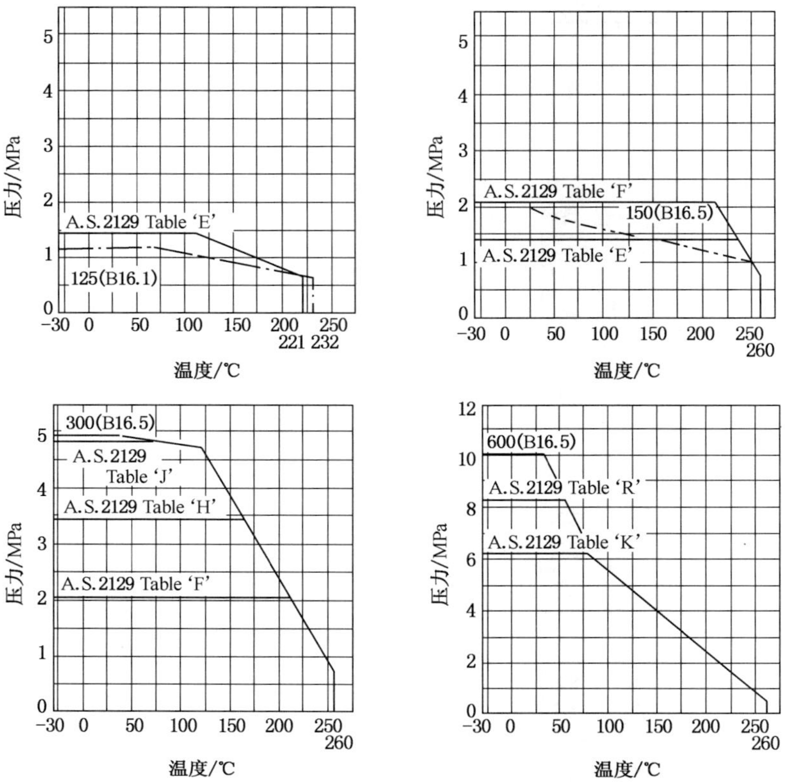

图 5-11 Richards 92 系列额定压力-温度曲线

*DN*100mm 5MPa， *DN*150 0.7MPa， *DN*200 0.7MPa，

*DN*250 0.7MPa， *DN*300 0.7MPa

（3）Richards 43 系列球阀 150、300、600、900、1500 lb

Richards 领导创新球阀设计，采用三片式双支耳（Double Trunnion）组装的 43 系列球阀，其结构简单。

表 5-33 齿轮传动操纵器系列尺寸

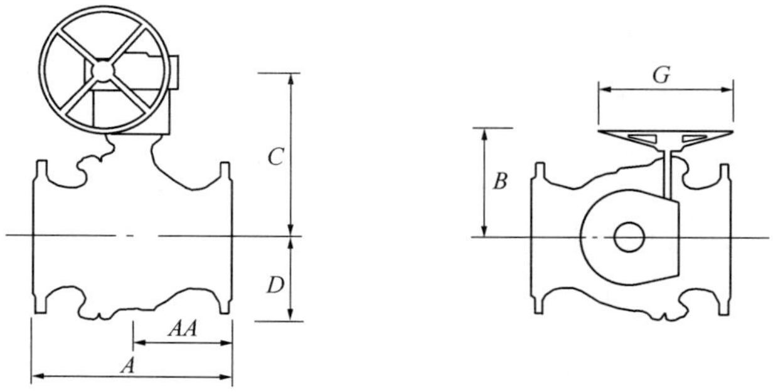

Richards 92 系列　125#和 150#

DN/mm	通径/mm	尺寸/mm						Operator
		A	AA	B	C	D	G	
50	51	203	78	283	273	71	305	LEVER
65	60	222	90	283	295	82	305	LEVER
80	76	241	98	283	314	100	305	LEVER
100	102	305	152	283	358	135	305	LEVER
150	152	394	197	283	410	175	305	GBSB
200	203	457	229	340	488	215	457	GBSD
250	254	533	267	340	533	265	457	GBSD
300	305	610	305	378	578	300	610	GBSE

Richards 92 系列　300#

DN/mm	通径/mm	尺寸/mm						Operator
		A	AA	B	C	D	G	
25	25	165	76	—	—	46	—	—
40	38	190	76	283	213	64	305	LEVER
50	51	216	92	283	295	87	305	LEVER
80	76	283	133	283	314	105	305	LEVER
100	102	305	153	283	358	140	305	GBSB
150	152	403	202	378	433	178	610	GBSD
200	203	502	251	378	498	223	610	GBSE
250	254	568	284	378	543	280	610	GBSF

Richards 92 系列　600#

DN/mm	通径/mm	尺寸/mm						Operator
		A	AA	B	C	D	G	
50	58	292	146	283	248	100	305	LEVER
80	76	356	178	283	288	125	305	LEVER
100	111	432	216	340	393	155	457	LEVER
150	152	559	280	—	—	195	—	—

使用 Richards 建立的设计方法和独特的支耳(Trunion)有经考验的“K”保险防火密封。我们可给石油和气体、长输管道和一切工业领域提供优质、价廉的产品。

43 系列可提供全通径 *DN*50~450 和缩径 *DN*50~500 的碳钢或不锈钢球阀。

所有阀的制造都符合 B. S. 5351 和 API6D，火灾安全符合 B. S. 6755 和 API607。

标准加强密封结构适应于双面切断和泄放，阀座和阀杆采用紧急密封剂注入结构和排液塞。

可采用法兰或对焊连接。

若改变本系列的阀体、阀座等材料，即可做为低温冷冻阀，适用于最低温度-190℃；若改为金属密封，即可做为高温阀，适用于最高温度 540℃有磨损系统，并耐腐蚀。

第五节　其他阀门

1. KEYSTONE-YARWAY 公司的蒸汽疏水阀

KEYSTONE-YARWAY 公司的蒸汽疏水阀按应用分为：

(1) 蒸汽输送管道及蒸汽伴热管道疏水应用；

(2) 工艺系统用汽及工艺设备疏水应用；

(3) 中、高压过热蒸汽疏水应用。

在产品种类上，能为用户提供：

● Unibody(统一阀体)系列疏水阀——不用从管道上拆卸，仅需选用或更换五种类型的工作组件即可成为：

* 711/721“蒸汽零泄漏”圆盘式疏水阀
* 731/741“可变节流孔”脉冲式疏水阀
* 746 型孔板式疏水阀
* 751/761 型“FTE”热静力式疏水阀
* 790/795 型“倒吊桶”机械式疏水阀

● 双金属片疏水阀系列

TL IATY MP HP ABL SP 型疏水阀

● 脉冲式疏水阀系列

60Y、60R、460、515、C-250、C-260、C-500、546 型疏水阀

● “圆盘式”热动力疏水阀系列

29、29A、129Y、29S

● 40、40D 型杠杆式疏水阀
● 151、152 型双作用疏水阀
● YFT30 型杠杆浮球式疏水阀
● GS-1 波纹管式疏水阀
● CM-4(200)型膜盒式疏水阀
● TRACE MATE 热静力式疏水阀
● PB 型“FTE”热静力式疏水阀
● 蒸汽系统辅机-排污阀、膨胀节、过滤器
● 65 型蒸汽凝结水自动回收泵
● AV-5 型自动排空气阀

2. Yarway 的产品质量系统

Yarway 公司严格的产品质量保证体系，使其蒸汽疏水阀产品符合下列多种严格的质量规范要求：

● 蒸汽疏水阀的性能试验和规范符合美国 ASME PTC-39.1 的要求。
● 蒸汽疏水阀试验通过 ISO 7841 和 784 标准认证。
● NCR 10CFR 第五部分，附录“B”和 10CFR21。
● ASME Ⅲ第一部分核电厂辅机规范。
● ASME N45、Z. Q. A 核电厂设计规范。
● 美国军工规范 MIL-Q-9858AS、MIL-1-45208A 和 MIL STD-45662。

3. Yarway 产品的质量认证

● Yarway 已经取得 ISO 9001 全面的认证，这意味着 Yarway 蒸汽疏水阀的设计和生产附合当今世界的最高标准要求，保证了它能在世界范围内提供高质量标准的产品。

● “Partners in Quality”使 Yarway 将它的质量保证延伸到与供货商的通力合作及为用户提供全面的产品技术服务。

● Yarway 已取得了 TUV 国际认证。

4. YARWAY 蒸汽疏水阀的选择(见表 5-34)

表 5-34　YARWAY 蒸汽疏水阀选择表

推荐选用■

蒸汽疏水阀应用工况	热动力式										热静力式										机械式	
型号 / 应用	29	746	711 721 (HP)	60Y/ 60R	731 741	40 40D	460 515	C250 C260	C500	546	PB	GS-1 CM-4	TRACE MATE	AV5	TL IATY	ABL	SP	HP MP	761 751 (HP)	151 152	I/B	F&T
仪表蒸汽伴热											■	■	■		■							
管道蒸汽伴热																						
• 高温冷凝水一旦形成马上排出	■	■	■		■						■								■			
• 低温过冷冷凝水排出											■	■	■		■				■			
蒸汽供汽管道(疏水) 蒸汽供汽干管，减压站，带坡管道的低点，补偿器等																						
• 高压 >600psi (42bar)							■	■	■	■								■				
• 中压 300~600psi (21~42bar)	■	■	■		■		■				■							■	■			
• 低压 <300psi (21bar)	■	■	■		■						■				■						■	
工艺用蒸汽加热设备																						
• 消毒器类疏水	■		■	■	■						■				■				■	■	■	■
工艺用蒸汽加热设备																						
• 消毒器类疏水	■		■	■	■						■				■				■	■	■	■
• 提升式和虹吸式类疏水				■	■	■																
• 各种类疏水	■	■	■	■	■	■																
• 蒸汽烫衣机和混辗机类疏水	■		■	■	■	■					■								■	■	■	■
• 流量变化较大的工况和换热器疏水				■	■	■		■								■	■			■		■
• 重力式疏水(锅，双夹套)				■	■	■					■								■	■		■

续表

蒸汽疏水阀应用工况	热动力式										热静力式										机械式	
型号 应用	29	746	711 721 (HP)	60Y/ 60R	731 741	40 40D	460 515	C250 C260	C500	546	PB	GS-1 CM-4	TRACE MATE	AV5	TL IATY	ABL	SP	HP MP	761 751 (HP)	151 152	I/B	F&T
汽轮机排放																						
•供汽管																						
•排汽管																						
空气放空																						

5. 常用 YARWAY 蒸汽疏水阀

一般性能见表 5-35。重点介绍 711、721 型和 40、40D 型。

表 5-35 常用 YARWAY 蒸汽疏水阀一览表

	产品型号	适用温度/压力范围 psig,°F(bar,℃)	允许背压值 (入口压力百分比,绝压)	接口尺寸 (DN)/in	特 点
蒸汽管蒸汽伴热疏水用	711/721 和 711/721HP 圆盘式	600# 10~600psig,750°F (0.7~41bar,400℃)	80%	3/8;1/2;3/4;1″ (DN10, 15, 20, 25)	蒸汽泄漏量为 0,尺寸紧凑,高效节能圆盘式疏水器,适用于蒸汽伴热管和蒸汽管道的疏水。可在管道上直接更换动作部件,便于维修
蒸汽加热设备疏水用	YFT30 杠杆浮球式	1~125psig,353°F (8.5bar,180℃)	99%	3/4;1;11/4;11/2 2;21/2;3″ (DN20~80)	杠杆浮球式疏水阀,带有热静力式排气装置,可适用于低压差,高负荷工况
	40D 杠杆式	600# 5~600psig,750°F (0.34~41bar,400℃)	40%	1/2;3/4;1″ (DN15,20,25)	杠杆式疏水阀,动作反应极为灵敏,工艺大排量应用,可适应于冷凝水负荷高至 50000kg/h 的疏水工况
	40D 杠杆式	600# 20~600psig,750°F (1.38~41bar,400℃)	40%	11/2;2;3″ (DN40,50,80)	
	ABL414 和 ABL514 双金属片式	600# 1.5~200psig,750°F (0.1~14bar,400℃)	99%	414-1½″ (DN40) 514-2″(DN50)	适合在大排量的冷凝水载荷及需排放大量空气,和含其他液体、固体杂质的工况中应用。操作平稳无噪声,排量及过冷度均可调节。 ABL 型内置止回阀
	ABL425 和 ABL525 双金属片式	600# 15~360psig,750°F (1~25bar,400℃)	99%	425-1½″ (DN40) 525-2″(DN50)	
	ABL440 双金属片式	600# 90~580psig,750°F (6~40bar,400℃)	99%	1½″(DN40)	
	SP80 和 SP100 双金属片式	300# 1~300psig,750°F (0.07~21bar,400℃) 300 lb 法兰连接 150 lb 可选法兰连接	99%	80-3″(DN80) 100-4″(DN100)	

	产品型号	适用温度/压力范围 psig，℉(bar，℃)	允许背压值（入口压力百分比，绝压）	接口尺寸 (DN)/in	特　　点
蒸汽加热设备疏水用	60Y 60R 脉冲式	600# 600psig，750℉ (40bar，400℃)	25%	1/2；3/4；1″ (DN15，20，25) 11/4；11/2；2″ (DN32，40，50)	特殊适用于温度、压力较高的换热器工况条件下疏水
中高压蒸汽疏水用	HP45	900# 210～640psig，840℉ (15～45bar，450℃)	210psig (15bar)	1/2；3/4；1″ (DN15，20，25)	节能高效零泄漏蒸汽疏水阀，双金属片元件提供了均衡的工作性能，疏水阀内带过滤器
	HP60	900# 640～860psig，930℉ (45～60bar，500℃)	640psig (45bar)	3/4；1″ (DN20，25)	
	HP80	1500# 860～1150psig，930℉ (60～80bar，500℃)	860psig (60bar)	3/4；1″ (DN20，25)	
	HP100	1500# 1150～1430psig，1060℉ (80～100bar，570℃)	1150psig (80bar)	3/4；1″ (DN20，25)	
空气排放	AV-5	600# 300psig，440℉ (21bar，230℃)	1/2；3/4″ (DN15，20)		用于蒸汽系统的不可凝性气体排放，加快系统启动和改善换热工况。全不锈钢制作，带内过滤网

(1) 711、721 型

600 lb，操作温度 400℃，压力 0.03～4.1MPa，允许背压：入口压力的 80%。

特点：

蒸汽泄漏量为 0，属高效节能圆盘式疏水阀，适用于蒸汽伴热管和蒸汽管道的疏水。

结构尺寸见表 5-36，性能见图 5-12。

表 5-36　结构与尺寸系列

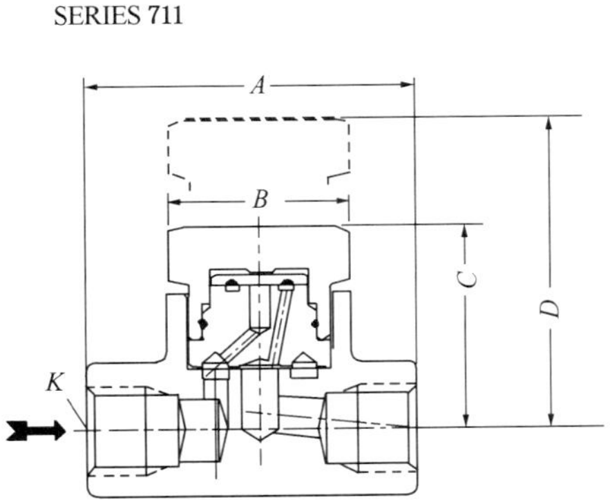

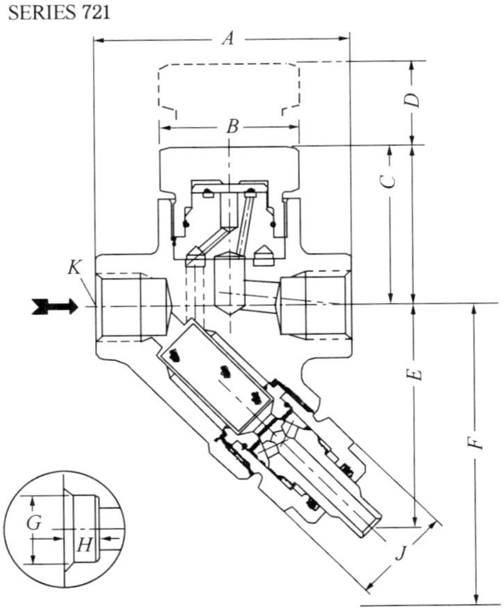

续表

规格(DN)/in	尺寸/in(mm)										质量/lb(kg)	
	A	*B*	*C*	*D*	*E*	*F*	*G*	*H*	*J*	*K*	721	711
3/8 (10)	$3\frac{5}{32}$ (80)	$1\frac{1}{2}$ (38)	$1\frac{15}{16}$ (49)	$2\frac{11}{16}$ (68)	$2\frac{7}{8}$ (73)	$3\frac{15}{16}$ (100)	0.695 (17.6)	3/8 (9.5)	$1\frac{1}{16}$ (27)	3/8″ NPT	$2\frac{1}{4}$ (1.1)	$1\frac{1}{2}$ (0.7)
1/2 (15)							0.860 (21.8)			1/2″ NPT		
3/4 (20)	$3\frac{35}{64}$ (90)				$3\frac{1}{4}$ (83)	$4\frac{5}{16}$ (110)	1.070 (27.2)	1/2 (12.7)	$1\frac{3}{16}$ (30)	3/4″ NPT	$2\frac{3}{4}$ (1.3)	2 (0.9)
1 (25)	$3\frac{15}{16}$ (100)				$3\frac{3}{8}$ (86)	$4\frac{7}{16}$ (113)	1.335 (33.9)			1″ NPT	$3\frac{1}{2}$ (1.6)	$2\frac{1}{4}$ (1.1)

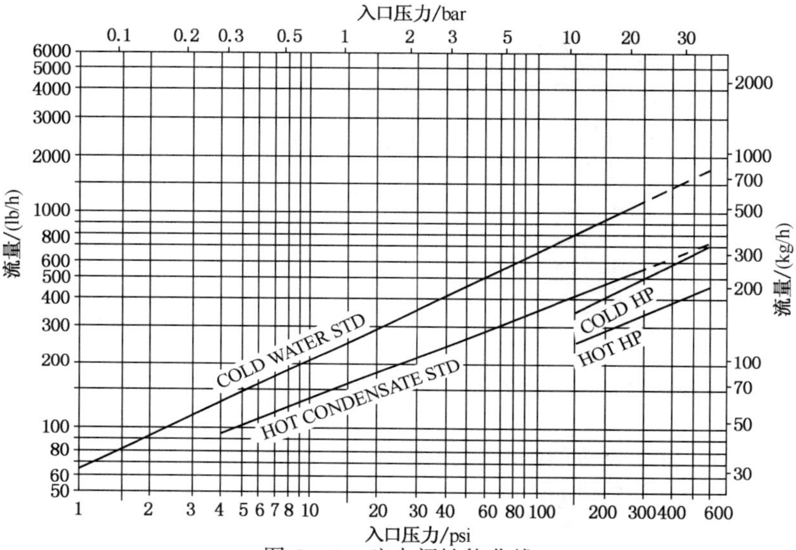

图 5-12 疏水阀性能曲线

(2) 40、40D 型

特点：

属于杠杆式疏水阀，动作反应极为灵敏，可适用于凝结负荷高至 50000kg/h 的疏水工况。结构尺寸见表 5-37，性能见图 5-13。

表 5-37 40、40D 型结构与尺寸系列

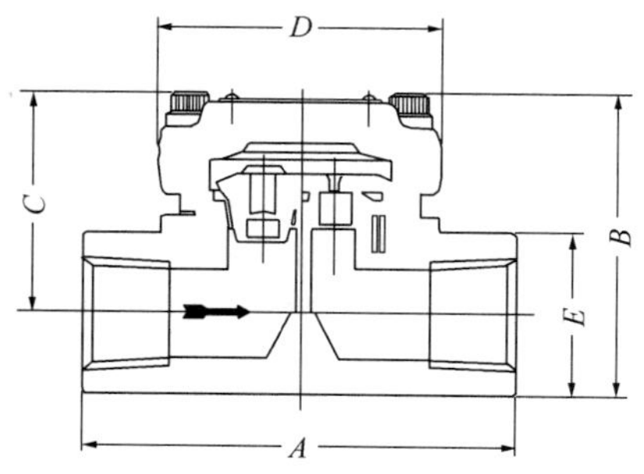

Series 40D

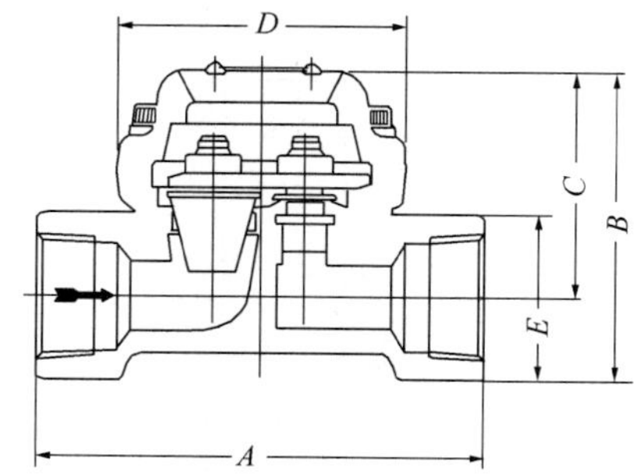

Series 40

600#				
型　号	规格(*DN*)/ in	压力范围/ psi(bar)	最高温度/ ℉(℃)	允许背压
40D	1/2, 3/4 (15, 20)	2～600 (0.14～42)	750 (400)	入口压力的40%
40D	1 (25)	5～600 (0.34～42)	750 (400)	
40	$1\frac{1}{2}$, 2, 3 (40, 50, 80)	20～600 (1.38～42)	750 (400)	

型　号	规格(*DN*)/ in	尺寸/in(mm)					质量/ lb(kg)
		A	*B*	*C*	*D*	*E*	
40D	1/2 (15)	$3\frac{1}{8}$ (79)	$2\frac{3}{16}$ (56)	$1\frac{9}{16}$ (40)	2 (51)	$1\frac{3}{16}$hex. (48)	2 (0.91)
	3/4 (20)	4 (102)	$2\frac{13}{16}$ (71)	$2\frac{1}{16}$ (52)	$2\frac{5}{8}$ (67)	$1\frac{1}{2}$hex. (38)	$3\frac{3}{4}$ (1.71)
	1 (25)	5 (127)	$3\frac{9}{16}$ (90)	$2\frac{11}{16}$ (68)	$3\frac{1}{2}$ (89)	$1\frac{3}{4}$hex. (44)	8(3.6)
40	$1\frac{1}{2}$ (40)	7 (178)	$4\frac{7}{8}$ (124)	$3\frac{9}{16}$ (90)	$4\frac{3}{8}$ (111)	$2\frac{5}{8}$diam. (67)	14 (6.4)
	2 (50)	$7\frac{5}{8}$ (194)	$5\frac{7}{8}$ (149)	$4\frac{5}{16}$ (110)	$5\frac{1}{8}$ (130)	$3\frac{1}{8}$diam. (79)	22 (10.0)
	3 (80)	$10\frac{5}{8}$ (270)	$8\frac{3}{8}$ (213)	$6\frac{1}{16}$ (154)	$7\frac{3}{8}$ (187)	$4\frac{5}{8}$diam. (117)	65 (29.5)

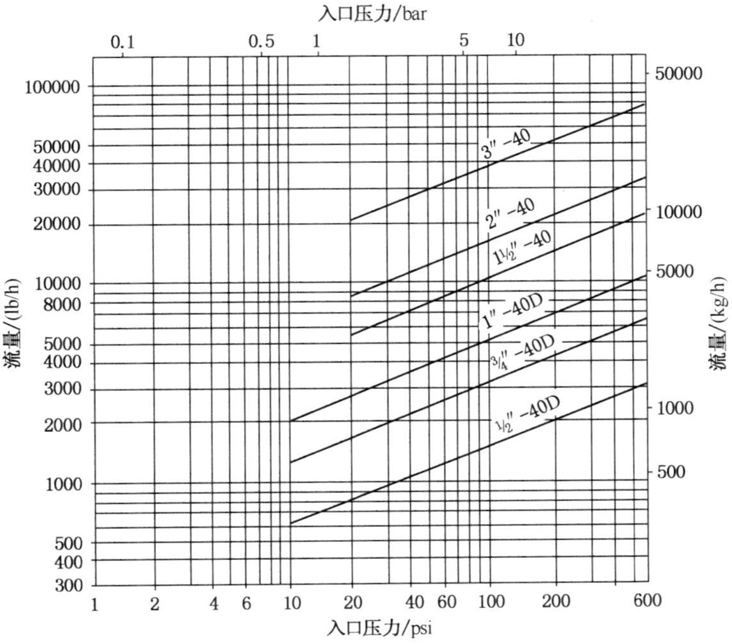

图 5-13　疏水阀性能曲线

第六章　爱德华阀门
(Edward Valves)

(一)爱德华阀门的特点(见表 6-1)

表 6-1　爱德华阀门的特点

特　　性	优　　点
球型阀和直角阀之阀体导引阀座头	减低磨损和确保与阀座之中心线同心而达密封
球型阀和直角阀之阀座面，全部经铬、钴、钨合金之表面硬化	承受得住设计上之冲击和抵制浸蚀
具有缝焊膜和绝对密封的球型阀	防止核能电厂用阀之阀轴漏水或漏气
大型止回阀和断流止回阀的平衡压力装置	确保在缓流速率下，阀能畅开，和防止因开或关之不稳定所造成之破损
精小的压力紧封盖式连接装置	取代大型高压阀上之厚重螺帽法兰式装置
通过检验合格的预存能量起动器	使核能电厂的紧急安全阀，可以急速关闭
通过检验合格的阀与起动器之整体装置	使用于全世界主力蒸汽和锅炉水之运作
不锈钢垫圈环，装置于闸门阀两个楔形闸门之间	简化维修。损坏的阀座能在原地修复到出厂时之紧密，只需换以较厚一点的垫圈环即可
闸门阀独特设计的两片自调性楔形闸门	自动调整并贴合阀座的任何扭曲角度。其形状提供较大的自调性。保证密封可靠，且防止楔形闸门之卡死
冲击手轮和把柄	让操作者可使出几千磅一呎的扭力，因而可确保手操作之球型阀和直角阀的关紧
倾斜阀盖式的球型阀，具有流线形之流通道	减低因流动而产生的降压数
直轴式和倾斜轴式的球型阀，都有供应	提供阀轴各式设计，以符任何装置情况

(二)爱德华阀门代号

1. 阀门代号

X	XXXXX	(XXX)	XXXXXXX
如果设计更改，以一个英文字母表示之	35 位数之阀代号	34 位数阀体材料名称	1 或多位数视需要而定之缩写词(参下列表)

当定购爱德华阀时，除非明示所要之不同材料规格，标准碳钢阀的材料，锻造钢产品是 A105，铸造钢产品是 A216，Grade WCB。

表 6-2、表 6-3 所列之字母缩写，用以标明与标准制程之不同或具特别性能者[例如，EX618K，7506(WC6)Y 和 847AH]

当两个或更多的缩写词附在阀代号之后，请按下列一定之顺序，它是：

(1)特别材料(如果适用的话)

(2)其它的特别性能字母缩写，则按英文字母顺序，但 T1 到 T5 例外，它们必须列在最后。

2. 特别材料缩写(见表6-2)

表6-2　特别材料缩写

序号	材料代号	说　明
1	CF8C	指阀体和盖为18-8(TYPE 347)不锈钢铸钢。与流体相触的零件，为18-8不锈钢铸或锻钢，或者是与之相等的钢料。
2	CF3M	指阀体和盖为18-8(TYPE 316L)不锈钢铸钢。与流体相触的另件为18-8不锈钢铸或锻钢，或者是与之相等的钢料。
3	CF8M	指阀体和盖为18-8(TYPE 316)不锈钢之铸钢。与流体相触的另件为18-8不锈钢铸或锻钢，或者是与之相等的钢料。
4	C5	指阀体和盖为铬，钼(5Cr-0.5Mo) Grade C5合金铸钢。阀轴与座材料为与之相等或更好之合金钢。
5	F11	指阀体和盖为铬钼Grade F11之合金锻钢(1.25Cr-0.5Mo)
6	F22	指阀体和盖为铬钼Grade F22之合金锻钢(铬21/4，钼1)
7	F316	指阀体和盖为不锈钢F316之锻钢
8	F316L	指阀体和盖为不锈钢F316L之锻钢
9	F347	指阀体和盖为不锈钢F347之锻钢
10	F347H	指阀体和盖为不锈钢F347H之锻钢
11	LF2	碳钢锻造钢件，同时它已通过碳钢低温性能之碎击测验
12	WC1	指阀体和盖为碳钼Grade WC1之合金铸钢
13	WC6	指阀体和盖为铬钼Grade WC6(1.25Cr-0.5Mo)之合金铸钢
14	WC9	指阀体和盖为铬钼Grade WC9(2.25Cr-1Mo)之合金铸钢
15	WCC	指阀体和盖为碳钢Grade WCC之铸钢

3. 特别功能缩写(见表6-3)

表6-3　特别功能缩写

序号	功能代号	说　明
1	A	指铸模或锻模不需修改之特别阀体。例如，一般不带法兰的锻造阀而两端带法兰。一般填焊式锻造阀体之两端的焊接法，互不相同
2	B	指具有卡德里管(或虹吸式Venturi)阀体模式者
3	C	指具有锁链之锁紧装置
4	CD	指具有指示已锁紧之装置
5	DD	阀体外均压管
6	DDI	阀体内均压装置
7	E	阀座或阀座面槽上之持续排水孔
8	F	特别阀轴与座材料：用以标明特别阀座材料，阀轴材料，或止回阀之高级不锈钢材料的弹簧
9	FF	特别阀颈轴衬材料，例如是Austenitic Nodular Iron
10	G	所有钢铸阀上之绕流道
11	H	平齿轮式操作
12	HH	斜齿轮式操作
13	HHL	不具有斜齿轮起动器，但具有起动器装置之设备的阀
14	J	任何未经等级化的特别情况
15	K	节流阀座
16	L	压紧式操作器之操作。在一般不具有压紧式操作器的阀上，现用来指明具有压紧式操作手盘或手柄
17	LD	齿轮式压紧器或传动式压紧器。此缩写不用于目录上已具有标准设备之齿轮式压紧器的阀
18	M	电动
19	ML	不具有起动器，但具有装置电动头的设备
20	MM	由液体或气体运作之汽缸或隔膜起动

续表

序号	功能代号	说　　明
21	MML	不具有汽缸或隔膜起动器，但具有装置它的设备
22	N	阀体上开孔，或钻或螺纹或插焊，用以排水，可能接有短管也可能不接短管，可能供有排水阀也可能没有排水阀
23	P	所有非标准化的填垫
24	PL	塑胶衬里
25	Q	非标准化之阀盖衬垫或金属衬垫片
26	R	特别磨平与重包以利煤气试验(推荐用于高压煤气阀)
27	S	阀两端法兰接触面之光滑加工
28	T	重要用途而需要的特别试验以及/或非毁性试验
29	W	铬、钴、钨合金硬化之座面与座头。此字母不用于目录上已硬化了的标准座面与座头之阀
30	X	阀两端法兰上之环接触面
31	Y	所有电焊结头法，插焊或对焊。此字母不用于阀代号，已经指明了的标准之焊接方法，例如 Fig. 36224 和 66228，前者为插焊，后者为对焊
32	T1	符合 ASME Section Ⅲ，Class 1 之规格要求
33	T2	符合 ASME Section Ⅲ，Class 2 之规格要求
34	T3	符合 ASME Section Ⅲ，Class 3 之规格要求
35	T4	符合 ASME Section Ⅲ 之规格要求，但不含 N-Stamp 之要求在内
36	T5	美国联邦法，10CFR21，有关核能安全之法律

4. 爱德华 Y 型截止阀和止回阀的结构(见图 6-1 和图 6-2)

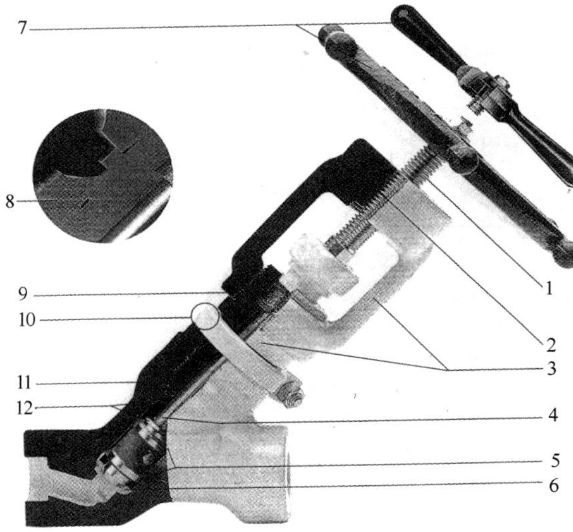

图 6-1　爱德华有利阀

1. 阀轴—阀轴车制 ACME 螺纹，精车光亮，并予硬化处理以抗磨损。
2. 阀颈轴衬—阀颈轴衬材料具有低摩擦系数，大大地降低扭力和轴面磨损，以及消除表面擦伤。
3. 阀颈盖装置—阀颈盖装置是由两件组成，利于快速拆装及在原地做内部修理。
4. 倾斜阀轴—倾斜阀轴的构造和最佳流道的形状，减低流向之变换和减少降压数。
5. 阀体导引之阀座头—阀体导引之阀座头利用其上之上下两个防止冲力环以消除歪结合、卡死和阀轴之弯曲。
6. 阀座之整体表面硬化—提供确实的关闭和阀座之长久使用寿命。
7. 手轮—小型阀的手轮表面粗硬，具有球粒之凸缘，既使戴着手套操作，也不打滑。较大型和高压阀之冲击手柄或手轮，提供比普通手轮要大若干倍之力道，而关紧。
8. 螺纹盖—ACME 之螺纹，以防止卡死和易于装拆。非焊盖型，使用石墨衬垫作紧封，并使用一种空气紧封胶以防螺纹之生锈。填焊盖型，应用填焊(不锈钢阀则用全焊)以达阀体与阀盖间之绝对密封。
9. 阀轴填垫装置—利用渗有碳纤维防缝隙的圈环之柔软石墨做填材料，以作最佳之防漏和经久耐用。
10. 空气紧封胶—是一种高温填隙化合物，以阻脏物进入螺纹区。
11. 阀盖紧封环—是柔软石墨填垫，用模子压成形的，以预先算计的装阀盖的扭力装妥，以提供可靠之阀盖紧封。
12. 阀座头之后座紧封—提供第二道阀轴紧封，以辅完全的关闭和防漏。

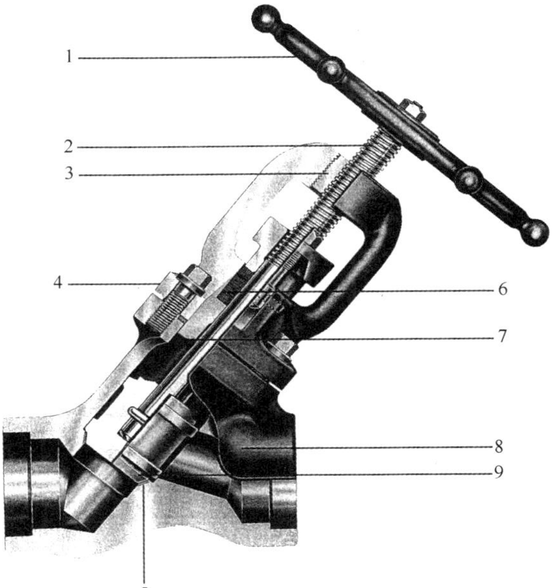

图 6-2　爱德华螺帽盖式阀

1. 手轮—手轮表面粗硬和有球粒之凸缘，即使戴着手套操作，也不打滑。
2. 阀轴—阀轴专制 ACME 螺纹，精专光亮，开予硬化处理以抗磨损。
3. 阀颈轴衬—阀颈轴衬材料具有低摩擦系数，大大地降低扭力和轴面磨损，以及消除表面擦伤。机械式定位法，将阀颈轴衬锁于阀颈内。
4. 螺帽式阀盖—螺帽式阀盖连结法利用螺旋形绕织的填垫作紧封以及利用四副螺丝钉帽设计，作简易装配。此盖具有前导突缘以确保正直结合和准确的铁面与铁面相触止住装置，以防止填垫之过于压缩。
5. 阀座之整体表面硬化—提供确实的关闭和阀座之长久使用寿命。
6. 阀轴填垫装置—利用具有防缝隙的圆环和柔软的石墨做填垫材料，以作最佳之防漏和经久耐用。
7. 阀座头之后座紧封—提供第二道阀轴紧封，以辅完全的关闭和防漏。
8. 阀体—阀体利用最完善的流道以减低流体之流向改变到最低和减少流量降压数。
9. 阀体导引之阀座头—利用其上之上下两个防冲力环，以消除歪结合、卡死和阀轴之弯曲。

(三)锻钢 Y 型截止阀和 Y 型截止止回阀

1. 800lb 级 2000psi@ 100℉(137. 9bar@ 38℃)

(1)标准特性

①(A105 或 F11)锻钢阀体及阀盖。

②螺帽锁式阀盖，OS&Y。

③Y 型。

④阀体导引的硬化不锈钢阀头。

⑤整体化的 STELLITE 合金阀座。

⑥整体化的后座密封。

⑦13% CHROMIUM 不锈钢阀杆。

⑧无石棉的石墨填垫。

⑨无石棉的螺旋形绕织的阀盖螺帽。

⑩带有凸起球粒的手。

⑪止回阀带不锈钢弹簧。

(2)压力 800 lb 级(PN134)阀门类型和连接形式(见表 6-4)

表 6-4　压力 800 lb 级阀门类型和连接形式

截止阀编号	截止止回阀编号	类型	连接	NPS(DN)
848	868	Y 型	螺纹	¼(6)2(50)
848Y	868Y	Y 型	承插焊	¼(6)2(50)

(3)外形尺寸和质量(见表 6-5 和图 6-3)

表 6-5　外形尺寸和质量

上行数字单位为 in 及 lb
下行数字单位为 mm 及 kg

阀门编号 848、848Y，868，868Y　NPS DN	1/4 6	3/8 10	1/2 15	3/4 20	1 25	1¼ 32	1½ 40	2 50
A-端口至端口	3 76	3 76	3 76	3.6 91	4.3 109	5.8 147	5.8 147	6.5 165
E-中心至顶端(全开)	6 152	6 152	6 152	6.8 173	7.6 193	10.9 277	10.9 277	12.1 307
G-手轮直径	3.8 97	3.8 97	3.8 97	4.3 109	4.8 122	7.1 183	7.1 180	8.5 216
质量	4 1.8	4 1.8	4 1.8	5.5 2.5	7.5 3.4	16 7.2	16 7.2	23 10.4

2. 1690 lb 级 4225psi@ 100℉(291.4bar@ 38℃)

(1)标准特性

①阀体材料：

——A105 碳钢；

——F22 合金钢；

——F316，F347 不锈钢；

——根据应用的其他材料。

②非焊接(石墨密封)阀盖或焊接阀盖。

③OS&Y。

④Y 型。

⑤阀体导引精铸的 STELLITE 合金阀头。

⑥整体化的 STELLITE 合金阀座。

⑦整体化的后座密封。

⑧无石棉的石墨填垫。

(2)压力 1690 lb 级(*PN*290)阀门类型和连接形式(见表 6-6)

表 6-6　压力 1690 lb 级阀门类型和连接形式

截止阀编号		截止止回阀编号		类型	连接	NPS(*DN*)
焊接	非焊	焊接	非焊			
36120	36220	36160	36260	Y 型	螺纹	1/2(15)1(25)
36124	36224	36164	36264	Y 型	承插焊	1/2(15)2½(65)
36128	36228	36168	36268	Y 型	对焊	1/2(15)4(100)

(3)外形尺寸(见表 6-7 和图 6-4)

表 6-7　外形尺寸和质量

上行数字单位为 in 及 lb
下行数字单位为 mm 及 kg

阀门编号 36120，36124，36128，36220，36224，36228，36160，36164，36168，36260，36264，36268	NPS DN	1/2 15	3/4 20	1 25	1¼ 32	1½ 40	2 50	2½ 65	3 80	4 100
A-端口至端口		6. 0 152	6. 0 152	6. 0 152	6. 7 170	6. 7 107	8. 2 208	10. 7 272	10. 7 272	12. 8 325
AA-端口外径		2. 30 58	2. 30 58	2. 30 58	3. 20 81	3. 20 81	3. 64 92	4. 00 102	4. 00 102	4. 80 122
AB-手轮外缘(全开)		7. 5 191	7. 5 191	7. 5 191	11. 0 279	11. 0 279	11. 6 295	12. 5 318	12. 5 318	11. 2 284
B-中心至端口		4. 0 102	4. 0 102	4. 0 102	4. 8 122	4. 8 122	6. 1 155	7. 1 180	7. 1 180	8. 8 224
E-中心至顶端(全开)		11. 5 292	11. 5 292	11. 5 292	15. 9 404	15. 9 404	17. 7 450	19. 6 498	19. 6 498	20. 0 508
G-手轮/手柄直径		8. 5 216	8. 5 216	8. 5 216	14. 3① 363①	14. 3① 363①	14. 3① 363①	16. 0② 406②	16. 0② 406②	16. 0② 406②
质量，焊接		19 9	19 9	19 9	36 16	36 16	57 26	100 46	100 46	138 63
质量，非焊		20 9	20 9	20 9	38 17	38 17	59 27	104 47	104 47	142 64

注：①带有冲击手柄。
②带有冲击手轮。

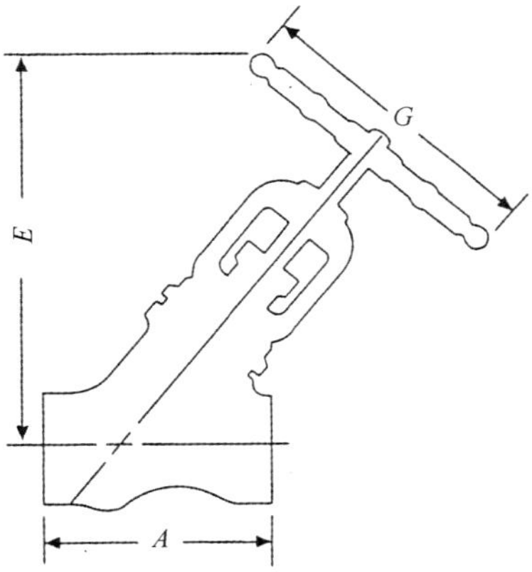

图 6-3　Y 型截止阀和 Y 型截止止回阀

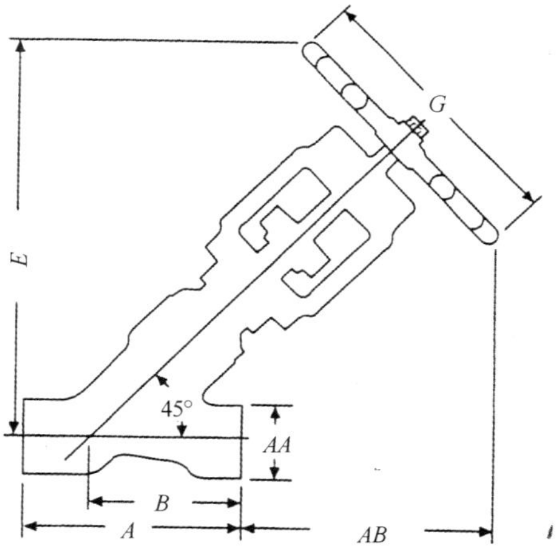

图 6-4　Y 型截止阀和 Y 型截止止回阀

3. 2680 lb 级 6700psi@ 100℉(462. 1bar@ 38℃)

(1)标准特性

①阀体材料：

——A105 碳钢；

——F22 合金钢；

——F316，F347 不锈钢；
——根据应用的其他材料。
②非焊接(石墨密封)阀盖或焊接阀盖。
③OS&Y。
④Y 型。
⑤阀体导引精铸的 STELLITE 合金阀头。
⑥整体化的 STELLITE 合金阀座。
⑦整体化的后座密封。
⑧无石棉的石墨填垫。
(2)压力 2680 lb 级(PN460)阀门类型和连接形式(见表 6-8)

表 6-8　压力 2680 lb 级阀门类型和连接形式

截止阀编号		截止止回阀编号		类型	连接	NPS(DN)
焊接	非焊	焊接	非焊			
66120	66220	66160	66260	Y 型	螺纹	1/2(15)1(25)
66124	66224	66164	66264	Y 型	承插焊	1/2(15)2½(65)
66128	66228	66168	66268	Y 型	对焊	1/2(15)4(100)

(3)外形尺寸(见表 6-9 和图 6-5)

表 6-9　外形尺寸和质量

上行数字单位为 in 及 lb
下行数字单位为 mm 及 kg

阀门编号 66120，66124，66128，66220，66224，66228，66160，66164，66168，66260，66264，66268　NPS DN	1/2 15	3/4 20	1 25	1¼ 32	1½ 40	2 50	2½ 65	3 80	4 100
A-端口至端口	6.0 152	6.0 152	6.0 152	6.7 170	6.7 170	8.2 272	10.7 325	10.7 325	12.8 325
AA-端口外径	2.30 58	2.30 58	2.30 58	3.20 81	3.20 81	4.00 102	4.80 122	4.80 122	4.80 122
AB-手轮外缘(全开)	7.5 191	7.5 191	7.5 191	9.8 249	9.8 249	11.6 295	11.2 284	11.2 284	11.2 284
B-中心至端口	4.0 102	4.0 102	4.0 102	4.8 122	4.8 122	7.1 180	8.8 224	8.8 224	8.8 224
E-中心至顶端(全开)	11.5 292	11.5 292	11.5 292	14.6 371	14.6 371	18.6 472	20.0 508	20.0 508	20.0 508
G-手轮/手柄直径	8.5 216	8.5 216	8.5 216	11.0① 279①	11.0① 279①	14.3① 363①	16.0② 406②	16.0② 406②	16.0② 406②
质量，焊接	19 9	19 9	19 9	34 16	34 16	79 36	142 65	142 65	142 65
质量，非焊	20 9	20 9	20 9	36 17	36 17	83 38	146 66	146 66	146 66

注：①带有冲击手柄。
②带有冲击手轮。

4. 4500 lb 级 11250psi@ 100℉(775. 9bar@ 38℃)

(1)标准特性

①阀体材料;

——A105 碳钢;

——F22 合金钢;

——F316, F347 不锈钢;

——根据应用的其他材料。

②非焊接(石墨密封)阀盖或焊接阀盖。

③OS&Y。

④Y 型。

⑤阀体导引精铸的 STELLITE 合金阀头。

⑥整体化的 STELLITE 合金阀座。

⑦整体化的后座密封。

⑧无石棉的石墨填垫。

(2)压力 4500 lb 级(*PN*760)阀门类型和连接形式(见表 6-10)

表 6-10 压力 4500 lb 级阀门类型和连接形式

截止阀编号		截止止回阀编号		类型	连接	NPS(*DN*)
焊接	非焊	焊接	非焊			
96124	96224	96164	96264	Y 型	承插焊	1/2(15)2(50)
96128	96228	96168	96268	Y 型	对焊	1/2(15)4(100)

(3)外形尺寸(见表 6-11 和图 6-6)

表 6-11 外形尺寸和质量

上行数字单位为 in 及 lb
下行数字单位为 mm 及 kg

阀门编号 96124, 96128, 96224, 96228, 96164, 96168, 96264, 96268 NPS *DN*	1/2 15	3/4 20	1 25	1¼ 32	1½ 40	2 50	2½ 65	3 80	4 100
A-端口至端口	8. 2 208	8. 2 208	8. 2 208	8. 2 208	8. 2 208	12. 8 325	12. 8 325	12. 8 325	12. 8 325
AA-端口外径	3. 64 92	3. 64 92	3. 64 92	3. 64 92	3. 64 92	4. 80 122	4. 80 122	4. 80 122	4. 80 122
AB-手轮外缘(全开)	7. 3 185	7. 3 185	7. 3 185	7. 3 185	7. 3 185	11. 2 284	11. 2 284	11. 2 284	11. 2 284
B-中心至端口	6. 1 155	6. 1 155	6. 1 155	6. 1 155	6. 1 155	8. 8 224	8. 8 224	8. 8 224	8. 8 224
E-中心至顶端(全开)	13. 4 340	13. 4 340	13. 4 340	13. 4 340	13. 4 340	20. 0 508	20. 0 508	20. 0 508	20. 0 508
G-手轮/手柄直径	8. 5 216	8. 5 216	8. 5 216	8. 5 216	8. 5 216	16. 0① 406①	16. 0① 406①	16. 0① 406①	16. 0① 406①
质量, 焊接	43 20	43 20	43 20	43 20	43 20	158 72	158 72	158 72	158 72
质量, 非焊	45 21	45 21	45 21	45 21	45 21	162 74	162 74	162 74	162 74

注: ①带有冲击手轮。

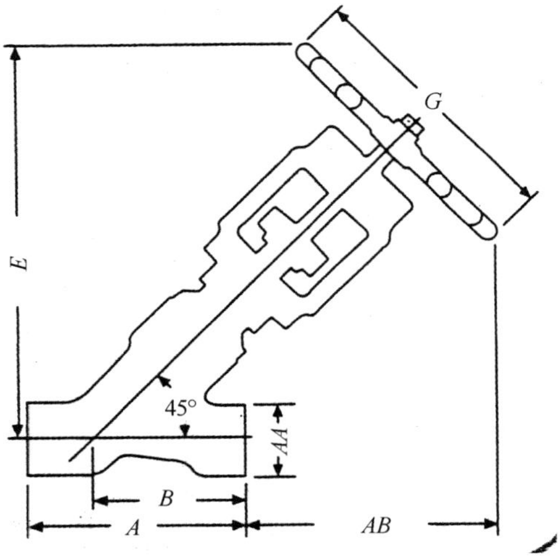

图 6-5　Y 型截止阀和 Y 型截止止回阀

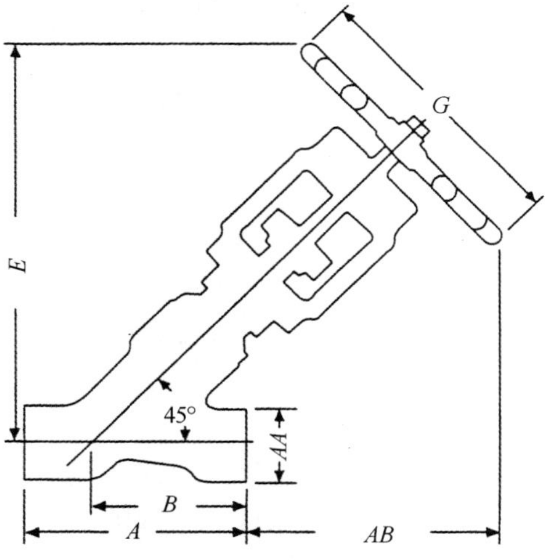

图 6-6　Y 型截止阀和 Y 型截止止回阀

(四)铸钢 Y 型截止阀和 Y 型截止止回阀

1. 600 lb 级 1480psi@ 100°F (102. 1bar@ 38℃)

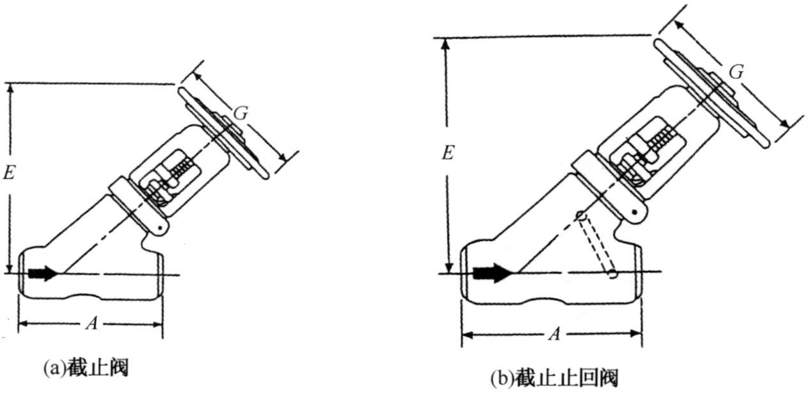

图 6-7　Y 型截止阀和 Y 型截止止回阀

(1)标准特性

①(WCB，WC6，WC9，CF8M 或 CF8C)铸钢阀体及阀盖。

②压封阀盖，OS&Y。

③Y 型。

④整体化的 STELLITE 合金阀座及后座。

⑤阀体导引的活塞式阀头。

⑥13%CHROMIUM 不锈钢阀杆。

⑦无石棉的石墨填垫。

⑧5 英寸及以上带有阀颈轴套轴承。

⑨止回阀装有平衡器。

(2)压力 600 lb 级(PN100)阀门类型和连接形式(见表 6-12)

表 6-12　压力 600 lb 级阀门类型和连接形式

形式	阀门编号		类型	连接	阀盖	NPS(*DN*)
	标准级	特殊级				
截止阀	614Y	714Y	畅流	对焊	压封	3(80)32(800)
	614		畅流	法兰	压封	3(80)16(400)
截止止回阀	602Y	702Y	畅流	对焊	压封	3(80)32(800)
	602		畅流	法兰	压封	3(80)16(400)

(3)外形尺寸和质量(见表 6-13 和图 6-7)

表 6-13　外形尺寸和质量

上行数字单位为 in 及 lb
下行数字单位为 mm 及 kg

阀门编号 614，614Y，714Y，602，602Y，702Y　NPS *DN*	3 80	4 100	6 150	8 200	10 250	12 300	14 250	16 400	20 500	24 600	26 650	28 700	32 800
A_1-端口至端口(焊接)	14 356	15.5 394	20 508	26 660	31 788	38 965	38 965	41 1041	60 1524	66 1676	70 1778	81.5 2070	90 2286
A_2-法兰面至法兰面(法兰)	19 483	21.25 540	29 737	33 838	39 991	43 1092	43 1092	52 1321					
E-中心至顶端(全开)	16 406	21.5 546	28.5 724	34 864	42 1067	49 1245	49 1245	76 1930	③	③	③	③	③
G-手轮/手柄直径	11 279	14 356	16 406	20 508	26 660	30 762	30 762	48 1219	③	③	③	③	③
质量(焊接)	110 50	150 68	450 204	850 385	1400 635	2050 930	2050 930	5500 2495	③	③	③	③	③
质量(法兰)	150 68	240 109	570 259	1000 454	1800 816	2450 1111	2550 1157	6500 2948					

注：①3″6″畅流阀标准带有冲击手轮。
②8″及以上畅流阀标准带有冲击齿轮。
③20″32″焊接阀的尺寸和重量，如需要可向厂家索取。

2. 900 lb 级 2220psi@ 100℉(153. 1bar@ 38℃)

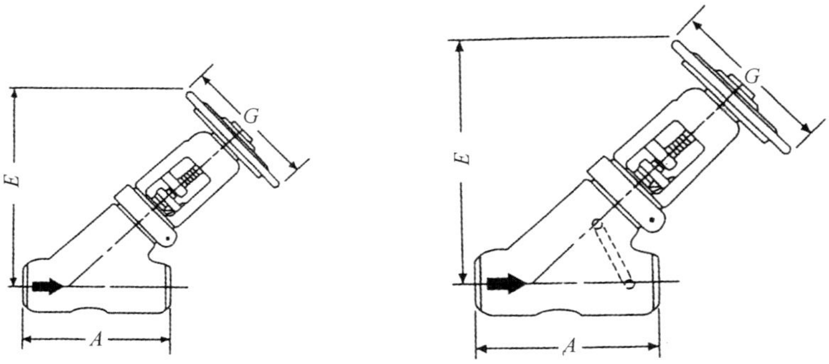

(a)截止阀　(b)截止止回阀

图 6-8　Y 型截止阀和 Y 型截止止回阀

(1)标准特性

①(WCB，WC6，WC9，CF8M 或 CF8C)铸钢阀体及阀盖。

②压封阀盖，OS&Y。

③Y 型。

④整体化的 STELLITE 合金阀座及后座。

⑤阀体导引的活塞式阀头。

⑥13%CHROMIUM 不锈钢阀杆。

⑦无石棉的石墨填垫。

⑧5 英寸及以上带有阀颈轴套轴承。

⑨止回阀装有平衡器。

(2)压力 900 lb 级(*PN* 150)阀门类型和连接形式(见表 6-14)

表 6-14　压力 900 lb 级阀门类型和连接形式

形式	阀门编号		类型	连接	阀盖	NPS(*DN*)
	标准级	特殊级				
截止阀	4014Y	4314Y	畅流	对焊	压封	3(80)16(400)
	4014		畅流	法兰	压封	3(80)16(400)
截止止回阀	4002Y	4302Y	畅流	对焊	压封	3(80)16(400)
	4002		畅流	法兰	压封	3(80)16(400)

(3)外形尺寸和质量(见表 6-15 和图 6-8)

表 6-15　外形尺寸和质量

上行数字单位为 in 及 lb
下行数字单位为 mm 及 kg

阀门编号 4014，4014Y，4314Y，4002，4002Y，4302Y　NPS *DN*	3 80	4 100	6 150	8 200	10 250	12 300	14 350	16 400
A_1 端口至端口(焊接)	17 432	18.5 479	20 508	26 660	31 787	38 965	38 965	44.5 1130
A_2 法兰面至法兰面(法兰)	22.25 565	23.75 603	30 762	38 965	44 1118	50 1270	51 1295	58 1473
E 中心至顶端(全开)	20 508	25 635	35 889	44 1118	51 1295	60 1524	60 1524	73 1854
G 手轮/手柄直径	16 406	16 406	20 508	28 711	28 711	36 914	36 914	36 914
质量(焊接)	190 86	275 125	550 249	1150 522	2100 953	3400 1542	3400 1542	5550 2517
质量(法兰)	250 113	370 168	775 352	1550 703	2650 1202	4150 1882	4550 2064	6950 3152

注：①6″畅流阀标准带有冲击手轮。

②8″及以上畅流阀标准带有冲击齿轮。

3. 1500 lb 级 3705psi@ 100℉(255. 5bar@ 38℃)

(1)标准特性

①(WCB，WC6，WC9，CF8M 或 CF8C)铸钢阀体及阀盖。

②压封阀盖，OS&Y。

③Y 型。

④整体化的 STELLITE 合金阀座及后座。

⑤阀体导引的活塞式阀头。

⑥13%CHROMIUM 不锈钢阀杆。

⑦无石棉的石墨填垫。

⑧5 英寸及以上带有阀颈轴套轴承。

⑨止回阀装有平衡器。

(2)压力 1500 lb 级(PN250)阀门类型和连接形式(见表 6-16)

表 6-16　压力 1500 lb 级阀门类型和连接形式

型式	阀门编号		类型	连接	NPS(*DN*)
	标准级	特殊级			
截止阀	7514Y	2014Y	畅流	对焊	2½(65)24(600)
截止止回阀	7502Y	2002Y	畅流	对焊	2½(65)24(600)

(3)外形尺寸和质量见表 6-17 和图 6-9

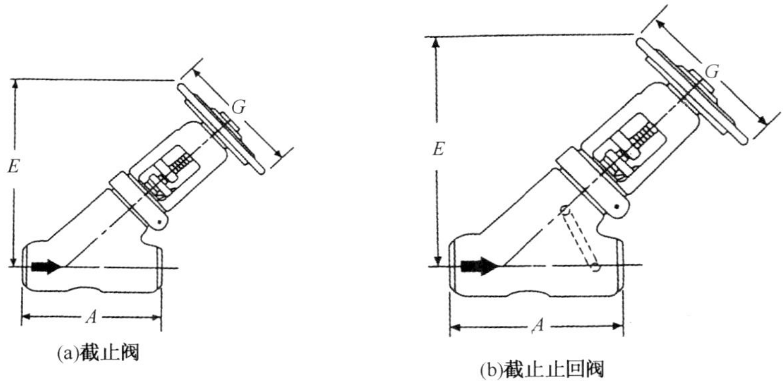

图 6-9　Y 型截止阀和 Y 型截止止回阀

表 6-17　外形尺寸和质量

上行数字单位为 in 及 lb
下行数字单位为 mm 及 kg

阀门编号 7514Y/2014Y	NPS / *DN*	6	8	10	12	14	16	18	20	24
		150	200	250	300	350	400	450	500	600
A-端口至端口		27. 75	30	36. 25	43	41	54	63	54. 5	59. 5
		705	762	921	1092	1041	1372	1600	1384	1511
E-中心至顶端，球型(全开)		34. 25	45	53. 5	60. 75	60. 75	78. 5	78. 5	96	96
		870	1143	1359	1543	1543	1994	1994	2438	2438
G-手轮直径		20	28	36	36	36	48	48	72	72
		508	711	914	914	914	1219	1219	1829	1829
质量		740	1550	2770	3850	3850	7650	7930	10500	16800
		333	698	1247	1733	1733	3443	3569	4725	7560

注：①6″畅流阀标准带有冲击手轮。

②8″及以上畅流阀标准带有冲击齿轮。

4. 2500 lb 级 6170psi@ 100℉(425. 5bar@ 38℃)

(1)标准特性

①(WCB，WC6，WC9，CF8M 或 CF8C)铸钢阀体及阀盖。

②压封阀盖，OS&Y。

③Y 型。

④整体化的 STELLITE 合金阀座及后座。

⑤阀体导引的活塞式阀头。

⑥13%CHROMIUM 不锈钢阀杆。

⑦无石棉的石墨填垫。

⑧5 英寸及以上带有阀颈轴套轴承。

⑨止回阀装有平衡器。

(2)压力 2500 lb 级(PN450)阀门类型和连接形式(见表 6-18)

表 6-18　压力 2500 lb 级阀门类型和连接形式

型式	阀门编号		类型	连接	NPS(DN)
	标准级	特殊级			
截止阀	3914Y	4414Y	畅流	对焊	6(50)24(600)
截止止回阀	3902Y	4402Y	畅流	对焊	6(50)24(600)

(3)外形尺寸和质量见表 6-19 和图 6-10

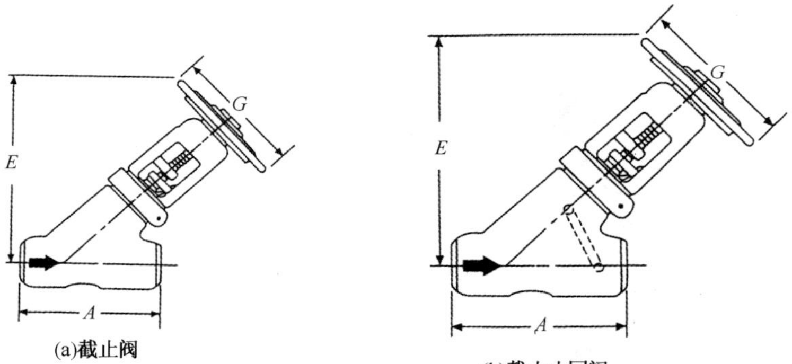

(a)截止阀　　(b)截止止回阀

图 6-10　Y 型截止阀和 Y 型截止止回阀

表 6-19　外形尺寸和质量

上行数字单位为 in 及 lb
下行数字单位为 mm 及 kg

阀门编号 3914Y，4414Y，3902Y，4402	NPS / DN	6 / 150	8 / 200	10 / 250	12 / 300	14 / 350	16 / 400	18 / 450	20 / 500	24 / 600
A-端口至端口		24 / 610	30 / 762	36 / 914	41 / 1041	48. 75 / 1238	48. 75 / 1238	58 / 1473	58 / 1473	68 / 1727
E-中心至顶端，(全开)		37. 5 / 953	41. 75 / 1060	50 / 1290	65 / 1651	69 / 1753	69 / 1753	93. 8 / 2345	93. 8 / 2345	113 / 2870
G-手轮直径		28 / 711	28 / 711	36 / 914	48 / 1219	48 / 1219	48 / 1219	72 / 1829	72 / 1829	72 / 1829
质量		950 / 428	1550 / 698	2750 / 1238	4600 / 2070	6990 / 3146	7010 / 3155	12700 / 5715	12790 / 5756	16570 / 7457

注：①6″畅流阀标准带有冲击手轮。

②8″及以上畅流阀标准带有冲击齿轮。

5. 4500 lb 级系列

该 4500 lb 级系列阀门是按照爱德华阀门标准设计和定级的。

(1)标准特性

①(WCB，WC6，WC9，CF8M 或 CF8C)铸钢阀体及阀盖。

②压封阀盖，OS&Y。

③Y 型。

④整体化的 STELLITE 合金阀座及后座。

⑤阀体导引的活塞式阀头。

⑥13%CHROMIUM 不锈钢阀杆。

⑦截止阀 5 英寸及以上带有阀颈轴套轴承。

⑧止回阀无石棉石墨填垫。

⑨止回阀装有平衡器。

⑩止回阀阀颈轴套轴承。

(2)压力 4500 lb 级系列阀门类型和连接形式(见表 6-20)

表 6-20　压力 4500 lb 级系列阀门类型和连接形式

型式	阀门编号		类型	连接	NPS(*DN*)
	标准级	特殊级			
截止阀	4514Y	5014Y	畅流	对焊	4(100)10(250)
截止止回阀	4502Y	5002Y	畅流	对焊	4(100)10(250)

(3)外形尺寸和质量(见表 6-21 和图 6-11)

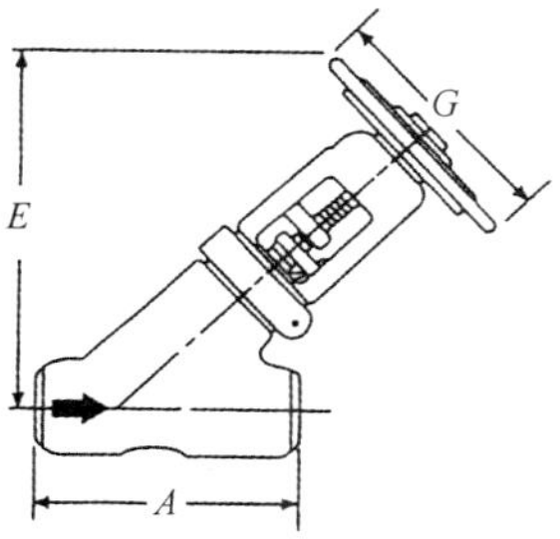

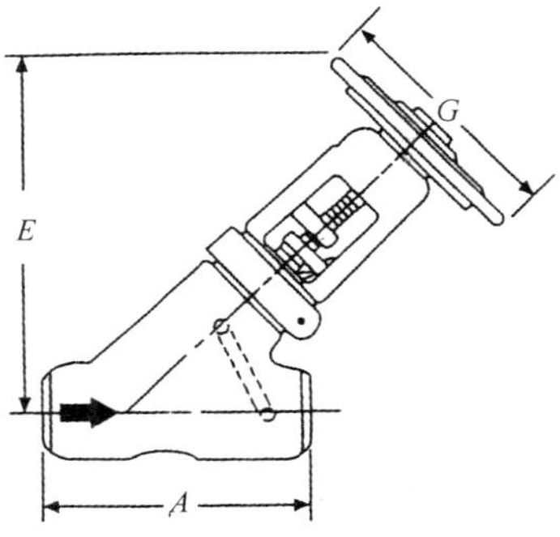

图 6-11　Y 型截止阀和 Y 型截止止回阀

表 6-21　外形尺寸和重量

上行数字单位为 in 及 lb
下行数字单位为 mm 及 kg

阀门编号 4514Y，5014Y，4502Y，5002Y　NPS / *DN*	4 100	6 150	8 200	10 250
A-端口至端口	28 711	31 787	31 787	39. 75 1010
E-中心至顶端	27. 4 695	35 889	48. 25 1226	52. 75 1340

续表

阀门编号 4514Y，5014Y，4502Y，5002Y NPS DN	4 100	6 150	8 200	10 250
G-手轮直径*	20 508	28 711	36 914	36 914
H-平衡器外缘	9.75 248	10.6 270	14.5 368	18.5 470
质量	630 284	1100 495	2510 1130	4020 1809

注：①截止阀 6″畅流阀为冲击手轮，8″及以上畅流阀为冲击齿轮。
②止回阀 4″畅流阀带有冲击手轮，6″及以上畅流阀为冲击齿轮。

附录一　阀门型号编制方法
（JB/T 308—2004）

1　范围

本标准规定了通用阀门的型号编制、类型代号、驱动方式代号、连接形式代号、结构形式代号、密封面材料代号、阀体材料代号和压力代号的表示方法。

本标准适用于通用中闸阀、截止阀、节流阀、蝶阀、球阀、隔膜阀、旋塞阀、止回阀、安全阀、减压阀、蒸汽疏水阀、排污阀、柱塞阀的型号编制。

2　规范性引用文件

下列文件中的条款通过本标准的引用而成为本标准的条款。凡是注日期的引用文件，其随后所有的修改单（不包括勘误的内容）或修订版均不适用于本标准，然而，鼓励根据本标准达成协议的各方研究是否可使用这些文件的最新版本。凡是不注日期的引用文件，其最新版本适用于本标准。

GB/T 1048　管道元件公称压力

3　型号编制和代号表示方法

3.1　阀门的型号编制方法

3.1.1　阀门型号由阀门类型、驱动方式、连接形式、结构形式、密封面材料或衬里材料类型、压力代号或工作温度下的工作压力、阀体材料七部分组成。

3.1.2　编制的顺序按：阀门类型、驱动方式、连接形式、结构形式、密封面材料或衬里材料类型、公称压力代号或工作温度下的工作压力代号、阀体材料。

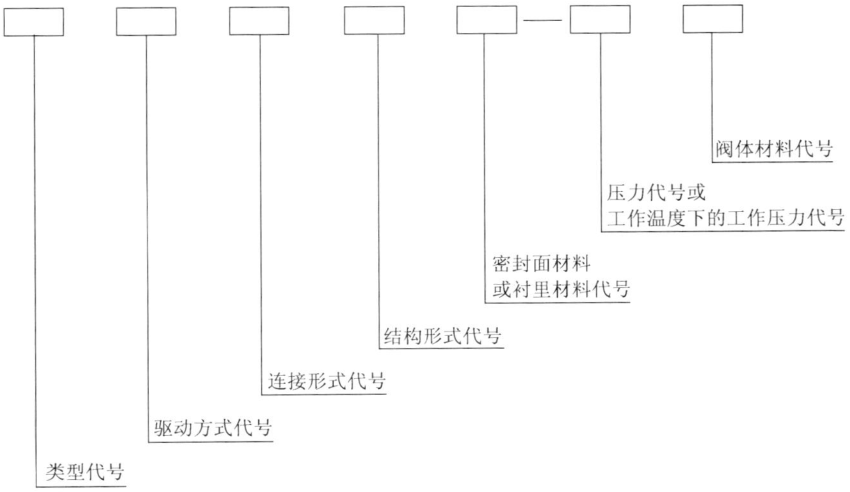

3.2　阀门类型代号

3.2.1　阀门类型代号用汉语拼音字母表示，按表1的规定表示。

表 1 阀门类型代号

阀门类型	代号	阀门类型	代号
弹簧载荷安全阀	A	排污阀	P
蝶阀	D	球阀	Q
隔膜阀	G	蒸汽疏水阀	S
杠杆式安全阀	GA	柱塞阀	U
止回阀和底阀	H	旋塞阀	X
截止阀	J	减压阀	Y
节流阀	L	闸阀	Z

3.2.2 当阀门还具有其他功能作用或带有其他特异结构时，在阀门类型代号前再加注一个汉语拼音字母，按表 2 的规定。

表 2 具有其他功能作用或带有其他特异结构的阀门表示代号

第二功能作用名称	代号	第二功能作用名称	代号
保温型	B	排渣型	P
低温型	D[a]	快速型	Q
防火型	F	(阀杆密封)波纹管型	W
缓闭型	H	—	—

[a]低温型指允许使用温度低于-46℃以下的阀门。

3.3 驱动方式代号

3.3.1 驱动方式代号用阿拉伯数字表示，按表 3 的规定。

表 3 阀门驱动方式代号

驱动方式	代号	驱动方式	代号
电磁动	0	锥齿轮	5
电磁-液动	1	气动	6
电-液动	2	液动	7
蜗轮	3	气-液动	8
正齿轮	4	电动	9

注：代号 1、代号 2 及代号 8 是用在阀门启闭时，需有两种动力源同时对阀门进行操作。

3.3.2 安全阀、减压阀、疏水阀、手轮直接连接阀杆操作结构形式的阀门，本代号省略，不表示。

3.3.3 对于气动或液动机构操作的阀门：常开式用 6K、7K 表示；常闭式用 6B、7B 表示；

3.3.4 防爆电动装置的阀门用 9B 表示；

3.4 连接形式代号

3.4.1 连接形式代号用阿拉伯数字表示，按表 4 规定的。

3.4.2 各种连接形式的具体结构、采用标准或方式(如：法兰面形式及密封方式、焊接形式、螺纹形式及标准等)，不在连接代号后加符号表示，应在产品的图样、说明书或订货合同等文件中予以详细说明。

表 4　阀门连接端连接形式代号

连接形式	代号	连接形式	代号
内螺纹	1	对夹	7
外螺纹	2	卡箍	8
法兰式	4	卡套	9
焊接式	6	—	—

3.5　阀门结构形式代号

阀门结构形式用阿拉伯数字表示，按表 5 表 15 规定。

表 5　闸阀结构形式代号

结构形式				代　　号
阀杆升降式(明杆)	楔式闸板	弹 性 闸 板		0
		刚性闸板	单闸板	1
			双闸板	2
	平行式闸板		单闸板	3
			双闸板	4
阀杆非升降式(暗杆)	楔式闸板		单闸板	5
			双闸板	6
	平行式闸板		单闸板	7
			双闸板	8

表 6　截止阀、节流阀和柱塞阀结构形式代号

结构形式		代　　号	结构形式		代　　号
阀瓣非平衡式	直通流道	1	阀瓣平衡式	直通流道	6
	形流道	2		角式流道	7
	三通流道	3		—	—
	角式流道	4		—	—
	直流流道	5		—	—

表 7　球阀结构形式代号

结构形式		代　　号	结构形式		代　　号
浮动球	直通流道	1	固定球	直通流道	7
	Y 形三通流道	2		四通流道	6
	L 形三通流道	4		T 形三通流道	8
	T 形三通流道	5		L 形三通流道	9
	—	—		半球直通	0

表 8　蝶阀结构形式代号

结构形式		代　　号	结构形式		代　　号
密封型	单偏心	0	非密封型	单偏心	5
	中心垂直板	1		中心垂直板	6
	双偏心	2		双偏心	7
	三偏心	3		三偏心	8
	连杆机构	4		连杆机构	9

表 9　隔膜阀结构形式代号

结构形式	代　　号	结构形式	代　　号
屋脊流道	1	直通流道	6
直流流道	5	Y 形角式流道	8

表 10　旋塞阀结构形式代号

结构形式		代　　号	结构形式		代　　号
填料密封	直通流道	3	油密封	直通流道	7
	T 形三通流道	4		T 形三通流道	8
	四通流道	5		—	—

表 11　止回阀结构形式代号

结构形式		代　　号	结构形式		代　　号
升降式阀瓣	直通流道	1	旋启式阀瓣	单瓣结构	4
	立式结构	2		多瓣结构	5
	角式流道	3		双瓣结构	6
—	—	—	蝶形止回式		7

表 12　安全阀结构形式代号

结构形式		代　　号	结构形式		代　　号
弹簧载荷 弹簧密封结构	带散热片全启式	0	弹簧载荷弹簧不封闭且带扳手结构	微启式、双联阀	3
	微启式	1		微启式	7
	全启式	2		全启式	8
	带扳手全启式	4		—	—
杠杆式	单杠杆	2	带控制机构全启式		6
	双杠杆	4	脉冲式		9

表 13　减压阀结构形式代号

结构形式	代　　号	结构形式	代　　号
薄膜式	1	波纹管式	4
弹簧薄膜式	2	杠杆式	5
活塞式	3	—	—

表 14　蒸汽疏水阀结构形式代号

结构形式	代　号	结构形式	代　号
浮球式	1	蒸汽压力式或膜盒式	6
浮桶式	3	双金属片式	7
液体或固体膨胀式	4	脉冲式	8
钟形浮子式	5	圆盘热动力式	9

表 15　排污阀结构形式代号

结构形式		代　号	结构形式		代　号
液面连接排放	截止型直通式	1	液底间断排放	截止型直流式	5
	截止型角式	2		截止型直通式	6
	—	—		截止型角式	7
	—	—		浮动闸板型直通式	8

3.6　密封面或衬里材料代号

3.6.1　除隔膜阀外，当密封副的密封面材料不同时，以硬度低的材料表示。阀座密封面或衬里材料代号按表 16 规定的字母表示。

表 16　密封面或衬里材料代号

密封面或衬里材料	代号	密封面或衬里材料	代号
锡基轴承合金(巴氏合金)	B	尼龙塑料	N
搪瓷	C	渗硼钢	P
渗氮钢	D	衬铅	Q
氟塑料	F	奥氏体不锈钢	R
陶瓷	G	塑料	S
Cr13 系不锈钢	H	铜合金	T
衬胶	J	橡胶	X
蒙乃尔合金	M	硬质合金	Y

3.6.2　隔膜阀以阀体表面材料代号表示。

3.6.3　阀门密封副材料均为阀门的本体材料时，密封面材料代号用“W”表示。

3.7　压力代号

3.7.1　阀门使用的压力级符合 GB/T 1048 的规定时，采用 GB/T 1048 标准 10 倍的兆帕单位(MPa)数值表示。

3.7.2　当介质最高温度超过 425 ℃时，标注最高工作温度下的工作压力代号。

3.7.3　压力等级采用磅级(lb)或 K 级单位的阀门，在型号编制时，应在压力代号栏后有 1b 或 K 的单位符号。

3.7.4　公称压力小于等于 1.6MPa 的灰铸铁阀门的阀体材料代号在型号编制时予以省略。

3.7.5　公称压力大于等于 2.5MPa 的碳素钢阀门的阀体材料代号在型号编制时予以省略。

3.8　阀体材料代号

阀体材料代号用表 17 的规定字母表示。

表 17 阀体材料代号

阀体材料	代　号	阀体材料	代　号
碳钢	C	铬镍钼系不锈钢	R
Cr13 系不锈钢	H	塑料	S
铬钼系钢	I	铜及铜合金	T
可锻铸铁	K	钛及钛合金	Ti
铝合金	L	铬钼钒钢	V
铬镍系不锈钢	P	灰铸铁	Z
球墨铸铁	Q	—	—

注：CF3、CF8、CF3M、CF8M 等材料牌号可直接标在阀体上。

3.9　命名

对于连接形式为“法兰”、结构形式为：闸阀的“明杆”、“弹性”、“刚性”和“单闸板”，截止阀、节流阀的“直通式”，球阀的“浮动球”、“固定球”和“直通式”，蝶阀的“垂直板式”，隔膜阀的“屋脊式”，旋塞阀的“填料”和“直通式”，止回阀的“直通式”和“单瓣式”，安全阀的“不封闭式”、“阀座密封面材料”在命名中均予省略。

3.10　型号和名称编制方法示例

a）电动、法兰连接、明杆楔式双闸板，阀座密封面材料由阀体直接加工，公称压力 PN0.1MPa 、阀体材料为灰铸铁的闸阀：Z942W-1 电动楔式双闸板闸阀。

b）手动、外螺纹连接、浮动直通式阀座密封面材料为氟塑料、公称压力 *PN*4.0MPa 、阀体材料为 1Cr18Ni9Ti 的球阀：Q21F-40P 外螺纹球阀。

c）气动常开式、法兰连接、屋脊式结构并衬胶、公称压力 *PN*0.6MPa 、阀体材料为灰铸铁的隔膜阀：$G6_K41J-6$ 气动常开式衬胶隔膜阀。

d）液动、法兰连接、垂直板式、阀座密封材料为铸铜、阀瓣密封面材料为橡胶、公称压力 PN0.25MPa 、阀体材料为灰铸铁的蝶阀：D741X-2.5 液动蝶阀。

e）电动驱动对接焊连接、直通式、阀座密封面材料为堆焊硬质合金、工作温度 540 ℃ 时工作压力 17.0MPa 、阀体材料铬钼钒钢的截止阀：$J961Y-P_{54}170V$ 电动焊接截止阀。

附录二　钛阀适用介质

介质名称		浓度/%(质)	温度/℃
醋　酸	醋　　酸	0~100	沸　腾
	一氯代醋酸	30	80
	二氯醋酸	100	沸　腾
	5%氯酸+5%硫酸		80
	60%醋酸+0.2%HCl		沸　腾
	80%醋酸+0.5HCl		
	醋		
氯化物	氯化铝	5、10	100
		25	60
		10、饱和	100
	氯化钡	5、20	100
	氯化钙	25、28	100
	次氯酸钙	2、6	100
	四氯化磷(含1%水)		沸　腾
	氯化铜	20、40	沸　腾
	二氯乙烯	100	沸　腾
盐　酸	盐酸+硝酸混合物	2∶1	30
		3∶1	
		4∶1	
		7∶1	
		20∶1	
	35%HCl+0.5%HNO_3		30
	35%Cl+0.5%$FeCl_8$		30
硫　酸	硫　　酸	5	30
	80%H_2SO_4+0.5%HNO_3		30
	10%H_2SO_4+0.5%$CuSO_4$		30
	15%H_2SO_4+2%Na_2SO_4+0.5$NaHSO_4$		30
	10%H_2SO_4+24%HNO_3+1%$ZnSO_4$+H_2S		50
	硫酸+硝酸混合物	10∶90	30
		30∶70	
		50∶50	
		60∶40	

续表

介 质 名 称		浓度/%(质)	温度/℃
硝 酸	硝 酸	65	沸 腾
	硝酸(在平衡压力下)	65	100
	白色发烟硝酸	98	30
		95	70
其 他	磷 酸	20	30
	王 水	$HCl+3HNO_3$	30
无机酸	铬 酸	10	沸 腾
		36，5	100
氯化物	氯化铁	1~30	100
		10	沸 腾
	氯化铁+10%NaCl	5	100
	氯化镁	20，42	沸 腾
	氯化镁	5.2	100
	氯化汞	10，饱和	100
	氯化镍	5，10	100
	次氯酸钠		30
	氯化锡	5，24	100
	四氯乙烷水混合物		沸 腾
	四氯乙烯水混合物		
	三氯乙烯		
	氯化锌	10，20	沸 腾
	25%氯化胺+20%氯化锌 +25%氯化钠	20，饱和	沸 腾
亚硫酸盐	亚硫酸钠	20	沸 腾
硫酸盐	硫酸铜	10，饱和	沸 腾
	硫酸胺	10，饱和	沸 腾
	硫酸锌	饱和	沸 腾
其 他	柠檬酸(充气)	25，50	100

续表

介 质 名 称		浓度/%(质)	温度/℃
硫化物	硫代硫酸钠	饱 和	沸 腾
	硫酸钠	50	沸 腾
	硫化钠	10	沸 腾
硝酸盐	硝酸铵	10	沸 腾
	硝酸铜	10，30	沸 腾
	硝酸铅	饱 和	沸 腾
碱	氢氧化钠	5，20	沸 腾
		40	80
	氨水(NH_3+H_2O)	10	沸 腾
	氨(无水的 14kg、mm^2)	100	40
盐 酸	盐 酸	1	70
		3，5	30
	盐酸+20g Cu^{2+}/L	37	30
	盐酸+硝酸混合物	1∶3	30
有机酸	甲 酸	10，90	100
	甲酸(不充气)	10	沸 腾
	乳 酸	50，85	沸 腾
	草酸(充气)	5，10	30
	鞣 酸	25	100
	硬脂酸	100	180
	酒石酸	25，50	100
气 体	氯 气	水(超过 0.013)	100，20
	氯 水	饱 和	100
	二氧化硫	饱 和	100
	硫化氢水溶液	饱 和	100
	硫的水悬浮液	饱 和	100
其 他	氯仿—水	饱 和	沸 腾
	甲 醛	31	沸 腾
	过氧化氯	10	32
	硫(熔化的)	100	240

附录三　阀门电动、气动装置

一、阀门电动装置

阀门电动装置一般由用户提出电动阀门型号和环境条件，由电动阀门制造厂确定电动装置型号，随阀门一起成套供应。

一般阀门电动装置的输出力矩，输出轴转速及转圈数应与阀门的类型、公称压力和规格相适应。

根据使用的环境要求可分为普通型、户外型、隔爆型、核级型：

1. 户外型阀门电动装置型号前加“W”(例 WZ30 型)；

2. 隔爆型阀门电动装置型号前加“S”(例 SZ30 型)；

3. 核级型阀门电动装置型号前加“H”(例 HZ 型、HQ 型)，分 H_1 和 H_2 两种，H_1 使用在核电站一回路系统。

(一) DZ. Z 型和 Q 型阀门用电动装置主要性能及外形尺寸见图 1 和表 1。

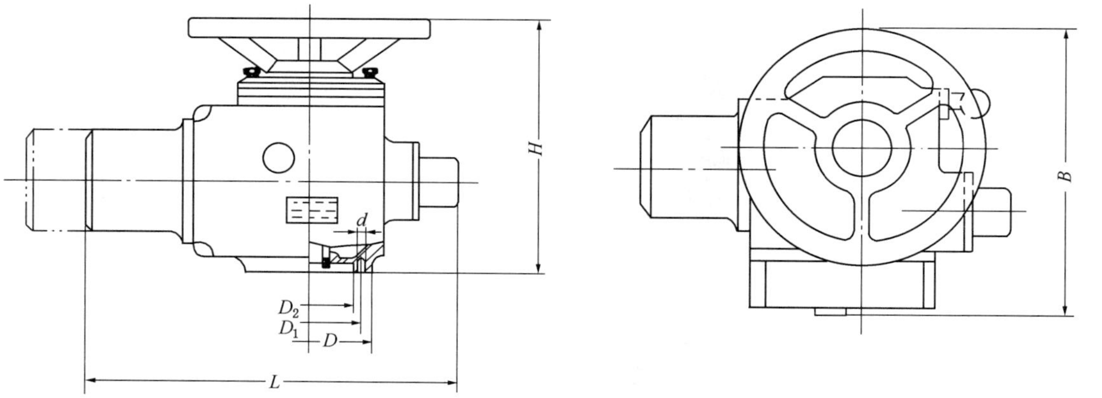

图 1　DZ. Z 型和 Q 型阀门电动装置

表 1　DZ、Z 型和 Q 型阀门用电动装置主要性能及外形尺寸

型号	最大整定转矩/9.8N·m	控制转矩/9.8 N·m	质量/kg	输出转速/(r/min)	最大转圈数/圈	电机功率/kW	阀杆直径/mm	主要外形及连接尺寸/mm							生产厂
								L	H	D	D_1	D_2	B	d×Z	
DZ5	5														
DZ10	10	2~7	32	12~24	50	0.18~0.37	T28×5	450	230	135	110	90	331	M12×4	扬州电力设备修造厂
DZ15	15	3~10	32	12~24	50		T28×5	495	230	135	110	90	331	M12×4	扬州电力设备修造厂
DZ20A	20	4~13	34	12~24	50	0.37~0.50	T40×6	542	250	160	130	105	333	M12×4	扬州电力设备修造厂
DZ30A	30	6~20	34	12~24	50		T40×6	587	250	160	130	105	333	M12×4	扬州电力设备修造厂

型号	最大整定转矩/9.8N·m	控制转矩/9.8N·m	质量/kg	输出转速/(r/min)	最大转圈数/圈	电机功率/kW	阀杆直径/mm	主要外形及连接尺寸/mm							生产厂
								L	H	D	D_1	D_2	B	$d\times Z$	
DZ45A	45	9~30	81	24~36	40 80 120	1.1	T50×8	720	415	225	195	150	470	17×4	扬州电力设备修造厂
DZ60A	60	12~40	89	24~36	40 80 120	1.5	T50×8	785	415	225	195	150	470	17×4	扬州电力设备修造厂
DZ90A	90	18~60	105	24~36	40 80 120	2.2	T60×10	800	440	240	195	150	530	20×4	扬州电力设备修造厂
DZ120A	120	24~80	110	24~36	40 80 120	3	T60×10	874	440	240	195	150	530	20×4	扬州电力设备修造厂
DZ180A	180	35~ 100	240	24~36	50 100 150	4	T70×10	835	500	330	285	220	620	20×4	扬州电力设备修造厂
DZ250A	250	50~ 120	240	24~36	50 100 150	5.5	T70×10	910	500	330	285	220	620	27×4	扬州电力设备修造厂
Z5	5			24	40 80	0.25	28	450	285	115	95	75	349	M10×4	常州电站设备辅机厂
Z10	10			24	40 80	0.37	28	450	285	145	120	90	349	M10×4	常州电站设备辅机厂
CZ20	20							720	300	185	160	120	400	M12×4	常州电站设备辅机厂
CZ30	30							720	300	185	160	125	400	M12×4	常州电站设备辅机厂
CZ45	45	20~		18	40 80	1.1	T44×8	857	397	225	195	150	464	18×4	常州电站设备辅机厂
CZ60	60	30~		18	40 80	1.5	T44×8	857	397	225	195	150	464	18×4	常州电站设备辅机厂
CZ90	90	40~	137	18	40 80 120	2.2	T55×8	840	365	275	235	180	500	22×4	常州电站设备辅机厂
Z120	120	60~	137	18	40 80 120	3	T55×8	840	365	275	235	180	500	22×4	常州电站设备辅机厂
Z180	180	80~	170	18	80 160	4	T60×8	890	375	330	285	220	500	26×4	常州电站设备辅机厂
Z250	250	121~	170	18	80 160	5.5	T60×8	890	375	330	285	220	500	26×4	常州电站设备辅机厂
Z350	*350	168~		18	40 80	7.5	T75×10	1005	430	380	340	280	875	20×8	常州电站设备辅机厂
Z500	*500	235~		18	40 80	10	T75×10	1005	430	380	340	280	875	20×8	常州电站设备辅机厂
Z_T5-18	5			18		0.18	32	461	275	130	110 (135× 135)	90	407	(M8×△) (18×△)	天津二通 (分普通、防爆)
Z_T5-36	5			36		0.25	32	478	275	130	110 (135× 135)	90	407	—	天津二通
Z_T10-18	10			18	16	0.25	32	478	275	130	110 (135× 135)	90	407	—	天津二通
Z_T10-36	10			36	25 40	0.37	32	513	275	130	110 (135× 135)	90	407	—	天津二通

续表

型号	最大整定转矩/9.8N·m	控制转矩/9.8 N·m	质量/kg	输出转速/(r/min)	最大转圈数/圈	电机功率/kW	阀杆直径/mm	主要外形及连接尺寸/mm							生产厂
								L	H	D	D_1	D_2	B	$d\times Z$	
Z_T15-18	15			18	60	0. 37	32	513	275	130	110 (135×135)	90	407	—	天津二通
Z_T15-36	15			36		0. 55	32	513	275	130	110 (135×135)	90	407	—	天津二通
Z_T20-18	20			18		0. 55	32	513	275	130	110 (135×135)	90	407	—	天津二通
Z_T20-36	20			36		0. 75	32	542	275	130	110 (135×135)	90	407	—	天津二通
Z_T30-18	30			18		0. 75	32	542	275	130	110 (135×135)	90	407	—	天津二通
ZD22-18	22		85	18		0. 6	40	706	272	□170	□135	—	270	18×4	天津二通
ZD22-36	22		95	36		1. 1	40	750	272	□170	□135	—	270	18×4	天津二通
ZD30-18	30		87	18		0. 8	40	736	272	□170	□135	—	270	18×4	天津二通
ZD30-36	30		100	36		1. 5	40	785	272	□170	□135	—	270	18×4	天津二通
ZD45-18	45		150	18		1. 1	70	883	317	□170	□135	—	350	24×4	天津二通
ZD45-36	45		165	36		2. 2	70	938	317	□240	□190	—	350	24×4	天津二通
ZD60-18	60	45~	155	18		1. 5	70	913	317	□240	□190	—	350	24×4	天津二通
ZD60-36	60	45~	170	36		3	70	953	317	□240	□190	—	250	24×4	天津二通
ZD90-18	90	60~	220	18		2. 2	80	1003	348	□310	□250	—	400	26×4	天津二通
ZD90-36	90	60~	240	36		4	80	1022	348	□310	□250	—	400	26×4	天津二通
ZD120-18	120	90~	225	18		3	80	1018	348	□310	□250	—	400	26×4	天津二通
ZD120-36	120	90~	250	36		5. 5	80	1062	348	□310	□250	—	400	26×4	天津二通
ZD160-20	160	120~	300	20		4. 0	100	1163	409	□310	□250	—	500	30×4	天津二通
ZD160-40	160	120~	310	40		7. 5	100	1198	409	□310	□250	—	500	30×4	天津二通
ZD200-20	200	160~	310	20		5. 5	100	1198	409	□310	□250	—	500	30×4	天津二通
ZD200-40	200	160~	335	40		10	100	1238	409	□310	□250	—	500	30×4	天津二通

续表

型号	最大整定转矩/9.8N·m	控制转矩/9.8N·m	质量/kg	输出转速/(r/min)	最大转圈数/圈	电机功率/kW	阀杆直径/mm	主要外形及连接尺寸/mm							生产厂
								L	H	D	D_1	D_2	B	$d\times Z$	
ZD5-18	5		30	18	40	0.18	28	650	191	□150	□110	—	277	M10×4	鞍山市阀门电动装置厂
ZD10-18	10		31	18	40	0.25	28	650	191	□150	□110	—	277	M10×4	鞍山市阀门电动装置厂
ZD15-18	15		35	18	40	0.37	28	650	191	□150	□110	—	277	M10×4	鞍山市阀门电动装置厂
ZD20-18	20		78	18	40	0.55	28	650	191	□150	□110	—	277	M10×4	鞍山市阀门电动装置厂
ZD30-18	30		80	18	40	0.75	28	650	191	□150	□110	—	277	M10×4	鞍山市阀门电动装置厂
ZD45-18	45		120	18	80	1.1	70	895	285	□240	□190	—	406	12×4	鞍山市阀门电动装置厂
ZD60-18	60		125	18	80	1.5	70	895	285	□240	□190	—	406	21×4	鞍山市阀门电动装置厂
ZD90-18	90		182	18	80	2.2	70	895	285	□240	□190	—	406	21×4	鞍山市阀门电动装置厂
ZD120-20	120		194	20	63	2.2	70	1075	520	□285	ϕ330	—	558	23×4	鞍山市阀门电动装置厂
ZD160-20	160		212	20	63	3.0	70	1115	520	□285	ϕ330	—	558	23×4	鞍山市阀门电动装置厂
ZD200-20	200		223	16	63	4.0	70	1132	520	□285	ϕ330	—	558	23×4	鞍山市阀门电动装置厂
ZD450-18	450		120	16	76	7.5	85	1337	600	□360	ϕ400	—	655	34×4	鞍山市阀门电动装置厂
ZD600-16	600		125	16	76	10	85	1337	600	□360	ϕ400	—	655	34×4	鞍山市阀门电动装置厂
BDZW-80	80			16	63	1.1	70	1045	520	□285	ϕ330	—	558	23×4	鞍山市阀门电动装置厂
BDZW-120	120			16	63	2.2	70	1075	520	□285	ϕ330	—	558	23×4	鞍山市阀门电动装置厂
BDZW-180	180			16	63	3.0	70	1115	520	□285	ϕ330	—	558	23×4	鞍山市阀门电动装置厂
BDZW-250	250			16	63	4.0	70	1132	520	□285	ϕ330	—	558	23×4	鞍山市阀门电动装置厂
BDZW-400	400			16	76	7.5	85	1337	600	□360	ϕ400	—	655	34×4	鞍山市阀门电动装置厂
BDZW-700	700			16	76	10	85	1367	600	□360	ϕ400	—	655	34×4	鞍山市阀门电动装置厂

续表

型号	最大整定转矩/9.8N·m	控制转矩/9.8 N·m	质量/kg	输出转速/(r/min)	最大转圈数/圈	电机功率/kW	阀杆直径/mm	时间/s	主要外形及连接尺寸/mm							生产厂
									L	H	D	D_1	D_2	B	$d\times Z$	
Q 型阀门电动装置																天津二通
Q60-1	60		105	1		0.55		15	513	450	170	140	110	409	12×6	天津二通
Q60-2	60		105	2		0.55		7.5	513	450	170	140	110	409	12×6	天津二通
Q120-1	120		122	1		0.55		15	513	493	200	165	135	409	18×6	天津二通
Q120-2	120		122	2		0.55		7.5	513	493	200	165	135	409	18×6	天津二通
Q250-1	250		122	1		0.55		15	513	493	200	165	135	409	18×6	天津二通
Q250-2	250		130	2		1		7.5	569	493	200	165	135	409	18×6	天津二通
Q500-0.5	500		122	0.5		0.55	30		512	508	300	254	200	409	18×8	天津二通
Q500-1	500		130	1		1.1	15		569	508	300	254	200	409	18×8	天津二通
Q60-1B	60		105	1		0.55	15		519	450	170	140	110	440	12×6	天津二通
Q60-2B	60		105	2		0.55	7.5		519	450	170	140	110	440	12×6	天津二通
Q120-1B	120		122	1		0.55	15		519	493	200	165	135	440	18×6	天津二通
Q120-2B	120		122	2		0.55	7.5		519	493	200	165	135	440	18×6	天津二通
Q250-1B	250		122	1		0.55	15		519	493	200	165	135	440	18×6	天津二通
Q250-2B	250		130	2		1.1	7.5		569	493	200	165	135	440	18×6	天津二通
Q500-1B	500		122	0.5		0.55	30		519	508	300	254	200	440	18×8	天津二通
Q500-2B	500		130	1		1.1	15		569	508	300	254	200	440	18×8	天津二通

（二）SMC 系列阀门用电动装置主要性能及外形尺寸（见图 2 和表 2）

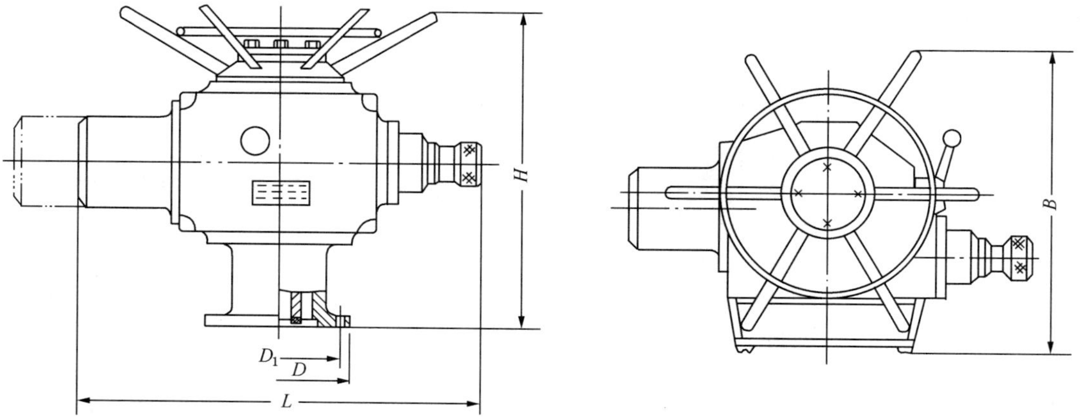

图 2　SMC 系列阀门用电动装置

表 2　SMC 系列阀门用电动装置主要性能及外形尺寸

型号	最大输出转矩/9.8N·m	最大推力/kgf	质量/kg	电机规格(机座号)	允许通过阀杆直径/mm	主要外形及连接尺寸/mm					生产厂
						L	H	D	D_1	B	
SMC-04	11	3600	44	*2、*3、*5、*7½	26	383	247	125	70	511	天津二通(引进 Limitorque 型)
SMC-03	27.5	4600	60~70	*3、*5、*7½、*10、*15	38	530	302	125	70	569	
SMC-00	50	9100	100~110	*7½、*10、*15、*25、*40	50	639	235	175	100	615	
SMC-0	97	15900	130~150	*10、*15、*25、*40	65	668	263	210	130	640	
SMC-1	180	25000	185	*10、*15、*40、*60	76	752	272	300	200	697	
SMC-2	277	34000	190~210	*15、*25、*40、*60、*80	89	834	290	350	230	751	
SMC-3	580	63000	220~250	*60、*80、*100、*150	127						
SMC-4	1000	110000	270~290	*100、*150、*200	127						
SMC-5	2700	220000	320~350	*150、*200、*250、*350	159						

(三) Z、HZ 型阀门用电动装置主要性能及外形尺寸(见图 3 和表 3、表 4)

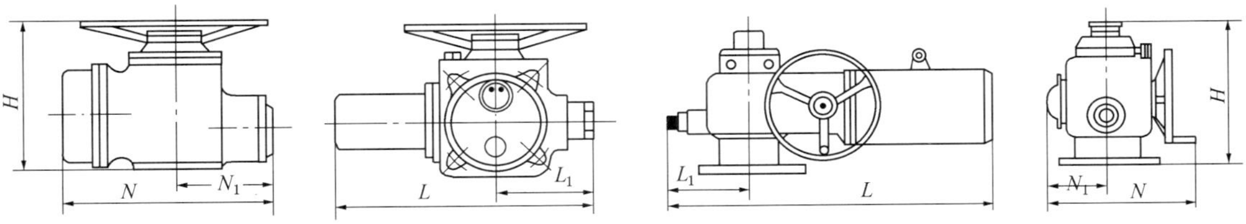

(a)Z、HZ(5-30)-$\frac{18}{36}$型　(b)Z、HZ(45-60)-$\frac{18}{36}$型　Z、HZ(90-250)-18型

图 3　Z、HZ 型阀门用电动装置

表 3　Z、HZ 型阀门用电动装置主要性能

规格	品种: 普通型	户外型	隔爆型	额定转矩/N·m	最大转矩/N·m	出轴转速/(r/min)	输出轴最大转圈数/圈	允许通过阀杆直径/mm
Z、HZ2.5		•	•	25	30	12.24	8.15.20	18
Z、HZ5	•	•	•	50	60	18.36	15.40.80	20
Z、HZ10	•	•	•	100	120			
Z、HZ20	•	•	•	200	240			40
Z、HZ30	•	•	•	300	360			
Z、HZ45	•	•	•	450	540		40.80	44
Z、HZ60	•	•	•	600	720			
Z、HZ90	•	•	•	900	1080	18	40.80.120	55
Z、HZ120	•	•	•	1200	1440			
Z、HZ180	•	•	•	1800	2160			60
Z、HZ250	•	•	•	2500	2750			

表 4　Z、HZ 型阀门电动装置外形尺寸　　(mm)

型　号	L	L_1	N	N_1	H	生产厂
Z、HZ5-18	475	165	405	185	265	上海良工阀门厂
Z、HZ5-36						
Z、HZ10-18	520	165	405	185	265	
Z、HZ10-36						
Z、HZ20-18	575	200	450	205	300	
Z、HZ20-36						
Z、HZ30-18	620	200	450	205	320	
Z、HZ30-36						
Z、HZ45-18	620	235	580	235	320	
Z、HZ45-36						
Z、HZ60-18	715	235	580	235	360	
Z、HZ60-36						
Z、HZ90-18	845	240	600	240	360	
Z、HZ120-18						
Z、HZ180-18	990	240	600	240	375	
Z、HZ250-18						

注：1. 系列户外型阀门电动装置是按照 GB 4200《外壳防护等级的分类》的规定设计制造的，并获户外产品合作证。该产品防护等级为 IP66，可用于户外或多雨区、多粉尘等环境恶劣场所。

2. SZ 系列隔爆型(户外)阀门电动装置，按照 GB 3036.2—83《爆炸性环境用防爆电气设备、隔爆型电气设备“d”》的规定设计制造，并获防爆合格证，防爆标志为 dIIB74，可用于环境中存在易燃、易爆气体、粉尘的爆炸性危险场所。

(四) DDI 型阀门用电动装置主要性能及外形尺寸(见图 4 和表 5、表 6)

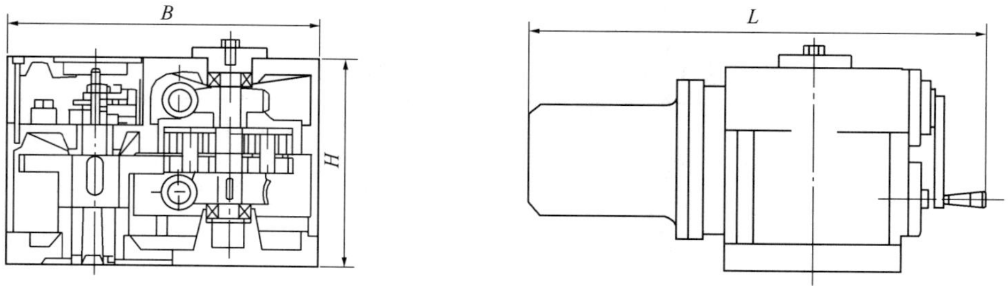

图 4　DDI 型阀门电动装置

表 5　DDI 型阀门电动装置主要性能

型号规格	输出力矩/N·m		输出转速/(r/min)	输出时间(s/110)	手动圆周力/N	电动机参数		
	最大	额定				转速/(r/min)	功率/kW	型　号
DDI-J10-16	160	80~120	10	1.5	100	1320	0.37	YDF-221
DDI-J-6-26	260	130~200	6	3	120	1320	0.37	YDF-221
DDI-J-6-26A	260	130~200	6	3	120	1320	0.37	YDF-221
DDI-J-4-40	400	200~320	4	4.5	170	1320	0.37	YDF-221

表 6　DDI 型阀门电动装置外形尺寸

型号规格	L	H	B	质量/kg	生产厂
DDI-J-10-16	490	180	255	35	上海良工阀门厂
DDI-J-6-26	490	180	255	35	
DDI-J-6-26A	490	185	255	35	
DDI-J-4-40	490	185	255	35	

注：DDI 型电动装置主要用于对蝶阀、球阀等角行程阀的自动开启、关闭，可供现场控制和远距离集中控制。

(五) DQ 型阀门电动装置主要性能及外形尺寸(见图 5 和表 7、表 8)

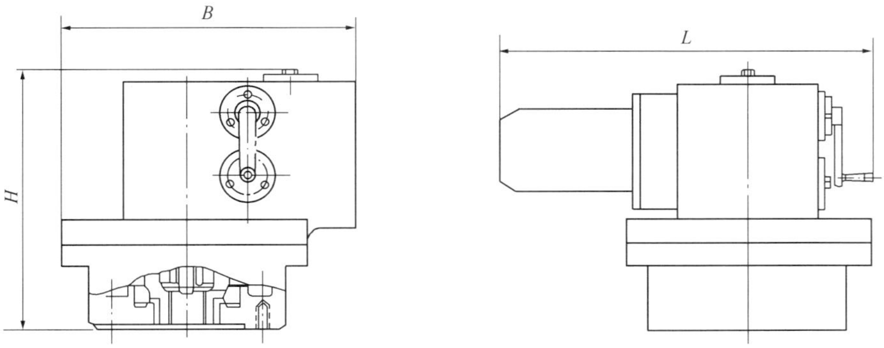

图 5　DQ 型阀门电动装置

表 7　DQ 型阀门电动装置主要性能

型号规格	输出力矩/N·m	输出转速/(r/min)	输出时间/(s/90)	手动圆周力/N	电动机参数		
					转速/(r/min)	功率/kW	型　号
DQ120	1200	0.8	18.75	660	1320	0.37	YDF-221
DQ200	2000	0.20	53.57	740	1320	0.55	YDF-222
DQ250	2500	0.28	53.57	740	1320	0.55	YDF-222

表 8　DQ 型阀门电动装置外形尺寸

型号规格	L	H	B	质量/kg	生 产 厂
DQ120	490	306	315	75	上海良工阀门厂
DQ200	490	320	315	80	
DQ250	490	320	315	80	

(六) FS30A 型阀门电动装置主要性能及外形尺寸(见图 6 和表 9)

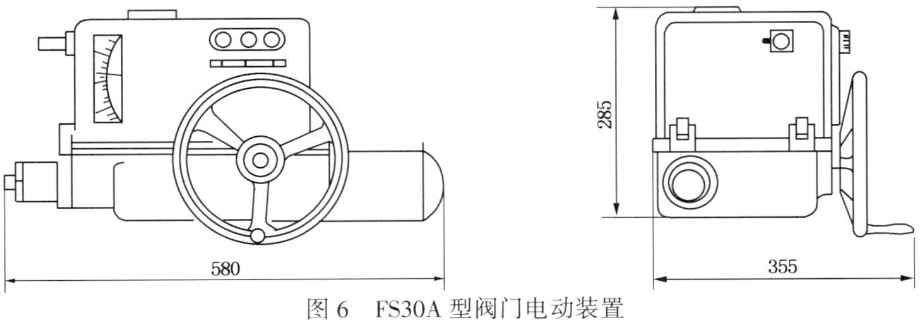

图 6　FS30A 型阀门电动装置

1. 用途

本阀门电动装置应用于石油、化工、发电、煤炭等工业部门和科学研究单位对闸门，截止阀、调节阀等阀门的开、关自动化，进行现场控制或远距离集中控制的执行机构。

2. 主要技术性能

本电动装置由专用电机、减速部分、中间传动组、行程控制机构、开度指示器、转矩限制机构和电器等部分组成。

表 9　FS30A 型阀门电动装置主要性能

型号规格	电机功率/kW	额定转矩/N·m	最大转矩/N·m	出轴转速/(r/min)	出轴转圈	允许通过阀杆直径/mm	质量/kg
FS30A-26-12	0.37	60~90	120	26	*a*、*b*、*c*、*d*	40	80
FS30A-20-16		80~130	160	20			
FS30A-14-22		110~170	220	14			
FS30-26-18	0.55	90~140	180	26			
FS30A-20-24		120~180	240	20			
FS30A-14-34		180~280	340	14			
FS30A-26-24	0.75	120~190	240	26			
FS30A-20-30		150~240	300	20			
FS30A-14-45		230~360	450	14			

注：*a*、*b*、*c*、*d* 代号表示开度指示器所允许出轴调节至最小到最大的转圈范围。
（a=5.5~21，b=8~28，c=11~42，d=13~50）。

（七）C 系列阀门电动装置（引进）主要性能及外形尺寸见图 7 和表 10、表 11。

使用条件

1. 电源：3Pn380V，50Hz

2. 短时工作制：额定 10min

3. 环境温度，标准型：-20~+65℃

低温型：-55~+65℃

高温型：-20~+120℃

4. 环境空气最大相对温度：≤90%（25℃）

环境防护等级：

EEI—dIICT$_5$IP$_{67}$

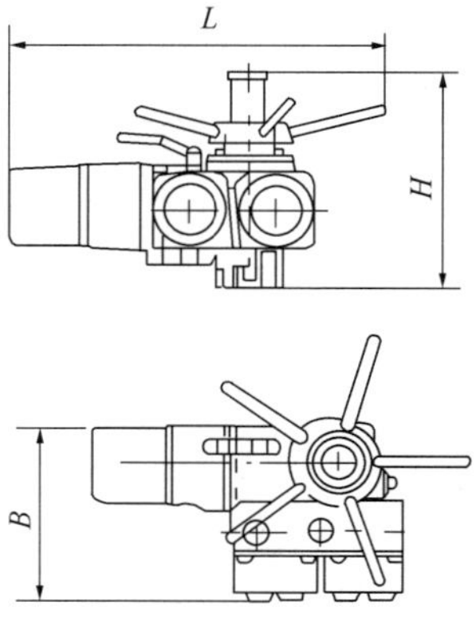

图 7　1C、2C、4C、8C 系列阀门电动装置

表 10　C 系列阀门电动装置主要性能

型　号	额定转矩/N·m	最大转矩/N·m	输出转速/(r/min)	允许通过阀杆直径/mm
0.5C	20~60	24~72	11~140	26
1C	50~125	60~150	12~144	32
2C	90~250	108~320	12~144	51
4C	260~500	312~600	12~144	51
8C	360~1000	432~1200	12~144	70
16C	720~2000	864~2400	12~144	77

表 11 C 系列阀门电动装置外形尺寸

型号规格	L	H	B	生产厂
0.5C				上海良工阀门厂
1C	642	400	395	
2C	730	400	395	
4C	813	400	395	
8C	975	400	395	
16C				

二、 阀门气动装置

1. CFK 系列智能型阀门自动控制器

CFK 系列智能型阀门自动控制器是一种新型的多回旋驱动装置，用于操纵闸阀、截止阀、旋塞阀等的启闭及开度调节，炼油、化工、电力、冶金、制药等领域中广泛使用。

CFK 系列智能型阀门自动控制器，采用气动内曲线马达作为动力元件，配制相应的回讯机构，因而具有优良的技术特性：

(1) 起动扭矩大、力矩平衡、低速运转平稳；

(2) 回讯器采用非接触式阀门开关极限位置检测。应用磁电转换原理，数字化处理，安装方便灵活。

(3) 光电隔离电子开关。无触点、控制方便、安全可靠、使用寿命长。

(4) 高度智能化。自动检测、记忆目标状态。便于组成集中监测系统。

(5) 误操作声光报警功能。对违反操作工艺流程顺序、错开、忘开阀门等误操作，均能在事故现场发出声光报警信号。

(6) 本质安全的电路设计。适应于易燃、易爆环境中使用。

(7) 电流信号输出，远距离传送(10km)。

(8) 环氧树脂封口。抗振动、耐腐蚀。可在恶劣环境下工作。

(9) 智能型阀门自动控制器安装方便，适用于各种普通手动阀门的改造。

(10) 技术参数见下表 12。

表 12 CFK 系列智能型阀门自动控制器技术参数

型　号	转矩/N·m	转速/(r/min)	阀杆螺母	气源压力/MPa
CFK-05	50	40	<T30	0.4~0.5
CFK-08	80	40	<T30	0.4~0.5
CFK-10	100	30	<T30	0.4~0.5
CFK-20	200	30	≤T48	0.4~0.5
CFK-30	300	20	≤T48	0.4~0.5
CFK-40	400	10~20	≤T48	0.4~0.5
CFK-50	500	10~20	≤T48	0.4~0.5
CFK-70	700	10~20	≤T70	0.4~0.5
CFK-100	1000	10	≤T70	0.4~0.5
CFK-120	1200	10	≤T70	0.4~0.5

2. CFKZ641 系列智能型气动闸阀

此气动装置是宁波江北新鑫石化机械设备有限责任公司吸收国外先进技术与浙江大学共同研制、开发的新一代阀门。广泛用于炼油、化工、发电、冶金、制药等要求自动化程度高的装置，实现大规模生产的现场信息采集、监视和控制是一种本质安全型的产品。

本阀门总成采用压缩空气为驱动力，配制相应回讯机构与 DCS 联网，可实现集中远程控制，按需要任意调节阀门开度，并能对特定的故障进行识别和报警。大大减轻了操作人员的劳动程度，免除了攀高作业，特别适用于易燃易爆的环境。本装置备有一套手轮机构，无需气动——手动切换，操作轻巧灵活。该产品比电动、液动及气缸式阀门更为先进、简便、安全、可靠，是炼油、化工、发电、冶金、制药等行业实现阀门远程控制及走向现代化管理的最佳选择。

（1）CFKZ64 系列闸阀型号编制说明

标志单元	1 单元	2 单元	3 单元	4 单元	5 单元	6 单元	7 单元
CFK	Z	6	4	1			
①	②	③	④	⑤	⑥	⑦	⑧

①执行器类别代号　②类型代号　③传动型式代号　④连接型式代号
⑤结构型式代号　⑥阀座密封面或衬里材料代号　⑦公称压力代号　⑧阀体材料代号

（2）CFKZ641 气动闸阀结构尺寸见表 13

表 13　CFKZ641 气动闸阀结构尺寸　（mm）

规格（DN）	1.6MPa					2.5MPa					4.0MPa					6.4MPa				
	L	*D*	D_1	*Z-d*	*H*	*L*	*D*	D_1	*Z-d*	*H*	*L*	*D*	D_1	*Z-d*	*H*	*L*	*D*	D_1	*Z-d*	*H*
40	240	145	110	4-ϕ18	770	240	145	110	4-ϕ18	770										
50	250	160	125	4-ϕ18	770	250	160	125	4-ϕ18	770	250	160	125	4-ϕ18	850	250	175	135	4-ϕ23	850
65	265	180	145	4-ϕ18	800	265	180	145	8-ϕ18	800	280	180	145	8-ϕ18	850	280	200	160	8-ϕ23	870
80	280	195	160	8-ϕ18	850	280	195	160	8-ϕ18	850	310	195	160	8-ϕ18	950	310	210	170	8-ϕ23	1000
100	300	215	180	8-ϕ18	900	300	230	190	8-ϕ23	950	350	230	190	8-ϕ23	1000	350	250	200	8-ϕ25	1200
125	325	245	210	8-ϕ18	950	325	270	220	8-ϕ25	950	400	270	220	8-ϕ25	1150	400	295	240	8-ϕ30	1350
150	350	280	240	8-ϕ23	1000	350	300	250	8-ϕ25	1050	450	300	250	8-ϕ25	1250	450	340	280	8-ϕ34	1500
200	400	335	295	12-ϕ23	1150	400	360	310	12-ϕ25	1200	550	375	320	12-ϕ30	1350	550	405	345	12-ϕ34	1700
250	450	405	355	12-ϕ25	1400	450	425	370	12-ϕ30	1550	650	445	385	12-ϕ34	1750	650	470	400	12-ϕ41	1850
300	500	460	410	12-ϕ25	1500	500	485	430	16-ϕ30	1750	750	510	450	16-ϕ34	1900	750	530	460	16-ϕ41	2000
350	550	520	470	16-ϕ25	1750	550	550	490	16-ϕ34	1850	850	570	510	16-ϕ34	2050	850	595	525	16-ϕ41	2150
400	600	580	525	16-ϕ30	1800	600	610	550	16-ϕ34	2000	950	655	585	16-ϕ41	2250	950	670	585	16-ϕ48	2400
450	650	640	585	20-ϕ30	1950	650	660	600	20-ϕ34	2100										
500	700	705	650	20-ϕ34	2100	700	730	660	20-ϕ41	2250										
600	800	840	770	20-ϕ41	2150	800	840	770	20-ϕ41	2400										

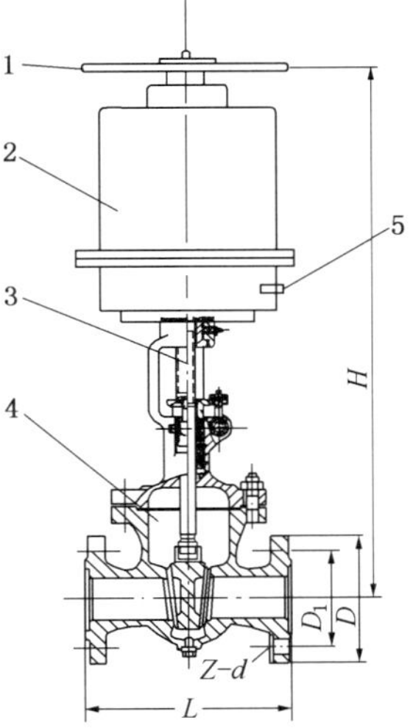

图 8　CFKZ641 气动闸阀

1—手轮；2—气动执行器；3—阀杆；4—闸阀；5—测控点

3. 生产厂

宁波江北新鑫石化机械设备有限责任公司

地址：浙江省宁波市江北工业区华业街 25 号

邮编：315020

电话：0574-87620021

手机：13071995858

附录四　各种标准碳钢(铸)温度压力额定值对照曲线表

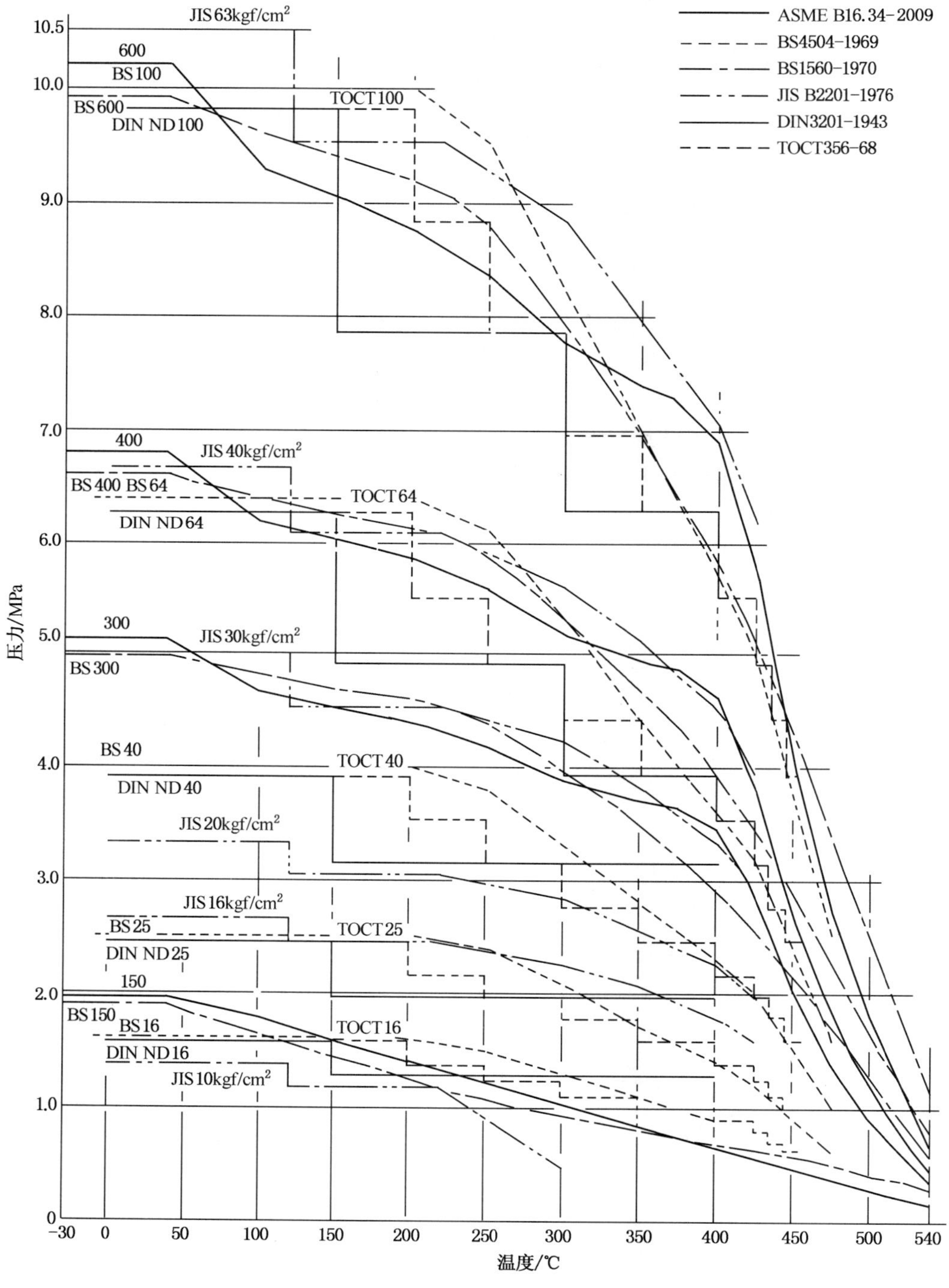

1.《法兰、螺纹和焊连接的阀门》ASME B16. 34—2009 材料规范表(见表 1)

表 1　材料规范表

第1组材料

材料组号	通用名称	锻件		铸件		板材		棒材		管材	
		标准号	牌号	标准号	牌号	标准号	牌号	标准号	牌号	标准号	牌号
1.1	C-Si	A 105		A 216	WCB	A 515	70	A 105			
	C-Mn-Si	A 350	LF2			A 516	70	A 350	LF2	A 672	C 70
						A 537	Cl. 1	A 696	C	A 672	B 70
	3½Ni	A 350	LF3					A 350	LF3		
	C-Mn-Si-V	A 350	LF6 Cl. 1					A 350	LF6 Cl. 1		
1.2	C-Si									A 106	C
	2½Ni			A 352	LC2	A 203	B				
	3½Ni			A 352	LC3	A 203	E				
	C-Mn-Si			A 216	WCC						
				A 352	LCC						
	C-Mn-Si-V	A 350	LF6 Cl. 2					A 350	LF6 Cl. 2		
1.3	C							A 675	70		
	C-Si			A 352	LCB	A 515	65			A 672	B 65
	2½Ni					A 203	A				
	3½Ni					A 203	D				
	C-Mn-Si					A 516	65			A 672	C 65
	C-½Mo			A 217	WC1						
				A 352	LC1						
1.4	C							A 675	60		
								A 675	65		
	C-Si					A 515	60			A 106	B
										A 672	B 60
	C-Mn-Si	A 350	LF1			A 516	60	A 350	LF1	A 672	C 60
								A 696	B		
1.5	C-½Mo	A 182	F1			A 204	A	A 182	F1	A 691	CM-70
						A 204	B				
1.6	½Cr-½Mo					A 387	2 Cl. 1			A 691	½Cr
						A 387	2 Cl. 2				
1.7										A 691	CM-75
	C-½Mo										
	½Cr-½Mo	A 182	F2					A 182	F2		
	Ni-½Cr-½Mo			A 217	WC4						
	¾Ni-Mo-¾Cr			A 217	WC5						
1.8	1Cr-½Mo					A 387	12 Cl. 2				
	1¼Cr-½Mo-Si					A 387	11 Cl. 1			A 691	1¼Cr
	2¼Cr-1Mo					A 387	22 Cl. 1			A 691	2¼Cr
										A 335	P22
										A 369	FP22
1.9	1¼Cr-½Mo-Si	A 182	F11 Cl. 2			A 387	11 Cl. 2	A 182	F11 Cl. 2		
	1¼Cr-½Mo			A 217	WC6			A 739	B11		
1.10	2¼Cr-1Mo	A 182	F22 Cl. 3	A 217	WC9	A 387	22 Cl. 2	A 182	F22 Cl. 3		
								A 739	B22		
1.11	3Cr-1Mo	A 182	F21			A 387	21 Cl. 2	A 182	F21		
	Mn-½Mo					A 302	A & B				
	Mn-½Mo-½Ni					A 302	C				
	Mn-½Mo-¾Ni					A 302	D				
	C-Mn-Si					A 537	CL2				
	C-½Mo					A 204	C				
1.12	5Cr-½Mo					A 387	5 Cl. 1			A 691	5Cr
						A 387	5 Cl. 2			A 335	P5
										A 369	FP5
	5Cr-½Mo-Si									A 335	P5b
1.13	5Cr-½Mo	A 182	F5a	A 217	C5			A 182	F5a		
1.14	9Cr-1Mo	A 182	F9	A 217	C12			A 182	F9		
1.15	9Cr-1Mo-V	A 182	F91	A 217	C12A	A 387	91 Cl. 2	A 182	F91	A 335	P91

第1组材料（续）

材料组号	通用名称	锻件 标准号	锻件 牌号	铸件 标准号	铸件 牌号	板材 标准号	板材 牌号	棒材 标准号	棒材 牌号	管材 标准号	管材 牌号
1.16	C-½Mo									A 335 A 369	P1 FP1
	1Cr-½Mo					A 387	12 Cl. 1			A 691 A 335 A 369	1 Cr. P12 FP12
	1¼Cr-½Mo-Si									A 335 A 369	P11 FP11
1.17	1Cr-½Mo 5Cr-½Mo	A 182 A 182	F12 Cl. 2 F5					A 182 A 182	F12 Cl. 2 F5		
1.18	9Cr-2W-V	A 182	F92					A 182	F92	A 335 A 369	P92 FP92
第2组材料											
2.1	18Cr-8Ni	A 182 A 182	F304 F304H	A 351 A 351 A 351	CF8 CF10 CF3	A 240 A 240	304 304H	A 182 A 182 A 479 A 479	F304 F304H 304 304H	A 312 A 312 A 358 A 376 A 376 A 430 A 430	TP304 TP304H 304 TP304 TP304H FP304 FP304H
2.2	16Cr-12Ni-2Mo	A 182 A 182	F316 F316H	A 351 A 351	CF8M CF10M	A 240 A 240	316 316H	A 182 A 182 A 479 A 479	F316 F316H 316 316H	A 312 A 312 A 358 A 376 A 376 A 430 A 430	TP316 TP316H 316 TP316 TP316H FP316 FP316H
	18Cr-8Ni			A 351	CF3A						
	18Cr-13Ni-3Mo	A 182 A 182	F317 F317H	A 351	CF8A	A 240 A 240	317 317H			A 312 A 312	TP317 TP317H
	19Cr-10Ni-3Mo			A 351 A 351	CG8M CG3M						
2.3	18Cr-8Ni	A 182	F304L	A 351	CF3	A 240	304L	A 182 A 479	F304L 304L	A 312	TP304L
	16Cr-12Ni-2Mo	A 182	F316L	A 351	CF3M	A 240	316L	A 182 A 479	F316L 316L	A 312	TP316L
	18Cr-13Ni-3Mo	A182	F317L					A 182	F317L		
2.4	18Cr-10Ni-Ti	A 182 A 182	F321 F321H			A 240 A 240	321 321H	A 182 A 479 A 182 A 479	F321 321 F321H 321H	A 312 A 312 A 358 A 376 A 376 A 430 A 430	TP321 TP321H 321 TP321 TP321H FP321 FP321H
2.5	18Cr-10Ni-Cb	A 182 A 182 A 182 A 182	F347 F347H F348 F348H			A 240 A 240 A 240 A 240	347 347H 348 348H	A 182 A 182 A 182 A 182 A 479 A 479 A 479 A 479	F347 F347H F348 F348H 347 347H 348 348H	A 312 A 312 A 312 A 312 A 358 A 376 A 376 A 376 A 376 A 430 A 430	TP347 TP347H TP348 TP348H TP347 TP347 TP347H TP348 TP348H FP347 FP347H
2.6	23Cr-12Ni					A 240	309H			A 312 A 358	TP309H 309H
2.7	25Cr-20Ni	A 182	F310H			A 240	310H	A 182 A 479	F310H 310H	A 312 A 358	TP310H 310H

第2组材料（续）

材料组号	通用名称	锻件 标准号	锻件 牌号	铸件 标准号	铸件 牌号	板材 标准号	板材 牌号	棒材 标准号	棒材 牌号	管材 标准号	管材 牌号
2.8	20Cr-18Ni-6Mo	A 182	F44	A 351	CK3MCuN	A 240	S31254	A 182	F44	A 312	S31254
								A 479	S31254	A 358	S31254
	22Cr-5Ni-3Mo-N	A 182	F51	A 351	CD3MN	A 240	S31803	A 182	F51	A 789	S31803
								A 479	S31803	A 790	S31803
	25Cr-7Ni-4Mo-N	A 182	F53			A 240	S32750	A 182	F53	A 789	S32750
								A 479	S32750	A 790	S32750
	24Cr-10Ni-4Mo-V			A 351	CE8MN						
					CD4MCuN						
	25Cr-5Ni-2Mo-3Cu			A 995	1B						
	25Cr-7Ni-3.5Mo-W-Cb			A 995	CD3MWCuN						
					6A					A 789	S32760
	25Cr-7.5Ni-3.5Mo-N-Cu-W	A 182	F55			A 240	S32760	A 479	S32760	A 790	S32760
2.9	23Cr-12Ni					A 240	309S				
	25Cr-20Ni					A 240	310S	A 479	310S		
2.10	25Cr-12Ni			A 351	CH8						
				A 351	CH20						
2.11	18Cr-10Ni-Cb			A 351	CF8C						
2.12	25Cr-20Ni			A 351	CK20						

第3组材料

材料组号	通用名称	锻件 标准号	锻件 牌号	铸件 标准号	铸件 牌号	板材 标准号	板材 牌号	棒材 标准号	棒材 牌号	管材 标准号	管材 牌号
3.1	35Ni-35Fe-20Cr-Cb	B 462	N08020			B 463	N08020	B 462	N08020		
								B 473	N08020	B 464	N08020
										B 468	N08020
3.2	99Ni	B 564	N02200			B 162	N02200	B 160	N02200	B 161	N02200
										B 163	N02200
3.3	99Ni-Low C					B 162	N02201	B 160	N02201		
3.4	67Ni-30Cu	B 564	N04400			B 127	N04400	B 164	N04400	B 165	N04400
				A 494	M-35-1					B 163	N04400
	67Ni-30Cu-S			A 494	M-35-1			B 164	N04405		
3.5	72Ni-15Cr-8Fe	B 564	N06600			B 168	N06600	B 166	N06600		
										B 163	N06600
3.6	33Ni-42Fe-21Cr	B 564	N08800			B 409	N08800	B 408	N08800	B 163	N08800
3.7	65Ni-28Mo-2Fe	B 462	N10665			B 333	N10665	B 335	N10665		
								B 462	N10665	B 622	N10665
		B 564	N10665								
	64Ni-29.5Mo-2Cr-2Fe-Mn-W	B 462	N10675			B 333	N10675	B 335	N10675		
								B 462	N10675	B 622	N10675
		B 564	N10675								
3.8	54Ni-16Mo-15Cr	B 462	N10276			B 575	N10276	B 462	N10276		
								B 574	N10276	B 622	N10276
		B 564	N10276								
	60Ni-22Cr-9Mo-3.5Cb	B 564	N06625			B 443	N06625	B 446	N06625		
	62Ni-28Mo-5Fe					B 333	N10001	B 335	N10001	B 622	N10001
	70Ni-16Mo-7Cr-5Fe					B 434	N10003	B 573	N10003		
	61Ni-16Mo-16Cr					B 575	N06455	B 574	N06455	B 622	N06455
	42Ni-21.5Cr-3Mo-2.3Cu	B 564	N08825			B 424	N08825	B 425	N08825	B 423	N08825
	55Ni-21Cr-13.5Mo	B 462	N06022			B 575	N06022	B 462	N06022	B 622	N06022
		B 564	N06022					B 574	N06022		
	55Ni-23Cr-16Mo-1.6Cu	B 462	N06200			B 575	N06200	B 574	N06200	B 622	N06200
		B 564	N06200								
3.9	47Ni-22Cr-9Mo-18Fe					B 435	N06002	B 572	N06002	B 622	N06002
	21Ni-30Fe-22Cr-18Co-3Mo-3W					B 435	R30556	B 572	R30556	B 622	R30556
3.10	25Ni-47Fe-21Cr-5Mo					B 599	N08700	B 672	N08700		
3.11	44Fe-25Ni-21Cr-Mo					B 625	N08904	B 649	N08904	B 677	N08904
3.12	26Ni-43Fe-22Cr-5Mo					B 620	N08320	B 621	N08320	B 622	N08320
	47Ni-22Cr-20Fe-7Mo					B 582	N06985	B 581	N06985	B 622	N06985
	46Fe-24Ni-21Cr-6Mo-Cu-N	B 462	N08367	A 351	CN3MN	B 688	N08367	B 462	N08367		
								B 691	N08367		
	58Ni-33Cr-8Mo	B 462	N06035			B 575	N06035	B 462	N06035	B 622	N06035
		B 564	N06035					B 574	B06035		

第3组材料（续）

材料组号	通用名称	锻件 标准号	锻件 牌号	铸件 标准号	铸件 牌号	板材 标准号	板材 牌号	棒材 标准号	棒材 牌号	管材 标准号	管材 牌号
3.13	49Ni-25Cr-18Fe-6Mo Ni-Fe-Cr-Mo-Cu-Low C	 B 564	 N08031			B 582 B 625	N06975 N08031	B 581 B 649	N06975 N08031	B 622 B 622	N06975 N08031
3.14	47Ni-22Cr-19Fe-6Mo 40Ni-29Cr-15Fe-5Mo	 B 462	 N06030			B 582 B 582	N06007 N06030	B 581 B 462 B 581	N06007 N06030 N06030	B 622 B 622	N06007 N06030
3.15	42Ni-2Fe-21Cr Ni-Mo Ni-Mo-Cr	B 564	N08810	 A 494 A 494	 N-12MV CW-12MW	B 409	N08810	B 408	N08810	B 407	N08810
3.16	$35Ni-19Cr-1\frac{1}{4}Si$					B 536	N08330	B 511	N08330	B 535	N08330
3.17	$29Ni-20\frac{1}{2}Cr-3\frac{1}{2}Cu-2\frac{1}{2}Mo$			A 351	CN7M						
3.18	72Ni-15Cr-8Fe									B 167	N06600
3.19	57Ni-22Cr-14W-2Mo-La	B 564	N06230			B 435	N06230	B 572	N06230	B 622	N06230

第4组材料

螺栓材料规范（注1）

标准号	牌号	注	标准号	牌号	注
A 193		(2)(3)	B 164		(10)(11)(12)
A 307B		(4)(5)	B 166		(10)(11)
A 320		(2)(3)(6)	B 335	N10665	(10)
A 354			B 335	N10675	(10)
A 449		(7)(8)	B 408		(10)(11)(12)
A 453	651 and 660	(9)	B 473		(10)
A 540			B 574	N10276	(10)
A 564	630	(7)	B 574	N06022	(10)
			B 637	N07718	(10)

通注：

（a）用户有责任确保螺栓材料的使用不超出管理法规规定的限定。

（b）满足于 ASTM 标准要求的 ASME 锅炉与压力容器规范第Ⅱ卷的材料也可以使用。

（c）关于材料的范围、限制和特殊要求在压力－温度额定值表 2 中有规定。

对第 4 组材料的注：

（1）不允许螺栓材料进行补焊。

（2）奥氏体钢螺栓材料，经碳化物固熔处理但未经应变硬化，是 ASTM A193 中的 1 级或 1A 级，推荐使用 ASTM A 194 相应材料的螺母。

（3）奥氏体钢螺栓材料，经碳化物固熔处理和应变硬化，是 ASTM A193 中的 2 级，2B 级或 2C 级，推荐使用 ASTM A 194 相应材料的螺母。

（4）关于强度的应用范围见 5. 1. 2 节。

（5）不能应用于较小规格或钻孔的螺栓。

（6）预定用于低温的铁素体钢螺栓材料，推荐使用 ASTM A 194 牌号 7 的螺母。

（7）与淬火加回火钢螺栓一起使用的螺母是 ASTM A 194 牌号 2 和 2H。

（8）对螺柱的力学性能要求应与螺栓的要求相同。

（9）这些是适合与奥氏体不锈钢阀门材料配用在高温工况的螺栓材料。

（10）螺母可以是相同的材料或可以使 ASTM A 194 相应牌号的材料。

（11）若生产者对最终加热或锻造成的这些零件没有按同一标准中的其他允许条件要求作试验，并未证明其最终的拉伸、屈服、延伸等性能等于或大于作为其他允许条件之一的要求，对锻件质量不得认可。

（12）如材料未经退火，固熔退火或热精整，其最高工作温度设定在 260℃（500℉），因为在蠕变断裂温度范围内淬火对设计应力有不利影响。

2. 部分 ASME B 16. 34—2009 材料的额定值(见表 2-1 表 2-11)

表 2-1　第 1. 1 组材料的额定值

A105①②	A515Cr. 70①	A696Gr. C⑤	A672Gr. B70①
A216GR. WCB①	A516Gr. 70(1)③	A350Gr. LE6. CL④	A672Gr. C70①
A350Gr. LF2①	A537CL. 1⑤	A350Gr. LF3⑥	

注：

①长期处在高于 425℃工况，碳钢的碳化物相可能转化为石墨，允许，但不推荐长期用于高于 425℃工况。

②高于 455℃仅应用于镇静钢。

③超过 455℃不使用。

④超过 260℃不使用。

⑤超过 370℃不使用。

⑥超过 345℃不使用。

A-标准 Class

温度,℃	各压力级的工作压力 Class，bar						
	150	300	600	900	1500	2500	4500
-2938	19. 6	51. 1	102. 1	153. 2	255. 3	425. 5	765. 9
50	19. 2	50. 1	100. 2	150. 4	250. 6	417. 7	751. 9
100	17. 7	46. 6	93. 2	139. 8	233. 0	388. 3	699. 0
150	15. 8	45. 1	90. 2	135. 2	225. 4	375. 6	676. 1
200	13. 8	43. 8	87. 6	131. 4	219. 0	365. 0	657. 0
250	12. 1	41. 9	83. 9	125. 8	209. 7	349. 5	629. 1
300	10. 2	39. 8	79. 6	119. 5	199. 1	331. 8	597. 3
325	9. 3	38. 7	77. 4	116. 1	193. 6	322. 6	580. 7
350	8. 4	37. 6	75. 1	112. 7	187. 8	313. 0	563. 5
375	7. 4	36. 4	72. 7	109. 1	181. 8	303. 1	545. 5
400	6. 5	34. 7	69. 4	104. 2	173. 6	289. 3	520. 8
425	5. 5	28. 8	57. 5	86. 3	143. 8	239. 7	431. 5
450	4. 6	23. 0	46. 0	69. 0	115. 0	191. 7	345. 1
475	3. 7	17. 4	34. 9	52. 3	87. 2	145. 3	261. 5
500	2. 8	11. 8	23. 5	35. 3	58. 8	97. 9	176. 3
538	1. 4	5. 9	11. 8	17. 7	29. 5	49. 2	88. 3

B-特殊 Class

温度,℃	各压力级的工作压力 Class，bar						
	150	300	600	900	1500	2500	4500
-2938	19. 8	51. 7	103. 4	155. 1	258. 6	430. 9	775. 7
50	19. 8	51. 7	103. 4	155. 1	258. 6	430. 9	775. 7
100	19. 8	51. 6	103. 3	154. 9	258. 2	430. 3	774. 5
150	19. 6	51. 0	102. 1	153. 1	255. 2	425. 3	765. 5
200	19. 4	50. 86	101. 1	151. 7	252. 9	421. 4	758. 6
250	19. 4	50. 5	101. 1	151. 6	252. 6	421. 1	757. 9
300	19. 4	50. 5	101. 1	151. 6	252. 6	421. 1	757. 9
325	19. 2	50. 1	100. 2	150. 3	250. 6	417. 6	751. 7
350	18. 7	48. 9	97. 8	146. 7	244. 6	407. 6	733. 7
375	18. 1	47. 1	94. 2	141. 3	235. 5	392. 5	706. 5
400	16. 6	43. 4	86. 8	130. 2	217. 0	316. 7	651. 0
425	13. 8	36. 0	71. 9	107. 9	179. 8	299. 6	539. 3
450	11. 0	28. 8	57. 5	86. 3	143. 8	239. 6	431. 4
475	8. 4	21. 8	43. 6	65. 4	109. 0	181. 6	326. 9
500	5. 6	14. 7	29. 4	44. 1	73. 5	122. 4	220. 4
538	2. 8	7. 4	14. 8	22. 2	36. 9	61. 6	110. 8

表 2-2　第 1. 2 组材料的额定值

A106Gr. C①	A203Gr. B②	A350Gr. LF6CL. 2③	A352Gr. LC3④
A203Gr. B②	A216Gr. WCC②	A352Gr. LC2④	A352Gr. LCC④

注:

①超过 425℃不使用。

②长期处在高于 425℃工况，碳钢的碳化物相可能转化为石墨，允许，但不推荐长期用于高于 425℃工况。

③超过 260℃不使用。

④超过 345℃不使用。

A-标准 Class

温度,℃	各压力级的工作压力 Class，bar						
	150	300	600	900	1500	2500	4500
-2938	19. 8	51. 7	103. 4	155. 1	258. 6	430. 9	775. 7
50	19. 5	51. 7	103. 4	155. 1	258. 6	430. 9	775. 7
100	17. 7	51. 5	103. 0	154. 6	257. 6	429. 4	773. 0
150	15. 8	50. 2	100. 3	150. 5	250. 8	418. 1	752. 6
200	13. 8	48. 6	97. 2	145. 8	243. 2	405. 4	729. 7
250	12. 1	46. 3	92. 7	139. 0	231. 8	386. 2	694. 8
300	10. 2	42. 9	85. 7	128. 6	214. 4	357. 1	642. 6
325	9. 3	41. 4	82. 6	124. 0	206. 6	344. 3	619. 6
350	8. 4	40. 0	80. 0	120. 1	200. 1	333. 5	600. 3
375	7. 4	37. 8	75. 7	113. 5	189. 2	315. 3	567. 5
400	6. 5	34. 7	69. 4	104. 2	173. 6	289. 3	520. 8
425	5. 5	28. 8	57. 5	86. 3	143. 8	239. 7	431. 5
450	4. 6	23. 0	46. 0	69. 0	115. 0	191. 7	345. 1
475	3. 7	17. 1	34. 2	51. 3	85. 4	142. 4	256. 3
500	2. 8	11. 6	23. 2	34. 7	57. 9	96. 5	173. 7
538	1. 4	5. 9	11. 8	17. 7	29. 5	49. 2	88. 6

B-特殊 Class

温度,℃	各压力级的工作压力 Class，bar						
	150	300	600	900	1500	2500	4500
-2938	20. 0	51. 7	103. 4	155. 1	258. 6	430. 9	775. 7
50	20. 0	51. 7	103. 4	155. 1	258. 6	430. 9	775. 7
100	20. 0	51. 7	103. 4	155. 1	258. 6	430. 9	775. 7
150	20. 0	51. 7	103. 4	155. 1	258. 6	430. 9	775. 7
200	20. 0	51. 7	103. 4	155. 1	258. 6	430. 9	775. 7
250	20. 0	51. 7	103. 4	155. 1	258. 6	430. 9	775. 7
300	20. 0	51. 7	103. 4	155. 1	258. 6	430. 9	775. 7
325	20. 0	51. 7	103. 4	155. 1	258. 6	430. 9	775. 7
350	19. 8	51. 1	102. 2	153. 3	255. 5	428. 8	766. 4
375	19. 3	48. 4	96. 7	145. 1	241. 9	403. 1	725. 6
400	19. 3	43. 4	86. 8	130. 2	217. 0	316. 7	651. 0
425	18. 0	36. 0	71. 9	107. 9	179. 8	299. 6	539. 3
450	14. 4	28. 8	57. 5	86. 3	143. 8	239. 6	431. 4
475	10. 7	21. 4	42. 7	64. 1	106. 8	178. 0	320. 4
500	7. 2	14. 5	29. 0	43. 4	72. 4	120. 7	217. 2
538	3. 7	7. 4	14. 8	22. 2	36. 9	61. 6	110. 8

表2-3　第1.3组材料的额定值

A203Gr. A①	A352Gr. LCB④	A516Gr. 65①⑤	A672Gr. B65①
A203Gr. D①	A352Gr. LC1④	A675Gr. 70①⑥⑦	A672Gr. C65①
A217Gr. WC1(2)(3)(8)	A515Gr. 65①		

注：①长期处在高于425℃工况，碳钢的碳化物相可能转化为石墨，允许，但不推荐长期用于高于425℃工况。

② 长期处在470℃工况，碳钢的碳化物相可能转化为石墨，允许，但不推荐长期用于高于470℃工况。

③ 仅使用正火加回火材料。

④ 超过345℃不使用。

⑤ 超过455℃不使用。

⑥ 含铅牌号不应在焊接或高于260℃的工况使用。

⑦ 对高于455℃工况，推荐使用残留硅含量不小于0.10%的镇静钢。

⑧ 未列入ASTM A217中的任何元素的增加应慎重，为了脱氧除了Ca和Mg可以加入外，表1是ASTM A217的材料中禁止加入任何元素。

A-标准Class

温度,℃	各压力级的工作压力Class，bar						
	150	300	600	900	1500	2500	4500
-29~38	18.4	48.0	96.0	144.1	240.1	400.1	720.3
50	18.2	47.5	94.9	142.4	237.3	395.6	712.0
100	17.4	45.3	90.7	136.0	226.7	377.8	680.1
150	15.8	43.9	87.9	131.8	219.7	366.1	659.1
200	13.8	42.5	85.1	127.6	212.7	354.4	638.0
250	12.1	40.8	81.6	122.3	203.9	339.8	611.7
300	10.2	38.7	77.4	116.1	193.4	322.4	580.3
325	9.3	37.6	75.2	112.7	187.9	313.1	563.7
350	8.4	36.4	72.8	109.2	182.0	303.3	545.9
375	7.4	35.0	69.9	104.9	174.9	219.4	524.6
400	6.5	32.6	65.2	97.9	163.1	271.9	489.3
425	5.5	27.3	54.6	81.9	136.5	227.5	409.5
450	4.6	21.6	43.2	64.8	107.9	179.9	323.8
475	3.7	15.7	31.3	47.0	78.3	130.6	235.0
500	2.8	11.1	22.1	33.2	55.4	92.3	166.1
538	1.4	5.9	11.8	17.7	29.5	49.2	88.6

B-特殊Class

温度,℃	各压力级的工作压力Class，bar						
	150	300	600	900	1500	2500	4500
-29~38	20.0	48.0	96.0	144.1	240.1	400.1	720.3
50	20.0	48.0	96.0	144.1	240.1	400.1	720.3
100	20.0	48.0	96.0	144.1	240.1	400.1	720.3
150	20.0	48.0	96.0	144.1	240.1	400.1	720.3
200	20.0	48.0	96.0	144.1	240.1	400.1	720.3
250	20.0	48.0	96.0	144.1	240.1	400.1	720.3
300	20.0	48.0	86.0	144.1	240.1	400.1	720.3
325	20.0	48.0	95.9	143.9	239.8	399.6	719.3
350	19.8	47.3	94.6	141.9	236.5	394.1	709.4
375	19.3	44.9	89.9	134.8	224.7	374.6	674.2
400	19.3	40.8	81.6	122.3	203.9	339.8	611.7
425	17.1	34.1	68.3	102.4	170.6	284.4	511.8
450	13.5	27.0	54.0	81.0	134.9	224.9	404.8
475	9.8	19.6	39.2	58.8	97.9	163.2	293.8
500	6.9	13.8	27.7	41.5	69.2	115.3	207.6
538	3.7	7.4	14.8	22.2	36.9	61.6	110.8

表 2-4　第 1.7 组材料的额定值

A691Gr. CM-75	A182Gr. F2[①]	A217Gr. WC4[①②③]	A217Gr. WC5[②]

注：① 超过538℃不使用。

② 仅使用正火加回火材料。

③ 未列入 ASTM A217 中的任何元素的增加应慎重，为了脱氧，除了 Ca 和 Mg 可以加入外，表 1 中的 ASTM A217 的材料中禁止加入任何元素。

A－标准 Class

温度,℃	各压力级的工作压力 Class，bar						
	150	300	600	900	1500	2500	4500
-29～38	19.8	51.7	103.4	155.1	258.6	430.9	775.7
50	19.5	51.7	103.4	155.1	258.6	460.9	775.7
100	17.7	51.5	103.0	154.6	257.6	429.4	773.0
150	15.8	50.3	100.3	150.6	250.8	418.2	752.8
200	13.8	48.6	97.2	145.8	243.4	405.4	729.8
250	12.1	46.3	92.7	139.0	231.8	386.2	694.8
300	10.2	42.9	85.7	128.6	214.4	357.1	642.6
325	9.3	41.4	82.6	124.0	206.6	344.3	619.6
350	8.4	40.3	80.4	120.7	201.1	335.3	603.3
375	7.4	38.9	77.6	116.5	194.1	323.2	581.8
400	6.5	36.5	73.3	109.8	183.1	304.9	548.5
425	5.5	35.2	70.0	105.1	175.1	291.6	524.7
450	4.6	33.7	67.7	101.4	169.0	281.8	507.0
475	3.7	31.7	63.4	95.1	158.2	263.9	474.8
500	2.8	26.7	53.4	80.1	133.4	222.4	400.3
538	1.4	13.9	27.9	41.8	69.7	116.2	209.2
550	1.4[①]	12.6	25.2	37.8	63.0	105.0	188.9
575	1.4[①]	7.2	14.4	21.5	35.9	59.8	107.7

注：① 仅焊接端阀门和 Class150 法兰端阀门的额定值在 538℃。

B－特殊 Class

温度,℃	各压力级的工作压力 Class，bar						
	150	300	600	900	1500	2500	4500
-29～38	19.8	51.7	103.4	155.1	258.6	430.9	775.7
50	19.8	51.7	103.4	155.1	258.6	430.9	775.7
100	19.8	51.7	103.4	155.1	258.6	430.9	775.7
150	19.8	51.7	103.4	155.1	258.6	430.9	775.7
200	19.8	51.7	103.4	155.1	258.6	430.9	775.7
250	19.8	51.7	103.4	155.1	258.6	430.9	775.7
300	19.8	51.7	103.4	155.1	258.6	430.9	775.7
325	19.8	51.7	103.4	155.1	258.6	430.9	775.7
350	19.8	51.5	102.8	154.3	257.1	428.6	771.4
375	19.3	50.6	101.0	151.5	252.5	450.9	757.4
400	19.3	50.3	100.6	150.6	251.2	418.3	753.2
425	19.0	49.6	99.3	148.9	248.2	413.7	744.6
450	18.1	47.3	94.4	141.4	235.8	393.1	707.6
475	16.4	42.8	85.5	128.2	213.7	356.3	641.3
500	12.8	33.4	66.7	100.1	166.8	278.0	500.3
538	6.7	17.4	34.9	52.3	87.2	145.3	261.5
550	6.0	15.7	31.5	47.2	78.7	131.2	236.2
575	3.4	9.0	17.9	26.9	44.9	74.8	134.6

表 2-5　第 1.9 组材料的额定值

A182Gr. F11 Cl. 2①②	A217Gr. WC6①②③	A387Gr. 11 Cl. 2②	A739Gr. B11②

注：①仅用于正火加回火材料。

②允许，但不推荐长期用于高于 595℃。

③超过 595℃不使用。

④未列入 ASTM A217 中任何元素的增加应慎重，为了脱氧除了 Ca 和 Mg 可以加入外，表 1 中的 ASTM A217 的材料中禁止加入任何元素。

A-标准 Class

温度,℃	各压力级的工作压力 Class，bar						
	150	300	600	900	1500	2500	4500
-2938	19.8	51.7	103.4	155.1	258.6	430.9	775.7
50	19.5	51.7	103.4	155.1	258.6	430.9	775.7
100	17.7	51.5	103.0	154.4	257.4	429.0	772.2
150	15.8	49.7	99.5	149.2	248.7	414.5	746.2
200	13.8	48.0	95.9	143.9	239.8	399.6	719.4
250	12.1	46.3	92.7	139.0	231.8	386.2	694.8
300	10.2	42.9	85.7	128.6	214.4	357.1	642.6
325	9.3	41.4	82.6	124.0	206.6	344.3	619.6
350	8.4	40.3	80.4	120.7	201.1	335.3	603.3
375	7.4	38.9	77.6	116.5	194.1	323.2	581.8
400	6.5	36.5	73.3	109.8	183.1	304.9	548.5
425	5.5	35.2	70.0	105.1	175.1	291.6	524.7
450	4.6	33.7	67.7	101.4	169.0	281.8	507.0
475	3.7	31.7	63.4	95.1	158.2	263.9	474.8
500	2.8	25.7	51.5	77.2	128.6	214.4	385.9
538	1.4	14.9	29.8	44.7	74.5	124.1	223.4
550	1.4①	12.7	25.4	38.1	63.5	105.9	190.6
575	1.4①	8.8	17.6	26.4	44.0	73.4	132.0
600	1.4①	6.1	12.2	18.3	30.5	50.9	91.6
625	1.4①	4.3	8.5	12.8	20.3	35.5	63.9
650	1.0①	2.8	5.7	8.5	14.2	23.6	42.6

注：①法兰端阀门的额定值限定在 538℃

B-特殊 Class

温度,℃	各压力级的工作压力 Class，bar						
	150	300	600	900	1500	2500	4500
-2938	19.8	51.7	103.4	155.1	258.6	430.9	775.7
50	19.8	51.7	103.4	155.1	258.6	430.9	775.7
100	19.8	51.7	103.4	155.1	258.6	430.9	775.7
150	19.8	51.7	103.4	155.1	258.6	430.9	775.7
200	19.8	51.7	103.4	155.1	258.6	430.9	775.7
250	19.8	51.7	103.4	155.1	258.6	430.9	775.7
300	19.8	51.7	103.4	155.1	258.6	430.9	775.7
325	19.8	51.7	103.4	155.1	258.6	430.9	775.7
350	19.8	51.5	102.8	154.3	257.1	428.6	771.4
375	19.3	50.6	101.0	151.5	252.5	420.9	757.4
400	19.3	50.3	100.6	150.0	251.2	418.3	753.2
425	19.0	49.6	99.3	148.9	248.2	413.7	744.6
450	18.1	47.3	94.4	141.4	235.8	393.1	707.6
475	16.4	42.8	85.5	128.2	213.7	356.3	641.3
500	12.3	32.2	64.3	96.5	160.8	268.0	482.4
538	7.1	18.6	37.2	55.8	93.1	155.1	279.2
550	6.1	15.9	31.8	47.7	79.4	132.4	238.3
575	4.2	11.0	22.0	33.0	55.0	91.7	165.1
600	2.9	7.6	15.3	22.9	38.2	63.6	114.5
625	2.0	5.3	10.6	16.0	26.6	44.4	79.9
650	1.4	3.5	7.1	10.6	17.7	29.5	53.2

表 2-6 第 1.10 组材料的额定值

A182Gr. F22 Cl. 3①	A217Gr. WC9②③④	A387Gr. 22 Cl. 2①	A739Gr. B22②

注：①允许，但不推荐长期用于高于 595℃。
②仅用于正火加回材料。
③超过 595℃不使用。
④未列入 ASTM A217 中任何元素的增加应慎重，为了脱氧除了 Ca 和 Mg 可以加入外，表 1 中的 ASTM A217 的材料中禁止加入任何元素。

A-标准 Class

温度,℃	各压力级的工作压力 Class，bar						
	150	300	600	900	1500	2500	4500
-2938	19.8	51.7	103.4	155.1	258.6	430.9	775.7
50	19.5	51.7	103.4	155.1	258.6	430.9	775.7
100	17.7	51.5	103.0	154.6	257.6	429.4	773.0
150	15.8	50.3	100.3	150.6	250.8	418.2	752.8
200	13.8	48.6	97.2	145.8	243.4	405.4	729.8
250	12.1	46.3	92.7	139.0	231.8	386.2	694.8
300	10.2	42.9	85.7	128.6	214.4	357.1	642.6
325	9.3	41.4	82.6	124.0	206.6	344.3	619.6
350	8.4	40.3	80.4	120.7	201.1	335.3	603.3
375	7.4	38.9	77.6	116.5	194.1	323.2	581.8
400	6.5	36.5	73.3	109.8	183.1	304.9	548.5
425	5.5	35.2	70.0	105.1	175.1	291.6	524.7
450	4.6	33.7	67.7	101.4	169.0	281.8	507.0
475	3.7	31.7	63.4	95.1	158.2	263.9	474.8
500	2.8	28.2	56.5	84.7	140.9	235.0	423.0
538	1.4	18.4	36.9	55.3	92.2	153.7	276.6
550	1.4①	15.6	31.3	46.9	78.2	130.3	234.5
575	1.4①	10.5	21.1	31.6	52.6	87.7	157.9
600	1.4①	6.9	13.8	20.7	34.4	57.4	103.3
625	1.4①	4.5	8.9	13.4	22.3	37.2	66.9
650	1.0①	2.8	5.7	8.5	14.2	23.6	42.6

注：①法兰端阀门的额定值限定在 538℃

B-特殊 Class

温度,℃	各压力级的工作压力 Class，bar						
	150	300	600	900	1500	2500	4500
-2938	19.8	51.7	103.4	155.1	258.6	430.9	775.7
50	19.8	51.7	103.4	155.1	258.6	430.9	775.7
100	19.8	51.6	103.2	154.9	258.1	430.2	774.3
150	19.5	51.0	101.9	152.9	254.8	424.6	764.3
200	19.3	50.2	100.4	150.7	251.1	418.5	753.4
250	19.2	50.0	100.0	149.9	249.9	416.5	749.7
300	19.1	49.8	99.6	149.3	248.9	414.8	746.7
325	19.0	49.6	99.2	148.8	248.0	413.3	743.9
350	18.9	49.2	98.4	147.6	246.0	410.0	738.1
375	18.7	48.8	97.5	146.3	243.8	406.3	731.3
400	18.7	48.8	97.5	146.3	243.8	406.3	731.3
425	18.7	48.8	97.5	146.3	243.8	406.3	731.3
450	18.1	47.3	94.4	141.4	235.8	393.1	707.6
475	16.4	42.8	85.5	128.2	213.7	356.3	641.3
500	13.7	35.6	71.5	107.1	178.6	297.5	535.3
538	8.8	23.0	46.1	69.1	115.2	192.1	345.7
550	7.5	19.5	39.1	58.6	97.7	162.8	293.1
575	5.0	13.2	26.3	39.5	65.8	109.7	197.4
600	3.3	8.6	17.2	25.8	43.0	71.7	129.1
625	2.1	5.6	11.2	16.7	27.9	46.5	83.7
650	1.4	3.5	7.1	10.6	17.7	29.5	53.2

表2-7　第1.13组材料的额定值

A182Gr. F5a	A217Gr. C5[①②]

注：①仅使用经正火加回火的材料。

②未列入ASTM A217中的任何元素的增加应慎重，为了脱氧除了Ca和Mg可以加入外，表1中的ASTM A217的材料中禁止加入任何元素。

A-标准Class

温度,℃	各压力级的工作压力Class，bar						
	150	300	600	900	1500	2500	4500
-29~38	20.0	51.7	103.4	155.1	258.6	430.9	775.7
50	19.5	51.7	103.4	155.1	258.6	430.9	775.7
100	17.7	51.5	103.0	154.6	257.6	429.4	773.0
150	15.8	50.3	100.3	150.6	250.8	418.2	752.8
200	13.8	48.6	97.2	145.8	243.4	405.4	729.8
250	12.1	46.3	92.7	139.0	231.8	386.2	684.8
300	10.2	42.9	85.7	128.6	214.4	357.1	642.6
325	9.3	41.4	82.6	124.0	206.6	344.3	619.6
350	8.4	40.3	80.4	120.7	201.1	335.3	603.3
375	7.4	38.9	77.6	116.5	194.1	323.2	581.8
400	6.5	36.6	73.3	109.8	183.1	304.9	548.5
425	5.5	35.2	70.0	105.1	175.1	291.6	524.7
450	4.6	33.7	67.7	101.4	169.0	281.8	507.0
475	3.7	27.9	55.7	83.6	139.3	232.1	417.8
500	2.8	21.4	42.8	64.1	106.9	178.2	320.7
538	1.4	13.7	27.4	41.1	68.6	114.3	205.7
550	1.4[①]	12.0	24.1	36.1	60.2	100.4	180.7
575	1.4[①]	8.9	17.8	26.7	44.4	74.0	133.3
600	1.4[①]	6.2	12.5	18.7	31.2	51.9	93.5
625	1.4[①]	4.0	8.0	12.0	20.0	33.3	59.9
650	0.9[①]	2.4	4.7	7.1	11.8	19.7	35.5

注：①法兰端阀门的额定值限定在538℃。

B-特殊Class

温度,℃	各压力级的工作压力Class，bar						
	150	300	600	900	1500	2500	4500
-29~38	20.0	51.7	103.4	155.1	258.6	430.9	775.7
50	20.0	51.7	103.4	155.1	258.6	430.9	775.7
100	20.0	51.7	103.4	155.1	258.6	430.9	775.7
150	20.0	51.7	103.4	155.1	258.6	430.9	775.7
200	20.0	51.7	103.4	155.1	258.6	430.9	775.7
250	20.0	51.7	103.4	155.1	258.6	430.9	775.7
300	20.0	51.7	103.4	155.1	258.6	430.9	775.7
325	20.0	51.7	103.4	155.1	258.6	430.9	775.7
350	19.8	51.5	102.8	154.3	257.1	428.6	771.4
375	19.3	50.6	101.0	151.5	252.5	420.9	757.4
400	19.3	50.3	100.6	150.6	251.2	418.3	753.2
425	19.0	49.6	99.3	148.9	248.2	413.7	744.6
450	18.1	45.2	90.3	135.5	225.9	376.5	677.6
475	16.4	34.8	69.6	104.5	174.1	290.2	522.3
500	13.4	26.7	53.4	80.2	133.6	222.7	40.9
538	8.6	17.1	34.3	51.4	85.7	142.8	257.1
550	7.5	15.1	30.1	45.2	75.3	125.5	225.9
575	5.6	11.1	22.2	33.3	55.5	92.5	166.6
600	3.9	7.8	15.6	23.4	38.9	64.9	116.8
625	2.5	5.0	10.0	15.0	24.9	41.6	74.8
650	1.5	3.0	5.9	8.9	14.8	24.6	44.3

表 2-8　第 2.1 组材料的额定值

A182Gr. F304①	A312Gr. TP304①	A358Gr. 304①	A430Gr. FP304H
A182Gr. F304H	A312Gr. TP304H	A376Gr. TP304①	A479Gr. 304①
A240Gr. 304①	A351Gr. CF10①	A376Gr. TP304H①	A479Gr. 304H
A240Gr. 304H	A351Gr. CF8	A430Gr. TP304	

注：① 在温度超过 538℃时，仅当碳含量等于或高于 0.04%时才使用。

A - 标准 Class

温度,℃	各压力级的工作压力 Class，bar						
	150	300	600	900	1500	2500	4500
-29~38	19.0	49.6	99.3	148.9	248.2	413.7	744.6
50	18.3	47.8	95.6	143.5	239.1	398.5	717.3
100	15.7	40.9	81.7	122.6	204.3	340.4	612.8
150	14.2	37.0	74.0	111.0	185.0	308.4	555.1
200	13.2	34.5	69.0	103.4	172.4	287.3	517.2
250	12.1	32.5	65.0	97.5	162.4	270.7	487.3
300	10.2	30.9	61.8	92.7	154.6	257.6	463.7
325	9.3	30.2	60.4	90.7	151.1	251.9	453.3
350	8.4	29.6	59.3	88.9	148.1	246.9	444.4
375	7.4	29.0	58.1	87.1	145.2	241.9	435.5
400	6.5	28.4	56.9	85.3	142.2	237.0	426.6
425	5.5	28.0	56.0	84.0	140.0	233.3	419.9
450	4.6	27.4	54.8	82.2	137.0	228.4	411.1
475	3.7	26.9	53.9	80.8	134.7	224.5	404.0
500	2.8	26.5	53.0	79.5	132.4	220.7	397.3
538	1.4	24.4	48.9	73.3	122.1	203.6	366.4
550	1.4①	23.6	47.1	70.7	117.8	196.3	353.4
575	1.4①	20.8	41.7	62.5	104.2	173.7	312.7
600	1.4①	16.9	33.8	50.6	84.4	140.7	253.2
625	1.4①	13.8	27.6	41.4	68.9	114.9	206.8
650	1.4①	11.3	22.5	33.8	56.3	93.8	168.9
675	1.4①	9.3	18.7	28.0	46.7	77.9	140.2
700	1.4①	8.0	16.1	24.1	40.1	66.9	120.4
725	1.4①	6.8	13.5	20.3	33.8	56.3	101.3
750	1.4①	5.8	11.6	17.3	28.9	48.1	86.7
775	1.4①	4.6	9.0	13.7	22.8	38.0	68.4
800	1.2①	3.5	7.0	10.5	17.4	29.2	52.6
816	1.0①	2.8	5.9	8.6	14.1	23.8	42.7

注：① 法兰端阀门的额定值限定在 538℃。

A182Gr. F304 ①	A312Gr. TP304 ①	A358Gr. 304 ①	A430Gr. FP304H
A182Gr. F304H	A312Gr. TP304H	A376Gr. TP304 ①	A479Gr. 304 ①
A240Gr. 304 ①	A351Gr. CF10	A376Gr. TP304H	A479Gr. 304H
A240Gr. 304H	A351Gr. CF8 ①	A430Gr. FP304 ①	

注：① 在温度超过 538℃时，仅当碳含量等于或高于 0.04%时才使用。

B－特殊 Class

温度,℃	各压力级的工作压力 Class，bar						
	150	300	600	900	1500	2500	4500
-29～38	19.8	51.7	103.4	155.1	258.6	430.9	775.7
50	19.4	50.5	101.0	151.5	252.5	420.8	757.4
100	17.5	45.6	91.2	136.8	228.0	380.0	683.9
150	15.8	41.3	82.6	123.9	206.5	344.2	619.6
200	14.8	38.5	77.0	115.4	192.4	320.7	577.2
250	13.9	36.3	72.5	108.8	181.7	302.2	543.9
300	13.2	34.5	69.0	103.5	172.5	287.5	517.5
325	12.9	33.7	67.5	101.2	168.7	281.1	506.0
350	12.7	33.1	66.1	99.2	165.3	275.5	496.0
375	12.4	32.4	64.8	97.2	162.0	270.0	486.0
400	12.2	31.7	63.5	95.2	158.7	264.5	476.1
425	12.0	31.2	62.5	93.7	156.2	260.4	468.7
450	11.7	30.6	61.2	91.8	153.0	254.9	458.9
475	11.5	30.1	60.1	90.2	150.3	250.5	450.9
500	11.3	29.6	59.1	88.7	147.8	246.4	443.5
538	11.0	28.6	57.3	85.9	143.1	238.5	429.4
550	10.9	28.4	56.8	85.1	141.9	236.5	425.7
575	10.0	26.1	52.1	78.2	130.3	217.2	390.9
600	8.1	21.1	42.2	63.3	105.5	175.8	316.5
625	6.6	17.2	34.5	51.7	86.2	143.6	258.5
650	5.4	14.1	28.2	42.2	70.4	117.3	211.2
675	4.5	11.7	23.4	35.1	58.4	97.4	175.3
700	4.1	10.7	21.3	32.0	53.3	88.9	160.0
725	3.5	9.2	18.5	27.7	46.2	77.0	138.6
750	2.8	7.4	14.8	22.1	36.7	61.2	110.3
775	2.2	5.8	11.4	17.2	28.5	47.6	85.6
800	1.8	4.4	8.8	13.2	22.0	36.6	65.6
816	1.4	3.4	7.2	10.7	17.9	29.6	53.1

表 2-9　第 2.2 组材料的额定值

A182Gr. F316①	A312Gr. TP316①	A351Gr. CF8A②	A430Gr. FP316①
A182Gr. F316H	A312Gr. TP316H	A351Gr. CF8M①	A430Gr. FP316H①
A182Gr. F317①	A312Gr. TP317①	C358Gr. 316①	A479Gr. 316
A240Gr. 316①	A351Gr. CF3A②	A376Gr. TP316①	A479Gr. 316H
A240Gr. 316H	A351Gr. CF10M	A376Gr. TP316H	A351Gr. CG8M④
A240Gr. 317①	A351Gr. CG3M③		

注：① 在温度超过 538℃时，仅当碳含量等于或高于 0.04% 时才使用。
② 超过 345℃时不使用。
③ 超过 455℃时不使用。
④ 超过 538℃时不使用。

A－标准 Class

温度，℃	各压力级的工作压力 Class，bar						
	150	300	600	900	1500	2500	4500
-29 ~ 38	19.0	49.6	99.3	148.9	248.2	413.7	744.6
50	18.4	48.1	96.2	144.3	240.2	400.9	721.7
100	16.2	42.2	84.4	126.6	211.0	351.6	632.9
150	14.8	38.5	77.0	115.5	192.5	320.8	577.4
200	13.7	35.7	71.3	107.0	178.3	297.2	534.9
250	12.1	33.4	66.8	100.1	166.9	278.1	500.6
300	10.2	31.6	63.2	94.9	158.1	263.5	474.3
325	9.3	30.9	61.8	92.7	154.4	257.4	463.3
350	8.4	30.3	60.7	91.0	151.6	252.7	454.9
375	7.4	29.9	59.8	89.6	149.4	249.0	448.2
400	6.5	29.4	58.9	88.3	147.2	245.3	441.6
425	5.5	29.1	58.3	87.4	145.7	242.9	437.1
450	4.6	28.8	57.7	86.5	144.2	240.4	432.7
475	3.7	28.7	57.3	86.0	143.4	238.9	430.1
500	2.8	28.2	56.5	84.7	140.9	235.0	423.0
538	1.4	25.2	50.0	75.2	125.5	208.9	375.8
550	1.4①	25.0	49.8	74.8	124.9	208.0	374.2
575	1.4①	24.0	47.9	71.8	119.7	199.5	359.1
600	1.4①	19.9	39.8	59.7	99.5	165.9	298.6
625	1.4①	15.8	31.6	47.4	79.1	131.8	237.2
650	1.4①	12.7	25.3	38.0	63.3	105.5	189.9
675	1.4①	10.3	20.6	31.0	51.6	86.0	154.8
700	1.4①	8.4	16.8	25.1	41.9	69.8	125.7
725	1.4①	7.0	14.0	21.0	34.9	58.2	104.8
750	1.4①	5.9	11.7	17.6	29.3	48.9	87.9
775	1.4①	4.6	9.0	13.7	22.8	38.0	68.4
800	1.2①	3.5	7.0	10.5	17.4	29.2	52.6
816	1.0①	2.8	5.9	8.6	14.1	23.8	42.7

注：① 法兰端阀门的额定值限定在 538℃。

第 2.2 组材料的额定值

A182Gr. F316①	A312Gr. TP316①	A351Gr. CF8A②	A430Gr. FP316①
A182Gr. F316H	A312Gr. TP316H	A351Gr. CF8M①	A430Gr. FP316H
A182Gr. F317①	A312Gr. TP317①	C358Gr. 316①	A479Gr. 316①
A240Gr. 316①	A351Gr. CF3A②	A376Gr. TP316①	A479Gr. 316H
A240Gr. 316H	A351Gr. CF10M	A376Gr. TP316H	A351Gr. CG8M④
A240Gr. 317①	A351Gr. CG3M③		

注：①在温度超过 538℃时，仅当碳含量等于或高于 0.04%时才使用。

②超过 345℃时不使用。

③超过 455℃时不使用。

④超过 538℃时不使用。

B-特殊 Class

温度，℃	各压力级的工作压力 Class，bar						
	150	300	600	900	1500	2500	4500
-2938	19.8	51.7	103.4	155.1	258.6	430.9	775.7
50	19.5	50.8	101.4	152.5	254.1	423.5	762.3
100	18.1	47.1	94.2	141.3	235.5	392.4	706.4
150	16.5	43.0	85.9	128.9	214.8	358.0	644.4
200	15.3	39.8	79.6	119.4	199.0	331.7	597.0
250	14.3	37.3	74.5	111.8	186.3	310.4	558.8
300	13.5	35.3	70.6	105.9	176.4	294.1	529.3
325	13.2	34.5	68.9	103.4	172.3	287.2	517.0
350	13.0	33.8	67.7	101.5	169.2	282.1	507.7
375	12.8	33.3	66.7	100.0	166.7	277.9	500.2
400	12.6	32.9	65.7	98.6	164.3	273.8	492.9
425	12.5	32.5	65.1	97.6	162.6	271.1	487.9
450	12.3	32.2	64.4	96.6	161.0	268.3	482.9
475	12.3	32.0	64.0	96.0	160.0	266.6	480.0
500	12.2	31.7	63.4	95.1	158.6	264.3	475.7
538	11.0	29.0	57.9	86.9	145.1	241.7	435.1
550	11.0	29.0	57.9	86.9	145.1	241.7	435.1
575	10.9	28.6	57.1	85.7	143.0	238.3	428.8
600	9.5	24.9	49.8	74.6	124.4	207.3	373.2
625	7.6	19.8	38.5	59.3	98.8	164.7	296.5
650	6.1	15.8	31.7	47.5	79.1	131.9	237.4
675	4.9	12.9	25.8	38.7	64.5	107.5	193.5
700	4.4	11.4	22.8	34.3	57.1	95.2	171.3
725	3.7	9.5	19.1	28.6	47.7	79.5	143.0
750	2.8	7.4	14.8	22.1	36.7	61.2	110.3
775	2.2	5.8	11.4	17.2	28.5	47.6	85.6
800	1.8	4.4	8.8	13.2	22.0	36.6	65.6
816	1.4	3.4	7.2	10.7	17.9	29.6	53.1

表 2-10　第 2.3 组材料的额定值

A182Gr. F304L①	A240Gr. 304L①	A312Gr. TP316L	A479Gr. 304L①
A182Gr. F316L	A240Gr. 316L	A351Gr. CF3①	A479Gr. 316L
A182Gr. F317L	A312Gr. TP304L①	A351Gr. CF3M①	

注：①超过 425℃时不使用。

A-标准 Class

温度,℃	各压力级的工作压力 Class，bar						
	150	300	600	900	1500	2500	4500
-2938	15. 9	41. 4	82. 7	124. 1	206. 8	344. 7	620. 5
50	15. 3	40. 0	80. 0	120. 1	200. 1	333. 5	600. 3
100	13. 3	34. 8	69. 6	104. 4	173. 9	289. 9	521. 8
150	12. 0	31. 4	62. 8	94. 8	157. 0	261. 6	470. 9
200	11. 2	29. 2	58. 3	87. 5	145. 8	243. 0	437. 3
250	10. 5	27. 5	54. 9	82. 4	137. 3	228. 9	412. 0
300	10. 0	26. 1	52. 1	78. 2	130. 2	217. 2	391. 0
325	9. 3	25. 5	51. 0	76. 4	127. 4	212. 3	382. 2
350	8. 4	25. 1	50. 1	75. 2	125. 4	208. 9	600. 3
375	7. 4	24. 8	49. 5	74. 3	123. 8	206. 3	371. 3
400	6. 5	24. 3	48. 6	72. 9	121. 5	202. 5	364. 6
425	5. 5	23. 9	47. 7	71. 6	119. 3	198. 8	357. 9
450	4. 6	23. 4	46. 8	70. 2	117. 1	195. 1	351. 2

B-特殊 Class

温度,℃	各压力级的工作压力 Class，bar						
	150	300	600	900	1500	2500	4500
-2938	17. 7	46. 2	92. 3	138. 5	230. 9	384. 8	692. 6
50	17. 1	44. 7	89. 3	134. 0	223. 3	372. 2	670. 0
100	14. 9	38. 8	77. 7	116. 5	194. 1	323. 6	582. 4
150	13. 4	35. 0	70. 0	105. 1	175. 2	291. 9	525. 5
200	12. 5	32. 5	65. 1	97. 6	162. 7	271. 2	488. 1
250	11. 8	30. 7	61. 3	92. 0	153. 3	255. 4	459. 8
300	11. 2	29. 1	58. 1	87. 3	145. 5	242. 4	436. 4
325	10. 9	28. 4	56. 9	85. 3	142. 3	237. 0	426. 6
350	10. 7	28. 0	56. 0	83. 9	139. 9	233. 2	419. 7
375	10. 6	27. 6	55. 2	82. 9	138. 1	230. 2	414. 4
400	10. 4	27. 1	54. 3	81. 4	135. 6	226. 0	406. 9
425	10. 2	26. 6	53. 3	79. 9	133. 1	221. 9	399. 4
450	10. 0	26. 1	52. 3	78. 4	130. 6	217. 7	391. 9

表 2-11　第 3.7 组材料的额定值

B333Gr. N10665①	B335Gr. N10675①	B564Gr. N10665①	B622Gr. N10675①
B333Gr. N10675①	B462Gr. N10665①	B564Gr. N10675①	
B335Gr. N10665①	B462Gr. N10675①	B622Gr. N10665①	

注：① 仅使用经固溶退火的材料。

A－标准 Class

温度,℃	各压力级的工作压力 Class，bar						
	150	300	600	900	1500	2500	4500
－29～38	20.0	51.7	103.4	155.1	258.6	430.9	775.7
50	19.5	51.7	103.4	155.1	258.6	430.9	775.7
100	17.7	51.5	103.0	154.6	257.6	129.4	773.0
150	15.8	50.3	100.3	150.6	250.8	418.2	752.8
200	13.8	48.6	97.2	145.8	243.4	405.4	729.8
250	12.1	46.3	92.7	139.0	231.8	386.2	694.8
300	10.2	42.9	85.7	128.6	214.4	357.1	642.6
325	9.3	41.4	82.6	124.0	206.6	344.3	619.6
350	8.4	40.3	80.4	120.7	201.1	335.3	603.3
375	7.4	38.9	77.6	116.5	194.1	323.2	581.8
400	6.5	36.5	73.3	109.8	183.1	304.9	548.5
425	5.5	35.2	70.0	105.1	175.1	291.6	524.7

B－特殊 Class

温度,℃	各压力级的工作压力 Class，bar						
	150	300	600	900	1500	2500	4500
－29～38	20.0	51.7	103.4	155.1	258.6	430.9	775.7
50	20.0	51.7	103.4	155.1	258.6	430.9	775.7
100	20.0	51.7	103.4	155.1	258.6	430.9	775.7
150	20.0	51.7	103.4	155.1	258.6	430.9	775.7
200	20.0	51.7	103.4	155.1	258.6	430.9	775.7
250	20.0	51.7	103.4	155.1	258.6	430.9	775.7
300	20.0	51.7	103.4	155.1	258.6	430.9	775.7
325	20.0	51.7	103.4	155.1	258.6	430.9	775.7
350	19.8	51.5	102.8	154.3	257.1	428.6	771.4
375	19.3	50.6	101.0	151.5	252.5	420.9	757.4
400	19.3	50.3	100.6	150.6	251.2	418.3	753.2
425	19.0	49.6	99.3	148.9	248.2	413.7	744.6

附录五　阀门生产厂简称及通讯录

序号	简称	生产厂	地址	邮政编码	联系人	联系人电话	联系人手机号	联系人 email	联系人传真
1	北阀	北京阀门总厂(集团)有限公司	北京市大兴区庞各庄镇绿海路 3 号	102601	胡新责	010 －89283800	15120023423	bvmc@ bvmc. cc	010 －89283802
2	北阀科技	北阀科技集团有限公司	北京经济技术开发区万源街 18 号	100176	刘力	010 －67869342	13701055834	beifa@ chinabeifa. com	010 －67867082
3	江南	上海江南造船阀门有限公司	上海市黄埔区半淞园路 698 号	200011	黄作兴	021 －63142013	13587622483	shjn_valve@ 163. com	021 －63137502
					孔载	021 －63138188	13901618738		
4	上阀五	上海通用阀门真空设备有限公司阀门五厂	上海市民和路 177 号	200070	沈制宪	021 －56326531	13916386191	shenzhixian5408@ 163. com	021 －66086408
5	良工	上海良工阀门厂有限公司	上海市宝山区锦宏路 68 号	201901	蔡精华	021 －56391000 －8020	13681849815	LG01@ LGVF. COM	021 －56391887
6	汉威	上海浦东汉威阀门有限公司	上海市浦东新区机场镇段路 245 号	201202	陆正元	021 －68783965	13901994606	zhengyuan. lu@ cvvt. cc	021 －68783966
7	S. N. J	上海耐莱斯·詹姆斯伯雷阀门有限公司	上海市浦东金桥出口加工区秦桥路 333 号	201206	朱瑞源	021 －61006611 －6145	13917888256	zhury@ snjvalve. com	021 －61043217
8	梅陇	上海梅陇阀门制造有限公司	上海市春申路 2328 号—4 号厂区	201104	俞跃平	021 －64766540	13701735365	LUZHENGGAO@ MLFM. COM. CN	021 －54383967
9	上阀二	上海阀门二厂有限公司	上海市闵行区航中路 665 号	201105	陶珏	021 －64203327	13651682029	shanghaifamen2@ 163. com	021 －64203727
10	弘盛	上海弘盛特种阀门制造有限公司	上海市金山区金百路 368 号	201506	张刚	021 －67222688	13386059899	Zgang@ pipeline －Valve, com. cn	021 －67228566

续表

序号	简称	生产厂	地址	邮政编码	联系人	联系人电话	联系人手机号	联系人 email	联系人传真
11	上阀	上海阀门厂有限公司	上海市安亭众百路 111 号	201814	潘培发	021 – 59503054	13681838601	svf@ svf. com. cn	021 – 59578580
12	安科	安科特种阀门有限公司	上海市奉贤区拓林镇新伸路 19 号	201416	卓昆明	021 – 57493999	13811639988	sales – zsy@ shkvalve. com	021 – 57493555
13	凯科	上海凯科阀门制造有限公司	上海市嘉定工业区世盛路 999 号	201815	王鸥翔	021 – 59962788	13916022131	w – o – x@ yeah. net	021 – 59963738
14	远东	上海远东高中压阀门有限公司	上海市宝山区顾村工业园富联二路 318 号	201906	叶水来	021 – 33854860	13681648888	sfev@ live. cn	021 – 33854869
15	开维喜	上海开维喜阀门集团有限公司	上海市奉贤区拓林镇北村路 199 号	201416	卓昆明	010 – 84984188 – 607	13811639988	zhuokunming@ 163. com	010 – 84984288
16	冠龙	上海冠龙阀门机械有限公司	上海嘉定区南翔镇德园路 815 号	201802	唐朝川	027 – 82754571	13971258920	karonhzwh@ 163. com	027 – 82754597
17	凯特	上海凯特阀门制造有限公司	上海市大众工业园区三区众川路 99 号	201814	王镇	021 – 59508442	13818099116	wangzhen@ vip. 163. com	021 – 59508499
18	凯工	上海凯工阀门有限公司	上海市嘉定工业区宝线公路 3788 号	201815	钱小海	021 – 59963887	13817363533	qxhqzi@ 163. com	021 – 59965788
19	津三	天津第三阀门厂	天津市南开区西营大街 84 号	300121					
20	津阀	天津市阀门厂	天津市东丽区金钟河道（大毕庄西）	300251		022 – 26337449 022 – 26776096			022 – 26321181
21	银球	天津市银球机械制造有限公司	天津市潘庄工业园区六经路 1 号(厂址)	301508	李生辉	022 – 69516969 022 – 69318888	13803090899	网址:www. ylnqlu. cn 邮箱:ylnqlujixle@ 163. com	022 – 69516968
			天津市河北区金钟河大街 549 号(销售处)	300241	李能彬	022 – 69516969 022 – 69318888	13821228989	网址:www. ylnqlu. cn 邮箱:13821228989@ 163. com	022 – 69516968

续表

序号	简称	生产厂	地址	邮政编码	联系人	联系人电话	联系人手机号	联系人 email	联系人传真
22	塘沽	天津市塘沽瓦特斯阀门有限公司	天津市塘沽区金江路1999号	300451	宋明琳	022－65728888	13820855427	mlsong@ twtvalve. com	022－65727733
23	沈阀	沈阳盛世高中压阀门有限公司	沈阳市经济技术开发区开发大路15号	110142	杨伟	024－25138101	13940013850	bichy6961@ 163. com	024－89303387
24	沈一	沈阳三三牌阀门制造有限公司	沈阳市浑南新区金科街33号	110168	孙希军	024－23825333	13704057571	syssfm@ 126. com	024－23820581
25	大高	大连大高阀门有限公司	大连市甘井子区姚家路272号	116037	岳子钊		13889521703	biaoshu@ dldv. com. cn	0411－86422577
26	大洋	大连大洋阀门工业有限公司	大连市沙河口区永平街89号	116021	刘昕	0411－84610318	13700115703	dldyfm@ 163. com	0411－84614118
27	鞍山	鞍山阀门总厂	鞍山市北胜利路北段生产街10号	114031					
28	锦阀	锦州阀门有限公司	锦州市古塔区士英里76号	121001		0416－4566943			0416－4568624
29	铁岭	铁岭阀门厂	铁岭市银河区铁道北	112002		0410－4603427			0410－4117333
30	华凯	哈尔滨华凯特种石化设备厂	哈尔滨市哈同公路二公里处	150090	王其文	0451－82037252	13654661630		0451－82038997
31	承高	承德高中压阀门管件集团有限公司	河北省承德市隆化县荣顺街272号	068150	于德江	0314－7088488	13903149849	cdgvfm@ 163. com	0314－7062043
32	青岛	青岛高压阀门有限公司	青岛市即墨城马路16号	266228	吴辉立	0532－87869603	13780629788	valve@ qingdaovalve. com	0532－82522005
33	青电	青岛电站阀门厂	青岛市仓口区端全路1号	266043					

续表

序号	简称	生产厂	地址	邮政编码	联系人	联系人电话	联系人手机号	联系人 email	联系人传真
34	益都	山东益都阀门集团股份有限公司	山东省青州市香山路7号	262500	张鹏	0536-3281001	13793679727	0536262500@163.com	0536-3281227
35	屯溪	安徽省屯溪高压阀门有限公司	安徽省黄山市经济开发区梅林大道55号	245000	吴翌清	0559-2512801	13855914107	hstxwuyiqing@163.com	0559-2511408
36	白湖	安徽省白湖阀门厂有限责任公司	安徽省庐江县白湖镇塘串河	231508	李继来	0551-87561207	13013034998	zjblj12008@sina.com	0551-87561208
37	南京流机	南京流体工程机械厂	南京市高淳县砖墙镇	211305		025-7805188			025-7805178
38	苏阀	中核苏阀科技实业股份有限公司	苏州市珠江路501号	215129	朱焰	0512-66672570	13301541769	sufawdz@126.com	0512-67511301
39	苏高	苏州高中压阀门厂有限公司	苏州市吴中区兴吴路39号	215128	宫海光	0512-65262415	13962511663	ghg@soovalve.com.cn	0512-65262035
40	纽威	苏州纽威阀门有限公司	苏州市苏州新区湘江路999号	215129	王素琴	0512-66651387	18951106022	suqin.wang@neway.com.cn	0512-66626347
41	启化阀	启东市化工阀门有限公司	江苏省启东市洪飞镇	226256		0513-83473209		qdhgfmca@pub.nt.jsinfo.net	0513-83473948
42	启东	江苏神通阀门股份有限公司	江苏省启东市南阳工业区	226232	陈春雨	0513-83335938	13806283394	nyyxk@stfm.cn	0513-83335998
43	南通	南通高中压阀门有限公司	江苏省南通市唐闸西市街148号	226002	杨德鸿	0513-55013868	13901481436	13862932986@163.com	0513-85541508
44	建湖	中外合资建湖宏基阀门制造有限公司建湖管阀件厂	江苏省建湖县蒋营	224762		0513-86558180 0513-86559900			0513-86558315
45	江恒	江苏江恒阀业有限公司	江苏省阜宁县经济开发区黄码路1号	224400	曹志国	0515-87242488	13901417422	87242488@163.com	0515-87227777

续表

序号	简称	生产厂	地址	邮政编码	联系人	联系人电话	联系人手机号	联系人 email	联系人传真
46	扬阀	扬州双良阀门有限公司	扬州市江阴工业园金槐路9号	225008	黄林	0514－87307333	15062830808	slfmqs@ 163. com	0514－87634488
47	扬中	扬中市阀门厂有限公司	江苏省扬中市三茅镇长江1号	212214	钱龙	0511－88481291	13913412988	jnfm100@ jnvalve. com	0511－88482501
48	锡山	无锡锡山市阀门厂有限公司	江苏省无锡市锡山区鹅湖镇甘露月溪路50号	214117	陈桂琴	0510－88751890	13706178592	info@ ganlu. com	0510－88752278
49	杭阀	杭州华惠阀门有限公司	杭州市余杭区闲林东路34号	311122	王彦鹏	0571－88686550	13805763247	hang_fa@ mail. hz. zj. cn	0571－88681499
50	浙高	浙江高中压阀门厂	浙江省临安市锦城镇西墅街154号	311300		0571－63722788			0571－63714143
51	宁机	宁波－机阀门制造有限公司	浙江省奉化市新丰路4号	315500	吴一飞	0574－56375173	13906607386	fhwuyf@ 163. com	0574－88935863
52	奉化	奉化仪表阀门有限公司	浙江省奉化市西坞街道白杜村	315558		0574－88541998			0574－88541998
53	玉环	玉环长城实业有限公司	浙江省玉环县芦浦镇漩港工业区漩建路3－1	317600	江胜强	0574－87206428	13905866988	yhccjt@ mail. tzptt. zj. cn	0576－87206499
					刘志国	0574－87206488	13371575287	cccjt@ 126. com	
54	旭龙	浙江旭龙机械工业有限公司	浙江省温州市瓯海区高翔路7号	325006	林凯	0577－88411926	13806686820	sales@ chinaxulong. com	0577－88415663
55	四方	温州市四方化工机械厂	浙江省温州市双屿鹿城工业开发区（温州市1291信箱）	325007		0577－88781791 0577－88781781			0577－88785390
56	浙石化	浙江石化阀门有限公司	浙江省温州市温州经济开发区滨海一道三路518号	325025	杨荣水	0577－86872569	13906650138	outong@ mail. wzptt. zj. cn	0577－86872568
					王成东	0577－86872988	13968897507	ousf@ yahoo. cn	0577－86872770
57	凯喜姆	凯喜姆阀门有限公司	浙江省温州市滨海园区滨海四道999号	325025	徐汉明	0577－85985588	13736792788	kcm0088@ 126. com	0577－86922222

续表

序号	简称	生产厂	地址	邮政编码	联系人	联系人电话	联系人手机号	联系人 email	联系人传真
58	正华	浙江正华阀门厂	浙江省温州市龙湾区永中街道衙城街117号	325024	王燊	0577-86933171	13587677848	zhfm1969@163.com	0577-86920971
59	华东	华东阀门有限公司	浙江省温州市龙湾区永中街道镇标东路20-23号	325024	孙武	0577-86852588	13858800990	huadong@chinahuadong.cn	0577-86875885
60	精工	精江阀门有限公司	浙江省温州市龙湾区滨海新区滨海四道四路	325025	谢建国	0577-86832358	13780190606	jg@jinggongvalve.com	0577-86815502
61	超达	超达阀门集团股份有限公司	浙江省温州市永嘉县瓯北镇江北大街	325105	张雷	0577-67319969	13588916153	cd@chinavalve.com	0577-67311220
62	良精	良精集团有限公司	浙江省温州市永嘉县瓯北镇三桥工业区良精工业园	325105	虞孙腊	0577-67316898	13758732321	67316898@163.com	0577-67377995
63	保一	保一集团有限公司	浙江省温州市永嘉县瓯北镇三桥工艺区	325105	余兰	0577-67311200	13868632699	baoyi@baoyi.com	0577-67315333
64	伯特利	伯特利阀门集团有限公司	浙江省温州市永嘉县瓯北镇三桥工业区伯特利工业园	325105	余康	0577-67376688	18658786709	boteliscb@163.com	0577-67376678
65	南方	温州市南方高中压阀门厂	浙江省温州市永嘉县瓯北镇三桥工业区	325105		0577-67379800 0577-67379812			0577-67379810
66	慎江	慎江阀门有限公司	浙江省乐清市七里港工业区	325605	叶柏茂	0577-62670836	13780110888	ybm@sjv.cn	0577-62678937
67	福阀	福州阀门总厂有限公司	福建省福州市晋安区鼓山镇龙安路364号	350014	吴宝榕		13232333333		
68	英桥	英侨机械制造有限公司	福建省南安市英都恒阪阀门基地	362305	洪有福	0595-86162153	13905056528		0595-86162212
					洪新强	0595-86156853	13850715886	hxq@yingqiao.com	

续表

序号	简称	生产厂	地址	邮政编码	联系人	联系人电话	联系人手机号	联系人 email	联系人传真
69	三明	三明高中压阀门有限公司	福建省三明市高新技术产业开发区金沙园金明东路	365001	吕珍	0592－3299803	18606922603	serve@ sfvalve. com. cn	0592－3299802
70	福炼	福建炼化工程公司	福建省泉州市惠安县肖厝	362117		0595－27799174			0595－27799173
71	上蝶	河南上蝶阀门股份有限公司	郑州市上街区登封路南段	450041	赵新涛	0371－68919666	13592626797	sdvalve@ 163. com	0371－68919991
72	郑阀	郑州阀门厂	河南省荥阳市索河西路002号	450100	张军	0371－64650100	13938221800	xyzfcpq@ 371. net	0371－64650101
73	洛阀	洛阳阀门厂	河南省洛阳市七一路9号	471000					
74	开阀	河南开封高压阀门有限公司	河南省开封市新宋路西段93号	475002	李妍	0378－2913984	15938711092	kffmly@ 163. com	0378－2913714
75	湖北	湖北高中压阀门有限责任公司	武汉市阳逻经济开发区工业园余泊北路8号	430415	丁明兵	027－86964624	13135664578	dingmb@ 163. com	027－86961440
76	武锅	武汉锅炉集团阀门有限责任公司	武汉市庙山开发区江厦大道特一号	430200	张军	027－87643755	13707104799	zcwoju@ 163. com	027－87657742
77	长阀	长沙市阀门厂	长沙市雨花区赤岗北路10号	410007		0731－5499454 0731－5498436			0731－5496587
78	成都孚硌	四川孚硌技术开发有限责任公司	四川省成都市人民南路4段9号中国科学院成都分院综合楼205号	610041		028－85556671 028－85569311			028－85569311
79	乘风	成都乘风阀门有限责任公司	四川省成都市外北崇义桥	610504		028－84869590 028－89360939 028－89311495	13551097731		028－84846922 028－83912020

续表

序号	简称	生产厂	地址	邮政编码	联系人	联系人电话	联系人手机号	联系人 email	联系人传真
80	自高	自贡高压阀门股份有限公司	四川省自贡市沿滩区太源井	643032	刘丽	0813 – 3905333	13508173647	liuli3900999@163. com	0813 – 3903002
81	广汉	四川广汉阀门厂	四川省广汉市玉溪路二段	618300	洪新强	0838 – 5234888	13909023970	scghfm@163. com	0838 – 5195555
82	西高	西安高压阀门厂	陕西省西安市长缨东路47号	710032		029 – 3233751 029 – 3233752			029 – 3233754
83	兰高	兰州高压阀门有限公司	甘肃省兰州市西固区合水路58号	730060	陈文进	0931 – 7556275	13919787080	lgfxsc@163. com	0931 – 7578187
84	兰机	中国石油兰州石油化工公司机械厂	甘肃省兰州市西固区	730060	蒲江民	0931 – 7932490	13609388195	gansu920@126. com	0931 – 7367459
85	红峰	甘肃红峰机械有限责任公司	甘肃省平凉市崆峒西路229号	744000	唐晖	0933 – 5987562	13993321914	lljxcjyk@163. com	0933 – 8715169
86	包阀	包头市阀门厂	内蒙古自治区包头市昆都仑区民族西路	014010					
87	上一核	上海一核阀门制造有限公司	上海市嘉定区宝钱公路5888弄8号	201823		021 – 69932888			021 – 69932870

中国石化出版社管道类图书及行业标准

书　名	定价	书　名	定价
石油管道输送技术	85	SH 3010—2000 石油化工设备和管道隔热技术规范	33.5
天然气管道输送技术	65	SH 3012—2011 石油化工金属管道布置设计规范	30
油气管道输送技术	28	SH/T 3019—2003 石油化工仪表管道线路设计规范	17
油气管道工程	38	SH/T 3022—2011 石油化工设备和管道涂料防腐设计规范	32
油气管道腐蚀与防护	68	SH 3034—2012 石油化工给水排水管道设计规范	32
油气管道腐蚀与防护技术问答	35	SH/T 3035—2007 石油化工工艺装置管径选择导则	70
油气管道保护工	70	SH/T 3039—2003 石油化工非埋地管道抗震设计通则	13
石油化工安全技术与管理丛书—油气管道安全工程	45	SH/T 3040—2012 石油化工管道伴管和夹套管设计规范	32
往复机械故障诊断及管道减振实用技术	30	SH/T 3041—2002 石油化工管道柔性设计规范	12
管道工程设计与施工手册	128	SH 3043—2003 石油化工设备管道钢结构表面色和标志规定	21
地下管线检测技术	80	SH/T 3051—2004 石油化工配管工程术语	56
地下管道电磁无损检测与隐患故障诊断	48	SH/T 3052—2004 石油化工配管工程设计图例	28
油气管道地面检测技术与案例分析	52	SH/T 3054—2005 石油化工厂区管线综合设计规范	15
管道检测技术问答	45	SH/T 3059—2012 石油化工管道设计器材选用规范	56
管道完整性管理与技术	50	SH/T 3073—2004 石油化工管道支吊架设计规范	41
油气管道工程技术丛书—油气管道设计与施工	50	SH/T 3096—2012 高硫原油加工装置设备和管道设计选材导则	44
油气管道工程技术丛书—油气管道选材	35	SH/T 3105—2000 炼油厂自动化仪表管线平面布置图图例及文字代号	23
油气管道工程技术丛书—油气管道防腐蚀工程	45	SH/T 3108—2000 炼油厂全厂性工艺及热力管道设计规范	19
油气管道工程技术丛书—油气管道仪表与自动化	38	SH/T 3122—2000 炼油装置工艺管道流程设计规范	25
油气管道工程技术丛书—油气管道检测与评价	40	SH 3126—2001 石油化工仪表及管道伴热和隔热设计规范	32
工艺管道安装设计手册—第一篇　设计与计算(第五版)	218	SH/T 3129—2012 高酸原油加工装置设备和管道设计选材导则	38
工艺管道安装设计手册—第二篇　管道器材(第五版)	188	SH/T 3154—2009 石油化工非金属衬里管道技术规范	15
工艺管道安装设计手册—第三篇　阀门(第五版)	138	SH/T 3161—2011 石油化工非金属管道技术规范	22
工艺管道安装设计手册—第四篇　相关标准(第五版)	290	SH/T 3169—2012 长输油气管道站场布置规范	56
工艺管道安装设计手册—第五篇　设计施工图册(第二版)	68	SH 3401~3410—96 石油化工管道器材标准(合订本)	120
石油化工厂设备检修手册—工艺管道	158	SH/T 3412—1999 石油化工管道用金属软管选用、检验及验收	15
石油化工管道设计安装便查手册(第四版)	198	SH/T 3413—1999 石油化工石油气管道阻火器选用、检验及验收	12
石油化工工艺管道设计与安装(第三版)	120	SH/T 3425—2011 钢制管道用盲板工程技术标准	30
石化工艺管道安装设计实用技术问答(第二版)	30	SH/T 3501—2011 石油化工有毒、可燃介质钢制管道工程施工及验收规范	40
全国压力管道设计审批人员培训教材(第二版)	78	SH/T 3502—2009 钛和锆管道施工及验收规范	25
压力管道应力分析(第二版)	35	SH/T 3517—2001 石油化工钢制管道工程施工工艺标准	64
工业管道应力分析与工程应用	88	SH 3518—2000 阀门检验与管理规程	10.5
压力管道技术(第二版)	65	SH 3533—2003 石油化工给水排水管道工程施工及验收规范	30
管道安全运行与管理	18	SH/T 3545—2011 石油化工设备、管道化学清洗施工及验收规范	28
石油化工管道对接焊缝超声检测	30	SH/T 3547—2011 石油化工设备、管道化学清洗施工及验收规范	28
[英]管道风险评价管理手册(第二版)	60	SH/T 3549—2012 酸性环境可燃流体输送管道施工及验收规范	25
[美]装置管道系统配置手册(第二版)	158	SH/T 3611—2012 酸性环境可燃流体输送管道焊接规程	25
[美]配管数据手册	125	SH/T 3902—2004 石油化工配管工程常用缩写词	11
[美]管道手册(第七版)	280	SH/T 3905—2007 石油化工企业地下管网管理工作导则	38